全国科学技术名词审定委员会

公 布

动 物 学 名 词

（第二版）

CHINESE TERMS IN ZOOLOGY

（Second Edition）

2021

第二届动物学名词审定委员会

国家自然科学基金资助项目

科学出版社

北 京

内 容 简 介

本书是全国科学技术名词审定委员会审定公布的第二版动物学名词，内容包括：总论、动物进化与系统学、动物组织学、动物胚胎学、无脊椎动物学、脊椎动物学、动物生态学7部分，共7127条。本书对1997年出版的第一版《动物学名词》（6709条）做了少量修改，增加了一些名词，每条名词均给出了定义或注释。这些名词是科研、教学、生产、经营及新闻出版等部门应遵照使用的动物学规范名词。

图书在版编目（CIP）数据

动物学名词/第二届动物学名词审定委员会审定. —2版. —北京：科学出版社，2021.11
全国科学技术名词审定委员会公布
ISBN 978-7-03-070600-3

Ⅰ.①动… Ⅱ.①第… Ⅲ.①动物学—名词术语 Ⅳ.①Q95-61

中国版本图书馆 CIP 数据核字(2021)第 228854 号

责任编辑：高素婷　岳漫宇 / 责任校对：杨　赛
责任印制：吴兆东 / 封面设计：刘新新

科学出版社 出版
北京东黄城根北街 16 号
邮政编码：100717
http://www.sciencep.com
北京虎彩文化传播有限公司印刷
科学出版社发行　各地新华书店经销

*

1997 年 2 月第　一　版　　开本：787×1092　1/16
2021 年 11 月第　二　版　　印张：41 3/4
2021 年 11 月第一次印刷　　字数：984 000

定价：398.00 元
（如有印装质量问题，我社负责调换）

全国科学技术名词审定委员会
第七届委员会委员名单

第二届动物学名词审定委员会委员名单

主　任：周开亚

副主任：郑光美　王德华

委　员（以姓名笔画为序）：

丁雪娟	卜　云	马　林	马惠钦	王　宁	王春光	刘　伟
刘升发	刘会莲	许振祖	孙世春	孙红英	孙青原	李绍文
李春旺	李新正	杨文川	杨仙玉	杨德渐	肖　宁	吴　岷
吴小平	吴旭文	邱兆祉	余育和	宋微波	张　超	张素萍
张雁云	张路平	陈广文	武春生	林　茂	周长发	类彦立
顾富康	龚　琳	彭景楗	董自梅	程　红	颜亨梅	谭景和

秘　书：张永文　高素婷

第一届动物学名词审定委员会委员名单

白春礼序

　　科技名词伴随科技发展而生，是概念的名称，承载着知识和信息。如果说语言是记录文明的符号，那么科技名词就是记录科技概念的符号，是科技知识得以传承的载体。我国古代科技成果的传承，即得益于此。《山海经》记录了山、川、陵、台及几十种矿物名；《尔雅》19篇中，有16篇解释名物词，可谓是我国最早的术语词典；《梦溪笔谈》第一次给"石油"命名并一直沿用至今；《农政全书》创造了大量农业、土壤及水利工程名词；《本草纲目》使用了数百种植物和矿物岩石名称。延传至今的古代科技术语，体现着圣哲们对科技概念定名的深入思考，在文化传承、科技交流的历史长河中做出了不可磨灭的贡献。

　　科技名词规范工作是一项基础性工作。我们知道，一个学科的概念体系是由若干个科技名词搭建起来的，所有学科概念体系整合起来，就构成了人类完整的科学知识架构。如果说概念体系构成了一个学科的"大厦"，那么科技名词就是其中的"砖瓦"。科技名词审定和公布，就是为了生产出标准、优质的"砖瓦"。

　　科技名词规范工作是一项需要重视的基础性工作。科技名词的审定就是依照一定的程序、原则、方法对科技名词进行规范化、标准化，在厘清概念的基础上恰当定名。其中，对概念的把握和厘清至关重要，因为如果概念不清晰、名称不规范，势必会影响科学研究工作的顺利开展，甚至会影响对事物的认知和决策。举个例子，我们在讨论科技成果转化问题时，经常会有"科技与经济'两张皮'""科技对经济发展贡献太少"等说法，尽管在通常的语境中，把科学和技术连在一起表述，但严格说起来，会导致在认知上没有厘清科学与技术之间的差异，而简单把技术研发和生产实际之间脱节的问题理解为科学研究与生产实际之间的脱节。一般认为，科学主要揭示自然的本质和内在规律，回答"是什么"和"为什么"的问题，技术以改造自然为目的，回答"做什么"和"怎么做"的问题。科学主要表现为知识形态，是创造知识的研究，技术则具有物化形态，是综合利用知识于需求的研究。科学、技术是不同类型的创新活动，有着不同的发展规律，体现不同的价值，需要形成对不同性质的研发活动进行分类支持、分类评价的科学管理体系。从这个角度来看，科技名词规范工作是一项必不可少的基础性工作。我非常同意老一辈专家叶笃正的观点，他认为："科技名词规范化工作的作用比我们想象的还要大，是一项事关我国科技事业发展的基础设施建设工作！"

科技名词规范工作是一项需要长期坚持的基础性工作。我国科技名词规范工作已经有110年的历史。1909年清政府成立科学名词编订馆，1932年南京国民政府成立国立编译馆，是为了学习、引进、吸收西方科学技术，对译名和学术名词进行规范统一。中华人民共和国成立后，随即成立了"学术名词统一工作委员会"。1985年，为了更好地促进我国科学技术的发展，推动我国从科技弱国向科技大国迈进，国家成立了"全国自然科学名词审定委员会"，主要对自然科学领域的名词进行规范统一。1996年，国家批准将"全国自然科学名词审定委员会"改为"全国科学技术名词审定委员会"，是为了响应科教兴国战略，促进我国由科技大国向科技强国迈进，而将工作范围由自然科学技术领域扩展到工程技术、人文社会科学等领域。科学技术发展到今天，信息技术和互联网技术在不断突进，前沿科技在不断取得突破，新的科学领域在不断产生，新概念、新名词在不断涌现，科技名词规范工作仍然任重道远。

110年的科技名词规范工作，在推动我国科技发展的同时，也在促进我国科学文化的传承。科技名词承载着科学和文化，一个学科的名词，能够勾勒出学科的面貌、历史、现状和发展趋势。我们不断地对学科名词进行审定、公布、入库，形成规模并提供使用，从这个角度来看，这项工作又有几分盛世修典的意味，可谓"功在当代，利在千秋"。

在党和国家重视下，我们依靠数千位专家学者，已经审定公布了65个学科领域的近50万条科技名词，基本建成了科技名词体系，推动了科技名词规范化事业协调可持续发展。同时，在全国科学技术名词审定委员会的组织和推动下，海峡两岸科技名词的交流对照统一工作也取得了显著成果。两岸专家已在30多个学科领域开展了名词交流对照活动，出版了20多种两岸科学名词对照本和多部工具书，为两岸和平发展做出了贡献。

作为全国科学技术名词审定委员会现任主任委员，我要感谢历届委员会所付出的努力。同时，我也深感责任重大。

十九大的胜利召开具有划时代意义，标志着我们进入了新时代。新时代，创新成为引领发展的第一动力。习近平总书记在十九大报告中，从战略高度强调了创新，指出创新是建设现代化经济体系的战略支撑，创新处于国家发展全局的核心位置。在深入实施创新驱动发展战略中，科技名词规范工作是其基本组成部分，因为科技的交流与传播、知识的协同与管理、信息的传输与共享，都需要一个基于科学的、规范统一的科技名词体系和科技名词服务平台作为支撑。

我们要把握好新时代的战略定位，适应新时代新形势的要求，加强与科技的协同发展。一方面，要继续发扬科学民主、严谨求实的精神，保证审定公布成果的权威性和规范性。科技名词审定是一项既具规范性又有研究性，既具协调性又有长期性的综合性工作。在长期的科技名词审定工作实践中，全国科学技术名词审定委员会积累了丰富的经验，形成了一套完整的组织和审定流程。这一流程，有利于确立公布名词的权威性，有利于保证公布名词的规范性。但是，我们仍然要创新审定机制，高质高效地完成科技名词审定公布任务。另一方面，在做好科技名词审定公布工作的同时，我们要瞄准世界科技前沿，服务于前瞻性基础研究。习总书记在报告中特别提到"中国天眼"、"悟空号"暗物质粒子探测卫星、"墨子号"量子科学实验卫星、天宫二号和"蛟龙号"载人潜水器等重大科技成果，这些都是随着我国科技发展诞生的新概念、新名词，是科技名词规范工作需要关注的热点。围绕新时代中国特色社会主义发展的重大课题，服务于前瞻性基础研究、新的科学领域、新的科学理论体系，应该是新时代科技名词规范工作所关注的重点。

未来，我们要大力提升服务能力，为科技创新提供坚强有力的基础保障。全国科学技术名词审定委员会第七届委员会成立以来，在创新科学传播模式、推动成果转化应用等方面作了很多努力。例如，及时为 113 号、115 号、117 号、118 号元素确定中文名称，联合中国科学院、国家语言文字工作委员会召开四个新元素中文名称发布会，与媒体合作开展推广普及，引起社会关注。利用大数据统计、机器学习、自然语言处理等技术，开发面向全球华语圈的术语知识服务平台和基于用户实际需求的应用软件，受到使用者的好评。今后，全国科学技术名词审定委员会还要进一步加强战略前瞻，积极应对信息技术与经济社会交汇融合的趋势，探索知识服务、成果转化的新模式、新手段，从支撑创新发展战略的高度，提升服务能力，切实发挥科技名词规范工作的价值和作用。

使命呼唤担当，使命引领未来，新时代赋予我们新使命。全国科学技术名词审定委员会只有准确把握科技名词规范工作的战略定位，创新思路，扎实推进，才能在新时代有所作为。

是为序。

白春礼

2018 年春

路 甬 祥 序

　　我国是一个人口众多、历史悠久的文明古国，自古以来就十分重视语言文字的统一，主张"书同文、车同轨"，把语言文字的统一作为民族团结、国家统一和强盛的重要基础和象征。我国古代科学技术十分发达，以四大发明为代表的古代文明，曾使我国居于世界之巅，成为世界科技发展史上的光辉篇章。而伴随科学技术产生、传播的科技名词，从古代起就已成为中华文化的重要组成部分，在促进国家科技进步、社会发展和维护国家统一方面发挥着重要作用。

　　我国的科技名词规范统一活动有着十分悠久的历史。古代科学著作记载的大量科技名词术语，标志着我国古代科技之发达及科技名词之活跃与丰富。然而，建立正式的名词审定组织机构则是在清朝末年。1909 年，我国成立了科学名词编订馆，专门从事科学名词的审定、规范工作。到了新中国成立之后，由于国家的高度重视，这项工作得以更加系统地、大规模地开展。1950 年政务院设立的学术名词统一工作委员会，以及 1985 年国务院批准成立的全国自然科学名词审定委员会(现更名为全国科学技术名词审定委员会，简称全国科技名词委)，都是政府授权代表国家审定和公布规范科技名词的权威性机构和专业队伍。他们肩负着国家和民族赋予的光荣使命，秉承着振兴中华的神圣职责，为科技名词规范统一事业默默耕耘，为我国科学技术的发展做出了基础性的贡献。

　　规范和统一科技名词，不仅在消除社会上的名词混乱现象，保障民族语言的纯洁与健康发展等方面极为重要，而且在保障和促进科技进步，支撑学科发展方面也具有重要意义。一个学科的名词术语的准确定名及推广，对这个学科的建立与发展极为重要。任何一门科学(或学科)，都必须有自己的一套系统完善的名词来支撑，否则这门学科就立不起来，就不能成为独立的学科。郭沫若先生曾将科技名词的规范与统一称为"乃是一个独立自主国家在学术工作上所必须具备的条件，也是实现学术中国化的最起码的条件"，精辟地指出了这项基础性、支撑性工作的本质。

　　在长期的社会实践中，人们认识到科技名词的规范和统一工作对于一个国家的科技发展和文化传承非常重要，是实现科技现代化的一项支撑性的系统工程。没有这样一个系统的规范化的支撑条件，不仅现代科技的协调发展将遇到极大困难，而且在科技日益渗透人们生活各方面、各环节的今天，还将给教育、传播、交流、经贸等多方面带来困难和损害。

全国科技名词委自成立以来，已走过近 20 年的历程，前两任主任钱三强院士和卢嘉锡院士为我国的科技名词统一事业倾注了大量的心血和精力，在他们的正确领导和广大专家的共同努力下，取得了卓著的成就。2002 年，我接任此工作，时逢国家科技、经济飞速发展之际，因而倍感责任的重大；及至今日，全国科技名词委已组建了 60 个学科名词审定分委员会，公布了 50 多个学科的 63 种科技名词，在自然科学、工程技术与社会科学方面均取得了协调发展，科技名词蔚成体系。而且，海峡两岸科技名词对照统一工作也取得了可喜的成绩。对此，我实感欣慰。这些成就无不凝聚着专家学者们的心血与汗水，无不闪烁着专家学者们的集体智慧。历史将会永远铭刻着广大专家学者孜孜以求、精益求精的艰辛劳作和为祖国科技发展做出的奠基性贡献。宋健院士曾在 1990 年全国科技名词委的大会上说过："历史将表明，这个委员会的工作将对中华民族的进步起到奠基性的推动作用。"这个预见性的评价是毫不为过的。

科技名词的规范和统一工作不仅仅是科技发展的基础，也是现代社会信息交流、教育和科学普及的基础，因此，它是一项具有广泛社会意义的建设工作。当今，我国的科学技术已取得突飞猛进的发展，许多学科领域已接近或达到国际前沿水平。与此同时，自然科学、工程技术与社会科学之间交叉融合的趋势越来越显著，科学技术迅速普及到了社会各个层面，科学技术同社会进步、经济发展已紧密地融为一体，并带动着各项事业的发展。所以，不仅科学技术发展本身产生的许多新概念、新名词需要规范和统一，而且由于科学技术的社会化，社会各领域也需要科技名词有一个更好的规范。另一方面，随着香港、澳门的回归，海峡两岸科技、文化、经贸交流不断扩大，祖国实现完全统一更加迫近，两岸科技名词对照统一任务也十分迫切。因而，我们的名词工作不仅对科技发展具有重要的价值和意义，而且在经济发展、社会进步、政治稳定、民族团结、国家统一和繁荣等方面都具有不可替代的特殊价值和意义。

最近，中央提出树立和落实科学发展观，这对科技名词工作提出了更高的要求。我们要按照科学发展观的要求，求真务实，开拓创新。科学发展观的本质与核心是以人为本，我们要建设一支优秀的名词工作队伍，既要保持和发扬老一辈科技名词工作者的优良传统，坚持真理、实事求是、甘于寂寞、淡泊名利，又要根据新形势的要求，面向未来、协调发展、与时俱进、锐意创新。此外，我们要充分利用网络等现代科技手段，使规范科技名词得到更好的传播和应用，为迅速提高全民文化素质做出更大贡献。科学发展观的基本要求是坚持以人为本，全面、协调、可持续发展，因此，科技名词工作既要紧密围绕当前国民经济建设形势，着重开展好科技领域的学科名词审定工作，同时又要在强调经济社会以及人与自然协调发展的思想指导下，开展好社会科学、文化教育和资源、生态、环境领域的科学名词审定工作，促进各个学科领域的相互融合和共同繁荣。科学发展观非常注重可持续发展的理念，因此，我们在不断丰富和发展已建立的科技名词体系的同时，还要进一步研究具有中国特色的术语学理论，以创建中国的术语学派。研究和建立中国特色的术语学理论，也是一种知识创新，是实现科技名词工作可持续发展的必由之路，我们应当为此付出更大的努力。

当前国际社会已处于以知识经济为走向的全球经济时代，科学技术发展的步伐将会越来越快。我国已加入世贸组织，我国的经济也正在迅速融入世界经济主流，因而国内外科技、文化、经贸的交流将越来越广泛和深入。可以预言，21世纪中国的经济和中国的语言文字都将对国际社会产生空前的影响。因此，在今后10到20年之间，科技名词工作就变得更具现实意义，也更加迫切。"路漫漫其修远兮，吾今上下而求索"，我们应当在今后的工作中，进一步解放思想，务实创新、不断前进。不仅要及时地总结这些年来取得的工作经验，更要从本质上认识这项工作的内在规律，不断地开创科技名词统一工作新局面，做出我们这代人应当做出的历史性贡献。

2004 年深秋

卢嘉锡序

科技名词伴随科学技术而生，犹如人之诞生其名也随之产生一样。科技名词反映着科学研究的成果，带有时代的信息，铭刻着文化观念，是人类科学知识在语言中的结晶。作为科技交流和知识传播的载体，科技名词在科技发展和社会进步中起着重要作用。

在长期的社会实践中，人们认识到科技名词的统一和规范化是一个国家和民族发展科学技术的重要的基础性工作，是实现科技现代化的一项支撑性的系统工程。没有这样一个系统的规范化的支撑条件，科学技术的协调发展将遇到极大的困难。试想，假如在天文学领域没有关于各类天体的统一命名，那么，人们在浩瀚的宇宙当中，看到的只能是无序的混乱，很难找到科学的规律。如是，天文学就很难发展。其他学科也是这样。

古往今来，名词工作一直受到人们的重视。严济慈先生 60 多年前说过，"凡百工作，首重定名；每举其名，即知其事"。这句话反映了我国学术界长期以来对名词统一工作的认识和做法。古代的孔子曾说"名不正则言不顺"，指出了名实相副的必要性。荀子也曾说"名有固善，径易而不拂，谓之善名"，意为名有完善之名，平易好懂而不被人误解之名，可以说是好名。他的"正名篇"即是专门论述名词术语命名问题的。近代的严复则有"一名之立，旬月踟蹰"之说。可见在这些有学问的人眼里，"定名"不是一件随便的事情。任何一门科学都包含很多事实、思想和专业名词，科学思想是由科学事实和专业名词构成的。如果表达科学思想的专业名词不正确，那么科学事实也就难以令人相信了。

科技名词的统一和规范化标志着一个国家科技发展的水平。我国历来重视名词的统一与规范工作。从清朝末年的科学名词编订馆，到 1932 年成立的国立编译馆，以及新中国成立之初的学术名词统一工作委员会，直至 1985 年成立的全国自然科学名词审定委员会(现已改名为全国科学技术名词审定委员会，简称全国名词委)，其使命和职责都是相同的，都是审定和公布规范名词的权威性机构。现在，参与全国名词委领导工作的单位有中国科学院、科学技术部、教育部、中国科学技术协会、国家自然科学基金委员会、新闻出版署、国家质量技术监督局、国家广播电影电视总局、国家知识产权局和国家语言文字工作委员会，这些部委各自选派了有关领导干部担任全国名词委的领导，有力地推动科技名词的统一和推广应用工作。

全国名词委成立以后，我国的科技名词统一工作进入了一个新的阶段。在第一任主任委员钱三强同志的组织带领下，经过广大专家的艰苦努力，名词规范和统一工作取得了显著的成绩。1992 年三强同志不幸谢世。我接任后，继续推动和开展这项工作。在国家和有关部门的支持及广大专家学者的努力下，全国名词委 15 年来按学科共组建了 50 多个学科的名词审定分委员会，有 1800 多位专家、学者参加名词审定工作，还有更多的专家、学者参加书面审查和座谈讨论等，形成的科技名词工作队伍规模之大、水平层次之高前所未有。15 年间共审定公布了包括理、工、农、医及交叉学科等各学科领域的名词共计 50 多种。而且，对名词加注定义的工作经试点后业已逐渐展开。另外，遵照术语学理论，根据汉语汉字特点，结合科技名词审定工作实践，全国名词委制定并逐步完善了一套名词审定工作的原则与方法。可以说，在 20 世纪的最后 15 年中，我国基本上建立起了比较完整的科技名词体系，为我国科技名词的规范和统一奠定了良好的基础，对我国科研、教学和学术交流起到了很好的作用。

在科技名词审定工作中，全国名词委密切结合科技发展和国民经济建设的需要，及时调整工作方针和任务，拓展新的学科领域开展名词审定工作，以更好地为社会服务、为国民经济建设服务。近些年来，又对科技新词的定名和海峡两岸科技名词对照统一工作给予了特别的重视。科技新词的审定和发布试用工作已取得了初步成效，显示了名词统一工作的活力，跟上了科技发展的步伐，起到了引导社会的作用。两岸科技名词对照统一工作是一项有利于祖国统一大业的基础性工作。全国名词委作为我国专门从事科技名词统一的机构，始终把此项工作视为自己责无旁贷的历史性任务。通过这些年的积极努力，我们已经取得了可喜的成绩。做好这项工作，必将对弘扬民族文化，促进两岸科教、文化、经贸的交流与发展做出历史性的贡献。

科技名词浩如烟海，门类繁多，规范和统一科技名词是一项相当繁重而复杂的长期工作。在科技名词审定工作中既要注意同国际上的名词命名原则与方法相衔接，又要依据和发挥博大精深的汉语文化，按照科技的概念和内涵，创造和规范出符合科技规律和汉语文字结构特点的科技名词。因而，这又是一项艰苦细致的工作。广大专家学者字斟句酌，精益求精，以高度的社会责任感和敬业精神投身于这项事业。可以说，全国名词委公布的名词是广大专家学者心血的结晶。这里，我代表全国名词委，向所有参与这项工作的专家学者们致以崇高的敬意和衷心的感谢！

审定和统一科技名词是为了推广应用。要使全国名词委众多专家多年的劳动成果——规范名词，成为社会各界及每位公民自觉遵守的规范，需要全社会的理解和支持。国务院和4个有关部委[国家科委(今科学技术部)、中国科学院、国家教委(今教育部)和新闻出版署]已分别于1987年和1990年行文全国，要求全国各科研、教学、生产、经营以及新闻出版等单位遵照使用全国名词委审定公布的名词。希望社会各界自觉认真地执行，共同做好这项对于科技发展、社会进步和国家统一极为重要的基础工作，为振兴中华而努力。

值此全国名词委成立15周年、科技名词书改装之际，写了以上这些话。是为序。

卢嘉锡

2000年夏

钱 三 强 序

科技名词术语是科学概念的语言符号。人类在推动科学技术向前发展的历史长河中，同时产生和发展了各种科技名词术语，作为思想和认识交流的工具，进而推动科学技术的发展。

我国是一个历史悠久的文明古国，在科技史上谱写过光辉篇章。中国科技名词术语，以汉语为主导，经过了几千年的演化和发展，在语言形式和结构上体现了我国语言文字的特点和规律，简明扼要，蓄意深切。我国古代的科学著作，如已被译为英、德、法、俄、日等文字的《本草纲目》、《天工开物》等，包含大量科技名词术语。从元、明以后，开始翻译西方科技著作，创译了大批科技名词术语，为传播科学知识，发展我国的科学技术起到了积极作用。

统一科技名词术语是一个国家发展科学技术所必须具备的基础条件之一。世界经济发达国家都十分关心和重视科技名词术语的统一。我国早在 1909 年就成立了科学名词编订馆，后又于 1919 年中国科学社成立了科学名词审定委员会，1928 年大学院成立了译名统一委员会。1932 年成立了国立编译馆，在当时教育部主持下先后拟订和审查了各学科的名词草案。

新中国成立后，国家决定在政务院文化教育委员会下，设立学术名词统一工作委员会，郭沫若任主任委员。委员会分设自然科学、社会科学、医药卫生、艺术科学和时事名词五大组，聘请了各专业著名科学家、专家，审定和出版了一批科学名词，为新中国成立后的科学技术的交流和发展起到了重要作用。后来，由于历史的原因，这一重要工作陷于停顿。

当今，世界科学技术迅速发展，新学科、新概念、新理论、新方法不断涌现，相应地出现了大批新的科技名词术语。统一科技名词术语，对科学知识的传播，新学科的开拓，新理论的建立，国内外科技交流，学科和行业之间的沟通，科技成果的推广、应用和生产技术的发展，科技图书文献的编纂、出版和检索，科技情报的传递等方面，都是不可缺少的。特别是计算机技术的推广使用，对统一科技名词术语提出了更紧迫的要求。

为适应这种新形势的需要，经国务院批准，1985 年 4 月正式成立了全国自然科学名词审定委员会。委员会的任务是确定工作方针，拟定科技名词术语审定工作计划、实施方案和步骤，组织审定自然科学各学科名词术语，并予以公布。根据国务院授权，委员会审定公布的名词术语，科研、教学、生产、经营以及新闻出版等各部门，均应遵照使用。

全国自然科学名词审定委员会由中国科学院、国家科学技术委员会、国家教育委员会、中国科学技术协会、国家技术监督局、国家新闻出版署、国家自然科学基金委员会分别委派了正、副主任担任领导工作。在中国科协各专业学会密切配合下，逐步建立各专业审定分委员会，并已建立起一支由各学科著名专家、学者组成的近千人的审定队伍，负责审定本学科的名词术语。我国的名词审定工作进入了一个新的阶段。

这次名词术语审定工作是对科学概念进行汉语订名，同时附以相应的英文名称，既有我国语言特色，又方便国内外科技交流。通过实践，初步摸索了具有我国特色的科技名词术语审定的原则与方法，以及名词术语的学科分类、相关概念等问题，并开始探讨当代术语学的理论和方法，以期逐步建立起符合我国语言规律的自然科学名词术语体系。

统一我国的科技名词术语，是一项繁重的任务，它既是一项专业性很强的学术性工作，又涉及亿万人使用习惯的问题。审定工作中我们要认真处理好科学性、系统性和通俗性之间的关系；主科与副科间的关系；学科间交叉名词术语的协调一致；专家集中审定与广泛听取意见等问题。

汉语是世界五分之一人口使用的语言，也是联合国的工作语言之一。除我国外，世界上还有一些国家和地区使用汉语，或使用与汉语关系密切的语言。做好我国的科技名词术语统一工作，为今后对外科技交流创造了更好的条件，使我炎黄子孙，在世界科技进步中发挥更大的作用，做出重要的贡献。

统一我国科技名词术语需要较长的时间和过程，随着科学技术的不断发展，科技名词术语的审定工作，需要不断地发展、补充和完善。我们将本着实事求是的原则，严谨的科学态度做好审定工作，成熟一批公布一批，提供各界使用。我们特别希望得到科技界、教育界、经济界、文化界、新闻出版界等各方面同志的关心、支持和帮助，共同为早日实现我国科技名词术语的统一和规范化而努力。

钱三强

1992 年 2 月

第二版前言

我国动物学名词的订名和编译工作有较长的历史和较好的基础。在全国自然科学名词审定委员会（现称"全国科学技术名词审定委员会"，简称"全国科技名词委"）指导下，中国动物学会于 1986 年成立了以宋大祥院士为主任的动物学名词审定委员会，组织我国动物学界的专家进行动物学名词的审定工作，并于 1997 年出版了《动物学名词》，公布了动物学名词 6709 条，对规范动物学名词和促进我国动物学教学、科研发挥了重要作用。此后二十多年中分子生物学技术的发展，特别是分子遗传学和基因组学的迅速发展，在动物学中形成了一些新的分支学科，如分子系统学、分子生态学、发育生物学等，使动物学的名词有相应的发展和变化。此外，还有一些《动物学名词》第一版出版后建立的或遗漏的动物门类，如圆环动物门、微颚动物门等。而且 1997 年出版的《动物学名词》第一版只有汉文名和英文名，未加定义。因此，为了反映动物学研究的进展和现状，重新审定动物学名词十分必要。鉴于此，中国动物学会受全国科学技术名词审定委员会的委托，于 2013 年 11 月成立了第二届动物学名词审定委员会，开始对动物学名词做全面的审定，重点是对第一批公布的名词进行修订、增补新名词和加注定义。

本次动物学名词的审定，保留了第一批公布名词的大部分分支学科的设置，只对个别分支学科及编排顺序进行了调整，如将原来普通动物学改为总论、动物分类学拓展为动物进化与系统学，将原第三章动物生态学调整为最后一章。这样，第二版动物学名词的分支学科经调整后学科框架为：总论、动物进化与系统学、动物组织学、动物胚胎学、无脊椎动物学、脊椎动物学和动物生态学。审定工作即按以上 7 个分支学科组进行，总论和动物进化与系统学部分由周长发教授牵头负责、动物组织学由程红教授牵头负责、动物胚胎学由孙青原教授牵头负责、无脊椎动物学由宋微波院士牵头负责、脊椎动物学由郑光美院士和周开亚教授牵头负责、动物生态学由王德华研究员牵头负责。

整个审定工作分为名词遴选审定和名词定义审定两个阶段，先后召开两次全体委员会议及近 30 次分支学科小组审定讨论会。在第一阶段由各学科组对第一版名词进行修订和增补，并撰写定义。第二阶段自 2015 年陆续组织 10 余次各分支学科组撰写专家并邀请相关专家分别对选定的名词及定义初稿进行逐条讨论，然后按各分支学科及小门类广泛征求同行专家意见，于 2018 完成了所有分支学科的二审稿，然后汇总整理并查重，2019 年至 2021 年 4 月陆续组织 4 次线下和 12 次线上三审会，于 2021 年 7 月底完成动物学名词终稿上报全国科技名词委主任审核批准，予以预公布。并在全国科技名词委网站及媒体公示征求意见，预公布期限为3个月。2021年11月根据社会反馈意见对预公布稿再次修改，并于2021年11月呈报全国科技名词委主任审核批准，予以正式公布。

第二版动物学名词共收录7127条。每条名词包括序号、汉文名、英文名、定义或注释四部分。同一名词可能与几个分支学科相关，但在公布时一般只出现一次，不重复列出，但个别不同含义的同一中文名词，为保证分支学科的系统性则分别予以保留。对于交叉学科的名词，以保证本学科及分支学科的完整性和系统性为选词原则。各分支学科的词条大体上按概念体系排列。在名词审定中力求体现名词的单义性、科学性、系统性、简明性和约定俗成等原则。

在本次审定工作中动物学界许多专家给予了热情支持并提出大量宝贵意见和建议。在各分支学科组名词释义审定中，我们还邀请（以姓氏笔画为序）马飞、尤永隆、牛翠娟、尹文英、刘迺发、许木启、李少菁、李忠秋、杨美霞、张川、张天荫、张红卫、张树乾、武云飞、郑守仪、周显青、相建海、姚锦仙、姚蒙、徐志强、高国富、郭东晖、钱昌元、栾云霞、黄加祺、曾晓起等专家参加了审定会议或提出书面意见，在此一并深表谢意！

名词审定工作难度很大，难免挂一漏万、百密一疏。第二版动物学名词的预公布只是阶段性结果，殷切希望动物学界同仁提出宝贵意见，以便今后修订补充，使之日臻完善。

第二届动物学名词审定委员会

2021年7月

第一版前言

动物学是生命科学的基础学科,是历史久远、分化和发展迅速的一门科学。动物学名词术语的审定和统一,对动物学知识传播、书刊出版、文献编纂和检索,以及国内外学术交流,促进动物学和生命科学的发展,均有重要的意义。

早在三四十年代,我国动物学界老前辈在引进西方现代动物学知识以及教学和科研工作中,就已深切感受到名词工作的重要性,着手进行名词和名称的拟定工作。五十年代,中国科学院编译局曾组织国内著名动物学家编订动物学名词及动物名称。科学出版社出版了一系列有关动物学的词书,1962 年出版了《英汉动物学词汇》,1975 年又出版了《英汉动物学词汇补编》。此外,1982 年上海辞书出版社还出版了《简明生物学词典》等。以上这些均为动物学名词审定工作奠定了基础。

中国动物学会受全国自然科学名词审定委员会的委托,于 1986 年 8 月成立了动物学名词审定委员会,开展动物学名词审定工作。在委员们以及国内许多专家的参与和支持下,共汇集词条七千余条。1987 年 3 月召开第一次全体委员会进行初审。1987 年至 1990 年间经过几次修改,1991 年寄送国内 68 位专家审查,并在 1991 年 11 月的动物学会理事会上向理事汇报和征求意见。1992 年全国自然科学名词审定委员会委托郑作新、陈阅增、李肇特、仝允栩和孙儒泳五位教授对第三稿进行复审。1993 年 1 月印出第四稿,5 月动物学名词审定委员会再次召开会议按专家复审意见逐条讨论(京外委员书面通信讨论),形成第五稿,而后与相关学科协调订名,终审定稿。经全国自然科学名词审定委员会审核批准,现予公布出版。

这次审定的动物学名词共 6709 条,分七部分:1.普通动物学;2.动物分类学;3.动物生态学;4.动物胚胎学;5.动物组织学;6.无脊椎动物学;7.脊椎动物学。词条只是大体上按概念体系排列,这些排列不是严谨的分类。

无脊椎动物由于门类繁杂,只能先按分类系统、然后在各门类中再按概念体系排列。原生动物严格划分应属原生生物界而不是动物界,但我们仍按传统的动物学范畴把这部分名词纳入动物学名词内。昆虫学名词因另行审定,因而未将其包括在内。生态学名词中有些不属于动物生态学范畴的亦未收列。每条汉文名词都配有国际惯用的、概念相对应的英文或拉丁文。有的名词汉文相同,但实际上指不同类别动物中的构造,如无脊椎动物的"腕"与脊椎动物的"腕",其含义和相应的英文名均不同。由于概念相同的汉文名词不能重复出现,只好在英文名中予以区别,如

"眼点（eyespot）"在原生动物中相应的英文名为"stigma"，在腔肠动物中则为"ocellus"，均予以注明。

通过这次名词审定工作，对动物学中使用混乱的名词，根据概念内涵进行统一。如软体动物和腕足动物贝壳的最外层结构原称"角质层（periostracum）"，成分为贝壳素（conchiolin），但其他动物的"角质层（cuticle）"的成分和英文名均不同。为避免混同，现将前者改称"壳皮层"，以示区别。对于甲壳动物步足基端与体相连的一节，以前称为"底节"，第二节才称为"基节"，这次分别审定为"基节"和"底节"。这样甲壳动物与其他节肢动物的步足第一节均统一为"基节（coxopodite，coxa）"，避免了教学中的混乱。又如珊瑚虫中的"个员"和苔藓动物中的"个虫"，经商议现统一为"个虫（zooid）"。对那些与相关学科交叉的名词也进行了协调统一，如"外颈动脉（external carotid artery）"已与医学解剖学名词统一，改为"颈外动脉"。但有的名词由于动物与人体在称呼上有别，仍保留各自的习惯用法。

以外国科学家姓氏命名的名词，根据"名从主人，约定俗成，服从主科，尊重规范"的译名原则作了修订。如原"拉氏定律（Loven's law）"现改为"洛文[定]律"；原"鲍雅氏器官（organ of Bojanus）"现改为"博氏器"。

易引起读者误解的名词，我们在其后加圆括弧注明，如"壁层（肾小囊）"，表明此处的"壁层"系指肾小囊中的构造。有的采用加注说明的办法，如"脱水（desiccation）"，注以"潮间带苔藓虫在退潮时体内水分有所丧失"，表明不是指生物制片时用酒精逐级脱水的含义。

在这次名词审定中提供词条的除审定委员外，尚有下列各位先生：马成伦、王永良、王祯瑞、申纪伟、刘锡兴、邹仁林、李锦和、张崇洲、郑守仪、唐质灿、谭智源和廖玉麟等。在整个名词审定工作中，得到有关专家的热情支持，朱弘复、陈宜瑜、杨进、潘炯华、薛社普、江静波、赵肯堂、李思忠、孟庆闻、李桂垣、姜在阶、许智芳、陈德牛、庄之模、和振武、朱传典、蓝琇、李积金、郑重、吴汝康、张闰生、陈壁辉、褚新洛、尹长民等教授提出许多修改意见和建议。此工作自始至终得到全国自然科学名词审定委员会各级领导的指导和帮助。在此，我们向所有帮助完成此项繁浩工作的同志表示深切的感谢！对本次公布的名词可能有不同看法，或某些基本词可能遗漏，希望广大动物学工作者在使用本次公布的名词过程中，提出宝贵意见，以便今后修订增补，臻于完善。

动物学名词审定委员会
1995 年 6 月

编 排 说 明

一、本书公布的是第二版动物学名词，共 7127 条，每条名词均给出了定义或注释。

二、全书分 7 部分：总论、动物进化与系统学、动物组织学、动物胚胎学、无脊椎动物学、脊椎动物学和动物生态学。

三、正文大体上按汉文名所属学科的相关概念体系排列。汉文名后给出了与该词概念相对应的英文名。

四、每个汉文名都附有相应的定义或注释。定义一般只给出其基本内涵，注释则扼要说明其特点。当一个汉文名有不同的概念时，则用(1)、(2)等表示。

五、一个汉文名对应几个英文同义词时，英文词之间用"，"分开。

六、凡英文词的首字母大、小写均可时，一律小写；英文除必须用复数者，一般用单数形式。

七、"[ ]"中的字为可省略的部分。

八、主要异名和释文中的条目用楷体表示。"全称""简称"是与正名等效使用的名词；"又称"为非推荐名，只在一定范围内使用；"俗称"为非学术用语；"曾称"为被淘汰的旧名。

九、正文后所附的英汉索引按英文字母顺序排列；汉英索引按汉语拼音顺序排列。所示号码为该词在正文中的序码。索引中带"*"者为规范名的异名或在释文中出现的条目。

目 录

正文

01. 总 论

01.0001 动物 animal
能自由活动的或至少在生活史某一阶段能
自由活动的、多细胞（除原生动物为单细胞
外）、无细胞壁的一类异养真核生物。根据
其身体中有无脊柱或脊索分为脊椎动物和
无脊椎动物两大类。

01.0002 动物学 zoology
研究动物的形态结构、分类、生命活动与环
境的关系以及发生发展规律等的科学。

01.0003 普通动物学 general zoology
研究常见动物及其门类的基本特征、基础知
识和进化框架的科学。

01.0004 动物形态学 animal morphology
研究动物体内外的形态结构、特点及相互关
系，以及它们在个体发育和系统发生过程中
变化规律的科学。

01.0005 动物分类学 animal taxonomy
研究动物分类、鉴定和命名原理以及方法的
学科。研究重点是动物各门类的分类特征与
分类系统。

01.0006 动物系统学 animal systematics
又称"系统动物学"。研究动物间的亲缘关
系、进化过程和发生规律等的科学。研究重
点是特定动物门类内所有类群之间的相互
关系或亲缘关系以及依据此关系建立分类
系统。

01.0007 动物解剖学 animal anatomy
研究动物器官结构特点、主要功能及其相互
关系的科学。

01.0008 动物比较解剖学 animal comparative anatomy
研究和比较不同动物及其门类身体内部结构
特点及其进化关系与趋势的科学。

01.0009 动物组织学 animal histology
研究动物身体组织或器官显微结构及其功
能的科学。主要是细胞与亚细胞水平。

01.0010 动物胚胎学 animal embryology
研究动物胚胎从受精卵发育到主要器官形
成阶段的发育过程及其规律等的科学。

01.0011 动物比较胚胎学 animal comparative embryology
研究和比较不同动物胚胎及其发育规律的
科学。

01.0012 动物发育生物学 animal developmental biology
研究动物个体从精子和卵子的发生、受精、
发育、生长到衰老、死亡的规律及其调控机
制等的科学。

01.0013 动物遗传学 zoogenetics
研究动物的遗传和变异的学科。

01.0014 动物生理学 animal physiology
研究动物体机能（如消化、循环、呼吸、排
泄、生殖和刺激反应性等）及其变化发展以
及对环境条件所起反应等的科学。主要是各
种代谢活动的维持与变化规律。

01.0015 动物生态学 animal ecology
研究动物与其环境之间相互关系的科学。主

要从动物个体、种群、群体和生态系统四个基本层次开展研究。

01.0016 动物行为学 ethology
研究动物在其自然生活环境中行为模式的科学。研究重点是分析动物行为模式的适应性和进化。

01.0017 动物地理学 zoogeography
研究动物在地球、地理上的分布格局及其规律和原因的科学。

01.0018 动物社会学 animal sociology
研究动物社会行为的科学。

01.0019 动物区系学 faunistics
研究特定地区动物组成及其特点和进化的科学。

01.0020 无脊椎动物学 invertebrate zoology
研究无脊椎动物类群及各分类阶元间的异同及其异同程度，阐明动物间的亲缘关系、进化过程和发生规律等的科学。

01.0021 脊椎动物学 vertebrate zoology
研究脊椎动物类群及各分类阶元间的异同及其异同程度，阐明动物间的亲缘关系、进化过程和发生规律等的科学。

01.0022 动物界 animal kingdom, Animalia
生物分类中最大的类别（界）之一，包含所有动物。根据细胞数量及分化、体型、胚层、体腔、体节、附肢以及内部器官的布局和特征等，分为若干门，有的门大，包括种类多，有的则是小门，包括种类少。学者们对动物门的数目及其在动物进化系统上的位置持有不同见解。

01.0023 原生动物门 Protozoa
习视为动物界的一门。现视为真核生物域原生生物界的一个亚界。其分类分歧较大，代表性类群有鞭毛虫、肉足虫、纤毛虫等。是体型微小、以单细胞为基本特征的一大类动物性真核生物。结构上具有原始、细胞器高度特化等特点。

01.0024 多孔动物门 Porifera
俗称"海绵动物门（Spongia）"。动物界的一门。为最原始、最低等的多细胞后生动物。体壁上有许多小孔。一般分为钙质海绵纲、六放海绵纲、寻常海绵纲和同骨海绵纲4个类群。

01.0025 刺胞动物门 Cnidaria
又称"腔肠动物门（Coelenterata）"。动物界的一门。身体呈辐射对称或两辐射对称，具有两胚层、开始有组织分化、有原始的消化腔（消化循环腔）及原始神经系统，具刺细胞及刺丝囊，有口无肛门的低等真后生动物。一般分为水螅虫纲、钵水母纲和珊瑚虫纲3个类群。

01.0026 栉板动物门 Ctenophora
又称"栉水母动物门"。动物界的一门。身体为两辐射对称或辐射对称的、中胶层厚而透明、胚胎发育过程出现三胚层、具有栉板、平衡感觉器以及有时具一对触手、无刺胞的真后生动物。身体表面一般有8条纵列的栉毛带，与刺胞动物接近但略复杂。

01.0027 扁形动物门 Platyhelminthes
动物界的一门。身体为两侧对称、三胚层、无体腔、背腹扁平、有口无肛门、出现了原始的排泄系统（原管肾系）和梯形神经系统的真后生动物。一般分为涡虫纲、吸虫纲和绦虫纲3个类群。

01.0028 纽形动物门 Nemertinea, Nemertea
又称"吻腔动物门（Rhynchocoela）"。动物界的一门。身体蠕虫状，体表被纤毛，两侧对称、三胚层、无体腔，有口和肛门、闭合的血管循环系统，消化管的背方具特有的吻腔，其内具一可外翻吻的长带形真后生动物。多数海洋底栖或深海浮游，少数生活于淡水或陆地。

01.0029 颚口动物门 Gnathostomulida
又称"颚咽动物门""颚胃动物门"。动物界的一门。身体两侧对称、无体腔、具单纤毛上皮细胞、咽具肌肉和颚（咀嚼器）、有口无肛门、蠕虫状的一类小型真后生动物。

01.0030 微颚动物门 Micrognathozoa
动物界的一门。1994 年建立，为显微的、两侧对称，体长可达 150μm，体分头、胸（有褶）和腹，腹面有复合纤毛，咽部和颚的构造与颚口动物基本相同，但交其复杂的一类小型真后生动物。现仅发现湖沼颚虫（*Limnognathia maerski*）一种，由丹麦科学家在格陵兰北部的迪斯科岛地区的泉水里首次发现。

01.0031 线虫动物门 Nematoda
动物界的一门。身体两侧对称、三胚层、有口有肛门、体表光滑但有体线、纵肌和多条神经索的假体腔动物。包括蛔虫、钩虫、丝虫、轮虫、棘头虫等。有自由生活的类群，也有寄生的类群。

01.0032 轮虫动物门 Rotifera
又称"轮形动物门"。动物界的一门。虫体短圆、有非几丁质的外壳、两侧对称、不分节、咽内具有咀嚼器，体前端具纤毛冠，后端多数有尾状部的一类小型假体腔动物。营自由游泳或附着生活。

01.0033 腹毛动物门 Gastrotricha
动物界的一门。身体微小，呈蠕虫状，两侧对称，不分节，因身体腹面生有纤毛而得名的假体腔动物。消化管完全，具口和肛门，咽发达，营水生生活。

01.0034 线形动物门 Nematomorpha
动物界的一门。身体两侧对称、三胚层，但成体的消化系统、神经系统及体线都极退化的假体腔动物。与线虫动物接近。

01.0035 棘头动物门 Acanthocephala
动物界的一门。身体呈蠕虫状，两侧对称，不分节，因具钩棘的吻似虫体之头而得名。无消化管，表皮层内具有复杂的腔隙系统，具自由伸缩的吻且吻上有倒钩或刺的、寄生性的、体壁有纵肌和环肌、生殖系统发达但其他系统退化的假体腔动物。寄生生活于各种水生和陆生脊椎动物的消化管内。

01.0036 动吻动物门 Kinorhyncha
动物界的一门。身体短小呈蠕虫状，两侧对称，分为 13 个节带，头部具环状排列的刺毛，因头部可伸缩而得名的假体腔动物。体表无纤毛，具假体腔，消化道完全，具肛门、肌质咽、口锥等，主要生活在海洋泥沙间隙。

01.0037 铠甲动物门 Loricifera
又称"兜甲动物门"。动物界的一门。具头和消化系统，但没有循环系统和内分泌系统的假体腔动物。腹部具由 6 块甲板包围而成的兜甲，有蜕皮现象，全部海生。

01.0038 曳鳃动物门 Priapulida
动物界的一门。身体呈蠕虫状，两侧对称，由翻吻和躯干部组成，不分节但有体环的假体腔动物。角质膜薄且周期蜕皮，雌雄异体，幼体期具特殊的兜甲，穴居于浅海和深海底的泥沙中。

01.0039 内肛动物门 Entoprocta
动物界的一门。单体或群体，两侧对称似高脚杯的三胚层假体腔动物。由萼部和柄部组成，因口和肛门都位于萼部触手冠内而得名。多螺旋卵裂，间接发生者常具较典型的担轮幼体期，绝大多数海生。

01.0040 圆环动物门 Cycliophora
又称"环口动物门"。动物界的一门。体长不到 1mm，呈小囊状、两侧对称的假体腔动物。口周有一环发达的纤毛，消化道 U 形，肛门开口在口纤毛环外侧底部，通过吸盘附着于海蟹虾体上。与轮虫动物可能是近亲。

01.0041 环节动物门 Annelida
动物界的一门。身体两侧对称、开始出现分节和真体腔但无附肢的、多具疣足和刚毛的三胚层蠕虫状动物。是高级无脊椎动物的开始。一般上分为多毛纲、寡毛纲和蛭纲 3 个类群。分子系统学研究显示，螠虫动物、星虫动物、须腕动物均归属此类群。

01.0042 螠虫动物门 Echiura
动物界的一门。身体呈圆筒状不分节，两侧对称，有体腔，常由细长的吻和粗大的躯干组成，螺旋卵裂生殖，多经担轮幼体期和分节现象的真体腔海洋底栖无脊椎动物。

01.0043 星虫动物门 Sipuncula
曾称"寡体节动物门（Oligomeria）"。动物界的一门。身体柔软，呈长圆筒形，不分节，无刚毛，由翻吻和躯干部两部分组成，形似蠕虫，吻前为口，口的周围有触手，展开似星芒状，肛门开口于身体前端背侧，真体腔发达，无循环系统和呼吸系统的海洋底栖无脊椎动物。

01.0044 须腕动物门 Pogonophora
动物界的一门。身体细长被有管状外壳，呈两侧对称的蠕虫状，神经索在身体背面，由头叶、腺体区、躯干部和分节的后体部组成，具真体腔，无消化系统，有触手，在海底营管栖固着生活的无脊椎动物。雌雄异体，体外受精。

01.0045 软体动物门 Mollusca
动物界的一门。身体柔软不分节，两侧对称，通常有壳、有肉足或须腕的真体腔动物。一般可分为头、足、内脏团和外套膜四部分，体外常具分泌的贝壳，具口的头部位于身体前端。除双壳类外，其他各类口腔内有颚片和舌齿。一般分为无板纲、单板纲、多板纲、腹足纲、双壳纲、掘足纲和头足纲 7 个类群。

01.0046 节肢动物门 Arthropoda
动物界的一门。身体左右对称分节、附肢也分节，体常被几丁质外骨骼的一类真体腔原口动物。是动物界中种类最多、数量最大、分布最广的一个类群。现生主要分为甲壳动物亚门、螯肢动物亚门、多足动物亚门和六足动物亚门。

01.0047 甲壳［动物］亚门 Crustacea
节肢动物门中分化程度很高的一亚门。身体分头胸部和腹部，头胸部具背甲和 2 对触角、一对上颚和 2 对下颚，腹部分节，附肢为双枝型，用鳃呼吸的节肢动物。一般分为桨足纲、头虾纲、鳃足纲、介形纲、颚足纲和软甲纲 6 个类群。

01.0048 螯肢［动物］亚门 Chelicerata
节肢动物门的一亚门。身体分为头胸部（6节，第 1 节的附肢端部为钳状、夹状或刺状、内部往往具毒腺）和腹部、无触角和大颚的节肢动物。一般分为肢口纲、蛛形纲和海蜘蛛纲 3 个类群。

01.0049 多足[动物]亚门 Myriopoda
节肢动物门的一亚门。身体分头和躯干两部分。头部着生 4 对附肢（触角、大颚、第一和第二小颚），躯干由许多相似体节组成，具成对的单肢型附肢，用气管呼吸的节肢动物。为一个单系类群，一般分为唇足纲、倍足纲、少足纲和综合纲 4 个类群。

01.0050 六足[动物]亚门 Hexapoda
节肢动物门的一亚门。身体分头、胸、腹三部分，头部有 1 对触角、3 对口器，胸部有 3 对足，通常有 2 对翅，腹部除生殖肢之外，一般无足，以气管或通过体表呼吸的一类陆生节肢动物。一般分为内颚纲和昆虫纲 2 个类群。

01.0051 苔藓动物门 Bryozoa
又称"外肛动物门（Ectoprocta）"。动物界的一门。一类主要营固着生活、以群体为生存单位的水生的触手冠动物。由彼此有生命联系的许多个体及其管状外壳骼连接组成，在体前端有口，口周围具触手冠，消化管一般呈 U 字形，肛门位于体前方、具真体腔，无排泄和循环器官。一般分为被唇纲、狭唇纲和裸唇纲 3 个类群。

01.0052 腕足动物门 Brachiopoda
动物界的一门。体躯以背腹两壳包裹，背腹两壳两侧对称，大小不等，在海洋中营固着生活的触手冠动物。一般分有铰纲和无铰纲 2 个类群。

01.0053 帚形动物门 Phoronida
动物界的一门。外形似小笤帚或扫帚的营固着生活的海洋管栖触手冠动物。身体两侧对称，体不分节，躯干圆柱形，其后端具膨大的端球，具几丁质栖管，体长几毫米至 300mm，前端由马蹄形或螺旋状触手冠围绕着口，消化道呈 V 字形，肛门开口于触手冠背外侧，具闭管式循环系统。

01.0054 棘皮动物门 Echinodermata
动物界的一门。幼虫两侧对称，成虫多五辐射对称，具钙质的内骨骼和水管系及围血系统的后口动物。在海洋中营附着底质或贴地生活，是无脊椎动物中最高等的类群。一般上分为海星纲、蛇尾纲、海胆纲、海参纲和海百合纲 5 个类群。

01.0055 毛颚动物门 Chaetognatha
动物界的一门。体型似箭，较小，体长多在 40mm 以下，半透明，具腹神经索、颚部具捕捉用刚毛的后口动物。在海水中浮游生活。

01.0056 半索动物门 Hemichordata
又称"隐索动物门""口索动物门（Stomochorda）"。动物界的一门。身体柔软，分吻、领和躯干三部分，具背神经索、鳃裂和口索的后口动物。全部海产，是无脊椎动物中的一个高等门类，分为肠鳃纲和羽鳃纲两个类群。

01.0057 脊索动物门 Chordata
动物界中最高级、最复杂的一门。在其个体发育的全部过程或某一时期都具有脊索、背神经管和鳃裂。分为被囊动物亚门、头索动物亚门和脊椎动物亚门。

01.0058 被囊动物亚门 Tunicata
又称"尾索动物亚门（Urochordata）"。脊索动物门的一个亚门。脊索和背神经管仅存在于幼体的尾部，成体退化或消失，鳃裂终生存在，成体的体表被有被囊。营自由或固着生活。一般分为幼形纲、海鞘纲和海樽纲 3 个类群。

01.0059　头索动物亚门　Cephalochordata
脊索动物门的一个亚门。脊索和神经管纵贯全身，并终生保留，体呈鱼形，头部不明显，身体分节，鳃裂众多，仅头索纲一个类群。

01.0060　脊椎动物亚门　Vertebrata
脊索动物门的一个亚门。脊索只在胚胎发育阶段出现，随后或多或少地被脊柱所代替，脑和感官集中在身体前端，形成明显头部和肾脏的最高等脊索动物。分为圆口纲、鱼总纲、两栖纲、爬行纲、鸟纲和哺乳纲6个类群。

01.0061　原生动物　protozoan
原生动物门动物的统称。以体型微小、单细胞、细胞器高度特化等为特点的异养真核生物。有时可能会有多个个体聚合在一起的群体。过去认为是最简单的单细胞动物。

01.0062　后生动物　metazoan
又称"多细胞动物（multicellular animal）"。原生动物的相对词。动物界除原生动物以外所有动物的总称。是较原生动物后出现、多细胞的、有组织分化的动物。分为中生动物、侧生动物和真后生动物。

01.0063　中生动物　mesozoan
结构最简单、尚无器官分化的一小类后生动物。体中央有一细长的生殖细胞（轴细胞），围以一层具纤毛的体细胞，生活史复杂，寄生于海洋无脊椎动物（主要是头足类软体动物）。曾认为处于原生动物与后生动物之间，现多认为可能是扁形动物的退化型。

01.0064　侧生动物　parazoan
一类原始的后生动物。因组成它们的细胞基本是独立的，没有组织的分化、身体不对称、成体营固着生活，非常独特，似乎是动物进化过程中出现的一个侧系，故名。主要为多孔动物。

01.0065　真后生动物　eumetazoan
具有组织分化和器官系统的后生动物。包括多孔动物以上的各门动物，即从刺胞动物起直到脊椎动物，分为二胚层动物和三胚层动物。

01.0066　二胚层动物　diploblastica
成体的结构只由内胚层和外胚层两个胚层发育而成的动物。包括刺胞动物和栉板动物。

01.0067　三胚层动物　triploblastica
成体的结构来源于内胚层、中胚层、外胚层三个胚层的动物。与二胚层动物相对应。包括无体腔动物、假体腔动物和体腔动物。

01.0068　无体腔动物　acoelomate
体壁与消化管之间没有体腔而充满中胚层实质的动物。是最原始的两侧对称动物，包括扁形动物、纽形动物和颚口动物。

01.0069　假体腔动物　pseudocoelomate
又称"原体腔动物（protocoelomate）"。体壁与消化管之间有相当于胚胎期的囊胚腔——假体腔的真后生动物。假体腔内充满体腔液，出现了有口有肛门的消化管（除棘头动物、线形动物外）、体表一般具角质膜等。是动物界中动物种类庞杂而又复杂的一大类群，包括线虫动物、轮虫动物、腹毛动物、线形动物、棘头动物、动吻动物、铠甲动物、曳鳃动物、内肛动物和圆环动物。

01.0070　体腔动物　coelomate
体壁与消化管之间具有由中胚层形成且包围而成体腔的动物。包括裂体腔动物和肠体腔动物。

01.0071　裂体腔动物　schizocoelomate
在胚胎期中胚层裂开形成一个空体腔的动物。包括软体动物、环节动物、节肢动物等。

01.0072　肠体腔动物　enterocoelomate
在胚胎期由原肠局部膨出发育成为体腔的动物。包括毛颚动物、棘皮动物、半索动物和脊索动物。

01.0073　原口动物　protostome
在胚胎发育过程中由原肠胚的原口（胚孔）发育为成体口的一类三胚层动物。属于裂体腔动物，包括扁形动物、纽形动物、线形动物、环节动物、软体动物和节肢动物等。与后口动物相对。

01.0074　后口动物　deuterostome
胚胎发育过程中由原肠胚的原口发育为肛门，与原口相反的一端形成成体口的一类三胚层动物。属于肠体腔动物，包括棘皮动物、毛颚动物、半索动物和脊索动物。与原口动物相对。

01.0075　袋形动物　aschelminth
身体体壁表面光滑无纹，将所有结构都纳入其中，形似小小口袋的动物。

01.0076　扁盘动物　placozoan
体型不固定但背腹薄扁平状的、直径不超过4mm的两胚层多细胞动物。

01.0077　多孔动物　poriferan
多孔动物门动物的统称。为最原始、最低等的多细胞后生动物。体壁上有许多小孔，细胞间保持相对的独立性，尚无组织和器官的分化。体型多变，不规则，也不对称。多海产，营固着生活，单体或群体。

01.0078　刺胞动物　cnidarian
又称"腔肠动物（coelenterate）"。刺胞动物门动物的统称。身体呈辐射对称或两辐射对称，具有两胚层、开始有组织分化、有原始的消化腔（消化循环腔）及原始神经系统，具刺细胞及刺丝囊，有口无肛门的低等真后生动物。

01.0079　栉板动物　comb jelly, sea walnut, ctenophore
又称"栉水母动物"。栉板动物门动物的统称。身体为两辐射对称或辐射对称的、中胶层厚而透明、胚胎发育过程出现三胚层、具有栉板、平衡感觉器以及有时具一对触手、无刺胞的真后生动物。身体表面一般有8条纵列的栉毛带，与刺胞动物接近但略复杂。

01.0080　扁形动物　platyhelminth, flatworm
扁形动物门动物的统称。身体为两侧对称、三胚层、无体腔、背腹扁平、有口无肛门、出现了原始的排泄系统（原管肾系）和梯形神经系统的真后生动物。

01.0081　纽形动物　nemertine, nemertean
又称"纽虫""吻腔动物（rhynchocoelan）""吻蠕虫（proboscis worm）"。纽形动物门动物的统称。身体蠕虫状，体表被纤毛，两侧对称、三胚层、无体腔，有口和肛门、闭合的血管循环系统，消化管的背方具特有的吻腔，其内具一可外翻吻的长带形真后生动物。多数海洋底栖或深海浮游，少数生活于淡水或陆地。

01.0082　颚口动物　gnathostomulid
又称"颚咽动物""颚胃动物"。颚口动物门动物的统称。身体两侧对称、无体腔、具单纤毛上皮细胞、咽具肌肉和颚（咀嚼器）、有口无肛门、蠕虫状的一类小型真后生动物。

01.0083　线虫［动物］　nematode
又称"圆虫（roundworm）"。线虫动物门动物的统称。身体两侧对称、三胚层、有口有肛门、体表光滑但有体线、纵肌和多条神经索的假体腔动物。有自由生活的类群，也有寄生的类群。

01.0084　轮虫［动物］　rotifer
又称"轮形动物"。轮虫动物门动物的统称。虫体短圆、有非几丁质的外壳、两侧对称、不分节、咽内具有咀嚼器，体前端具纤毛冠，后端多数有尾状部的一类小型假体腔动物。营自由游泳或附着生活。

01.0085　腹毛动物　gastrotrich
腹毛动物门动物的统称。身体微小，呈蠕虫状，两侧对称，不分节，因身体腹面生有纤毛而得名的假体腔动物。消化管完全，具口和肛门，咽发达，营水生生活。

01.0086　线形动物　nematomorph, horsehair worm
线形动物门动物的统称。身体两侧对称、三胚层，但成体的消化系统、神经系统及体线都极退化的假体腔动物。与线虫动物接近。

01.0087　棘头动物　acanthocephalan
俗称"棘头虫（thorny headed worm）"。棘头动物门动物的统称。身体呈蠕虫状，两侧对称，不分节，因具钩棘的吻似虫体之头而得名。无消化管，表皮层内具有复杂的腔隙系统，具自由伸缩的吻且吻上有倒钩或刺的、寄生性的、体壁有纵肌和环肌、生殖系统发达但其他系统退化的假体腔动物。寄生生活于各种水生和陆生脊椎动物的消化管内。

01.0088　动吻动物　kinorhynch
动吻动物门动物的统称。身体短小呈蠕虫状，两侧对称，分为 13 个节带，头部具环状排列的刺毛，因头部可伸缩而得名的假体腔动物。体表无纤毛，具假体腔，消化管完全，具肛门、肌质咽、口锥等，主要生活在海洋泥沙间隙。

01.0089　铠甲动物　loriciferan
又称"兜甲动物"。铠甲动物门动物的统称。具头和消化系统，但没有循环系统和内分泌系统的假体腔动物。腹部具由 6 块甲板包围而成的兜甲，有蜕皮现象，全部海生。

01.0090　曳鳃动物　priapulid
曳鳃动物门动物的统称。身体呈蠕虫状，两侧对称，由翻吻和躯干部组成，不分节但有体环的假体腔动物。角质膜薄且周期性蜕皮，雌雄异体，幼体期具特殊的兜甲，穴居于浅海和深海底的泥沙中。

01.0091　内肛动物　entoproct
内肛动物门动物的统称。单体或群体，两侧对称似高脚杯的三胚层假体腔动物。由萼部和柄部组成，因口和肛门都位于萼部触手冠内而得名。多螺旋卵裂，间接发生者常具较典型的担轮幼体期，绝大多数海生。

01.0092　圆环动物　cycliophoran
又称"环口动物"。圆环动物门动物的统称。体长不到 1mm，呈小囊状、两侧对称的假体腔动物。口周有一圈发达的纤毛，消化管呈 U 形，肛门开口在口纤毛环外侧底部，通过吸盘附着于海蟹虾体上，与轮虫动物可能是近亲。

01.0093　环节动物　annelid
环节动物门动物的统称。身体两侧对称、开始出现分节和真体腔但无附肢的、多具疣足和刚毛的三胚层蠕虫状体腔动物。是高级无脊椎动物的开始。分子系统学研究显示，蠕虫动物、星虫动物、须腕动物均归属此类群。

01.0094　螠虫[动物]　echiuran
螠虫动物门动物的统称。身体呈圆筒状不分节，两侧对称，有体腔，常由细长的吻和粗大的躯干部组成，螺旋卵裂生殖，多经担轮幼体期和分节现象的真体腔海洋底栖无脊椎动物。

01.0095　星虫[动物]　sipunculan
星虫动物门动物的统称。身体柔软，呈长圆筒形，不分节，无刚毛，由翻吻和躯干部两部分组成，形似蠕虫，吻前为口，口的周围有触手，展开似星芒状，肛门开口于身体前端背侧，真体腔发达，无循环系统和呼吸系统的海洋底栖无脊椎动物。

01.0096　须腕动物　pogonophoran
须腕动物门动物的统称。身体细长被有管状外壳，呈两侧对称的蠕虫状，神经索在身体背面，由头叶、腺体区、躯干部和分节的后体部组成，具真体腔，无消化系统，有触手，在海底营管栖固着生活的无脊椎动物。雌雄异体，体外受精。

01.0097　蠕形动物　vermes, helminth
俗称"蠕虫"。身体细长柔软而通常无附肢，由身体的肌肉收缩而做蠕形运动的一些三胚层动物的统称。主要包括扁形动物、纽形动物、线形动物、棘头动物和环节动物。

01.0098　软体动物　mollusk
又称"贝类（shellfishes）"。软体动物门动物的统称。身体柔软不分节，两侧对称，通常有壳、有肉足或须腕的真体腔动物。一般可分为头、足、内脏团和外套膜四部分，体外常具分泌的贝壳，具口的头部位于身体前端。除双壳类外，其他各类口腔内有颚片和舌齿。

01.0099　节肢动物　arthropod
节肢动物门动物的统称。身体左右对称、分节、附肢也分节，体常被几丁质外骨骼的一类真体腔原口动物。是动物界中种类最多、数量最大、分布最广的一个类群。主要包括甲壳动物（如虾、蟹）、螯肢动物（如蜘蛛、蝎、蜱、螨）、多足动物（如马陆、蜈蚣）和六足动物（如蝗、蝶、蚊、蝇）等。

01.0100　甲壳动物　crustacean
甲壳动物亚门动物的统称。身体分头胸部和腹部，头胸部具背甲和2对触角、一对上颚和2对下颚，腹部分节，附肢为双枝型，用鳃呼吸的一类节肢动物。

01.0101　螯肢动物　chelicerate
螯肢动物亚门动物的统称。身体分为头胸部（6节，第1节的附肢端部为钳状、夹状或刺状、内部往往具毒腺）和腹部、无触角和大颚的一类节肢动物。

01.0102　多足动物　myriopodan
多足动物亚门动物的统称。身体分头和躯干两部分。头部着生4对附肢（触角、大颚、第一和第二小颚），躯干由许多相似体节组成，具成对的单肢型附肢，用气管呼吸的一类节肢动物。为一个单系类群。

01.0103　六足动物　hexapod
六足动物亚门动物的统称。身体分头、胸、腹三部分，头部有1对触角、3对口器，胸部有3对足，通常有2对翅，腹部除生殖肢之外，一般无足，以气管或通过体表呼吸的一类陆生节肢动物。

01.0104　单肢动物　uniramian
附肢只有一个肢节的节肢动物。一般包含多足动物和六足动物。现普遍认为本名称（或

分类单元）所包含的动物不是同源的，故已
很少使用。

01.0105　有爪动物　onychophoran
身体不分节、柔软但体表具环纹、有附肢、
用气管呼吸的一类蠕虫状动物。兼有环节动
物和节肢动物的特点。

01.0106　缓步动物　tardigrade
俗称"熊虫（water bear）"。身体微小、体
躯分为 5 节（头和 4 体节，每一体节又具 1
对附肢但附肢不分节）、有外骨骼的水生无
脊椎动物。

01.0107　五口动物　pentastomid, tongue worm
成体蠕虫形，体长 2～13cm，头部具 5 个疣
状或管状突起（口和 4 个钩突）、有几丁质
外皮、幼虫有 2～3 对附肢的寄生性无脊椎
动物。

01.0108　蜕皮动物　ecdysozoan
周期性蜕去外表皮的一大类原口动物的统
称。包括节肢动物、有爪动物、缓步动物、
动吻动物、曳鳃动物、铠甲动物、线虫动物
和线形动物等。

01.0109　触手冠动物　lophophorate
曾称"总担动物""拟软体动物
（molluscoid）"。苔藓动物、腕足动物和
帚形动物的总称。因都具触手冠而得名。有
发达的外骨骼，消化管一般呈 U 字形，具有
真体腔和后管肾、皮下神经系、辐射不定型
卵裂等特征。属于原口动物。

01.0110　苔藓动物　bryozoan, moss animal
又称"苔[藓]虫""外肛动物（ectoproct）"
"群虫（polyzoan）"。苔藓动物门动物的
统称。一类主要营固着生活、以群体为生存
单位的水生触手冠动物。由彼此有生命联系

的许多个体及其管状外壳骼连接组成，在体
前端有口，口周围具触手冠，消化管一般呈
U 字形，肛门位于体前方、具真体腔，无排
泄和循环器官。

01.0111　腕足动物　brachiopod
腕足动物门动物的统称。体躯以背腹两壳包
裹，背腹两壳两侧对称，大小不等，在海洋中
营固着生活的触手冠动物。

01.0112　帚形动物　phoronid
俗称"帚虫"。帚形动物门动物的统称。外
形似小笤帚或扫帚的营固着生活的海洋管
栖触手冠动物。具几丁质栖管，体长几毫米
至 300mm，前端由马蹄形或螺旋状触手冠围
绕着口，消化管呈 V 字形，肛门开口于触手
冠背外侧。躯干圆柱形，其后端具膨大的端
球。闭管式循环系统，三胚层真体腔，两侧
对称，体不分节。

01.0113　棘皮动物　echinoderm
棘皮动物门动物的统称。幼虫两侧对称、成
虫多五辐射对称、具钙质的内骨骼和水管
系、具围血系统的后口动物。在海洋中营附
着底质或贴地生活，是无脊椎动物中最高等
的类群。

01.0114　毛颚动物　chaetognath
俗称"箭虫"。毛颚动物门动物的统称。体
型似箭，较小，体长多在 40mm 以下，半透
明，具腹神经索、颚部具捕捉用刚毛的后口
动物。在海水中浮游生活。

01.0115　半索动物　hemichordate
又称"隐索动物""口索动物（stomo-
chordate）"。半索动物门动物的统称。身
体柔软，分吻、领和躯干三部分，具背神经
索、鳃裂和口索的后口动物。全部海产，是
无脊椎动物中的一个高等门类。

01.0116　无脊椎动物　invertebrate
与脊椎动物相对。身体中轴不存在由脊椎骨所组成的脊柱，神经系统在体腹面，心脏在体背面的动物。主要包括原生动物、多孔动物、刺胞动物、扁形动物、线形动物、环节动物、软体动物、节肢动物、棘皮动物、半索动物等，占动物界种类的绝大部分（95%）。

01.0117　脊索动物　chordate
脊索动物门动物的统称。在发育的某个阶段具有脊索、中空的背神经索和鳃裂的后口动物。是动物界中最高级、最复杂的一类，包括被囊动物、头索动物和脊椎动物。

01.0118　被囊动物　tunicate
又称"尾索动物（urochordate）"。被囊动物亚门动物的统称。有纵贯体背的神经索，只在尾部具有脊索，身体外包在胶质或近似植物纤维素成分的被囊中，成体形似囊袋的小型海洋脊索动物。如海鞘。

01.0119　头索动物　cephalochordate
又称"无头类（acraniate）"。头索动物亚门动物的统称。脊索和神经管纵贯全身，并终生保留，且脊索超过神经管的长度并伸达身体最前端的海洋脊索动物。体呈鱼形，头部不明显，身体分节，鳃裂众多，仅头索纲一个类群，如文昌鱼。

01.0120　原索动物　protochordate
被囊动物和头索动物的合称。是脊索动物中最低级的类群。

01.0121　脊椎动物　vertebrate
又称"有头类（craniate）"。脊椎动物亚门动物的统称。脊索只在胚胎发育阶段出现，随后或多或少地被脊柱所代替，咽鳃裂终生存在但也可能只存在于胚胎期，脑和感官集中在身体前端，形成明显头部和肾脏的最高等脊索动物。包括圆口类、鱼类、两栖类、爬行类、鸟类和哺乳类。

01.0122　胎生动物　viviparous animal
雌性体内的受精卵并不立即产出而是留在动物体内发育至幼体后才产出的动物。新生命胚胎发育所需的营养、气体和水分等全部或部分由母亲提供。如大多数的哺乳动物，少数鲨鱼、两栖动物和爬行动物。

01.0123　卵生动物　oviparous animal
卵在母体外发育成新个体的动物。

01.0124　卵胎生动物　ovoviviparous animal
卵在母体内完成胚胎发育过程，其发育营养依靠自身的卵黄，其间不需要从母体内吸取营养的动物。

01.0125　细胞　cell
生物体结构与功能的基本单位。一般都具有细胞膜、细胞质（包含多种细胞器）和细胞核的结构。动物细胞无细胞壁。

01.0126　原核细胞　prokaryotic cell
其内遗传物质没有膜包围的一类细胞。不含膜相细胞器，如细菌和蓝藻。

01.0127　真核细胞　eukaryotic cell
细胞核具有明显的核被膜包围的细胞。细胞中存在膜相细胞器。除细菌和蓝藻的细胞以外的所有动植物细胞。

01.0128　细胞膜　cell membrane
又称"质膜（plasmalemma，plasma membrane）"。包围在细胞外表面的一层薄膜。可保持细胞形态结构的完整，并具有保护、物质交换、吸收、分泌等功能。在电子显微镜下呈现出"暗–明–暗"三层。主要由蛋白质和脂质构成。

01.0129　单位膜　unit membrane
细胞膜及细胞内各种细胞器的膜。在电镜下其横断面呈现"暗–明–暗"三条平行的带，即为内、中、外三层结构，是一切生物膜所具有的共同特性，故名。

01.0130　[细]胞质　cytoplasm
细胞中包含在细胞膜内的内容物。在真核细胞中指细胞膜以内、细胞核以外的部分，内含有细胞器和细胞骨架等结构。

01.0131　细胞器　organelle
真核细胞质内具有特定形态、执行特定功能的结构。分有膜细胞器和无膜细胞器两类。有膜细胞器包括线粒体、内质网、高尔基体、溶酶体和过氧化物酶体等，无膜细胞器包括核糖体、中心体。

01.0132　线粒体　mitochondrion
真核细胞中由双层高度特化的单位膜围成的细胞器。是一些线状、小杆状或颗粒状的结构。主要功能是通过氧化磷酸化作用合成腺苷三磷酸（ATP）为细胞各种生理活动提供能量，被称作细胞的"动力工厂"。

01.0133　内质网　endoplasmic reticulum, ER
真核细胞细胞质内广泛分布的由膜构成的扁囊、小管或小泡连接形成的连续的三维网状膜系统。分为糙面内质网和光面内质网两种。

01.0134　糙面内质网　rough endoplasmic reticulum
又称"粗面内质网""颗粒型内质网（granular endoplasmic reticulum）"。膜表面有核糖体附着的内质网。是分泌蛋白和膜蛋白质等的合成与加工场所。

01.0135　光面内质网　smooth endoplasmic reticulum
又称"滑面内质网""无颗粒型内质网（agranular endoplasmic reticulum）"。膜表面没有核糖体附着的内质网。主要与脂质的合成有关。

01.0136　高尔基体　Golgi body
又称"高尔基器（Golgi apparatus）""高尔基复合体（Golgi complex）"。真核细胞胞质中近核部位主要由扁平膜囊和小泡规则堆摞而成的结构。含有多种糖基化酶，负责将来自内质网的蛋白质进行加工和分选，以便分送到细胞不同部位或细胞外。

01.0137　溶酶体　lysosome
真核细胞中由一单层膜包围的内含多种水解酶的消化性细胞器。是细胞内大分子降解的主要场所。

01.0138　过氧化物酶体　peroxisome
又称"微体（microbody）"。真核细胞中由一层单位膜包裹而成的内含氧化酶、过氧化物酶和过氧化氢酶等的细胞器。

01.0139　核糖体　ribosome
又称"核[糖核]蛋白体"。附着在内质网上的颗粒。由核糖体 RNA 和蛋白质组成，包括大小两个亚单位，是细胞质、线粒体和叶绿体中合成蛋白质的细胞器。

01.0140　中心体　centrosome
多位于细胞核周围，由一对互相垂直的中心粒和周围致密的细胞基质组成的细胞结构。是动物细胞的主要微管形成中心。

01.0141　中心粒　centriole
动物细胞中位于核附近由 9 组三联体微管围成的成对圆筒状结构。两颗中心粒在一端相互垂直,在分裂间期中位于核的一侧,细胞分裂时逐渐移向两极,与有丝分裂器的组建有关。

01.0142　细胞骨架　cytoskeleton
真核细胞中与保持细胞形态结构和细胞运动有关的纤维网络。包括微管、微丝和中间丝等。

01.0143　微管　microtubule
由微管蛋白原丝组成的不分支的中空管状结构。直径约 25nm,是细胞骨架成分,与细胞支持和运动有关。纺锤体、真核细胞纤毛、中心粒等均系由微管组成的细胞器。

01.0144　微丝　microfilament
又称"肌动蛋白丝(actin filament)"。由肌动蛋白单体组装而成的细胞骨架纤维。直径为 5~7nm,参与细胞各种形式的运动。

01.0145　中间丝　intermediate filament
又称"中间纤维"。真核细胞中介于微管和微丝之间,直径约 10nm 的纤丝。是最稳定的细胞骨架成分,主要起支撑作用。因组成的蛋白质不同而有不同的命名。

01.0146　细胞核　nucleus
真核细胞中最大的由膜包围的最重要的细胞器。是遗传物质贮存、复制和转录的场所。经固定染色后可分辨出核被膜、核基质、染色质和核仁四部分。

01.0147　核膜　nuclear membrane
全称"核被膜(nuclear envelope)"。真核细胞内包围细胞核的双层膜结构。内外两层膜大致平行,外层与糙面内质网相连。是细胞核与细胞质之间的界膜。

01.0148　核周隙　perinuclear space
真核细胞构成核膜的两层核膜之间的空隙。充有液体。

01.0149　核孔　nuclear pore
由核膜内、外层的单位膜融合而成的孔。是沟通核质和细胞质的复杂隧道结构,由多种核孔蛋白组成,对进出核的物质有控制作用。

01.0150　核基质　nuclear matrix
又称"核骨架(nuclear skeleton, karyoskeleton)"。细胞核内主要由非组蛋白构成的精密的三维纤维网架结构。与 DNA 的复制、转录和 RNA 加工有关。

01.0151　染色质　chromatin
细胞核中主要由 DNA 和组蛋白结合而成的丝状结构。是易被碱性染料着色的物质。在间期核内是分散的。

01.0152　染色体　chromosome
在细胞分裂时染色质丝经过螺旋化、折叠、形成的在显微镜下可见的具不同形状的小体。是生物主要遗传物质的载体。

01.0153　核小体　nucleosome
组成真核细胞染色质的基本结构单位。由组蛋白和大约 200 个 bp 的 DNA 组成的直径约 10nm 的球形小体。其核心由 H_2A、H_2B、H_3 和 H_4 四种组蛋白各两个分子组成。

01.0154　核仁　nucleolus
细胞核中椭圆形或圆形的颗粒状结构。没有膜包围,由核仁组织区 DNA、RNA 和核糖体亚单位等成分组成。在电子显微镜下可分为纤维中心、致密纤维组分和颗粒组分三个区域。

01.0155　包涵物　inclusion
细胞质中具有一定形态的各种代谢产物和贮存物质的总称。包括分泌颗粒、糖原颗粒、色素颗粒、脂滴等。

01.0156　细胞周期　cell cycle
连续分裂的细胞从前一次分裂结束到下一次分裂完成所经历的全过程。可分为分裂间期和分裂期两个主要时期。

01.0157　[分裂]间期　interphase
真核细胞的细胞周期中，从前一次分裂结束至下一次分裂开始之间的时期。包含 G_1 期（DNA 合成前期）、S 期（DNA 合成期）和 G_2 期（DNA 合成后期）。

01.0158　分裂期　division stage
又称"M 期（mitotic phase，M phase）"。真核生物细胞周期中的一个时期。包含了有丝分裂过程，经过核分裂和相继进行的胞质分裂，最终被分为两个子细胞。

01.0159　有丝分裂　mitosis
真核细胞的染色质凝集成染色体、复制的姐妹染色单体在纺锤丝的牵拉下分向两极，从而产生两个染色体数和遗传性相同的子细胞核的一种细胞分裂类型。通常划分为前期、前中期、中期、后期和末期五个阶段。

01.0160　核分裂　karyokinesis
细胞有丝分裂中从细胞核内出现染色体开始，经一系列变化，最后分裂成两个子核的过程。

01.0161　胞质分裂　cytokinesis
细胞有丝分裂中，继核分裂后，细胞质一分为二分配到两个完整子细胞中的过程。

01.0162　减数分裂　meiosis
在有性生殖生物的配子形成过程中，生殖细胞的分裂方式。在此过程中，生殖细胞连续进行两次核分裂，而染色体只复制一次，由此产生 4 个单倍体细胞（配子），其中的染色体数目减半，故名。

01.0163　组织　tissue
一些形态相同或相似、功能相同的细胞与细胞外基质一起构成并具有一定形态结构和生理功能的细胞群体。在高等动物体中分为 4 大类基本组织，即上皮组织、结缔组织、肌肉组织和神经组织。

01.0164　器官　organ
由几种不同类型的组织按照一定的方式有机地组合在一起、具有一定的形态特征、行使特定生理功能的结构。

01.0165　系统　system
一些在功能上有密切联系的器官联合起来完成某种特定生理功能的结构功能单元。高等动物体内有 11 大系统，即皮肤系统、骨骼系统、肌肉系统、消化系统、呼吸系统、循环系统、排泄系统、内分泌系统、神经系统、免疫系统和生殖系统。这些系统又主要在神经系统和内分泌系统的调节控制下彼此联系、相互制约地执行其不同的生理功能。

01.0166　皮肤系统　integumental system
由体被构成的包围在动物体外表面、起着保护身体不受外物侵害、维持体内环境以及呼吸、排泄等作用的系统。

01.0167　皮肤　skin
被覆于动物体表面，直接与外界环境相接触的部分。在无脊椎动物一般是来源于外胚层的一层表皮及由其产生的角质层构成，脊索动物由外胚层形成的表皮和中胚层形成的真皮组成，而哺乳类的皮肤则包括表皮、真皮和皮下组织。

01.0168　体被　integument
覆盖在动物体外面的组织及其衍生的构造。

包括皮肤及其衍生物。

01.0169　骨骼系统　skeletal system
脊椎动物以骨为支架并以关节、韧带、结缔组织和软骨连接而形成的支持、保护和运动系统。

01.0170　骨骼　skeleton
动物体内或体表坚硬的、主要起支撑作用的部分（可以是组织、器官或系统）。

01.0171　外骨骼　exoskeleton
一些无脊椎动物（如节肢动物）身体表面几丁质骨化外壳和某些脊椎动物（如鱼、龟等）体表坚硬皮肤衍生物（如鳞片、甲胄等）的统称。

01.0172　内骨骼　endoskeleton
动物体内来源于中胚层的骨骼。多数包于皮肤之内，供肌肉着生和起支撑作用。在节肢动物由外骨骼的某些部分向内延伸而成，在某些软体动物（如头足类）和棘皮动物与脊椎动物一样，源于中胚层，且都藏在体壁内，以支持和保护身体。脊椎动物包括中轴骨骼和附肢骨骼。

01.0173　肌肉系统　muscular system
由肌肉构成的、其收缩可以引起肢体和动物移动或运动的系统。

01.0174　肌肉　muscle
动物（除原生动物、中生动物和多孔动物外）体内柔软的、能收缩的组织。无脊椎动物从扁形动物开始才真正有中胚层形成的肌肉组织，且都为平滑肌，主要由环肌、纵肌、斜肌和背腹肌等组成，且与表皮一起形成皮肌囊。脊椎动物的肌肉可分为三个类群：体节肌（为横纹肌）、鳃节肌（为平滑肌）和皮肤肌。

01.0175　消化　digestion
动物将食物分解成可以吸收、同化和利用的小分子的过程。有机械消化和化学消化两种方式。经历了从细胞内消化向细胞外消化的过渡，原生动物时进行细胞内消化，刺胞动物开始出现细胞外消化，刺胞动物以上各门动物出现了消化器官和消化系统，细胞外消化为主要方式。

01.0176　机械消化　physical digestion
又称"物理消化"。通过消化管的运动将食物磨碎变细，并使已磨碎的食物和消化酶充分混合，以便迅速进行化学消化的过程。

01.0177　化学消化　chemical digestion
通过消化酶的作用将大分子食物分解为小分子、蛋白质分解为氨基酸、糖类分解为单糖等的过程。

01.0178　[细]胞内消化　intracellular digestion
原生动物和低等后生动物（如多孔动物、刺胞动物）将食物摄取包裹在细胞内进行消化的方式。不能消化的残渣再经体表或口排出体外。

01.0179　[细]胞外消化　extracellular digestion
动物将摄取的食物进入消化腔或消化管内进行消化的方式。即食物在细胞外部消化。

01.0180　代谢　metabolism
动物体内所发生的用于维持生命的一系列有序化学反应的总称。

01.0181　同化　assimilation
动物体吸收外界物质并转化成为自身成分的过程。如摄取营养物转变成细胞内有功能的成分。

01.0182　异化　dissimilation
动物体内成分通过代谢生成非机体本身所

需要的物质（如体内成分降解成代谢废物）排出体外的过程。

01.0183 消化系统 digestive system

将摄取的食物进行机械和化学消化，吸收营养物质，并将食物残渣排出体外的系统。随动物进化经历了从简单到复杂，很多器官从无到有，并逐渐完善的过程。从纽形、线形动物出现肛门，到环节动物出现消化系统分工及复杂化（肠可分为前、中、后肠）；软体动物由口、口腔（除双壳类外）、胃、肠、肛门构成，口腔内有唾液腺；棘皮动物消化管短，由口、食道、胃、肠和肛门组成；脊椎动物由消化管和消化腺组成。

01.0184 消化管 digestive tract

又称"消化道"。从口到肛门的食物通道。扁形动物没有肛门，多盲囊，食物残渣经口排出体外；自假体腔动物（除棘头动物、线形动物外）开始具有口有肛门的完全消化管，分为前肠（口、咽、食道）、中肠和后肠（直肠、肛门）。

01.0185 口 mouth

动物取食的部位。为消化管的入口，不同动物类群其位置和构造不同。

01.0186 口腔 buccal cavity, oral cavity

由口至咽之间的部分。不同动物类群其构造不同。如在线虫为口孔与食道之间，其大小和形状变化很大，有的呈长圆柱形，有的为短圆柱形，有的呈漏斗状；在蟹类为口前板后方和头胸甲的颊区之间的一个凹陷的腔，略呈三角形或四方形；在脊椎动物为消化管最前端的扩大部，具有齿、舌、口腔腺等。

01.0187 [牙]齿 tooth

着生于口腔中或口缘的撕咬和咀嚼食物的骨性器官。有时也指动物体表坚硬的小突起。最初的功能是捕捉及咬住食物，进化至哺乳动物才具有切割、刺穿、撕裂和研磨等多种功能。

01.0188 咽 pharynx

一般是指消化管位于口或口腔与食管之间的部分。但在不同动物类群中其结构不同。如在无脊椎动物涡虫类咽具有明显的肌肉壁，翻出口外以包围、摄食食物；吸虫类为口腔后方与食道之间由肌肉壁构成的球形膨大部，是用以吸取食物的吸管。在脊椎动物中为内鼻孔和食管或气管之间的部分，是摄食和呼吸的共同通道。

01.0189 食管 esophagus, oesophagus, gullet

（1）脊椎动物从口咽腔或咽到胃的一段纤维肌性管道。鱼类和两栖类食管很短。（2）在无脊椎动物中习称"食道"。为咽与肠或嗉囊或胃之间的部分。由一肌肉组成的通道，主要起连接作用。

01.0190 嗉囊 crop

一些无脊椎动物（如蚰虫、昆虫）食道后端所连接的膨大的囊状构造。属于消化器官的一部分，为暂时贮存食物的场所。在脊椎动物鸟中也存在。

01.0191 砂囊 gizzard

（1）寡毛类环节动物（如蚯蚓）、蚰虫中接连嗉囊的囊状结构。是消化器官，膨大而壁厚，其黏膜具环形褶皱，内有砂粒（蚯蚓），用以碾碎、磨细和消化食物。（2）又称"前胃"。昆虫嗉囊（或吸胃）后边的前肠部分。具有肌壁和角质齿，以破碎食物。

01.0192 胃 stomach

动物消化管的膨大部分。具有贮藏和消化食物的功能。其性状和结构因动物的种类和食性而异。如软体动物瓣鳃类的胃为一大的卵形或梨形的袋状物；鱼的胃有些呈一直管或没有；多数脊椎动物的胃呈"J"或"U"字形的明显膨大；鸟类的胃分化为腺胃和肌胃两部分；哺乳动物多数种类为单胃，食草动物反刍类为复杂的反刍胃。

01.0193　肠　intestine
接续食管或胃直到身体末端的一部分消化管。扁形动物则终于盲囊，无脊椎动物一般比脊椎动物的结构简单，但也有的分成前肠、中肠和后肠，也有盲囊或其他附属器官（如中肠腺、马氏管）。脊椎动物的肠接续于胃，在哺乳动物（单孔类除外）及硬骨鱼类后端以肛门开口于外界，其他种类开口于泄殖腔的部分。其分化程度与动物的进化水平有关，也与食性密切联系。常有小肠和大肠的分化。

01.0194　肛门　anus
消化管末端的开口。食物残渣经此排出体外。

01.0195　盲囊　cecum, caecum
动物体内附生在各种器官上的一端闭塞的囊状结构。

01.0196　排遗　egestion
动物体通过消化系统将不能消化吸收的食物残渣和剩余废物排出体外的过程。

01.0197　呼吸　respiration
动物体将外界的氧气输送到细胞并将细胞代谢所产生的二氧化碳输送到外界的过程。一般意义上指动物吸气和呼气的过程或动作。

01.0198　呼吸系统　respiratory system
动物与外界进行气体交换的器官总称。低等无脊椎动物没有专门的呼吸器官，通过体表扩散作用实现与外界交换气体。自软体动物开始出现真正的呼吸器官，水生种类通过鳃，陆生种类用肺。

01.0199　循环　circulation
动物体内一套器官系统通过血液或细胞外液的流动来输送氧气、养分，并将细胞代谢所产生的废物带走的过程。

01.0200　循环系统　circulatory system
使血液或淋巴流动，把摄取的营养和体内产生的激素等输送到全身各处，以及进行气体交换并将细胞代谢所产生的废物排出等构造组成的系统。分闭管式和开管式两种循环系统。自纽形动物开始出现，环节动物才有较完善的循环系统，包括血管、心脏和血液。脊椎动物包括心脏、动脉、毛细血管、静脉，血液在这套管道中循环。

01.0201　开管循环系统　open vascular system
动物体内的血液不完全在心脏与血管内流动，还流进细胞间隙、体腔或血窦中的循环方式。见于大多数无脊椎动物。

01.0202　闭管循环系统　closed vascular system
动物体内的血液完全在由心脏与血管组成的封闭管道内流动的循环方式。血流有一定的方向，见于环节动物、头足类软体动物和脊椎动物。

01.0203　血管　blood vessel
动物体内输送血液的管道。常有动脉、静脉和毛细血管之分。

01.0204　排泄　excretion
动物体把新陈代谢过程中产生的不能再利用的物质（如尿素、尿酸、二氧化碳、氨等）、过剩的物质（如水和无机盐类）以及进入体内的各种异物（如药物等）排出体外的过程。

01.0205　排泄系统　excretory system
执行排泄功能的器官总称。在低等的无脊椎动物（如原生动物、多孔动物、刺胞动物）中由于没有循环系统，排泄方式是低级的细胞排泄，后随真体腔的出现和系统的进化，出现了更高级的原管肾、后管肾、马氏管等，排泄系统逐渐完善。在脊椎动物中排泄系统趋于完善，主要包括肾、输尿管、膀胱、尿道等。

01.0206　分泌　secretion
动物某些细胞、组织（腺体）或器官合成和释放某种或某些特殊化学物质的过程。

01.0207　内分泌　endocrine
动物体中的分泌物（如激素）不经导管而直接进入血液循环的分泌方式。

01.0208　外分泌　exocrine
动物体中的分泌物向体表或经过导管送出的分泌方式。

01.0209　分泌腺　secreting gland
简称"腺[体]（gland）"。具有分泌功能的器官或结构。有内分泌腺和外分泌腺两大类。

01.0210　内分泌系统　endocrine system
多细胞动物体内由内分泌腺和分散于某些器官组织中的内分泌细胞组成的系统。分泌激素调节机体的新陈代谢、生长发育等活动。

01.0211　激素　hormone
曾称"荷尔蒙"。动物体内特定部位产生的可以影响其他细胞活动的化学物质。

01.0212　神经　nerve
真后生动物体内感受刺激和传导兴奋能力的细胞、组织、器官和系统。

01.0213　神经系统　nervous system
真后生动物体内接受体内外环境的刺激、产生反应，调节各器官的活动和适应内外环境的全部神经构成的网络。经历了从无到有，从简单到复杂，从低级到高级的发展过程。无脊椎动物从散漫神经系统、梯状神经系统、链状神经系统到分为中枢神经系统和周围神经系统（如节肢动物），脊椎动物的神经系统分为中枢神经系统、周围神经系统和感觉器官。

01.0214　神经索　nerve cord
沿身体纵轴的一束神经纤维。在大多数无脊椎动物（如蚯蚓、昆虫）中有两条神经索，原索动物中神经索中空，脊椎动物中神经索成为脊髓。

01.0215　感觉器官　sense organ, sensory organ
动物体上用来接受和感觉外界刺激的器官。

01.0216　眼　eye
动物体上特定部位结构复杂、能感光和成像的器官。不同类群的眼在构造上和发生上不同。在无脊椎动物从眼虫的眼点、蚯蚓的分散光感受器，到软体动物头足类的晶体眼、节肢动物的复眼，构造的变化伴随功能的进化。脊椎动物的眼由巩膜、脉络膜、视网膜3 种膜包围，其内部充满房水、玻璃体、晶状体；陆生脊椎动物多具有眼睑和泪腺，保护眼球，防止干燥。

01.0217　免疫系统　immune system
机体执行免疫应答和免疫功能的组织系统。主要由免疫细胞、淋巴组织、淋巴器官等组成。

01.0218　生殖　reproduction, breeding
又称"繁殖"。动物体产生下一代或新个体

的过程。依生殖过程中是否出现生殖细胞的结合分为无性生殖和有性生殖。

01.0219　生殖器[官]　genital organ, reproductive organ

真后生动物产生生殖细胞的器官。包括生殖腺、输卵管、输精管以及其他附属腺体等。

01.0220　生殖系统　genital system, reproductive system

真后生动物生殖腺及其附属器官的总称。

01.0221　雄性生殖系统　male reproductive system

雄性真后生动物完成生殖过程的器官总称。雄性高等无脊椎动物一般包括精巢、输精管、附属腺体等，雄性高等脊椎动物一般包括精巢（或睾丸）、附睾、输精管、副性腺及阴茎等。

01.0222　雌性生殖系统　female reproductive system

雌性真后生动物完成生殖过程的器官总称。雌性高等无脊椎动物一般包括卵巢、输卵管、子宫、阴道等，雌性高等脊椎动物一般包括卵巢、输卵管、子宫、阴道和外生殖器等。

01.0223　生殖腺　gonad, genital gland

又称"性腺"。真后生动物体内产生生殖细胞的器官。其形态和结构随进化而复杂。雄性的生殖腺为精巢（或睾丸），雌性的生殖腺为卵巢。

01.0224　精巢　testis

雄性动物产生生殖细胞的器官。在真后生无脊椎动物中其起源和构造各种各样；在脊椎动物中起源于中胚层，左右成对，位置多变。

01.0225　卵巢　ovary

雌性动物产生生殖细胞的器官。在真后生无脊椎动物中数目和排列状态多样；脊椎动物鱼类、两栖类、鸟类为囊状，哺乳类由被膜和实质构成，实质包括皮质和髓质两部分，皮质内含有卵泡。

01.0226　交接器　copulatory organ

又称"交配器"。动物在有性生殖时使用的与异性个体结合的器官。不同类群其结构不同。雄性有阴茎和外生殖器（如线虫的生殖刺、昆虫的抱握器）；雌性有阴道或交配囊。

01.0227　阴茎　penis, cirrus

雄性动物在有性生殖时用于授精的器官。不同类群其结构差别大。

01.0228　外生殖器　genitalia

至少在交配时位于自身身体外部的生殖器官。

01.0229　输精管　vas deferens, spermaductus

雄性动物体内前端连接精巢（或附睾）、后端通向射精管的管道。将精子输送到射精管。

01.0230　输卵管　oviduct, uterine tube, Fallopian tube

雌性动物体内连接卵巢与子宫（如绦虫和线虫）或阴道（如昆虫、脊椎动物）的管状通道。

01.0231　射精管　ejaculatory duct

雄性动物排射精子出体外的管道。在某些无脊椎动物中为雄性生殖器官的末端部分形成的富含肌肉质的管状结构，一端连接贮精囊，另一端通到泄殖腔。在哺乳动物雄性中为输精管和精囊管会合而成的管状结构，开口通入尿道。

01.0232 贮精囊 seminal vesicle, vesicula seminalis

输精管后端膨大的囊状结构。是贮藏自身精子的地方。

01.0233 有性生殖 sexual reproduction

又称"两性生殖（bisexual reproduction, digenetic reproduction）"。经过不同性别生殖细胞的结合和受精作用，产生合子，由合子发育成新个体的生殖方式。主要指配子生殖，有时也指不同繁殖个体间有遗传物质交换过程的生殖方式。

01.0234 无性生殖 asexual reproduction

单个或单性动物体不经过两性生殖细胞的结合直接产生子代的生殖方式。

01.0235 同系交配 endogamy

又称"亲近繁殖"。亲缘关系很近（如同一品系、同一种群）个体间繁殖后代或生殖细胞融合的现象。

01.0236 无配生殖 apogamy

由单倍体细胞不受精直接发育为胚胎或个体的现象。

01.0237 孤雌生殖 parthenogenesis

又称"单性生殖"。种群中有雌雄个体的分化，但雌性阶段性或永久性地直接产出卵细胞或新个体的生殖方式。如部分蚜虫、瘿蜂等。

01.0238 产雌雄孤雌生殖 deuterotoky, amphitoky

又称"产两性单性生殖"。孤雌生殖的一种。雌性单独产生的后代中既有雄性也有雌性个体。如越冬前的蚜虫。

01.0239 幼体生殖 paedogenesis

又称"幼生生殖"。未完全成熟的动物（成体的部分或所有特征和结构还未完全长成），性便成熟并进行生殖后代的现象。如栉板动物有些种类。

01.0240 幼体孤雌生殖 paedoparthenogenesis

又称"幼体单性生殖"。单个性别的、未成熟的动物就产生后代的一种幼体生殖方式。

01.0241 生活史 life history

动物体从合子形成开始到生长、发育并完成繁殖下一代的全部过程。

01.0242 生活周期 life cycle

生物完成其全部生活史所经历的时间、过程以及生活史在时间上的分配。

01.0243 寿命 longevity

一个动物种群中所有个体的平均存活时间。

01.0244 世代交替 alternation of generations, metagenesis

生物的有性世代和无性世代交替出现的现象。如刺胞动物薮枝虫。

01.0245 生长 growth

生物体和其各种组织器官形态结构体积的增大以及其细胞组织结构的成熟和生理功能完善的过程。

01.0246 成熟 maturation

动物生殖系统的完全长成并能繁殖后代的现象。

01.0247 雄性先熟 protandry

在动物的繁殖季节，同一阶段出生的雄性个体早于雌性个体达到性成熟阶段或出现的现象。如雄性昆虫先行在空中飞行、一些鱼类雄性成熟后转变为雌性等。

01.0248　雌性先熟　protogyny
在动物的繁殖季节，同一阶段出生的雌性个体早于雄性个体达到性成熟阶段或出现的现象。如一些鱼类和海鞘雌性成熟后转变为雄性。

01.0249　雌雄同体　monoecism, hermaphrodite
同一动物体内同时具有雌性和雄性生殖器官和系统，既能产生雌配子也能产生雄配子的现象。

01.0250　雌雄异体　dioecism, gonochorism
同一动物体内只有雌雄生殖器官和系统中的一套或一种，只能产生一种雌配子或雄配子的现象。

01.0251　真雌雄同体　euhermaphrodite
同一动物同时具雌雄两套生殖系统、能够产生雌雄不同配子的现象。

01.0252　雌性先熟雌雄同体　protogynous hermaphrodite
一些动物（主要是鱼类）原先全部是雌性的，发育到一定阶段后又转变为雄性的现象。

01.0253　幼体　larva
又称"幼虫"。后生无脊椎动物和鱼类胚后早期发育阶段，外部形态和习性不同于成体，往往可营独立生活的个体。

01.0254　性［别］分化　sexual differentiation
生物个体不同性器官、不同性征和雌、雄配子的产生和发育过程。

01.0255　两性异形　sexual dimorphism
同一物种或种群的不同性别个体在外部形态上有明显差异的现象。

01.0256　性多态　sexual polymorphism
动物种群中雌雄性别个体可能有两个或两个以上不同形态的现象。

01.0257　真杂种优势　euheterosis
杂种（F₁代）的繁殖器官生长发育超过双亲，但营养器官的生长不一定超过亲本的现象。

01.0258　种系　germ line
又称"生殖系"。多细胞动物中能繁殖后代的一类细胞的总称。包括单倍体配子以及最终能分化成配子的原始生殖细胞。

01.0259　单态［现象］　monomorphism
一种动物种群中的个体（常指性别差异之外）在外部形态上表现得十分单一和统一的现象。

01.0260　二态［现象］　dimorphism
一种动物种群或品系中出现两种稳定的、有明显形态差异的类型。一般不指雌雄性别的不同。

01.0261　三态［现象］　trimorphism
一种动物种群中存在三种不同形态类型（如色泽、斑纹、大小等）的现象。在社会性昆虫中指同一虫态有三种色泽或体型的现象，如在蚁类及白蚁类同一工蚁级中。

01.0262　多态［现象］　polymorphism
同一种动物种群或品系内存在三种以上形态个体的现象。

01.0263　本能　instinct
动物先天具有的、与生俱来的（即没有经过学习或没有任何先前经验的）复杂行为模式。不包含生物体对刺激所做出的生理上的反应。

01.0264　行为　behavior
动物个体或群体为适应其生活环境和满足

其内在生理需求所表现出来的一切动作。

01.0265 习性 habit
动物所具有的一套周期性或经常性发生的、无意识的、有固定模式的行为。

01.0266 自切 autotomy
又称"自残"。动物在受到惊扰、袭击或受伤时，将自身身体的一部分丢弃或脱落以求自保的现象。多见于扁形动物、环节动物（蚯蚓类）、软体动物、节肢动物、棘皮动物（海星类）等，脊椎动物蜥蜴也进行尾部的自切。

01.0267 变态 metamorphosis
动物幼体在生产出或孵化之后的发育过程中发生的一系列内部构造和外部形态的显著变化和急剧改变。大多数无脊椎动物门类中都有进行变态的种类，在脊椎动物中变态仅见于鱼类和两栖类。

01.0268 完全变态 complete metamorphosis, holometabolous metamorphosis
有翅昆虫内生翅类在生命周期中经历的卵、幼虫、蛹和成虫四个不同虫态的发育过程。

01.0269 不完全变态 incomplete metamorphosis
有翅昆虫外生翅类在生命周期中经历的只有卵、若虫（或稚虫）和成虫三个虫态的发育过程。

01.0270 逆行变态 retrogressive metamorphosis
动物在经过发育变态后失去了一些重要的构造，形体变得更为简单的过程。如自由生活的海鞘幼体经过变态，背神经管等一些重要构造，成为退化的并且固着生活的成体。

01.0271 蜕皮 ecdysis, molt
动物脱去旧表皮长出新表皮的过程。

02. 动物进化与系统学

02.01 动物分类学

02.0001 经典分类学 classical taxonomy
又称"传统分类学""林奈分类学（Linnaean taxonomy）""正统分类学（orthodox taxonomy）"。主要基于模式标本的分类学。根据种形态、地理分布和生态等特征的异同来进行分类的研究方法，在不同特征间存在加权，没有统一分类原则的单纯分类学。

02.0002 支序系统学 cladistics, cladistic systematics
又称"分支系统学""支序分类学（cladistic taxonomy）""系统发生系统学（phylogenetic

systematics）"。当今三大分类学派之一。主张通过对衍生性状相似性的分析，恢复和建立生物之间的分支进化关系，进而重建系统发生树，以形成严格的单系分类系统。

02.0003 进化分类学 evolutionary taxonomy
当今三大分类学派之一。以生物进化原理为指导的分类学派。在近代分类学研究中，特指在建立分类系统时，同时考虑谱系关系和特征差异程度两种因素的学派。

02.0004 数值分类学 numerical taxonomy
又称"表征分类学（phenetics, phenetic

taxonomy）""表型分类学"。当今三大分类学派之一。根据性状的总体相似性程度进行分类和构建分类体系的分类学派。即借数值方法，根据其性状状态将分类单元归类成类元的一种方法。

02.0005　综合分类学　synthetic taxonomy
又称"折中分类学（eclectic taxonomy）"。由经典分类学派吸收适用的支序系统学和数值分类学的原理和方法形成的分类学派。强调亲缘关系由支系与共同祖先的远近程度决定，一个类群是否为单系亲缘可通过其具有的衍征来测定。

02.0006　整合分类学　integrative taxonomy
利用多学科之间的互补性，将来自不同学科领域的新理论和方法整合为一体的一种分类方法。特别依据最能反映亲缘关系和系统进化的主要性状进行分类。

02.0007　系统学　systematics
在分类工作基础上研究物种的起源、分化及其分布的科学。

02.0008　系统发生学　phylogenetics
又称"种系发生学"。利用分子和形态学等数据研究生物类群间进化规律及物种间亲缘关系的科学。

02.0009　分子系统学　molecular systematics
利用蛋白质或核酸等大分子在遗传组成、结构、功能等方面携带的进化信息来阐明生物各类群间谱系发生关系的科学。

02.0010　分类　classification
根据生物之间相同、相异的程度与亲缘关系的远近，使用不同等级特征，将其逐级划归为合适的类群或单元的过程。

02.0011　自然分类　natural classification
利用共同的相关特征进行类群划分的、反映符合自然历史中亲缘关系的一种分类方法。

02.0012　自然分类系统　natural classification system
依据自然谱系关系建立的分类系统。

02.0013　人为分类　artificial classification
基于形态、习性等方面的某些特点作为分类依据，不考虑种类彼此间的亲缘关系及其在系统发生中地位的一种分类方法。已陆续被自然分类所替代。

02.0014　大分类学　macrotaxonomy
又称"宏观分类学"。研究种以上高级分类单元分类的科学。

02.0015　小分类学　microtaxonomy
又称"微观分类学"。研究种和种下分类单元分类的科学。

02.0016　α 分类学　alpha taxonomy
又称"甲级分类学"。研究种级分类单元的识别、鉴定、记述和命名的分类学。

02.0017　β 分类学　beta taxonomy
又称"乙级分类学"。将大量的物种配置安排到种以上分类阶元并建立分类系统的分类学。

02.0018　γ 分类学　gamma taxonomy
又称"丙级分类学"。研究种下种群的变异、分化及进化速度和趋势的分类学。

02.0019　分类单元　taxon
生物分类系统中的任一等级。是一类生物的集合，它们各自被依据命名法规赋予一个学名，如一个属、一个科、一个目等。

02.0020　等级　rank
分类单元在分类系统中的位置。

02.0021　[分类]阶元　category
由各分类单元按等级排列的阶梯式系统。有
7 个主要级别，由高到低依次为：界、门、
纲、目、科、属、种。有时，为了更精确地
表达种的分类地位，可将原有的阶元进一步
细分，常在原有阶元名称之前或之后加上总
（super-）或亚（sub-）而形成，如总纲、亚
纲、总目、亚目等。

02.0022　阶元系统　hierarchy
将各个分类阶元按照从属关系排列的阶梯
式系统。低级阶元包容于高级阶元中，是分
类的等级制度或层次关系。

02.0023　界　kingdom
生物分类的最高阶元。

02.0024　亚界　subkingdom
次于界级阶元的一个界级分类等级。是界级
阶元的进一步划分，由一群亲缘关系相近的
门组成。

02.0025　门　phylum
介于界和纲之间的分类阶元。由亲缘关系相
近的亚门或纲组成。

02.0026　亚门　subphylum
次于门级阶元的一个门级分类等级。是门级阶
元的进一步划分，由亲缘关系相近的纲组成。

02.0027　总纲　superclass
门级阶元之下的一个纲级分类阶元。是纲级
阶元的进一步整合，由亲缘关系相近的纲组成。

02.0028　纲　class
介于门和目之间的分类阶元。由亲缘关系相

近的亚纲或目组成。

02.0029　亚纲　subclass
次于纲级阶元的一个纲级分类等级。是纲
级阶元的进一步划分，由亲缘关系相近的
目组成。

02.0030　总目　superorder
纲级阶元之下的一个目级分类阶元。是目
级阶元的进一步整合，由亲缘关系相近的
目组成。

02.0031　目　order
介于纲和科之间的生物分类阶元。由亲缘关
系相近的亚目或科组成。

02.0032　亚目　suborder
次于目级阶元的一个目级分类阶元。是目级阶
元的进一步划分，由亲缘关系相近的科组成。

02.0033　总科　superfamily
目级阶元之下的一个科级分类阶元。由亲缘
关系相近的科组成。

02.0034　科　family
介于目和属之间的分类阶元。由亲缘关系相
近的亚科或属组成。

02.0035　亚科　subfamily
次于科级阶元的一个科级分类等级。是科级阶
元的进一步划分，由亲缘关系相近的属组成。

02.0036　属　genus
介于科和种之间的分类阶元。由一个或多个
物种组成，它们具有若干相似的鉴别特征，
或者具有共同的起源特征。

02.0037　亚属　subgenus
次于属级阶元的一个属级分类等级。是属级

阶元的进一步划分。由这个属内一个或若干个性状相近、与该属内其他种有所区别的种组成。

02.0038 种 species
生物分类的基本单元。具有一定的自然分布区和一定的生理、形态特征，能相互繁殖、享有一个共同基因库的一群个体。与其他种存在生殖隔离。

02.0039 亚种 subspecies, subsp.
种下分类单元。是种内唯一在《国际动物命名法规》上被承认的分类阶元。是种内个体在地理和生态上充分隔离以后所形成的种群，有一定的形态特征和地理分布，亚种间不存在生殖隔离或生殖隔离不完善。

02.0040 种上阶元 supraspecific category
种以上的分类阶元。如属、科、目、纲、门、界等。

02.0041 种下阶元 infraspecific category
种以下的分类阶元。《国际动物命名法规》承认的种下分类阶元只有亚种。

02.0042 属组 genus group
一群属的集合。

02.0043 种组 species group
一群种的集合。

02.0044 地理亚种 geographical subspecies
因地理分布不同而形成的亚种。

02.0045 品种 cultivar
在一定的生态和经济条件下，经人工选择培育的动物群体。具有相对的遗传稳定性和生物学及经济学上的一致性，并可以用普通的繁殖方法保持其稳定性。

02.0046 杂种 hybrid, cross breed
属于不同分类单元的两个个体交配产生的后代。

02.0047 单型种 monotypic species
在分类学上只包含 1 个亚种的物种，即不区分亚种的物种。

02.0048 多型种 polytypic species
在分类学上可区分为若干个特化型或亚种的物种。

02.0049 单型属 monotypic genus
在分类学上只含有一个种的属。

02.0050 多型属 polytypic genus
在分类学上含有多个种的属。

02.0051 隐[存]种 cryptic species
同一个属内形态难以区分，但有生殖隔离的一群种。

02.0052 亲缘种 sibling species
又称"同胞种"。外部形态上很相似，但有一定差异的物种。

02.0053 近似种 allied species
当所研究的标本形态特征与某一已知种相似，可能属于该种，但由于材料局限或标本保存不好，有些特征不明显或不具备，难以全面对比，准确鉴定即为该种，可定为这个种的近似种。

02.0054 超种 super-species
其分布区域不相重叠，即使互有接触，彼此也不互配生殖的极相近似的几个种。所包括的各种其间形态差别常不显著，犹如亲缘种一般。

02.0055 宗 race
又称"地理宗（geographical race）"。有地

理分异的种群或种群的集合。它们在形态上区别于该物种的其他宗，在分类学上常常处理为亚种。

02.0056　型　forma
种内存在的不同形态类型。可因季节、生境、性别等差异而形成。

02.0057　原祖型　archetype
假设的祖先类型。该类群的现存型被认为由其衍化形成。

02.0058　黑化型　melanism
由于环境污染导致某些昆虫中因鸟类的差别捕食而出现的黑色突变个体。如桦尺蠖（*Biston betularia*）。

02.0059　白化型　albinism
由于基因发生突变，不能形成酪氨酸酶，使得酪氨酸不能转化为黑色素，导致黑色素缺乏而产生的个体。

02.0060　鉴定　identification
从已知的分类单元中辨认出未知的标本，并确定它在现存分类等级中正确位置的过程。

02.0061　性状　character
又称"特征"。生物个体或种群具有的可识别的属性。包括形态、生理、行为、生态、地理等性状。依据这些性状能够确定其与其他个体间的可遗传差异。

02.0062　生物学性状　biological character
生物体表现出的生理特征、行为方式、生态习性等属性。能从亲代遗传给子代。

02.0063　分类性状　taxonomic character
用于生物鉴别和分类学描述的性状。

02.0064　相关性状　correlated character
与一个性状相关联的另一个性状。

02.0065　获得性状　acquired character
生物在个体发育过程中，受外界环境条件影响产生的有适应意义的性状。

02.0066　退化性状　regressive character
在个体发育或系统发育过程中，个体、器官和细胞等形态变化及活力减退的表现特征。

02.0067　祖征　plesiomorphy
与祖先特征相似的性状。是在同源性状系列中，相对原始的性状状态。

02.0068　衍征　apomorphy
又称"新征"。由祖征进化而来的特征。是在同源性状系列中相对进化的性状。

02.0069　共同祖征　symplesiomorphy
两个或两个以上分类单元共同具有的祖征。

02.0070　共同衍征　synapomorphy
两个或两个以上分类单元共同具有的衍征。是判别单系群的依据。

02.0071　独征　autapomorphy
又称"自有新征"。支序图中末端分类单元单独具有的衍征。

02.0072　返祖现象　atavism
后裔中出现祖先某些性状的现象。

02.0073　描述　description
又称"描记"。对分类单元的特征进行规范性的表述。

02.0074　一般描述　general description
又称"一般描记"。对某一分类单元的分类性状比较全面的描述。不单独找出与其他分类单元相区别的性状。

02.0075　原始描述　original description
又称"原始描记"。为新种、新属或其他新
分类单元命名时所做的描述。

02.0076　再描述　redescription
又称"再描记"。对某一分类单元的形态特
征进行重新描述。

02.0077　鉴别　diagnosis
分类学上的一种陈述形式。指出某一种与其
他种的区别或与有关种的相似。

02.0078　鉴别性状　diagnostic character
又称"鉴别特征"。一个分类单元所特有
的、可借以与其他相似的或近缘的分类单元
相区别的性状或性状组合的简要陈述。

02.0079　示差鉴别　differential diagnosis
一个种（或其他分类单元）与其近缘种（或
其他分类单元）直接对比的鉴别方法。

02.0080　订正　revision
对已有的分类学研究重新进行界定和修改
的过程。

02.0081　命名　nomenclature
确定任何分类单元一个正确名称的过程。

02.0082　双名法　binominal nomenclature
又称"二名法"。由林奈（C. Linnaeus）
建立完善的一种生物命名法则。每个物种的
名称由两个拉丁文（或拉丁化形式）单词来
表示。第一个词是属名；第二个词是种本名，
不能脱离属名单独使用。属名为名词，必须
以一个大写字母开始；种本名为形容词或同
位名词，必须以一个小写字母开始。后面还
常附有定名人的姓名和定名年代等信息。

02.0083　三名法　trinominal nomenclature
用三个拉丁词来表示动物亚种的命名法。其拉丁
文学名由属名、种本名和亚种本名三部分组成。

02.0084　优先律　law of priority
国际上生物命名的一条原则。一个分类单元
的有效名称应是符合《国际动物命名法规》
中规定的最早的可用学名。即在属级和种级
的可用名中，唯有最早命名的名称是有效名。

02.0085　学名　scientific name
一个分类单元的拉丁文或拉丁化的，且符合
《国际动物命名法规》的名称。

02.0086　学名订正　emendation
对一个分类单元的学名进行的改正。

02.0087　学名差错　error
在命名上，学名无意识的拼错或抄缮或印刷
的差错。

02.0088　本名　nomen triviale
学名中自己特有的那个名称。如种本名是种
的学名中的第二个名称，亚种本名是亚种学
名中的第三个名称。

02.0089　俗名　colloquial name, common name, vernacular name
学名之外的普通名称。

02.0090　替代学名　substitute name, replacement name
用于替代已经占用的名称或无效名的新名称。

02.0091　新订学名　new name, nom. nov.
首次报道的替代学名。

02.0092　有效名　valid name, basonym
在《国际动物命名法规》规定下的唯一正确

名称。

02.0093　疑难名　nomen dubium, nom. dub.
没有肯定用于某个分类单元的名称。

02.0094　保留名　nomen conservandum
无优先权的名称，但按《国际动物命名法规》规定予以保留或稍加改动后保留使用的名称。不列为同物异名。

02.0095　待考名　nomen inquirendum
有待考查的名称。

02.0096　遗忘名　nomen oblitum
被遗忘的名称。在文献中作为首异名，经过100年以上未被引用的名称。也指1961～1973年1月1日之间，被《国际动物命名法规》否定的首异名。

02.0097　废止名　rejected name
《国际动物命名法规》规定已经废止的名称。即除有效名以外的任何名称。

02.0098　未刊[学]名　manuscript name
没有正式发表的名称。

02.0099　可用[学]名　available name
符合《国际动物命名法规》关于学名组成和发表要求规定的名称。

02.0100　裸名　naked name
又称"虚名""无效名（nomen nudum）"。没有性状描述的学名。这种学名后人无依据，属无效名，应当废除。

02.0101　[同物]异名　synonym
同一生物分类单元先后被给予一个以上不同名称的现象。

02.0102　[异物]同名　homonym
不同分类单元被给予相同名称的现象。

02.0103　[同物]异名关系　synonymy
一个分类单元具有两个或两个以上可用学名的现象。

02.0104　首异名　senior synonym
所有异名中被采用为有效名的一个名称。

02.0105　次异名　junior synonym
没有被采用为有效名，仅作为可用名的异名。

02.0106　客观异名　objective synonym
在种级分类单元的情况中，与同一模式标本相符的异名。

02.0107　主观异名　subjective synonym
在属级分类单元的情况中，基于不同模式标本的属异名。

02.0108　同名关系　homonymy
不同作者分别在命名时用同一名称称谓两个不同种或由于属分类关系的改变因种本名相同而产生同名的现象。

02.0109　原同名　primary homonym
不同作者分别在命名时用同一名称称谓两个不同种的种名称。

02.0110　后同名　secondary homonym
某一物种发表后由于属分类关系的改变而产生的同名。当后同名产生时，对后来者（次后同名）须以其他命名代替，若分类关系改变，则必须命名恢复为原初的状态。

02.0111　首同名　senior homonym
在同名关系中发表时间在前的名称。

02.0112　次同名　junior homonym

在同名关系中发表时间在后的名称。原同名中的次同名是无效的，应命以新名；后同名中的次同名也是无效的，但可能随属的分类学变动而恢复有效。

02.0113　标本　specimen

通过各种方法制备的易于观察、研究和保存初始状态的生物体。

02.0114　浸制标本　solution preserved specimen

用酒精、福尔马林等药物溶液保存的动物标本。

02.0115　干制标本　dry specimen

水分较少的小型动物或动物外壳（如昆虫、贝壳和甲壳类）以及一些海藻等，不需经过多大加工，干燥后即可制成的标本。

02.0116　玻片标本　slide specimen

细微的生物体或从生物体上切取微小的薄片，经过一定处理（如杀生、固定、切片、染色）封存在盖玻片与载玻片之间制成的标本。供在显微镜下观察之用。

02.0117　剥制标本　skinned specimen

剥制动物的外皮，内面涂以防腐剂，再用细木花、棉花、钢丝和木架等填充支持制成的标本。鱼类、鸟类和兽类等都可制成剥制标本供教学及博物馆陈列之用。

02.0118　模式　type

一个科级、属级或种级分类单元的定义特征及正确命名的实物参照标准。是一个分类单元的核心和命名的基础。种的模式是一个或一组标本，属的模式是一个种，科的模式是一个属。

02.0119　模式概念　typology

在分类学上，一个分类单元的成员均与一定

的形态模式型相符。

02.0120　载名模式　name-bearing type

在每个命名的科、属或种级分类单元与其名称之间建立起固定不变的联系，为命名分类单元提供客观参考标准的模式属、模式种、正模、全模、选模和新模。后四者是命名种级分类单元的科学名称的载体，并间接成为所有动物科级、属级命名分类单元的科学名称的载体。

02.0121　模式属　type genus

建立科时所依据的一个属。是该科级分类单元的载名模式。科名由模式属的名称得来，当该属的命名发生改变时，科名也随之改变。

02.0122　模式种　type species

建立新属时所依据的种，即该属的载名种。

02.0123　模式选定　type selection

在《国际动物命名法规》条款下，对一个属的模式种的指定。

02.0124　模式标本　type specimen

种级或种下级新分类单元原始记载和订名所依据的标本。既包括正模、全模、选模、新模这样的载名模式，也包括副模和副选模。

02.0125　模式系列　type series

作者在发表新命名种级分类单元时所包括的全部标本。包含几种模式类型，各类型中的标本均为模式标本。

02.0126　正模[标本]　holotype

又称"主模式"。新种发表时，由作者指定作为载名模式的一个标本。

02.0127　系列模式　hapantotype

简称"系模"。在建立一个现生原生生物

的新命名种级分类单元时，确定由一个或更多的标本制备或标本培养组成的整体模式。

02.0128　全模[标本]　syntype
又称"共模""群模"。作者发表新种未指定正模时所依据的一系列模式标本的统称。

02.0129　选模[标本]　lectotype
在原始记述之后，从全模中选定的一个载名模式。

02.0130　新模[标本]　neotype
当正模、选模或全模标本损坏或遗失后被指定为载名模式的一个标本。应尽量从地模中选择。

02.0131　副模[标本]　paratype
一个新种或新亚种发表时据以命名的除正模以外的所有标本。本身不具有载名功能，不能被用于选模的选择，但当已有载名模式遗失或损坏时，有成为新模的候选资格。

02.0132　配模[标本]　allotype
指定与正模不同性别的一个模式标本。现《国际动物命名法规》已废除。

02.0133　副选模　paralectotype
从全模标本中选出选模后，其余被剥夺继续作为全模和载名模式资格的标本集合。当已有载名模式遗失或损坏时，有成为新模的候选资格。

02.0134　配选模　allolectotype
副选模中被指定为与选模性别相对的一个标本。

02.0135　地模[标本]　topotype
在模式标本产地采的同种标本。本身不

具有载名功能，也不是严格意义上的模式标本。

02.0136　后模[标本]　metatype
经原命名者与正模标本比较后认为其为同种的标本。本身不具有载名功能，也不是严格意义上的模式标本。

02.0137　异模[标本]　ideotype
又称"外模"。非正模标本原产地所得的后模标本。本身不具有载名功能，也不是严格意义上的模式标本。

02.0138　等模[标本]　homotype, homeotype
又称"同模"。经原命名者以外的人与原来的模式标本对比后，确定其为同一种的标本。本身不具有载名功能，也不是严格意义上的模式标本。

02.0139　图模[标本]　autotype
又称"仿模标本（heautotype）"。一个原记载者作为绘图用的标本。实际上就是后模标本。

02.0140　独模[标本]　monotype
一个属级分类单元建立时只包括一个所属的种级分类单元。有时也指根据单一标本建立新的种级分类单元却未明确指定正模的情况。

02.0141　态模[标本]　morphotype
在生物新种鉴定时，将从二态或三态的种中选出的与正模模式标本不同态的标本。作为同种异态的模式标本。

02.0142　模式产地　type locality
一个种级分类单元模式标本的原始产地。

02.0143　新科　new family, fam. nov.
首次报道并记述的科。

02.0144　新属　new genus, gen. nov.
首次报道并记述的属。

02.0145　新种　new species, sp. nov.
首次报道并记述的种。

02.0146　新亚种　new subspecies, subsp. nov., ssp. nov.
首次报道并记述的亚种。

02.0147　指名属　nominate genus
一个属名与其所属的科名一致的属。

02.0148　指名种　nominate species
一个种名与其属名一致的种。

02.0149　指名亚种　nominate subspecies
又称"模式亚种"。一个种分化为几个亚种时,包括种的模式标本在内并与该种具有相同名称的亚种。其亚种名和种名相同。

02.0150　未定种　species indeterminate, sp. indet.
分类地位暂未确定的种。

02.0151　待考种　species inquirenda
鉴定上还需进一步考证的种。

02.0152　标本收藏　specimen collection
将标本收集并保存。

02.0153　系统收藏　systematic collection
将标本按分类系统进行存放。

02.0154　[分类]纲要　synopsis
分类学中发表著作的一种形式。其内容是对一个类群分类知识的简要总结。

02.0155　分类名录　checklist
在分类学工作中把种类名称加以订正按分类系统排列的分类名单。

02.0156　检索表　key
为便于分类鉴定而编制的以特征引导式区别表。

02.0157　动物志　fauna
记载某个国家或地区动物种类名称(学名、通用名和别名)、分类学文献引证资料、形态特征、地理分布、生态习性、经济用途等物种基本信息,并有分科、分属和分种检索表以及科、属说明和插图等的动物分类学专著。

02.0158　动物园　zoo
养殖各种动物,以科学研究为主,并进行科学普及、教育和供观赏游憩的园区。

02.02　系统发生分析

02.0159　谱系　lineage
随时间推移产生的所有后代和祖先种群。通常指单一正在进化的物种,但可能包括从一个共同祖先进化出的多个物种。

02.0160　系统发生　phylogenesis, phylogeny
又称"系统发育""种系发生"。在地球历史发展过程中生物物种或类群形成和进化的过程。

02.0161　系统发生分析　phylogenetic analysis
又称"系统发育分析""支序分析(cladistic analysis)"。通过比较物种的特征,分析物种进化和系统分类的一种方法。

02.0162　世系分析　phyletic analysis
以谱系进化关系为基础进行的一种系统发

生分析方法。

02.0163　聚类分析　cluster analysis
将运算分类单元以相似性逐渐降低的顺序来排列的一种系统发生分析方法。

02.0164　运算分类单元　operational taxonomic unit, OTU
用于系统关系分析，尤其是数值分类研究中的终端类群。

02.0165　系统发生树　phylogenetic tree
又称"系统发育树"。生物进化过程中形成各种类群的系统关系，根据它们之间的亲缘进化关系绘出的树状图。在树中，每个节点代表其各分支的近共同祖先，而节点间的线段长度对应进化距离（如估计的进化时间）。

02.0166　支序图　cladogram
又称"分支图"。由系统发生分析结果得出的谱系图。采用支序系统学原理和方法，以共同衍征为依据得出的一种直观的等级谱系图。显示物种间的相互关系及在进化支路上的时序。

02.0167　支[系]　clade
又称"进化枝"。由一个祖先及其所有后代组成的一个单系群。

02.0168　二叉分支　bifurcation
系统发生树上由祖先节点产生的两个后代分支。

02.0169　多歧分支　polytomy
系统发生树上一个节点连接有三个以上分支。为尚未完全解决的系统发生关系。

02.0170　冠群　crown group
一个分支中所有现存成员的最近共同祖先

以及这个祖先的所有后裔。

02.0171　干群　stem group
在冠群之外但又与该冠群有密切的系统发生关系、现已绝灭的生物类群。

02.0172　单系　monophyly
由一个最近的共同祖先繁衍而来的全部分类单元。是由共有衍征所界定的一个分支。

02.0173　并系　paraphyly
未包括全部同一共同祖先的后裔在内的单系动物群。

02.0174　复系　polyphyly
源自不同单系的动物群。

02.0175　内群　ingroup
系统发生研究中被指定为研究对象的类群。

02.0176　外群　outgroup
为了探知内群的进化关系而借助比较的外部类群。与内群在进化关系上最为接近且具有最相近的祖先。

02.0177　姐妹群　sister group
支序图中源自同一分叉的两个支系类群。

02.0178　基因树　gene tree
基于 DNA 序列构建的基因系统发生史，表示一组基因或一组 DNA 顺序进化关系的树状图。

02.0179　一致树　consensus tree, CST
把两个或多个不同支序图中关于分群的信息结合而形成的一个普遍一致的支序图。

02.0180　严格一致树　strict consensus tree
只显示在所有最短树中都存在单系类群的

一种系统发生树类型。

02.0181　多数一致树　majority consensus tree
显示在大多数（如 50%以上）最简约树中存在支系的一种系统发生树类型。

02.0182　无根树　unrooted tree
系统发生树的一种形式。只用于确定各分类单元之间的相互关系，并没有定义完整的进化路径或者推测其共同的祖先。

02.0183　有根树　rooted tree
系统发生树的一种形式。以某一特定节点作为所有分类单元的共同祖先，该节点通过唯一的途径产生其他节点。

02.0184　置根　rooting
决定根的位置。即将网状结构转换为系统发生树，为性状状态变化的假设确定方向的过程。

02.0185　树长　tree length
系统发生树上特定两个节点之间的长度。表示分支进化过程中变化的程度。

02.0186　拓扑结构　topological structure
系统发生树或支序图中的分支相互连接的形式。

02.0187　表征距离　phenetic distance
在支序系统学中，通过数学运算，用以表示分类群间表型分化程度的参数。

02.0188　进化距离　evolutionary distance
两条序列分化之后，每个同源位点上发生碱基替换的次数。

02.0189　排序　ordering
决定一个性状三个以上状态极性的过程。

02.0190　比对　alignment
将两个或多个序列排在一起以确定其相似性的过程。

02.0191　多序列比对　multiple sequence alignment
三个或多个序列之间的比对。

02.0192　共有序列　consensus sequence
又称"一致序列"。多条同源序列经过比对之后，大多数序列的同源区中出现的共同的核苷酸或氨基酸序列。

02.0193　相容性　compatibility
两种或两种以上物种共存时不产生相互排斥的现象。

02.0194　邻接法　neighbor-joining method
构建系统发生树的一种方法。通过确定距离最近（或相邻）的成对分类单位使系统树的总距离达到最小，通过循环地将相邻点合并成新的点，最终构建一个相应的拓扑树。

02.0195　最小进化法　minimum evolution method
一种基于距离矩阵的建树方法。基本假设是在所有可能的拓扑结构中，真实树对应的进化过程所需的突变或者替代次数最少，即系统树的分支之和具有最小值。

02.0196　简约法　parsimony
在特定的前提或假设下，接受解释数据最简单、步骤最少而建立系统发生树的一种方法。

02.0197　最大简约法　maximum parsimony
构建系统发生树的一种方法。最早源于形态学研究，现在已经推广到分子数据的进化分析中。该方法以奥卡姆原则为理论基础，对所有可能的拓扑结构进行计算，并选择所需替代数最小的那个拓扑结构作为最优树。

02.0198 最大似然法 maximum likelihood method
构建系统发生树的一种方法。选取一个特定的替代模型来分析给定的一组序列数据，使得获得的每一个拓扑结构的概率都为最大值，然后再挑出其中概率最大的拓扑结构作为最优树。

02.0199 刀切法 jackknife, jacknifing
又称"折刀法"。统计学中一种通用的假设检验和置信区间的计算方法。可用来计算对系统发生树特定拓扑结构的支持程度。

02.0200 自展法 bootstrap, bootstrapping
又称"自助法""自举法"，曾称"靴带法"。通过重复取样和性状的复制评估数据矩阵在多大程度上支持一个特定进化树形的一种统计方法。

02.0201 贝叶斯分析 Bayesian analysis
基于贝叶斯法则来推算系统发生树后验概率的一种系统发生分析方法。

02.0202 后验概率 posterior probability
在得到结果的信息后重新修正的概率。

02.0203 先验概率 prior probability
根据以往经验和分析得到的概率。

02.0204 长枝吸引 long-branch attraction, LBA
在用系统发生分析方法分析一个有限数据集时，由于高频率的相似变化（如趋同、平行进化）和加速的进化速率等因素的存在使序列达到相同状态而人为地将这些不是来自于共同祖先的序列的代表分类单元聚在一起，呈现姐妹群关系的现象。

02.0205 同塑性 homoplasy
又称"非同源相似性"。亲缘关系较远的生物体间，由于性状状态的平行进化或逆向进化产生的相似特性。

02.0206 相关系数 correlation coefficient
衡量两个随机变量间线性相关程度的指标。

02.0207 衰退指数 decay index
又称"布雷默支持度（Bremer's support, BS）"。在系统发生树一致性分析过程中，找到使最短系统发生树上的某分支瓦解所需的额外步数。

02.0208 保留指数 retention index, RI
用于测量支序图上性状变异幅度的度量标准。衡量在一个特定树的拓扑结构上有多少个性状变异反映了真实的共有衍征。

02.0209 分歧指数 divergence index, DI
在支序系统学研究过程中，通过比较分类群衍征的数目而计算出来的用于衡量类群间相似性程度的参数。

02.0210 一致性指数 consistency index, CI
对系统发生树中性状同塑水平的测量。其值等于可能变化的最小数目除以树上实际改变的总数目（或总的树长）。

02.03 动物进化

02.0211 进化 evolution
动物从低级向高级、由简单到复杂、由水生到陆生等的演变过程。

02.0212 进化论 evolutionism
关于生物由无生命到有生命，由低级到高级，由简单到复杂逐步演变过程的学说。认为生物最初从非生物演变而来，现存的各种生物是从共同祖先通过变异、遗传和自然选择等演变而来。

02.0213 拉马克学说 Lamarckism

又称"拉马克主义"。1809 年法国生物学家拉马克（J. B. Lamarck）提出的一种生物进化学说。认为物种由其他物种变化而来，生物存在由简单到复杂的等级，强调生物内因为进化动力，主张"用进废退"和"获得性遗传"。

02.0214 达尔文学说 Darwinism

又称"达尔文主义"。1859 年英国生物学家达尔文（C. R. Darwin）提出的以自然选择为中心的一种生物进化学说。认为地球上所有生物都是从一个或几个不同的原始生物进化而来，生物变异的自然选择是生物进化的根本动力。

02.0215 现代综合进化论 modern synthetic theory of evolution

又称"新达尔文学说（neo-Darwinism）""现代达尔文主义（modern Darwinism）"。通过综合达尔文学说和现代遗传理论而形成的学说。认为种群是生物进化的基本单位，突变、选择和隔离是物种形成和生物进化的基本机制。强调生存斗争，综合变异遗传理论，否定获得性遗传。

02.0216 中性学说 neutral theory

全称"分子进化中性学说（neutral theory of molecular evolution）"，又称"中性突变随机漂变假说（neutral mutation-random drift hypothesis）"。日本遗传学家木村资生（M. Kimura）1968 年提出的一种学说。认为由突变产生的等位基因对于物种生存既无利也无害，这些突变在自然选择上是中性的，因此，在分子水平进化中自然选择几乎不起作

用。认为生物在分子层次上的大多数进化改变是选择中性或非常接近中性的突变，在群体中的命运主要取决于随机遗传漂变而不是自然选择。

02.0217 种系渐变论 phyletic gradualism

一种有关进化方式的理论。认为生物进化大多是前进进化，而非种系分裂，即整支种系处于缓慢而渐进的进化进程。

02.0218 间断平衡说 punctuated equilibrium

又称"点断平衡说"。1972 年美国生物学家埃尔德雷奇（N. Eldredge）和古尔德（S. J. Gould）提出的一种生物进化学说。认为在进化中新物种会突然出现，快速形成，随之而来的是长时间的进化停滞，直到下一次物种的快速形成。

02.0219 直生论 orthogenesis

又称"定向进化（directed evolution）"。认为生物进化是有方向的，不论环境条件如何，生物总是沿着既定的方向进化；生物体内部的潜在力量是决定进化方向的动力，而与自然选择无关的一种进化假说。

02.0220 泛生论 pangenesis

认为生物体各部分的细胞都带有特定的自身繁殖的粒子，该粒子可由各系统集中于生殖细胞，传递给子代，使其呈现出亲代特征的一种进化假说。环境的改变可使粒子的性质发生变化，使得亲代的获得性状可传给子代。

02.0221 特创论 creationism, theory of special creation

又称"神创论"。认为生物界的所有物种，以及天体和大地，都是由上帝创造出来的一种进化假说。世界上的万物一经造成，就不再发生任何变化，绝对不可能形成新的物种。

02.0222　灾变论　catastrophism
关于地壳发展和生物演变的一种学说。认为地球的发展是经过多次周期性的由非常力量引起的巨大灾变过程组成。

02.0223　选择主义　selectionism
认为物种几乎所有的形态学和生理学特征都是受自然选择驱动而演变出来的一种进化学说。

02.0224　突变论　mutationism
认为生物进化的最主要驱动力是有利突变，而自然选择在对保留有利突变和清除有害突变的挑选中仅扮演了一个滤网角色的一种进化学说。该学说反对拉马克主义并贬低自然选择的创造主导作用。

02.0225　骤变说　saltationism
认为生物的变异是"非偶然"和"非渐进"的，甚至只需要一个步骤便能形成新物种的一种进化学说。

02.0226　分子进化　molecular evolution
生物在进化过程中，生物大分子的遗传组成、结构和功能的变化以及这些变化与生物进化的关系。

02.0227　宏进化　macroevolution
又称"大进化"，曾称"越种进化"。种及种以上分类阶元的进化。如大尺度的生物进化趋势、规律和大型生物进化事件等。

02.0228　微进化　microevolution
又称"小进化"，曾称"种内进化"。种和种以下分类阶元的进化。是物种内部（种群和个体）所发生的进化变化。在比较短的时期内出现的基因频率的变化，最终可导致亚种形成。

02.0229　前进进化　anagenesis
又称"累变发生"。某一支系或谱系在进化过程中未出现分支现象的演变过程。

02.0230　退行进化　retrogressive evolution
与关系较近的亲缘物种相比，某一种生物体的结构变得简单、功能减弱，似乎是在退步的现象。与前进进化相对。

02.0231　趋同进化　convergent evolution
不同物种（亲缘关系较远）由于生活在极为相似的环境条件下，经选择作用而出现相似性状的现象。

02.0232　趋异进化　divergent evolution
又称"分支发生（cladogenesis）"。由同一祖先谱系分支出两个和多个谱系的进化方式。

02.0233　平行进化　parallel evolution, parallelism
不同物种（亲缘关系较近）共存于极为相似的环境中，具有一些共同的生活习性而出现相似的性状或相似行为的现象。

02.0234　停滞进化　stasigenesis, stasis
一个物种的谱系在很长时间中没有前进进化也无趋异进化的现象。

02.0235　协同进化　coevolution
两个或两个以上的生物物种由于生态上相互依赖或关系密切而产生的相互选择、相互适应共同演变的进化方式。其选择压力来自于生物，自身及其选择对象都可以发生改变。

02.0236　适应[性]进化　adaptive evolution
生物在系统发生过程中，局部结构和功能发生了变化，以适应特殊环境的过程。

02.0237　适应辐射　adaptive radiation
一定进化时间内，物种因适应不同的生态位

而分化出新的物种，占据广阔范围的过程。

02.0238　渐变模式　gradualistic model
认为在整个物种生存时期中，物种形态改变的速度是恒定的、匀速和渐进的，谱系分支只是增加了进化的方向。是达尔文学说和现代综合进化论的主张。

02.0239　断续模式　punctuational model
认为物种形态改变的速度是不恒定的、不匀速的，而是快速的和跳跃式的，并于长期的相对稳定交替进行。即在物种形式时进化速度加快，随后是长期的保持相对稳定。是间断平衡说的主张。

02.0240　进化趋势　trend of evolution
相对较长的时间尺度上，一个谱系或一个单系群表型进化改变的趋向。

02.0241　趋同　convergence
两个或多个没有最近共同祖先的类群在相同或相似的进化压力作用下而进化出具有相似特征的现象。

02.0242　趋异　divergence
具有共同祖先的类群由于适应不同环境，向着两个或两个以上方向进化的现象。

02.0243　性状趋异　character divergence
同类生物各自适应不同环境时产生不同性状的现象。

02.0244　表型趋异　phyletic divergence
后代的平均表型相对其祖先表型发生偏离的现象。

02.0245　进化速度　speed of evolution
在相同时限内，同一生物类群中各种性状演变的快慢或出现分类群的多少。美国古生物

学家辛普森（G. G. Simpson）提出以进化速率作为衡量进化速度的依据。

02.0246　进化速率　rate of evolution, evolutionary rate
进化过程中，每个世代或单位时间内发生的改变。按照进化速率的大小，可分为缓速进化、快速进化和中速进化。

02.0247　缓速进化　bradytelic evolution, bradytely
美国古生物学家辛普森（G. G. Simpson）提出的进化方式。认为在多数时期中，生物的进化是缓慢与逐渐变化的。

02.0248　快速进化　tachytelic evolution, tachytely
美国古生物学家辛普森（G. G. Simpson）提出的进化方式。认为生物进化有时会产生一个突然的大改变，可以立刻产生与原来的物种有巨大不同的新种，这些新种在原来的生活环境中不再适应，开拓新的生活环境，适应于新的生活。

02.0249　中速进化　horotelic evolution, horotely
进化速率介于缓速进化与快速进化之间的一种进化方式。大多数生物的进化属于此类型。

02.0250　量子式进化　quantum evolution
又称"跳跃式进化（saltational evolution）"。1940 年美国遗传学家戈尔德施密特（R. B. Goldschmidt）提出的进化方式。认为高级分类单元的起源不是通过变异的缓慢积累，而是通过大突变或跳跃式的进化而产生。是生物的调节基因发生突变而引起的生物大突变的过程。

02.0251　分子钟　molecular clock
蛋白质、DNA、RNA 等生物大分子以相对恒定的速率发生替换，其替换速率与分子进化的时间成正相关，因此被作为推断进化事件发生时间的依据而视为一种计时器。

02.0252　表型可塑性　phenotypic plasticity
生物由于环境条件的改变在表型上做出相应变化（响应）的能力。是环境对基因型的一种修饰。

02.0253　变异　variation
亲代与子代间或种群内不同个体间基因型或表型的差异。

02.0254　个体变异　individual variation
相同环境条件下同种个体表现的差异。

02.0255　特化　specialization
物种或其结构非常专门化、专一化和特殊化，仅适应某一特别用途或特定生态位的过程。

02.0256　泛化　generalization
本来非常专门化、专一化或特殊化的物种或结构变得较一般而适应性范围变大的过程。与特化相对应。

02.0257　退化　retrogression, degeneration
在个体发育或系统发生过程中，生物及其组成变得结构简单、功能减弱的现象。

02.0258　同源性　homology
（1）来自于共同祖先的生物类群的性状特征的相似性。（2）两种核酸分子的核苷酸序列之间，或两种蛋白质分子的氨基酸序列之间相同的程度。

02.0259　祖先同源性　ancestral homology
最近共同祖先中存在的性状或性状状态。在该共同祖先的所有后裔中都存在。

02.0260　系列同源性　serial homology
同一生物体上有相同来源的不同结构之间的同源性。

02.0261　衍生同源性　derived homology
在特定支系的最近共同祖先进化过程中产生的同源性。是其他支系所不具有的。

02.0262　同源性状　homologous character
不同生物中遗传自同一个祖先的相同性状。

02.0263　同源器官　homologous organ
不同生物类群中存在的外形与功能不同，但其基本结构和胚胎发育的来源是相同的某些器官。

02.0264　同功器官　analogous organ
不同生物类群中存在的功能上相同、有时形状也相似，但其基本结构和胚胎发育却不同的某些器官。

02.0265　痕迹器官　vestigial organ
动物体上一些残存的器官。其功能已经丧失或衰退。

02.0266　同功　analogy
不同生物类群的器官虽来源和结构不同，但功能相似的现象。

02.0267　基因库　gene bank
有性生殖生物的一个种群中能进行生殖的所有个体所携带的全部基因或遗传信息。

02.0268　亲缘关系　kinship, relationship
生物类群在系统发生上所显示的某种血缘关系。

02.0269　性状替换　character displacement
又称"性状替代"。自然选择不利于具有中间性状的个体，导致在同一区域共生的两个近缘种的分化，从而表现出一个或几个特征互相替换的现象。

02.0270　选择　selection
对有利变异的保留和对有害变异淘汰的过程。

02.0271　人工选择　artificial selection
人类对生物按照自己的目的和意图进行的有方向性的淘汰、选育过程。

02.0272　自然选择　natural selection
自然环境对生物进行的长期、持续的适者生存、不适者被淘汰的过程。迫使生物朝与环境协调一致的方向进化。

02.0273　分裂选择　disruptive selection, diversifying selection
又称"歧化选择"。把一个种群中的极端变异个体按不同方向保留下来，而中间常态型则大为减少的一种选择方式。

02.0274　稳定选择　stabilizing selection
淘汰极端变异而保留中间类型，使生物类群具有相对稳定性的一种选择方式。

02.0275　定向选择　directional selection, orthoselection
又称"单向性选择（unilateralism selection）"。趋于某一极端的变异保留下来而淘汰掉另一极端的变异，使生物类型朝向某一变异方向发展的一种选择方式。

02.0276　性[选]择　sexual selection
通过自然选择过程使一个性别个体（通常是雄性）在寻求配偶时获得比同性其他个体更

有竞争力的形态和行为特征的过程。建立在主动择偶基础上的性选择可以导致性二态特征的进化。

02.0277　平衡选择　balancing selection
使两个或几个不同性状状态在种群中被保留下来的一种选择方式。

02.0278　正选择　positive selection
又称"达尔文选择（Darwinian selection）""有利选择（advantageous selection）"。自然选择中最常见的一种形式。指种群中出现能够提高个体生存力或育性的突变被选下来，使具有该基因的个体比其他个体留下更多的子代。

02.0279　负选择　negative selection
又称"净化选择（purifying selection）"。种群中大多数新突变基因会因降低其携带者的适合度而从群体中被淘汰的选择过程。

02.0280　中性选择　neutral selection
由随机事件导致种群中基因频率发生改变的过程。这种改变未对适合度产生影响。

02.0281　选择系数　selection coefficient
某一特定环境条件对不同基因型的选择强度。

02.0282　选择压[力]　selection pressure
外界环境施与一个生物进化过程的压力。是有利于具有某些性状的个体生存繁殖而不利于具有另一些性状的个体生存繁殖的自然环境条件。能够改变该生物进化过程的前进方向。

02.0283　选择差　selection differential
选择前后个体表型平均值之间的差异。

02.0284 哈迪-温伯格定律 Hardy-Weinberg law

又称"遗传平衡定律（law of genetic equilibrium）"。1908 年哈迪（G. H. Hardy）和温伯格（W. Weinberg）各自发现的这一定律。即对于无限大的随机交配种群，如果没有突变、选择和迁移等进化因子的干扰，随机交配一代以后，种群中等位基因频率和基因型频率在世代间保持不变。

02.0285 适合度 fitness

某个基因型的个体与其他基因型个体相比时，能够存活并保留下后代的能力。是衡量某一基因型个体后代衍续能力的常用指标。适合度越高，生物对环境的适应能力越强。

02.0286 平衡多态现象 balanced polymorphism

又称"平衡多态性"。在种群内能长久地保持的一种遗传多态现象。主要机制是超显性和特殊的依频选择。

02.0287 基因流 gene flow

等位基因流入和流出种群的过程。

02.0288 基因频率 gene frequency

种群中某特定等位基因的数目占该基因座全部等位基因总数的比率。进化过程主要是基因频率发生变化的过程。

02.0289 基因型频率 genotypic frequency

种群中某特定基因型个体数占总个体数目的比率。

02.0290 遗传漂变 genetic drift

全称"随机遗传漂变（random genetic drift）"，又称"随机漂变（random drift）""中性漂变（neutral drift）"。由小种群引起的基因频率随机增减甚至丢失的现象。

02.0291 建立者效应 founder effect

又称"奠基者效应"。来自亲代种群的少数个体在建立新种群的过程中，不管这个新种群的个体数量有多大，由于建立者只是少数个体，因此，遗传多样性较亲代种群显著下降的现象。是遗传漂变的一种形式。

02.0292 瓶颈效应 bottleneck effect

在进化过程中，当种群内个体数目因某种原因急剧下降时，不管这个种群的个体数目扩展到多大，种群的遗传变异都会严重丢失的现象。

02.0293 岛屿效应 island effect

又称"福斯特法则（Foster's rule）"。岛屿上物种数目因环境资源的变化而变得更大或更小的现象。是岛屿生物地理学研究中的核心内容。

02.0294 适应 adaptation

在进化历史中生物体形态结构、生理功能或行为习性随外界环境的改变。

02.0295 内[源]适应 endoadaptation

生物体的改变而使其机体各部分更加协调、运转更加有效的过程。

02.0296 外[源]适应 exoadaptation

生物体的改变而使其与外界环境之间更加协调的过程。

02.0297 趋同适应 convergent adaptation

亲缘关系相当疏远的不同种类由于长期生活在相同或相似的环境中，通过变异和选择，形成相同或相似适应特征和适应方式的过程。

02.0298 趋异适应 divergent adaptation, cladogenic adaptation

同种生物如长期生活在不同环境条件下，为

了适应所在环境，在外形、习性和生理特征方面表现出明显差别的适应性变化的过程。

02.0299　生态适应　ecological adaptation
生物随着环境因子变化而改变自身形态、结构和生理生化特性，以便与环境相适应的过程。是在长期自然选择过程中形成的。

02.0300　形态适应　morphological adaptation
生物对不同环境应答产生外表形态结构的变化特征。是生物基因型与环境相互作用结果所产生的表型。

02.0301　行为适应　behavioral adaptation
生物应答不同环境信号产生的不同行为反应和生活习性变化。包括趋向性运动、迁移与迁徙、防御和抗敌等。

02.0302　生理适应　physiological adaptation
生物在生活环境发生变化时产生的气候顺应和食性改变等。

02.0303　协同适应　coadaptation
一个物种在进化中产生了一种性状，生活在相同生态系统中的另一种物种亦随之产生相关适应的过程。

02.0304　前适应　preadaptation
又称"预适应"。生物体的某些性状原来并不显示明显的作用，但当环境改变时能适应新环境的过程。

02.0305　隔离　isolation
受空间、时间、行为、生理等因素的阻碍，种群间不能进行基因交流的现象。

02.0306　隔离机制　isolating mechanism
限制或干预两个种群之间基因相互交流的机制。

02.0307　地理隔离　geographical isolation
同一种生物由于地理上的障碍而分成不同的种群，使种群间不能发生基因交流的现象。

02.0308　空间隔离　spatial isolation
由于各种空间障碍或距离太远造成物种或种群之间不能发生基因交流而导致的隔离。

02.0309　生殖隔离　reproductive isolation
种群间在自然条件下不能相互交配，或即使能交配也不能产生后代或不能产生可育性后代而导致的隔离。

02.0310　物候隔离　phenological isolation
又称"季节隔离（seasonal isolation）""时间隔离（temporal isolation）""异时隔离（allochronic isolation）"。生物的生长、发育、活动规律受自然环境天气、气候变化的影响不能交配而导致的隔离。

02.0311　生物学隔离　biological isolation
因生物学特性差异造成不能产生可育后代的现象。

02.0312　遗传隔离　genetic isolation
由于个体基因组成上的差异不能进行基因交流而导致的隔离。

02.0313　生理隔离　physiological isolation
动物交配后，由于生理上的不协调而不能完成受精作用，从而不能产生后代而导致的隔离。

02.0314　行为隔离　behavioral isolation, ethological isolation
由于求偶行为的不同导致潜在配偶相遇而不能交配而导致的隔离。

02.0315　生态隔离　ecological isolation
由于食性、生活习性和栖息地点的不同，使

几个亲缘关系接近的类群之间交配不易成功的隔离。

02.0316　物理障碍　physical barrier
影响物种和群落分布区扩展的一些物理因素。如高大山脉、宽阔水域、干燥沙漠等。

02.0317　突变　mutation
基因的结构发生改变导致生物的性状发生改变的现象。

02.0318　大突变　macromutation
亲代与子代间产生巨大表型效应的遗传变异。被认为是种以上分类单元起源的原因之一。

02.0319　微突变　micromutation
基因单个碱基改变产生的突变。

02.0320　物种形成　speciation
在进化中产生或形成新物种的过程。

02.0321　同域物种形成　sympatric speciation
又称"同域成种"。栖居于相同地域，由于生态、寄主、繁殖季节、杂交等因素导致生殖隔离而形成新物种的方式。

02.0322　异域物种形成　allopatric speciation
又称"异域成种"。栖居于不同地域，因地理隔离导致生殖隔离而形成新物种的方式。

02.0323　邻域物种形成　parapatric speciation
又称"邻域成种"。分布区边缘地带的一些种群由于栖息地环境差异，也可能成为基因流动的障碍，逐渐建立起自己独特的基因库并形成生殖隔离，最终导致物种形成的方式。

02.0324　递进法则　progression rule
又称"渐进律"。最具祖征的成员占据着分类单元的起源中心，而具衍征的成员则从这个中心向外扩散，因而一个分类单元越具有衍征，就越远离其发生中心。

02.04　动物地理

02.0325　分子系统地理学　molecular phylo-geography
研究遗传谱系空间分布的历史特征，通过种群遗传结构的分析来探讨种内系统地理格局的形成机制、系统发生关系以及现有分布特征，并结合种群的地理分布状况来发现和验证与其相关的地质事件，追溯和揭示种群进化历程的科学。

02.0326　生态动物地理学　ecological zoo-geography
研究动物界在不同地域中分布的种类数量以及不同的生态条件对动物有机体生活、形态等的影响及动物与地理环境之间相互关系的科学。

02.0327　历史动物地理学　historical zoogeo-graphy
研究地质时期动物的地理分布和迁徙，并探讨它们的时空分布格局及其演变历史等的科学。

02.0328　岛屿动物地理学　island zoogeo-graphy
研究岛屿动物群落生态平衡的科学。即岛屿上的物种数取决于岛屿的面积、年龄、生境的多样性、拓殖者进入岛屿的可能性及丰富性，以及新种拓殖速度与现存种灭绝速度的平衡。

02.0329　泛生物地理学　panbiogeography
基于生物和地球共同进化的基本思想，建立在地球进化观的基础上，强调空间或地理分布信息在理解生物地理格局和过程中重要性的科学。通过确定一致性轨迹、结点等，结合地质运动和气候变化等解释生物区系进化，解释时考虑扩散、隔离和灭绝等事件。

02.0330　大陆漂移说　continental drift theory
1912 年奥地利科学家魏格纳（A. Wegener）提出的一个假说。认为各大陆是由古时候一个巨大的陆块分离、漂移形成的，从而较好地解释了各大陆和海洋的分布以及大陆之间存在的地质构造相似性。也为分析生物区系的联系提供了重要的地学基础。

02.0331　陆桥假说　continental bridge hypo-
　　　　　　　　thesis
解释目前互不相连的大陆之间物种迁移途径的一个假说。认为，目前被大洋所隔离的大陆之间具有相同或相似动植物区系是因为它们之间曾经有"陆桥"相连，为物种迁移提供了通道。最著名的陆桥就是白令海峡附近连接欧亚大陆与北美大陆的陆桥，从而很好地解释了东亚、北美间断分布现象。

02.0332　泛大陆　Pangaea, Pangea
大陆漂移说认为，晚古生代时期全球所有大陆连成一体的超级大陆。中生代以来逐步解体形成现今的大陆、大洋。

02.0333　大陆边缘　continental margin
位于大陆和大洋盆地之间，由大陆架、大陆坡、大陆隆等地貌单元组成的过渡地带。

02.0334　大陆架　continental shelf
大陆边缘被海水淹没的浅平海底。是大陆向海的自然延伸。范围从低潮线向海，直至坡度显著增大的大陆坡折处。

02.0335　大陆坡　continental slope
陆架外缘大陆坡折向下陡急延伸到洋底的斜坡地带。深度 100～3150m，宽度 15～100km。

02.0336　大陆隆　continental rise
大陆坡与深海盆地之间，主要由陆源粉砂和黏土堆积而成的倾斜平缓的海底扇或沉积裙。

02.0337　大陆位移　continental displacement
根据大陆漂移说和板块学说理论，地球上各大陆的相对位置曾发生过巨大变化的过程。

02.0338　陆桥　continental bridge, land bridge
因地壳上升或海平面下降而露出水面，连接两个大陆或陆块而成为动植物迁移通道的陆地。

02.0339　白令陆桥　Bering land bridge
地史时期亚洲和北美洲大陆生物区系成分在白令海峡地区交流的通道。

02.0340　岛屿模型　island model
整个种群分为若干局域种群，在每个局域种群内部随机交配，在整个种群内即局域种群之间有一定比例的迁移发生。

02.0341　起源中心　origin center
原始类型最集中的地方，或者某类群自发生以来没有经历巨大的或者灾害性的环境变化，使得该类群最原始种类及其后裔得以保存下来的地方。

02.0342　起源中心说　theory of origin center
生物地理学中的一种假设。认为给定的生物类群均有其起源地和扩散中心。

02.0343　多境起源　polytopic origin
某一分类单元（尤其是种或种下单位）同时或不同时起源于某几个地点。

02.0344　残遗中心　residue center
一个种原来占有较广大的分布区，因环境条件的重大变化（如海陆变迁），使该种得以残存的狭小的范围。

02.0345　变异中心　variation center
动物在迁移过程中产生新种型数目最多的地方。

02.0346　分布中心　distribution center
在分布区内生物种类比较集中的地方。

02.0347　多度中心　abundance center
某一分类单元的分布区界线内种的数量最多和最集中的地区。

02.0348　分布区　areal, distribution range
动物分布在一定的栖息地中，占据的能够在此生存并繁衍后代的地理空间。

02.0349　分布型　distribution pattern
生物与环境相互影响所形成的空间分布形式，即生物区系的地理分布类型。

02.0350　超限分布区　extralimital areal
有一些生物由于气候、环境或种群数量剧烈变化，超出其以往正常分布的范围。

02.0351　扩散型　dispersion pattern
由扩散过程形成的分布格局。

02.0352　地理分布　geographical distribution
生物在长期进化过程中形成的适应地理条件的分布格局。

02.0353　同域分布　sympatry
不同物种在同一栖息地出现的现象。

02.0354　异域分布　allopatry
同一物种在不同的地理区域中出现的现象。如一个物种的不同亚种必然是异域分布的。

02.0355　连续分布　continuous distribution
一个物种或类群（如属或科）的分布区连成一片的一种分布状态。是由某一种生物从其发源地逐渐向外扩散所形成。

02.0356　间断分布　disjunction, discontinuous distribution
又称"不连续分布""隔离分布"。一个物种或该类群的分布区不是连续而是间断的，其分布区由两个或几个相距很远的地区或水域所组成，在中间地区没有该物种或类群存在的一种分布状态。

02.0357　局限分布　local distribution
一个物种或该类群的分布区仅分布于某一地区的一种分布状态。存在脊椎动物的各类群当中，如中国大熊猫的分布类型。

02.0358　两极分布　bipolarity, bipolar distribution
海洋生物中某一动物种或类群同时分布在南北两极附近海域，而不出现在低纬度热带海洋的间断分布现象。

02.0359　世界分布　cosmopolitan distribution
分布区遍及世界各主要大陆（或海洋）的一种分布现象。

02.0360　离散　vicariance
又称"替代分布"。相近的种、属（或科）被分割成彼此相邻、依次排列、不重叠分布区的现象。

02.0361　扩散　dispersal
动物种群因密度效应或因觅食、求偶、寻找产卵场所等由原发地向周边地区转移、分散的过程。其扩散主要途径有廊道、滤道、机会通过等。

02.0362　廊道　corridor
动物可进行双向自由移动的一种通道。

02.0363　滤道　filter route
仅允许有特殊适应能力的动物通过的一种通道。如只有极端耐旱的动物才能穿越的沙漠。

02.0364　机会通过　sweepstake route
极少数动物种类利用偶然的机遇通过的方式。可以借大风或漂浮物从大陆到遥远的海岛。

02.0365　特有现象　endemism
某个生物分类群只局限在一个特定区域分布的现象。

02.0366　地理替代　geographical replacement, geographical substitute
由于生态条件的不同和生物适应性存在的差异，具有亲缘关系的一些属、物种或种下阶元分布在不同的地理区域，彼此的分布区完全独立或多少有重叠，形成相互替代的一种分布格局。

02.0367　梯度变异　cline
又称"渐变群""变异群"。由于环境呈梯度变化及基因流动，使形成的性状具有逐渐和连续改变的倾向、并呈梯度分布的生物类群。

02.0368　特有种　endemic species
仅分布于某一地区或某种特有栖息地内，而不在其他地区自然分布的物种。

02.0369　土著种　native species, indigenous species
又称"固有种""本地种"。某一地区原来就有、而不是从其他地区迁移或引入的物种。

02.0370　引入种　introduced species
某一地区或水域原先没有，而是人类有意识地从另一地区引入并生存在该地区的物种。

02.0371　外来种　exotic species
某一地区或水域原先没有，而从另一地区移入的物种。

02.0372　异域种　allopatric species
又称"异地种"。分布在不同地区的亲缘相近的物种。

02.0373　同域种　sympatric species
又称"同地种"。分布在同一地区的亲缘相近的物种。

02.0374　世界种　cosmopolitan species
又称"广布种"。广泛分布于世界范围所有大陆或各主要海洋的物种。

02.0375　形态种　morphospecies
形态难以区分但遗传上存在显著分化的物种。

02.0376　稀有种　rare species
在经济、科学和文化教育等方面具有重要价值、现存数量极少的物种。

02.0377　化石种　fossil species
古代生存在地球上保存下来的物种。

02.0378　现生种　recent species
现在在地球上一定空间内生存的物种。特别指对地史和历史时期而言,当今尚有生存的物种。

02.0379 地理子遗种 geographical relic species
又称"地理残遗种"。在古地质史上分布区广大，但现在只分布在孤立狭窄的区域或者星散分布的物种。

02.0380 同域杂交 sympatric hybridization
同域分布的种群间的交配。

02.0381 异域杂交 allopatric hybridization
异域分布的种群间的交配。

02.0382 种间杂交 species hybridization
同属不同种之间的交配。

02.0383 动物区系 fauna
生活在某一地区或水域内某个地质时期的全部动物种类。

02.0384 动物区系组成 faunal component
某一地区动物种类的组成情况。

02.0385 动物地理区 faunal region, zoogeographic region
地球表面包含特定动物区系的地理区域。分区单位自高至低有界、亚界、区、亚区、省等。

02.0386 [动物地理]界 realm
动物地理分区的大单元。相当于界。根据陆地上动物，尤其是脊椎动物的分布，一般把世界陆地动物区系划分为6个界：澳大利亚界、新热带界、热带界、东洋界、古北界和新北界。现有人将南极作为第七界。

02.0387 澳大利亚界 Australian realm
又称"大洋界（Oceanic realm）"。世界动物地理区域名。包括澳大利亚、新西兰、塔斯马尼亚、伊里安岛以及太平洋岛屿的动物地理区。

02.0388 新热带界 Neotropical realm
世界动物地理区域名。包括南美洲、中美洲、西印度群岛及墨西哥高原以南地区。种类极为繁多而特殊。

02.0389 热带界 Afrotropical realm
又称"非洲界""埃塞俄比亚界（Ethiopian realm）""旧热带界（Paleotropic realm）"。世界动物地理区域名。包括北回归线以南的阿拉伯半岛、撒哈拉沙漠以南的非洲大陆以及马达加斯加和附近的岛屿在内的动物地理区。是面积最大的热带动物区系，区系组成多样并拥有丰富的特有类群。

02.0390 东洋界 Oriental realm
世界动物地理区域名。包括中国秦岭以南地区、印度半岛、中南半岛、马来半岛以及斯里兰卡、菲律宾群岛、苏门答腊、爪哇、加里曼丹等大小岛屿的动物地理区。

02.0391 古北界 Palearctic realm
世界动物地理区域名。包括欧洲、喜马拉雅山脉以北的亚洲、阿拉伯北部以及撒哈拉沙漠以北的非洲。

02.0392 新北界 Nearctic realm
世界动物地理区域名。包括格陵兰和北美洲至墨西哥高原。是物种最少的一个动物地理区。

02.0393 全北界 Holarctic realm
世界动物地理区域名。为古北界和新北界的总称。

02.0394 南极界 Antarctic realm
包括整个南极大陆及其周围群岛的动物地理区。是世界陆栖动物区划中面积最小的一界。

02.0395　华莱士线　Wallace's line
穿过加里曼丹岛与苏拉威西岛、巴厘岛与龙目岛的动物区系分界线。是东洋界与澳大利亚界之间过渡带的西界。

02.0396　海岸带　coastal zone
又称"沿海带"。陆地与海洋相互作用的一定宽度的带形区域。自海岸至水深 200m 的海区，分为潮间带和浅海带。

02.0397　潮间带　intertidal zone
又称"沿岸带（littoral zone）"。潮水每天涨落的高潮线与低潮线之间的沿岸海滨地带。

02.0398　浅海带　neritic zone
自低潮线以下至 200m 深的沿海海域。

02.0399　远海带　pelagic zone
又称"远洋带"。海岸带范围以外的全部海洋水域。其水体自上而下分为三个动物带：上层带、半深海带和深海带。

02.0400　上层带　epipelagic zone
从海表面至大约 200m 深处的整个水层。

02.0401　半深海带　bathyal zone
一般指位于水深 200～2000m 的海域。

02.0402　深海带　abyssal zone
一般指位于水深 2000～6000m 的海域。

02.0403　深渊带　hydal zone
一般指水深大于 6000m 的海域。

02.0404　生物带　biozone
海洋生物水平和垂直的带状分布。各带具有独特的动物和植物群落。

02.0405　生物气候带　bioclimatic zone
生物与气候相适应形成的大致与纬度平行的带状地域。

02.0406　成带现象　zonation
水体的不同部位因理化条件和生物群落的不同形成不同的区域、层次和地段的现象。世界各大洋的大陆架水域和岛屿周围浅水水域生产量数倍于大洋，呈现带状分布。

02.0407　冷水种　cold water species
一般生长与繁殖适温为 4℃、其自然分布区平均水温不高于 10℃ 的海洋生物。包括寒带种和亚寒带种。

02.0408　寒带种　cold zone species
生长生殖适温范围为 0℃ 左右的冷水种。

02.0409　亚寒带种　subcold zone species
生长适温范围为 0～4℃ 左右的冷水种。

02.0410　温水种　temperate water species
一般生长与生殖适温范围较广（4～20℃）、其自然分布区月平均水温变化幅度较宽（0～25℃）的海洋生物。包括冷温带种和暖温带种。

02.0411　冷温带种　cold temperate species
生长适温范围为 4～12℃ 左右的温水种。

02.0412　暖温带种　warm temperate species
生长适温范围为 12～20℃ 左右的温水种。

02.0413　暖水种　warm water species
一般生长于生殖适温范围高于 20℃、其自然分布区月平均水温高于 15℃ 的海洋生物。包括亚热带种和热带种。

02.0414　亚热带种　subtropical species
生长适温范围为 20～25℃的暖水种。

02.0415　热带种　tropical species
生长适温范围高于 25℃的暖水种。

03. 动物组织学

03.01　上　皮　组　织

03.0001　上皮组织　epithelial tissue
简称"上皮（epithelium）"。由大量形态相似、功能相近、排列紧密的细胞和少量细胞间质构成的膜状结构。被覆在动物体表或衬于体腔及中空器官的腔面，主要有保护、分泌、吸收、排泄等功能。根据其形态和功能主要分为被覆上皮、腺上皮和感觉上皮三类。

03.0002　被覆上皮　covering epithelium, lining epithelium
覆盖于身体表面、衬贴在体腔和有腔器官内表面的上皮组织。根据其细胞排列的层数和在垂直切面上细胞的形状分为单层上皮和复层上皮。

03.0003　单层上皮　simple epithelium
由一层上皮细胞组成的上皮。根据细胞形态的不同分为单层扁平上皮、单层立方上皮、单层柱状上皮和假复层纤毛柱状上皮等。

03.0004　单层扁平上皮　simple squamous epithelium
又称"单层鳞状上皮"。由一层扁平的不规则形或多边形细胞构成的单层上皮。可保持器官表面光滑，有利于血液、淋巴流动和物质通透。

03.0005　间皮　mesothelium
被覆于胸膜、腹膜、心包膜和某些脏器表面的单层扁平上皮。表面湿润光滑，便于内脏活动，减少内脏器官运动时摩擦的作用。

03.0006　内皮　endothelium
衬于心、血管和淋巴管腔面的单层扁平上皮。薄而光滑，有利于血液和淋巴的流动，也有利于内皮细胞内外的物质交换。

03.0007　单层立方上皮　simple cuboidal epithelium
由一层近似立方形的细胞组成的单层上皮。见于肾小管、甲状腺滤泡和视网膜色素上皮等处。

03.0008　单层柱状上皮　simple columnar epithelium
由一层棱柱状细胞组成的单层上皮。主要见于胃肠、胆囊和子宫等处。

03.0009　单层纤毛柱状上皮　simple ciliated columnar epithelium
分布在子宫和输卵管等腔面的一种单层柱状上皮。其游离面具有纤毛。

03.0010　假复层纤毛柱状上皮　pseudostratified ciliated columnar epithelium
由几种形态（如柱状细胞、梭形细胞、锥形细胞等）不一和高矮不同的细胞组成的单层上皮。形似复层，实际为单层。主要见于呼吸管道。

03.0011　假复层柱状上皮　pseudostratified columnar epithelium
分布在输精管和附睾管的、无杯状细胞、柱

状细胞的、游离面无纤毛的一种假复层纤毛柱状上皮。

03.0012 复层上皮 stratified epithelium
由两层或两层以上细胞组成的上皮。包括复层扁平上皮、复层柱状上皮和变移上皮。

03.0013 复层扁平上皮 stratified squamous epithelium
又称"复层鳞状上皮"。由多层细胞组成的复层上皮。其表层细胞呈扁平鳞片状，具保护功能。分布于皮肤、口腔、食管、阴道、角膜等。

03.0014 未角化复层扁平上皮 nonkeratinized stratified squamous epithelium
衬贴在口腔和食管等腔面的复层扁平上皮。细胞层数较少，浅层细胞有细胞核，含角蛋白少，不角化。

03.0015 角化复层扁平上皮 keratinized stratified squamous epithelium
位于表皮的复层扁平上皮。细胞层数较多，浅层细胞细胞核消失，细胞质中充满角蛋白，呈现角化和退化现象。

03.0016 复层柱状上皮 stratified columnar epithelium
其浅层为一层整齐的柱状细胞、深层为多边形细胞组成的复层上皮。多见于结膜、雄性尿道和一些腺体的大导管处。

03.0017 变移上皮 transitional epithelium
又称"移行上皮"。所有细胞的形状和层数可随器官的收缩与扩张状态而变化的复层上皮。见于排尿管道的腔面，具有保护功能。

03.0018 上皮细胞 epithelial cell
组成上皮组织的细胞。

03.0019 游离面 free surface
上皮细胞朝向体表或有腔器官的腔面。不与任何组织相连，常特化形成某些具有特定功能的特殊结构。

03.0020 基底面 basal surface
与上皮细胞游离面相对应的朝向深部结缔组织的一面。常附着于下方的基膜上，并借助此膜与深部结缔组织相连。

03.0021 纤毛 cilium
上皮细胞游离面伸出的粗而长的突起。其中央具微管结构，具节律性摆动能力。

03.0022 微绒毛 microvillus
上皮细胞游离面伸出的微细指状突起。其中的胞质具纵行微丝。

03.0023 纹状缘 striated border
小肠上皮细胞游离面伸出的密集排列的微绒毛。有利于细胞的吸收功能。

03.0024 刷状缘 brush border
肾小管上皮细胞游离面伸出的大量较长的密集排列的微绒毛。明显扩大上皮表面积。

03.0025 终末网 terminal web
微绒毛基部的微丝与胞质内的微丝横行交织形成的一层网状结构。与维持微绒毛形态、参与微绒毛伸缩有关。

03.0026 紧密连接 tight junction
又称"闭锁小带（zonula occludens）"。上皮细胞间顶端的周围，呈箍状环绕细胞的一种细胞连接方式。相邻细胞膜呈网格状相互融合，细胞间隙消失，具有物质屏障作用。

03.0027 中间连接 intermediate junction
又称"黏着小带（zonula adherens）""黏

合带"。多位于紧密连接下方，呈带状环绕上皮细胞顶部的一种细胞连接方式。相邻细胞膜不相融合，有约 20nm 的间隙，其内充满糖蛋白，有黏着、保持细胞形状和传递细胞收缩力等功能。

03.0028　桥粒　desmosome
又称"黏着斑"。相邻上皮细胞间约 25nm 的间隙，内含高电子密度物质形成的中央层及间线结构。呈斑状或纽扣状，位于中间连接的深部，使细胞连接牢固。

03.0029　缝隙连接　gap junction
又称"通信连接（communication junction）""融合膜（nexus）"。位于柱状上皮深部，相邻细胞间仅 2～3nm 的间隙，其两侧胞膜有对称分布的连接子结构的一种平板状细胞连接方式。主要执行细胞间直接通信功能。

03.0030　基膜　basement membrane
上皮细胞基底面与深部结缔组织之间共同形成的薄膜。有支持、连接、固着及物质交换等功能。

03.0031　基板　basal lamina, basal plate
上皮基膜靠近上皮的部分。由上皮细胞分泌产生，分透明层和致密层。

03.0032　网板　reticular lamina
上皮基膜与结缔组织相接的部分。由结缔组织的成纤维细胞分泌产生。

03.0033　细胞膜内褶　cell membrane infolding
又称"质膜内褶（plasma membrane infolding）"。上皮细胞基底面的细胞膜折向胞质形成的许多内褶。与基底面垂直，主要见于肾小管。

03.0034　半桥粒　hemidesmosome
上皮细胞基底面形成的、形态上类似半个桥粒的结构。附着于基膜上，可增强上皮细胞与基膜间的连接，并对上皮细胞起支持作用。

03.0035　腺细胞　glandular cell
又称"分泌细胞（secretory cell）"。以分泌功能为主的细胞。

03.0036　腺上皮　glandular epithelium
由腺细胞组成的、以分泌功能为主的上皮。

03.0037　神经上皮　neuroepithelium
构成神经板单层柱状上皮和神经管的假复层柱状上皮。后分化为神经组织。

03.0038　肌上皮细胞　myoepithelial cell
位于腺细胞外方，胞质内含肌动蛋白丝的细胞。具有收缩功能，其收缩有助于腺细胞分泌物的排出。

03.0039　内分泌腺　endocrine gland
没有分泌管的腺体。其分泌物（如激素）直接进入周围的血管和淋巴管中，由血液和淋巴液将激素输送到全身。如甲状腺、垂体等。

03.0040　外分泌腺　exocrine gland
有导管通至器官腔面或体表、其分泌物经导管排放的腺体。如唾液腺、汗腺等。分单细胞腺和多细胞腺。

03.0041　单细胞腺　unicellular gland
由单个外分泌细胞组成的腺体。如消化管道黏膜上皮中的杯状细胞。

03.0042　杯状细胞　goblet cell
又称"杯形细胞"。存在动物各器官中的一

种形同高脚酒杯、分泌黏液的细胞。属于单细胞腺。有滑润上皮表面和保护上皮的作用。

03.0043　多细胞腺　multicellular gland
由多个分泌细胞组成的腺体。一般由分泌部和导管两部分组成。机体大多数腺体属此类，如唾液腺。

03.0044　分泌部　secretory portion
又称"腺泡（acinus）""腺末房（terminal secretory unit）"。由单层外分泌腺细胞围成的囊泡结构。中央有腔，其形状为管状、泡状或管泡状。具有合成并释放分泌物的功能。

03.0045　导管　duct, canal
直接与分泌部相连通的由单层或复层上皮构成的管道。可将分泌物排至体表或器官腔内。

03.0046　单腺　simple gland
具有无分支的导管，导管末端为分泌部的腺体。如汗腺。

03.0047　复腺　compound gland
具有分支的导管，各分支导管末端均为分泌部的腺体。如乳腺。

03.0048　管状腺　tubular gland
分泌部呈管状的腺体。根据其导管是否分支及分支情况分为单管状腺、单分支管状腺、复管状腺等。

03.0049　单管状腺　simple tubular gland
导管不分支，分泌部呈管状的腺体。如汗腺和肠腺。

03.0050　单分支管状腺　simple branched tubular gland
导管短而不分支或无导管，分泌部呈管状并

有分支的腺体。如胃底腺、子宫腺。

03.0051　复管状腺　compound tubular gland
导管有分支，分泌部呈管状的腺体。如贲门腺、十二指肠腺。

03.0052　泡状腺　acinar gland
分泌部呈泡状的腺体。根据其导管是否分支及分支情况分为单泡状腺、单分支泡状腺、复泡状腺等。

03.0053　单泡状腺　simple acinar gland
导管不分支，分泌部呈泡状的腺。如蛙皮肤的黏液腺。

03.0054　单分支泡状腺　simple branched acinar gland
导管不分支，分泌部呈泡状分支并与同一导管相连的腺体。如皮脂腺、睑板腺。

03.0055　复泡状腺　compound acinar gland
导管有分支，分泌部呈泡状的腺体。如腮腺。

03.0056　管泡状腺　tubuloacinar gland
分泌部兼有管状和泡状的腺体。根据其导管是否分支分为单管泡状腺和复管泡状腺。

03.0057　单管泡状腺　simple tubuloacinar gland
导管不分支，分泌部呈管状和泡状的腺体。

03.0058　复管泡状腺　compound tubuloacinar gland
导管有分支，分泌部呈管状和泡状的腺体。如唾液腺、乳腺。

03.0059　浆液腺　serous gland
分泌部由浆液性腺细胞组成的一种多细胞腺。为有管腺，分泌物稀薄。如腮腺、胰腺。

03.0060 混合腺 mixed gland
又称"浆半月（serous demilune）"。分泌部由黏液性腺细胞和浆液性腺细胞共同组成的腺体。通常以黏液性腺细胞为主，分泌部末端附有几个浆液性腺细胞，切片上呈半月形排列。如舌下腺。

03.0061 顶质分泌 apocrine
又称"顶浆分泌"。分泌物无包膜，在离开细胞时包着细胞膜排出的分泌方式。

03.0062 全质分泌 holocrine
又称"全浆分泌"。整个腺细胞连同其分泌物一起解体成为分泌物而排出的分泌方式。

03.0063 局质分泌 merocrine
又称"局浆分泌"。腺细胞的分泌颗粒有包膜，在排出时其包膜与细胞膜融合以胞吐方式排出的分泌方式。

03.0064 开口分泌 eruptcrine
膜包颗粒与细胞膜融合，在融合处细胞膜开口将分泌物排出的一种局质分泌方式。如腺垂体细胞的分泌。

03.0065 透出分泌 diacrine
分泌物多为小分子物质，分泌时，分泌物透过细胞膜排出的一种局质分泌方式。如肾上腺皮质细胞的分泌。

03.0066 微小管 ductulus, canaliculus
泛指体内各种管道的管径微小的分支。

03.0067 叶 lobe
一般指器官实质被结缔组织分隔而成的小的区域。如乳腺叶。

03.0068 小叶 lobule
器官实质被结缔组织分隔成较小的结构。如睾丸小叶或叶的结构被再次分隔，如乳腺小叶。

03.0069 感觉上皮 sensory epithelium
能感受某种物理因素或化学物质刺激或特殊感觉功能的特化上皮。

03.02 结 缔 组 织

03.0070 结缔组织 connective tissue
由细胞和大量细胞外基质构成的组织。具有连接、支持、保护、贮存营养、物质运输等功能。广义的结缔组织包括固有结缔组织、软骨组织、骨组织和血液。一般所称的结缔组织即指固有结缔组织。

03.0071 固有结缔组织 connective tissue proper
疏松结缔组织、致密结缔组织、脂肪组织和网状组织的总称。

03.0072 疏松结缔组织 loose connective tissue
又称"蜂窝组织（areolar tissue）"。细胞种类较多、纤维较少并排列稀疏的结缔组织。由细胞、纤维和基质三部分组成。广泛分布于器官之间和组织之间，具有支持、连接、防御和修复等功能。

03.0073 未分化间充质细胞 undifferentiated mesenchymal cell
保留在成体结缔组织中的胚胎时期的间充质细胞。其形态与纤维细胞相似，但细胞较小，核染色较深。常分布于小血管周围。具有多向分化潜能。

03.0074 基质 ground substance, matrix
由蛋白聚糖等生物大分子构成的无定形胶

状物。填充在结缔组织细胞和纤维之间。

03.0075 细胞间质 intercellular substance
结缔组织中的细胞外基质。包括丝状的纤维、无定形基质和不断循环更新的组织液。

03.0076 成纤维细胞 fibroblast
疏松结缔组织中最主要的活性细胞。胞体大，为多突的纺锤形或星形的扁平细胞，其分泌物构成该组织的纤维和基质。

03.0077 腱细胞 tenocyte
肌腱内的成纤维细胞。

03.0078 纤维细胞 fibrocyte
功能处于静止状态时的成纤维细胞。比成纤维细胞体积小、突起少，一般呈细长梭形。受到创伤时可恢复其功能，并可修复创伤。

03.0079 巨噬细胞 macrophage
又称"组织细胞（histiocyte）"。机体内广泛存在的一种免疫细胞。来源于血液中的单核细胞，多为扁平梭形或多角形，胞质丰富，一般为嗜酸性，功能多样，参与免疫应答。

03.0080 浆细胞 plasma cell
合成和分泌免疫球蛋白的细胞。多呈圆形或卵圆形，胞核呈圆形，常偏于细胞的一侧，胞质嗜碱性。来源于 B 淋巴细胞，分泌抗体，参与体液免疫。

03.0081 肥大细胞 mast cell
胞质内富含嗜碱性颗粒的一类细胞。为圆形或卵圆形，核小而圆，染色较深。源自骨髓嗜碱性粒细胞祖细胞，可释放多种物质启动针对病原体的炎症反应，是免疫系统中首先与侵入体内的病原体接触的哨兵。

03.0082 脂肪细胞 adipocyte, fat cell
胞质内含脂滴，能合成和贮存脂肪的细胞。多沿小血管单个或成群存在，细胞较大，呈圆形或卵圆形。参与脂质代谢。

03.0083 单泡脂肪细胞 unilocular adipose cell
胞质内仅含一个大的脂滴的脂肪细胞。呈圆形或椭圆形，密集存在时则为多边形，扁椭圆形细胞核被挤在周边。有储能、保护、填充等功能。

03.0084 多泡脂肪细胞 multilocular adipose cell
胞质内含大小不一脂滴的脂肪细胞。呈多边形，核圆形位于细胞中央。氧化能产生大量热量。

03.0085 色素细胞 pigment cell
又称"载色素细胞（chromatophore）"。含有黑色素（家畜）或蝶啶和嘌呤（鱼和两栖类）的细胞。大量存在时影响结缔组织的颜色，可见于皮肤、脑脊膜、脉络膜、瞳孔等多种组织器官。

03.0086 胶原纤维 collagen fiber
又称"白纤维（white fiber）"。由胶原原纤维黏合而成的纤维。为Ⅰ型胶原蛋白成分。韧性大，抗拉力强。是疏松结缔组织中的主要纤维成分，新鲜时呈白色。

03.0087 胶原[蛋白] collagen
胶原纤维的化学成分。属于纤维状蛋白质家族，是动物细胞外基质和结缔组织的主要成分，占哺乳动物总蛋白质 25%。有多种类型，Ⅰ型最为常见（如皮肤、骨骼、肌腱等），分子细长，有刚性，由 3 条胶原多肽链形成三螺旋结构。

03.0088 弹性纤维 elastic fiber
又称"黄纤维（yellow fiber）"。由弹性蛋白构成的核心部和周围的原纤维蛋白微原纤维组成的纤维。新鲜时呈黄色，具有很强的弹性。数量比胶原纤维少。

03.0089 弹性蛋白 elastin
哺乳动物结缔组织尤其是弹性纤维的主要结构蛋白。具有随机卷曲和交联性能，多条多肽链交联在一起，形成可延伸的三维网状结构。

03.0090 网状纤维 reticular fiber
又称"嗜银纤维（argyrophilic fiber）"。主要由Ⅲ型胶原蛋白构成的纤维。分支多，彼此交织成网。可被银盐染成黑色，主要分布于网状组织和基膜的网板。

03.0091 致密结缔组织 dense connective tissue
以纤维为主要成分且排列紧密、而细胞和基质较少的结缔组织。主要功能为支持和连接。按纤维的性质和排列方式不同分为不规则致密结缔组织、规则致密结缔组织和弹性组织三种。

03.0092 不规则致密结缔组织 dense irregular connective tissue
纤维纵横交织排列的致密结缔组织。主要构成真皮和器官的被膜。

03.0093 规则致密结缔组织 dense regular connective tissue
纤维规则排列的致密结缔组织。主要构成肌腱。

03.0094 弹性组织 elastic tissue
由粗大的弹性纤维平行排列构成的致密结缔组织。主要构成黄韧带和项韧带。

03.0095 脂肪组织 adipose tissue
主要由大量的脂肪细胞群集构成的组织。被疏松结缔组织分隔成许多脂肪小叶。根据脂肪细胞的结构和功能不同分为白色脂肪细胞和褐色脂肪细胞两种。

03.0096 白色脂肪组织 white adipose tissue
又称"黄色脂肪组织（yellow adipose tissue）"。由单泡脂肪细胞构成的、新鲜时呈白色（如猪）或淡黄色（如人类和某些哺乳动物）的脂肪组织。

03.0097 褐色脂肪组织 brown adipose tissue
又称"棕色脂肪组织"。由多泡脂肪细胞构成的、新鲜时呈褐色的脂肪组织。在冬眠动物和新出生的动物中含量较多。

03.0098 网状组织 reticular tissue
由网状细胞、网状纤维和基质组成的组织。可构成造血组织和淋巴组织的支架，为淋巴细胞和血细胞发生发育提供适宜微环境。

03.0099 网状细胞 reticular cell
星形多突起细胞。其突起彼此连接成网，细胞核较大呈椭圆形，染色较浅，核仁明显，胞质较多，具有产生网状纤维的功能。

03.0100 软骨组织 cartilage tissue
由软骨细胞、软骨基质和纤维构成的组织。无血管、淋巴管和神经，表面包以致密结缔组织的软骨膜，有保护和减少摩擦的作用。

03.0101 软骨细胞 chondrocyte
包埋于软骨基质的软骨陷窝内，能产生软骨基质的细胞。

03.0102 成软骨细胞 chondroblast
位于软骨组织表面的细胞。可进一步增殖分化为软骨细胞。能合成、分泌软骨基质并被包埋其中。由骨祖细胞增殖分化而来。

03.0103　同源细胞群　isogenous group
由同一个幼稚软骨细胞分裂而来、成群分布的子细胞。多位于软骨中心。

03.0104　软骨　cartilage
由软骨细胞、基质及其周围的软骨膜构成的器官。具有一定的坚韧性、弹性和抗压能力，其作用依所处部位而异。是所有脊椎动物胚胎期的主要支持结构，成体后大多被硬骨代替。根据基质中纤维的性质和含量的不同分为透明软骨、弹性软骨、纤维软骨三种。

03.0105　软骨膜　perichondrium
软骨表面被覆的薄层结缔组织。内有血管、淋巴管和神经，可提供营养和保护。

03.0106　软骨陷窝　cartilage lacuna
软骨基质中软骨细胞所在的内陷椭圆形小窝。

03.0107　软骨基质　cartilage matrix
软骨细胞产生的细胞外基质。由纤维和无定形基质组成，纤维埋于基质中。

03.0108　透明软骨　hyaline cartilage
新鲜时呈乳白色、半透明的软骨。其纤维成分主要是Ⅱ型胶原蛋白组成的胶原原纤维。具较强的抗压性、一定的弹性和韧性。分布于呼吸道、肋软骨及关节软骨等部位。

03.0109　弹性软骨　elastic cartilage
基质中含大量交织排列的弹性纤维的软骨。具较强弹性。分布于耳郭、咽喉及会厌等部位。

03.0110　纤维软骨　fibrous cartilage
基质中含大量平行或交叉排列的肌原纤维束的软骨。有很强的韧性。分布于椎间盘、关节盘及耻骨联合等部位。

03.0111　骨组织　osseous tissue
由骨细胞和骨基质组成的结缔组织。是动物体内最坚硬的组织，也是骨的结构主体。

03.0112　骨细胞　osteocyte
骨组织内的有多个细长突起的细胞。具有一定溶骨和成骨作用，参与钙、磷平衡。

03.0113　骨祖细胞　osteoprogenitor cell
又称"骨原细胞（osteogenic cell）"。骨组织中的干细胞。位于骨外膜内层和骨内膜。细胞较小，呈梭形，可不断增殖分化为成骨细胞。

03.0114　成骨细胞　osteoblast
分布于骨组织表面、单层排列、参与骨的生长和改建的细胞。呈矮柱状或椭圆形，表面有细小突起，产生内骨质并最终转变为骨细胞。

03.0115　破骨细胞　osteoclast
散在分布于骨组织表面的一种巨大的形态不规则的多核细胞。具很强的溶骨、吞噬和消化能力，与成骨细胞共同参与骨的生长和改建。

03.0116　骨基质　bone matrix
骨组织中钙化的细胞外基质。包括有机和无机成分，含水极少。

03.0117　类骨质　osteoid
最初形成的细胞外基质。无骨盐沉积，后经钙化为骨基质。

03.0118　骨陷窝　bone lacuna
骨组织中骨细胞的胞体所在的内陷小窝。

03.0119　骨小管　bone canaliculus
从骨陷窝向四周呈辐射状发出的许多细长

的小管。为骨细胞突起所占据。

03.0120 基质小泡 matrix vesicle
成骨细胞释放的直径 25～200nm 的膜被小泡。在类骨质的钙化过程中起重要作用。

03.0121 皱褶缘 ruffled border
破骨细胞面向骨组织一侧伸出大量微绒毛形成的结构。

03.0122 封闭区 sealing zone
又称"亮区（clear zone）"。破骨细胞环绕皱褶缘的胞质隆起。此处细胞膜紧贴骨组织，像一堵环行围堤包围皱褶缘，电镜观察此区电子密度低。

03.0123 骨[外]膜 periosteum
包被在骨外表面的致密结缔组织。内有血管、神经和骨祖细胞，有营养和为骨生长及修复提供干细胞的功能。

03.0124 穿通纤维 perforating fiber
又称"沙比纤维（Sharpey's fiber）"。骨膜中穿入骨质的胶原纤维束。起固定骨膜和韧带的作用。

03.0125 骨内膜 endosteum
由一层骨祖细胞构成，衬于骨髓腔面、骨小梁表面、中央管内表面的薄层疏松结缔组织膜。

03.0126 长骨 long bone
主要分布于四肢、形态上呈长管状的骨。具有一体两端，内有髓腔容纳骨髓。

03.0127 骨干 diaphysis, shaft
长骨的体。

03.0128 骨骺 epiphysis, osteoepiphysis
长骨两端膨大的部分。

03.0129 骺板 epiphyseal plate
骨骺与骨干之间早期留有的一定厚度的软骨。是长骨继续增长的结构基础。

03.0130 松质骨 spongy bone
又称"骨松质"。由大量骨小梁交织成多孔立体网格样的骨组织。位于长骨骨骺和骨干内表面等处。

03.0131 骨小梁 bone trabecula
由数层不大规则排列的骨板形成的针状或片状骨组织。是松质骨的主要结构。

03.0132 密质骨 compact bone
又称"骨密质"。由多层排列规则的骨板紧密结合而成的骨组织。位于长骨、扁骨和短骨表层等处。

03.0133 骨板 bone lamella
骨组织的板层状构造单位。位于内外骨膜之间，分为环骨板、骨单位骨板和间骨板。

03.0134 环骨板 circumferential lamella
环绕骨干内、外表面，与骨干周缘成平行排列的骨板。

03.0135 外环骨板 outer circumferential lamella, external circumferential lamella
环绕骨干外表面、由数层或十多层骨板规则排列组成的骨板。最外层与骨外膜相贴。

03.0136 内环骨板 inner circumferential lamella, internal circumferential lamella
环绕骨干内表面、由数层骨板不甚规则排列组成的骨板。

03.0137 穿通管 perforating canal
又称"福尔克曼管（Volkmann's canal）"，

曾称"福尔曼氏管"。骨干密质骨中与骨干长轴近似垂直走行的管道。是血管和神经的通道。

03.0138　骨单位骨板　osteon lamella
又称"哈弗斯骨板（Haversian lamella）""哈氏骨板"。位于内、外环骨板之间、许多层同心圆排列的圆筒状骨板。是骨单位中围绕中央管同心圆排列的多层骨板。

03.0139　中央管　central canal
又称"哈弗斯管（Haversian canal）""哈氏管"。骨单位骨板中央一条纵行的管道。与穿通管相通。

03.0140　骨单位　osteon
又称"哈弗斯系统（Haversian system）"。中央管与骨单位骨板的合称。位于内、外环骨板之间，由多层同心圆排列的骨单位骨板围绕中央管构成的、在长骨骨干内主要起支持作用的结构单位。

03.0141　黏合线　cement line
位于骨单位表面的一层黏合质。由一层含骨盐多、含胶原纤维少的骨基质形成，与相邻骨板相隔。

03.0142　间骨板　interstitial lamella
位于骨单位之间或骨单位与环骨板之间的一些不规则的骨板聚集体。是骨生长和改建中骨板未被吸收的残余。

03.0143　骨髓　bone marrow
充满于骨髓腔及骨骺小梁的网孔内的一种柔软的网状组织。分为红骨髓和黄骨髓。前者是造血组织，后者主要为脂肪组织。

03.0144　红骨髓　red bone marrow
主要由造血组织和血窦构成的骨髓。为终生

造血部位。胎儿和婴幼儿时期的骨髓都是红骨髓，成年后的红骨髓主要分布在扁骨、不规则骨和长骨骨骺端的松质骨中。

03.0145　黄骨髓　yellow bone marrow
含大量脂肪细胞、已失去造血功能的骨髓。见于成年的长骨骨髓腔。

03.0146　骨发生　osteogenesis
骨出现和形成的过程。有膜内成骨和软骨内成骨两种方式。

03.0147　膜内成骨　intramembranous ossification
在原始的结缔组织膜内直接形成骨的过程。扁骨和不规则骨以此种方式发生。

03.0148　钙化　calcification
无机盐有序地沉积于类骨质中的过程。使类骨质成为骨质。

03.0149　骨化　ossification
又称"成骨"。骨组织形成的过程。由软骨或间质组织转化为骨。

03.0150　骨领　bone collar
成骨细胞在软骨雏形中段的软骨组织表面形成的包绕此中段呈领圈状的薄层原始骨组织。

03.0151　骨化中心　ossification center
膜内成骨过程中，在原始结缔组织膜内首先形成骨组织的部位。

03.0152　初级骨化中心　primary ossification center
又称"骨干骨化中心（diaphyseal ossification center）"。在骨领形成的同时，软骨雏形中段内的软骨细胞肥大并分泌碱性磷酸酶，使其周围的软骨基质钙化及肥大的软骨细胞自身退化死亡，留下较大的软骨陷窝，此中央成为最先成骨的部位。形成初级骨小梁和初级骨髓腔。

03.0153　次级骨化中心　secondary ossification center

又称"骨骺骨化中心（epiphyseal ossification center）"。长骨骨化过程后期，在两端的软骨中央出现的骨化中心。将发育形成骨骺。

03.0154　软骨内成骨　endochondral ossification

在预先形成的透明软骨基础上将软骨逐步替换为骨的过程。四肢骨、躯干骨等以此种方式发生。

03.0155　间质生长　interstitial growth

又称"软骨内生长（endochondral growth）"。通过已有的软骨细胞的增殖形成更多的软骨细胞和软骨基质，使软骨不断从内部向周围扩展的生长过程。

03.0156　外加生长　appositional growth

又称"软骨膜下生长（subperichondral growth）"。通过软骨膜内层的骨祖细胞增殖分化，在软骨组织表面形成软骨细胞，后者产生软骨基质使软骨增厚的生长过程。

03.0157　血液　blood

循环于心血管内的液态组织。由血浆和血细胞组成。

03.0158　血浆　blood plasma

血液的液体成分。为淡黄色半透明液体，约占血液容积的55%。其中90%左右为水分，其余为血浆蛋白。

03.0159　血细胞　blood cell, hemocyte

血液中的细胞成分。约占血液容积的45%，包括红细胞、白细胞和血小板。

03.0160　红细胞　erythrocyte, red blood cell, RBC

呈双凹圆盘状的一种血细胞。具有形态可变性。成熟红细胞无核、无细胞器，胞质内充满血红蛋白。

03.0161　红细胞膜骨架　erythrocyte membrane skeleton

固定红细胞膜的一个能活动的圆盘状网架结构。其主要成分为血影蛋白和肌动蛋白等。使红细胞保持其独特的双凹圆盘状。

03.0162　网织红细胞　reticulocyte

刚从骨髓释放入血液尚未成熟的红细胞。因胞质内残留少量核糖体，易被煌焦油蓝或新亚甲蓝染成蓝色颗粒或细网，故名。

03.0163　白细胞　leukocyte, white blood cell, WBC

无色有核的球形血细胞。能做变形运动，具有防御和免疫功能。根据胞质内有无特殊颗粒分为粒细胞和无粒白细胞两大类。

03.0164　特殊颗粒　specific granule

白细胞胞质中具有的不同嗜色性（橘红色、淡紫红色、蓝紫色等）颗粒。数量多，电镜下，颗粒较小，呈圆形、椭圆形或哑铃形等，内含碱性磷酸酶、吞噬素、溶菌酶等。

03.0165　嗜天青颗粒　azurophilic granule

白细胞胞质中可被天青类染料染成淡紫色的颗粒。数量少，电镜下，较大，呈圆形或椭圆形，电子密度高，为一种溶酶体，能消化吞噬细菌和异物。

03.0166　粒细胞　granulocyte
全称"有粒白细胞"。胞质中有特殊颗粒的白细胞。细胞核多形。根据颗粒着色性质分为嗜中性、嗜酸性和嗜碱性粒细胞三种。

03.0167　[嗜]中性粒细胞　neutrophilic granulocyte, neutrophil
胞质内含浅紫色嗜天青颗粒和浅红色特殊颗粒的白细胞。具强趋化作用和吞噬功能，数量较多。

03.0168　嗜酸性粒细胞　eosinophilic granulocyte, eosinophil
又称"嗜伊红粒细胞"。胞质内充满粗大的鲜红色嗜酸性颗粒的粒细胞。具趋化性，能吞噬抗原抗体复合物和释放多种溶酶体酶，数量较少。

03.0169　嗜碱性粒细胞　basophilic granulocyte, basophil
胞质内含有大小不等分布不均的嗜碱性颗粒的粒细胞。染成蓝紫色可将核掩盖，数量最少。

03.0170　嗜异性粒细胞　heterophilic granulocyte
在禽类及蛇类等动物体内具有似哺乳动物血液中的嗜中性粒细胞。胞质内含有红色颗粒。

03.0171　无粒白细胞　agranulocyte
胞质内无特殊颗粒、但含有细小的嗜天青颗粒的白细胞。分单核细胞和淋巴细胞两种。

03.0172　单核细胞　monocyte
体积最大的白细胞。是巨噬细胞的前身，参与免疫反应。

03.0173　淋巴细胞　lymphocyte
体积最小的白细胞。是血液和组织中最重要的免疫活性细胞。细胞核呈圆形或椭圆形，一侧常有小凹陷，染色质致密呈块状，细胞质很少，呈蔚蓝色，含少量嗜天青颗粒。在机体免疫防御过程中发挥重要作用。根据其发生部位、形态结构、表面标记和免疫功能不同分为 T 淋巴细胞、B 淋巴细胞和自然杀伤细胞三类。

03.0174　淋巴　lymph
在淋巴管系统内流动的无色透明或乳白色液体。由淋巴浆与淋巴细胞构成，单向性地从毛细淋巴管流向淋巴导管，最后汇入大静脉。

03.0175　组织液　interstitial fluid
从毛细血管动脉端渗入到基质内的一部分液体。与组织细胞进行物质交换后再经毛细血管静脉端或毛细淋巴管回流入血液或淋巴。

03.0176　血细胞发生　hemopoiesis, hematopoiesis, hemocytopoiesis
又称"造血"。造血干细胞在一定微环境和某些因素调节下经过造血祖细胞阶段，再定向增殖分化成为各种成熟血细胞的过程。

03.0177　造血组织　hemopoietic tissue
红骨髓的主要结构成分。由网状组织、造血细胞和基质细胞组成。

03.0178　造血细胞　hemopoietic cell
造血干细胞和造血祖细胞的总称。

03.0179　造血干细胞　hemopoietic stem cell, HSC
通过不断分化而产生各类血细胞的原始细胞。是一种多能干细胞，有很强增殖、多向分化和自我更新能力。主要存在于骨髓中。

03.0180　造血祖细胞　hemopoietic progenitor cell, HPC
又称"定向干细胞（committed stem cell, CSC）"。由造血干细胞分化而来的只能向一个或几个血细胞系定向增殖分化的干细胞。

03.0181　造血诱导微环境　hemopoietic inductive microenvironment, HIM
造血细胞赖以生长发育的微环境。其核心成分是基质细胞。

03.0182　基质细胞　stromal cell
造血诱导微环境中的重要成分。包括网状细胞、成纤维细胞、血窦内皮细胞、巨噬细胞、骨髓基质干细胞等。

03.0183　脾集落　spleen colony
脾内的小结节状造血灶。内含有红细胞系、粒细胞系、巨核细胞系或三者混合存在。

03.0184　脾集落生成单位　colony forming unit-spleen, CFU-S
每一个脾集落的细胞来自同一个原始血细胞，故名。

03.0185　红细胞发生　erythrocytopoiesis, erythropoiesis
从原红细胞历经几个阶段最后脱去细胞核变为成熟红细胞的过程。

03.0186　原红细胞　proerythroblast
又称"前成红细胞"。红细胞发生的原始阶段。细胞大而圆，核圆呈细粒状，可见2～3个核仁，胞质中无血红蛋白。细胞有分裂能力。

03.0187　成红[血]细胞　erythroblast
骨髓内生成红细胞的前体细胞。从原红细胞分化而来，可以进一步分化为网织红细胞到红细胞，有细胞核，能合成大量的血红蛋白。

03.0188　早幼红细胞　prorubricyte
又称"嗜碱性成红细胞（basophilic erythroblast）"。红细胞发生的幼稚阶段。来自原红细胞，细胞较大，呈圆形，核圆呈粗粒状，偶见核仁，胞质内开始出现血红蛋白，细胞有分裂能力。

03.0189　中幼红细胞　rubricyte
又称"嗜多染性成红细胞（polychromatophilic erythroblast）"。红细胞发生幼稚阶段中期的红细胞。细胞变小，呈圆形，核圆呈粗粒状，核仁消失，胞质呈弱嗜碱性，血红蛋白增多，细胞分裂能力减弱。

03.0190　晚幼红细胞　normoblast
又称"正成红[血]细胞""嗜酸性成红细胞（acidophilic erythroblast）"。红细胞发生幼稚阶段晚期的红细胞。细胞较小，呈圆形，核圆呈致密块状，胞质呈淡红色，内有大量血红蛋白，细胞无分裂能力。

03.0191　脱核　karyorrhexis
晚幼红细胞脱去胞核成为网织红细胞的过程。

03.0192　粒细胞发生　granulocytopoiesis
从原粒细胞历经几个阶段进而分化为成熟粒细胞的过程。

03.0193　原粒细胞　myeloblast
又称"成髓细胞"。粒细胞发生的原始阶段。无嗜天青颗粒和特殊颗粒，细胞有分裂能力。

03.0194　早幼粒细胞　promyelocyte
又称"前髓细胞"。粒细胞发生幼稚阶段早期的粒细胞。细胞增大，呈圆形，核圆呈粗网状，偶见核仁。来自原粒细胞，有大量嗜天青颗粒和少量特殊颗粒，细胞有分裂能力。

03.0195　中幼粒细胞　myelocyte
又称"髓细胞"。粒细胞发生幼稚阶段中期的粒细胞。细胞变小，呈圆形，核半圆呈网块状，核仁消失，胞质呈弱嗜碱性，其内特殊颗粒增多，细胞有分裂能力。

03.0196　晚幼粒细胞　metamyelocyte
又称"后髓细胞"。粒细胞发生幼稚阶段晚期的粒细胞。细胞较小，呈圆形，核肾形呈网块状，核仁消失，胞质呈浅红色，内特殊颗粒明显，细胞无分裂能力。

03.0197　血小板发生　thrombopoiesis
由原巨核细胞发育为巨核细胞，最后巨核细胞形成血小板的过程。

03.0198　原巨核细胞　megakaryoblast
又称"成巨核细胞"。巨核细胞最初发育阶段。后发育为幼巨核细胞。

03.0199　幼巨核细胞　promegakaryocyte
又称"前巨核细胞"。由原巨核细胞分化而来的细胞。后发育为巨核细胞。

03.0200　巨核细胞　megakaryocyte
由幼巨核细胞的胞核数次分裂但胞体不分裂而形成的细胞。核巨大呈分叶状，是骨髓中最大的细胞，其胞质内有许多血小板颗粒，胞质末端膨大脱落形成血小板。

03.0201　血小板　platelet
又称"凝血细胞（thrombocyte）"。从骨髓巨核细胞脱落下来的胞质小块。并非严格意义上的细胞。参与凝血和止血。

03.0202　分隔膜　demarcation membrane
血小板的形成过程中，巨核细胞细胞膜向细胞质内陷形成的膜。将细胞质分隔成许多围以细胞膜的小区。

03.0203　淋巴细胞发生　lymphocytopoiesis
由淋巴干细胞经原淋巴细胞、幼淋巴细胞，分化为成熟淋巴细胞的过程。

03.0204　前原淋巴细胞　prolymphoblast
又称"前淋巴母细胞"。淋巴性造血干细胞分化为原淋巴细胞前的阶段。为分化最差或未分化型细胞。

03.0205　原淋巴细胞　lymphoblast
又称"淋巴母细胞"。淋巴细胞发生的最初阶段。胞体大，呈圆形，核大，染色质细密，有 1～2 个核仁。进一步增殖发育成效应淋巴细胞或浆细胞。

03.0206　幼淋巴细胞　prolymphocyte
发育中的淋巴细胞。胞体大，其核染色质变粗而密集，胞质内出现嗜天青颗粒。

03.0207　单核细胞发生　monocytopoiesis
由粒细胞-单核细胞系祖细胞经原单核细胞、幼单核细胞，分化为成熟单核细胞的过程。

03.0208　原单核细胞　monoblast
又称"成单核细胞"。单核细胞的早期阶段。细胞为圆形，核大，呈椭圆形或肾形，染色质纤细，胞质中无颗粒。多在急性单核细胞型白血病中见到。

03.0209　幼单核细胞　promonocyte
又称"前单核细胞"。发育自原单核细胞幼稚阶段的单核细胞。胞体呈椭圆或不规则形，染色质纤细，核仁可有可无，胞质较多，含细小、弥散的嗜天青颗粒。增殖力很强，机体出现炎症或免疫功能活跃时可加速分裂形成足量单核细胞。

03.0210　单核吞噬细胞系统　mononuclear phygocyte system, MPS
机体内具有强烈吞噬及防御能力的细胞系统。包括单核细胞和由其分化而来的有吞噬功能的细胞。

03.03 肌 肉 组 织

03.0211 肌[肉]组织 muscle tissue
主要由具有舒缩功能的肌细胞构成的组织。根据肌细胞的结构和收缩特性，分为骨骼肌、心肌和平滑肌三大类。

03.0212 骨骼肌 skeletal muscle
又称"随意肌（voluntary muscle）"。借肌腱附于骨骼上的肌组织。其收缩受躯体神经系统直接控制可随意运动，收缩快易疲劳。

03.0213 心肌 cardiac muscle
分布于心壁和邻近心脏的大血管壁上的肌组织。其收缩有自动节律性、缓慢持久、不易疲劳，属于不随意肌。

03.0214 平滑肌 smooth muscle
广泛分布于消化道、呼吸道、血管等中空性器官管壁上的肌组织。因没有横纹得名。其收缩缓慢持久、不易疲劳，属于不随意肌。

03.0215 不随意肌 involuntary muscle
不受意识支配、即不随意活动的肌组织。其收缩具有缓慢持久、不易疲劳等特点。包括心肌和平滑肌。

03.0216 横纹肌 striated muscle
肌细胞上有明暗相间横纹的肌组织。包括骨骼肌和心肌。

03.0217 斜纹肌 obliquely striated muscle
又称"螺旋纹肌（spirally striated muscle）"。其肌细胞的明带与暗带在肌原纤维中呈螺旋状分布、外表出现斜纹的肌组织。见于蛔虫、蚯蚓、乌贼等。

03.0218 肌细胞 muscle cell, myocyte
又称"肌纤维（muscle fiber, myofiber）"。肌组织中具有收缩功能的细胞。细长、呈纤维状，由成肌细胞分化而来，是肌组织的基本成分。

03.0219 肌膜 sarcolemma
肌细胞的细胞膜。

03.0220 肌质 sarcoplasm
又称"肌浆"。肌细胞的细胞质。

03.0221 肌质网 sarcoplasmic reticulum
又称"肌浆网"。肌细胞内特化的滑面内质网。位于横小管之间，肌质网膜上有钙泵和钙通道。

03.0222 横小管 transverse tubule, T tubule
又称"T小管"。肌膜向肌质内凹陷形成与肌纤维长轴垂直分布的管状结构。位于暗带与明带交界处。系神经冲动经肌膜传入肌纤维内的主要通道。

03.0223 肌小管 sarcotubule
又称"纵小管（longitudinal tubule, L tubule）""L小管"。肌质网围绕在肌原纤维外围的纵行细管。其两端与终池相连。

03.0224 终池 terminal cisterna
位于横小管两侧的肌质网扩大呈扁囊状的结构。

03.0225 三联体 triad
由每条横小管与其两侧的终池共同组成的复合体。在此部位将兴奋从肌膜传到肌质网膜。

03.0226 肌原纤维 myofibril
肌质中呈细丝样沿细胞长轴平行排列的肌纤维。光镜下，每条肌原纤维由许多明、暗相间的带组成。

03.0227 各向同性 isotropy
被检物在偏光显微镜下产生相同方向偏振光即单折射光的现象。

03.0228 各向异性 anisotropy
被检物在偏光显微镜下产生两种不同方向偏振光即双折射光的现象。

03.0229 明带 light band
又称"I带（isotropic band，I band）"。位于肌原纤维上，呈单折光、各向同性的带。着色浅，其长度依肌纤维的收缩或舒张状态而异。

03.0230 暗带 dark band
又称"A带（anisotropic band，A band）"。位于肌原纤维上，呈双折光，各向异性的带。长度恒定为1.5μm。

03.0231 Z线 Z line
又称"Z膜（Z membrane）"。每条肌原纤维上明带中央一条深色的细线。实际上是一薄膜。

03.0232 H带 H band
肌原纤维上暗带中央一条较明亮的窄带。

03.0233 M线 M line
又称"M膜（M membrane）"。H带中央一条着色略深的线。实际上是一薄膜。

03.0234 肌节 sarcomere
相邻两条Z线之间的一段肌原纤维。是骨骼肌纤维结构和功能的基本单位。

03.0235 肌卫星细胞 muscle satellite cell
骨骼肌中的一种扁平有突起的细胞。附着在肌纤维表面，参与肌纤维的修复。

03.0236 肌丝 myofilament
肌细胞胞质内由收缩性蛋白质等构成的细丝状结构。是肌原纤维的组成成分，沿肌原纤维长轴平行排列。分为粗肌丝和细肌丝。

03.0237 粗肌丝 thick myofilament
由250~360个肌球蛋白分子平行排列集合成的长约1.5μm、宽约10nm的肌丝。位于肌节中部，两端游离，中央借M线固定。

03.0238 肌球蛋白 myosin
构成骨骼肌肌原纤维粗肌丝的结构蛋白。其分子形如豆芽，分头和杆两部分，两者之间可以屈动。

03.0239 横桥 cross bridge
肌球蛋白分子头部朝向Z线并突出于粗肌丝表面的部分。具有ATP酶活性，并有与肌动蛋白相结合的位点。

03.0240 细肌丝 thin myofilament
由肌动蛋白、原肌球蛋白和肌钙蛋白分子共同有序排列成长约1μm、宽约5nm的肌丝。位于肌节两端，一端附在Z线上，另一端伸至粗肌丝之间，与之平行，末端游离，止于H带的外侧。

03.0241 肌动蛋白 actin
细肌丝的结构蛋白。由球形肌动蛋白单体互相连接成串球状，并形成双股螺旋链。有极性，具有与肌球蛋白头部相结合的位点。

03.0242 原肌球蛋白 tropomyosin
细肌丝的调节蛋白之一。由两条双股螺旋多肽链组成，首尾相连形成长丝状，嵌于肌动蛋白双股螺旋链的浅沟内。

03.0243 肌钙蛋白 troponin
细肌丝的调节蛋白之一。球形，附于原肌球蛋白分子上，可与钙离子相结合。

03.0244 钙泵 calcium pump
肌质网膜上的镶嵌蛋白质。能逆浓度差把肌质中的钙离子泵入肌质网内储存。

03.0245 [肌]集钙蛋白 calsequestrin, CASQ
又称"收钙素"。肌质网上调控钙储存的主要结合蛋白。可在肌肉内部储备钙，并通过钙通道释放。

03.0246 肌红蛋白 myoglobin
含亚铁血红素成分的色素蛋白。主要分布于骨骼肌纤维和心肌纤维的肌质中，具有一定携带氧的功能。

03.0247 肌丝滑动学说 sliding filament theory
一种较为公认的骨骼肌纤维收缩学说。认为收缩时固定在Z线的细肌丝沿粗肌丝向M线方向滑动，引起肌节长度变短，舒张时则反向滑动。

03.0248 红肌纤维 red muscle fiber
又称"慢缩肌纤维（slow twitch fiber）"。富含肌红蛋白和线粒体而呈暗红色的一种骨骼肌纤维。肌纤维能量来源经有氧氧化产生，其收缩较慢，但持续时间长。如鸟翼肌。

03.0249 白肌纤维 white muscle fiber
又称"快缩肌纤维（fast twitch fiber）"。含少量肌红蛋白和线粒体而呈浅红色的一种骨骼肌纤维。肌纤维能量来自糖酵解，收缩迅速但不能持久。如鸡胸肌。

03.0250 中间型纤维 intermediate fiber
结构和功能介于红肌纤维与白肌纤维之间

的一种骨骼肌纤维。

03.0251 肌内膜 endomysium
分布在每条骨骼肌纤维外周的极薄的疏松结缔组织。其内富含毛细血管。

03.0252 肌束膜 perimysium
包裹肌束的致密结缔组织。

03.0253 肌外膜 epimysium
包裹整块骨骼肌外面的致密结缔组织。伸入骨骼肌内将其分隔形成肌束。

03.0254 肌腱 muscle tendon
简称"腱（tendon）"。肌肉的两端主要由规则致密结缔组织构成的纤维束或纤维膜。色白，为肌纤维末端的终止处，无收缩功能，但具有很强的韧性和抗张力，肌肉借其附着于骨骼上。

03.0255 心肌细胞 cardiac muscle cell
又称"心肌纤维（cardiac muscle fiber）"。呈短柱状、有分支、有横纹、含一个位于中央细胞核的肌细胞。

03.0256 闰盘 intercalated disc
心肌细胞的连接处。是传递收缩兴奋的重要结构。

03.0257 二联体 diad
由心肌细胞的横小管与一侧的终池紧贴而形成的复合体。将兴奋从肌膜传到肌质网膜。

03.0258 平滑肌细胞 smooth muscle cell
又称"平滑肌纤维（smooth muscle fiber）"。呈梭形、无横纹的肌细胞。

03.0259 密区 dense area
又称"密斑（dense patch）"。平滑肌细胞肌膜内面电子密度高的区域。相当于骨骼肌纤维的 Z 线，是肌丝的附着部位。

03.0260　密体　dense body
平滑肌细胞肌质中电子密度高的不规则长梭状小体。是肌丝和中间丝的共同附着部位，也是平滑肌细胞的细胞骨架组成之一，与密区以中间丝相连。

03.0261　小凹　caveola
由平滑肌细胞的肌膜向肌质内陷形成的凹陷。数量众多，相当于横纹肌的横小管。

03.0262　收缩单位　contractile unit
平滑肌细胞肌质内若干条粗、细肌丝有序排列聚集形成的肌丝单位。是平滑肌收缩的基本单位。

03.04　神　经　组　织

03.0263　神经组织　nervous tissue, nerve tissue
由神经元和神经胶质细胞组成的高度特化的组织。是神经系统中最主要的组织成分。

03.0264　神经元　neuron
高等动物神经系统中高度特化的细胞。由胞体和突起构成，是构成神经系统结构和功能的基本单位，能感受刺激和传导电冲动。

03.0265　胞体　soma
神经元的核心部分。包括细胞膜、细胞质和细胞核。是神经元的营养和代谢中心。

03.0266　核周质　perikaryon
又称"核周体"。神经细胞胞核周围的细胞质。富含尼氏体、神经原纤维以及脂褐素等内含物。

03.0267　尼氏体　Nissl's body
又称"嗜染质（chromophilic substance）"。神经细胞胞质内的一种嗜碱性物质。多呈颗粒状或斑块状。由许多粗面内质网和其间的游离核糖体构成。

03.0268　神经原纤维　neurofibril
神经元胞体和突起内的嗜银性丝状结构。电镜下，由神经丝和神经微管聚集成束构成，是神经元的细胞骨架。

03.0269　神经丝　neurofilament
神经原纤维的组成部分之一。为直径约 10nm 的细长管状结构，中间透明为管腔，管壁厚为 3nm，其长度特长，多集聚成束，分散在胞质内，也延伸到神经元的突起中。参与神经元内的代谢产物和离子运输流动的通路。

03.0270　神经微管　neurotubule
神经原纤维的组成部分之一。为直径约 25nm 的细而长的圆形细管，管壁厚为 5nm，可延伸到神经元的突起中，在胞质内与神经丝配列成束，交织成网。主要参与胞质内的物质转运活动。

03.0271　脂褐素　lipofuscin
核周质内一种与衰老相关的黄褐色颗粒状色素物质。是脂质未被溶酶体酶消化而形成的残余体。常见于神经细胞、心肌细胞、肝细胞等。

03.0272　神经突　neurite
神经元胞体的突起。可以是一个树突或一个轴突。

03.0273　树突　dendrite
自神经元胞体发出的 1 至多条有树枝状分支的突起。其主要功能是接受刺激，结构与神经元核周质基本相似。

03.0274　树突棘　dendritic spine
树突上的棘状短小突起。是形成突触的部位，可使神经元接受刺激的表面积扩大。

03.0275　棘器　spine apparatus
电镜下，树突棘内含有的数个扁平的囊泡。是由 2～3 层滑面内质网形成的板层构成，板层间有少量致密物质。

03.0276　轴突　axon
神经元发出的一条细长且粗细均匀的突起。传导神经冲动，其内无尼氏体。

03.0277　轴丘　axon hillock
神经元胞体发出轴突的部位。常呈圆锥形，其内无尼氏体，故染色淡。

03.0278　轴膜　axolemma
外包轴突的一层薄膜。

03.0279　轴质　axoplasm
又称"轴浆"。轴突内的细胞质。

03.0280　侧支　collateral branch
轴突的分支。通常位于距胞体较远或近终末处，多呈直角分出，直径一般与主干相同。

03.0281　终树突　telodendrion
轴突末端的最细分支。

03.0282　轴突运输　axonal transport
神经元胞质自胞体向轴突远端流动，同时从轴突远端也向胞体流动，这种方向不同、快慢不一的轴质双向流动过程。分顺向轴突运输和逆向轴突运输。

03.0283　顺向轴突运输　anterograde axonal transport
神经元轴突内的物质自胞体运送到轴突终末的运输方式。与轴质流动方向一致。

03.0284　逆向轴突运输　retrograde axonal transport
神经元轴突内的物质自轴突终末运送到胞体的运输方式。与轴质流动方向相反。

03.0285　假单极神经元　pseudounipolar neuron
又称"单极神经元（unipolar neuron）"。由胞体发出一个突起，但在不远处呈 T 形分成两支（即中枢突和周围突）的神经元。

03.0286　双极神经元　bipolar neuron
从胞体两端各发出一个树突和一个轴突的神经元。

03.0287　多极神经元　multipolar neuron
具有一个轴突和两个以上树突的神经元。是体内数量最多的一类神经元。

03.0288　感觉神经元　sensory neuron
又称"传入神经元（afferent neuron）"。可接受体内外各种刺激并将信息传入中枢神经系统的神经元。一般多为假单极和双极神经元。

03.0289　运动神经元　motor neuron
又称"传出神经元（efferent neuron）"。将神经冲动传递给肌细胞或腺细胞的神经元。一般为多极神经元。

03.0290　中间神经元　interneuron
又称"联络神经元（association neuron）"。

在感觉和运动神经元之间起信息加工和传递作用的神经元。主要为多极神经元。

03.0291　运动单位　motor unit
每个运动神经元的轴突及其分支所支配的全部骨骼肌纤维。

03.0292　高尔基Ⅰ型神经元　Golgi typeⅠ neuron
具有长轴突（可长达 1m 以上）的大神经元。如脊髓前角（或下角）运动神经元。

03.0293　高尔基Ⅱ型神经元　Golgi typeⅡ neuron
具有短轴突（仅数微米）的小神经元。如大脑皮质内的中间神经元。

03.0294　胆碱能神经元　cholinergic neuron
释放乙酰胆碱的神经元。如脊髓腹角的运动神经元。

03.0295　去甲肾上腺素能神经元　noradren-ergic neuron
释放去甲肾上腺素的神经元。如交感神经节内的神经元。

03.0296　肽能神经元　peptidergic neuron
释放脑啡肽、P 物质和神经降压肽等神经肽的神经元。如肌间神经丛内的神经元。

03.0297　氨基酸能神经元　amino acidergic neuron
释放 γ-氨基丁酸、甘氨酸、谷氨酸等的神经元。

03.0298　胺能神经元　aminergic neuron
释放多巴胺、5-羟色胺等胺类递质的神经元。

03.0299　突触　synapse
神经元与神经元之间、神经元与效应细胞之间传递信息的细胞连接结构。可分为化学突触和电突触两类。

03.0300　化学突触　chemical synapse
以化学物质（神经递质）作为通信媒介的突触。电镜下，由突触前成分、突触后成分和突触间隙三部分构成。根据两个神经元之间所形成突触的部位不同分为轴–体突触、轴–树突触、轴-棘突触等。

03.0301　轴-体突触　axosomatic synapse
神经元的轴突终末与另一个神经元胞体构成的突触。

03.0302　轴-树突触　axodendritic synapse
神经元的轴突终末与另一个神经元树突构成的突触。

03.0303　轴-棘突触　axospinous synapse
神经元的轴突终末与另一个神经元树突棘构成的突触。

03.0304　轴-轴突触　axoaxonal synapse
神经元的轴突终末与另一个神经元轴突构成的突触。

03.0305　树-树突触　dendrodendritic synapse
神经元的树突与另一个神经元树突构成的突触。

03.0306　突触前成分　presynaptic element
化学突触中神经元的轴突终末。是释放神经递质的结构成分。包括突触前膜、突触小泡等。

03.0307　突触后成分　postsynaptic element
化学突触中接受神经递质而发生反应的结构成分。包括突触后膜等。

03.0308　突触前膜　presynaptic membrane
与突触后成分接触的突触前成分特化的细

胞膜。与突触后膜相对，比一般细胞膜略厚。

03.0309　突触后膜　postsynaptic membrane
与突触前膜相对应的另一神经元的胞体或树突的细胞膜。上有特异性神经递质和神经调质的受体及离子通道。

03.0310　突触间隙　synaptic cleft
突触前膜和突触后膜之间的狭窄间隙。内含有唾液酸等糖胺多糖及糖蛋白，能与神经递质结合，促进神经递质的传递。

03.0311　突触小体　synaptosome
又称"突触扣结（synaptic bouton，synaptic knob）""终扣（button terminus）"。突触前成分（神经元的轴突终末）呈球状膨大，附着在另一个神经元的树突或胞体表面上的膨大小结。

03.0312　突触小泡　synaptic vesicle
位于突触小体内，圆形或扁平状的膜包小泡。内含神经递质或神经调质。

03.0313　电突触　electrical synapse
以生物电流（电信号）作为通信媒介的突触。通常指缝隙连接。

03.0314　神经胶质细胞　neurogliocyte
位于神经元与神经元之间、神经元与非神经元之间，对神经元有分隔、绝缘以及支持、营养、保护等作用的细胞。

03.0315　星形胶质细胞　astrocyte
中枢神经系统中数量最多、体积最大的一种神经胶质细胞。胞体呈星形，核大呈圆形或卵圆形，染色较浅。其胞体向四周发出许多突起。

03.0316　原浆性星形胶质细胞　protoplasmic astrocyte
突起较短粗，分支多，胶质丝较少的一种神

经胶质细胞。多分布在脑和脊髓的灰质中。

03.0317　纤维性星形胶质细胞　fibrous astrocyte
突起长而直，分支较少，胶质丝丰富的一种神经胶质细胞。多分布在脑和脊髓的白质中。

03.0318　胶质丝　glial filament
由胶质原纤维酸性蛋白构成的一种中间丝。分布于星形胶质细胞的胞体和突起内，参与细胞骨架的组成。

03.0319　脚板　foot plate, end foot
星形胶质细胞有些突起末端在脑和脊髓的软膜内表面和毛细血管壁上扩大成的扁平板状结构。

03.0320　胶质界膜　glial limiting membrane
由星形胶质细胞突起末端扩展形成的脚板贴附于毛细血管基膜上或伸到脑和脊髓表面形成的膜状结构。是构成血-脑屏障的神经胶质膜。

03.0321　少突胶质细胞　oligodendrocyte
分布于神经元胞体附近及轴突周围的神经胶质细胞。是中枢神经系统的髓鞘形成细胞。

03.0322　小胶质细胞　microglia
最小的神经胶质细胞。在神经系统损伤时可转变为巨噬细胞。

03.0323　室管膜细胞　ependymal cell
神经胶质细胞覆在脑室和脊髓中央管腔面上的一层立方或柱状上皮细胞。形成单层上皮样室管膜。

03.0324　施万细胞　Schwann cell
又称"神经膜细胞（neurilemmal cell）"。周围神经系统中沿神经元突起分布的神经胶质细胞。在轴突周围形成髓鞘和神经膜，并在神经纤维的再生中起重要作用。

03.0325 卫星细胞 satellite cell
又称"被囊细胞（capsule cell）"。周围神经系统中神经节内包绕神经元胞体的一层神经胶质细胞。营养和保护神经节细胞。

03.0326 神经纤维 nerve fiber
由神经元的长轴突和包绕它的神经胶质细胞组成的结构。传递神经冲动。

03.0327 有髓神经纤维 myelinated nerve fiber
神经元的突起被起绝缘作用的髓鞘和神经膜包裹的神经纤维。

03.0328 无髓神经纤维 unmyelinated nerve fiber
没有髓鞘，只有神经膜包裹的神经纤维。

03.0329 髓鞘 myelin sheath
套在轴索（轴突和长树突）外面的鞘膜。主要由施万细胞、卫星细胞或少突胶质细胞等神经胶质细胞构成。

03.0330 神经角蛋白 neurokeratin
存在于神经组织的类似于角蛋白的一种分子。组成髓鞘的成分。

03.0331 髓鞘切迹 myelin incisure
又称"施-兰切迹（Schmidt-Lantermann incisure）"。用锇酸染色时，在髓鞘内形成的不着色的漏斗形斜裂。是施万细胞内外侧胞质穿越髓鞘的狭窄通道。

03.0332 神经膜 neurilemma
环绕周围神经系统有髓神经纤维的施万细胞及其基膜构成的一层膜状结构。

03.0333 郎飞结 Ranvier node, node of Ranvier
又称"神经纤维结（node of nerve fiber）"。形成髓鞘时相邻施万细胞不完全连接而在神经纤维上形成的节段性缩窄。此处轴膜部分裸露，可发生膜电位变化。

03.0334 结间体 internode
有髓神经纤维相邻两个郎飞结之间的一段神经纤维。一个结间体的髓鞘由一个施万细胞形成。

03.0335 神经内膜 endoneurium
每条神经纤维周围的薄层结缔组织。

03.0336 神经束 tract, fasciculus
神经内的神经纤维被结缔组织分隔成的大小不等的神经纤维束。许多神经束聚合成一根神经。

03.0337 神经束膜 perineurium
由神经纤维束表面的多层扁平上皮样细胞形成的细密结缔组织膜。细胞间有紧密连接。

03.0338 神经束膜上皮 perineural epithelium
神经束膜内层衬有的单层扁平上皮。

03.0339 神经外膜 epineurium
包裹在神经表面的致密结缔组织。

03.0340 神经末梢 nerve ending
周围神经纤维的终末部分。遍布全身，形成各种末梢结构。按其生理功能可分为感觉神经末梢和运动神经末梢两大类。

03.0341 感觉神经末梢 sensory nerve ending
感觉神经元树突或周围突终末部分的特殊

结构。与周围组织共同形成感受器，感受体内外各种刺激。按其结构分为游离神经末梢和有被囊神经末梢两类。

03.0342　游离神经末梢　free nerve ending
由较细的有髓或无髓神经纤维的终末反复分支形成的一种感觉神经末梢。可感受冷、热、轻触和痛的刺激。

03.0343　[有]被囊神经末梢　encapsulated nerve ending
由感觉神经元周围突的终末和包裹其外的结缔组织被囊构成的一种感觉神经末梢。

03.0344　触觉小体　tactile corpuscle
又称"迈斯纳小体（Meissner's corpuscle）"。由神经末梢分支盘绕在被囊内的扁平横列的细胞间形成的卵圆形结构。感受触觉。

03.0345　环层小体　lamellar corpuscle
又称"帕奇尼小体（Pacinian corpuscle）"。由感觉神经元周围突终末外包多层同心圆排列的扁平细胞构成的卵圆形或球形结构。感受压觉和振动觉。

03.0346　梅克尔触盘　Merkel's tactile disc
由感觉神经末梢细支与特化的上皮细胞即梅克尔细胞共同形成的盘状结构。感受轻微触觉。

03.0347　克劳泽终球　Krause's end bulb
又称"克氏终球"。由盘成球形的多条细神经纤维外包以一层被膜而构成的结构。感受冷刺激。

03.0348　鲁菲尼小体　Ruffini's corpuscle
曾称"卢氏小体"。由无髓神经末梢的长形线团和外围的致密结缔组织被囊构成的结构。感受热刺激。

03.0349　肌梭　muscle spindle
位于骨骼肌内的梭形小体。表面有结缔组织被囊。由梭内肌纤维、感觉神经末梢和运动神经末梢构成，调控骨骼肌的活动。

03.0350　梭内肌纤维　intrafusal muscle fiber
肌梭内较细的骨骼肌纤维。与肌梭周围的肌纤维同步收缩或舒张，感受肌肉张力变化。

03.0351　核袋纤维　nuclear bag fiber
其胞核集中于中央部、对快速牵拉较敏感的一种梭内肌纤维。

03.0352　核链纤维　nuclear chain fiber
其胞核分散于整个肌纤维、对缓慢持续牵拉较敏感的一种梭内肌纤维。

03.0353　环旋末梢　annulospiral ending
在肌梭中段进入肌梭并反复分支呈环状或螺旋状包绕在梭内肌纤维中段含核部分。为感觉神经纤维。

03.0354　花枝末梢　flower-spray ending
肌梭中呈花枝状分布在环旋末梢两端的较细的感觉神经纤维。

03.0355　葡萄样末梢　grape ending
到达运动终板的运动神经元轴突分支终末形成的葡萄状膨大。与骨骼肌纤维形成突触。

03.0356　神经腱梭　neurotendinal spindle
又称"高尔基腱器（Golgi tendon organ）"。在腱纤维的腱束上缠绕感觉神经末梢而形成的感受器。感受骨骼肌张力变化。

03.0357　运动神经末梢　motor nerve ending
运动神经元的轴突在肌组织和腺体的终末结构。支配肌纤维的收缩和腺体的分泌。

03.0358　躯体运动神经末梢　somatic motor nerve ending
脊髓灰质前角或脑干的运动神经元轴突分布于骨骼肌的终末部分。调控骨骼肌的运动。

03.0359　内脏运动神经末梢　visceral motor nerve ending
分布于内脏及心血管的平滑肌、心肌和腺上皮等处的运动神经元轴突的终末部分。

03.0360　运动终板　motor end plate
运动神经元轴突的每一个分支终末与一条骨骼肌纤维建立突触连接，在骨骼肌纤维表面形成的呈椭圆形板状隆起。

03.0361　神经干细胞　neural stem cell
位于胚胎和成体神经组织内具有自我更新能力和多向分化潜能的细胞。产生神经组织的各类细胞。

03.05　主要器官组织

03.05.01　小脑和大脑组织结构

03.0362　小脑皮质　cerebellar cortex
小脑叶片表面灰质。根据神经元的种类和分布由外向内分为3层：分子层、浦肯野细胞层和颗粒层。

03.0363　[小脑]分子层　molecular layer
小脑皮质最外面较厚的一层。神经元少而分散，主要是星形细胞和篮状细胞，含大量无髓神经纤维。

03.0364　[小脑]星形细胞　stellate cell
小脑皮质分子层浅层内小而多突起的神经元。其轴突较短、与其他神经元形成突触。

03.0365　[小脑]篮状细胞　basket cell
小脑皮质分子层深部的一种神经元。其轴突长且末端呈篮状分支包绕浦肯野细胞胞体，并与之形成突触。

03.0366　浦肯野细胞层　Purkinje's cell layer
紧靠着小脑皮质分子层内侧的细胞层。主要由一层水平排列的浦肯野细胞构成。

03.0367　浦肯野细胞　Purkinje's cell
小脑皮质中体积最大的神经元。胞体呈梨形，从顶端发出主树突伸向分子层，树突的分支繁多，形如侧柏叶状或扇形。是小脑神经元中唯一的传出纤维。

03.0368　颗粒层　granular layer
小脑皮质的最内层。紧靠着小脑皮质浦肯野细胞层的内侧，主要由密集分布的颗粒细胞和一些高尔基细胞组成。

03.0369　[小脑]颗粒细胞　granular cell
小脑皮质颗粒层内的胞体很小的神经元。其树突末端分支如爪状，轴突上行进入分子层呈"T"形分支，形成平行纤维。

03.0370　[小脑]高尔基细胞　Golgi cell
小脑皮质颗粒层内的胞体较大的神经元。树突分支较多，大部分伸入分子层与平行纤维接触，轴突呈丛密分支，与颗粒细胞的树突形成突触。

03.0371　平行纤维　parallel fiber
颗粒细胞的轴突上行进入分子层呈"T"形分支形成的神经纤维。与小脑叶片的长轴平行，穿行于浦肯野细胞的树突之间，并与其形成突触。

03.0372　小脑髓质　cerebellar medulla
小脑皮质深面的白质。含有 3 种有髓神经纤维，即浦肯野细胞的轴突、苔藓纤维和攀缘纤维，还有单胺能纤维。

03.0373　苔藓纤维　mossy fiber
起于脊髓和脑干的其他核群，较粗，进入小脑皮质后其末端呈苔藓状分支的神经纤维。与颗粒细胞树突形成突触，属于小脑皮质的传入纤维。

03.0374　攀缘纤维　climbing fiber
曾称"攀登纤维"。主要起于延髓下橄榄核的神经纤维。穿过颗粒层，沿浦肯野细胞树突攀缘而上并与之形成突触。属于小脑皮质的传入纤维，可引起浦肯野细胞兴奋。

03.0375　单胺能纤维　monoaminergic fiber
浦肯野细胞轴突穿过颗粒层止于髓质齿状核的一种传入纤维。

03.0376　大脑皮质　cerebral cortex
覆盖大脑半球表面的灰质。由数量庞大的神经元、神经纤维和神经胶质细胞构成。按其细胞的形态分为颗粒细胞、锥体细胞和梭形细胞三大类；根据神经元的种类、形态和排列由外向内区分为界限不十分明显的 4 层：分子层、小锥体细胞层、大锥体细胞层和多形细胞层。

03.0377　[大脑]颗粒细胞　granular cell
大脑皮质内胞体较小、呈颗粒状、梭形或卵圆形等的神经元的统称。包括星形细胞、水平细胞和篮状细胞等几种，以星形细胞最多。它们是中间神经元，在皮质内构成信息传递的复杂微环路。

03.0378　[大脑]星形细胞　stellate cell
大脑皮质内的一种颗粒细胞。数量最多，少

数轴突较长，上行走向皮质表面，与锥体细胞顶树突或水平细胞发生联系。

03.0379　[大脑]水平细胞　horizontal cell
大脑皮质内的一种颗粒细胞。其树突和轴突与皮质表面平行分布，与锥体细胞顶树突发生突触联系。

03.0380　[大脑]篮状细胞　basket cell
大脑皮质内的一种颗粒细胞。其轴突分支呈水平方向伸展，轴突终末分支形成篮状或网状，包绕锥体细胞胞体及其顶树突，形成轴-体、轴-树突触。

03.0381　上行轴突细胞　ascending axonic cell
又称"马丁诺提细胞（Martinotti's cell）"。大脑皮质内的一种颗粒细胞。其树突短而有分支，并有树突棘。轴突垂直伸至皮质表面，沿途发出呈水平方向伸展的分支，终止于皮质各层。

03.0382　锥体细胞　pyramidal cell
大脑皮质内胞体呈锥形的神经元。其尖端发出一条较粗的顶树突，伸向皮质表面，胞体还向四周发出一些水平走向的树突。轴突自胞体底部发出，组成投射纤维或联合纤维。是大脑皮质的主要传出神经元。

03.0383　梭形细胞　fusiform cell
大脑皮质内的胞体呈梭形的较大神经元。树突自胞体上下两端发出，分别垂直上行进入大脑皮质浅层和下行达皮质深层。轴突起自下端树突的主干。

03.0384　[大脑]分子层　molecular layer
又称"丛状层（plexiform layer）"。大脑皮质的最外层。其中的神经元小而少，主要是水平细胞和星形细胞，还有许多与皮质表面平行的神经纤维。

03.0385　小锥体细胞层　small pyramidal layer
紧靠着大脑皮质分子层内侧的细胞层。较薄，细胞体积较小，呈锥体形。由较小的锥体细胞和上行轴突细胞组成。

03.0386　大锥体细胞层　large pyramidal layer
紧靠着大脑皮质小锥体细胞层内侧的细胞层。较厚，主要由大、中型锥体细胞组成。大锥体细胞的树突伸向小锥体细胞层和分子层，轴突伸入髓质，至丘脑、脑干或脊髓各部。

03.0387　多形细胞层　multiform layer, polymorphic layer
紧靠着大脑皮质大锥体细胞层内侧的细胞层。以梭形细胞为主，还有少量锥体细胞和星形细胞。梭形细胞树突伸向分子层，轴突较长，并有许多侧支。既形成伸向皮质下中枢的传出纤维，又构成两半球间或半球各区之间的联络纤维。

03.0388　垂直柱　vertical column
大脑皮质细胞呈纵向柱状排列的结构。是构成大脑皮质的基本功能单位。

03.0389　灰质连合　gray commissure
脊髓灰质在横切面上呈"H"形，连接左右两半灰质的中间横梁。

03.0390　网状结构　reticular formation
又称"网状系统"。包括延髓中央部位、脑桥被盖和中脑部分，是白质和灰质交织形成的手指形状的神经元网络。

03.0391　丛上细胞　epiplexus cell, Kolmer's cell
在脑室壁形成脉络丛处的室管膜细胞。为一种神经胶质细胞，可产生脑脊液。

03.0392　神经节　nervous ganglion, ganglion
功能相同的神经元胞体在中枢以外的周围部位集合而成的结节状构造。

03.0393　脊神经节　spinal ganglion
与脊神经相连的神经节。

03.0394　自主神经节　autonomic ganglion
又称"植物性神经节（vegetative ganglion）"。与自主神经相连的神经节。包括交感神经节和副交感神经节。

03.0395　交感神经节　sympathetic ganglion
位于脊柱两侧或脊柱前、接受脊髓胸腰部灰质侧角中间带外侧核神经元发出的神经纤维的神经节。

03.0396　副交感神经节　parasympathetic ganglion
接受脑干和脊髓骶部灰质副交感神经核神经元发出的神经纤维、位于所支配器官附近或器官壁内的神经节。

03.0397　脑脊膜　meninx
脑和脊髓被膜的总称。均有三层结缔组织膜包裹，从外向内分为硬膜、蛛网膜和软膜。对脑和脊髓具有营养、保护作用。

03.0398　硬膜　dura mater
脑脊膜最外层。厚而坚韧，由致密结缔组织构成，内面有一层间皮衬里。

03.0399　蛛网膜　arachnoid
位于硬膜下方的无血管的透明薄膜。由薄层疏松结缔组织构成，其内、外面覆以单层扁平上皮。

03.0400　软膜　pia mater
脑脊膜的最内层。为紧贴于脑和脊髓表面的

薄层结缔组织，外面覆有单层扁平上皮，富含神经、血管。

03.0401　硬膜下隙　subdural space
又称"硬膜下腔"。脑和脊髓的硬膜与蛛网膜之间的狭窄间隙。内含少量液体。

03.0402　蛛网膜下隙　subarachnoid space
又称"蛛网膜下腔"。蛛网膜深部与软膜之间较宽大的腔隙。腔内充满脑脊液。

03.0403　[脑]血管周隙　perivascular space
脑内环绕血管周围的软膜与小血管之间的间隙。

03.0404　脉络丛　choroid plexus
由富含血管的软膜与室管膜直接相贴并突入脑室而成的皱襞状结构。产生脑脊液。见于第三、第四脑室顶和部分侧脑室壁。

03.0405　脑脊液　cerebrospinal fluid
充满在各脑室、蛛网膜下隙和脊髓中央管内的无色透明液体。由脉络丛产生，与血浆和淋巴液的性质相似。

03.0406　血-脑屏障　blood-brain barrier
血液与脑组织之间存在的一种限制某些物质进入脑组织，由脑内毛细血管内皮细胞、基膜和神经胶质突起形成的胶质膜三层结构。

03.05.02　心血管组织结构

03.0407　心包[膜]　pericardium
又称"围心膜"。包裹心和出入心的大血管根部的圆锥形纤维浆膜囊。分内、外两层，外层为纤维心包，内层为浆膜心包。

03.0408　心外膜　epicardium
心壁的最外层。即心包膜的脏层。为浆膜，外表面被覆间皮，间皮深面为薄层结缔组织，内含血管、淋巴管、神经等。

03.0409　心肌膜　myocardium
心壁的中间层。较厚，主要由呈螺旋状排列的心肌纤维构成，大致分为内纵、中环、外斜3层。

03.0410　心内膜　endocardium
心壁的最内层。由内皮、内皮下层和心内膜下层组成。

03.0411　心瓣膜　cardiac valve
在房室孔和动脉口处，由心内膜突入心腔折叠而成的薄片状膜结构。表面被覆内皮，深

部为致密结缔组织。

03.0412　心骨骼　cardiac skeleton
心房和心室交界处的房室孔周围的致密胶原纤维束构成的心支架。是心肌和心瓣膜的附着处。

03.0413　心脏传导系统　conducting system of heart
由特殊的心肌纤维组成的具有发出冲动、传导兴奋、调节心脏按节律收缩作用的系统。包括窦房结、房室结、房室束及其分支。

03.0414　起搏细胞　pacemaker cell, P cell
又称"P细胞""结细胞（nodal cell）"。主要分布于窦房结与房室结的细胞。胞体较小，呈梭形或多边形，包埋在一团较致密的结缔组织中，是心肌兴奋的起搏点。

03.0415　移行细胞　transitional cell
分布于窦房结和房室结的周边及房室束的细胞。细胞细长，比心肌纤维细而短，起传

导冲动的作用。

03.0416　束细胞　bundle cell
又称"浦肯野纤维（Purkinje's fiber）"。组成房室束及其分支的细胞。比心肌纤维粗大，可将冲动快速传至心室各处，引发心肌同步收缩。

03.0417　[血管]内膜　tunica intima
动脉管壁的最内层。由内皮细胞及其周围的纵行弹性纤维与结缔组织构成。

03.0418　内皮细胞　endothelial cell
被覆在血管内膜的一层细胞。呈扁平梭形，其长轴与血管纵轴平行，细胞核扁圆，位于细胞中央。

03.0419　怀布尔-帕拉德小体　Weibel-Palade body, W-P body
又称"W-P 小体"。血管内膜中内皮细胞特有的细胞器。是一种有膜包被的长杆状小体，有止血凝血的功能。

03.0420　内弹性膜　internal elastic membrane
血管内膜的最外层。由弹性纤维构成的膜。膜上有许多小孔。在血管横切面上，因血管壁收缩，内弹性膜常呈波浪状。作为内膜与中膜的分界。

03.0421　[血管]中膜　tunica media
动脉管壁的中层。很厚，主要由环行平滑肌构成，含弹性膜和大量弹性纤维。

03.0422　[血管]外膜　tunica externa, tunica adventitia
动脉管壁的外层。由疏松结缔组织组成，较薄，细胞成分以成纤维细胞为主，含营养性血管。

03.0423　外弹性膜　external elastic membrane
部分动脉中膜和外膜的交界处由弹性蛋白构成的薄而不规则的膜。

03.0424　颈动脉体　carotid body
位于颈总动脉分支处管壁外膜结缔组织内的扁平小体。主要由排列不规则的上皮细胞团或细胞索及其间的血窦组成。是感受动脉血氧、二氧化碳含量和血液 pH 变化的化学感受器。

03.0425　主动脉体　aortic body
位于主动脉弓区域、在结构与功能上与颈动脉体相似的小体。

03.0426　静脉瓣　valve of vein
管径在 2mm 以上的静脉管壁内膜向管腔内突入折叠而成的彼此相对的两个半月形薄片。可防止血液逆流。

03.0427　毛细血管　blood capillary, capillary
连接动静脉末梢间的管道。是机体内管径最细、管壁最薄、分布最广的血管。其分支互相吻合成网。管壁由一层内皮、基膜和周细胞组成。

03.0428　周细胞　pericyte
毛细血管内皮细胞与基膜之间散在的一种扁平而有许多突起的细胞。其收缩可调节毛细血管血流。

03.0429　连续毛细血管　continuous capillary
内皮细胞间有紧密连接，细胞内一般含大量吞饮小泡、细胞上无窗孔、基膜完整的毛细血管。

03.0430　有孔毛细血管　fenestrated capillary
内皮细胞间有紧密连接，细胞上有许多窗孔、基膜完整的毛细血管。

03.0431 窦状毛细血管 sinusoidal capillary
又称"血窦（sinusoid）""不连续毛细血管（discontinuous capillary）"。管腔较大，形状不规则，内皮细胞之间常有较大间隙的毛细血管。

03.0432 微循环 microcirculation
从微动脉到微静脉之间的血液循环。是血液循环的基本功能单位。

03.0433 微动脉 arteriole
管径在 0.3mm 以下的动脉。起着调节微循环"总闸门"的作用。

03.0434 毛细血管前括约肌 precapillary sphincter
位于毛细血管起点处，由少量环行平滑肌组成的肌组织。是调节微循环的分闸门。

03.0435 动静脉吻合 arteriovenous anasto-mosis
由微动脉分出的、与微静脉直接相通的短路血管。

03.0436 微静脉 venule
管径一般小于 0.2mm 的静脉。常同微动脉伴行。大致可分为毛细血管后微静脉、集合微静脉及肌性微静脉等。

03.0437 淋巴管 lymphatic vessel
又称"收集淋巴管（collecting lymphatic vessel）"。输送淋巴的管道。由毛细淋巴管汇合成的较大的淋巴管道。其结构类似静脉，壁薄、径细；也有类似静脉瓣样的结构，促使淋巴液向心回流。

03.0438 毛细淋巴管 lymphatic capillary
以盲端起始于组织内，管壁仅由一层内皮和不完整基膜构成，无周细胞的淋巴管。

03.0439 淋巴导管 lymphatic duct
由淋巴管逐渐汇合而成的大的淋巴管道。包括右淋巴导管和胸导管。

03.05.03 感觉器官组织结构

03.0440 [眼球]纤维膜 fibrous tunic
眼球壁的最外层。主要由致密结缔组织组成。分为角膜和巩膜。

03.0441 角膜 cornea
纤维膜前端透明、稍突出的部分。内、外面被覆上皮，中间为规则排列的致密结缔组织的一无色透明圆盘状薄膜，无血管和黑素细胞。

03.0442 巩膜 sclera
纤维膜角膜后的 5/6 部分。白色不透明。由大量粗大的胶原纤维交织而成，质地坚韧，具有保持眼球外形和保护内部结构的作用。

03.0443 角膜缘 limbus cornea, limbus
角膜与巩膜的交界处。富含血管。

03.0444 血管膜 vascular tunic
又称"色素膜"。位于纤维膜内侧的一层薄膜。由疏松结缔组织、丰富的血管和色素细胞构成。自前向后分为虹膜、睫状体和脉络膜。

03.0445 虹膜 iris
位于角膜和晶状体之间的扁圆盘状薄膜。周边与睫状体相连，中央为瞳孔。

03.0446 瞳孔 pupil
位于虹膜中央的圆形孔。光由此进入眼内，

可随光线的强弱而缩小、扩大。

03.0447　瞳孔开大肌　dilator muscle of pupil
虹膜前层色素上皮细胞特化形成的肌上皮细胞。以瞳孔为中心呈放射状排列，收缩时使瞳孔开大。

03.0448　瞳孔括约肌　sphincter muscle of pupil
靠近瞳孔缘的虹膜基质中的宽带状平滑肌。围绕瞳孔环形，收缩时使瞳孔缩小。

03.0449　睫状体　ciliary body
位于虹膜与脉络膜之间、具有伸缩功能的环带状结构。是血管膜最厚的一段。后部较平，前部有 60～70 个突起。见于两栖动物以上的脊椎动物眼内。

03.0450　睫状突　ciliary process
睫状体前部呈放射状向内突出的嵴样皱褶。

03.0451　睫状小带　ciliary zonule, zonula ciliaris
睫状突表面由大量胶原纤维形成的细丝状结构。与晶状体相连，起悬挂固定晶状体的作用。

03.0452　镰状突　falciform process
硬骨鱼类的眼球中没有睫状体，从部分脉络膜突出来的膜状带形成的富含血管和肌肉的突起。前端进入到晶状体内，其伸缩使晶状体移动，从而调节焦距。

03.0453　脉络膜　choroid
血管膜的后 2/3 部分。衬于巩膜内面，为富含血管和黑素细胞的疏松结缔组织。

03.0454　视网膜　retina
眼球壁的最内层。柔软而透明。为眼的感光

部位，是高度分化的神经组织。主要由色素上皮细胞、视细胞、双极细胞和节细胞 4 层细胞构成，4 层细胞和神经胶质细胞在视网膜内有规则地成层排列而形成切片标本上的 10 层结构，向内依次为色素上皮层、视杆视锥层、外界膜、外核层、外网层、内核层、内网层、节细胞层、神经纤维层和内界膜。

03.0455　色素上皮细胞　pigment epithelial cell
视网膜中胞质内含大量粗大的黑素颗粒和吞噬体的细胞。基底部保护和营养视细胞并参与其外节膜盘的更新。

03.0456　视细胞　visual cell
又称"感光细胞（photoreceptor cell）"。视网膜中具有感受光线和颜色功能的细胞。其胞体发出内、外侧突，外侧突又分为内节和外节，内节为蛋白质合成部位，外节为感光部位。分视杆细胞和视锥细胞两种。

03.0457　视杆细胞　rod cell
细胞外突呈杆状的一种视细胞。主要分布在视网膜周围部，感受弱光。

03.0458　视锥细胞　cone cell
细胞外突呈圆锥形的一种视细胞。主要分布于视网膜中部，感受强光和颜色。

03.0459　膜盘　membranous disc
视细胞外突的外节中大量平行层叠的扁平状结构。其中有能感光的镶嵌蛋白。

03.0460　视紫红质　rhodopsin
视杆细胞膜盘上的视色素。由 11-顺视黄醛和视蛋白组成。

03.0461　双极细胞　bipolar cell
视网膜中连接视细胞与节细胞的中间神经元。分为两类：一类其树突只与一个视细胞相连，另一类的树突可与两个以上视细胞形成突触。

03.0462　弥散双极细胞　diffuse bipolar cell
其树突与两个以上视细胞和节细胞形成突触联系的双极细胞。

03.0463　侏儒双极细胞　midget bipolar cell
其树突只与一个视锥细胞和一个节细胞联系的双极细胞。

03.0464　水平细胞　horizontal cell
与双极细胞同处一层的一种横向联系的神经元。在视网膜内起到视觉调节作用。

03.0465　无长突细胞　amacrine cell
与双极细胞同处一层的一种横向联系的神经元。负责对视网膜视像进行复杂的处理，特别是调节视像明暗和感知运动。

03.0466　节细胞　ganglion cell
视网膜中比较大的、轴突穿出眼球形成视神经的多极神经元。

03.0467　弥散节细胞　diffuse ganglion cell
与多个双极细胞形成突触的节细胞。

03.0468　侏儒节细胞　midget ganglion cell
只与一个侏儒双极细胞联系的节细胞。位于视网膜中央凹边缘。

03.0469　放射状胶质细胞　radial neuroglia cell
又称"米勒细胞（Müller's cell）"。视网膜中的一种大型神经胶质细胞。具有营养、支持、保护和绝缘等作用。

03.0470　色素上皮层　pigment epithelial layer
视网膜的最外层。由色素上皮细胞构成的单层立方上皮，基底部紧贴玻璃膜。

03.0471　视杆视锥层　layer of rod and cone
紧贴视网膜色素上皮层的一层。由视杆细胞和视锥细胞构成的视细胞层。

03.0472　外界膜　outer limiting membrane
位于视杆视锥层的内层，由放射状胶质细胞外侧游离缘及其与视细胞之间的连接构成的薄膜。

03.0473　外核层　outer nuclear layer
位于视网膜外界膜内层，由视锥细胞和视杆细胞的胞体部分组成的一层结构。

03.0474　外网层　outer plexiform layer
又称"外丛层"。位于视网膜外核层内层，由视锥细胞和视杆细胞的轴突、双极细胞的树突以及水平细胞的突起组成的一层结构。

03.0475　内核层　inner nuclear layer
位于视网膜外网层内面，由双极细胞、水平细胞、无长突细胞以及放射状胶质细胞的胞体密集而成的一层结构。

03.0476　内网层　inner plexiform layer
又称"内丛层"。位于视网膜内核层内面，由双极细胞的轴突和无长突细胞的突起以及节细胞的树突组成的一层结构。

03.0477　节细胞层　ganglion cell layer
位于视网膜内网层内面，由节细胞的胞体组成的一层结构。

03.0478　神经纤维层　nerve fiber layer
位于视网膜节细胞层内面，由节细胞的轴突组成的一层结构。

03.0479　内界膜　inner limiting membrane
视网膜的最内层、由放射状胶质细胞的内侧缘连接而成的薄膜。

03.0480　黄斑　macula lutea
视网膜在接近眼球后极部分的一浅黄色区域。其中央有中央凹。此区是视力轴线的投影点。

03.0481　中央凹　central fovea
黄斑中央的一浅凹。为视网膜最薄处，只有色素上皮和视锥细胞，是视觉最为敏锐的部位。

03.0482　视神经乳头　papilla of optic nerve
又称"视盘（optic disc）""盲点（blind spot）"。所有节细胞的轴突汇集穿出视网膜的部位。位于黄斑鼻侧，无视细胞，不能感光。

03.0483　反光膜　tapetum lucidum
又称"银膜""照膜"。在视网膜深层或脉络膜与视网膜之间的薄而平滑的玻璃质结晶膜。是一层反光组织，可加强视网膜对光线的感受性。见于部分夜行性动物、深海脊椎动物。

03.0484　眼球内容物　content of eyeball
房水、晶状体和玻璃体的统称。清澈透明并有屈光作用。

03.0485　[眼]前房　anterior chamber
虹膜与角膜之间的腔隙。其内充满房水。与后房的房水借瞳孔相通。

03.0486　[眼]后房　posterior chamber
虹膜与晶状体之间的腔隙。其内充满房水。与前房的房水借瞳孔相通。

03.0487　房水　aqueous humor
充满于前房和后房中的透明弱碱性液体。由睫状体的血液渗出和非色素上皮细胞分泌而成，有屈光和营养晶状体、角膜以及维持眼压的功能。

03.0488　晶状体　lens
由睫状小带悬挂于虹膜和玻璃体之间的具有弹性的双凸透明体。是眼球中最重要的屈光结构。由晶状体囊、晶状体上皮和晶状体纤维构成。

03.0489　晶状体囊　lens capsule
包围在晶状体周围面具有一定弹性和韧性的一层均质透明薄膜。由增厚的基膜及胶原原纤维所组成，其表面与睫状小带相连接。

03.0490　晶状体上皮　lens epithelium
位于晶状体前面、晶状体囊下方的单层立方或柱状上皮细胞。可进行有丝分裂并形成晶状体纤维。

03.0491　晶状体纤维　lens fiber
晶状体上皮进化来的纤维状上皮细胞。为长的六面棱柱体，其内充满晶状体蛋白。

03.0492　玻璃体　vitreous body
充满晶状体与视网膜之间的腔内、外包无色透明的胶状物。含99%的水分，为屈光介质之一。

03.0493　玻璃体腔　vitreous space
位于晶状体、睫状体与视网膜之间的腔。玻璃体位于其内。

03.0494　玻璃体蛋白　vitrein
构成玻璃体的蛋白质。其中一部分是胶原蛋白。

03.0495　玻璃体细胞　hyalocyte
又称"透明细胞"。位于玻璃体近表面的皮质部内，可合成透明质酸的一种成纤维细胞。

03.0496　玻璃体管　vitreous canal, hyaloid canal
又称"透明管"。从视神经乳头至晶状体后方的一贯穿小管。是胚胎期玻璃体动脉的残迹。

03.0497 眼睑 eyelid
位于眼球前方的眼帘。为薄板状结构，保护眼球。其外为皮肤，内面为黏膜，中间为睑板。

03.0498 睑板 tarsal plate, tarsus
眼睑中由致密结缔组织构成的板状结构。呈半月形，坚硬度似软骨，构成眼睑的支架。

03.0499 睑板腺 tarsal gland
又称"迈博姆腺（Meibomian gland）"。睑板内许多平行排列的分支管泡状腺体。属皮脂腺，导管开口于睑缘，分泌物润滑睑缘和保护角膜。

03.0500 结膜 conjunctiva
眼睑最内层的薄层黏膜。为复层柱状上皮，内有杯状细胞。

03.0501 瞬膜 nictitating membrane
又称"第三眼睑（third eyelid）"。上、下眼睑内侧的透明皮褶。由内向外覆盖角膜，有湿润角膜的作用。人类瞬膜退化。

03.0502 泪腺 lacrimal gland
位于眼眶外侧上方泪腺窝内、分泌泪液的浆液性复管泡状腺。泪腺管开口于结膜穹窿部。泪液有冲洗结膜、保持角膜湿润及轻度杀菌作用。

03.0503 壶腹嵴 ampullary crest, crista ampullaris
膜壶腹内骨膜和上皮局部增厚并突向腔内形成的嵴状隆起。其上皮由毛细胞和支持细胞组成，感受身体旋转加速运动。

03.0504 壶腹帽 cupula
又称"终帽"。由壶腹嵴上皮支持细胞分泌的糖蛋白形成的盖于嵴表面的圆锥形胶质。

所有纤毛插入壶腹帽基部。

03.0505 毛细胞 hair cell
壶腹嵴和位觉斑黏膜上皮中的感觉上皮细胞。细胞顶部有许多静纤毛和一根较长的动纤毛，基底部与前庭神经末梢形成突触连接。

03.0506 动纤毛 kinocilium
位于壶腹嵴和位觉斑中毛细胞顶部最长静纤毛的一侧，且长于所有静纤毛的一根纤毛。其弯曲会发生神经冲动频率的变化。

03.0507 [位觉斑]毛细胞 hair cell
位于位觉斑上皮的细胞。其顶部有数十根静纤毛和一根动纤毛，其基底面与传入神经末梢形成突触联系。

03.0508 耳石膜 otolithic membrane, otoconium membrane, statoconic membrane
又称"耳砂膜""位砂膜"。位觉斑上皮支持细胞分泌胶状糖蛋白形成的胶质膜。其位置改变可使插入其中的毛细胞产生兴奋。

03.0509 耳石 otolith, otoconium
又称"耳砂""位砂"。位于位觉斑表面耳石膜内的细小碳酸钙结晶。

03.0510 外淋巴隙 perilymphatic space
骨迷路和膜迷路之间的腔隙。充满外淋巴。

03.0511 外淋巴 perilymph
填充于外淋巴隙的淋巴液。成分似脑脊液，可传递声波振动。

03.0512 内淋巴 endolymph
充满于内耳膜迷路内的液体。成分似细胞内液，由蜗管外侧壁分泌产生，其流动能刺激毛细胞产生冲动。

03.0513　内淋巴管　endolymphatic duct
椭圆囊与球状囊之间借一细管相通，由此管伸出的一根细小盲管。

03.0514　内淋巴囊　endolymphatic sac
内淋巴管末端膨大部分。此囊伸入脑膜之间，其盲端吸收膜迷路的内淋巴进入周围血管丛。

03.0515　蜗轴　modiolus
耳蜗的中轴。锥体形，由松质骨构成，内有耳蜗神经节。

03.0516　骨螺旋板　osseous spiral lamina
从蜗轴的骨组织向周围延伸形成的螺旋状骨片。

03.0517　螺旋韧带　spiral ligament
耳蜗外侧壁骨膜增厚形成的结构。

03.0518　膜螺旋板　membranous spiral lamina
螺旋韧带与骨螺旋板之间连以由结缔组织形成的膜性结构。与骨螺旋板共同构成膜蜗管下壁。

03.0519　螺旋神经节　spiral ganglion
由耳蜗神经的双极神经元胞体在蜗轴内聚集而成的感觉神经节。

03.0520　骨蜗管　osseous cochlea
骨迷路中最末端弯曲部分。

03.0521　耳蜗管　cochlear duct
又称"膜蜗管(membranous cochlea)""中间阶(scala media)"。嵌在骨蜗管内，内含螺旋器，其顶部为盲端的螺旋形膜性管道。位于前庭膜与螺旋板之间，横切面呈三角形。

03.0522　前庭阶　vestibular scale, scala vestibule
耳蜗管将骨蜗管分隔为上下两部分的上部。与前庭相连通，起始于前庭窗。

03.0523　鼓室阶　tympanic scale, scala tympani
耳蜗管将骨蜗管分隔为上下两部分的下部。借蜗窗与鼓室相隔。

03.0524　蜗孔　helicotrema
位于耳蜗管顶部、沟通前庭阶与鼓室阶的小孔。

03.0525　前庭膜　vestibular membrane
又称"赖斯纳膜(Reissner's membrane)"。从骨螺线板斜向骨蜗管外上壁伸出的膜状结构。膜的两面覆有单层扁平上皮，中间为薄层结缔组织。与前庭阶相隔。

03.0526　血管纹　stria vascularis
覆盖在螺旋韧带表面的含毛细血管的复层扁平上皮。可产生内淋巴。

03.0527　螺旋缘　spiral limbus
骨螺旋板起始处的骨膜增厚并突入耳蜗管中形成的结构。向耳蜗管中伸出盖膜。

03.0528　盖膜　tectorial membrane
螺旋缘向耳蜗管中伸出的一个末端游离的胶质性膜。覆盖于螺旋器上。在与静纤毛发生位置变化中使毛细胞兴奋。

03.0529　螺旋器　spiral organ
又称"科蒂器(organ of Corti)"。耳蜗管膜螺旋板上感受听觉的高度分化结构。呈螺旋状走行，由支持细胞和毛细胞构成。

03.0530　听弦　auditory string
膜螺旋板的基膜中含有的大量的胶原样细丝束。自内向外呈放射状走行，其振动频率随听弦的长度和直径而不同。

03.0531 柱细胞 pillar cell
位于螺旋器中央的支持细胞。为内耳螺旋器包围隧道的细胞，排成两行，底部附着在基底膜上，中间较细，且相互分开。也指鱼类鳃板中血隙壁特化的内皮细胞。

03.0532 内柱细胞 inner pillar cell
靠近骨螺旋板的内侧柱细胞。

03.0533 外柱细胞 outer pillar cell
远离骨螺旋板的外侧柱细胞。

03.0534 内隧道 inner tunnel
由螺旋器的内柱细胞和外柱细胞中间分开围成的一条三角形隧道。

03.0535 指细胞 phalangeal cell
螺旋器中的一种支持细胞。分为内指细胞和外指细胞两类。细胞为高柱状，底部位于基底膜上，顶部伸出一个细长的指状突起，其所有突起在顶部互相连接成一个网状膜，具有支持毛细胞的作用。

03.0536 内指细胞 inner phalangeal cell
位于内柱细胞内侧的一列指细胞。

03.0537 外指细胞 outer phalangeal cell, Deiters' cell
位于外柱细胞外侧的3～5列指细胞。

03.0538 克劳迪乌斯细胞 Claudius cell
曾称"克罗特细胞"。位于螺旋器外侧最外缘的一种支持细胞。呈立方形，胞质透明，位于基底膜上。

03.0539 亨森细胞 Hensen's cell
又称"汉森细胞"。位于外指细胞外侧的细胞。排成数列，基部较宽，呈高柱状，其高度向外逐渐变低。

03.0540 [螺旋器]毛细胞 hair cell
位于螺旋器指细胞顶部凹陷内的感觉细胞。其游离面有静纤毛，其基部与螺旋神经节内神经元树突形成突触，感受听觉刺激。分为内毛细胞和外毛细胞两组。

03.0541 内毛细胞 inner hair cell
位于内指细胞胞体上的毛细胞。其胞体呈烧瓶形，排成两列，其游离面有数十根的静纤毛。

03.0542 外毛细胞 outer hair cell
位于外指细胞胞体上的毛细胞。其胞体呈柱状，排成3列（犬有4列），游离面有静纤毛。

03.0543 边缘细胞 border cell
位于内毛细胞内侧，延续于内螺旋沟上皮呈柱状的细胞。

03.0544 神经丘 neuromast
水生脊椎动物体表的机械刺激感受器。一般位于陷在皮肤内的侧线管中，由一定数量的感觉细胞、支持细胞和套细胞构成。

03.05.04 皮肤及其附属器官组织结构

03.0545 表皮 epidermis
位于皮肤最外层，由角化的复层扁平上皮构成的组织。其细胞主要分为角质形成细胞和非角质形成细胞。有保护、调节体温、参与合成维生素D等功能。

03.0546 角质形成细胞 keratinocyte
组成皮肤表皮的主要细胞成分。分层排列。

由深层到浅层可分为基底层、棘细胞层、颗粒层和角质层。无毛皮肤在颗粒层与角质层之间有透明层。

03.0547 基底层 stratum basale, stratum germinativum
表皮的最深层。附着于基膜，由一层低柱状基底细胞构成，是表皮的干细胞，参与皮肤再生修复。

03.0548 基底细胞 basal cell
构成表皮基底层的矮柱状或立方形细胞。多为幼稚的角质形成细胞，具有增殖能力。

03.0549 棘[细胞]层 stratum spinosum
位于基底层上方的一层。由棘细胞组成，具有合成蛋白质的功能。

03.0550 棘细胞 heckle cell
构成表皮棘层内体积较大的多边形细胞。

03.0551 颗粒层 stratum granulosum
位于表皮棘层上方的一层。由 2～3 层扁平的梭形细胞组成，胞核与细胞器退化，并出现许多透明角质颗粒。

03.0552 透明角质颗粒 keratohyalin granule
位于表皮颗粒层细胞胞质内，富含组氨酸的蛋白质。强嗜碱性，有角蛋白丝穿入其中。

03.0553 角蛋白丝 keratin filament
又称"张力丝（tonofilament）"。位于皮肤角质形成细胞内的由角蛋白构成的一种中间丝。

03.0554 张力原纤维 tonofibril
电镜下，皮肤角质形成细胞内成束分布的角蛋白丝。

03.0555 透明层 stratum lucidum
位于皮肤表皮颗粒层上方的一层。由 2～3 层扁平细胞构成，细胞呈均质透明状，染色呈嗜酸性，细胞界限不清，核与细胞器均消失，结构与角质层相似。

03.0556 角质层 stratum corneum
又称"角化层"。表皮的最外层。由多层扁平无核的角质细胞组成。细胞完全角化干硬，连接松散，脱落后成皮屑。节肢动物角质层为覆盖几丁质的外骨骼。

03.0557 角质细胞 horny cell
表皮角质层内完全角化干硬的细胞。电镜下胞质中充满角蛋白，染色呈嗜酸性，胞膜增厚，以桥粒相连。其表层细胞连接松散，桥粒消失，死亡后成片脱落形成皮屑。

03.0558 角蛋白 keratin
皮肤角质细胞内由角蛋白丝与均质状基质共同构成的一种纤维硬蛋白。

03.0559 角化 keratinization
角质形成细胞增殖分化、向表层逐层推移、最终成为角质细胞并最后脱落的动态变化过程。

03.0560 非角质形成细胞 nonkeratinocyte
散在表皮深层角质形成细胞之间不参与角化、不含角蛋白丝的细胞。数量较少，细胞有树状突起。包括黑素细胞、朗格汉斯细胞、梅克尔细胞等。

03.0561 黑素细胞 melanocyte
散在基底细胞之间具细长突起、能生成黑色素的细胞。属于表皮非角质形成细胞。

03.0562 黑素体 melanosome
黑素细胞胞质内的一种有界膜包被的椭圆

形小体。内含酪氨酸酶，能将酪氨酸转化为黑色素。

03.0563　黑素颗粒　melanin granule
充满黑色素的黑素体。在光镜下呈黄褐色。成熟后迁移、集聚在黑色细胞突起末端，脱离形成泡状结构，再与角质形成细胞融合。

03.0564　黑[色]素　melanin
黑素细胞吸收的酪氨酸在酪氨酸酶的作用下形成的褐色色素。

03.0565　朗格汉斯细胞　Langerhans' cell
散在于表皮基底层或棘层浅部的一种树突状细胞。胞质内有特征性的伯贝克颗粒，是一种抗原呈递细胞。

03.0566　伯贝克颗粒　Birbeck's granule
存在于朗格汉斯细胞胞质内呈网球拍状的小体。有界膜包被。

03.0567　梅克尔细胞　Merkel's cell
散在于表皮基底层内的一种有短指状突起的细胞。与角质形成细胞间有桥粒连接，胞质内含有许多膜包的致密颗粒，细胞基底面与感觉神经末梢形成突触，为感受触觉的感觉上皮细胞。

03.0568　载黑素细胞　melanophore
变温脊椎动物体内具有的色素细胞。含有黑色素晶体，自身不合成黑色素，但可吞噬黑色素颗粒而呈黑色的细胞。

03.0569　真皮　dermis, corium
位于表皮下方的致密结缔组织。一般分为浅层的乳头层和深层的网织层。

03.0570　乳头层　papillary layer
皮肤真皮的浅层。是紧靠表皮的薄层致密结缔组织，向表皮突出形成真皮乳头。

03.0571　网织层　reticular layer
又称"网状层"。乳头层下方较厚的致密结缔组织。含胶原纤维束和弹性纤维使皮肤具韧性和弹性，富含血管、神经等。

03.0572　真皮乳头　dermal papilla
紧靠表皮的真皮乳头层向表皮突出形成的乳头状结构。扩大表皮与真皮连接面，富含毛细血管。

03.0573　皮下组织　hypodermis, subcutaneous tissue
位于真皮网织层下方，由疏松结缔组织和脂肪组织组成的组织。连接皮肤与深部组织，使皮肤具一定活动性以及有缓冲、保温和储能等作用。

03.0574　毛　hair
生长在动物体表的角化丝状物。是皮肤的一种附属结构，由髓质、皮质和毛小皮三部分构成。分毛干和毛根两部分。

03.0575　毛干　hair shaft
毛露在皮肤表面的部分。由排列规则的角化上皮细胞组成。

03.0576　毛髓质　hair medulla
毛的最内层。构成毛的中轴，由疏松多孔细胞构成，细胞间充满空气，有保温作用。

03.0577　毛皮质　hair cortex
包裹在毛髓质外面的部分。由数行高度角质化的排列紧密的细胞构成，使毛坚固有弹性。其内含有色素，决定毛的颜色。

03.0578　毛小皮　hair cuticle
全称"毛干小皮（hair shaft cuticle）"。毛

干最外层。即毛干鳞片层，由一层薄而透明的高度角化、呈鳞片状排列的扁平细胞组成，可保护毛干并决定毛的光泽。

03.0579　毛根　hair root
毛埋在皮肤内的部分。由排列规则的角化上皮细胞组成，其周围包有毛囊。

03.0580　毛囊　hair follicle
包绕毛根的鞘状组织。分内层的上皮根鞘和外层的结缔组织鞘。

03.0581　上皮根鞘　epithelial root sheath
又称"毛根鞘（hair root sheath）"。毛囊的内层。由多层上皮细胞组成，与表皮相延续，可分为内、外根鞘两层。

03.0582　内根鞘　internal root sheath
毛囊内层上皮根鞘的内层。紧贴在毛根外周，不包围整个毛根，向上仅包至皮脂腺开口处。

03.0583　外根鞘　external root sheath
毛囊内层上皮根鞘的外层。与表皮相延续，来自表皮生发层。

03.0584　玻璃膜　glassy membrane
附在外根鞘外面的一层均质膜。向上与表皮基膜相连。

03.0585　结缔组织鞘　connective tissue sheath
毛囊的外层。由致密结缔组织构成。

03.0586　毛球　hair bulb
毛根和毛囊上皮根鞘下端合为一体的膨大部。是毛和毛囊的生长点。

03.0587　毛乳头　hair papilla
结缔组织伸入毛球底面的内陷部位而形成的富含毛细血管和神经的结构。对毛的生长起诱导和营养作用。

03.0588　毛母质细胞　hair matrix cell
围绕在毛乳头周围的未分化上皮细胞。为干细胞，可不断分裂增殖并分化为毛根和上皮根鞘的细胞。

03.0589　甲体　nail body
哺乳动物灵长类甲的外露部分。为坚硬半透明的长方形角质板。

03.0590　甲根　nail root
甲体的近端埋在皮肤内的部分。

03.0591　甲床　nail bed
甲体下面的一层扁平上皮和真皮。

03.0592　甲母质　nail matrix
甲根附着处的甲床上皮。此处细胞增殖活跃，是甲体的生长区。

03.05.05　淋巴器官组织结构

03.0593　免疫细胞　immunocyte
参与免疫应答或与免疫应答有关的细胞。包括淋巴细胞、单核细胞、巨噬细胞、粒细胞、肥大细胞等。

03.0594　淋巴干细胞　lymphoid stem cell
来源于骨髓的造血多能干细胞。其增殖分化为 T 淋巴细胞和 B 淋巴细胞。

03.0595　T[淋巴]细胞　T lymphocyte, T cell
全称"胸腺依赖淋巴细胞（thymus-dependent lymphocyte）"。从胸腺分化发育而来的淋巴细胞。约占外周血淋巴细胞总数的60%～70%，参与细胞免疫。

03.0596　B[淋巴]细胞　B lymphocyte, B cell
全称"骨髓依赖淋巴细胞（bone marrow-dependent lymphocyte）"。其发育分化和成熟在骨髓内完成的淋巴细胞。约占外周血淋巴细胞总数的 10%～15%，受抗原刺激后，可转化为浆细胞，产生抗体，参与体液免疫。鸟类中的 B 细胞由腔上囊分化，又称"腔上囊依赖淋巴细胞（bursa-dependent lymphocyte）"。

03.0597　自然杀伤细胞　nature killer cell, NK cell
简称"NK 细胞"。主要存在于脾和血液内的淋巴细胞。约占血淋巴细胞总数的 2%～3%。不需抗原的刺激，也不依赖抗体的作用即能直接杀伤某些靶细胞（如肿瘤细胞和被病毒感染的细胞）。

03.0598　杀伤[淋巴]细胞　killer cell, killer lymphocyte, K cell
简称"K 细胞"，又称"裸细胞（null cell）"。主要存在于脾及血液中的无标记淋巴细胞。约占血淋巴细胞总数的 5%～7%。寿命短，无特异性，不参与淋巴细胞再循环。

03.0599　初始 T 细胞　naïve T cell, virgin T cell
又称"处女型 T 细胞"。从胸腺产生的淋巴细胞。进入外周淋巴器官或组织后保持静息状态。

03.0600　效应 T 细胞　effector T cell
初始 T 细胞进入外周淋巴器官或组织后接受相应抗原刺激后多次分裂增殖，大部分形成的、能迅速清除抗原的 T 细胞。

03.0601　记忆 T 细胞　memory T cell
初始 T 细胞进入外周淋巴器官或组织后接受相应抗原的刺激后增殖分化后，小部分恢复静息状态的 T 细胞。当再次遇到相同抗原时它们能迅速转化增殖成效应 T 细胞，启动更

大强度免疫应答，并使机体较长期保持对该抗原的免疫力。

03.0602　辅助性 T 细胞　helper T cell, Th cell
简称"Th 细胞"。能协助 T 细胞、B 细胞识别抗原、分泌多种淋巴因子的 T 细胞。占T 细胞总数的 50%～70%。

03.0603　调节性 T 细胞　regulatory T cell, Tr cell
简称"Tr 细胞"，又称"抑制性 T 细胞（suppressor T cell）"。对机体免疫应答具有抑制作用的 T 细胞。数量较少。

03.0604　细胞毒性 T 细胞　cytotoxic T cell, Tc cell
简称"Tc 细胞"。能直接攻击进入体内的异体细胞、带有变异抗原的肿瘤细胞和病毒感染细胞等，能特异性地杀伤靶细胞的 T 细胞。占 T 细胞总数的 20%～30% 。

03.0605　初始 B 细胞　naïve B cell, virgin B cell
又称"处女型 B 细胞"。未接触过抗原的 B 细胞。

03.0606　效应 B 细胞　effector B cell
初始 B 细胞进入外周淋巴器官或组织后接受相应抗原刺激后增殖分化后，大部分形成的、能迅速清除抗原的 B 细胞。合成和分泌抗体，发挥免疫功能。

03.0607　记忆 B 细胞　memory B cell
初始 B 细胞进入外周淋巴器官或组织后接受相应抗原刺激后增殖分化后，小部分恢复静息状态的 B 细胞。当再次遇到相同抗原时，能迅速做出反应，大量分化增殖。

03.0608　母细胞化　blastoformation
淋巴细胞在抗原特异性选择等刺激下转化

为体积较大的淋巴母细胞的过程。

03.0609 抗原 antigen
一类能刺激机体的免疫系统使之发生特异性免疫应答、并能与免疫应答产物抗体和致敏淋巴细胞在体内外发生免疫效应的物质。

03.0610 抗体 antibody
能与相应抗原（表位）特异性结合的具有免疫功能的球蛋白。

03.0611 淋巴因子 lymphokine
活化的淋巴细胞产生的激素样多肽物质。不具抗体结构也不能与抗原结合。

03.0612 抗原呈递细胞 antigen presenting cell, APC
又称"抗原提呈细胞"。体内能捕获、吞噬和处理抗原，并将抗原呈递给 T 细胞，激发后者活化、增殖的一类细胞。主要有巨噬细胞和树突状细胞等。

03.0613 淋巴组织 lymphoid tissue, lymphatic tissue
又称"免疫组织（immune tissue）"。以网状细胞和网状纤维为支架、含有大量淋巴细胞、巨噬细胞和少量交错突细胞或滤泡树突状细胞的组织。根据其结构、功能和发生不同可分为中枢淋巴组织和周围淋巴组织。

03.0614 中枢淋巴组织 central lymphoid tissue
以上皮性网状细胞为支架、不含网状纤维、网孔中充满淋巴细胞的淋巴组织。分布在中枢淋巴器官，如胸腺、骨髓及腔上囊等。

03.0615 周围淋巴组织 peripheral lymphoid tissue
以上皮性网状细胞和网状纤维为支架、网孔

中充满大小不同的淋巴细胞和一些巨噬细胞的淋巴组织。主要有弥散淋巴组织和淋巴小结两种形态。

03.0616 弥散淋巴组织 diffuse lymphoid tissue
又称"疏松淋巴组织（loose lymphoid tissue）"。无明确界限、以网状组织为支架，网孔内充满大量淋巴细胞、巨噬细胞和其他免疫细胞以及血管的淋巴组织。

03.0617 淋巴小结 lymphatic nodule
又称"淋巴滤泡（lymphoid follicle）""致密淋巴组织（dense lymphoid tissue）"。由淋巴组织密集形成的界限明确的球团。主要由 B 细胞密集而成。不是固定不变的，在无抗原刺激时可以消失，有抗原刺激后可以增多增大，主要分布于周围淋巴器官以及消化和呼吸管道的固有层及黏膜下层等。

03.0618 生发中心 germinal center
又称"反应中心"。淋巴小结中央染色浅、细胞分裂较多的区域。是 B 淋巴细胞分化增殖和抗体大量形成的场所。

03.0619 滤泡树突状细胞 follicular dendritic cell, FDC
位于淋巴小结生发中心内的有许多树枝状突起的细胞。在 B 细胞的活化和调节抗体的合成中发挥重要作用。

03.0620 孤立淋巴小结 solitary lymphatic nodule
散在分布于消化管壁黏膜中的单个淋巴小结。

03.0621 淋巴器官 lymphoid organ, lymphatic organ
淋巴细胞在其内发生、分化、发育、定居并对抗原产生特异性应答的结构性淋巴组织的器官。根据其结构与功能的不同可分为中枢淋巴器官和周围淋巴器官两类。包括淋巴结、胸腺、脾和扁桃体。

03.0622　中枢淋巴器官　central lymphoid organ, primary lymphoid organ
培育各类不同淋巴细胞的器官。包括胸腺、骨髓及法氏囊等。

03.0623　周围淋巴器官　peripheral lymphoid organ, secondary lymphoid organ
供成熟淋巴细胞定居和对抗原产生免疫应答的器官。包括淋巴结、脾和扁桃体等。

03.0624　淋巴上皮滤泡　lymphoepithelial follicle
位于鸟类腔上囊黏膜的滤泡。呈梨形，顶部朝向黏膜腔，紧密排列在固有膜中。

03.0625　连滤泡上皮　follicle-associated epithelium, FAE
由鸟类腔上囊黏膜上皮分化而成，与淋巴上皮滤泡顶部髓质直接相连的上皮组织。有内吞功能。

03.0626　滤泡间上皮　interfollicular epithelium, IFE
相邻滤泡间的黏膜上皮。由鸟类腔上囊黏膜上皮分化，可分泌黏液。

03.0627　肠道淋巴组织　gut-associated lymphatic tissue, GALT
分布于肠壁以及肠系膜等处的淋巴组织。在抗原刺激下可分泌免疫球蛋白，与肠上皮共同构成机体第一道防线。

03.0628　集合淋巴小结　aggregate lymphatic nodule
又称"淋巴集结""派尔斑(Peyer's patch)"。聚集在肠壁的数个或数十个淋巴小结。参与免疫反应。

03.0629　微皱褶细胞　microfold cell, M cell
又称"M 细胞"。位于肠集合淋巴小结处的细胞。因其游离面有微皱褶而得名，可摄取肠腔内抗原物质转运给巨噬细胞。

03.0630　被膜　capsule
被覆于胸腺、淋巴结、脾脏等器官表面的薄层致密结缔组织。常伸入器官内形成小叶间隔或小梁。

03.0631　小梁　trabecular
被膜结缔组织深入器官（胸腺、淋巴结、脾脏等）实质形成的条索状结构。与网状细胞和网状纤维一起构成器官的支架结构。

03.0632　白膜　tunica albuginea
在器官的被膜中，有血管不发达的致密结缔组织较厚的膜。看似腱的呈白色的膜。睾丸白膜等也属于此。

03.0633　胸腺　thymus
脊椎动物培育 T 淋巴细胞的中枢淋巴器官。位于胸骨后，前纵隔上方。

03.0634　胸腺小叶　thymic lobule
胸腺实质被小叶间隔分隔成许多不完整的区域。每个小叶都有皮质和髓质两部分，相邻小叶髓质常在胸腺深部相互连接。

03.0635　小叶间隔　interlobular septum
将胸腺实质分隔成不完整小叶的结缔组织支架。

03.0636　胸腺皮质　thymic cortex
胸腺小叶外周部胸腺细胞密集的区域。着色较深。

03.0637　胸腺细胞　thymocyte
密集在胸腺皮质中的处于不同分化发育阶段的 T 细胞。由骨髓的淋巴干细胞进入胸腺后形成。

03.0638　上皮网状细胞　epithelial reticular cell
又称"胸腺上皮细胞（thymic epithelial cell）"。构成胸腺支架、分泌胸腺素和胸腺生成素的细胞。

03.0639　胸腺抚育细胞　nurse cell
位于胸腺皮质、包绕胸腺细胞的一种上皮网状细胞。辅助胸腺细胞发育成熟。

03.0640　胸腺髓质　thymic medulla
胸腺小叶中央含较多上皮细胞和稀疏分布的胸腺细胞区域。着色较浅。

03.0641　胸腺小体　thymic corpuscle
又称"哈索尔小体（Hassall's corpuscle）"。胸腺髓质内由上皮网状细胞呈同心圆状排列而成的椭圆形或不规则性嗜酸性小体。作用不明。

03.0642　血-胸腺屏障　blood-thymus barrier
血液与胸腺皮质间具有屏障作用的结构。由连续性毛细血管内皮及其基膜、血管周隙、上皮网状细胞与基膜组成。可使血液中大分子物质不能进入胸腺皮质，具有维持胸腺内环境稳定、保证胸腺细胞正常发育等功能。

03.0643　腔上囊　cloacal bursa
又称"法氏囊（bursa of Fabricius）"。鸟类位于泄殖腔背壁外侧的淋巴器官。产生免疫系统的 B 细胞。

03.0644　淋巴结　lymph node
哺乳动物广泛分布在身体各部分的淋巴系统中的大小不一的圆形或椭圆形灰红色小

体。在此滤过淋巴并形成淋巴细胞。

03.0645　腋淋巴结　axillary lymph node
腋静脉周围接受来自上肢、肩胛和胸部淋巴流的淋巴结。

03.0646　[淋巴结]皮质　cortex
淋巴结的实质。位于被膜下方，由淋巴小结、副皮质区及皮质淋巴窦等构成。

03.0647　副皮质区　paracortex zone
又称"胸腺依赖区（thymus-dependent region）"。位于淋巴结皮质深层及淋巴小结之间的大片弥散淋巴组织。无明显界限，主要由 T 细胞构成，是淋巴细胞再循环的重要途径。

03.0648　淋巴窦　lymphatic sinus
淋巴结内的淋巴流动通道。窦内淋巴液流动缓慢，有利于清除病原体、异物及抗原等。

03.0649　皮[质淋巴]窦　cortical sinus
淋巴结皮质中的淋巴窦。包括被膜下窦和小梁周窦。

03.0650　被膜下窦　subcapsular sinus
位于淋巴结皮质与被膜之间的宽敞扁囊。包绕整个淋巴结实质。由扁平的内皮细胞围成，窦壁外侧紧贴被膜，内侧紧贴淋巴组织。

03.0651　小梁周窦　peritrabecular sinus
围绕淋巴结小梁周围的淋巴窦。多为较短的盲管，只有位于皮质深层的小梁周窦与髓质内的淋巴窦直接相通。

03.0652　浅层皮质　superfacial cortex
位于淋巴结皮质浅层、含淋巴小结以及小结间的弥散淋巴组织。为 B 细胞区。

03.0653　[淋巴结]髓质　medulla

位于淋巴结皮质深层。其中部髓质由髓索和髓质淋巴窦构成。

03.0654　髓索　medullary cord

位于淋巴结髓质相互连接的条索状淋巴组织。富含 B 细胞、浆细胞、巨噬细胞。

03.0655　髓[质淋巴]窦　medullary sinus

位于淋巴结髓质、髓索之间的淋巴窦。与皮质淋巴窦结构类似。

03.0656　树突状细胞　dendritic cell

来源于骨髓、形态不规则、具有树突状突起的一种抗原呈递细胞。

03.0657　交错突细胞　interdigitating cell

具多分支长突起的一种树突状细胞。分布于周围淋巴组织中，将抗原呈递给 T 细胞。

03.0658　白髓　white pulp

脾实质中主要由淋巴细胞密集构成的淋巴组织。新鲜脾切面上呈分散的灰白色小点，沿动脉分布，分散于红髓之间，包括动脉周围淋巴鞘和脾小体。

03.0659　动脉周围淋巴鞘　periarterial lymphatic sheath, PALS

又称"围动脉淋巴鞘"。脾脏白髓中央动脉周围的弥散淋巴组织。含大量 T 细胞等。

03.0660　脾　spleen

脊椎动物位于胃后方的球形或卵形或纺锤形的体内最大的淋巴器官。参与血细胞的生成和去除，为免疫系统的一部分。

03.0661　脾小体　splenic corpuscle

又称"脾小结（splenic nodule）"。脾内的淋巴小结。主要由 B 细胞组成，位于动脉周围淋巴鞘与边缘区之间。

03.0662　边缘区　marginal zone

脾白髓向红髓移行的狭窄区域。含 T 细胞、B 细胞及较多的巨噬细胞，具很强吞噬滤过作用。

03.0663　边缘窦　marginal sinus

位于边缘区的中央动脉分支而来的毛细血管末端膨大形成的血窦。是血液内抗原以及淋巴细胞进入淋巴组织的重要通道。

03.0664　红髓　red pulp

分布于脾被膜下、小梁周围及白髓边缘区外侧，富含血细胞的淋巴组织。新鲜时深红色。分脾窦和脾索两部分。

03.0665　脾[血]窦　splenic sinusoid

位于脾红髓中，腔大不规则的血窦。其壁由一层纵向平行排列的长杆状内皮细胞围成。

03.0666　脾索　splenic cord, Billroth's cord

位于脾红髓内，由富含血细胞、B 细胞的淋巴组织构成的呈不规则条索状结构。

03.0667　小梁动脉　trabecular artery

脾动脉入脾后分支进入小梁的动脉。

03.0668　中央动脉　central artery

小梁动脉离开小梁进入动脉周围淋巴鞘内的分支。

03.0669　笔毛微动脉　penicillar arteriole

脾中央动脉入脾后在红髓中分支形成的一些直行小动脉。相互无吻合，形似笔毛。由髓微动脉、鞘毛细血管和动脉毛细血管三段组成。

03.0670　髓微动脉　pulp arteriole
笔毛动脉的起始段。其内皮细胞外有 1～2 层的平滑肌。

03.0671　鞘毛细血管　sheathed capillary
笔毛微动脉的中段。其内皮细胞外被许多巨噬细胞和网状细胞形成的一层椭圆形鞘包裹。

03.0672　动脉毛细血管　arterial capillary
笔毛微动脉终末段变成的毛细血管。大部分毛末端扩大成喇叭状开放于脾索，少数直接连通于脾血窦。

03.0673　围椭球淋巴鞘　periellipsoidal lymphatic sheath, PELS
鞘毛细血管外的一层椭圆形鞘。鞘内网状组织中有大量小淋巴细胞、巨噬细胞等。

03.0674　扁桃体　tonsil
哺乳动物咽开口附近的周围淋巴器官。包括腭扁桃体、咽扁桃体和舌扁桃体。

03.0675　扁桃体隐窝　tonsil crypt
由扁桃体黏膜表面的复层扁平上皮下陷形成的凹陷。呈分支状盲管，其周围密集淋巴小结及弥散淋巴组织。

03.05.06　呼吸器官组织结构

03.0676　鼻黏膜　nasal mucosa
覆盖在鼻腔内表面的一层黏膜组织。由上皮和固有层组成。

03.0677　嗅上皮　olfactory epithelium
鼻腔嗅区嗅黏膜表面的上皮。为假复层纤毛柱状上皮，含嗅细胞、支持细胞和基细胞。

03.0678　嗅细胞　olfactory cell
又称"嗅神经感觉细胞（neurosensory olfactory cell）"。位于嗅上皮支持细胞之间的一种双极神经元。呈梭形，其基部轴突组成嗅神经，树突在上皮游离面发出嗅毛。是体内唯一存在于上皮中的感觉神经元。

03.0679　嗅泡　olfactory knob
嗅细胞树突在上皮游离面的末端膨大形成的球状结构。由此发出嗅毛接受化学刺激。

03.0680　嗅毛　olfactory cilium
自嗅细胞的嗅泡发出的数十根不动纤毛。常倒向一侧，浸于上皮表面的嗅腺分泌物中，接受气味物质的刺激。

03.0681　嗅腺　olfactory gland
又称"鲍曼腺（Bowman's gland）"。位于嗅黏膜固有层内的多管泡状浆液性腺。分泌浆液溶解空气中化学物质以刺激嗅毛，并可冲洗上皮表面以保持嗅细胞敏感性。

03.0682　纤毛细胞　ciliated cell
位于气管和主支气管管壁黏膜上皮内，游离面有密集纤毛的细胞。可向咽部快速摆动推出有害异物，净化吸入的空气。

03.0683　基细胞　basal cell
气管和主支气管管壁黏膜上皮深层的一种干细胞。可增殖分化为上皮中其他类型细胞。

03.0684　小颗粒细胞　small granular cell
又称"弥散神经内分泌细胞（diffuse neuroendocrine cell）"。位于气管和主支气管黏膜上皮深层，其分泌物可调节呼吸道平滑肌收缩和腺体分泌的一种粒细胞。

03.0685　刷细胞　brush cell
位于气管和主支气管管壁黏膜上皮内，其游

离面有形如刷状微绒毛的细胞。功能未定。

03.0686　肺小叶　pulmonary lobule
肺的结构单位。由每一个细支气管连同其各级分支和肺泡组成。

03.0687　呼吸性细支气管　respiratory bronchiole
终末细支气管的分支。其管壁结构与终末细支气管结构相似，但管壁上有少量肺泡开口。

03.0688　肺泡管　alveolar duct
呼吸性细支气管的分支。末端与肺泡囊相通，管壁因布满肺泡的开口，故自身的管壁结构很少，只存在于相邻肺泡或肺泡囊开口之间的部分。

03.0689　肺泡囊　alveolar sac
由若干肺泡围成的囊腔。与肺泡管相连。这些肺泡共同开口于此腔。

03.0690　肺泡　pulmonary alveolus
肺支气管树的终末部分。为有开口的半球形囊泡，是肺进行气体交换的场所。一面开口于肺泡囊、肺泡管或呼吸性细支气管，另一面借肺泡隔与相邻肺泡连接。

03.0691　肺泡隔　interalveolar septum
相邻肺泡之间的薄层结缔组织。属于肺间质。

03.0692　肺泡孔　alveolar pore
相邻肺泡之间相通的小孔。是它们之间的气体通路。

03.0693　克拉拉细胞　Clara's cell
又称"细支气管细胞（bronchiole cell）"。位于终末细支气管上皮中无纤毛的分泌细胞。其分泌物在上皮表面形成保护膜，并可降低管腔分泌物黏稠度以保证气道通畅。

03.0694　肺巨噬细胞　pulmonary macrophage
来源于单核细胞，位于肺间质及肺泡隔内，具活跃吞噬功能的细胞。有重要免疫防御作用。

03.0695　尘细胞　dust cell
吞噬了大量进入肺内的尘埃颗粒的肺巨噬细胞。

03.0696　心力衰竭细胞　heart failure cell
心力衰竭肺淤血时，因吞噬红细胞而含大量血红蛋白分解产物即含铁血黄素颗粒的肺巨噬细胞。

03.0697　肺泡上皮　alveolar epithelium
肺泡表面的一层完整的上皮。由Ⅰ型和Ⅱ型肺泡细胞构成。

03.0698　Ⅰ型肺泡细胞　type Ⅰ alveolar cell
肺泡上皮内表面中呈扁平状的细胞。覆盖肺泡表面积的95%，是进行气体交换的部位。

03.0699　Ⅱ型肺泡细胞　type Ⅱ alveolar cell
肺泡上皮内表面中呈圆形或立方形、胞体突向肺泡腔的细胞。散在于Ⅰ型肺泡细胞之间，覆盖肺泡表面积的5%左右，分泌表面活性物质。

03.0700　嗜锇性板层小体　osmiophilic multilamellar body
Ⅱ型肺泡细胞胞质内有界膜包绕、含平行或呈同心圆排列的板层结构的分泌颗粒。呈圆形或卵圆形，是Ⅱ型肺泡细胞的特征性结构。

03.0701　表面活性物质　surfactant
肺泡上皮表面的一层薄膜。由Ⅱ型肺泡细胞分泌形成，可降低肺泡表面张力、稳定肺泡大小。

03.0702 气-血屏障 air-blood barrier
肺泡与血液之间进行气体交换所通过的结构。包括 6 层结构，无结缔组织。

03.0703 泌氯细胞 chloride cell
常存在于海生硬骨鱼类鳃小片基部上皮之间的细胞。可将多余氯化物从血液中排出，协助肾脏调节体内渗透压。

03.05.07 消化器官组织结构

03.0704 黏膜 mucosa, mucous membrane
消化管、呼吸道、泌尿生殖道以及胆囊等器官的内层。一般由上皮和固有层构成，在消化管还有黏膜肌层。

03.0705 黏膜上皮 epithelium mucosa
黏膜的最内层。为复层扁平上皮，浅层细胞已发生角化，角化程度随动物种类不同而异，有保护功能。其余部位上皮为单层柱状，以消化吸收为主。

03.0706 固有层 lamina propria
位于黏膜上皮外层的一薄层结缔组织。富含血管、腺体、淋巴管和神经。

03.0707 黏膜肌层 muscularis mucosae
位于固有层的外面。由一两层平滑肌纤维组成。其收缩可改变黏膜的形态，促进固有层内腺体分泌物排出和血液运行及食物的消化和吸收。

03.0708 黏膜下层 submucosa
连接消化管黏膜和肌层的结缔组织。内含血管、淋巴管和黏膜下神经丛。

03.0709 黏膜下神经丛 submucosal nervous plexus
又称"迈斯纳神经丛（Meissner's plexus）"。消化管壁黏膜下层中的神经丛。可调节黏膜肌层的运动和腺体的分泌。

03.0710 肌层 muscle layer, lamina muscularis
消化管黏膜下层的外面。除咽、食管上段和肛门处含有横纹肌外，其余各段均为平滑肌。一般分为内环行肌和外纵行肌两层，两层之间可见肌间神经丛。

03.0711 肌间神经丛 myenteric nervous plexus
又称"奥尔巴赫神经丛（Auerbach's plexus）""奥氏神经丛"。消化管壁肌层内环行肌和外纵行肌之间的神经丛。

03.0712 间质卡哈尔细胞 interstitial Cajal's cell, ICC
位于消化管肌层结缔组织中，可产生电信号传递给平滑肌细胞，引起肌层节律性收缩的细胞。

03.0713 外膜 adventitia
消化管的最外层。分纤维膜和浆膜两种。

03.0714 纤维膜 fibrosa
只由薄层结缔组织构成的外膜。主要分布于食管和大肠末端。

03.0715 浆膜 serosa
由薄层结缔组织与间皮构成的外膜。表面滑润，以利器官活动。主要分布于胃、小肠和大肠。

03.0716 口腔黏膜 oral mucosa
覆盖在口腔内的一层复层扁平上皮和固有层。无黏膜肌层，内含有大量的腺体。

03.0717 舌乳头 lingual papilla
舌黏膜上皮与固有层共同突出于舌表面形

成的小乳头状或毛状结构。使舌具有其特有的粗糙纹理。

03.0718　丝状乳头　filiform papilla
遍布于舌背、呈圆锥形、数量最多的舌乳头。

03.0719　菌状乳头　fungiform papilla
主要位于舌尖与舌缘呈蘑菇状的舌乳头。

03.0720　轮廓乳头　circumvallate papilla
位于舌界沟前方呈轮廓状、形体较大的舌乳头。

03.0721　叶状乳头　foliate papilla
位于舌后侧缘呈平行嵴状的舌乳头。多见于动物，人已退化。

03.0722　舌黏膜　lingual mucous membrane
被覆于舌表面的黏膜。

03.0723　牙周膜　periodontium
位于牙根与牙槽骨间的致密结缔组织。内含较粗的胶原纤维束，将两者牢固连接。

03.0724　胃黏膜　gastric mucosa
被覆于胃的黏膜。由单层柱状上皮及含大量胃腺的固有层和黏膜肌层构成。

03.0725　胃小凹　gastric pit
又称"胃小窝"。胃黏膜上皮向固有层内形成的凹陷。其开口为遍布胃黏膜表面的不规则小孔，约 350 万个。

03.0726　表面黏液细胞　surface mucous cell
胃有腺部黏膜上皮的柱状细胞。其分泌物在胃上皮表面形成一层不溶性黏液，具重要保护作用。

03.0727　[胃腺]主细胞　chief cell
又称"胃酶原细胞（zymogenic cell）"。多分布于胃底腺下半部、分泌胃蛋白酶原的细胞。

03.0728　壁细胞　parietal cell
又称"泌酸细胞（oxyntic cell）""盐酸细胞"。多分布于胃底腺的颈部和体部、合成分泌盐酸的细胞。

03.0729　细胞内分泌小管　intracellular secretory canaliculus
壁细胞游离面的细胞膜向胞质内凹陷形成的迂曲分支的小管。

03.0730　颈黏液细胞　mucous neck cell
位于胃底腺颈部，呈楔形夹在其他细胞之间，分泌可溶性酸性黏液的细胞。

03.0731　内分泌细胞　endocrine cell
分泌物经血液和淋巴运输至靶细胞而发挥作用的腺细胞。其分泌物为激素，散在分布于上皮及腺体内。

03.0732　摄取胺前体脱羧细胞　amine precursor uptake and decarboxylation cell, APUD cell
简称"APUD 细胞"，又称"胺前体摄取及脱羧细胞"。分散在机体内能摄取胺前体（氨基酸）并在细胞内进行脱羧后产生为胺和肽或仅产生肽的细胞。其分泌物可作用于邻近的细胞。

03.0733　弥散神经内分泌系统　diffuse neuroendocrine system, DENS
神经系统内许多神经元能合成和分泌与APUD 细胞分泌物相同的胺或肽类物质，它们和 APUD 细胞的统称。

03.0734 肠嗜铬细胞 enterochromaffin cell, EC cell
胃肠道的内分泌细胞。分泌 5-羟色胺和 P 物质，促进胃肠运动、抑制胃液分泌。

03.0735 亲银细胞 argentaffin cell
又称"嗜银细胞（argyrophilic cell）"。胃肠道的内分泌细胞。有强烈嗜银性或亲银性，分泌消化道激素。

03.0736 无腺区 pars nonglandularis
又称"皮区（cutaneous part）"。位于贲门周围的胃黏膜区域。与食道黏膜延续，面积小且呈白色，衬以复层扁平上皮。

03.0737 皱襞 plica
由消化管壁黏膜和黏膜下层在食管、胃和小肠等部位共同向消化管腔内突起形成的结构。扩大消化管腔内表面积。

03.0738 环行皱襞 circular fold, plicae circulares
小肠中由黏膜和黏膜下层构成的横行的完全或部分环绕肠腔的永久性皱襞。以增加吸收面积。

03.0739 吸收细胞 absorptive cell
小肠黏膜上皮中的一种高柱状细胞。每个细胞有众多微绒毛使细胞游离面积极大扩大，几乎全部吸收摄入的营养物。

03.0740 肠绒毛 intestinal villus
小肠黏膜皱襞表面的许多细小指状突起。由黏膜上皮和固有层向肠腔突出形成，扩大小肠内表面积。

03.0741 帕内特细胞 Paneth's cell
曾称"潘氏细胞"。位于小肠底部的一种分泌细胞。呈锥形，是小肠腺标志性细胞。分泌防御素和溶菌酶杀灭肠道微生物。

03.0742 中央乳糜管 central lacteal
位于小肠绒毛中轴结缔组织中央、纵行的以盲端起始的毛细淋巴管。大分子的乳糜微粒能进入此管。

03.0743 乳糜管 lacteal
始于中央乳糜管的淋巴管。分布于肠管和肠系膜，对吸收脂肪有重要作用。

03.0744 乳糜微粒 chylomicron
哺乳动物血浆中最大的脂蛋白颗粒。是脂肪分解后在淋巴管中还原形成的小脂肪滴，使淋巴呈混浊乳白色。

03.0745 闰管 intercalated duct
唾液腺导管直接与腺泡相连的一段。管壁为单层扁平或立方上皮。

03.0746 纹状管 striated duct
又称"分泌管（secretory duct）"。唾液腺导管中与闰管相连的一段。管壁为单层高柱状上皮。

03.0747 泡心细胞 centroacinar cell
位于胰腺外分泌部腺泡腔面、延伸入腺泡腔内的闰管起始部的上皮细胞。

03.0748 门 hilum, hilus
某些器官的血管、神经以及导管进出的部位。

03.0749 门管 portal canal
位于肝小叶之间的门管区。为各种密集的管道分支，包括胆管、淋巴管、血管等。

03.0750 肝细胞 hepatocyte, liver cell
肝脏最基本的细胞。多面体形。每个肝细胞有血窦面、胆小管面和细胞连接面三种功能面，细胞内富含各种细胞器和内含物。

03.0751　肝小叶　hepatic lobule
肝的基本结构单位。为多角棱柱体，其主要结构有中央静脉、肝板、胆小管、肝血窦和窦周隙。

03.0752　中央静脉　central vein
肝小叶中央沿其长轴走行的一条静脉。

03.0753　肝板　hepatic plate, liver plate
肝细胞以中央静脉为中心单层排列成凹凸不平的呈板状体放射状结构。

03.0754　界板　limiting plate
肝小叶周边的一层环行肝板。其肝细胞较小，嗜酸性较强。

03.0755　肝索　hepatic cord
在肝小叶的横切面上，中央静脉周围的肝细胞呈放射状索形排列的结构。

03.0756　胆小管　bile canaliculus
相邻两个肝细胞之间局部胞膜凹陷形成的微细小管。在肝板内连接成网状管道。

03.0757　肝闰管　Hering's canal
又称"黑林管"。胆小管在肝小叶边缘处汇合成的若干短小的管道。在门管处汇入小叶间胆管。

03.0758　肝血窦　liver sinusoid
位于肝板之间的血流通路。窦壁由一层内皮细胞围成。

03.0759　肝巨噬细胞　hepatic macrophage
又称"库普弗细胞（Kupffer's cell）"，曾称"枯否细胞"。肝血窦内散在的巨噬细胞。有清除抗原异物和衰老血细胞并监视肿瘤等作用。

03.0760　窦周[间]隙　perisinusoidal space
又称"迪塞间隙（Disse's space）"。肝细胞表面与内皮细胞之间的狭窄间隙。其中充满血浆，肝细胞与血液在此进行物质交换。

03.0761　门管区　portal area
相邻肝小叶之间呈三角形或椭圆形的结缔组织小区。内有小叶间静脉、小叶间动脉和小叶间胆管。

03.0762　胰岛　pancreatic islet
又称"朗格汉斯岛（islet of Langerhans）"。散在分布于胰脏外分泌部腺泡之间的内分泌细胞团。用特殊染色法可显示 A、B、D 三种细胞，在某些动物的胰岛内可见一些无颗粒细胞，即 C 细胞。

03.0763　A 细胞　A cell
又称"甲细胞""α 细胞（α cell）"。胞体大、多分布于胰岛的周围、胞质内的颗粒粗大、染成鲜红色、分泌高血糖素的一种胰岛细胞。约占胰岛细胞总数的 20%。

03.0764　B 细胞　B cell
又称"乙细胞""β 细胞（β cell）"。胞体略小、多分布于胰岛的中央、胞核较小、胞质内的颗粒细小、染成橘黄色、分泌胰岛素的一种胰岛细胞。约占胰岛细胞总数的 70%。

03.0765　D 细胞　D cell
又称"丁细胞""δ 细胞（δ cell）"。胞质内可见一些染成蓝色的分泌颗粒，分泌生长抑素，抑制 A、B、PP 细胞分泌活动的一种胰岛细胞。数量少，约占胰岛细胞总数的 5%。

03.0766　C 细胞　C cell
又称"丙细胞"。某些动物的胰岛内可见的
一些无颗粒细胞。可能是幼稚细胞，可分化
A 细胞、B 细胞等。

03.05.08　泌尿器官组织结构

03.0767　肾皮质　renal cortex
位于肾外周、富有血管、色暗红的浅层实质。
由髓放线和皮质迷路组成。

03.0768　髓放线　medullary ray
从肾锥体底部呈辐射状伸入皮质的条纹。是
髓质伸向皮质中的直行肾小管。

03.0769　皮质迷路　cortical labyrinth
位于髓放线之间呈颗粒状的肾皮质。

03.0770　肾髓质　renal medulla
位于肾皮质深部的实质。血管较少，色浅。
牛、猪肾的髓质有明显的锥体。

03.0771　肾锥体　renal pyramid
肾髓质内的圆锥样结构。其底部较宽并向外
突，与皮质相连；顶部钝圆，突入肾盏。

03.0772　肾乳头　renal papilla
肾锥体的顶部。钝圆，伸入肾盏或肾盂。

03.0773　肾柱　renal column
浅层的肾皮质伸入肾锥体之间的部分。

03.0774　肾叶　renal lobe
一个肾锥体及其周围的皮质。

03.0775　肾小叶　renal lobule
每个髓放线及其周围的皮质迷路构成的结
构。小叶之间有小叶间动脉和静脉。

03.0776　肾单位　nephron
肾的结构与功能单位。由一个肾小体和一条
与其相连的肾小管构成，其数量依据动物种
属等的不同而异。根据肾小体在肾皮质内分
布的部位不同可分为浅表肾单位和髓旁肾
单位。

03.0777　肾小体　renal corpuscle
肾单位中呈球形的结构。由肾小囊和血管球
组成。

03.0778　浅表肾单位　superficial nephron
又称"皮质肾单位（cortical nephron）"。
肾小体位于肾皮质浅表层和中层的肾单位。
肾小体体积较小，髓袢较短，只伸至髓质外
区，有的甚至不进入髓质，髓袢中的细段很
短或缺如。

03.0779　髓旁肾单位　juxtamedullary nephron
又称"近髓肾单位"。肾小体位于皮质深部近
髓质的肾单位。肾小体体积较大，髓袢和细段
均较长，伸至髓质内区，有的伸至乳头部。

03.0780　血管极　vascular pole
肾小体中微动脉出入的一端。

03.0781　尿极　urinary pole
肾小体中血管极对侧的一端。与近曲小管相连。

03.0782　入球微动脉　afferent arteriole
从肾小体血管极进入肾小囊的一条微动脉。
在囊内多次分支形成肾小球。

03.0783　出球微动脉　efferent arteriole
肾小体血管极的一条离开肾小囊的微动脉。
由肾小球内毛细血管网汇合形成。

03.0784　足细胞　podocyte
构成肾小囊脏层的高度特化、具有许多突起的上皮细胞。附着于肾小球基膜外侧，胞体的足突构成肾小体滤过屏障，有调节肾小球的滤过率、参与基膜形成更新、维持肾小球形状等功能。

03.0785　足突　foot process
足细胞从胞体伸出若干大而长的突起（即初级突起）。每个初级突起又分出许多呈羽状排列的次级突起。互相穿插镶嵌呈栅栏状，紧贴在毛细血管外的基膜上。

03.0786　裂孔　slit pore
相邻足突之间的裂隙。

03.0787　裂孔膜　slit membrane
覆盖在裂孔上的一层薄膜。

03.0788　滤过膜　filtration membrane
又称"滤过屏障（filtration barrier）"。当血液流经肾小球毛细血管时血浆部分物质滤入肾小囊腔形成原尿时必须经过的膜状结构。由有孔内皮、基膜和足细胞裂孔膜三层结构组成。

03.0789　球旁复合体　juxtaglomerular complex
又称"肾小球旁器（juxtaglomerular apparatus）"。位于肾小体血管极三角区内的一些结构的总称。由球旁细胞、致密斑、球外系膜细胞和极周细胞等组成。

03.0790　球旁细胞　juxtaglomerular cell
入球微动脉管壁的平滑肌细胞在近肾小体血管极处分化的呈上皮样细胞。其分泌物可促使血管收缩，血压升高。

03.0791　致密斑　macula densa
远端小管靠近肾小体侧的上皮细胞增高变窄形成的椭圆形斑。是一种离子感受器，能将远端小管内钠离子浓度变化信息传递给球旁细胞，改变其分泌水平。

03.0792　球外系膜细胞　extraglomerular mesangial cell
又称"极垫细胞（polar cushion cell）"。位于血管极三角区中心的一群细胞。可能起信息传递作用。

03.0793　极周细胞　peripolar cell
位于肾小囊脏层与壁层上皮移行处，环绕肾小体血管极的细胞。一面贴附在肾小囊的基膜上，另一面朝向肾小囊腔。细胞游离面有微绒毛，相邻细胞间有连接复合体。

03.0794　球内系膜　intraglomerular mesangium
又称"血管系膜（mesangium）"。位于肾小球毛细血管之间，主要由球内系膜细胞和系膜基质组成的结构。

03.0795　球内系膜细胞　intraglomerular mesangial cell
球内系膜内电镜下呈星形、多突起的平滑肌细胞。能合成基膜和系膜基质的成分，维持基膜通透性，参与基膜的更新和修复。

03.0796　肾小管　renal tubule
肾单位中与肾小体相连的单层上皮性小管。包括近端小管、细段和远端小管。有重吸收原尿成分和排泄等作用。

03.0797　近端小管　proximal tubule
肾小管中最粗最长的第一段。由单层立方或锥体形上皮细胞组成，其起始段在肾小体尿极与肾小囊壁层相连。

03.0798　近曲小管　proximal convoluted tubule
盘曲在皮质迷路肾小体附近一段最长、最弯

曲的肾小管。具重吸收和排泄功能。

03.0799　近直小管　proximal straight tubule
进入髓放线内向下直行的一段近端小管。

03.0800　细段　thin segment
肾小管的第二段。是管径最细的一段。连通近直小管和远直小管，管壁为单层扁平上皮，有利于水和离子的通透。

03.0801　远端小管　distal tubule
肾小管的第三段。与细段远端相连，管径较近端小管细，管壁上皮为单层立方细胞。

03.0802　远直小管　distal straight tubule
在髓质和髓放线内直行向上的一段远端小管。

03.0803　远曲小管　distal convoluted tubule
位于皮质迷路的远端小管曲部。是离子交换的重要部位，对维持体液的酸碱平衡有重要作用。

03.0804　髓袢　medullary loop
又称"亨勒袢（Henle's loop）"。由近直小管、细段和远直小管构成的U形袢。周围伴行毛细血管网，有浓缩原尿和钠离子的等渗

重吸收作用。

03.0805　集合小管　collecting tubule
连接于远曲小管和肾小盏之间的上皮性小管。包括弓形集合小管、直集合小管和乳头管三段。

03.0806　弓形集合小管　arched collecting tubule
集合小管系的起始段。很短，呈弓形，位于皮质迷路内，一端与远曲小管相连，另一端呈弧形弯入髓放线，与直集合小管相连。由单层立方或矮柱状上皮细胞构成。

03.0807　直集合小管　straight collecting tubule
与弓形集合小管相连、沿髓放线和肾锥体内下行于皮质的一段集合小管。由单层柱状上皮细胞构成。

03.0808　乳头管　papillary duct
直集合小管下行至肾乳头处的一段。由数根直集合小管汇合而成，开口于肾乳头，其管壁由单层高柱状上皮构成。

03.0809　肾间质　renal interstitium
分布于肾单位、集合小管之间的结缔组织、血管和神经等。

03.05.09　内分泌器官组织结构

03.0810　旁分泌　paracrine
细胞产生的激素或调节因子对邻近的其他种类细胞起促进作用的分泌方式。

03.0811　靶器官　target organ
激素进入血液或淋巴内，经血液循环作用于的特定器官。具有与相应激素结合的受体。

03.0812　靶细胞　target cell
激素进入血液或淋巴内，经血液循环作用于

的特定细胞。具有与相应激素结合的受体。

03.0813　垂体　hypophysis, pituitary body
位于大脑下部，埋藏于蝶骨鞍内的一种内分泌腺。呈卵圆形，豌豆大小，由腺垂体和神经垂体两部分组成。

03.0814　腺垂体　adenohypophysis
垂体的重要组成部分。由拉特克囊衍化而来的腺体组织，分为远侧部、中间部和结

节部三部分。

03.0815　远侧部　pars distalis
腺垂体的主要部分。其中的腺细胞集合成团
索状，少数围成滤泡；腺细胞间有丰富的窦
状毛细血管和少量结缔组织。在苏木精-伊红
染色切片中根据腺细胞着色差异分为嫌色
细胞和嗜色细胞两类。

03.0816　嫌色细胞　chromophobe cell
腺垂体远侧部的一种腺细胞。可能是脱颗粒
的嗜色细胞。

03.0817　嗜色细胞　chromophilic cell
腺垂体远侧部的一种腺细胞。是对酸性或碱
性染料具有较强亲和力的内分泌细胞，分嗜
酸性和嗜碱性两类，可分泌含氮类激素。

03.0818　嗜酸性细胞　acidophilic cell
对酸性染料具有较强亲和力的一种嗜色细
胞。分为促生长激素细胞和促乳激素细胞。

03.0819　[促]生长激素细胞　somatotroph
合成和分泌生长激素（GH）的一种嗜酸性
细胞。

03.0820　催乳激素细胞　mammotroph
又称"促乳激素细胞"。分泌催乳素（PRL）
的一种嗜酸性细胞。

03.0821　嗜碱性细胞　basophilic cell
对碱性染料具有较强亲和力的一种嗜色细
胞。数量较少。分为促甲状腺激素细胞、促
肾上腺皮质激素细胞和促性腺激素细胞。

03.0822　促甲状腺激素细胞　thyrotroph
合成和分泌促甲状腺激素（TSH）的一种嗜
碱性细胞。呈多角形或不规则形。

03.0823　促肾上腺皮质激素细胞　corticotroph
合成和分泌促肾上腺皮质激素（ACTH）的
一种嗜碱性细胞。呈星形或不规则形。

03.0824　促性腺激素细胞　gonadotroph
合成和分泌卵泡刺激素（FSH）和黄体生成
素（LH）的一种嗜碱性细胞。这两种激素可
共存于同一细胞的分泌颗粒内。呈圆形或卵
圆形。

03.0825　促黑素激素细胞　melanotroph
又称"黑素细胞刺激素细胞"。位于腺垂体
中间部能合成和分泌促黑色素激素（MSH）
的一种嗜碱性细胞。

03.0826　垂体裂　hypophyseal cleft
腺垂体远侧部和中间部之间由原来的囊腔
形成的裂隙。

03.0827　中间部　pars intermedia
位于垂体远侧部和神经部之间的纵行狭窄
区域。由滤泡及其周围的嗜碱性细胞和嫌色
细胞构成。除马外，中间部和远侧部几乎完
全由垂体裂隔开。鸟类、象和鲸无中间部，
人和灵长类很不发达，家畜较发达，骆驼特
别发达。

03.0828　结节部　pars tuberalis
腺垂体中围绕神经垂体漏斗的部分。其中的
细胞呈弱嗜碱性着色，排列成索团状或围成
小滤泡。

03.0829　神经垂体　neurohypophysis
垂体的重要组成部分。由第四脑室底衍化而
来的神经组织，可储积和释放抗利尿激素和
催产素。主要由无髓神经纤维和神经胶质细
胞组成，富含窦状毛细血管。分为神经部和
漏斗两部分。

03.0830　神经部　pars nervosa
神经垂体的主要部分，神经垂体中与腺垂体中间部相邻的区域。含无髓神经纤维和丰富的毛细血管，无腺细胞。

03.0831　漏斗　infundibulum
脊椎动物神经垂体中与下丘脑相连的部分。由背侧的正中隆起和腹侧的漏斗柄组成。

03.0832　正中隆起　median eminence
漏斗背侧与下丘脑相连的部分。为漏斗上部，是围绕漏斗隐窝四周的隆起部。

03.0833　漏斗柄　infundibular stalk
又称"漏斗干（infundibular stem）"。漏斗腹侧与神经部相连的部分。

03.0834　垂体细胞　pituicyte
垂体神经部的胶质细胞。分布于神经纤维之间，支持和营养神经纤维。

03.0835　赫林体　Herring's body
神经垂体中无髓神经纤维上的串珠状膨大。光镜下呈大小不等的均质嗜酸性团块。

03.0836　神经分泌细胞　neurosecretory cell
有内分泌功能的神经细胞。分泌的神经激素沿轴突流到末梢并储存，再由此释放进入血液循环作用于靶器官或靶细胞。

03.0837　垂体门脉系统　hypothyseal portal system
垂体门微静脉及其两端的毛细血管网共同构成的系统。连接丘脑下部与腺垂体，完成下丘脑-垂体之间激素的运送。

03.0838　肾间组织　interrenal tissue
起源于腹膜上皮的组织。主要由嗜伊红柱状细胞组成。无羊膜类的肾间组织独立存在，羊膜类的肾间组织与嗜铬组织共同形成肾上腺。

03.0839　嗜铬组织　chromaffin tissue
起源于交感神经干的组织。由嗜铬细胞组成，具有分泌肾上腺素和去甲肾上腺素的功能。

03.0840　肾上腺皮质　adrenal cortex
肾上腺中位于周边的实质。来自中胚层，由浅至深分为球状带、束状带和网状带，其腺细胞具有分泌类固醇激素细胞的特点。

03.0841　球状带　zona glomerulosa
肾上腺中位于被膜下方最浅层的皮质。其中的腺细胞排列成团球状，能分泌盐皮质激素。

03.0842　束状带　zona fasciculata
肾上腺皮质中最厚的部分。在球状带下方。其中的腺细胞排列成单行或双行细胞索，其细胞分泌糖皮质激素。

03.0843　网状带　zona reticularis
位于肾上腺皮质最内层。其中的腺细胞排列成索并相互吻合成网，其细胞主要分泌雄激素、少量雌激素和糖皮质激素。

03.0844　肾上腺髓质　adrenal medulla
位于肾上腺中央的实质。主要由排列成索或团的髓质细胞组成，另有少量交感神经节细胞，能合成和分泌肾上腺素和去甲肾上腺素。

03.0845　嗜铬细胞　chromaffin cell
来自神经外胚层、接受交感神经节前纤维支配、并能合成与分泌儿茶酚胺的细胞。其分泌颗粒与铬盐反应呈棕色。见于肾上腺髓质、交感神经椎旁节和椎前节等处。

03.0846　[甲状腺]滤泡　follicle
由单层立方滤泡上皮细胞围成的泡状结构。

是甲状腺的结构功能单位。此细胞合成和分泌甲状腺素。

03.0847 胶质 colloid
充满于甲状腺滤泡腔内的均质嗜酸性胶状物质。是滤泡上皮细胞分泌的碘化甲状腺球蛋白在腔内的贮存形式。

03.0848 滤泡旁细胞 parafollicular cell
又称"亮细胞（clear cell）"。常成群分布于甲状腺滤泡间的结缔组织内或单个散在于滤泡上皮细胞之间的细胞。分泌降钙素。

03.0849 [甲状旁腺]主细胞 chief cell
甲状旁腺的一种腺细胞。圆形或多边形，分泌甲状旁腺激素。

03.0850 [甲状旁腺]嗜酸性细胞 oxyphil cell
分布在甲状旁腺主细胞之间的一种腺细胞。数量少，仅见于牛、马、猴和人等的甲状旁腺内。人类的嗜酸性细胞从青春期开始出现，功能不明。

03.0851 松果体细胞 pinealocyte
松果体内的主要细胞。与神经内分泌细胞类似，分泌褪黑激素。

03.0852 脑砂 brain sand, acervulus cerebralis
成年动物的松果体内，由松果体细胞分泌物钙化而成的同心圆结构。功能不明。

03.0853 巨大细胞 giant cell, Dahlgren's cell
鱼类尾垂体的神经内分泌细胞。分泌的激素可调节鱼类渗透压。

03.05.10 生殖器官组织结构

03.0854 血管层 vascular layer
位于睾丸白膜深层富含血管的薄而疏松结缔组织层。

03.0855 睾丸纵隔 mediastinum testis
睾丸头处，白膜的组织在睾丸后缘增厚伸入睾丸实质的部分。

03.0856 睾丸小隔 septula testis
睾丸白膜的组织伸入睾丸实质形成睾丸纵隔，从其上分出的呈放射状排列的隔膜。将睾丸实质分隔成许多睾丸小叶。

03.0857 睾丸小叶 testicular lobule, lobulus testis
睾丸小隔将睾丸实质分隔而成的呈锥体形小叶。其内有生精小管。

03.0858 生精小管 seminiferous tubule
又称"曲精小管（contorted seminiferous tubule）""曲细精管"。睾丸小叶内高度弯曲的上皮性管道。管壁由基膜和多层上皮细胞构成，可分为生精细胞和支持细胞两种类型。

03.0859 直精小管 straight tubule, tubulus rectus
生精小管末端在近睾丸纵隔处变直的部分。管壁上皮为单层立方或低柱状支持细胞，无生精细胞。

03.0860 睾丸网 rete testis
直精小管进入睾丸纵隔内分支吻合形成的网状管道。与附睾连通。管壁内衬单层立方或低柱状上皮。

03.0861 睾丸间质 interstitial tissue of testis
分布于睾丸生精小管之间富含血管、淋巴管、神经及间质细胞的疏松结缔组织。

03.0862　睾丸间质细胞　testicular interstitial cell

又称"莱迪希细胞（Leydig's cell）"。分布在生精小管之间的睾丸间质中，靠近血管，能合成和分泌雄激素的上皮样细胞。

03.0863　血–生精小管屏障　blood-seminiferous tubule barrier

又称"血–睾屏障（blood-testis barrier）"。存在于生精小管与血液之间，主要由支持细胞间的紧密连接组成的屏障。血管内皮及其基膜、结缔组织、生精小管基膜也参与，形成和维持有利于精子发生的微环境。

03.0864　输出小管　efferent duct

从睾丸网发出的6～20条小管。构成附睾头部，末端与附睾管相连。其管壁上皮由单层立方细胞和纤毛柱状细胞交替排列而成，故管腔呈波浪状起伏不平。

03.0865　附睾管　epididymal duct

由输出小管汇合而成的一条长而高度盘曲的小管。构成附睾的体部和尾部，远端与输精管相连。腔面为假复层柱状上皮，其游离面有静纤毛，管腔整齐。精子在附睾内获得运动能力，达到功能上的成熟。

03.0866　精囊腺　vesicular gland

简称"精囊（seminal vesicle）"。位于膀胱后面的一对复管状腺或管泡状腺。结构因动物种属不同而异。其上皮为假复层柱状上皮。分泌物为黄白色胶状液体，内含果糖。是组成精浆的一部分。

03.0867　尿道球腺　bulbourethral gland

位于尿道膜部外侧的一对豌豆状复管状腺（猪）或复管泡状腺（马、牛、羊）。其上皮为单层柱状或立方。分泌物为黏性液体，是组成精浆的一部分，以润滑尿道。

03.0868　前列腺　prostate

环绕于尿道起始段的复管状腺或复管泡状腺（哺乳动物反刍兽）。腺泡形态不规则，腺上皮有单层立方、柱状及假复层柱状上皮。细胞内有分泌颗粒和较强的酸性磷酸酶活性。是组成精浆的一部分。

03.0869　海绵体　corpus cavernosum

主要由勃起组织构成，外包以致密结缔组织构成的白膜。其内为小梁和血窦，可使阴茎勃起。是阴茎的主要结构，包括1个尿道海绵体和2个阴茎海绵体。

03.0870　勃起组织　erectile tissue

以大量不规则的彼此通连的血窦为主的海绵状组织。血窦之间是富含平滑肌纤维的结缔组织小梁。

03.0871　门细胞　hilus cell

位于卵巢门近系膜处的一些较大的上皮样细胞。分泌雄激素。

03.0872　子宫外膜　perimetrium

包围子宫的腹膜。子宫底部和体部为浆膜，子宫颈部为纤维膜。

03.0873　子宫肌层　myometrium

又称"子宫肌膜"。子宫壁很厚的中间层。由大量平滑肌束、血管和结缔组织组成。

03.0874　子宫内膜　endometrium

子宫壁的内层。由单层柱状上皮和固有层组成。分深浅两层，浅层为功能层，靠近子宫腔，其结构随动物发情周期而呈规律性变化。

03.0875　子宫腺　uterine gland

由子宫内膜上皮向固有层内陷形成的分支管状腺。腺上皮主要由柱状细胞构成。

04. 动物胚胎学

04.01 概 论

04.0001 描述胚胎学 descriptive embryology
用解剖学和组织学方法对胚胎发育的形态演变过程进行观察和描述的科学。

04.0002 比较胚胎学 comparative embryology
用比较的方法研究不同种系动物胚胎发育过程中形态变化的异同，从而探讨其在系统发生和进化过程上的内在相互关系的科学。

04.0003 实验胚胎学 experimental embryology
用实验方法研究胚胎各部分的发育过程，从而探讨胚胎发育机制的科学。

04.0004 化学胚胎学 chemical embryology
用化学和生物化学方法研究胚胎发育过程中各种化学物质的质与量的变化及代谢过程的科学。

04.0005 分子胚胎学 molecular embryology
用分子生物学理论和方法研究胚胎发育的基因调控及分子机制的科学。

04.0006 发育生物学 developmental biology
研究生物个体从生殖细胞的发生、受精、胚胎发育、生长到衰老、死亡的规律及其调控机制的科学。

04.0007 发育 development
从受精到个体产出或孵出，直至成熟的变化，是生物有机体的自我构建和自我组织的过程。

04.0008 个体发育 ontogeny, ontogenesis
又称"个体发生"。一个生物体从受精卵形成胚胎、再由胚胎增殖、分化到生长发育为成熟个体的过程。

04.0009 胚胎发生 embryogenesis
又称"出生前发育（prenatal development）"。胚胎形成和早期发育过程。包括受精、卵裂、囊胚形成、原肠胚形成和神经胚形成，直到器官系统完备的胎儿形成之前的过程。

04.0010 胚前发育 pre-embryonic development
雌雄配子的分化与成熟过程。

04.0011 胚后发育 post-embryonic development
又称"出生后发育（postnatal development）"。从卵孵化后或从母体产出后的幼体发育为成体的过程。

04.0012 先成论 preformation theory
又称"先成说""预成论"。胚胎发育的一种假说。认为成体由预先存在于生殖细胞中的雏形放大发展而成。又分为主张雏形存在于精子的"精原说"和主张雏形存在于卵细胞的"卵原说"。这个假说已被科学发展所否定。

04.0013 后成论 postformation theory
又称"后成说""渐成论（epigenesis theory）"。胚胎发育的一种假说。认为胚胎发育是从简单的形态结构逐渐形成复杂形态结构的过程。

04.0014　套装论　encasement theory, emboitement theory
又称"套装学说"。胚胎发育的一种假说。认为动物的卵子中包含有它将出生的所有后代，一个世代包着另一世代，就像大盒套着小盒。这个假说已被科学发展所否定。

04.0015　贝尔定律　Baer's law
又称"贝尔法则""胚层学说（germ layer theory）"。1828 年俄国学者冯·贝尔（K. E. von Baer）提出的学说。在比较研究了鱼类、两栖类、鸟类和哺乳类的早期发育之后，认为在动物胚胎发育过程中，一般结构（或共同结构）要比专门的结构出现得早，胚胎的外形首先表现出动物界门的特征，之后依次出现纲、目、科、属和种的特征。

04.0016　生物发生律　biogenetic law
又称"重演律（recapitulation law）""重演论（recapitulation theory）"。1866 年德国学者黑克尔（E. Haeckel）提出的学说。认为个体发育过程简单而迅速地重演了该物种系统发生过程。

04.0017　胚胎系统发育说　theory of phylembryogenesis
在 20 世纪 30～40 年代俄罗斯学者谢维尔卓夫（A. N. Sewertzoff）提出的一个关于生物发生律修正性的假说。认为个体发育过程只有在特定情况下（物种或种系进化过程是累积形成的，即后一阶段是附加于原先阶段之上）才会重演该物种系统发生过程。

04.0018　自然发生说　spontaneous generation
又称"无生源说"。关于生命起源的一种假说。认为生命是由非生命物质在日常条件下自然产生的。

04.0019　生源说　biogenesis, autogeny
关于生命起源的一种假说。认为生命是由其他生命形式产生的。

04.0020　合胞体说　syncytial theory
关于多细胞动物起源的一种假说。认为多细胞生物的祖先可能是类似于多核纤毛虫那样的单细胞原生动物，其体内的每个细胞核都演变为独立的细胞后就形成了多细胞结构。

04.0021　群体说　colonial theory
关于多细胞动物起源的一种假说。认为多细胞生物的祖先可能是类似于由多个鞭毛虫（单细胞原生动物）聚集在一起生活的群体，不同个体或细胞进行分化后就形成了多细胞动物。

04.0022　模式动物　model animal
进行科学研究，用于揭示某种具有普遍规律的生命现象的选定动物物种。常用的有无脊椎动物秀丽隐杆线虫、果蝇、海胆和脊椎动物斑马鱼、蝾螈、非洲爪蟾、鸡、小鼠等。

04.0023　胎生　viviparity
受精卵在母体子宫内发育，并由母体供应营养发育成为新个体的生殖方式。哺乳动物一般为胎生。

04.0024　卵生　oviparity
受精卵在母体外靠自身所含有的营养物质发育成为新个体的生殖方式。爬行类、两栖类、鸟类、大部分的鱼类和昆虫几乎都是卵生。

04.0025　卵胎生　ovoviviparity
受精卵在母体内靠自身所含有的营养物质发育成为新个体的生殖方式。是介于卵生和胎生之间的一种生殖方式。发育所需营养，仍依靠受精卵自身所贮存的卵黄，与母体没有物质交换关系，或只在胚胎发育的后期才与母体进行气体交换或有很少营养联系。如蝮蛇、田螺和一些鱼、鸭嘴兽等。

04.0026　性别　sex, gender
雌雄两性的特质区别。常用来指动物的生理学特征。在哺乳动物中雄性一般携带 XY 染色体，雌性携带 XX 染色体。

04.0027　性[别]决定　sex determination
在胚胎发育过程中，由一个尚未分化的性腺发育为雌性或雄性的机制。在不同类型的动物中环境及遗传因子都能对性别决定产生影响。

04.0028　嵌合体　mosaic, chimera
含有两种以上不同基因型的细胞或组织的生物体。可能是基因突变、染色体分离异常的结果，也可能由来自不同基因型合子的胚胎嵌合而来的个体。

04.0029　雌雄嵌合体　sexual mosaic
又称"两性体（gynander，gynandromorph）"。同时具有雄性和雌性特征的生物体。

04.0030　四倍体嵌合体　tetraploid mosaic
四倍体胚胎与二倍体胚胎或胚胎干细胞进行聚合，形成由二倍体和四倍体细胞组成的嵌合体。

04.02　精 子 发 生

04.0031　精子发生　spermatogenesis
有性生殖的雄性动物由原始生殖细胞发育成精原细胞，精原细胞经过一系列的分裂增殖、分化变形，最终形成完整精子的过程。

04.0032　原始生殖细胞　primordial germ cell, PGC
大多数动物原肠胚时含有生殖质的细胞。是生殖细胞的祖细胞。必须经过迁移才能到达性腺原基，并最终分化为卵子或精子。

04.0033　生殖细胞　germocyte, germ cell
又称"性细胞"。多细胞生物体内具有生殖功能的细胞。包括原始生殖细胞、不同分化时期的生殖细胞和终末分化生殖细胞（即配子）。

04.0034　芽基　blastema
又称"胚芽"。在实验胚胎学中，一般是指大体可与其他区或体部相区别的细胞群。虽有其特定的发生方向，但尚处于未分化的状态。

04.0035　配子发生　gametogenesis
二倍体的原始生殖细胞通过减数分裂和分化发育成配子（精子或卵子）的整个过程。

04.0036　配子　gamete
在有性生殖生物中，经减数分裂产生的具有受精能力的单倍体生殖细胞。包括雄配子和雌配子。

04.0037　雄配子　male gamete
成熟的雄性个体产生的配子，即精子。

04.0038　雌配子　female gamete
成熟的雌性个体产生的配子，即卵子。

04.0039　生精细胞　spermatogenic cell
处于不同发育阶段的雄性生殖细胞。包括精原细胞、初级精母细胞、次级精母细胞和精子细胞。

04.0040　精原细胞　spermatogonium
迁移入精巢（或睾丸）处于增殖期的原始生

殖细胞。是一类干细胞。

04.0041　精母细胞　spermatocyte
精原细胞经过有丝分裂增殖后，进入减数分裂并能最终分化成精子的细胞。分为初级精母细胞和次级精母细胞。

04.0042　初级精母细胞　primary spermatocyte
处于第一次减数分裂期的精母细胞。位于精原细胞近腔侧，为 1~2 层较大的细胞，细胞核大而圆。

04.0043　次级精母细胞　secondary spermato-cyte
初级精母细胞经第一次减数分裂后产生的两个细胞。靠近管腔，细胞较小，核呈圆形，染色较深。存在时间很短，不发生染色体复制，很快进行第二次减数分裂。

04.0044　精子细胞　spermatid
次级精母细胞经过第二次减数分裂产生的单倍体圆形雄性生殖细胞。必须经过精子形成的分化过程才能成为成熟精子。

04.0045　支持细胞　Sertoli's cell
又称"塞托利细胞"。与发育中的精母细胞和精子细胞紧密相连的柱状细胞。主要为各级生精细胞提供保护、支持和营养作用，并吞噬退化精子。

04.0046　精子形成　spermiogenesis
精子发生过程中由单倍体的圆形精子细胞经过一系列复杂的形态演变后形成完整精子的变态过程。精子细胞的变化包括染色质的浓缩、细胞核形状的改变，以及顶体、轴丝和线粒体鞘的形成等。

04.0047　顶体泡　acrosomal vesicle
又称"顶体囊"。精子形成中由精子细胞核附近的高尔基体内的一些囊泡融合形成的贴于细胞核一端的一个较大囊泡。其中含有各种水解酶。是顶体的前身，继续变化，最终形成顶体。

04.0048　顶体[颗]粒　acrosomal granule
顶体泡中所含的致密颗粒。内含多种水解酶，如顶体素、透明质酸酶和磷酸酯酶等。

04.0049　顶体　acrosome
顶体泡改变性状包裹细胞核前部的一个帽状结构。含有多种水解酶，在受精过程中发挥重要的作用。不同物种的形状不尽相同，如哺乳动物精子的顶体往往呈帽状，遮盖部分细胞核；硬骨鱼类的精子没有顶体。

04.0050　顶体外膜　outer acrosomal membrane
又称"顶体前膜（anterior acrosomal membrane）"。顶体靠近精子细胞膜的那部分膜。在顶体反应时，顶体外膜和其外侧的精子细胞膜发生多处融合并破裂，顶体中的水解酶通过裂孔释放出来。

04.0051　顶体内膜　inner acrosomal membrane
又称"顶体后膜（posterior acrosomal membrane）"。顶体靠近精子细胞核的那部分膜。在顶体反应后，由于顶体外膜和与之融合的细胞膜丢失，顶体内膜暴露出来。

04.0052　残体　residual body
精子细胞在精子形成过程中其大部分细胞质为多余物质，当细胞核前方顶体形成时，其余细胞质向相反的方向移动，逐渐聚集于精子尾部的近细胞核部分形成的结构。当线粒体鞘形成时残体被支持细胞吸收。

04.0053　植入窝　implantation fossa
在精子细胞分化早期，两个中心粒移位到细胞核一端的凹陷。与顶体所在的位置正好相反。

04.0054　精子　sperm, spermatozoon
精子形成完成之后成熟的精子细胞。其大小、形态因种类而异。真兽类哺乳动物的精子往往形似蝌蚪，分为头部和尾部两个部分，尾部又分成颈段、中段、主段和末段。也有人分为头部、颈部和尾部三部分。

04.0055　颈段　neck region
成熟精子头部与尾部相连的一段。主要结构是连接片，分为前部的头端和后部的节柱。

04.0056　中段　middle piece
接于颈段之后的一段。其核心结构是轴丝，其外层为呈螺旋状排列的线粒体鞘、内层为外周致密纤维。其中的线粒体可为精子运动提供能量。线粒体鞘是尾部中段的标志。

04.0057　主段　principal piece
接于中段之后的一段。是成熟精子尾部各段中最长的一段，由中央轴丝、外周致密纤维以及外周纤维鞘包裹组成。实现精子的运动功能。

04.0058　末段　end piece
又称"尾段"。接于主段之后的一段。是成熟精子尾部的最后一段。仅有从主段延伸下来的轴丝，没有纤维鞘和外周致密纤维。在整个尾部的外表都有质膜包裹。

04.0059　近端中心粒　proximal centriole
精子颈段的一个结构。位于细胞核后端的凹陷（植入窝）中，参与受精后微管组织。

04.0060　远端中心粒　distal centriole
精子颈段的一个结构。位于近端中心粒的后面，其主轴与近端中心粒的主轴相互垂直。在精子形成过程中起着组织中心的作用，将精子细胞中的微管蛋白聚合起来，形成轴丝。在成熟精子中退化。

04.0061　轴丝　axial filament
精子尾部的轴心结构。由两条中央微管和周围的 9 组二联微管组成。

04.0062　线粒体鞘　mitochondrial sheath
在哺乳动物精子尾部的中段，长度伸长的线粒体有规律地缠绕在尾部中段的轴丝周围，呈螺旋状，故名。无脊椎动物的精子和部分脊椎动物（如鱼类）的精子，线粒体未形成线粒体鞘。

04.0063　精子成熟　sperm maturation
哺乳动物的精子在附睾中经过附睾头、附睾体和附睾尾后获得运动能力及受精能力的变化过程。低等脊椎动物（鱼类和两栖类）及无脊椎动物的精子不需要这一过程，一旦离开睾丸，就具备受精能力。

04.0064　精液　semen, seminal fluid
雄性动物从尿道中射排出体外的液体。由精子和精浆组成，其中精子占 5% 左右，其余为精浆。精子由睾丸产生，而精浆由前列腺、精囊腺和尿道球腺分泌产生。

04.0065　精子活力　sperm motility
精子活动的能力或强度。体现在精液中呈前进运动精子所占的百分率，是判断精子受精能力的一项标准，是目前评定精液品质优劣的常规检查的主要指标之一。

04.0066　圆头精子　round-head sperm
精子头圆形、无顶体，可伴杂乱的中段和尾部的畸形精子。无特殊的临床特征，但因精子缺乏顶体其受精能力降低。

04.0067　雄[性]激素　androgen, male hormone
由睾丸中的间质细胞分泌的对精子发生起促进作用的激素。在雌性卵巢的膜细胞中也产生雄激素，是雌激素的前体。

04.0068　促性腺激素　gonadotropin
由垂体前叶、胎盘、子宫内膜分泌的刺激性腺的一类激素。主要有促卵泡激素和黄体生成素。

04.0069　促卵泡激素　follicle-stimulating hormone, FSH
又称"卵泡刺激素""促滤泡素"。由脊椎动物垂体前叶产生的一种促进卵巢卵泡生长和雌激素分泌的糖蛋白激素。在男性可以影响精子发生。

04.0070　黄体生成素　luteinizing hormone, LH
由脊椎动物垂体前叶分泌的一种促进性腺类固醇激素生物合成的多肽激素。可以刺激卵巢雌激素分泌和排卵。在男性可以影响精子发生。

04.0071　促性腺激素释放激素　gonadotropin-releasing hormone, GnRH
由下丘脑肽能神经元分泌的调节腺垂体活动的一种肽类物质。通过门脉系统到达腺垂体后可促进促卵泡激素和黄体生成素的释放，进而影响卵巢和睾丸的功能。

04.03　卵子发生

04.0072　卵子发生　oogenesis
卵原细胞经过初级卵母细胞和次级卵母细胞生成卵子的过程。大多数动物卵子发生在卵巢中进行。某些动物的卵子发生过程中还产生卵黄，可以分成卵黄形成前期、卵黄形成期和卵黄形成后期。

04.0073　卵原细胞　oogonium
迁移入卵巢处于增殖期的原始生殖细胞。能通过有丝分裂产生卵母细胞。是一类干细胞。在人类卵原细胞的增殖期直到胚胎发育完成才结束，其他动物（如两栖类和鸟类）在成年后的大部分时期都可以继续通过有丝分裂产生新的卵原细胞。

04.0074　卵母细胞　oocyte
在卵子发生过程中，进入减数分裂的卵原细胞。分为初级卵母细胞和次级卵母细胞。

04.0075　初级卵母细胞　primary oocyte
处于第一次减数分裂期的卵母细胞。完成第一次减数分裂，同源染色体分离，排出体积很小的第一极体，形成一个次级卵母细胞。

04.0076　次级卵母细胞　secondary oocyte
初级卵母细胞完成第一次减数分裂后处于第二次减数分裂中期的卵母细胞。包含大部分初级卵母细胞的细胞质。在多数哺乳动物，从卵巢中排出的"卵"其实是处于第二次减数分裂中期的次级卵母细胞，受精后完成第二次减数分裂，染色单体分离，排出第二极体。

04.0077　极体　polar body
卵母细胞两次减数分裂呈不对称分裂，每次分裂染色体均等分离，但大部分细胞质留在卵母细胞中，同时产生不参与发育的小细胞。

04.0078　第一极体　first polar body
初级卵母细胞完成第一次成熟分裂后产生的极体。

04.0079　第二极体　second polar body
次级卵母细胞完成第二次成熟分裂及第一极体分裂后产生的极体。

04.0080　生发泡　germinal vesicle
生长期的初级卵母细胞处于第一次减数分

裂前期，呈膨大泡状的细胞核。

04.0081　生发泡破裂　germinal vesicle breakdown, GVBD
卵母细胞核膜破裂的过程。是充分生长的卵母细胞恢复第一次减数分裂的标志。

04.0082　动物半球　animal hemisphere
卵母细胞中生发泡所在的一侧。

04.0083　植物半球　vegetal hemisphere
卵母细胞中没有生发泡的一侧。

04.0084　赤道　equator
卵子动物半球和植物半球的交界处。

04.0085　灯刷染色体　brush chromosome
两栖类、鱼类和哺乳类初级卵母细胞处于第一次成熟分裂前期的双线期时，出现呈灯刷形状的染色体。其 DNA 改变其原先紧密螺旋状态，形成了大量的环状结构，每一个环上都在进行 RNA 的合成，因此，染色体形成了毛茸茸的灯刷状。

04.0086　线粒体云　mitochondrial cloud
又称"卵黄核（yolk nucleus）""巴尔比亚尼体（Balbiani body）"。发育早期，初级卵母细胞中的线粒体往往聚集成团块状，经过分裂增殖，团块状结构中的线粒体数量数以万计，即使在光学显微镜下也能看到，位于细胞核周围的这些线粒体团块。

04.0087　皮质颗粒　cortical granule
又称"皮层颗粒"。无脊椎动物和大多数脊椎动物卵母细胞中由膜包裹的一种小圆形的细胞器。是从高尔基体的成熟面脱落下来的囊泡形成，外有膜包被，内有多种蛋白质（或酶）和多糖，在多精受精阻止中发挥重要作用。

04.0088　色素颗粒　pigment granule
卵母细胞内含黑色素的膜包颗粒。在两栖类卵母细胞中较迟出现，分布于动物半球，植物半球不含色素。

04.0089　前颗粒细胞　pregranulosa cell
又称"原始卵泡颗粒细胞（primordial follicle granulosa cell）"。休眠的卵母细胞处于第一次减数分裂的双线期，而包裹其周围扁平的颗粒细胞。

04.0090　颗粒细胞　granulosa cell
又称"卵泡细胞（follicular cell）""滤泡细胞"。围绕在卵母细胞周围的一层或多层细胞。

04.0091　卵泡　ovarian follicle
又称"滤泡"。卵巢皮质中由一个卵母细胞和围绕其周围的颗粒细胞构成的结构。是卵子发生的基本单位。

04.0092　卵泡募集　follicular recruitment
卵泡从受抑制的原始卵泡库进入生长卵泡的过程。分为初始募集和周期募集。

04.0093　卵泡初始募集　follicular initial recruitment
又称"卵泡启动募集""卵泡始动募集""卵泡激活（follicle activation）"。在卵泡形成后，部分原始卵泡脱离原始卵泡库开始缓慢生长的过程。

04.0094　卵泡周期募集　follicular cyclic recruitment
在每个发情周期中，当内分泌环境发生变化时，能够对促卵泡激素发生应答的已启动募集的有腔卵泡开始加快生长直至排卵的过程。

04.0095 原始卵泡 primordial follicle
又称"始基卵泡"。由一个初级卵母细胞及其周围所围绕的一层扁平的前颗粒细胞所组成的结构。成体动物卵巢中的大部分卵泡都属于原始卵泡，直径很小，通常位于卵巢皮质，组成原始卵泡库。

04.0096 原始卵泡库 primordial follicular pool, pool of primordial follicle
大量的原始卵泡形成后聚集在卵巢皮质部位构成的总量。是卵巢发育的基础。普遍认为在原始卵泡库确立之后，卵巢中便无法再生出新的生殖细胞。其数量依动物种类的不同而异。

04.0097 生长卵泡 growing follicle
静止的原始卵泡启动生长发育后，经历初级卵泡、次级卵泡、三级卵泡，直至成熟卵泡前的总称。

04.0098 初级卵泡 primary follicle
原始卵泡启动生长后，卵母细胞周围的前颗粒细胞由扁平变为多个立方状或高柱状的颗粒细胞。以单层方式包围一个卵母细胞，开始分泌透明带蛋白质，透明带开始出现，卵母细胞与颗粒细胞间的间隙连接形成。

04.0099 透明带蛋白质 zona pellucida protein
由初级卵母细胞分泌的糖蛋白。是透明带的主要组成成分。

04.0100 透明带 zona pellucida, ZP
初级卵母细胞与卵泡细胞之间出现的一层均质状、折光性强的嗜酸性膜。在小鼠中是由 ZP1、ZP2、ZP3 三种糖蛋白构成；而在人类则同时存在 4 种透明带蛋白质（ZP1、ZP2、ZP3、ZP4）。在后期精卵识别和精子顶体反应诱发中发挥重要作用。

04.0101 次级卵泡 secondary follicle
初级卵泡继续生长发育，其卵母细胞周围由多层颗粒细胞包围，卵泡膜细胞形成时的卵泡。其发育始于第二层颗粒细胞的形成，包括颗粒细胞从简单的立方上皮到分层的或假复层的柱状上皮的转变。

04.0102 卵泡膜 follicular theca, theca folliculi
又称"滤泡膜"。在哺乳动物的次级卵泡发育阶段，卵泡周边的基质向卵泡聚集形成的结构。分为内外两层。

04.0103 内膜[层] theca interna
卵泡膜里面的一层。有较多多边形或梭形的膜细胞和丰富的毛细血管，膜细胞能够合成雄激素。

04.0104 外膜[层] theca externa
卵泡膜外面的一层。有较多的胶原纤维和平滑肌纤维，细胞和血管较少。

04.0105 [卵泡]膜细胞 thecal cell
卵泡膜内层由基质细胞分化成的呈多边形或梭形细胞。具有合成雄激素功能，上有黄体形成素（LH）受体，负责合成并向周围的颗粒细胞输送雄激素，作为颗粒细胞中产生雌激素的前体。

04.0106 三级卵泡 tertiary follicle
次级卵泡进一步发育而成的卵泡。此期，卵泡细胞分泌的液体进入颗粒细胞间隙，积聚的卵泡液增加，最后融合形成卵泡腔。

04.0107 卵泡腔 follicular cavity
随着卵泡生长，颗粒细胞不断增多，在颗粒细胞之间出现的腔隙。腔内充满卵泡液。

04.0108 卵泡液 follicular fluid
卵泡腔中所含的液体。由卵泡细胞分泌及血

浆渗入而成。

04.0109　卵丘　cumulus oophorus
随着卵泡液增多，卵泡腔不断扩大，初级卵
母细胞及部分颗粒细胞居于卵泡的一侧，形
成一个凸入卵泡腔的半岛样丘状隆起。

04.0110　壁层颗粒细胞　mural granulosa cell
卵丘形成之后，卵泡中的颗粒细胞分化为功
能不同的两群细胞，紧贴在卵泡腔周围形成
卵泡壁层的颗粒细胞。

04.0111　卵丘细胞　cumulus cell
卵丘形成之后，颗粒细胞分化为功能不
同的两群细胞，位于卵母细胞周围的颗粒
细胞。

04.0112　卵丘-卵母细胞复合体　cumulus-oocyte complex, COC
卵丘细胞和其包裹的卵母细胞组成的复合
体。二者之间常有间隙连接，进行信息和小
分子交换。

04.0113　放射冠　corona radiate
大的有腔卵泡中紧靠卵母细胞透明带的一
层柱状呈放射状排列的卵丘细胞。

04.0114　优势卵泡　dominant follicle
每一个生殖周期中，三级大卵泡中只有一个
或几个卵泡能够被选择进入最后成熟阶段
的卵泡。继续发育成为成熟卵泡而排卵，而
其他三级卵泡都将闭锁。

04.0115　成熟卵泡　mature follicle
又称"排卵前卵泡（preovulatory follicle）"
"赫拉夫卵泡（Graafian follicle）"。卵泡
发育到最大体积时，卵泡壁变薄，卵泡腔内
的卵泡液体积增加到最大时的卵泡。

04.0116　无腔卵泡　nonantral follicle
又称"腔前卵泡（preantral follicle）"。尚
未形成卵泡腔之前的卵泡。包括原始卵泡、
初级卵泡和次级卵泡。

04.0117　有腔卵泡　antral follicle
含有卵泡腔的卵泡。包括三级卵泡和成熟
卵泡。

04.0118　闭锁卵泡　atretic follicle
卵巢中的绝大多数卵泡不能发育成熟，而在
发育的不同阶段停止生长并退化最终被清
除的卵泡。可发生在卵泡发育的任何阶段。

04.0119　卵子　egg, ovum
初级卵母细胞经过两次减数分裂之后形成
的细胞。大多数哺乳动物是次级卵母细胞受
精，而不是完成了两次减数分裂之后的卵子
受精，故次级卵母细胞即为卵子。

04.0120　裸卵　denuded oocyte, DO
没有卵丘细胞包裹的卵母细胞。

04.0121　卵周隙　perivitelline space
卵母细胞（卵子）与透明带之间的间隙。

04.0122　卵膜　egg envelope, egg membrane
卵子排出卵巢后，其外围具有保护作用的非
细胞包膜的统称。其上通常有种特异性精子
受体，也具有阻止多精受精的功能。此外，
卵膜对发育中的胚胎也具有保护作用。

04.0123　初级卵膜　primary egg envelope
在卵子发生过程中，由卵母细胞分泌的，或
由卵泡细胞分泌的，或由卵母细胞和卵泡细
胞共同分泌的卵膜。海胆、昆虫、两栖类、
鸟类等卵子的卵黄膜，被囊动物和真骨鱼类
卵子的壳膜，以及哺乳哺乳动物卵子的透明
带都属于初级卵膜。

04.0124 次级卵膜 secondary egg envelope
在卵巢以外的生殖器官形成的卵膜。鸟类和爬行类的卵子在经过输卵管和子宫时，输卵管分泌物质形成卵白和蛋壳膜，子宫分泌物质形成蛋壳。卵白、蛋壳膜和蛋壳都属于次级卵膜。两栖类卵子外方的胶膜是输卵管分泌物质形成的，所以也是次级卵膜。

04.0125 卵质 ovoplasm, ooplasm
卵母细胞的细胞质。内含大量母源 mRNA 和蛋白质，供早期胚胎发育利用。

04.0126 生殖质 germplasm
又称"种质"。卵质中一种与生殖细胞的形成有关的成分。在卵裂过程中它被分配到某些卵裂球（早期胚胎细胞）中，含有这种成分的胚胎细胞将发育为原始生殖细胞。

04.0127 极质 polar plasm
昆虫卵子中的生殖质。是决定昆虫原始生殖细胞（极细胞）形成的形态发生决定子。

04.0128 极性 polarity
卵子中细胞质和卵黄的分布往往有一定的规律，从卵子的一端到另一端，细胞质逐渐减少，呈现梯度分布的特性。使卵子的一端含有的细胞质较多，卵黄则很少；另一端含有较多的卵黄，细胞质却很少。

04.0129 胚极 embryonic pole
胚泡内细胞团所在的一端。在植入时此极先进入子宫内膜。

04.0130 对胚极 abembryonic pole
胚泡没有内细胞团的一极，即与胚极相对的一极。

04.0131 动物极 animal pole
与植物极相对。成熟卵子含卵黄较少的一端。在多数动物中，动物极一般向上，为细胞核所在处，原生质比较集中，卵裂进行比较迅速。

04.0132 植物极 vegetal pole, vegetative pole
与动物极相对。在卵子成熟分裂期间形成的富含卵黄的一端。一般向下，含卵黄多，具有大量的卵黄小体和储备营养，其活性较弱、分裂较慢。

04.0133 卵轴 egg axis
又称"动物–植物极轴（animal-vegetal axis）"。假设的一条贯穿卵子动物极和植物极的直线。从动物极到植物极的轴大致就是将来两栖类成体的体轴，动物极相当于口的位置，植物极相当于肛门的位置。

04.0134 卵黄细胞 yolk cell
（1）在鱼类的囊胚阶段，胚胎细胞位于胚盘，胚盘的下方是胚盘下腔，胚盘下腔下方是没有参与卵裂呈球状的富含卵黄的细胞。
（2）在两栖类原肠胚形成过程中，位于胚孔之内含有较多卵黄的预定内胚层细胞。这些卵黄细胞构成了胚孔之内的卵黄栓。

04.0135 卵黄 vitellus, yolk
动物卵内贮存的营养物质。其中的蛋白质主要有卵黄脂磷蛋白、卵黄高磷蛋白和卵黄蛋白。用于提供动物胚胎发育早期所需要的营养。

04.0136 卵黄管 vitelline duct, yolk duct
胚胎发育早期原始肠管与卵黄囊相连的管道。在随后的发育过程中逐渐闭塞、退化。

04.0137 卵黄发生 vitellogenesis
从卵黄原蛋白的合成至卵黄形成的系列过程。

04.0138 卵黄形成前期 previtellogenic stage
某些动物卵子发生过程中初级卵母细胞生

长非常微弱、体积没有明显变化的阶段。

04.0139 卵黄形成期 vitellogenic stage
某些动物卵子发生过程中初级卵母细胞生长进入明显生长、体积明显增大的阶段。

04.0140 卵黄形成后期 postvitellogenic stage
某些动物卵子发生中卵母细胞成熟、卵小管形成卵壳的阶段。

04.0141 卵黄小板 yolk platelet
两栖类卵母细胞中的卵黄颗粒。呈卵圆形，主要由卵黄高磷蛋白和卵黄脂磷蛋白组成，这两种蛋白质都排列成晶格状。

04.0142 胚盘 blastodisc
（1）多黄卵动物（如鱼类、爬行类、鸟类）的卵黄集中位于卵内植物极，细胞质和细胞核主要集中在卵黄的顶部呈小盘状的细胞质内。受精后，在动物极形成胚胎的盘状区域。（2）哺乳动物胚泡的内细胞团在原肠形成时经过细胞增殖和重排，形成的扁平圆盘状结构。

04.0143 卵黄心 latebra
鸟类卵子发生时卵母细胞中央呈花瓶状的白卵黄。

04.0144 潘氏核 nucleus of Pander
卵黄心向动物极方向伸长，在胚盘的下方展开，呈一喇叭状的结构。

04.0145 放射带 zona radiate
初级卵母细胞的质膜形成许多微绒毛突起，与卵泡细胞伸出的微绒毛突起呈犬齿交错分布，使得卵母细胞表面出现的一层放射状结构。

04.0146 自体合成 autosynthesis
构成卵黄的蛋白质由初级卵母细胞本身合成的过程。

04.0147 异体合成 heterosynthesis
构成卵黄的蛋白质由卵母细胞以外的器官中合成，再运送到卵母细胞内部的过程。

04.0148 少黄卵 oligolecithal egg
含卵黄量较少的动物卵子。其卵黄分布相对来说比较均匀，属于均黄卵。

04.0149 多黄卵 polylecithal egg, megalecithal egg
含卵黄量较多的动物卵子。其卵黄分布不均匀，一般为端黄卵。

04.0150 中黄卵 mesolecithal egg
卵黄含量中等，介于少黄卵和多黄卵之间的动物卵子。如两栖类、鱼类、昆虫等动物的卵。

04.0151 均黄卵 isolecithal egg
其卵黄分布比较均匀的卵子。一般为少黄卵，如海胆等无脊椎动物的卵子、具有胎盘的哺乳动物的卵子。

04.0152 端黄卵 telolecithal egg
卵黄分布主要集中于植物极，核被挤到动物极的卵子。一般为多黄卵，卵黄含量很大，几乎占据整个卵子。如爬行类、鸟类和哺乳类中的原始种类（如鸭嘴兽）的卵子。鱼类的未受精卵子，细胞质分布于卵子的表层，卵黄位于卵子中央，但受精后，由于表层的细胞质集中到动物极形成了胚盘，受精卵变成端黄卵。

04.0153 中央黄卵 centrolecithal egg
卵黄位于中央，细胞质位于表面并将卵黄包裹起来的一类卵子。一般属于中黄卵，如节肢动物（特别是昆虫）的卵子。

04.0154 有壳卵 cleidoic egg

鸟类和爬行类动物产生的具硬壳的卵。胚胎在卵内以卵黄为营养发育成长，孵化前对外界生理环境依赖程度很小，从环境摄取的只是氧气。

04.0155 卵壳 chorion, shell

卵生动物卵子外面所包围着的坚硬或坚韧的保护层。具有与外界进行气体交换小孔。主要由有机质和钙盐两部分组成，有防止水分蒸发，进行保湿的作用，是外层的保护组织，进行光、热、声等的传导并提供胚胎骨骼发育过程中所需的钙。

04.0156 卵黄膜 vitelline membrane, vitelline envelope

紧贴于卵子细胞膜外层的一种卵膜结构。主要成分是糖蛋白，是由动物卵母细胞或/和卵泡细胞的分泌物形成。如海胆、昆虫、两栖类、爬行类和鸟类卵子的初级卵膜都是卵黄膜。

04.0157 胶膜 jelly coat

卵黄膜之外的一层较厚的膜结构。富含由硫酸岩藻糖组成的多糖，还有糖蛋白和一些小肽，如海胆。

04.0158 卵黄系带 chalaza

爬行类和鸟类的卵子在经过输卵管时，输卵管分泌卵白（蛋白质）包被在卵黄膜的外方，由于卵子在输卵管中是呈现螺旋状前进，部分黏稠的卵白就扭曲成的分居于卵子两侧的带状结构。

04.0159 受精孔 micropyle

又称"卵孔"。鱼类和昆虫卵膜上的漏斗状小孔。受精时，精子经此孔进入。

04.0160 排卵 ovulation

发育成熟的卵子（大多数脊椎动物为次级卵母细胞，在无脊椎动物中可能是次级卵母细胞，也可能是完成了第二次减数分裂的卵子）离开卵巢的过程。在哺乳动物，成熟卵泡发育到一定阶段，明显地突出于卵巢表面，随着卵泡液的激增，内压的升高，使突出部分的卵巢组织愈来愈薄，最后破裂，包围有卵丘细胞的次级卵母细胞随卵泡液排出。根据动物卵巢排卵特点可分为自发排卵和诱导排卵两大类。

04.0161 自发排卵 spontaneous ovulation

动物性成熟以后，按照一定的时间，卵泡发育成熟后在下丘脑和腺垂体控制下，不需要另外促排卵刺激的排卵现象。人、灵长类、牛、羊等大多数哺乳动物属于此类型。

04.0162 诱导排卵 induced ovulation

一些动物（如兔、猫、雪貂、骆驼、羊驼等）在繁殖季节里卵巢上始终存在发育成熟的卵泡，但必须经过一定的刺激才能发生的排卵现象。按诱导刺激性质的不同分为交配刺激诱导排卵和精液刺激排卵两种。

04.0163 交配刺激诱导排卵 mating-induced ovulation

只有在受到交配刺激或机械性刺激子宫（颈）之后才发生的排卵现象。见于兔和猫。

04.0164 精液刺激诱导排卵 semen-induced ovulation

只有在阴道内输精液才能够引起的排卵现象。见于骆驼和羊驼。

04.0165 黄体 corpus luteum

由哺乳动物排卵后残留的颗粒细胞和卵泡膜细胞在黄体生成素作用下，转变成一个富含毛细血管的一种内分泌腺体。如未妊娠，黄体退化；如妊娠，黄体分泌的孕酮维持妊娠过程。

04.0166　颗粒黄体细胞　granular lutein cell
黄体生成后由颗粒细胞分化而来的分泌细胞。分泌黄体酮，并与膜黄体细胞共同分泌雌激素。

04.0167　膜黄体细胞　theca lutein cell
黄体生成后由膜细胞分化而来的分泌细胞。协同颗粒黄体细胞分泌雌激素。

04.0168　闭锁黄体　atretic corpus luteum
卵泡闭锁后，其颗粒细胞发生变性破坏，代之以膜细胞发生肥大变化形成的黄体样结构。

04.0169　黄体解体　luteolysis
又称"黄体溶解"。卵巢内黄体逐渐退化以致最后消失的过程。

04.0170　妊娠黄体　corpus luteum of pregnancy
又称"真黄体（corpus luteum verum）"。妊娠动物卵巢中的黄体。可以分泌孕酮和雌激素，维持妊娠。

04.0171　月经黄体　corpus luteum of menstruation
又称"假黄体（corpus luteum spurium）"。排卵后，卵细胞未受精，在月经周期中迅速萎缩退化的黄体。

04.0172　白体　corpus albicans
月经黄体和妊娠黄体退化消失而逐渐被结缔组织替代，变为的白色瘢痕。

04.0173　黄体期　luteal stage
黄体开始形成至消失的时期。该期分泌黄体素，维持增厚的子宫内膜，以利受精卵着床，若无受精卵着床，子宫内膜便会崩解，开始下一个周期。

04.0174　发情期　estrus, oestrus
又称"动情期"。动物接受交配的时期。在生理上表现为卵泡成熟和排卵，在行为上表现为吸引及接纳异性。

04.0175　发情周期　estrus cycle
又称"动情周期"。在非妊娠条件下，性成熟的雌性动物在激素的调节下每间隔一定时期伴随着排卵会出现一次发情，通常将这次发情开始至下次发情开始，或这次发情结束至下次发情结束所间隔的时期。

04.0176　发情前期　proestrus
又称"动情前期"。发情期之前的一个时期，雌性还未表现出性接受状态。在该期卵泡生长发育，某些动物阴道出现带血的分泌物。

04.0177　发情后期　metestrus
又称"动情后期"。发情期之后的一个时期。黄体开始形成并分泌孕酮，子宫内膜腺体分泌减弱。

04.0178　发情间期　diestrus
又称"动情间期"。发情后期之后的一个时期。黄体退化，子宫内膜不脱落，开始重新组织下一个发情周期。

04.04　受　精

04.0179　受精　fertilization
精子和卵子结合形成受精卵（合子）的过程。标志新生命的开始，使代谢缓慢的卵子转入

代谢旺盛的发育阶段；将精子和卵子的遗传物质结合在一起，恢复了二倍性，保证了物种的延续，又使得新个体具有自身特有的遗

传性状；受精决定了性别。

04.0180　体内受精　*in vivo* fertilization
在雌、雄亲体交配时，精子从雄体传递到雌体的生殖道，抵达受精部位（如输卵管或子宫）精卵相互融合的受精方式。多发生在高等动物如爬行类、鸟类、哺乳类中，某些软体动物、昆虫以及某些鱼类和少数两栖类中也存在。

04.0181　体外受精　*in vitro* fertilization
（1）雌、雄亲体分别将卵子和精子排出体外，在雌体产孔附近或在水中相互结合的受精方式。是水生动物的普遍生殖方式，如大多数鱼类和部分两栖类等。（2）将哺乳动物精子和卵子人为取出后，在体外进行的受精方式。

04.0182　自体受精　self-fertilization, autogamy, orthogamy
又称"自配生殖"。在一些雌雄同体动物中同一个体所产生的精子和卵子相互融合的过程。如绦虫。

04.0183　异体受精　cross fertilization
在一些雌雄同体动物中来自两个不同个体的精子和卵子相结合的方式。如蚯蚓。

04.0184　单精受精　monospermy
又称"单精入卵"。只有一个精子进入卵内完成受精作用的现象。多数动物是单精受精，如腔肠动物、环节动物、棘皮动物、硬骨鱼、无尾两栖类和哺乳类。

04.0185　多精受精　polyspermy
又称"多精入卵"。受精时，精子多个进入卵子的现象。分生理性多精入卵和病理性多精入卵。在生理性多精入卵，只有一个雄原核与雌原核结合，完成受精，其余的精子（或

雄原核）逐渐退化消失。如许多昆虫、软骨鱼、有尾两栖类、爬行类和鸟类等。病理性多精入卵一般导致胚胎发育失败。

04.0186　原核　pronucleus
真核生物受精过程中，精、卵核的核膜已经破裂，但尚未融合成合子核的状态。即发生融合前的卵核或精核。

04.0187　雄原核　male pronucleus
又称"精原核"。精子细胞核进入卵子后，经历了一系列的变化（包括核膜破裂、染色质去浓缩、核膜重新形成等）后形成的单倍体细胞核。

04.0188　雌原核　female pronucleus
又称"卵原核"。受精卵中来自雌性配子的单倍体细胞核。

04.0189　趋化作用　chemotaxis
在大多数海洋动物、两栖类和其他非哺乳动物中卵子或其周围细胞分泌的化学物质可以吸引精子定向运动，到达受精部位的现象。

04.0190　获能　capacitation
哺乳动物的精子在经过雌性生殖道时需要停留一个特定的时期，生理状况发生了重要变化，获得对卵子受精能力的过程。

04.0191　去[获]能　decapacitation
已经获能的精子与雄性生殖道或精浆作用后，丧失受精能力的过程。

04.0192　超激活运动　hyperactivated motility
获能后的精子运动形式发生变化，主要以精子尾部大幅度、非对称性地击打运动的现象。有助于精子穿过包裹卵细胞的卵丘和透明带。

04.0193　精卵识别　sperm-egg recognition, recognition of egg and sperm
同一物种精子和卵子通过表面的受体和配体的相互作用。只有能够相互识别的配子才能完成受精，而异种配子则不能相互识别。

04.0194　精子受体　sperm receptor
哺乳动物精子穿过卵丘后，到达卵子透明带表面与其发生识别和结合，与精子结合的卵子透明带表面成分。

04.0195　卵子结合蛋白　egg-binding protein
又称"透明带受体（zona pellucida receptor）"。哺乳动物精子穿过卵丘后，到达卵子透明带表面与其发生识别和结合，与卵子结合的精子表面成分。

04.0196　顶体反应　acrosome reaction
精子与卵子相遇后，顶体外膜和其外侧的精子细胞膜发生多处融合并破裂，顶体中的水解酶通过裂孔释放出来的过程。释放出来的水解酶可以溶解卵子外方的卵膜，便于精子入卵。

04.0197　顶体突起　acrosomal process
海胆的精子与卵子胶膜接触后发生顶体反应，精子头部细胞核前方伸出的一个棒状突起。其形成与钙离子浓度的升高有关，在钙离子作用下，位于细胞核前端凹陷中的球状肌动蛋白分子聚合形成微丝束，微丝束逐渐伸长，将顶体后膜（此时已成为顶体反应后的精子前端的质膜）推向前方，形成了顶体突起。其上黏附着顶体中的某些蛋白质，具有种的特异性，保证受精在同种的精卵之间进行。

04.0198　精卵融合　sperm-oocyte fusion
精子膜和卵膜之间通过受体与配体互补配对的特异性细胞黏附和融合的过程。精卵融合后，精子的细胞核和尾部进入卵子的细胞质中。

04.0199　卵子激活　egg activation
精子与卵子细胞膜融合后，成熟卵子从休眠状态进入活化状态的现象。

04.0200　抗受精素　antifertilizin
存在于某些动物精子头部侧方表面的一种酸性蛋白分子。可与存在于卵膜上的相应受精素发生凝集沉淀反应和趋化作用。

04.0201　精子凝集素　sperm agglutinin
从海胆和其他海产无脊椎动物的卵中所获得的具有凝集精子作用的物质。

04.0202　钙振荡　calcium oscillation
动物受精时，精子穿入卵子后，引起卵子胞质内持续的、反复性的、短暂性的钙离子浓度升高现象。

04.0203　皮质反应　cortical reaction
精子入卵后激发卵质膜下皮质颗粒发生胞吐，释放其中的内容物（酶类），并快速分布到整个卵细胞的表面，从而阻断多精受精的现象。

04.0204　透明带反应　zona rection
皮质反应完成后，皮质颗粒的内容物进入与透明带相互作用，透明带随之发生一系列化学变化，阻止多精受精的现象。

04.0205　卵质膜反应　egg plasma membrane reaction
许多哺乳动物卵子受精后，卵质膜也发生变化阻止多精受精发生的过程。

04.0206　皮质颗粒膜　cortical granule envolope, CGE
小鼠、仓鼠及人等卵子受精后，皮质颗粒内

容物胞吐到卵周隙中形成的完整一层。

04.0207　受精卵　fertilized egg, fertilized ovum
又称"合子（zygote）"。雌、雄配子（精子和卵子）通过受精结合在一起形成的二倍体细胞。包含了来自父方和母方的 DNA，提供了一个新个体的全部遗传信息。

04.0208　杂合子　heterozygote
又称"异型合子"。由两个遗传型（同一位点上的两个等位基因不相同的基因型）不同的配子结合形成的合子。

04.0209　纯合子　homozygote
又称"同型合子"。由两个遗传型相同的配子结合形成的合子。

04.0210　原核融合　pronucleus fusion
雌雄两个原核紧靠在一起时，两者的外层核膜相互融合，进而内层核膜也相互融合，两者的染色质共同位于一个核膜之中的现象。如海胆和大多数脊椎动物，受精时都发生了原核融合，都产生合子核。但是，哺乳动物受精时，雌雄原核仅仅是相互靠拢，没有融合，因此，也没有形成合子核。

04.0211　合子核　zygote nucleus
在海胆和大多数脊椎动物中雌雄原核融合在一起形成的一个细胞核。

04.0212　受精锥　fertilization cone
又称"受精丘"。在某些动物的受精过程中，精子与卵子黏附部位，卵膜及其下方的卵质向外突出形成的锥状突起。精子由此进入卵质中。当精子的核、线粒体以及鞭毛的轴丝穿过此突起进入卵细胞质以后，此突起即行消失。

04.0213　受精膜　fertilization membrane
精子入卵后卵子发生皮质反应时，皮质颗粒释放的溶解物融入卵细胞膜后而形成的硬化膜。具有防止精子穿入的作用，可有效保证单精入卵。多见于海生动物，而哺乳动物则无受精膜。

04.0214　极细胞　pole cell
昆虫的早期卵裂仅仅是细胞核分裂，胞质并不分裂，因此不形成卵裂球，仅形成合胞体，在卵裂的后期才形成卵裂球。最早形成出现在胚胎后端的细胞。是昆虫的原始生殖细胞。

04.0215　极叶　polar lobe
某些软体动物和环节动物的受精卵在第一次卵裂之前，在植物极出现的球形或半球形细胞质突起。在第一次卵裂之后被一个卵裂球吸收；在第二次卵裂之前，极叶再度在一个卵裂球出现；第二次卵裂之后，极叶又被一个卵裂球吸收。以后，极叶不再出现。

04.0216　胚胎　embryo
广义上指从受精卵到产出（或孵出）前的雏体。狭义上指受精卵早期生长和分化阶段。以人为例，孕后第八周内为胚胎。

04.0217　胎[儿]　fetus
高度分化至出生或孵化前的胎体。在人类指从受精后第九周到出生前的人体。

04.0218　同卵双胎　monozygotic twins, MZ twins
又称"单卵双胎"。由一个受精卵在发育初期分裂形成的两个胚胎。其胎盘及胎膜关系视两个胚胎相互分离的时间而定，两者的基因型完全相同。

04.0219 异卵双胎 dizygotic twins, non-identical twins
又称"双卵双胎"。由两个卵子同时受精形成的两个受精卵发育的两个胚胎。具有各自独立的胎盘、羊膜囊和绒毛膜囊。两者遗传构成及表型的相近程度与通常的兄弟姐妹无异。

04.0220 畸形发生 teratogenesis
又称"畸胎发生"。胚胎发育过程中出现的器官或部分器官形态结构异常或遗传缺陷，形成畸形个体的过程。

04.0221 畸胎瘤 teratoma
由已分化的来自三个胚层的组织和未分化细胞杂乱聚集成的畸形胎块。有良性和恶性之分。良性畸胎瘤里含有很多种成分，包括皮肤、毛发、牙齿、骨骼、油脂、神经组织等；恶性畸胎瘤分化欠佳，没有或少有成形的组织，结构不清。早期畸胎瘤多无明显临床症状。

04.0222 黄色新月 yellow crescent
被囊类动物未受精卵中央为灰色卵黄，皮层为黄色胞质。核破裂时释放出清亮物质沉积在动物半球，精子进入后清亮和黄色胞质向植物半球迁移。由于黄色胞质随雄原核从植物极沿未来胚胎背面向赤道迁移，在植物极和赤道之间形成黄色的新月状区域。黄色新月区将产生大部分尾部肌肉。

04.0223 灰色新月 gray crescent
两栖动物受精时，精子的穿入使卵子皮质与卵黄在重力作用下相对移动，卵子细胞质物质发生重排；原来位于动物半球的色素层，在未来胚胎的背侧向上移动，而在腹侧向下移动，在背侧形成了色素颗粒少于动物极但多于植物极的一灰色呈新月状的区域。将来的原肠形成过程就从灰色新月区开始。

04.05 胚胎卵裂

04.0224 卵裂 cleavage
多细胞动物早期胚胎，自受精卵至囊胚早期的细胞有丝分裂。速度快，不伴有生长期。故在卵裂过程中细胞质并无增加，受精卵的细胞质被分配到越来越小的卵裂球中，胚胎的体积与受精卵差别不大。是受精结束的标志，为动物发育的第一个阶段。根据卵裂方式不同分为完全卵裂和不完全卵裂两种。

04.0225 完全卵裂 holoblastic cleavage, complete cleavage
在卵黄相对较少（如均黄卵和中黄卵）的物种中在细胞分裂过程中，细胞核与细胞质都完全分裂，形成两个子卵裂球的一种卵裂方式。根据卵裂球排列形式分为辐射型卵裂、螺旋型卵裂、两侧对称型卵裂和旋转型卵裂4种。

04.0226 辐射型卵裂 radial cleavage
棘皮动物、两栖动物等卵裂时，纺锤体（卵裂面）的定向与卵动植物极轴的方向平行或垂直，卵裂沟将卵裂球分成对称两半的一种卵裂方式。第三次卵裂后，上层卵裂球整齐地排列在下层之上，呈辐射排列。

04.0227 螺旋型卵裂 spiral cleavage
部分软体动物和环节动物卵裂时，纺锤体的定向不是与卵动植物极轴的方向平行或垂直，而是成斜角；所产生的子卵裂球呈螺旋式排列的一种卵裂方式。

04.0228　两侧对称卵裂　bilateral cleavage
主要为被囊动物（如海鞘）所特有的一种卵裂方式。第一次卵裂的卵裂面是胚胎唯一的对称面，该裂面把受精卵分为左右两半。在随后的卵裂过程中，左侧的一半形成的半个胚胎恰好是右侧的一半形成的半个胚胎的镜像。

04.0229　旋转型卵裂　rotational cleavage
线虫和哺乳动物所特有的一种卵裂方式。第一次卵裂是经裂，第二次卵裂时，一个卵裂球旋转 90°，使得两个卵裂球中的有丝分裂纺锤体相互垂直，一个进行经裂，另一个进行纬裂。

04.0230　均等卵裂　equal cleavage
卵黄分布均匀的均黄卵卵裂时产生两个子细胞大小基本相等的一种完全卵裂方式。如海胆、文昌鱼和哺乳类等动物。

04.0231　不均等卵裂　unequal cleavage
卵黄分布不均匀的卵子卵裂时产生两个子细胞大小不等的一种完全卵裂方式。如软体动物、蛙类等。

04.0232　不完全卵裂　meroblastic cleavage, incomplete cleavage
在含卵黄较多的物种（如昆虫、鱼类、爬行类和鸟类的卵子）中，由于卵黄含量多且集中，细胞分裂时卵黄部分不完全分裂的一种卵裂方式。经过几次分裂之后才会出现完整的卵裂球。根据卵黄的位置不同分为盘状卵裂和表面卵裂两种。

04.0233　盘状卵裂　discoidal cleavage
卵裂局限于动物极的胚盘处，子细胞之间的细胞质不完全分开，即卵黄不参与卵裂的一种不完全卵裂方式。见于具有端黄卵的物种

如现代鱼类、爬行类和鸟类。

04.0234　表面卵裂　superficial cleavage
卵裂局限于胚胎表面，位于胚胎中央的卵黄不参与卵裂的一种不完全卵裂方式。见于具有中央黄卵的物种如昆虫。

04.0235　经裂　meridional cleavage
又称"纵裂（vertical cleavage）"。卵裂面平行于卵子动植物极轴的一种卵裂方式。形成大小相等的两个卵裂球。第二次卵裂也是经裂与第一次裂面垂直，形成 4 个大小相等的卵裂球。

04.0236　纬裂　latitudinal cleavage
又称"横裂（equatorial cleavage，horizontal cleavage）"。卵裂面垂直于受精卵动植物轴的卵裂方式。

04.0237　调整型卵裂　regulative cleavage
又称"非决定型卵裂（indeterminate cleavage）"。胚胎的一个卵裂球分裂产生的两个子细胞，分开后每个都能独立产生一个完整个体的卵裂方式。

04.0238　镶嵌型卵裂　mosaic cleavage
又称"决定型卵裂（determinate cleavage）"。卵裂球的命运很早决定，因此早期胚胎的每个卵裂球都不具有发育成完整胚胎能力的卵裂方式。见于大多数后口动物。

04.0239　调整型卵　regulative egg
受精后形成的胚胎失去部分卵裂球后能在发育过程中调整，仍保持全能性并形成正常个体的卵。与镶嵌型卵相对。

04.0240　镶嵌型卵　mosaic egg
卵内物质的定位分布决定了卵裂球发育的

命运，若去除一部分卵裂球或胚胎物质，则以后发育的胚胎，亦将缺少部分相应的器官和构造的卵。与调整型卵相对。

04.0241 卵裂球 blastomere
受精卵分裂产生的子细胞，即处于卵裂期的细胞。

04.0242 大卵裂球 macromere
不均等卵裂时产生的大小不等卵裂球中较大的卵裂球。一般位于植物半球。如海胆的第四次卵裂，植物半球的 4 个细胞分裂后，产生 4 个大的细胞和 4 个小的细胞，4 个大的细胞就是大卵裂球。

04.0243 小卵裂球 micromere
不均等卵裂时产生的大小不等卵裂球中较小的卵裂球。如海胆的第四次卵裂，植物半球的 4 个细胞分裂后，产生 4 个大的细胞和 4 个小的细胞，4 个小的细胞就是小卵裂球。

04.0244 中卵裂球 mesomere
不均等卵裂时产生的大小介于大卵裂球和小卵裂球之间的卵裂球。如海胆的第四次卵裂时，动物半球的 4 个细胞分裂后形成的 8 个细胞就为中卵裂球，其大小介于植物半球 4 大卵裂球和 4 个小卵裂球之间。

04.0245 卵裂面 cleavage plane
卵裂时，两个卵裂球之间的界面。

04.0246 卵裂沟 cleavage furrow
在卵裂过程中，由于收缩环的紧缩，细胞分裂面处向内形成的凹陷。不断加深，最终切开卵裂面，形成两个子细胞。

04.0247 致密化 compaction
哺乳动物早期卵裂球之间空隙很大，接触面很小，尔后卵裂球之间接触面增大，空隙减

小形成一个致密胚胎的过程。

04.0248 桑葚胚 morula
动物早期胚胎发育阶段，受精卵经过多次卵裂，形成由 16 个或更多细胞组成的外面包裹有透明带的形似桑葚的实心细胞团。

04.0249 囊胚 blastula
桑葚胚中央出腔形成的囊泡状结构。由滋养层、内细胞团和囊胚腔构成。

04.0250 囊胚腔 blastocoel, blastocoele
多细胞动物囊胚中央的空腔。腔内充满营养丰富的液体，作为胚胎发育的养料；囊胚腔的存在，有利于内部细胞的迁移，为未来建立胚区和分化成各种器官做准备。

04.0251 囊胚层 blastoderm
囊胚腔周围的细胞。此区域的细胞群将来发育成胚胎。

04.0252 有腔囊胚 coeloblastula
均黄卵或少黄卵经多次全裂形成的皮球状、中间有较大囊胚腔的囊胚。

04.0253 实[心]囊胚 stereoblastula
螺旋型卵裂形成的没有囊胚腔的囊胚。

04.0254 表面囊胚 superficial blastula
中黄卵表面卵裂时形成的一层完整细胞层，包围在实体卵黄的外面，没有囊胚腔的囊胚。如昆虫的囊胚。

04.0255 盘状囊胚 discoblastula
典型的端黄卵盘状卵裂时形成的盖于卵黄上的囊胚。

04.0256 胚泡 blastocyst
哺乳动物囊胚发育成的一个透明而含液体

的泡状体。由胚泡腔、滋养层和内细胞团三部分构成。

04.0257　胚泡腔　blastocyst cavity
胚泡中央的空腔。内含液体。

04.0258　内细胞团　inner cell mass
又称"内细胞群""胚结（embryonic knob）"。大多数真兽类哺乳动物在胚胎发生的早期阶段，位于胚泡腔一端的一群椭圆形或多边形细胞团块。是未来胚体的原基，将会发育成为胎儿部位。

04.0259　滋养层　trophoblast
包绕胚泡腔的一层扁平细胞。将进化为胚外构造。胚泡通过这层细胞从子宫腔吸取营养物质，将来形成绒毛的外层，和母体组织共同组成胎盘。

04.0260　极端滋养层　polar trophoblast
紧贴内细胞团侧的滋养层。

04.0261　合体滋养层　syncytiotrophoblast
又称"合[体细]胞滋养层"。胚泡植入后，胚泡和子宫内膜黏着处的滋养层细胞迅速增生分为内外两层的外层。其细胞界限不清楚、消失，呈合胞体状态。

04.0262　细胞滋养层　cytotrophoblast
胚泡植入后，胚泡和子宫内膜黏着处的滋养层细胞迅速增生分为内外两层的内层。细胞呈扁立方形，细胞界线清楚，呈单层排列，有很强的分裂增殖能力。

04.0263　植入　implantation
又称"着床（nidation）"。哺乳动物胚泡侵入子宫内膜的过程。包括胚泡的定位、黏附和侵入等一系列过程。按其植入方式的不同分为表面植入、侵入性穿入、置换式穿入和融合式穿入等。

04.0264　定位　apposition
哺乳动物胚泡滋养层细胞与子宫上皮细胞间接触逐渐紧密的过程。

04.0265　黏附　attachment
子宫腔闭合后使子宫内膜上皮细胞与滋养层细胞更加紧密接触的过程。

04.0266　侵入　invasion
滋养层细胞黏附后迁移进入子宫内膜基质的过程。

04.0267　植入窗　implantation window
子宫处于接受态的时期。只有在这一限定的时间内胚泡才能植入。

04.0268　表面植入　superficial implantation
在猪、绵羊、山羊和牛等动物中胚胎的滋养层细胞仅与子宫腔上皮细胞接触，并不穿过子宫腔上皮的植入方式。一般不形成蜕膜，但在羊和牛中滋养层细胞与子宫腔上皮细胞发生部分融合，在子宫基质细胞中发生一些类似蜕膜化的反应。

04.0269　侵入性穿入　intrusive penetration
哺乳动物胚泡由子宫内膜上皮细胞之间侵入，深度至少达到上皮细胞下的基底膜开始植入的过程。见于鼬类。

04.0270　置换式穿入　displacement penetration
又称"取代式穿入"。哺乳动物胚泡的滋养层细胞首先使子宫内膜上皮细胞脱落，然后取而代之开始植入的过程。见于鼠类。

04.0271　融合式穿入　fusion penetration
哺乳动物胚泡的滋养层细胞首先与子宫内膜上皮细胞融合，然后进一步植入子宫内膜的过程。见于兔类。

04.0272　延迟植入　delayed implantation
通常当胚胎发育到胚泡期时便开始胚胎植入过程，但有些动物（如大鼠、小鼠）在一段时间内胚泡在子宫中游离并不立即植入，子宫也处于非接受态的现象。

04.0273　羊浆膜　amnioserosa
昆虫胚胎背部的一层细胞。

04.0274　蜕膜反应　decidua reaction
胚泡植入引发子宫内膜一系列变化的统称。包括内膜增厚、血管增生、腺体分泌旺盛、基质细胞肥大并富含糖原颗粒和脂滴等。

04.0275　蜕膜　decidua
经过蜕膜反应之后的子宫内膜。

04.0276　包蜕膜　capsular decidua
覆盖在胚泡上的那一部分蜕膜。即位于植入胚泡浅层和侧面的蜕膜，将组成胎膜的部分。

04.0277　底蜕膜　basal decidua
又称"基蜕膜"。胚胎滋养层细胞浸润起始位点的蜕膜。即位于植入胚泡深层的蜕膜。随后与滋养层细胞一起构成胎盘的母体部分。

04.0278　壁蜕膜　parietal decidua
又称"真蜕膜（true decidua）"。除包蜕膜、底蜕膜外，与绒毛膜相连的蜕膜。随着妊娠进展，包蜕膜与壁蜕膜相贴近互相融合，到分娩时已无法分开。

04.0279　胚盘下腔　subgerminal cavity
在爬行类和鸟类卵裂过程中，胚盘中央的细胞进行第一次纬裂后，细胞下方出现的一个空腔。

04.0280　明区　area pellucida
在鸟类胚胎发育初期，当胚盘下腔形成后，从胚盘表面看中央呈透明的区域。由胚盘下腔上方的细胞组成。

04.0281　暗区　area opaca
在鸟类胚胎发育初期，当胚盘下腔形成后，在明区周围与卵黄相接的部分。因其细胞贴于卵黄之上而比较灰暗。

04.0282　初级下胚层　primary hypoblast
鸟类卵裂过程中，明区一些细胞下陷进入胚盘下腔，在胚盘下腔中以小岛形式分散存在，这些下陷的细胞形成的细胞层。是一层不完整的细胞层。

04.0283　次级下胚层　secondary hypoblast
鸟类的初级下胚层形成后不久，胚盘后端的细胞增殖，进入胚盘下腔，向前端扩展并与初级下胚层一起形成的一完整细胞层。

04.0284　卵黄合胞体层　yolk syncytial layer, YSL
在鱼类囊胚尚未形成之前的第十次卵裂前后，位于胚盘边缘的卵裂球与卵黄细胞融合。在靠近胚盘边缘的卵黄细胞的薄层胞质中形成特殊的一个含有许多细胞核的环形区域。

04.0285　内卵黄合胞体层　internal yolk syncytial layer
当鱼类的囊胚向原肠胚过渡时，胚盘向植物极方向扩展，逐渐包被卵黄细胞，卵黄多核层的细胞核也开始移动，部分细胞核进入胚盘下腔下方的胞质中，卵黄细胞的该处胞质。

04.0286　外卵黄合胞体层　external yolk syncytial layer
当鱼类的囊胚向原肠胚过渡时，胚盘向植

物极方向扩展，逐渐包被卵黄细胞，卵黄多核层的细胞核也开始移动，部分细胞核沿着卵黄表面往植物极方向移动，在胚盘外侧的胞质。

04.0287　被膜层　enveloping layer
在鱼类胚胎的卵黄多核层形成的同时，胚盘最表层的细胞形成单层扁平上皮一样的一层结构。将胚盘深层的细胞包被起来，将形成鱼胚的保护层胎皮。

04.0288　深层细胞　deep cell
介于被膜层和内卵黄合胞体层之间的囊胚细胞。

04.0289　合胞体胚盘　syncytial blastoderm
昆虫早期卵裂时，细胞核在卵黄中分裂，大致在形成 256 个细胞核时，细胞核向胚胎表面迁移并继续分裂，这些细胞核皆位于共同的细胞质中，细胞核之间并无质膜

将相邻的细胞核隔开，成为一种合胞体结构时的胚胎。

04.0290　活质体　energid
在合胞体胚盘中，每一个细胞核都位于一个由微管和微丝组成的微环境中。一个细胞核和其周围的细胞质（包括微管和微丝）构成的一个小岛结构。

04.0291　细胞胚盘　cellular blastoderm
在昆虫卵裂的后期，卵子的质膜往相邻的两个活质体之间陷入，将细胞核隔开，最终形成一层细胞贴于卵黄外侧时的胚胎。

04.0292　囊胚中期转换　mid-blastula transi-tion, MBT
又称"中期囊胚转化"。在一些物种卵裂后期，合子基因一开始表达后，细胞分裂速度突然变缓，失去同步化及细胞表型发生改变的现象。

04.06　原肠胚形成

04.0293　原肠胚　gastrula
囊胚经过分化发育形成的具有内、中、外三个胚层结构的胚胎。

04.0294　原肠胚形成　gastrulation
囊胚形成之后，胚胎细胞进一步迁移、分化形成具有内、中、外三个胚层结构的发育过程。为后继的器官形成奠定基础。在其形成过程中细胞运动类型大致有：外包、内陷、内卷、内移、分层等。

04.0295　外包　epiboly
胚胎原肠形成过程中外胚层细胞所特有的一种运动方式。位于胚胎外表的上皮状细胞层向周围各个方向扩展，细胞厚度减少，面

积扩大，将胚胎的深层包被起来的过程。

04.0296　内陷　invagination
胚胎原肠形成过程中细胞运动的一种方式。胚胎表面上皮状细胞层中的细胞顶部和基部的形状发生变化（顶部变得狭窄，基部变得宽大），但相邻细胞的连接仍然保持着使该细胞层发生弯曲，往胚胎内部陷入的过程。

04.0297　内卷　involution
胚胎原肠形成过程中细胞运动的一种方式。胚胎表面上皮状细胞层先是扩展，后沿着一个边缘向胚胎内部卷入，卷入内部后向相反方向扩展的过程。

04.0298　内移　ingression
胚胎原肠形成过程中细胞运动的一种方式。胚胎上皮状的细胞层中单个细胞与其相邻细胞失去连接，迁移入囊胚腔，其细胞形状也发生改变（如呈瓶状）的过程。

04.0299　分层　delamination
胚胎原肠形成过程中细胞运动的一种方式。一个细胞层分裂成两个以上平行细胞层的过程。

04.0300　会聚性延伸　convergent extension
胚胎原肠形成过程中细胞运动的一种方式。胚胎的片状细胞层沿着某一特定的方向变狭窄（即会聚），接着再拉长（即延伸），细胞与原先相邻的细胞失去连接，与新的细胞建立起连接的过程。

04.0301　分散　divergence
胚胎原肠形成过程中细胞运动的一种方式。囊胚表面细胞在通过胚孔或原条进入内部后向周围各方向继续迁移的过程。

04.0302　外凸　evagination
由上皮状细胞层隆起形成囊状结构的过程。如咽两侧外凸形成咽囊。与内陷相反。

04.0303　嵌入　intercalation
两层或两层以上的细胞相互镶嵌形成单细胞层的过程。

04.0304　胚层　germ layer, embryonic layer
多细胞动物早期胚胎在梯度分化过程中形成的细胞成层排列的胚胎结构。包括外胚层、中胚层和内胚层，是各种组织和器官分化的来源。

04.0305　外胚层　ectoderm
胚胎三胚层中最外的一层。即留在胚胎表面的一细胞层，将主要发育形成表皮和神经组织。

04.0306　滋养外胚层　trophectoderm
胚泡的滋养层在原肠形成后，与胚胎外胚层相连在一起，故名。

04.0307　极滋养外胚层　polar trophectoderm
哺乳动物胚泡内的滋养外胚层分化出的遮盖在内细胞团表面的一层加厚的细胞层。

04.0308　壁滋养外胚层　mural trophectoderm
哺乳动物胚泡内的滋养外胚层分化出的覆盖在除内细胞团表面其他区域的细胞层。

04.0309　滋养层巨细胞　trophoblast giant cell
壁滋养外胚层进行多次 DNA 复制，但并不发生有丝分裂产生的单核多倍体细胞。对胚胎植入及胚盘形成至关重要。

04.0310　下胚层　hypoblast
又称"原始内胚层（primitive endoderm）""原内胚层（primary endoderm）"。哺乳动物（如小鼠）胚泡形成后，此时内细胞团分裂形成两层细胞，靠近胚泡腔一侧的细胞逐渐形成的一层整齐的立方形细胞。将来形成外内胚层，参与卵黄囊等结构的形成。鸟类胚胎的下胚层将发育成为原始生殖细胞。

04.0311　上胚层　epiblast
又称"原始外胚层（primitive ectoderm）""原外胚层（primary ectoderm）"。哺乳动物（如小鼠）胚泡形成后，内细胞团分裂形成两层细胞，下胚层上方的一层柱状细胞。最初是一个倒置的圆屋顶样结构。鸟类、爬行类则由胚盘发育而来，在原肠运动时分化成外胚层、中胚层和内胚层三个主要胚层。

04.0312　原始羊膜腔　proamniotic cavity
上胚层中的细胞发生死亡，使其空心化从而产生的空腔。

04.0313　卵柱　egg cylinder
上胚层中的细胞发生死亡，产生原始羊膜腔的胚胎。

04.0314　脏壁内胚层　visceral endoderm
又称"内脏内胚层"。卵柱外包的下胚层。即贴在内细胞团表面的下胚层。

04.0315　体壁内胚层　parietal endoderm
又称"腔壁内胚层"。胚泡腔内表面包的下胚层。即贴在滋养外胚层内表面的下胚层。

04.0316　胚外外胚层　extraembryonic ecto-derm
胚泡植入后，位于胚极的滋养层向对胚极扩展形成的胚层。

04.0317　外胎盘锥　ectoplacental cone
胚泡植入后，极滋养外胚层迅速分裂，产生盖在胚外外胚层上面的一个帽状结构。

04.0318　胚外体腔膜　exocoelomic membrane
又称"霍伊泽膜（Heuser's membrane）"。哺乳动物下胚层进一步分化增殖后向四周迁移，周缘细胞沿细胞滋养层的内表面向下延伸形成的一层扁平细胞。将原来的胚泡腔完全包围，在胚盘腹侧遇合后构成初级卵黄囊的壁。

04.0319　初级卵黄囊　primary yolk sac
由胚外体腔膜包围的腔。

04.0320　胚外中胚层　extraembryonic meso-derm
初级卵黄囊形成后，下胚层分泌一种疏松的网状基质逐渐填充在初级卵黄囊和细胞滋养层之间形成的一层星形细胞。其来源尚不清楚，有人认为来自上胚层，有人认为来自外体腔膜，也有人认为来自细胞滋养层。

04.0321　绒毛膜腔　chorionic cavity
胚外中胚层形成后分为两层，一层将初级卵黄囊包围，另一层将初级卵黄囊外面的胚泡腔包围，当两层之间的网状基质分解后形成的腔。

04.0322　体蒂　body stalk
又称"连接蒂（connecting stalk）"。哺乳动物胚胎的胚外中胚层形成绒毛膜腔后，胚外中胚层分成两个部分。其中一部分贴于羊膜和卵黄囊的外侧，成为羊膜和卵黄囊的外层结构；另一部分贴于绒毛膜的细胞滋养层的内侧，成为绒毛膜的内层结构。在羊膜的背方，胚外中胚层细胞堆积得较多，起着连接羊膜和绒毛膜作用的细胞。将参与脐带的形成。

04.0323　次级卵黄囊　secondary yolk sac
又称"永久性卵黄囊（definitive yolk sac）"。下胚层进一步增殖并向胚外中胚层的内表面迁移，以取代原来的下胚层细胞，此时初级卵黄囊逐渐压缩，并使初级卵黄囊向胚胎的对胚极靠近，与胚胎分离后变为一些小的胚外体腔泡，并最终退化。在原来初级卵黄囊处新形成的腔。

04.0324　中胚层　mesoderm, mesoblast
三胚层动物的胚胎发育过程中原肠胚末期处在外胚层和内胚层之间的细胞层。分化为轴旁中胚层、间介中胚层和侧中胚层三部分。将来发育为真皮、肌肉、骨骼及结缔组织、血液等。

04.0325　轴旁中胚层　paraxial mesoderm
又称"上段中胚层（epimere）"。紧邻脊索两侧的中胚层细胞迅速增殖，在中轴线两侧形成一对纵行的细胞索。是胚胎体节的原基，将来分化成体节。鸟类中特称"体节板（segmental plate）"；在哺乳动物中称"不

127 \cdot 127 \cdot

分节中胚层（unsegmented mesoderm）"。

04.0326　间介中胚层　intermediate mesoderm
又称"中段中胚层（mesomere）"。位于轴旁中胚层与侧中胚层之间的中胚层。将来分化为泌尿生殖系统和部分生殖器官。

04.0327　侧中胚层　lateral mesoderm
又称"下段中胚层（hypomere）"。位于中胚层最外侧的部分。由胚内体腔分隔为体壁中胚层和脏壁中胚层两层。

04.0328　体壁中胚层　parietal mesoderm, somatic mesoderm
胚胎体腔的出现将侧中胚层分隔为内外两层的外层。贴附在外胚层的内表面上，并与羊膜的胚外体壁中胚层相连。将来分化成体壁的骨骼、肌肉、血管和结缔组织等。

04.0329　脏壁中胚层　splanchnic mesoderm, visceral mesoderm
胚胎体腔的出现将侧中胚层分隔为内外两层的内层。覆盖在内胚层的表面上，并与卵黄囊的胚外脏中胚层相连。将来分化为消化和呼吸系统的肌肉、血管和结缔组织等。

04.0330　胚脐壁　omphalopleure
在爬行类和鸟类胚胎发育过程中，卵黄囊形成后，来自内细胞团的内胚层细胞逐渐覆盖卵黄囊的内壁，形成的由外胚层和内胚层细胞组成的双层膜结构。

04.0331　胚脏壁　splanchnopleure
在爬行类和鸟类胚胎发育过程中，脏壁中胚层和与之相贴的内胚层一起构成的结构。

04.0332　胚体壁　somatopleure
在爬行类和鸟类胚胎发育过程中，体壁中胚层和与之相贴的外胚层一起构成的结构。

04.0333　内胚层　endoderm, endoblast
动物胚胎三胚层中最靠内的一层。将分化出原肠腔壁的上皮组织，主要参与消化系统和呼吸系统的形成。

04.0334　胚带　germ band
昆虫的细胞胚盘形成后，胚胎细胞并不是均匀地分布在胚胎表层，在胚胎的腹面和两侧细胞集中的多一些，由此形成的细胞带。在原肠胚形成过程中，胚带细胞形成胚胎的躯干，而细胞胚盘的其余细胞则成为胚外被膜，对发育中的胚胎起保护作用。

04.0335　副体节　parasegment
在昆虫的原肠胚形成过程中，胚体出现分节，形成的 14 个节段。其继续发育，形成体节。

04.0336　体节　somite, segment
脊椎动物胚胎的轴旁中胚层呈节段性增生，在中轴线两侧生成的分节状中胚层团块。

04.0337　基板　basal lamina
海胆囊胚腔的内壁衬有的一层细胞。

04.0338　植物极板　vegetal plate
海胆囊胚的植物极逐渐变平坦而形成的结构。由预定中胚层和内胚层细胞构成，是原肠胚形成的最初标志。

04.0339　间充质　mesenchyme
在胚胎时期由中胚层细胞分化形成的疏松网状结缔组织。由间充质细胞和无定形的基质组成。

04.0340　间充质细胞　mesenchymal cell
在胚胎期埋藏于间充质内的细胞。有很强的增殖分化能力，可以分化成多种结缔组织细胞、内皮细胞和平滑肌细胞等。

04.0341 初级间充质细胞 primary mesen-chyme cell
海胆的原肠胚形成时，植物极逐渐变平坦，形成植物极板。构成植物极板的细胞是预定中胚层和预定内胚层细胞。其中内移进入囊胚腔的一些预定中胚层细胞。

04.0342 次级间充质细胞 secondary mes-enchyme cell
海胆原肠胚形成后，位于原肠顶部、内移进入囊胚腔的中胚层细胞。

04.0343 间充质囊胚 mesenchyme blastula
初级间充质细胞在植物半球的囊胚腔中形成一个环形的合胞体，在其中的两个位置堆积很多，成为两个细胞团，此时的胚胎。将形成海胆的骨骼系统。

04.0344 原肠腔 archenteron, archenteric cavity
海胆原肠胚形成过程中，内胚层和中胚层陷入胚胎内部形成的内陷区。后发育成消化管。

04.0345 胚环 germ ring
鱼类原肠胚形成过程中，沿着卵黄向下外包的胚盘边缘由于细胞聚集的较多而形成的一个环形的加厚结构。由位于表层的上胚层和位于深层的下胚层组成。

04.0346 胚盾 embryonic shield
鱼类原肠胚形成过程中，胚环往植物极移动的同时，胚环上下胚层的细胞向未来胚胎背部的方向集中，在胚环中形成一个加厚的结构。由上下两个胚层组成。刚形成的胚盾形状为扇形，以后，随着胚环的上、下胚层细胞继续向胚盾集中，胚盾的形状也逐渐改变，呈一条狭窄的长条状结构，位于胚胎背侧，匍匐于卵黄细胞之上，一端朝向动物极，另一端朝向植物极。胚盾将形成胚胎本体。

04.0347 中内胚层 mesendoderm
文昌鱼等动物原肠胚的内层。将来形成内胚层、中胚层和脊索。

04.0348 脊索中胚层 chordamesoderm
在胚盾伸长过程中，上、下胚层进入分化阶段，下胚层包括内胚层和中胚层两个胚层，位于胚盾中轴线的下胚层细胞将与两侧的细胞脱离形成的一套索状细胞层。是脊索的原基。

04.0349 神经龙骨 neural keel
位于脊索中胚层正上方的上胚层是预定神经系统细胞，先形成神经板，再形成的一条与脊索中胚层走向相同的长条状结构。

04.0350 动物极帽 animal cap
两栖类囊胚表面靠近动物极的区域。主要是神经外胚层和表皮外胚层。

04.0351 胚孔下内胚层 subblastoporal endo-derm
两栖类囊胚表面靠近植物极的区域。是内胚层细胞主要聚集的地区。

04.0352 边缘带 marginal zone
动物极帽与胚孔下内胚层之间的区域。

04.0353 非内卷边缘带 noninvoluting mar-ginal zone
边缘带靠近动物极帽的部分。包括神经外胚层和表皮外胚层。

04.0354 内卷边缘带 involuting marginal zone
边缘带靠近胚孔下胚层的部分。为内胚层。

04.0355 深层内卷边缘带 deep involuting marginal zone
内卷边缘带深层的一层环状结构。是中胚层

细胞聚集的地区，包括脊索中胚层、头部中胚层、体节中胚层和侧板中胚层。

04.0356　瓶状细胞　bottle cell
内卷边缘带和胚孔下内胚层的交界处，细胞改变其形状，呈瓶状的细胞。

04.0357　胚孔　blastopore
（1）瓶状细胞向胚胎内部陷入，在其表面出现的一个弧形浅沟。（2）海胆原肠在植物极板的开口。

04.0358　胚[孔]唇　blastoporal lip
两栖类胚孔的边缘。分为背唇、侧唇和腹唇。

04.0359　背唇　dorsal blastopore lip
两栖类胚孔的上缘。位于原先的灰色新月区域。两栖类的原肠胚形成以胚孔的形成为标志。

04.0360　侧唇　lateral lip
胚孔在胚胎背侧形成后，沿着内卷边缘带和胚孔下内胚层的交界处向两侧扩展成马蹄铁状时，形成左右的两个侧缘。

04.0361　腹唇　ventral lip
马蹄铁状胚孔继续往腹面扩展，最终闭合成为环状胚孔时，胚孔的下缘。

04.0362　卵黄栓　yolk plug
两栖类随着原肠作用的进行，内陷逐渐延伸到胚胎的预定侧部和腹部，胚孔也逐渐变成环状，由胚孔环绕的呈一栓塞状的内胚层细胞。随着原肠作用的继续逐渐变小，最后被完全包在胚胎的内部。

04.0363　胚周区　periblast
鸟类、鱼类等一些脊椎动物的多黄卵，在其卵细胞质形成胚盘时，胚盘的周缘和下面与卵黄区之间常无明显的界限，两者之间充斥着含有卵黄颗粒的混浊细胞质的区域。

04.0364　血管区　area vasculosa
鸟类胚盘暗区中侵入中胚层的部分。相当于胚体的两侧及后部。在这一区域形成血岛，其后分化与血细胞和血管。

04.0365　原条　primitive streak
爬行类、鸟类和哺乳类胚胎上胚层细胞向后端中间集中、迁移，以后向前延伸形成的一条纵行加厚的细胞索。其出现标志着三个胚层形成的开始，也决定了胚盘的中轴及其头尾方向。

04.0366　原结　primitive knot
又称"亨森结（Hensen's node）"。原条的前端细胞加厚膨大呈结节状的结构。与三胚层的发生和脊索的形成相关。

04.0367　原窝　primitive pit
原结中央的一个漏斗状凹陷。细胞可以通过原窝进入囊胚腔，与脊索管和脊索的形成有关。

04.0368　原沟　primitive groove
在原窝之后，原条正中线稍微向下陷的沟。其作用与胚孔相似，迁移的细胞通过原沟进入囊胚腔。

04.0369　原褶　primitive fold
原沟两侧隆起来的部分。

04.0370　生殖新月　germinal crescent
在爬行类和鸟类的原肠胚形成过程中，预定内胚层细胞进入囊胚腔后，嵌入到次级下胚层中，次级下胚层细胞被推向前端，在前端形成的一个新月状结构。其细胞（即原先的次级下胚层细胞）将发育成为原始生殖细胞。

04.0371　头突　head process

在鸟类和哺乳类的原肠胚形成过程中，预定脊索中胚层从原窝内卷进入囊胚腔后，向前方迁移，在囊胚腔中，由预定脊索中胚层形成的一个棒状结构。

04.07　胎膜与胎盘

04.0372　胎膜　fetal membrane

又称"胚外膜（extraembryonic membrane）"。由胚泡分化来的衍生物（胚外组织）包裹胎儿的一些胚体附属结构。对胎儿生长发育具有营养、保护、物质交换等重要功能。是由胚胎外的三个基本胚层（外胚层、中胚层和内胚层）所形成。不同种属动物胎膜的组成不同，包括卵黄囊、羊膜、尿囊、绒毛膜等。

04.0373　卵黄囊　yolk sac

羊膜动物（爬行类、鸟类和哺乳类）胚胎发育过程中由脏壁层的胚外部分形成的一种胚外结构。①爬行类和鸟类的原肠胚形成后，脏壁层胚外部分逐渐沿着浆膜的内侧向植物极方向扩展，同时包住卵黄。卵黄外方由脏壁层构成的囊。②哺乳类的原肠胚形成时，内细胞团靠近胚泡腔的一侧形成了下胚层，下胚层沿着细胞滋养层的内壁往下方伸展，逐渐形成的一个空心囊状结构。其中没有卵黄，只是因与鸟类和爬行类的卵黄囊同源而得名。只有低等哺乳类如鸭嘴兽的卵黄囊中有卵黄。

04.0374　脏卵黄囊　visceral yolk sac

胚外体腔侧壁和脏内胚层细胞共同构成的一个囊状结构。

04.0375　壁卵黄囊　parietal yolk sac

壁内胚层和壁滋养外胚层共同构成的一个囊状结构。

04.0376　尿囊　allantois

从卵黄囊尾端侧向体蒂内伸出的一个盲管状突起。随胚体尾端的卷曲而开口与原始消化管尾段的腹侧。

04.0377　羊膜　amnion, amniotic membrane

羊膜动物（爬行类、鸟类和哺乳类）胚胎发育过程中形成的呈囊状的一种胚外结构。是胚外体腔和羊膜腔之间的隔膜，保护胚胎发育不受外界干扰。

04.0378　羊膜腔　amniotic cavity

哺乳动物子宫内由羊膜围成的腔。腔内充满羊膜液。最初的羊膜腔位于胚盘背侧，随着胚盘向腹侧包卷并形成柱状胚，胚胎完全掉入羊膜腔内并生活在羊水中，直至出生。

04.0379　羊膜液　amniotic fluid

又称"羊水"。羊膜腔中的液体。最早由羊膜上皮分泌而来；当羊膜壁上出现血管后，部分羊膜液来自血管渗透；当胚胎出现吞咽和泌尿功能后，羊膜液便开始了动态循环。妊娠后期，胎儿的胎脂、脱落上皮、胎便等也进入羊膜液。

04.0380　羊膜褶　amniotic fold

在羊膜形成过程中，外胚层和中胚层向上突起形成的褶皱。根据对胚体位置的关系可分为头褶、侧褶和尾褶。

04.0381　羊膜头褶　head fold of amnion

鸟类胚胎头部前方的胚外胚体壁向上方隆起形成的褶。形成后，继续向上并向后生长。

04.0382　羊膜侧褶　lateral amniotic fold
鸟类胚胎羊膜头褶往上往后生长的同时，胚体两侧的胚外胚体壁也隆起各形成的一个褶。形成后，继续向上并向对侧生长。

04.0383　羊膜尾褶　tail fold of amnion
鸟类胚胎羊膜头褶和羊膜侧褶形成后，胚胎尾部的胚外胚体壁也隆起形成的一个褶。形成后，继续向上并向前生长。

04.0384　浆膜　serosa
爬行类和鸟类胚胎发育过程中由体壁层的胚外部分形成的远离胚胎一侧的胚外结构。沿着卵黄膜的内壁往下方生长，羊膜囊形成后，浆膜与羊膜脱离，成为独立的胎膜，最终将羊膜、卵黄囊、尿囊和卵白包裹住。

04.0385　浆羊膜腔　seroamnion cavity
羊膜动物的浆膜与羊膜、卵黄囊之间的腔隙。以后在此处扩展成为尿囊。

04.0386　绒毛膜　chorion
由滋养层和胚外中胚层的壁层构成的膜。有内分泌功能，后演变为丛密绒毛膜和平滑绒毛膜。

04.0387　丛密绒毛膜　chorion frondosum
又称"叶状绒毛膜"。位于底蜕膜处的绒毛膜。与基蜕膜共同构成胎盘。其上的绒毛不仅不萎缩，反而长得更加粗大。

04.0388　平滑绒毛膜　chorion leave
位于包蜕膜处的绒毛膜。则和包蜕膜一起逐渐与壁蜕膜融合。随着发育的进行，其上的绒毛大为萎缩，最终消失。

04.0389　尿囊绒膜　chorioallantoic membrane, chorioallantois
鸟类胚胎的尿囊在胚外体腔中充分扩展，尿囊的壁与浆膜、羊膜和卵黄囊的壁相靠近，尿囊的外层（脏壁中胚层）和浆膜的内层（体壁中胚层）相贴并愈合，尿囊和浆膜共同构成的绒毛膜。其中胚层部分形成毛细血管网，通过尿囊动脉和尿囊静脉与胚内血循环相连。

04.0390　脐带　umbilical cord
哺乳动物连接胎儿脐部和胎盘之间的索状结构。是胎儿与母体进行物质交换的主要通道。

04.0391　胎盘　placenta
由羊膜、丛密绒毛膜和底蜕膜构成的结构。是哺乳动物后兽类和真兽类妊娠期间由胚胎的胚膜和母体子宫内膜联合长成的母子间交换物质的过渡性器官。根据母体与胎儿物质交换媒介组织的不同类型分为绒毛膜型、绒毛膜卵黄囊型、卵黄囊外翻型和绒毛膜尿囊型。多数哺乳类动物虽然在胚胎发育过程中有利用过渡型胎盘的经历，但终极胎盘都属于绒毛膜尿囊型。

04.0392　绒[毛]膜型胎盘　chorionic placenta
胚体壁在胚胎早期可以将母体营养物质由子宫转运至胚外体腔，成为胚胎发育早期最原始的胎盘结构。是胚胎发育早期的过渡性组织，随着胚胎的继续发育，逐渐被绒毛膜卵黄囊型或绒毛膜尿囊型胎盘所取代。

04.0393　绒[毛]膜卵黄囊型胎盘　chorio-ovitelline placenta
胎盘的一种类型。由胚胎绒毛膜和卵黄囊壁组成，主要从卵黄囊获得营养。是哺乳动物有袋类胎盘的一种原始类型。

04.0394　卵黄囊外翻型胎盘　inverted yolk sac placenta
卵黄囊外壁的双层胚脐壁由于无血管支配退化，胚胎和胚外体腔逐渐增大，将血管化的卵黄囊内胚层壁推出至子宫内膜，并与之密切接触形成的胎盘。见于啮齿类和兔科哺乳动物中。

04.0395　绒[毛]膜尿囊型胎盘　chorioallantoic placenta
胎盘的一种类型。由尿囊中胚层和血管与浆膜内面融合形成绒毛膜,尿囊长入胚外体腔后与绒毛膜发生密切接触,尿囊壁、绒毛膜与子宫内膜密切接触形成。是最常见的胎盘类型,见于真兽类哺乳动物。按其形态分为弥散胎盘、子叶胎盘、环带胎盘和盘形胎盘;按母体和胎儿血液之间的组织层次分为上皮绒毛膜胎盘、结缔组织绒毛膜胎盘、内皮绒毛膜胎盘和血液绒毛膜胎盘;按分娩时子宫出血及内膜组织脱落程度等分为蜕膜胎盘和非蜕膜胎盘两类。

04.0396　弥散胎盘　diffuse placenta
又称"分散型胎盘"。绒毛膜尿囊型胎盘的一种类型。胚胎绒毛膜的绒毛散布在整个绒毛膜的表面。绒毛上皮与子宫内膜上皮形成的凹陷部分相互嵌合,但细胞膜完整无损,如猪、鲸、马的胎盘。

04.0397　子叶胎盘　cotyledonary placenta
又称"叶状胎盘"。"复合型胎盘(multiplex placenta)"。绒毛膜尿囊型胎盘的一种类型。胚胎绒毛膜上绒毛的分布局限于多个限定区域,呈一丛一丛的圆块状,在胎盘的形成过程中,子宫内膜上皮细胞层被侵蚀,绒毛上皮直接和子宫上皮下的结缔组织接触,胎盘的屏障不完整,如牛、羊、鹿等反刍动物的胎盘。

04.0398　环带胎盘　zonary placenta
又称"带状胎盘"。绒毛膜尿囊型胎盘的一种类型。胚胎绒毛膜的绒毛聚合成一条环绕胎儿的宽带。只有此区与母体子宫内膜形成胎盘,其余部分的绒毛膜与子宫壁不形成密切接触,胎盘屏障更不完整,绒毛上皮和子

宫内膜中的血管内皮相接触。如狗、熊、海豹等食肉动物的胎盘。

04.0399　盘形胎盘　discoidal placenta
又称"盘状胎盘"。绒毛膜尿囊型胎盘的一种类型。胚胎绒毛膜的绒毛排成圆盘状,此区深陷入子宫内膜形成胎盘,其屏障最不完整,绒毛上皮直接浸在母体子宫的血液中,如灵长类、啮齿类哺乳动物的胎盘。

04.0400　上皮绒[毛]膜胎盘　epitheliochorial placenta
绒毛膜尿囊型胎盘的一种类型。胚胎绒毛膜滋养层细胞与子宫上皮细胞相接触,两者的表面均有微绒毛彼此融合。在母体血液与胎儿血液之间组织屏障有6层,即母体侧的血管内皮细胞、子宫内膜的结缔组织、子宫内膜上皮细胞和胎儿侧的滋养层细胞、绒毛膜的结缔组织及血管内皮细胞。见于哺乳动物有袋类、一些有蹄类和狐猴。

04.0401　结缔组织绒毛膜胎盘　syndesmochorial placenta
简称"结缔绒膜胎盘"。绒毛膜尿囊型胎盘的一种类型。其子宫上皮消失,绒毛膜与子宫的子宫内膜或腺上皮接触。在母体血液与胎儿血液之间组织屏障有5层,除子宫内膜上皮失去以外,有母体侧的血管内皮细胞、子宫内膜的结缔组织和胎儿侧的滋养层细胞、绒毛膜的结缔组织及血管内皮细胞。见于低等哺乳动物灵长类、食肉类、羊和蝙蝠等。

04.0402　内皮绒[毛]膜胎盘　endotheliochorial placenta
绒毛膜尿囊型胎盘的一种类型。胚胎绒毛膜与子宫血管壁的内皮相接触,母体血液与胎儿血液之间组织屏障有4层,即母体侧的血管内皮细胞、胎儿侧的滋养层细胞、绒毛膜

的结缔组织及血管内皮细胞。见于哺乳动物食肉类和一些食虫类，如犬和猫。

04.0403　血液绒毛膜胎盘　hemochorial placenta

简称"血绒膜胎盘"。绒毛膜尿囊型胎盘的一种类型。母体血管内皮细胞消失，胚胎绒毛膜直接沐浴在母体血液中，母体血液与胎儿血液之间组织屏障完全由胎儿侧的3层组成，即绒毛膜的滋养层细胞、结缔组织及血管内皮细胞。见于哺乳动物食虫类、啮齿类和多数灵长类。

04.0404　血[液]内皮胎盘　hemoendothelial placenta

绒毛膜尿囊型胎盘的一种类型。胎盘绒毛膜直接沐浴在母体血液中，且绒毛的上皮消失，母体血液似乎仅通过绒毛膜毛细血管的内皮与胎儿血液分隔。见于哺乳动物啮齿类和兔中。

04.0405　蜕膜胎盘　deciduate placenta

绒毛膜尿囊型胎盘的一种类型。妊娠终止时，蜕膜或胎盘的母体部分与滋养层部分一起脱落，分娩时部分子宫内膜被带出且有出血现象。包括内皮绒毛膜胎盘、血液绒毛膜胎盘。见于哺乳动物啮齿类、灵长类和食肉类。

04.0406　非蜕膜胎盘　non-deciduate placenta

绒毛膜尿囊型胎盘的一种类型。胚胎的母体部分和胎儿部分相关但不融合，从而在分娩时没有母体组织被胎盘带走，没有出血现象。包括上皮绒毛膜胎盘、结缔绒毛膜胎盘。见于哺乳动物有蹄类和鲸类。

04.0407　胎儿循环　fetal circulation

胎儿通过胎盘从母体吸收营养物质及排出代谢产物的血液循环系统。是含氧量较高的母体血液自胎盘经脐静脉进入胎儿体内，在胎儿体内经物质交换后形成的含氧量较低的静脉血经脐动脉循环回母体体内的过程。

04.0408　脐　umbilicus

胎儿出生后与母体相连的脐带脱落后在腹部形成的凹陷。

04.08　器官发生和神经胚形成

04.0409　器官发生　organogenesis

在原肠胚形成的基础上，三个胚层继续发育，各胚层先形成相应器官的雏形，再逐渐形成有功能的器官系统的过程。

04.0410　性索　sex cord

又称"生殖索（genital cord）"。泌尿器官和生殖器官发育过程中出现的结构。通常性索是指米勒管和中肾管的最末端；生殖上皮性索是生殖上皮向内生长形成。

04.0411　原基　primodium, rudiment, anlage

个体发生中发育成机体特定器官的胚胎区域。是胚胎发育中出现的暂时性结构，是器官的前体。

04.0412　成虫盘　imaginal disc

全变态昆虫（如鳞翅目、双翅目）胚胎发育阶段由特定区域的表皮细胞内陷形成的囊状结构。其内为未分化细胞团。在从幼虫到成虫变态的过程中，分别发育为腿、触角、翅、口器等器官。

04.0413　神经外胚层　neural ectoderm

分化为神经板、最终分化为神经组织的一部分外胚层。位于脊索中胚层的背方、胚胎的前后轴上，将发育成为神经管和神经嵴。

04.0414 中外胚层 mesectoderm
鸟类和哺乳动物原条期的外胚层含有将要卷入形成中胚层的细胞层。

04.0415 神经胚 neurula
脊椎动物胚胎发育过程中神经管和神经嵴出现之后的胚胎。

04.0416 神经胚形成 neurulation
由神经上皮形成神经板，再经神经沟形成神经管和神经嵴的过程。

04.0417 初级神经胚形成 primary neurulation
由脊索中胚层引导覆盖在其上面的神经外胚层细胞增殖、内陷，并脱离皮肤外胚层形成中空神经管的过程。

04.0418 次级神经胚形成 secondary neurulation
神经管起源于胚胎中的一条实心细胞索，在细胞索变空以后形成神经管的过程。

04.0419 神经板 neural plate
胚盘背侧中线的外胚层增厚，形成的一个头端宽尾端窄的椭圆形细胞板。将来形成神经管，分化为神经系统。

04.0420 神经褶 neural fold
神经板两侧边缘形成的隆起。中央为神经沟。

04.0421 神经沟 neural groove
神经板中央下陷形成的一条 U 形沟。

04.0422 神经管 neural tube
神经沟闭合形成的一条贯穿胚体全长的结构。为神经系统的原基，其头段将分化为脑，

尾段将分化为脊髓。

04.0423 神经上皮细胞 neuroepithelial cell
神经管管壁排列成假复层上皮状的上皮细胞。具有迅速分裂增殖的能力，将分化成为神经细胞和神经胶质细胞。

04.0424 成神经细胞 neuroblast
神经上皮细胞不断分裂分化，具分化为神经细胞能力的前体细胞。

04.0425 前神经孔 anterior neuropore
在神经胚形成时，神经沟闭合从中部开始并向前后延伸形成神经管，神经管前端暂未闭合的开口。

04.0426 后神经孔 posterior neuropore
在神经胚形成时，神经沟闭合从中部开始并向前后延伸形成神经管，神经管后端暂未闭合的开口。

04.0427 神经嵴 neural crest
脊椎动物在神经管形成过程中，位于神经板两侧、不参与神经管闭合的细胞团。可分化成成体多种不同的细胞谱系，如脊神经节、胶质细胞和嗜铬细胞等。

04.0428 前羊膜 proamnion
又称"原羊膜"。羊膜动物神经管在原条的前方形成，随着原条的退缩，神经管逐渐伸长，在脊索的前方仅有外胚层和内胚层，缺中胚层的一块区域。

04.0429 头褶 head fold
在羊膜动物的神经胚形成阶段，前羊膜后方的外胚层、脊索中胚层和内胚层一起向上方隆起，然后向前方伸长，形成的一个盲管状结构。是头部的原基，其背面是神经外胚层，与头褶后方的神经外胚层相连。头褶的侧面

和腹面是表皮外胚层。

04.0430　神经原肠管　neurenteric canal
文昌鱼和两栖类胚胎的神经管刚形成时，其后端与原肠后端相通的结构。在胚胎发育的后期封闭。

04.0431　神经原节　neuromere
神经管前端出现的多个膨大结构。

04.0432　套层　mantle zone, mantle layer
又称"中间层（intermediate zone）"。神经上皮细胞在分裂后开始迁移，在神经管的管壁上形成的、围绕着原来的神经上皮细胞层的新的一层。将发育成为灰质。

04.0433　室管膜层　ventricular zone, ventricular layer
神经上皮细胞在分裂后开始迁移，在神经管的管壁上形成新的一层围绕着原来的神经上皮细胞层，原来的神经上皮细胞层停止分化变成的一层立方形或矮柱状细胞。

04.0434　边缘层　marginal layer
套层的成神经细胞起初为圆球形，很快长出突起，突起逐渐增长并伸至套层外周形成的一层新结构。

04.0435　视泡　optic vesicle
当神经管后端完成封闭后，前脑两侧向左右各伸出的一个膨大泡状结构。是眼球的原基。

04.0436　视杯　optic cup
视泡远端的壁膨大并向内凹陷形成的双层壁的杯状结构。

04.0437　视柄　optic stalk
视泡近端，即与间脑相连的地方变细变成管状的部分。

04.0438　晶状体[基]板　lens placode
表面外胚层在视泡的诱导下增厚形成的板样结构。后来形成晶状体。

04.0439　晶状体泡　lens vesicle
晶状体基板内陷，其边缘愈合形成的泡状结构。后来进入视杯中并进化为晶状体。

04.0440　感觉板　sense plate
在神经褶前端腹面两侧形成两块感觉板原基，后融合形成的结构。分化出许多上皮基板，参与许多感觉器官和脑神经的形成。

04.0441　嗅[基]板　olfactory placode
前脑腹侧头部外胚层（属于感觉板）加厚形成的结构。内陷形成鼻腔原基。

04.0442　嗅窝　olfactory pit
又称"鼻窝（nasal pit）"。嗅基板中央形成的凹陷。为原始鼻腔。

04.0443　听[基]板　auditory placode
后脑两侧的表面外胚层增厚形成的两块板状结构。发育成听泡。

04.0444　听窝　auditory pit
听板向间充质内陷入形成的凹陷。

04.0445　听泡　auditory vesicle, otic vesicle
听窝闭合后与表面外胚层分离形成的囊状结构。是内耳的原基。

04.0446　生骨节　sclerotome
由体节的内侧壁和腹侧壁构成的结构。后分化为脊椎骨。

04.0447　生皮生肌节　dermamyotome
生骨节从体节分化出去之后，留在体节的细胞。可以分成位于两侧的生肌节和位于中央的生皮节。

04.0448　生皮节　dermatome
靠近神经管的体节细胞向腹面迁移，形成一个实体双层结构，靠近背侧的一层。分化为真皮和皮下结缔组织。

04.0449　生肌节　myotome
生皮节分化之前，在体节外侧壁内面形成的一层新细胞。分化为四肢和躯体的骨骼肌。

04.0450　肾发生　nephrogenesis
胚胎间介中胚层组织先后发生前肾、中肾和后肾的发育过程。

04.0451　生肾节　nephrotome, nephromere
脊椎动物胚胎头侧的间介中胚层增生，呈分节状的区域。是前肾的原基。

04.0452　生肾索　nephrogenic cord
生肾节以下的间介中胚层不分节，形成从头侧到尾侧的左右两条纵行索状结构。是中肾和后肾的原基。

04.0453　生肾组织　nephrogenic tissue
生肾索发育形成芽基或原基，最终形成胎肾和成体肾的组织。

04.0454　前肾小管　pronephric tubule
体节外侧的生肾节形成的数条横行排列的小管。其一端与前肾管连通，另一端开口于体腔。在其开口附近有血管球，代谢废物从血管球滤出，进入体腔，再进入前肾小管、前肾管。

04.0455　前肾　pronephros
由胚体最前端的间介中胚层形成的器官。随着胚胎发育而消失，是脊椎动物中最低等类群（如盲鳗和某些鱼类成体）的肾脏，但只有鱼类和两栖类的胚胎时期，前肾才有作

用，存在的时间很短，中肾出现时就开始退化。包括前肾小管和前肾管的结构。

04.0456　前肾管　pronephric duct
由间介中胚层形成的一条盲管。其前端是盲端，后端沿着间介中胚层的一侧边缘从前端往后端延伸，与前肾小管一端连通。

04.0457　中肾　mesonephros
由前肾之后的间介中胚层形成的器官。由中肾小管和中肾管组成。是两栖类和鱼类胚胎阶段和成体的肾脏，在其他更高脊椎动物的胚胎期中肾也发挥作用。在爬行类、鸟类和哺乳类中最终被后肾取代。

04.0458　中肾小管　mesonephric tubule
由生中肾间充质产生的由许多单层立方上皮构成的数条横行小管。其一端通向中肾管，另一端形成杯状的肾小囊。

04.0459　中肾管　mesonephric duct
又称"沃尔夫管（Wolffian duct）"，曾称"吴氏管""肾管（nephric duct）"。当中肾小管向胚体尾端通入前肾管时，前肾小管已经大部分退化，前肾管的后部保留下来，并继续向后延伸，最终通向泄殖腔。保留下来的前肾管。

04.0460　肾小囊　glomerular capsule
又称"鲍曼囊（Bowman's capsule）"。由中肾小管起始部膨大凹陷而成、包绕在血管球外的双层杯状囊。其外层称"[肾小囊]壁层（parietal layer）"，上皮为单层扁平状；内层称"[肾小囊]脏层（visceral layer）"，由足细胞构成。

04.0461　血管球　glomerulus
又称"肾小球（renal glomerulus）"。在肾小囊附近，从背主动脉分支出来的血管（入球小动脉）形成毛细血管，再形成的一团蟠

曲状毛细血管。其中的毛细血管汇集成为出球小动脉，离开肾小囊。从血管球中滤出的尿液进入肾小囊，再进入中肾小管、中肾管，最后排入泄殖腔。

04.0462　输尿管芽　ureteric bud
从中肾管基部伸生出的一个盲管。长出后就伸向生后肾间充质。在其伸长的过程中，其盲端在生后肾间充质中反复分支，将分化成为肾脏的各级集合小管。伸长后和中肾管分开，形成输尿管，直接通入泄殖腔。

04.0463　米勒管　Müllerian duct
曾称"缪[勒]氏管"。发生于中肾管外侧，先由体腔上皮凹陷形成纵沟，后沟缘愈合成的管。在脊椎动物，是和中肾管平行生成的副中肾管，有的来源于前肾管，有的来源于体腔壁。和中肾不联系。雄性的已退化，雌性的发育成输卵管。

04.0464　生后肾原基　metanephrogenic blastema
又称"生后肾组织(metanephrogenic tissue)"。生肾索尾端外侧的一团间介中胚层组织。在输尿管芽的诱导下形成后肾的肾单位。

04.0465　后肾　metanephros
羊膜动物在胚胎发育晚期产生于身体后部，不分节的肾。为羊膜动物成体有功能的肾。

04.0466　生殖嵴　genital ridge
脊椎动物胚胎后半部，背系膜侧面中胚层形成的纵行上皮加厚的细胞条。可发育为生殖腺。哺乳动物生殖嵴起源于中间中胚层，具有双向性发育的特点。雄性生殖嵴发育为睾丸，雌性生殖嵴发育为卵巢。

04.0467　初级性索　primary sex cord
又称"原始性索"。哺乳动物胚第六周时，

生殖嵴表面上皮长入其下方的间充质形成的许多不规则的上皮细胞索。

04.0468　未分化生殖腺　indifferent gonad
又称"未分化性腺"。哺乳动物胚第6周，原始生殖细胞逐渐进入生殖嵴的间充质和增厚的上皮内，并向上皮下方的间充质内呈条索状的增殖，直到第七周都保持不分化状态的生殖嵴。由外部的皮质和内部的髓质构成。进入分化阶段形成雄性生殖腺和雌性生殖腺。

04.0469　睾丸索　testicular cord
生殖嵴的上皮细胞分裂之后形成支持细胞，与原始生殖细胞共同形成的索状结构。与皮质脱离后在生殖嵴的髓质继续发育，与睾丸网相连。

04.0470　卵巢网　rete ovarium
若体细胞和原始生殖细胞的膜上无组织相容性 Y 抗原（H-Y 抗原），未分化生殖腺则向卵巢方向分化。哺乳动物胚第八周后，初级性索向深部生长，在该处形成的网状结构。

04.0471　次级性索　secondary sex cord
又称"皮质索(cortical cord)"。哺乳动物胚第八周后，初级性索和卵巢网随后都退化，成为卵巢髓质，此后，生殖腺表面上皮又增殖形成的新细胞索。之后，次级性索分离成许多孤立的细胞团，形成原始卵泡。

04.0472　心脏发生　cardiogenesis
脊椎动物由脏壁中胚层形成心脏的过程。心脏是胚胎中最早行使功能的器官，在没有完全形成之前即发挥作用。低等脊椎动物的心脏较为简单，高等脊椎动物（如羊膜动物）的心脏较为复杂。

04.0473　心内膜管　endocardial tube
在前肠和和脏壁中胚层之间，脏壁中胚层中

分离出一些细胞（即心内膜原基），这些细胞从左右两侧向腹部中线相互靠近，经过分裂增殖形成的管状结构。在两栖类，仅形成一条心内膜管，而在羊膜动物，形成两条心内膜管。其中的空腔即心腔，其前后两端各自分支，前端分叉形成腹主动脉，后端的分叉与卵黄静脉相连。

04.0474　心腔　cardiac chamber
心内膜管的空腔。

04.0475　心外肌膜　epimyocardium
包着心内膜管的脏壁中胚层的加厚区域。将分化成两层。里面一层是心肌膜，位于心内膜之外；外面一层是心外膜，位于心肌膜的外方，是心脏的被膜。

04.0476　腹心系膜　ventral mesocardium
心内膜原基形成后，左右侧中胚层在心内膜管下方相遇并融合，在融合处形成的膜状结构。存在时间较短，很快被分解。

04.0477　背心系膜　dorsal mesocardium
腹心系膜形成后，加厚的脏壁中胚层往背方升起，逐渐包住心内膜管，在心内膜管上方相遇并融合，在融合处形成的膜状结构。存在时间较长。

04.0478　围心腔　pericardial cavity
腹心系膜消失后左右体腔融合为的一个共同腔。在人体称"心包腔"。

04.0479　血管发生　vasculogenesis
脊椎动物脏壁中胚层形成血管的过程。无羊膜动物和羊膜动物血管发生有些差异。

04.0480　血管生成　angiogenesis
从已存在的血管进一步生成新血管的过程。内皮管发生过程中相互融合通连，逐渐形成

一个丛状分布的内皮管网，后演变为原始心血管系统。

04.0481　血岛　blood island
鸟类和哺乳类胚胎发生的早期，卵黄囊壁上的胚外中胚层间充质细胞聚集成的团块状结构。位于这一细胞团块内方的细胞将分化成为造血干细胞，位于外方的细胞将分化成为成血管细胞。

04.0482　成血管细胞　angioblast
血岛周边的细胞。经过分裂增殖，成为内皮细胞，内皮细胞再围成原始血管。

04.0483　初级毛细血管丛　primary capillary plexus
成血管细胞经过分裂增殖成为内皮细胞，内皮细胞再围成血管，从不同血岛产生的血管相互连接形成的网状结构。

04.0484　肌管　myotube
由众多个成肌细胞融合而成的大而长的多核骨骼肌细胞。

04.0485　成肌细胞　myoblast
又称"肌原细胞（myogenous cell）"。在骨骼肌分化过程中，源于生肌节、呈长梭形的肌前体细胞。

04.0486　成心[肌]细胞　cardioblast
又称"生心细胞"。形成心肌成纤维细胞的间质细胞。主要有两个来源：心外膜前器官和心脏血管生成过程中上皮间质转化，还有其他途径，如发育中的骨髓、神经嵴、血管壁分化、循环祖细胞等。

04.0487　原始消化管　primitive digestive tube
原肠胚形成后，卵黄囊顶部的内胚层被包卷入胚体内形成的管状结构。是消化系统的原基。

04.0488　前肠　foregut
原始消化管的前段。在无脊椎动物来源于外胚层，是从口到贲门瓣的部分。在脊椎动物是从口到十二指肠上胆总管开口处的部分。在羊膜动物中刚形成时为一个较短的盲管状结构，其后分化变化最为复杂，将形成口腔的后半部分、咽、食道、胃、肝、胰和十二指肠等器官的黏膜，还将衍生出肺和气管的黏膜。

04.0489　中肠　midgut
原始消化管的中段。在无脊椎动物是从贲门瓣到幽门瓣之间的部分，为胃及其盲囊等构造的总称。来源于内胚层，为食物消化与吸收的场所。在脊椎动物是从十二指肠上胆总管开口处到盲肠着生处的部分。

04.0490　后肠　hindgut
原始消化管的后段。在无脊椎动物是从幽门瓣到肛口之间的部分，来源于外胚层；有些种类又分化出回肠和直肠，末端内陷形成肛门。在羊膜动物，胚胎尾褶形成时，后端的内胚层伸向头褶中形成的一个较短的盲管状结构。随着后肠门的向前推进，逐渐伸长，将分化成为结肠、盲肠和直肠。

04.0491　前肠门　anterior intestinal portal
前肠后端与胚盘下腔（爬行类和鸟类）或卵黄囊（哺乳类）相通的口。

04.0492　后肠门　posterior intestinal portal
后肠与胚盘下腔（爬行类和鸟类）或卵黄囊（哺乳类）相通的口。

04.0493　卵黄囊柄　yolk stalk
原始消化管通过中肠与卵黄囊相连，相连处变成狭窄的管状结构。在脐带的形成过程中，卵黄囊柄进入脐带中。以后，随着卵黄囊的萎缩，卵黄囊柄也闭锁。

04.0494　口凹　stomodeum
在消化管的分化过程中，外胚层也参与局部区域的分化，在前肠盲端的外方，外胚层向内的凹陷。

04.0495　口板　oral plate
位于口凹和前肠之间的一层结构。在口板破裂的地方形成口腔。口凹成为口腔的前半部，前肠的前端成为口腔的后半部。

04.0496　拉特克囊　Rathke's pouch
口腔前半部的顶壁向神经管的方向突起形成的一个盲管状结构。将和间脑腹壁向下伸出的突起（漏斗）一起形成脑垂体，成为脑垂体的腺垂体部，漏斗成为脑垂体的神经部。

04.0497　咽囊　pharyngeal pouch
咽的两侧内胚层向外突出形成的囊状结构。共有5对。在水栖脊椎动物中，这5对囊体向外突，在其相应的外胚层部位向内陷，两者相遇并打通，形成由咽部与外界相通的鳃裂。陆栖脊椎动物用肺呼吸，但在胚胎期也形成5对咽囊，这些咽囊在发育中形成一系列衍生结构。

04.0498　鳃沟　branchial groove
在咽囊的外方，外胚层向内陷，形成与咽囊相对的凹陷。有5对，与咽囊一一对应。

04.0499　鳃弓　branchial arch, gill arch
又称"咽弓（pharyngeal arch）"。神经嵴细胞迁移到咽部区域形成的软骨性结构。位于咽囊之间两侧。软骨鱼类一般有7对，硬骨鱼类、两栖类、爬行类有6对，鸟类、哺乳类各有5对。第一对为颌弓，第二对为舌弓，随后称为鳃弓，是支撑鳃，着生鳃丝、鳃瓣的骨质结构。

04.0500　鳃芽　gill bud
第三对至第五对鳃弓的外胚层细胞增殖向

外形成的突起。

04.0501　外鳃　external gill
鳃芽继续生长分化形成的3对由许多细丝组成呈羽状的结构。其中有毛细血管分布。外鳃存在不久就被内鳃所取代，为一些鱼类胚胎或幼体及部分两栖类成体或幼体的呼吸器官。

04.0502　内鳃　internal gill
外鳃消失后由鳃弓的外胚层细胞形成的3对由许多细丝组成的结构。其中有毛细血管分布，是胚胎的呼吸器官。

04.0503　鳃后体　postbranchial body
第五对咽囊形成的一小团细胞。迁入甲状腺后分化为滤泡旁细胞，也有人认为滤泡旁细胞来自神经嵴细胞。

04.0504　肝憩室　hepatic diverticulum
前肠末端近卵黄囊处的腹侧内胚层细胞增殖，并向腹侧形成的一囊状突起。是肝脏和胆囊的原基。

04.0505　腹胰　ventral pancreas
从前肠末端靠近肝憩室的十二指肠处长出两个突起，其中位于肝憩室下方的突起。是胰脏的原基。

04.0506　背胰　dorsal pancreas
从前肠末端靠近肝憩室的十二指肠处长出两个突起，其中位置略高于肝憩室的突起。随着生长与腹胰互相靠近愈合一起成为胰脏。

04.0507　喉气管沟　laryngotracheal groove
第四对咽囊之间的咽底向下方凹陷形成的一条纵行沟。

04.0508　喉气管憩室　laryngotracheal diverticulum
喉气管沟逐渐加深，与咽相连处逐渐变窄，并从尾端向头端愈合形成的一长形盲囊。位于食管的腹侧，将分化成为喉、气管和肺。

04.0509　肺芽　lung bud
喉气管憩室的末端分支成的两个盲管。是主支气管和肺的原基，反复分支，分别形成肺的导管部和呼吸部的各级分支。

04.0510　脊椎动物肢发育　vertebrate limb development
在胚胎的体侧主要从外胚层和中胚层中形成肢的过程。出现近远轴、前后轴和背腹轴的分化。前肢发育在前，后肢发育比前肢略迟。

04.0511　近远轴　proximal-distal axis
前肢从肩到指、后肢从股到趾的长轴。是第一个轴。

04.0512　前后轴　anterior-posterior axis
从大拇指（趾）到小拇指（趾）的短轴。是第二个轴。

04.0513　背腹轴　dorsal-ventral axis
从手（脚）掌背到手（脚）掌心的短轴。是第三个轴。

04.0514　肢区　limb field
预定形成前肢和后肢的地方。其表皮外胚层和其下方的间充质细胞构成肢的原基。

04.0515　肢盘　limb disc
在间充质细胞的影响下，表皮外胚层加厚，此时的肢原基。

04.0516　肢芽　limb bud
肢盘中的间充质细胞分裂增殖，使较为平坦的肢盘从胚胎两侧突出形成的结构。分化形成前肢或后肢。

04.0517　顶端外胚层嵴　apical ectodermal ridge, AER
肢芽顶端的表皮外胚层在其下方的间充质细胞诱导下的加厚区域。维持肢的生长，促进间充质细胞分化。

04.0518　前进区　progress zone, PZ
顶端外胚层嵴下方基质含量高，间充质细胞分裂迅速的区域。是肢的生长和形态变化至关重要的地方。

04.0519　极性活性区　zone of polarizing activity, ZPA
在肢的后缘和胚体体壁交界处由间充质细胞组成的区域。对肢的前后轴的形成有重要作用。

04.09　细胞分化与发育

04.0520　分化　differentiation
细胞和组织间在形态结构和生理功能上发生稳定而明显的差异的过程。

04.0521　未分化细胞　undifferentiated cell
可以分化成各种类型成体细胞的干细胞。如受精卵和哺乳动物的早期卵裂球等。

04.0522　全能性　totipotency
一个细胞具有能重演个体的全部发育阶段并产生所有细胞类型的能力。

04.0523　多能性　pluripotency, multipotency
一个细胞具有发育成多种组织器官的能力，但却失去了发育成完整个体的潜能性。

04.0524　依赖性分化　dependent differentiation
又称"非自主分化"。依赖诱导者或其他外部因素的作用才会发生的分化。胚胎细胞之间的相互作用限制了胚胎细胞的发育潜能，使得胚胎细胞只能按一定的途径分化，即胚胎细胞的分化依赖于其所处的环境条件。这种分化方式由胚胎细胞所处的位置决定。如果将一个早期胚胎的细胞移植到另一个早期胚胎中，它将根据其在宿主胚胎中的位置进行分化，与其在原先胚胎中的位置无关。

04.0525　非依赖性分化　independent differentiation
又称"自主分化（self-differentiation）"。由细胞内在因子即基因的程序性表达引起的分化。一个胚胎细胞的分化与周围的胚胎细胞无关，分化是由胚胎细胞本身具有的形态发生决定子决定的，所以当一个卵裂球从早期胚胎中分离出来后仍然会形成其在整体胚胎中将形成的那种类型细胞，而失去该卵裂球的胚胎将失去这种类型的细胞。

04.0526　细胞分化　cell differentiation
同源细胞通过分裂，产生形态、结构与功能特征稳定差异的细胞类群的过程。

04.0527　组织分化　histological differentiation
从未分化的细胞群形成具有特定形态结构和功能组织的过程。

04.0528　组织发生　histogenesis
从内、中、外三个胚层中未分化的细胞形成

具有特定结构和功能组织的过程。

04.0529　化学分化　chemical differentiation
形态结构变化之前细胞内合成特异性化学物质（核酸、蛋白质和酶等）的过程。

04.0530　去分化　dedifferentiation
又称"脱分化""反分化"。分化细胞失去原有的分化结构和功能成为多能性细胞的过程。随后可导致细胞再分化成另一种细胞。

04.0531　再分化　redifferentiation
已分化细胞去分化后再次转变成原先的分化细胞的过程。

04.0532　转分化　transdifferentiation
又称"横向分化"。在环境因素的影响下，细胞改变固有的分化方向而分化为其他功能细胞的过程。

04.0533　分化抑制　differentiation inhibition
已分化细胞通过产生抑素而抑制邻近细胞进行同类分化的现象。

04.0534　分化潜能　potential differentiation
未分化细胞分化为功能细胞的潜在能力。

04.0535　细胞谱系　cell lineage
从未分化状态的细胞发育成的所有细胞后代。包括中间状态细胞的动态过程和细胞群体。在此过程中各种细胞生成的时间、顺序和所在空间位置以及它们之间的相互关系都明确，这种细胞间在发育中世代相承的亲缘关系犹如人类家族的谱系，故名。

04.0536　干细胞　stem cell
一类具有自我更新能力和多向分化潜能的细胞。在特定条件下可分化成多种功能细胞或组织或器官。根据其发育阶段分为胚胎干细胞和成体干细胞；根据其发育潜能分为三类：全能干细胞、多能干细胞和单能干细胞。

04.0537　胚胎干细胞　embryonic stem cell
从胚胎内细胞团或原始生殖细胞分离培养出的、能分化为机体各种组织细胞的一类多潜能细胞。具有体外培养无限增殖、自我更新和多向分化的特性。

04.0538　成体干细胞　adult stem cell
又称"组织干细胞（tissue stem cell）"。存在于一种已经分化组织中的未分化细胞。能够自我更新并且能够特化形成该类型组织的细胞。在正常情况下大多处于休眠状态，在病理状态或在外因诱导下可以表现出不同程度的再生和更新能力。

04.0539　全能干细胞　totipotent stem cell
能分化形成机体各种类型细胞并发育成完整个体的细胞。在哺乳动物中只有受精卵才是全能干细胞。

04.0540　多能干细胞　pluripotent stem cell
能分化形成多种细胞或组织器官的细胞。如造血干细胞、生殖干细胞、间充质干细胞等。

04.0541　单能干细胞　unipotent stem cell
有些成体干细胞只能分化产生单一类型的细胞。如精原干细胞，只能形成精子，不能形成其他类型的细胞。

04.0542　诱导多能干细胞　induced pluripotent stem cell, iPSC
通过采用导入外源基因或在培养液中加入化学物质等方法激活体细胞，使已经分化的细胞重新获得多能性转化的类多能干细胞。

04.0543　生殖干细胞　germ stem cell
能分化为生殖细胞和性腺各种支持细胞潜能的细胞。

04.0544　间充质干细胞　mesenchymal stem cell
源自未成熟的胚胎结缔组织，可分化为机体骨、软骨和各种器官细胞潜能的细胞。

04.0545　祖细胞　progenitor cell
存在于成体组织中具有较为明确分化目标的干细胞。

04.0546　类胚体　embryoid body
又称"拟胚体"。来源于胚胎干细胞、具有三个胚层的组织、类似早期胚胎的组织块。

04.0547　主[导]基因　master gene
在发育相关基因的程序性表达中起主导作用的基因。可调控其他胚胎发育相关基因的表达。

04.0548　差异基因表达　differential gene expression
在细胞分化过程中某些奢侈基因表达的结果生成一种类型的分化细胞，另一组奢侈基因表达的结果导致出现另一类型的分化细胞的现象。使各种胚胎细胞进行一定时、空顺序的基因表达，从而使胚胎得以正常发育。

04.0549　同源[异形]框　homeobox
存在于某些基因中的一段高度保守的 DNA 序列。由约 180 个碱基对组成，编码蛋白质中的含 60 个氨基酸残基的结构域，后者可与 DNA 结合。

04.0550　同源异形基因　homeotic gene
一类含有同源异形框、对早期胚胎发育有重要调控作用的基因。

04.0551　诱导　induction
在胚胎发育中，一个细胞群体或组织引起另一个细胞群体或组织定向分化的过程。

04.0552　诱导学说　induction theory
揭示胚胎发育中不同细胞和组织分化之间的相互依存关系的理论。

04.0553　诱导者　inductor
又称"诱导物"。在诱导过程中，发出和传递细胞信息或生物刺激的细胞群体或组织。

04.0554　胚胎诱导　embryonic induction
动物在一定的胚胎发育时期，通过细胞间的相互作用，一部分细胞影响相邻的另一部分细胞使其向一定方向分化的现象。

04.0555　相互诱导　reciprocal induction
两种胚胎组织相互作用引起二者都发生分化的诱导现象。

04.0556　中胚层诱导　mesoderm induction
两栖类胚胎的植物极内胚层细胞诱导其上方的动物极细胞形成中胚层细胞的过程。发生于初级胚胎诱导之前。

04.0557　初级胚胎诱导　primary embryonic induction
胚胎发育早期，非依赖性分化细胞所引发的诱导过程。如脊索中胚层诱导外胚层形成神经管的诱导过程。

04.0558　次级胚胎诱导　secondary embryonic induction
以初级胚胎诱导的产物为诱导者进行的诱导。

04.0559　三级胚胎诱导　tertiary embryonic induction
以次级胚胎诱导的产物为诱导者进行的诱导。

04.0560 指令性诱导 instructive induction
诱导组织发出的信息或刺激决定反应组织分化方向的一类诱导。

04.0561 允诺性诱导 permissive induction
已经完成分化决定的反应组织只有在诱导组织的作用下才能继续分化形成特定组织结构的一类诱导。

04.0562 接触性诱导 contact induction
通过诱导组织与反应组织间的细胞直接接触而引发的诱导。

04.0563 非接触性诱导 noncontact induction
两种细胞之间并非通过直接接触，而是通过某种化学物质而引发的诱导。

04.0564 反应者 responder
又称"反应物"。在诱导过程中接受信息或刺激并发生相应分化反应的细胞群体或组织。

04.0565 反应能力 competence
又称"感应性"。一种组织或细胞对某种特异性诱导信号发出反应而向着一定方向分化的能力。

04.0566 权能期 period of competence
诱导者的诱导作用和反应者的反应能力所能存在的特定的胚胎发育时期。

04.0567 可扩散诱导因子 diffusible inducing factor
由诱导组织产生并扩散至反应组织、从而诱导反应组织分化发育的化学物质。

04.0568 组织者 organizer
在胚胎发育过程中，能调控其他组织和细胞形成高度有序和相对完整的胚胎结构的特殊组织。

04.0569 组织中心 organization center
又称"组织者中心（organizer center）"。确定整个胚胎或胚胎的某部分发育的信号中心。

04.0570 位置信息 positional information
使细胞获得在某一特定范围内的特定位置的物质或因子（如特异性蛋白质和 mRNA 等）。决定细胞分化方向或调整细胞运动路径。

04.0571 模式形成 pattern formation
又称"图式形成"。胚胎细胞在空间上有序排布以确定特定结构蓝图的过程。

04.0572 形态发生 morphogenesis
在胚胎发育过程中，各种器官和结构按一定的空间和时间规律形成和发育的过程。

04.0573 形态发生素 morphogen
又称"形态发生决定子（morphogenetic determinant）""卵质决定子（ooplasmic determinant）"。在卵子发生过程中积累在卵母细胞中的母体基因产物。主要包括蛋白质和信使核糖核酸（mRNA）。

04.0574 形态发生素梯度 morphogen gradient
形态发生素从其源头扩散、浓度连续降低所形成的浓度梯度。

04.0575 母源 mRNA maternal mRNA
贮藏在卵母细胞中的信使核糖核酸（mRNA）。一直到卵母细胞成熟即将排卵之前、排卵时、受精或早期发育时才开始翻译。

04.0576 形态发生场 morphogenetic field
又称"发生场（developmental field）""胚胎场（embryonic field）"。能发育形成特定胚胎结构或器官的细胞团所在的胚胎区域。

04.0577 发育潜能梯度 developmental potential gradient

在胚胎发育过程中细胞或细胞群体的分化潜力逐渐变窄的现象。

04.0578 预定[胚]区 prospective area, prospective region

预期将形成某一结构的胚胎区域。

04.0579 预定潜能 prospective potency

在特定情况下未分化细胞所能形成的全部细胞类型。

04.0580 预定命运 prospective fate

在正常情况下细胞预期的发育方向及可形成的细胞类型。

04.0581 决定 determination

细胞的分化方向发生了稳定的不可逆的变化、但分化表型尚未显现时的细胞状态。

04.0582 胞质决定子 cytoplasmic determinant

在受精卵的增殖分化中，决定卵裂球分化命运的细胞质成分。

04.0583 雄核发育 androgenesis

只含一个雄配子染色体组的单倍体胚胎的生殖方式。

04.0584 雌核发育 gynogenesis

精子进入卵子后，细胞核很快退化并消失，胚胎发育仅受母体遗传物质控制的发育方式。

04.0585 调整型发育 regulative development

依赖相邻细胞相互作用决定细胞定向的胚胎发育方式。去除早期胚胎的一个卵裂球，剩余部分可调整改变原有发育方向，填补失去的卵裂球，使胚胎仍然发育为一个完整个体。

04.0586 镶嵌型发育 mosaic development

又称"嵌合型发育"。早胚细胞依赖胞质决定子进行自主分化的胚胎发育方式。如在某些低等动物，如果去除早期胚胎的某个卵裂球，胚胎将发育为一个不完整的个体，而缺失的部分正是所移走的卵裂球在体外形成的结构。

04.0587 胚胎滞育 embryonic diapause

由胚泡植入延迟、性激素水平低下、子宫内膜未能同步发育等不利因素导致的早期胚胎发育暂停现象。

04.0588 细胞行为 cell behavior

细胞作为一个整体单位在胚胎发育中的各种活动的总称。主要包括细胞增殖、细胞运动、细胞黏附、细胞类聚等。

04.0589 细胞增殖 cell proliferation

通过细胞分裂增加细胞数量的过程。是生物繁殖的基础，也是维持细胞数量平衡和机体正常功能所必需。

04.0590 细胞运动 cell movement

细胞进行各种自发或受控的移动。

04.0591 细胞黏附 cell adhesion

在细胞识别的基础上，同类细胞发生聚集形成细胞团或组织的过程。

04.0592 细胞类聚 cell sorting

同类细胞间相互识别并相互黏附从而形成细胞群体的过程。

04.0593 接触引导 contact guidance

细胞在与环境中的某种成分接触时所发生的定向运动。

04.0594 接触抑制 contact inhibition

运动中的细胞与其他细胞或组织接触后停

止运动或改变运动方向的现象，或增殖中的细胞相互接触后停止分裂的现象。

04.0595 细胞死亡 cell death
细胞生命活动不可逆停止的现象。

04.0596 程序性细胞死亡 programmed cell death
胚胎发育过程中受预定程序控制的、有一定时空规律的细胞死亡现象。

04.0597 细胞凋亡 apoptosis
细胞在内源和外源信号诱导下，启动一系列分子机制，按一定程序自发死亡的过程。是程序性细胞死亡的一种主要形式。表现为细胞皱缩、染色质凝集和边聚、核碎裂、DNA片段化、凋亡小体形成、天冬氨酸特异性半胱氨酸蛋白酶活化等。被邻近细胞或巨噬细胞吞噬，不发生炎症反应。

04.0598 细胞焦亡 pyroptosis
依赖于胱天蛋白酶-1，并伴有大量促炎症因子释放的一种程序性细胞死亡方式。表现为细胞不断胀大直至细胞膜破裂，导致细胞内容物的释放进而激活强烈的炎症反应。是机体一种重要的天然免疫反应，在抗击感染中发挥重要作用。

04.0599 凋亡小体 apoptotic body
细胞凋亡并碎解后形成的细胞碎片。有完整的质膜包绕，胞质内有核碎片或无核碎片。

04.10　技术与方法

04.0600 胚胎工程 embryo engineering
对哺乳动物的胚胎进行某种人为的工程技术操作，然后让其继续发育，获得人们所需要的成体动物的技术。

04.0601 授精 insemination
将雄性配子（或精子）置于雌性生殖道中或体外含有雌性配子（或卵子）的培养液中，以达到受精目的的操作。

04.0602 胚胎培养 embryo culture
把体外受精的受精卵转移到一定的培养液继续培养，使之发育形成早期胚胎的过程。

04.0603 去核 enucleation
用微吸管、电离辐射或激光等清除细胞核或使细胞核失活的技术。

04.0604 去核仁 enucleolation
用微吸管等清除细胞核内核仁的技术。

04.0605 核质相互作用 nucleocytoplasmic interaction
细胞核与细胞质之间的相互作用。一般认为，细胞的各种性状由核内的基因通过对包括酶在内的各种蛋白质的合成来控制的，但核的活性同时要受到作为其环境的细胞质的很大影响。

04.0606 核移植 nuclear transplantation, nuclear transfer
应用显微操作技术或其他的方法，将一个细胞（如胚胎细胞或体细胞）的核移入或嵌入另一个已经去除细胞核的细胞（如去核的受精卵或卵母细胞）的过程。主要用于产生克隆动物。

04.0607 胚胎移植 embryo transplantation, embryo transfer, ET
将雌性动物的早期胚胎，或者通过体外受精及其他方式得到的胚胎，移植到同种的、生理状态相同的其他雌性动物体内，使之继续发育为新个体的技术。

04.0608　胚胎分割　embryo splitting
通过显微操作技术把一个早期胚胎人为分割后再进行移植的过程。

04.0609　阴道内培养　intravaginal culture, IVC
将含精子和卵子的培养液密封置于母体阴道内并经一段时间培养后取出胚胎用于移植的技术。

04.0610　配子输卵管内移植　gamete intra-fallopian transfer, GIFT
用人工方法把精子和卵子输送到输卵管内使其自然受精并继续发育的技术。

04.0611　合子输卵管内移植　zygote intra-fallopian transfer, ZIFT
用人工方法把体外受精的受精卵输送到输卵管内使其继续发育的技术。

04.0612　胚胎输卵管内移植　tubal embryo transfer, TET
将早期胚胎输送到输卵管内使其继续发育的技术。

04.0613　精子穿透试验　sperm penetration assay, SPA
异种精子穿入去透明带的金黄地鼠卵子的试验。用以检测精子的活性与功能。

04.0614　单精注射　intracytoplasmic sperm injection, ICSI
全称"卵质内单精子注射"。通过显微操作技术将单个精子注射到卵细胞胞质内，使卵子受精，体外培养到早期胚胎，再放回母体子宫内发育植入的技术。

04.0615　性别控制　sex control
通过对动物的正常生殖过程进行人为干预，使成年雌性动物产出人们期望性别后代的一种生物技术。在畜牧生产中意义重大。

04.0616　动物克隆　animal cloning
通过体细胞核移植技术进行的动物无性繁殖技术。

04.0617　克隆动物　cloned animal
用体细胞的细胞核移植到去核卵母细胞中，经体外培养和胚胎移植而获得的与核供体动物遗传性状完全一致的一类动物。

04.0618　转基因动物　transgenic animal
用分子生物学方法将目的基因导入生殖细胞或受精卵，使之在其基因组内稳定整合并能遗传给后代的一类动物。

05. 无脊椎动物学

05.01　概　论

05.0001　头[部]　head, cephalon
动物身体的第一体段。是其最前端部分，由几个体节愈合而成，着生口和主要的感觉器官（如果存在）。

05.0002　胸[部]　thorax
动物身体的第二体段。由若干个体节组成，每个体节往往都具附肢，为运动中心。

05.0003　腹[部]　abdomen
动物身体的第三体段。紧接于胸部之后，一般由多节组成，附肢多已退化，为代谢中心。

05.0004　躯干[部]　trunk
又称"胴部（metastomium）"。动物身体中不包含头、颈、附肢和尾的部分。即胸部和腹部的主体部分。

05.0005　尾[部]　tail
动物躯干以后的部分。

05.0006　前体　prosome, prosoma
触手冠动物和后口动物胚胎发育时期就开始形成的有明确界限的身体第一部分。

05.0007　中体　mesosome, mesosoma
触手冠动物和后口动物胚胎发育时期就开始形成的有明确界限的身体第二部分。

05.0008　后体　metasome, metasoma
触手冠动物和后口动物胚胎发育时期就开始形成的有明确界限的身体第三部分。

05.0009　辐射对称　radial symmetry
通过动物体的纵轴（由头及尾或由口面到反口面）有多种切割法或多个切面可以使动物体的两部分相等或对称的现象。只有上、下之分，没有前后左右之别。从刺胞动物开始出现，是一种原始的低级的对称形式。

05.0010　两辐射对称　biradial symmetry
又称"左右辐射对称"。通过动物体内的纵轴（从口面到反口面）只有两个切面将身体分为相等两部分的对称方式。在刺胞动物有些种类中开始出现，是介于辐射对称和两侧对称的一种中间形式。

05.0011　两侧对称　bisymmetry, bilateral symmetry
又称"左右对称"。通过动物体的纵轴（由头及尾或由口面到反口面）只有一个对称面将动物体分成左右相等两部分或对称的现象。从扁形动物开始出现两侧对称的体型，是动物由水生进化到陆生的重要条件之一。

05.0012　口面　actinal surface, oral surface, ventral surface
辐射对称的动物（如刺胞动物、棘皮动物）身体有口的一侧。与反口面相对的一面。

05.0013　反口面　abactinal surface, aboral surface, dorsal surface
辐射对称的动物（如刺胞动物、棘皮动物）身体无口的一侧。与口面相对的一面。

05.0014　固着端　sessile end
动物用以固定、依附在其他物体或基质上的部位。如水螅、海葵的基盘，寄生虫的吸盘（如绦虫）以及藤壶、牡蛎等着生于其他基质的部位。

05.0015　游离端　free end
与固着端相对的、不与其他物体依附或连接的动物身体的游离部位。如水螅、绦虫、水母的触手等。

05.0016　分节[现象]　metamerism
在胚胎发生过程中，躯体沿前-后轴分成若干节段的变化。从环节动物开始出现真正分节现象。

05.0017　同律分节　homonomous metamerism
动物躯体由多个体节组成，这些体节（除最前2节和最末1节外）在形态、结构和功能上是基本相同的分节现象。从环节动物开始出现。

05.0018　异律分节　heteronomous metamerism
动物躯体由多个体节组成，不同部位的体

节在形态、结构和功能是不同的分节现象。有的明确分为头部、胸部和腹部三部分，有的头部与胸部愈合，分头胸部与腹部两个体区，有的只分头和躯干。从节肢动物开始出现。

05.0019　平扁　depressed
动物体型背腹扁平呈叶片状或条带状（扁形动物）的现象。

05.0020　侧扁　compressed
动物体型（如水蚤、钩虾等）或壳体两侧扁平的现象。

05.0021　刺　spine
多指动物体表较小突出物。不能动，细长尖锐，常略弯曲。如节肢动物、苔藓动物体表。

05.0022　小刺　spinule
动物体表较细长而小的刺或刺上短小的旁枝。

05.0023　小齿　denticle
动物体表与刺类似但较粗短的突出物。

05.0024　沟　groove, furrow, sulcus
器官之间或器官表面凹陷所形成的缝状、槽状结构。

05.0025　吸盘　sucker, sucking disc
某些动物具有的、中央往往是凹陷的、有一定吸附力和黏附功能的盘状构造。往往位于口的周围或趾、腕上。

05.0026　触手　tentacle
着生于动物头部或口等周围的单一或分支的柔软细长结构。有触觉、捕食和运动等功能。

05.0027　骨针　sclera, spicule
位于动物体表或体内的、细长状坚硬钙质物。如原生动物放射虫类的刺、多孔动物中胶层中的钙质针状物。

05.0028　体壁　body wall
三胚层动物身体表面由外胚层和中胚层发育而来的、包围着体腔的部分。其结构因种而异。

05.0029　体腔　coelom
三胚层动物体壁与内脏之间的空隙。分为假体腔和真体腔两类。

05.0030　假体腔　pseudocoelom, pseudocoel
又称"原体腔（primary coelom, protocoelom）""初生体腔"。动物胚胎发育时由中胚层与内胚层所围成的空腔。即消化管与体壁之间的腔隙。相当于胚胎期的囊胚腔，并非来自于中胚层。存在于线虫动物、线形动物、动吻动物等假体腔动物中。

05.0031　真体腔　true coelom
又称"次生体腔（secondary coelom）"。动物胚胎发育时由中胚层的脏壁与体壁分离后其间所形成的空腔。体腔被完整的体腔膜包裹，体壁和消化管壁皆有中胚层起源的肌肉层参与。存在于环节动物、软体动物、脊索动物中。低等脊椎动物的体腔不另分隔为其他腔室，而高等脊椎动物的体腔则分割为胸腔、腹腔与围心腔。

05.0032　裂体腔　schizocoel
动物胚胎发育时由中胚层细胞之间裂开而形成的体腔。如原口动物的体腔。

05.0033　肠体腔　enterocoel
动物胚胎发育时由脱离于内胚层的中胚层内原先存在的并逐渐发育扩大而形成的体腔。如后口动物的体腔。

05.0034　前体腔　protocoel
触手冠动物及后口动物的体腔由隔膜分隔为几个亚室，位于前端的亚室。如毛颚动物的头部体腔、半索动物的吻体腔，触手冠动物前体腔退化。

05.0035　中体腔　mesocoel
触手冠动物及后口动物的体腔有隔膜分隔为几个亚室，位于中间的亚室。如帚形动物中体部的体腔、毛颚动物的一对躯干部体腔。

05.0036　后体腔　metacoel
触手冠动物及后口动物的体腔有隔膜分隔为几个亚室，位于后端的亚室。如帚形动物的后体腔室（其内纵肌束的数目是鉴别物种的重要性状之一）、毛颚动物的尾部体腔。

05.0037　环肌　circular muscle
肌纤维伸展方向与动物身体纵轴成直角的肌肉。在横切面上呈圆形，其收缩时可使动物身体伸长变细，主要存在于低等三胚层动物中。

05.0038　纵肌　longitudinal muscle
肌纤维伸展方向与动物身体纵轴平行的肌肉。在横切面上呈点状，其收缩时可使动物身体缩短变粗。

05.0039　斜肌　oblique muscle
肌纤维伸展方向与动物身体纵轴之间的夹角在 0°～90°之间的肌肉。

05.0040　背腹肌　dorsoventral muscle
扁形动物等低等无脊椎动物起自背面表皮下基膜，终于腹面皮下基膜，即横贯背腹走行的肌肉。

05.0041　皮肌囊　dermomuscular sac
全称"皮肤肌肉囊"。低等无脊椎动物（如扁形动物、假体腔动物、环节动物）具有的、由外胚层形成的表皮和由中胚层形成的肌肉相互紧贴包裹全身构成的囊状体壁。既有保护身体的作用，又强化了运动功能。

05.0042　血腔　hemocoel, haemocoel
又称"混合体腔（mixed coelom）"。大部分软体动物和节肢动物体内所具有的、有血液或血淋巴充盈并循环的腔隙。由在消化管与体壁之间的假体腔和真体腔相混合形成。

05.0043　血红蛋白　hemoglobin
又称"血红素"。许多环节动物、少数低等软体动物及一些小型甲壳动物血液中的一种含铁的蛋白质。具有结合与运输氧气和二氧化碳的功能，起气体交换作用。

05.0044　血蓝蛋白　hemocyanin
又称"血青素"。许多软体动物和节肢动物血液中的一种含铜的蛋白质。具有结合与运输氧气和二氧化碳的功能，起气体交换作用。

05.0045　管肾　nephridium
又称"肾管"。无脊椎动物随着真体腔的形成而出现的发达的管状排泄器官。通常管的外端开口于体外；内端或是盲管（线虫）、焰细胞（涡虫），或是开口于体腔（环节动物）。由排泄细胞、管道和排泄孔组成。有些种类按节重复排列（如环节动物），有的兼有生殖作用（如多毛类环节动物）。

05.0046　原管肾　protonephridium
又称"原肾管"。排泄细胞为焰细胞的管肾。中空，收集废物入管道。只有一端开口于体外的肾孔，另一端是封闭的（线虫），或止于焰细胞（涡虫和轮虫）。为扁形动物、纽形动物等低等三胚层动物的排泄器官。

05.0047　后管肾　metanephridium
又称"后肾管"。两端开口的管肾。肾孔开口于体外,肾口开口于体腔。

05.0048　肾孔　nephridiopore
管肾外端在体壁表面的开口。废物由此排泄到体外。

05.0049　肾口　nephrostome
管肾内端在体腔内的开口。废物等由此进入管肾。

05.0050　大管肾　meganephridium
又称"大肾管"。较大的后管肾。每体节只有一对较大的肾管,如环节动物杜拉蚓等。

05.0051　小管肾　micronephridium
又称"小肾管"。较小的后管肾。每体节体壁和隔膜处有许多个小的肾管,如环节动物环毛蚓等。

05.0052　尿殖器官　urogenital organ
既用于排泄又用于生殖的器官。如环节动物多毛类、触手冠动物。

05.0053　散漫神经系[统]　diffuse nervous system
又称"扩散神经系[统]""网状神经系[统]""神经网(nerve net)"。刺胞动物和其他无脊椎动物体内由互相连接的神经细胞组成的分散于体壁、呈网状分布的、缺乏神经中枢的神经网络。是动物界最简单、原始的神经系统。

05.0054　梯状神经系[统]　ladder-type nervous system
扁形动物所具有的、由脑发出两条纵向神经索,其间有横神经连接的神经系统。

05.0055　链状神经系[统]　chain-type nervous system
又称"索式神经系[统]"。环节动物所具有的由脑、左右围咽神经、一对愈合的咽下神经节、腹神经索组成并纵贯全身的神经系统。

05.0056　围咽神经　circumpharyngeal nerve
一些分节的无脊椎动物(如环节动物、节肢动物)头部内、位于食道两侧较粗大的、连接咽上与咽下神经节的神经。

05.0057　咽上神经节　suprapharyngeal ganglion
又称"脑神经节(cerebral ganglion)"。位于一些分节无脊椎动物的食管背部或前部的一对神经节。是神经中枢。环节动物由两个较大的神经节组成,昆虫类则由6个神经节愈合而成。

05.0058　咽下神经节　subpharyngeal ganglion
位于一些分节无脊椎动物食管腹面的一对神经节。是身体运动控制中心。

05.0059　腹神经索　ventral nerve cord
又称"腹神经链"。从咽下神经节开始,位于腹中线处的一条纵贯全身的神经链。是由2条纵行的腹神经合并而成,外包一层结缔组织。在每个体节上有一个膨大的神经节,每个神经节发出两对神经,每个节间发出一对神经。星虫动物的腹神经索无神经节,其上分出许多不成对的神经分支,分别通向触手、项器和收吻肌。

05.0060　腹神经节　ventral ganglion
无脊椎动物躯干部、位于消化管腹侧的腹神经索的神经节。通常每腹节一个,发出一对主要神经至体节肌肉。

05.0061　内分泌器官　endocrine organ
自刺胞动物以上无脊椎动物体内具有分泌功能的细胞或器官。如神经内分泌细胞、X器、Y器等。

05.0062　眼点　eye spot, stigma
原生动物和低等无脊椎动物体上特定部位用于感光的构造简单的细胞器或无角膜和晶状体的小眼。

05.0063　单眼　ocellus
无脊椎动物着生于头顶中央或两侧结构较简单的、由一个角膜和多个感光细胞组成的感光器官。如节肢动物的单眼。

05.0064　合胞体　syncytium
多细胞组织中的细胞膜不明显或不存在而使组织中呈现多个细胞核的现象。如吸虫、线虫、轮虫的上皮层等。

05.0065　纳精囊　spermatheca, seminal rece-ptacle
某些雌性无脊椎动物（如腹毛动物、蜘蛛、昆虫等）的生殖道中接纳并暂时贮存精子的囊状结构。

05.0066　体外纳精器　thelycum
又称"雌性交接器"。一些动物（如虾蟹等）雌体具有的、与雌性生殖系统完全分离的、专门用于在交配时暂时接受和贮存精子的结构。

05.0067　交配囊　copulatory pouch
蠕形动物、软体动物和昆虫类等其阴道不直接与输卵管结合，交配时最先接受精子的雌性生殖器的一部分。不同类群结构不同。如颚口动物囊道目为卵巢后方呈膨大的囊状结构；腹毛动物为输卵管后部膨大成的厚壁囊，内常存有一团精子。

05.0068　阴门　vulva
雌性动物阴道或产道通往体外的开口。在雌蛛为生殖器内部结构的总称，主要包括交配管、纳精囊和受精管等。

05.0069　精包　spermatophore
又称"精荚"。由雄性动物（如部分涡虫类、蛭类、节肢动物等）分泌的、包含有大量雄性精子的囊状结构。交配时被完全移送入雌虫体内。

05.0070　卵囊　egg sac, egg capsule
由雌性动物（如一些软体动物、蜘蛛）分泌的、包含有大量受精卵的囊状物。幼体在内发育而成。

05.0071　出芽生殖　budding
单细胞动物和低等后生动物的一种无性生殖方式。由个体体壁局部向外突出成芽体，成熟后脱离长成与原个体同样形态的新个体或不脱离母体形成群体。不同类群的出芽外观相似，但实际内容有所不同。如吸管虫及漏斗虫等类群包括内出芽、外出芽生殖等多种类型。

05.0072　担轮幼虫　trochophora
又称"担轮幼体"。环节动物、星虫动物、纽形动物、内肛动物、螠虫动物和某些软体动物等在个体发育过程中的一种幼虫类型。其状似陀螺，腰部有两圈纤毛环，口在其中，营自由游动生活。

05.0073　顶纤毛束　apical tuft
担轮幼体前端的纤毛束。在戈芬星虫担轮幼体中为纤毛环中央的一束纤毛束。

05.0074　前纤毛环　prototroch
又称"口前纤毛轮"。担轮幼体距顶端1/3～1/2处（口之前）围绕身体的纤毛。

05.0075 后纤毛环 metatroch
又称"口后纤毛轮"。担轮幼体口后排列的纤毛。为与前纤毛环和端纤毛环相对应的构造。

05.0076 端纤毛环 telotroch
又称"端纤毛轮"。担轮幼体后端肛门前的纤毛。

05.0077 寄生虫 parasite
两种生物生活在一起，一方受益，一方受害，受益的一方。营内寄生的多数是原生动物、扁形动物和线形动物等，营外寄生的多数是扁形动物、节肢动物等。

05.0078 寄生虫学 parasitology
研究寄生虫的形态结构与分类、生活史、致病机制、流行规律、实验诊断和防治的科学。

05.0079 医学寄生虫学 medical parasitology
又称"人体寄生虫学（human parasitology）"。研究人体寄生虫病病原的形态结构与分类、生活史、致病机制、流行规律、实验诊断和防治的科学。

05.0080 兽医寄生虫学 veterinary parasitology
研究动物寄生虫病病原的形态结构与分类、生活史、致病机制、流行规律、实验诊断和防治的科学。

05.0081 免疫寄生虫学 immunoparasitology
研究寄生虫与宿主相互关系的科学。旨在从免疫学方面认识寄生现象的本质，为寄生虫病的诊断和防治提供新的策略和方法。

05.0082 寄生虫病 parasitic disease
由寄生虫感染动植物体所引起的疾病。

05.0083 血液寄生虫 hematozoic parasite, haematozoon
寄生在血液循环系统里的寄生虫。

05.0084 永久性寄生虫 permanent parasite
成虫或生活史某一阶段必须营寄生生活的寄生虫。

05.0085 暂时性寄生虫 temporary parasite, intermittent parasite
只在取食时与宿主接触，取食后离去的寄生虫。如蜱、蚊。

05.0086 兼性寄生虫 facultative parasite
可以自由生活，也可侵入宿主体内营寄生生活的寄生虫。如粪类圆线虫可在土壤中自由生活，成虫也可寄生于宿主肠道。

05.0087 专性寄生虫 obligatory parasite
寄生虫发育阶段中至少有一个时期必须营寄生生活的寄生虫。

05.0088 偶然寄生虫 accidental parasite, occasional parasite
因偶然机会进入非正常宿主体内营寄生生活的寄生虫。如蝇蛆、蜈蚣等。

05.0089 寄生虫感染 parasitic infection
病原寄生虫侵入动植物体的过程。

05.0090 组织内寄生虫 histozoic parasite
寄生于宿主组织内部的寄生虫。如脑多头蚴（脑包虫）。

05.0091 假寄生虫 pseudoparasite, spurious parasite
自由生活的种类偶然进入某些动物体内，并继续在那里生存一段时间，对这些动物不构成伤害的虫体。

05.0092　环卵沉淀反应　circumoval precipitate reaction, COPR

将一定数量的寄生虫虫卵放在宿主的血清中培养，在虫卵周围会出现环卵的凝集沉淀现象。

05.0093　尾蚴膜反应　cercarian huellen reaction, CHR

复殖吸虫的尾蚴放在宿主的血清中培养，在尾蚴周围血清产生的凝集沉淀现象。

05.0094　幼虫移行症　larva migrans

寄生虫幼虫侵入非正常宿主不能发育为成虫，在宿主体内移行，引起宿主局部或全身的病症。可分为皮肤幼虫移行症、内脏幼虫移行症。如犬弓首线虫、广州管圆线虫等。

05.0095　消除性免疫　sterilizing immunity

宿主能消除体内的寄生虫，并对再感染产生完全的抵抗力。

05.0096　非消除性免疫　nonsterilizing immunity

宿主对寄生虫免疫应答多种多样，宿主不能完全消除寄生虫，使寄生虫与宿主维持一种低水平共同生存状态。

05.0097　带虫免疫　premunition

宿主不能完全消除寄生虫，保持低水平共同生存状态，对再入侵的同种寄生虫有免疫力，但原寄生虫被消除后，宿主已获得的抵抗力也随之消失。

05.0098　伴随免疫　concomitant immunity

宿主被寄生时对一种寄生虫产生抵抗力，当同种寄生虫再次感染时对新感染寄生虫有一定的抵抗力。如果寄生虫被消灭，则抵抗力也随之消失。如生活在血吸虫疫区的人比新到疫区的人感染较轻。

05.0099　人兽共患寄生虫病　parasitic zoonosis

在脊椎动物与人类之间互为传播的寄生虫病。如广州管圆线虫病，旋毛虫病等。

05.0100　自然疫源地　natural focus, nidus

传染疫病的病原体、媒介及宿主（易感动物）存在于特殊的生物地理群落，形成的稳定地域综合体。其中，病原体没有人类参与也能在动物间长期流行并反复繁殖。

05.0101　自体感染　autoinfection

寄生虫可在宿主体内引起自体重复感染的现象。如微小膜壳绦虫虫卵在小肠内孵出六钩蚴，幼虫在小肠内发育为成虫。

05.0102　逆行感染　converse infection

寄生虫由肛门排出的虫卵在肛门附近孵出幼虫，幼虫再进入肠道内寄生发育成成虫的现象。如蛲虫。

05.0103　宿主　host

两种生物生活在一起，一种生物在营养和空间等方面对另一种生物造成伤害，受害的一方。即被寄生的生物。

05.0104　宿主更替　alternation of host

又称"宿主交替"。寄生虫在生活史不同时期对环境要求不同，由一个宿主更换到另一个宿主的现象。

05.0105　宿主特异性　host specificity

寄生虫只能在某种或某些宿主内寄生的特性。是在长期进化过程中形成的。

05.0106　中间宿主　intermediate host

寄生虫的幼虫或无性生殖时期所寄生的宿主。幼虫在该宿主体内经过一定发育但不能发育为成虫。

05.0107　第一中间宿主　first intermediate host
有些寄生虫在其发育过程中需要两种或两种以上的中间宿主，第一个所寄生的中间宿主。

05.0108　第二中间宿主　second intermediate host
有些寄生虫在其发育过程中需要两种以上不同的中间宿主，第二个所寄生的中间宿主。

05.0109　终宿主　final host, definitive host
寄生虫在成虫或有性生殖阶段所寄生的宿主。

05.0110　储存宿主　reservoir host
又称"保虫宿主"。有些寄生虫既可寄生于人，也可寄生于脊椎动物，在一定条件下可通过感染的脊椎动物再传给人，作为人体寄生虫病传染源的这些寄生虫脊椎动物宿主。

05.0111　转续宿主　paratenic host
又称"转运宿主（transport host）""输送宿主"。有些寄生虫的幼虫侵入宿主后，不能继续发育，但可长期处于幼虫状态，如有机会还可感染终宿主，则可继续发育为成虫。这种使其保持幼虫状态的宿主。如蛇是曼氏叠宫绦虫的转续宿主。

05.0112　偶然宿主　accidental host, incidental host
又称"偶见宿主"。偶然感染寄生虫的宿主。寄生虫意外地进入非正常寄生的动物体内发育为成虫，此寄生动物即为该寄生虫的偶然宿主。如寄生于狗的犬复孔绦虫（*Dipylidium caninum*）寄生了人体，人体即为犬复孔绦虫的偶然宿主。

05.0113　单宿主型　monoxenous form
不需要更换宿主就能完成其生活史的寄生虫类型。

05.0114　异宿主型　heteroxenous form
需要更换宿主才能完成其生活史的寄生虫类型。如利什曼原虫（*Leishmania* sp.）完成生活史需要无脊椎动物和脊椎动物宿主。

05.0115　自异宿主型　autoheteroxenous form
终宿主可接着成为其中间宿主的寄生虫类型。如鼠可为旋毛虫（*Trichinella spiralis*）的终宿主，又可成为其中间宿主。

05.0116　同型生活史　homogonic life cycle
一生都营寄生生活或都营自由生活，没有寄生与自由生活更替的生活史类型。

05.0117　异型生活史　heterogonic life cycle
寄生虫生活史有无性生殖和有性生殖世代交替现象，有两个或两个以上宿主更替的生活史类型。如多数复殖吸虫和绦虫等。

05.0118　童虫　juvenile, schistosomulum
感染期虫体侵入终宿主后，在宿主体内移行至寄生部位，发育为成虫之前的吸虫生活史时期。体内各器官已形成，形态结构已可辨认清楚，但未性成熟，雌性生殖器官中无卵。

05.0119　生物源性蠕虫　biohelminth
发育过程中需要通过中间宿主才能完成生活史的蠕虫。如血吸虫、猪带绦虫、颚口线虫等。

05.0120　土源性蠕虫　geohelminth
发育过程中不需要通过中间宿主就能完成生活史的蠕虫。如蛔虫、钩虫、鞭虫、蛲虫等。

05.0121　蠕虫学　helminthology
研究具假体腔，借肌肉伸缩做蠕形运动的蠕虫的形态结构、发育生活史及致病机制等的科学。

05.0122　蠕虫病　helminthiasis, helminthosis
动物或人体由于蠕虫寄生引起的疾病。

05.0123　土源性蠕虫病　geohelminthiasis
动物或人体由于土源性蠕虫寄生所引起的

蠕虫病。

05.0124　生物源性蠕虫病　biohelminthiasis
动物或人体由于生物源性蠕虫寄生引起的蠕虫病。

05.02　原生动物门

05.0125　原生动物学　protozoology
研究原生动物的形态、分类和生命活动规律等的科学。

05.0126　肉足鞭毛虫门　Sacromastigophora
原生动物的一个类群。以鞭毛或伪足作为运动或摄食器官。主要包括肉足虫类和鞭毛虫类。

05.0127　肉足虫类　Sarcodina
用各种伪足做运动和摄食胞器,生活史中常见"具鞭毛"阶段的一类原生动物。包括一切有壳或无壳变形虫、太阳虫、放射虫、有孔虫等。

05.0128　变形虫　amoeba
肉足虫类原生动物的代表动物之一。虫体通常无固定形态,体表仅具有一层很薄的细胞膜,使虫体有很大的可变性,以伪足作为运动胞器。

05.0129　太阳虫　heliozoan
肉足虫类原生动物的代表动物之一。体呈球形,胞质呈泡沫状态,有许多放射状的丝状伪足自身体伸出、形如光芒四射的太阳而得名。多分布于淡水中。

05.0130　放射虫　radiolarian
肉足虫类原生动物的代表动物之一。一般具硅质骨骼,身体呈放射状,在细胞质内有一个球形、梨形或圆盘形的几丁质中央囊,普

遍海洋漂浮生活。

05.0131　有孔虫　foraminifer
肉足虫类原生动物的海洋生代表动物。普遍具外壳,具丝网状伪足,少数种类无壳壁,有世代交替现象。

05.0132　鞭毛虫　flagellate
生活史中主要以鞭毛为运动细胞器的一类原生动物。有性生殖如果存在,则为配子生殖;无性生殖主要为纵向二分裂。根据色素体的有无、光合自养（为主）或动物性（异养）生活方式而分为两个大亚群:植鞭类和动鞭类。

05.0133　盘蜷虫门　Labyrinthomorpha
原生动物的一个类群。无鞭毛、纤毛或伪足,以其分泌的黏液将个体连成群体。种类极少,自由生活,少数陆生,多数生活在水藻或水草上,淡水和海水中均有分布。

05.0134　顶复门　Apicomplexa
寄生原生动物的一个类群。全部行专性寄生生活,绝大部分有复杂的侵入宿主的顶端复合胞器,因此得名。传统分类中属于孢子虫类。

05.0135　微孢子虫门　Microspora
原生动物的一个类群。个体小、无鞭毛,细胞内寄生。传统分类中属于孢子虫类。

05.0136　囊孢子门　Ascetospora
又称"奇异孢子门"。原生动物的一个类群。孢子具有 1 个或多个孢原质，无极囊和极丝的寄生原生动物。

05.0137　黏体动物门　Myxozoa
原视为原生动物的一个类群。孢子内有多个细胞和极丝，寄生时用极丝固定于寄主体上，细胞进而可以变形侵入寄主；非寄生时为孢子形态。近年研究认为应是多细胞的两侧对称的动物，具有纵肌，不属于原生动物，单另立为一门，可视为与其他多细胞动物祖先的联系者。

05.0138　纤毛门　Ciliophora
原生动物中构造最特化和复杂的一个类群。以纤毛为运动胞器，具有双核性和接合生殖等特点的原生动物。

05.0139　纤毛虫　ciliate
以纤毛为运动胞器，具有双核性和接合生殖等特点的一类原生动物。如草履虫、游仆虫、棘尾虫等。

05.0140　草履虫　*Paramecium*
纤毛虫的代表种。因其似鞋底状而得名。全身遍布同律性纤毛，口沟位于体中部腹面，向内借助口前庭通入胞口和胞咽，表膜下纺锤状的刺丝泡密集垂直分布。具有一枚椭圆形的大核及一至多枚小核。是重要的生物学研究用材料。代表种为尾草履虫，全球分布。

05.0141　四膜虫　*Tetrahymena*
膜口类纤毛虫的一个属。外观呈椭球形，胞口位于体腹毛前端，前庭内围绕胞口具有 3 片发达的围口小膜和 1 片口侧膜。具有大小细胞核各一枚。淡水生，是细胞学、分子生物学等领域重要的模式生物。

05.0142　腹毛类　Hypotrichs
又称"下毛类"。纤毛虫类的一个亚纲级类群。具有发达的口围带、体纤毛高度特化并主要分布在腹面。具有十分复杂的细胞发生过程，是细胞生物学、遗传学等研究中常用模式材料，如棘尾虫、游仆虫。

05.0143　孢子虫　sporozoon
普遍为无运动能力且外被孢子壳的一大类寄生原生动物。为一过时的旧分类名词，现分为多个门级阶元，如疟原虫、球虫、黏孢子虫、微孢子虫。

05.0144　质膜　plasmalemma, plasma membrane
包被在细胞外的一层单位膜。由磷脂双层结合有脂质和蛋白质构成，是细胞内外信息和物质交流的屏障。

05.0145　皮层　cortex
原生动物中的表面结构层，由多种互相联系的结构组成的细胞外层。典型地出现在纤毛虫，包括表膜、表膜下纤毛系和其他多种结构的整个细胞外层。

05.0146　表膜　pellicle
包被原生动物细胞的外层界膜。由一层或几层膜结构组成。不同类群的原生动物其表膜结构或分化程度有明显差异，如变形虫类的表膜仅由一层质膜组成，纤毛虫的表膜则由质膜、表膜泡内膜和外膜三层膜组成。

05.0147　表膜条纹　pellicular strium
眼虫等类群的细胞表面内质膜凹陷而形成的纵面或螺旋状排布的沟槽状条纹。

05.0148　表膜沟　pellicular groove
表膜条纹的一边向内的凹陷。一个条纹的沟与其邻接条纹的嵴相关联（似关节）。是表膜条纹的重要结构。

05.0149　表膜嵴　pellicular crest
断面观表膜条纹的一边向外的突起。一个条纹的嵴与其邻接条纹的沟相关联，形成可滑动的铰接。

05.0150　黏液体　mucus body
一类细胞器，作用不明，外包以膜、与体表膜相连，有黏液管通到嵴和沟的结构。

05.0151　外质　ectoplasm
原生动物细胞的表层，于表膜之下、通常较透明的、无明显颗粒的外薄层。除线粒体外，通常缺乏细胞器。

05.0152　内质　endoplasm
原生动物细胞内部较深层的、具颗粒的区域。含有细胞核等许多重要细胞器。通常与外质有较明显的稠密度、功能、透明度等差别。

05.0153　凝胶[质]　plasmagel
细胞外层相对固态的内质。

05.0154　溶胶[质]　plasmasol
细胞内部呈液态的内质。

05.0155　致密核　massive nucleus
原生动物细胞核的一种类型。富含染色质，均匀、致密地分布于核内。

05.0156　泡状核　vesicular nucleus
原生动物细胞核的一种类型。含染色质少。

05.0157　细胞质衍生物　cytoplasmic derivant
原生动物细胞质内的产物运送到细胞外形成的结构。如细胞外的刺、壳、鞘、包囊壁等。

05.0158　鞭毛　flagellum
由基体长出、含"9+2"微管结构的细胞表面的鞭状延伸物。是运动细胞器。等同于纤毛。

05.0159　鞭毛系统　mastigont system
由鞭毛及其鞭毛基体联系的微管、纹状纤维等在一起组成的复合结构。

05.0160　核鞭毛系统　karyomastigont system
由鞭毛系统及其相联系的细胞核组成的结构单元。

05.0161　基体　basal body
真核细胞的鞭毛或纤毛基底部由微管及其相关蛋白质构成的短筒状结构。超微结构上包含九组三联微管结构，电子反差小的中央部分含有一致密的电子基板。与中心粒的结构相似，是鞭毛、纤毛、轴丝生长的根基。

05.0162　毛基体　kinetosome
又称"毛基粒"。在表膜下垂直于细胞表面向内发出的圆柱体。等同于基体。为纤毛或鞭毛的生发基础。在鞭毛虫中又称"生毛体（blepharoplast）"。

05.0163　动基体　kinetoplast
动基体类鞭毛虫细胞内靠近鞭毛基体的单一巨大的线粒体结构。与鞭毛无关，内含DNA。

05.0164　鞭毛动基体复合体　flagellar base-kinetoplast complex
由鞭毛基体和含 DNA 的动基体紧密并置在一起组成的复合结构。

05.0165　鞭毛根丝　flagellar rootlet
又称"鞭毛小根"。由鞭毛基体基部向右前

方发出的纤维。

05.0166 轴丝 axoneme
鞭毛或纤毛中心由纵行平行排列的微管束及其相关蛋白质构成的芯部。负责鞭毛或纤毛的运动。

05.0167 鞭毛丝 mastigoneme, flimmer
又称"鞭[毛]茸"。在鞭毛杆上着生的一列或多列细丝状侧向分枝。

05.0168 纤鞭毛 ciliary flagellum
含有鞭毛丝的鞭毛。

05.0169 横沟 horizontal groove
腰鞭类鞭毛虫外被的纤维素壳板中横向的小沟。其波动膜状的腰鞭毛环绕在沟内。

05.0170 上壳 epicone
又称"上锥"。腰鞭类鞭毛虫外被的纤维素壳板中其横沟上方的部分。

05.0171 下壳 hypocone
又称"下锥"。腰鞭类鞭毛虫外被的纤维素壳板中横沟下方的部分。其腹面生有一条短的纵沟。

05.0172 腰带 cingulum
腰鞭类鞭毛虫中覆于横沟的壳板。

05.0173 液泡 pusule
又称"中泡"。腰鞭类鞭毛虫在鞭毛沟凹入位置由两层膜围着，开口通胞外，行渗透调节功能的泡状结构。

05.0174 纵沟 sulcus
腰鞭类鞭毛虫中位于横沟下按自后至前纵行，在赤道水平与横沟汇合的沟。沟内发出一根拖曳鞭毛。

05.0175 横鞭毛 transverse flagellum
腰鞭类鞭毛虫中一根起始于横沟内基体、环绕横沟的鞭毛。

05.0176 纵鞭毛 longitudinal flagellum
腰鞭类鞭毛虫中位于纵沟，伸向后方的鞭毛。

05.0177 拖曳鞭毛 trailing flagellum
腰鞭类鞭毛虫中一根起始于纵沟内基体、向后伸展的纵鞭毛。

05.0178 鞭毛囊 flagellar sac
鞭毛基体处的凹陷。

05.0179 定鞭丝 haptonema
定鞭类鞭毛虫中，位于两条尾鞭毛之间，比鞭毛纤细，长于或短于鞭毛的结构。

05.0180 盾纤维-轴杆复合体 pelta-axostyle complex
在鞭毛虫细胞前端，由微管与轴杆的头端组成，与鞭毛系统相联系的月牙形结构。对细胞的运动和形状的保持等有作用。

05.0181 轴杆 axostyle
某些寄生鞭毛虫中穿过虫体纵轴、通常在后端突出的支持性杆状体。内含微管或微管束。与鞭毛系统等组成一体，通常认为对细胞形态的维持及细胞运动有作用。

05.0182 副轴杆 paraxial rod
在某些鞭毛虫的鞭毛膜内沿轴纤丝分布的纤维束或杆状结构。

05.0183 副基体 parabasal body
多鞭毛虫和超鞭毛虫中起始于细胞前端、呈杆形或香肠形的细胞器。具有与高尔基体相似的超微结构。

05.0184 副基丝 parabasal filament
经过整个副基体的线状结构。

05.0185 副基器 parabasal apparatus
鞭毛虫中由副基体和副基丝组成的复合结构。

05.0186 锥虫期 trypaniform stage
见于某些锥虫类（鞭毛虫）生活史的某个阶段。此时虫体呈长条状或长梭形，位于细胞后部的基体发出 1 根扁平、带状的鞭毛与体壁附着在一起，形成一片纵贯胞体全长的波动膜，借此结构而在血液等黏性介质中运动。

05.0187 利什曼期 leishmanial stage
某些锥虫类生活史的一个阶段。此时鞭毛退化，胞体呈圆形或卵圆形，内含一个细胞核和一个动基体。

05.0188 短膜虫期 crithidial stage, epimasti-gote
某些锥虫类生活史的一个阶段。该期存在典型的波动膜。

05.0189 前鞭毛体 promastigote
寄生于节肢动物消化管内的利什曼原虫。体梭形，中央有一个核，核前有一基体，由基体伸出一根鞭毛。

05.0190 无鞭毛体 amastigote
某些寄生鞭毛虫所具有的结构，圆形或椭圆形，具核和动基体，无鞭毛或有很短鞭毛的小体。

05.0191 上鞭毛体 epimastigote
某些寄生鞭毛虫的一个生活阶段。纺锤形，动基在核的前方，游离鞭毛自核的前方发出。

05.0192 锥鞭毛体 trypomastigote
存在于血液或锥蝽的后肠内（循环后期锥鞭毛体）的锥虫。游离鞭毛自核的后方发出。在血液内，外形弯曲如新月状。具多形性。

05.0193 休眠合子 hypnozygote
某些腰鞭类鞭毛虫的厚壁合子。无运动能力，表面具有刺或突起。

05.0194 休眠孢子 statospore
通常指在环境不利或饥饿情况下，由营养细胞形成的抵抗性休眠包囊。通常球形，表面光滑或具有突起及刺。

05.0195 游动合子 planozygote
某些腰鞭类鞭毛虫形成的具有运动能力的合子。可形成休眠包囊，从包囊内释放两个游动细胞。

05.0196 副淀粉 paramylon
光合自养的鞭毛虫细胞内积聚在淀粉核附近、由 β-1,3-葡萄糖组成的一类多糖。显示杆形、环形和圆盘形，对碘无显色反应。

05.0197 球石粒 coccolith
某些定鞭类鞭毛虫细胞表面覆盖的盘状钙化结构。

05.0198 储蓄泡 reservoir
某些鞭毛虫的鞭毛基部常见的泡状膨大部分。功能不详。

05.0199 伸缩泡 contractile vacuole
存在于多类原生动物体内的泡状结构。因类群而异，随原生质流动而转移。在纤毛虫则通常具有固定的位置和数目，有规律的伸缩频率，舒张至一定大小后收缩，主要功能为调节细胞渗透压和排出代谢废物。

05.0200 收集管 collecting canal
常见于纤毛虫中，与伸缩泡相连的管状结

构。收集细胞质中多余的水分及代谢废物并转运至伸缩泡内。

05.0201　食物泡　food vacuole
原生动物在摄取食物时形成的泡状结构。与质膜脱离后进入细胞质内，经与溶酶体融合并在多种水解酶作用下，食物颗粒在食物泡内消化、被吸收，不能消化的部分最终排出细胞外。

05.0202　感光小器　ocellus
某些腰鞭类鞭毛虫中，由透明体和黑色体组成、对光敏感的复合细胞器。

05.0203　透明体　hyalosome
某些腰鞭类鞭毛虫感光小器中的透明结构。具有将光聚焦的功能。

05.0204　黑色体　melanosome
感光小器中含色素的非透明结构。

05.0205　副鞭[毛]体　paraflagellar body
鞭毛基部的一种光敏感结构。当一侧的光被眼点吸收后，可使其产生定向的光反应，与眼点构成了某些植鞭毛类的感光细胞器。

05.0206　类囊体　thylakoid
植鞭类鞭毛虫叶绿体内互相平行排列的片层单元。含结构蛋白质、脂肪和叶绿素，并携有酶系，是光合作用的场所。

05.0207　质体　plastid
植鞭类鞭毛虫的光合作用色素体。其中含有叶绿素成分的质体为叶绿体，在不同种类可因含有不同类胡萝卜素可使细胞呈现黄色、褐色、红色，甚至无色，其质体可被称为有色体或白色体。

05.0208　黏变形虫　myxamoebe
曾称"胶丝变形体"。黏菌类原生动物生活史中的单核变形虫阶段。

05.0209　黏鞭毛虫　myxoflagellate
曾称"胶丝鞭毛体"。黏菌类原生动物生活史中由黏变形虫转化产生的鞭毛虫。

05.0210　鞭毛运动　flagellar movement
鞭毛沿其长轴按顺序发生的一种连续变化的运动。运动过程中采取波动或螺旋运动两种方式，将食物颗粒带给细胞，或使细胞从一处转移到另一处。

05.0211　眼虫运动　euglenoid movement, meaboly
原生动物中一种与表膜结构的滑动相联系的运动形式。其中由表膜及表膜下微管或微丝等构成一个个相对独立的单元，相邻单元之间发生作用，产生滑动，使细胞从一处运动到另一处。

05.0212　伪足　pseudopodium
原生动物体表任意位置或特定位置形成的部分暂时性细胞质突起。通常可以呈丝状、叶状、指状或针状等，用于运动和摄食。

05.0213　丝[状伪]足　filopodium
由细胞质外质形成突起并延伸为细丝状的一类伪足。一般只含外质，其中常出现不相交的分枝。如磷壳虫。

05.0214　根[状伪]足　rhizopodium
由细胞质外质形成突起并延伸为多个丝状分枝，分枝互相连接组成的一类网状或小根状的一类伪足。如有孔虫。

05.0215　叶[状伪]足　lobopodium
由细胞质突起形成，其前端宽阔钝圆，形似叶状、舌状或指头状的一类伪足。如变形虫、表壳虫。

05.0216　有轴伪足　axopodium
简称"轴足"。由细胞质鞘围着刚性的轴丝组成,自胞体向多个方向放射呈辐射状分布的半永久性、轴杆样的一类伪足。如太阳虫、放射虫。

05.0217　原质团　plasmodium
某些根足类原生动物生活史一定阶段形成的由质膜围着原生质的多核团。

05.0218　变形体　amoebula
某些根足类、微孢子虫类和黏孢子虫类原生动物生活史中的一个小变形虫阶段。

05.0219　变形运动　amoeboid movement
通过伪足进行的细胞运动。包括细胞的移位、摄食以及对周围环境的反应等运动。

05.0220　壳　test
由原生质分泌物或由分泌物胶结其他外来颗粒而成,用于包裹并保护软体的部分。

05.0221　胶结壳　agglutinated test
又称"砂质壳(arenaceous test)"。有孔虫原生质分泌物胶结外来物质而构成的壳壁。外来物质有石英、长石、方解石等矿物颗粒,以及火山玻璃、碳酸钙颗粒、生物骨骼碎屑等。

05.0222　钙质壳　calcareous test
由有孔虫分泌的碳酸钙构成的壳壁。通常结晶为方解石,是大多数有孔虫的壳质类型。

05.0223　瓷质壳　porcellaneous test
又称"钙质无孔壳"。由有孔虫原生质分泌的极细的碳酸钙颗粒构成的壳壁。外观细腻光亮,如同上了釉的瓷器。

05.0224　假几丁质壳　pseudochitinous test
又称"伪几丁质壳"。一些原始单室有孔虫由类似几丁质而含有蛋白质的有机质构成的壳壁。呈糖类反应,成分为黏蛋白,柔软而致密,不易保存为化石。胶结壳、钙质壳都具有一个假几丁质的基层。

05.0225　双态现象　dimorphism
又称"双形现象"。在原生动物中,同一个种在有性和无性世代或不同的生活阶段个体具有显著不同特征的现象。如有孔虫的显球型壳和微球型壳。

05.0226　显球型壳　megalospheric test
无性世代个体的壳。初房大,成年壳小。

05.0227　微球型壳　microspheric test
有性世代个体的壳。初房小,成年壳大于显球型壳。

05.0228　房室　loculus, chamber
又称"壳室"。壳壁围绕而成、原生质停留的空腔。为多房室类型的一个短暂的生长阶段。壳内各个房室始终由隔壁孔或者其他通道相通,并通过口孔、次生口孔与壳面相通。

05.0229　口孔　aperture
有孔虫房室通向外界环境的开口。可分为原生口孔和次生口孔。

05.0230　原生口孔　primary aperture
与房室同时形成的口孔。分为单口孔、复口孔。

05.0231　次生口孔　secondary aperture
在房室形成后,细胞质对壳壁的再吸收而形成的通向主房室的附加或补充的开孔。可位于口面、缝合线或缘周。

05.0232　补充口孔　supplementary aperture
位于有孔虫口面或缘周的次生口孔。根据发

育位置可分为面补充口孔、壳缘补充口孔、脐部残留口孔、缝合线次生口孔。

05.0233　辅助口孔　accessory aperture
浮游有孔虫壳体脐部口孔外面常被次生构造覆盖，覆盖物下的空腔通向外界的开口。不与口孔直接相通。

05.0234　次生微孔　deuteropore
有孔虫次生加厚的分层壳，若干个原生微孔在外壁合并成的一个形状不规则的大孔。直径通常大于 2 μm。

05.0235　口唇　lip
有孔虫口孔的突出部分。或小而仅在口孔的一侧，也可能环绕整个口孔。

05.0236　口盖　porticus
有孔虫壳口不对称的无孔的口孔遮缘。

05.0237　口面　oral face
又称"前壁（antetheca）"。口孔周围的壳壁。

05.0238　初房　proloculus
有孔虫多个房室构成的壳，其最早形成的最小的房室。以后继续分泌壳质形成第一房室、第二房室等，最后形成终室。

05.0239　终室　last loculus
有孔虫多个房室构成的壳，其最后形成的房室。

05.0240　胎壳　embryonic apparatus
有孔虫显球型壳中央的几个大的房室。其形状和排列与其他房室不同。

05.0241　胚壳　embryonic chamber
有孔虫胚胎的外壳。个体较大，形状、排列与其他房室不同，如位于壳中央的货币虫科胚壳等。

05.0242　隔壁　septum
壳内分隔两个房室的壁。是壳壁向前延伸时向内转折的部分。由先生房室的外壁或口面组成，可分为单层式隔壁、双层式隔壁和轮虫式隔壁。

05.0243　单层式隔壁　monolamellar septum
隔壁的一种类型。隔壁和终室壳壁为单层的钙质透明分层。

05.0244　双层式隔壁　bilamellar septum
隔壁的一种类型。每个隔壁包括前壁均由两层构成。

05.0245　轮虫式隔壁　rotifer septum
隔壁的一种类型。每生长一个新房室就在所有先生成的房室壳面增加一个壳层，并在前一个房室隔壁的前方再覆盖一层壳质，形成多层壳壁和双层隔壁，但终室的壳壁为单层。

05.0246　管系　solenia
在轮式隔壁中，隔壁与壳壁交接处，两壳层之间形成空隙，彼此相通，构成复杂的微管系统。如盘旋管、脐管、隔壁管、支管等。

05.0247　筛板　sieve-plate
某些有孔虫在管系中微小的圆盘形板。其上具圆形、三角形和多角形的呈同心状排列的微孔。

05.0248　后隔壁通道　postseptal passage
连通房室全部小房室的孔。位于房室后部壳壁与隔壁之间。

05.0249　隔壁盖　septal flap
轮虫超科每个新房室壳层不但覆盖整个先生壳面，在其先生隔壁的前方覆盖的一层壳质。

05.0250　隔壁孔　septal foramen
有孔虫壳体沟通两相邻房室间的孔。同室间孔。

05.0251　主小隔壁　main partition
从壳边缘伸到房室中央的纵向放射状小隔壁或水平的横向小隔壁。如圆锥虫科。

05.0252　内边缘小房室　inframarginal chamberlet
有孔虫房室的内边缘带被主小隔壁细分成的小房室。

05.0253　小室　cellule
有孔虫圆锥虫类壳边缘外部的小房室被次级纵横小隔壁再细分的边缘小房室。

05.0254　缝合线　suture
隔壁与壳壁相交的线。

05.0255　镶边缝合线　limbate suture
有孔虫加厚的可突出壳面的缝合线。

05.0256　单房室壳　unilocular test
由一个房室组成的壳。房室上具有一个或多个口孔。形态变化很大，常见的有圆球形、梨形、瓶形、直管形等。

05.0257　双房室壳　bilocular test
一般由一个球形的初房和一个管形的第二房室组成的壳。口孔常位于第二房室的末端。由于第二房室的生长方式的变化可以使壳体呈现各种各样的形态，常见的如圆管形、圆盘形、球形、螺锥形等。

05.0258　多房室壳　multilocular test
由两个以上的房室构成的壳。常见的排列方式有平旋式、单列式、螺旋式、绕旋式等。

05.0259　平旋式壳　planispiral test
有孔虫多房室壳排列方式之一。房室在同一平面上环绕初房生长，每绕一圈即构成一个壳圈。后生长的壳圈常包围前生长的壳圈，根据包裹程度可分包旋和露旋。

05.0260　包旋　involute
又称"内卷"。有孔虫平旋式壳生成的一种方式。包裹的旋卷型壳，后生壳圈完全包裹先生壳圈，壳面只见终壳圈，

05.0261　露旋　evolute
又称"外卷"。有孔虫房室平旋式壳生成的一种方式。彼此不包裹，可见所有房室，所有旋圈在两侧外露，可从两侧看到初房。

05.0262　单列式壳　uniserial test
有孔虫多房室壳排列方式之一。房室沿一直线或弧线排列成单行。前者称单列直线形壳，后者称单列弧形壳；排成双行的为双列式壳；排成三行的为三列式壳。

05.0263　螺旋式壳　trochospiral test
有孔虫多房室壳排列方式之一。房室在彼此平行的平面上围绕通过初房中心并与平面垂直的轴线呈螺旋式排列生长。有背和腹之分，在背侧（旋侧）由于后生长的壳圈仅部分包裹生长的壳圈，故初房和各壳圈均可显露；在腹侧（脐侧）由于后生长的壳圈包裹了先生长的壳圈，故只能看到终壳圈的各房室。

05.0264　绕旋式壳　streptospiral test, coil test
又称"扭旋式壳"。有孔虫多房室壳排列方式之一。房室沿一条长轴或若干个方向在以一定角度相交的平面上绕旋排列。前者见于为小滴虫，后者见于小粟虫。

05.0265　双玦虫式　biloculine
小粟虫壳型生长方式之一。相继生长的两个

房室的绕旋平面夹角为 180°，壳面可见两个房室。如双块虫。

05.0266　三块虫式　triloculine
小粟虫壳型生长方式之一。相继生长的两个房室的绕旋平面夹角为 120°，壳面可见三个房室，如三块虫。

05.0267　五块虫式　quinqueloculine
小粟虫壳型生长方式之一。相继生长的两个房室的绕旋平面夹角为 144°，相邻两个房室的旋转面夹角为 72°，壳面可见五个房室，如五块虫。

05.0268　曲房虫式　sigmoiline
有孔虫相继生长房室的绕旋平面夹角为 120°～180°，以致绕旋平面呈 "S" 形弯曲。

05.0269　管刺　tubulospine
有孔虫的房室放射状伸出长而中空的管状刺结构。

05.0270　棱脊　carina
有孔虫壳缘较宽厚的突缘。是腹部壳表上较强而尖的脊状旋向装饰结构。

05.0271　圆疤　boss
有孔虫壳体表面具有的一种圆突隆起或似球状装饰结构。

05.0272　皱面　rugose surface
有孔虫壳面粗糙而不规则的装饰。可形成脊的结构。

05.0273　纹线　striate
有孔虫壳面上平行的细线或沟。

05.0274　脐　umbilicus
壳体两侧（平旋）或一侧（螺旋腹侧）中央部分形成的下凹。是同一壳圈房室的脐壁内缘之间的空间，受唇、房室边缘延伸物、短柱或脐塞等限制。

05.0275　脐盖　umbilical flap
又称 "脐部遮缘"。有孔虫房室基部朝脐区的片状延伸物。

05.0276　脐塞　umbilical plug
轮虫类脐部壳壁明显加厚而成的结构。有的完整，有的呈裂隙状，有的其中有脐管穿通而呈筛状。

05.0277　胚周壳　periembryonic chamber
有孔虫壳体局部围绕初房的幼年壳。

05.0278　假脊　pseudocarina
脊状加厚的房室壁缘周。具微孔。

05.0279　假脐　pseudoumbilicus
脐部房室壁内缘之间的深凹。或宽或窄，具陡角状脐肩。

05.0280　边缘索　marginal cord
货币虫科壳缘表面下加厚的螺旋状构造。

05.0281　旋沟　fossette
有孔虫外壳上与壳缘平行的细沟。

05.0282　外沟　external furrow
又称 "隔壁沟（septal furrow）""表面沟（surface furrow）"。壳面的线形凹沟。壳壁向下（朝轴）弯曲到隔壁，位置与缝合线相符，如蜂巢虫科。

05.0283　管状颈　tubelike neck
终室管状延伸物。口孔位于其末端。

05.0284　面小泡　areal bulla
有孔虫小抱球虫属（*Globigerinella*）附在壳

体终室面口孔上的泡沫状构造。

05.0285 中切面 median section
有孔虫垂直旋轴，通过初房的切面。

05.0286 下凹 depression
有孔虫缝合线低于壳面的结构。

05.0287 壁皱 murus reflectus
有孔虫壳体口面沿缝合线的凹沟。是口孔下的纵向、斜向褶皱。

05.0288 孔塞 pore plug
位于壳表孔基部的单一而微小的有机质多微孔小板。

05.0289 凸结 umbo
有孔虫圆盘形壳中央的圆突。层状加厚而成，在一侧或两侧均有。

05.0290 足干 podostyle
由从单室有孔虫口孔伸出的细胞物质形成伪足的主干。从足干伸出伪足。

05.0291 硬质 stereoplam
有孔虫微粒网状伪足的轴。较硬，外裹有微粒状流质。

05.0292 内齿板 tooth plate
有孔虫口孔的内部饰变。常由扭曲的板组成，为房室内的板状构造，从口孔通过房室与先生口孔相连。

05.0293 壳面脊 surface ridge
希望虫类壳面上与壳缘平行的脊状结构。

05.0294 反突 retral process
房室空腔内向后尖突的延伸物。位于壳面脊下方。

05.0295 黄色体 xanthosome
某些有孔虫的细胞质内存在的棕黄色小球。可能是排泄物。

05.0296 粪粒 stercomata
肉足虫类细胞质内呈棕色的卵形碎块。多呈简单的椭圆形，无内部构造，表面可具纵向或横向饰纹。

05.0297 周期变形 cyclomorphosis
个体发育生活周期中壳型的变化。

05.0298 单元期 haploid
有孔虫生活周期中，配子母体的核只含裂殖体核染色体数一半的阶段。

05.0299 龄期 instar
壳形成过程中的一个阶段。常指形成一个房室的阶段。

05.0300 中央囊 central capsule
又称"中心囊"。在放射虫细胞内，包裹了细胞内质和细胞核的几丁质或假几丁质的囊。将细胞质分隔为内质和外质两部分。

05.0301 囊外区 extracapsular zone
放射虫中央囊外的区域。

05.0302 泡层 calymma
又称"浮泡"。中央囊外的细胞质。常十分发达，其体积比中央囊要大，整个泡层常为中央囊的 3～6 倍，其内通常充满空泡或液泡，无特别的膜壁。

05.0303 星孔 astropyle
放射虫稀孔虫类中央囊壁上三个开孔中较大的一个。

05.0304 足锥 podoconus
放射虫罩笼虫类中央囊只有一个开孔，囊孔处的角锥状物结构。

05.0305 髓壳 medullary shell
放射虫类某些泡沫虫类表壳之内的 1～2 层同心壳。

05.0306 顶复体 apical complex
又称"顶复合器"。顶复类原生动物特有的结构。其生活史某一阶段细胞前部的超微结构，内含极环、类锥体、棒状体和微丝等细胞器。功能上主要为破坏宿主细胞表面结构，协助虫体侵入。

05.0307 极环 polar ring
顶复类孢子虫生活史中在子孢子、裂殖子等阶段细胞前端的电子致密环。

05.0308 类锥体 conoid
在孢子虫子孢子、裂殖子或其他某阶段细胞前端极环内，由螺旋形环绕的微管组成的一种电子致密、中空的圆锥形结构。

05.0309 棒状体 rhoptry
顶复类原虫中由电子致密的嗜铇酸物质构成的亚细胞器。包括顶端突出呈管状的颈部和膨大呈球状的球部。

05.0310 微丝 microneme
在大多数孢子虫的子孢子或其他时期存在的结构。截面呈环形，从前端的类锥体区向后贯穿胞体前部的一类卷曲、长丝状的电子致密细胞器。

05.0311 极丝 polar filament
黏孢子虫、微孢子虫所具有的射出胞器。为一个卷曲在极囊内的中空弹性管，射出后能附着于宿主细胞上，以完成后续的胞质侵入。

05.0312 微纤丝 microfibril, microfilament
原生动物细胞质中一类直径在 4～10nm 的实心纤丝。属于细胞骨架结构之一。

05.0313 极囊 polar capsule
黏孢子虫、微孢子虫特有的胞器，为具有厚壁的小泡状结构。数目 1～6 个，内含极丝。

05.0314 动合子 ookinete
原生动物中具有运动能力的合子。疟原虫有性生殖产生的合子能在宿主消化道内运动并发育成卵囊。

05.0315 卵囊 oocyst
动合子在宿主消化道胃壁基膜与上皮细胞之间，体型变圆，外层分泌囊壁将其包裹的结构。其内的核和胞质进行多次分裂，形成数量众多的子孢子，成熟后卵囊破裂，子孢子释放到体腔里。

05.0316 母细胞 metrocyte
某些球虫在裂体生殖阶段的大型球形生殖细胞。

05.0317 融合体 syzygy
在顶复类的簇虫中，其配子囊或配子形成前多个配母细胞连接在一起的现象。

05.0318 裸孢子 gymnospore
顶复类的簇虫中，在生活史一定阶段形成的玫瑰形配母细胞。

05.0319 休眠子 dormozoite, hypnozoite
在媒介生物中处于休眠状态、不发生发育繁殖的子孢子。

05.0320　嗜碘泡　iodinophilous vacuole
某些黏孢子虫的胚孢质中含有的一种特有泡状结构。内含多糖，因嗜碘而得名。

05.0321　红细胞外裂体生殖　exoerythrocytic schizogony
特指疟原虫等血孢子虫进入宿主组织（如肝脏细胞而非红细胞内）发生的无性繁殖方式。

05.0322　红细胞前期　pre-erythrocytic stage
疟原虫等血孢子虫进入宿主组织细胞前，在肝细胞内发育的一个特定时期。

05.0323　红细胞外期　exoerythrocytic stage
疟原虫等血孢子虫进入宿主组织细胞而非红细胞内的一个时期。

05.0324　红细胞内期　erythrocytic phase
疟原虫等血孢子虫进入宿主组织红细胞内的一个时期。

05.0325　子实体　fruiting body
黏菌类原生动物中含有孢子的结构。

05.0326　孢子　spore
原生动物生活史一定阶段产生的具有感染、传播功能或具抵抗力的生命体。通常具有特定的形状，外被具可以抵抗外界恶劣环境的厚壁（孢子壳）。

05.0327　动孢子　zoospore
在植鞭类、黏菌类及辐足类原生动物中能进行鞭毛运动或伪足运动的无性生殖细胞或孢子。

05.0328　多核细胞　polyenergid
原生动物细胞内具有多个细胞核的状态。

05.0329　包囊　cyst
原生动物在不良环境下或在生活史一定阶段形成的外围保护性包被。虫体在其内处于休眠和非运动状态。

05.0330　包囊形成　encystment
原生动物细胞形成包囊壁、成为休眠包囊的过程。

05.0331　脱包囊　excystment
原生动物休眠包囊在适宜环境下，细胞重新逸出包囊壁、进入营养状态的过程。

05.0332　吞噬作用　phagocytosis
原生动物摄食时，以细胞口获取颗粒食物至细胞内形成吞噬泡的过程。

05.0333　吞噬泡　phagocytic vacuole
原生动物细胞以吞噬作用获取营养时形成的初期食物泡。

05.0334　胞饮作用　pinocytosis
原生动物体表一定部位发生内陷或凹入，将处于溶解状态的有机物获取到体内形成胞饮泡进行消化利用的过程。

05.0335　胞饮泡　pinocytotic vesicle
原生动物以胞饮作用获取营养时形成的初期食物泡。

05.0336　团聚　agglomeration
通常在对原生动物不利条件下细胞聚居的一种生活形式。如锥虫通过无鞭毛的一侧以细胞黏性分泌物形成团聚。

05.0337　自噬泡　autophagic vacuole
原生动物在发生自噬作用时形成的一类食物泡。

05.0338　自噬作用　autophagy
原生动物通过胞内膜将自身的细胞器或结构物质包裹起来形成自噬泡进行消化利用的过程。

05.0339　微胞饮现象　micropinocytosis
原生动物食物泡内的消化产物经泡膜向外输送时发生相似于胞饮作用的过程。

05.0340　自养营养　autotrophic nutrition
通过光合作用，即利用光能将二氧化碳和水合成葡萄糖和其他有机碳的营养方式。

05.0341　异养营养　heterotrophic nutrition
通过分解外源有机质获得能量，将预先合成的有机碳同化成自身有机分子的营养方式。

05.0342　内共生　endosymbiosis
共生发生在一个较小的生物体在另一较大的生物体内，其两者发生互利生存作用的现象。

05.0343　内共生体　endosymbiont
两种生物形成内共生关系中的较小生物体。

05.0344　核内共生现象　endonuclear symbiosis
内共生体在宿主细胞核内生活所形成的一类共生现象。

05.0345　光聚反应　photoaccumulation
含有共生藻的纤毛虫在照明光点下汇聚在一起的现象。

05.0346　原质团分割　plasmotomy
在某些多核大型变形虫中常见的二分裂或复分裂形式。

05.0347　拟有丝分裂　paramitosis
细胞核分裂时无有丝分裂纺锤体的形成，染色单体排成与中心粒相对的一束纤丝的现象。

05.0348　合子减数分裂　zygotic meiosis
有性生殖中在配子受精形成合子、合子第一次核分裂时发生的减数分裂。例如孢子虫和某些鞭毛虫的减数分裂。

05.0349　配子减数分裂　gametic meiosis
原生动物有性生殖中在配子形成时期发生的减数分裂。

05.0350　中间减数分裂　intermediary meiosis
原生动物有性生殖中的减数分裂在无性生殖后发生，其生活史具有世代交替特征的现象。如有孔虫的减数分裂。

05.0351　配母细胞　gamont
又称"配子母体"。生命周期中将会产生一个或多个配子的细胞。

05.0352　配母细胞配合　gamontogamy
又称"配子母体配合"。两个或多个配母细胞的结合或成对的过程。随后产生配子或配母细胞核直接融合。

05.0353　大配子母细胞　macrogametocyte
又称"大配子母体（macrogamont）"。可发育转化为一个雌配子的细胞。具单倍体染色体。

05.0354　小配子母细胞　microgametocyte
又称"小配子母体（microgamont）"。通过二分裂或复分裂产生多个或少数小配子的配子母细胞。

05.0355　大配子　macrogamete
又称"雌配子（oogamete）"。有性生殖时一对异型配子中个体较大的配子。被视为是雌性，无鞭毛，由大配子母细胞发育而来。

05.0356　小配子　microgamete
又称"雄配子（androgamete）"。有性生殖时一对异型配子中个体较小的配子。被视为是雄性，常具鞭毛，由小配子母细胞发育而来。

05.0357　异形配子　anisogamete
在形态、大小、行为及性质上存在差异的两性配子。

05.0358　等配子　isogamete
又称"同形配子"。在形态及大小上难以区分的大、小配子。

05.0359　异形配子母体　anisogamont
可发育转化为大配子或小配子的细胞。

05.0360　等配子母体　isogamont
可发育转化为在形态、大小上难以区分的两性配子的细胞。

05.0361　配子生殖　gametogony
有性生殖中配子细胞的形成过程。如，有些鞭毛虫的营养细胞直接转化成配子；孢子虫类通过裂体生殖产生小配子。

05.0362　配子配合　gametogamy
原生动物中单倍体配子或配子细胞融合形成双倍体合子的过程。

05.0363　同配生殖　isogamy
形态上相同的两个配子或配子细胞发生结合的过程。

05.0364　拟配子　agamete
无性生殖后经减数分裂形成，在成为配母细

胞或进入配子形成世代前的单倍体细胞。

05.0365　同宗配合　homothallism
原生动物中由同一细胞产生、形态特征相同的配子进行配子配合的过程。

05.0366　异宗配合　heterothallism
原生动物中由不同细胞产生、形态特征相同的配子进行配子配合的过程。

05.0367　复分裂　multiple fission
一个细胞连续分裂产生大量子细胞的过程。

05.0368　裂体生殖　schizogony
顶复类孢子虫通过复分裂形成子细胞的过程。是某些孢子虫特有的生殖方式。

05.0369　裂体生殖周期　schizogonic cycle
顶复类孢子虫中经裂体生殖产生裂殖子、配子或子孢子的周期性过程。

05.0370　裂体生殖期　schizogonic stage
顶复类孢子虫生活史中由复分裂产生大量裂殖子的时期。

05.0371　裂殖体　schizont
顶复类孢子虫生活史中处于裂体生殖（复分裂）阶段的成员。

05.0372　裂殖子　merozoite
顶复类孢子虫经由裂体生殖产生的胞内寄生子体。

05.0373　孢子生殖　sporogony
某些顶复类在生活史一定阶段合子分裂形成孢子囊产生子孢子的过程。

05.0374　动性孢子　sporokinete
少数球虫卵囊内的蠕虫状分裂产物。

05.0375　孢子生殖细胞　sporogonic cell
球虫等原生动物在生活史一定阶段形成孢子的细胞。

05.0376　母孢子　sporont
顶复类球虫生活史中位于卵囊壁内的合子将形成孢子囊时期的细胞。

05.0377　孢质[团]　sporoplasm
微孢子虫和黏孢子虫孢子内处于感染阶段、能变形的配子细胞或变形体。

05.0378　子孢子　sporozoite
顶复类簇虫和球虫生活史中处于运动感染阶段的孢子生殖产物。

05.0379　孢[子]囊　sporocyst
球虫生活史中在卵囊内形成的含子孢子的囊，或微孢子虫中含有孢子的外壁或囊。

05.0380　孢子果　sporangium, sporocarp, fruiting body
含有孢子的孢子器。

05.0381　孢堆果　sorocarp
在网柄菌类等原生动物中含孢子的子实体。孢子在其中成熟后被释放。

05.0382　孢子堆　sorus
在网柄菌类等原生动物中含有处于发育中孢子的成熟孢堆果。

05.0383　孢子发生　sporogenesis
孢子果、子实体和孢子囊等孢子器发育，产生成熟孢子的过程。

05.0384　孢子形成　sporulation
孢子或子孢子的产生过程。

05.0385　孢内生殖　endodyogeny
顶复类孢子虫中通过内出芽产生两个子代个体（裂殖子或母细胞）的过程。

05.0386　孢[子]母细胞　sporoblast
顶复类球虫生活史中母孢子（合子）分裂形成的不成熟孢子囊。

05.0387　孢内体　endodyocyte
顶复类孢子虫在孢内生殖过程中的营养个员。

05.0388　纤毛　cilium
纤毛虫原生动物细胞表面延伸出来的毛发状原生质突起。是运动胞器。在超微结构及生物学意义上等同于鞭毛虫的鞭毛。往往以特定方式排列于体表或进一步形成更复杂的纤毛器。典型功能为运动和摄食，但有时也用于支撑、附着、感觉等。

05.0389　横微管　transverse microtubule
又称"横向纤维（transverse fiber）"。与纤毛基部的基体相连横向延伸并与表膜平行的微管结构。

05.0390　动纤丝　kinetodesma
纤毛虫表膜下由基体基部向右前方发出的纤维（即纤毛小根）与同排的纤毛小根联系起来形成的纵行纤维束。

05.0391　纤毛小根　ciliary rootlet
曾称"纤毛根丝"。纤毛虫表膜下由基体基部向右前方发出的纤维。大多数纤毛小根具有 ATP 酶活性，使其既具有固定纤毛的作用，又具有收缩的功能。

05.0392　纤毛小根系统　rootlet system
纤毛虫中与纤毛基体结合的微管系统。

05.0393 表膜下微管 subpellicular microtubule
原生动物细胞表膜下的微管层、微管带或微管束结构。

05.0394 合纤毛 syncilium
在某些低等类群纤毛虫的体表紧密群集排列的纤毛。常形成独特的丛带状或栉条状，每个栉条以及栉条间均具有高度的运动一致性（类似于纤毛膜）。这种复合的纤毛结构尤其是生活在反刍动物消化道内的内毛类纤毛虫的特征。

05.0395 合膜 synhymenium
合纤毛的一种特别类型。在部分低等浮游生活的纤毛虫中存在的环绕体部、用于游泳的膜状结构。其纤毛明显较其他部位为长。

05.0396 口纤毛器 oral ciliature
位于胞口区域的复合纤毛器。通常形成某种结构上的特化，如小膜、口内膜、口侧膜等。

05.0397 体纤毛器 somatic ciliature
与口纤毛器相对，分布在纤毛虫体部的所有纤毛。可以有进一步的特化（在高等类群）或简单、同律性分布（在低等类群）。

05.0398 趋触性纤毛器 thigmotactic ciliature
在某些具有附着、栖生习性的纤毛虫类群中所形成的特化为具附着功能的体纤毛胞器（如在许多触毛类纤毛虫的前端）。通常呈区域、丛或带状分布。在无口类和一些其他种类中，覆有这些纤毛的细胞表面常为凹面。

05.0399 纤毛图式 infraciliature
又称"表膜下纤毛系"，曾称"纤毛下纤维系统""纤毛下器"。整个虫体表面所有的毛基体、对应的纤毛（器）以及与之相连的表膜下的纤维（或微丝）以及微管等结构的合称。因在不同种类具有各自特有的模式，因此得名。不同种类具有特定的二维或三维结构模式，是种属鉴定以及更高阶元分类学中最重要的依据之一。

05.0400 纤毛器 ciliature
由纤毛或由其特化并以特定模式组合而形成的胞器。因所执行的功能、类群特化程度、分布部位的不同而在结构上差异极大。常见的包括纤毛、棘毛、触毛、小膜、波动膜等。

05.0401 纤毛后微管 postciliary microtubule
又称"纤毛后纤维（postciliary fiber）"。纤毛皮层下与毛基体相连、可以被银染方法显示的微管束结构。具有特定的存在部位和延伸方向（由毛基体向后方伸出），从而参与构成动基系的非对称结构。

05.0402 银浸技术 silver impregnation technique
借助各类银染技术对原生动物（尤指纤毛虫）表面结构（如微管、纤维、银线系、细胞核、射出体、胞肛、毛基体、纤毛、纤毛器等）进行染色的方法。是现代分类学所高度依赖的结构显示手段。

05.0403 银线系 silverline system
纤毛虫细胞表膜系统、细胞器或皮质结构等被银浸技术银染后显示的呈条纹或网络状的结构。功能不详，具有重要的分类学意义。

05.0404 原基 anlage, primordium
纤毛虫在细胞分裂过程中处于起源、发展中的或分化中的（甚至是假想的）前期结构（或复合体）。由此结构形成未来营养期细胞的相应结构。可用于许多细胞器，如细胞核、皮层结构、各类纤毛器等。在腹毛类等高等类群中特指在发生早期出现的呈条带状或斑块状的毛基体群。如某些纤毛虫的体棘毛、小膜带原基等。

05.0405　动基列　kinety
曾称"毛基索""纤毛子午线（ciliary meridian）""纤毛列（ciliary row）"。由单个或成对的毛基体以及（如纤毛存在时）它们外部的纤毛连同其他一些与毛基体相连的结构（如动纤丝、微管等）为基本单位，共同构成的功能上一体化的一列运动结构单元。直接参与运动。通常呈纵向排列。这些纤毛及纤毛下的纤维均具有极性和不对称性。

05.0406　单动基列　haplokinety
蛋白银制片后与复毛基列并行旋出并位于外侧的一毛基列。由互呈"之"状排列的两排动基列组成，一般只有外侧的动基列长有纤毛。

05.0407　复动基列　polykinety
蛋白银制片后与单毛基列并行旋出并位于内侧的一毛基列。由并行排列的三排动基列组成。

05.0408　芽基动基列　germinal kinety
曾称"生发毛基索"。缘毛类的前庭深处一列与单动基列平行的、不长纤毛的动基列片段。在口器发生中扮演原基角色。

05.0409　动基系　kinetid
曾称"毛基单元"。纤毛虫的皮层上以毛基体为中心单元构成的基本单位。基本上是由一个毛基体（或作为复合结构而包含一对、数个毛基体）和与之紧密联系的特定的纤维结构或细胞器组成。通常包括纤毛、某一区域的单位膜、表膜泡、动纤丝以及各种纤丝或者微管束；广义还包括微纤丝、肌丝（基原纤维）侧体囊、刺丝泡等结构。

05.0410　右侧纤丝律　rule of desmodexy
纤毛虫体表的动纤丝纤维总是在基体右前方发出，与相应基列的其他动纤丝纤维并合，并继续沿基体右侧向前伸展。为纤毛虫细胞超微结构定位的依据之一。

05.0411　棘毛　cirrus
在分化高等的纤毛虫中作为运动胞器的纤毛丛复合体结构。特别存在于腹毛类等高度特化的纤毛虫中，由至少两根但通常众多的（数十根或更多）纤毛聚合成束或毛笔状，无专门的外膜，端部常逐渐变细。能协调一致并独立地行使爬行、支撑等运动功能。是纤毛特化的高等形式，在数量上恒定或不定（因类群而异，随着进化而呈现数量减少、数目固定的趋势）。其数量、位置、起源与形成方式以及彼此间的空间关系具有重要的分类学意义。

05.0412　缘棘毛　marginal cirrus
棘毛的一种。腹毛类纤毛虫位于虫体左右侧（虫体边缘）的单或多列棘毛列。在发生上来自缘棘毛原基，与额–腹–横棘毛原基无关联。

05.0413　额棘毛　frontal cirrus
棘毛的一种。位于纤毛虫额区顶部的棘毛。分别来自多列棘毛原基。

05.0414　迁移棘毛　migratory cirrus
又称"额前棘毛（fronto-terminal cirrus）"。位于体前部但来自在虫体后部形成并前迁的一列棘毛。通常数根，发生上来自最后（最右）一列额–腹–横棘毛原基，在细胞分裂结束前迁移到前端，故得名。

05.0415　额腹棘毛　frontoventral cirrus
始自额区，延伸至体中后部的棘毛。其多少、排布方式、长短和列数等是属间、种间区分依据。常见于散毛亚目和排毛亚目中。

05.0416　中腹棘毛　mid-ventral cirrus
在尾柱类等纤毛虫中位于腹面、呈之字形（通常紧密）排列的两列棘毛。其前端与额棘毛相连，向后延伸到虫体的中间或尾区。在发生上每两根棘毛来自一列斜向分布的额-腹-横棘毛原基。

05.0417　横棘毛　transverse cirrus
通常在虫体后部，呈横向排列的一短列棘毛。在发生上典型地来自多列额-腹-横棘毛原基（每列原基形成一根）。

05.0418　腹棘毛　ventral cirrus
位于纤毛虫腹区的棘毛。成列、成组或散布，发生上来自额-腹-横棘毛原基。

05.0419　口棘毛　buccal cirrus
位于纤毛虫口区右侧的棘毛。发生上来自第一列（最左侧一列）额-腹-横棘毛原基。

05.0420　尾棘毛　caudal cirrus
纤毛虫尾部的棘毛。发生上来自背触毛原基的末端。其有无、数目及活体下棘毛的长短是属间区分特征之一。

05.0421　额-腹-横棘毛原基　FVT anlage
在腹毛类发生中出现的原基。未来将形成仔虫的额棘毛（F）、腹棘毛（V）、横棘毛（T）。此原基的形成模式、列数、分化形式具有重要的系统学意义。

05.0422　背触毛单元　dorsal bristle unit
一根长有纤毛的背触毛基体与共处在一个凹陷内的邻近一个无纤毛基体组成的复合体。

05.0423　侧体囊　parasomal sac
纤毛虫细胞表膜上靠近纤毛的小窝状内陷。可以被银染法显示，位于毛基体的右侧，通常与一个毛基体单位形成空间与数量上的特定关系。功能不详。

05.0424　附着器　podite
泛指一切由虫体本身所形成的突起物，供原生动物临时或永久性地附着在固体基质上的结构。如柄、触手、突起、钩、刺、吸盘或趋触区等。在纤毛虫中特指在腹面由原生质外伸形成的指状或叶片状突起物。借此让虫体可以黏附在基质表面。

05.0425　肌丝　spasmoneme, myoneme
特指某些具有高度伸缩行为的纤毛虫（如缘毛类、异毛类等）在其可收缩柄或虫体内，有聚合成束的肌样结构。在前者外周另有包被膜，可强力收缩或导致虫体变形。

05.0426　胞口　cytostome
特指异养鞭毛虫和纤毛虫细胞的口。包括真正的口及口部开孔。是一位置特定的、三维的永久性结构，食物通过它进入机体的内质（经由一明显或不明显的胞咽，胞咽紧接胞口以内）。可能直接开口于体表或存在于一凹陷的内部或底部，凹陷因形状不同而形成不同称谓（如口腔、前庭腔、围口腔等）。

05.0427　口前庭　oral vestibule
在胞口处因体表高度凹陷而形成的类似于口腔的开放空间。在其深陷处为胞口-胞咽复合结构。此处常有特化的纤毛器（即前庭纤毛系），通常从周围的体纤毛特化而来。这种口凹陷是前庭类纤毛虫的特征，由此得名。

05.0428　胞咽　cytopharynx
纤毛虫胞口内的一管状通道。外开口为胞口，内部通向细胞内质。食物泡形成于该结构的内部或末端。在不同种属间长度或结构差异明显。也见于鞭毛虫中。

05.0429　胞咽杆　cytopharyngeal rod
胞口内的直或弯的杆状单元围绕胞咽壁而形成的一栅栏状三维结构。具有辅助细胞摄食、吞咽等功能。见于某些裸口、管口、蓝口等低等纤毛虫类群。

05.0430　背咽膜　dorsal membrane
草履虫特有的胞咽内三组复合纤毛器之一。位于四分膜和腹咽膜之间的膜状结构。

05.0431　腹咽膜　ventral membrane
草履虫特有的胞咽内三组复合纤毛器之一。位于背咽膜腹侧的膜状结构。

05.0432　四分膜　quadrulus
草履虫特有的胞咽内三组复合纤毛器之一。与咽膜同源且结构类似，但4列动基列排列稀疏，位于背咽膜外侧的膜状结构。

05.0433　四膜式口器　tetrahymenium
四膜虫等膜口类纤毛虫所具有的典型口器。位于前庭内，围绕胞口，由3片横向排列的小膜和1片胞口右侧的口侧膜构成。

05.0434　口区　oral field, buccal field, oral area
胞口周围的区域。通常特指细胞表面存在凹陷区（前庭区）或口纤毛器存在的部位。

05.0435　反口[的]　aboral
纤毛虫远离（或相对于）口区的一端（面）。为一空间定位概念。

05.0436　口沟　oral groove
通向虫体（特别是纤毛虫或部分鞭毛虫）的口腔或胞口外面的凹陷部分。呈深沟状。过去被广泛用来描述在草履虫中发现的后来被称为前庭的一个区域，现在被认为是虫体口前区的一种。

05.0437　胞肛　cytoproct, cytopyge
特指纤毛虫用于排出代谢后的固体残渣的胞器。通常为一永久的缝状或斑点状、开口于表膜上的结构；多位于身体后部某特定部位，其边缘往往具有嗜银性，被微管加固。

05.0438　肛缝　anal suture
纤毛虫胞肛闭合时可被银染法所显示，或在扫描电镜下观察呈狭缝状的结构。

05.0439　口肋　oral rib
草履虫等口腔内具肋棱的壁上表膜突起。在某些纤毛虫（如寡膜类）的超微结构观察中可以看出它们与位于右侧的口侧膜纤毛系相联系。

05.0440　反口纤毛环　aboral trochal band
缘毛类纤毛虫所特有的结构。在固着类群位于虫体的尾区（反口区）呈带状环绕细胞，系由一环无纤毛的毛基体组成；在自由活动的游泳体期重新长出纤毛，而成为游泳胞器；在游走类群则终生长有纤毛，成为其移动的胞器。

05.0441　口围盘　peristomial disc
缘毛类纤毛虫所特有的结构。在环绕胞口的顶部有一盘状突起，被口围缘所包围，四周绕生有一到多圈的围口纤毛环。

05.0442　口缘纤毛旋　adoral ciliary spiral
又称"围口纤毛带"。特指缘毛类纤毛中绕着口围缘并旋进胞口的数片小膜。是其摄食胞器。

05.0443　波动膜　undulating membrane
（1）在纤毛虫中指一复合的口纤毛器。典型地位于口腔的右侧，为一摄食用纤毛胞器，可以是一片或两片由纤毛组成的膜状结构。（2）在其他原生动物如鞭毛虫中特指细胞表面形成的膜片状细胞质突起。借助其波状运动来实现游动或在黏稠的体液（如血液）中的移动。

05.0444　小膜　membranelle
高等纤毛虫所具有的由纤毛特化而成的纤毛器。以此为基本单元，又可构成连续排列的围口区的口围带。出现在寡膜类及多膜类纤毛虫的口腔或围口区，通常由协调一致的2～4列纤毛构成，可以用来收集食物。

05.0445　口围带　adoral zone of membranelle, AZM
曾称"小膜口缘区"。在高度特化的纤毛虫类群中，由数片或更多的由纤毛特化而成的小膜有序地排列成协调统一的纤毛胞器组合体。执行捕食功能，属于口纤毛器的一种。该结构沿纤毛虫的口区左侧排列，典型地出现在异毛类、腹毛类、游仆类、寡毛类等高等类群的围口区。

05.0446　口内膜　endoral membrane
纤毛虫的口器结构之一。于口前庭或口腔内由单片（双列的毛基体通常呈之字性排列）的纤毛构成的膜状结构。参与摄食。在高等类群，如存在口侧膜则位于其内侧。

05.0447　口侧膜　paroral membrane
多类纤毛虫所普遍存在的摄食胞器结构之一。在高等类群常与口内膜共同构成波动膜，二者具有共同的起源。常见由双列结构组成。

05.0448　口器发生　stomatogenesis
细胞分裂中（后仔虫）新口的形成过程。在分化高等的类群中口器发生十分复杂，该过程中老的口纤毛器及表膜下纤维结构大部分或全部将被重新形成的新结构替代，同时伴

有一系列的形态发生过程。口器发生区定位于虫体的特定部位。根据位置和与老结构直接的关系而基本分成端生型、远生型、口生型及侧生型四种类型。

05.0449　端生型　telokinetal
后仔虫口区的产生主要通过（未来分裂沟的）前端部分或全部体动基列中的若干毛基体的直接参与，新形成的口器（在将来）通常位于虫体的顶端或次顶端的一种口器发生类型。常见于纤毛虫动基片纲、肾形纲等类群。

05.0450　远生型　apokinetal
后仔虫的口原基发生于体区的某个裸区，与亲代老的口器无明显联系的一种纤口器发生类型。可分成两个亚型："表面远生型（epiapokinetal）"与"深层远生型（hypoapokinetal）"。前者是腹毛类纤毛虫的典型发生模式，后者则仅见于游仆类纤毛虫。

05.0451　口生型　buccokinetal
所涉及的新生的口纤毛器均起源于亲体的口区内，尤其是老的口器结构附近的一种口器发生类型。在有口前庭存在的种类，发生通常在前庭内并以老的口侧膜为形成定位场。见于膜口类、缘毛类、咽膜类等纤毛虫。

05.0452　侧生型　parakinetal
口原基区与母体腹面口后特定的一或多列体动基列相联系，但并无老结构参与的一种口器发生类型。见于一些膜口类（如四膜虫）和异毛类纤毛虫。

05.0453　无定形区　anarchic field
特指纤毛虫形态发生早期，某些原基的毛基体以非有序化形式出现的区域。如在腹毛类口器发生前期后仔虫口原基的毛基体出现的场所。

05.0454 生口区 stomatogenic field
纤毛虫细胞分裂期新的口器起源、形成和发生的区域。

05.0455 生口子午线 stomatogenous merid-ian
纤毛虫腹面口后的一至数列体动基列。前端起自口区后部，在口器发生中起原基场定位作用，其一侧或附近有胞肛。

05.0456 缝合线 suture, suture line
在纤毛虫细胞表面上的某个特定区域因动基列左右汇合而成的缝状结构。位于口胞器前、后方的缝线分别称"口前缝（preoral suture）"和"口后缝（postoral suture）"。

05.0457 表膜泡 pellicular alveolus
在纤毛虫中由单层单位膜包围的通常扁平的囊状小泡。以镶嵌方式分布于细胞的质膜下，彼此分离，主要起对虫体外形的支持作用。在部分种类，表膜泡内可为蛋白质等物质填充，因而形成坚实的外壳（此时，表膜泡不再呈泡状），而在另一些种类（如部分缘毛类），此结构高度隆起而形成泡状的外表。

05.0458 射出体 extrusome
又称"排出小体"。一大类位于细胞表膜下的膜性细胞器的总称。多见于纤毛虫，内含液态或晶体状等不同组成的物质，受到刺激时能够发射到胞外区域。不同类型的射出体其形态和功能各异，目前至少发现15种，主要行使防卫、摄食、固着等功能。最常见的研究最多的射出体为草履虫的刺丝泡。

05.0459 刺丝泡 trichocyst
射出体的一种。长纺锤形，整齐并垂直地排列于草履虫等纤毛虫的表膜下，受刺激后射出的内容物遇水成细丝，功能不详。

05.0460 毒丝泡 toxicyst
射出体的一种。细管状结构，具有能够翻出的细管，分布于捕食性纤毛虫（如栉毛虫）的顶端或口区附近的表膜下，富含酸性磷酸酶，具有对猎物的毒杀作用。

05.0461 吸附泡 haptocyst
又称"系丝泡""微刺丝泡（microtrichocyst）""碗状泡（phialocyst）"。射出体的一种。出现于各种吸管虫的吸吮式吸管中，含消化酶，用于捕食猎物。可能是毒丝泡的一个亚型。

05.0462 固着泡 pexicyst
射出体的一种。某些前口类纤毛虫中一种类似毒丝泡的射出胞器，用于捕食时附着猎物。

05.0463 纤丝泡 fibrocyst
全称"纤维刺丝泡"。射出体的一种。释放后在长轴一端具有一张开的伞状或兰花状外形，功能不详。

05.0464 杆丝泡 rhabdocyst
射出体的一种。分布于部分低等纤毛虫的管状胞咽壁，可能参与捕食过程。

05.0465 黏丝泡 mucocyst
又称"黏液泡""原刺泡（protrichocyst）""黏液刺丝泡（mucous trichocyst）"。射出体的一种。分布于表膜下的囊状或棒状结构，内含多面类晶体，见于鞭毛虫、纤毛虫和一些变形虫，功能不详。

05.0466 米勒泡 Müller's vesicle
某些低等核残迹类纤毛虫细胞内含的微小凝结物的泡状结构。功能不详，在结构上为带有平衡石的平衡器样胞器。

05.0467 触手 tentacle
原生动物中明显可动和可伸缩的细胞质突起。与捕食或附着有关。

05.0468 帚胚 scopula
有柄的缘毛类纤毛虫所具有的一种复合胞器。位于反口端，是柄形成和发生的基础。由毛基体聚合而成，通常排列成圆形。这些毛基体上生有短而不可动的纤毛（缺少中心微管）插入到柄内。

05.0469 大核 macronucleus
又称"营养核（trophic nucleus，vegetative nucleus）"。原生动物纤毛虫类细胞中含有两个核中较大的那个核。是具转录活性的细胞核，主管机体的表型。可以有多枚，形状各异，但通常呈致密的球形或椭球形。通过观察基因组的组成，可以确定其为多倍体（在残核类中为双倍体），为小核基因经选择性地扩增后的产物。与有性生殖无关。

05.0470 小核 micronucleus
又称"生殖核（generative nucleus）"。原生动物纤毛虫类细胞中含有的两个核中较小的那个核。作为遗传信息的携带者而参与有性生殖，与大核相对。一至多枚，通常比大核小得多，基因组为二倍体（$2n$），无核仁。在某些种类中核膜具孔，有些种类则无。在自体受精及接合生殖中扮演着重要的角色（其某些产物形成子细胞的大核）。

05.0471 同相大核 homomerous macronucleus
又称"同部大核"。形态学上具同样的染色相、无区域分化的大核。与异相大核相对应。

05.0472 异相大核 heteromerous macronucleus
又称"异部大核"。在形态上具有可区分两部分的大核。之间通常被一不明显的类似大核改组带样界面所分开。这种异相尤其指经染色后的差别：一部分（较另一部分）具有等大或更密集的嗜染颗粒与核仁。常见于管口类及漏斗毛类纤毛虫。与同相大核相对应。

05.0473 改组带 reorganization band
又称"复制带（replication band）"。纤毛虫分裂前，大核上染色后可见着色较淡的区带。从核的一端向另一端移动并与另一端横贯核质的相同区带交合。与DNA的复制和组蛋白的合成有关，完成改组后这些物质的量增加一倍。常见于腹毛类纤毛虫中。

05.0474 生理改组 physiological reorganization
原生动物在不良生理状态下，细胞表面结构等发生重组或更新的现象。

05.0475 核二型性 nuclear dualism
又称"核双态性"。纤毛虫或某些有孔虫中出现或存在两种不同类型核的现象。

05.0476 核内体 endosome
某些纤毛虫大核内显示福尔根反应阳性的含RNA小体。

05.0477 核内有丝分裂 mesomitosis
有丝分裂的一种。常见于多数纤毛虫的小核分裂，期间核膜保持完整、不瓦解，纺锤体在核膜内形成。

05.0478 二分裂 binary fission
原生动物中最普遍的无性生殖方式。一个个体分裂为大小相同的两个子个体。根据分裂方式分为横向二分裂与纵向二分裂。

05.0479　横向二分裂　transverse division, transverse fission
纤毛虫类对体轴呈垂直方向的二分裂现象。

05.0480　纵向二分裂　longitudinal division, longitudinal fission
鞭毛虫类对体轴呈平行方向的二分裂现象。

05.0481　前仔虫　proter
纤毛虫横向二分裂中位于分裂沟前部的仔虫。

05.0482　后仔虫　opisthe
纤毛虫横向二分裂中位于分裂沟后部的仔虫。

05.0483　球形群体　spherical colony
某些群体生活的原生动物其许多细胞通过胶质膜联系并聚集在一起形成的球形体或半球形体。

05.0484　暂聚群体　gregaloid colony
原生动物中一群紧密联系的营养细胞或个体以特殊的排列组成的临时性群体。如链状群体。

05.0485　链状群体　catenoid colony
由于细胞连续和反复的二分裂（一般为不等）而且子代个体最终并未分开，从而产生的短期存在的群体。存在于某些无口类纤毛虫中。

05.0486　树状群体　dendritic colony, dendroid colony
一群紧密联系的原生动物营养期细胞（个体）因非断裂性分裂而组成的永久或半永久性集合体。常构成特定的群体枝型，进而表现出个体间一定程度的运动或生理性的协调。有时也用于指借助外在结构（如壳室等）

而连接成的松散型或临时性合居关系。

05.0487　镜像对称分裂　symmetrogenic fission
原生动物二分裂中两个分裂产物可见结构呈现互为镜像的分裂方式。

05.0488　育囊　brood pouch, embryo sac
原生动物纤毛虫细胞通过表膜内陷而形成的临时性（在吸管虫）或永久性（在漏斗虫）的腔室。借此完成内出芽生殖过程。

05.0489　内出芽[生殖]　endogemmy, endogenous budding, internal budding
芽体在母细胞的育囊内经过一次或多次的无性分裂而形成，成熟后幼虫经母细胞上特定的生殖孔游出的一种出芽生殖方式。存在于某些漏斗虫和某些吸管虫的生殖过程中。

05.0490　外出芽[生殖]　exogemmy, exogenous budding, external budding
一次或多次的分裂发生在母体（母细胞）表面的一种出芽生殖方式。子细胞一次或多次形成后离开母体，在后一种情况下，分裂可以同步或连续的进行。是漏斗虫和某些大型吸管虫的典型生殖方式。

05.0491　接合生殖　conjugation
纤毛虫所特有的有性生殖方式。不同接合型的两个体形成接合对，每个接合体经减数分裂产生单倍体核，其中一核再进行一次有丝分裂产生静止原核和迁移原核，后者互换后与前者融合形成合子核（受精核）。除极少数低等类群外，纤毛虫的大核和小核均源自受精核的分裂产物。

05.0492　静止原核　statioanry pronucleus
简称"静核"。纤毛虫接合生殖期间，小核通过减数分裂产生单倍体核，其中一核再进行一次有丝分裂产生两个核，留在原细胞中的那个核。相当于后生动物的卵细胞。

05.0493　迁移原核　migratory pronucleus
又称"动核"。纤毛虫接合生殖期间，小核通过减数分裂产生单倍体核，其中一核再进行一次有丝分裂产生两个核，其中在两个接合体之间互换的那个核。相当于后生动物的精子。

05.0494　质配　cytogamy, plasmogamy
接合生殖过程中，两个接合体之间无法进行迁移原核的交换，同一接合体内的静止原核与迁移原核融合形成受精核的过程。

05.0495　同基因型　syngen
又称"繁殖群"。纤毛虫接合生殖中，种内存在的两个或多个形态学特征难以区分，但遗传上相分离的亚群。

05.0496　交配型　mating type
又称"接合型"。在接合生殖中，同基因型内能互相匹配、形成接合对的类型。

05.0497　接合反应　mating reaction
当混合草履虫的互补交配型细胞时，细胞间发生强烈的黏着反应。被认为是特异性的。

05.0498　接合对　mating pair
当混合具有接合活性的互补交配型细胞时，两个互补交配型细胞间形成的配对。有少部分的接合对是由同一交配型的两个细胞间形成的，甚至不同种的草履虫之间也可以形成接合对，因此接合对的形成是非特异性的。

05.0499　接合体　conjugant
接合生殖中形成接合对的两个细胞。

05.0500　接合前体　preconjugant
在接合生殖发生以前已具备接合能力的细

胞。即发生接合前的个体。

05.0501　接合后体　exconjugant
接合生殖过程中，迁移原核互换后接合对彼此分开，成为两个独立的个体。

05.0502　交配素　gamone
诱导某些纤毛虫（如赭纤虫）交配的可溶性物质。

05.0503　赭虫素　blepharmone
交配素的一种。发现于赭纤虫中能够诱导发生接合生殖的糖蛋白。

05.0504　合子核　synkaryon
又称"受精核"。纤毛虫接合生殖过程中单倍体的静止原核和迁移原核融合形成的二倍体核。

05.0505　卡巴粒　Kappa particle
草履虫等纤毛虫细胞质内的一种共生细菌。可以释放杀死同类敏感细胞的物质。具有遗传独立性，其生存依赖于宿主的大核基因。带有卡巴粒的草履虫可以导致不含卡巴粒的敏感性种群的死亡。

05.0506　纺锤器　atractophore
纤毛虫小核、有孔虫及放射虫等类群细胞在分裂期出现的纤维质杆状结构。产生于毛基体复合体，在有丝分裂纺锤体形成过程中起中心体的作用。

05.0507　游泳体　telotroch, swarmer
固着生活的纤毛虫原生动物在其生活史中可游动阶段的个体。尤指从固着生的成体（如缘毛类）脱落下来的生活史中可自由游泳的阶段。

05.0508　个虫　zooid
又称"个员"。缘毛类纤毛虫群体种类中的

一个个体。实际上，更限于指此种缘毛类的细胞体部分（不包括它们的柄）。

05.0509　齿体　denticle
游走目（缘毛类）纤毛虫固着盘中的蛋白质类骨骼结构。由许多互相锁链的齿状或辐条状结构组成，每个齿都有一典型的中空锥，彼此插在一起，与齿锥形中心相连的通常是一指向内部的辐肋及一外向的叶片。功能上参与构成虫体的吸盘复合体，用于吸附在宿主表面。

05.0510　同极双体　homopolar doublet
含有两组口器的纤毛虫个体。

05.0511　滋养体　trophont
寄生原生动物生活史中摄取营养的阶段。能活动，成熟后通过裂体生殖产生裂殖体，进而发育为裂殖子。

05.0512　仔体发生　tomitogenesis
一些寄生原生动物在其生活史中通过复分裂等方式产生大量个体的过程。

05.0513　分裂前体　tomont
一些寄生的或噬组织性的纤毛虫（如后口类）在其多态生活史中存在分裂前期和分裂期。分裂前期的个体。是一种不摄食的状态，相对较大，通常能迅速分裂，产生大量的仔体。

05.0514　仔体　tomite
某些生活史中有多态现象的纤毛虫分裂前体的分裂产物。是一些寄生的后口目或噬组织性（如一些膜口类）纤毛虫的一个供种群传播扩散的特殊阶段。此期个体明显较小，自由游泳，不摄食。通常与大量的同类个体从同一囊中产出，分裂前体在囊中迅速分裂。找到宿主的仔体将变为营养体或滋养体。

05.0515　原仔体　protomite
某些具有多态性纤毛虫生活史中介于分裂前体和仔体之间的一个时期。

05.0516　原分裂前体　protomont
某些纤毛虫（如后口类纤毛虫）多形生活史中较罕见的一个时期。是滋养体和分裂前体之间的一个时期。

05.03　多孔动物门

05.0517　钙质海绵纲　Calcarea
多孔动物门的一个类群。骨针钙质，水沟系简单，个体较小，多生活于浅海。

05.0518　六放海绵纲　Hexactinellida
多孔动物门的一个类群。骨针硅质，六放形，或由硅质丝连成网状，水沟系复沟型，鞭毛室大，体型较大，常呈对称性结构，单体，绝大多数种类生活于深海中。

05.0519　寻常海绵纲　Demospongiae
多孔动物门的一个类群。骨针硅质或海绵硬蛋白丝，或两者联合，骨针单轴或四射型，

非六放型，水沟系复沟型，鞭毛室小，体型常不规则，生活在海水或淡水中。

05.0520　同骨海绵纲　Homoscleromorpha
多孔动物门的一个类群。骨针硅质，只含有小骨针，不含大骨针。内外扁平细胞都含有鞭毛，扁平细胞层和领细胞层均含有基膜。

05.0521　海绵　sponge
多孔动物的通称。

05.0522　皮层　dermal epithelium
海绵体壁外层。由单层扁平细胞组成，是不

含领细胞室的表面区域，其上有孔细胞。

05.0523　胃层　gastral epithelium
又称"内腔层（atrial surface）"。海绵体壁内层。由特殊的领细胞构成。

05.0524　中质层　mesohyl
海绵体内扁平细胞层和领细胞层之间的区域。为胶状物质，其中含有骨针、海绵硬蛋白丝和不同类型的变形细胞。

05.0525　扁平细胞　pinacocyte
位于海绵体表或体内的扁平状细胞。内含有许多颗粒，具有收缩和扩展功能，有保护海绵结构的作用。根据其分布位置，分为外扁平细胞、内扁平细胞和基扁平细胞等。

05.0526　外扁平细胞　exopinacocyte
覆盖在海绵表面的一种纺锤形或 T 形扁平细胞。

05.0527　内扁平细胞　endopinacocyte
排列在入水管和出水管的扁平细胞。

05.0528　基扁平细胞　basopinacocyte
通过外分泌的胶状黏物质使海绵附着在基底上的扁平细胞。

05.0529　领细胞　choanocyte, collar cell
具有一个鞭毛的细胞。鞭毛的周围含有一圈由透明的细胞质突起形成的领。鞭毛摆动引起水流进入海绵体，水流中的食物颗粒被领细胞截留，在领细胞内消化，或将食物传给变形细胞消化。

05.0530　领细胞层　choanosome, choanoderm
领细胞所排列的位于海绵皮层和内腔之间的区域。包含领细胞室。

05.0531　变形细胞　amoebocyte
具有全能性的细胞。能贮存、消化和运输食物，也能排泄代谢废物，还能分泌钙质骨针、硅质骨针等。

05.0532　原细胞　archaeocyte
具有大核仁的变形细胞。具有吞噬作用，可以转变成其他类型的细胞。

05.0533　储蓄细胞　thesocyte
在芽球或类似芽球结构中处于休眠状态的原细胞。

05.0534　海绵质细胞　spongocyte
能分泌形成海绵硬蛋白丝的细胞。

05.0535　造骨细胞　sclerocyte
又称"骨针细胞""成骨细胞"。能分泌形成骨针的变形细胞。

05.0536　胶原细胞　collencyte
中质层中与胶原分泌相关的细胞。具有分枝状伪足。

05.0537　孔细胞　porocyte
位于多孔动物体壁的一种管状细胞。广泛分散在体表，其收缩可控制水流。嵌于流入管和流出管内。在单沟系海绵中，位于其体壁，形成入水小孔。

05.0538　甜细胞　glycocyte
又称"灰细胞（gray cell）"。有明显高尔基体的细胞。含有玫瑰形糖原质和嗜锇的内含物。

05.0539　海绵硬蛋白丝　spongin fiber
由海绵质细胞产生的一类胶原蛋白的纤维丝。和骨针共同构成多孔动物的骨骼，起支撑作用。

05.0540　钙质骨针　calcareous spicule
主要成分为碳酸钙的骨针。含两个辐、三个辐或四个辐等。

05.0541　硅质骨针　siliceous spicule
主要成分为二氧化硅的骨针。根据大小和功能的不同可以分为大骨针和小骨针。

05.0542　大骨针　megasclere
组成海绵骨骼较大的骨针。主要起支撑海绵身体结构的作用。

05.0543　小骨针　microsclere
组成海绵骨骼较小的骨针。仅存在于硅质海绵中。

05.0544　双盘骨针　amphidisc
两端有伞状序的小骨针。分为"大双盘骨针（macroamphidisc）"、"中双盘骨针（mesamphidisc）"和"小双盘骨针（microamphidisc）"三种类型。是双盘海绵动物区别于其他海绵的重要特征。

05.0545　皮层骨针　dermalia
存在于海绵皮层中的骨针。根据骨针有没有辐指向海绵体分为"上向皮层骨针（autodermalia）"和"下向皮层骨针（hypodermalia）"。

05.0546　胃层骨针　gastralia
又称"内腔骨针（atrialia）"。存在于胃层的骨针。根据骨针有没有辐指向海绵体分为"上向胃层骨针（autogastralia）"和"下向胃层骨针（hypogastralia）"。

05.0547　单轴骨针　monaxon
沿一个轴生长形成的骨针。轴或直或弯，轴的两端或相似或不相似，末端或尖或钝或圆等。

05.0548　针状骨针　style
一端尖、一端钝圆的单轴骨针。

05.0549　二尖骨针　oxea, acerate
两端都呈尖形的单轴骨针。

05.0550　棒尖骨针　strongyloxea
一端尖、另一端钝圆呈纺锤形的二尖骨针。

05.0551　棘针骨针　acanthostyle
表面布满棘刺的针状骨针。

05.0552　大头骨针　tylostyle
一端尖、另一端圆球形，形似大头针的一种针状骨针。

05.0553　亚头骨针　subtylostyle
一端尖、另一端钝圆的一种大头骨针。

05.0554　棘棒状骨针　acanthostrongyle
表面布满棘刺的棒状骨针。

05.0555　双轴骨针　diaxon
有两个轴的骨针。包含十字骨针、L 形的二辐骨针等。

05.0556　三轴骨针　triaxon
三个轴相互以直角愈合，因而呈六放型的骨针。这种也常减少末端而改变放数，其末端可以弯曲、分枝、或具钩、具结等变化而形成多种形态，包括球六辐骨针、球六星骨针、五辐骨针等。

05.0557　四轴骨针　tetraxon
在同一平面上有四个放射端的大骨针。常因丢失一些放射端而变成三放、二放或一放型，如棘状骨针。

05.0558　棘状骨针　calthrop
等角的四轴骨针。4 个辐等长。

05.0559　多轴骨针　polyaxon
由中心向外伸出多射形成星状的骨针。多见于小骨针。

05.0560　辐　actine
骨针的中心放射轴。含一个轴或轴管。

05.0561　单辐骨针　monactin, monactine
具一个放射辐的单轴骨针。绝大多数的基须骨针为单轴骨针。

05.0562　二辐骨针　diactin, diactine
在同一轴上有两个辐的骨针。包含双头骨针、楔形骨针、棒状骨针等。

05.0563　双头骨针　tylote
两端各含一个圆球形突起的二辐大骨针。

05.0564　楔形骨针　tornote
两端钝尖或呈锥形的一种直的、等辐的二辐骨针。

05.0565　棒状骨针　strongyle
两端钝圆的二辐大骨针。

05.0566　勾棘骨针　uncinate
表面布满棘刺的二辐骨针。根据尺寸大小，可分为"大勾棘骨针（macrouncinate）"、"中勾棘骨针（mesouncinate）"和"小勾棘骨针（microuncinate）"。

05.0567　杖状骨针　scepter
勾棘骨针的一种。常出现于缘须中，中间轴常有刺，一端尖，另一端常有次生构造。

05.0568　三辐骨针　triactin, triactine
有 3 个辐的骨针。包含羽状骨针、类羽状骨针、拟羽状骨针等。

05.0569　羽状骨针　sagittal spicule
在同一平面或基辐中含有两个成对相等的角和一个不成对角的一种三辐骨针或四辐骨针。

05.0570　类羽状骨针　parasagittal spicule
一种三辐骨针或四辐骨针。三辐骨针的三个辐或四辐骨针的基辐位于同一平面，夹角相同。其中两个辐长度相同，另一辐略长或略短。

05.0571　拟羽状骨针　pseudosagittal spicule
外形基本上与羽状骨针相似，但辐的长度不同，辐之间弯曲的角度也不同的一种三辐骨针或四辐骨针。通常为亚皮层骨针。

05.0572　等角骨针　regular spicule
一种三辐骨针或四辐骨针。三辐骨针的 3 个辐或四辐骨针的基辐长度相等，彼此间的夹角也相等（120°），位于同一平面。

05.0573　三杆骨针　triod
一种三辐骨针。3 个辐在同一个平面上，等角，各辐之间的夹角为 120°，各辐等长。

05.0574　四辐骨针　tetractin, tetractine
有 4 个辐的骨针。包含三叉骨针、十字骨针等。

05.0575　三叉骨针　triaene
一种四辐骨针。含一个长的辐（主杆）和三个等长较短的辐（枝辐），枝辐集中在骨针一端。包含后三叉骨针、侧三叉骨针、盘形三叉骨针、片叉骨针等。

05.0576　后三叉骨针　anatriaene
其枝辐明显向主杆弯曲的一种三叉骨针。

05.0577　侧三叉骨针　plagiotriaene
其枝辐与主杆呈 45°角的一种三叉骨针。

05.0578　盘形三叉骨针　discotriaene
通常主杆较短，枝辐呈盘状分枝或融合的一种三叉骨针。

05.0579　片叉骨针　phyllotriaene
其枝辐呈分枝的叶片状的一种三叉骨针。

05.0580　前三叉骨针　protriaene
其枝辐明显向远离主杆的方向弯曲的一种三叉骨针。

05.0581　十字骨针　stauractin, stauractine
4 个辐排列在同一平面上，呈十字交叉状的一种四辐骨针。

05.0582　五辐骨针　pentactin, pentactine
有 5 个辐的骨针。常见于六放海绵类。

05.0583　六辐骨针　hexactin, hexactine
有 6 个辐、各辐彼此垂直的骨针。

05.0584　球六辐骨针　sphaerohexactin
6 个辐的末端为圆球形的六辐骨针。

05.0585　盘六辐骨针　discohexact, disco-hexactin
辐的末端有齿状伞形盘状结构的一种六辐骨针。

05.0586　六星骨针　hexaster
有 6 个分枝辐的小骨针。包含萼丝骨针、镰毛骨针、花丝骨针等。

05.0587　萼丝骨针　calycocome
二级结构同伞状花序一样，从花萼发射出许多放射线状结构的一种六星骨针。

05.0588　镰毛骨针　drepanocome
二级结构的末端呈镰刀状的一种六星骨针。

05.0589　花丝骨针　floricome
二级结构的辐呈 S 形放射状，末端呈齿状盘或爪状盘的一种六星骨针。

05.0590　羽丝骨针　plumicome
由 6 个盾状瓣二级结构组成，一个单独的盾状瓣含多个弯曲的或者呈直线的辐的一种六星骨针。

05.0591　盘六星骨针　discohexaster
二级结构的末端呈齿状的伞形盘状结构的一种六星骨针。

05.0592　球六星骨针　sphaerohexaster
辐的末端为球形的一种六星骨针。

05.0593　羽辐骨针　pinule
五辐骨针或六辐骨针中有一个特化羽状辐的骨针。羽状辐的表面布满棘刺。

05.0594　星状骨针　aster
沿一个中心点或杆伸出许多辐的一种小骨针。包含实星骨针、链星骨针、针棘骨针等。

05.0595　实星骨针　sterraster
呈球形或椭圆形实心结构的一种星状骨针。在钵海绵属（*Geodia*）中较常见。

05.0596　链星骨针　streptaster
螺旋状轴上伸出许多小枝辐的一种星状骨针。

05.0597　针棘骨针　spiraster
又称"旋星骨针（spinispira）"。棘刺状的小枝辐在骨针的杆上螺旋状排列的一种星状骨针。

05.0598　近星骨针　plesiaster
小枝辐比中间轴长，常含 3～5 个枝辐的一种链星骨针。

05.0599 棒星骨针 strongylaster
辐从中心点向外发射，各辐等径，末端钝圆的一种星状骨针。

05.0600 月星骨针 selenaster
类似实星骨针，形状呈椭圆形的一种星状骨针。

05.0601 双星骨针 amphiaster
小枝辐集中在轴的两端排列的一种星状骨针。

05.0602 针星骨针 oxyaster
从中心发射出许多针尖状游离的辐，中心体小的一种星状骨针。

05.0603 八辐骨针 octactin, octactine
有 8 个辐的骨针。通常 6 个辐在一个平面上，另外两个与之垂直。

05.0604 八星骨针 octaster
有 8 个枝辐的小骨针。

05.0605 盘八星骨针 discoctaster
辐的末端呈伞形盘状结构的一种八星骨针。

05.0606 爪状骨针 chela
中间杆弯曲，两端的翼反向弯曲的一种小骨针。包含异爪状骨针、等爪状骨针、掌形爪状骨针等。

05.0607 异爪状骨针 anisochela
中间杆的两端构造不同的一种爪状骨针。

05.0608 等爪状骨针 isochela
中间杆的两端构造相同的一种爪状骨针。

05.0609 掌形爪状骨针 palmate chela
等爪状骨针或异爪状骨针的侧翼与中间杆融合，单翼、中翼和前翼的末端游离，并逐渐变宽的一种爪状骨针。

05.0610 锚爪状骨针 anchorate chela
末端有多个游离的爪状瓣，向内弯曲形如倒置的锚钩或锚片，两个侧瓣微微弯曲，整个与主杆融合的一种等爪状骨针。

05.0611 三辐爪状骨针 arcuate
末端有三个游离爪状瓣的一种等爪状骨针。

05.0612 多齿爪状骨针 unguiferous anchorate chela
中间杆的两端反向弯曲，具多个游离的齿状结构，呈倒钩状或镰刀状的一种爪状骨针。

05.0613 爪形骨针 onychaete
表面布满棘刺的一种细长小骨针。

05.0614 表须 prostalia
突出于海绵体表的骨针。包含侧须、缘须、基须。

05.0615 侧须 pleuralia
突出于海绵侧面体壁的骨针。

05.0616 缘须 marginalia
从出水口边缘突出于体表的骨针。常在出水口边缘呈环状分布。

05.0617 基须 basalia
从海绵底部伸出于海绵体外的骨针。在有些种类中形成根束，利于海绵固着在基质表面。

05.0618 骨片 sclerite
带有矿物沉积物的形态不规则的骨针。

05.0619 网状骨片 desma, desmome
一种形态不规则的相互连接的大骨针。骨针

末端膨大。

05.0620　四枝骨片　tetraclone
含 4 个辐，表面可能光滑，有的表面有次生结构，枝辐之间的角度不超过 120°，不具有三叉体对称结构的一种网状骨片。

05.0621　横棒　crepis
网状骨片在被二氧化硅质沉积物修饰之前的原始体。

05.0622　角质骨骼　keratose
由海绵硬蛋白丝连成的网状结构组成的骨骼。使海绵具有弹性，变得柔软。

05.0623　棘状骨骼　echinating
从海绵质板、纤维丝或骨针束上伸出的大骨针。

05.0624　羽状骨骼　plumose skeleton
由初级纤维或骨针束呈斜的辐射状上升的骨骼结构。

05.0625　网状骨骼　reticulate skeleton
由海绵硬蛋白丝、骨针束或者单一骨针融合形成的三维网状骨骼结构。

05.0626　网结骨骼　dictyonal skeleton, dicryonine
网状骨骼的一种。由规则的六辐骨针融合形成的三维网状结构，多见于六放海绵类。

05.0627　等网状骨骼　isodictyal skeleton
呈等网状结构，由多个三角形的网孔组成，每条边是一个骨针长度的骨骼。

05.0628　外皮层骨骼　ectosomal skeleton
位于海绵外表面的骨骼。有些种由特化的骨针和海绵硬蛋白丝组成。

05.0629　切向骨骼　tangential skeleton
与表面平行排列的外皮层骨骼。

05.0630　领细胞层骨骼　choanosomal skeleton
海绵的基本骨骼。由领细胞层包含的骨针和海绵硬蛋白丝组成。起支撑着水沟系和海绵形态的作用。

05.0631　外轴骨骼　extra-axial skeleton
由轴心区形成或围绕轴心区形成的骨骼。

05.0632　内卷沟　aporhysis
嵌于具网状骨骼的海绵体壁上的一种管道。管沟开口于内腔的表面，杂乱的结束在海绵体壁内，使其外端呈封闭状。与外卷沟相对。仅在六放海绵中存在。

05.0633　外卷沟　epirhysis
嵌于具网状骨骼的海绵体壁上的一种管道。管沟开口于海绵外皮层，杂乱的结束在海绵体壁内，使其内腔面的管道呈封闭状。与内卷沟相对。仅在六放海绵中存在。

05.0634　全卷沟　diarhysis
嵌于网状骨骼的海绵体壁上像蜂窝状放射形排列的管道。内外管道完全相通，如泡沫海绵科海绵。

05.0635　星根　astrorhiza
在海绵表面或切面见到的呈放射状或星状分布的沟槽。

05.0636　水沟系　aquiferous system, canal system
在入水孔和出水孔之间的水循环系统。是多孔动物特有的结构。包括入水孔、中央腔、出水口等。不同种的海绵动物其水沟系有很大差别，其基本类型有单沟型、双沟型和复沟型三种。

05.0637　单沟型　asconoid
结构最简单的一种水沟系。无折叠的体壁，领细胞组成中央腔的壁，水流自入水孔流入直接到中央腔，然后经出水孔流出。如白枝海绵属（*Leucosolenia*）的水沟系。

05.0638　双沟型　syconoid
结构较为复杂的一种水沟系。有凹凸折叠的体壁，领细胞室位于体壁，开口于中央腔。水流自入水孔流入，经入水管、前幽门孔、辐射管、后幽门孔和中央腔，由出水孔流出。如毛壶属（*Grantia*）的水沟系。

05.0639　复沟型　leuconoid
结构最复杂的一种水沟系。有复杂折叠的体壁，管道分支多，在中胶层中有很多具领细胞的鞭毛室，中央腔壁由扁平细胞构成。水流由入水孔流入，经入水管、前幽门孔、领细胞、后幽门孔、出水管和中央腔，再由出水孔流出。大部分寻常海绵纲的海绵属于此型。

05.0640　入水孔　ostium
又称"流入孔（incurrent pore）"。引导水流进入入水管道的小孔。分布在海绵体的外表面。

05.0641　出水口　osculum
又称"出水孔"。水流排出海绵体外的开口。通常孔较大。

05.0642　内腔　atrium
又称"海绵腔（spongicoel）""泄殖腔（cloaca）""中央腔（central cavity）"。多孔动物中央较大的出水腔。毗连出水口。

05.0643　领细胞室　choanocyte chamber
又称"鞭毛室（flagellate chamber）"。内壁由领细胞排列而成的腔室。位于入水体系和出水体系之间。与多孔动物的营养物吸收和气体交换有关。

05.0644　入水管　incurrent canal
形成入水体系的通道。

05.0645　出水管　excurrent canal
形成出水体系的通道。

05.0646　前幽门孔　prosopyle
入水管通向领细胞室的开口。

05.0647　后幽门孔　apopyle
领细胞室通向出水管的开口。

05.0648　前幽门管　prosodus
水流通向前幽门孔的小入水管道。

05.0649　后幽门管　apochete
水流从后幽门孔通向出水管的小出水管道。

05.0650　芽球　gemmule
在海绵中质层中由若干原细胞（即变形细胞）聚集成堆，外包几丁质膜和一层骨针的球形结构。当海绵母体死亡时，芽球可以度过外界严峻的环境生存下来，当条件合适时，芽球内的细胞释放出来，形成新个体。

05.0651　芽球生殖　gemmulation
海绵通过形成芽球发育成新个体的一种无性繁殖方式。

05.0652　两囊幼虫　amphiblastula
多孔动物钙质海绵纲钙质海绵亚纲有性生殖时形成的幼虫。其动物极的一端为具鞭毛的小细胞，植物极的一端为不具鞭毛的大细胞，在胚胎发育过程中有逆转现象。

05.0653　逆转现象　inversion
两囊幼虫具鞭毛的小细胞（动物极）陷入里

面形成内层，而另一端大细胞（植物极）包在外边形成外层细胞，与其他多细胞动物原肠胚形成正好相反的现象。

05.0654　钙质幼虫　calciblastula
多孔动物钙质海绵纲石灰海绵亚纲有性生殖时形成的幼虫。为胎生的，全身基本都覆盖有纤毛，在发育过程中不进行逆转。

05.0655　双囊胚幼虫　parenchymella
一层有鞭毛的细胞包裹内部细胞团形成的幼虫。见于多孔动物寻常海绵纲大部分种类的幼虫。

05.0656　棒状幼虫　clavablastula
一种全身覆盖纤毛的中空幼虫。如多孔动物寻常海绵纲小轴海绵目（Axinellida）的幼虫。

05.0657　铠甲囊胚幼虫　hoplitomella
不含纤毛，含骨针，而成体中这些骨骼会消失的幼虫。在多孔动物寻常海绵纲公鸡海绵属（Alectona）和敏捷海绵属（Thoosa）中有发现。

05.0658　双球幼虫　dispherula
发育初期在球形胚层内部含有一中空球形胚的幼虫。如多孔动物寻常海绵纲角质海绵亚纲谷粒海绵目（Chondrillida）的幼虫。

05.0659　环形幼虫　cinctoblastula
由实心的胚胎发育形成的中空幼虫。在身体中部具有一圈"折射纤毛细胞"，该细胞带将幼虫分成前后两个半球，故名。见于多孔动物同骨海绵钢的幼虫，特别是奥斯海绵属（Oscarella）的幼虫形式。

05.0660　毛发幼虫　trichimella
身体呈尖橄榄形，前孔比后孔更圆，毛发囊胚仅在赤道部位具有纤毛，两极裸露，含特殊十字骨针的幼虫。仅在六放海绵纲中发现。至今仅描述过索氏娟网海绵（Farrea sollasii）的毛发囊胚。

05.04　刺胞动物门

05.0661　水螅虫纲　Hydrozoa
刺胞动物门的一个类群。单个或群体，生活史中多数有水螅型和水母型两个阶段（如钟螅、薮枝螅），少数终生水螅型（如水螅、筒螅）或水母型（如管水母）。无口道，水螅型具缘膜，个体中空，呈圆柱形，一端附着，另一端有围以触手的口。管水母的水螅体因营漂浮群体生活而特化。绝大多数生活在海水，少数生活在淡水。

05.0662　钵水母纲　Scyphozoa
刺胞动物门的一个类群。生活史中水母型发达，水螅型不发达或完全退化。为不具缘膜的大型水母，全部生活在海水。如海蜇、海月水母等。

05.0663　珊瑚虫纲　Anthozoa
刺胞动物门的一个类群。生活史中没有世代交替现象，只有水螅型。多数为树枝形群体（如软珊瑚、柳珊瑚、海鳃和角珊瑚等），少数为圆筒形单体（如海葵、单体石珊瑚等），呈六放、八放、多放或多放两辐对称，内腔被体壁伸展的隔膜分为若干小室。全部生活在海水。

05.0664　表皮层　epidermis
刺胞动物的体壁由两层细胞构成，其外表的一层。由外胚层发育而来，主要有皮肌细胞、腺细胞、感觉细胞、神经细胞、刺细胞和间细胞。主要有保护和感觉的功能。

05.0665 胃[皮]层 gastrodermis
刺胞动物的体壁由两层细胞构成，其里面的一层。由内胚层发育而来，包含营养肌肉细胞、腺细胞、少数感觉细胞和间细胞。主要有营养功能。

05.0666 中胶层 mesoglea
刺胞动物的表皮层和胃皮层之间的一层胶质状物质。保持水母的形状及在运动中起重要作用。

05.0667 皮肌细胞 epitheliomuscular cell
全称"上皮肌肉细胞"。刺胞动物上皮细胞的基部伸出一个或几个细长突起，其中含有肌原纤维，具有上皮和肌肉功能的细胞。

05.0668 营养肌[肉]细胞 nutritive muscular cell
又称"内皮肌细胞（endomuscular cell）"。一种具营养功能兼收缩功能的细胞。在细胞顶端通常有两条鞭毛。

05.0669 腺细胞 gland cell
一种具分泌能力的上皮细胞。在水螅的基盘处及触手的表皮层中特别发达，使水螅便于附着或在基质上滑动。

05.0670 感觉细胞 sensory cell
分散在皮肌细胞之间，特别在口周围、触手和基盘上的体积小、细胞质浓、端部有感觉毛，基部与神经纤维连接的细胞。细胞体长形，垂直于体表。

05.0671 神经细胞 nerve cell
位于表皮层细胞基部，接近于中胶层部分的细胞。其细胞突起彼此相连成网状，构成神经网，起传导刺激向四周扩散的作用。

05.0672 神经肌肉体系 neuromuscular system
刺胞动物无神经中枢，其神经网的传导速度慢和无定向，主要是借助神经细胞、感觉细胞和皮肌细胞等，彼此互相联结成网，形成的感觉和运动体系。

05.0673 间细胞 interstitial cell
位于上皮细胞之间，靠近中胶层处的一些小型圆形细胞。单独或成堆分布，具大的细胞核，是体内一种未分化的细胞，可以转化成生殖细胞、刺细胞、腺细胞等其他类型的细胞。

05.0674 刺细胞 sting cell, cnidoblast, cnidocyte
刺胞动物所特有的、遍布于体表（触手上特别多），具有捕食、防御和固着功能的分化细胞。每个刺细胞有一核位于细胞一侧，并有囊状的刺丝囊和刺针。由间细胞所形成。一般产生于外胚层，特别是触手，但某些种类的内胚层也具有（如海月水母、海葵）。

05.0675 刺丝囊 nematocyst, cnidocyst
刺细胞中由一个双层壁构成的囊。囊内有毒液和一盘旋的丝状管（即刺丝）。遇到刺激时，囊内刺丝翻出，注射毒液或把外物缠卷，利于防御和捕食。

05.0676 刺细胞盖 operculum
刺细胞口周围的结构。

05.0677 刺丝 thread
刺丝囊内盘旋的丝状管。当受到刺激时，刺丝囊外翻射出刺丝，刺丝的构造较为复杂，其长度、粗细、刺的排列和大小等是鉴定刺丝囊的重要依据之一。

05.0678 刺丝环 nettle ring
刺细胞和刺丝囊密集包围水母外加厚的伞缘。

05.0679 穿刺刺丝囊 penetrant, stenotele
基部有箭状突起、能刺透捕获物，刺丝细长中空，并释放毒液的一种刺丝囊。

05.0680 卷缠刺丝囊 volvent, desmoneme
刺丝不呈棍棒状、末端螺旋、不释放毒液、但能缠绕捕获物的一种刺丝囊。

05.0681 黏性刺丝囊 glutinant
又称"胶刺胞"。基部无箭状突起、具有分泌胶质、黏着捕获物功能的一种刺丝囊。常见于管水母的种类。

05.0682 尖胶黏性刺丝囊 streptoline glutinant
刺丝囊为长圆形，刺丝上具螺旋状细刺的一种黏性刺丝囊。

05.0683 钝胶刺丝囊 stereoline glutinant
刺丝囊为长卵形，刺丝上无小刺的一种黏性刺丝囊。

05.0684 多型刺丝囊 polytype nematocyst
形状特殊、形态各异的刺丝囊。是种类描述和分类的依据之一。

05.0685 刺丝囊集 cnidome
刺丝囊以特定方式排列于体表或进一步形成更复杂的聚集体。

05.0686 腔肠 coelenteron
刺胞动物由内外胚层细胞围成的体内具有消化功能的腔。即胚胎发育中的原肠腔。

05.0687 消化循环腔 gastrovascular cavity
内胚层起源的胃层包围形成的体内的空腔。具有细胞内和细胞外消化功能，消化后的营养物质由该腔输送到身体各部分，故名。有一开孔与外界相通，孔兼有口和肛门的双重功能。

05.0688 水螅型 polyp
刺胞动物水螅虫纲生活史中两种主要体型之一。体多呈筒形、管形，顶端有口，口周有数目不等的触手，营固着生活，多形成群体，行无性出芽生殖。

05.0689 水母型 medusa
刺胞动物水螅虫纲生活史中两种主要体型之一。体多呈圆盘状或钟状，凹入的下伞面中央有下垂的垂唇，其游离端为口，伞的边缘具缘膜、触手及感觉器等。营自由浮游生活，不形成群体，行有性生殖。

05.0690 螅根 hydrorhiza
水螅型群体基部附着到基质上的根状匍匐部分。含有分枝网状、网络状、匍匐管状或匍匐螅根等各种形式。

05.0691 螅茎 hydrocaulus
螅根上生出的直立的茎。是水螅群体的主茎。在单体匍匐形式或在分枝群体中，螅茎是简单的，在大多数群体形态中，螅茎建立起复杂和各种各样的群体形态。其上分出水螅体和生殖体两种个体。

05.0692 膝状突起 apophysis
又称"螅托"。在软水母的一些种类，水螅体从螅茎短突起的末端产生的突起。位于节间的远端，如蝶螅科的水螅体螅茎的短突起末端有梗节。

05.0693 螅枝 hydrocladium
直立水螅群体中螅茎主茎的最终侧枝或终侧枝的分枝。

05.0694 成束茎 fascicled stem
螅茎由两个或更多个共肉管组成，形成一个合成的茎结构。每个管保留其围鞘。有时成束茎是由几个浮浪幼体附着在同一场地而产生群体的聚结。

05.0695　共肉　coenosarc
又称"共体"。水螅体群体各个水螅体间互相联系的部分。是螅茎的活组织。

05.0696　围鞘　perisarc
水螅群体外面由外胚层分泌的一层透明的角质膜。围绕着大多数水螅体的共肉，起着保护和支持作用。

05.0697　匍匐[水]螅根　stolon
又称"生殖茎"。螅根的一种形式。个体附着于基质的柄状结构，被围鞘保护的匍匐或竖立空心共肉管，一旦黏着基质后变成复杂水螅根，在不利环境条件下，其组织可休眠，当适宜条件时可再次繁殖新的群体。

05.0698　水螅体　hydranth
又称"营养体"。刺胞动物水螅虫纲群体中专司营养且形似水螅的个体。从螅茎的末端生出，其腔肠与螅茎连通，具摄食和消化功能，包括垂唇、触手、水螅鞘。

05.0699　生殖体　gonangium
刺胞动物水螅虫纲群体中专司生殖且呈水螅状的个体。呈圆筒状，无口及触手，中央有一棒状的子茎。

05.0700　垂唇　hypostome
水螅体顶端的圆锥状突起。具有口，口周围有触手，呈辐射排列，主要为捕食器官。

05.0701　反口触手　aboral tentacle
又称"背口触手"。直接位于水螅体垂唇以下的触手。一环、多环或分散于整个螅体上。

05.0702　[水]螅鞘　hydrotheca
水螅体垂唇外透明的杯形鞘。在软水母的水螅中，由几丁质围成的一个坚固鞘，围绕着水螅体。

05.0703　钟形螅鞘　campanulate hydrotheca
呈钟形或圆柱状的螅鞘。常有几个三角形瓣组成的锥形螅盖，在螅盖与螅鞘缘间分界线明显或不明显，是钟线螅科（Campanulinidae）的重要特征之一。

05.0704　胃柱　gastric column
又称"胃茎"。水螅体的主要部分。在内部胃腔简单，不被隔膜隔开，但有些种类中，内胚层可能存在皱褶和绒毛，增加吸收面积，如棒茎螅和棒螅。

05.0705　子茎　blastostyle
生殖体无口及触手，中间的中空轴。能以出芽方式出生水母芽。

05.0706　生殖鞘　gonotheca
子茎周围包有的透明瓶状鞘。环绕和保护生殖体。

05.0707　水母芽　medusa bud
水螅虫纲群体中由子茎以出芽方式生出的扁圆形芽体。成熟后即脱离子茎，由生殖鞘顶端的开口外出，营自由浮游生活。

05.0708　浮浪幼虫　planula
又称"浮浪幼体"。刺胞动物受精卵经卵裂、囊胚而形成实心的原肠胚。其表面有纤毛，能在水中自由游泳。固着下来后以出芽方式发育成水螅型群体。

05.0709　生殖笼　corbula
生殖鞘聚生，被螅枝特化组成的篮子状起保

护作用的整个结构。

05.0710　口盖　operculum

在刺胞动物软水母亚纲的螅鞘和生殖鞘的顶端由许多小瓣在中部汇集的关闭的盖。当螅体生长或水母释放，盖被打开。盖的形态和结构多种多样，为鉴别种类的依据之一。

05.0711　基盘　basal disc

水螅体的基部。用以附着。随着居栖环境条件的不同，其类型也随之变化。

05.0712　茎生　cauline

水螅借其足盘处所分泌黏液附着在物体上，然后根状物向上直生梗柄，螅体位于梗柄上的现象。如淡水水螅。

05.0713　单轴分枝　monopodium

直立水螅群体螅茎的一种分枝类型。水螅体在顶部出芽不断向上生长，形成粗壮的主干，同时侧出芽也发育成侧枝，侧枝又以同样方式形成次级侧枝。

05.0714　合轴分枝　sympodium

直立水螅群体螅茎的一种分枝类型。第一个水螅体在顶部，在水螅体下方芽生产生一个分枝，这个分枝超过第一个水螅体，在其顶部长有第二个水螅体，这一过程不断继续，最终产生一个合轴。

05.0715　辐状幼虫　actinula

又称"辐状幼体"。某些水螅的幼虫期。有触手和一个口。在某些种类附着并发育成水螅体，或变态成水母。在花水母的一些种类，具 1～2 轮反口触手，直接发育成固着水螅体，而在自育水母纲具一轮反口触手，直接发育成浮游幼水母型。

05.0716　管水母类　Siphonophora

较大型的营漂浮生活的水母型群体。无世代交替，有多态现象。身体是由几种变态了的水螅型及水母型个体被共肉茎联结在一起，个体间紧密聚集，彼此分工组成一大型群体。水螅体除营养体和生殖体外，还有浮囊体。

05.0717　浮囊［体］　pneumatophore

除钟泳类外，所有管水母在群体顶端的一个泡状气囊。囊壁具气腺，似浮器具漂浮功能，故名。其下面悬挂着多种个体。

05.0718　指状个体　dactylozooid

又称"指状个员""兵螅体（machozooid）"。在一些群体生活的管母类刺胞动物中专司防卫性、保护性和捕食的个体。其口、触手和腔肠退化或缺乏，形如指管状，能高度伸展和活动，具丰富的刺丝囊。

05.0719　营养个体　gastrozooid

又称"营养个员"。在一些群体生活的管母类刺胞动物中专司摄食和营养的个体。形状像水螅，体呈管状，末端有口和触手，无生殖器，营摄食和消化功能。

05.0720　生殖个体　gonozooid

又称"生殖个员"。在一些群体生活的管母类刺胞动物中专司繁殖作用的个体。短而简单的管状结构，没有口，也不会动，与水螅体通过共肉连接，其无性生殖在盲管状的子茎上，以出芽方式产生许多水母芽，脱落后长大为水母型。

05.0721　叶状个体　bract, hydrophyllium

又称"叶状个员"。形如盾形、叶状或头盔样，较厚的胶质个体。仅具一枝或分枝的消化管，似盾保护其他个体。

05.0722　泳钟[体]　nectophore
为无口、垂管、触手和感觉器，而保留缘膜、钟、四条辐管和环管特征的水母型结构。形态多样，肌肉发达，故具很强的游泳能力。仅见于管水母的胞泳类和钟泳类。

05.0723　刺丝体　nematophore
某些水螅虫类小的次生性群体。含有丰富的刺丝囊，无口和触手，也无胃腔，外部被围鞘保护着或裸露，主要位于螅鞘上，有些种类在螅茎无鞘节上以及螅茎和螅根上。

05.0724　刺丝鞘　nematotheca
环绕着刺丝体的不同构造的几丁质鞘。起着保护作用。

05.0725　囊胞体　sarcostyle
又称"刺囊（cnidosac）"。水螅体多态群体的个体之一。身体呈简单的棒状，通常具许多大型的黏性刺丝囊或穿刺刺丝囊，无触手，有的具变形虫样伪足。

05.0726　泳体　nectosome
管水母具有泳钟的部分。

05.0727　管体茎　siphosomal stem
位于泳体下很长的茎状结构。其上产出一串合体群。

05.0728　合体群　cormidium
又称"合体节"。管水母钟泳类螅茎上长出的成串小群体。每串包括营养个体、触手、指状个体、子茎和叶状个体。

05.0729　泳囊　nectosac
泳钟体中间的空腔。当腔壁上的肌壁收缩时，水经囊口排出，具有推进功能。

05.0730　体囊　somatocyst
泳钟体茎上部的突出延长物。其顶端有油滴，具有储存营养的作用。仅存在管水母钟泳类中。

05.0731　多营养体期　polygastric phase
钟泳类管水母个体发育过程中具有无性和生殖各种成员（如泳体和营养体）的完全期。

05.0732　单营养体期　eudoxid phase
钟泳类管水母个体发育过程中从多营养体期脱离的单独浮游个体的时期。具有生殖功能。

05.0733　无性水母体　asexual medusoid
在囊泳类和钟泳类种类中，不育或无性的类水母个体。可能与有性生殖体形成联合体，具有推进和漂浮功能。

05.0734　真水母体　eumedusoid
具有与水母完全相同的构造，但没有从水螅体上分离出来的水母体。为退化水母，有辐管、内伞，有时有垂管，但一般无触手、感觉器和缘膜，有些种类有自由浮游生活。

05.0735　隐形水母体　cryptomedusoid
比真水母体更退化的水母体。很少有自由浮游生活，无辐管，但有一个与胃胚层薄片同源的内胚层薄片，有退化内伞空间，或无空间被外胚层所代替，如棒螅。

05.0736　异形水母体　heteromedusoid
高度萎缩的类水母体。无辐管、伞内胚层、触手和感觉器官，内伞腔仍然保留，如曲长钟螅。

05.0737　裂殖[生殖]　schizogeny, fission
由一个个体分裂成两个个体的一种无性繁殖方式。

05.0738　匍匐繁殖　stolonization
一般从螅根产生新芽体，尔后发育成水螅体的一种无性生殖方式。是水螅类群体的产生方法。

05.0739　伞部　umbrella
简称"伞（bell）"。水母像一把伞的主体。包括垂管和触手。形态多种多样，如钟形、钵形、圆顶形、扁平、半球形、尖形、碟形和塔形等。伞内陷为内伞腔。

05.0740　外伞　exumbrella
又称"上伞"。伞部背凸面。即伞的上方。

05.0741　内伞　subumbrella
又称"下伞"。伞部内凹面。即伞的下方。中央有口。

05.0742　缘膜　velum
伞下面边缘的一圈薄膜。膜上有肌肉，伞腔中央有缘膜开孔，其作用有助于水母的游泳。是水螅虫纲水母的主要特征。

05.0743　垂管　manubrium
水母内伞中轴双胚层突出的管状部分。包含胃或胃腔，其远端有口，近端直通辐管相接。其形状和大小有很大变化，从管状到十字形、方形、纺锤形、桶状、细颈瓶状，短的、长的、狭的或很大等。

05.0744　胃囊　gastric pouch
钵水母胃的一个囊状分部。消化循环系统比较复杂，由口进去为胃腔，位于体中央，向四方扩大成 4 个胃囊。

05.0745　胃丝　gastral filament
钵水母和立方水母的水母型个体，位于胃囊底部生殖腺内侧具有来源于内胚层的丝状物。数目很多，其上分布很多刺丝囊，具有

杀死捕获物纳入胃囊的功能。

05.0746　胃小孔　gastric ostium
钵水母类中通入胃囊的小孔。

05.0747　胃柄　gastric peduncle
又称"假垂管（pseudomanubrium）"。从内伞的正中央中胶层锥状延长向内伞腔下垂突出的部分。其末端为垂管，辐管沿着锥状柄下行到垂管，这个锥状柄其形状和大小有变化，可作为鉴定物种和分类阶元的依据之一。

05.0748　生殖下腔　subgenital porticus
又称"生殖下孔（subgenital pit）"。钵水母有些种类位于内伞口面间辐位的 4 个肾形或马蹄形内陷。腔内有膜将胃腔与外界隔开。

05.0749　辐管　radial canal
水母从胃消化循环腔四周伸出的管状结构。多数 4 条，也有 8 条、16 条或更多条，有时多达 100 条以上，其末端与环管连接，具有输送营养物质到水母体各部分的功能，是胃循环系统的组成部分。因所在位置不同分为主辐、间辐和从辐。

05.0750　主辐　perradius
又称"正辐"。由口腕位置发出的 4 条分枝的管。为水母的主轴，大多数的种类为相对应辐管。在筐水母亚纲的种类为相应胃囊。

05.0751　间辐　interradius
由胃囊底部正中发出的 4 条分枝的管。位于两条相邻主辐之间（即二条辐管间）的轴。在筐水母类的种类间辐轴位于胃囊间。

05.0752　从辐　adradius
又称"纵辐"。由胃囊底部的两侧发出的 8 条不分枝的管。位于主辐和间辐之间的轴。

05.0753　环管　circular canal, ring canal
环绕着伞缘、空心的管状结构。连接辐管的末端。有些种类的环管是实心的，包含内胚层细胞的实心中轴，如兰卡水母、枝管水母；有些种类的环管是环围外伞瓣的边缘，形成外围管系统。

05.0754　根间管　peronial canal
外围环管的垂直部分。

05.0755　顶管　apical canal
又称"脐管（umbilical canal）"。当水母芽发育时，借以从母体胃腔输送营养物质到芽体的管状结构。一般在水母芽长大释放后该管消失，但有的水母仍保留，从垂管顶端向上突出到顶胶质。

05.0756　顶突　apical process
有些水母伞顶锥状胶质增厚部分。呈圆锥状或尖锥状，如隔膜水母。

05.0757　隔　diaphragm
有鞘水螅体在螅鞘基部的一层薄膜。由几丁质向内横向突出生长，呈环状加厚形成。在隔板的中央有穿孔，允许共肉通过。

05.0758　感觉棒　cordylus
又称"感觉棍"。位于伞缘两条触手之间的微小棍棒状结构。其基部狭，末端粗大，充满内胚层细胞，有或无刺丝囊，功能未知，可能有感觉功能。如软水母的感棒水母。

05.0759　触手囊　tentaculocyst
某些刺胞动物中水母伞缘的压力感觉器。由特化的触手和通常含平衡石的腔组成。囊上面有眼点，下面有缘瓣。

05.0760　平衡囊　statocyst
又称"平衡泡"。水母体定位的一种囊状结构。内含感觉纤毛和小的可移动的平衡石，依靠重力进行定位，使游泳生活的动物保持水平的姿态。在软体动物（蚌、钉螺、乌贼等）、节肢动物（虾、糠虾等）中也存在。

05.0761　平衡石　statolith
又称"平衡砂""耳石"。某些水生无脊椎动物平衡囊中由其内壁细胞分泌出的钙质体、沙粒等固体内含物。在脊椎动物前庭囊内也存在。

05.0762　外胚层平衡囊　ectodermal statocyst
平衡感觉器发育在水母的缘膜和伞缘的整个外胚层上的一种平衡囊。

05.0763　外内胚层平衡囊　ectoendodermal statocyst
由外-内胚层产生两种类型感觉棒的一种平衡囊。

05.0764　开放型平衡囊　open marginal vesicle, open statocyst
又称"开放型外胚层平衡囊（open ectodermal statocyst）"。水母类起平衡作用的4种机械感觉器之一。平衡囊向水母缘膜内凹陷，并在内伞侧开放。囊的表面常有几个或多个上皮细胞包围，内有石细胞，胞内有平衡石。

05.0765　关闭型平衡囊　closed marginal vesicle, closed statocyst
又称"关闭型外胚层平衡囊（closed ecto-dermal statocyst）"。水母类起平衡作用的4种机械感觉器之一。平衡囊的开孔被缘膜组织封闭，使其呈球形或卵圆形，并悬挂于缘膜下面。囊壁由两层扁平细胞组成，囊底有具感觉毛的感觉细胞，并有一个或多个平衡石。大多数的软水母属于此类型。

05.0766　内包感觉棒　enclosed marginal sensory club
又称"关闭型外内胚层平衡囊（closed ecto-endodermal statocyst）"。水母类起平衡作用的 4 种机械感觉器之一。感觉棒被中胶层内包或外胚层平衡囊被埋入中胶层里，没有伸出伞缘，内有一个小的平衡囊，如淡水水母。

05.0767　游离感觉棒　free marginal sensory club
又称"游离外内胚层平衡囊（free ecto-endodermal statocyst）"。水母类起平衡作用的 4 种机械感觉器之一。棒状感觉器从伞缘伸出像触手状，有一根从环管的内胚层形成的轴，并被伞的外胚层覆盖，棒的远端有一个或多个大的内胚层细胞，每个细胞有 1 个平衡石，如筐水母、硬水母。

05.0768　缘瓣　marginal lappet
钵水母和筐水母的伞缘变薄，被缺刻分为若干的瓣。分为触手缘瓣和感觉缘瓣。

05.0769　触手缘瓣　tentacular lappet
钵水母有些种类缘瓣的一种类型。缘瓣间的缺刻中具一条触手，其两侧为叶状瓣。

05.0770　感觉缘瓣　rhopalar lappet
钵水母有些种类缘瓣的一种类型。缘瓣间的缺刻中具一感觉器，其两侧为叶状瓣。

05.0771　口腕　orallobe
内伞中央有一呈四角形的口，由口的四角上伸出的 4 条突出部分。

05.0772　肩板　scapullet
根口水母的口腕基部愈合部分。其口柄基部有 8 对纵排肩状片（翼状），环绕着口腕基部，其上具许多丝状附属物。

05.0773　吸口　suctorial mouth
每个口腕又分成三翼，在其边缘上形成的许多小孔。

05.0774　足囊　podocyst
钵水母的螅状体在生长过程中形成的多细胞囊。其萌发是产生新螅状体的唯一无性生殖方式。一般一个螅状幼体能产生 3～5 个足囊，而一个足囊可以产生多个螅状体，如海蜇。

05.0775　缘触手　marginal tentacle
嵌入在边缘上或在伞缘上的触手。

05.0776　触手基球　tentacular bulb
触手基部扩大，紧贴伞缘，含有一个与环管沟通的腔。其形态各不相同，多数简单，仅着生一条触手或多条触手，有些水母的基球向上生长，攀向外伞缘形成背距，有些水母无真触手基球，如深帽水母。

05.0777　缘疣　marginal wart
刺胞动物有些种类的水母伞缘上的疣状隆起。不具触手，但与环管连接。

05.0778　冠沟　coronary groove
钵水母冠水母目的水母体外伞中间环绕伞部的一条横沟。沟下有若干辐沟，使外伞分成若干缘叶。

05.0779　网状管　anastomosing vessel
钵水母有些种类所有的辐管在水母的内伞或伞缘的缘垂上合并成的网状分枝。

05.0780　假缘膜　velarium
立方水母无缘膜，但从伞缘伸向伞腔内延伸的一圈薄膜。膜上不仅有许多环状肌肉，而且还有许多缘膜管，分枝复杂。

05.0781　螅状幼体　hydrula
刺胞动物的浮浪幼虫下沉附着后，变成很小的喇叭形螅体。具有基盘、口及少数触手，摄食时可伸长，也可产生侧芽，再分出新的螅状体和水螅相似。

05.0782　钵口幼体　scyphistoma
钵水母发育过程的一个固着水螅型幼体。外形为一个短的倒锥形或烧杯形，体分萼部和柄部，口端呈扁平状的口盘，中央有一个隆起的口，围绕口盘边缘有一轮触手。多数近岸的旗口水母和根口水母的种类其生活史都要经过附着钵口幼体期。

05.0783　横裂体　strobila
钵口幼体进行连续横分裂形成的一个个碟状个体。

05.0784　碟状幼体　ephyra
钵水母纲的一种自由浮游生活的水母幼体期，由钵口幼体的连续横分裂形成的横裂体成熟后自上而下依次从母体上脱落下来的幼体。初期具有口、八个分叉的口腕，中有胃丝、八个水管和感觉器官，最后发育成大而复杂的水母型。

05.0785　珊瑚　coral
某些单体或群体珊瑚类刺胞动物的通称。或指其骨骼。

05.0786　足盘　pedal disc
海葵无骨骼，身体呈圆柱状附于海中岩石或其他物体上的一端。

05.0787　口盘　oral disc
与足盘相对的另一端。上部口端扩大的部分。中央有椭圆形或缝形的口，周围有中空的触手环绕，排成一环或多环，触手上有刺细胞，可用于捕食小的动物。

05.0788　体柱　scapus
位于海葵的口盘和足盘之间的部分。形状各异及体壁上结构不同的衍生物而产生多种海葵型。

05.0789　囊泡　vesicle
由体柱的体壁隆起形成的空泡。有时膨大呈水泡状，有时呈分枝状，具有漂浮功能，为热带性海葵所具有的特征，如爱氏海葵属（*Edwardsia*）。

05.0790　口道　stomodeum
珊瑚水螅体口部体壁内陷形成的短而粗管状结构。

05.0791　口道沟　siphonoglyph
又称"咽沟（sulcus）"。口道两端各有的纤毛沟。有的种类只有一个，内壁的细胞具有纤毛，水流可由口道沟流入消化循环腔。

05.0792　隔膜　mesentery, septum
又称"隔片"。珊瑚消化循环腔壁上内胚层细胞增多向内突出形成的横隔片。呈辐射状，起支持及增加消化面积的作用。其数量和排列是分类的依据之一。

05.0793　初级隔膜　primary septum
又称"初级隔片""完全隔膜（complete mesentery）"。自体壁一直伸到口道壁将消化腔完全隔开的隔膜。

05.0794　不完全隔膜　incomplete mesentery
不与口道相连的隔膜。包括次级隔膜、三级隔膜等。

05.0795　次级隔膜　secondary septum
又称"次级隔片"。较窄，只有初级隔膜的一半，另一端游离在消化腔内的隔膜。在六放珊瑚单体中当形成初级隔膜后，即以6的倍数再形成第二轮 12 个较小的辐射排列的隔膜。与初级隔膜相间排列。

05.0796　三级隔膜　tertiary septum
又称"三级隔片"。只有初级隔膜的 1/4 或 1/5，另一端游离在消化腔内的隔膜。在六放珊瑚单体中当形成次级隔膜后，再形成的第三轮 24 个更小的隔膜插入其间。

05.0797　直接隔膜　directive septum
又称"直接隔片""指向隔膜"。对着口道的隔膜。即珊瑚单体两侧对称的隔膜，如滨珊瑚。

05.0798　肌旗　muscle banner
海葵消化循环腔的隔膜上纵行的肌肉带。

05.0799　隔膜丝　mesenterial filament, septal filament
隔膜游离末端膨大形成的三叶状结构。其两个侧叶上细胞的表面分布有大量的纤毛，纤毛的摇动有利于胃腔中液体的循环，中叶上分布有大量的刺细胞及腺细胞，刺细胞能杀死摄入体内的捕获物，腺细胞能分泌消化液。

05.0800　枪丝　aconitum
又称"毒丝"。隔膜丝沿隔膜的边缘下行一直达到消化循环腔底部时形成的游离线状物。其中含有丰富的刺细胞，当由体壁上的壁孔或口中射出时有防御及进攻的作用。

05.0801　壁孔　cinclide
海葵体柱体壁不同位置上分布的小孔。有的在近基部排列整齐，有的分散分布，排列不整齐。具有水流进出和射出枪丝之功能。

05.0802　裂片　lobe
六放珊瑚隔膜内缘的独立分叉。沿纵向成排出现。

05.0803　疣　verruca, wart
海葵体壁外胚层的外突。如一些空心的泡状物，一般体柱伸展时它突出，收缩时呈轻度凹陷，能吸住外来沙粒和碎屑及贝壳等。有些珊瑚群体上布满疣状瘤，并包含水螅体，是杯形珊瑚属（*Pocillopora*）所具有的特征。

05.0804　领部　collaret
又称"围墙"。海葵体柱与口盘交界处，向上形成的一环皱褶组织。如细指海葵。

05.0805　珊瑚萼　coral calyx
当软珊瑚的水螅体收缩后，珊瑚枝的表面形成的疣状或柱状结构。

05.0806　结节　acrorhagi
海葵体壁边缘向外生长的结构。呈球形或轻度分叉或成叶状，等距离地排列成一环，具丰富的刺丝囊，而假结节是无刺丝囊。

05.0807　萼部　calyx
珊瑚单体上部开口端部位。中央常有杯状的凹陷。

05.0808　窝　fossa
珊瑚体和珊瑚单体萼部中央呈杯状的凹陷。珊瑚可缩曲之中。

05.0809　小根　rootlet
又称"根丝"。珊瑚软体的边偶然越出萼部边缘，呈舌状伸达珊瑚固着的底质，表面分泌一条外壁后，边缘带缩回，留下的一根管状骨骼。为增加珊瑚体稳定性的附加构造。

05.0810　珊瑚冠　anthocodia
软珊瑚水螅体的部分。包括触手和触手基部，通常能缩入珊瑚枝的皮层或珊瑚萼内，只有个体的口端能突出在表面。

05.0811 珊瑚冠柱 anthostele
软珊瑚的根枝珊瑚亚目的种类，群体最简单，没有共肉，个体由匍匐根生出，体壁薄，包括口端，能全部缩入到背口端的基部，其基部厚，不能收缩，露出在外的基部结构。

05.0812 珊瑚骼 corallum
又称"珊瑚体"。刺胞动物珊瑚纲中大多数种类其外胚层能分泌石灰质或角质的骨骼。是单体珊瑚和复体珊瑚的统称。八放珊瑚的骨骼多在体内，或形成分散的骨针，其成分为角质、钙质，如软珊瑚；六放珊瑚的骨骼由体表外胚层细胞深入中胶层分泌而成，成分为碳酸钙，骨质坚硬，如硬珊瑚。

05.0813 单体珊瑚 solitary coral
由一个水螅个体分泌而成的骨骼。如石芝。

05.0814 复体珊瑚 compound coral
许多珊瑚聚集在一起共同形成的骨骼。

05.0815 珊瑚单体 corallite
一个单体珊瑚或群体珊瑚中一个水螅个体所分泌的骨骼。

05.0816 轴珊瑚单体 axial corallite
群体珊瑚中除了各个水螅个体的骨骼以外，将所有珊瑚单体紧密互相连接的骨骼。如鹿角珊瑚。

05.0817 辐射珊瑚单体 radial corallite
围绕着轴珊瑚单体的珊瑚。如鹿角珊瑚。

05.0818 外骨骼 exoskeleton
石珊瑚或苍珊瑚由外胚层细胞直接分泌而成的发达的骨骼。长于珊瑚体外。

05.0819 共骨[骼] coenosteum
群体的刺胞动物（如水螅或珊瑚）由共肉分泌的几丁质或石灰质骨骼。围绕着珊瑚单体，使各个珊瑚单体互相连接。

05.0820 底板 basal plate
又称"基板"。六放珊瑚最早形成的底部平板状骨骼构造。幼虫固着后不久即由软体底盘表面分泌，底盘开始很薄，几乎透明，牢固附着外物上，后被钙质分泌物加厚。

05.0821 外鞘 epitheca
又称"外壁""表壁"。包在珊瑚单体体外的一层薄的钙质外层。是底板边缘向上延伸的薄层，其外表面分布着围绕单体珊瑚的生长线。

05.0822 内鞘 endotheca
又称"内墙"。围绕着珊瑚单体体内的一种次生钙质骨骼。

05.0823 隔壁 septum
又称"隔片"。底板向上隆起呈放射状排列的垂直分隔片。具有支持和分割珊瑚软体的作用。

05.0824 鳞板 dissepiment
横向的小隔片。是珊瑚虫随骨骼向上生长被抬升的过程中分泌的底板，如六放珊瑚虫。

05.0825 轴柱 columella
隔壁在单体珊瑚或珊瑚单体中心聚合而成的纵向骨骼。

05.0826 鞘 theca
又称"真壁"。外鞘、隔壁和共骨等骨骼共同连接的部分。分隔单体珊瑚内软体或单体珊瑚间软体。

05.0827 隔壁肋 costa
又称"珊瑚肋"。隔壁穿过鞘向外延伸部分。是位于珊瑚单体体壁外侧的辐射状骨骼。

05.0828 羽簇 fascicle
一群具钙化集中点的放射状钙质晶针。是隔壁的基本组成单位。

05.0829 羽榍 trabecular
羽簇沿一定方向排列生长形成的针状或棒状结构。

05.0830 珊瑚轴 coral axis
柳珊瑚枝中心支持整体的结构。在硬轴亚目柳珊瑚群体，轴都含有钙质骨针，而在全轴亚目柳珊瑚群体不含骨针。

05.0831 中轴索 central chord
有些珊瑚种类骨针或骨片相互愈合成的中轴骨。如柳珊瑚的中轴骨含钙质和珊瑚硬蛋白，围绕中轴骨是一圈共肉，共肉中含有内胚层来源的胃层管，亦有分散的钙质骨针；有些种类的中轴骨是由红色钙质骨针愈合而成实心体（如红珊瑚）。

05.0832 小管 ductulus
又称"管系（solenia）"。八放珊瑚群体中的个体各自独立，个体间通过共肉彼此相连，共肉的中胶层中有来源于外胚层的变形细胞，它们单独存在或聚成堆，个体之间的中胶层中也有网状的小管，它与个体的胃腔相连，构成了八放珊瑚最简单的群体网管结构。

05.0833 小丘 monticule
又称"突起（colline）"。微管珊瑚复体的珊瑚单体中心围有的突起。是环壁出芽的结果。

05.0834 羽状体 pinnule
单体状肉质群体珊瑚，由一柱状初级轴螅体及分布在上面的许多次级个体组成，初级轴螅体下端成为柄部，用以固着，次级体放射

排列在初级体上，或向两侧平行排列，呈羽状的群体。如海鳃、海仙人掌。

05.0835 瓶刷形分枝 bottlebrush
鹿角珊瑚群体从主枝伸出许多短的小枝。每枝呈瓶刷状。

05.0836 丛状分枝 bushy
珊瑚群体像树枝一样分枝。包括分枝彼此不平行的枝状复体以及分枝彼此平行或近于平行排列互不相连的筌状复体。

05.0837 管状体 siphonozooid
六放珊瑚海鳃目群体中无触手或触手不发达的个体。不能取食，但能使群体产生水流。

05.0838 单口道芽 mono-stomodeal budding
六放珊瑚无性繁殖的一种方式。珊瑚虫同一触手环内只发育一个口道，从母体触手环外的边缘带或共骨组织出芽相邻珊瑚虫，口道间无口道隔膜对着，或隔膜群分隔。

05.0839 双口道芽 di-stomodeal budding
六放珊瑚无性繁殖形成新珊瑚虫或新口道的一种类型。珊瑚虫同一触手环内发育两个口道，原口道和每个新口道间有两对口道间隔膜。

05.0840 三口道芽 triple-stomodeal budding
珊瑚虫同一触手环内发育三口道，排列成三角形，每两个相邻口道间只有一对隔膜。

05.0841 多口道芽 polystomodeal budding
又称"多萼芽生"。珊瑚虫同一触手环内发育三个以上的口道。

05.0842 内触手芽 intratentacular budding
石珊瑚群体扩大的一种无性出芽方式。芽体由个体的口盘处发生，亲体口盘向一侧延

伸，随后口盘和身体纵裂分成两个或更多的个体，如脑珊瑚出芽后新旧两个体均未分离，因而表面形成了沟回状。

05.0843　外触手芽　extratentacular budding
石珊瑚群体扩大的一种无性出芽方式。芽体由个体基部发生，新个体从亲个体外的一侧形成，如陀螺珊瑚。

05.0844　实原肠胚　stereogastrula
刺胞动物的囊胚层细胞由其内面分裂，填充内腔，形成实心的原肠胚。

05.0845　珊瑚礁　reef coral
在热带海洋中的岛屿、暗礁和海滩的四周长满的石珊瑚。据礁的形状与陆地或岛屿的关系以及生长的形态，通常分为环礁、岸礁和堡礁等类型。

05.0846　环礁　atoll
环绕着下沉的火山岛生长，中间是浅水的潟湖的一种珊瑚礁。

05.0847　岸礁　fringing reef
又称"缘礁"。直接附着在陆块上，与陆地之间没有潟湖相隔的一种珊瑚礁。

05.0848　堡礁　barrier reef
距岸边有些距离、与岸礁间有水相隔的一种典型珊瑚礁。

05.0849　造礁珊瑚　hermatypic coral
组织内含有虫黄藻与其共生、能够建造珊瑚礁的珊瑚。分布在热带浅海区。

05.0850　非造礁珊瑚　ahermatypic coral
组织内没有虫黄藻共生、不成礁的珊瑚。分布在深海冷水区。

05.05　栉板动物门

05.0851　黏细胞　colloblast, adhesive cell, collocyte
栉板动物特有的、行捕食和防御功能的分化细胞。游离端呈半圆形，其表面可分泌黏性物质，用以捕捉食物。

05.0852　黏球　adhesive spherule
栉板动物黏细胞头部表面的乳突状构造。其表面生有许多分泌黏液的颗粒，用来捕捉食物。

05.0853　栉毛　comb
栉板动物身体表面的特化上皮细胞游离面伸出的纤毛。

05.0854　栉板　comb plate, ctene
栉板动物的纤毛基部愈合于身体表面呈横向排列的板状结构。为运动器官。

05.0855　栉毛带　comb row
栉板动物体表从口极向反口极延伸的8条纵向排列结构。每条带均有若干栉板。

05.0856　触手鞘　tentacle sheath
栉板动物近反口极两侧表皮内陷，形成开口于触手基部的一对漏斗状结构。收缩的触手可藏于鞘内。

05.0857　胃循环系统　gastrovascular system
又称"胃管系统"。栉板动物具有的复杂的腔管系统。由一两辐排列的水管系统组成。从口经过口道，沿着极轴向反口极进入胃腔，胃腔连接口道管、主辐管、间辐管、子午管、触手管、反口极管、肛门管 7 种管。管壁遍生纤毛。

05.0858　口极　oral pole
栉板动物有口的一端。

05.0859　反口极　aboral pole
栉板动物无口的一端。有感觉器。

05.0860　胃腔　gastric cavity
栉板动物胃循环系统的口和背口管之间行细胞外消化及循环功能的管状结构。

05.0861　口道管　paragastric canal
又称"拟消化管""咽管（pharyngeal canal）"。栉板动物胃循环系统的组成部分。一对由胃伸出，与口道平行，伸向口端的细长管状结构。

05.0862　主辐管　perradial canal
又称"正辐管""横辐管（transverse canal）"。栉板动物胃循环系统的组成部分。一对从胃的两侧伸出，与间辐管和触手管连通，呈横向排列的管状结构。

05.0863　间辐管　interradial canal
栉板动物胃循环系统的组成部分。位于横辐管和纵辐管间，是 2 条横辐管各分出 1 对与纵辐管连通，呈横向排列的管状结构。

05.0864　从辐管　adradial canal
又称"纵辐管"。栉板动物胃循环系统的组成部分。位于间辐管和子午管间，是由 4 条间辐管各分出 1 对与子午管连通，呈横向排列的管状结构。

05.0865　子午管　substomodaeal canal, meridional canal
栉板动物胃循环系统的组成部分。4 对

中部与纵辐管连接，两端封闭，在体表下呈纵向排列，与栉毛带平行和相连的管状结构。

05.0866　触手管　tentacular canal
栉板动物胃循环系统的组成部分。一对由横辐管分出，与触手鞘基部相连，与口道管平行，伸向口端的管状结构。

05.0867　反口极管　infundibular canal, aboral canal
又称"背口管"。栉板动物胃循环系统的组成部分。一条从胃分出，伸向反口极的管状结构。

05.0868　肛门管　anal canal
栉板动物胃循环系统的组成部分。4 条从反口极管的后端分出，延伸至感觉器附近的短管。其中 2 条末端有开口，另 2 条为盲管。

05.0869　肛门孔　anal pore
又称"排泄孔"。栉板动物胃循环系统的组成部分，背口管末端的开口。

05.0870　感觉器　statocyst
又称"端感器（apical sense organ）""背感觉器（aboral sense organ）"。栉板动物反口极附近的外胚层纤毛细胞内陷所组合形成，且与 8 条栉毛带相连调节运动方向，并保持身体平衡的结构。

05.0871　触手侧枝　tentacle side branch, tentilla
栉板动物触手侧伸出的丝状结构。

05.0872　耳状瓣　auricular lappet
栉板动物兜水母类（Lobata）口道两侧 4 个边缘具纤毛、行协助摄食功能的耳状突起。

05.0873 耳沟 auricular groove
栉板动物兜水母类（Lobata）触手基部伸出，并延伸至耳状瓣基部，行协助摄食功能的纤毛的槽。

05.0874 重复生殖 dissogony
栉板动物在幼体和成体阶段都能进行有性生殖的现象。

05.0875 镶嵌型 mosaic type
栉板动物发育早期部分内胚层细胞移入内胚层与外胚层之间，自主特化为间叶细胞和肌肉细胞的胚胎发育模式。

05.0876 球水[母]期 cydippid stage
栉板动物球栉水母目水母在发育过程中出现的形似成体的幼体阶段。

05.06 扁形动物门

05.0877 涡虫纲 Turbellaria
扁形动物门的一个类群。体表具纤毛，摆动时激水呈涡状，消化道单根或具复杂分枝，多营自由生活。

05.0878 吸虫纲 Trematoda
扁形动物门的一个类群。体背腹扁平，体表无纤毛，有角质膜，附着器官为吸盘或后吸器，消化道退化，生殖腺发达。营体外寄生或体内寄生生活。一般分为单殖亚纲、盾腹亚纲和复殖亚纲。

05.0879 绦虫纲 Cestoidea
扁形动物门的一个类群。成虫寄生于人和脊椎动物的肠腔中，全身呈带状，由头节、颈和体节（节片）组成，有吸盘和钩等附着器官，感官退化，口及消化道消失，雌雄同体。

05.0880 不完全消化系统 imcomplete digestive system
有口，没有肛门，不能消化的食物残渣仍由口排出的消化系统。如涡虫和吸虫的消化系统。

05.0881 皮层 tegument
吸虫和绦虫的体表为合胞体结构，内含细胞质、线粒体和内质网，故名。胞质部位于体表，含有细胞核的胞体部深入实质组织中。

05.0882 实质组织 parenchyma tissue
动物体内填充在器官之间或腔隙中的结缔组织。如扁形动物体壁和内部器官之间的实质组织，由实质细胞的分支相互联结成疏松的网状，其中充满液体及游离的细胞，执行着体内营养物及代谢产物的输送，组织损伤后的修复、再生等功能。

05.0883 焰细胞 flame cell
又称"焰茎球（flame bulb）"。扁形动物、纽形动物等低等三胚层动物原肾管的基本组成单位。由帽细胞和管细胞组成，生活时，帽细胞的鞭毛不停地摆动，犹如火焰跳动，故名。

05.0884 帽细胞 cap cell
位于原管肾的排泄管小分支顶端的帽状细胞。盖在管细胞上，其顶端向内伸出两条或多条鞭毛，悬垂在管细胞中央，通过鞭毛的不断摆动，在管的末端产生负压，引起实质中的液体经过管细胞细胞膜的过滤作用，使 Cl^-、K^+ 等离子在管细胞处被重吸收而产生低渗液体或水分，再经过管细胞膜上的无数小孔进入管细胞和排泄管，经排泄孔排出体外。

05.0885 管细胞 tubule cell
原管肾中组成焰细胞的管状细胞。位于帽细

胞下方，连到排泄管的小分支上。其上有无数小孔，用于收集体内多余的水分和液体废物，经排泄管和排泄孔排出体外。

05.0886 排泄管 excretory canal, excretory duct

扁形动物原管肾系统中排出代谢废物和多余水分的管道系统。通常具有许多分支，各分支末端为一焰细胞所封闭，另一端汇入排泄管，开口于体表的排泄孔。

05.0887 排泄孔 excretory pore

排泄管末端开口于体外的孔。

05.0888 排泄小管 excretory tubule

扁形动物原管肾系统收集代谢废物及多余水分的小管。一端接焰细胞，另一端直通排泄管。

05.0889 三角涡虫 planarian

扁形动物门涡虫纲的代表动物。体柔软，背腹扁平，头呈三角形，身体腹面具纤毛，摆动时激起水流呈漩涡状，故名。头部两侧各有一发达的耳突，背面有一对黑色眼点。具有有性和无性两种生殖方式，生活于洁净的淡水溪流中。我国分布极广泛，为动物学常用的实验材料。

05.0890 切头虫 temnocephalan

扁形动物门涡虫纲切头目动物的统称。体扁平，卵圆形，体表光滑，无纤毛，前端具5～12个指状触手，其后方有一对眼点，体后端有一吸盘。口位于体前部腹面，连接咽，咽连接宽大的盲囊状肠。精巢1～2对，卵巢1个，卵黄腺多对，神经索3对，连接脑、眼点及触手。在南半球广泛分布，与淡水甲壳类、腹足类和龟类共生，主要以单细胞藻类、原生动物、轮虫和小型甲壳动物等为食。

05.0891 耳突 auricle, lug

涡虫头部两侧向外突出的部分。是涡虫的触觉和嗅觉感受器。吸虫中吸盘两侧向外突出，见中宫科中宫属（*Mesometra*）种类。

05.0892 杆状体腺细胞 rhabdite gland cell

扁形动物门涡虫纲动物表皮层中分泌杆状体的腺细胞。其细胞体常沉入表皮之下的实质中，仅腺细胞管伸到体表。

05.0893 杆状体 rhabdite

涡虫表皮的杆状体腺细胞分泌形成的分泌物，贮存于表皮细胞之内，呈杆状，垂直于体表，故名。有表皮性杆状体和腺性杆状体两种。当涡虫遇到敌害或受刺激时，大量的杆状体由细胞内排出，遇水后常弥散出有毒性的黏液，以捕食和防御敌害。

05.0894 表皮性杆状体 epidermal rhabdite

在表皮细胞内形成的杆状体。

05.0895 腺性杆状体 glandular rhabdite

在陷入实质组织中的大形腺细胞内形成、并通过长的颈管伸到体表的杆状体。

05.0896 表皮取代细胞 epidermal replacement cell

扁形动物门涡虫纲动物实质组织中实质细胞的一种。从实质移至体表，紧贴体壁之下，取代任何被损伤或破坏的细胞。

05.0897 成新细胞 neoblast cell

又称"成年未分化细胞"。扁形动物门涡虫纲动物实质组织中一种未分化的全能细胞。相当于海绵的原细胞和刺胞动物的间细胞。对损伤愈合和再生很重要，也可产生表皮取代细胞。

05.0898 固定实质细胞 fixed parenchyma cell

扁形动物实质组织中一种大的分支细胞。与

其他实质细胞以及表皮细胞构成间隙连接，使虫体所有组织层连接在一起。

05.0899　纵神经索　longitudinal nerve cord
扁形动物神经系统发展的初级阶段，神经细胞向前端集中形成"脑"，从"脑"向后分出的若干纵行的神经索。在纵神经索之间有横神经相连。在高等种类，纵神经索减少，只有一对腹神经索发达。

05.0900　内卵黄卵　entolecithal egg
卵黄作为卵的一部分由卵巢产生的卵。如涡虫卵。

05.0901　外卵黄卵　ectolecithal egg
卵巢产生卵，卵黄腺产生卵黄细胞包围着的卵。如吸虫、假叶绦虫卵。

05.0902　再生　regeneration
机体的一部分在损伤、脱落或截除之后重新生成的过程。可分为两类：在正常生命活动中进行的再生称"生理性再生（physiological regeneration）"，如红细胞的新旧交替、鸟类羽毛的脱换等；由于损伤而引起的再生称"病理性再生（pathological regeneration）"，如低等动物水螅、涡虫切割后再生等。

05.0903　芽基　blastema
又称"胚基"。具有再生能力的动物某些器官受到损伤后，在伤面形成的能够发育为缺失部分的芽状体。如涡虫被横切2～3天后，断面凹陷处出现半球形的细胞团即为芽基。

05.0904　管状咽　tubular pharynx
体壁由口内陷形成的一个短管。用以吞食或抽吸食物，并输送食物入肠。扁形动物涡虫纲无肠目、大口涡虫目动物的咽为此类。其咽道内具纤毛，咽道的外周是实质，实质中的单细胞腺可穿过咽上皮而开口于咽，以协助输送食物。

05.0905　褶皱咽　plicate pharynx
又称"折叠咽"。管状咽进一步折叠形成咽鞘及肌肉质的咽。是一种可伸缩的咽，取食时由口伸出，取食后缩回咽囊内。见于扁形动物门涡虫纲多肠目及三肠目动物的咽。

05.0906　球形咽　spherical pharynx
褶皱咽的咽囊缩小，咽壁肌肉层发达，具纵肌、环肌和发达的放射肌，取食时咽伸长，并由口伸出体外，取食后肌肉收缩，咽缩回体内成球状，故名。扁形动物门涡虫纲新单肠目动物具有此类咽。

05.0907　咽囊　pharyngeal pouch
褶皱咽和球形咽的咽鞘与咽之间的空腔。

05.0908　咽鞘　pharyngeal sheath
包裹咽囊的鞘状结构。见于三角涡虫。

05.0909　咽腔　pharyngeal cavity
咽内的空腔。如涡虫。

05.0910　米勒幼虫　Müller's larva
曾称"牟勒氏幼虫"。扁形动物门涡虫纲一些自由生活的海产种类（多肠目）个体发育过程中的幼虫阶段。幼虫体呈卵圆形，全身被纤毛，有8个游泳用的纤毛瓣，腹面具口，通往埋于实质内的肠。有脑、眼点等，营浮游生活。

05.0911　吸虫　trematode, fluke
扁形动物门吸虫纲动物的统称。虫体背腹扁平，两侧对称，有吸盘，具不完全消化系统，营寄生生活。

05.0912　单殖吸虫　monogenean, monogenoidean, monogenetic trematode
扁形动物门吸虫纲单殖亚纲动物的统称。生

活史简单，无中间宿主、直接发育的一类吸虫。主要寄生于宿主体外，少数种类寄生于宿主的通外腔管。根据后吸器的结构特点分为多钩类、寡钩类和多盘类。

05.0913　单后盘类　monopisthocotylea
又称"多钩类（polyonchoinea）"。单殖吸虫的一类群。后吸器上的主要结构为数目较多、大小结构各异的几丁质钩和联结片。宿主为鱼类，个别为头足类软体动物及甲壳动物。

05.0914　多后盘类　polyopisthocotylea
又称"寡钩类（oligonchoinea）"。单殖吸虫的一类群。后吸器上的主要结构为形态结构多样、数目及排列方式各不相同的吸铗，宿主为鱼类。

05.0915　多盘类　polystomatoinea
单殖吸虫的一类群。后吸器上的主要结构为肌质吸盘（2~6个），宿主为水生四足动物。

05.0916　盾腹虫　aspidogastrean
扁形动物门吸虫纲盾腹亚纲动物的统称。口位于口吸盘的中央，腹面由1至数列吸盘状沟组成固着器，有咽，食道短，肠单一囊状，寄生在软体动物、鱼类、两栖爬行动物。

05.0917　复殖吸虫　digenean
扁形动物门吸虫纲复殖亚纲动物的统称。生活史复杂，需要2个以上宿主完成生活史，多为宿主的体内寄生。

05.0918　吸虫学　trematology
研究吸虫的形态结构与分类、生活史、致病机制、流行规律、实验诊断和防治的科学。

05.0919　吸虫病　trematodiasis
动物或人体由吸虫寄生而引起的疾病。

05.0920　头器　head organ
吸虫体前端的乳头状突起。由多束头腺细胞构成。

05.0921　头腺　cephalic gland
又称"顶腺（apical gland）"。吸虫身体前端的一种单细胞腺体。由能释放黏性物质的腺细胞及腺导管构成。

05.0922　口吸盘　oral sucker, buccal sucker
吸虫体前端位于口腔周边呈圆形辐射状排列的肌肉质突起。内为口囊开口。

05.0923　固着盘　attaching disc, adhesive disc
单殖吸虫幼虫及部分成虫身体后端呈圆盘状或半圆形的附着器官。

05.0924　固吸器　haptor
单殖吸虫的附着器官。包括位于体前端的前吸器和位于体后端的后吸器。

05.0925　前吸器　prohaptor
单殖吸虫体前端吸附宿主的结构。肌质或腺质，具固着及尺蠖运动的功能。部分复殖吸虫（如牛首科吸虫）也有前吸器，有塞状、盘状、触手状、漏斗状、冠状、五角杯状、吸盘状等不同形态。

05.0926　后吸器　opisthaptor
单殖吸虫体后端的附着器官。肌质或几丁质，结构类型多样，为单殖吸虫的主要附着器官及分类依据。

05.0927　锚钩　anchor, hamulus
单殖吸虫后吸器上较为强壮发达，呈锚状或犁状的钩。

05.0928　小钩　hooklet
单殖吸虫后吸器上细弱不发达，呈镰刀状或

针状的钩。

05.0929 中央大钩 central anchor, central large hook, middle hook
多钩类单殖吸虫后吸器中央 1~3 对明显强大的钩。

05.0930 边缘小钩 marginal hooklet
又称"边缘钩（marginal hook）"。多钩类单殖吸虫后吸器上针状或镰刀状的钩。多位于后吸器外缘。

05.0931 内突 inner root
单殖吸虫锚钩或中央大钩上与钩尖同一侧的柄突。

05.0932 外突 outer root
单殖吸虫锚钩或中央大钩上与钩尖相对一侧的柄突。

05.0933 背联结片 dorsal bar
又称"连接片（connective plate）""连接棒"。位于单殖吸虫背中央大钩之间的片状或棍棒状的几丁质结构。

05.0934 腹联结片 ventral bar
又称"辅助片（supplementary plate，supplementary bar）"。位于单殖吸虫腹中央大钩之间的片状或棍棒状的几丁质结构。

05.0935 附片 accessory sclerite, accessory piece, accessory patch
位于原环指虫等多钩类单殖吸虫中央大钩端部的短棒状几丁质结构。胃叶虫等寡钩类单殖吸虫吸铗中 1 对与中片垂直的八字形片。

05.0936 鳞盘 squamodisc
位于鳞盘虫科单殖吸虫某些虫种的后吸器前部、由众多几丁质小杆做同心环状排列而成的鱼鳞形结构。

05.0937 片盘 lamellodisc
位于鳞盘虫科单殖吸虫某些虫种的后吸器前部、由成对的几丁质环片向心叠加排列而成的结构。

05.0938 吸铗 clamp
又称"固着铗（attaching clamp）"。寡钩类单殖吸虫后吸器上的主要结构。由不同的几丁质铗片辅以肌肉组织而成。

05.0939 微杯型 microcotylid type, microcotyle type, microcotylid pattern
微杯虫科单殖吸虫的吸铗及生殖刺的结构类型。

05.0940 胃叶型 gastrocotylid type, gastrocotyle type
又称"胃杯型"。胃叶虫科单殖吸虫的吸铗及生殖刺的结构类型。

05.0941 八铗型 *Diclidophora* type
八铗虫科单殖吸虫的吸铗及生殖刺的结构类型。

05.0942 钩铗型 mazocraeid type
钩铗虫科单殖吸虫的吸铗及生殖刺的结构类型。

05.0943 铗片 clamp skeleton
构成单殖吸虫吸铗的几丁质片。

05.0944 中[基]片 median sclerite, central sclerite, median piece
位于单殖吸虫吸铗中央的铗片。

05.0945　[外]侧片　lateral sclerite, marginal sclerite

位于单殖吸虫吸铗外侧的铗片。

05.0946　边缘嵴　marginal ridge

单杯科等单殖吸虫的后吸器或体侧缘膜上由众多小骨片构成的嵴状隆起。

05.0947　边缘瓣膜　marginal valve

分室科等多钩类单殖吸虫的盘状后吸器外缘由单列细胞组成的一圈薄膜状结构。

05.0948　端瓣　terminal lappet

某些单殖吸虫成虫后吸器末端的突出部分。由幼虫的固着盘进化而来，上具幼体钩（胚钩）或吸盘。

05.0949　端钩　terminal anchor, definitive hook

又称"终末钩"。单殖吸虫端瓣上着生的不发育的锚钩（胚钩）。

05.0950　交接管　copulatory tube

单殖吸虫雄性射精管的末段。管壁特化为几丁质或加厚的肌质。

05.0951　支持器　supporting apparatus

单殖吸虫交接器中支撑交接管的辅助几丁质结构。

05.0952　生殖腔　genital atrium, genetial bulb

雌雄同体的扁形动物雌、雄生殖器官共同开口的腔。由体表内陷形成。

05.0953　生殖刺　genital spine, genital hook

单殖吸虫生殖管道末端的棘状几丁质结构。包括阴茎刺、阴道刺和生殖腔刺。

05.0954　生殖肠管　genito-intestinal canal, genito-intestinal duct

又称"生殖消化管"。单殖吸虫中连接输卵管与一侧肠支或肠分支的管道。

05.0955　阴道管　vaginal tube

单殖吸虫雌性生殖系统中由体表接受精子的阴道口通向输卵管或卵黄管的肌质或几丁质管道。

05.0956　极丝　polar filament

吸虫等虫卵一端的长丝状物。

05.0957　卵盖　operculum, egg operculate

虫卵的一端或两端的盖状结构。卵内幼虫发育成熟后可推开卵盖孵化逸出。

05.0958　胚细胞繁殖　germinal multiplication

又称"幼体增殖"。复殖吸虫中胞蚴和雷蚴的胚团中产生胚细胞逐渐发育成下一个世代的胚体。是一种无性繁殖方式。

05.0959　毛蚴　miracidium

吸虫卵孵化出的幼虫。虫体体表具纤毛，可在水中自由游动。

05.0960　钩毛蚴　oncomiracidium

又称"纤毛蚴"。单殖吸虫的幼虫。体被成簇的纤毛，前端具 2 对眼点、后端具 1 固着盘，在水中自由游动。

05.0961　胞蚴　sporocyst

复殖吸虫毛蚴侵入贝类体内发育成的囊状幼虫。没有口、咽。内有胚细胞和胚球。体内胚球可发育成为子胞蚴或雷蚴。有些吸虫的生活史没有胞蚴阶段。

05.0962　母胞蚴　mother sporocyst

能产生子胞蚴的胞蚴。

05.0963　子胞蚴　daughter sporocyst
母胞蚴体内胚细胞发育成囊状的下一代胞蚴。

05.0964　雷蚴　redia
又称"裂蚴"。胞蚴胚细胞产生的有口、咽、肠管和原肾管的袋状幼虫。体内也有胚细胞团。

05.0965　母雷蚴　mother redia
又称"母裂蚴"。能产生子雷蚴的雷蚴。

05.0966　子雷蚴　daughter redia
又称"子裂蚴"。母雷蚴产生的下一代雷蚴。内含胚细胞团和尾蚴。

05.0967　尾蚴　cercaria
由吸虫的子胞蚴、雷蚴或子雷蚴产出的幼虫。一般分体部和尾部，具 1～2 个吸盘，前部有穿刺腺，具消化管、排泄系统、腺细胞及未分化的生殖原基。从贝类体内逸出，再侵入下一个宿主。

05.0968　无尾尾蚴　cercariaeum
某些不具尾部的尾蚴。可蠕动、不能自由游泳。

05.0969　对盘尾蚴　amphistome cercaria
吸虫的吸盘位于虫体体部前后端的尾蚴。尾简单，较长。

05.0970　囊尾尾蚴　cystocercous cercaria
又称"具囊尾蚴"。尾部前段变成袋状，末端稍尖，可向前包囊体部的尾蚴。

05.0971　叉尾尾蚴　furocercous cercaria
产自胞蚴，尾干分叉、无咽的尾蚴。如日本血吸虫尾蚴。

05.0972　脊性尾蚴　lophocercaria
具有鳍膜的叉尾尾蚴。

05.0973　双口尾蚴　distome cercaria
具口、腹两吸盘，口吸盘在体的前端，腹吸盘在体前半部的腹面或较靠近口吸盘的尾蚴。

05.0974　腹口尾蚴　gasterostome cercaria
无口、腹吸盘，口孔开口于虫体腹面的尾蚴。尾基部短粗，尾分两叉，卷曲似牛角状，肠囊状。

05.0975　微尾尾蚴　microcercous cercaria
尾部特别小，形如小球，与体部区分不明显的尾蚴。

05.0976　单口尾蚴　monostome cercaria
具口吸盘而无腹吸盘，有一对黑色眼点，尾部长的尾蚴。

05.0977　棒尾尾蚴　rhopalocercous cercaria
具口、腹两吸盘，尾部如棒状的尾蚴。

05.0978　毛尾尾蚴　trichocercous cercaria
具长的尾部，其上具许多细毛的吸虫尾蚴。为海洋种类。

05.0979　盘尾尾蚴　cotylocercous cercaria
尾部特化成吸盘样结构的尾蚴。

05.0980　棘口尾蚴　echinostome cercaria
前端口的周围有许多小棘、形成头襟、有口吸盘和腹吸盘、尾部单支的尾蚴。

05.0981　裸头尾蚴　gymnocephalus cercaria
体部口吸盘没有椎刺、尾单支、排泄孔在尾干两侧的尾蚴。

05.0982　矛口尾蚴　xiphidiocercaria
口吸盘里有一锥刺、尾部长的尾蚴。

05.0983　中尾蚴　mesocercaria
钻入非适宜宿主体内不发育不结囊，被另一中间或终末宿主吞食后进一步发育的尾蚴。

05.0984　囊蚴　metacercaria
侵入第二中间宿主后脱去尾部发育而成近圆形囊状物的尾蚴。具 1~3 层囊壁，内含幼虫。结囊的宿主可是动物或水生植物。

05.0985　后尾蚴　excysted metacercaria
囊蚴脱囊后逸出的幼虫。

05.0986　扭肠蚴　torticaecum
囊双科（Didymozoidae）的一种囊蚴形态。体内两肠管呈腊肠状扭曲而得名。可生存在特定或非特定的宿主体腔内。后扭肠蚴则生存在特定的鱼类宿主体内。

05.0987　珠肠蚴　monilicaecum
囊双科（Didymozoidae）的一种囊蚴形态。体内两肠管呈直形似念珠状而得名。可生存在特定或非特定的宿主体腔内。后珠肠蚴则生存在特定的鱼类宿主体内。

05.0988　纤毛板　ciliated plate
毛蚴体表由着生纤毛的上皮细胞覆盖形成纵横排列的板状结构。其数目、形状及排列方式为分类依据。

05.0989　穿刺腺　penetration gland
又称"钻腺"。复殖吸虫毛蚴及尾蚴体前部中央头腺两侧分泌溶组织酶的一组腺体。

05.0990　尾球　microcercous
微尾型吸虫尾蚴后端短小的尾部。绦虫原尾蚴体后端也有此结构，并着生 6 个小钩。

05.0991　产孔　birth pore
复殖吸虫胞蚴及雷蚴将体内繁殖的下一代排出体外的通道。

05.0992　头领　head collar
又称"头冠（head crown）"。复殖吸虫中体前部口吸盘及咽两侧向外突出的领状结构。

05.0993　头棘　head spine
复殖吸虫前部头领处着生的较大棘。数量及排列位置常作为分类依据。

05.0994　皮棘　tegumental spine
吸虫体表被有的瓦片状或棘状突起。

05.0995　腹吸盘　acetabulum, ventral sucker
吸虫腹部突起的圆形辐射状排列的肌肉质吸盘。用于固着宿主组织。

05.0996　腹吸盘瓣　postacetabular flap
腹吸盘后缘两侧的一对肌质耳状侧叶。见于半尾科（Hemiuridae）四叶巢属（*Quadrifoliovarium*）。

05.0997　有柄腹吸盘　pedunculated acetabulum
由一肌质的柄与吸虫体部相连的腹吸盘。

05.0998　无柄腹吸盘　sessile acetabulum
又称"座状腹吸盘"。无须通过一肌质柄而直接与吸虫体部相连的腹吸盘。相对于有柄腹吸盘而言。

05.0999　腹吸盘指数　acetabular index
复殖吸虫的体长与腹吸盘长之比。

05.1000　口腹吸盘比　sucker ratio
复殖吸虫的口吸盘长宽和与腹吸盘长宽和

之比。

05.1001 前体 fore body
复殖吸虫以腹吸盘为界，盘前部分。

05.1002 后体 hind body
复殖吸虫以腹吸盘为界，盘后部分。

05.1003 附吸盘 accessory sucker
复殖吸虫中与腹吸盘完全分离而发育成的第二腹吸盘。

05.1004 腹吸盘前窝 preacetabular pit
复殖吸虫中腹吸盘前面由肌纤维形成或由腺体组织像吸盘状的凹陷。

05.1005 腹吸盘后脊 postacetabular ridge
腹吸盘后围虫体形成的环形褶。见于半尾科（Hemiuridae）。

05.1006 后吸盘 posterior sucker
位于虫体后端的吸盘。见于同盘类吸虫。

05.1007 口前叶 peripheral lobe, preoral lobe
复殖吸虫中位于口吸盘前面的叶状或唇状突起。在半尾科（Hemiuridae）很常见。

05.1008 围口刺 perioral spine
复殖吸虫中口吸盘周围的棘刺。为棘体科（Acanthocolpiae）某些种类所特有，刺数与排列方式可作为分类依据。隐殖科（Cryptogonimidae）种类也具有围口刺。

05.1009 口支囊 oral diverticula
重盘科吸虫在口吸盘后左右两侧形成的囊。与食道相通。

05.1010 口后环 postoral ring
复殖吸虫中口吸盘后面的附属环状结构。见

于后唇科（Opistholebetidae）种类。

05.1011 头锥 cephalic cone
肝片吸虫口吸盘前的三角形突起。

05.1012 前咽 prepharynx
吸虫中位于口吸盘后、咽前的一段细管。

05.1013 肠叉 intestinal bifurcation
食道后面分叉的部位。下接肠管。

05.1014 肠支 intestinal branch
肠叉在腹吸盘前分支为两条纵行的盲管。延伸至体后方。多为"人"字形两支盲管，少数为"I"或"H"形，有些种类还有侧枝。

05.1015 肠盲囊 intestinal cecum
肠支分出的盲状膨大部分。以增加消化道的面积。

05.1016 肠前囊 prececal sac
凸腹科（Accacoeliidae）肠管为 H 形，肠管向前与食道平行伸出的部分。

05.1017 黏器 tribocytic
某些复殖吸虫体腹面略凹陷，由腺质细胞构成的吸着器。呈杯状、椭圆形或碟状，具吸附能力。

05.1018 克利克器 Kölliker's organ
曾称"柯氏器"。囊双科（Didymozoidae）鲕盘镶双吸虫（*Patellkoellikeria serielae*）体侧的一卵圆形薄壁腔。内有颗粒，并有发达的肌肉漏斗与外界传导，其功能不详。

05.1019 腹腺 ventral gland
复殖吸虫背孔科（Notocotylidae）虫体腹面的几行纵列的腺体或纵嵴。起黏着宿主腔壁的作用。

05.1020　生殖盘　gonotyl
复殖吸虫中腹吸盘生殖复合体内一个陷入的交配结构。在复殖吸虫隐殖科（Cryptogonimidae）和异形科（Heterophyidae）中为叶状、垫状或吸盘状结构。

05.1021　生殖吸盘　genital sucker
复殖吸虫中生殖孔发育成的独立吸盘。

05.1022　阴茎囊　cirrus pouch, cirrus sac
吸虫和绦虫雄性生殖孔内侧的囊状结构。囊内含贮精囊、射精管、阴茎及其周围的前列腺细胞。在复殖吸虫牛首科（Bucephalidae）称"生殖囊（genital sac）"。

05.1023　假阴茎囊　false cirrus pouch
有些吸虫无阴茎囊，射精管开口于生殖腔或两性管，此两性管可突出像阴茎，亦可包被在一个囊内，故名。

05.1024　外贮精囊　outer seminal vesicle
在复殖吸虫阴茎囊外的输精管远端膨大形成的囊。

05.1025　内贮精囊　inner seminal vesicle
又称"射精囊（ejaculatory vesicle）"。在复殖吸虫阴茎囊内包含的贮精囊。常呈圆形、囊状，2室、3室或串珠状，是形态分类的依据。

05.1026　前列腺细胞　prostatic cell
雄性生殖孔内射精管周围的单细胞腺体细胞群。见于吸虫、绦虫等。

05.1027　卵黄腺　vitelline gland, yolk gland, vitellarium
扁形动物体内雌性生殖系统中分泌卵黄物质的器官。涡虫、吸虫的卵黄腺一般位于虫体两侧；绦虫的卵黄腺位于虫体或节片两侧（核叶目绦虫），或节片皮质部（假叶目绦

虫），或卵巢后方（圆叶目绦虫）。

05.1028　卵黄滤泡　vitelline follicle
扁形动物中构成卵黄腺的基本单位。

05.1029　卵黄总管　common vitelline duct
扁形动物中卵黄囊与输卵管相连接的一段小管。

05.1030　卵黄囊　vitelline reservoir
扁形动物中左右两条卵黄管汇合处形成一膨大的部分。其远端为卵黄总管的始端。

05.1031　受精囊　seminal receptacle
复殖吸虫中输卵管衍生出来的囊状结构。起贮存精子的作用。

05.1032　劳氏管　Laurer's canal
复殖吸虫中雌性生殖器官的一部分。其一端与输卵管或受精囊相连，另一端可向背面开口，或成盲管，起阴道作用，在有些种类可供贮存精子。

05.1033　子宫囊　uterine sac
复殖吸虫中子宫末段分化形成的一球形囊。见于半尾科（Hemiuridae）泡宫属（*Uterovesiculurus*）。

05.1034　子宫末段　metraterm
复殖吸虫中子宫接近生殖孔的一段。形成阴道，并有括约肌构造。

05.1035　卵模　ootype
又称"卵腔"。吸虫和绦虫体内输卵管和卵黄管汇合后管腔膨大形成的囊状结构。

05.1036　梅氏腺　Mehlis' gland
吸虫和绦虫体内雌性生殖系统卵模外围的众多棒形单细胞腺体群。

05.1037　贮卵囊　egg reservoir
又称"储卵器"。子宫某段不同部位膨大而成的结构。见于囊双科（Didymozoidae）。

05.1038　生殖锥　genital cone
复殖吸虫雄性的阴茎或射精管与雌性的子宫末端或两性管共同开口于虫体腹面凸出的锥顶。

05.1039　生殖联合　genital junction
复殖吸虫雌性生殖系统中卵巢、输卵管、子宫和卵黄腺的汇合区域。其位置是分类依据。见于囊双科（Didymlozaidasidae）。

05.1040　两性管　hermaphroditic duct
吸虫的输精管和子宫末段愈合成的向外开口的管道。可游离在实质组织中，也可包在两性囊内。

05.1041　两性囊　hermaphroditic pouch,
　　　　　　　　　　　hermaphroditic vesicle
吸虫中包被在两性管外的囊状结构。开口于生殖孔。

05.1042　生殖窦　genital sinus
复殖吸虫雌雄生殖孔共同开口的腔。向外开口为生殖窦孔，实则是公共生殖孔。

05.1043　生殖叶　genital lobe
复殖吸虫牛首科（Bucephalidae）吸虫的生殖窦下面一个桃形或圆形的结构。端部为生殖孔。

05.1044　排泄囊　excretory vesicle, excretory
　　　　　　　　　　　bladder
吸虫中连接排泄管与排泄孔之间的囊状结构。形状多样，有管状、"V"形或"Y"形等，在形态分类上有重要意义。

05.1045　曼特器　Manter's organ
管状的辅助排泄囊。位于表皮，其后端连接排泄囊。见于前充殖科（Prosogonotrematidae）吸虫。

05.1046　尿肠管　uroproct
复殖吸虫中肠管向后伸出的一条管道。开口于排泄囊。

05.1047　抱雌沟　gynecophoric canal
复殖吸虫裂体科的雄虫腹吸盘后身体两侧体壁向腹面卷曲形成的沟。用以夹抱雌虫进行交配。

05.1048　绦虫　cestode, tapeworm
扁形动物门绦虫纲动物的统称。虫体背腹扁平，两侧对称，带状，多数有众多节片，消化系统消失，终生营寄生生活的扁形动物。

05.1049　绦虫学　cestodology
研究绦虫的形态结构与分类、生理生化、遗传与发育、与宿主的关系、致病机制及防治的科学。

05.1050　绦虫病　cestodiasis
动物或人体宿主感染绦虫而引发的疾病。

05.1051　头节　scolex
绦虫虫体最前端的部分。具有沟槽、吸盘、吻突或小钩等附着器官，用于固着宿主组织，是绦虫分目的重要依据。

05.1052　假头节　pseudoscolex
某些绦虫头节前部扩展的皱褶状结构。是附着器官。

05.1053　原头节　protoscolex
棘球绦虫的棘球蚴囊内的绦虫幼虫头节。数量众多，进入终末宿主后发育成成虫。

05.1054 颈节 neck segment
头节后的数个节片。尚未发育出生殖器官，有向后分生新节片的功能。

05.1055 链体 strobili
颈节之后依次由未成熟节片、成熟节片和孕卵节片组成的链状结构。

05.1056 节片 segment, proglottid
颈节向后分生出的节状结构。分为未成熟节片、成熟节片和孕卵节片。

05.1057 未成熟节片 immature segment, immature proglottid
颈节之后、内部生殖器官未发育或发育未成熟的节片。

05.1058 成熟节片 mature segment, mature prog lottid
简称"成节"。未成熟节片之后、生殖器官已发育成熟的节片。其内部生殖器官的形态结构是绦虫分类的重要依据之一。

05.1059 孕卵节片 gravid segment
简称"孕节"，又称"妊娠节片"。链体后端生殖器官基本退化、仅保留充满虫卵子宫的节片。可单节或多节脱落，随宿主粪便排出体外。

05.1060 生发层 germinal layer
棘球蚴内囊壁具有发育形成子囊和原头节的胚（干）细胞层。

05.1061 生发细胞 germinal cell
棘球绦虫棘球蚴内囊壁生发层中具有衍生并发育形成子囊和原头节的细胞。属多能细胞。

05.1062 生发囊 brood capsule
棘球绦虫棘球蚴具有发育形成子囊功能的棘球蚴囊。

05.1063 棘球蚴 hydatid, echinococcus
俗称"包虫"。由棘球绦虫虫卵进入绵羊等中间宿主后发育形成的囊状感染期幼虫。囊内含子囊、孙囊、原头节和液体等。可分为单房棘球蚴和多房棘球蚴。在牧区寄生于人体俗称"包虫病"。

05.1064 棘球蚴囊 hydatid cyst
俗称"包虫囊"。由囊壁和内容物组成的圆形或近圆形单房性的棘球蚴囊状体。

05.1065 棘球子囊 daughter cyst
细粒棘球绦虫棘球蚴母囊内再衍生发育而来的小囊。

05.1066 单房棘球蚴 unilocular hydatid
细粒棘球绦虫的虫卵进入中间宿主后发育而成的球形幼虫。囊壁具内外两层，外层为角质层，内层为生发层，可生出许多头节。

05.1067 棘球蚴砂 hydatid sand
又称"囊砂（cyst sand）"。细粒棘球蚴母囊和子囊内所含原头节、子囊和石灰小体等结构。

05.1068 棘球蚴液 hydatid fluid
又称"囊液"。棘球蚴囊内所含的液体。

05.1069 续绦期 metacestode
又称"中绦期"。绦虫发育过程中寄生于各种中间宿主体内的时期。

05.1070 钩球蚴 coracidium
又称"钩毛蚴"。某些绦虫（如阔节裂头绦虫等假叶目绦虫）虫卵在适宜温度的水体中孵出的、体表布满纤毛、能自由运动的球状六钩幼体。

05.1071 原尾蚴 procercoid
某些绦虫（如阔节裂头绦虫等假叶目绦虫）的钩毛蚴在第一中间宿主甲壳动物体内发育形成的幼虫。具有发达可伸缩的实体部和末端带 3 对小钩的小尾球。

05.1072 囊尾蚴 cysticercus
带科绦虫虫卵进入中间宿主后发育形成的半透明囊状体。其内充满液体，并有一个反转陷入的头节；常见寄生于猪、牛等中间宿主肌肉或其他脏器中，可引起囊尾蚴病。

05.1073 裂头蚴 plerocercoid, sparganum
又称"实尾蚴"。某些绦虫（如阔节裂头绦虫等假叶目绦虫）的原尾蚴进入蛙和鱼类等第二中间宿主后发育形成的蠕虫状感染期幼虫。常寄生于蛙和鱼类肌肉中。

05.1074 拟囊尾蚴 cysticercoid
某些绦虫（如圆叶目绦虫）六钩蚴感染中间宿主后，发育形成的具有感染终末宿主能力的幼虫。类似于囊尾蚴，但没有明显的包囊，头节不反转、完全缩入囊中。常寄生于甲螨和跳蚤等中间宿主体内。

05.1075 隐拟囊尾蚴 cryptocystis
又称"犬似囊尾蚴"。某些绦虫拟囊尾蚴发育过程中，尾巴只出现在发育的早期，后期尾巴消失的绦虫蚴。如犬复殖孔绦虫的幼虫期。发现于犬虱（*Trichodectes canis*）体内的拟囊尾蚴。

05.1076 缺尾拟囊尾蚴 cercocystis
又称"小似囊尾蚴"。在脊椎动物肠绒毛而不是在无脊椎动物体内发育的绦虫拟囊尾蚴的特殊类型。如微小膜壳绦虫（*Hymenolepis nana*）在人体内直接发育或卵生产生的幼虫。

05.1077 多头蚴 coenurus
又称"共尾蚴"。带科多头属（*Multiceps*）绦虫的囊状幼虫。囊内含有囊液的多个头节。寄生于羊脑部时能引起转圈运动。

05.1078 六钩蚴 oncosphere, hexacanth
圆叶目绦虫个体发育中，在虫卵胚膜内产生的第一期幼虫，因幼虫具有 6 个可活动的角质小钩而得名。

05.1079 十钩蚴 lycophora, decacanth
两线目（Amphilinidea）和旋缘目（Gyrocotylidea）等单节绦虫虫卵孵化出的幼虫，因含 10 个几丁质小钩而得名。

05.1080 链尾蚴 strobilocercus
猫巨颈绦虫的囊尾蚴型幼虫。有显著分节的颈部，小的尾囊和外翻的头节。如寄生于鼠类肝脏的猫巨颈链状带绦虫的感染期灰白色幼虫。

05.1081 羊囊尾蚴 cysticercus ovis
羊带绦虫（*Taenia ovis*）的幼虫期（囊尾蚴）。多寄生绵羊、山羊及其他野生反刍动物的咬肌、心肌、膈肌和骨骼肌肉中。

05.1082 豆状囊尾蚴 cysticercus pisiformis
犬和野生食肉动物豆状带绦虫（*Taenia pisiformis*）的囊尾蚴。多寄生于家兔和野兔的腹膜腔中。

05.1083 细颈囊尾蚴 cysticercus tenuicollis
犬和野生食肉动物泡状带绦虫（*Taenia hydatigena*）的囊尾蚴。多寄生于猪、绵羊及其他野生反刍动物的肝脏和腹膜中。

05.1084 猪囊尾蚴 cysticercus cellulose
又称"猪囊虫"。猪带绦虫（*Taenia solium*）

的幼虫期（囊尾蚴）。囊内头节有小钩。主要寄生于中间宿主猪的骨骼肌和心肌中。当人误食虫卵后亦可作为中间宿主，寄生于人的肌肉和中枢神经系统等处引起囊虫病。

05.1085 牛囊尾蚴 cysticercus bovis
牛带绦虫（*Taenia saginata*）的幼虫期（囊尾蚴）。囊内头节无小钩。寄生于牛的肌肉和其他组织中。

05.1086 多房棘球蚴 multilocular hydatid
又称"泡球蚴（alveolar hydatid）"。多房棘球蚴绦虫的虫卵进入啮齿类等中间宿主后发育而成葡萄状的感染期幼虫。囊小，只有生发层，可向囊外衍生子囊，也可寄生于人体内。

05.1087 骨棘球蚴 osseous hydatid
又称"骨包虫"。人体误食细粒棘球绦虫（*Echinococcus granulosus*）虫卵后，在人体长骨、骨盆弓等处骨组织中发育成的棘球蚴。

05.1088 四盘蚴 tetrathyridium
圆叶目中殖孔属（*Mesocestoides*）绦虫的一类大型、实体拟囊尾蚴，属中殖孔绦虫的第二期幼虫。形态类似于伸长的裂头蚴，为囊尾蚴变形体，其一端有一内陷的头节。见于蛇、蜥蜴、鸟、老鼠、猫和狗等第二中间宿主体腔中。中殖孔绦虫的第一中间宿主尚不明确。

05.1089 吻突 proboscis
某些寄生虫虫体前端中央的突起结构。有的可以倒翻入体前端，上面有或无钩、棘，用于刺入或固着在宿主的肠黏膜上，如棘头虫的吻突和绦虫的吻突等。

05.1090 吻[突]钩 rostellar hook
绦虫头节顶端中央吻突周围衍生出的几丁质结构。其数目和形状也是分类的依据之一。如猪带绦虫成虫头节吻突上有大小两圈吻钩结构。

05.1091 吸槽 bothrium
假叶目绦虫如阔节裂头绦虫（*Diphyllobothrium latum*）头节背腹两面钩状的结构。用于钻入并吸附在宿主的肠壁上。

05.1092 副子宫器 paruterine organ
又称"子宫周器官"。有些绦虫如线中殖孔绦虫（*Mesocestoides lineatus*）孕卵节片中央子宫后方圆形或椭圆形的附属结构。内含成熟的虫卵。

05.1093 [储]卵袋 egg packet
犬复殖孔绦虫（*Dipylidium caninum*）孕节网状子宫组织发育形成的储存虫卵的囊袋状结构。内含 2～40 个虫卵不等。

05.1094 梨形器 pyriform apparatus
某些绦虫如裸头科莫尼茨属（*Moniezia*）绦虫虫卵内由包裹六钩蚴的内胚膜特化形成的"梨状"结构。其功能尚不明确。

05.1095 节间腺 interproglottidal gland
圆叶目裸头科莫尼茨属（*Moniezia*）绦虫节片背腹面后缘皮层内特有的椭圆形滤泡状（扩张莫尼茨绦虫 *M. expansa*）或横带状（贝氏莫尼茨绦虫 *M. benideni*）腺体结构。随节片成熟度的变化，腺体的数目和/或形状会发生改变。

05.1096 子宫孔 uterine pore
假叶目绦虫子宫位于节片中央，螺旋状盘曲重叠，前部的开口。于阴道口之后，虫卵可由子宫孔不断排出。

05.07　纽形动物门

05.1097　头沟　cephalic groove
纽形动物头部表皮下陷形成的具纤毛上皮的凹沟。可能具感觉功能。有的为自腹侧延伸至背侧的横沟或斜沟，一般较浅。

05.1098　头裂　cephalic slit
位于纽形动物头部侧面的一般内陷较深水平纵沟。

05.1099　笑裂　smile
纽形动物少数单针纽虫位于头部前端吻孔（口）背方的裂缝状水平凹陷。似微笑之嘴，故名。

05.1100　尾须　caudal cirrus
部分纽虫异纽类身体后端的尾状构造。丝状，显著细于躯干。

05.1101　额器　frontal organ
又称"顶器（apical organ）"。纽形动物头部顶端的凹窝。内衬纤毛上皮，或具感觉功能。某些纽虫头腺分泌物经此释放。在很多种类特别是有针纽虫为一简单的纤毛窝，少数长管状深入头部组织，但在某些异纽类由三个相似的纤毛窝组成。

05.1102　头腺　cephalic gland
纽形动物身体前部能分泌黏液的腺体。其分布通常局限于脑前区，但在某些种类可向后延伸至脑后。其分泌物或由额器释放，或通过众多的独立小管释放。

05.1103　脑感器　cerebral organ, cerebral sensory organ
又称"头感器"。纽形动物头部与脑神经节有密切关系的一对感觉器。由内衬纤毛上皮的脑管与外界相通（通常开口于头沟或头裂），司化学感觉。在异纽类该器官与脑神经节背叶的融合，后部悬浸于血隙中。

05.1104　脑管　cerebral canal
纽形动物脑感器与外界相通的管状结构。内衬纤毛上皮，近端深入脑感器，远端通常开口于头沟或头裂。

05.1105　吻器　proboscis apparatus
吻、吻道、吻孔和吻腔的统称。

05.1106　吻　proboscis
纽形动物身体前端内陷形成、可翻出体外的、肌肉质的管状构造。其前端固定于吻道和吻腔的交界处，缩回状位于吻腔中。具攻击、捕食、运动等功能。

05.1107　吻道　rhynchodaeum
位于纽形动物头部的管状构造。前端具吻孔，是吻翻出体外的通道。在多数有针纽虫，消化管前端开口于其底壁，在其他纽虫消化管前端具独立的口。

05.1108　吻孔　proboscis pore
纽形动物吻道前端的开口。在无针纽虫是一独立的开口，在多数有针纽虫该孔也是消化系统的口。

05.1109　吻腔　rhynchocoel
纽形动物特有的位于消化管背方的管状构造。其内充满液体，是容纳吻（缩回状态）的场所。

05.1110　吻鞘　rhynchocoel sheath
又称"吻腔壁（rhynchocoel wall）"。纽

形动物包围吻腔的外壁。由表皮和肌肉层构成。

05.1111 武装型吻 armed proboscis
通常指有针纽虫的吻。由管状厚壁的前区，球状、肌肉质、具吻针的中区（针球），管状末端封闭的后区三部分组成。

05.1112 非武装型吻 unarmed proboscis
无针纽虫的吻。为一后端封闭的盲管状结构，没有明显的分区，无吻针。

05.1113 吻针 stylet
有针纽虫的吻所具有的一种钉形构造。位于吻的中部（即武装型吻的中区），当吻完全外翻时位于前端，用于攻击猎物。

05.1114 针座 stylet basis
有针纽虫吻内的一种硬质构造。在单针纽虫常呈圆柱形、圆锥形等，其前端附有单一的主针；在多针纽虫，通常是一垫状或盾状结构，其上生有多枚吻针。

05.1115 主针 central stylet
单针纽虫固定于针座前端的一枚吻针。

05.1116 副针 accessory stylet
单针纽虫除主针外的吻针。即没有固定在针座上的吻针，生于2个或多个副针囊中。

05.1117 副针囊 accessory pouch
单针纽虫位于吻中区的囊状构造。通常2个，有的种多于2个，内有1个或多个副针。

05.1118 水平肌板 horizontal muscle plate
纽形动物位于消化管和吻腔之间的肌肉层。

05.1119 肌交叉 muscle cross
在异纽类纽虫，吻左右两侧的部分环肌纤维脱离环肌层、斜向穿过纵肌层，并在背侧和（或）腹侧纵肌中形成的交叉结构。也指穿过体壁肌肉层的肌纤维（如古纽类纽虫）。

05.1120 侧血管 lateral blood vessel
又称"侧纵血管（lateral longitudinal vessel）"。纽形动物位于身体两侧自脑区延伸至尾端的一对纵行血管。

05.1121 中背血管 mid-dorsal blood vessel
纽形动物的三条主要血管之一。位于消化管和吻腔之间，通常自脑区向后延伸至体后端。

05.1122 血管栓 vascular plug
纽形动物的中背血管在脑区或脑附近向吻腔腹壁突出的球状结构。是有针纽虫循环系统的典型构造。

05.1123 吻腔绒毛 rhynchocoelic villus
纽形动物的中背血管在脑区或脑附近进入吻腔腹壁并向吻腔突出的薄壁结构。通常显著长于血管栓，为异纽类纽虫循环系统的典型构造。

05.1124 脑背联合 dorsal cerebral commissure
纽形动物连接左右脑神经节背叶的一条横向神经。通常位于脑腹联合之前，且不如后者发达。

05.1125 脑腹联合 ventral cerebral commissure
纽形动物连接左右脑神经节腹叶的一条横向神经。通常位于脑背联合之后，且较后者发达。

05.1126 肛联合 anal commissure
纽形动物的一对侧神经在虫体后端的联合。位于肠的背侧或腹侧。

05.1127 中背神经 mid-dorsal nerve, median dorsal nerve
又称"背神经（dorsal nerve）"。纽形动物由脑背联合后缘发出的一条神经。在体壁中的相对位置与侧神经相同，向后延伸至虫体末端。

05.1128 前肠神经 foregut nerve
又称"食道神经（esophageal nerve）"。纽形动物由脑神经节腹叶或脑腹联合发出、延伸至前肠的一对神经。其间或具横联合。

05.1129 高仓管 Takakura's duct
蟹居纽虫雄性生殖系统的输出总管。一端与精巢相连，另一端在近肛门处与肠相通。

05.1130 帽状幼虫 pilidium larva
纽形动物幼虫的一种。形似钢盔，口两侧各有一下垂的瓣状构造，体表具纤毛，顶端有纤毛须，消化管有口而无肛门，能自由游泳。在变态过程中原肠与其周围形成的数个器官芽共同形成幼体或童虫，当后者自幼虫内逸出时幼虫的大部分外胚层和中胚层损毁。见于异纽类和休氏科纽虫。

05.1131 德索尔幼虫 Desor's larva
纽形动物一种特化的帽状幼虫。卵形，无叶瓣，无顶纤毛须，不摄食，变态过程与帽状幼虫相似，见于纵沟纽虫。

05.1132 岩田幼虫 Iwata's larva
纽形动物一种特化的帽状幼虫。椭圆形，无叶瓣，具顶纤毛须，不摄食，变态过程与帽状幼虫相似，见于小尾纽虫。

05.1133 拟浮浪幼虫 planuliform larva
某些古纽类和有针类纽虫所具有的一种幼虫。外形似浮浪幼虫，体表被纤毛，浮游生活。因其体制与成体差别较小，很多学者认为具此类"幼虫"的纽虫应属直接发育，但新近研究发现其具有与担轮幼虫的前纤毛环类似的发育过程，可能是纽形动物的近祖型幼虫。

05.08 颚口动物门

05.1134 基膜 basal membrane
颚口动物表皮之下的一层薄膜。其下面具薄层的环肌纤维和较厚的纵肌纤维，均系横纹肌。

05.1135 喙 rostrum
颚口动物口位于头部腹面，口前部分。

05.1136 顶毛 apicilium
位于颚口动物喙部顶端的1～2对感觉纤毛。

05.1137 纤毛窝 ciliary pit
颚口动物门囊道目喙前部常具有纤毛的3个窝状结构。

05.1138 顶纤毛窝 apical ciliary pit
位于颚口动物门囊道目喙前部顶端的纤毛窝。

05.1139 侧纤毛窝 lateral ciliary pit
位于颚口动物门囊道目喙前部侧面的纤毛窝。

05.1140 口锁 jugum
颚口动物门颚口科种类口前方的一个新月形软骨质结构。当咽肌收缩时，能防止口部塌入体内。

05.1141 口神经节 buccal ganglion
颚口动物在咽的后部，与 1 对口神经相连的神经节。

05.1142 表皮型 epidermal type
颚口动物由部分表皮特化的神经系统类型。

05.09 线虫动物门

05.1143 线虫学 nematology
研究线虫的形态结构、生理功能、分类、流行病学以及线虫与宿主相互关系的科学。

05.1144 动物线虫学 animal nematology
研究动物寄生线虫的形态结构、生理功能、分类、流行病学以及线虫与动物宿主之间相互关系的科学。

05.1145 植物线虫学 plant nematology
研究植物寄生线虫的形态结构、生理功能、分类、流行病学以及线虫和植物宿主之间相互关系的科学。

05.1146 线虫病 nematodiasis
由线虫感染引起的人体和动植物疾病。

05.1147 昆虫病原线虫 entomopathogenic nematode
某些寄生于昆虫并可杀死宿主的线虫。如斯氏线虫和异小杆线虫可以用来防治昆虫病害。

05.1148 同肌型 holomyarian type
在线虫的横切面上仅有 2 个或 2 个以下象限存在肌细胞分布的类型。最早有学者将毛首线虫和索线虫列为同肌型，但后来研究发现，尽管身体的中后部横切面有 2 个象限，但虫体前部有 4 个象限。因为同肌型在线虫中根本不存在，因此该名词现已放弃不用。

05.1149 少肌型 meromyarian type
在线虫的横切面上，每个象限仅有 4 排或 4 排以下肌细胞分布的类型。其对应的肌细胞通常为扁肌型。

05.1150 多肌型 polymyarian type
在线虫的横切面上，每个象限有 6 排或 6 排以上肌细胞分布的类型。其对应的肌细胞通常是腔肌型。

05.1151 扁肌型 platymyarian type
线虫肌细胞的肌纤维仅分布在靠近下表皮的部位，而在靠近假体腔的部位没有肌纤维分布的类型。

05.1152 腔肌型 coelomyarian type
线虫肌细胞的肌纤维不仅分布于近下表皮的部位，而且不同程度地深入到靠近假体腔部位分布的类型。

05.1153 环肌型 circomyarian type
线虫的肌纤维环绕整个肌细胞分布的类型。

05.1154 杆状带 bacillary band
线虫下表皮的一种特化结构。由数排纵行排列的柱状细胞构成，每个细胞有孔状开口通向角皮表面。主要存在于毛首类线虫。

05.1155 角皮凸 boss
线虫角皮上形成的圆形或卵圆形的小泡状突起。

05.1156 翼 ala
线虫体表侧面角质膜膨大形成的膜状突起。

通常成对存在，也有些线虫仅有一侧有翼。根据翼存在的部位，将翼分为颈翼、侧翼和尾翼。

05.1157　颈翼　cervical ala
线虫头部两侧角质膜膨大形成的膜状突起。从头端延伸至食道前后部位。

05.1158　侧翼　lateral ala
线虫身体两侧角质膜膨大形成的膜状突起。从头端向身体后部延伸，侧翼比颈翼长，有些线虫的侧翼延伸至虫体末端，有些延伸至身体中部。

05.1159　尾翼　caudal ala
线虫雄虫尾部角质膜膨大形成的膜状突起。在交配中起重要作用。

05.1160　头感器　amphid
线虫头部两侧的一对腺质感觉器官。是一种化学感受器，具有分泌功能。

05.1161　尾感器　phasmid
线虫尾部两侧的一对腺质感觉器官。根据尾感器的有无，将线虫分为有尾感器类和无尾感器类两个大类群。

05.1162　尾刺　caudal spine
有些线虫在尾端伸出的一个或多个刺状突起。

05.1163　头泡　cephalic vesicle
线虫头部角皮膨大形成的膜状结构。如食道口线虫具有明显的头泡。

05.1164　头腺　cephalic gland
钩虫头部两侧的单细胞腺体。有管道通向头感器，由头感器孔分泌到体外，其分泌物具有重要的功能，可分泌抗凝素，阻止血液的凝固。

05.1165　尾腺　caudal gland
许多自由生活的线虫和部分植物寄生线虫尾部所具有的腺体结构。有开口通到虫体的尾端，可以分泌黏液用于固着。

05.1166　皱褶区　area rugosa
线虫雄虫尾部泄殖孔前部腹面形成的角质隆起。每排纵向隆起是由数个短小的纵嵴组成。见于某些旋尾类线虫。

05.1167　纵嵴　longitudinal ridge
有些线虫体表角质层上的一定数目的纵向隆起条纹。自体前部向后延伸至后部。一些毛圆类线虫纵嵴特别发达，如捻转血矛线虫（*Haemonchus contortus*）具有 16 条纵嵴；指形长刺线虫（*Mecistocirrus digitatus*）具有 30 条纵嵴。

05.1168　横纹　transverse striation
大多数线虫体表角质层上分布的一定间隔的细小横沟。

05.1169　会阴花纹　perineal pattern
根结线虫的雌虫尾部阴门及肛门周围的角质膜形成的特征性花纹。是根结线虫属鉴定种的重要依据。

05.1170　角质环　annulation
线虫体表角质层上形成的一定间隔排列的很深的横沟。

05.1171　口针　stylet
又称"口锥（spear）"。植物寄生线虫口腔内的针刺状结构。能穿刺植物的细胞和组织，并且向植物组织内分泌消化酶，消化寄主细胞中的物质，然后吸入食道。部分吸虫的尾蚴其口部也有此结构，具刺穿功能。

05.1172 口针基球　stylet knob
又称"口锥球"。口针基部膨大的部分。

05.1173 口针基杆　stylet shaft
又称"口锥杆"。与口针基球相连的细杆状部分。

05.1174 唇　labium, lip
有些线虫围绕口的片状角质结构。典型的唇由 6 片组成，如尖尾类线虫；也有的线虫唇片减少，如蛔类线虫一般具有 3 片。

05.1175 假唇　pseudolabium
有些线虫在口孔周围形成的角质突起。并在发育过程中覆盖和替代原始的唇片。如旋尾目（Spirudida）许多线虫头端形成 2 个大的侧假唇。

05.1176 间唇　interlabium
由唇或假唇的基部次生形成的角质突出物。位于唇或假唇之间。主要见于一些蛔类线虫和旋尾类线虫。

05.1177 口囊　buccal capsule
有些线虫（如钩虫）唇片退化其前部膨大并形成厚的角质壁的口腔。口囊内外有叶冠、钩齿或切板。

05.1178 叶冠　leaf crown, corona radiate
有些线虫（如钩虫）围绕口孔的片状角质结构。自口孔边缘伸出的称"外叶冠（external leaf crown）"，自口孔内缘伸出的称"内叶冠（internal leaf crown）"。有的种类仅有内叶冠，如辐射食道口线虫；而有的种类则仅有外叶冠，如青海兰塞姆线虫，但大部分种类具有内外叶冠。

05.1179 钩齿　hooked tooth
又称"切齿（cutting tooth）"。线虫口囊腹面上缘形成的齿状结构。如十二指肠钩口线虫有 2 对钩齿。

05.1180 切板　cutting plate
线虫口囊腹面上缘形成的板状结构。如美洲板口线虫有 1 对切板。

05.1181 背沟　dorsal gutter
线虫口囊背壁正中形成一条狭长的纵嵴，嵴的正中凹陷的一纵沟。

05.1182 饰带　cordon
有些线虫从口部开始形成向后延伸的纵行的角质加厚。有可能是直的，也有可能是弯曲的，还有的饰带形成环状。主要存在于旋尾目针形科（Acuariidae）的线虫。

05.1183 食道腺　esophageal gland
又称"咽腺（pharyngeal gland）"。位于线虫食道背腹面的腺体。包括 1 个背食道腺和 2 个亚腹食道腺。其分泌物具有重要的功能。如钩口线虫的食道腺分泌乙酰胆碱酯酶，可降低宿主神经的活性。植物寄生线虫的食道腺分泌物在线虫侵染和取食中有重要作用。

05.1184 食道球　esophageal bulb
有些线虫食道的末端膨大形成的球状结构。

05.1185 杆状型食道　rhabditoid esophagus
食道的一种原始类型。由体部、狭部和食道球三部分组成，见于杆形目线虫的食道。

05.1186 尖尾型食道　oxyuroid esophagus
食道的一种类型。前部为圆柱形，后端为膨大食道球。见于尖尾类线虫和部分蛔类线虫的食道。

05.1187 圆线型食道　strongyloid esophagus
又称"丝状型食道（filariform esophagus）"。

食道的一种类型。食道细长，圆柱形，没有食道球，见于圆线目线虫的食道。

05.1188 鞭虫型食道 trichuroid esophagus
又称"列细胞体型食道"。食道的一种类型。细长，由列细胞体的一串单细胞围绕着细的管腔形成的食道，见于鞭虫类的食道。

05.1189 食道肠瓣 esophago-intestinal valve
位于食道和肠之间的瓣膜。用于防止肠内容物倒流到食道。

05.1190 腺胃 ventriculus
有些蛔类线虫食道末端特化形成的一个腺体结构。如异尖线虫具有椭圆形的腺胃。

05.1191 胃盲囊 ventricular appendix
有些蛔类线虫腺胃向身体后部突起形成的盲囊。如针蛔线虫。

05.1192 肠盲囊 intestinal cecum
有些蛔类线虫肠的前部向身体前端形成的盲囊。如宫脂线虫。

05.1193 列细胞 stichocyte
一种没有与食道组织融合在一起的腺质食道细胞。

05.1194 列细胞体 stichosome
由一连串列细胞组成的结构。与肌肉质的管状部共同构成毛首类线虫的食道。

05.1195 颈沟 cervical gutter, cervical groove
有些圆形目线虫，在食道前部的体表形成的一个横沟。有的颈沟环绕整个虫体，如哥伦比亚食道口线虫；而有些颈沟仅存在于虫体腹面，如甘肃食道口线虫。

05.1196 乳突 papilla
线虫的感觉器官。主要是触觉感受器，包括头乳突、唇乳突、颈乳突及雄虫尾部的生殖乳突。

05.1197 头乳突 cephalic papilla
位于唇乳突外侧的一圈乳突。一般有4个，其中背、腹侧面各2个。

05.1198 唇乳突 labial papilla
位于唇上的乳突。通常有2圈，每圈有6个乳突。

05.1199 内唇乳突 intero-labial papilla
位于唇上内侧的一圈乳突。

05.1200 外唇乳突 externo-labial papilla
位于头乳突和内唇乳突之间的一圈乳突。

05.1201 颈乳突 cervical papilla
在虫体前部，身体两侧的一对乳突。一般在线虫的食道部位，少数种类位于食道之前或之后。

05.1202 生殖乳突 genital papilla
位于雄虫尾部的乳突。在交配中起重要作用，根据着生的部位分为肛前乳突、肛后乳突和肛侧乳突。

05.1203 肛前乳突 preanal papilla
位于泄殖腔前的生殖乳突。

05.1204 肛后乳突 postanal papilla
位于泄殖腔后的生殖乳突。

05.1205 肛侧乳突 adanal papilla
位于泄殖腔两侧的生殖乳突。

05.1206　尾乳突　caudal papilla
雄虫尾部的生殖乳突。

05.1207　有柄乳突　pedunculated papilla
雄虫尾部具有柄的生殖乳突。

05.1208　无柄乳突　sessile papilla
又称"座状乳突"。雄虫尾部没有柄的生殖
乳突。

05.1209　肛前吸盘　preanal sucker
有些蛔类线虫，泄殖腔前的腹面具有的一个
吸盘样结构。

05.1210　排卵器　ovijector
又称"导卵管"。由前庭、括约肌和漏斗 3
部分组成的结构。前庭一端连接阴道，另一
端与括约肌相连，漏斗一端连接括约肌，另
一端连接子宫。

05.1211　单宫型　monodelphic type
具有一套雌性生殖器官的类型。

05.1212　多宫型　polydelphic type
具有两套以上雌性生殖器官的类型。

05.1213　前后宫型　amphidelphic type
从排卵器伸出的、一个向前延伸、一个向后
延伸的子宫类型。

05.1214　前宫型　prodelphic type
两个子宫从排卵器伸出后，平行向前延伸的
类型。

05.1215　后宫型　opisthodelphic type
两个子宫从排卵器伸出后，平行向后延伸的
类型。

05.1216　交合刺　copulatory spicule
雄性生殖器官附属的角质结构。其轴心有神
经纤维通过，是一个有感觉的神经探针，用
于探测阴门的位置，并深入到阴道。大多数
线虫的交合刺为两根，大小，形状各异，是
线虫分类的重要依据。

05.1217　交合刺囊　spicular sac, spicular pouch
雄虫泄殖腔背壁向假体腔形成的囊状突起。
其内包含一根交合刺。大部分线虫具有两根
交合刺，因此具有两个交合刺囊。

05.1218　交合刺鞘　spicular sheath
包绕交合刺的角质鞘。有的光滑，有的具有
刺状突起，见于毛首类线虫。

05.1219　引带　gubernaculum
位于两根交合刺间背面的一个角质结构。具
有调节交合刺活动方向，防止交合刺损伤泄
殖腔的作用，其大小和形状随线虫种类不同
而异。

05.1220　交合伞　copulatory bursa
又称"交合囊"。圆线目线虫雄虫末端特化
形成的伞状结构。用于交配时抱握住雌虫的
阴门部位。典型的交合伞包括两个大的侧叶
和一个小的背叶，各叶均有伞辐肋支持。

05.1221　伞辐肋　bursal ray
支撑交合伞的结构。由生殖乳突延伸形成，
末端有感觉功能。

05.1222　泄殖腔　cloaca
生殖孔和肛门共同开口的腔。

05.1223　副引带　telamon
泄殖腔壁增厚硬化成为不能活动的块状结构。

05.1224 微丝蚴 microfilaria
卵胎生的丝虫所产的细丝状幼虫。头钝尾尖，外被卵壳形成鞘膜，体内有许多体细胞核，如班氏丝虫。

05.1225 杆状蚴 rhabtidiform larva
线虫卵产出的第一期幼虫。食道为杆状，由体部，狭部和食道球三部分组成。

05.1226 丝状蚴 filariform larva
杆状蚴经两次蜕皮以后形成的幼虫。具有丝状食道，即食道细长，圆柱形，没有食道球。

05.10 棘头动物门

05.1227 吻［突］ proboscis
棘头动物前端可伸缩的管状构造。是棘头动物的典型特征，其形态各异，一般为圆柱形、卵形和圆锥形。由皮层和薄的肌肉层组成，内部为空腔，有液体填充。其长度是指从吻的顶端至终环的吻钩基部。

05.1228 吻鞘 proboscis receptacle
又称"吻囊（proboscis sac）"。悬于棘头动物躯干前端假体腔中的一个圆筒形肌囊。前端开口与吻内腔相连，后端为袋状。

05.1229 吻钩 rostellar hook
棘头动物吻表面的钩状结构。为附着器官，其数目、大小和排列方式随种类不同而异，是重要的分类依据。

05.1230 棘刺 spine
吻上带钩的刺。为附着器，用以钻入并钩挂在宿主肠壁上。

05.1231 吻腺 lemniscus
又称"垂棒"。棘头动物从颈部延伸至假体腔的一对悬垂的细长棒状囊。末端游离于假体腔外，其中央管与营养管道系统相连。有的附着于吻囊两侧的体壁上。主要作用是当吻突缩回吻鞘时，吻鞘中的液体储存在吻腺中。此外，可能还有代谢功能，主要是脂肪代谢。

05.1232 吻牵引肌 proboscis retractor muscle
在棘头动物的吻内起牵引作用的肌肉。通过其收缩可使吻缩入吻鞘内，其两端分别固定于吻壁和吻鞘壁。

05.1233 吻鞘牵引肌 receptacle retractor muscle
棘头动物的吻牵引肌在吻鞘壁后向假体腔内延伸部分的肌肉。末端固定于体壁上。

05.1234 颈牵引肌 neck retractor muscle
棘头动物吻腺周围的肌肉。两端分别固定于颈部和躯干部体壁，具有挤压吻腺的作用。

05.1235 感觉窝 sensory pit
棘头动物的感觉器官。位于吻的前端，有时颈部也有一对。

05.1236 合胞体内板 intrasyncytial lamina
棘头动物上皮细胞质膜内侧一薄的蛋白质丝。对上皮层和体壁起支撑作用。

05.1237 细胞被 cell coat
在合胞体上皮质膜的外侧由黏多糖和糖蛋白等构成的覆于虫体表面的结构。可保护虫体免受寄主消化酶的消化及免疫反应。

05.1238 ［营养］管道 lacuna
棘头动物体壁纵向和横向的管状结构。连接

在一起形成管道系统。

05.1239 [营养]管道系统 lacunar system
又称"腔隙系统"。棘头动物体壁中彼此交错相互连通的管道。有的种类有两条纵管，并有许多小的横管相连；有些种类没有纵管，仅有许多小管连成网状管道。

05.1240 网状系统 renete system
棘头动物在肌肉层的内面具有一与表皮层管道系统相似的管道系统。

05.1241 韧带囊 ligament sac
自吻鞘后端或相邻的体壁，沿整个虫体内部形成的包裹生殖器官的空管状结构。当性成熟时韧带囊破裂，卵巢球逸出进入假体腔中。雌虫成虫的韧带囊常退化成一个带状物。是棘头虫生殖系统的附属器官。

05.1242 生殖鞘 genital sheath
棘头动物的生殖体外面包裹着的围鞘（包被）。与韧带囊相接。

05.1243 子宫钟 uterine bell
棘头动物的雌性生殖器官。前端连接韧带腔，后端连接子宫，形状为漏斗状或杯状，用于接收成熟的卵。

05.1244 黏液腺 cement gland
又称"胶黏腺"。棘头动物最重要的附属交配器官。前端与睾丸相连，后面连接黏液管，其形状和数目随种类不同而异，如多形类棘头虫具有 4 个长管形或梨形的黏液腺；而巨吻类棘头虫具有 8 个椭圆形的黏液腺。黏液腺的功能为分泌交配黏液，在虫体交配后黏液封堵住雌虫的阴门。

05.1245 黏液储囊 cement reservoir
有些棘头动物在黏液管的上部有一膨大形成的结构。用于暂时储存黏液腺分泌的交配黏液。

05.1246 黏液管 cement duct
一端连接黏液腺，另一端通入总输精管的管状结构。数量随种类不同而异，大部分棘头虫为 2 条，有的 8 条，如巨吻类棘头虫。

05.1247 卵巢球 ovarian ball
雌虫生殖器官在成熟时，卵巢分裂为许多的球形结构。进入韧带囊，韧带囊破裂，卵巢球进入假体腔。每个卵巢球中具有多个卵原细胞和卵母细胞。

05.1248 棘头蚴 acanthor
棘头动物卵孵化出的第一期幼虫。

05.1249 前棘头体 preacanthella
棘头蚴在中间宿主体内进一步发育形成的幼虫。出现吻部和体表棘及生殖原基，不具感染性。

05.1250 棘头体 acanthella
前棘头体进一步发育形成的幼虫。此期幼虫的器官基本发育完全，体前部和体后部都缩入假体腔中，成卵形或圆柱形，体外围有薄膜，两端的膜较长，使整个幼虫呈长梨形。

05.1251 感染性棘头体 cystacanth
棘头体进一步发育形成具有感染性的幼虫。与成虫形态相似，所不同的是性器官没有完全成熟。

05.1252 棘头虫病 acanthocephaliasis
棘头动物寄生于动物和人体的肠道内引起的疾病。

05.11 轮虫动物门

05.1253 兜甲 lorica
又称"背甲""被甲"。轮虫躯干部的部分体表角质膜增厚高度硬化的结构。由一片至若干片组成，其上常有棘和刺。

05.1254 头冠 corona
又称"轮盘（trochal disc）"。轮虫体前端一个扁平或漏斗形的纤毛盘。有运动和摄食功能。其内的纤毛有力地向一个方向摆动，形似车轮。

05.1255 口区 buccal field
轮虫口位于头冠的腹面，口的周围散布着很多相当短的纤毛，这一着生纤毛的区域。

05.1256 围顶带 circumapical band
轮虫围口区纤毛延伸环绕头部前段端形成的区域。纤毛较长。

05.1257 轮环 trochus
轮虫围顶带纤毛特化成前后两圈，口前的一圈。

05.1258 腰环 cingulum
轮虫围顶带纤毛特化成前后两圈，口后的一圈。

05.1259 盘顶区 apical field
轮虫围顶带前方没有纤毛的区域。其周围有一圈或两圈纤毛。

05.1260 棘毛 cirrus
轮虫动物头部由共同的外膜包裹的纤毛。构成轮虫头部的假轮环。

05.1261 耳突 auricle
疣毛轮虫等头部两侧向外突出形成的结构。其周围具有纤毛。

05.1262 距 spur
（1）游泳生活的轮虫足的末端结构。形态与趾类似，呈爪状。（2）六足动物昆虫足的胫节表皮上可活动的刺状突起。

05.1263 隐窝 crypt
轮虫表皮远端质膜向内凹陷而成的一些囊状或管状结构。可能具有分泌作用。

05.1264 咀嚼囊 mastax
轮虫口后肌肉发达、咽部膨大的结构。

05.1265 咀嚼器 trophi
咀嚼囊内由咽内壁角质膜硬化形成的咀嚼板构成的结构。其结构较复杂、形式不同，是分类的重要依据。

05.1266 卵黄生殖腺 germovitellarium
又称"胚卵黄腺"。轮虫卵巢与卵黄腺结合的结构。分化成一个产卵黄区或产卵区。在卵巢中产生的卵直接从卵黄腺接受卵黄。

05.1267 失水蛰伏 anhydrobiosis
又称"隐生（cryptobiosis）"。当环境条件恶化时（如水体干枯、温度变化等），有些轮虫停止活动像死一样的状态。环境适宜时即复活。

05.12 腹毛动物门

05.1268 杵窝 piston pit
腹毛动物门巨毛目多数种类头部两侧呈小窝状的结构。窝底具有 1 个乳突状的杵。具有化学或机械感受器功能。

05.1269 纤毛丛 ciliary tuft
腹毛动物头部纤毛形成的感觉器官。

05.1270 咽球 pharyngeal bulb
腹毛动物门鼬虫目咽的后部膨大的结构。数

目最多可达 4 个。

05.1271 管细胞 solenocyte
腹毛动物鼬虫目构成原肾每个小管盲端管状的细胞。其上具有 1～2 条鞭毛。

05.1272 胃肠 stomach-intestine
又称"中肠"。腹毛动物的消化管。起源于内胚层,由具腺细胞的单层上皮构成。

05.13 动吻动物门

05.1273 节带 zonite
又称"体环"。动吻动物体表角质膜呈现出的有规则环纹。是动吻动物最显著特征,并非身体真正的分节。大多数分 13 节带,少数分 14 节带。

05.1274 耙棘 scalid
又称"鳞状刺"。动吻动物头部口针后生有的向后弯曲呈环状排列的棘状物。最多 7 圈,每圈 10～20 个,自前向后逐渐变小。

05.1275 毛耙棘 trichoscalid
动吻动物最后一圈常生有刚毛的耙棘。

05.1276 颈板 placid
动吻动物颈部表面覆有大型的角质基板。

05.1277 颈感器 collar receptor
动吻动物的感觉器官。是一种特化的毛丛感觉器。

05.1278 闭合器 closing apparatus
动吻动物门圆裂目大多数种类的颈板构成的在头部缩入体内时盖在前方起到保护头部作用的结构。

05.1279 角质咽冠 pharyngeal crown
动吻动物的一个消化结构。口腔后方为咽,咽前部具有的一个角质结构。

05.1280 阴茎刺 penile spine
又称"交接刺"。雄性动吻动物生殖孔附近的刺状结构。一般有 2 个或 3 个角。

05.14 铠甲动物门

05.1281 口锥 mouth cone
铠甲动物头部(翻吻)的前部。顶端有口,后端连咽。

05.1282 毛丛感觉器 flosculi
铠甲动物某些种(如矮甲虫希金斯幼虫)在兜甲的后部具有的一种感受器。

05.1283 口腔管 buccal canal
铠甲动物口后的细长管状结构。可像望远镜的套筒一样套叠伸缩，与 1 对唾腺相通，后端与咽球相连。

05.1284 肛锥 anal cone
铠甲动物身体后部靠近肛门的锥形结构。肛门开口于肛锥后端。

05.15 内肛动物门

05.1285 萼 calyx
单体内肛动物头端呈软球形或钟状的结构。为身体主要部分，其上缘生有一环短的触手，触手内侧长有纤毛。

05.1286 柄 stalk
萼部的延伸。与萼部连接处无隔壁，或具不完全的隔壁。分枝状匍茎匍卧在基质上。

05.1287 触手冠 lophophore
单体内肛动物萼的顶端边缘体壁扩张成的一圈由 8～36 个触手组成的结构。口和肛门位于其内。

05.1288 基盘 basic disc
内肛动物柄的基部呈盘状的结构。用以附于他物上。

05.1289 前庭 vestibulum
单体内肛动物的触手能内卷但是不能缩入萼的内部，萼被触手包绕的区域。

05.1290 匍匐茎 stolon
内肛动物柄基部向水平方向蔓延的分枝结构。

05.16 环节动物门

05.1291 多毛纲 Polychaeta
通称"多毛类（polychaete）"。雌雄异体、具疣足和成束的刚毛、体前部具分化良好的头部、多具摄食或感觉附肢和眼、无环带、多生活在海洋环境的一类环节动物。

05.1292 寡毛纲 Oligochaeta
通称"寡毛类（oligochaete）"雌雄同体、无疣足且刚毛少、头部简单无感觉附肢、性成熟时具环带、主要生活于淡水和陆地土壤的一类环节动物。

05.1293 蛭纲 Hirudinea
通称"蛭类（leech）"，俗称"蚂蟥"。体扁长，体节数恒定，每体节又分若干体环，无疣足和刚毛，营暂时体外寄生生活，在身体前后端各有一吸盘，直接发育的一类环节动物。

05.1294 浮游多毛类 pelagic polychaete, planktonic polychaete
在水层中营浮游生活的多毛类。

05.1295 游走多毛类 errant polychaete
附肢发达、行动能力强、身体无明显分区的多毛类。

05.1296 隐居多毛类 sedentary polychaete
附肢不发达、行动能力弱、身体有明显分区的多毛类。

05.1297 穴居多毛类 burrowing polychaete
挖掘泥沙建立穴道或地下甬道的多毛类。

05.1298 穿孔多毛类 boring polychaete
钻孔穴居于钙质贝壳、岩石或珊瑚的多毛类。

05.1299　小型多毛类　meiofaunal poly-chaete
分布于沉积物的沙间间隙或非沉积物的海藻、珊瑚或岩石表面，能通过 0.5mm 直径筛网而保留于 62μm 筛网的多毛类。

05.1300　管栖多毛类　tubicolous polychaete
永久生活于虫体分泌的栖管或由外来物建成的栖管的多毛类。

05.1301　体节　metamere, segment
构成环节动物躯体的许多彼此相似而又重复排列的部分。各节各有神经节、环血管和排泄管等，前后部分在体腔内被隔膜分开。多毛类各体节两侧通常具疣足、疣足上又具刚毛。是机体分化的开始，也是进化的重要标志。

05.1302　体节器　segmental organ
一些动物（如环节动物、软体动物，也存在于另外一些动物的胚胎时期）体内按节排列的排泄器官。除体前部或后部数节外，每个体节一对或多个。通常与肾管系统有关。

05.1303　疣足　parapodium
环节动物多毛类体壁向两侧突出的肉质扁平叶状结构。体腔也伸入其中，一般每个体节一对，属于原始的附肢结构，为多毛类的运动和呼吸器官。主要分双叶型、单叶型和亚双叶型 3 类。典型的疣足分成背肢和腹肢。

05.1304　背肢　notopodium
疣足靠近背面的部分。

05.1305　翼状背肢　aliform notopodium
环节动物鳞虫科体中区特化的伸长成翼的背肢。

05.1306　腹肢　neuropodium
疣足靠近腹面的部分。

05.1307　双叶型疣足　biramous parapodium
具有明显背肢和腹肢的疣足。背、腹肢由一至几个舌叶和具刚毛的刚叶组成。

05.1308　单叶型疣足　uniramous parapodium
背肢退化消失仅剩腹肢的疣足。

05.1309　亚双叶型疣足　sub-biramous para-podium
背肢退化但仍留有背足刺和背刚毛、腹肢发育良好的疣足。

05.1310　脊状疣足　torus
脊状或鞭痕状、通常具钩状刚毛或齿片刚毛的疣足。

05.1311　背须　notocirrus, dorsal cirrus
疣足背肢上边缘的须状或指状突起。

05.1312　腹须　ventral cirrus, neurocirrus
疣足腹肢下边缘的须状或指状突起。

05.1313　腹垫　ventral pad
环节动物矶沙蚕目某些种类体前中部腹面取代疣足腹须的垫状结构。

05.1314　鳞片　elytron, scale
疣足背须特化的叶片状结构。覆于背面具保护功能，常常与背须交替出现。

05.1315　鳞片基　elytrophore
又称"鳞片柄"。鳞片在体背面的附着处。

05.1316　纺锤腺　spinning gland
鳞片多毛动物疣足上分泌丝状建管物的腺体。

05.1317　刚毛　chaeta
疣足背肢和腹肢边缘各生的一束（有的腹肢为两束）几丁质毛状结构。具辅助运动和捕食功能。包括简单型、复型、伪复型三种类型。

05.1318　简单型刚毛　simple chaeta
不分节或不具关节的刚毛。

05.1319　复型刚毛　compound chaeta, jointed chaeta
具明显分节或关节的刚毛。包括基部的柄和前端的端片。

05.1320　伪复型刚毛　pseudocompound chaeta
介于简单型刚毛和复型刚毛之间的一类刚毛。其端片与柄部大部分愈合但具分界线。

05.1321　背刚毛　notochaeta
位于背肢上的刚毛。

05.1322　腹刚毛　neurochaeta
位于腹肢上的刚毛。

05.1323　刚毛反转　chaetal inversion
胸区具翅毛状背刚毛和腹齿片，而腹区具背齿片和翅毛状腹刚毛相似，这种背腹位置颠倒的现象。是环节动物龙介虫科和缨鳃虫科的特征。

05.1324　足刺　acicula
疣足内部较粗且颜色较深的刚毛。具足刺肌、可支撑疣足和其他刚毛。

05.1325　钩状刚毛　hook
又称"钩齿刚毛"。柄部粗壮、末端弯曲、通常具齿的刚毛。

05.1326　足刺刚毛　acicular chaeta
粗壮外伸、似足刺的简单型刚毛。

05.1327　毛状刚毛　capillary chaeta
细长似毛发的简单型刚毛。

05.1328　梳状刚毛　pectinate chaeta
末端形似梳子、柄部细长的简单型刚毛。可见于环节动物矶沙蚕目。

05.1329　稃刚毛　palea
扁平宽大、通常具金属光泽的刚毛。见于环节动物金扇虫科。

05.1330　膝状刚毛　geniculate chaeta
又称"有折刚毛"。中间弯曲似屈膝的简单型刚毛。

05.1331　伴随刚毛　companion chaeta
伴随较大刚毛（如钩状刚毛）的简单型小刚毛。

05.1332　鱼叉刚毛　harpoon chaeta
末端尖细、近末端具倒刺、粗硬的简单型刚毛。

05.1333　刷状刚毛　penicillate chaeta, brush-tipped chaeta
末端刷状的简单型刚毛。

05.1334　芒状刚毛　aristate chaeta
柄部光滑、末端有一簇毛或一根棘刺的简单型刚毛。

05.1335　羽状刚毛　pinnate chaeta, bipinnate chaeta
具有中央主干和两侧分枝、形似羽毛的简单型刚毛。

05.1336　铲状刚毛　spatulate chaeta
又称"匙状刚毛"。末端扩展呈铲状或匙状的简单型刚毛。

05.1337 开口刚毛 ringent chaeta
亚末端分裂、裂口内侧具锯齿或细圆齿的简单型刚毛。见于环节动物海刺虫科。

05.1338 分叉刚毛 furcate chaeta, bifurcate chaeta, lyrate chaeta
又称"竖琴状刚毛"。末端分裂、形似叉的简单型刚毛。

05.1339 双齿刚毛 bidentate chaeta
末端具双齿的刚毛。

05.1340 细齿刚毛 denticulate chaeta
具细小齿的刚毛。

05.1341 多节刚毛 multiarticulated chaeta
具有三个或以上分节的刚毛。

05.1342 生殖刚毛 genital hook
小头虫科用于交配的变形背刚毛。

05.1343 毡毛 felt
环节动物鳞沙蚕科疣足背肢产生的缠结成团的细刚毛。

05.1344 具缘刚毛 limbate chaeta
又称"翅毛状刚毛"。一侧边缘具扁平翅状结构的简单型刚毛。

05.1345 双侧具缘刚毛 bilimbate chaeta
又称"双翅毛状刚毛"。两侧边缘具扁平翅状结构的简单型刚毛。

05.1346 领刚毛 collar chaeta
环节动物缨鳃虫科和龙介虫科第一胸刚节上的背刚毛。一般为翅毛状。

05.1347 刺状刚毛 spiniger, spinigerous chaeta
端片刺状、末端尖细的复型刚毛。

05.1348 等齿刺状刚毛 homogomph spinigerous chaeta
柄部前端两齿等大的复型刺状刚毛。

05.1349 异齿刺状刚毛 heterogomph spinigerous chaeta
柄部前端两齿不等大的复型刺状刚毛。

05.1350 镰刀状刚毛 falcate chaeta, falciger
端片粗钩状、似镰刀的复型刚毛。

05.1351 等齿镰刀状刚毛 homogomph falcigerous chaeta
柄部前端两齿等大的复型镰刀状刚毛。

05.1352 异齿镰刀状刚毛 heterogomph falcigerous chaeta
柄部前端两齿不等大的复型镰刀状刚毛。

05.1353 桨状刚毛 paddle chaeta
异沙蚕体中端片桨状的复型刚毛。

05.1354 具巾刚毛 hooded chaeta
末端被纤细几丁质膜保护的刚毛。常见的为巾钩刚毛。

05.1355 巾钩刚毛 hooded hook chaeta
柄部粗、末端具巾的钩状刚毛。常见于环节动物索沙蚕科、矶沙蚕科、小头虫科、欧努菲虫科。

05.1356 齿片刚毛 uncinus
基部内嵌于体壁、端部伸出并扩展形成横向成排小齿的刚毛。包括胸区的胸齿片和腹区的腹齿片，具 C 形、Z 形、S 形、J 形、F 形等形态。

05.1357 胸齿片刚毛 thoracic uncinus
胸区腹侧的齿片刚毛。

05.1358　腹齿片刚毛　abdominal uncinus
腹区背侧的齿片刚毛。

05.1359　长柄齿片刚毛　long-handled uncinus
柄部较长、端部足刺状或钩状的齿片刚毛。

05.1360　短柄齿片刚毛　short-handled uncinus
柄部较短的齿片刚毛。具鸟头体状、鸟嘴状、天鹅状、S 形、Z 形等形态。

05.1361　足刺齿片刚毛　acicular uncinus
足刺状的齿片刚毛。

05.1362　梳状齿片刚毛　pectinate uncinus
形似梳子的齿片刚毛。常见于环节动物蛰龙介科。

05.1363　鸟头状齿片钩毛　avicular uncinus
形似鸟头的齿片刚毛。

05.1364　齿片枕　uncini tori
齿片刚毛所在体壁处稍凸起的横带。

05.1365　顶齿　primary tooth, apical tooth
双齿刚毛较大、远端的齿。

05.1366　亚齿　secondary tooth
双齿刚毛较小、近端的齿。

05.1367　齿式　dental formula, dentition
钩状刚毛或齿片刚毛小齿排列、分布的表达式。

05.1368　柄部　shaft
（1）复型刚毛关节后面的部分。（2）环节动物矶沙蚕目下颚切割板后面细长的部分。

05.1369　端片　blade
复型刚毛关节前面的部分。

05.1370　巾　guard, hood
某些刚毛末端成对的具保护作用的几丁质鞘。

05.1371　锐突　mucro
刚毛或疣足中末端突然变细的结构。

05.1372　锯齿列　serration
刚毛成列的锯齿状边缘。

05.1373　刺袋　spinous pocket
某些鳞片多毛类刚毛边缘形成的扩大袋状的锯齿状突起。

05.1374　刚叶　chaetal lobe
疣足中着生刚毛的肉质叶。

05.1375　前刚叶　prechaetal lobe
位于刚毛前方的肉质叶。

05.1376　后刚叶　postchaetal lobe
位于刚毛后方的肉质叶。

05.1377　舌叶　ligule, lobe
疣足中扁平锥形的肉质叶。

05.1378　上背舌叶　superior notoligule
沙蚕科背刚叶上方的舌叶。

05.1379　下背舌叶　inferior notoligule
沙蚕科背刚叶下方的舌叶。

05.1380　棘刺　spine
壳盖冠内面、基部和外侧的刺状结构。是盘管虫属重要的分类依据。

05.1381　刚节　chaetiger
多毛类中具有刚毛的体节。

05.1382 无鳃体节 abranchial segment
多毛类中体壁或疣足上没有鳃的体节。

05.1383 无刚毛体节 achaetous segment
多毛类中没有刚毛的体节。

05.1384 无疣足体节 apodous segment
多毛类中没有疣足的体节。

05.1385 齿片刚节 unciniger, uncinigerous chaetiger
多毛类中具有齿片刚毛的体节。包括胸区的胸齿片刚节和腹区的腹齿片刚节。

05.1386 领刚节 collar chaetiger
环节动物缨鳃虫科和龙介虫科具领，且常具背刚毛的第一胸刚节。

05.1387 头部 head
环节动物多毛类体前部由口前叶和围口节组成的部分。某些种类还包括围口节后的一个或几个刚节。

05.1388 口前叶 prostomium
又称"口前部"。环节动物多毛类围口节前面、口前背方的肉质叶。多为背腹扁平的多边形、卵圆形或圆锥形。

05.1389 前唇 frontal lip, frontal palp
环节动物欧努菲虫科口前叶前端的一对感觉附肢。

05.1390 上唇 upper lip
环节动物欧努菲虫科口前叶腹面前方一对卵圆形或四边形的结构。

05.1391 下唇 lower lip
环节动物欧努菲虫科口前叶腹面后方呈半月形或三角形的垫状结构。

05.1392 肉瘤 caruncle
又称"肉突"。口前叶后端的突起物。其上有项器，见于环节动物仙虫科和海刺虫科。

05.1393 颜瘤 facial tubercle
环节动物鳞片多毛类上唇的脊状或叶状突起。

05.1394 前侧角 frontal peak, prostomial peak
环节动物鳞片多毛类口前叶前侧端、通常几丁化的突起。

05.1395 口后部 metastomium
位于口前叶和尾部之间的体节。与口前叶相对而言。

05.1396 围口节 peristomium
环节动物多毛类口前叶后面围绕口的一或两个体节，或者愈合的多个体节。

05.1397 躯干部 trunk
环节动物多毛类头部和尾部之间的部分。

05.1398 胸区 thorax
根据刚节、疣足、刚毛等特征的明显不同而划分的躯干前部。

05.1399 腹区 abdomen
根据刚节、疣足、刚毛等特征的明显不同而划分的躯干后部。

05.1400 尾部 pygidium
环节动物多毛类体末端最后一节或几个无疣足的体节。其上生有肛须。

05.1401 头板 cephalic plate, cephalic plaque
环节动物竹节虫科和笔帽虫科动物头部前背侧的扁平盘状结构。

05.1402 头脊 cephalic keel
环节动物竹节虫科头板中央纵向的脊状突起。

05.1403 头缘 cephalic rim, cephalic veil
环节动物竹节虫科动物围绕头板的缘膜。

05.1404 头笼 cephalic cage
体前部刚毛前伸围绕头部的笼状结构。见于环节动物扇毛虫科。

05.1405 口前叶领 occipital collar, occipital fold
围绕口前叶后部的环状褶皱。

05.1406 项器 nuchal organ, organum nuchale
口前叶后面两侧成对的具化学感应功能的凹陷、沟槽、纤毛带、伸长脊等结构。

05.1407 项乳突 nuchal papilla, occipital papilla
环节动物叶须虫科和海稚虫科中口前叶后缘的乳突。

05.1408 触角 palp
环节动物多毛类头部两侧成对的、伸长或垫状的结构。在游走类中多位于前方腹侧、起感觉作用，在海稚虫类则位于后方背侧、具摄食功能。

05.1409 双节触角 biarticulate palp
具有两个分节的触角。

05.1410 触角基节 palpophore
分节触角基部较粗的分节。

05.1411 触角端节 palpostyle
分节触角端部较细的分节。

05.1412 触手 antenna
口前叶背面、侧面或前端具感觉功能的突起物。

05.1413 双节触手 biarticulate antenna
具有两个分节的触手。

05.1414 念珠状触手 moniliform antenna
分节为卵圆形或球形、前后分节界限明显、似念珠的触手。见于环节动物裂虫科和矶沙蚕科。

05.1415 圆柱形触手 cylindrical antenna
分节为圆柱形的触手。见于环节动物矶沙蚕科矶沙蚕属。

05.1416 触手基节 ceratophore
分节触手基部较粗短的分节。

05.1417 触手端节 ceratostyle
分节触手端部较细长的分节。

05.1418 触须 cirrus
位于环节动物多毛类头部、疣足、尾部细长圆柱形的感觉附肢。

05.1419 双节触须 biarticulate cirrus
具有两个分节的触须。

05.1420 围口节触须 peristomial cirrus
围口节两侧成对的、伸长的触须。

05.1421 触须基节 cirrophore
分节触须基部较粗短的分节。

05.1422 触须端节 cirrostyle
分节触须端部较细长的分节。

05.1423 触须表达式 tentacular formula, anterial cirrus formula
叶须虫科围口节和体前部的疣足、触须的表

达方式。

05.1424 触手须 tentacular cirrus
构成头部体节的疣足的背须和腹须。通常较其后疣足的背腹须长。

05.1425 眼柄 ocular peduncle, ommatophore
环节动物鳞片多毛类眼基部的突起或柄状结构。

05.1426 耳状突 auricule, antennular auricle
环节动物锡鳞虫科触手基部两侧形似耳的突起。

05.1427 感觉芽突 sensory bud
触手和触须的上皮细胞形成的具感觉或分泌功能的突起。

05.1428 触手冠 tentacular crown
又称"鳃冠（branchial crown）""放射丝冠（radiolar crown）"。由头部退化的口前叶和围口节融合而成的冠状结构。上具放射状的鳃丝，具呼吸和激动水流摄食的功能。在缨鳃虫中为围绕口呈完全分离或背部愈合的半圆形或螺旋状的两瓣鳃叶，在龙介虫呈左右两叶。

05.1429 鳃丝 branchial filament
（1）又称"放射丝（radiole）"。在环节动物缨鳃虫目中触手冠辐射出的呈半圆形或螺旋状排列的羽丝状结构。（2）在其他环节动物多毛类体节疣足上的须状结构。

05.1430 鳃间膜 interbranchial membrane, palmate membrane
环节动物缨鳃虫科和龙介虫科鳃丝间彼此相连的膜。位于鳃丝基部或全长相连。

05.1431 鳃丝镶边 branchial filament flange
又称"鳃丝突缘"。触手冠鳃丝两侧部分边缘稍扩展成的突缘。

05.1432 指突 stylode
环节动物缨鳃虫科和龙介虫科中鳃丝两侧边缘部分扩展的成对的须状、指状或叶状的突起。

05.1433 羽枝 pinnule
触手冠上鳃丝两侧成对排列的羽状或梳状的纤毛小枝。

05.1434 个眼 ommatidium
环节动物缨鳃虫科触手冠上组成复眼的视觉功能单位。由 1 个感觉细胞、2 个色素细胞和细胞外的晶体组成。

05.1435 亚端复眼 subterminal compound eye
环节动物缨鳃虫科麦缨虫属（*Megalomma*）鳃丝近末端膨大的复眼。

05.1436 壳盖 operculum
触手冠背中部 1～2 根鳃丝的顶端特化而成的结构。遇捕食者时可缩回塞住管口，是环节动物龙介虫科特有的分类依据。

05.1437 伪壳盖 pseudoperculum
尚未发育的壳盖。常无鳃羽枝。

05.1438 壳盖冠 opercular crown
环节动物龙介虫科盘管虫属（*Hydroides*）双层壳盖的上层。为几丁质棘刺状的端轮生体。

05.1439 壳盖柄 opercular peduncle
顶端特化为壳盖的变形鳃丝。

05.1440 壳盖柄端翼 peduncular distal wing
位于壳盖下方、壳盖柄的两侧翼状结构。形态不等。

05.1441 壳盖柄基翼 peduncular proximal wing
壳盖柄基部 2/3 的一侧出现的扩展。其有无与个体大小有关。

05.1442 领 collar
第 1 刚节的环状褶或瓣片。覆盖于触手冠基部，通常具一个中腹叶和两个背侧叶。

05.1443 翻吻 eversible proboscis, eversible pharynx
环节动物多毛类富肌肉的口腔和咽向口外伸缩形成的结构。常见于环节动物沙蚕科、吻沙蚕科、角吻沙蚕科等。

05.1444 前胃 proventricle
环节动物裂虫科消化道前端的肌肉质囊。

05.1445 颚环 maxillary ring
环节动物沙蚕科吻的前部。其前端具一对大颚。

05.1446 大颚 jaw
颚环前端一对强大的黑色或棕色几丁质颚。

05.1447 口环 oral ring
环节动物沙蚕科吻的后部。

05.1448 颚齿 paragnatha
环节动物沙蚕科颚环和口环上黑色或黄褐色的几丁质细齿。一般有圆锥形、横棒状、梳棒状等形状。

05.1449 端齿区 trepan
环节动物裂虫科翻吻前端具小齿的区域。

05.1450 副颚 aileron
环节动物吻沙蚕科位于翻吻前端大颚基部的附属颚片。

05.1451 V 形颚 chevron
又称"人字颚"。环节动物角吻沙蚕科位于翻吻基部的 V 字形几丁质颚片。

05.1452 颚器 jaw apparatus
环节动物矶沙蚕目的摄食器官。包括上颚和下颚。

05.1453 上颚 maxilla
环节动物矶沙蚕目颚器的背侧部分。

05.1454 颚片 maxillary plate
上颚中具小齿的片状结构。

05.1455 上颚基 maxillary carrier
上颚后方与第一对颚片相连，具支撑作用的颚片。

05.1456 上颚齿式 maxillary formula, jaw formula
环节动物矶沙蚕目颚片排列、小齿数目的表达式。

05.1457 下颚 mandible
环节动物矶沙蚕目颚器的腹侧部分。

05.1458 切割板 cutting plate
环节动物矶沙蚕目下颚柄部前面的扩展部分。

05.1459 梳状颚器 ctenognatha
环节动物矶沙蚕目中无颚基、颚片梳状纵向排列成四排或以上的颚器类型。

05.1460 钳状颚器 labidognatha
环节动物矶沙蚕目中颚基短、颚片不对称地排成两排、后部颚片钳状或锯齿状的颚器类型。

05.1461 锯状颚器 prionognatha
环节动物矶沙蚕目中颚基较长、颚片不对

称地排成两排、后部颚片锯齿状的颚器
类型。

05.1462　侧瓣　lateral lappet
环节动物蛰龙介科体前端的叶片状的扁平突起。

05.1463　胸膜　thoracic membrane
领向后延伸、围绕胸区的膜状结构。是环节动物龙介虫科特有的结构。

05.1464　胸膜围裙　thoracic membrane apron
胸膜延续至胸区后端者，常在第一腹节融合形成的裙状结构。

05.1465　腹腺盾　ventral glandular shield, ventral shield
环节动物蛰龙介科和缨鳃虫科中胸区腹侧的垫状突起。

05.1466　腹板　ventro-caudal shield
环节动物不倒翁虫科体后部腹面的具刚毛围绕、黄黑色或深红色的几丁质板。

05.1467　腹沟　ventral groove
环节动物多毛类腹面中央的纵沟。

05.1468　排粪沟　faecal groove
环节动物缨鳃虫科和龙介虫科中排泄物排出体外的纤毛沟带。始于肛门腹面，沿腹区腹中线前行，绕过第一腹刚节的一侧，至胸区背中部并直达围口节后缘。

05.1469　耳舟　scaphe
环节动物笔帽虫科形似舟状或匙状的尾部结构。

05.1470　肛板　anal plaque
环节动物竹节虫科圆锥形、斜截形或漏斗状的尾部。

05.1471　肛须　anal cirrus, pygidial cirrus
着生于尾部的触须。

05.1472　节间沟　intersegmental furrow
环节动物寡毛类节与节之间的深槽。

05.1473　环带　clitellum
又称"生殖带"。环节动物寡毛类性成熟时身体前端出现的与生殖有关的一个环形带状结构。

05.1474　群浮　swarming
环节动物如沙蚕科种类在一定时期同步离开栖息地，由底栖起浮于海面游动并排精放卵的生殖习性。

05.1475　婚舞　nuptial dance
环节动物如沙蚕科种类在群浮时，雌雄个体相伴做圆形旋转游动的现象。在旋转缠绕过程中排精放卵。

05.1476　后担轮幼虫　metatrochophore
沙蚕孵化时具浮游能力、有分节迹象的纤毛带和刚毛囊的幼虫。

05.1477　疣足幼虫　nectochaeta
后担轮幼虫之后具纤毛、刚毛和分节的游毛幼虫。

05.1478　刚节幼体　setiger juvenile
疣足幼虫变态后的幼虫。此时第一刚节前伸成第二对触须并构成围口节一部分、新体节也在尾节前部不断长出。

05.1479　异沙蚕体　heteronereis
环节动物沙蚕科种类在生殖阶段躯干部发生形态变化的个体。常具形态变化，如两对眼明显变大且出现晶体，触手、触角变长，躯干部长度缩短，疣足舌叶加宽变扁，刚毛为排成扇状的浆状刚毛所代替。

05.1480 生殖态 epitoky
生殖阶段个体发生形态变化的现象。即由无性个体或非生殖个体向浮游的有性个体或生殖个体转变的过程。

05.1481 生殖体 epitoke
环节动物多毛类在生殖阶段发生形态变化且由底栖起浮于海面进行繁殖的个体。在环节动物沙蚕科中整个虫体起浮，而在矶沙蚕科中仅体后部断裂上浮。

05.1482 非生殖体 atoke
具生殖态的环节动物多毛类在非生殖阶段未发生形态变化的个体。

05.1483 生殖袋 genital pouch
环节动物海稚虫科某些种类疣足腹肢之间的袋状褶皱。

05.1484 隔膜 septum
相邻两个体腔之间的膜状分隔。

05.1485 壁体腔膜 parietal peritoneum
环节动物多毛类体腔中近体壁的膜。

05.1486 脏体腔膜 visceral peritoneum
环节动物多毛类体腔中近肠管的膜。

05.1487 背肠系膜 dorsal mesentery
环节动物各体节左右两个体腔在背中线相遇形成的隔膜。

05.1488 腹肠系膜 ventral mesentery
环节动物各体节左右两个体腔在腹中线相遇形成的隔膜。

05.1489 腹血管 ventral blood vessel
环节动物纵行于腹中线肠下的血管。其血液由体前向后流。

05.1490 背血管 dorsal blood vessel
环节动物纵行于肠背部系膜中，两背纵肌束之间的血管。血流由体后向前流。

05.1491 毛囊细胞 chaetoblast
与滤泡细胞共同产生刚毛的细胞。

05.1492 蛭素 hirudin
环节动物蛭类唾液腺分泌的一种抗凝血的化学物质。

05.17 螠虫动物门

05.1493 腹刚毛 neuroseta, ventral chaeta
位于螠虫口稍后方的腹中线两侧的 1 对钩状刚毛。黄褐色，有金属光泽，属于表皮，其作用是辅助运动、附着和掘穴钻洞。

05.1494 尾刚毛 caudal seta
螠虫少数种的肛门周围生长的刚毛。

05.1495 腹刚毛囊 neuroseta sac
位于螠虫体前端的腹部并伸向体腔的两个囊。每个囊内有 1 个腹刚毛，其尖端伸向体

外，呈钩状弯曲。

05.1496 体壁肌 somatic muscle
螠虫体壁的纵肌、斜肌和环肌等肌肉层。

05.1497 肌肉束 muscle bundle
螠虫腹刚毛囊的周围有辐射状的肌肉束。与体壁相连，两束之间通常有间基肌相连。

05.1498 肛门囊 anal sac
螠虫位于直肠两侧的 1 对可收缩的长囊状盲

管。末端尖细，基部与排泄腔相通，囊壁着生许多细小的纤毛漏斗，开口于体腔。

05.1499　纤毛漏斗　ciliated funnel
螠虫肛门囊表面具有的与肾内孔相似的结构。能够把直肠附近体腔液中的废物抽提入肛门囊，然后经直肠由肛门排出体外。

05.1500　螺旋体　spiral collecting organ
螠虫肾管基部近肾孔处各有的一个螺旋状

结构。

05.1501　黏液管　slime tube
螠虫动物具有短吻的种类衬于穴道内壁分泌黏液的管状结构。

05.1502　围咽神经环　circumoesophageal ring, circumoesophageal cycle
螠虫腹神经索的前端在吻处扩展成的环状神经结构。

05.18　星虫动物门

05.1503　翻吻　introvert
星虫动物体前端能伸缩到躯干部前端的吻。边缘向腹面卷曲，有的形似勺或匙，是运动、穴居和摄食器官，借助收吻肌缩入躯干，通过体腔液压驱动翻出。也见于曳鳃动物中。

05.1504　吻突型翻吻　proboscoid introvert
星虫动物在底栖生活中多穴居海底或珊瑚礁内，以触手的暂时附着和收缩或是借翻吻伸出和缩入作微弱运动，故翻吻细长外翻向前端伸展拉伸的部分。

05.1505　吻钩　rostellar hook
星虫吻部末端着生的角质小钩或棘刺。其形态和排列方式，可以作为分类依据。

05.1506　尾附器　caudal appendage
一些星虫动物身体后部的器官。上面具有许多短而中空的指状盲囊，可能有气体交换和化学接收器的功能。也见于一些曳鳃动物中。

05.1507　单齿　unidentate
星虫动物吻钩中部单个出现的齿。

05.1508　双齿　bidentate
星虫动物吻部的前 1/4 处约有钩环 30～35

圈，每钩具有成对出现的齿。

05.1509　口盘　oral disc
星虫动物吻部的顶端或前端。其背侧通常生有项器，中央生有口孔。

05.1510　项器　nuchal organ
星虫动物口盘背侧的叶瓣状器官。

05.1511　围口触手　peripheral tentacle
星虫动物口盘围缘围绕着口的触手。

05.1512　项触手　nuchal tentacle
星虫动物分布在项器周围的触手。其排列方式和数目因属而异。

05.1513　收吻肌　retractor muscle of introvert
又称"吻缩肌"。星虫动物自口盘基部伸向后方、附着在体腔壁上的 1～2 对肌肉。收缩时，吻部向体腔内卷缩；放松时，体后环肌收缩，迫使体液向前流动，使吻部向外翻出。

05.1514　背收吻肌　dorsal retractor muscle of introvert
星虫动物位于背部连接吻部伸向后方，附着

在体腔壁上的肌肉群。

05.1515 腹收吻肌 ventral retractor muscle of introvert
星虫动物自口盘基部伸向后方，位于腹部附着在体腔壁上的肌肉。

05.1516 纺锤肌 spindle muscle
星虫动物始自靠肛门处的体腔壁上，沿直肠壁下行进入肠螺旋并附着于肠螺旋的肠壁上的肌肉。某些属的继续下行，贯穿肠螺旋，在体腔末端的体壁上固着。

05.1517 固肠肌 fixing muscle
星虫动物体腔内由多条肌束组成，各束一端连接体腔壁上，另一端与消化道相连的肌肉。

05.1518 翼状肌 wing muscle
星虫动物位于直肠末端，通常呈片状并固着于体腔壁上的肌肉。

05.1519 体腔被膜囊 integumental coelomic sac
星虫动物体腔壁上分布具体腔的被膜囊。

05.1520 月牙形体腔隔膜 coelomic dissepiment
星虫动物体腔壁上呈月牙形的隔膜。

05.1521 皮肤乳突 cutaneous papilla
星虫动物躯干部体表面由许多腺细胞群形成的突起。其形态变化较大，因种而异，通常分布在吻基部和躯干前后两处者形大而明显。

05.1522 体腔乳突 coelomic papilla
位于体腔壁上的乳突结构。

05.1523 尾盾 caudal shield
星虫动物的尾部呈圆锥形，有放射状沟纹的

结构。

05.1524 直肠盲囊 rectal diverticulum
星虫动物大多数种类直肠中生有的一种囊状结构。

05.1525 直肠腺 rectal gland, digitiform gland
开口于直肠的腺状和囊状结构的总称。不同动物类群其形态和功能差异很大。在软骨鱼类为直肠背侧的一个棒状的腺体，有细管直通直肠广盐性鲨鱼的直肠腺分泌液的氯化钠浓度是血浆的 2 倍并高于海水，参与鲨鱼的渗透压调节。

05.1526 葡萄腺 racemose gland
位于星虫动物的肛门附近，由系膜连接直肠和背收吻肌的基部形成的似形葡萄状的生殖腺。

05.1527 肛盾 anal shield
星虫动物穴居礁石生活的盾管星虫科，躯干前端表皮增厚，组成的坚硬角质或钙质的盾状物。有助钻洞活动和阻塞洞口，起防御作用。

05.1528 背血管 dorsal blood vessel
又称"波利管（Polian canal）""收缩血管（contractile vessel）"。星虫动物位于食道背部的血管。其后端是盲管，前端通向围脑神经节血窦。有收缩作用，收缩时，管内血液向前流动，先流入围脑神经节血窦，而后再流向别处血窦和血管丛。

05.1529 盲管 typhlosole
又称"盲道"。星虫动物背血管的后端。

05.1530 下回环 descending loop
星虫动物的口后是一直行的食道，由吻部沿收吻肌下行，下接中肠，环绕纵贯体腔的纺锤肌盘旋而下的部分。

05.1531　上回环　ascending loop
星虫的食道行至体腔后端，折回再向上盘旋的部分。

05.1532　肠螺旋　intestinal spiral
星虫的上回环和下回环形成的盘卷结构。

05.1533　细管　villi tubule
反体星虫、缨心星虫和枝触星虫中，背血管发出的细盲管。

05.1534　食道后回环　post-oesophageal loop, sipunculus loop
方格星虫食道与肠螺旋间形成的一段长度约为躯干 1/3 的独立的前肠螺旋。是该类群独有的特征。

05.1535　纤毛小体　cilium corpuscle
星虫动物的特有结构。由 1 个具有纤毛束的分泌细胞、多个围体腔膜细胞以及被围在其内部的液泡共同组成。有的纤毛小体挂在围体腔膜上，有的活动于体腔液中，两者数目很大。在游离活动情形下，纤毛小体的后端常附有许多废弃的颗粒或碎屑。

05.1536　顶感觉区　top sensory area
戈芬星虫的担轮幼虫感知各种感觉刺激的区域。

05.1537　角质膜　cuticle
又称"角皮膜"。戈芬星虫的担轮幼虫体表面覆盖的一层膜。

05.1538　营养膜　nutritive membrane
方格星虫在纤毛幼虫期，其在卵黄膜之下生有的一独特的单层细胞膜。

05.1539　轮前区　pretrochal region
星虫直接发育过程中，位于口之前的纤毛环部分。

05.1540　轮后区　posttrochal region
星虫直接发育过程中，口后纤毛环以后的部分。

05.1541　固着石内型　sessile endolithic form
星虫动物的生态类群之一。包括盾管星虫科及革囊星虫科。这类星虫能用吻乳突及吻钩刮取基质上的碎屑，其主要群落生境为珊瑚礁，属隐居动物，能钻入坚硬的岩石，或在坚硬基质的裂缝或腔隙中躲避敌手。

05.1542　穴居-吞食型　burrowing-swallowing form
星虫动物的生态类群之一。主要包括方格星虫科、革囊星虫科、戈芬星虫属及瘤体星虫属。这类星虫能主动运动，主要活跃在软泥砂底质，属潜底动物，可利用泥沙来保护自己并作为自身的食物来源，能通过咽无选择地吞食沉积物。

05.1543　隐居收集型　hiding-collecting form
星虫动物的生态类群之一。包括盾管星虫属、倭革囊星虫属及云体星虫属。这类星虫藏于空螺壳或多毛类和须腕动物的管子中，以触手收集沉积物，大部分属底栖动物。

05.1544　食浮游物型　waiting sustonophage form
又称"食悬浮物型"。星虫动物的生态类群之一。包括枝触星虫属和缨心星虫属。这类星虫具有发达的二歧式触手排列，其摄食方式与上述种不同。它们通过纤毛分泌黏液的机制摄食：水中悬浮的碎屑颗粒落入带黏液的纤毛冠中，运动的纤毛将碎屑收集成食物团并将其导入口中。大部分属潮下带种，栖息于温带和热带海域。

05.1545 蚯蚓血红蛋白 haernerythrin
星虫动物和某些环节动物所特有的, 能够使

星虫体腔及血管中的红细胞使腔液呈红色的呼吸色素。

05.19 须腕动物门

05.1546 头叶 cephalic lobe
须腕动物体前段呈圆锥形的部分。背部具触手。

05.1547 触手瓣膜 tentacular lamella
须腕动物海沟虫属 (*Riftia*) 的触手基部愈合成的片状瓣膜。

05.1548 管盖 obturaculum
须腕动物触手基部可以盖住壳管的结构。

05.1549 腺体区 glandular region
须腕动物位于头叶后, 分泌栖管的重要部位。

05.1550 罩翼部 vestimentum
须腕动物管盖纲的腺体区。

05.1551 系带 bridle
须腕动物无管盖纲腺体区具斜行突起的结构。虫体伸出管口时, 系带可附于管壁支持虫体活动。

05.1552 环脊 girdle
须腕动物无管盖纲躯干中部有两圈环状隆

起, 上具有短而具齿的刚毛的结构。可使虫体抓住管壁。

05.1553 躯干部 trunk
须腕动物虫体最长的部分。上具有各种体环、乳突和纤毛带。

05.1554 躯干后部 postannular region
须腕动物以环脊为界, 躯干部的后部。具不成对乳突, 可以帮助虫体运动, 极细, 采集时易断去。

05.1555 躯干前部 preannular region
须腕动物以环脊为界, 躯干部的前部。具有成对的乳突, 可以帮助虫体沿管壁运动。

05.1556 后体部 opisthosome
须腕动物虫体的第四部分。很短, 具 5～23 个体节, 每个体节都具有比环脊处长的刚毛。

05.1557 固着器 holdfast
须腕动物用以掘穴于软沉积物中或锚于硬底质上的结构。

05.20 软体动物门

05.1558 软体动物学 malacology
又称"贝类学 (conchology)"。研究软体动物的分类、形态、繁殖、发育、生态、生理、生化、进化、地理分布及其与人类关系的科学。

05.1559 无板纲 Aplacophora
软体动物门的原始类群。体型似蠕虫, 无贝壳, 外套膜发达, 表面具有角质的外皮, 其上有石灰质的针或棘。腹面中央通常具有一纵沟 (即腹沟)。新的分类系统又把无

板纲分为：尾腔纲（Caudofoveata=毛皮贝纲 Chaetodermomorpha）和沟腹纲（Solenogastres=新月贝纲 Neomeniomorpha）。

05.1560 单板纲 Monoplacophora
软体动物门的原始类群。体两侧对称、具一个呈帽状的贝壳；足位于腹面，某些器官有较明显的分节现象，通常具有成对的肌痕。

05.1561 多板纲 Polyplacophora
软体动物门的原始类群。体椭圆形，两侧对称，背稍隆，腹部扁平，背壳通常由 8 块呈覆瓦状排列的石灰质板（壳片）组成，贝壳的边缘均嵌入外套膜中，壳板具成对的肌痕，壳面有各种刻纹与花纹。包括毛肤石鳖、鳞带石鳖等。

05.1562 腹足纲 Gastropoda
软体动物门最大的一个类群。身体柔软、不对称，不分节，具有真正意义上的头部，足位于身体腹面，发达，大多有一个螺旋状的壳，外套腔和内脏囊有扭转，通常具发达的齿舌。包括各种螺类。本纲动物俗称"蜗牛（snail）""螺"。

05.1563 双壳纲 Bivalvia
又称"瓣鳃纲（Lamellibranchia）""斧足纲（Pelecypoda）"。软体动物门的第二大类群。身体左右扁平，两侧对称，具 2 片外套膜和 2 片贝壳，足呈斧状，头部退化，无齿舌，鳃常呈瓣状。包括各种蛤蜊、牡蛎、贻贝、蚌等。

05.1564 掘足纲 Scaphopoda
软体动物门海生的一个类群。体长形，两侧对称，具一个两端开口的长管状贝壳，稍弯曲，似牛角或象牙，足发达成圆柱状，头部退化为前端的一个突起。包括大角贝、胶州湾角贝等。

05.1565 头足纲 Cephalopoda
软体动物门中进化最高等的一个类群。身体两侧对称，分头部、足部和胴部，在头的两侧有一对发达的眼睛，足的一部分特化为腕，环列于前部和口周围，在口的周围有 8～10 条或更多数目的腕；足的另一部分特化成漏斗；胴部成圆锥形、圆筒形或卵圆形等。表面有色素斑。包括鹦鹉螺、乌贼、章鱼等。

05.1566 头部 cephalosome
位于身体的前端具摄食和感觉器官的部分。运动敏捷的种类，头部分化明显，其上生有眼、触角等感觉器官，如田螺、蜗牛及乌贼等；行动迟缓的种类头部不发达，如石鳖；穴居或固着生活的种类，头部已消失，如蚌类、牡蛎等。

05.1567 足 foot
位于身体腹面的肌肉质器官。因生活方式不同而形态各异。

05.1568 内脏团 visceral mass
软体动物内脏器官集中成团的总称。为足部背面隆起的部分。包括呼吸、消化、循环、排泄和生殖等内脏器官。多数种类是对称的，但有的扭曲成螺旋状，如螺类。

05.1569 外套膜 mantle, pallium
软体动物内脏团背侧的皮肤褶向下延伸形成的包被内脏团、鳃等器官的薄膜。其内外两层为单层上皮，中间层为结缔组织和肌肉。外层上皮的分泌物能形成贝壳，内层上皮细胞具纤毛，纤毛摆动，可形成水流。

05.1570 外套腔 mantle cavity
软体动物内脏团和外套膜之间的空腔。腔内常有鳃、足以及肛门、肾孔、生殖孔等开口于外套腔，与外界相通。

05.1571　水管　siphon
　　某些软体动物外套膜向外延伸成的管状结构。为水流进出之处（偶有气体进出）。

05.1572　入水管　inhalant siphon
　　双壳类软体动物身体后端腹侧供水流入的管道。由左右外套膜愈合向后延伸形成，长短不一。含氧、食物及精子的水，都由此管流入外套腔。

05.1573　出水管　exhalant siphon
　　双壳类软体动物身体后端背侧供水流流出的管道。

05.1574　贝壳素　conchiolin
　　又称"壳蛋白""壳基质"。由软体动物外套膜上皮层中的腺细胞分泌的角蛋白。

05.1575　贝壳　conch, shell
　　由软体动物外套膜外侧和边缘的上皮层中的腺细胞分泌的碳酸钙和少量的贝壳素等形成的结构。以保护身体的软体部分。其形态和大小各异，一般由壳皮层、棱柱层和珍珠层 3 层结构组成。

05.1576　壳皮层　periostracum
　　又称"角质层"。贝壳 3 层结构中的最外一层。很薄，透明，有光泽，由贝壳素构成，不受酸碱的侵蚀，可保护贝壳。

05.1577　棱柱层　prismatic layer
　　又称"壳层（ostracum）"。贝壳 3 层结构中的中间一层。较厚、质地疏松、占贝壳的大部分，由角柱状的方解石构成。

05.1578　珍珠层　pearl layer
　　又称"壳底层（hypostracum）"。贝壳 3 层结构中的最内一层。富光泽，由叶状霰石构成。由外套膜的整个外表皮细胞分泌形成，随动物的生长而厚度增加。

05.1579　珍珠质　nacre
　　又称"珠母质（mother of pearl）"。一些软体动物贝壳内有彩虹色的内层。由有机质和无机质共同组成，由外套组织中的上皮细胞分泌。珍珠质中的霰石以六角形片层晶体存在，因其厚度接近可见光波长而使珍珠层或珍珠呈现珠光。珍珠质坚固而有弹性。

05.1580　珍珠　pearl
　　某些具贝壳的软体动物，在沙粒等外来刺激下由外套膜分泌的、以细小碳酸钙晶体同心堆积而成的固体粒状物。外覆珍珠质。

05.1581　贝壳表面　outer surface of shell
　　贝壳与外界环境直接接触的一面。

05.1582　贝壳内面　inner surface of shell
　　动物肉体接触的一面。其肌肉附着在上面。

05.1583　螺带　spiral band
　　在贝壳表面形成的色带。

05.1584　壳板　valve, shell plate
　　在多板类软体动物中，覆盖体躯且部分重叠的 7～8 块骨板之一。

05.1585　峰部　jugal area
　　多板类软体动物的每一块壳板按外形可分为 3 部分，中央隆起的部分。

05.1586　肋部　pleural area
　　多板类软体动物的每一块壳板按外形可分为 3 部分，壳板前侧方的部分。

05.1587　翼部　lateral area
　　多板类软体动物的每一块壳板按外形可分为 3 部分，壳板后侧方的部分。

05.1588 头板 head plate
多板类软体动物动物背侧具 8 块石灰质壳板，最前面一块半月形的贝壳。

05.1589 尾板 tail plate
多板类软体动物背侧具 8 块石灰质壳板，最后一块为元宝状的贝壳。

05.1590 中间板 intermediate plate
多板类软体动物背侧具 8 块石灰质壳板。除头板和尾板外，中间结构一致的 6 块壳板。

05.1591 环带 girdle
多板类软体动物身体背面壳板周围一圈裸露的外套膜。其上装饰有各种类型的小鳞、小棘、小刺、针束等附属物。

05.1592 盖层 tegmentum
壳板的上层。具各种雕刻和颜色，露于体外。

05.1593 连接层 articulamentum
多板类软体动物壳板呈白色的下层。被盖层和环带所遮被，不外露。

05.1594 嵌入片 insertional lamina
处在头板的腹面前方，中间板的腹面后方两侧和尾板的后部的片状物。

05.1595 缝合片 sutural lamina
除头板外，在每一块壳板的前端两侧，由连接层伸出较薄的片状物。

05.1596 齿裂 slit
多板类软体动物嵌入片上的小齿状缺刻

05.1597 外套沟 mantle groove, pallial groove
多板类软体动物（如石鳖）身体腹面足部与外套膜之间的狭沟。沟内有多对着生在足两侧的栉鳃，生殖孔、排泄孔和肛门均开口于此。

05.1598 螺层 whorl
腹足类软体动物贝壳每旋转一周形成的一层。

05.1599 体螺层 body whorl
腹足类软体动物容纳动物头部和足部的部分。为壳底最后、最大的一个螺层。

05.1600 次体螺层 penultimate whorl
位于体螺层前面的一螺层，即倒数第二层。

05.1601 螺旋部 spire
腹足类软体动物内脏团所在之处。除体螺层以外的螺层，可以分为许多螺层。

05.1602 缝合线 suture
各相邻螺层间的凹陷线。深浅不一。

05.1603 生长线 growth line
（1）腹足类软体动物贝壳表面与缝合线相垂直的平行线纹。（2）腹足类软体动物靥表面同心或偏心分布的线纹。（3）双壳类软体动物贝壳表面以壳顶为中心呈同心排列的线纹。

05.1604 壳顶 apex
腹足类软体动物贝壳最上面的一层。是动物最早的胚壳，形状因种而异，有的尖，有的钝。

05.1605 胚壳 protoconch
又称"胚螺层"。腹足类和双壳类软体动物的壳顶。是最初发生时所形成的壳层，通常不具有生长线。

05.1606 壳口 aperture
腹足类软体动物体螺层上的开口。位于腹面，动物在运动时头与足部可从壳口处伸出。

05.1607 螺轴 columella
又称"壳轴"。贝壳纵锯开后可见的一条从壳顶达壳口的中轴。即螺层旋转所围绕的中心轴。

05.1608 左旋 sinistral
腹足类软体动物螺壳的壳顶向上、壳口朝向观察者时，壳口的位置在螺轴的左侧。即螺层向左的旋转方向。

05.1609 右旋 dextral
腹足类软体动物螺壳的壳顶向上、壳口朝向观察者时，壳口的位置在螺轴的右侧。即螺层向右的旋转方向。

05.1610 平旋 planorboid spiral, planospiral
贝壳在一个平面上盘旋的现象。

05.1611 外唇 outer lip
壳口的外侧。与螺轴相离的边缘部分。随动物的生长而逐渐加厚，有时亦具齿、缺刻、棘刺等。

05.1612 内唇 inner lip
壳口的内侧。即靠螺轴的一侧。在内唇部位常有褶襞，内唇边缘亦常向外卷贴于体螺层上，形成胼胝。

05.1613 轴唇 columellar lip
内唇下部与螺轴相连的部分。

05.1614 瓣壳质 inductura
沿着内唇或向壳面增厚的光滑壳质。

05.1615 褶襞 plica, fold
内唇螺轴上形成的皱褶或齿列。

05.1616 胼胝 callus
又称"滑层"。贝壳轴唇或脐部增厚的光滑层。

05.1617 离螺口 abapertural
远离壳口。是软体动物学中描述相对位置的术语。

05.1618 脐 umbilicus
螺壳旋转时在基部遗留的小窝。其大小、深浅随种类而不同，也有的种类无脐或具假脐。

05.1619 假脐 pseudoumbilicus
由于内唇向外卷曲在基部形成的小凹陷。

05.1620 绷带 selenizone
位于腹足类软体动物体螺层的前端脐孔上方。随着动物生长，螺壳增大，其内唇上的裂口逐渐为壳质填补而成的旋带。具有明显的上、下界线，内有新月形弯曲的生长线。

05.1621 螺卷状壳 helicoid
腹足类软体动物形似扁盘圈或螺旋的壳。

05.1622 螺肋 spiral cord
壳面上与螺层平行的条状肋。

05.1623 纵肋 axial rib
壳面上与螺轴平行的条状肋。

05.1624 纵肿肋 varix
又称"唇嵴"。某些腹足类软体动物贝壳表面上与螺轴平行的较粗的突起肋。是原始螺口外唇所在位置的痕迹。

05.1625 轮脉 annual ring
双壳类软体动物以壳顶为中心，呈同心排列的环肋。

05.1626 放射肋 radial rib
双壳类和某些腹足类软体动物以壳顶为

起点，向前、后、腹缘伸出呈放射状排列的肋纹。其上常有鳞片、小结节或棘刺状突起。

05.1627 瘤 nodule
贝壳表面纵、横粗肋交叉处常形成的呈结节状或瘤状的突起。

05.1628 棘刺 spine
壳面上的针状突起。较短的为棘，细长的为刺。

05.1629 肩 shoulder
螺层上方突出形成肩状的突起。肩角的上部为肩部。

05.1630 去螺顶 decollation
当腹足类软体动物的壳内没有螺体时，贝壳失去上部螺层的现象。

05.1631 螺轴肌 columellar muscle
又称"壳轴肌"。腹足类软体动物从壳顶附近沿螺轴呈螺旋形回转到头部和足部的肌肉。

05.1632 壳长 shell length
（1）腹足类软体动物从壳顶至基部的距离。
（2）双壳类软体动物从前端至后端的距离。

05.1633 壳宽 shell width
贝壳左右两侧最大的距离。在双壳类软体动物测量中为两壳合抱后的厚度。

05.1634 厣 operculum
某些腹足类软体动物足部后端背面皮肤分泌形成的保护器官。当动物缩入壳内时厣将口盖住。一般为角质和石灰质的片状物，其大小、形状通常与壳口一致，但有的比壳口小，厣上有生长线和核。

05.1635 膜厣 epiphragm
腹足类柄眼目的一些种类分泌的、封住壳口的黏液膜。用来渡过不良的外界自然条件。

05.1636 前水管沟 anterior canal
位于壳口前端，呈缺刻状、半管状或管状的沟。也有的种类无前沟。

05.1637 后水管沟 posterior canal
位于壳口后端的沟。通常较小。

05.1638 前吸管 prosiphon
某些有螺旋分室壳的十腕类软体动物中，通过初室的一根管道。

05.1639 腹足 gastropodium
腹足类软体动物由腹壁形成的宽大的肉足。在海螺、蜗牛等供爬行用，在海生翼足类（如龟螺）腹足两侧延伸呈翼状，供游泳用。

05.1640 侧足 paradodium
腹足类软体动物足的侧面扩展部分。

05.1641 呼吸孔 pneumostome
腹足类软体动物具有呼吸作用的小孔。

05.1642 足囊 podocyst
某些腹足类软体动物足内的一个窦。

05.1643 梢舌齿舌 rachiglossate radula
某些腹足类软体动物具有 1 个或 3 个纵列齿，每列有许多尖端的齿舌。

05.1644 上足 epipodium
某些腹足类软体动物足侧的嵴或褶。

05.1645 生殖孔 gonopore, genital pore
某些腹足类软体动物头侧、生殖器官由此伸出的小孔。

05.1646 两性腺 ovotestis, hermaphroditic gland
雌雄同体的软体动物个体（如蜗牛）既产卵子又产精子的生殖腺。

05.1647 两性管 hermaphroditic duct
在具两性腺的软体动物（如蜗牛）中可输送卵子和精子的管道。

05.1648 扭神经 chiastoneury, streptoneury
某些腹足类软体动物通过扭转现象所形成"8"字形的脏神经。

05.1649 反扭转 detorsion
某些腹足类软体动物发育过程中内脏发生解螺旋式的扭转现象。与内脏扭转的过程相反。

05.1650 脉环 circulus venosus
腹足类软体动物的血管血液从血腔流到肺和心脏的环路。

05.1651 神经吻合 dialyneury
在某些腹足类软体动物中，来自侧神经节的外套神经与来自肠上神经节或肠下神经节的外套神经或与来自内脏神经相应部位的外套神经相连接现象。

05.1652 嗅检器 osphradium
大部分腹足类软体动物的一种化学感觉器官。在外套腔内，由特化的上皮细胞构成的细胞簇，与神经细胞联系。有辨感流入外套腔内水质的功能。芋螺的嗅检器最特化和发达。

05.1653 担眼器 ommatophore, eyestalk, eye stalk
位于腹足类软体动物肺螺类的头部，呈柄状，可伸缩，末端具眼的构造。

05.1654 壳顶 umbo
双壳类软体动物贝壳最先形成的、为近前端背面突出于表面尖而弯曲的部分。

05.1655 前耳 anterior auricle
某些双壳类软体动物贝壳位于壳顶前方的突出部分。

05.1656 后耳 posterior auricle
某些双壳类软体动物贝壳位于壳顶后方的突出部分。

05.1657 小月面 lunule
一些双壳类软体动物壳顶前方下陷的椭圆形或心脏形小凹陷。

05.1658 楯面 escutcheon
双壳类软体动物壳顶后方与小月面相对的面。

05.1659 副壳 accessory plate
双壳类软体动物中某些种类（如海笋科动物）两壳不能完全闭合，在壳外突出部分产生的一些板。如原板、中板、后板和腹板等。

05.1660 原板 protoplax
双壳类软体动物中某些种类（如海笋科动物）中覆于两壳顶前方向外翻转的壳边之上的石灰质片。是位于壳背面呈马鞍状的软片。

05.1661 中板 mesoplax
双壳类软体动物中某些种类（如海笋科动物）中覆于两壳顶向外翻转的壳边之上，位于原板之后的一个横板。

05.1662 后板 metaplax
双壳类软体动物中某些种类（如海笋科动物）中覆于两壳顶后方向外翻转的壳边之上，紧接中板或原板之后的一个披针状长板。

05.1663　腹板　hypoplax
双壳类软体动物中某些种类（如海笋科动物）中覆于两壳腹部不闭合的部分，为左右两片相互愈合而成的梭形板。

05.1664　水管板　siphonoplax
双壳类软体动物中某些种类（如海笋科动物）中覆于两壳后部水管基部之上左右连接成管形的板。

05.1665　等侧　equilateralis
双壳类软体动物壳顶位于中央，贝壳的前、后两侧等长的现象。

05.1666　不等侧　inequilateralis
双壳类软体动物壳顶不在中央，贝壳的前、后两侧不等长的现象。

05.1667　等壳　equivalve
双壳类软体动物大小和形状相同的左右壳。

05.1668　壳内柱　apophysis
双壳类软体动物（如海笋、船蛆等）贝壳内面、壳顶下方的棒状物。

05.1669　壳喙　shell beak
又称"壳嘴"。双壳类软体动物两壳最先发生的尖端部分。靠近铰合部。

05.1670　铰合部　hinge
双壳类软体动物位于背缘左右两壳相接合的部分。通常有齿和齿槽。

05.1671　铰合线　hinge line
部分双壳类软体动物的两壳在后方开闭时相互连接的线。或长或短，或直或曲。

05.1672　铰合韧带　hinge ligament
简称"韧带（ligament）"。在铰合部背面，连接左右壳并有开壳左右的褐色角质物。具弹性。

05.1673　外韧带　external ligament
双壳类软体动物位于背部内侧的富有弹性的角质薄片或纤维。从外部能清楚看到，具张开双壳的作用。

05.1674　内韧带　inner ligament
在部分双壳类软体动物中位于铰合部之下的角质薄片或纤维。从外部不能清楚看到，有弹开两壳的作用。

05.1675　内韧托　chondrophore
双壳类软体动物某些种类的内韧带一端附结在弹体窝内，另一端附结在发育于另一壳的壳顶腔内的匙形凹板。

05.1676　全韧带　amphidetic ligament
在双壳类软体动物中，具有位于壳喙前后的两种韧带。在壳喙前者称前韧带，在壳喙后者称后韧带。

05.1677　韧带槽　resilifer
某些双壳类软体动物位于壳顶之下铰合部的凹槽。可容纳内韧带。

05.1678　壳带　lithodesma
在韧带槽或内韧托上的薄片状突起。其作用是加强弹回体的附着。

05.1679　韧带肩　bourrelet
内韧带两侧的片状韧带生长痕迹。见于牡蛎类软体动物。

05.1680　背缘　dorsal margin
双壳类软体动物的贝壳由两片组成，左右对称，由韧带连接起来，壳顶有韧带的一面。

05.1681　腹缘　ventral margin
与背缘相对的一面。

05.1682　前缘　anterior margin
将双壳类的壳顶向上，小月面向前，小月面下方的壳缘。

05.1683　后缘　posterior margin
韧带面为后，从韧带面向下的壳缘。

05.1684　铰合齿　hinge tooth
位于铰合部使两壳铰合的齿状突起。其数目和排列方式不一，是分类的主要特征。

05.1685　齿窝　tooth socket
与铰合齿相嵌合的凹陷。

05.1686　主齿　cardinal tooth, main tooth
铰合齿中正对壳顶下方的齿。较粗壮，常具1～3枚。

05.1687　后侧齿　posterior lateral tooth
铰合齿中位于主齿之后的齿。

05.1688　前侧齿　anterior lateral tooth
铰合齿中位于主齿之前的齿。

05.1689　拟主齿　pseudocardinal tooth
铰合齿中位于壳顶下方较侧扁的齿。

05.1690　列齿型　taxodont
又称"多齿型"。由一列小齿组成的铰合齿类型。如蚶（*Arca*）和胡桃蛤（*Nucula*）的铰合齿。

05.1691　弱齿型　dysodont
仅出现于壳顶处，由几枚细弱小齿组成，或完全消失的铰合齿类型。如贻贝（*Mytilus*）。

05.1692　等齿型　isodont
由几个两侧对称排列的齿组成的铰合齿类型。如海菊蛤（*Spondylus*）。

05.1693　隐齿型　cryptodont
双壳类动物的隐齿亚纲种类不发育的铰合齿类型。

05.1694　韧带齿型　desmodont
又称"贫齿型"。无真正的铰合齿，很少具有一枚以上的齿，或完全无齿，一般具有内韧托和外套窦的铰合齿类型。如海螂（*Mya*）。

05.1695　闭壳肌　adductor muscle, adductor
双壳类软体动物关闭左右两瓣贝壳的粗大、圆柱状的肌肉。一般前后各一，有的为单肌型（如牡蛎）。收缩时使两壳紧闭，断续收缩时可控制壳内水的出入。

05.1696　前闭壳肌　anterior adductor muscle
双壳类软体动物位于贝壳前面的闭壳肌。

05.1697　后闭壳肌　posterior adductor muscle
双壳类软体动物位于贝壳后面的闭壳肌。

05.1698　闭壳肌痕　adductor scar
双壳类软体动物闭壳肌在壳内留下的肌痕。

05.1699　单柱型　monomyarian
仅有一个闭壳肌痕的双壳类软体动物（如牡蛎）。

05.1700　双柱型　dimyarian
有两个闭壳肌痕的双壳类软体动物（如蛤蜊等）。

05.1701　异柱型　heteromyarian
具两个不等大闭壳肌痕的双壳类软体动物。

05.1702 等柱型 isomyarian
具两个等大闭壳肌痕的双壳类软体动物。

05.1703 伸足肌 pedal protractor muscle
一端与足相连接，另一端附于贝壳内表面前闭壳肌的内侧下方的较小肌肉。其伸缩可使足延伸、并伸出壳外。

05.1704 收足肌 pedal retractor muscle
又称"缩足肌"。一端附着在壳内面，附着点位于闭壳肌的内侧上方，另一端与足相连的肌肉。收缩时可将足缩回壳内。可分为前收足肌和后收足肌。

05.1705 前收足肌 anterior retractor
位于体前端壳顶下的较小的收足肌。

05.1706 后收足肌 posterior retractor
与后闭壳肌相连接的较大、近圆形的收足肌。

05.1707 举足肌 pedal elevator muscle
附着在壳顶窝中前收足肌后方的较小的肌肉。其作用可使足处于举起状态。

05.1708 水管收缩肌 siphonal retractor muscle
由外套膜环走肌后部分化而成的牵引水管的肌肉。

05.1709 外套收缩肌 pallial retractor muscle
牵拉外套膜边缘呈放射状的肌肉。

05.1710 握肌 catch muscle
双壳类软体动物组成部分闭壳肌的一组平滑肌纤维。由于这部分纤维的持续收缩而使壳闭合。

05.1711 壳腺 shell gland
双壳类软体动物中围绕闭壳肌外围的腺体。可在壳内面显示出不规则同心圆形或椭圆形。

05.1712 外套线 pallial line
又称"外套痕（pallial impression）"。外套膜边缘附着在壳内的痕迹。

05.1713 外套窦 pallial sinus
又称"外套湾"。由外套线在后部向内陷入的一部分。形成各种形状的窦状，是具有水管的动物在受到刺激缩入壳内时容纳水管之处。其长度、形状、走向、是否与外套线愈合等都是分类的特征。

05.1714 外套眼 pallial eye
存在于双壳类软体动物外套缘的视觉器。数量较多。用短柄附在外套上。在砗磲、扇贝等动物中特别发达。

05.1715 水骨骼 hydrostatic skeleton, hydro-skeleton
双壳类软体动物体腔中的液体具有一定的压力，该压力使其保持一定的形状，并支持周围的肌肉组织，使之能够产生收缩运动，故名。

05.1716 ［角质］颚 jaw
位于口腔内的几丁质片状结构。可用来与齿舌配合切碎食物，其有无和数目因种类不同而异。

05.1717 铠 pallet
双壳类船蛆科软体动物的两个水管极长，基部愈合，末端分离，其两侧各有的一个石灰质小片。其基部为一长柄，末端为铠片，是一种特殊的保护装置。

05.1718 齿舌 radula
软体动物特有的器官。位于口腔底部的舌突

起表面，由横列的角质齿构成，锉刀状，摄食时可前后伸缩，刮取食物。

05.1719　中央齿　central tooth
在排列成行的齿中位于每一横排中央的齿。通常为一个。

05.1720　侧齿　lateral tooth
位于中央齿两侧的齿。各有一个或多个。

05.1721　缘齿　marginal tooth
位于侧齿两侧的齿。有的种缘齿有多个，也有的无缘齿。

05.1722　齿式　dental formula
齿舌的不同排列方式。反映了不同种类之间的亲缘关系和系统进化。

05.1723　齿舌囊　radula sac
软体动物某些种类口腔后端的一袋形囊状结构。其底部是一条可前后活动的膜带，膜带上分布有成行成排、整齐排列的几丁质细齿，齿尖向后，膜带及齿构成齿舌，齿舌囊的底部有齿舌和软骨，其上附着有伸肌和缩肌，靠肌肉的伸缩，软骨和膜带可伸出口外。

05.1724　舌突起　odontophore
位于齿舌下方，支持着齿舌的软骨类结构。存在于除双壳类以外的其他软体动物中。

05.1725　口球　buccal mass
又称"口块"。软体动物消化管前段内含齿舌等结构的肌肉质球体。

05.1726　齿舌下器　subradular organ
位于某些软体动物种类，特别是石鳖类齿舌下方的一化学感觉器官。

05.1727　晶杆囊　crystalline sac
双壳类和某些腹足类软体动物胃后半部分呈囊状的结构。其中分泌物可形成晶杆。

05.1728　晶杆　crystalline style, style
双壳类和某些腹足类软体动物晶杆囊中的一胶质棒状物。由肠的盲管所分泌的蛋白质和淀粉酶组成的杆状块，其末端突出于胃腔中，能依靠胃幽门盲管表面的纤毛做一定方向的旋转和挺进以搅拌食物。

05.1729　原始晶杆　protostyle
双壳类和某些腹足类软体动物胃内晶杆囊的黏液分泌物固化形成的晶杆的前身。

05.1730　胃盾　gastric shield
双壳类和某些腹足类软体动物消化管中的加厚部分。即胃内壁一侧具有的几丁质板，其中充满了从胃中运输消化酶的微小管道，用以抵住以典型姿态旋转的晶杆，起着保护胃表细胞、使其不被晶杆运动所磨损的作用。

05.1731　肠沟　typhlosole
某些软体动物肠壁有纵的突起，纵突之间形成的凹陷。用作增加吸收面。

05.1732　二孔型　bifora
双壳类软体动物左右两外套膜除在背部相愈合外，在外套膜后部尚有一点愈合形成的鳃足孔和出水孔。如贻贝科的种类。

05.1733　三孔型　trifora
在二孔型基础上，还有一点愈合，也就是在第一愈合点的腹前方还有第二愈合点，将鳃足孔分开，前面的为足孔，后面的一个为入水孔。如异齿目的种类。

05.1734　四孔型　quadrifora
在三孔型基础上，第二愈合点特别延长，足

部退化，在足孔和鳃孔之间形成第四外套膜孔。如笋螂和竹蛏科的种类。

05.1735 栉鳃 ctenidium, comb gill
又称"本鳃"。水生软体动物特有的鳃。由外套腔壁内表皮突起延伸而成。表面密生纤毛，中央为隆起的鳃轴，在鳃轴的一面或两面有板状（有时为丝状）的鳃瓣呈栉齿状平行排列。

05.1736 鳃轴 ctenidial axis
栉鳃中央隆起的一长轴。由外套膜或体壁向外伸出，其中包含血管、肌肉和神经，其两侧有许多鳃丝。

05.1737 次生鳃 secondary branchia
软体动物有些种类栉鳃消失，在背面或腹面的外套膜表面重新生出的鳃。

05.1738 丝鳃 filibranchia
软体动物有些种类延长成丝状的鳃。

05.1739 鳃心 branchial heart
乌贼等头足类软体动物入鳃处静脉扩大而成的一个能搏动的球状囊。其作用与心脏相似，压迫静脉血流入鳃中，行气体交换。

05.1740 露鳃 cerata
某些裸鳃类软体动物外套上的呼吸乳突。

05.1741 瓣鳃 lamellibranchia
软体动物有些种类呈瓣状的鳃。在外套腔内蚌体两侧各具两片状的瓣鳃，外瓣鳃短于内瓣鳃。

05.1742 鳃瓣 lamina, gill lamina
双壳类软体动物瓣鳃中的每一片。每个鳃瓣由两片鳃小瓣组成。

05.1743 鳃小瓣 lamella, gill lamella
每个鳃瓣由两片组成，其中的一片。在外侧的一片称"外鳃小瓣（outer lamella）"，在内侧的一片称"内鳃小瓣（inner lamella）"。内外鳃小瓣在腹缘与前后缘彼此相连。

05.1744 鳃丝 gill filament
双壳类软体动物鳃小瓣上背腹纵向的细丝。

05.1745 鳃小孔 ostium
双壳类软体动物鳃丝之间的小孔。水通过这里进入鳃水管。

05.1746 丝间隔 interfilamental junction
又称"丝间联系"。双壳类软体动物相邻鳃丝间相连的隔膜。其上有小孔。

05.1747 瓣间隔 interlamellar junction
又称"瓣间联系"。双壳类软体动物两鳃小瓣之间多条背腹纵行的隔膜。将鳃小瓣间的鳃腔分隔成许多背腹走向空腔。

05.1748 [鳃]水管 water tube
瓣间隔将鳃小瓣围成的鳃腔分隔成的许多背腹纵行的小管。

05.1749 鳃上腔 suprabranchial chamber
瓣间隔未伸到鳃小瓣的背端，在瓣鳃的背缘由内、外鳃小瓣的前缘、后缘及腹缘围成、前后贯通的管状结构。

05.1750 唇瓣 labial palp
又称"唇片"。双壳类软体动物口两旁扁平的肉质瓣状突起。每侧各具一对发达的三角形唇瓣，表面密生纤毛，有触觉和摄食的功能。

05.1751 博氏器 organ of Bojanus
全称"博亚努斯器"，曾称"鲍雅氏器

官"。双壳类软体动物与肾脏同功的分泌腺。即后肾管。

05.1752 围心腔腺 pericardial gland
又称"克贝尔器（Keber's organ）"，曾称"凯伯尔氏器"。双壳类软体动物位于围心腔前端的赤褐色的分支状腺体。由围心腔壁的表皮分化而成，其内有丰富的毛细血管，排泄物从血管中渗出，聚集在围心腔内，再经肾脏排出体外。

05.1753 足丝 byssus
营附着生活的双壳类软体动物的特殊器官。是以壳基质为主要成分的强韧性硬蛋白纤维束。如贻贝、江珧、珠母贝和扇贝等。

05.1754 足丝孔 byssal opening
双壳类软体动物外套膜的腹缘愈合形成的可以伸出足丝的孔穴。一般位于右壳前耳基部或壳顶下方。

05.1755 足丝峡 byssal gape
双壳类软体动物位于两壳之间、可供足丝伸出的小口。

05.1756 足孔 pedal aperture
在一些较高等种类或穴居较深的双壳类软体动物种类中，外套膜腹缘大部分都愈合，只有前端未愈合形成的可供足伸出的孔。

05.1757 足丝腺 byssus gland
足部内单细胞腺体。位于足丝腔内，可分泌蛋白产物，这种分泌物与水相遇则变硬成贝壳素的丝状物，集合而成足丝。

05.1758 足腺 pedal gland
单壳类软体动物足腹面生有的一个腺体。可分泌黏液利于爬行。

05.1759 头足孔 anterior opening
掘足类软体动物具长圆锥形稍弯曲的管状贝壳如象牙状，由前到后逐渐变细，前端粗的开口。即前壳口，足可自此伸出。

05.1760 肛门孔 posterior opening
掘足类软体动物具长圆锥形稍弯曲的管状贝壳如象牙状，由前到后逐渐变细，后端细的开口。即后壳口，为海水进出外套腔的开口。

05.1761 头丝 cephalic filament
掘足类软体动物口吻基部的两侧有触角叶，叶上生有的细长、末端膨大的丝状附属物。

05.1762 头楯 cephalic shield
软体动物后鳃类头楯目动物头部的盘状物。一般认为由触角愈合而成，其背面有眼。

05.1763 头足 cephalopodium
头足类软体动物生于头部的足。特化为腕和漏斗。

05.1764 腕 arm
（1）头足类软体动物由足特化的通常呈放射状排列在头部前方或口周围的突出物。一般有 8 或 10 条。有的腕因功能不同而转化为触腕、茎化腕等。鹦鹉螺的腕多达数十条。（2）腕足动物的触冠部分。（3）半脊索动物羽鳃类领中空的、分枝的和有纤毛的突出物。

05.1765 触腕 tentacular arm
又称"攫腕"。头足类软体动物（如枪形目和乌贼目）中，位于第三和第四对腕之间，比较细长，末端膨大呈舌状的腕。用来捕捉食物。

05.1766 腕间膜 interbrachial membrane
又称"伞膜（web）"。头足类软体动物在腕之间由头部皮肤伸展形成的膜。

05.1767 触腕穗 tentacular club
触腕顶端扩大呈舌状的部分。其上有吸盘或钩。

05.1768 保护膜 protective membrane
头足类软体动物（如乌贼）的腕游泳时，其第二、第三对腕最大限度地张开成拱状，在腕的中间部清楚可见的一层薄膜。其功能是保护腕上的吸盘在快速游泳时免遭水流的伤害。

05.1769 茎化腕 hectocotylized arm
又称"生殖腕""交接腕"。头足类软体动物二鳃类雄性种类中，雄性左侧第五腕的中间吸盘退化形成的腕。可输送精荚进入雌体内，起到交配器的作用。

05.1770 茎化锥 spadix
曾称"肉穗"。鹦鹉螺（*Nautiloidea*）雄性个体的圆锥形结构。由4条变形的触手所组成，被认为与雄性乌贼的茎化腕同源。

05.1771 漏斗 funnel, hyponome
软体动物头足类由足部特化而来的运动器官。呈喇叭形，基部宽，包于外套腔内，末端窄，游离于外套腔外，内有一舌瓣可防水逆流。原始种类的漏斗是由左右2个侧片构成的，不形成完整的管子。在二鳃类漏斗形成一个完整的管子。

05.1772 漏斗基 funnel base
头足类软体动物漏斗位于头的腹侧，基部宽大的部分。

05.1773 漏斗管 funnel siphon
头足类软体动物漏斗前端呈筒状的水管。

露在外套膜外，水管内有一舌瓣，可防止水逆流。

05.1774 漏斗陷 funnel excavation
头足类软体动物头部腹面的凹陷。是漏斗贴附部位。

05.1775 漏斗器 funnel organ
头足类软体动物加速排除体内废物和残渣的器官。由背片和腹片构成。

05.1776 闭锁槽 adhering groove
又称"钮穴"。头足类软体动物的漏斗位于头的腹侧，基部宽大，隐藏于外套腔内，其腹面两侧各有的一椭圆形软骨凹陷。

05.1777 闭锁突 adhering ridge
又称"钮突"。头足类软体动物的漏斗外套膜与闭锁槽相对处的两个软骨突起。与闭锁槽相吻合，如子母扣状。

05.1778 闭锁器 adhering apparatus
闭锁槽和闭锁突镶嵌成子母扣状的结构。可控制外套膜孔的开闭。

05.1779 口膜 buccal membrance
头足类软体动物口周围的薄膜。在枪形目和乌贼目口膜常分裂成叶状，各叶的尖端与腕的基部相连。

05.1780 胴部 mantle
头足类软体动物呈袋状的外套膜。其肌肉特别发达，所有的内脏器官都包被在其中。

05.1781 鳍 fin
头足类软体动物（如枪形目和乌贼目）胴部两侧或后部，由皮肤扩张形成的呈鳍状伸延部分。在运动过程中起到保持平衡作用。

05.1782 海螵蛸 cuttle bone
头足类软体动物（如乌贼）外套膜内的舟状骨板。为退化的贝壳，由石灰质和几丁质组成。

05.1783 头软骨 cranial cartilage
头足类软体动物包围中枢神经系统和平衡囊的软骨。上具孔，神经可伸出。

05.1784 巩膜软骨 sclerotic cartilage
头足类软体动物包围着眼两侧对称的软骨薄片。

05.1785 墨囊 ink sac
某些头足类软体动物在直肠的末端近肛门处与一导管相连的一梨形小囊。位于脏团后端，实为一极发达的盲囊。开口于漏斗内，囊内腺体可分泌墨汁，经导管由肛门排出，借已隐藏避敌。

05.1786 墨腺 ink gland
位于墨囊底部的腺体。构成墨囊壁的一部分，可分泌墨汁。

05.1787 肾囊 renal sac
头足类软体动物的排泄系统，为后管肾来源的一对呈囊状的肾。由一对腹室和一个背室组成，腹室位于直肠两侧，左右对称，背室位于腹室的背侧，有孔与腹室相通。

05.1788 肾附属物 renal appendage
又称"静脉附属腺"。头足类软体动物当前后大静脉分枝后进入肾囊内之后，静脉的管壁周围形成的大量褶皱。为排泄组织，能从血液中收集废物，排入肾囊中。

05.1789 闭锥 phragmocone
又称"气壳"。头足类软体动物的贝壳包在外套膜皮肤之内，壳体被隔壁分割成不同气室的部分。

05.1790 背楯 dorsal shield
头足类软体动物（如乌贼）内壳背面的隆状突起。

05.1791 顶鞘 rostrum
头足类软体动物内壳的前端突出部分。常呈针状。

05.1792 终室 last loculus
头足类软体动物背楯的腹面分为前后两部分，前部平滑部分。

05.1793 横纹面 striated area
背楯的腹面分为前后两部分，后部有许多生长纹的部分。

05.1794 羽状壳 gladius
在头足类软体动物枪乌贼和耳乌贼中，背楯非石质化，而呈角质的内壳。

05.1795 横隔壁 transverse septum
鹦鹉螺贝壳内把内腔分为若干小室的壳壁。

05.1796 室管 siphuncle
又称"体管"。壳体内部从始端开始贯穿所有气室的管状构造。由一膜质的小管穿过隔壁上的孔连贯起来。

05.1797 隔壁颈 septal neck
每一隔壁中央开有小孔，由隔壁的延续物组成如柄状的漏斗。

05.1798 连接环 connecting ring
连接相邻隔壁颈的管状构造。

05.1799 内圆锥体 inner cone
乌贼内壳呈椭圆形，内缘直接与闭锥相接的

凸起部分。呈圆锥形。

05.1800　外圆锥体　outer cone
乌贼内壳呈椭圆形，外缘直接与闭锥相接的凸起部分。约呈圆锥形。

05.1801　匍匐盘　creeping disc
软体动物或某些爬行无脊椎动物的足或身体上光滑而有黏性的下表面。

05.1802　虹彩细胞　iridocyte
在头足类软体动物中，通常能反射银白色或彩虹色的具有鸟嘌呤结晶物的细胞。

05.1803　微眼　aesthete
多板类软体动物缺乏真正意义上的眼，其体表具有感光功能的器官。其中有角膜、晶体、色素层、虹彩和网膜，其基本构造与眼近似。

05.1804　眼窝　orbit
头足类软体动物包围眼的窝状结构。乌贼等蛸亚纲动物的眼结构复杂，与脊椎动物的眼相似，眼的基部有软骨支持，形成眼窝。

05.1805　视腺　optic gland
头足类软体动物蛸（章鱼）和乌贼脑附近的 1 对内分泌腺。产生与性成熟和衰老有关的物质。

05.1806　腕神经节　brachial ganglion
位于头足类软体动物头部，负责腕和吸盘运动的神经节。每个吸盘具有数条神经与该神经节相连。

05.1807　足神经节　pedal ganglion
多数软体动物中分布在足部的 1 对神经节。

能控制足的运动。

05.1808　侧神经节　pleural ganglion
在软体动物中，位于身体两侧，连接脑神经节与足神经节的神经节。

05.1809　脏神经　visceral nerve
将食道上、下神经节和 1 对脏神经节与侧神经节相连的神经索。在腹足类软体动物早期胚胎发育的神经扭转时，脏神经扭成"8"字形。

05.1810　脏神经节　visceral ganglion
软体动物神经系统内控制内脏器官活动的 1 个或 2 个神经节。

05.1811　口球神经节　buccal ganglion
软体动物神经系统中，与脑神经节相连的 1 对神经节。位于口球后下方，起控制口球肌肉活动的作用。

05.1812　口球神经索　buccal nerve cord
软体动物头部，脑神经节与口球神经节之间的神经连索。

05.1813　食道神经节　esophageal ganglion
软体动物侧神经之后、食道的背腹两侧的 1 对较小的神经节。

05.1814　食道上神经节　supraoesophageal ganglion, supraintestinal ganglion
软体动物（如某些前鳃类）的食道上方，位于侧神经节和脏神经节之间的 1 对神经节。

05.1815　食道下神经节　suboesophageal ganglion, infraintestinal ganglion
软体动物（如某些前鳃类）的食道下方，位于侧神经节和脏神经节之间的 1 对神经节。

05.1816 侧脏神经连索 pleurovisceral connective
在软体动物的神经系统中，侧神经节与脏神经节之间的纵神经连索。

05.1817 直神经 euthyneurous, euthyneural
某些腹足类软体动物的内脏神经环呈不扭曲的现象。

05.1818 侧足神经连索 pleuropedal connective
软体动物中侧神经节与足神经节之间的纵神经连索。

05.1819 脑足神经连合 cerebropedal commissure
在软体动物的神经系统中，脑神经节与足神经节之间的神经连索。

05.1820 脑侧神经连合 cerebropleural commissure
在软体动物的神经系统中，侧神经节和脑神经节之间的神经连索。

05.1821 脑侧脏神经连索 cerebropleural visceral connective
在软体动物的神经系统中，脑神经节经由侧神经节与脏神经节之间的纵神经连索。

05.1822 视神经节 optic ganglion
从脑发出的神经到达眼球内侧膨大成的结节状构造。头足类软体动物（如乌贼）眼的构造已相当复杂，有发达的视神经节。

05.1823 森珀器 Semper's organ
曾称"桑柏氏器官"。某些陆生肺螺类动物头部的一种腺体。在某些类群中，该腺体位于口球两侧和下方，由包围神经节的腺体组织组成。能通过外部膨大而形成头两侧的口叶，也有内分泌的作用。

05.1824 嗅角 rhinophora
海洋裸鳃类动物头部上方的1对小型棒状结构。嗅角上有嗅沟，内部集中了大多数的感觉细胞，能起嗅觉和味觉的作用。为防止被捕食者啃食，嗅角能缩回到皮肤下的一个袋状结构中。

05.1825 味器 gustatory organ
感受味觉的器官。

05.1826 平衡斑 macula statica
位于头足类软体动物平衡囊中，感受平衡石位置等的状态变化，以探测重力和自体多维度运动状态的构造。

05.1827 平衡嵴 crista statica
平衡囊的突起。为感觉作用部分。

05.1828 玻璃状液 vitreous humor
又称"玻璃体"。填充于晶状体和视网膜之间的透明胶状物质。

05.1829 缠卵腺 nidamental gland
乌贼等软体动物部分输卵管特化后形成的腺体。开口于外套膜，能够在卵细胞表面分泌一层营养和保护性的覆盖物，其分泌的黏性物质将卵黏着在一起，形成卵群。

05.1830 副缠卵腺 accessory nidamental gland
位于缠卵腺背前方的1对小的腺体。

05.1831 射囊 dart sac
又称"矢囊"。在某些腹足类软体动物雌雄同体中，着生于生殖系统雌性部分上的肌质囊状构造。囊内具可翻出体外的石灰质或几丁质的刺，用于在交配时刺激对方。

05.1832 交尾矢刺 dart
又称"恋矢"。某些螺类从射囊伸出的钙质

或角质结构。在交配前刺戳另一个体体表，以刺激对方。

蚌，进入水体，即为钩介幼体。可附着于鱼鳃等处，有些钩介幼体营鳃寄生生活。

05.1833 肛腺 anal gland
某些软体动物（如骨螺）近肛门处的腺体。能分泌紫色物质。

05.1834 钩介幼体 glochidium
又称"钩介幼虫"。蚌目（Unionida）等双壳类软体动物所特有的幼体形式。受精卵在雌蚌鳃腔中发育后孵出幼体；幼体离开母

05.1835 面盘幼体 veliger
又称"面盘幼虫"。软体动物中，由担轮幼虫发育而来的具有贝壳的幼虫。有两个大型的、半圆形的、着生纤毛的褶皱，用于游泳和取食；有外套、足、贝壳以及其他成体的特征。扭转现象发生在腹足类的面盘幼体阶段。面盘幼体经后期面盘幼体期发育成为与成体相似的仔贝。

05.21 节肢动物门

05.1836 角质层 cuticle
又称"表皮"。节肢动物体表外覆盖着几丁质的外骨骼。

05.1837 下皮 hypodermis
节肢动物体壁中源于外胚层的细胞层。位于角质层之下，由其分泌形成角质层。

05.1838 上角质层 epicuticle
又称"上表皮"。节肢动物角质层中最外面的不含几丁质的薄层。主要为蜡层。在昆虫中又可再分为3~4个层次。

05.1839 外角质层 exocuticle
又称"外表皮"。节肢动物上角质层之内的一层。是体壁中最坚硬的一层，由鞣化蛋白和几丁质组成，常会发生黑化和硬化。

05.1840 中角质层 mesocuticle
又称"中表皮"。节肢动物角质层中介于外角质层和内角质层之间的一层弹性的或骨化的构造。

05.1841 内角质层 endocuticle
又称"内表皮"。节肢动物角质层中最内的一层。质地柔软透明，由几丁质和蛋白质组成，未经鞣化和骨化。

05.1842 顶节 acron
节肢动物胚胎时期身体最前端的一节。相当于环节动物的口前叶。

05.1843 附肢 appendage
节肢动物以关节连接于体躯的成对构造。其原始构造包括最基部的原肢和与相关节的端肢。具游泳、爬行、捕食、咀嚼、抱卵、呼吸等多种功能。

05.1844 原肢 protopod, protopodite
附肢的基干。与身体连接，包括底节、基节和底前节，有时候这些结构融合在一起。

05.1845 端肢 telopod
与原肢相关节的肢。可分若干肢节，肢节之间有肌肉连接。

05.1846 内叶 endite
原肢的内侧由原肢壁的皱褶形成的附属物。

05.1847 外叶 exite
原肢的外侧由原肢壁的皱褶形成的附属物。

05.1848 口器 mouthparts
节肢动物口两侧的摄食器官。由头部或头胸部的附肢，或和头部突起部分特化构成。主要用于摄食，并兼有触觉、味觉等功能。不同类群口器的附肢种类和数目有所不同。

05.1849 步足 pereiopod, walking leg, ambulatory leg
（1）虾、蟹等甲壳动物胸部的后 5 对附肢。由基节、底节、座节、长节、腕节、掌节和指节 7 节构成，外肢自第二节上生出。
（2）螯肢动物第三至第六对附肢。各足均由基节、转节、股节、膝节、胫节、后跗节和跗节 7 节构成。每节具有细毛、刚毛、棘刺或感觉毛等。

05.1850 生殖肢 gonopod, gonopoda
具有生殖器官功能的附肢。如桡足类甲壳动物雄性第五附肢，在成体成为输送精荚的器官；在虾蟹类为第一、二对腹肢，在雄体亦变成交配器。在多足动物倍足纲类群中，通常由雄体第七体节的第一对步足或第二对步足特化而成，其功能为雌雄交配时雄体传输精子，是物种鉴定的重要依据。昆虫通常由雄性第九腹节、雌性第八或第九腹节特化而成，其功能与交配或产卵有关。

05.21.01 甲壳动物亚门

05.1851 甲壳动物学 carcinology, crustaceology
研究甲壳动物的分类、形态、繁殖、发育、生态、生理、生化、地理分布及其与人类关系的科学。

05.1852 浮游甲壳动物 pelagic crustacean, planktonic crustacean
营浮游生活的甲壳动物。

05.1853 桨足纲 Remipedia
甲壳动物亚门的一个类群。身体分头部和躯干（胸腹部），现生种无眼，最多有 42 个相似的体节，各具形状相同的双枝型游泳足 1 对，足向两侧伸展的一类原始、海生、很小的有毒甲壳类节肢动物。

05.1854 头虾纲 Cephalocarida
甲壳动物亚门的一个类群。体细长，一般小于 4mm，身体分头部、胸部和腹部，头后有 20 个体节，其中胸部 9 节，腹部 11 节（含尾节），有侧甲，第一至第七对胸肢双肢型，呈叶足状的种类很少，以海洋底栖碎屑为食。

05.1855 鳃足纲 Branchiopoda
甲壳动物亚门的一个类群。身体分头部和胸腹部，胸腹部分界不明显，有或无背甲，胸部附肢扁平，呈叶状；腹部无附肢。包括无甲类、背甲类、双甲类（枝角类和贝甲类）。

05.1856 介形纲 Ostracoda
甲壳动物亚门的一个类群。身体分头部和胸部，背甲双瓣状覆盖身体，取食和游动多靠两对触角，附肢 5～7 对，腹部极小的一类水生甲壳类节肢动物。

05.1857 颚足纲 Maxillopoda
甲壳动物亚门的一个类群。身体分头部、胸部和腹部，通常头部 5 节，胸部 6 节，腹部多为 4 节及一分叉的尾节，无附肢。包括桡足类、蔓足类、鳃尾类等。

05.1858 软甲纲 Malacostraca
甲壳动物亚门最大的一个类群。身体分头胸部和腹部，有背甲覆盖头胸部，通常头部 6 节，胸部 8 节，腹部 6 节及一尾节，各节均有附肢，胸部前 3 对附肢常形成颚足的一类水生甲壳类节肢动物。叶虾目头部不与胸部愈合，腹部 7 节（不含尾节）。包括口足类、糠虾类、等足类、十足类等。

05.1859 甲壳 crusta, crust
甲壳动物的外骨骼。由几丁质和碳酸钙形成，坚硬，有保护和支持功能。

05.1860 腹甲 sternite
甲壳动物包被腹部各节背面及两侧的甲壳。节肢动物各体节腹面外骨骼或其总称。

05.1861 背甲 tergite
甲壳动物每个体节背面的一片甲壳。

05.1862 侧甲 pleurum, pleuron, pleurite
甲壳动物背甲两侧与腹甲的交界处，常向外侧或腹部延伸，形成的游离的甲板。

05.1863 中央眼 median eye
又称"无节幼体眼（naupliar eye）"。头部中央的单眼。

05.1864 侧眼 stemmate
头部左右两侧的单眼。

05.1865 复眼 compound eye
通常着生于头部左右两侧、多成对、呈圆形的由多个小眼组成的光感觉器。每个小眼包括折光系统（角膜、成角膜细胞、晶锥和小网膜细胞）。见于许多甲壳动物、昆虫、一

些螯肢动物和少数环节动物中。甲壳动物和昆虫一般只有 1 对。

05.1866 小眼 ommatidium
组成复眼的一个单独的光敏感单元。其表皮透镜下为晶锥，下方为 6 或 7 个长形的视小网膜，紧密排列的微绒毛构成视杆，小网膜由色素细胞包围。

05.1867 视小网膜 retinula
小眼内的一组视觉细胞。产生纵行的感杆束。

05.1868 座眼 sessile eye
着生在头部无眼柄的复眼。

05.1869 柄眼 stalked eye
着生在眼柄上的复眼。

05.1870 联立眼 apposition eye
又称"并列像眼""连立相眼"。白天活动的甲壳动物的复眼。其视轴能到达晶锥，含色素的小眼壁能吸收斜射光线，并形成镶嵌像。

05.1871 重叠眼 superposition eye
又称"重复相眼"。暗光活动的甲壳动物的复眼。能让光线透过无色素的小眼壁可衍射到相邻小眼的视杆部分，形成重叠像。

05.1872 角膜细胞 corneal cell
着生在眼角膜上的表皮细胞。

05.1873 视网膜细胞 retina cell, retinal cell
视网膜上能感光的神经细胞。

05.1874 视网膜色素 retinal pigment, retinular pigment
视觉细胞本身所含的黑色色素。

05.1875　视网膜色素细胞　retinal pigment cell

着生在眼视网膜上的色素细胞。位于小网膜四周。

05.1876　眼节　ophthalmic somite

身体前部携带眼睛的部分。不是真正的头部体节。

05.1877　眼柄　eye stalk, eye peduncle, ocular peduncle

虾、蟹等甲壳动物复眼基部可活动的板。

05.1878　眼板　eye plate

甲壳动物头部中央固着眼柄的关节面。

05.1879　眼鳞　ophthalmic scale

甲壳动物寄居蟹总科眼柄第一节的鳞状附属物。

05.1880　头胸部　cephalothorax

多数甲壳动物或部分螯肢动物头部与胸部愈合在一起的部分。

05.1881　头胸甲　carapace

多数甲壳动物（如虾、蟹类）头胸部背面及其两侧上覆盖的坚硬几丁质甲壳。

05.1882　中央板　median plate

头胸甲前缘中央一片能活动的梯形额角板。

05.1883　壳瓣　shell

贝甲类、枝角类、介形类、蔓足类以及叶虾类甲壳动物的头胸甲特别延长扩大，向身体腹侧弯曲，形成的一块由左右瓣合成的蚌壳形甲壳。

05.1884　壳刺　shell spine

部分枝角类甲壳动物壳瓣后端的尖锐突起。

05.1885　额[部]　front

十足类甲壳动物头胸甲两个眼眶之间的部分。

05.1886　额突起　frontal process, frontal appendage

无甲类甲壳动物独立于第一触角，从第一触角基部突起的部分。

05.1887　额板　frontal plate

甲壳动物鱼虱科第一触角第一节基部与前额缘愈合而成的部分。前缘密布羽状粗刚毛。短尾蟹类与口上板愈合，额角向下突出的部分。

05.1888　背器　dorsal organ

头部背侧后部和前部皮下增厚的腺区。

05.1889　额器　frontal organ

头部前端的感觉器。

05.1890　头盔　helmet

部分枝角类甲壳动物头顶或低或高的突起。

05.1891　头孔　head pore, neck organ

枝角类甲壳动物头甲上的小孔。

05.1892　原头部　protocephalon

无甲类甲壳动物中由口前叶和一节体节组成的部分。

05.1893　额角　rostrum

曾称"额剑"。头胸甲前端额部中央尖的突起。

05.1894　假额角　pseudorostrum

曾称"假额剑"。涟虫类甲壳动物头胸甲的前端左右两侧向前突出于额部的前上方，狭窄或尖的形似突出额角的突出物。

05.1895　额区　frontal region
甲壳动物十足目虾类的头胸甲背面前端，额角基部的部位或蟹类头胸甲前部中央，两眼窝之间的部位。

05.1896　眼区　orbital region
甲壳动物十足目虾类的头胸甲表面，额区两侧，眼眶附近的部位或蟹类额区两侧，背眼窝缘之后的部位。

05.1897　触角区　antennal region
十足类甲壳动物的头胸甲表面，在眼区两侧，触角基部附近的部位。

05.1898　胃区　gastric region
十足类甲壳动物的额区及眼区的后方，颈沟前方的部位。

05.1899　肝区　hepatic region
甲壳动物十足目虾类的颈沟以后，胃区两侧的部位或蟹类侧胃区两侧，眼区之后的部位。

05.1900　心区　cardiac region
甲壳动物十足目虾类的头胸甲背面后部，肝区后方及头胸甲后缘前方之间的部位或蟹类头胸甲中央，紧邻胃区之后的部位。

05.1901　颊区　pterygostomian region
甲壳动物十足目虾类触角区及肝区的下方，头胸甲两侧接近前侧角刺的部位或蟹类头胸甲腹面口腔两侧，肝区之后的部位。

05.1902　鳃区　branchial region
甲壳动物十足目虾类的头胸甲表面，心区两侧，颊区后方的部位或蟹类头胸甲两侧的部位。

05.1903　鳃下区　subbranchial region
短尾类甲壳动物头胸甲腹侧鳃区下方的部位。

05.1904　肝下区　subhepatic region
甲壳动物十足目虾类头胸甲腹侧肝区的下方，被颊区和眼下区包围的部位或蟹类肝区的腹面，腹（下）眼窝缘之后的部位。

05.1905　眼下区　suborbital region
短尾类甲壳动物头胸甲弯折在腹侧的部分，紧靠眼眶。

05.1906　胃上刺　epigastric spine
十足类甲壳动物的额角后方，胃区背面中线上的刺。

05.1907　眼上刺　supraorbital spine
十足类甲壳动物的头胸甲表面，眼区前缘，眼柄基部上方的刺。

05.1908　眼下刺　infraorbital spine
十足类甲壳动物头胸甲上位于眼眶下面的刺。

05.1909　眼后刺　postorbital spine
十足类甲壳动物的头胸甲表面，眼上刺的后方，接近头胸甲前缘的刺。

05.1910　触角刺　antennal spine
十足类甲壳动物的头胸甲表面，在眼眶两侧，第一触角基部，头胸甲前缘处的刺。

05.1911　鳃甲刺　branchiostegal spine
十足类甲壳动物的头胸甲表面，在触角刺与前侧角之间的刺。

05.1912　颊刺　pterygostomian spine
十足类甲壳动物的头胸甲前侧角，颊角边缘处向后延伸出的刺。

05.1913　肝刺　hepatic spine
十足类甲壳动物的肝区、胃区及触角区之间，颈沟下端的刺。

05.1914　肝上刺　suprahepatic spine
在肝区、胃区之间，肝刺上端的刺。

05.1915　基节刺　basial spine
一些甲壳动物步足基部上的刺。

05.1916　座节刺　ischial spine
一些甲壳动物步足座节上的刺。

05.1917　口前刺　preoral sting
甲壳动物鳃尾亚纲口管前方的长刺。

05.1918　脊　carina
软甲类甲壳动物身体外表面锋利的屋脊状突起。

05.1919　额角后脊　post-rostral carina
十足类甲壳动物头胸甲表面，在额角后方中线上的纵脊。

05.1920　中央沟　median groove
十足类甲壳动物头胸甲背面，在额角后脊背面中央的沟。

05.1921　额角侧脊　adrostral carina
十足类甲壳动物头胸甲表面，额角两侧，有时向后延长至头胸甲后缘附近的脊。

05.1922　额角侧沟　adrostral groove
十足类甲壳动物头胸甲表面，位于额角侧脊内侧的沟。

05.1923　额后脊　post-frontal ridge
十足类甲壳动物额角后方中线上的一条纵脊。

05.1924　额胃沟　gastro-frontal groove
十足类甲壳动物头胸甲表面，额角基部两侧向后伸至胃区前方（位于额胃脊内侧）的沟。

05.1925　眼后沟　postorbital groove
十足类甲壳动物头胸甲表面，眼区后方，额角基部两侧（有此沟时，则无额胃沟）的沟。

05.1926　眼眶触角沟　orbito-antennal groove
十足类甲壳动物头胸甲表面，自眼上刺与触角刺之间，沿眼胃脊及触角脊至肝刺前方的沟。

05.1927　颈沟　cervical groove
十足类甲壳动物背甲表面，自肝刺向后上方斜伸（在颈脊之前方）的沟。

05.1928　胃沟　gastric groove
十足类甲壳动物头胸甲中央或近中央处，颈沟向后的横沟。有时也与颈沟上方连接在一起。

05.1929　肝沟　hepatic groove
十足类甲壳动物头胸甲表面，在肝刺之下方向前后纵伸（在肝刺之上方）的沟。

05.1930　心鳃沟　branchio-cardiac groove
十足类甲壳动物头胸甲表面，心区及鳃区之间（心鳃脊上方）的沟。

05.1931　腹甲沟　sternal groove, sternal sulcus
短尾类甲壳动物整块腹甲的中央浅凹。

05.1932　鳃甲缝　linea homolica, linea thalassinica, linea anomurica
甲壳动物人面蟹类、海蛄虾类和歪尾类头胸甲背面两侧的一对纵缝线。

05.1933　额胃脊　gastro-frontal carina
十足类甲壳动物头胸甲表面，自眼上刺向后，纵行至胃区前方（在额胃沟外侧）的脊。

05.1934　眼胃脊　gastro-orbital carina
十足类甲壳动物头胸甲表面，眼眶向后下

方斜伸至肝刺上前方（在眼眶触角沟上方）的脊。

05.1935　触角脊　antennal carina
十足类甲壳动物头胸甲表面，自触角刺向后下方斜伸至肝刺下前方（在眼眶触角沟下方）的脊。

05.1936　颈脊　cervical carina
十足类甲壳动物头胸甲表面，自肝刺上方向后上方斜伸（在颈沟之后缘）的脊。

05.1937　肝脊　hepatic carina
十足类甲壳动物头胸甲表面的肝刺下方，颊区之上，其前端直伸或向下方斜伸（在肝沟下方）的脊。

05.1938　心鳃脊　branchio-cardiac carina
十足类甲壳动物头胸甲表面，在心区和鳃区之间（心鳃沟外侧）的脊。

05.1939　中央脊　median carina
口足类甲壳动物后3个胸节和6个腹节中线上的一条纵脊。

05.1940　亚中央脊　submedian carina
口足类甲壳动物中央脊左右两侧的纵脊。

05.1941　间脊　intermediate carina
口足类甲壳动物头胸甲亚中央脊和侧脊之间的纵脊。

05.1942　侧脊　lateral carina
口足类甲壳动物头胸甲侧面狭窄的隆起。位于间脊和缘脊之间。

05.1943　缘脊　marginal carina
又称"边脊"。口足类甲壳动物头胸甲和腹甲边缘的侧脊。

05.1944　缘脊回折部分　reflected portion of marginal carina
口足类甲壳动物头胸甲边脊后端，向头胸甲间脊弯曲的部分。

05.1945　亚中齿　submedian tooth
口足类甲壳动物尾节末缘中线两侧的强壮刺状或钝的突起。

05.1946　亚中小齿　submedian denticle
口足类甲壳动物尾节末缘中线两侧的小突起。

05.1947　间齿　intermedian tooth
口足类甲壳动物尾节末缘位于亚中齿和侧齿之间的强壮刺状或钝的突起。

05.1948　间小齿　intermedian denticle
口足类甲壳动物靠近尾节末缘位于间齿和亚中齿之间的一排小的突起。

05.1949　侧齿　lateral tooth
口足类甲壳动物尾节末缘两侧的突起。

05.1950　侧小齿　lateral denticle
口足类甲壳动物尾节侧齿基部小的突起。

05.1951　前侧小齿　praelateral denticle
口足类甲壳动物侧齿之间的一个小齿。

05.1952　鳃上齿　epibranchial tooth
蟹类甲壳动物鳃区前部的刺状突起。

05.1953　中齿　median tooth
口足类甲壳动物少数种类正对中央脊的突起。

05.1954　背刺　dorsal spine
介形类甲壳动物背板边缘显著的、实的或中空的尖锐突起。

05.1955　背小齿　dorsal denticle
介形类甲壳动物背侧缘的小刺状突起。比背刺小。

05.1956　第一触角　first antenna
又称"小触角（antennule）"。甲壳动物两对触角中，位于前方、通常较小的一对触角。

05.1957　第二触角　second antenna
又称"大触角（antenna）"。甲壳动物两对触角中通常较大的一对触角。

05.1958　生殖触角　geniculate antennule
桡足类甲壳动物雄体第一触角。形成执握器，交配时用来捉握雌体。

05.1959　执握器　prehensile organ, grasping organ
桡足类甲壳动物生殖触角中的一部分形状特殊，常具长刺与齿板，并有一关节，可使触角弯曲，交配时用来抓握雌体的部分。

05.1960　上触角　superior antenna
端足类甲壳动物的第一触角。

05.1961　第一触角柄　antennular peduncle
第一触角基部宽大的部分。

05.1962　第一触角柄刺　antennular stylocerite
甲壳动物游泳亚目第一触角的 3 个柄节都可自由活动，基端一节外侧的刺状或鳞状突起。

05.1963　感觉毛　aesthetasc
又称"触毛"。甲壳动物第一触角或体表的各种刚毛或绒毛状的触觉器官。管壁薄，单独分布或成簇丛生。

05.1964　抱持器　clasping organ
虾类甲壳动物第一触角下鞭（内鞭）的特化器官。

05.1965　下触角　inferior antenna
端足类甲壳动物的第二触角。

05.1966　第二触角鳞片　scaphocerite, antennal scale
十足类甲壳动物第二触角的片状外肢。

05.1967　第二触角柄　antennal peduncle
软甲类甲壳动物第二触角内肢的基部与原肢合成的部分。

05.1968　第二触角刚毛式　antennal seta formula
表示第二触角内外肢的节数以及刚毛的多少与排列的序式。

05.1969　触角板　antennular plate
龙虾类甲壳动物自眼腹面向前突出的一宽板。其两侧边缘隆起呈脊状。

05.1970　触角腹甲　antennular sternum
第一触角的腹甲。

05.1971　触角缺刻　antennal notch
又称"触角凹"。甲壳动物介形类壮肢目种类壳前端额角下方的深刻凹陷。两壳合拢时形成孔道，第一和第二触角可由此伸出壳外活动。

05.1972　触角节　antennular somite
龙虾类甲壳动物第二触角基部的部分。

05.1973　上唇　labrum
甲壳动物口器的组成部分之一。由头部前方体壁向腹侧延伸而成，在口器的前方，构成口的前盖。

05.1974 下唇 labium
甲壳动物口器的组成部分之一。与上唇相对，由头部体壁形成。

05.1975 口前板 epistome
十足类甲壳动物上唇前方至第一触角基部之间的甲板。

05.1976 口肢 mouth appendage
甲壳动物头部组成口器主要部分的后三对附肢。主要由原肢及其内叶构成，内外肢退化甚至完全消失。其第一对是大颚，后续的两对为小颚。

05.1977 口腔 buccal cavity
蟹类甲壳动物在口前板后方和头胸甲的颊区之间形成的一个凹陷的腔。呈长三角形（前端窄）或四方形。

05.1978 口框 buccal frame
短尾类甲壳动物头部包围口器的部位。

05.1979 大颚 mandibular, mandible
又称"上颚"。甲壳动物头部第三对附肢。坚硬如骨，为咀嚼食物的利器。其前后有突出的上唇和下唇。

05.1980 第一小颚 maxillula, first maxilla
甲壳动物头部第四对附肢。和大颚及第二小颚共同组成口器。

05.1981 第二小颚 maxilla, second maxilla
甲壳动物头部第五对附肢。与大颚及第一小颚共同组成口器。

05.1982 咀嚼叶 masticatory lobe
大颚的咀嚼部分。

05.1983 切齿突 incisor process
位于大颚内叶前端的坚硬角质。有齿，用来撕裂食物。

05.1984 大颚活动片 lacinia mobilis
与大颚切齿突相连的小齿突状结构。

05.1985 臼齿突 molar process
位于大颚内叶后端的坚硬角质，具有隆起与沟槽，用来研磨食物。

05.1986 副门齿突 process incisivus accessorius
甲壳动物山虾科臼齿突与门齿突之间的一片具有刚毛的结构。

05.1987 小颚钩 maxillary hook
寄生桡足类甲壳动物第一小颚末端的钩状突起。

05.1988 触角鞭 flagellum
甲壳动物第一触角除柄部以外的部分。

05.1989 上鞭 upper flagellum
又称"外鞭"。甲壳动物第一触角第三节外侧的触角鞭。

05.1990 下鞭 lower flagellum
又称"内鞭"。甲壳动物第一触角第三节内侧的触角鞭。

05.1991 副鞭 accessory flagellum
甲壳动物第一触角外鞭基部分出的短的触角鞭。

05.1992 颚基 gnathobase
虾类甲壳动物第一小颚原肢内缘的硬刺毛。

05.1993 颚舟片 scaphognathite
十足类甲壳动物第二小颚的外肢，通常很

大，呈一片宽大的叶片。

05.1994 颚足 maxilliped
甲壳动物一些种类胸部前 1～3 对附肢特化而成的口器。

05.1995 口后附肢 postoral appendage
介形类甲壳动物大颚后方的附肢的统称。基本上属双枝型附肢，但各肢体的形态变化很大，各目皆不相同。这些肢体一般不超过 4 对，最少者仅 2 对。

05.1996 触角附肢 antennal appendage
由触角基部发出的 1 对附肢。

05.1997 额附肢 frontal appendage
从头部前面发出的一个附肢。

05.1998 内眼眶叶 inner orbital lobe
蟹类甲壳动物眼窝内侧的齿状突起。

05.1999 胸肢 thoracic appendage
甲壳动物躯干肢。主要功能是运动和摄食。

05.2000 攫肢 raptorial limb
又称"掠肢"。口足类甲壳动物的第二对胸肢。

05.2001 扇叶 flabellum
鳃足类甲壳动物末端的肢节外叶。很薄。

05.2002 上肢 epipod, epipodite
从底前节或者底节上发出的表面角质膜很薄，同时又特别发达的外叶。往往分枝而具备广阔的表面面积，以利呼吸。

05.2003 单枝型附肢 uniramous type appendage
由原肢和内肢组成，无外肢的类型。

05.2004 双枝型附肢 biramous type appendage
又称"二枝型附肢"。高等甲壳动物腹部的附肢（游泳足），由原肢、内肢和外肢三部分组成。原肢是基干，一端与身体相连，另一端生内、外两个分枝。

05.2005 内肢 endopod, endopodite
甲壳动物双枝型附肢的内侧分枝。也是附肢的主轴。

05.2006 外肢 exopod, exopodite
甲壳动物双枝型附肢的外侧分枝。

05.2007 叶肢型附肢 phyllopod appendage
一些低等甲壳动物（如鳃足类）附肢的一种类型。肢体一般都呈扁而宽的叶片状，没有明显的分节。

05.2008 叶足 leaflike thoracic leg, phyllopodium, phyllopod
叶状的胸肢。

05.2009 前上肢 preepipodite
叶足上的附肢。

05.2010 基节 coxopodite, coxa
甲壳动物附肢的第一节。与躯体相连。

05.2011 底节 basipodite, basis
甲壳动物附肢的第二节。

05.2012 前座节 preischium
内肢中位于原肢和座节之间的一节。

05.2013 座节 ischiopodite, ischium
十足类甲壳动物胸部附肢的第三节或者内肢与基节相连的第一节。

05.2014 长节 mereopodite, merus
十足类甲壳动物附肢的第四节。连接座节的

前端和腕节的后端。

05.2015 腕节 carpopodite, carpus, wrist
十足类甲壳动物胸部附肢从基部数起的第五节或末第三节。

05.2016 掌节 propodite, propodus
十足类甲壳动物胸部附肢从基部数起的第六节或末第二节。

05.2017 指节 dactylopodite, dactylus
十足类甲壳动物胸部附肢的末节。

05.2018 螯足 cheliped
变形的步足。其掌节的突起与指节形成螯状（钳），用来取食或御敌。

05.2019 掌部 palm, hand
十足类甲壳动物螯足前端宽的部分。

05.2020 不动指 fixed finger, immovable finger
螯足掌节末端不可活动的部分。

05.2021 活动指 movable finger
螯足的指节。

05.2022 亚螯 subchela
附肢的末端形成的可以抓握的结构。通过翻动紧靠掌节或者肢的最宽处的指节来抓握，一般起于掌节，向腕节折叠。

05.2023 螯 chela
螯肢可活动的爪。呈钳状。

05.2024 游泳足 swimming leg, swimmeret
某些蟹类甲壳动物腹部下方一系列成对的双枝型附肢。用作游泳和携卵，通常为平扁

状或叶片状。

05.2025 假外肢 pseudexopodite, pseudoexopodite
又称"伪外肢"。糠虾类甲壳动物的第一小颚亚基节上的一片薄的外叶。

05.2026 假上肢 pseudepipodite, pseudoepipodite
头虾类甲壳动物原肢上位于外肢外侧的卵圆形的结构。

05.2027 腮足 gnathopod
用于抓握的附肢。如颚足、端足类螯状或亚螯状的第一和第二对胸足。

05.2028 底节板 coxal plate
底节突出或膨大的片状结构。

05.2029 肢上板 epimera
位于头胸甲后部两侧，后侧缘的外下方，4对步足上方突出的薄脊。

05.2030 后腹部 postabdomen
鳃足类甲壳动物身体腹部的末端部分。

05.2031 腹节 abdominal somite
胸部和尾节之间单独分开的体节。

05.2032 腹肢 pleopod
软甲类甲壳动物腹部的附肢。是主要的游泳器官，雌性腹肢有抱卵的功能。

05.2033 内附肢 appendix interna
着生在部分高等甲壳动物腹肢内肢内侧的突起。

05.2034 雄性附肢 appendix masculine
虾类甲壳动物雄体第二腹肢内肢内侧的细

棒形带刺突起。有辅助交尾的功能。

05.2035 雄性突起 male process
糠虾第一触角末节上的叶片状突起。上面有许多刚毛。

05.2036 雄性交接器 petasma
对虾类甲壳动物第一对腹肢内肢变成的雄性器官。

05.2037 生殖板 genital plate
虾类甲壳动物雌性第三步足间的腹甲向后突出的部分。

05.2038 生殖基节 genital coxa
甲壳动物毛虾雄虾第三对胸足后面的显著乳状突起。

05.2039 刚毛叶 setiferous lobe
糠虾类甲壳动物部分种类雄体腹肢内肢近基部处发出的叶状突起。上带刚毛。

05.2040 腹突 （1）ventral process
　　　　　　　 （2）abdominal process
（1）动物体腹面的突起。（2）动物体腹部的指状突起。

05.2041 尾节 telson
甲壳动物腹部最末一节。其腹面有肛门，形状与其他腹节不同，无附肢。

05.2042 侧前叶 prelateral lobe
十足类甲壳动物接近尾节的侧叶。

05.2043 肛节 anal segment
甲壳动物的尾节。肛门开口于其末端背面。

05.2044 肛刺 anal spine
枝角类甲壳动物肛门及其附近，后腹部背缘或左右两侧的一或两行小刺。

05.2045 尾突 caudal process
介形类甲壳动物瓣膜边缘后端向上的突起。

05.2046 尾叉 caudal furca
部分甲壳动物（如鳃足类等）腹部最末一节后缘左右两侧的叉状突起。其上着生尾刚毛。

05.2047 尾爪 postabdominal claw
双甲类甲壳动物呈爪状的尾叉。

05.2048 尾肢 uropoda, uropodite
甲壳动物腹部附肢的最末 1 对（或 3 对）。与前几对附肢的形状不同，往往宽扁。

05.2049 尾扇 tail fan, rhipidura
十足类甲壳动物尾部由尾肢与尾节组成的部分。司身体升降与弹跳运动。

05.2050 尾板 tail plate
甲壳动物温泉虾属第六腹节与大的尾节愈合而成的腹尾节。

05.2051 头状部 capitulum
有柄蔓足类甲壳动物除柄部外，其余被外套所包围而成的部分。

05.2052 柄部 peduncle
有柄蔓足类甲壳动物由头部前部延长形成的附着结构。连接附着基和身体，光裸或覆盖鳞片。

05.2053 吻端 rostral side
有柄蔓足类甲壳动物在头部固着的一端。外套和壳的开口均在吻端。

05.2054 峰端 carinal side
有柄蔓足类甲壳动物与吻端相对的一端。

05.2055 壳板 compartment, valve, plate
蔓足类甲壳动物体外的石灰质板。在无柄蔓足类壳板由盖板、壁板和底板组成；在有柄蔓足类头状部外面通常有两个乃至数十个石灰质壳板，柄部表面通常覆有多数石灰质鳞层或几丁质的棘或毛。

05.2056 壳盖 operculum
蔓足类甲壳动物（如藤壶等）壳口具能启闭的盖。由盾板和背板各一对所组成。

05.2057 盖板 opercular valve
蔓足类甲壳动物（如藤壶等）盖在壳口的两对壳板。前方的一对为盾板，后方的一对为背板。可自由启动，由此伸出蔓足以取食、呼吸和排泄。

05.2058 盾板 scutum
蔓足类甲壳动物两对盖板中斜向前端的一对壳板。内面有闭壳肌相连，可自由开闭。在有柄蔓足类为吻端基部的一对壳板。

05.2059 背板 tergum
蔓足类甲壳动物两对盖板中斜向后端（吻端）的一对壳板。在有柄蔓足类为最顶端的一对壳板。

05.2060 辐部 radius
蔓足类甲壳动物构成侧壁的每个壳板都由三部分组成，主体为壁板，板两侧边缘有突出部分，与邻板的突出部分互相覆盖，覆盖在邻板外面的突出部分。凡被邻板覆盖的为翼板。

05.2061 壁板 paries
蔓足类甲壳动物壳板的中间部分。

05.2062 壳鞘 sheath
甲壳动物藤壶壳各壁板及翼的内面上部，向内凸出增厚形成的部分。

05.2063 吻板 rostrum
有盖蔓足类甲壳动物壁板最前方的一块。在有柄蔓足类吻板小或无。

05.2064 峰板 carina
有盖蔓足类甲壳动物壁板中和吻板相对的一块板。在有柄蔓足类为峰端的一块壳板，包在左右两侧，中线上有纵脊一道。

05.2065 上侧板 latus superius
茗荷类甲壳动物峰板和盾板之间左右两侧的壳板。

05.2066 中侧板 latus inframedium
茗荷类甲壳动物上侧板和盾板之前，峰板和吻板的侧板中间的一片壳板。

05.2067 吻侧板 rostro-lateral compartment, latus rostrale
有盖蔓足类甲壳动物的壁板中，位于吻板两侧的一对板。

05.2068 峰侧板 carino-lateral compartment, latus carinale
有盖蔓足类甲壳动物的壁板中，位于峰板两侧的一对板。

05.2069 侧板 lateral plate, lateral compartment
有盖蔓足类甲壳动物的壁板中，位于吻侧板和峰侧板中间的一对板。

05.2070 根状系 root-like system
甲壳动物蔓足类根头总目的蟹奴等具一短柄可附在宿主腹部，由柄末进化而成细小线状的结构。可穿入宿主各部分并吸收营养液。

05.2071 基底 basis, substratum
有盖蔓足类甲壳动物壳的基部。通常固着在其他物体上，有石灰质，也有膜质。

05.2072 鞭状附肢 filamentary appendage
又称"丝状体"。茗荷类甲壳动物的一些属在蔓足基部，尤其是第一对蔓足基部的丝状突起。

05.2073 尾部附肢 caudal appendage
茗荷类甲壳动物最末一对胸肢之后，肛门左右两侧，即阴茎基部两侧的一对突起。

05.2074 藤壶胶 barnacle cement
蔓足类甲壳动物（如藤壶等）即将附着的金星幼虫和已附着的个体所分泌的胶体。具有特殊的黏合性能，使个体牢固附着于附着基上。

05.2075 蔓足 cirrus
蔓足类甲壳动物的 6 对胸肢，曲卷如蔓，故名。由壳口伸出，其上刚毛形成网状，有节奏地伸缩活动，进行捕食。

05.2076 前侧角 antero-lateral horn
蔓足类甲壳动物无节幼体前端两侧的一对角状突起。

05.2077 腹附体 abdominal appendage
桡足类甲壳动物由卵孵出的无节幼体末端的一对附属物。

05.2078 矮雄 dwarf male
在雌雄二态的动物中，比雌体特别矮小的雄体。

05.2079 备雄 complemental male
蔓足类甲壳动物某些茗荷（如岛咀和铠茗荷等）除正常的雌雄同体大个体外，还具有的极其矮小的雄性个体。附着在大个体的外套腔内。

05.2080 寄生去势 parasitic castration
一些甲壳动物通过寄生来压制或破坏生殖腺发育的现象。

05.2081 出鳃水沟 exhalant branchial canal
蟹类甲壳动物鳃室中往外出水的沟。有孔通至体外，该孔位于口器部分附肢基部的两侧。

05.2082 入鳃水沟 ingalant branchial canal
蟹类甲壳动物鳃室中水可进入的沟。位于头胸甲的边缘与步足之间。

05.2083 育囊 brood pouch, brood sac, marsupium
等足类、端足类、糠虾类、涟虫类及枝角类甲壳动物的多数种类胸部所具有的孵育幼体的构造。多数由胸肢内侧突出的片状物（2对至 7 对不等）构成，卵就在其中发育和孵化，并长成新个体。

05.2084 冬卵 winter egg
环境条件恶化时枝角类等水生甲壳动物出现雌雄个体并进行有性生殖所产出的混交卵。

05.2085 休眠卵 resting egg
卵壳厚而硬、具丰富卵黄、能深入水底度过不良环境直到条件适宜再孵化的卵。

05.2086 夏卵 summer egg
环境温度升高以及食物丰富时枝角类等水生甲壳动物产出不需受精即可孵化出幼体的卵。

05.2087 抱卵片 oostegite
甲壳动物囊虾总目的雌性个体中，胸足的底节处产生的由异形的胸部薄片形成的用来孵化胚胎的袋状结构。

05.2088　抱卵肢　oostegopod
具抱卵片的胸部附肢。在鳃足类甲壳动物为生殖节形成育囊的附肢。

05.2089　卵鞍　ephippium
枝角类甲壳动物遇不良环境时由无性生殖转换为有性生殖并分泌某种物质形成厚的外壳把受精卵（1～2个）包裹起来的卵荚。

05.2090　长尾类幼体　macruran larva
虾类甲壳动物的幼体。由六肢幼虫发育而成，一般包括后无节幼体和糠虾幼体期，其体细长，头胸部和腹部区分明显，尾节具尾叉，但附肢尚未发育完全。

05.2091　无节幼体　nauplius larva
又称"无节幼虫"。甲壳动物的早期幼体。其身体呈卵圆形或圆形，不分节，具3对用于游泳与摄食的附肢，是永久性浮游生物，随着其进一步发育，体节和其他附肢雏形逐渐出现，成为后无节幼体或溞状幼体。

05.2092　后无节幼体　metanauplius larva
后期无节幼体的统称。由卵子直接孵出，或由无节幼体经过一次或几次蜕皮形成，具2对触角、1对大颚、2对小颚以及1或2对颚足，开始出现体节，末端有2个尾叉突起，是永久性浮游生物。

05.2093　溞状幼体　zoea larva, zoaea larva
一些虾、蟹类幼体发育的第三阶段。由原溞状幼体发育而成，幼体的腹部开始分节，但腹肢尚未发育，眼柄已长成，有2对或3对颚足。双枝型，为运动器官。

05.2094　原溞状幼体　protozoea larva
十足类甲壳动物经无节幼体期后进入溞状幼体的第一期。幼体的头、胸、腹区别明显，胸部分节，但腹肢未分节，进一步发育成为溞状幼体。

05.2095　异型溞状幼体　antizoea larva
又称"前溞状幼体"。由少数十足类甲壳动物受精卵直接孵出的幼体。虽近似溞状幼体，但胸部已完全发育，且有多对双枝型胸肢用来游泳。头胸甲游离，不与胸部背面愈合，腹部较胸部短，不分节，无附肢。复眼无眼柄。

05.2096　后溞状幼体　metazoea larva
蟹类甲壳动物的幼体。多由溞状幼体发育而成，也可由受精卵直接孵出，后溞状幼体之后为大眼幼体。胸部有单枝型步足，并出现1～5对腹肢。

05.2097　假溞状幼体　pseudozoea larva
又称"伪溞状幼体"。甲壳动物口足目虾蛄属等种类受精卵直接孵出的幼体。胸部全部分解，但只前两胸节由附肢，第二对已特化成执握足。腹部也完全分解，每节有1对双枝型附肢。

05.2098　阿利马幼体　alima larva
又称"假水蚤幼体"。甲壳动物口足目虾蛄属种类刚孵化出来的幼体。通常其头胸甲窄，头区长，没有后面6对胸肢。

05.2099　拟水蚤幼体　erichthus larva
甲壳动物口足目指虾蛄类的阿利马幼体经发育变态形成的幼体。尾节侧刺与亚中央刺之间仅具一刺；额角脊无中央刺；眼柄较短；腹肢1～5基部有毛；第二颚足掌节基部有1刺。

05.2100　糠虾幼体　mysis larva
十足类甲壳动物的幼体。由溞状幼体发育而成，形似糠虾。幼体具额角和能活动的眼柄，在颚足之后出现其余各对双枝型胸枝。

05.2101 后期幼体 post larva
又称"末期幼体"。甲壳动物最末一期的幼体。通常由前各期幼体发育而成，但蝲蛄虾等少数种类却由受精卵直接孵出。已具备全部体节和附肢，通过一次蜕皮，即发育为成体。

05.2102 大眼幼体 megalopa larva
蟹类甲壳动物的后期幼体。已具备蟹的雏形。体扁平，头胸部宽大，腹部可以伸屈，3 对颚足用以摄食，腹部具刚毛，为主要游泳器官，再蜕皮一次后变成仔蟹。

05.2103 龙虾幼体 puerulus larva
龙虾类甲壳动物成熟前的阶段。体型构造与成体基本相同。

05.2104 叶状幼体 phyllosoma larva
龙虾类甲壳动物的幼体。身体扁平透明，呈叶片状，附肢细长分叉。

05.2105 桡足幼体 copepodid larva, cope-podite
桡足类甲壳动物的后无节幼体最后一次蜕皮之后产生的幼体。其体较透明，形状与成体相似，但腹部尚未完全分化，胸肢也未完全发育完好。

05.2106 腺介幼体 cypris larva
又称"金星幼体"。蔓足类甲壳动物附着前的幼体阶段。由后无节幼体发育而成，其身体左右侧扁，头胸甲为两枚薄的介壳，第一触角为用于固着的吸盘，第二触角退化，大颚仅具基片，具 6 对有游泳刚毛的胸肢，有复眼。

05.2107 新轮幼体 kentrogon larva
甲壳动物蔓足纲根头目腺介幼体蜕皮后的幼体阶段。由未分化的细胞形成，附肢和头胸甲全部退化，并潜入寄主十足类甲壳动物的壳中。

05.2108 磷虾类原溞状幼体 calyptopis
又称"盖眼幼体""节胸幼虫"。磷虾类甲壳动物无节幼体之后的一种幼体。其背甲较后无节幼体发达，胸部和腹部分区明显，但复眼仍被背甲覆盖着。节胸幼虫一般又可分为三期：第 I 期具有不分节的腹部；第 II 期具有尾节和分节的腹部（分为 5 节）；第 III 期胸节尚未完全分化，腹部分为 6 节，第六对腹肢之胚芽已长出，复眼开始向前伸出，幼虫开始摄食。

05.2109 磷虾类溞状幼体 furcillia
又称"带叉幼虫"。磷虾类甲壳动物原溞状幼体后的幼体阶段。具眼柄和可移动的复眼以及胸部和腹部的附肢，第一触角不能活动。

05.2110 磷虾类后期幼体 cyrtopia
又称"节鞭幼体"。磷虾类甲壳动物第五个幼体阶段。第二触角变形并停止运动，后体部附肢和鳃开始出现。

05.2111 樱虾类原溞状幼体 elaphocaris
十足类甲壳动物第三个原溞状幼体阶段或后幼体阶段。蜕皮后变为樱虾类糠虾幼体。

05.2112 樱虾类糠虾幼体 acanthosoma
十足类甲壳动物后期幼体阶段之前的最后幼虫期。

05.2113 樱虾类仔虾 mastigopus
某些十足类甲壳动物大眼幼体阶段的幼体。

05.2114 瓷蟹幼体 porcellana larva
甲壳动物十足目磁蟹科异尾类的幼体。分为二期：①溞状幼体，头胸甲发达，向前有一特长刺，向后有 1 对长刺，腹部较短。②大眼幼体，背腹扁平，头胸部发达，具 1 对大复眼，腹部短小，分节。

05.2115 闪光幼体 glaucothoe
寄居蟹发育过程中的十足幼体阶段。具备成体的特征，有眼板，末两对步足退化，第一对步足的钳以及尾扇的形状左右略不对称，但腹部仍然分成7节，前5对腹肢左右对称。

05.2116 头楯 cephalic shield
鳃足类甲壳动物头的后半部背侧，由具有固养作用的腺性上皮细胞构成的鞍状呼吸器官。

05.2117 叶状鳃 phyllobranchiate
十足类甲壳动物鳃的三种类型之一。由许多叶片状突起叠成，基部由出鳃血管和入鳃血管相连的鳃。真虾下目全部种类和大多数的短尾类的鳃属叶状鳃型。

05.2118 丝状鳃 trichobranchiate
十足类甲壳动物鳃的三种类型之一。在鳃血管外具许多不分枝的丝状突起的鳃。

05.2119 枝状鳃 dendrobranchiate
十足类甲壳动物鳃的三种类型之一。在鳃血管外具许多分枝状突起的鳃。

05.2120 足鳃 podobranchia
十足类甲壳动物的鳃中，着生于胸肢底节上的鳃。

05.2121 肢鳃 mastigobranchia
从甲壳动物胸肢底节上生长出来的上肢，通常呈薄片状或丝状。

05.2122 侧鳃 pleurobranchia
甲壳动物鳃的一类，直接着生于附肢基部上方身体侧壁上的鳃。包被在头胸甲两侧所形成的空腔中。

05.2123 关节鳃 arthrobranchia
十足类甲壳动物依附在附肢与身体相连的关节薄膜上的鳃。

05.2124 鳃式 branchial formula
十足类甲壳动物的鳃按着生部位、数目及其排列次序列出的公式。是十足目种类鉴定的依据之一。

05.2125 鳃甲 branchiostegite
甲壳动物鳃室外的盖板。是背甲向两侧的延伸，其腹面后缘游离，水可自由进出，使鳃营呼吸活动。

05.2126 触角腺 antennal gland
甲壳动物的排泄器官。位于第二触角基部，内端有一盲囊，经由绿色的坯布和白色的髓部合成的腺体，与外端的一个大膀胱相接，其分泌物从第二触角基节腹面乳突上的一个开口排出。

05.2127 绿腺 green gland
甲壳动物呈绿色的排泄器官。

05.2128 端囊 end sac
腺体部的内端为一盲囊。代表残余的体腔。

05.2129 小颚腺 maxillary gland
甲壳动物的排泄器官。由一导管和一腺体构成。导管一端膨大以便贮存废物，腺体位于和开口于第二小颚基部。

05.2130 促雄性腺 androgenic gland
靠近输精管的腺。主要负责雄性第二生殖特征的发育。

05.2131 胸窦 thoracic sinus
甲壳动物潮虫亚目种类身体内大的包围内

脏的结构。

05.2132 血窦腺 sinus gland
位于视叶的外髓和内髓之间的一种神经血液器。用来贮存激素。

05.2133 吻血窦 rostal sinus
甲壳动物位于胃前端吻板一侧的血窦。从两端着生在楯板内面的闭壳肌下方开始，沿着身体与外套膜相连的部分一直伸展到二者分离之处为止。

05.2134 [摩擦]发声器 stridulating organ
又称"响器"。十足类甲壳动物甲壳外表能摩擦发音的结构。龙虾的第二触角柄第一节内缘有一突起，突起之腹面有带小脊柱的特殊构造，与第一触角板侧缘之纵脊互相摩擦时可发出声音；赤虾属中部分种头胸甲两侧近后缘处有成列的小脊，借腹部屈伸与第一腹节侧甲前缘摩擦发音；蟹类中方蟹科、沙蟹科中有些种类头胸甲颊区和螯足掌节内外有发声小脊，互相摩擦发声。

05.2135 磨碎胃 masticatory stomach
甲壳动物腹部由厚的钙化部位组成的用来粉碎食物的小钙质物体。

05.2136 胃磨 gastric mill
十足类甲壳动物胃的前部贲门胃内的钙质小齿。由肌肉控制，对食物起磨碎作用。

05.2137 胃石 gastrolith
十足类甲壳动物胃部的圆形钙质节结。

05.2138 假气管 pseudotrachea
等足类甲壳动物腹肢处的呼吸器官。用来呼吸空气。

05.2139 压盖肌 depressor muscle
有盖蔓足类甲壳动物盖板与侧壁底部相连的肌肉束。肌肉伸缩可便壳盖启、闭。

05.2140 X器 X-organ
十足类甲壳动物神经分泌器官。位于眼柄处和甲壳动物头部固着的眼处。

05.2141 Y器 Y-organ
十足类甲壳动物位于第二触角或第二小颚中的一对分泌蜕皮激素的器官。

05.2142 蜕皮激素 ecdysone
促甲壳动物蜕皮的一种类固醇物质。

05.2143 蜕皮前期 premolt, proecdysis
十足类甲壳动物蜕皮前的准备阶段。此时期动物停止摄食，旧壳变薄变软。

05.2144 蜕皮间期 intermolt
甲壳动物蜕皮过程的第四个时期。此时期动物从新摄食，各种器官开始正常活动。

05.2145 蜕皮后期 postmolt, metecdysis
甲壳动物蜕皮过程中新的外壳硬化前的阶段。

05.2146 类胡萝卜素 carotenoid
一类属于类萜化合物的天然色素的总称。

05.2147 虾青素 astaxanthin
又称"虾黄质""龙虾壳色素"。一种叶黄素类胡萝卜素。类胡萝卜素合成的最高级别产物，呈深粉红色，具脂溶性，不溶于水，可溶于有机溶剂。

05.2148 虾红素 astacin
虾青素被氧化（脱氢）的一种类胡萝卜素。呈红色，熔点高，不溶于水，但能溶于酒精及油脂或脂溶液中。

05.21.02 螯肢动物亚门

05.2149 肢口纲 Merostomata
螯肢动物亚门的一个类群。头部具6对附肢，除第1对螯肢位于口前方外，其余5对附肢都围绕在口的周围，故名。多为体型较大的、有些附肢具鳃的一类海生螯肢动物。

05.2150 蛛形纲 Arachnida
螯肢动物亚门的一个类群。身体分头胸部和腹部，头胸部6对附肢，第三至第六对附肢为步足；腹部分节或不分节的一类陆生螯肢动物。主要包括蜘蛛、蝎子、蜱和螨等，是节肢动物中的第二大类，数量仅次于昆虫。几乎所有的成年蜘蛛都有8条步足。

05.2151 海[蜘]蛛纲 Pycnogonida
螯肢动物亚门的一个类群。头胸部发达，通常有4对步足，腹部短小，无呼吸和排泄器官的一类海生螯肢动物。由于外部形态十分像蜘蛛，故名。

05.2152 蛛形动物 arachnid
节肢动物螯肢亚门蛛形纲动物的统称。包括蜘蛛、蜱螨、盲蛛、蝎子、伪蝎、鞭蝎和避日蛛等。

05.2153 蛛形[动物]学 arachnology
研究蛛形动物的种类、形态结构及其有关生命活动规律的科学。

05.2154 前体[部] prosoma
螯肢动物的身体前部。即头胸部，不分节，由原头区和6对具附肢的体节组成，全部或部分被一背甲所覆盖。

05.2155 后体[部] opishtosoma
螯肢动物的身体后部。包括腹部和其后的剑尾，分节（多达12节）或不分节，无足，或有高度变异的附肢；有的分为较宽的前腹部和窄的后腹部（尾）；末端具尾针或尾鞭。

05.2156 螯肢 chelicera
螯肢动物前体部的第一对附肢。构成口器的取食部分。每个螯肢由粗壮的螯基和顶端的螯牙组成。

05.2157 螯基 paturon
螯肢基部膨大的一节。

05.2158 螯牙 fang
俗称"毒牙"。螯肢端部特化的一节。呈爪状，坚硬，弯而尖，末端常有毒液的开口，具有捕获和杀死猎物的作用。

05.2159 侧结节 lateral condyle, lateral boss
螯肢基节外侧缘基部一圆形、光滑的隆起。

05.2160 螯耙 rastellum
螯牙基部类似于耙子状的齿状物。常见于一些较为原始的蜘蛛（如原蛛类）。

05.2161 螯基沟 cheliceral furrow
又称"牙沟（fang furrow, fang groove）"。螯牙下方，螯基端部的一凹沟。沟的两侧具有齿或刚毛，螯牙平时收在此沟中。

05.2162 齿堤 margin
螯基沟具齿的两侧。

05.2163 前齿堤 promargin
螯基沟的前缘。具齿或刚毛。

05.2164 后齿堤 retromargin
螯基沟的后缘。具齿或刚毛。

05.2165 触肢 palp, palpus, pedipalp
又称"须肢"。螯肢动物前体部的第二对附肢。由基节、转节、股节、膝节、胫节、跗节等 6 节组成。在不同类群其功能各异。

05.2166 足式 leg formula
描述 4 对步足长度的公式。其排列方式最长的排在首位，以后顺次递减。

05.2167 基节 coxa
螯肢动物步足的第一节。与躯体相连。

05.2168 转节 trochanter
螯肢动物步足的第二节。位于基节与股节之间。

05.2169 股节 femur
又称"腿节"。螯肢动物步足的第三节。位于转节和膝节之间，通常粗壮。

05.2170 膝节 patella
螯肢动物步足的第四节。位于股节和胫节之间。

05.2171 胫节 tibia
螯肢动物步足的第五节。位于膝节和后跗节之间。

05.2172 后跗节 metatarsus
螯肢动物步足的第六节。位于胫节和跗节之间。

05.2173 跗节 tarsus
螯肢动物步足的第七节。末端具 2～3 爪，爪下有硬毛丛，适于织网或爬行。

05.2174 副爪 accessory claw
蜘蛛步足跗节末端爪以外的几根爪状刺。常

见于结网类蜘蛛。

05.2175 颚叶 endite, maxilla, gnathocoxa
触肢基部向内侧膨大成叶片状的结构。

05.2176 唇状瓣 chilarium
螯肢动物亚门肢口纲动物最末一对步足基部之间的一对突起。

05.2177 颚体 gnathosoma
螨类节肢动物位于身体前端或前端腹面，由颚基和 2 对附肢（螯肢和触肢）组成的部分。其上着生有口器，类似昆虫的头部，但眼和脑都不在这部分。在蜱类称"假头（capitulum）"。

05.2178 躯体 idiosoma
蜱螨除颚体外的部分。包括着生 4 对步足的足体和第四对步足后面的末体。形态变化多样，多为囊状、蠕虫状、卵状等；体或柔软，或覆盖骨板，或高度硬化。

05.2179 腹柄 pedicel, petiolus
蜘蛛头胸部和腹部之间狭小的相连部分。由腹部的第一节发育而成，俗称蜘蛛的"腰"。

05.2180 背片 lorum
又称"背桥"。蜘蛛腹柄背侧一系列的骨片。

05.2181 腹片 plagula
又称"腹桥"。蜘蛛腹柄腹侧一系列的骨片。

05.2182 背甲 carapace
蜘蛛头胸部背侧面所覆盖的几丁质甲壳。

05.2183 颈沟 cervical groove
蛛形动物背甲上的浅沟。大致可以区分较高的头区和较低的胸区。

05.2184 中窝 fovea, dorsal groove, thoracic furrow

蛛形动物背甲外表面的一个中央凹陷。是体中吸胃肌肉内部的附着点。

05.2185 放射沟 radial furrow, radial groove

由头胸部背面中央的中窝发出的 4 对呈放射状的沟。是内部肌肉的附着点。

05.2186 胸甲 sternum

又称"胸板"。占据蜘蛛头胸部腹面大部分不分节的一块骨板。

05.2187 假胸甲 pseudosternum

蛛形动物伪蝎目（Pseudoscorpiones）头胸部腹面两侧附肢基节左右相依靠，而无真正的胸甲。但某些类型，两侧基节不相接靠。

05.2188 盾板 peltidium

蛛形动物裂盾目（Schizomida）的前体分节，背部的背甲。相应的分为前盾板、中盾板和后盾板。

05.2189 前盾板 propeltidium

蛛形动物裂盾目（Schizomida）前体的背面前方所覆盖的一单个大的骨板。相当于胚胎期 4 节背板愈合而成。

05.2190 中盾板 mesopeltidium

蛛形动物裂盾目（Schizomida）前体的前盾板后面的 1 对小的三角形盾板。

05.2191 后盾板 metapeltidium

蛛形动物裂盾目（Schizomida）前体的中盾板后面的 1 对较大的长方形盾板。

05.2192 眼列 eye row，eye formula

蜘蛛眼（通常 8 个）的排列方式。常以最前面的眼列开始。如：4-2-2 表示该蜘蛛 8 只眼排列三列，最前列 4 只，中间和后列各 2 只。不同类群间差异性大，特别在鉴别科一级的分类阶元时十分重要。

05.2193 平直 straight

又称"端直"。背方观察蜘蛛 4 眼排成整齐的一行。

05.2194 前凹眼列 procurved eye row

又称"前曲眼列"。蜘蛛眼列的一种类型。4 眼没有排成整齐的一行，呈弧形。从背面看，两侧眼在前，而中眼在后；从前面看中眼在侧眼之上者。

05.2195 后凹眼列 recurved eye row

又称"后曲眼列"。蜘蛛眼列的一种类型。4 眼没有排成整齐的一行，呈弧形。从背面观看，两侧眼在后，而中眼在前；从前面观看中眼在侧眼之下者。

05.2196 前眼列 anterior eye row, AER

蜘蛛多数种类 8 眼基本呈（4-4）式排列，靠近额部前面的一列。排成整齐或不整齐的一行。通常包括前中眼和前侧眼，眼较大。

05.2197 后眼列 posterior eye row, PER

和前眼列相对而言。蜘蛛多数种类 8 眼呈（4-4）式排列，远离额部后面的一列。眼排成整齐或不整齐的一行，通常包括后中眼和后侧眼。

05.2198 前中眼 anterior median eye, AME, primary eye

在蜘蛛所有眼中位于前眼列中间的 2 眼。有的种类退化甚至消失。

05.2199 前侧眼 anterior lateral eye, ALE

在蜘蛛所有眼中位于前眼列两侧的眼。各

1 眼。

05.2200　后中眼　posterior median eye, PME
在蜘蛛所有眼中位于后眼列中间的 2 眼。

05.2201　后侧眼　posterior lateral eye, PLE
在蜘蛛所有眼中位于后眼列两侧的眼。各 1 眼。

05.2202　昼眼　diurnal eye
无珍珠光彩，黑色、褐色、黄色不等，适合在白天或有较强光照下视物的眼。

05.2203　夜眼　nocturnal eye
具有珍珠光彩，白色，适合在夜晚或暗淡光下视物的眼。

05.2204　眼域　ocular quadrangle, ocular area, eye area
眼在头胸部前端背面所占据的整个区域。

05.2205　中眼域　median ocular quadrangle, median ocular area
前中眼和后中眼占据的区域。

05.2206　眼丘　ocular tubercle
部分蜘蛛种类（如蟹蛛）眼着生部位的隆起。

05.2207　反光色素层　tapetum
又称"反光组织"。位于眼视网膜的后面，能够将光线再次反射至视网膜上的一层细胞。能够使视觉器官对弱光增大反应效果。

05.2208　额　clypeus
前中眼前缘至背甲前缘之间的区域。在量度时从背甲前缘量至前中眼的最近缘即额高。

05.2209　毛簇　claw tuft
蜘蛛步足跗节的末端，在爪的下方或周围一簇相似的毛。

05.2210　毛丛　scopula
在某些蜘蛛步足跗节的腹面排列成行的毛。由密集的短而坚硬的毛组成，具有感觉功能。少数蜘蛛在后跗节上也有毛丛。

05.2211　心[脏]斑　cardiac mark
许多蜘蛛腹部背面前端的斑纹。通常呈柳叶状，系体内心脏所在的位置。

05.2212　肌痕　musclar impression, sigilla
又称"肌斑"。蜘蛛腹部背面心斑的两侧，常有一系列成对的凹斑。系体内肌肉的附着点。有的蜘蛛为成对的人字纹，有的种类为纵斑或横斑。

05.2213　前腹部　proabdomen
蛛形动物蝎目（Scorpiones）动物体腹部前端较宽的部分。由 7 节组成。腹部附肢大多退化，仅见残迹，如第一腹节腹面的外雌器以及第二腹节的栉状器官。

05.2214　后腹部　postabdomen
蛛形动物蝎目（Scorpiones）动物体腹部后端较狭似尾的部分。由 6 节组成。

05.2215　尾节　telson
蝎子后腹部的最后一节。呈袋状，内有毒腺，开口于末端的毒针处，为蝎的攻击器官。

05.2216　额突　rostrum
位于蜘蛛头区前缘正中，两个螯基的下面或后面，两触肢基节之间或下面的区域。与昆虫的上唇相似，很可能两者同源于头区的延伸骨片。额突背面中央有 1 个纵向的龙骨突起，其上可见一排毛。

05.2217　上咽舌　epipharynx
蜘蛛额突腹面的突出物。角质，坚硬，是口腔的背壁，上有许多精细横纹，这些横纹汇向中央纵裂缝，开口于额突内的一条纵管内。此纵管向后延伸至食道口。上咽舌的横纹收集猎物体内的液汁将其吮入纵管而后进入食道。

05.2218　下唇　labium
蜘蛛胸板向前形成的一个中部延伸，位于两颚叶之间的骨片。有些蜘蛛下唇与胸板融合，有的与胸板分离。

05.2219　书肺　book lung
蛛形动物特有的呼吸器官。在蜘蛛腹部前方两侧，有一对或多对由体壁内陷而成的囊状薄片结构（即气室），其中有 15～20 个薄片，由体壁褶皱重叠而成，像书的书页。当血液流过书肺页时，与这里的空气进行气体交换，吸收氧气，同时排出二氧化碳、完成呼吸过程。

05.2220　生殖沟　epigastric furrow
又称"胃上沟"。蜘蛛腹部腹面前半部具有的一条或多或少明显的横沟。此沟中央的孔为生殖系统的开口。

05.2221　外雌器　epigynum
又称"生殖厣（genital operculum）"。雌蛛腹部腹面骨化区域。覆盖体内的生殖器，位于生殖沟的前方，两书肺之间。具有引导和接纳雄蛛触肢器的功能，包括与雄蛛交媾，贮存接纳精子和精荚，释放精子与成熟卵子进行受精过程以及排卵的全过程。结构千差万别，其特化程度同雄性的外生殖器有关联，是鉴别雌蛛的重要特征。

05.2222　交媾腔　atrium
外雌器的凹入部分。前后位置不一，形状各异。

05.2223　中隔　median septum
交媾腔正中的龙骨状突起。具有引导作用，凡有中隔的类群，交媾腔全部或不完全被分隔为两部分，如狼蛛科的狼蛛属（*Lycosa*）、豹蛛属（*Pardosa*）等。

05.2224　中隔窝　septal pocket
中隔将交媾腔分成的两个腔。

05.2225　垂体　scape, scapus
有些蜘蛛雌蛛外雌器的一个中部突起。通常向后延伸，呈舌状，如园蛛和皿蛛。

05.2226　垂兜　hood
又称"导袋（guide pocket）"。一个或一对位于交媾腔内，或前或后的角质化结构。或呈帽状，如平腹蛛（*Gnaphosa*），或呈弧形，如有些蟹蛛科（Loxobates），具有引导作用。

05.2227　交配孔　copulatory opening, copulatory pore
又称"交媾孔""插入孔"。位于交媾腔的两侧或直接位于外雌器上，接纳雄性触肢插入器的开口。

05.2228　栉状器［官］　pectines
蝎子第二腹节腹侧近中线由 3 个几丁质板构成的具触觉功能的结构。其上着生数个整齐排列的齿状突起，呈梳状。

05.2229　吸胃　sucking stomach
蜘蛛连接食道之后的膨大囊状结构。位于头胸部中央，呈大盲囊向侧方突出，以细柄部与前后消化管相连，其四周有发达的肌束牵引，连到背甲或腹甲上，将胃悬于背腹甲上，肌肉收缩，迫使胃腔膨大，吸入液体食物；肌肉舒张时，胃腔复原，将汁液压入胃盲肠囊。内壁含有几丁质层，应属于前肠部分，具有暂时贮藏的功能。

05.2230　直肠囊　rectal sac
又称"粪囊（sterocoral pocket）""粪袋"。

后肠的背方膨大形成的囊状结构。粪便排除前贮于其中。

05.2231　丝腺　silk gland, spinning gland
蜘蛛腹部产生丝质的腺体。有的占据了腹部大部分空间。每个腺体为一层细胞和腺腔组成，由纺器上的纺管或筛器上的孔通出。

05.2232　纺器　spinneret
蜘蛛腹部腹面中段或后端附肢（第四、五节）特化而成的指状构造。通常有 3 对。按其位置分为前纺器、中纺器和后纺器。亦有 4 对、2 对，甚至仅有 1 对者。其顶端有膜质的纺区，周围被毛。

05.2233　前纺器　anterior spinneret
位于最前的一对纺器。较大，圆锥状，具 2 节。顶端有膜质的纺区，周围被毛。

05.2234　中纺器　middle spinneret
位于前纺器和后纺器之间或两个前纺器之间的一对纺器。较小，仅 1 节。

05.2235　后纺器　posterior spinneret
位于最后的 1 对纺器。较大，圆锥状，具 2 节。

05.2236　纺管　spigot
每一个纺器的顶端有膜质的纺区，分布在纺区表面上的管状结构。从体内丝腺分泌的物质经过纺管，遇空气凝结成蛛丝。绝大多数种类，纺管着生于纺器的梢节末端，少数种类亦有着生于其他节。

05.2237　细纺管　spool
位于纺区表面上的一些细小分支的纺管。

05.2238　筛器　cribellum
某些蜘蛛位于纺器前端中央的一个筛状板结构。是纺丝器官，其上有许多纺孔。

05.2239　舌状体　colulus
某些蜘蛛紧靠纺器前方的一个小而尖的舌状附器。其作用目前尚不明。在中纺亚目的节板蛛科、后纺亚目的原蛛下目及新蛛下目中的筛器蜘蛛类和平腹蛛科都没有舌状体。有人认为舌状体是退化的纺器，有人则认为舌状体与筛器为同源器官。

05.2240　栉器　calamistrum
具筛器的蜘蛛沿着第四步足后跗节背侧着生的一列或两列弯曲的刚毛。用于梳理由筛器产出的特殊的丝。

05.2241　拖丝　dragline
当蜘蛛走动或受惊从网上下垂或飞航扩散时，其腹部末端纺器纺出的丝。某些结圆网的蜘蛛其网的框架也是由拖丝构成。

05.2242　附着盘　attachment disc
由大量的卷曲细丝构成，用以将拖丝以一定的间隔固定在物体上的盘状结构。

05.2243　框丝　frame thread
用于构成网框架、形成网面的丝。

05.2244　辐射丝　radiating thread, radial silk
从中心向四周辐射的丝。

05.2245　螺旋丝　spiral thread, spiral silk
从中心向外螺旋状环绕的丝。

05.2246　捕[捉]丝　capture thread, capture silk
蜘蛛捕获猎物时用以捆绑或包裹猎物的丝。

05.2247　黏丝　viscid thread
其上有胶滴，呈念珠状的丝。胶滴能黏住飞虫，而且拉力很强，不易拉断。

05.2248 卵袋丝 cocoon thread, cocoon silk
用以将卵粒包裹起来的丝。

05.2249 支持带 hackled band
又称"支架丝（scaffolding thread）"。由至少2根以上的纵向丝和横向丝组成的似缎带结构。纵向丝起到支持作用，横向丝具有黏着作用，常见于金蛛、艾蛛和筛器类蜘蛛纺织的丝网中。

05.2250 精网 sperm web
雄蛛成熟后，在求偶前编织的用于安置腹部腹面生殖孔产生精液的小网。宽仅数毫米，不是来自于纺器，而是由雄蛛胃外区的胸腺产生。

05.2251 巢 net
蜘蛛用丝建构的遮蔽物。可作为居所，有时也可充当产房或蜕皮室等。

05.2252 皿网 sheet-web
其主体由织成平面的或弧形的丝层构成，另有不规则的丝自丝层拉向不同方向的致密网。如皿蛛织的网。

05.2253 圆网 orb-web
由中心向外的辐射丝和螺旋状环绕的螺旋丝构成的车轮状网。如园蛛和肖蛸结的网。可分为完全圆网、不完全圆网、扇形网、无中枢圆网和有丝带圆网。

05.2254 三角网 triangular web
圆网的一种变型。网面呈三角形，仅有4根辐射丝，形状如完全圆网的一个三角形扇面，如妩蛛科的扇妩蛛织的网。

05.2255 不规则网 irregular web, net-web
又称"乱网"。蛛丝向各个方向延伸形成的没有固定形状的网。如球蛛和幽灵蛛结的网。

05.2256 漏斗网 funnel-web
由漏斗蛛结的网，形似漏斗而得名。包括一个管状丝构成的隐蔽所，从其向周围延伸出致密的水平网形成网片。漏斗蛛常在管状的隐蔽所和网片的连接处静候捕食，网片的作用不仅可以传递猎物靠近的信息，同时也能延缓猎物逃离的时间。

05.2257 肛丘 anal tubercle
蜘蛛腹部末端在肛门开口处形成的突出。

05.2258 裂隙感受器 slit sensillum
又称"缝感受器"。蜘蛛接受应力的感受器。隐藏于外骨骼中，分布于整个体表，尤其以步足上为多。

05.2259 琴形器 lyriform organ
由多条裂隙感受器集中分布形成的一个类似竖琴状的感受器。长10～100μm，宽2～3μm，底部是一极薄的角质层，下面是一感觉神经元。可在不同种类蜘蛛的螯肢、胸板、步足上。

05.2260 球拍器 racquet-organ
蛛形动物避日目（Solifugae）第四步足的腹面独特的"T"形或球拍形结构。共5个，位于基节上2个、转节上2个、腿节上1个。

05.2261 羊角器官 ram's horn organ
蛛形动物伪蝎目（Pseudoscorpiones）雄性生殖孔附近的一对呈羊角状的囊状物。由侧生殖囊外翻形成，通常为中空的管，无腺体。

05.2262 听毛 trichobothrium
分布在步足和触肢上、基部杯状的细长毛。有听觉、网上定位、探测气流和保持肌肉紧张的功能。

05.2263 基节腺 coxal gland
开口于步足基节后方的分泌腺体状结构。位

于头胸部内，由体腔囊演变而来的 1 对或 2 对薄壁的球状囊，是蜘蛛的一种排泄器官。

05.2264 梨状腺 pyriform gland
开口于前纺器，产生附着盘丝的腺体。导管狭长而呈窄长梨状，多个聚在一起。

05.2265 葡萄状腺 aciniform gland
开口于中纺器和后纺器，产生捆绑捕获物缠丝以及某些蜘蛛卵袋丝的腺体。极小，常聚成葡萄状，近乎圆形，有一短管。见于所有蜘蛛。

05.2266 聚合腺 aggregate gland
又称"集合腺"。开口于后纺器，产生黏丝及弹性丝上的黏滴的腺体。具有不规则的分支或分叶，下方为细管。

05.2267 管状腺 tubuliform gland
开口于中、后纺器上，产生纺卵袋丝的腺体。一般 6 个，形状圆柱形，管径大致相同，常盘曲。常见于雌蛛，雄蛛不常见，但跳蛛、石蛛及类石蛛没有。

05.2268 壶状腺 ampulliform gland
开口于前、中纺器，产生框丝和拖丝的腺体。圆柱形，中部扩大，数量不多。

05.2269 鞭状腺 flagelliform gland
开口于后纺器，形成黏丝轴的腺体。上端冠状、下端管状，仅见于园蛛科。

05.2270 叶状腺 lobed gland
开口于后纺器、分泌黏丝的腺体。由其第四步足跗节上的锯齿毛操纵，2 或 4 个，呈不规则的分叶状，仅见于球蛛。

05.2271 筛器腺 cribellate gland
开口通向筛器的腺体。小而圆，常聚集一起，几个腺体包在一个共同的鞘内。分泌的丝由第四步足后跗节的栉器纺出成为丝带。见于筛器类蜘蛛。

05.2272 臭肛腺 anal stink gland
又称"后体腺（opisthosomatic gland）"。鞭蝎目（Uropygi）后体 1 对可产生醋酸和辛酸或近似化合物液汁的腺体。具有恶臭。

05.2273 触肢器 palpal organ
雄蛛触肢跗节特化的生殖器官。能间接地从生殖孔得到精子并储存，在交配时把精子传递给雌蛛，包括跗舟和生殖球。

05.2274 跗节器 tarsal organ
位于跗节背面的一种嗅觉感受器。少数种类的跗节器是杆状，像一根毛，但多数跗节器呈圆形小孔，孔的内面有一个凹窝，窝底有几个角质突起，有多根神经支配。

05.2275 触鞭毛 flagellum
避日目（Solifugae）雄性螯肢不动指上着生的结构。因种类而异。

05.2276 跗舟 cymbium
雄蛛成体的触肢跗节特化成为一个包含生殖球的勺状结构。与副跗舟以关节与胫节相连似"花萼"将生殖球合抱。

05.2277 副跗舟 paracymbium
通常在雄蛛触肢器跗舟基部的一个分支，不同种类其形态多样。与跗舟以关节与胫节相连，似"花萼"将生殖球合抱。

05.2278 生殖腔窝 genital alveolus
雄蛛触肢跗舟腹侧的凹陷，容纳生殖球的部位。

05.2279 生殖球 genital bulb
藏纳于生殖腔窝内用于生殖的球状体。主要

由一凸起的骨质盾板组成，盾板内部有精管、贮精囊、交接器和插入器。

05.2280　亚盾片　subtegulum
位于生殖球基部的骨片。多在基血囊的前臂，环形或不封闭的环形。

05.2281　盾片　tegulum
位于生殖球中部的骨片。多在中血囊的前臂，亦呈环状。

05.2282　中突　median apophysis
位于生殖球中部，从盾片远端边缘突起的角质附属物。一般认为中突在雌雄交配时，起支持和把握的作用。

05.2283　插入器　embolus
雄性触肢器中为射精穿过并开口其上的结构。一般呈针状，也有呈板状，如大腹园蛛。

05.2284　根片　radix
雄蛛触肢器结构复杂的蜘蛛所具有的结构。插入器的基部有两骨片，其中近端的骨片。与盾片相近，如大腹园蛛（*Araneus ventricosus*）。

05.2285　茎片　stipe
雄蛛触肢器结构复杂的蜘蛛所具有的结构。插入器的基部有两骨片，其中较粗壮的骨片。与盾片较远，如大腹园蛛（*Araneus ventricosus*）。

05.2286　引导器　conductor
蜘蛛雄性触肢器中保护插入器，在交配过程中起引导作用的膜质结构。

05.2287　护器　tutaculum
蟹蛛科雄蛛触肢器跗舟的侧缘凹陷，可以容纳纤细的插入器，起到保护作用的结构。

05.2288　顶突　terminal apophysis
雄蛛插入器生殖球中顶血囊最顶端向外突出的骨片。

05.2289　侧亚顶突　lateral subterminal apophysis
雄蛛插入器生殖球侧面的一大骨片。位于顶突的下方，保护生殖球。

05.2290　中亚顶突　mesal subterminal apophysis
雄蛛插入器生殖球的正面中部的板状骨片。与侧亚顶突相对。

05.2291　容精球　fundus
雄蛛触肢器的生殖球基部的盲囊。

05.2292　受精管　fertilization duct, fertilization tube
雌蛛外雌器纳精囊内侧向中心延伸的管道。当卵子成熟后，从输卵管进入阴道时，纳精囊内的精子由受精管通出而使排出的卵受精。

05.2293　交配管　copulatory duct
雌蛛外雌器中连接插入孔和纳精囊的管道。

05.2294　射精管　ejaculatory duct
雄蛛触肢器生殖球内部结构中盘曲的细管。内有精子，管的末端开口于插入器。

05.2295　血囊　hematodocha, haematodocha
当雄蛛与雌蛛交媾时，生殖球鼓胀并充满血液的部分。由基血囊、中血囊、顶血囊组成。

05.2296　基血囊　basal hematodocha
当雄蛛与雌蛛交媾时，生殖球鼓胀并充满血液，基部的血囊。

05.2297 中血囊 middle hematodocha
当雄蛛与雌蛛交媾时，生殖球鼓胀并充满血液，中部的血囊。

05.2298 顶血囊 distal hematodocha
当雄蛛与雌蛛交媾时，生殖球鼓胀并充满血液，顶部的血囊。

05.2299 幼蛛 spiderling
从受精卵孵化出的个体到性成熟之前的不同发育阶段的蜘蛛的统称。幼蛛到成蛛，不同蜘蛛的蜕皮次数与成蛛最后的大小有关，通常要经过 4～13 次蜕皮。

05.2300 幼螨 larva
刚孵化的小螨。步足仅有 3 对。

05.2301 若螨 nymph
经过第一次蜕皮后的幼螨。步足 4 对。

05.2302 定居型 sedentariae
有固定住所的蜘蛛类型。包括结网的园蛛、球蛛、漏斗蛛、肖蛸等；在地下或土坡上挖洞穴居的地蛛、七纺蛛等；以及以巢为固定住所的壁钱、类石蛛等。

05.2303 游猎型 vagabundae
不织蛛网、游走猎食、无固定居所的蜘蛛。如狼蛛、跳蛛、蟹蛛等在地面、草丛、花朵、树木上流动捕食；而盗蛛、狼蛛科的水蛛则在水边（包括水田边）捕食。

05.2304 前行性 prograde
肖蛸、狼蛛等很多种类第一、第二步足伸向前方，第三、第四步足伸向后方者，其行动轨迹基本呈现直线向前的特性。

05.2305 横行性 laterigrade
蟹蛛、逍遥蛛等 4 对步足都左右伸展于身体两侧，其行动轨迹基本呈横向的特性。

05.2306 振动 vibration
某些步足长的蜘蛛在遇到敌害靠近时，剧烈摆动蛛网以威吓对方的现象。如幽灵蛛。

05.21.03 多足动物亚门

05.2307 唇足纲 Chilopoda
多足动物亚门的一个类群。现生种类身体细长而扁平，躯干节有 15～190 余节，各节附生 1 对足。第一躯干节的附肢特化成"颚足"，位于头部下方、形似口器，其末端尖锐，用于捕食。生殖孔位于最末的体节。行动敏捷，食肉性。本纲动物俗称"蜈蚣（centipede）"。

05.2308 倍足纲 Diplopoda
多足动物亚门的一个类群。现生种类触角简单，分 8 节。第一小颚合成一个颚唇。第一躯干节无足，为颈节，第二至第四躯干节各具 1 对足，其后躯干节各具 2 对足，躯干末节无足。步足位于身体腹面，通常较短，因此身体紧挨地面。生殖孔开口在身体前部，位于第二对步足（第三躯干节）的基节或近基节处。雌雄性（除马陆目外）第七躯干节的第一或第二对步足通常特化成生殖肢。本纲动物俗称"马陆（millipede）"。

05.2309 少足纲 Pauropoda
又称"蠋蚖纲"。多足动物亚门的一个类群。体小型，体长一般 0.3～2.0 mm；体软无眼，头部有 1 对分叉的触角，躯干节通常有 11 节，肛节无附肢，成体有 8～11 对步足，第一躯干节无足（或足退化，见于四少足目）。本纲动物俗称"蠋蚖""少足虫"。

05.2310　综合纲　Symphyla
多足动物亚门的一个类群。现生种类无色小型，体长 2～8mm，无眼，头与躯干区别明显，触角长、呈念珠状，触角基部附近有特氏器。气孔 1 对，位于头部；躯干通常有 14 节和尾节，背板一般有 15～24 个。成体有 11～12 对步足，生殖孔位于第三和第四对步足之间。

05.2311　前殖孔类　Progoneata
又称"前产类"。生殖孔一般位于身体第三躯干节的多足动物类群。包括倍足纲、少足纲和综合纲动物。

05.2312　后殖孔类　Opisthogoneata
又称"后性类"。生殖孔位于身体末端的唇足纲和六足动物类群的合称。

05.2313　双颚类　Dignatha
多足动物倍足纲和少足纲动物类群的合称。除有 1 对大颚之外，仅有 1 对小颚包围口。

05.2314　有气管类　Tracheata
又称"缺角类（Atelocerata）"。具有气管呼吸系统以及在中肠和后肠之间长出的肛道马氏管，缺失第二对触角的节肢动物类群。包括多足动物和六足动物。

05.2315　奇足类　Paradoxopoda
螯肢动物和多足动物的合称。是依据分子系统学推导提出的单系类群，但迄今并未得到形态学证据的支持。

05.2316　颚肢类　Mandibulata
又称"有颚类"。除螯肢动物以外的节肢动物的统称。具有同源的头部附肢大颚。

05.2317　头壳　cephalic capsule, head capsule
又称"头鞘"。多足动物头部角皮硬化形成的坚硬外壳。在唇足类通常是身体最坚硬的

部分。

05.2318　头板　cephalic plate
多足动物头壳的背侧骨板。

05.2319　头侧板　cephalic pleurite
多足动物唇基上唇侧面的一片骨板。

05.2320　额沟线　antennocellar suture
多足动物头壳前侧部分的一对缝合线。

05.2321　具足体节　leg-bearing segment
多足动物躯干部具有成对步足的躯干节。

05.2322　中沟　median sulcus
多足动物头壳背侧前端中部的纵向沟。

05.2323　横缝线　transverse suture
多足动物头壳背侧前端横向的缝合线。

05.2324　眼区　ocellar area
多足动物头壳的左右前外侧，聚眼或单眼着生的部分。

05.2325　触角　antenna
多足动物头部最前端的 1 对具有感觉功能的附肢。

05.2326　触角节　antennal article
组成触角的一个独立且不能再分的单位。

05.2327　拟复眼　pseudocompound eye, pseudofacetted eye
又称"聚眼（agglomerate eye）"。由 150～600 个单眼紧密结合的光感受器。主要见于多足动物蚰蜒目。

05.2328　颞器　temporal organ
位于多足动物少足纲动物头背方两侧、成

对的大型类似于眼形状的感觉器官。但少足纲动物是全盲的，该器官具有其他的感觉或调节功能（很可能营嗅觉或湿度感受）。其外形在六少足目呈杯状或伞状，在四少足目呈扁平或稍隆起，抑或呈隆凸的椭圆形。

05.2329 特氏器 Tömösváry organ, organ of Tömösváry
曾称"托氏器"。位于多足动物综合纲动物头部两侧，靠近触角基部后方的一类复合型感受器。其结构和功能因类群而异。

05.2330 角后器 postantennal organ
存在于多足动物综合纲和六足动物内颚纲许多弹尾目中，位于触角基部或者后部的一个环状或多齿状的感觉区域。其中部有细沟，在下面排列着十余个包围沟的大型真皮细胞。

05.2331 感器 sensillum
散布于多足动物角皮上的小型感觉器官。由感觉细胞和鞘细胞两部分组成。具有感受机械刺激、化学刺激，以及湿度和温度变化等功能。其类型多样，多散布于触角表面。常见的感器类型有：毛形感器、微毛形感器、基锥感器、短锥感器、腔锥感器、颈管形感器、颈瓶感器、棒形感器、扣形感器、喙形感器、帽感器等。

05.2332 毛形感器 trichoid sensillum
又称"毛感[受]器"。位于多足动物唇足纲具有硬化角质层的体表，形似长刚毛，顶端具孔的感器。每个感器包括一个鞘原细胞、一个毛原细胞和一个膜原细胞。内外受体淋巴管深入毛干管腔。是分布最广、最为常见的感器。

05.2333 微毛形感器 microtrichoid senillum
又称"微毛感[受]器"。分布于除蚰蜒目以外的多足动物唇足纲类群触角上的形似微毛，顶端具孔的感器。

05.2334 基锥[感]器 basiconic sensillum
分布于除蚰蜒目外的多足动物唇足纲类群触角表面，毛干上具穿孔系统和深纵向沟，顶端孔不明显的感器。有两种形态：一种是短钉状或指状，稍弯曲的锥形感器；一种是延长的锥形感器。

05.2335 短锥[感]器 brachyconic sensillum
分布于多足动物唇足纲类群的触角表面，毛干基部短粗，末端细长，有的稍弯曲，顶端具孔的感器。依毛干的长度和插入触角的位置可分为末端短锥感器和上缘短锥感器。

05.2336 腔锥[感]器 coeloconic sensillum
又称"凹锥器"。分布于多足动物唇足纲类群的颚足和触角表面，或上下咽等区域，似锥形，中空，顶端具孔的感器。有3种类型：一是毛干宽且呈锥形，二是毛干细长且末端尖圆，三是毛干长而尖。

05.2337 颈管形感器 collared tube-shaped sensillum
又称"带领管状感器"。分布于多足动物唇足纲类群的杯蜈蚣目和蜈蚣目触角末节，形似瓶、顶端无孔的感器。

05.2338 颈瓶感器 collared bottle-shaped sensillum
分布于多足动物唇足纲杯蜈蚣目触角表面，末节毛干光滑，基部颈圈形，末端锥形鞭毛状，顶端无孔的感器。

05.2339 棒形感器 club-shaped sensillum
又称"棒状感器"。分布于多足动物唇足纲蜈蚣目触角表面，简单而钝、顶端具孔的棒状感器。

05.2340 扣形感器 button-shaped sensillum, rimmed sensillum

又称"扣状感器"。分布于多足动物唇足纲蚰蜒目和石蜈蚣目下咽部皮下的形似纽扣的感器。

05.2341 喙形感器 beak-like sensillum

又称"喙状感器"。分布于多足动物唇足纲蚰蜒目触角表面,毛干长且宽又扁平、形似喙状的感器。表面具有螺旋状的彼此之间具深沟的强凸肋,顶端加厚,具孔。

05.2342 帽感器 hat-shaped sensillum

主要分布于多足动物唇足纲蜈蚣目触角表面,体积大而光滑,形似冠冕,顶端具孔的感器。

05.2343 触角球体 antennal globulus

多足动物少足纲动物特有的一种感受器。位于触角的腹支第二鞭毛和第三鞭毛基部之间,由表皮向外凸出形成,呈具柄的球状体。

05.2344 感觉触毛 trichobothrium, bothriotrich, bothriotrichium

又称"盅毛""点毛"。多足动物少足纲、综合纲、倍足纲毛马陆目类群背部的特殊感受器。具有膨大的毛窝。

05.2345 刚毛 seta

分布于多足动物体表的细长毛。

05.2346 棘 spur

多足动物附肢表面比较粗大的刺。

05.2347 唇基上唇 clypeolabrum

多足动物组成口器的唇基和上唇愈合而成的结构。位于头壳的前腹侧、触角和头侧板之间。

05.2348 间插体节 intercalary segment

多足动物头部最后的口前节。位于颚节之前。

05.2349 颚节 gnathal segment

多足动物头部着生大颚和小颚的头节。

05.2350 大颚 mandible

多足动物口器的第一对附肢。由横向的轴节、柄节和带咀嚼突的内侧颚叶三部分组成。

05.2351 大颚节 mandibular segment

多足动物头部连接着大颚的颚节。

05.2352 小颚节 maxillary segment

多足动物头部连接着小颚的颚节。

05.2353 第一小颚 first maxilla

与大颚和第二小颚之间基部骨片相连的一对附肢。

05.2354 第二小颚 second maxilla

与第一小颚之后基部骨片相连的一对附肢。

05.2355 复合小颚 maxillary complex

第一小颚和第二小颚的合称。

05.2356 基胸板齿 coxosternal tooth

多足动物唇足纲动物基胸板前缘角质化的、近锥形的短突起。

05.2357 副齿 porodont

多足动物唇足纲动物常常位于基胸板齿侧面和之间腹侧的一对大型刚毛。

05.2358 缘 margination

多足动物唇足纲动物背板边缘的隆起或加厚。

05.2359 后角突起 posterior triangular projection

多足动物唇足纲石蜈蚣目动物背板两后角的三角形突起。

05.2360 幕骨 tentorium
多足动物头部内部的 U 字形或 X 字形的内骨骼。为口器、触角等活动肌肉的着生点。

05.2361 大颚骨 mandibular condyle
大颚上与幕骨相关节的角质化突起。

05.2362 大颚齿 mandibular tooth
大颚齿板边缘角质化、大的锥形突起。

05.2363 基胸板 coxosternite, coxosternum
多足动物唇足纲头部腹侧的颚肢基节和第一躯干节的腹板愈合而成的完整骨片。

05.2364 基胸板中央凹 coxosternal median diastema
多足动物唇足纲动物基胸板前缘中部向后的凹陷。

05.2365 颚唇 gnathochilarium
在多足动物倍足纲和少足纲中出现的片状口器结构。由第二小颚和下唇融合形成。

05.2366 嗅觉锥 olfactory cone
分布在多足动物触角上的锥形嗅觉器官。

05.2367 颈节 collum segment
在多足动物倍足纲和少足纲中,与头部相邻的躯干部第一个无足体节或第一躯干节。在倍足类和六少足类,颈节形状短,无步足。在四少足类,颈节腹面有一对退化的附肢和一个伸向前方的突起。

05.2368 颈板 collum
在多足动物倍足纲和少足纲中,与头部相邻的躯干部第一个无足体节背板。

05.2369 单节 haplosegment, monozonian
多足动物倍足纲具有一对步足的体节。由一

个背板、一个腹板和一对步足构成。

05.2370 倍节 diplosegment
多足动物倍足纲具有两对步足的体节。由一个背板、两个腹板和两对步足构成。

05.2371 背板 tergum, notum
多足动物和昆虫体节背面的一块或多块骨板。

05.2372 前背板 pretergite
覆盖于多足动物前半体的骨板。

05.2373 后背板 metazonit, metatergite
多足动物倍足纲中具足体节背板有两块骨板,靠近后边较为宽阔的一块骨板。与背板前部被一个横沟结构分开,常覆盖着后一体节的前背侧板。

05.2374 侧背板 pleurotergite
多足动物躯干部背板或背板后部向身体两侧凸起的骨板。

05.2375 腹板 sternum
覆盖在多足动物具足体节腹面的坚硬骨板。其上着生着一对步足或退化的附肢。

05.2376 前腹板 presternite
多足动物每一具足体节仅有单一腹板的前边部分,或具足体节具 2 块腹板中的前一块腹板。

05.2377 后腹板 metasternite
每一具足体节仅具单一腹板的后边部分,或具足体节具 2 块腹板的后边一块腹板。

05.2378 侧板 pleuron
多足动物和昆虫体节侧面的骨化区。

05.2379 基侧板 coxopleuron
多足动物最后一对步足基节的组成成分。连

接基节和侧板。

05.2380 基侧板突 coxopleural process
基侧板向后的突起。

05.2381 中纵沟 median longitudinal sulcus
位于腹板中央的纵沟。

05.2382 十字形沟 cruciform suture
位于腹板表面的一对横向和位于正中央的纵沟。

05.2383 正中旁沟 paramedian sulcus
位于背板近正中的一对平行纵沟或缝合线。

05.2384 侧纵沟 lateral longitudinal suture
位于背板近边缘的一对纵向的缝合线。

05.2385 侧新月沟 lateral crescentic sulcus
背板上的一对弯曲的大致纵向的沟。

05.2386 气孔 spiracle
在部分多足动物具足体节左右两侧成对出现的气管开口。

05.2387 具孔侧板 stigmatopleurite
带有气孔的侧板。

05.2388 刺突 stylus
位于足基节附近的突出物。见于多足动物综合纲、唇足纲蜈蚣属及六足动物双尾纲。

05.2389 臭腺 repugnatorial gland
又称"防御腺""驱拒腺"。多足动物倍足纲等部分陆生种类特有的成对腺体。开口于躯干节的后背侧板上，其分泌物或是醛、苯醌、酚，或是氰化物的前体，这些有毒物质具有威慑和驱避天敌的作用。当受刺激时，借助体壁肌肉收缩将分泌物释出。

05.2390 臭腺孔 ozopore
又称"防御腺孔"。位于多足动物倍足纲和螯肢动物盲蛛目身体侧表面臭腺的开口。

05.2391 腹孔 ventral pore
位于具足体节腹面的腺体孔。

05.2392 基节孔 coxal pore
多足动物部分唇足纲类群最后 4～5 对步足基节上基节器在基节表面的开孔。

05.2393 基节孔区 coxal pore-field
多足动物部分唇足纲类群的最后几对步足基节或基侧板表面具有基节孔开口的区域。

05.2394 纺器 spinneret
又称"尾须（cercus）"。多足动物综合纲类群肛前节背外侧的一对特化附肢。其末端为纺绩腺管的开口。可借助肌肉收缩将腺体分泌形成的丝蛋白黏液泌出，黏液一旦遇到空气即刻形成有弹性的丝线。

05.2395 毒爪 forcipule, poison claw, poisonous maxillipede
又称"毒颚"。多足动物唇足纲类群第一躯干节特化的一对附肢。位于头部下方，形似口器的颚足，末端尖锐、有毒腺开口。用以捕捉、毒杀猎物。

05.2396 基节 coxa
多足动物附肢最基部、与躯体相连的部分。

05.2397 端肢节 telopodite
多足动物附肢除基节外的第一节到末端的整体部分。一般分为 6 节，向远心端依次为：转节、前股节、股节、胫节、跗节（第一跗节、第二跗节）。

05.2398 转节 trochanter
多足动物端肢节最基部的第一节。

05.2399 前股节 prefemur
又称"前腿节"。多足动物端肢节的第二节。

05.2400 股节 femur
又称"腿节"。多足动物端肢节的第三节。

05.2401 胫节 tibia
多足动物端肢节的第四节。

05.2402 跗节 tarsus
多足动物端肢节的第五节。

05.2403 第一跗节 tarsus 1, T1
多足动物附肢最后一节（即跗节）分为两节，靠近身体的一节。

05.2404 第二跗节 tarsus 2, T2
多足动物附肢最后一节（即跗节）分为两节，远离身体的一节。

05.2405 爪间突 empodium
多足动物爪上的刺状或叶状凸起。

05.2406 步足刺 leg spur
位于步足各节末端的刺。

05.2407 肛节 anal segment
多足动物腹部的最后一节。无足，其胸板后缘的形状较背板的变化更多。在少足纲类群其胸板的中后部常附有肛板。肛节在一龄期已发育完全，其外形、成对的刚毛以及肛板等在之后的生活史中都不再改变。因而在鉴别属、种方面具有重要的参考价值。

05.2408 肛瓣 anal valve
又称"肛扉"。多足动物肛节腹侧的一对扁圆形突起。

05.2409 肛鳞 anal scale
多足动物倍足纲躯干末端腹侧的骨片。前端与肛瓣相连，部分种类延长。

05.2410 肛板 anal plate
多足动物少足纲肛节末端特有的结构。位于肛门上方，其形状和附属物是少足纲分类的重要依据。

05.2411 前肛环 preanal ring
多足动物倍足纲躯干部最后一个体节环。其上不具步足，可能有背突或尾，和肛瓣、肛鳞一起构成肛节。

05.2412 肛上板 epiproct
多足动物倍足纲动物中，组成肛节的前肛环背侧中央向后的突起。

05.2413 前生殖节 pregenital segment
位于多足动物生殖节前的腹节。

05.2414 前生殖节腹板 pregenital sternite
位于多足动物生殖节之前、腹板的一部分或者腹板上发生硬化的部分。

05.2415 生殖节 genital segment, gonosomite
（1）多足动物生殖器官所在的腹节。在唇足纲类群其生殖节位于身体最末两步足间；在其他三类多足动物，其生殖节一般位于身体前端第二对步足之后。（2）六足动物昆虫雄性主要为第九腹节，雌性主要为第八、第九腹节。

05.2416 增节变态 anamorphosis
节肢动物胚后发育过程中，体节数伴随着蜕皮而增加的变态类型。多足动物的增节变态根据不同情况可分为半增节变态、真增节变态和后增节变态三种类型。

05.2417 半增节变态 hemianamorphosis
多足动物胚后发育的三种增节变态类型之一。即虫体经过多次蜕皮达到固定的体节数之后，仍继续蜕皮、生长，但体节数不增加。见于多足动物少足纲、综合纲、倍足纲毛马陆目等。

05.2418 真增节变态 euanamorphosis
多足动物胚后发育的三种增节变态类型之一。即虫体每蜕皮一次都可以增加新的体节，没有固定的体节数。见于多足动物倍足纲姬马陆目。

05.2419 后增节变态 teloanamorphosis
多足动物胚后发育的三种增节变态类型之一。即虫体经过多次蜕皮达到固定的体节数之后便不再蜕皮、生长。见于多足动物倍足纲泡马陆目和带马陆目。

05.21.04 六足动物亚门

05.2420 内颚纲 Entognatha
又称"内口纲"。六足动物亚门的一个类群。原始无翅类，口器藏于头部内一个可翻缩的囊里，上颚仅有一个关节与头部连接。触角大多数节内具肌肉，马氏管不发达或全无，腹部有附肢痕迹。

05.2421 昆虫纲 Insecta
六足动物亚门的一个类群。无翅或有翅，口器外露，上颚有两个关节与头部连接，触角各鞭节内无肌肉，马氏管发达。

05.2422 昆虫 insect
六足动物亚门昆虫纲动物的通称。成年期有 3 对足，体躯由一系列环节即体节所组成，进一步集合成 3 个体段（头、胸和腹），通常具 2 对翅。如蝗、蝶、蚊、蝇等。

05.2423 头壳 head capsule
昆虫头部骨片合并成的卵圆形的坚硬外壳。

05.2424 颊 gena, cheek
头壳侧面在复眼之下至外咽缝的部分。

05.2425 额 frons, front
头壳两个颊区与唇基之间的部分。

05.2426 唇基 clypeus
额区之下的一块方形骨片。其下与上唇相接。

05.2427 触角 antenna
昆虫头部的一对起感觉作用的分节附肢。是头部的第一对附肢（即第二体节的附肢），着生于额区，复眼之前或之间。由基部向外依次为柄节、梗节和鞭节。其形态因种而异，是分类的重要依据之一，常见的类型有具芒状、念珠状、环毛状、栉齿状、棒状、丝状、膝状、鳃状、羽状、锯齿状和刚毛状等 11 种。

05.2428 柄节 scape
触角的第一节。与触角窝相连，一般较粗大。

05.2429 梗节 pedicel
触角的第二节。位于柄节和鞭节之间，通常较短小。

05.2430 鞭节 flagellum
触角的第三节。位于梗节之后，常分为若干亚节而形成各种类型，是触角变化最大的部分。

05.2431 具芒状触角 aristate antenna, athericerous antenna, setarious antenna
触角的一种类型。很短，鞭节仅 1 节，但异常膨大，其上生有刚毛状触角芒，芒上有时还有很多细毛，如蝇类。

05.2432　念珠状触角　moniliform antenna
触角的一种类型。鞭节各小节近似圆珠形，大小相似，如串珠状，如白蚁。

05.2433　环毛状触角　annular antenna
触角的一种类型。鞭节各小节都具一圈细毛，愈接近基部的细毛愈长，如雄蚊。

05.2434　栉齿状触角　pectiniform antenna
又称"梳状触角"。触角的一种类型。鞭节各小节向一侧或两侧呈细枝状突出，形似梳子，如绿豆象雄虫、一些甲虫、蛾类雌虫。

05.2435　棒状触角　clavigerate antenna
又称"球杆状触角（torulose antenna）"。触角的一种类型。基部各节细长如杆，端部数节逐渐膨大，整个形状似一根棒球杆，如蝶类。

05.2436　锤状触角　capitate antenna
棒状触角的一种类型。其棒端末端膨大为球形，如郭公虫。

05.2437　丝状触角　filiform antenna
触角的一种类型。除基部两节稍粗大外，鞭节由许多大小相似的小节相连成细丝状，向端部逐渐变细，如蝗虫、蟋蟀等。

05.2438　膝状触角　geniculate antenna, patel-liform antenna
触角的一种类型。柄节特长，梗节细小，鞭节各小节大小相似．并与柄节呈成膝状曲折相接，如蜜蜂。

05.2439　鳃片状触角　lamellate antenna
触角的一种类型。端部数节向一侧扩展成薄片状，相叠在一起形似鱼鳃，如金龟甲。

05.2440　羽状触角　pinnate antenna
触角的一种类型。鞭节各小节向两侧作细枝状突出，形似鸟羽，如毒蛾、樟蚕蛾和许多蛾类雄虫。

05.2441　锯齿状触角　jagged antenna, laciniate antenna, serrate antenna
触角的一种类型。鞭节各小节近似三角形，向一侧呈齿状突出，形如锯条，如锯天牛、叩头虫、芫菁等。

05.2442　刚毛状触角　setal antenna, setiform antenna, setiferous antenna
触角的一种类型。很短，基部 1～2 节较粗大，鞭纤细似鬃毛，如蝉、飞虱和蜻蜓等。

05.2443　触角窝　antennal socket, antennal fossa
触角着生处的凹陷。

05.2444　头顶　vertex
又称"颅顶"。额区之上、两复眼之间和后头之前，即头壳的背面部分。

05.2445　上唇　labrum
悬于唇基下方、盖在口腔前面的一块可活动的骨片。

05.2446　上颚　mandible
昆虫的第一对颚。位于上唇后方。在咀嚼式口器中，为一对坚硬且不分节的锥状构造。

05.2447　下颚　maxilla
昆虫的第二对颚。位于上颚之后，分为多节。通常由轴节、茎节、外颚叶、内颚叶和下颚须五部分组成。

05.2448 轴节 cardo
下颚基部连接头壳的部分。为一块三角形骨片，其上有一突起与头壳的侧下缘相连。

05.2449 茎节 stipes
下颚基部与轴节相连的部分。是位于轴节下方的一块近似于长方形的骨片，其端部有可活动的外颚叶、内颚叶和下颚须。

05.2450 外颚叶 galea
着生在茎节前端外侧的一块骨化较弱的匙状骨片。常分二节。

05.2451 内颚叶 lacinia
着生在茎节前端内侧的一块较为骨化且端部具齿的叶状骨片。

05.2452 负颚须节 palpifer
茎节外缘上的一突出小骨片。其上着生下颚须。

05.2453 下颚须 maxillary palp, maxillary palpus
着生在负颚须节上的分节构造。通常有 5 节，具感觉功能。

05.2454 下唇 labium
位于下颚后面、后头孔的下方、基部与头后方腹缘的膜相连的一个片状构造。结构与下颚相似。

05.2455 咀嚼式口器 biting mouthparts, chewing mouthparts
昆虫口器最原始的类型。适合取食固体食物，上颚发达以嚼碎固体食物。如飞蝗的口器。

05.2456 虹吸式口器 siphoning mouthparts
昆虫口器的一种类型。左右下颚的外颚叶结合成细管状能卷曲的喙，用于吸食物体表面的液汁。如蝶、蛾类的口器。

05.2457 刺吸式口器 piercing-sucking mouthparts
昆虫口器的一种类型。上颚或下颚特化为针状，适于刺入动、植物组织中，吸取液体食物，如蝉、蚊的口器。

05.2458 嚼吸式口器 biting-sucking mouthparts
昆虫口器的一种类型。上颚发达，下颚和下唇高度特化变长，吸食时合成喙，如蜂类的口器。

05.2459 舐吸式口器 licking mouthparts, sponging mouthparts
昆虫口器的一种类型。具有舐吸汁液的大形唇瓣，但缺少口针。如蝇类的口器。

05.2460 颈区 cervix, neck
昆虫头部与胸部前胸之间可伸缩的区域。膜质，能缩入前胸。

05.2461 前胸 prothorax
昆虫胸部的第一节。着生足 1 对（前足），无翅。

05.2462 中胸 mesothorax
昆虫胸部的第二节。位于前胸之后，着生有足 1 对（中足），常具翅 1 对。

05.2463 后胸 metathorax
胸部的第三节。位于中胸之后，着生足 1 对（后足），常具翅 1 对。

05.2464 翅胸 pterothorax
全称"具翅胸节"。有翅昆虫的中胸和后胸。

05.2465 足 leg, foot
昆虫用于陆地行走的器官。每一胸节着生 1 对，各由基节、转节、股节、胫节、跗节和前跗节组成。其形态因环境也相应发生变化，如步行足、跳跃足等。

05.2466　基节　coxa
昆虫足近基部的第一节。使足与躯体相连，多为圆筒形或圆锥形。

05.2467　转节　trochanter
昆虫足的第二节。位于基节和股节之间，一般较小，有时分为两节。

05.2468　股节　femur
又称"腿节"。昆虫足的第三节。位于转节和胫节之间，通常粗壮。

05.2469　胫节　tibia
昆虫足的第四节。位于股节和跗节之间，通常细长。

05.2470　跗节　tarsus
昆虫足的第五节。即足的端部部分，位于胫节和前跗节之间。成虫的跗节常多由 2~5 个亚节，即跗分节组成。

05.2471　基跗节　basitarsus
跗节最基部的一节。

05.2472　前跗节　pretarsus
昆虫足最末端的构造。常由两个侧爪和中垫等中央构造组成。

05.2473　胸足　thoracic leg
着生在各胸节侧腹面的成对附肢。是昆虫的行走器官。成虫的足由 6 节组成，节与节之间常有一两个关节相连接。

05.2474　前足　fore leg, propedes
着生于前胸侧腹面的 1 对足。

05.2475　中足　median leg, midleg
着生于中胸侧腹面的 1 对足。

05.2476　后足　hind leg, hindleg
着生于后胸侧腹面的 1 对足。

05.2477　跳跃足　saltatonal leg
后足腿节特别膨大，适于跳跃的足。如蝗虫。

05.2478　捕捉足　raptorial leg
前足腿节和胫节能合抱在一起，适于捕捉其他昆虫的足。如螳螂。

05.2479　开掘足　fossorial leg
胫节宽扁有齿，适于掘土或钻穴的足。如蝼蛄。

05.2480　游泳足　natatorial leg
扁平、有较长的缘毛，适于划水的足。如松藻虫。

05.2481　抱握足　clasping leg
雄虫前足跗节上有吸盘，在交配时用于挟持雌虫的足。如龙虱。

05.2482　携粉足　corbiculate leg
后足多毛、具有复杂的构造，便于携采花粉的足。如蜜蜂。

05.2483　翅　wing
昆虫体壁向外突出形成的膜状结构。着生于中、后胸两侧，为昆虫的飞行器官。

05.2484　翅脉　vein
翅面上纵横分布的管状加厚的构造。对翅面起着支架的作用。

05.2485　纵脉　longitudinal vein
从翅基部伸向翅边缘的翅脉。

05.2486　横脉　crossvein
连接两条纵脉之间的短脉。

05.2487　脉序　venation
又称"脉相"。翅脉在翅面的分布形式。不同类群的脉序存在一定的差别，而同类昆虫的脉序相对稳定和相似。是研究昆虫分类和系统发育的重要依据。

05.2488　前翅　fore wing, forewing
生于中胸的 1 对翅。

05.2489　后翅　hind wing, hindwing
生于后胸的 1 对翅。

05.2490　膜翅　membranous wing
翅的一种类型。质地呈膜状、透明而薄，翅脉明显可见，为昆虫中最常见的一类翅，如蜻蜓、蜂的前后翅。

05.2491　覆翅　tegmen
翅的一种类型。质地略厚较坚韧似革、半透明，翅脉大多可见，但不司飞行，平时覆盖在体背和后翅上，有保护作用。如蝗虫等直翅目昆虫的前翅。

05.2492　鞘翅　elytron
翅的一种类型。质地坚硬，角质化，翅脉一般不可见，不司飞行，起保护作用。如鞘翅目昆虫的前翅。

05.2493　半鞘翅　hemielytron
翅的一种类型。翅基半部革质加厚，翅脉一般不可见，端半部膜质透明，具飞行功能，如蝽类等半翅目昆虫的前翅。

05.2494　鳞翅　lepidotic wing
翅的一种类型。翅膜上覆盖几丁质的小鳞片，常具各种颜色，且能折光，使翅有鲜艳的光彩，如蝶蛾类的翅。

05.2495　平衡棒　halter
双翅目昆虫后胸两侧、由后翅特化而形成的棒状构造。

05.2496　并胸腹节　propodeum
膜翅目昆虫中向前并入胸部的第一腹节。

05.2497　产卵器　ovipositor
昆虫雌虫用以产卵的器官。一般为管状或瓣状构造，着生于第八、第九腹节上，通常由 3 对产卵瓣组成。

05.2498　产卵瓣　valvula
组成昆虫产卵器的生殖肢。由附肢或基肢片特化而成，一般有 3 对。

05.2499　腹产卵瓣　ventrovalvula
产卵器的腹面瓣。源于第八腹节的生殖突。

05.2500　背产卵瓣　dorsovalvula
产卵器的背面瓣。源于第九腹节生殖基节的外侧突起，可成包围产卵器的鞘。

05.2501　内产卵瓣　intervalvula
产卵器的中间瓣。源于第九腹节的生殖突。

05.2502　螫针　sting
膜翅目针尾类昆虫特化为针状的产卵器。

05.2503　阳具　phallus, penis
又称"阳茎"。昆虫雄虫的插入器官。生殖孔位于其中。

05.2504　抱握器　clasper, harpago
交配时，雄虫抱握雌虫的器官。

05.2505 尾须 cercus
昆虫腹部第十一节的成对附肢。

05.2506 中尾丝 caudal filament, median cercus
昆虫第十一腹节背板中央伸出的单一细长、分节的丝状构造。

05.2507 肛节 anal segment
昆虫腹部最末的一节。

05.2508 尾节 telson, periproct
昆虫腹部末端含有肛门的部分。

05.22 苔藓动物门

05.2509 被唇纲 Phylactolaemata
苔藓动物门的一个类群。群体几丁质或胶质，无钙质骨骼；个虫圆柱形，具口上突、体壁肌，虫体较大，触手冠通常马蹄形，个虫间体腔融合；能产生无性繁殖的休眠芽体，均为现生种，生活于淡水中。

05.2510 狭唇纲 Stenolaemata
苔藓动物门的一个类群。群体形态多样，具钙质骨骼；自个虫圆柱形或喇叭形；无口上突；体壁完全钙化；触手冠外翻系由体腔内压的重新分配来实现；多形不发达；全海生；绝大多数种类为已灭绝的化石种，只有少数的管孔目种类为现生种。

05.2511 裸唇纲 Gymnolaemata
苔藓动物门的一个类群。群体形态变化多样，钙质骨骼有或无；自个虫圆柱形或四方形；触手冠圆形，无口上突，其外翻由部分体壁变形来实现；多形发达；绝大多数生活在海洋中，也有少数淡水或咸淡水种类；含有许多化石类群，但现生类群占绝大多数，是现生海洋苔藓动物中物种多样性最高的一个类群，包括栉口目（Ctenostomata）和唇口目（Cheilostomata）。

05.2512 栉口类 Ctenostomes
苔藓动物裸唇纲栉口目动物的统称。群体形态变化多样，无钙化；自个虫体壁膜质或胶质；室口位于末端或前面末端，以触手襟启闭，无口盖；多形不发达，无鸟头体；无孵育胚胎的育卵构造，胚胎在个虫体内孵育；绝大多数海产，极少数淡水生活。

05.2513 唇口类 Cheilostomes
苔藓动物裸唇纲唇口目动物的统称。群体形态多变，通常钙化；个虫呈箱形；室口位于前面末端或近末端，由口盖启闭；多形发达；胚胎常在育卵构造中孵育；几乎全海产，仅有极少数种生活于咸淡水水域，无淡水种。

05.2514 无囊类 anascans
苔藓动物裸唇纲唇口目中，自个虫的静水压力调节是由全部或部分裸露的前壁弯曲变形来实现的种类。在早期分类体系中，无囊类被视为唇口目下的一个亚目，在现代分类体系中这一名称已不再作为分类单元使用，但有时为说明苔藓动物的水压调节机制仍会使用这一名称统指那些前壁全部或部分未钙化的唇口类。

05.2515 有囊类 ascophorans
苔藓动物裸唇纲唇口目中，自个虫的静水压力调节由前盔下的调整囊来实现的种类。

05.2516 筛壁类 cribrimorph
苔藓动物裸唇纲唇口目中，前盔由前膜和口盖上的一系列拱形刺在中央和两侧全部或部分愈合而成的类群。

05.2517 裸壁类 gymnocystidean
有囊类苔藓动物中，前盔由外体壁钙化而成的种类。

05.2518 楯胞类 umbonuloid
有囊类苔藓动物中，前盔由前膜始端凸起并向末端延伸的褶皱基面钙化而成的种类。此钙化的前壁将上面的膜下腔和下面的调整囊及内脏腔分隔开。

05.2519 隐壁类 cryptocystidean
有囊类苔藓动物中，前盔发育为膜下腔下面的内隔壁的种类。在无囊类中是指由内部隔壁钙化发育成前隐壁的种类。

05.2520 群体 colony
苔藓动物与环境相互作用而形成的一个完整有机体的形态和功能单位。由一种或多种自然连系的个虫、多个虫部分（在某些群体它还包括个虫外部分）构成。所有这些组成部分都是均一的。

05.2521 群[体发]育 astogeny
个虫无性世代及与其共同构成群体的个虫外部分的连续发育过程。

05.2522 群育变化 astogenetic change
自初虫开始至其出芽产生的前几代自个虫的个虫形态逐步完善的过程。

05.2523 群育变化带 zone of astogenetic change
群体组成的一部分；此部分内不同世代间的个虫间具有形态差异，这种差异均匀地向末端发展，结束于一种或多种个虫可无限重复的区带。

05.2524 群育变化初生带 primary zone of astogenetic change
形成群体始端部分的群育变化带。通常由建群的初虫或初虫群开始，向末端延续几个世代，后面接续着群育重复初生带。

05.2525 群育重复带 zone of astogenetic repetition
群体组成的一部分。重复带内个虫的某一或某些形态特征可从一个世代传递到下一个世代，无限重复。

05.2526 群育重复初生带 primary zone of astogenetic repetition
由群育变化初生带末端开始，延续若干个虫世代的群育重复带。

05.2527 群育重复后生带 subsequent zone of astogenetic repetition
在群育变化后生带末端产生的群育重复带。

05.2528 群育变化后生带 subsequent zone of astogenetic change
在群育重复初生带或群育重复后生带末端产生的群育变化带。由群育重复带无性繁殖产生，无初虫。

05.2529 群育差异 astogenetic difference
群育变化带的个虫之间存在的形态差异。

05.2530 群体类型 colony form
依据苔藓动物群体的大体形态或习性划分的类别。很多常见群体类型的名称来自于相关的属名。

05.2531 角胞苔虫型群体 adeoniform colony
双层、直立分枝状群体。如仿角胞苔虫属（*Adeonellopsis*）的群体。

05.2532 膜孔苔虫型群体 membraniporiform colony
整个基面附着于附着基上的单层群体。

05.2533　隆胞苔虫型群体　petraliform colony
以角质附根附着在基质上的低矮层状群体。
如尖隆胞苔虫属（*Mucropetraliella*）的群体。

05.2534　网孔苔虫型群体　reteporiform colony
直立、坚硬、钙化强、具窗孔状结构的群体。

05.2535　链胞苔虫型群体　catenicelliform colony
具关节，节间部由少量个虫组成的群体。

05.2536　胞苔虫型群体　cellariform colony
具关节、节间部由许多个虫组成近圆柱形的群体类型。

05.2537　镰苔虫型群体　lunulitiform colony
苔藓动物裸唇纲唇口目动物中，盘状或圆锥状可自由生活的群体类型。

05.2538　直立型群体　erect colony
以附根或相对较小的被覆基部为支撑在水中直立生长的群体。

05.2539　被覆型群体　incrusting colony
以大部分个虫基壁附于基质上的群体。在裸唇类中指单层群体以其所有个虫基壁或多层群体以其底层个虫基壁，或以这些个虫基壁的伸出部分或其产生的空个虫，附于基质上的群体。

05.2540　单层群体　unilaminate colony
由室口朝向大致相同的单层个虫组成的被覆或直立群体。

05.2541　双层群体　bilaminate colony
苔藓动物裸唇纲唇口目中，由两层基壁独立但相邻的个虫构成的直立分枝群体。因钙化程度不同，这类群体坚硬直挺或柔韧可挠。

05.2542　多层群体　multilaminate colony
苔藓动物裸唇纲唇口目中，被覆的，由前出芽、群体内增生或两种方式结合产生的两层或多层个虫叠覆的，常有不规则直立突起的结节状群体。

05.2543　网状群体　reticulate colony
具有网状或花边状钙化骨骼的苔藓动物群体。如俭孔苔虫属的群体。

05.2544　网结群体　anastomosing colony
具有直立生长的分枝，各分枝间相互连接并反复分枝形成开放式网状结构的苔藓动物群体。

05.2545　单型群体　monomorphic colony
群育重复带内仅有一种个虫类型的群体。

05.2546　多形群体　polymorphic colony
又称"多态群体"。群育重复带内有一种以上个虫类型的群体。

05.2547　单壁型群体　single-walled colony, fixed-walled colony
狭唇类苔藓动物的一种群体结构类型。此类群体内，摄食个虫的室口壁直接贴覆在口孔上，因而个虫间融合的外体腔消失。

05.2548　双壁型群体　double-walled colony, free-walled colony
狭唇类苔藓动物的一种群体结构类型。此类群体内，膜质外壁松弛地覆盖在群体表面，不贴在摄食个虫的口孔上，因而个虫间有融合的外部体腔连通。

05.2549　前面　frontal
苔藓动物个虫或群体裸露的或具室口的一面。

05.2550　基面　basal
一被覆生长群体或一自由生长群体的下表面。

05.2551　始端　proximal
苔藓动物个虫或群体靠近初虫或群体生长源的一端。

05.2552　末端　distal
苔藓动物个虫或群体远离初虫或群体生长源的一端。

05.2553　个虫　zooid
组成苔藓动物群体的单个成员。

05.2554　摄食个虫　feeding zooid
一个在某一或某些个体发生阶段触手冠可伸出、有消化管和肌肉神经系统以及有胃绪索的个虫。是能借助于其胃绪索为其本体和其他任何与之联系的非摄食个虫以及群体其他非摄食部分提供营养的个虫。可以是群体内的某些个虫，或群体内的所有个虫都为摄食个虫。

05.2555　自个虫　autozooid
构成苔藓动物群体主体，具有摄食器官，能够进行各种生命活动的普通个虫。

05.2556　母个虫　maternal zooid
苔藓动物裸唇纲类群中，在体内产生卵并将其排出输送到卵室的始端个虫。

05.2557　异个虫　heterozooid
群体内的变态个虫。这类个虫摄食器官不完全或无摄食器官。

05.2558　生殖个虫　gonozooid
专司胚胎孵育的变态个虫。

05.2559　微个虫　nanozooid
分散嵌于自个虫之间，虫体大大缩小，无摄食功能，无有性生殖功能的矮小个虫。

05.2560　空个虫　kenozooid
一类普遍存在于苔藓动物绝大多数裸唇纲种类和许多狭唇纲种类中无摄食及其他内部器官的个虫。

05.2561　根个虫　rhizoid
苔藓动物中钙化较弱，特化为细根的一类个虫。此类个虫作为群体的特殊附着构造可稳定群体，或巩固分枝强度，或作为群体分枝间的连接构造。

05.2562　匍茎　stolon
苔藓动物根茎类栉口目的管状空个虫或个虫的管状延伸部分。自个虫即由此管状延伸出芽而成。

05.2563　初虫　ancestrula, primary zooid
由幼虫附着变态而来、构成群体的初始个虫或个虫群。初虫通常在结构上与群体其余个虫不同。初虫通常是单生的，但在某些类群可能是双生、三生甚至六生。

05.2564　原初虫　proancestrula
苔藓动物管孔目初虫的始端部分。通常呈半球形，直接源自变态幼虫。

05.2565　前初虫　preancestrula
在苔藓动物裸唇纲中，浮游幼虫附着变态前期形成的尚未分化完全的初虫体。后期前初虫逐渐分化变态为最终的功能性初虫。

05.2566　答答型　tatiform
苔藓动物初虫的一种类型。此类初虫前壁膜质，前壁周围常具刺。

05.2567　多形　polymorph
在苔藓动物狭唇纲和裸唇纲群体中，同一个

体发育阶段或同一无性世代中与普通摄食个虫在功能和形态上都明显不同的个虫。是一类特化的个虫（至少包括体腔和体壁），摄食功能有或无，在群体中执行有性生殖、支持、连接、清洁、防御等功能。

05.2568　附属多形　adventitious polymorph
在苔藓动物裸唇纲中，只与其他一个个虫相关联，且通常小于该关联个虫的多形。在某些情况下成为该关联个虫的附属构造。

05.2569　自个虫多形　autozooidal polymorph
大小、形状、触手数目或其他特征与普通摄食个虫不同的个虫。这种不同在骨骼部分有反映或没有反映，触手冠仍可伸出，但摄食能力有或无。

05.2570　代位多形　vicarious polymorph
苔藓动物裸唇纲中，插入出芽序列中的多形。这种多形与两个或多个个虫相关联，所占空间约等于或大于普通摄食个虫所占的空间。

05.2571　鸟头体　avicularium
唇口类苔藓动物中，一类虫体退化、开闭口盖的肌肉发达、口盖铰合并饰变为鸟喙形颚骨的变态个虫。此类变态个虫具有抓捕、清扫或防御功能。

05.2572　附属鸟头体　adventitious avicularium
位于个虫表面，源自一个或多个前壁边缘孔的鸟头体。

05.2573　室间鸟头体　interzooidal avicularium
位于两相邻自个虫之间，可以伸向群体基面，但在群体基面不显示其痕迹的鸟头体。通常小于自个虫，不取代自个虫在群体中的位置。

05.2574　代位鸟头体　vicarious avicularium
在群体中占据了一个自个虫位置的鸟头体。

其大小常与自个虫相近，并在群体基面能观察到其所占的空间。

05.2575　有柄鸟头体　pedunculated avicularium
始端具柄的鸟头体（如某些枝室类的鸟头体）。借此柄状构造附着在自个虫侧壁或前壁的疣突上，随水流可做有限的摆动。

05.2576　基鸟头体　basal avicularium
苔藓动物俭孔苔虫科形成的网状群体中，附着于群体基面空个虫上的鸟头体。

05.2577　振鞭体　vibraculum
唇口类苔藓动物某些种类中类似于鸟头体的变态个虫。其颚骨长鞭状，铰合于躯轴上。

05.2578　柄　peduncle
有柄鸟头体中，鸟头体连接到个虫上的细长部分。

05.2579　颚骨　mandible
铰接在鸟头体上，依靠肌肉开闭的，与自个虫口盖同源的部分。

05.2580　上颚　palate
鸟头体上被颚骨所占据的部分。其形状与颚骨相同或不相同。

05.2581　躯轴　bar, pivotal bar
苔藓动物鸟头体上供颚骨铰合的钙化的轴状骨骼。

05.2582　舌突　ligula
鸟头体躯轴上伸出的骨骼突起。通常指向上颚区。

05.2583　硬缘　sclerite
苔藓动物中，个虫前膜、口盖和鸟头体颚骨上的几丁质加厚线。

05.2584 虫包体 cystid
又称"虫包囊"。苔藓动物个虫体壁的细胞层和骨骼层。

05.2585 硬体 zoarium
苔藓动物群体的骨骼部分。狭唇纲和裸唇纲的群体骨骼由虫室和任何与之相关联的个虫外骨骼部分构成。

05.2586 虫室 zooecium
苔藓动物个虫的骨骼部分。

05.2587 自个虫[虫]室 autozooecium
自个虫的骨骼结构。

05.2588 生殖个虫[虫]室 gonozooecium
专司胚胎孵育的变态个虫的骨骼结构。

05.2589 小个虫室 zooeciule
除室口外，通常缺乏其他自个虫结构的小型个虫的骨骼结构。

05.2590 原初虫[虫]室 protoecium
苔藓动物管孔类初虫球状始端部分的骨骼结构。

05.2591 多个虫部分 multizooidal part
存在于个虫界限之外的体腔或体壁部分。随着群体的发育这些体腔或体壁可变成后续个虫的一部分。

05.2592 个虫外部分 extrazooidal part
在群体发育过程中，始终位于个虫之外的体腔、体壁或钙质沉淀等结构。

05.2593 间腔 alveolus
苔藓动物管孔目碟苔虫科自个虫之间的个虫外腔隙。常因个虫外钙化增强而缩小。

05.2594 格子腔 cancellus
苔藓动物管孔目碟苔虫科中，覆盖在群体自个虫表面的一些钙化的空个虫性质或个虫外部分的钙化管状结构。这些管的内部常有具钩的小刺，水平的次生钙化层可盖闭这些管状结构；在唇口目锥胞苔虫科中，格子腔是群体底面个虫边缘分隔孔产生的空个虫，这些空个虫在成熟群体才能发育完全。

05.2595 个体发育变异 ontogenetic variation
个虫或个虫外部分在其发育过程中产生的形态变异。在狭唇纲和裸唇纲中，个虫及个虫外部分的大小或复杂程度沿生长缘到生长起点的方向逐渐增加。

05.2596 体壁 body wall
（1）苔藓动物围绕群体或其各部分（包括个虫、个虫的各组成部分、多个虫部分、个虫外部分）的分界构造。（2）苔藓动物个虫或芽体的分界构造。其组成包括内部的细胞腹膜和外部的细胞上皮，外壁最外部至少有角质层（其下的骨骼层有或无），在一充分发育的个虫中，还包括神经层。

05.2597 内壁 interior wall
将先前存在的体腔分隔成个虫、个虫的组成部分或个虫外结构的体壁。

05.2598 外壁 exterior wall
个虫的外部体壁。包括表皮层和毗连的上皮层及钙化的结构。

05.2599 虫室壁 zooecial wall
个虫的骨骼壁。

05.2600 前壁 frontal wall
唇口类苔藓动物中，具室口那面的外体壁。钙化或未钙化。

05.2601 基壁 basal wall
支撑体壁，相反且平行于具室口那面的体壁。

05.2602 垂壁 vertical wall
苔藓动物个虫支撑体壁之一。与基壁和具室口那面的体壁相交成高角，使个虫体腔具有一定的深度和长度。可在体内、体外或两者兼有。唇口类苔藓动物中垂壁指侧壁和横壁。

05.2603 侧壁 lateral wall
唇口类苔藓动物中相邻个虫列间的垂壁。与生长方向平行，相邻列个虫间通过侧壁上的穿孔联络。

05.2604 横壁 transverse wall
裸唇类苔藓动物中将线性个虫列中两相邻个虫分隔开的隔壁。是个虫垂壁的一种，一般与个虫主轴生长方向垂直。

05.2605 裸壁 gymnocyst
无囊类苔藓动物中，前膜和垂壁自由缘之间钙化的前壁。直接与表皮相接触的前壁钙化层。

05.2606 隐壁 cryptocyst
（1）无囊类苔藓动物中是指前膜下与前膜大体平行的由个虫垂壁发育而来的未完全分隔体腔的钙化层。（2）有囊类苔藓动物中是指由膜下腔下方的内壁钙化而成的钙化层。

05.2607 隔壁 septum
苔藓动物个虫的内壁或分隔壁。如很多个虫的横垂壁。

05.2608 横隔膜 diaphragm
狭唇类苔藓动物中横切整个个虫腔室的膜质或钙质内壁。

05.2609 前盾 frontal shield
唇口类苔藓动物个虫钙化的前表面。是体壁的扩展，有保护和支持功能。

05.2610 前膜 frontal membrane
唇口类苔藓动物前壁未钙化的膜质部分。

05.2611 前区 frontal area
无囊类苔藓动物中由前膜占据的区域。

05.2612 墙缘 mural rim
无囊类苔藓动物中围绕个虫前区的体壁的边缘。

05.2613 隐壁缺刻 opesiular indentation
无囊类苔藓动物中膜下孔始端边缘供体壁肌通过的缺口。

05.2614 端膜 terminal membrane
管孔类苔藓动物个虫末端未钙化的部分。室口位于其上，与无囊类的前膜同源。

05.2615 膜下腔 hypostegal coelom
在苔藓动物唇口目楯胞类和隐壁类中，位于前膜和其下面钙化的前壁之间的主体腔部分。

05.2616 膜上腔 epistege, epistegal space
苔藓动物唇口目筛壁类及某些楯胞类中，位于前膜和前膜上面的前盾之间的腔隙。

05.2617 虫体 polypide
苔藓动物自个虫内处于周期性更迭的器官组织。即触手、触手鞘、消化管及相关的肌肉和神经节。

05.2618 口前腔 atrium
栉口类苔藓动物中当触手缩入个虫体内时，触手末端与室口之间的空隙；在狭唇类中，当触手收缩时，位于触手末端和室口之间，始端和末端以括约肌肌肉盖闭的空间。

05.2619 触手 tentacle
包裹体腔的个虫体壁的管状延伸。常围绕个虫的口呈圆形或双叶形；在摄食个虫，触手的纤毛运动产生水流将食物颗粒集中在口的附近。

05.2620 触手冠 lophophore, tentacle crown
中空、具纤毛的触手绕个虫口围成的环状结构。

05.2621 触手鞘 tentacle sheath
触手缩入体内时，部分体壁随之翻入包裹在触手周围形成的鞘状结构。

05.2622 触手领 collar, pleated collar
又称"触手襟"。栉口类苔藓动物中围绕触手冠的基部形成的膜质构造。通常具纤毛。

05.2623 触手间器官 intertentacular organ
由体腔孔延伸形成的管状、内部具纤毛的腔室。位于触手冠背面内侧，其末端有一孔，是受精卵释放到体外的通道。

05.2624 室口 orifice
苔藓动物个虫体壁上触手冠出入的开口。

05.2625 口围 peristome
管孔类苔藓动物中围绕室口的管状延伸部分。在唇口类中指初生室口边缘隆起形成的管状结构。

05.2626 初生室口 primary orifice
口盖直接覆盖在其上的室口。在苔藓动物唇口目中，初生室口周围常围以口围。

05.2627 次生室口 secondary orifice
在有口围存在的苔藓动物中，钙化的口围的末端开口。

05.2628 楯突 umbo, umbone
唇口类苔藓动物中室口始端前壁上的突起。也指鸟头体或卵胞上的突起。

05.2629 疣突 mucro, mucrone
某些唇口类苔藓动物中位于室口始端附近的钝圆的或刺状的隆起。

05.2630 前叶 anter
有囊类苔藓动物中个虫室口位于齿突末端的部分。是触手冠出入的通道。

05.2631 后叶 poster
有囊类苔藓动物中个虫室口位于齿突始端的部分。与调整囊相通。

05.2632 调整囊 compensatrix, compensation sac
有囊类苔藓动物自个虫前盖下由外体壁形成的、底部可变形的囊状构造。由一个充满水的腔室和室口附近的开口形成，主要作用为调节静水压力。

05.2633 窦 sinus
某些有囊类苔藓动物中个虫室口始端边缘的裂缝或凹槽。

05.2634 口盖 operculum
唇口类苔藓动物中一铰合在齿突上的、用以盖闭室口的未钙化的片层结构。

05.2635 口栅 apertural bar
苔藓动物唇口目筛壁类中由紧挨室口的一对肋刺愈合形成的栅状结构。

05.2636 中央齿 lyrula
某些唇口类苔藓动物中室口始端边缘砧形

的中央突起。

05.2637 齿突 condyle, cardella
唇口类苔藓动物自个虫的口盖或鸟头体的颚骨赖以铰合的一对位于室口或上颚始端两侧的骨骼突起。在某些鸟头体不对称的种类中，上颚的齿突可能单一。

05.2638 侧齿 lateral denticle
某些唇口类苔藓动物中室口侧缘外表面成对的齿状突起。

05.2639 侧窦 lateral sinus
某些有囊类苔藓动物中位于中央齿和侧齿之间的室口部分。

05.2640 假窦 pseudosinus
某些有囊类苔藓动物口围上的缺刻。

05.2641 边缘刺 marginal spine
唇口类苔藓动物中围绕前区四周生长的，通常有关节的刺。

05.2642 盖刺 scutum
某些无囊类苔藓动物中覆盖在部分前膜上的、像盾一样扁平或有分叉的刺。

05.2643 肋刺 costa
苔藓动物唇口目筛壁类中一种成拱形覆盖在前膜上的特化的刺。这些刺常相互愈合形成前盏。

05.2644 肋盏 costate shield, costal shield
苔藓动物唇口目筛壁类的前壁，由一系列肋刺愈合而成的结构。唇口目其他一些科的种类有退化的肋盏。

05.2645 肋间孔 intercostal pore
苔藓动物唇口目筛壁类中相邻肋刺间由于

愈合程度不同而留下的孔隙。

05.2646 肋孔 intracostal pore
苔藓动物唇口目筛壁类中肋刺上的穿孔。

05.2647 间隙孔 lacuna
苔藓动物唇口目筛壁类中肋刺之间或口孔始边与第一对肋刺之间较大的孔。

05.2648 小肋刺孔 pelmatidium
苔藓动物唇口目筛壁类肋刺上未钙化的小孔。

05.2649 大肋刺孔 pelma
苔藓动物唇口目筛壁类肋刺上未钙化的大孔。

05.2650 调整囊孔 ascopore
某些有囊类苔藓动物前表面中央通向调整囊的孔。

05.2651 假孔 pseudopore
许多苔藓动物中个虫钙化的外体壁上存在的有组织物填充的腔隙。与无组织物填充的连通孔不同。

05.2652 边缘孔 areolar pore
某些唇口类苔藓动物中位于前壁边缘的孔。

05.2653 边缘窝 areola
又称"侧窝"。有囊类苔藓动物中钙化前壁上的与边缘孔相通的边缘腔隙。

05.2654 旋孔 spiramen
有囊类苔藓动物中次生室口始端外面钙化前壁上的开口。与初生室口上面的口围管相通，或在楯胞类中与前膜和前盏之间的空隙相通。

05.2655 膜下孔 opesia
无囊类苔藓动物个虫前膜下隐壁内缘围成

的开口。

05.2656 隐壁孔 opesiule
无囊类苔藓动物中膜下孔始端隐壁上供体壁肌穿过的开口或孔。

05.2657 体腔孔 coelomopore
又称"神经上孔（supraneural pore）"。苔藓动物个虫体壁上将体腔与外界相连的孔。常特指最末端一对触手基部供受精卵排出的孔。

05.2658 窗孔 fenestra
唇口类苔藓动物卵胞外卵室壁上一块可以看见内卵室壁的未钙化的区域。也常指前壁上的未钙化区，此区使钙化前壁和前膜间的腔隙直接与外界相通。

05.2659 腔隙孔 foramen
唇口类苔藓动物中前壁上一未钙化的开孔。是钙化的前壁和前膜间的腔隙与外部环境直接交流的通道。

05.2660 基窗 basal window
唇口类苔藓动物被覆生长的群体中个虫基壁外部近中央未钙化的部分。

05.2661 丝孔 nematopore
管孔类苔藓动物中细管状空个虫在群体反面的开口。此开口指向斜向末端。

05.2662 连孔 communication pore
苔藓动物个虫间壁上起连通作用的开口。在狭唇纲中个虫间直接通过这些孔连接；在裸唇纲中，这些孔中填塞有连接相邻个虫胃绪组织的特化细胞束。

05.2663 壁孔 septular pore
唇口类苔藓动物体壁上单一或一组穿孔。充作相邻个虫间间充质纤维的通道。

05.2664 孔板 pore plate
苔藓动物个虫垂壁上的特化区域。其上有许多连孔穿通，连接相邻个虫。

05.2665 玫瑰板 rosette plate
又称"多孔板（multiporous septulum）"。唇口类苔藓动物个虫垂壁上充作个虫间联络的类圆形多孔区域。

05.2666 孔室 pore chamber
苔藓动物裸唇纲个虫体腔的一部分。由含有连孔的个虫体壁及与其相连续的内壁间隔而成。

05.2667 基孔室 dietella, basal porechamber
唇口类苔藓动物中个虫末端垂壁基部的封闭小室。其壁上有连孔供间叶细胞纤维通过。

05.2668 墙孔室 mural porechamber
又称"壁孔室"。某些唇口类苔藓动物中个虫垂壁上由玫瑰板包围的腔隙。

05.2669 育卵室 brood chamber
苔藓动物孵育幼虫的腔室结构。如管孔类的生殖个虫，唇口类的卵胞。

05.2670 卵胞 ovicell
唇口类苔藓动物中一类球形的育卵室结构。

05.2671 卵室 ooecium
唇口类苔藓动物中卵胞或育卵室去除内囊后的部分。

05.2672 无盖卵室 acleithral ooecium
唇口类苔藓动物中一类胞口不以母个虫口盖关闭的卵室。

05.2673 有盖卵室 cleithral ooecium
唇口类苔藓动物中一类胞口以母个虫口盖

关闭的卵室。

05.2674 独立卵室 independent ooecium
一类发育过程与末端个虫无关的卵室。

05.2675 附属卵室 dependent ooecium
一类发育过程中停留在末端个虫上的卵室。

05.2676 内壁卵室 endotoichal ooecium
一类陷于末端个虫内而独立开口于外界的
卵室。

05.2677 内陷卵室 endozooidal ooecium,
entozooecial oecium
一类陷于末端个虫内而开口于母个虫口盖
下方的卵室。

05.2678 口上卵室 hyperstomial ooecium
唇口类苔藓动物中一类卧于末端个虫上或
部分嵌于末端个虫内的卵室。开口于母个虫
口盖的上方。

05.2679 口围卵室 peristomial ooecium
被口围管包裹的卵室。

05.2680 卵室内壁 entooecium, endooecium
唇口类苔藓动物卵室壁的内层。通常为膜质。

05.2681 卵室外壁 ectooecium
唇口类苔藓动物卵室壁的外层。通常钙化。

05.2682 窗板 tabula
唇口类苔藓动物中外卵室壁上一未钙化的
区域。从此区可看见裸露的内卵室壁及其上
的穿孔和钙化的小柱。

05.2683 唇瓣 labellum
某些唇口类苔藓动物中卵胞始端边缘的唇
状结构。其向下可伸入次生室口。

05.2684 内囊 inner vesicle, ooecial vesicle
唇口类苔藓动物卵胞内部关闭卵胞的膜质
构造。

05.2685 双壳幼虫 cyphonautes
某些苔藓动物产生的具有双壳的浮游幼虫。

05.2686 浮游营养幼虫 planktotrophic larva
裸唇类苔藓动物中一类未经孵育产生的具
纤毛的幼虫。此类幼虫具有功能性的消化
管，在变态前有很长的活动期。

05.2687 卵黄营养幼虫 lecithotrophic larva
裸唇类苔藓动物中一类无消化管、完全依赖
母个虫提供营养的无外壳的纤毛幼虫。此类
幼虫变态前有长短不一的短暂活动期。

05.2688 前出芽 frontal budding
裸唇类苔藓动物中一类源自母个虫前壁或
相关构造的出芽方式。某些多层被覆群体
和自由生活的群体以前出芽方式产生自个
虫；多种类型群体以前出芽方式产生附属
多形。

05.2689 个虫间出芽 interzooidal budding
狭唇类苔藓动物中一类出芽发生在个虫生
活腔室外，因而一个芽体的来源不能归于单
一母个虫的出芽方式。

05.2690 个虫内出芽 intrazooidal budding
狭唇类苔藓动物中一类出芽发生在单一母
个虫的生活腔室之内的出芽方式。

05.2691 单列出芽 uniserial budding
裸唇类苔藓动物中出芽产生相对独立的线
性个虫列的出芽方式。这些个虫列很少或
不规则相遇，相邻个虫列间的联络器官极
少或缺乏，每一个虫的生长缘在群体中都
相对独立。

05.2692 多列出芽 multiserial budding
裸唇类苔藓动物出芽线性排列且持续相接，相邻出芽列的个虫通过外体壁上的联络器官相连，群体主要部分的相邻出芽列形成大致并列的生长缘的一种出芽方式。

05.2693 围初虫出芽 periancestrular budding
裸唇类苔藓动物中围绕初虫周围出芽的方式。由初虫放射状出芽，或者由初虫远侧端和近侧端线性出芽列产生的个虫再出芽包裹初虫，完成初虫周围个虫的形成。

05.2694 口围出芽 peristomial budding
由自个虫口围管出芽产生新的自个虫的一种出芽方式。

05.2695 芽体 bud
狭唇类和裸唇类苔藓动物中无性繁殖产生的、新发育的个虫的初始体壁部分；被唇类中，无性繁殖产生的、新发育的休眠芽或虫体初始部分。

05.2696 端芽 distal bud
裸唇类苔藓动物中由母个虫末端垂壁产生的芽体。在多数被覆群体和直立群体中，端芽延续了母个虫的主轴生长方向。

05.2697 始端芽 proximal bud
裸唇类苔藓动物中由母个虫始端垂壁形成的生长方向与母个虫主轴生长方向相反的芽体。常在群体受损修复时产生。

05.2698 近侧芽 proximolateral bud
裸唇类苔藓动物中由母个虫垂壁近侧端形成的生长方向大大偏离母个虫主轴生长方向的芽体。如在某些被覆群体中常出现这种芽体。

05.2699 端侧芽 distolateral bud
唇口类苔藓动物中由母个虫垂壁远侧端产生

的芽体。其生长方向略偏离母个虫生长的主轴方向，此种芽体存在于多数被覆和直立群体。

05.2700 基芽 basal bud
裸唇类苔藓动物中由母个虫基壁产生的芽体。这些芽体位于单层直立群体或单列直立群体分枝的基面。

05.2701 初始芽 primary bud
由初虫体壁末端和两侧区域的细胞层向外扩张形成的中空的芽体。

05.2702 巨芽 giant bud, multizooidal bud
裸唇类苔藓动物中由于内部隔壁的形成常滞后于外体壁，因而常出现同一列中连续的几个个虫外体壁已经形成但内部尚未分隔的大芽体。

05.2703 共芽 common bud
狭唇类苔藓动物中汇合出芽带产生的芽体。

05.2704 主芽 main bud
被唇类苔藓动物中每一成熟个虫所产生的三个芽体原基中最大的一个。其虫体最先形成。

05.2705 附属芽 adventitious bud
被唇类苔藓动物中沿母个虫主轴发育的主芽背面的小的芽体原基。随着主芽发育成为新的虫体，此小芽成为母体的主芽。

05.2706 重复芽 duplicate bud
被唇类苔藓动物中主芽腹部一侧的小芽体原基在主芽发育成新虫体后，成为此新虫体的主芽。

05.2707 虫体芽 polypidian bud
消化管和摄食器官刚开始发育的虫体。最初由生长中的横隔壁末端的上皮细胞束内陷入体腔，然后与周围的上皮下层共同形成个虫的虫体。

05.2708　胃绪　funiculus
裸唇类苔藓动物中连接虫体和体壁之间由间叶细胞形成的索状结构。在被唇类中，跨后体腔连接盲肠到群体壁腹膜的由小型肌纤维组成的管形索状结构。

05.2709　褐色体　brown body
苔藓动物个虫体内由退化虫体的不可溶解的残留物聚集形成的着色球体。

05.2710　休[眠]芽　statoblast
被唇类苔藓动物中游离的、由圆形几丁质外囊包裹的芽体。芽体内有大的卵黄细胞和能产生虫体以形成新群体的器官萌发组织，此芽体在母个虫的胃绪上形成。

05.2711　浮休芽　floatoblast
被唇类苔藓动物中周缘具充气环囊的休眠芽。具有或无边缘钩。

05.2712　固休芽　sessoblast
被唇类苔藓动物中一类通过群体体壁固着在基质上的休眠芽。通常具有退化的环囊，无边缘钩或边缘刺。

05.2713　落休芽　piptoblast
被唇类苔藓动物中一类既无浮性环囊，也无边缘钩，也不通过群体体壁附着于基质上的休眠芽。以其基瓣上的小脊状突起黏附在群体体壁上，不与母群体脱离，但会随其所存居的个虫直立管状部分断落以延续和传播种群。

05.2714　无眠休芽　leptoblast
被唇类苔藓动物中一类自母群体释放后几乎立即发芽的浮休芽。

05.2715　环囊　annulus
又称"环状部"。被唇类苔藓动物休眠芽上的外表皮层结构。环绕在内含发芽物质的保护囊上，可充气，边缘钩有或无，能使休眠芽漂浮或形成被覆层使其黏着。

05.2716　凿孔　boring
埋于钙质附着基内的栉口类苔藓动物的外部痕迹。由群体生长时钻孔形成。

05.2717　网孔　fenestrula
苔藓动物网状群体中大小、形状不定的空隙部分。

05.2718　横枝　trabecular
将唇口类苔藓动物（俭孔苔虫科的一些种类）网状群体的网孔隔开（或连接两个网孔）的梁状结构。

05.2719　合生　connate
苔藓动物中自个虫的一种生长方式。自个虫群沿线性系列排列，其直立的口围部分融合为硬梳状结构。

05.2720　贴生　adnate
苔藓动物中自个虫的一种生长方式。群体内所有或一部分的自个虫紧贴基质生长。

05.2721　头状体　capitulum
在一些具有柄状结构的苔藓动物中，与柄的末端相接续的自个虫群。

05.2722　尾部　cauda
苔藓动物某些类群棒状自个虫的线状始端部分。

05.2723　节间部　internode
在具关节的直立群体中有自个虫生长的枝段。这些枝段通过未钙化的或钙化较弱的管子互相连接。

05.2724　小节间部　globulus
苔藓动物唇口目链胞苔虫类中由单一自个虫构成的节间部。

05.2725　根室　radicular chamber
唇口类苔藓动物中基部角质层和钙化层之间具有单孔或多孔的腔室。供基部附着的附根从这些腔室伸出。

05.2726　半月室　lunoecium
某些唇口类苔藓动物中体壁上具有未钙化的半月形窗口的根室。

05.2727　内带区　endozone
块状或直立的狭唇类群体的内部区域。由与分枝生长方向近乎平行的个虫虫室始端体壁较薄的部分组成。

05.2728　外带区　exozone
块状或直立的狭唇类群体的外部区域。由与分枝生长方向近乎垂直的个虫虫室末端体壁较厚的部分组成。

05.2729　柱突　stylet, style
狭唇类苔藓动物中与个虫生长方向平行的杆状骨骼结构。在群体表面形成刺状突起。

05.2730　刺柱突　acanthostyle
苔藓动物狭唇纲隐口目中一种由未分层的方解石形成轮廓清晰的光滑的杆状核的柱突。刺柱突的鞘层粗壮，指向群体表面，鞘层束宽。

05.2731　放射柱突　aktinotostyle
苔藓动物狭唇纲隐口目中一种由拱形片层形成宽带状核的柱突。宽带状核的中心拱向群体表面，侧面变形成刺状；此种柱突内含分散的未层化的颗粒，极少数情况下杆状核连续不层化，其鞘层指向群体表面的程度不同，鞘层束窄。

05.2732　异柱突　heterostyle
苔藓动物狭唇纲隐口目中一种由未层化的方解石形成透镜状核的柱突。透镜状核被层状连续的鞘层带分隔开，其鞘层指向群体表面的程度不同，鞘层束窄。

05.2733　小柱突　paurostyle
苔藓动物狭唇纲隐口目中一种由未层化物质组成不规则状核的柱突。其鞘层指向群体表面的程度弱，鞘层束窄。

05.2734　膜囊　membranous sac
狭唇类苔藓动物中包裹个虫生殖系统和消化系统的膜质构造。

05.2735　内囊腔　entosaccal cavity
狭唇类苔藓动物中位于膜囊内的个虫体腔部分。

05.2736　外囊腔　exosaccal cavity
狭唇类苔藓动物中位于膜囊和体壁之间的个虫体腔部分。

05.2737　口孔　aperture
狭唇类苔藓动物中自个虫骨骼末端的开口。

05.2738　口簇　fascicle
狭唇类苔藓动物中一簇自个虫虫室的口孔。

05.2739　胞口　ooeciostome, ooeciopore
狭唇类苔藓动物中生殖个虫的开口。幼虫通过此开口释放出体外；胞口与自个虫的口孔明显不同，不同种类胞口形状特征不同。

05.2740　隔梁　dissepiment
狭唇类苔藓动物中连接窗孔类群体分枝间的梁状结构。此构造上通常缺乏自个虫的口孔。

05.2741　囊隔膜　cystiphragm
狭唇类苔藓动物中虫室侧壁伸入体腔并内弯形成包裹部分或全部体腔的囊或领状构造。

05.2742　珠突　monila
狭唇类苔藓动物中个虫虫室壁的间歇性加厚。

05.2743　泡状体　vesicle
狭唇类苔藓动物中一种钙化的泡状、盒状或少数情况下呈管状的个虫外结构。这些结构内无软组织。

05.23　腕足动物门

05.2744　无铰纲　Inarticulata
又称"无关节纲"。腕足动物门的一个类群。穴居于软底质、壳由磷酸钙和几丁质构成、无铰合装置、靠肌肉连接、具肛门。

05.2745　有铰纲　Articulata
又称"有关节纲"。腕足动物门的一个类群。以壳附于硬底质、壳由碳酸钙构成、具齿和齿槽的铰合装置、无肛门。

05.2746　腹壳　ventral valve
又称"茎壳（pedicle valve）"。包裹腕足动物软体体躯部分的两壳之一。通常较大，肉茎固着于其上，与动物的固着有关。

05.2747　背壳　dorsal valve
又称"腕壳（brachial valve）"。包裹腕足动物软体体躯部分的两壳之一。通常较小，其内面有钙质腕骨，用以支撑触手冠。

05.2748　铰合齿　hinge tooth
腕足动物腹壳上的齿状突起。与背壳上的铰合槽形成两壳间的铰合装置。

05.2749　铰合槽　hinge socket
腕足动物背壳上的凹槽。与腹壳上的铰合齿形成两壳间的铰合装置。

05.2750　腕骨　brachidium
有铰类腕足动物背壳内用以支撑触手冠的钙质构造。

05.2751　疹壳　punctate shell
腕足动物具穿孔的壳面。这些穿孔是垂直于外套表面的外套乳突分泌细胞死后留下的小孔，孔的功能不明，有人认为可能与食物储存和气体交换有关。

05.2752　无疹壳　impunctate shell
腕足动物无穿孔的壳面。

05.2753　肉茎　pedicle
又称"柄"。腕足动物腹壳后部体壁延伸的圆柱状结构。具有在底质内锚定身体（无铰类）或吸附于附着基（有铰类）的功能。

05.2754　叶状幼虫　lobate larva
有铰类腕足动物的浮游幼虫。具前叶、外套叶和柄叶三部分。

05.2755　前叶　anterior lobe
又称"顶叶（apical lobe）"。腕足动物幼虫顶部的一部分。

05.2756　外套叶　mantle lobe
腕足动物幼虫位于前叶和柄叶之间的部分。

05.2757　柄叶　pedicle lobe, peduncular lobe
腕足动物幼虫的底部突出部分。

05.24 帚形动物门

05.2758 前体部 prosome
又称"口上突(epistome)""口前叶(preoral lobe)""口前笠(preoral hood)"。帚形动物中位于触手冠基部,内具前体腔的体前不完全覆盖口的叶片状突起部分。

05.2759 中体部 mesosome
帚形动物触手冠部分。由两环 10～1500 条数目不等的触手,呈螺旋状或半圆形绕口排列而成。触手内具体腔(中体腔的部分),上皮具纤毛。具滤食和呼吸功能,有时兼做胚胎发育的孵化室。

05.2760 后体部 metasome
又称"躯干部"。帚形动物触手冠后方的圆柱形部分。后端膨大为端球,其内具后体腔。

05.2761 端球 end bulb, ampulla
又称"末球""坛形器"。帚形动物后体部后端膨大的囊状结构。可能具有将虫体锚定在栖管或沉积物中的作用。

05.2762 辐轮幼虫 actinotrocha, actinotroch larva
帚形动物的浮游幼虫。前部口上面具很大的帽状的口前叶,口后是一具纤毛的触手斜领,躯干后端有一具纤毛的尾环(可能是幼虫的主要运动器官)。经数周浮游生活后,迅速变态,沉入海底,分泌虫管,进而发育成营底栖生活的成体。

05.25 棘皮动物门

05.2763 海星纲 Asteroidea
棘皮动物门的一个类群。五角星状,体盘和腕区分界不明显,腕由多排骨板组成,脏器伸入腕内,口位于腹面中央,步带沟开放。

05.2764 蛇尾纲 Ophiuroidea
棘皮动物门的一个类群。体盘小、扁平、盘圆或呈五角形,与腕分界明显,腕细长,通常 5 个,少数可多次分枝,但脏器不伸入腕内,口孔位于腹面,无肛门,步带沟封闭。

05.2765 海胆纲 Echinoidea
棘皮动物门的一个类群。壳球形、半球形或心形,由排列规则的多角形骨板构成,壳外多棘刺,无茎、无外伸的腕,口在壳下方。

05.2766 海参纲 Holothuroidea
棘皮动物门的一个类群。体蠕虫状,无腕,口在前,肛门在后,不具硬壳,骨片埋入体壁,形态多样。

05.2767 海百合纲 Crinoidea
现存棘皮动物门中最原始的一个类群。根、柄、萼、腕发育完备,萼部花冠状,茎环的断面形态多样,腕可分叉或呈羽枝状。

05.2768 五辐射对称 pentamerous radial symmetry
通过动物体的中央轴有 5 个切面可以将动物身体分为两个相等的部分或对称的现象。是次生性的,由两侧对称形体的幼虫发展而来。是大多数棘皮动物的对称体制。

05.2769 体盘 body disc
又称"中央盘（central disc）"。海星类和蛇尾类棘皮动物个体的中部。由此伸出 5 个或 10 个腕。

05.2770 腕 arm, brachium
棘皮动物体盘辐射伸出的部分。有运动和捕食的功能。

05.2771 辐部 radius, brachial
棘皮动物体盘上腕的部分。

05.2772 间辐部 interradius
棘皮动物体盘上两个腕之间的部分。

05.2773 口面间辐区 actinal intermediate area
棘皮动物腹面体盘上两个腕之间的部分。

05.2774 围脏腔 perivisceral coelom, perivisceral cavity
棘皮动物围绕内脏器官的腔。大部分由消化系统和生殖系统所占据。

05.2775 前体腔囊 axocoel
又称"轴体腔"。棘皮动物两侧对称幼虫发育中体腔囊由前到后依次分裂的最先出现的一对腔。左前体腔囊分化成轴窦，是棘皮动物原肠性体腔分化的三部分之一。

05.2776 中体腔囊 hydrocoel
又称"水体腔"。前体腔囊进一步分化为背、腹两部分，腹面部分较大，形成的一对腔。左中体腔囊形成水管系统，是棘皮动物的原肠性体腔分化的三部分之一。

05.2777 后体腔囊 somatocoel
又称"躯体腔"。棘皮动物两侧对称幼虫发育中体腔囊由前到后依次分裂的最后出现的一对腔。左体腔囊的一部分将形成围血系统。

是棘皮动物的原肠性体腔分化的三部分之一。

05.2778 水管系统 water vascular system
棘皮动物特有的一种液压系统。由围绕食道的环管和由其上分出的 5 条辐管构成。主要用于运动和摄食。

05.2779 环[水]管 ring canal
棘皮动物水管系统中围绕食道的管。向各腕发出五支辐管直达各腕末端。

05.2780 石管 stone canal
棘皮动物从环水管分出的具钙化壁的小管。

05.2781 辐[水]管 radial canal
棘皮动物水管系统中由环水管向辐部分出的管。

05.2782 侧[水]管 lateral canal
辐管两侧分出的长短相间的管。

05.2783 波利囊 Polian vesicle
又称"波氏囊"，曾称"波里氏囊"。棘皮动物水管系统中，在环水管的间辐部所分出的一个至数个柄状囊。贮存环水管中的液体。

05.2784 蒂德曼体 Tiedemann's body
曾称"贴氏体""铁特曼氏体"。棘皮动物环水管内侧间辐位的 4～5 对囊状小体。能产生体腔细胞。

05.2785 管足 podium, tube foot
棘皮动物水管系统中从辐管分出的触手状运动器官。沿步带紧密排列。

05.2786 管足孔 podium pore
棘皮动物管足穿透步带板的孔洞。海胆管足孔成对排列，每一对管足孔称"孔对（pore pair）"。

05.2787　坛囊　ampulla
棘皮动物管足基部在腕腔中膨大为能收缩
的小囊。是水管系统的一部分。

05.2788　步带　ambulacrum
又称"步带区（ambulacral area）"。棘皮
动物体表有管足的区域。海胆外壳有 5 个步
带，与 5 个间步带相间排列。

05.2789　间步带　interambulacrum
又称"间步带区（interambulacral area）"。
棘皮动物体表无管足的区域。海胆外壳有 5
个间步带，与 5 个步带相间排列。

05.2790　筛板　madreporite
棘皮动物口面或反口面间步带区的一个多
小孔的内骨骼板。是体内的水管系统和体外
海水相通处。海水由小孔流入，经石管、环
管、辐管，最后流入管足。

05.2791　筛孔　madreporic pore
筛板上的多个小孔。

05.2792　血系统　hemal system
棘皮动物中与水管系统相应的一系列管道。
包括环血管、辐血管、轴腺、反口环血管等。
可能与物质的输送有关。仅在海胆类和海参
类中明显，其他多退化。

05.2793　环血管　hemal ring canal
某些棘皮动物体内与环水管平行的管道。位
于不同部位，与体腔和轴腺相连。

05.2794　辐血管　radial hemal canal
某些棘皮动物体内与辐管平行的管道。

05.2795　反口环血管　aboral hemal ring canal
辐血管分支进入幽门盲囊到达反口面形成
的血管。并分支到生殖腺。

05.2796　围血系统　perihemal system
棘皮动物左躯体腔囊的一部分发育而来，包
围在血系统之外并与之伴行的窦隙系统。包
括生殖窦、环窦、辐窦、轴窦等。

05.2797　生殖窦　genital sinus
棘皮动物反口面体盘体壁下方的一五边形
管向每一生殖腺伸出一分支，后膨大成包围
生殖腺的薄囊。

05.2798　环窦　ring sinus
棘皮动物围血系统中位于口面，口的周围、
环水管之下的圆形管。内有一斜行隔膜，将
其分为内环窦与外环窦两部分。

05.2799　辐窦　radial sinus
棘皮动物环窦向各腕伸出的一条圆形管。其
内有一垂直隔膜。

05.2800　轴窦　axial sinus
棘皮动物围血系统中沿辐部和辐管并行的
薄壁管状的囊。内含轴腺。在反口面与生殖
窦相通。

05.2801　轴器　axial organ
轴窦和轴腺的合称。

05.2802　轴腺　axial gland
某些棘皮动物中伴随石管从亚氏提灯的反
口面延伸到筛板附近的一个明显的长形黑
色海绵组织。

05.2803　背囊　dorsal sac
某些棘皮动物反口面端突出的一个可收缩
小囊。内腔有轴腺突入。具搏动能力。

05.2804　触手坛囊　tentacle ampulla
棘皮动物触手基部一个呈短或长的盲囊。位
于石灰质环前缘，并向后延伸。

05.2805　疣足　papilla
棘皮动物海参类背面没有吸盘或吸盘不发达的管足。

05.2806　口管足　buccal podium
棘皮动物海胆围口膜的步带区上5对发达的管足。

05.2807　纤毛漏斗　ciliated funnel
棘皮动物无足目海参体腔内的一种形状像羊角或杯形，有很多纤毛的特殊器官。

05.2808　肩纤毛带　epaulette
棘皮动物海胆幼虫腕基部变厚，并呈拱状，具有特别长纤毛的纤毛带。

05.2809　口神经系[统]　oral neural system
又称"外神经系[统]（ectoneural system）"。棘皮动物的三种神经系统之一。位于口面上皮的基部（围血系统之下），由外胚层发育而来，由口周围的围口神经环及各腕中的辐神经干组成。司感觉功能，是棘皮动物最重要的神经结构。

05.2810　下神经系[统]　hyponeural system
又称"深层神经系[统]（deep oral neural system）"。棘皮动物的三种神经系统之一。位于围血系统的管壁上，与口神经系统平行，由中胚层发育而来，由神经环及辐神经构成。司运动功能。

05.2811　反口神经系[统]　aboral neural system
又称"内神经系[统]（entoneural system）"。棘皮动物的三种神经系统之一。位于反口面皮肤下，由中胚层发育而来，司运动功能。只有在海百合类比较发达。

05.2812　分房器　chambered organ
棘皮动物包裹在反口面神经系统的杯状腔

内的一个5分室的结构。

05.2813　中背板　centrodorsal plate
蛇尾类棘皮动物反口面中央的一块较为明显的板。在海洋齿类板上通常生有卷枝。

05.2814　触手　tentacle
棘皮动物自口缘和腕伸出的摄食器官。是特化的管足。在蛇尾类触手在腹腕板与侧腕板之间由管足特化为小疣状；在海参类触手是变化的口管足，由水管系统的辐水管向前延伸形成。

05.2815　端触手　terminal tentacle
海星类棘皮动物腕末端的触手。

05.2816　楯状触手　peltate tentacle
棘皮动物海参具有的短柄状、顶端有许多楯状水平分支的触手。

05.2817　枝状触手　dendritic tentacle
棘皮动物海参呈树枝状的触手。

05.2818　指状触手　digitate tentacle
棘皮动物海参具有的短钝突起状、两侧有少数指状分枝的触手。

05.2819　羽状触手　pinnate tentacle
棘皮动物海参具有的一长中央轴、两侧有许多呈羽状分枝的触手。

05.2820　触手鳞　tentacle scale
蛇尾类棘皮动物触手孔边缘的鳞片。

05.2821　围口部　peristome
海胆类棘皮动物腹面口部的周围。大多数正形海胆口周围有一圈膜质的结构，膜质中常有少数小板。

05.2822　洛文[定]律　Loven's law
曾称"拉氏定律"。以心形海胆自然生活时的方式描述海胆定位的系统。即以口面朝下来考虑，通过口和肛门就可以划出一条两侧对称线，口在前方，肛门在后方。有肛门的间步带即后间步带，和后间步带相对应的步带，便是前步带。反时针计算间步带 1～5，后间步带为间步带 5；步带是以右后步带为Ⅰ，反时针计算步带Ⅰ～Ⅴ，前步带为步带Ⅲ。如果口面朝上，那就顺时针计算。总之，前步带一定是步带Ⅲ；后间步带一定是间步带 5。

05.2823　顶系　apical system
棘皮动物海胆壳的反口面在步带和间步带的顶端由围肛部和 5 个生殖板及 5 个眼板组成的一小块区域。

05.2824　分筛顶系　ethmolytic apical system
顶系的一种。筛板延伸向下，隔开后半段的生殖板与眼板。

05.2825　合筛顶系　ethmophract apical system
顶系的一种。筛板不延伸向下，隔开后半段的生殖板与眼板。

05.2826　围肛板　periproct plate
棘皮动物海胆壳上肛门附近的多个小板。

05.2827　肛上板　suranal plate
棘皮动物围肛板中较大的一块板。

05.2828　生殖板　genital plate
棘皮动物海胆反口面中央间步带区的 5 块较大的骨板。是顶系壳板的一部分。

05.2829　生殖孔　genital pore
棘皮动物海胆类生殖板上的小孔。与体内的生殖系统相通。

05.2830　眼板　ocular plate
位于棘皮动物海胆反口面中央的步带区的 5 块较小的骨板。是顶系壳板的一部分。

05.2831　眼孔　ocular pore
位于棘皮动物海胆眼板上的狭窄小孔。是辐水管的出口。

05.2832　外眼板　exsert
插入在生殖板之间，不与围肛部的外缘相接触的眼板。

05.2833　内眼板　insert
棘皮动物与围肛部的外缘相接触的眼板。

05.2834　单基板[顶系]　monobasal
由一个愈合成五角形中心板的生殖板和 5 块眼板构成海胆顶系。

05.2835　四基板[顶系]　tetrabasal
由 4 块生殖板和 5 块眼板构成的海胆顶系。

05.2836　围肛部　periproct
海胆顶系壳板的一部分。正形海胆的围肛部位于反口面中央，由肛门和附近的多块围肛板组成。歪形海胆的围肛部包括肛门从反口面中央移到一个后间步带。

05.2837　正形海胆　regular echinoid
又称"内环海胆（endocyclic echinoid）"。肛门在顶系之内的海胆。

05.2838　歪形海胆　irregular echinoid
又称"非正形海胆""外环海胆（exocyclic echinoid）"。肛门在顶系之外的海胆。

05.2839　唇板　labrum
心形海胆类围口部后缘的一个形状特殊的间步带板。

05.2840　盾板　plastron
心形海胆类围口部唇板后方较大而鼓凸的间步带板。

05.2841　赤道部　ambitus
海胆壳最大周围线附近的区域。

05.2842　瓣状步带　petaloid ambulacrum
心形目和盾形目海胆的管足孔对常排列成花瓣状的部分。

05.2843　有孔带　poriferous area, pore area
海胆各步带有管足孔的部分。

05.2844　无孔带　interporiferous area
又称"孔间带"。海胆壳板的步带管足孔之间的部分。

05.2845　亚氏提灯　Aristotle's lantern
全称"亚里士多德提灯"。海胆的咀嚼器官。由一系列骨板、齿及肌肉相连组成的方灯形结构，用以切割及咀嚼食物，下面有 5 个齿伸到口外边。

05.2846　锥骨　pyramid
构成海胆亚氏提灯主要结构的 5 个三角形石灰质骨片之一。由 2 个楔形的骨片在间辐部愈合而成。

05.2847　桡骨　epiphysis
海胆亚氏提灯各锥骨上端的一细棒状骨板。

05.2848　弧骨　compass
海胆亚氏提灯的反口面，即锥形体的基部，从食道向辐部分出的 5 个细的弯曲形骨板。

05.2849　轮骨　rotule
海胆亚氏提灯各弧骨下面 5 个比较粗的骨。

05.2850　拱齿型　camarodont type
正形海胆亚氏提灯的四种基本类型之一。锥骨上的桡骨末端相连形成一杆状骨，越过各锥骨的上端，齿的横截面呈 T 形。

05.2851　脊齿型　stirodont type
正形海胆亚氏提灯的四种基本类型之一。桡骨有小的指状突起末端不相接，齿内侧有脊起，齿的横截面呈 T 形。

05.2852　管齿型　aulodont type
正形海胆亚氏提灯的四种基本类型之一。桡骨有小的指状突起末端不相接，齿内侧缺脊起，齿的横截面呈 U 形。

05.2853　头帕型　cidaroid type
正形海胆亚氏提灯的四种基本类型之一。桡骨小并不突出，齿的横截面呈 U 形。

05.2854　斯氏器　Stewart's organ
海胆亚氏提灯上端辐位的囊状结构。作为围咽窦的附件突出于主要体腔中。

05.2855　壳　corona
海胆的石灰质骨板。不包括顶系和围口部的骨板。

05.2856　缘裂　marginal slit
海胆壳边缘的裂口。

05.2857　透孔　lunule
海胆壳上卵圆形或裂口状的穿孔。

05.2858　钩刺环　girdle of hooked granule
某些蔓蛇尾腕上由具钩刺的颗粒排列呈环状的构造。

05.2859　围颚环　perignathic girdle
海胆壳的围口部边缘内侧环状钙质脊起。

05.2860 内突骨 apophysis
头帕海胆围颚环在间步带特别发达，形成的一对突起。

05.2861 耳状骨 auricle
围颚环在步带最为发达，形成的一对突起。

05.2862 疣 tubercle
棘皮动物体表上的瘤状突起物。按大小分为大疣、中疣和小疣。为钝圆锥状。海胆壳板上的疣着生能活动的棘。

05.2863 大疣 primary tubercle
棘皮动物海胆壳板上最大的疣。与大棘相连。

05.2864 中疣 secondary tubercle
棘皮动物海胆壳板上除大疣外，其次大的疣。与中棘相连。

05.2865 小疣 miliary tubercle
棘皮动物海胆壳板上除大疣和中疣外，一些小的疣。与小棘相连。

05.2866 疣突 boss
钝圆锥状疣的基部。

05.2867 疣轮 areole
包围疣突的裸出区。

05.2868 凹环 scrobicular ring
心形海胆大疣的疣轮，常深陷成的环沟。

05.2869 棘 spine
棘皮动物体表的硬性突起物。如海胆的棘生于疣的上面，能活动，分为大棘、中棘和小棘。

05.2870 大棘 primary spine
海胆壳上最大的棘。

05.2871 中棘 secondary spine
海胆壳上除大棘外，其次大的棘。

05.2872 小棘 miliary spine
海胆壳上除大棘和中棘外，一些很小的棘。

05.2873 球棘 sphaeridium
海胆壳上的一种小的玻璃状透明的卵形或球形坚实小体。是一种平衡器官。

05.2874 侧步带棘 adambulacral spine
侧步带板上的棘。包括沟棘和亚步带棘。

05.2875 沟棘 furrow spine
侧步带板上临沟一侧的棘。通常伸入步带沟的上方。

05.2876 亚步带棘 subambulacral spine
侧步带板口面上的棘。

05.2877 侧棘 lateral spine
下缘板外缘上的长棘。

05.2878 磨齿环 milled ring
海胆类棘的基部环形带磨齿的突出部。供附着肌肉之用。

05.2879 叉棘 pedicellaria
棘皮动物海胆纲和海星纲特有的一种微小的棘。尤以海胆纲最为发达。其主要功能是防御和清除在体表附着的生物幼虫。

05.2880 三叉叉棘 tridentate pedicellaria
具有三个狭长瓣组成的头部，瓣具锯齿缘，在顶端相接，在基部分开的叉棘。是最大的叉棘。

05.2881 喙状叉棘 rostrate pedicellaria
具有短而弯曲瓣的三叉叉棘。

05.2882 三叶叉棘 triphyllous pedicellaria
具有三个短而宽的叶状瓣，在顶端不相接的叉棘。是最小的叉棘。

05.2883 球形叉棘 globiferous pedicellaria
头部带圆形，瓣基部膨大，末端向内弯曲，具有毒腺的叉棘。

05.2884 蛇首叉棘 ophiocephalous pedicellaria
呈蛇头状，由 3 个末端钝圆的瓣构成，瓣的基部有发达的圆形柄环的叉棘。

05.2885 直形叉棘 straight pedicellaria
由 2 个直形的瓣构成的叉棘。下部有短柄。

05.2886 交叉叉棘 crossed pedicellaria
由 2 个基部互相交叉的瓣构成的叉棘。

05.2887 栉状叉棘 pectinate pedicellaria
由 2 列相对的小棘构成的叉棘。无柄。

05.2888 瓣状叉棘 valvate pedicellaria
由 2 个水平的瓣构成的叉棘。无柄。

05.2889 泡状叉棘 alveolate pedicellaria
由 2 个窄瓣附在一凹陷或窝中构成的叉棘。

05.2890 带线 fasciole
心形海胆有部分呈棒状细小的棘在壳的某些部位密集排列成带状，而留下较平滑的痕迹。据分布部位有内带线、缘带线、肛带线等，为分类上的重要依据。

05.2891 内带线 internal fasciole
包围反口面顶端和前步带大部分的带线。

05.2892 缘带线 marginal fasciole
沿着壳的赤道部延伸的带线。

05.2893 肛带线 anal fasciole
围绕围肛部的带线。

05.2894 肛下带线 subanal fasciole
位于肛带线下方的带线。

05.2895 周花带线 peripetalous fasciole
包围瓣区，并穿过前步带的带线。

05.2896 侧带线 lateral fasciole
沿着周花带线向后延伸的带线。

05.2897 步带沟 ambulacral furrow
海星类棘皮动物口面上沿着腕伸展的一条敞开的沟。

05.2898 步带板 ambulacral plate
（1）海星类棘皮动物位于步带沟底的一列成对排列、不带棘的骨板。（2）棘皮动物海胆外壳具管足孔的石灰质板。

05.2899 初级板 primary plate
有 1 对管足孔的步带板。

05.2900 次级板 secondary plate
连接初级板的小板。

05.2901 半板 demiplate
初级板经过生长的压缩变为不伸及内缘的板。

05.2902 复[合]板 compound plate
由 2～3 个或者更多的初级板构成的步带板。初级板数目和管足孔对的数目相当，管足孔对排列成弧状或锯齿状。

05.2903 少孔板 oligoporous plate
生有 2～3 对管足孔对的步带板。

05.2904 三对孔板 trigeminate
具有 3 对管足孔对的步带板。

05.2905　多孔板　polyporous plate
多于 3 对管足孔对的步带板。

05.2906　步带孔　ambulacral pore
管足穿透步带板的孔洞。

05.2907　侧步带板　adambulacral plate
步带板两侧各有的一列骨板。其上有细长的可动棘。一边临沟，另一边与腹侧板或下缘板相接。

05.2908　上步带板　superambulacral plate
位于侧步带板上方，步带板与下缘板之间的一列小板。

05.2909　下缘板　inferomarginal plate
沿着身体口面边缘排列的一列板。

05.2910　上缘板　superomarginal plate
沿着身体反口面边缘排列的一列板。

05.2911　间缘板　inter-marginal plate
位于上缘板和下缘板之间的一些小板。

05.2912　腹侧板　ventrolateral plate
位于侧步带板和下缘板之间的一些小板。

05.2913　龙骨板　carinal plate
腕反口面沿着背中线排列的一列骨板。

05.2914　背侧板　dorsolateral plate
龙骨板与上缘板之间的一列骨板。

05.2915　口板　mouth plate, oral plate, jaw plate
口周围，位于间辐部顶端的一对板。

05.2916　端板　terminal plate
位于腕末端的一块单一的板。

05.2917　口囊　buccal sac
围口部边缘的间步带区伸出来的 5 对丛状器官。最初认为有呼吸的功能。

05.2918　鳃裂　gill cut
某些正形海胆类壳的围口部边缘每个步带两侧各有的裂状凹痕。

05.2919　叶鳃　phyllode
心形海胆口附近步带上管足扩大的区域。

05.2920　口凸　bourrelet
和围口部相接的单个间步带板在叶鳃之间变得膨胀且明显地鼓起。

05.2921　花形口缘　floscelle
口凸和其相间排列并略下陷的叶鳃形成的花状结构。

05.2922　皮鳃　papula
海星类骨板之间伸出的肉质管状小突起。主要功能是呼吸及气体交换，是水管系统的一部分。

05.2923　皮鳃区　papularium, papular area
具皮鳃的区域。

05.2924　小柱体　paxilla
有些海星的小棘成束的生长在骨板上形成的柱状突起。

05.2925　柄　stalk
柄海百合类棘皮动物的成体形似植物，由冠部和柄部组成，其细长似茎的部分。内部由一系列构成关节的骨板组成，每隔一定距离常有环状排列的卷枝，末端根状以固着海底。

05.2926　冠[部]　crown
柄海百合类棘皮动物的成体形似植物，由冠

部和柄部组成，其放射状排列的部分。是口所在区域，由萼和腕两部分组成。

05.2927 根 radix, root
柄海百合类棘皮动物柄末端的根状结构。

05.2928 萼 calyx
海百合类棘皮动物冠的两组成部分之一。成杯状或圆锥状，其外侧由规则排列的石灰质板构成。海羊齿的萼不发达，呈盘状。

05.2929 萼杯 dorsal cup, aboral cup
棘皮动物位于反口面一侧，除上盖以外的杯状体。

05.2930 上盖 tegmen
又称"萼盖"。棘皮动物位于腕与萼杯之间，可能是覆盖肛门的构造。棱锥状、管状或囊形，钙化或非钙化。

05.2931 单环萼 monocyclic calyx
海百合类棘皮动物萼部反口面观，仅有一圈基板与辐板连接的萼。

05.2932 双环萼 dicyclic calyx
海百合类棘皮动物萼部反口面观，基板与辐板之间有下基板分开的萼。

05.2933 羽枝 pinnule
海百合类棘皮动物腕两侧的羽状分枝。

05.2934 栉状体 comb
基部羽枝的末端具有的小齿样结构。

05.2935 卷枝 cirrus
海百合类棘皮动物反口面供附着用的构造。生自柄部、中背板的卷枝窝。根据卷枝的有无将柄分为节和节间。每个卷枝由多数节构成，各节背面常有背棘。

05.2936 根卷枝 radiculus
柄上具分枝的附肢。

05.2937 端爪 terminal claw
卷枝的最末节。

05.2938 背棘 dorsal spine
卷枝各节背侧外缘的隆起。

05.2939 峙棘 opposing spine
卷枝倒数第二节背缘的延伸部分。

05.2940 过渡节 transition segment
颜色由深向浅过渡的卷枝的一节。

05.2941 辐板 radial plate
萼杯上的主要骨骼之一。位于基板之上与口面之间。

05.2942 基板 basal plate
冠部与柄的连接板。在辐板的内侧。

05.2943 下基板 infrabasal plate
位于基板之下的派生小板。

05.2944 玫板 rosette
棘皮动物海百合海羊齿类的基板在变态时已从萼的表面消失，在萼内变成的一小板。

05.2945 边板 side plate
泛指步带区辐板外侧的小骨片。

05.2946 腕板 brachial
蛇尾类棘皮动物腕节上的板。

05.2947 固有腕板 fixed brachial
萼部骨板的一部分，着生于辐板之上，不包括萼部之外羽枝板之下的腕板。

05.2948 间腕板 interbrachial
固有腕板之间的骨板。

05.2949 分歧轴 axillary
支撑腕二分的基板。

05.2950 原分歧腕板 primaxil
腕板的第一个分歧轴。

05.2951 原腕板 primibrach
海百合类棘皮动物的腕常一再分枝，位于辐
板之上，二分枝之前的腕板。

05.2952 双列板 distichal plate
海百合类棘皮动物第二次分枝的腕板。

05.2953 掌板 palmar
海百合类棘皮动物第三次分枝的腕板。

05.2954 动关节 mascular articulation
海百合类棘皮动物腕板间由肌肉连接，外观
有一明显的横沟。

05.2955 不动关节 syzygy
海百合类棘皮动物腕板间仅有韧带连接，中
间被一轻微、模糊和波浪状的细缝所分隔。

05.2956 上不动关节 epizygal
腕板不动关节的远端部分。

05.2957 下不动关节 hypozygal
腕板不动关节的近端部分。

05.2958 辐盾 radial shield
位于蛇尾类棘皮动物盘的反口面，靠近腕基
部两侧，各有 1 对大而明显的板。

05.2959 口盾 mouth shield, oral shield
位于蛇尾类棘皮动物盘的腹面中央，口周围

各间辐部的 5 个盾状板。

05.2960 颚 jaw
位于蛇尾类棘皮动物侧口板内侧的楔形骨
板。由左右两块小板愈合而成。

05.2961 侧口板 adoral plate
蛇尾类棘皮动物口盾内侧各有的 1 对长形、
呈八字排列的骨板。

05.2962 围口板 peristomial plate
蛇尾类棘皮动物的第一对步带板形成的两
块长形板。位于颚的反口面。

05.2963 背腕板 dorsal arm plate
组成蛇尾类棘皮动物腕节的一列骨板。处
于反口面（背面）自辐板向腕端辐射的中
央部位。

05.2964 腹腕板 ventral arm plate
组成蛇尾类棘皮动物腕节的一列骨板。处
于口面（腹面）自辐板向腕端辐射的中央
部位。

05.2965 侧腕板 lateral arm plate
处于背腕板与腹腕板外侧的一对骨板。

05.2966 口棘 mouth papilla, oral papilla
颚两侧的棘。

05.2967 齿下口棘 infradental papilla
位于颚顶的口棘。

05.2968 齿棘 tooth papilla
棘皮动物少数种蛇尾最下面的齿分化为簇
状、许多细齿的棘。位于颚的顶端。

05.2969 腕棘 arm spine
蛇尾类棘皮动物侧腕板上的棘。

05.2970　刺腕棘　thorny arm spine
表面带刺的腕棘。

05.2971　钩腕棘　hooked arm spine
呈钩状的腕棘。

05.2972　腕栉　arm comb
位于中央区背面，辐盾外缘的栉状骨片。上
端具栉棘。

05.2973　栉棘　comb-papilla
着生在腕栉上端的棘。

05.2974　内腕栉　inner arm comb
位于主要腕栉之下的一行次生的腕栉。

05.2975　掠椎关节　streptospondylous articu-lation
前一椎骨的横马鞍形突起和后一椎骨的垂
直马鞍形突起相关节。故腕能做垂直的上下
运动，缠绕他物和做水平的屈曲。如蔓蛇尾
类椎骨的关节。

05.2976　节椎关节　zygospondylous articu-lation
前一椎骨的临近面具有一套复杂的凹陷和
一个中央突起，和相连椎骨的远端面上一套
相应的突起和一个中央凹陷互相关节在一
起，使腕仅能做水平的屈曲，不能做垂直的
上下运动。如多数蛇尾椎骨的关节。

05.2977　生殖囊　bursa
蛇尾类棘皮动物沿着各腕基部两侧盘的口
壁处有 10 个囊状的内陷，基部附有生殖腺，
故名。

05.2978　生殖裂口　bursal slit
蛇尾类棘皮动物盘腹面各腕基部两侧的裂
缝。是体内生殖囊的出口。

05.2979　翻颈部　introvertere, introvert
棘皮动物枝手目海参的触手后面有能缩回
的部分。体壁常较薄而光滑。

05.2980　石灰环　calcareous ring
棘皮动物海参咽部包围石灰质板形成的一个
环状结构。典型的石灰环由 5 个辐板和 5 个
间辐板组成。

05.2981　间辐板　interradial plate
又称"间辐片"。构成典型石灰环的小板之
一。位于间辐位。

05.2982　二道体区　bivium
海参类棘皮动物的背面包括二个步带和三
个间步带构成的区域。

05.2983　三道体区　trivium
海参类棘皮动物的腹面包括三个步带和二
个间步带构成的区域。

05.2984　骨片　spicule, deposit, ossicle
海参类棘皮动物的骨骼。很小，形状、大小
随种类而异，性状十分稳定，是海参分类上
的最重要依据。

05.2985　有色骨片　phosphatic deposit
又称"磷酸盐体"。海参类棘皮动物体壁内
葡萄酒色的骨片。

05.2986　穿孔板　perforated plate
海参类棘皮动物的常见骨片之一。复杂的杆
状体突起愈合形成的骨片。

05.2987　皿形体　cup
海参类棘皮动物常见的骨片之一。骨片凹进
边缘具齿。

05.2988　桌形体　table
海参类棘皮动物常见的骨片之一。骨片由底

盘和塔部构成。

05.2989 扣状体 button
海参类棘皮动物常见的骨片之一。具 4 个或 6 个，或者更多的穿孔，穿孔排列为两行，板面光滑或具瘤。

05.2990 花纹样体 rosette
由短钝的杆状体反复分枝形成的一类骨片。

05.2991 轮形体 wheel
具 6 轴的一类特殊骨片。多见于棘皮动物海参纲指参科。

05.2992 锚形体 anchor
棘皮动物海参纲锚参科的一种锚形骨片。

05.2993 锚板 anchor plate
与锚形体关节在一起的板状骨片。

05.2994 锚臂 anchor-arm
锚形体弯曲的两臂。臂端有细小锯齿。

05.2995 锚柄 anchor stock
锚形体中与锚板连接处的柄端部。

05.2996 锚干 shaft
锚形体中锚臂与柄端之间的干状部分。

05.2997 呼吸树 respiratory tree
又称"水肺（water lung）"。棘皮动物海参从泄殖腔分出的一对树枝状的分枝管。是某些海参类特有的呼吸器官。

05.2998 居维叶器 Cuvierian organ
又称"居氏器"。棘皮动物某些海参呼吸树基部附着有许多细长的白色或淡红色的盲管。由居维叶发现，故名。是海参的防御器官。

05.2999 水咽球 aquapharyngeal bulb
棘皮动物海参整个咽的复合体。

05.3000 海胆原基 echinus rudiment
棘皮动物海胆前庭的复合体。

05.3001 五触手幼体 pentactula
海参类棘皮动物的幼体。纤毛环消失，5 条触手能自由运动和收缩。

05.3002 羽腕幼体 bipinnaria
海星类棘皮动物的浮游幼体。两侧对称，体表披纤毛，具 2 个纤毛带，体表两侧有 6 对腕。

05.3003 短腕幼体 brachiolaria
棘皮动物海星发育中的一种过渡幼虫。有 3 个前突起，与成体的 3 个突起同源。

05.3004 长腕幼体 pluteus
具特别发达腕的海胆幼体。

05.3005 蛇尾幼体 ophiopluteus
蛇尾类棘皮动物的浮游幼体。身体左右对称，有 4 对细长的腕。

05.3006 海胆幼体 echinopluteus
海胆类棘皮动物的浮游幼体。身体左右对称，有 4 对细长的腕。

05.3007 耳状幼体 auricularia
海参类棘皮动物的前期幼体。其体背腹平扁，两侧对称，环绕身体边缘有一纤毛带，纤毛带的上下两端弯曲成环状的纤毛环，从侧面看，幼体很像人的耳朵，故名。

05.3008 口前环 preoral loop
耳状幼体的纤毛带在口的上方弯曲，形成的一个环状结构。

05.3009　前背臂　anterodorsal arm
从背面上方看，耳状幼体的前背突起。

05.3010　后背臂　posterodorsal arm
从背面上方看，耳状幼体的后背突起。

05.3011　后侧臂　posterolateral arm
耳状幼体体后端的后侧突起。

05.3012　口后臂　postoral arm
耳状幼体近肛门的后突起。

05.3013　口前臂　preoral arm
耳状幼体近口部的口前突起。

05.3014　樽形幼体　doliolaria
海参类棘皮动物幼体发育的一个阶段。耳状幼体收缩变态成桶形，故名。

05.26　半索动物门

05.3015　肠鳃纲　Enteropneusta
半索动物门的一个类群。营自由生活，无外骨骼，有许多鳃裂垂直的肠道，如柱头虫。

05.3016　羽鳃纲　Pterobranchia
半索动物门的一个类群。营群体固着生活，触手羽状，有一U形消化管和三个体节，外形似苔藓虫，体长2～14mm，如头盘虫。

05.3017　吻　proboscis
肠鳃类半索动物身体最前端的圆锥状管状器官。有发达的肌肉，能伸入领内，中空（即吻腔或第一体腔），是体腔的一部分。

05.3018　吻孔　proboscis pore
柱头虫等半索动物吻部的开孔。一般位于吻的后缘背侧，内通吻腔。

05.3019　领　collar
柱头虫等半索动物位于吻后端和躯干部前端的部分。有发达的肌肉，其中有空腔即领腔（第二体腔），是体腔的一部分。

05.3020　领神经　collar nerve
半索动物领部背侧的神经。发育完善。

05.3021　背神经索　dorsal nerve cord
半索动物沿着背中线的一条神经索。

05.3022　鳃裂　gill slit
半索动物的呼吸器官。沿躯干部两侧二开口于咽头。

05.3023　口索　stomochord
半索动物口腔背壁向前延伸至吻腔基部的一短盲管。是半索动物特有的构造。

05.3024　柱头幼虫　tornaria
半索动物体小透明，体表布有粗细不等的纤毛带，似海星类棘皮动物羽腕幼体的浮游幼体。

05.3025　生殖翼　genital pleura
柱头虫等半索动物的雌、雄生殖器官。即生殖腺。为若干小形囊状排列在躯干背面的两侧，各有小孔开口于体外，生殖细胞即由小孔排到水中。

05.3026　血管球　glomerulus
柱头虫等半索动物口索前端的一个球状突起。是一种排泄器官。

05.3027 肝盲囊 hepatic cecum
柱头虫等半索动物躯干部肠管靠后段背侧
面的若干对突起。

06. 脊椎动物学

06.01 脊索动物门

06.0001 脊索 notochord
脊索动物消化管背侧、背神经管腹侧的一条
纵贯前后的棒状构造。外包结缔组织脊索
鞘，内有富含液泡的脊索细胞，坚韧而有弹
性，具有支持作用。是脊索动物三大主要特
征之一。在原索动物终生存在，也存在于脊
椎动物胚胎时期，成体中部分或全部被脊椎
所代替。

06.0002 背神经管 dorsal nerve cord
脊索动物身体背中线上呈一条管状的神经
组织结构。由外胚层下陷卷褶形成，是脊索
动物三大主要特征之一。在高等种类分化为
脑和脊髓两部分。

06.0003 鳃裂 gill slit
消化管前段即咽部两侧的裂缝。直接开口于
体表或以一个共同的开口与外界相通，是脊
索动物三大主要特征之一。在低等脊索动物
及鱼类中终生存在，其他脊椎动物仅在胚胎
时期具有。鱼类呼吸时，水流经鳃、鳃腔排
往体外的通道。在硬骨鱼类多称"鳃孔（gill
opening）"。

06.0004 鳃棒 gill bar
鳃裂之间支撑鳃的结构。

06.02 被囊动物亚门

06.0005 尾索 urochord
位于被囊动物胚胎期尾部的脊索。

06.0006 入水孔 incurrent aperture
位于海鞘类被囊动物个体背面顶端的孔。其底
部有口，连通咽部。水和食物经此孔流入体内。

06.0007 出水孔 excurrent aperture
位于海鞘类被囊动物个体身体的后端或背
侧面、比入水孔位置略低的孔。排出体内的
水和废物。

06.0008 入水管 branchial siphon, oral siphon
位于海鞘类被囊动物套膜的背面或前端，从入
水孔到触手之间的管状体。其长度随种类而异。

06.0009 出水管 atrial siphon
位于海鞘类被囊动物个体身体的后面或侧
面较短的管状体。水、粪便和胚胎幼体由此
排出。

06.0010 水管衬套 siphonal lining
衬在海鞘类被囊动物入水管、出水管内面的
一层薄膜。外端口小于内端口，呈喇叭形。
膜上有各种形状的刺、皱纹等。

06.0011 口触手 oral tentacle
海鞘类被囊动物入水管基部的细小指状物。

可阻止大物体进入咽内。

06.0012　触手环带　branchial tentacle, clitellum
位于海鞘类被囊动物咽部，支撑口触手的圆形小圈。

06.0013　鳃笼　branchial basket
又称"鳃篮"。在被囊动物、头索动物和低等脊椎动物（如海鞘、文昌鱼、圆口类）支持鳃的软骨质构造。

06.0014　外套膜　mantle
被囊动物（如海鞘）表面一层外胚层的上皮细胞和中胚层的肌肉纤维及结缔组织构成的体壁。

06.0015　被囊　tunic
大多数被囊动物体壁的一个囊状结构。系外套膜分泌的被囊素所形成。

06.0016　被囊素　tunicine
组成被囊的类似纤维素的物质。

06.0017　气孔　stigmata
海鞘类被囊动物鳃囊壁上的鳃裂。形状多样，有直的、螺旋漏斗状或不规则。

06.0018　内纵血管　internal longitudinal vessel
海鞘类被囊动物鳃囊内的纵向血管。分布在鳃皱上或鳃皱之间的平区上。

06.0019　横血管　transverse vessel
海鞘类被囊动物鳃囊内气孔之间的一条横血管。

06.0020　围鳃腔　atrium, atrial cavity
被囊动物和头索动物围绕咽和部分肠的腔室。海水经过出水管（被囊动物）或围鳃腔孔（头索动物）排出围鳃腔。

06.0021　咽鳃裂　pharyngeal gill slit
低等脊索动物消化管前端咽部两侧左右成对排列、数目不等的裂孔。直接或间接和外界相通。

06.0022　鳃皱　branchial fold
海鞘类被囊动物鳃囊壁向内突起的纵皱。

06.0023　鳃血管　branchial vessel
心脏两端各发出一条血管，前端的一条血管。分布到鳃裂间的咽壁上。

06.0024　肠血管　intestinal vessel
心脏两端各发出一条血管，后端的一条血管。分布到各内脏器官，经多次分支进入器官组织的血窦之间。

06.0025　背板　dorsal lamina
又称"咽上沟（epipharyngeal groove）"。低等脊索动物咽部背面中线上的一条纵向的富有纤毛的沟状构造。能分泌黏液附着食物，纤毛摆动向后推送食物。

06.0026　内柱　endostyle
低等脊索动物咽部腹面中线上的一条纵向的富有纤毛的沟状构造。能分泌黏液附着食物。

06.0027　围咽沟　peripharyngeal groove
又称"围咽带（peripharyngeal band）"。被囊动物围绕咽部的一沟状结构。连接内柱和背板，用以输送内柱黏液捕获的食物微粒。

06.0028　背节　dorsal tubercle
位于被囊动物（如海鞘）背面围咽沟交汇点前缘呈圆形的结构。其上方具有不同形状的纤毛沟。

06.0029　背舌　dorsal languet
某些海鞘类被囊动物鳃囊背面一系列狭窄细长的膜片。

06.0030　纤毛沟　ciliated groove
海鞘类被囊动物背节表面的螺旋状沟。

06.0031　背神经节　dorsal ganglion
海鞘类被囊动物位于入水孔和出水孔之间外套膜上的神经节。由此分出若干神经分支到身体各部。其腹面有神经下腺。

06.0032　神经下腺　subneural gland
被囊动物（如海鞘）背神经节腹面下方套膜内的一种呈椭圆形结构的腺体。浅乳白色。

06.0033　育儿室　incubatory chamber
某些被囊动物（如海鞘）右侧围鳃腔后背部的膨大部分。卵子在此受精并发育成幼虫，无脊椎动物水蚤也有。

06.0034　肾囊　renal sac, renal vesicle
某些被囊动物（如海鞘）右侧生殖腺下方平行的呈豆状的一个囊。

06.0035　肠腺　intestinal gland
某些被囊动物（如海鞘）肠表面被覆着的树杈状分枝物。

06.0036　肠环　gut loop, intestinal loop
单体海鞘的消化管呈 S 形弯曲形成的两个环或半环。

06.0037　排泄腔　cloacal cavity
海鞘类被囊动物排泄废物的空腔。复海鞘类通常具有共同的排泄腔，通过共同排泄孔排出废物。

06.0038　出水触手　atrial tentacle
某些被囊动物（如海鞘）的出水管具有的突出物。比口触手短而细小，数量也少。

06.03　头索动物亚门

06.0039　背鳍　dorsal fin
头索动物文昌鱼背面沿中线的皮肤折叠形成的一条低矮的鳍。向后与尾部的尾鳍相连。

06.0040　尾鳍　caudal fin
头索动物文昌鱼身体尾部的鳍。

06.0041　肛前鳍　preanal fin
头索动物文昌鱼尾鳍延伸到肛门之前的部分。

06.0042　腹褶　metapleural fold
头索动物文昌鱼身体鳃腔区的腹面左右两侧由皮肤下垂形成的长条形纵褶。内为纵向的淋巴间隙。

06.0043　围鳃腔孔　atriopore
又称"腹孔"。位于头索动物文昌鱼腹褶和臀鳍交界处的孔。是围鳃腔内的水流到体外的孔道。

06.0044　口笠　oral hood
头索动物文昌鱼身体前端腹面的漏斗状结构。其边缘环生口笠触须，内壁有轮器，后通口。

06.0045　哈氏窝　Hatschek's pit
头索动物文昌鱼口笠内背中央纵行沟前端的一窝状结构。

06.0046　口触须　buccal cirrum
头索动物文昌鱼口笠边缘环生的触须。能阻

挡大的沙粒入口，有感觉功能。

06.0047 前庭 vestibule
头索动物文昌鱼口笠所包围的腔。

06.0048 轮器 wheel organ
头索动物文昌鱼口笠前庭内壁由纤毛构成的指状结构。可搅动水流进入口内。

06.0049 缘膜 velum
头索动物文昌鱼口周围的一薄膜。其周围环生触手。

06.0050 缘膜触手 velar tentacle
头索动物文昌鱼口缘膜周围环生的触手。阻止沙粒入口。

06.0051 回结环 ileocolon ring
头索动物文昌鱼肠前部染色较深的一端。内壁富有纤毛，食物在此被剧烈搅动。

06.0052 肌节 myomere
头索动物文昌鱼肌肉的分节。呈 V 字形，尖端向前。其数目是文昌鱼分类的重要特征之一。

06.0053 肾管 nephridium
头索动物文昌鱼咽壁背方的两侧按体节排列的短而弯曲的小管。一端借肾孔开口于围鳃腔，另一端连接 5～6 束管细胞。在脊椎动物中为各种肾的管的总称。

06.0054 管细胞 solenocyte
来源于体腔上皮细胞，其远端呈盲端膨大，紧贴体腔，内有一长鞭毛的一种细长细胞。

06.0055 褐漏斗 brown funnel
头索动物文昌鱼咽部后端背方左右的 1 对褐色漏斗状构造。可能有泌尿作用。

06.0056 克利克窝 Kölliker's pit
头索动物文昌鱼幼体的脑泡顶部有神经孔与外界相通，成体封闭残留的凹陷。是嗅觉器官。

06.0057 背裂 dorsal fissure
头索动物文昌鱼神经管的背面未完全愈合尚留的一条裂隙。

06.0058 脑眼 cerebral eye
头索动物文昌鱼神经管两侧一系列黑色小点。是光线感受器。每个脑眼由一个感光细胞和一个色素细胞构成，可通过半透明的体壁起感光作用。

06.04 脊椎动物亚门

06.04.01 概 论

06.0059 鱼类学 ichthyology
主要研究鱼类形态、分类、习性、分布、系统发生和进化等的脊椎动物学分支学科。

06.0060 两栖爬行动物学 herpetology
主要研究两栖和爬行动物形态、分类、习性、分布、系统发生和进化等的脊椎动物学分支学科。

06.0061 鸟类学 ornithology
主要研究鸟类形态、分类、习性、系统发生和进化等的脊椎动物学分支学科。

06.0062 哺乳动物学 mammalogy
又称"兽类学（theriology）"。主要研究哺乳动物形态、分类、习性、分布、系统发生和进化等的脊椎动物学分支学科。

06.0063　圆口纲　Cyclostomata
通称"圆口类（cyclostomes）"。脊椎动物亚门的一个类群。只有脊索而无脊椎、无上下颌、无附肢、用鳃囊呼吸、终生水生生活，是脊椎动物中最原始、结构最低等的一类动物。现存分为 2 个目：七鳃鳗目和盲鳗目。

06.0064　鱼类　Pisces
脊椎动物亚门的一个类群。具有上下颌，有成对附肢，体被鳞，鳃呼吸的一类水生脊椎动物。是有颌动物中最低等的一类。

06.0065　两栖纲　Amphibia
通称"两栖类（amphibians）"。脊椎动物亚门的一个类群。皮肤裸露，幼体以鳃呼吸，成体肺呼吸，实现了从水生到陆生转变的脊椎动物，是低等四足动物。现存分为 3 个目：蚓螈目、有尾目和无尾目。

06.0066　爬行纲　Reptilia
通称"爬行类（reptiles）"。脊椎动物亚门的一个类群。皮肤干燥，被角鳞或骨板，产羊膜卵，真正的陆生脊椎动物。现存的爬行纲分为 4 个目：龟鳖目、喙头目、有鳞目和鳄目。

06.0067　鸟纲　Aves
通称"鸟类（birds）"。脊椎动物亚门的一个类群。体被羽毛，前肢特化为翼，恒温，能飞行的脊椎动物。现存分为 27 个目。

06.0068　哺乳纲　Mammalia
通称"哺乳类（mammals）"。脊椎动物亚门的一个类群。身体被毛、胎生、哺乳的脊椎动物。现存分为 3 个亚纲：原兽亚纲（仅有 1 个单孔目）、后兽亚纲（仅有 1 个有袋目）和真兽亚纲（即有胎类，有 17 个目，绝大多数种类属此）。近年对目的划分有不同的意见。

06.0069　软骨鱼类　chondrichthyans, carti-laginous fishes
骨骼全为软骨的鱼类。外骨骼不发达或退化，体被盾鳞，无膜成骨；不具肺和鳔，卵通常是在体内受精；歪型尾。

06.0070　硬骨鱼类　osteichthyans, bony fishes
内骨骼大部或全部被骨化、体被硬鳞或骨鳞包围的鱼类。鳔常存在，鼻孔一对，口位于头的前端，无鳍脚，体外受精，尾多为正尾。

06.0071　肉鳍鱼类　sarcopterygians, lobe-finned fishes
偶鳍具有肉质基叶的硬骨鱼类。如扇鳍鱼亚纲的肺鱼类和腔棘鱼亚纲的腔棘鱼类。

06.0072　辐鳍鱼类　actinopterygians, ray-finned fishes
偶鳍和奇鳍均有鳍条支持的硬骨鱼类。现存的硬骨鱼类除肺鱼类、腔棘鱼类外均属于此类，包括软骨硬鳞鱼类、全骨鱼类和真骨鱼类。

06.0073　两栖动物　amphibian
脊椎动物两栖纲动物的统称。包括蛙、蟾蜍、蝾螈和蚓螈等。典型的都有鳃呼吸的幼体期和肺呼吸的成体期。

06.0074　爬行动物　reptile
脊椎动物爬行纲动物的统称。体被角质鳞或角质板，产硬壳的卵，可把卵产在干燥环境。包括蛇、蜥蜴、龟和鳄等。

06.0075　哺乳动物　mammal
脊椎动物哺乳纲动物的统称。皮肤被毛，雌性具乳腺并给幼仔哺乳；除单孔目的 5 个物种外，均为胎生。包括单孔类、有袋类、有胎盘类等。

06.0076 单孔类 monotremes
哺乳动物原兽亚纲动物的总称。是现存哺乳动物中最原始的类群，具有一系列接近爬行类的特征。卵生，产具壳的多黄卵，雌兽尚具孵卵行为；乳腺仍为一种特化的汗腺，无乳头；肩带结构似爬行类具乌喙骨、前乌喙骨和肩锁骨；有泄殖腔等。

06.0077 有袋类 marsupials
哺乳动物后兽亚纲动物的总称。是较低等的哺乳动物类群，胎生，但不具真正的胎盘，胚胎借卵黄囊与母兽子宫壁接触，腹部具有特殊的育儿袋，并具袋骨支持；泄殖腔已趋于退化；肩带表现有高等哺乳动物特征（乌喙骨、前乌喙骨均退化，肩胛骨增大）；具有乳腺，脑无胼胝体，异型齿，但门牙数目较多。

06.0078 有胎盘类 placentals
哺乳动物真兽亚纲动物的总称。是高等的哺乳动物类群，具有尿囊胎盘，胎儿发育完善后产出，不具泄殖腔，乳腺发达具乳头，肩带为单一的肩胛骨，大脑皮质发达具胼胝体，异齿型，但齿数趋于减少，门牙少于 5 枚。有良好的体温调节能量，体温一般恒定37℃左右。

06.0079 胎盘动物 placentalia
哺乳动物中胚胎借真正的胎盘与母体连接的动物。

06.0080 无胎盘动物 implacentalia
哺乳动物中无真正的胎盘与母体连接的动物。包括有袋类和单孔类。

06.0081 无颌动物 agnathan
无上颌和下颌，终身具有脊索的最原始的脊椎动物。现存的圆口类动物为其代表。

06.0082 有颌动物 gnathostomatan
具有上下颌的脊椎动物。包括鱼类、两栖类、爬行类、鸟类和哺乳类动物。

06.0083 无羊膜动物 anamniote
在胚胎发育过程中不形成胎膜的脊椎动物。鳃在整个生命活动中或在幼体时为呼吸器官。包括圆口类、鱼类和两栖类动物。

06.0084 羊膜动物 amniote
在胚胎和幼体发育过程中形成胎膜的脊椎动物。在个体生活中的任何一个阶段都不用鳃呼吸。包括爬行类、鸟类和哺乳类动物。

06.0085 四足动物 tetrapods
具有四肢并以其为运动器官的脊椎动物。包括两栖类、爬行类、鸟类和哺乳类动物。

06.0086 反刍动物 ruminant
脊椎动物哺乳纲偶蹄目（Artiodactyla）反刍亚目（Ruminantia）动物的统称。全部为草食性，具有反刍现象，臼齿嚼面呈新月状脊棱。

06.0087 有蹄动物 hoofed animal
脊椎动物哺乳纲偶蹄目（Artiodactyla）和奇蹄目（Perissodactyla）动物的统称。趾端具蹄，植食性，牙齿咬合面具珐琅质褶皱形成的脊隆起或钝尖。如牛、羊、鹿、马、犀等。通常是结大群的植食性动物，许多有很大的角，雄性的角是繁殖期争夺配偶的武器。

06.0088 犁鼻器 vomeronasal organ, Jacobson's organ
四足动物特有的一种化学感受器。鼻囊向内侧凸出的盲囊，与口腔相通，其上皮具有感觉细胞，辅助嗅觉。

06.0089　蹼　web
一些四足动物趾间的皮膜。

06.0090　满蹼　fully webbed, full web
一些四足动物均达到趾端、蹼缘突出或平齐于趾端的蹼。

06.0091　全蹼　entirely webbed, entire web
一些四足动物均达到趾端、蹼缘凹陷，凹陷最深处超过第二趾第二关节下瘤连线的蹼。

06.0092　半蹼　half webbed, half web
一些四足动物均不达到趾端的趾间蹼。蹼缘凹陷，凹陷最深处与第二趾第二关节下瘤的连线相切。

06.0093　蹼迹　rudimentary web
又称"微蹼"。仅存在于趾间基部很小的蹼。

06.04.02　圆　口　纲

06.0094　鳃囊　gill pouch
圆口类脊椎动物鳃部扩张成球形、司呼吸作用的结构。

06.0095　口漏斗　buccal funnel
圆口类脊椎动物中七鳃鳗头部前端腹面圆形的漏斗状吸盘式构造。可用此吸附在猎物身上，用漏斗壁和舌上的角质齿锉破鱼体，吸食鱼的血和肉。

06.0096　口触须　buccal tentacle
消化管入口处的细小乳头状突起。

06.0097　泄殖腔　cloaca
圆口类等低等脊椎动物排泄粪尿及生殖的共同开口处的体腔。

06.0098　泄殖孔　cloacal pore, cloacal opening
圆口类等低等脊椎动物排泄粪尿及生殖的共同向体外的开口。位于肠末端略为膨大处。

06.0099　泄殖突　urogenital papilla
圆口类等低等脊椎动物躯干部与尾部交界处的腹面有一肛门，其后方的小乳状突起。泄殖孔开口于此突起上。

06.0100　呼吸管　respiratory tube
圆口类等低等脊椎动物咽部腹面的盲管。管两侧各有 7 个通入鳃囊的内鳃孔。

06.04.03　鱼　类

06.0101　鳃　gill, branchia
多数水生低等脊椎动物（如圆口类，鱼类，两栖类幼体、少数有尾类成体）的呼吸器官。表面布满微细血管，是与水中气体进行交换的器官，也有滤食、泌盐等作用。其位置、形态、构造等不同种类差异极大。

06.0102　鳃腔　branchial cavity
咽部两侧，容纳鳃的空腔。

06.0103　鳃峡　isthmus
鱼类头部腹面连接两侧鳃腔的狭窄部分。

06.0104　鳃盖　operculum
鱼类和两栖类幼体遮盖鳃裂外部的骨片或皮褶。

06.0105　鳃盖膜　branchiostegal membrane
覆盖于鳃盖后缘的一层皮膜。通常在峡部有鳃盖条支撑，对鳃室后腹侧开闭有辅助作用。

06.0106　鳃盖条　branchiostegal ray
支撑鳃盖膜展开的长条形骨片。

06.0107　鳃盖孔　opercular aperture
硬骨鱼类鳃盖游离的后缘与体壁之间的缝隙。

06.0108　鳃丝　gill filament, branchial filament
鳃弓外侧丝状的表皮突起。内有丰富的毛细血管，是鳃与水流进行气体交换的部位。

06.0109　鳃瓣　gill lamella
鳃弓上成排的鳃丝组成的片状结构。

06.0110　鳃耙　gill raker
鳃弓内侧的一些骨质突起之一。有滤食、保护鳃丝免受机械损害的作用。

06.0111　半鳃　hemibranch
鱼类鳃弓外侧的两排鳃丝之一。每个鳃弓前后各有一个半鳃。

06.0112　全鳃　holobranch
鱼类每一个鳃弓前后的两个半鳃的合称。

06.0113　假鳃　pseudobranch
硬骨真骨鱼类鳃盖内侧类似鳃的构造。不具有呼吸功能。

06.0114　鳃间隔　interbranchial septum
将鳃的两个半鳃隔开的组织层。板鳃鱼类的鳃间隔延伸到体表与皮肤连续，其他鱼类的鳃间隔退化。

06.0115　鳔　swim bladder
许多硬骨鱼类体腔内消化管背面充气的囊状结构。在不同鱼类其作用不同。有的用于保持和控制身体浮力，有些种类具辅助听觉或呼吸等作用。

06.0116　鳔管　pneumatic duct
鳔腹面伸出的通入食管背面的一条管。根据鳔管的有无可将具有鳔的鱼类分为开鳔类（如鲤形目、鲱形目）和闭鳔类（如鲈形目）。

06.0117　瞬褶　nictitating fold
部分鲨类眼睑内侧薄而硬的膜。如猫鲨、皱唇鲨等。

06.0118　口须　barbell
部分鱼类口或吻部的肉质细须。

06.0119　颏须　chin barbell
部分鱼类颏部的肉质细须。

06.0120　喷水孔　spiracle
部分软骨鱼类和低等硬骨鱼类在两眼后各有一个的与咽相通的小孔。从胚胎发生上是退化的第一对鳃裂。

06.0121　鳍　fin
鱼和其他水生脊椎动物的桨形附肢。有运动、导向及平衡作用。鱼的鳍由皮肤、鳍条和鳍棘等组成。

06.0122　偶鳍　paired fin
鱼类身体两侧成对的鳍。包括胸鳍和腹鳍，分别与肩带和腰带相连。

06.0123　胸鳍　pectoral fin
位于鱼体两侧鳃盖后方、与肩带相连的一对鳍。有运动、平衡和掌控运动方向功能。

06.0124　腹鳍　ventral fin, pelvic fin
鱼类与腰带相连的一对鳍。通常位于胸鳍后方，但在有些鱼类移位到胸鳍之前。主要协助背鳍、臀鳍维持鱼体的平衡。

06.0125　奇鳍　median fin
鱼类等不成对的鳍。包括背鳍、臀鳍和尾鳍。

06.0126　背鳍　dorsal fin
鱼类和鲸类位于背中线的鳍。协助游泳，维持身体在水中的平衡。

06.0127　臀鳍　anal fin
鱼类位于肛门后方腹中线的鳍。协助游泳并保持鱼体在水中的平衡。

06.0128　尾鳍　caudal fin
鱼类尾端垂直的鳍。内有鳍条，有平衡、推进和转向的作用。依其外形和尾椎位置分为圆型尾、歪型尾、正型尾等类型。

06.0129　圆型尾　diphycercal tail
尾鳍的一种类型。脊柱伸到尾鳍后端，将尾鳍分成背腹对称的两叶，尾鳍末端尖，见于肺鱼类和空棘鱼类。

06.0130　歪型尾　heterocercal tail
尾鳍的一种类型。尾椎末段上曲伸入较发达的尾鳍上叶内，尾鳍的上叶较大而下叶较小，见于软骨鱼类和少数硬骨鱼。

06.0131　正型尾　homocercal tail
尾鳍的一种类型。尾椎末段上曲伸入尾鳍上叶基部，最后 1 枚尾椎的下叶发达，因此尾鳍的外形上下对称，见于辐鳍鱼类。

06.0132　原型尾　protocercal tail
尾鳍的一种最原始类型。尾椎末段平直伸展至尾的末端，尾鳍的上下叶大致相等，见于圆口类和总鳍鱼类。

06.0133　尾柄　caudal peduncle
鱼体臀鳍后方至尾鳍基底的部分。

06.0134　尾叶　tail fluke
鲸类尾端一个水平的叶。其内为外包韧带的极坚韧的纤维组织。是鲸类的主要运动器官。

06.0135　脂鳍　adipose fin
位于背鳍后方正中的由脂肪构成且无鳍条的鳍。是退化的鳍的残余。辐鳍鱼类 20%的物种具有脂鳍，真骨鱼类的脂鳍经过多次进化形成了适应性的功能，如青铜兵鲇的脂鳍能检测尾鳍前方的水流。

06.0136　鳍脚　clasper
雄性软骨鱼类的腹鳍内侧的基鳍软骨延伸变成的一对棒状突起。为其交配器官。每个鳍脚内侧有槽，交配时两个鳍脚并在一起插入雌性体内，中央形成一个管道以输送精子。

06.0137　鳍肢　flipper
鲸类和鳍足类呈桨状的前肢。通过肩关节调节水平及垂直位置，具有水平舵的作用。

06.0138　鳍式　fin formula
用字母、符号和数字表达鱼鳍的类别、鳍棘和鳍条数目的公式。

06.0139　小鳍　finlet
一些鱼类的背鳍或臀鳍的部分或全部分为一列分离的小的鳍。

06.0140　鳍膜　fin membrane
软骨质、角质或骨质鳍条支撑着的皮膜。

06.0141　鳍条　fin ray
由真皮衍生形成、支撑鳍膜的分支或不分支而分节的条形结构。在圆口类为软骨，软骨鱼类为角质纤维，硬骨鱼类为骨所构成。

06.0142　角质鳍条　ceratotrichia
软骨鱼类特有的角质结构的鳍条。是由表皮形成的细长不分支不分节的条状结构。

06.0143　鳞质鳍条　lepidotrichia
又称"皮质鳍条（dermotrichia）"。由真皮鳞衍生在鳍膜内形成的一些棒状骨。分为棘、硬刺、不分支鳍条和分支鳍条，支持硬骨鱼类的鳍。

06.0144　鳍棘　fin spine
硬骨鱼类中由鳍条发育而成的不分节不分支的坚硬的棘。

06.0145　侧线　lateral line
鱼和水生两栖动物体侧接受外界水流压力、低频振动等刺激的感受器官。鱼的侧线一般呈线状排列，位于身体两侧中部，直达尾部。

06.0146　侧线系统　lateral line system
在许多鱼类和两栖动物幼体体侧皮肤上由各种侧线感觉器官及神经组成的复合体。

06.0147　侧线管　lateral line canal
侧线系统中埋于体表之下的管状结构。其内充满黏液，有孔与外界相通。感受器位于表层或浸埋在黏液里。

06.0148　侧线鳞　lateral line scale
被侧线管分支穿透的鳞片。其数目、侧线上鳞和下鳞是鱼类分类的依据之一。

06.0149　角质刺　horny spine
由鱼类表皮形成的硬刺。

06.0150　鳞[片]　scale
覆盖在鱼类或爬行动物体表的骨质或角质的片状构造。通常呈覆瓦状。

06.0151　盾鳞　placoid scale
软骨鱼特有的鳞片。由基板和棘突组成。棘突外被釉质，内有髓腔，容纳神经和血管。各棘突均向后伸出于皮肤之外。与高等脊椎动物的齿为同源器官。

06.0152　硬鳞　ganoid scale
硬骨鱼类原始类群的鳞片。由真皮形成的骨质板，表面覆有一层坚硬的硬鳞质。鳞多呈斜方形。见于鲟鱼、多鳍鱼、雀鳝等。

06.0153　硬鳞质　ganoine
硬鳞表层类似釉质的结构。

06.0154　圆鳞　cycloid scale
硬骨鱼鳞片的一种。前端插入真皮内，游离端圆滑。前后鳞片彼此呈覆瓦状排列于极薄的表皮之下，见于硬骨鱼类鲤形目（Cypriniformes）。

06.0155　栉鳞　ctenoid scale
硬骨鱼鳞片的一种。前端插入真皮内，游离端有数排锯齿状突起。前后鳞片彼此呈覆瓦状排列于极薄的表皮之下，见于硬骨鱼类鲈形目（Perciformes）。

06.0156　整列鳞　cosmoid scale
古总鳍鱼类和古肺鱼类的鳞片。由下而上分别为骨板层、整列质层和类釉质层。

06.04.04　两　栖　纲

06.0157　疣粒　tubercle
两栖类和爬行类皮肤上不规则排列、细小的隆起。也见于鸟类和哺乳类的体表。

06.0158　婚垫　nuptial pad
两栖类雄性蛙、蟾蜍和蝾螈前肢第一指内侧膨大加厚形成的结构。在生殖季节明显出现，为抱对之用。

06.0159　婚刺　nuptial spine
两栖类雄性婚垫上着生的角质刺。

06.0160　唇褶　labial fold
有尾类两栖动物颌缘的皮肤肌肉褶。通常在上唇侧缘后半部，掩盖着对应的下唇缘。

06.0161　颈褶　jugular fold
有尾类两栖动物颈部两侧及腹面的皮肤褶皱。通常作为头部与躯干部的分界线。

06.0162　肋沟　costal groove
有尾类两栖动物躯干两侧位于肋骨之间的体表凹沟。

06.0163　角质喙　horny beak
两栖动物蝌蚪口部中央的角质结构。游离缘有锯齿状突起，为觅食辅助工具。龟鳖类爬行动物具有角质喙但无齿。

06.0164　唇乳突　labial papilla
两栖动物蝌蚪唇部游离缘上的乳头状突起。

06.0165　副突　additional papilla
两栖动物蝌蚪口角内侧的若干小突起。

06.0166　皮褶　skin fold
又称"肤褶"。无尾类两栖动物皮肤表面略微增厚形成的分散细褶。

06.0167　背侧褶　dorsolateral fold
无尾类两栖动物背部两侧，自眼后伸达胯部的一对纵向皮肤腺隆起。

06.0168　跗褶　tarsal fold
无尾类两栖动物后肢跗部背、腹交界处的纵行皮肤腺隆起。

06.0169　颞褶　temporal fold
无尾类两栖动物自眼后经颞部背侧至肩部的皮肤隆起。

06.0170　雄性线　linea masculina
无尾类两栖动物雄性腹斜肌与腹直肌之间的带状结缔组织。呈白色、粉红色或红色。为无尾两栖动物的第二性征。

06.0171　声囊　vocal sac
许多无尾类两栖动物雄性口腔底部或两侧的可张缩的囊。具谐振器的作用。

06.0172　咽下声囊　subgular vocal sac
无尾类两栖动物雄性位于咽部腹面的或两侧的声囊。

06.0173　趾吸盘　digital disc
无尾类两栖动物趾末端扩大呈圆盘状，底部增厚形成半月形的肉垫。可吸附于物体上。

06.0174　关节下瘤　subarticular tubercle
无尾类两栖动物趾底面活动关节之间的褥垫状突起。

06.0175　掌突　metacarpal tubercle
无尾类两栖动物掌底面基部的明显隆起。位于内侧者称"内掌突（inside metacarpal tubercle）"，位于外侧者称"外掌突（outside metacarpal tubercle）"。

06.0176　跖突　metatarsal tubercle
无尾类两栖动物跖底面基部的明显隆起。位于内侧者称"内跖突（inside metatarsal tubercle）"，位于外侧者称"外跖突（outside metatarsal tubercle）"。

06.04.05　爬　行　纲

06.0177　方鳞　square scale
蜥蜴类爬行动物身体腹面近方形的角质鳞片。

06.0178　棱鳞　keeled scale
有些爬行动物其中央一条达到或不达到鳞尖脊的鳞片。

06.0179　鬣鳞　crest scale
爬行动物蜥蜴类头部和背部中央成棘状的角质鳞。

06.0180　板鳞　callosity
爬行动物鬣蜥科部分种类雄性肛前或腹部中央增厚的角质鳞。

06.0181　瘰粒　wart
爬行动物皮肤上排列不规则、表面粗糙的大隆起。

06.0182　痣粒　granule
爬行动物皮肤上排列不规则、表面光滑的小隆起。

06.0183　肛前孔　preanal pore
蜥蜴类爬行动物泄殖腔孔前方鳞片上的小孔。

06.0184　鼠蹊孔　inguinal pore
蜥蜴类爬行动物鼠蹊部鳞片上的小孔。

06.0185　股孔　femoral pore
蜥蜴类爬行动物股部腹内侧鳞片上的小孔。

06.0186　颏沟　mental groove
多数蛇类爬行动物头部腹面在成对的大型前颏片之间的一条纵沟。

06.0187　喉褶　gular fold, gular plica
蜥蜴类爬行动物喉部的纵行皮肤褶皱。

06.0188　颈侧褶　lateral flap
又称"颈侧囊"。蜥蜴类爬行动物颈部两侧的皮肤褶皱。

06.0189　背甲　carapace
龟鳖类爬行动物背面的骨板和盾片组成的硬壳。

06.0190　骨板　bony plate
龟鳖类爬行动物龟壳内由真皮形成的骨质板。背甲的骨板有颈板、椎板、肋板、臀板和缘板，腹甲的骨板有上板、内板、舌板、下板和剑板。

06.0191　颈板　nuchal plate
龟鳖类爬行动物背甲前缘正中的一块骨板。

06.0192　椎板　vertebral plate
龟鳖类爬行动物颈板之后，背甲中央的一列骨板。一般 8 块。

06.0193　肋板　pleural plate
龟鳖类爬行动物与椎板相连、位于椎板两侧的骨板。一般左右各 8 块。

06.0194　臀板　pygal plate
龟鳖类爬行动物背甲椎板正后方的 1~3 块骨板。

06.0195　缘板　peripheral plate
龟鳖类爬行动物背甲边缘的一系列骨板。一般左右各 11 块。

06.0196　椎盾　vertebral scute
龟鳖类爬行动物背甲正中的一列盾片。一般为 5 枚。

06.0197　颈盾　cervical scute
龟鳖类爬行动物背甲前缘，椎盾正前方，嵌于左右缘盾之间的一枚小盾片。

06.0198　肋盾　costal scute
龟鳖类爬行动物背甲椎盾两侧的两列盾片。一般左右各 4 枚。

06.0199　缘盾　marginal scute
龟鳖类爬行动物背甲每侧边缘的各一列盾片。一般左右各 12 枚。

06.0200　腹甲　plastron
龟鳖类爬行动物腹面的骨板和盾片组成的硬壳。

06.0201　上板　epiplastron
龟鳖类爬行动物腹甲最前方的一对骨板。

06.0202　舌板　hyoplastron
龟鳖类爬行动物腹甲位于上板之后的 2 块较大骨板。

06.0203　下板　hypoplastron
龟鳖类爬行动物腹甲间下板和剑板之间的一对骨板。

06.0204　剑板　xiphiplastron

龟鳖类爬行动物腹甲下板之后的成对骨板。

06.0205　内板　entoplastron
龟鳖类爬行动物腹甲接于上板之后、位于腹中线的一块较大骨板。

06.0206　喉盾　gular scute
龟鳖类爬行动物腹甲前缘正中的 1 对盾片。

06.0207　肱盾　humeral scute
龟鳖类爬行动物腹甲喉盾之后的 1 对盾片。

06.0208　胸盾　pectoral scute
龟鳖类爬行动物腹甲肱盾之后的 1 对盾片。

06.0209　腹盾　abdominal scute
龟鳖类爬行动物腹甲胸盾之后的 1 对盾片。

06.0210　股盾　femoral scute
龟鳖类爬行动物腹甲腹盾之后的 1 对盾片。

06.0211　肛盾　anal scute
龟鳖类爬行动物腹甲股盾之后的 1 对盾片。

06.0212　甲桥　bridge
爬行动物龟鳖类腹甲的舌板和下板向两侧延伸的部分。以韧带或骨缝与背甲相连。

06.0213　趾下瓣　subdigital lamella
爬行动物壁虎类等树栖蜥蜴的趾腹面排列成行的皮肤褶皱。

06.04.06　鸟　　纲

06.0214　[肉]冠　comb
鸟类头顶竖立的裸露皮肤突起。

06.0215　垂肉　wattle
又称"肉垂"。鸟类头部下垂的裸露皮肤突起。

06.0216　肉裾　lappet
又称"垂片"。鸟类喉部的裸露皮肤。充血时下垂，在胸前展开。

06.0217　肉角　fleshy horn
鸟类头部两侧由皮肤特化形成的结构。可充

血后膨大、竖起，主要用于求偶。

06.0218　距　spur, calcar
鸟类跗跖部后缘伸出的角质刺突。其内常有骨质突，为第二性征或繁殖期争斗的武器。

06.0219　喙　bill
鸟类上、下颌骨极度前伸，外被以角质鞘形成的结构。有取食和理羽的功能。形态因种而异，是分类的重要依据之一。

06.0220　嘴峰　culmen
鸟类从喙基与羽毛的交界处沿喙正中背方的隆起线。

06.0221　蜡膜　cere
有些鸟类上喙基部膜状的覆盖物。

06.0222　嘴裂　gape
从口的前缘经上、下颌之间至口角的缝隙。

06.0223　嘴底嵴　gonys
某些鸟类（如鸥类）下喙腹面中央的纵嵴。

06.0224　嘴甲　nail
雁形目鸟类喙端加厚的结构。

06.0225　嘴须　rictal bristle
鸟喙基部嘴角周围刚毛状羽毛。

06.0226　冠纹　medium coronary stripe
鸟类头顶中央的纵纹。

06.0227　颊　cheek
鸟类眼下到上颌的区域。

06.0228　颊纹　cheek stripe
鸟类自喙基侧方贯穿颊部的纵纹。

06.0229　颏纹　mental stripe
鸟类颏部的纵纹。

06.0230　喉　larynx
鸟类颏部之后的羽区。其他脊椎动物为连接咽和气管的区域。

06.0231　眼先　lore
鸟类头部眼前方的区域。

06.0232　眉纹　superciliary stripe
鸟类位于眼上方的似眉的纵纹。

06.0233　贯眼纹　transocular stripe
自眼先经过眼周延伸至眼后的纵纹。

06.0234　眼圈　eye ring
鸟眼周围环形的裸皮或羽毛。

06.0235　项　nape
鸟类与头的枕部相接近的颈上部。

06.0236　胁　flank
鸟类身体两侧、相当于肋骨所在区域。

06.0237　腰　rump
鸟类背部之后、尾上覆羽之前的区域。

06.0238　枕　occiput
鸟类头的后部。

06.0239　枕冠　occipital crest
鸟枕部伸出的成簇长羽。

06.0240　副须　supplementary bristle
鸟类头部除嘴须以外的成排小须。依着生部位可分鼻须、额须等。

06.0241　鼻须　nasal bristle
鸟类着生在鼻孔周围的须状羽毛。

06.0242　颏须　chin bristle, chin barbell
鸟类生长于颏部的须状羽毛。

06.0243　面盘　facial disc
鸮形目鸟类眼周围的放射状羽毛形成的结构。

06.0244　额板　frontal plate
鸟类位于额部裸露的角质板。

06.0245　唇　lip
许多脊椎动物包围着口的两个肉质的褶。

06.0246　喉囊　gular pouch, gular sac
鸟类和一些爬行动物（如蜥蜴）咽喉部皮肤扩展下垂形成的囊状结构。

06.0247　羽　feather
鸟类特有的结构。是表皮的角质化衍生物。与爬行类动物的鳞片同源。对鸟类飞行具有重要结构。

06.0248　羽衣　plumage
又称"羽饰"。鸟类覆盖于体表的全部羽毛。

06.0249　正羽　contour feather
又称"廓羽""翈羽"。鸟类被覆在体表的大型羽片。由羽轴和羽片构成。分布在体表、翼及尾部。

06.0250　羽轴　shaft
正羽中央的一硬轴。分为羽根和羽干两部分。

06.0251　羽片　vane
鸟类正羽羽轴两侧的部分。由许多细长的羽枝构成。

06.0252　羽根　calamus
鸟类正羽中央中空的羽轴下段不具羽片的半透明部分。深插入皮肤，末端有小孔，向内与羽轴腔相通，是真皮乳突供给羽毛营养的通路。

06.0253　下脐　inferior umbilicus
羽轴深插入皮肤末端的小孔。是真皮乳头与羽髓间的通路。

06.0254　上脐　superior umbilicus
羽根上端与羽片交界处腹面的一孔。

06.0255　羽干　rachis
羽轴上脐以上的部分。

06.0256　副羽　afterfeather, aftershaft
正羽的上脐下缘着生的一丛发育不全或完全的小羽。

06.0257　羽支　barb
鸟类羽毛的羽轴斜向两侧平行伸展的结构。

06.0258　羽小支　barbule
鸟类羽支两侧密生成排的结构。

06.0259　羽纤支　barbicel
羽小支的分支。

06.0260　羽小钩　hooklet
鸟类羽小支上着生的钩突或结节的结构。使相邻的羽小支互相勾连，使羽枝形成坚韧而有弹性的羽片。

06.0261　羽状须　feathered bristle
特化的正羽。羽轴硬而长，如须毛，在羽轴的基部有少许羽枝或完全没有羽枝。最常见的是口裂两侧的成排口须，在夜鹰、鹟等飞捕昆虫的鸟类中最为发达。

06.0262　翈　web
羽轴两侧的羽片部。

06.0263　内翈　inner web, innerweb
鸟类正羽位于羽轴内侧较宽一边的羽片。多被相邻羽片所覆盖。

06.0264　外翈　outer web, outerweb
鸟类正羽位于羽轴外侧较窄一边的羽片。不被相邻羽片所覆盖。

06.0265　绒羽　down feather, plumule
生在雏鸟的体表或成鸟正羽下面的一种羽。羽轴纤细，羽干短小或缺失，羽支成簇地从羽轴顶部伸出，羽小枝上不具羽小钩或很稀少，故整个羽毛蓬松柔软有如棉絮，构成有效的隔热层。

06.0266　粉绒羽　powder down feather
鸟类终生生长而且不脱换的特化绒羽。位于其端部的羽支和羽小支不断破碎为粉状颗粒，有助于清除沾在体羽上的污物。

06.0267　纤羽　filoplume, pin feather
位于正羽及绒羽之间，羽干细长如毛发状的一种羽。在顶端有少许羽支及羽小支，羽根的滤泡附近有丰富的触觉神经末梢，故具触觉功能，能感知正羽的姿态，从而控制羽毛的运动。

06.0268　飞羽　flight feather, remex
鸟类翅膀后缘着生的一列强大而坚韧的正羽。

06.0269　初级飞羽　primary feather
着生在鸟类手部（腕骨、掌骨和指骨）的一列飞羽。

06.0270　次级飞羽　secondary feather
着生在鸟类前臂部（尺骨）的一列飞羽。位于初级飞羽内侧。

06.0271　三级飞羽　tertiary feather
着生在鸟类翼的最内侧的几枚次级飞羽。百灵科和鹡鸰科鸟类这部分飞羽较发达。

06.0272　尾羽　tail feather
着生于鸟类尾区的一列左右对称的正羽。一般为 10 或 12 枚，多者可达 24～32 枚。在飞翔中起平衡和舵的作用，在落栖时辅助减速。

06.0273　中央尾羽　central rectrice
位于尾羽中央的一对羽。

06.0274　外侧尾羽　lateral rectrice
尾羽中除中央一对以外的羽。

06.0275　覆羽　wing covert
鸟翼的背、腹面成列的羽毛。呈覆瓦状将飞羽基部掩盖，使翅膀表面呈流线型，能减少飞行阻力。

06.0276　小翼羽　alula, bastard wing
鸟类前肢第一指骨上着生的 3～4 枚坚韧的短羽。

06.0277　腋羽　axillary
位于鸟类翼基部腹面的羽毛。

06.0278　肩羽　scapular feather
位于鸟类翼背方最内侧的覆盖三级飞羽的多层羽毛。当翅合拢时恰好位于肩部。

06.0279　耳羽　auricular feather
鸟类耳孔周围的羽毛。

06.0280　冠羽　crest
鸟类头顶延长或竖起的羽毛。

06.0281　上背　mantle
鸟类背部与颈相接的部分。

06.0282 裸区 apterium
鸟类体表不生长羽毛的区域。

06.0283 羽区 pteryla
鸟类体表着生羽毛的区域。

06.0284 换羽 molt
鸟类羽毛定期更换的过程。通常一年有两次换羽。有完全换羽和不完全换羽两种类型，前者更换全部羽衣（体羽、飞羽及尾羽），秋冬季换羽多属此；后者只更换体羽及尾羽或飞羽，春季换羽多属此。

06.0285 基本羽 basic plumage
又称"夏羽（summer plumage）"。鸟类在经历一次周身羽毛全部脱换后形成的羽衣。常出现于繁殖期过后。

06.0286 替换羽 alternate plumage
又称"冬羽（winter plumage）"。鸟类在经历一次部分羽毛脱换后形成的羽衣。常出现于冬季和春季繁殖期前。

06.0287 婚羽 nuptial plumage
鸟类（特别是雄鸟）生殖季节具有的鲜艳羽衣。其主要功能是求偶。

06.0288 蚀羽 eclipse plumage
许多具有华丽婚羽的鸭类雄鸟在繁殖期过后的换羽，飞羽全部脱落，新的飞羽长成之前，体羽更换为暗淡、富于保护色的羽衣。飞羽长成之后，体羽再加以更换。

06.0289 稚羽 juvenal plumage
鸟紧接在雏绒羽之后的羽衣。

06.0290 翼 wing
鸟类用于飞行的成对附肢。

06.0291 尖翼 pointed wing
鸟类最外侧飞羽最长，内侧飞羽依次变短，形成的尖形翼端。

06.0292 圆翼 rounded wing
鸟类最外侧飞羽较内侧飞羽短形成的圆形翼端。

06.0293 方翼 square wing
鸟类最外侧飞羽与内侧飞羽近等长形成的方形翼端。

06.0294 翼镜 speculum
又称"翅斑"。鸟类翼上特别明显的色块状斑。由初级飞羽或次级飞羽的不同羽色区段所构成。

06.0295 领环 ruff
鸟或哺乳动物颈部的一个形状或颜色显著的羽环或毛环。

06.0296 蹼足 palmate foot
鸟类的一种足型。前 3 趾间均有达到趾端的蹼相连，如雁、鸭。

06.0297 全蹼足 totipalmate foot
鸟类的一种足型。4 趾间均有达到趾端的蹼相连，如鸬鹚。

06.0298 半蹼足 semipalmate foot
鸟类的一种足型。前 3 趾间有不达到趾端的蹼相连，如鹭。

06.0299 凹蹼足 incised palmate foot
鸟类的一种足型。前 3 趾之间有蹼，但各趾间的蹼膜显著凹入，如鸥。

06.0300 瓣蹼足 lobate foot, lobed foot
鸟类的一种足型。向前各趾的两侧均有叶状

的皮褶，如鹚鹈。

06.0301　并趾足　syndactyl foot
鸟类的一种足型。前3趾基部有不同程度的
愈合现象，如翠鸟。

06.0302　不等趾足　anisodactyl foot
鸟类的一种正常足型。3趾朝前、1趾朝后，
如鸡。

06.0303　对趾足　zygodactyl foot
啄木鸟、鹦鹉等的足型。第二、三趾朝前，
第一、四趾朝后，利于沿树干攀爬。

06.0304　前趾足　pamprodactyl foot, pam-
　　　　　prodactylous foot
鸟类的一种足型。4趾均朝前，外侧（1、4）
趾常可前后反转，如雨燕等。

06.0305　索趾足　desmodactyl foot, desmo-
　　　　　dactylous foot
鸟类的一种足型。属常态足，但前趾基部有
不同程度连并，后趾弱小。

06.04.07　哺　乳　纲

06.0311　竖毛肌　arrector pili
收缩时使毛直立的一束平滑肌。起自皮肤真
皮的乳头层，止于毛囊，受交感神经支配。

06.0312　鬃　bristle
哺乳动物皮肤上短、硬、粗的毛。

06.0313　触须　vibrissa
哺乳动物口唇周围具有感觉功能的长硬毛。

06.0314　鬣毛　mane
哺乳动物颈背部的长毛。

06.0315　睫毛　eyelash
哺乳动物生长在眼睑边缘短曲的毛。阻止灰

06.0306　异趾足　heterodactyl foot, hetero-
　　　　　dactylous foot
鸟类的一种足型。第三、四趾朝前，第一、
二趾朝后，见于咬鹃。

06.0307　半对趾足　semi-zygodactyl foot,
　　　　　semi-zygodactylous foot
鸟类的一种足型。似常态足，但第四趾可后
转成对趾足。

06.0308　二趾足　didactyl foot, bidactylous foot
鸟类的一种足型。仅具2趾（第三、四趾），
如非洲鸵鸟。

06.0309　三趾足　tridactyl foot, tridactylous
　　　　　foot
具3趾的足。后趾缺如，见于犀、鸸鹋、鸨
和一些爬行动物。

06.0310　离趾足　eleutherodactyl foot, eleu-
　　　　　therodactylous foot
属常态足。各前趾基部清晰分离，后趾强大，
见于两栖类、爬行类、鸟类和哺乳类动物。

尘落入眼睛。

06.0316　毛被　pelage
哺乳动物体表覆盖的毛。

06.0317　胼胝　callosity
哺乳动物足部腹面、臀部等部位皮肤表面的
角质增生层。

06.0318　臀胝　ischial callosity
灵长类哺乳动物臀部裸露加厚的皮肤。

06.0319　垫　thenar
哺乳动物手掌的肉垫。

06.0320 头顶 crown
哺乳动物额后的头背面正中部。

06.0321 肢 limb
四足动物的臂或腿或鸟的翼或腿。

06.0322 肩 shoulder
哺乳动物上肢或前肢与躯干相关联的部分。

06.0323 臂 arm
肩与腕部之间的部分。

06.0324 肘 elbow
四足动物臂与前臂之间的部分。

06.0325 前臂 forearm
肘部与腕部之间的部分。

06.0326 腕 wrist
前臂和掌之间的部分。

06.0327 手 hand
灵长类哺乳动物位于上肢的远端，腕部下界以远的部分。

06.0328 掌 palm
腕和指之间的部分。

06.0329 指 finger
前肢最远端与掌相接的部分。分节。

06.0330 大腿 thigh
又称"股"。髋关节与膝关节之间的部分。

06.0331 小腿 shank
又称"胫"。膝关节与踝关节之间的部分。

06.0332 膝 knee
大腿与小腿间的关节。

06.0333 踝 ankle
小腿与足之间的关节。

06.0334 脚掌 sole of foot
又称"足掌"。踝和趾之间足的底部。

06.0335 趾 toe
后肢最远端与脚掌相接的部分。

06.0336 拇趾 hallux
足部内侧第一趾。

06.0337 趾行 digitigrade
利用四肢的指（趾）的末端数节着地行走的方式。

06.0338 跖行 plantigrade
利用前肢的腕、掌、指或后肢的跗、跖、趾全部着地行走的方式。

06.0339 蹄行 unguligrade
哺乳动物的前肢和后肢的指（趾）骨延长，仅用指（趾）端的蹄着地行走的方式。

06.0340 爪 claw
蜥蜴类、鸟类和一些哺乳类趾端的尖而弯曲的角质指甲。

06.0341 甲 nail
灵长类哺乳动物手指或足趾末节远端背面的角质板。

06.0342 蹄 hoof
有蹄动物趾末端增厚的角质部分。

06.0343 犀角 rhinohorn
哺乳动物犀牛吻端由角蛋白形成的实心角。

06.0344　洞角　horn
牛、羊及多数羚羊等哺乳动物的角。为长在头骨上的2个骨质角芯，外套中空的角质鞘。

06.0345　鹿角　antler
哺乳动物鹿科动物着生于额骨上的实心、分叉的骨质角。多每年更换一次。

06.0346　鹿茸　deer velvet
在鹿角生长过程中覆盖在表面的有丰富血管的柔软带毛的皮肤。

06.0347　眉叉　brow antler, brow tine
鹿角主枝上第一个或最低的一个分支。

06.0348　瘤角　stubby horn
哺乳动物长颈鹿的角。在骨心外终生被有皮肤，从不脱落。

06.04.08　脊椎动物比较解剖

06.04.08.01　皮肤系统

06.0349　皮腺　dermal gland
来源于表皮的生发层，可陷入真皮层的腺体。种类很多，功能也各有不同。

06.0350　黏液腺　mucous gland
圆口类、鱼类、两栖类表皮细胞形成的、能分泌黏液的单细胞或多细胞腺体。在高等脊椎动物多散在口腔、鼻腔、气管、食管、胃、肠、排泄器官等处。

06.0351　毒腺　poison gland
脊椎动物分泌毒液的特化腺体。

06.0352　发光腺　photophore
一些深海鱼类体表能发光的特化黏液腺。

06.0353　前颌腺　premaxillary gland
蛇类前颌骨外侧的口腔腺。海蛇的前颌腺是盐分的分泌腺。

06.0354　鼻腺　nasal gland
鼻黏膜呼吸区的浆黏液腺。一些海洋鸟类的鼻腺发达，是盐分的分泌腺。可排出随食物进入体内的氯化钠。

06.0355　颈腺　nuchal gland
一些蛇类颈部皮下成对排列的腺体。分泌毒素。

06.0356　肛腺　anal gland
哺乳动物肛门两侧的一对皮肤腺。

06.0357　泄殖腔腺　cloacal gland
两栖类、爬行类、鸟类泄殖腔中的分泌腺。

06.0358　上唇腺　supralabial gland
一些蛇类上颌骨外侧的口腔腺。

06.0359　胸皮腺　chest gland
陆生脊椎动物胸部的皮肤腺。

06.0360　腋腺　axillary gland
陆生脊椎动物腋部的皮肤腺。

06.0361　肱腺　humeral gland
一些无尾两栖类雄性前肢基部前面的扁平皮肤腺。

06.0362　胫腺　tibial gland
一些无尾两栖类胫跗部外侧卵圆形的皮肤腺。

06.0363 汗腺 sweat gland
哺乳动物分泌汗液的单管腺。分布于全身大部分皮肤，盘曲的分泌部位于皮肤的真皮内，导管开口于皮肤表面。

06.0364 皮脂腺 sebaceous gland
哺乳动物皮肤真皮内的分泌腺。分泌皮脂到毛囊内润滑皮肤和毛发。

06.0365 气味腺 scent gland
哺乳动物体表分泌有气味的信息素或防御物质的腺体。

06.0366 喉腺 laryngeal gland
哺乳动物呼吸道喉段黏膜下层中混合的浆液和黏液腺。

06.0367 趾间腺 interdigital gland
偶蹄类哺乳动物趾间的气味腺。分泌物有腐臭气味，会留在此动物走过的路上。

06.0368 跖腺 metatarsal gland
偶蹄类哺乳动物后肢踝关节外侧的气味腺。

06.0369 麝香腺 musk gland
哺乳动物雄性麝科动物腹部皮下泌麝香的气味腺。

06.0370 眶下腺 suborbital gland
哺乳动物鹿和羚羊分泌腊质的腺体。

06.0371 会阴腺 perineal gland
食肉类哺乳动物会阴部的气味腺。

06.0372 鼠蹊腺 inguinal gland
哺乳动物后肢基部内侧前方（鼠蹊部）的皮肤腺。

06.0373 盐腺 salt gland
海洋及干旱盐碱地区的爬行类和鸟类的肾外排盐器官。鸟类盐腺位于眼眶上部，其开口接近鼻孔，顺鼻孔前方的沟流到喙端。爬行类在鼻部或眼部附近具盐腺，能排出浓度很高的盐溶液。

06.0374 尾脂腺 uropygial gland
位于鸟类尾基部背面皮下，一般为分两叶，中间有纵膈的腺体。分泌物主要为油脂，鸟经常用其润泽羽毛。

06.0375 红腺 red gland
又称"气腺（gas gland）"。多种硬骨鱼类鱼鳔内壁前腹方的一个腺体。分泌气体到鱼鳔内以增加浮力。

06.0376 脉络膜腺 choroid gland
硬骨鱼类眼球内近视神经处的一个充满毛细血管的腺体。

06.0377 颌腺 maxillary gland
无尾类两栖动物位于口角后方的成团或窄长的皮肤腺。

06.0378 耵聍腺 ceruminous gland
外耳道内的许多小腺体。分泌蜡质的耵聍。

06.0379 睫腺 ciliary gland
眼睑边缘排列成行的许多小腺体。由汗腺变化而成，其开口近睫毛附着处。一个或多个睫腺被细菌感染导致睑腺炎。

06.0380 阴囊 scrotum
多数雄性哺乳动物阴茎与会阴间的皮肤囊袋。被中隔分为两部分，每侧含有一个睾丸。

06.0381 乳腺 mammary gland
雌性哺乳动物分泌乳汁为幼体提供营养的腺体。

06.0382 乳房 breast
雌性灵长类位于胸大肌前方的半球形突出

物。由乳腺组织、结缔组织和脂肪组织构成，是雌性的泌乳器官。

06.0383　乳头　nipple, teat
雌性哺乳动物乳腺导管的终端并可输出乳汁的小突起。

06.04.08.02　骨骼系统

06.0384　骨　bone
脊椎动物体内坚硬的结缔组织。由骨细胞和细胞间质组成。来源于中胚层，具有支持、保护作用。

06.0385　软骨成骨　cartilaginous bone
在软骨的原基上骨化形成的硬骨。如脊椎骨、耳骨、枕骨等。

06.0386　膜成骨　membranous bone
不经过软骨性的雏形，由真皮和结缔组织直接骨化形成的硬骨。如额骨、顶骨、鳃盖骨等。

06.0387　中轴骨［骼］　axial skeleton
支持脊椎动物的头和躯干的骨骼。包括头骨、脊柱、肋骨和胸骨等。

06.0388　附肢骨［骼］　appendicular skeleton
脊椎动物四肢骨骼。包括肩带和前肢骨骼、腰带和后肢骨骼。

06.0389　内脏骨骼　visceral skeleton
中轴骨骼中支持鳃弓及其衍生物的骨骼。在低等脊椎动物为软骨，在硬骨鱼及以上骨化并发生分化，形成头骨。

06.0390　头骨　skull, cranium
又称"颅［骨］"。脊椎动物头部的颌骨以及包围脑和感觉器官的骨或软骨。

06.0391　脑匣　brain case
头骨中包围着脑的部分。

06.0392　脑颅　neurocranium
包围脑和鼻、眼、耳等感觉器官的骨骼。

06.0393　咽颅　viscerocranium, splanchnocranium
又称"脏颅"。由胚胎的鳃弓发育而来，包括面部的几块面骨。位于脑颅前方，和脑颅一同组成头骨。

06.0394　软骨颅　chondrocranium
保护脑及感觉器官的脑盒。无颌类和软骨鱼类停留在软骨阶段，其他脊椎动物在胚胎发育过程中经历软骨阶段，以后再为硬骨所替代。

06.0395　平底颅　platybasic skull
脑匣基底部宽阔，两眼眶相隔甚远的头骨类型。软骨鱼类、原始的辐鳍鱼类和两栖类的头骨属此类型。在哺乳动物，由于前脑的发展，从其祖先的脊底颅再次转变成为平底颅。

06.0396　脊底颅　tropibasic skull
脑匣基底部狭窄，两眼眶靠得很近的头骨类型。多数真骨鱼类、爬行类（蛇类除外）和鸟类的头骨属此类型。

06.0397　颞窝　temporal fossa
又称"颞孔"。爬行类、鸟类、哺乳类脑颅两侧、眼眶后面面颞区的一个大窝。容纳颞肌。

06.0398　无窝型头骨　anapsid skull
又称"无孔型头骨"。眼眶后不具颞窝的爬行动物头骨。如龟鳖类。

06.0399 双窝型头骨 diapsid skull
又称"双孔型头骨"。眼眶后具两个颞窝的头骨。见于爬行动物蜥蜴、蛇、鳄和鸟类。

06.0400 硬腭 hard palate, palatum durum
头骨底部、口腔顶壁由前颌骨、颌骨的腭突和腭骨本身向后延伸形成水平隔，将呼吸和取食分隔开的复合型骨板。从爬行动物开始出现。

06.0401 软腭 soft palate
硬腭后、口腔顶壁后部的肉质柔韧部分。将鼻咽部和口咽部进一步分隔。

06.0402 雀腭型 aegithognathism
鸟类硬腭类型之一。左右上颌骨的腭突不在中央愈合，但犁骨短、前端宽阔，有时内凹。如雀形目、部分雨燕目等鸟类。

06.0403 索腭型 desmognathism
鸟类硬腭类型之一。左右上颌骨的腭突在中央愈合，犁骨细长，如雁形目、隼形目等鸟类。

06.0404 裂腭型 schizognathism
鸟类硬腭类型之一。上颌骨的腭突以及左右腭骨均不在中线相遇，形成纵裂的腭；犁骨前端尖，如鸡形目、鸽形目、鸻形目等鸟类。

06.0405 蜥腭型 saurognathism
鸟类硬腭类型之一。类似裂腭型，但犁骨是二块，为啄木鸟类所特有。

06.0406 全鼻型 holorhinal
一些鸟类骨质外鼻孔的后缘连续无深裂隙为圆形的类型。

06.0407 裂鼻型 schizorhinal
一些鸟类骨质外鼻孔的后缘为纵行深裂而不呈圆形的类型。

06.0408 舌联型 hyostyly
以舌颌骨作为悬器将上下颌连接在脑颅上的方式。见于软骨鱼中的板鳃类以及大多数硬骨鱼。

06.0409 双联型 amphistyly
上颌骨通过自身的突起以及舌颌骨分别与脑颅相连的方式。见于低等软骨鱼、总鳍鱼等。

06.0410 自联型 autostyly
上颌骨通过自身突起直接与脑颅相连的方式。舌颌骨失去悬器的作用，如肺鱼和四足动物。

06.0411 全联型 holostyly
自联型的一种特殊类型。腭方软骨与脑颅完全愈合，见于软骨鱼中的全头类。

06.0412 内淋巴窝 endolymphatic fossa
软骨鱼类脑颅背面后方中央的凹窝。内有内淋巴管孔和外淋巴管孔，分别与内耳和容纳内耳的腔相通。

06.0413 内淋巴管孔 aperture of endolymphatic duct
软骨鱼类脑颅背面内淋巴窝内与内耳相通的一对小孔。

06.0414 外淋巴管孔 aperture of perilymphatic duct
软骨鱼类脑颅背面内淋巴窝内与容纳内耳的腔相通的一对小孔。

06.0415 内淋巴囊 endolymphatic sac
软骨鱼类中某些鳐的内耳在内淋巴管接近开孔处的膨大结构。

06.0416 鼻囊 nasal capsule
胚胎头骨内形成的包围着鼻腔的软骨囊。

06.0417　眼囊　optic capsule
胚胎头骨内形成的包围着眼的软骨囊。是位于鼻囊后方的凹窝。

06.0418　耳囊　otic capsule
胚胎头骨内形成的包围内耳的软骨囊。为眼囊后方的隆起。

06.0419　枕[骨]大孔　foramen magnum
脑颅后端中央的大孔。脑和脊髓通过此孔连接。

06.0420　枕髁　occipital condyle
枕骨大孔下方两侧的卵圆形隆起。有光滑关节面与脊柱相关节。

06.0421　囟[门]　fontanelle
软骨鱼类脑颅背面的凹窝。外覆薄膜，成体被硬骨封闭。

06.0422　前囟　anterior fontanelle
软骨鱼类脑颅背面前方的凹窝。外覆薄膜。

06.0423　巩膜环　sclerotic ring
脊椎动物几个类群在眼球前壁、单个或分多节的骨环。被认为有支持眼睛的作用，哺乳类和鳄类除外。

06.0424　鼻区　nasal region
脑颅最前端围绕鼻囊周围的区域。即筛骨区。

06.0425　嗅区　olfactory region
头骨鼻黏膜有嗅觉受体细胞和嗅腺的区域。

06.0426　眼区　orbital region
又称"眶区"。头骨眼眶和围绕眼眶的区域。紧接鼻区后方，即蝶骨区。

06.0427　耳区　otic region
头骨听觉和平衡器官的区域。位于眼区之后，环绕耳囊周围。

06.0428　枕区　occipital region
头部枕骨部位的区域。位于耳区之后，环绕枕骨大孔四周。

06.0429　颌弓　mandibular arch
脊椎动物胚胎的第一对鳃弓。由它发育为头骨的上颌和下颌。

06.0430　腭方软骨　palatoquadrate cartilage
颌弓背方构成上颌的一对软骨。

06.0431　麦氏软骨　Meckel's cartilage
颌弓腹方构成下颌的一对软骨。

06.0432　顶骨　parietal bone
头骨背面中央的一对骨片。

06.0433　枕骨　occipital bone
哺乳动物头骨后部、枕骨大孔周围的一组骨骼。其向后突出的枕髁与寰椎相关节。

06.0434　上枕骨　supraoccipital, supraoccipital bone
位于顶骨后方，枕骨大孔上方的一块骨。

06.0435　外枕骨　exoccipital, exoccipital bone
位于枕骨大孔两侧的一对骨。

06.0436　基枕骨　basioccipital, basioccipital bone
位于枕骨大孔腹方的一块骨。前端与基蝶骨相连，两侧与外枕骨连接。

06.0437　顶间骨　interparietal bone
在顶骨和枕骨交界处正中，夹在两块顶骨之间的一块三角形骨片。

06.0438　颞骨 temporal bone
位于哺乳动物头骨侧面并包围内耳的一对骨。

06.0439　颞骨颧突 zygomatic process of temporal bone
颞骨鳞部前下部向前凸的骨突。与颧骨颞突构成颧弓。

06.0440　鳞骨 squamosal bone
头骨外侧后方颊区表面的一块薄板状骨。

06.0441　额骨 frontal bone
位于脑颅的背面前方、两眼眶上部的一对骨片。

06.0442　悬器 suspensorium
脊椎动物头骨中脑颅与颌骨相连的结构。

06.0443　颌骨 jaw
形成脊椎动物口腔的两块骨骼。即上颌骨和下颌骨。

06.0444　前颌骨 premaxillary bone
上颌最前端的一对骨片。

06.0445　上颌骨 maxillary bone
每侧上颌的前颌骨后外侧的一块骨片。着生齿。

06.0446　轭骨 jugal bone
多数爬行类、两栖类和鸟类上颌骨之后、眼眶下方的一块膜骨。

06.0447　颧骨 zygomatic bone, malar bone
哺乳动物上颌骨之后、眼眶下方的一块膜骨。

06.0448　颧骨颞突 temporal process of zygomatic bone
颧骨的一个突起。外形扁平，突向后方，以锯齿状缘与颞骨颧突相接起构成颧弓。

06.0449　颧弓 zygomatic arch
哺乳动物颧骨颞突和颞骨颧突构成的骨弓。供咬肌附着。

06.0450　方骨 quadrate, quadrate bone
哺乳动物以下陆生脊椎动物中腭方软骨后端骨化形成的骨片。头骨与下颌关节处的方形骨，与下颌关节骨相关节。哺乳动物的方骨进入中耳腔形成砧骨。

06.0451　方轭骨 quadratojugal bone
多数两栖类、爬行类和鸟类上颌后端位于轭骨与方骨之间的膜骨。

06.0452　腭骨 palatine bone
上颌骨后方内侧的一对骨片。分隔鼻腔和口腔。

06.0453　翼骨 pterygoid bone
头骨腹面腭骨后方成对的骨片。

06.0454　前翼骨 prepterygoid bone
真骨鱼类与口盖骨接连的翼骨。

06.0455　中翼骨 mesopterygoid bone
真骨鱼类头骨紧贴翼骨上缘的一对骨片。

06.0456　后翼骨 metapterygoid bone
真骨鱼类上颌紧贴翼骨后方内侧的一对骨片。

06.0457　前耳骨 prootic bone
脑颅耳区前方内侧的一块骨片。

06.0458　上耳骨 epiotic bone
脑颅耳区后方背面的一块骨片。

06.0459　后耳骨 opisthotic bone
脑颅耳区后方腹面的一块骨片。

06.0460　翼耳骨 pterotic bone
许多鱼类脑颅耳区外侧后面的一块骨片。

06.0461　蝶耳骨　sphenotic bone
许多鱼类脑颅耳区外侧前面的一块骨片。

06.0462　围耳骨　periotic bone
哺乳动物包围内耳的复合性骨。由前耳骨、上耳骨和后耳骨愈合而成。

06.0463　鼓骨　tympanic bone
哺乳动物脑颅耳区腹方外侧，包围3块听小骨的泡状膜骨。由下颌隅骨演变而来。

06.0464　听小骨　auditory ossicle
哺乳动物中耳鼓室内的3块小骨。包括镫骨、砧骨和锤骨，借韧带形成听骨链，传导声波振动。

06.0465　镫骨　stapes
哺乳动物听小骨中最内侧的一块。形似马镫，镫骨头借韧带与砧骨相连，接内耳前庭窗。

06.0466　砧骨　incus
哺乳动物听小骨中位于中间的一块。形似"砧板"。在锤骨和镫骨间传递振动。

06.0467　锤骨　malleus
哺乳动物听小骨中最外侧的一块。形似小锤，锤骨柄外侧突连接鼓膜，锤骨头与砧骨构成关节。

06.0468　鼓泡　tympanic bulla
哺乳动物脑颅包围中耳的骨泡。容纳中耳和内耳的各种感受器。

06.0469　鼓围耳骨　tympanoperiotic bone
哺乳动物鲸类由鼓骨和围耳骨联合形成的特别坚实的骨。

06.0470　岩鼓骨　petrotympanic bone
颞骨岩部和鼓骨愈合形成的骨。

06.0471　筛骨　ethmoid bone, ethmoid
位于两眼眶间鼻腔顶部的海绵状薄骨板。

06.0472　外筛骨　ectethmoid bone
位于筛骨两侧的一对骨片。

06.0473　前筛骨　pre-ethmoid bone
某些硬骨鱼类犁骨前上方的一对骨片。

06.0474　中筛骨　mesethmoid bone
筛骨区中央垂直的软骨或骨板。构成鼻中隔的大部分。

06.0475　犁骨　vomer
脑颅筛区底壁紧贴在中筛骨腹面的一块骨片。

06.0476　蝶骨　sphenoid bone
哺乳动物头骨底部颞骨和枕骨前方的一块骨。

06.0477　副蝶骨　parasphenoid bone
脑颅蝶骨区底面的一块狭长骨片。

06.0478　翼蝶骨　alisphenoid bone
脑颅蝶骨区后部两侧的一对骨片。

06.0479　前蝶骨　presphenoid bone
脑颅蝶骨区前方的一块骨片。

06.0480　基蝶骨　basisphenoid bone
脑颅蝶骨区后方的一块骨片。

06.0481　眶蝶骨　orbitosphenoid bone
脑颅蝶骨区前部两侧的一对骨片。

06.0482　眶上脊　supraorbital ridge
哺乳动物灵长类眼眶上缘的骨脊。

06.0483　眶前骨　preorbital bone
许多硬骨鱼类眼眶前方的一块骨片。左、右各一。

06.0484 眶后骨 postorbital bone
围绕眼眶外侧后方的骨片。

06.0485 眶间隔 interorbital septum
眼窝之间的垂直骨质分隔。

06.0486 鼻 nose
脊椎动物的嗅觉器官。在陆生脊椎动物同时也作为呼吸器官。

06.0487 内鼻孔 choana, internal naris
陆生脊椎动物鼻腔后部通向鼻咽部的开口。两栖动物开始出现内鼻孔，爬行动物、鸟类、哺乳动物形成次生腭，内鼻孔后移，呼吸道与消化管完全分开。

06.0488 外鼻孔 nostril, external naris
脊椎动物鼻腔与外界相通的开口。

06.0489 次生腭 secondary palate
由前颌骨、上颌骨、腭骨的腭突等共同形成的腭板。从爬行动物开始出现，使口腔和鼻腔得以分隔，内鼻孔后移，使动物进食和呼吸互不影响。

06.0490 鼻骨 nasal bone
哺乳动物脑颅背面额骨之前的一对长方形的骨片。构成鼻腔的背壁。

06.0491 鼻甲骨 turbinate bone, turbinate
简称"鼻甲（nasal concha）"。鼻腔内卷曲的软骨或硬骨质的骨片。其表面覆有鼻黏膜。自爬行动物鼻腔内首次出现的复杂结构。

06.0492 上鼻甲 superior nasal concha, superior concha
鼻腔外侧壁内面靠上方凸出的覆盖黏膜的骨板。

06.0493 中鼻甲 middle nasal concha, middle concha
鼻腔外侧壁内面中部凸出的覆盖黏膜的骨板。

06.0494 下鼻甲 inferior nasal concha, inferior concha
鼻腔外侧壁内面靠下方凸出的覆盖黏膜的骨板。

06.0495 关节骨 articular bone
多数有颌鱼类、两栖类、爬行类和鸟类下颌的一块骨。由麦氏软骨后端骨化形成的一对骨片。哺乳动物的关节骨进入中耳腔形成锤骨。

06.0496 下颌骨 mandible
构成脊椎动物下颌的骨。哺乳动物仅有一对齿骨组成。

06.0497 齿骨 dentary bone
哺乳动物下颌骨中位于前方的一对膜骨。常着生有齿。

06.0498 隅骨 angular bone
硬骨鱼类、爬行类和鸟类下颌关节骨腹面的一块膜骨。在哺乳动物演变为鼓骨。

06.0499 舌弓 hyoid arch
第二对鳃弓。

06.0500 舌骨 hyoid bone
由第二对鳃弓演变形成的支持舌的骨骼。

06.0501 舌颌骨 hyomandibular bone
连接鱼类的下颌与颅骨的骨或软骨。四足动物的舌颌骨不再执行颌弓悬器的功能，成为中耳内传导声波的听骨，即耳柱骨或镫骨。

06.0502　角舌骨　ceratohyal bone
舌弓上位于上舌骨下方的一块骨片。

06.0503　基舌骨　basihyal bone
舌弓前端中央的两枚骨片。

06.0504　上舌骨　epihyal bone
角舌骨后背方的一块骨片。

06.0505　下舌骨　hypohyal bone
鱼类角舌骨前腹方的一块或几块小骨。

06.0506　间舌骨　interhyal bone
上舌骨后背方的一块小骨。背端与舌颌骨腹端相接。

06.0507　尾舌骨　urohyal bone
鱼类舌弓腹面中央后端的一枚骨片。

06.0508　舌骨器　hyoid apparatus
四足动物由舌弓和鳃弓形成的支持舌和喉部肌肉的骨骼。

06.0509　茎舌骨　stylohyal bone
哺乳动物舌骨前角上位于上舌骨与鼓舌骨之间的一段。

06.0510　甲舌骨　thyrohyal bone
哺乳动物舌骨后角基部由第一对鳃弓基鳃骨形成的舌骨器部分。

06.0511　鼓舌骨　tympanohyal
哺乳动物舌骨前角末端附于鼓骨外侧的部分。

06.0512　续骨　symplectic bone
鱼类舌弓腹方向前连接方骨的一枚骨片。

06.0513　咽鳃骨　pharyngobranchial bone
鱼类鳃弓背端的一些骨片。

06.0514　上鳃骨　epibranchial bone
鳃弓咽鳃骨腹方的一枚骨片。

06.0515　角鳃骨　ceratobranchial bone
鳃弓上鳃骨腹方的一枚骨片。

06.0516　下鳃骨　hypobranchial bone
鳃弓的基鳃骨与角鳃骨之间的骨片。

06.0517　基鳃骨　basibranchial bone
鳃弓腹面中央的骨或软骨。

06.0518　咽颌骨　pharyngeal jaw
某些硬骨鱼类咽部的与口腔下颌骨不同的"第二套"下颌骨。与口腔下颌骨一样起源于鳃弓。

06.0519　咽骨　pharyngeal bone
某些硬骨鱼类咽部的骨骼。

06.0520　咽齿　pharyngeal tooth
鲤科等鱼类咽骨上着生的用于研磨食物的齿。

06.0521　鳃盖骨骼　opercular bone
硬骨鱼类覆盖在鳃裂外的几块膜骨。通常为鳃盖骨、前鳃盖骨、下鳃盖骨和间鳃盖骨。

06.0522　鳃盖骨　opercle
鱼类鳃盖骨骼中最大的一块膜骨。位于鳃盖后上方。

06.0523　前鳃盖骨　preopercle
鱼类鳃盖骨前方的一块膜骨。

06.0524　下鳃盖骨　subopercle
鱼类鳃盖骨腹缘的一块膜骨。

06.0525　间鳃盖骨　interopercle
鱼类前鳃盖骨与鳃盖条之间的一块膜骨。

06.0526 喉软骨 laryngeal cartilage
构成喉支架的软骨。包括甲状软骨、环状软骨以及成对的杓状软骨、楔状软骨等。

06.0527 甲状软骨 thyroid cartilage
位于环状软骨与会厌软骨之间，构成喉部腹壁和侧壁的一对软骨。是喉部的最大软骨。

06.0528 环状软骨 cricoid cartilage
环绕气管的唯一完整的软骨环。构成喉的后部，是打开和关闭气道的肌肉、软骨和韧带的附着处。

06.0529 杓状软骨 arytenoid cartilage
位于环状软骨之前，喉部背面的一对软骨。

06.0530 会厌软骨 epiglottic cartilage
位于喉部前端腹面的一块软骨。吞咽时向后盖住喉门，防止食物进入气管。

06.0531 楔状软骨 cuneiform cartilage
在喉两侧位于杓状会厌襞内的一对弹性软骨棒。

06.0532 小角软骨 corniculate cartilage
与杓状软骨的上端关节的一对椭圆形小弹性软骨块。为杓状软骨向后和向内的延续。

06.0533 气管软骨 tracheal cartilage
支持气管的缺口向背方、呈"C"形的透明软骨环。

06.0534 脊柱 vertebral column
脊椎动物身体背部正中纵贯全身的支持结构。由多枚脊椎骨连接组成。鱼类的脊柱分为躯椎和尾椎两部分，两栖动物的脊柱分为颈椎、躯椎、荐椎和尾椎四部分，爬行动物、鸟类和哺乳动物的脊柱由颈椎、胸椎、腰椎、荐椎、尾椎五部分组成。

06.0535 椎骨 vertebra
构成脊柱的每一块软骨或硬骨。典型椎骨包括椎体、椎弓、棘突和横突、关节突。哺乳动物根据所在部位不同分为颈椎、胸椎、腰椎、荐椎、尾椎等。

06.0536 椎体 centrum, vertebral body
椎弓腹面的短圆柱体。椎骨负重的主要部分。

06.0537 双凹型椎体 amphicoelous centrum
椎体的一种类型。椎体前后两端均向内凹入。是脊椎动物中最原始的椎体，常见于鱼类，两栖动物有尾类、无足类、部分无尾类中。

06.0538 前凹型椎体 procoelous centrum
椎体的一种类型。椎体前端凹，后端通常凸。见于无尾两栖类和多数爬行类。

06.0539 后凹型椎体 opisthocoelous centrum
椎体的一种类型。椎体前端凸、后端凹。见于硬鳞鱼类、多数两栖类和爬行类。

06.0540 异凹型椎体 heterocoelous centrum
椎体的一种类型。椎体呈马鞍形，前面背腹缘凸、侧缘凹，后面背腹缘凹、侧缘凸。如鸟类的颈椎。

06.0541 变凹型椎体 anomocoelous centrum
椎体的一种类型。脊柱中的大部分椎骨的椎体前凹后凸，间有少数双凹型。见于两栖动物锄足蟾科。

06.0542 参差型椎体 diplasiocoelous centrum
椎体的一种类型。第一至第七枚椎体前凹型，第八枚椎体为双凹型，荐椎椎体为双凸型。见于蛙科无尾类。

06.0543 双平型椎体 amphiplatyan centrum
椎体的一种类型。椎体的前后面均平，见于

中生代的爬行类和哺乳类。

06.0544　椎弓　vertebral arch
又称"髓弓（neural arch）"。从椎体后方两侧发出的弧形骨板。由椎弓根和椎弓板构成。与前部的椎体围成椎孔，供脊髓通过。

06.0545　椎弓根　vertebral pedicle, pedicle of vertebral arch
椎弓紧连椎体的缩窄部分。细而短、水平位。

06.0546　椎弓板　vertebral lamina, lamina of vertebral arch
椎弓后部。呈板状，由两侧椎弓根向后内扩展变宽而成。上缘及前下面粗糙为黄韧带附着处。

06.0547　椎棘　spinous process
又称"髓棘（neural spine）"。由左右椎弓在背中线合并向背方延伸的突起。为肌肉和韧带提供了附着点。

06.0548　椎管　vertebral canal
由椎弓内的孔前后连接形成的管道。容纳脊髓。

06.0549　椎间孔　intervertebral foramen
前后相邻椎弓之间侧面的缺口拼合成的孔。为脊神经穿出的孔道。

06.0550　椎间盘　intervertebral disc
连接相邻两个椎体间的纤维软骨盘。由纤维环和髓核构成。

06.0551　横突　transverse process
椎弓根和椎弓板的结合处发出呈额状位突向外侧的一对骨突起。为肌和韧带附着部。

06.0552　椎弓横突　diapophysis
椎骨横突的上表面或关节面。

06.0553　椎体横突　parapophysis
椎体向两侧伸出的横突。

06.0554　关节突　zygapophysis, articular process
前关节突和后关节突的统称。

06.0555　前关节突　prezygapophysis, anterior articular process
自脊椎椎弓前缘伸出的 1 对突起。其上的关节面向背内侧倾斜，与相邻脊椎的后关节突相关节。

06.0556　后关节突　postzygapophysis, posterior articular process
自脊椎椎弓后缘伸出的 1 对突起。其上的关节面向腹外侧倾斜，与相邻脊椎的前关节突相关节。

06.0557　韦伯器　Weberian apparatus
鱼类鲤形目等在前端脊椎骨两侧、彼此通过韧带相连的几对小骨。在内耳与鳔之间传递振动。

06.0558　韦伯小骨　Weberian ossicle
鱼类骨鳔总目前 4 枚椎骨的椎弓和椎棘特化形成的几块小骨。从前到后包括闩骨、舟骨、间插骨和三脚骨。它们构成内耳与鳔之间的连接，促进声音的接收。

06.0559　闩骨　claustrum
韦伯器的第一对小骨。后接舟骨。

06.0560　舟骨　scaphium
韦伯器的第二对小骨。前连闩骨，后接间插骨。

06.0561　间插骨　intercalarium
韦伯氏器的第三对小骨。前连舟骨，后接三脚骨。

06.0562　三脚骨　tripus
韦伯器的最后一对小骨。后与鳔前壁紧密相接，前通过致密细长的韧带连接间插骨。

06.0563　颈椎　cervical vertebra
脊椎动物颈部的椎骨。两栖动物仅 1 枚颈椎，自爬行动物开始颈椎有寰椎和枢椎的分化。大多数哺乳动物具有 7 枚颈椎，许多动物如蜥蜴和鸟的颈椎带有肋骨。

06.0564　寰椎　atlas
第一颈椎。位于脊柱最前端，与枕髁相关节，呈环形，无棘突和关节突。是陆栖脊椎动物的重要特征，在鸟类和哺乳类才发育完善。

06.0565　枢椎　axis
第二颈椎。椎体向上伸出齿突，与寰椎齿突凹相关节。

06.0566　齿突　odontoid process
自第二颈椎椎体发出的指状突起。与寰椎相关节。

06.0567　胸椎　thoracic vertebra
鸟类和哺乳动物颈椎和腰椎间的椎骨。带有 1 对肋骨。

06.0568　腰椎　lumbar vertebra
哺乳动物胸椎和荐椎间的椎骨。

06.0569　荐椎　sacral vertebra
陆生脊椎动物躯椎和尾椎间（两栖爬行动物）或腰椎和尾椎间（哺乳动物）的椎骨。荐椎的横突与腰带的髂骨相连接。

06.0570　荐骨　sacrum
哺乳动物的荐椎愈合形成的一块骨。

06.0571　尾椎　caudal vertebra
脊椎动物尾部的椎骨。数量因所属类群和物种而不同。

06.0572　脉弓　hemal arch
脊椎动物尾椎椎体腹方包围尾部血管的弧形骨板。

06.0573　脉管　hemal canal
脊椎动物尾椎由脉弓围成的空腔。内藏尾动脉和尾静脉。

06.0574　脉棘　hemal spine
脊椎动物尾椎脉弓向腹方的突起。

06.0575　人字骨　chevron bone
爬行动物和哺乳动物尾椎呈 V 形的包围尾部血管的脉弓和脉棘的一块骨。

06.0576　躯椎　trunk vertebra
鱼类尾椎之前的脊椎骨。

06.0577　尾骨　coccyx
无尾灵长类哺乳动物脊柱的末段。包括 3～5 枚分离的或愈合的椎骨。

06.0578　尾杆骨　urostyle
有些鱼类和无尾两栖类脊柱末端的杆状骨。由数枚尾椎愈合形成。

06.0579　尾上骨　epural bone
硬骨鱼类最后一枚尾椎椎棘前背方的几枚游离的骨片。

06.0580　尾下骨　hypural bone
硬骨鱼类最后几枚尾椎的脉棘扩大并或多或少愈合形成的几枚骨片。

06.0581 综荐骨 synsacrum
又称"愈合荐骨"。在鸟类中由后部的胸椎、腰椎、荐椎和前部的尾椎愈合而成的一块骨。

06.0582 尾综骨 pygostyle
鸟类尾骨退化，最末几枚退化的尾椎愈合而成的一块骨。其上着生尾羽。

06.0583 肋骨 rib
位于脊柱两侧，与椎体横突相关节的，沿体壁向腹方延伸的扁长而弯曲的骨棒。两栖动物没有肋骨，大多数四足动物的肋骨包围胸部，保护肺、心脏等内脏器官。

06.0584 背肋 dorsal rib
鱼类脊柱发出的2组肋骨之一。大致从脊柱侧向突出到主要肌节上部和下部间的肌隔内。在水平骨质隔与肌隔相切处，按体节排列的肋骨。

06.0585 腹肋 ventral rib
鱼类脊柱发出的2组肋骨之一。在脊柱发出背肋处的下方发出，包围身体下部。在腹侧隔与肌隔相切处按体节排列的肋骨。

06.0586 腹皮肋 abdominal rib, gastralia
一些爬行动物腹部皮下肋骨状的骨棒。

06.0587 胸肋 sternal rib
四足动物与胸骨相接的肋骨部分。

06.0588 肋骨头 head of rib
肋骨内侧与两个相邻椎体间的关节面相关节的圆突。

06.0589 肋结节 tubercle of rib
肋颈与肋体交接处后面的结节。与相应椎体的横突相关节。

06.0590 双头肋骨 double headed rib
陆生脊椎动物有些类群肋骨近端有两个关节头，即肋结节和肋骨头，分别与椎骨的椎弓横突和椎体横突相关节。

06.0591 椎肋 vertebral rib
四足动物既不附着到胸骨，也不附着到其他的肋骨。

06.0592 钩突 uncinate process
骨或器官的钩状突起或隆起。如脊椎动物的颈椎钩突、筋骨钩突、胰钩突等。

06.0593 胸骨 sternum
陆生脊椎动物胸部腹中线上的1块或几块扁平的骨板。从两栖动物开始有胸骨出现，但两栖动物无足目和有尾目中的一些种类也不具胸骨；哺乳动物的胸骨与肋骨相连接。

06.0594 腹骨 gastralium
爬行动物鳄类和楔齿蜥类腹壁内的膜成骨。不与椎骨相关节。

06.0595 龙骨突 keel
鸟类胸骨腹面的纵向突起。在功能或形状上类似船的龙骨，供胸肌附着。

06.0596 支鳍骨 pterygiophore
鱼类奇鳍基部的骨或软骨。外接鳍条，内与椎棘或脉棘通过结缔组织相接。

06.0597 基鳍骨 basal pterygiophore
某些鱼类近端很长的支鳍骨。

06.0598 辐鳍骨 radial pterygiophore
连接于基鳍骨远端和鳍条近端之间，支持鳍条的一排或几排骨片。

06.0599　带骨　girdle bone
直接或间接地将脊椎动物成对的附肢连接到中轴骨骼上的骨骼。

06.0600　肩带　pectoral girdle, shoulder girdle
将前肢连接于中轴骨的骨骼。

06.0601　固胸型肩带　firmisternal pectoral girdle
无尾两栖类的一种肩带类型。左右上喙骨窄小，在中线紧密连接不重叠，肩带不能通过上喙骨左右交错活动。

06.0602　弧胸型肩带　arciferal pectoral girdle
无尾两栖类的一种肩带类型。左右上喙骨宽大，在中线左上喙骨重叠于右上喙骨背方，肩带能通过上喙骨左右交错活动。

06.0603　肩胛骨　scapula
脊柱两侧的三角形扁骨。贴于胸廓后外侧上部。

06.0604　喙骨　coracoid
又称"乌喙骨"。肩带中位于肩胛骨腹后方的一块骨。

06.0605　肩胛喙骨　scapulocoracoid, scapulocoracoid bone
某些肉鳍鱼类肩带中肩胛骨和喙骨未分化为两块硬骨，常愈合呈 V 形或 U 形的一块软骨。紧位于咽颅之后，横列身体腹面，不与头骨或脊柱直接关联。

06.0606　肩臼　glenoid fossa
肩带的肩胛骨和喙骨之间形成的一个凹入的关节面。与前肢骨近端相关节。

06.0607　中喙骨　mesocoracoid
一些硬骨鱼类喙骨中部的一个突起。

06.0608　锁骨　clavicle
肩带前腹方的膜质骨。在四足动物连接肩胛骨和胸骨。

06.0609　匙骨　cleithrum
一些硬骨鱼类、原始两栖类和爬行类肩带外侧的一块膜质骨。

06.0610　叉骨　furcula
鸟类左右两锁骨和中央退化的间锁骨在腹中线处愈合而成的一块 V 形骨。是鸟类的特有结构。

06.0611　三骨管　triosseal canal
鸟类肩胛骨、喙骨和叉骨的近端围成的一个管。供上喙骨肌的韧带通向肱骨。

06.0612　喙突　coracoid process
高等哺乳动物的喙骨退化，成为肩胛骨上的一个突起。

06.0613　肩胛冈　spine of scapula
哺乳动物肩胛骨背面的一条纵嵴。

06.0614　冈上窝　supraspinous fossa
肩胛冈前方的较大浅窝。

06.0615　冈下窝　infraspinous fossa
肩胛冈后方的较大浅窝。

06.0616　肩峰　acromion
肩胛冈外端的突起。与锁骨相关节。

06.0617　腰带　pelvic girdle
将后肢连接于脊柱的骨骼。鱼类的腰带不与中轴骨直接相连，在软骨鱼类中仅一根坐耻骨，硬骨鱼类中为一对无名骨。四足动物的腰带借荐椎与脊柱连接，一般由髂骨、坐骨、耻骨三对骨组成。

06.0618　无名骨　innominate bone
由髂骨、坐骨和耻骨愈合而成的骨。

06.0619　髋骨　hip bone
由髂骨、坐骨和耻骨 3 部分组成的骨。幼年时，三骨借软骨相连，成年后相互愈合。

06.0620　髋臼　acetabulum
髋骨上杯状的关节窝。与股骨头相关节。

06.0621　髂骨　ilium, iliac bone
四足动物构成腰带背部的一块骨。是骨盆 3 块骨中最上面和最宽的一块骨。

06.0622　坐骨　ischium
四足动物构成腰带的一块骨。位于髂骨的后下部，呈钩状，是构成一侧骨盆的 3 块骨中最低的骨。

06.0623　耻骨　pubis, pubic bone
四足动物构成腰带的一块骨。位于髂骨的前下部，左右耻骨在中线合成耻骨联合，由上下两支参与构成骨盆的腹外侧壁。

06.0624　闭孔　obturator foramen
坐骨与耻骨之间的一个卵圆形大孔。被膜封闭，中央有神经和血管通过。

06.0625　袋骨　marsupial bone
哺乳动物单孔类和有袋类的耻骨软骨突起向前发展形成的支持育儿袋壁的骨骼。

06.0626　骨盆　pelvis
位于脊椎末端，连接脊柱和股骨，与四足动物的后肢、双足动物的下肢相连支撑脊柱的盆状骨骼。前面由耻骨组成，两侧由髂骨组成，后面由荐骨和尾骨构成。爬行类和哺乳类左右耻骨和坐骨在腹中线联合形成闭锁式骨盆，鸟类左右耻骨和坐骨在腹中线不愈合为开放式骨盆。

06.0627　股骨　femur
支持后肢大腿的单枚长骨。

06.0628　腰痕骨　pelvic rudiment
鲸类后肢消失，腰带退化，成为埋在体壁肌肉内的一枚简单骨棒。

06.0629　肱骨　humerus
支撑上臂的长骨。

06.0630　桡骨　radius
位于前臂拇指侧的长骨。

06.0631　尺骨　ulna
位于前臂拇指相反一侧的长骨。

06.0632　腕骨　carpal bone
介于前臂和手掌之间的一系列小骨。

06.0633　掌骨　metacarpal bone
介于腕骨与指骨之间，支撑手掌的短棒状骨。共 5 块，由拇指向小指侧依次为第一至第五掌骨。

06.0634　斜方骨　trapezium bone
靠近第一掌骨近端，最内侧（拇指侧）的一枚腕骨。

06.0635　棱形骨　trapezoid bone
靠近第二掌骨近端的一枚腕骨。

06.0636　头状骨　capitate bone
靠近第三掌骨近端的一枚腕骨。

06.0637　钩骨　unciform bone
靠近第四、第五掌骨近端，最外侧（与拇指相反的一侧）的一枚腕骨。

06.0638　趾骨　phalanx
支持脚趾的数节小骨。

06.0639　豌豆骨　pisiform bone
靠近尺骨远端，最外侧（与拇指相反的一侧）的一枚圆形腕骨。

06.0640　楔骨　cuneiform bone
靠近尺骨远端，豌豆骨内侧的一枚腕骨。

06.0641　月骨　lunate bone
靠近桡骨远端，楔骨内侧的一枚腕骨。

06.0642　籽骨　sesamoid bone
在肌腱中形成的一块独立的小骨或骨结节。

06.0643　髌骨　patella
俗称"膝盖骨"。陆生脊椎动物膝前方的一块扁平三角形可活动的骨。成为膝盖的前点并保护膝关节的前部。是特别大的籽骨。

06.0644　胫骨　tibia
支持后肢小腿的三棱柱形长骨。位于小腿内侧。

06.0645　腓骨　fibula
位于小腿胫骨外侧的一根细长骨。

06.0646　跗骨　tarsus
位于胫骨和腓骨远端、小腿和脚掌之间的数枚小骨。即脚腕骨。

06.0647　跟骨　calcaneus
靠近腓骨远端，外侧的 1 枚跗骨。构成足跟。

06.0648　距骨　talus, astragalus
靠近胫骨远端，内侧的 1 枚跗骨。构成踝关节。

06.0649　跖骨　metatarsus
支持脚掌的数枚棒状骨。共 5 块，由内侧向外侧依次为第一至第五跖骨。近侧为底，中部为体，远侧端为头。

06.0650　内楔骨　entocuneiform
靠近第 1 跖骨近端，最内侧的 1 枚跗骨。

06.0651　中楔骨　mesocuneiform
靠近第二跖骨近端的 1 枚跗骨。

06.0652　外楔骨　ectocuneiform
靠近第三跖骨近端，骰骨内侧的 1 枚跗骨。

06.0653　骰骨　cuboid bone
靠近第四、第五跖骨近端，最外侧的 1 枚跗骨。

06.0654　足舟骨　navicular
位于骰骨内侧，距骨和 3 枚楔骨之间的 1 枚跗骨。

06.0655　跗跖　tarsometatarsus
跗骨与跖骨愈合成形成的部分。

06.0656　胫跗骨　tibiotarsus
在鸟类中，胫骨远端与其相邻的一排退化的跗骨愈合而成的一细长形腿骨。

06.0657　跗跖骨　tarsometatarsus
在鸟类和一些爬行动物中，远端一排的退化跗骨与其相邻的跖骨愈合形成的一块细长形骨。

06.0658　间介软骨　intercalary cartilage
某些无尾两栖动物的指、趾最末 2 个骨节之间的 1 块额外的小软骨。

06.0659　Y 形趾骨　Y-shaped phalange
某些无尾两栖动物的指、趾最末骨节的远端

分叉呈"Y"形的骨。

06.0660　阴茎骨　baculum
某些哺乳动物阴茎内的棒状骨。不与身体其他骨骼相连。

06.0661　关节　joint, articulation
骨与骨之间的连结。基本构造包括关节面及关节软骨、关节囊和关节腔三部分。有的关节有韧带、关节盘等辅助结构。

06.0662　关节面　articular surface
构成关节的各相关骨的接触面。骨质的关节面上通常覆盖着关节软骨。

06.0663　关节软骨　articular cartilage
覆盖于关节头和关节窝表面的薄层软骨。多为透明软骨，少数为纤维软骨。

06.0664　关节囊　joint capsule, articular capsule
围绕在滑膜关节周围的结缔组织囊。附着于关节面的周缘及其附近的骨面上，密闭关节腔。囊壁分内外两层，内层为滑膜层，外层为纤维层。

06.0665　关节腔　joint cavity, articular cavity
关节囊内的空腔。内含滑液。

06.0666　滑膜　synovial membrane
关节囊的内层。薄而柔滑，由疏松结缔组织构成，可分泌滑液。

06.0667　韧带　ligament
连接相邻两骨之间的致密纤维结缔组织束。可加强关节的稳固性或限制关节的过度运动。

06.0668　关节盘　articular disc
介于两关节面之间的纤维软骨板。周缘附于关节囊，分隔关节腔，可使关节面更加适配，

增加运动范围并减轻震荡。

06.0669　关节唇　articular labrum
附于关节窝周缘的纤维软骨环。可加深关节窝和增大关节面，增加关节的稳固性，如髋臼周围的唇软骨。

06.0670　滑膜囊　synovial bursa
关节囊的滑膜层穿过纤维层向外呈囊状的膨出。囊内充满滑液。

06.0671　黏液囊　mucous bursa
封闭的结缔组织囊。壁薄，内有滑液，多位于肌、肌腱、皮肤与骨面的突起之间，以减少两者之间的摩擦。

06.0672　腱鞘　tendinous sheath
包围在肌腱外面呈筒状的管。为结缔组织层卷裹于腱的外面形成，存在于活动性较大的部位，如腕、踝、手指和足趾等处。

06.0673　滑车　trochlea, pulley
关节头中央有凹沟，关节窝中央有脊，二者嵌合形成的关节。如肘关节。

06.0674　骨缝　suture
两骨之间缝状的不可动的连接线。如头骨骨缝。

06.0675　嵌合　gomphosis
相互连接的骨骼间，一块骨的连接面呈深沟状，另一骨则以锐缘嵌入其中的现象。如牙根嵌入颌骨等。

06.0676　软骨关节　cartilage joint, synchondrosis
骨与骨之间被软骨限制而几乎不可移动的关节。如各椎骨间的关节。

06.0677　[可]动关节　movable joint, di-arth-rosis
相对的骨表面覆盖着一层透明软骨或纤维软骨并且可以有一定程度的自由运动的关节。

06.0678　纤维连结　fibrous joint
又称"纤维关节"。由厚薄不等的致密结缔组织相连接的一个不动的关节。头骨的一些骨缝是由一薄层致密纤维结缔组织组成的纤维连结。

06.0679　滑膜关节　synovial joint
关节面互相分离，其间有含滑液的腔隙，周围借结缔组织相连的关节。是骨连结的主要形式，具有很大的活动性。

06.0680　单关节　simple joint
由相邻两骨构成的关节。如前肢的肩关节。

06.0681　复关节　composite joint, compound joint
由两块以上的骨构成的滑膜关节。如腕关节、膝关节。

06.0682　颞颌关节　temporomandibular joint
由下颌骨的下颌头和颞骨下颌窝及关节结节形成的关节。将颌骨连接到脑颅，是颞骨和下颌骨之间的滑膜关节。

06.0683　寰枕关节　atlantooccipital joint
寰椎的两个关节面与两个枕髁间的滑膜关节。

06.0684　寰枢关节　atlantoaxial joint
第一和第二颈椎骨间的关节。为枢轴关节，寰椎可在枢椎的齿突上旋转。

06.0685　关节突关节　zygapophysial joint
椎弓前部的2个前关节突与前面椎骨椎弓后部的2个后关节突分别形成的滑膜关节。

06.0686　腰荐关节　lumbosacral joint
最后腰椎骨椎体与第一荐骨椎体间的关节。

06.0687　荐尾关节　sacrococcygeal joint
荐骨与尾骨间的软骨关节。

06.0688　肋椎关节　costovertebral joint
各肋骨的肋骨头与胸椎椎体间的关节。肋骨头的两个凸面与两相邻椎骨的椎体形成滑液平面关节。

06.0689　肋横突关节　costotransverse joint
肋结节的关节面与相近胸椎的横突间形成的滑膜关节。

06.0690　胸肋关节　sternocostal joint
真肋的软骨与胸骨间形成的滑膜关节。

06.0691　肋软骨关节　costochondral joint
肋骨胸骨端与肋软骨外侧端间形成的关节。

06.0692　软骨间关节　interchondral joint
相邻肋软骨的邻接表面间形成的关节。

06.0693　肩锁关节　acromioclavicular joint
肩峰与锁骨间形成的一个滑膜关节。

06.0694　肩[肱]关节　shoulder joint, gleno-humeral joint
肩胛骨的肩臼与肱骨头之间的滑膜关节。

06.0695　肘关节　elbow joint
肱骨下端与桡、尺骨上端间的滑膜关节。包括3个小关节：肱尺关节、肱桡关节和桡尺近侧关节。它们共同包裹在一个关节囊内。

06.0696　枢轴关节　pivot joint
一块骨的一个圆柱体的一部分嵌入另一块骨的相应空腔中的滑膜关节。允许旋转运动，如在桡骨和尺骨之间远端的关节。

06.0697　桡尺远侧关节　distal radioulnar joint
桡骨头与尺骨的桡骨缺口间形成的枢轴关节。使桡骨的远端可以围着尺骨的长轴旋转。

06.0698　腕关节　wrist joint
桡骨和尺骨远端与近端腕骨之间的关节。使手可以在小臂末端活动。

06.0699　腕掌关节　carpometacarpal joint, CMC joint
远侧列腕骨与掌骨基部间形成的关节。

06.0700　掌骨间关节　intermetacarpal joint
掌骨的基部之间形成的关节。

06.0701　掌指关节　metacarpophalangeal joint, MCP joint
由掌骨头与近节（第一节）指骨底构成的关节。

06.0702　趾[骨]间关节　interphalangeal joint
足的各节趾骨之间的关节。

06.0703　荐髂关节　sacroiliac joint, SI joint
荐骨与髂骨间的关节。

06.0704　髋关节　hip joint
股骨头与腰带的髋臼间形成的球窝关节。

06.0705　膝关节　knee joint
由股骨下端、胫骨上端以及髌骨构成的关节。

06.0706　胫腓关节　tibiofibular joint
胫骨外侧端与腓骨头间形成的关节。

06.0707　踝关节　ankle joint
胫骨和腓骨远端与距骨（近端跗骨）之间的关节。使足可以在小腿末端活动。

06.0708　跗横关节　transverse tarsal joint
又称"横向跗关节"。内侧为距骨与舟骨，外侧为跟骨与骰骨间形成的关节。

06.0709　距跟关节　talocalcaneal joint
距骨下关节面与跟骨后面关节间形成的关节。

06.0710　跗跖关节　tarsometatarsal joint
跗骨与跖骨间的关节。

06.0711　跗间关节　intertarsal joint
鸟类和某些爬行类跗骨分别与胫骨和距骨愈合成胫跗骨和跗跖骨，二骨之间构成的关节。

06.04.08.03　肌　肉　系　统

06.0712　体节肌　somite muscle
由中胚层生肌节形成的骨骼肌。属于横纹肌，是原始分节的肌肉，形成动物体的主要肌肉。

06.0713　附肢肌　appendicular muscle
体节肌中支配附肢运动的肌肉。

06.0714　中轴肌　axial muscle
体节肌中支配中轴骨骼的肌肉。

06.0715　躯干肌　trunk muscle
脊椎动物躯干部的肌肉。陆生脊椎动物躯干肌原始分节现象被破坏，改变为纵行或斜行的长短不一的肌肉群。

06.0716　肌隔　myocomma
分隔两相邻生肌节的结缔组织隔膜。在陆生脊椎动物中肌隔消失。

06.0717　水平[骨质]隔　horizontal skeleto-genous septum
位于鱼体水平体轴中央的结缔组织隔膜。将两侧各肌节分成背、腹两部分，为两部分肌肉的分界线。

06.0718　轴上肌　epaxial muscle
鱼类体侧水平隔以上的肌肉。分化出背鳍肌肉。

06.0719　轴下肌　hypaxial muscle
鱼类体侧水平隔以下的肌肉。分化出偶鳍和臀鳍肌肉。

06.0720　鳃节肌　branchiomeric muscle
水生脊椎动物鳃区和口咽部的一组肌肉。用于启闭鳃裂、运动颌、舌，完成呼吸和摄食。陆生脊椎动物鳃消失，鳃节肌发生相应的改变，部分保留或残存在舌骨器和喉软骨周围，其中与颌关节的一群则发展成为运动上下颌的颞肌、咬肌、二腹肌等。

06.0721　直肌　rectus
控制眼球运动的几块肌肉。

06.0722　竖肌　erector
能竖起动物体某个构造的肌肉。如背鳍竖肌和臀鳍竖肌。

06.0723　降肌　depressor
能将身体一部分向下拉的肌肉。如背鳍降肌、腹鳍降肌和臀鳍降肌。

06.0724　引肌　protractor
能将身体一部分向前拉的肌肉。如背鳍引肌。

06.0725　缩肌　retractor
能将身体一部分向后拉的肌肉。如背鳍缩肌和腹鳍缩肌。非洲肺鱼腹鳍的缩肌和引肌能使腹鳍和腰带之间的关节转动，在水底爬行。

06.0726　展肌　abductor
能使附肢远离身体中平面或离开相邻部位或肢体的肌肉。如胸鳍展肌和腹鳍展肌。

06.0727　收肌　adductor
能将身体一部分拉向一个共同的中心或中线的肌肉。如胸鳍收肌和腹鳍收肌。

06.0728　提肌　levator
能举起身体一部分的肌肉。如腹鳍提肌。

06.0729　屈肌　flexor
能减少关节两侧骨骼之间角度的肌肉。如尾鳍的背屈肌。

06.0730　头肌　muscle of head
头部周围的肌肉。鱼类头部肌肉趋于退化，体节肌在头部只留下眼肌，有6条；陆生脊椎动物头肌可分为面肌和咀嚼肌。

06.0731　上斜肌　superior oblique muscle, obliquus oculi superior
位于眼球背面中央，起于侧筛骨内侧方，肌纤维向后方斜行，止于眼球背面中央的肌肉。

06.0732　下斜肌　inferior oblique muscle, obliquus oculi inferior
位于眼球腹面与上斜肌相对，起源于侧筛骨内侧方上斜肌起点的腹面，肌纤维向后外方斜行，止于眼球腹面的肌肉。

06.0733　上直肌　superior rectus muscle
位于眼球背面中央，紧接上斜肌止点的后方，起于副蝶骨内侧面，位于骨腔中，肌纤维向前外方斜行，止于眼球背面中央的肌肉。

06.0734 下直肌 inferior rectus muscle
位于眼球腹面与上直肌相对，起点在副蝶骨背侧面的骨腔中，位于骨腔中，肌纤维向后外方斜行，止于眼球腹面的肌肉。

06.0735 内直肌 medial rectus muscle
位于眼球最前方，起点在副蝶骨背侧面的骨腔中，肌纤维向前方斜行，止于眼球后方的肌肉。

06.0736 外直肌 lateral rectus muscle
又称"侧直肌"。位于眼球最后方，起于副蝶骨内侧面，位于骨腔中，肌纤维向后方斜行，止于眼球背面中央的肌肉。

06.0737 鳃下肌 hypobranchial muscle
又称"下鳃肌"。有颌鱼类从肩带到内脏骨骼、颌骨和鳃条的条带状肌肉。有些肌肉已特化为开颌的肌肉。

06.0738 下颌收肌 adductor mandibulae
软骨鱼类起于腭方软骨侧面，止于麦氏软骨侧面的肌肉。为鲨类的主要闭颌肌。硬骨鱼类的下颌收肌起自前鳃盖骨和舌颌骨，止于齿骨和下颌骨，与摄食与呼吸都有关。

06.0739 下颌间肌 intermandibular muscle
前部起自下颌骨前端内侧腹面，止于附着到腹中线的结缔组织鞘；后部起自下颌骨腹面其前部起点的后方，止于一对颏鳞间的真皮部；中部起自下颌骨前端，止于舌下腺后部背面的肌肉。

06.0740 腭弓提肌 levator arcus palatini
硬骨鱼类起自蝶耳骨腹缘，止于后翼骨上半和舌颌骨上缘的肌肉。此肌收缩时牵动悬器（一种由舌颌骨、方骨和翼骨形成的复合体）提高和外展。

06.0741 腭弓收肌 adductor arcus palatini
在硬骨鱼类中其前部起自翼蝶骨腹面，止于后翼蝶骨内面及中翼蝶骨背面；后部起自舌颌骨的关节和翼耳骨、蝶耳骨腹面，止于舌颌骨上半内面和后翼骨后背缘的肌肉。此肌收缩时提起口角。

06.0742 第五鳃弓提肌 levator arcus branchialis V
鲤科鱼类头部腹面的肌肉。起自下颞窝，止于沿着咽颌骨的弯曲背支。受迷走神经支配，其作用为提起咽颌骨以驱动滑轮机制，使咽颌骨围绕左、右咽颌骨间的联合处的支点旋转。

06.0743 咽骨缩肌 retractor os pharyngeus
鲤科鱼类起自基枕突后缘，止于咽颌骨的侧面和后面的肌肉。收缩时把咽颌骨拉向尾侧。包括较小的咽骨上缩肌和强大的咽骨下缩肌两部分，它们具有连续的起点和止点以及相同的作用。

06.0744 鳃盖开肌 dilator operculi
起自舌骨提肌后方的蝶耳骨，止于鳃盖骨背中部的肌肉。收缩时使鳃盖张开。

06.0745 鳃盖提肌 levator operculi
位于鳃盖开肌后方的一块肌肉。起自翼耳骨，止于鳃盖骨背面内侧。收缩时使鳃盖向背方尾侧转动。

06.0746 鳃盖收肌 adductor operculi
在鳃盖提肌起点后内侧，起自翼耳骨，止于鳃盖提肌起点腹面的鳃盖骨背面内侧的肌肉。

06.0747 面肌 facial muscle
面部的肌肉。一组受面神经支配的横纹肌。主要作用为移动脸部的皮肤。

06.0748 表情肌 mimetic muscle
人和类人猿的面部肌肉已发展成为能表达情感，故名。

06.0749　咀嚼肌　muscle of mastication
分布于下颌关节周围，使下颌运动的肌肉。
包括咬肌、颞肌、翼内肌和翼外肌。

06.0750　咬肌　masseter muscle
浅部起自上颌骨颧突和颧弓下缘，止于下颌
角和下颌支；深部起自颧弓下缘和内面，止
于下颌支上半和下颌骨喙突外侧面的肌肉。
其作用为在咀嚼时闭合下颌。

06.0751　颞肌　temporal muscle
起自颞窝，肌束如扇形向下会聚，通过颧弓
的深面，止于下颌骨冠突的肌性部分。收缩
时使下颌骨上提和向后。

06.0752　翼内肌　medial pterygoid muscle
起自翼突窝，止于下颌角内面的翼肌粗隆
的肌肉。收缩时上提下颌骨，并使其向前
运动。

06.0753　翼外肌　lateral pterygoid muscle
在颞下窝内，起自蝶骨大翼下面和翼突外
侧，向后外止于下颌颈两侧的肌纤维。同
时收缩做张口运动，一侧作用则使下颌移
向对侧。

06.0754　颈肌　neck muscle
颈部周围的肌肉。

**06.0755　胸锁乳突肌　sternocleidomastoid
　　　　　muscle**
颈部最大和最表层的肌肉之一。起自胸骨柄
和锁骨，止于颞骨的乳突。其主要作用是头
部旋转到另一侧和颈部弯曲。

06.0756　斜角肌　scalene muscle
颈侧的一组共 3 对肌肉，即前斜角肌、中斜
角肌和后斜角肌。起自一些颈椎的横突，止
于前部的肋骨。受一些脊神经的支配。

06.0757　斜方肌　trapezius muscle
颈背和肩部的一对大三角形肌肉。起自枕
骨、项韧带、第七颈椎和全部胸椎椎棘，止
于锁骨、肩峰、肩胛冈。其作用为手臂外展
时转动肩胛骨以抬高肩部。

06.0758　肩胛提肌　levator scapulae muscle
位于颈部侧面和背部的肌肉。起自前部颈椎
的横突，止于肩胛骨内缘。其主要作用为提
高肩胛骨。

06.0759　背阔肌　latissimus dorsi muscle
通过胸腰筋膜起自后部几个胸椎、腰椎和荐
椎的椎棘、髂嵴、后部肋骨和肩胛骨下角，
止于肱骨结节间沟底的肌肉。其作用为使肱
骨外转、伸展及内转。

06.0760　头夹肌　splenius capitis muscle
位于颈背的宽带状肌肉。起自项韧带的下
半、第七颈椎和前三胸椎的棘突，止于颞骨
乳突、枕骨。其作用为转动头部。

**06.0761　头上斜肌　obliquus capitis superior
　　　　　muscle**
枕骨下的肌肉。起自寰椎的横突，止于下项
线外侧 1/3，受枕下神经支配。其作用为旋
转头部。

**06.0762　头下斜肌　obliquus capitis inferior
　　　　　muscle**
枕骨下的肌肉。起自枢椎棘突，止于寰椎横
突。其作用为转动寰椎和头部。

06.0763　鼓膜张肌　tensor tympani muscle
中耳内很小的肌肉。起自咽鼓管，止于锤骨。
其作用为降低非常大的声音引起的锤骨振动。

06.0764　鼓韧带　tympanic ligament
适应水下听觉的齿鲸类，鼓膜已失去听觉功

能，成为一条附着到锤骨柄残余的弹性组织。其作用为中耳腔的压力调节。

06.0765　镫骨肌　stapedius, stapedius muscle
中耳的 1 块小肌肉。起自鼓膜，由 1 条键止于镫骨颈。其作用是检查并抑制镫骨的振动。

06.0766　舌肌　tongue muscle
构成舌主体的肌肉。属于骨骼肌，包括舌外肌和舌内肌。

06.0767　咽肌　muscle of pharynx
构成咽壁的肌。属骨骼肌，包括相互交织的数条斜行的咽缩肌和纵行的咽提肌。

06.0768　腭咽肌　palatopharyngeus muscle
口腔顶部的小肌肉。起自软腭，止于甲状软骨和咽壁，受迷走神经咽丛支配。可帮助吞咽。

06.0769　茎突咽肌　stylopharyngeus muscle
在头部延伸在颞骨茎突和咽部之间的细长肌肉。上面圆柱形，下面扁平。起自颞骨茎突基底的内侧，沿咽上缩肌与咽中缩肌之间的咽侧向下，扩展到黏膜下面；受舌咽神经的支配。其作用为抬起咽喉和扩张咽部。

06.0770　喉肌　muscle of larynx
调节喉部发音的数块横纹肌。调节声带的长度、位置和张力并作为呼吸道的括约肌和扩张器。包括环甲肌、环杓后肌、环杓侧肌、甲杓肌和杓肌。

06.0771　环甲肌　cricothyroid muscle
喉肌之一。起自环状软骨前面和侧面；止于甲状软骨板；受喉上神经支配。其作用为拉紧声襞。

06.0772　环杓背肌　dorsal cricoarytenoid muscle
喉肌之一。起自环状软骨背面，止于杓状软骨肌突，接受尾侧喉神经的支配。具有分开声襞的作用。

06.0773　环杓侧肌　lateral cricoarytenoid muscle
喉肌之一。起自环状软骨侧面，止于杓状软骨肌突；接受喉返神经的支配。具有调节声带的作用。

06.0774　甲杓肌　thyroarytenoid muscle
喉肌之一。起自甲状软骨板，止于杓状软骨肌突；接受喉返神经的支配。其作用为放松，缩短声带。

06.0775　杓肌　arytenoid muscle
喉肌之一。位于喉后壁，两侧杓状软骨间的骨骼肌。其中肌纤维横向排列的称"杓横肌（transverse arytenoid muscle）"，位于杓横肌的前面、肌纤维呈斜向排列的称"杓斜肌（oblique arytenoid muscle）"。具有缩小喉口和喉前庭的作用。

06.0776　舌骨上肌　suprahyoid muscle
颈部舌骨上方的一组肌肉的统称。包括二腹肌、茎突舌骨肌、颏舌骨肌和下颌舌骨肌。除颏舌骨肌外，都是咽肌。

06.0777　舌骨下肌　infrahyoid muscle
颈前部胸骨舌骨肌、胸骨甲状肌、甲状舌骨肌和肩胛舌骨肌 4 对肌肉的统称。

06.0778　荐棘肌　sacrospinalis
起自髂嵴、荐骨、腰椎和后部胸椎，在上腰部分为 3 部分延伸背部和颈部全长的肌肉。外侧为 3 块髂肋肌，中间部分为 3 块最长肌，内侧由 3 块脊柱肌组成。

06.0779　髂肋肌　iliocostalis
背部深层属于荐棘肌群的一块肌肉。帮助脊柱伸展（向后弯曲）、侧屈（侧向弯曲）和旋转。

06.0780　最长肌　longissimus
由头最长肌、颈最长肌和胸最长肌组成荐棘肌的一块肌肉。为荐棘肌中最长的肌肉，位于半棘肌外侧，向前延伸到后部颈椎的横突上。

06.0781　头最长肌　longissimus capitis
起自前部胸椎、后部和中部颈椎，止于乳突的肌肉。受颈神经背支的支配。其作用为保持头部竖立，并将其向后或向一侧。

06.0782　颈最长肌　longissimus cervicis
起自上方 4 或 5 根胸椎横突的顶端，止于第二至第六颈椎横突的肌肉。其作用为延伸颈椎。

06.0783　梨状肌　piriformis muscle
起自荐骨前表面的小肌肉。穿过坐骨大切迹，止于股骨顶端。

06.0784　横突棘肌　transversospinales
高等脊椎动物起自椎骨横突，止于椎棘的肌肉群（半棘肌、多裂肌、回旋肌等）。受背侧脊神经支的支配。

06.0785　半棘肌　semispinalis muscle
头半棘肌、颈半棘肌和胸半棘肌一组肌肉的总称。一侧收缩使相应部分脊柱或头转向对侧，双侧收缩则伸脊柱，使头后仰。

06.0786　头半棘肌　semispinalis capitis muscle
半棘肌起自 5 或 6 根前部胸椎和 4 块后部颈椎的横突，止于枕骨上、下项线之间骨面的部分。其作用为伸延头部。

06.0787　颈半棘肌　semispinalis cervicis muscle
半棘肌止于第二至第七颈椎棘突的部分。

06.0788　胸半棘肌　semispinalis thoracis muscle
半棘肌止于上部胸椎的部分。

06.0789　多裂肌　multifidus muscle
由一些肉质和腱纤维束组成，填满了椎棘两侧的沟。虽然很薄，多裂肌对稳定脊柱的关节起着重要的作用。

06.0790　回旋肌　rotatores muscle
使关节回旋即旋内或旋外的一组肌肉。

06.0791　棘间肌　interspinal muscle
相邻椎骨椎棘之间成对的肌肉。细分为颈棘间肌、胸棘间肌和腰棘间肌。

06.0792　横突间肌　intertransversarii, intertransverse muscle
一些在相邻椎骨横突间的小肌肉。包括外侧和内侧腰横突间肌、胸横突间肌、前和后的颈横突间肌。

06.0793　胸肌　pectoral muscle
位于胸部协助肩和上臂运动的肌肉。包括胸大肌或胸小肌。

06.0794　肋间肌　intercostal muscle
位于肋骨之间的肌肉群。形成胸壁并运动胸壁。分为 3 层，主要用于帮助呼吸。是陆生动物所特有。

06.0795　前锯肌　serratus anterior muscle
起自第一至第八块肋骨，止于肩胛骨内缘的肌肉。其作用为拉肩胛骨沿胸部周围前移。

06.0796　脂膜肌　panniculus carnosus muscle
又称"肉膜肌"。位于哺乳动物躯干部皮下

的肌肉。来自胸肌（单孔类）及背阔肌（其他哺乳类），能使躯干部的皮肤颤动，或使毛发或刚毛竖立。在人类则消失。

06.0797　颈阔肌　platysma muscle
位于颈部浅筋膜内的皮肌。薄而宽阔，起自胸大肌和三角肌表面的筋膜，向上内止于口角、下颌骨下缘及面部皮肤，作用为拉口角及下颌向下，并使颈部皮肤出现皱褶。见于哺乳动物。

06.0798　腹肌　abdominal muscle
腹前部的肌肉。包括腹外斜肌、腹内斜肌和腹直肌，可帮助呼吸；在抬举时支持脊柱；帮助保持腹部器官和胃肠道正常位置。

06.0799　腹直肌　rectus abdominis muscle
起自耻骨，止于胸骨剑突、第五至第七肋骨软骨的肌肉。其作用为弯曲腰部椎骨、支持腹部。

06.0800　腹横肌　transverse abdominal muscle
腹壁的肌层。起自后部肋骨的软骨、胸腰筋膜、髂嵴和腹股沟韧带，止于穿过腹直肌鞘的白线、到耻骨的联合肌腱等。其作用为压缩腹腔脏器。

06.0801　腹外斜肌　abdominal external oblique muscle
腹壁最外层的肌肉。起自后 8 块肋骨的肋软骨，止于髂嵴、穿过腹直肌鞘的白线。其主要作用为把胸部向下拉，压迫腹腔。

06.0802　腹内斜肌　abdominal internal oblique muscle
腹壁腹外斜肌下的肌肉。起自胸腰筋膜、髂嵴和腹股沟韧带，止于第十至第十二肋骨下缘和白线。其作用为在呼气时帮助减少胸腔的容积，另一个作用为旋转和侧弯躯干。

06.0803　乳头肌　papillary muscle
心室内的小肌肉。通过腱索锚定心脏瓣膜。腱索是线状纤维组织带，一端附着于房室瓣（二尖瓣和三尖瓣）的尖，另一端附着于乳头肌。

06.0804　肩带肌　shoulder girdle muscle
连接前肢或上肢与躯干的几块肌肉。大多为板状肌。一般起于躯干，止于前肢的肩胛骨和肱骨。分布于肩胛骨的外侧和内侧面，跨越肩关节，可伸、屈、内收、外展肩关节。

06.0805　三角肌　deltoid, deltoid muscle
覆盖肩关节的三角形大肌肉。起自锁骨、肩峰、肩胛冈，由肌腱止于肱骨三角肌粗隆。其作用为外展、屈曲和伸展臂部。

06.0806　肩胛下肌　subscapularis muscle
起自肩胛骨的内侧 2/3 和肩胛骨腋缘的 2/3 处，止于肱骨小结节和肩关节囊前部的肌肉。其作用为稳定和旋转肩关节，使前肢向内转动。

06.0807　冈上肌　supraspinatus muscle
上背部较小的肌肉。起自肩胛骨冈上窝，止于肱骨大结节。其作用为使肱骨外展。

06.0808　冈下肌　infraspinatus muscle
占据冈下窝主要部分的厚三角形肌肉。起自肩胛骨冈下窝，止于肱骨大结节。其作用为旋转肱骨并稳定肩关节。

06.0809　肱肌　brachialis muscle
位于上臂的肌肉。起自肱骨前面，止于尺骨喙突。其作用为屈曲前臂。

06.0810　肱二头肌　biceps brachii muscle
长头起自关节盂上缘，短头起自喙突尖，止

于桡骨粗隆和前臂筋膜的肌肉。其作用为屈曲前臂。

06.0811　肱三头肌　triceps brachii muscle
许多脊椎动物前肢背部的大肌肉。长头起自肩胛盂下结节，侧头起自肱骨后表面、肱骨外侧缘和外侧肌间隔，中头起自桡神经沟下的肱骨后面，肱骨内侧缘和内侧肌间隔，止于尺骨鹰嘴。其作用主要为伸展肘关节的肌肉。

06.0812　尺侧腕伸肌　extensor carpi ulnaris muscle
位于前臂尺侧的肌肉。起自肱骨和尺骨，由肌腱止于尺侧第五掌骨。其作用为伸展和内收前足。

06.0813　尺侧腕曲肌　flexor carpi ulnaris muscle
主要起自肱骨内上髁前面及尺骨上端后缘，肌下行移行为腱，止于豌豆骨的肌肉。作用为屈和内收腕，亦屈肘关节。

06.0814　指伸肌　extensor digitorum muscle
位于前臂后部的肌肉。起自肱骨侧上髁后分为 4 条肌腱，止于前足的各指骨。其作用为伸腕关节和指骨。

06.0815　指浅屈肌　flexor digitorum superficialis muscle
位于前臂，为外在的肌肉。起自肱骨、尺骨和桡骨，止于 4 个指骨，可使前足的 4 个指弯曲。

06.0816　指深屈肌　flexor digitorum profundus muscle
位于前臂，为外在的肌肉。起自尺骨，止于指末端的远端指骨，可使远端指骨弯曲。

06.0817　腰大肌　psoas major muscle
位于脊柱腰部两侧小骨盆边缘的一块长梭形肌。联合髂肌以形成髂腰肌。

06.0818　髂肌　iliacus muscle
位于腰大肌外侧呈扇形的肌肉。起自髂窝，与腰大肌向下会合，经腹股沟韧带深面，止于股骨小转子。

06.0819　腰小肌　psoas minor muscle
起自第十二胸椎，贴腰大肌前面下行，止于髂耻隆起的肌肉。作用为紧张髂筋膜。

06.0820　臀中肌　gluteus medius muscle
三块臀肌之一。位于骨盆外表面的宽而且厚的放射状肌肉。其后 1/3 被臀大肌，前三分之二被臀肌筋膜覆盖，后者将它从浅筋膜和皮肤隔开。

06.0821　臀大肌　gluteus maximus muscle
三块臀肌之一。髋关节的主要伸肌，是三块臀肌中最大和最浅层的肌肉，构成臀部两侧形状和外观主要部分，呈四边形，形成臀部的突出部分。

06.0822　臀小肌　gluteus minimus muscle
三块臀肌之一。位于臀中肌深面，起自髂骨翼外面，止于股骨大转子前缘。前部肌束使髋关节外展、内旋，后部肌束使髋关节外旋。

06.0823　孖肌　gemellus muscle
在臀部止于闭孔内肌肌腱的 2 条小肌肉中的一条。上肌主要起自坐骨棘的外面称"上孖肌（gemellus superior）"；下肌主要起自坐骨结节称"下孖肌（gemellus inferior）"。

06.0824　股四头肌　quadriceps femoris muscle
位于大腿前方的股直肌、股内侧肌、股中间肌和股外侧肌。分别起自髂前下棘、股骨粗线内、外侧唇、股骨体的前面，止于胫骨粗隆。作用为屈髋伸膝。

06.0825 股直肌 rectus femoris muscle
起自髂前下棘，与股内侧肌、股外侧肌和股中间肌向下形成一腱，包绕髌骨的前面和两侧，向下续为髌韧带，止于胫骨粗隆的肌肉。是膝关节有力的伸肌，还可屈髋关节。

06.0826 股内侧肌 vastus medialis muscle
起自股骨粗线内侧唇的肌肉。肌腱构成髌腱，止于胫骨粗隆。

06.0827 股中间肌 vastus intermedius muscle
位于股直肌深面，在股内、外侧肌之间的肌肉。起自股骨体前面，肌腱构成髌腱，止于胫骨粗隆。其作用为伸小腿。

06.0828 股外侧肌 vastus lateralis muscle
起自股骨粗线外侧唇，肌腱构成髌腱，止于胫骨粗隆的肌肉。

06.0829 腓肠肌 gastrocnemius muscle
中头起自股骨腘面、内侧髁上部和膝关节囊，侧头起自外侧髁和膝关节囊，止于腱膜和比目鱼肌肌腱联合形成跟腱的肌肉。其作用为弯曲踝关节和膝关节。

06.0830 跖肌 plantaris muscle
起自外侧髁上嵴，止于跟腱内侧缘和踝深筋膜的肌肉。肌腹细，肌腱细而且长。许多研究者认为跖肌是本体感觉器官，其肌肉功能不是很重要。

06.0831 腓骨肌 peroneus muscle
腿部的一组肌肉。通常包括腓骨长肌、腓骨短肌和第三腓骨肌。起自腓骨干侧面的下2/3 以及腿部的前、后肌间隔，止于距骨。

06.0832 比目鱼肌 soleus muscle
腓肠肌下方的一块宽阔的肌肉。起自膝盖下方的腓骨、腘筋膜、胫骨，由跟腱止于跟骨。其作用为足屈曲使趾向下。

06.0833 胫骨前肌 tibialis anterior muscle
主要起自外侧髁和胫骨干的一部分，通过长腱止于第一楔骨和第一跖骨的肌肉。其作用为足部背曲和倒转。

06.0834 胫骨后肌 tibialis posterior muscle
一块位置很深的肌肉。起自胫骨、腓骨、骨间膜和肌间隔，由内踝下穿过的肌腱止于舟骨和第一楔骨。其作用为足部在脚底方向上弯曲和倒转。

06.0835 趾长屈肌 flexor digitorum longus muscle
位于小腿内侧的胫骨旁，起点薄而且尖，但随着其下降而逐渐增大的肌肉。其作用为屈曲第二、三、四、五脚趾。

06.0836 栖肌 ambiens
某些鸟类的大腿肌肉肌腱通过膝盖与弯曲脚趾的肌腱连接，栖息时体重会导致膝盖弯曲，脚抓住栖息的树枝，故名。也见于爬行类。

06.0837 鸣[管]肌 syringeal muscle
某些鸟类的鸣管内侧和鸣管外侧附有的特殊肌肉。可调节鸣管以及鸣膜形状，改变气流压强，从而发出多变的鸣声。在雀形目鸟类特别发达。

06.04.08.04 消 化 系 统

06.0838 口咽腔 buccopharyngeal cavity
鱼类、两栖类的口腔和咽之间没有明显的分

界，两者的统称。

06.0839 咽门 fauces
在口腔后部通向咽部的拱形通道。周围是软腭、舌基部和腭弓。

06.0840 贲门 cardia
由食管进入胃的孔。是胃上部的开口。

06.0841 幽门 pylorus
从胃进入十二指肠（小肠）的孔。是胃的出口。

06.0842 贲门部 cardiac region
胃贲门附近的区域。即胃的前部。

06.0843 幽门部 pyloric region
胃幽门附近的区域。即胃的后部。

06.0844 腺胃 glandular stomach
又称"前胃（proventriculus）"。鸟类分泌消化液的胃。食物在其中暂存，和消化液充分混合。

06.0845 肌胃 muscular stomach
又称"砂囊（gizzard）"。鸟类位于腺胃之后，具有厚的肌肉壁的胃。作用是研磨食物。

06.0846 反刍胃 ruminant stomach
又称"复胃"。食草动物反刍类由瘤胃、网胃、瓣胃和皱胃四个室组成的胃。其中前三个是食管变形形成，第四个是胃本体，具有腺上皮，能分泌胃液。

06.0847 瘤胃 rumen
反刍胃的第一室。接收来自食道的食物或反刍的食物，在微生物的帮助下发酵部分消化食物，并把它传送到网胃。

06.0848 网胃 reticulum
反刍胃的第二室。具蜂窝状的内部黏膜，接收来自瘤胃的食物并将其传送到瓣胃。

06.0849 瓣胃 omasum
反刍胃的第三室。经网瓣胃孔与网胃连通和经过瓣皱胃孔与皱胃连通。

06.0850 皱胃 abomasum
反刍胃的第四室。在瓣胃之后，能分泌胃液进行消化，是真正的胃。

06.0851 小肠 small intestine
脊椎动物胃和大肠之间的部分。其中哺乳动物的小肠分化为十二指肠、空肠和回肠，其他动物分化为十二指肠和回肠。

06.0852 十二指肠 duodenum
脊椎动物动物接于胃之后、小肠最前端的一段。

06.0853 十二指肠球部 duodenal ampulla
又称"肝胰壶腹（hepatopancreatic ampulla）""法特壶腹（ampulla of Vater）"。哺乳动物十二指肠开始处的球状扩张部分。由胰管和胆总管联合形成，可调节胆汁和胰液通过壶腹的流量。

06.0854 空肠 jejunum
哺乳动物小肠的中段部分。上接十二指肠，下接回肠，是消化吸收的主要场所，蠕动快，常呈排空状态，故名。

06.0855 回肠 ileum
（1）哺乳动物空肠和盲肠之间的部分。为小肠末段，多盘曲。（2）除哺乳动物外的脊椎动物为十二指肠后的小肠后段。连接于大肠（或直肠）。

06.0856　盲肠　cecum
小肠和大肠交界处连接的盲囊。是从爬行动物开始出现的，与消化植物纤维有关。鸟类中鸵鸟、角锥等部分种类有成对的盲肠。

06.0857　大肠　large intestine
（1）哺乳动物从盲肠至肛门之间的肠管。分为结肠和直肠。从食物残渣吸收水分，食物残渣被作为粪便排出。（2）鱼类、两栖动物、爬行动物和鸟类大肠很短，即直肠，末端开口于泄殖腔。

06.0858　结肠　colon
哺乳动物在盲肠和直肠之间的部分。

06.0859　直肠　rectum
肠管的最末一段。哺乳动物终止于肛门，鱼类、两栖类、爬行类和鸟类末端开口于泄殖腔。

06.0860　肝盲囊　hepatic cecum
头索动物文昌鱼的前肠端自腹侧向前右方突出的一个中空盲囊。突入咽的右侧，能分泌消化液，可能执行一些类似于脊椎动物肝脏的功能。某些尾索动物（如海鞘）和甲壳动物也具有肝盲囊。

06.0861　粪道　coprodeum
两栖爬行动物和鸟类泄殖腔内最前的区域。

06.0862　尿殖道　urodeum
两栖爬行动物和鸟类泄殖腔内居于中间的一个隔间。

06.0863　肛道　proctodeum
两栖爬行动物和鸟类泄殖腔内最后的一个隔间。

06.0864　螺旋瓣　spiral valve
鲨、鳐、鲟、多鳍鱼、肺鱼的肠内壁的螺旋形褶皱。增加了吸收表面的面积。

06.0865　幽门盲囊　pyloric cecum
又称"幽门垂"。多数鱼类从胃、肠交界处伸出的指状、瓣状或盲管状突起。在海星中自幽门胃向各条腕伸出的二支盲囊。

06.0866　肛道腺　proctodeal gland
有鳞类（蜥蜴、蛇）和鸟类开口于泄殖腔肛道的腺体。雄性成体的大而活跃，雌性的退化。蜥蜴类雄性肛道腺的分泌物可能是交配时半阴茎的润滑剂。鸟类雄性肛道腺在交配时分泌乳白色的泡沫，是在输卵管内传送精子的载体。

06.0867　消化腺　digestive gland
分泌消化液的器官。分壁外腺和壁内腺。前者为位于消化管壁外的大型腺体，如唾液腺、胰腺和肝脏；后者为位于消化管各段管壁中的小型腺体，如食管腺、胃腺和肠腺等。

06.0868　食管腺　esophageal gland
位于食管黏膜下层的管泡状混合腺。多为黏液腺，其导管穿过黏膜开口于食管腔。

06.0869　胃腺　gastric gland
胃黏膜固有层中的管状腺。是胃执行消化功能的重要结构。分为胃底腺、贲门腺和幽门腺。

06.0870　胃底腺　fundic gland
分布于胃底和胃体分泌胃液的主要腺体。属于单分支管状腺，是胃黏膜中数量最多、功能最重要的腺体。由主细胞、壁细胞、颈黏液细胞等组成。

06.0871　贲门腺　cardiac gland
胃贲门部附近黏膜中分泌黏液的管状腺。能分泌消化酶。

06.0872　幽门腺　pyloric gland
胃与十二指肠连接处幽门部黏膜中的管状腺。

06.0873　肠腺　intestinal gland
又称"利伯屈恩隐窝（crypt of Lieberkühn）"，曾称"李氏隐窝"。小肠和结肠上皮在绒毛根部下陷至固有层形成的管状腺。直接开口于肠腔，可分泌肠液。

06.0874　十二指肠腺　duodenal gland
又称"布伦纳腺（Brunner's gland）"。位于十二指肠黏膜下层的管状腺。分泌黏稠的碱性黏液，保护肠道免受胃酸侵蚀。

06.0875　肛周窦　paranal sinus
肛门下端肛柱间的凹陷。深度约为 3～5mm，窦口向上，肛门腺开口于此。

06.0876　肛周腺　circumanal gland
位于肛门附近黏膜层中的顶泌汗腺。

06.0877　口腔腺　oral gland
向口腔内排出分泌物即唾液的腺体。其分泌物湿润和部分消化食物，并用黏液覆盖食物颗粒，便利食物颗粒通过咽和食道。两栖动物仅有舌腺及颌间腺；爬行动物有舌腺、舌下腺、腭腺、唇腺等；哺乳动物的口腔腺最为发达，有唇腺、颊腺、腭腺、舌腺、舌下腺、腮腺、颌下腺等。

06.0878　唇腺　labial gland
位于口唇部的小唾液腺。为混合腺。

06.0879　腭腺　palatine gland
位于软腭、腭垂、硬腭后外侧壁黏膜中的小唾液腺。为黏液腺。

06.0880　颊腺　buccal gland
位于颊黏膜内的黏液腺。开口于颊黏膜表面。

06.0881　舌腺　lingual gland
位于舌黏膜中的小唾液腺。多为混合腺。

06.0882　唾液腺　salivary gland
舌下腺、腮腺和颌下腺的统称。

06.0883　舌下腺　sublingual gland
哺乳动物位于舌下口底黏膜中的一对唾液腺。为混合腺，分泌物主要为黏液。是哺乳动物特有。

06.0884　腮腺　parotid gland
又称"耳下腺"。哺乳动物位于耳前下方的一对最大的唾液腺。为浆液腺，分泌物含唾液淀粉酶。是哺乳动物特有。

06.0885　颌下腺　submaxillary gland
哺乳动物位于下颌后方两侧的一对唾液腺。为混合腺，分泌物含唾液淀粉酶和黏液。是哺乳动物特有。

06.0886　颊部　cheek
哺乳动物口腔前庭的侧壁。自外向内分别由皮肤、颊肌、颊脂体和口腔黏膜构成。

06.0887　颊囊　cheek pouch
啮齿类、灵长类哺乳动物口腔两侧颌与颊之间的袋状膜质囊。可在其中暂存食物。

06.0888　舌　tongue
四足动物附着在口腔底壁的可移动的肌肉质器官。是味觉的主要器官，并辅助咀嚼和吞咽。

06.0889　舌系带　frenulum of tongue, lingual frenulum

从口腔底到舌下面中线的一个黏膜褶。

06.0890　味蕾　taste bud

舌和口腔上皮内能提供味觉的球状神经末梢簇。主要由味细胞构成，是味觉感受器。

06.0891　鲸须　baleen, whalebone

哺乳动物须鲸类悬垂于口腔内、呈梳状的角质板。为须鲸的滤食器官，滤食表层浮游生物。

06.0892　鲸须板　baleen plate

须鲸口腔顶部两侧垂直排列的角质板。悬挂在腭的腹面，在口腔的每侧各 1 列。每侧的鲸须板数在 140～430 块之间，可有效地把食饵阻留在口内。

06.0893　胸腔　thoracic cavity

哺乳动物胸廓与膈围成的空腔。内有心、肺等重要器官。

06.0894　胸膜　pleura

哺乳动物覆盖胸腔内壁和肺的浆膜。前者称"壁胸膜（parietal pleura）"，后者称"脏胸膜（visceral pleura）"。

06.0895　胸膜腔　pleural cavity

在壁胸膜和脏胸膜之间的腔。

06.0896　膈[肌]　diaphragm

哺乳动物胸腔和腹腔间的一个圆顶形的扁薄阔肌。在呼吸和排粪中起主要作用，其收缩增加了胸腔的体积，从而使肺膨胀。

06.0897　腹膜　peritoneum

覆盖腹腔内壁和腹部器官的浆膜。

06.0898　腹膜壁层　parietal peritoneum

覆盖在腹腔壁和盆腔壁上的腹膜。

06.0899　脏腹膜　visceral peritoneum

又称"腹膜脏层"。脊椎动物覆盖腹腔脏器表面的腹膜。

06.0900　腹膜腔　peritoneal cavity

腹膜的壁层和脏层之间的空间。

06.0901　镰状韧带　falciform ligament

把肝脏附着到膈和腹壁的韧带。为一条宽而薄的韧带。

06.0902　肝胃韧带　hepatogastric ligament

连接肝脏与胃的小弯的韧带。

06.0903　小网膜　lesser omentum

把一部分胃和十二指肠连接到肝脏的腹膜褶。

06.0904　大网膜　greater omentum

附着于胃的大弯和结肠并悬挂在小肠上的腹膜褶。

06.0905　肠系膜　mesentery

把胃、小肠、胰、脾和其他器官附着于腹腔背壁的腹膜褶。

06.0906　结肠系膜　mesocolon

把结肠附着到腹腔背壁的肠系膜。

06.0907　直肠系膜　mesorectum

附着到直肠的腹膜褶。

06.0908　肝胰脏　hepatopancreas

某些鱼类、软体动物和甲壳动物具有肝脏和胰脏功能的消化腺。具有在哺乳动物中分别由肝脏和胰脏所提供的功能。

06.0909   肝   liver
脊椎动物腹腔中的一个大型的、红褐色的器官。分泌胆汁并在某些血液蛋白的形成和糖类、脂肪和蛋白质的代谢中起重要作用。

06.0910   肝管   hepatic duct
胆汁汇集后的主要管状结构。与胆管汇合形成胆总管。

06.0911   胆管   bile duct
肝脏内任何把胆汁送进肝管的排泄管道。

06.0912   胆总管   common bile duct
胆管与肝管汇合后、通入十二指肠的管。

06.0913   胆囊   gall bladder
在肝右叶下方的一个梨状的肌肉质囊。储存肝所分泌的胆汁，需要消化时把胆汁排入肠道。

06.0914   胆囊管   cystic duct
胆囊与胆总管之间的管。

06.0915   胰   pancreas
脊椎动物位于十二指肠与胃之间的肠系膜上的不规则长条状腺体。分泌的胰液由胰管进入十二指肠。

06.0916   同型齿   homodont
所有牙齿具同样形状的类型。见于哺乳类动物以下的脊椎动物。哺乳动物中的海豚也具有同型齿。

06.0917   异型齿   heterodont
具有一种以上牙齿形态的类型。如哺乳动物的齿分化为门齿、犬齿、前臼齿和臼齿。

06.0918   端生齿   acrodont
基部与无齿槽的颌骨上缘牢固愈合的牙齿。见于鱼类和原始爬行类。

06.0919   侧生齿   pleurodont
不具齿根，愈合在颌骨内侧的牙齿。见于蜥蜴类和蛇类。

06.0920   槽生齿   thecodont
鳄类、哺乳动物等着生在颌骨齿槽内的牙齿。比较牢固，脱落后都能更新，不断长出新齿。

06.0921   前颌齿   premaxillary tooth
脊椎动物前颌骨腹面的牙齿。两栖类、蜥蜴类和一些原始蛇类终身具有前颌齿。

06.0922   上颌齿   maxillary tooth
脊椎动物上颌骨腹面的牙齿。哺乳动物的上颌齿分化为犬齿、前臼齿和臼齿。

06.0923   腭齿   palatal tooth
鱼类、两栖类和有鳞目爬行类腭部的一块或多块骨（腭骨、犁骨、翼骨）上的齿。

06.0924   犁骨齿   vomerine tooth
两栖动物蛙、蝾螈等犁骨腹面的细齿。有助于增大摩擦防止猎物逃逸。

06.0925   腭骨齿   palatine tooth
着生在某些鱼、两栖动物和爬行动物腭骨上的牙齿。

06.0926   翼骨齿   pterygoid tooth
蜥蜴类、蛇类翼骨腹面的牙齿。

06.0927   卵齿   egg tooth
在一些产卵的爬行类和鸟类中，幼体头部的一个小而尖的突起。幼体通过卵齿啄破卵壳孵出。

06.0928   唇齿   labial tooth
蝌蚪上、下唇内侧一般具横行的棱状突起即

唇齿棱，其上密集生长的角质齿。其行数和排列方式随种类而异，可用唇齿式表示。

06.0929　毒牙　fang
毒蛇着生在上颌骨上的长而中空或有沟，与毒腺连通的牙齿。

06.0930　无沟牙　aglyphous tooth
大多数蛇类具有的实心的未特化的牙齿。不是中空的也没有毒液沟。如游蛇科大多数蛇类的牙。

06.0931　前沟牙　proteroglyphous tooth
一些蛇类着生在上颌骨前部的毒牙。其后缘凹成纵沟，毒液通过沟从蛇的毒腺流入猎物的肌肉中。如眼镜蛇科蛇类的毒牙。

06.0932　后沟牙　opisthoglyphous tooth
一些蛇类着生在口后部的、毒液沟面向后方的毒牙。这种蛇通常具有轻微毒性的唾液作为弱毒液，主要是为了麻醉它们的猎物，使它们更容易被制服和摄入。如游蛇科少数蛇类的牙。

06.0933　管牙　solenoglyphous tooth
蝰科蛇类上颌前部一对管状的大型毒牙。长约为头部长度的一半。闭口时毒牙向后平置在口腔内，口张大时直立。攻击时插入猎物的肌肉中注入毒液。

06.0934　獠牙　tusk
哺乳动物的长而尖的牙。尤其是特别发达的可从口腔中伸到外面的长牙，如象、海象和野猪。

06.0935　象牙　elephant tusk
亚洲象或非洲象的獠牙。是上颌的门牙。

06.0936　象牙质　ivory
象、海象、河马和一些其他动物獠牙的超硬乳白色的改性齿质。

06.0937　乳齿　deciduous tooth
哺乳动物生长发育过程中的第一组牙齿。是幼体暂时性的齿。成年后乳齿被恒齿替换。

06.0938　乳齿列　deciduous dentition
哺乳动物乳齿中的门齿、犬齿和前臼齿在牙弓上的排列位置。

06.0939　恒齿　permanent tooth
哺乳动物乳齿脱落后长出的第二组牙齿。一直保留到老年。

06.0940　恒齿列　permanent dentition
哺乳动物恒齿中的门齿、犬齿、前臼齿和臼齿在牙弓上的排列位置。

06.0941　门齿　incisor
哺乳动物上颌和下颌前部的牙齿。具有片状齿冠，用于切割。成年后其乳齿被恒齿替换。

06.0942　臼齿　molar
哺乳动物上颌和下颌后部的牙齿。具近四角形的齿冠，研磨面通常有 4～5 个小尖。为不替换的恒齿。

06.0943　前臼齿　premolar
哺乳动物犬齿与臼齿间的牙齿。研磨面通常有 2 个结节或小尖。成年后其乳齿被恒齿替换。

06.0944　犬齿　canine
哺乳动物位于门齿与前臼齿之间的牙齿。具厚圆锥状齿冠和长圆锥状齿根。成年后其乳齿被恒齿替换。

06.0945　颊齿　cheek tooth
哺乳动物犬齿后的牙齿。

06.0946　齿式　dental formula
表示哺乳动物拥有的牙齿数量和种类的公式。用 I、C、P、M 分别代表门齿、犬齿、前臼齿和臼齿，表示在口腔一侧各种牙齿的数目。如虎的齿式为 I 3/3 C1/1 P3/2 M1/1 或 3.1.3.1/3.1.2.1，共有 30 枚牙齿。

06.0947　齿隙　diastema
两枚牙齿之间的空间或间隙。哺乳动物的许多物种具有齿隙，最常见的是在门齿和臼齿之间。

06.0948　裂齿　carnassial
咬合时适于剪切的前臼齿和臼齿。哺乳动物食肉目的一些种类具有裂齿。

06.0949　齿冠　anatomical crown
牙齿显露于口腔、外层覆盖釉质的部分。即齿的上端，是行使咀嚼功能的部分。

06.0950　齿颈　neck of tooth
齿冠和齿根交界处，呈一弧形曲线的狭窄部分。

06.0951　齿根　tooth root
牙齿位于牙颈以下，埋于齿槽内的部分。即齿的下部，外面覆盖一层齿骨质，是牙体的支撑部分。

06.0952　高冠齿　hypsodont tooth
齿冠高度大于齿根的牙齿。齿冠更耐磨损，如牛、马及其他以粗纤维为食物的哺乳动物。

06.0953　低冠齿　brachyodont tooth
哺乳动物齿根长大于齿冠长的牙齿。

06.0954　丘型齿　bunodont tooth
齿冠有几个圆形或圆锥形齿尖的臼齿。属典型的杂食动物。

06.0955　脊型齿　lophodont tooth
有蹄类动物其研磨面上具有一些横向脊的臼齿。

06.0956　月型齿　selenodont tooth
其咬合面有一些纵向新月形脊的臼齿。是哺乳动物反刍类的特征。

06.0957　齿龈　gum
在齿颈周围并覆盖颌骨的齿槽部分的结缔组织。

06.0958　齿髓　dental pulp
含有神经和血管的软组织形成的牙齿内部构造。

06.0959　齿髓腔　pulp cavity
牙齿中央含有齿髓的空腔。

06.0960　齿釉质　tooth enamel
覆盖在齿冠表面的薄层坚硬结构。主要由釉柱和极少量基质构成。

06.0961　齿质　dentin
在釉质下面形成牙齿大部分的坚硬紧密的骨组织。为齿髓腔外的厚壁。

06.0962　齿骨质　cementum
覆盖齿根的钙化物质。

06.0963　咬合面　occlusal surface
一枚牙齿上可与另一枚牙齿的相应表面磨削或咬合的表面。

06.0964　下三角座　trigonid
哺乳动物下臼齿齿冠的前部。由下前尖、下原尖和下后尖等组成。

06.0965 下跟座 talonid
哺乳动物下白齿齿冠的后部。由下次尖、下次小尖和下内尖等组成。

06.0966 齿尖 cusp
牙齿的咬合面或切面上的锥形突起。特别是臼齿或前臼齿。

06.0967 前尖 paracone
哺乳动物上白齿外侧前端的齿尖。是最早萌生的齿尖。

06.0968 下前尖 paraconid
哺乳动物下白齿内侧前端的齿尖。

06.0969 原尖 protocone
哺乳动物上白齿前内侧的齿尖。

06.0970 下原尖 protoconid
哺乳动物下白齿外侧前端的齿尖。

06.0971 后尖 metacone
哺乳动物上白齿外侧后端的齿尖。

06.0972 下后尖 metaconid
哺乳动物下白齿上边的一个后外齿尖。与后尖相对应。

06.0973 次尖 hypocone
哺乳动物上白齿后内侧即原尖后侧的齿尖。

06.0974 下次尖 hypoconid
哺乳动物下白齿后外侧的齿尖。

06.0975 下次小尖 hypoconulid
哺乳动物下白齿位于下次尖和下内尖之间后端的齿尖。

06.0976 下内尖 entoconid
哺乳动物下白齿下跟座后内侧的尖。

06.0977 后小尖 metaconule
哺乳动物上白齿原尖与后尖之间的小齿尖。

06.0978 原小尖 protoconule
哺乳动物上白齿原尖与前尖之间靠前的一个小齿尖。

06.04.08.05 呼吸系统

06.0979 鼻腔 nasal cavity
四足动物中头部衬有黏膜的空腔。与口腔和体外环境相通，其内有嗅觉器官。在高等脊椎动物为拱状的腔，位于颅底与口腔顶之间，由骨和软骨围成，被一纵行的鼻中隔分为左右两腔，每侧鼻腔可分为鼻前庭与固有鼻腔。

06.0980 鼻中隔 nasal septum
分隔左、右鼻腔的骨片或软骨片。

06.0981 鼻旁窦 paranasal sinus
鼻腔周围骨骼内（如额骨、蝶骨、上颌骨和筛骨等）成对的衬有与鼻腔黏膜相连续的黏膜腔。

06.0982 鼻栓 nasal plug
哺乳动物齿鲸类外鼻道前壁突向后方的 2 个卵圆形肉质体。正好合到 2 个骨鼻道的入口上。

06.0983 呼吸孔 blow hole
哺乳动物鲸类由吻端移到头部背面的鼻孔。须鲸类有一对呼吸孔，为一对纵裂；齿鲸类只有一个呼吸孔，大多为一个横向的新月形的孔。

06.0984 喉 larynx
气管前端特化的膨大部。起保护气管入口和高等脊椎动物发声的作用。是陆生脊椎动物的特有结构。

06.0985　会厌　epiglottis
悬在喉的入口上方的盖状软骨结构。吞咽时会厌关闭喉的入口，阻止食物进入气管或支气管。

06.0986　会厌管　epiglottic spout
齿鲸类哺乳动物喉的会厌软骨和小角软骨显著延长，在其吻端形成的一个鹅喙状喷嘴。由腭咽括约肌悬挂在内鼻孔下方，呼吸孔与气管间有直接的通道，使吸入的空气与食物分开。

06.0987　声门　glottis
喉的发声器。包括一对声带及两声带之间的间隙。通过扩张或收缩影响语音的调制。在两栖类和爬行类称"喉门"。除少数种类外，一般皆不发声。

06.0988　声带　vocal cord, vocal fold
一对从喉的两侧向内突出的黏膜褶，形成穿过声门的狭缝。其边缘在气流中振动产生声音。

06.0989　喉腔　laryngeal cavity
由喉部软骨、黏膜等围成的管腔。前与咽腔相通，后连气管。

06.0990　气管　trachea
陆生脊椎动物从喉到支气管的具有软骨环的膜质管道。后端分为两支把吸入的空气从喉送进左、右支气管。其长度随动物颈的长度和肺在胸中位置而异。两栖动物无尾类非常短，喉几乎直接和肺连接；但鸟类的气管一般都比较长，有的在中途形成弯曲或环状。

06.0991　气管环　tracheal ring
支撑气管前 2/3 左右的弹性软骨的 C 形环。

环的空缺部为纤维组织和平滑肌纤维。

06.0992　气管杈　bifurcation of trachea
气管下端分为左、右主支气管的分杈结构。

06.0993　肺　lung
陆生脊椎动物特有的呼吸器官。位于胸腔内，分为左肺和右肺。低等种类只呈囊状构造，内部只有具有血管的皱襞；但在高等种类为海绵状结构。鸟类的肺主要是由大量的三级支气管组成。哺乳动物的肺是由许多微细支气管和肺泡构成。

06.0994　肺门　hilum of lung
每侧肺前纵隔部的一个椭圆形凹陷。是支气管、血管、神经、淋巴管等出入肺的门户。

06.0995　支气管　bronchus
狭义上是指气管后端分成二支直接通进左右肺的分支。广义上是指由气管分出的各级分支。包括分叉部位和连接两肺之间的气管。

06.0996　初级支气管　primary bronchus
气管入肺后成为贯穿肺体的支气管，即左右主支气管。鸟肺中称"中支气管（meso-bronchus）"。

06.0997　次级支气管　secondary bronchus
初级支气管由肺门进入肺内后向背、腹发出的分支。

06.0998　三级支气管　tertiary bronchus
次级支气管再次分支后的水平支气管。与次级支气管相互联结最终形成一个完整的气管网。在鸟肺中三级支气管称"副支气管（parabronchus）"。

06.0999　细支气管　bronchiole
哺乳动物支气管在肺内逐级分支至直径在

1mm 以下、壁上的软骨和腺体消失、平滑肌相对增多的细小分支。

06.1000　支气管树　bronchial tree
肺内各级支气管如同树枝状的反复分支。

06.1001　鸣管　syrinx
鸟类的发声器官。位于气管的末端和两支气管的开始部，鸣肌可以调节鸣管壁形状，导致鸣管内通过的气流流量和流速变化。

06.1002　鸣膜　tympaniform membrane
鸟类鸣管所在内气管和支气管交界处的内外侧管壁均变薄的结缔组织膜。空气流经使鸣膜和鸣骨振动，通过不同的振动频率调控声音。

06.1003　鸣骨　pessulus
位于鸟类气管与支气管交界处的一块楔形的软骨棒或骨棒。伸向鸣管。

06.1004　纵隔　mediastinum
胸腔中线左右胸膜囊之间容纳器官、血管、神经、淋巴管的一个空间或区域。

06.1005　气囊　air sac
鸟类中支气管和副支气管伸出肺外末端膨大的膜质囊。是辅助呼吸系统，分布于内脏器官间，有的分支通入肌肉间、皮肤下面和骨腔内。一般有 9 个，其中与中支气管末端相通连的为后气囊（腹气囊、后胸气囊），与腹支气管相通连的为前气囊（颈气囊、锁间气囊和前胸气囊），除锁间气囊为单个外，均系左右成对。

06.1006　鲸蜡器　spermaceti organ
哺乳动物抹香鲸头部充满鲸蜡油的软海绵组织构成的长桶形巨囊。

06.1007　鲸蜡油　spermaceti
从哺乳动物抹香鲸鲸蜡器中的蜡酯和甘油三酯获得的白色半透明物质。

06.04.08.06　循环系统

06.1008　单循环　single circulation
以鳃呼吸的脊椎动物（圆口类和鱼类）的心脏内全部是缺氧血，心脏将缺氧血压至鳃部，经过气体交换，多氧血从鳃部直接流经身体各部分，缺氧血再返回心脏，血液每循环全身一周经过心脏一次，故名。

06.1009　双循环　double circulation
陆生脊椎动物全身回心脏的缺氧血首先被压入肺部进行气体交换成为多氧血，然后再回到心脏，并再次被压出至身体各部分。血液每循环全身一周经过心脏两次，血液循环途径为一个大圈（即体循环）和一个小圈（即肺循环），故名。两栖类和爬行类为不完全双循环，鸟类和哺乳类为完全双循环。

06.1010　体循环　systemic circulation
血液通过动脉、毛细血管和静脉在全身的循环。包括氧合血从左心室到身体和脱氧血从身体的所有部位流回右心房。

06.1011　肺循环　pulmonary circulation
血液从心室经过肺动脉到肺和经过肺静脉回到左心房的循环。

06.1012　血管系统　vascular system
由心脏、动脉、静脉和毛细血管组成的一个完全封闭的血液循环系统。

06.1013　淋巴系统　lymphatic system
由淋巴管、淋巴组织和淋巴器官组成的脊椎动物的辅助循环系统。具有引流组织液，产生淋巴细胞，过滤淋巴液，进行免疫应答等功能。

06.1014　心脏　heart
脊椎动物位于体腔前部、消化管腹侧围心腔中，由特殊结构与功能的肌肉、纤维组织构成的中空肌性器官。能够有节律地进行收缩和舒张，推动血液在血管中环流不息。鱼类、两栖类的心室内没有分隔；爬行类的心室分为两部分，但其分隔不完全；鸟类和哺乳类完全分为两部分。无脊椎动物大部分没有心脏，只有部分软体动物、节肢动物中存在，位于内脏团背侧围心腔内，由1个心室和1～3个心耳组成；昆虫中为背血管后端膨大出几个心室。

06.1015　心房　atrium
心脏中从静脉接收血液并将其泵入心室的腔。鱼类只有一个心房，两栖类以上的高等脊椎动物心房由一间隔分成左、右两部分。

06.1016　右心房　right atrium
在心脏前部右侧的腔室。接收来自腔静脉和冠状静脉窦的脱氧血液，泵入右心室。

06.1017　左心房　left atrium
心脏前部左侧的腔室。从肺静脉接收氧合血，并通过二尖瓣泵入左心室。

06.1018　心室　ventricle
心脏中与心房连接的腔室。收集来自心房的血液并泵向动脉。鱼类、两栖类的心室只有1个；爬行类的心室分为两部分，但其分隔不完全；鸟类和哺乳类的心室完全分为两部分。

06.1019　右心室　right ventricle
位于心脏右侧的腔室。接受来自右心房的静脉血并泵入肺动脉。

06.1020　左心室　left ventricle
位于心脏左侧的腔室。接受来自左心房的动脉血并泵入主动脉。

06.1021　动脉圆锥　conus arteriosus
软骨鱼类和两栖类心室向前延伸的一部分。为一段厚壁的管。两栖类的动脉圆锥内有一个螺旋瓣把流向呼吸动脉的静脉血与流向颈部、全身大中动脉的动脉血分开。

06.1022　动脉球　bulbus arteriosus
硬骨鱼类腹主动脉基部膨大的一个梨状构造。

06.1023　静脉窦　venous sinus
鱼类、两栖类和爬行类的大静脉在进入心房前汇合形成的血管腔。具有可收缩的肌肉壁，可将静脉血送入心房。在鸟类和哺乳类退化消失。

06.1024　半月瓣　semilunar valve
动脉圆锥基部具有的一列或数列环形排列的半月形小瓣膜。可防止血液回流入心室。在哺乳动物左心室与主动脉间有3个半月瓣、右心室与肺动脉间有2个半月瓣。

06.1025　主动脉瓣　aortic valve
哺乳动物左心室与主动脉间的3个半月瓣。

06.1026　肺动脉瓣　pulmonary valve
哺乳动物右心室与肺动脉间的2个半月瓣。

06.1027　二尖瓣　mitral valve
哺乳动物心脏位于左心房和左心室之间，由两个锥形尖瓣组成的阀门。只允许从左心房到左心室的单向血流。

06.1028　三尖瓣　tricuspid valve
哺乳动物心脏位于右心房和右心室之间，由三个锥形尖瓣组成的阀门。其作用是防止血液倒流进入右心房，也称右房室瓣。

06.1029　室间隔　interventricular septum
哺乳动物心脏两个心室间结实的隔墙。

06.1030　房室束　atrioventricular bundle
又称"希氏束（His' bundle）"。与房室结相延续，穿过心房和心室间的肌纤维束进入室间隔，分为左、右两束。

06.1031　房室结　atrioventricular node
位于冠状动脉窦开口附近的一小块特化的心肌纤维。连接心房和心室，是心脏电传导系统的一部分。

06.1032　窦房结　sinoatrial node
右心房后壁的一小块特化的心肌纤维。通过定期产生收缩信号起到起搏器的作用。

06.1033　动脉　artery
由心室发出的、将血液输送到全身各器官的血管（即离心的血管）。管壁较厚而富有弹性，反复分支成小动脉，直至毛细血管。无脊椎动物软体动物瓣鳃类心脏发出前后两支大动脉，昆虫只有向前一支大动脉（背血管）；低等脊椎动物由心脏发出一条动脉干，高等脊椎动物发出肺动脉和大动脉两条粗大的动脉。

06.1034　腹主动脉　ventral aorta
文昌鱼、圆口类、鱼类等脊椎动物的心室向前发出位于消化管腹面的一条动脉。向两侧发出 5 条入鳃动脉。

06.1035　鳃动脉　branchial artery
文昌鱼腹主动脉向两侧分出许多成对的动脉。进入鳃间隔，不再细分。

06.1036　背主动脉　dorsal aorta
运送含氧血液到身体后部的主要动脉。位于消化管背面，沿身体中轴向后分支到全身。

06.1037　鳃上动脉　epibranchial artery
软骨鱼类前二条出鳃动脉在背方会合形成每侧的鳃上动脉。第 3、第 4 出鳃动脉在每侧形成第二条鳃上动脉，两条鳃上动脉都向后延伸并合并形成背主动脉。

06.1038　入鳃动脉　afferent branchial artery
低等脊索动物的腹主动脉向鳃发出的成对的动脉。腹主动脉通过入鳃动脉向鳃提供静脉血，与出鳃动脉间以毛细血管相连，在毛细血管网上进行气体交换。

06.1039　出鳃动脉　efferent branchial artery
收集鳃经过气体交换的含氧血出鳃的血管。经过鳃上动脉进入背主动脉。

06.1040　尾动脉　caudal artery
脊椎动物背主动脉进入尾部的部分。

06.1041　动脉干　arterial trunk, aortic trunk, truncus arteriosus
（1）鱼类和两栖类由动脉圆锥或动脉球发出的大动脉。鱼类是 1 条，沿各鳃弓发出左右成对的鳃动脉；两栖类极短，似 1 条，但内部以纵瓣分左右两管，各自即分出左右 1 对肺动脉和大约 4 对大动脉弓。（2）爬行类由心室发出的大动脉。

06.1042　肺动脉干　pulmonary trunk
始自右心室的一条动脉干。分支为左、右肺动脉。

06.1043　主动脉　aorta
鸟类和哺乳类从左心室发出的大动脉。是动脉系统的主干，通过循环系统将氧合血液运送到身体的各个部位。

06.1044　主动脉弓　aortic arch
位于早期胚胎头端两侧，分别穿行于相应鳃

弓内的动脉。是连接腹主动物和背主动物的弓形血管。胚胎期一般为 6 对。软骨鱼类保留第二至第六对，硬骨鱼类保留第三至第六对，其余退化；两栖类以上脊椎动物只保留第三、四、六对，第三对成为颈动脉，第四对成为体动脉，第六对成为肺动脉，其余退化。

06.1045　颈动脉弓　carotid arch
胚胎腹主动脉发出的一系列 6 对动脉弓中的第三对。形成颈总动脉。

06.1046　体动脉弓　systemic arch
胚胎腹主动脉发出的一系列 6 对动脉弓中的第四对。在成体成为除头部之外的身体各个部位血液供应的主要来源。在两栖和爬行动物中成体的左弓和右弓都存在；在鸟类只有右弓存在于成体；在哺乳动物只有左弓存在于成体。

06.1047　肺动脉弓　pulmonary arch
胚胎腹主动脉发出的一系列 6 对动脉弓中的第六对。右侧的成为成体的右肺动脉，左侧的成为动脉导管和肺动脉干的一部分。

06.1048　肺皮动脉弓　pulmocutaneous arch
两栖动物的第六对动脉弓。再分出肺动脉和皮动脉。

06.1049　肺动脉　pulmonary artery
（1）从两栖动物的肺皮动脉弓分支进入肺部进行氧合的动脉。（2）四足动物从心室右侧发出的肺动脉弓很快分为的左右两支动脉。

06.1050　皮动脉　cutaneous artery
从两栖动物的肺皮动脉弓分支进入皮肤毛细血管网的动脉。

06.1051　椎动脉　vertebral artery
体动脉弓向背部发出的供应脊髓、脊神经和

体壁血液的动脉。

06.1052　颈动脉导管　carotid duct
胚胎背主动脉与第三和第四主动脉弓接合处的背主动脉的一部分。此管在胚胎发育早期消失。

06.1053　动脉导管　ductus arteriosus
胚胎肺动脉和近端降主动脉连接的血管。允许来自右心室的大部分血绕过胎儿充满液体的非功能性肺。在出生时封闭，成为动脉韧带。

06.1054　冠状动脉　coronary artery
起自主动脉弓，向心脏供血的动脉。

06.1055　帕尼扎孔　foramen of Panizza
曾称"潘氏孔"。爬行动物鳄类心室完全分隔，但在左、右体动脉基部处的一个相通连的孔。

06.1056　卵黄动脉　vitelline artery
脊椎动物胚胎从主动脉发出的动脉。由许多分支分布到卵黄囊上。

06.1057　颈动脉　carotid artery
脊椎动物颈部的动脉。

06.1058　颈总动脉　common carotid artery
高等脊椎动物从主动脉弓分出的动脉。两栖爬行动物和鸟类又分为颈外动脉和颈内动脉。哺乳动物的类型因种而异。猩猩、啮齿类等的主动脉弓分出 3 个主支：头肱干、左颈总动脉和左锁骨下动脉；头肱干再分出右颈总动脉和右锁骨下动脉。兔、狗、猫等的颈主动脉弓分出 2 个主支：头肱干和左锁骨下动脉。家兔的头肱干再分出右锁骨下动脉和右颈总动脉的共同的根以及左颈总动脉。

06.1059 头肱干 brachiocephalic trunk
又称"头臂干""无名动脉（innominate artery）"。起于主动脉弓右侧的大血管。猩猩、啮齿类等的头肱干分出右颈总动脉和右锁骨下动脉。家兔的头肱干分出右锁骨下动脉和右颈总动脉的共同的根以及左颈总动脉。

06.1060 颈外动脉 external carotid artery
颈总动脉的分支之一。每侧的颈外动脉有多个通向颞部和上颌的分支，向头部、颈部的许多部分和组织供血。

06.1061 颈内动脉 internal carotid artery
颈总动脉的分支之一。向脑、眼和头部供血，血液通过颈内动脉循环到头部的许多器官和构造。

06.1062 颈动脉窦 carotid sinus
颈总动脉分支为颈内动脉和颈外动脉处的含有压力感受器的扩张部分。对动脉血压的变化敏感。

06.1063 锁骨下动脉 subclavian artery
由体动脉弓发出的向前肢供血的动脉。

06.1064 胸主动脉 thoracic aorta
前行的主动脉弓和后行的主动脉的前部。向心脏、肋部、胸肌和胃等器官供血。其分支包括左颈总动脉、左锁骨下动脉、心包动脉、支气管动脉等。

06.1065 腹主动脉 abdominal aorta
主动脉后行进入腹腔后的部分。从膈延伸至两条髂总动脉。向腹部的睾丸、卵巢、肾、胃等器官供血。

06.1066 髂总动脉 common iliac artery
腹主动脉后端分出的 2 条大动脉。分支为髂外动脉和髂内动脉。

06.1067 髂外动脉 external iliac artery
由髂总动脉发出去往后肢的动脉。沿腰大肌内侧缘下行至腹股沟韧带中点，经血管腔隙至股前部，移行为股动脉。

06.1068 髂内动脉 internal iliac artery
由髂总动脉分出去往盆腔和臀部的动脉。在骶髂关节处发自髂总动脉，沿盆壁入盆腔，分布至盆壁及盆内脏器。供应盆壁及盆腔脏器的动脉主干。

06.1069 内胸动脉 internal thoracic artery
每侧的锁骨下动脉的一个分支。沿着躯干前壁向下延伸并抵靠肋软骨。

06.1070 肋间动脉 intercostal artery
胸主动脉向两侧发出到肋间区域的一组动脉。

06.1071 腹腔动脉 celiac artery
来自膈正下方腹主动脉的短粗动脉。几乎立即分为胃动脉、肝动脉和脾动脉。

06.1072 胃动脉 gastric artery
分布到胃的大弯处的动脉分支。

06.1073 肝动脉 hepatic artery
将血液输送到肝、胰和胆囊以及胃和小肠的十二指肠部分的动脉。

06.1074 脾动脉 splenic artery
向脾提供含氧血的血管。起自腹腔动脉，沿着胰腺上方入脾。

06.1075 前肠系膜动脉 anterior mesenteric artery
在腹腔动脉起点后方起自腹主动脉，血液供

应到肠、胰等消化器官的动脉。

06.1076　后肠系膜动脉　posterior mesenteric artery
在分出髂总动脉处的前方从腹主动脉分出，血液供应到结肠的动脉。

06.1077　腋动脉　axillary artery
位于腋下的主要动脉。是锁下动脉的分支，下接肱动脉。

06.1078　肱动脉　brachial artery
又称"臂动脉"。上臂的主要动脉。由腋动脉延伸而成，分支为桡动脉和尺动脉。

06.1079　桡动脉　radial artery
肱动脉的两个终支之一。在肘窝部发自肱动脉，于前臂前面外侧下行至腕部。

06.1080　尺动脉　ulnar artery
肱动脉的两个终支之一。沿前臂尺侧浅层肌的深面下行至腕部。

06.1081　髂动脉　iliac artery
向躯干后部和后肢供血的两条大动脉之一。由主动脉在腰椎部分叉为身体每侧各一条血管。

06.1082　股动脉　femoral artery
起自髂动脉，向后肢供血的大动脉。为腿部的主要动脉供应者。

06.1083　静脉　vein
高等脊椎动物由心房发出的、将全身血液输送回心脏的血管。管腔大、管壁薄、弹性小，平滑肌和弹力纤维均较少。

06.1084　前主静脉　anterior cardinal vein
原始脊椎动物成体和高等脊椎动物胚胎体前部的主要静脉。鱼类的一对前主静脉收集头部的血液，汇入总主静脉，进入静脉窦。

06.1085　后主静脉　posterior cardinal vein
原始脊椎动物成体和高等脊椎动物胚胎体后部的主要静脉。鱼类的一对后主静脉收集身体后部的部分血液，运送到总主静脉，从总主静脉进入静脉窦。

06.1086　总主静脉　common cardinal vein
又称"居维叶管（duct of Cuvier）"。鱼类位于静脉窦两侧的一对横向的静脉。每侧的总主静脉接受前主静脉和后主静脉的静脉血，进入静脉窦。

06.1087　侧腹静脉　lateral abdominal vein
鱼类和各种低等陆生脊椎动物侧体壁的一对大静脉。接受腹部的静脉血后送入总主静脉（鱼类）或后腔静脉（低等陆生脊椎动物）。

06.1088　肠下静脉　subintestinal vein
文昌鱼从肠壁返回的毛细血管汇集成的静脉。进入肝盲囊，又分散成毛细血管。

06.1089　心静脉　cardiac vein
从心脏组织中回流缺氧血液的静脉。直接或通过冠状窦进入右心房。

06.1090　肺静脉　pulmonary vein
陆生脊椎动物把含氧血从肺运送到心脏左心房的静脉。

06.1091　大脑静脉　cerebral vein
从大脑半球表面和内部组织出来的静脉。

06.1092　颈外静脉　external jugular vein
在颈部两侧的一对静脉。汇集颅外部和面部浅层的静脉血，经过颈部加入锁骨下静脉。

06.1093　颈内静脉　internal jugular vein
颈内部的一对静脉。汇集脑、面部浅层和颈部的静脉血。沿颈内动脉和颈总动脉外侧向下，与锁骨下静脉合成头肱静脉。

06.1094　头肱静脉　brachiocephalic vein
又称"无名静脉（innominate vein）"。由相应的颈内静脉和锁骨下静脉汇合而成的静脉。为在颈部两侧的各一条大静脉之一。接受头部和颈部的血液，并联合形成前腔静脉。

06.1095　锁骨下静脉　subclavian vein
位于颈根部的短静脉干。后与颈内静脉汇合形成头肱静脉。

06.1096　腹部静脉　abdominal vein
腹部和后肢的静脉总称。包括后腔静脉、髂总静脉、髂外静脉及其分支。

06.1097　肝静脉　hepatic vein
收集肝脏的血液进入后腔静脉的血管。

06.1098　尾静脉　caudal vein
脊椎动物尾部最大的静脉。直接进入后主静脉（鱼类）或后腔静脉（陆生脊椎动物）。

06.1099　尾肠系膜静脉　caudal mesenteric vein
鸟类来于尾部的血管，其分支分别与后肠系膜静脉和肾门静脉相联结，收集消化管后部的静脉血送入肾的静脉。其中大部分直接穿过肾进入后腔静脉回心脏，小部分在肾内形成毛细血管网再肾静脉入后腔静脉。

06.1100　奇静脉　azygos vein
哺乳动物身体右侧的大静脉。为右后主静脉退化而来。不成对。收集腹壁和胸壁的静脉血进入前腔静脉。

06.1101　半奇静脉　hemiazygos vein
由哺乳动物的左后主静脉退化而来，从左胸壁后半部和左腹壁接收血液的静脉。沿着脊柱的左侧前行并且在胸部中部附近进入奇静脉。

06.1102　卵黄静脉　vitelline vein
脊椎动物胚胎中将血液从卵黄囊送回心脏或稍后返回门静脉的静脉。在哺乳动物将营养物送到胚胎的功能在早期被脐静脉取代。

06.1103　前腔静脉　precaval vein
陆生脊椎动物将头、颈部和前肢的血液输送到右心房的静脉。

06.1104　后腔静脉　postcaval vein
陆生脊椎动物将身体后部和内脏的静脉血输送进入右心房的静脉。

06.1105　髂总静脉　common iliac vein
由髂内静脉和髂外静脉汇合形成的静脉。与身体另一侧的髂总静脉合成后腔静脉。主要是收集下肢和盆腔器官的血液，最终回流至后腔静脉。

06.1106　髂内静脉　internal iliac vein
曾称"总腹下静脉（hypogastric vein）"。一对从坐骨区到骨盆的静脉。与每侧的髂外静脉汇合形成一对髂总静脉。

06.1107　髂外静脉　external iliac vein
在腹股沟韧带的上方与股静脉相接而成的大静脉。右髂外静脉初居动脉的内侧，向上逐渐转至动脉的背侧；左髂外静脉均在动脉的内侧，至荐髂关节的前方与髂内静脉汇合成髂总静脉。

06.1108　门静脉　portal vein
从身体的一部分器官收集血液并通过毛细血管将血液运送到另一部分器官的静脉。两端都是毛细血管网。如肝门静脉和肾门静脉。

06.1109　肝门静脉　hepatic portal vein
汇集消化器官和脾的血液进入肝，在肝内分支成毛细血管网的静脉。

06.1110　肾门静脉　renal portal vein
非哺乳类脊椎动物的肾门静脉汇集体后部的血液进入肾，在肾内分支成围绕肾小管的毛细血管网。

06.1111　奇网　rete mirabile
埋在脂肪性结缔组织内的细小动脉与静脉及神经交织组成的动脉和静脉毛细血管间的逆流装置。使动、静脉血流间能进行有效的热或气体交换。鲸类、其他水生哺乳动物和许多陆生哺乳动物具有奇网。

06.1112　淋巴心　lymph heart
鱼类、两栖类、爬行类和少数鸟类中位于淋巴管注入静脉处的肌肉质结构。可收缩推动淋巴流向静脉。

06.1113　前淋巴心　anterior lymph heart
两栖类位于肩胛骨下、第三椎骨两横突后方的一对淋巴心。

06.1114　后淋巴心　posterior lymph heart
两栖类位于尾杆骨末端两侧的一对淋巴心。

06.04.08.07　*泌尿生殖系统*

06.1115　肾　kidney
脊椎动物腹腔内的形成尿液的一对器官。

06.1116　后位肾　opisthonephros
圆口类、大多数鱼类、两栖类在成体位于身体后部有功能的肾。在胚胎发育过程中属于中肾阶段。

06.1117　头肾　head kidney
硬骨鱼类特有的免疫和内分泌器官。位于身体前部，由胚胎发育早期的前肾演变而来。实质中无肾单位，主要由淋巴细胞和分泌皮质醇、儿茶酚胺和甲状腺激素的内分泌细胞组成。其作用类似哺乳动物的肾上腺。

06.1118　比德器　Bidder's organ
两栖类蟾蜍中肾前方的一个褐色圆形器官。在幼体期由雄性和雌性生殖腺的前端形成，通常处于不活动的状态。

06.1119　膀胱　urinary bladder
在排尿前收集由肾脏排泄尿液的器官。为中空肌肉质并且可扩张的器官。蛇、鳄、某些蜥蜴及鸟类没有膀胱。

06.1120　尿道　urethra
哺乳动物尿液从膀胱排到体外的管道。在雄性也是精液排出的通道。

06.1121　输尿管　ureter
尿液从肾脏流向膀胱或泄殖腔的管道。

06.1122　输尿管膀胱　tubal bladder
大多数鱼类中由输尿管扩大形成的尿液储存器官。有双膀胱、双叶膀胱、单膀胱等类型。

06.1123　泄殖腔膀胱　cloacal bladder
两栖类和某些肺鱼类泄殖腔腹壁凸出形成的膀胱。

06.1124 尿囊膀胱 allantoic bladder
脊椎动物胚胎在消化管后部形成的一个囊。在两栖类具膀胱的功能，在爬行类和鸟类胚胎期接收代谢废物，在真兽类哺乳动物成为胎盘的一部分。

06.1125 睾丸 testis
哺乳动物可产生精子和雄性激素的生殖腺。多呈球状或近似球状，由被膜和实质两部分组成。

06.1126 精索 spermatic cord
将睾丸连接到腹腔的神经、导管和血管构成的索状构造。

06.1127 阴茎海绵体 corpus cavernosum penis
阴茎的主体。其海绵体为海绵状的弹性组织，在勃起时含有阴茎内的大部分血液。与雌性的阴蒂海绵体同源。

06.1128 尿道海绵体 corpus cavernosum urethra
位于两个阴茎海绵体的腹侧，是阴茎内的包在雄性尿道外的一个海绵体。

06.1129 半阴茎 hemipenis
爬行动物有鳞类（蛇、蜥蜴）雄性的一对交配器官。由泄殖腔壁向外突起形成的结构。每次交配只使用一个半阴茎插入雌性的泄殖腔。

06.1130 阴茎头 glans penis
阴茎末端充满血管的圆锥体。

06.1131 包皮 prepuce
覆盖阴茎头的皮肤褶。

06.1132 附睾 epididymis
连接睾丸和输精管的高度卷曲的管道。爬行类、鸟类和哺乳类的雄性具有附睾。是储存精子和精子达到功能上成熟的场所。

06.1133 子宫 uterus
生殖管道中位于输卵管和阴道之间中空、厚壁、肌肉质的器官。哺乳动物受精卵在此着床、发育。

06.1134 双子宫 duplex uterus
有两个完全分开的子宫。各有一条输卵管。见于哺乳动物有袋类、啮齿类和兔形类。

06.1135 双腔子宫 bipartite uterus
子宫大部长度分隔为两个腔，两个子宫腔有共同的子宫颈，以单一的孔进入阴道的一种子宫类型。见于哺乳动物偶蹄类（鹿、麋鹿等）、奇蹄类（马）和食肉类（猫、狗等）。

06.1136 双角子宫 bicornute uterus
上部分为两部分，下部合并为一个腔的子宫。见于哺乳动物食肉类、啮齿类、偶蹄类、鲸类等。

06.1137 单子宫 simplex uterus
只有一个腔的子宫。哺乳动物高等灵长类和人类通常具有单子宫。

06.1138 子宫体 uterine body
子宫上部较宽处，输卵管入口以下的子宫主体。

06.1139 子宫角 uterine horn
具双角子宫哺乳动物的子宫体上部的一对管状延伸物。如啮齿类、食肉类、偶蹄类、海牛类。

06.1140 子宫颈 uterine cervix
子宫下段长而狭细的部分。

06.1141 阴道 vagina
大多数雌性哺乳动物从外生殖器到子宫颈的肌肉管。

06.1142 阴道前庭 vestibule of vagina, vulval vestibule
哺乳动物雌性位于阴蒂后方，两个小阴唇之间，含有阴道、输尿管等开口的空间。

06.1143 侧阴道 lateral vagina
哺乳动物有袋类具两个子宫拥有两条共用开口的阴道，其中一侧的阴道。各与另一个侧阴道连接，每个侧阴道都连接中间的阴道。仅为精子的通道。

06.1144 阴蒂 clitoris
哺乳动物雌性生殖器外阴前端小而敏感的勃起部分。

06.1145 大阴唇 labia majora
哺乳动物雌性阴道口两侧较大的外侧皮肤褶。

06.1146 小阴唇 labia minora
哺乳动物雌性外阴部两个较小的内侧皮肤褶。

06.1147 会阴 perineum
哺乳动物雄性肛门与睾丸间的区域。雌性为肛门与外阴间的区域。

06.1148 外阴裂 pudendal cleft
哺乳动物雌性两阴唇间的裂隙。

06.1149 育幼袋 marsupium
大部分哺乳动物有袋类雌性由皮肤褶形成的一个腹袋。

06.1150 尿［生］殖孔 urogenital opening, urogenital aperture
尿和生殖液排到体腔外的孔道。

06.1151 尿殖乳突 urogenital papilla
尿殖孔在体表开口处形成的突起。

06.04.08.08　神　经　系　统

06.1152 中枢神经系统 central nervous system, CNS
脑和脊髓组成的神经系统。其整合从身体各部分收到的信息，并协调和影响身体各部分的活动。

06.1153 周围神经系统 peripheral nervous system, PNS
脑和脊髓之外的神经系统。包括脑神经、脊神经和自主神经。

06.1154 自主神经系统 autonomic nervous system
曾称"植物性神经系统（vegetative nervous system）"。控制呼吸、心跳和消化过程等非自主活动的神经系统。包括相互拮抗的交感神经系统和副交感神经系统两部分。

06.1155 交感神经系统 sympathetic nervous system, SNS
自主神经系统之一。调节身体的无意识动作，其主要过程是刺激机体的"战或逃"反应。

06.1156 副交感神经系统 parasympathetic nervous system
自主神经系统之一。负责对内部器官和腺体的无意识的调节。副交感神经系统负责刺激当身体处于休息时或食后发生的"休息和消化"或"饲喂和繁殖"反应，包括性兴奋，流涎，流泪，排尿，消化和排便。

06.1157 脑泡 cerebral vesicle
胚胎发育早期神经沟的头端有几个扩大处，在神经管封闭后形成的三个泡状结构。以后分别发育为前脑、中脑、后脑或菱脑。

06.1158　脑　brain
脊椎动物头骨中的软神经组织的器官。为感觉、智力和神经活动的协调中心。可区分为5个部分：大脑、间脑、中脑、小脑和延脑。随着脊椎动物的进化，脑5部分分化明显化和脑高级中枢功能向大脑皮质转移。

06.1159　前脑　prosencephalon, forebrain
脊椎动物胚胎发生时期神经管形成的三个脑泡中的最前脑泡。继续分化形成端脑和间脑。

06.1160　端脑　telencephalon
前脑在纵向上分化形成两个区域的前部。发育为成体的大脑、嗅叶、海马等结构。

06.1161　间脑　diencephalon
前脑在纵向上分化形成两个区域的后半部。连接中脑的部分，发育为成体的丘脑上部、丘脑、丘脑后部、丘脑下部等。

06.1162　中脑　mesencephalon, midbrain
脊椎动物胚胎发生时期神经管形成的三个脑泡中的中间脑泡。发育为成体的大脑脚。

06.1163　菱脑　rhombencephalon
脊椎动物胚胎发生时期神经管形成的三个脑泡中的最末端脑泡。继续分化为后脑和延脑。

06.1164　后脑　metencephalon, hind brain
由菱脑泡的头侧部演变而来的结构。分化发育为脑桥和小脑。

06.1165　延脑　myelencephalon
又称"末脑"。由菱脑泡的尾侧部演变而来的结构。分化发育为延髓。

06.1166　大脑　cerebrum
脊椎动物脑的主要部分和最前部。位于头骨的前部区域，由裂隙隔开的左右两个半球组成。负责整合复杂的感觉和神经功能，以及体内自主活动的启动和协调。

06.1167　大脑半球　cerebral hemisphere
脊椎动物大脑的两个圆形的半球之一。自两栖动物大脑半球已完全裂开，出现原皮质。哺乳动物大脑被一条深裂分为两个半球并在底部由胼胝体连接，由大脑外侧裂和中央沟等分成额、顶、枕、颞等脑叶。

06.1168　脑室　brain ventricle
脊椎动物脑中所含的腔。是脊髓中央管的延续，伴随脑的分化可分为大脑半球中的侧脑室（左侧为第一脑室，右侧为第二脑室）、间脑中的第三脑室、中脑中的中脑导水管、菱脑中的第四脑室。各脑室之间有小孔和管道相通，其中充满脑脊液。

06.1169　侧脑室　lateral ventricle
大脑半球的内腔。左、右各一，经室间孔与第三脑室相通。

06.1170　第三脑室　third ventricle
大脑后方间脑的中央腔室。向前借两个室间孔与两侧脑室相通，向后下借中脑导水管与第四脑室相通。

06.1171　第四脑室　fourth ventricle
脑最后部的一个近似菱形的脑室。前部通过中脑导水管与第三脑室连接，后部连接脊髓中央管。

06.1172　室间孔　interventricular foramen
侧脑室各侧与第三脑室之间的沟通孔道。

06.1173　中脑[导]水管　cerebral aqueduct, Sylvian aqueduct
中脑腔在高等脊椎动物中演变成的不明显

的细管。充满液体。

06.1174　上丘　superior colliculus
哺乳动物中脑上部背侧的一对圆形隆起。是重要的视反射中枢，有灰质、白质相互交替的7层板层结构。在其他脊椎动物中，其同源结构称为"视顶盖（optic tectum）"。

06.1175　下丘　inferior colliculus
哺乳动物中脑下部背侧的一对圆形隆起。是重要的听觉反射中枢和听觉通路上的重要中继站，并参与听觉的负反馈调节和声源定位等。

06.1176　四叠体　corpora quadrigemina
又称"中脑顶盖（tectum of midbrain, tectum mesencephali）""顶盖（tectum）"。高等脊椎动物位于中脑背侧的四个丘状隆起。即上丘和下丘。是视觉和听觉的反射中枢。

06.1177　大脑脚　cerebral peduncle, crus cerebri
位于中脑导水管周围灰质（中央灰质）腹侧的脑组织。构成中脑的大部分，为一对纵行柱状隆起。

06.1178　被盖　tegmentum
全称"中脑被盖（tegmentum mesencephali）"。中脑导水管两侧的灰质区域。即中脑四叠体与大脑脚间，是一个多突触的神经元网络，涉及许多无意识的自我平衡和反射性通路。

06.1179　丘脑上部　epithalamus
前脑背部的一部分包括松果腺和第三脑室顶部的一个区域。在人体称"上丘脑"。

06.1180　丘脑　thalamus
又称"视丘"。间脑两侧壁加厚的一对卵圆形灰质块。参与传递感觉信息并调节睡眠觉醒。

06.1181　丘脑后部　metathalamus
间脑的两侧包括外侧和内侧膝状体的部分。在人体称"后丘脑"。

06.1182　丘脑下部　hypothalamus
位于间脑壁内腹部的区域。为体温调节中枢，控制自主神经系统和垂体的活动等。在人体称"下丘脑"。

06.1183　后连合　posterior commissure
一条横过中脑导水管上端背侧中线的白色纤维圆形带。与瞳孔对光反射有关。

06.1184　前连合　anterior commissure
在第三脑室前端、左右大脑半球在中线交叉的连合纤维束。联系两侧大脑古皮质。

06.1185　胼胝体　corpus callosum
连接大脑两个半球的宽神经纤维带。是哺乳动物特有结构。

06.1186　纹状体　corpus striatum
位于每个大脑半球丘脑前的白色和灰色条纹块。为脑基底神经节的一部分，是爬行类和鸟类的高级神经活动中枢，在哺乳类已显著退化。

06.1187　大脑皮质　cerebral cortex
覆盖大脑半球表面的灰质部分。根据进化发生，分为原皮质、古皮质和新皮质。

06.1188　原皮质　archipallium
动物脑的最古老的皮质。通常认为原皮质与脑的嗅觉部分相邻。鱼类的大脑大部分由原皮质构成；两栖类的大脑由原皮质和古皮质构成；爬行类形成原皮质、古皮质和原始新皮质；在哺乳类萎缩，成为海马。

06.1189　古皮质　paleopallium
又称"旧皮质"。系统发育较古老的大脑皮质。在进化上比原皮质年轻，较新皮质古老。沿着大脑半球的侧面发展并在更高等的动物形成嗅叶。

06.1190　新皮质　neopallium
端脑的背外侧扩张形成的高等脊椎动物大脑半球的非嗅觉部分。特别是哺乳动物。

06.1191　嗅脑　rhinencephalon
脊椎动物大脑的前嗅部。为嗅神经通入的部分，是大脑皮质最早形成的地方。属于古皮质。在两栖、爬行动物中从脑表面可以看到，随着动物向高等进化，被其他皮质覆盖。

06.1192　嗅叶　olfactory lobe
每侧大脑半球的向前突出部分。位于大脑半球底部的最前端，是专司嗅觉的突出部分。鱼类的嗅叶很发达；哺乳动物的嗅叶很小，隐藏于大脑半球前部的腹内侧。

06.1193　梨状叶　pyriform lobe
嗅脑两侧梨状的神经结构。为低等动物大脑两半球中主管嗅觉的中心。

06.1194　嗅球　olfactory bulb
脊椎动物前脑的参与嗅觉的神经结构。为嗅叶的球形末梢。在大多数脊椎动物中，嗅球是脑的最靠前的部分，为嗅神经的始端。在低等脊椎动物中发达。

06.1195　脑干　brain stem
哺乳动物脑的中央主干。由延髓、脑桥和中脑组成，并向下延伸形成脊髓。

06.1196　延髓　medulla oblongata
脑干的最后部分。为脊髓在颅骨内的延续，并且包含心脏和肺的控制中心。

06.1197　脊髓　spinal cord
一条包在脊柱内的圆柱形神经纤维束和相关组织。将身体的几乎所有部分连接到脑，与脑组成中枢神经系统。

06.1198　灰质　gray matter
脑和脊髓中较暗色的组织。主要由神经元体和分枝的树突组成。

06.1199　白质　white matter
脑和脊髓中较白色的组织。主要由神经纤维和髓鞘组成。

06.1200　脑桥　pons
延脑底部由横向神经纤维构成的隆起。是小脑与大脑之间联络通路的中间站，为哺乳动物特有结构。

06.1201　小脑　cerebellum
脊椎动物脑的主要组成部分之一。位于后脑背部，覆于第四脑室上面的突起部分。协调和调节肌肉活动。在鱼类出现了各种形状的小脑，两栖类、爬行类小脑较小，鸟类和哺乳类变大。哺乳动物小脑由3部分组成，两侧膨大的部分为小脑半球，正中的为小脑蚓部。

06.1202　小脑半球　cerebellar hemisphere
哺乳动物小脑两侧膨大的部分。正中部的小脑蚓将两个半球连接起来。

06.1203　脑沟　sulcus
哺乳动物大脑表面深浅不一的沟。

06.1204　脑回　gyrus
哺乳动物大脑表面的两条裂隙或沟之间的脊或凸起。

06.1205　额叶　frontal lobe
哺乳动物位于每个大脑半球的前方、中央沟以前的部分。通过中央沟的凹槽与顶叶分开，并通过侧沟更深的凹槽与颞叶分开。包括与行为、学习、个性和自主运动有关的区域。

06.1206　顶叶　parietal lobe
哺乳动物每个大脑半球的中间部分。包含与感觉信息有关的区域。

06.1207　枕叶　occipital lobe
哺乳动物每个大脑半球的最后一个叶。是脑的视觉处理中心。

06.1208　颞叶　temporal lobe
哺乳动物每个大脑半球位于枕叶前方的一个大叶。包含与听觉器官相关的感觉区域。

06.1209　岛叶皮质　insular cortex
哺乳动物每个大脑皮质在外侧沟的深部折叠的部分皮质。在与情绪或身体动态平衡有关的不同功能中发挥作用。

06.1210　海马　hippocampus
又称"阿蒙角（Ammon's horn）"。哺乳动物颞叶前部皮质卷入到腹内侧形成的一条狭长的弓状隆起的皮质。属于边缘系统古皮质。在记忆过程中起主要作用。

06.1211　脑神经　cranial nerve
脊椎动物从脑发出的 10～12 对神经。在无羊膜动物中是 10 对，羊膜动物中为 12 对。传递脑和身体各部分，主要是头部和颈部之间的信息。

06.1212　嗅神经　olfactory nerve
由大脑嗅叶发出的第一对脑神经。将鼻黏膜中的嗅觉感受器的脉冲传递到脑。

06.1213　视神经　optic nerve
由间脑发出的第二对脑神经。从眼后方的视网膜向脑传递冲动。

06.1214　动眼神经　oculomotor nerve
中脑发出的第三对脑神经。分布到眼球周围和眼球内的大部分肌肉。

06.1215　滑车神经　trochlear nerve
中脑发出的第四对脑神经。分布到眼球的上斜肌。

06.1216　三叉神经　trigeminal nerve
小脑发出的第五对脑神经。为最粗大的脑神经，分布到头的前部并分成眼神经、上颌神经和下颌神经。

06.1217　展神经　abducent nerve
又称"外展神经"。延脑发出的第六对脑神经。起自第四脑室底部，分布到每只眼球的外直肌。

06.1218　面神经　facial nerve
延脑发出的第七对脑神经。分布到面部肌肉和舌。

06.1219　前庭蜗神经　vestibulocochlear nerve
又称"位听神经"。延脑发出的第八对脑神经。将内耳听觉器官的感觉冲动传递给脑。两侧的前庭蜗神经分支为前庭神经和耳蜗神经。

06.1220　舌咽神经　glossopharyngeal nerve
延脑发出的第九对脑神经。感觉神经分布到咽部和舌背，运动纤维分布到抬高咽和喉的肌肉。

06.1221　迷走神经　vagus nerve
延脑发出的第十对脑神经。分布到心脏、肺、上消化道和胸腹部的其他器官。

06.1222 副神经 accessory nerve
第十一对脑神经。分布到颈部和肩部的一些肌肉。是羊膜动物独立的纯运动神经，由延髓根和脊髓根合一以后再分支为内侧支和外侧支两个分支，前者合于迷走神经，后者分布在斜方肌和哺乳动物的胸锁乳突肌。

06.1223 舌下神经 hypoglossal nerve
第十二对脑神经。由延脑及脊髓前角的前外侧沟出来的许多神经纤维集合而成，分布到舌的肌肉。为羊膜动物所独有。

06.1224 终神经 terminal nerve
与嗅觉束平行和内侧通过的丛状神经束。起自嗅球，与嗅神经一起分布并穿过前部的筛板。

06.1225 膈神经 phrenic nerve
源于颈部脊髓根部并且到达胸部的神经。分布到膈肌，可保证对呼吸过程的控制。

06.1226 脊神经 spinal nerve
起源于脊髓神经根并从脊柱的椎骨两侧通出的成对的神经。是由脊髓两侧的背根和腹根结合而成的混合神经，通过椎间孔而分布到颈、躯干或四肢的特定部位。

06.1227 背根 dorsal root
脊神经的两个根之一。从脊髓背侧通过并由感觉纤维组成，为脊神经的传入感觉根。

06.1228 腹根 ventral root
脊神经的两个根之一。从脊髓腹侧通过并由运动纤维组成，是脊神经的传出运动根。

06.1229 背根节 dorsal root ganglion
脊神经背根上的一个扩大的神经节。内有感觉神经元的胞体。其轴突组成脊神经的背根，可

把信号从感觉器官携带到适当的整合中心。

06.1230 颈神经 cervical nerve
脊椎动物颈部脊髓发出的神经。哺乳动物有7枚颈椎骨，多数有8对颈神经。

06.1231 颈丛 cervical plexus
位于颈部第一到第四颈段的前四个颈椎神经的前支构成的神经丛。

06.1232 臂丛 brachial plexus
脊椎动物后部颈神经腹支和前部胸神经腹支的神经纤维交织形成的神经网络。是将信号从脊柱发送到肩、臂和前足的神经网络。

06.1233 腰神经 lumbar nerve
由脊椎动物腰椎部脊髓发出的一些脊神经。分布到躯干和四肢的肌肉，并与交感神经系统的神经连接。

06.1234 荐神经 sacral nerve
由脊椎动物荐椎部脊髓发出的一些脊神经。分布到下背，下肢和会阴部的皮肤和肌肉并分支到下腹和盆腔丛。在人体称"骶神经"。

06.1235 尾神经 coccygeal nerve
最后的一对脊神经。参与尾骨丛的形成。

06.1236 腰荐丛 lumbosacral plexus
由尾神经腹侧支、荐神经和腰神经形成的神经丛。分布到下肢、会阴和尾骨区域。在人体称"腰骶丛"。

06.1237 视交叉 optic chiasma
两条视神经在脑下面的交叉点形成的一个 X 状结构。

06.1238 交感干 sympathetic trunk
位于脊柱两侧，从头骨基部到尾骨的一对神

经纤维束。是交感神经系统的基础部分。

在自主神经系统中，从神经节通向作用器官的神经纤维。

06.1239　节前纤维　preganglionic fiber
在自主神经系统中，从中枢神经系统通向神经节的神经纤维。

06.1241　反射弧　reflex arc
参与一个反射动作的神经通路。包括最简单的一条感觉神经和一条运动神经以及居间的突触之间的神经通路。

06.1240　节后纤维　postganglionic fiber

06.04.08.09　内分泌系统

06.1242　甲状腺　thyroid gland
位于颈部气管前端两侧、紧贴甲状软骨的内分泌腺。分泌的激素通过代谢率调节生长和发育。

06.1245　松果体　pineal body, pineal gland
脊椎动物大脑中部产生褪黑激素的锥形小内分泌腺。在一些低等脊椎动物（如爬行动物）为似眼的构造，有感光作用；在一些哺乳动物（如海豚、象、犀牛）中退化或仅留痕迹。

06.1243　甲状旁腺　parathyroid gland
位于甲状腺两侧背面或包埋于甲状腺中的 2 对（多数）或 1 对（少数）内分泌腺。分泌物能调节钙、磷代谢。未见于鱼类、纯水生两栖动物和性未成熟的两栖动物幼体中。

06.1246　尾垂体　urohypophysis
仅见于鱼类的神经内分泌结构。由集中在脊髓后端的神经内分泌细胞与血管丛一起构成。

06.1247　肾上腺　adrenal gland
位近肾前内缘的一对复杂的内分泌器官。包括产生糖皮质激素、盐皮质激素、雄性激素的中胚层的皮质和产生肾上腺素、去甲肾上腺素的外胚层的髓质。

06.1244　后鳃体　ultimobranchial body
胚胎第四咽囊形成的一个囊。此囊在鸟类和低等脊椎动物为单独的器官，在高等脊椎动物并入甲状腺。

06.04.08.10　感 觉 器 官

06.1248　眼球　eyeball
脊椎动物位于眼眶内的球形器官。陆生脊椎动物中具有眼睑和泪腺，保护眼球，防止干燥。

应猎物或空气运动的红外热辐射，检测距离一米远的温暖的动物体。

06.1251　唇窝　labial pit
蟒蛇类唇鳞间的小窝。为红外感觉器官，能检测一定距离处的环境或动物体温度。主要用于调节体温和探测猎物。

06.1249　栉状膜　pecten
爬行动物、鸟类眼内突起的具有色素和血管的呈梳状的膜褶。从视网膜伸入玻璃体。

06.1250　颊窝　facial pit
部分蛇类头两侧眼与鼻孔间的凹陷。因位置相当于颊部，故名。为红外感觉器官，能回

06.1252　洛伦齐尼瓮　ampulla of Lorenzini
曾称"罗伦氏瓮"。鲨类头部许多充满胶质的开口于体表的小管。瓮深部的感觉细胞能

对隐藏在沙质海底的潜在猎物的弱电场做出应答。

06.1253　视隐窝　optic recess
第三脑室向脑底面突出形成的隐窝。位于终板与视交叉之间。

06.1254　松果眼　pineal eye
一些爬行动物和低等脊椎动物头顶部由几乎透明的皮肤覆盖的、源自或与松果体有关的眼状结构。

06.1255　垂体窝　hypophyseal fossa
蝶骨中部容纳脑垂体处的凹窝。

06.1256　触觉感受器　tactile receptor
能对轻微触觉做出反应的末端器官。如迈斯纳小体或帕奇尼小体。

06.1257　皮肤感受器　skin receptor
神经末梢或体内其他专门用于感知或接受刺激的结构。如光感受器。响应触摸和压力等刺激，并通过激活神经系统的某些部分来发出信号。

06.1258　听觉器官　auditory organ
脊椎动物能检测声音的感觉器官。

06.1259　耳　ear
位于头部两侧、具有感受位置觉与听觉功能的器官。羊膜动物包括内耳、中耳和外耳三部分。哺乳动物才具有真正的外耳，无外耳的两栖和爬行动物中鼓膜露出体表，而鱼类只有内耳。

06.1260　内耳　internal ear
又称"迷路"。脊椎动物耳的最内部分。位于颞骨岩部内的弯曲骨管。内耳膜迷路由椭圆囊、球囊和3个半规管构成，彼此连通。

分骨迷路和膜迷路两部分。主要起感觉平衡作用。

06.1261　骨迷路　osseous labyrinth
内耳内的弯曲骨性隧道。包括半规管、前庭、耳蜗。内有外淋巴。

06.1262　膜迷路　membranous labyrinth
套在骨迷路内的膜性管和囊。借纤维束固定于骨迷路壁上，内有内淋巴液。

06.1263　前庭迷路　vestibular labyrinth
内耳膜迷路的平衡部分。充满内淋巴并悬浮在充满外淋巴的骨迷路中。有两个部分：一部分为椭圆囊和球囊，另一部分为半规管。

06.1264　耳蜗迷路　cochlear labyrinth
位于骨迷路耳蜗内的膜迷路的一部分。

06.1265　半规管　semicircular canal
三个互相垂直的半圆形小管。各管的一端稍膨大成壶腹，感受旋转运动的刺激。

06.1266　壶腹　ampulla
半规管一端的膨大部分。内有壶腹嵴。

06.1267　前庭　vestibule
骨迷路中间扩大的部分。内有椭圆囊和球囊。

06.1268　耳蜗　cochlea
哺乳动物内耳传导并感受声波的形似蜗牛壳的结构。由一螺旋形骨管和套嵌其内的膜蜗管绕蜗轴卷曲两周半形成。

06.1269　椭圆囊　utricle
内耳前庭内较大的呈椭圆形的膜性囊。内有椭圆囊斑，为位觉感受器，感受身体在静止以及直线加速度时的状况。

06.1270 椭圆囊斑 macula of utricle, macula utriculi

椭圆囊外侧壁上圆斑状黏膜增厚区。其长轴呈水平位。为位觉感受器。

06.1271 球囊 saccule

内耳前庭内较小的呈球形的膜性囊。与椭圆囊并列，内有球囊斑，为位觉感受器。其一部分基底乳头由鱼类到哺乳动物有显著变化，最初的突起为管状，后来形成螺旋状，发展到哺乳动物的蜗管。

06.1272 球囊斑 macula of saccule, macula sacculi

球囊前壁上的圆斑状黏膜增厚区。其长轴呈垂直位，为位觉感受器。

06.1273 瓶状囊 lagena

又称"听壶"。鱼类、两栖类、爬行类和鸟类球囊后方的小突起。无听道，基本无听觉功能，为哺乳动物耳蜗的前身。

06.1274 中耳 middle ear

两栖动物以上脊椎动物（两栖动物有尾类和蚓螈类、爬行动物蛇类除外）连接外耳与内耳的部分。是鼓膜和内耳之间充满气体的空腔，包括鼓室、鼓膜、听小骨和咽鼓管。传导声波。

06.1275 鼓室 tympanic cavity

中耳内包围着几块听小骨的小腔。其侧面紧靠外耳道并有鼓膜与之隔开。

06.1276 鼓膜 tympanic membrane

外耳道与鼓室之间的椭圆形半透明的薄膜。

06.1277 咽鼓管 pharyngotympanic tube

又称"欧氏管（Eustachian tube）"。咽的两侧连通咽部与中耳的管。是中耳的一部分。

06.1278 耳柱骨 columella, columella auris

两栖类、爬行类和鸟类连接鼓膜和内耳前庭窗的一个骨棒或软骨棒。可传导声波，与哺乳动物的镫骨同源。

06.1279 前庭窗 fenestra vestibule

又称"卵圆窗（oval window）"。中耳内壁中部隆起后上方通向内耳前庭的椭圆形孔。由镫骨封闭。

06.1280 匙突 cochleariform process

前庭窗前端上方的骨性尖角突起。在鼓膜张肌运动时起滑轮作用。

06.1281 蜗窗 fenestra cochleae

又称"圆窗（round window）"。中耳内壁中部隆起后下方的圆形孔。由第二鼓膜覆盖。

06.1282 外耳 external ear

哺乳动物和一部分鸟类耳的最外部分。是收集和传导声波的结构。包括外耳道和耳郭（唯哺乳动物有）。

06.1283 外耳道 external auditory meatus

从外耳通到中耳鼓膜的管状通道。

06.1284 耳郭 auricle, pinna

又称"耳廓"。哺乳动物外耳道以外的贝壳样突出物。

07. 动物生态学

07.01 概　论

07.0001　个体生态学　individual ecology
研究生物个体与其环境之间相互关系的科学。

07.0002　种群生态学　population ecology
研究种群与其环境之间相互关系的科学。研究重点是种群的空间分布和数量动态的规律及其调节机制。

07.0003　群落生态学　community ecology
研究群落，即栖息于同一地域中所有种群集合体的组成特点、彼此之间及其与环境之间的相互关系、群落结构的形成及变化机制等问题的科学。

07.0004　生态系统生态学　ecosystem ecology
研究生态系统的组成要素、结构与功能、发展与演替、系统内和系统间的能流和物质循环以及人为影响与调控机制的科学。

07.0005　景观生态学　landscape ecology
研究不同尺度异质性生态空间的结构、功能及其动态变化的科学。

07.0006　全球生态学　global ecology
又称"生物圈生态学（biosphere ecology）"。研究全球范围内生物机体与其周围环境相互影响的过程，亦即生物圈与岩石圈、水圈和大气圈之间相互作用过程的科学。

07.0007　生理生态学　physiological ecology
用生理学的方法，研究动物对其环境适应的相关生态学问题的科学。

07.0008　进化生态学　evolutionary ecology
研究地球上众多物种如何在复杂的生物和物理环境中，不断地演变并获得完美的结构和相互适应能力的科学。

07.0009　行为生态学　behavioral ecology
研究动物行为的生态和进化意义，即动物的行为功能、存活值、适合度和进化过程的科学。

07.0010　地理生态学　geographical ecology
研究各类生态系统的空间分布、结构、功能及演替等规律与地理环境之间的协调平衡机制的科学。是生态学与地理学之间的交叉科学。

07.0011　化学生态学　chemical ecology
研究生物之间以及生物与环境之间化学联系与作用的科学。

07.0012　系统生态学　system ecology
运用系统分析方法以生态系统为对象开展生态学研究的科学。是一门强调系统研究方法论的生态学。

07.0013　保护生态学　conservation ecology
从保护生物物种及其生存环境方面研究如何保护生物多样性的科学。

07.0014　社会生物学　sociobiology
研究动物的社群动态及其进化的科学。是对社会性动物的种群生态学和进化理论的延伸。

07.0015　时间生物学　chronobiology
研究动物体内与时间有关的周期性现象及其时间机制的科学。

07.0016　古生态学　paleoecology
研究地质时期古代生物与古代环境之间关系的科学。是地质学与生态学的交叉学科。

07.0017　生态工程　ecological engineering
模拟自然生态的整体、协同、循环、自生原理，并运用系统工程方法去分析、设计、规划和调控人工生态系统的结构要素、工艺流程、信息反馈关系及控制机构，疏通物质、能量、信息流通渠道，开拓未被有效利用的生态位，使人与自然双双受益的系统工程技术。

07.02　个体生态学

07.0018　环境　environment
生物生存的空间以及空间中直接或间接影响生物生活和发展的外部条件的总和。

07.0019　环境因子　environmental factor
构成环境的各种要素。

07.0020　生态因子　ecological factor
对生物生长、发育、生殖、行为和分布等生命活动有直接或间接影响的环境因子。

07.0021　生物因子　biological factor, biotic factor
生态系统中有生命的组分。如生产者（植物）、消费者（动物）、分解者（微生物）等。

07.0022　非生物因子　abiotic factor
生态系统中的物理、化学因子和其他非生命物质的总称。如温度、光、水分、大气、土壤等。

07.0023　限制因子　limiting factor
生态因子中对生物生长、发育、繁殖或扩散等起限制作用的因子。

07.0024　气候因子　climatic factor
形成气候的基本因子。主要包括辐射因子、大气环流因子以及地理因子（如地理纬度、海陆分布、洋流、地形和植被等）。

07.0025　土壤因子　edaphic factor
土壤质地、结构、理化性状及生物特征等因子的统称。

07.0026　人为因子　anthropic factor
由人类活动引起的对生物生长、发育、生殖、行为和分布等有影响的环境因子。

07.0027　密度制约因子　density-dependent factor
对种群增长的影响作用随种群本身密度变化而变化的因子。如竞争、捕食、寄生和疾病等生物因子。

07.0028　非密度制约因子　density-independent factor
对种群增长的影响作用与该种群密度变化无关的因子。如温度、降水和天气变化等非生物因子。

07.0029　近因　proximate cause
又称"直接原因"。引起生物生殖、换羽、迁徙等过程的、作为直接刺激的环境因子。如光照周期对于启动一些动物繁殖的作用。

07.0030　远因　ultimate cause
又称"终极原因"。生殖、换羽和迁徙等特征在进化过程中对于保证物种生存和繁衍有决定性意义的环境因子。

07.0031 利比希最小因子定律 Liebig's law of the minimum
又称"利比希最低量法则"。原指植物的生长取决于处在最小量状况的营养元素，后延伸为低于某种生物需要的最小量的任何特定因子，是决定该种生物生存和分布的根本因素。

07.0032 谢尔福德耐受性定律 Shelford's law of tolerance
生物对其生存环境的适应有一个生态学最小量和最大量的界限，即有一耐受性范围。任何一种生态因子在数量上或质量上的不足和过多，即当其接近或达到某种生物的耐受范围时，会使该生物衰退或不能生存。

07.0033 生态幅 ecological amplitude
又称"生态价（ecological valence）"。某一物种能耐受环境因子变化范围的大小。

07.0034 最适度 optimum
特定物种对其最佳生活环境的要求。

07.0035 生理最适度 physiological optimum
物种在无其他物种竞争的情况下，选定的最适于生长的非生物环境。通常是其在无竞争条件下的自然分布中心的环境要求。

07.0036 生态最适度 ecological optimum
在与非生物环境以及与有竞争关系的其他物种的关系中，从环境角度来看，是其在自然界得到最广泛分布的地方的环境要求。

07.0037 广适性 eurytopic
生物对生境耐受幅度宽广的特性。

07.0038 狭适性 stenotropy
生物对生境耐受幅度狭窄的特性。

07.0039 广温性 eurythermic, curythermal
生物对生活的适应温度范围很广，可以在广阔温度范围分布的一种性质。

07.0040 狭温性 stenothermal
生物的生活和分布的适宜温度范围狭窄，在此范围以外的即使微小的温度变化也能造成显著的生理障碍的一种性质。

07.0041 广盐性 euryhaline, eurysalinity
生物可耐受并能生活在外界盐分浓度变化范围广阔的环境的性质。

07.0042 狭盐性 stenohaline
生物对外界盐度变化的耐受能力不大，往往只能在盐度变化幅度较小的环境中生存的性质。

07.0043 广水性 euryhydric
生物可耐受并能生活在外界水分变化范围广阔的环境的性质。

07.0044 狭水性 stenohydric
生物可耐受并仅能生活在外界水分变化幅度较小环境中的性质。

07.0045 广氧性 euroxybiotic
生物能够耐受较大氧气浓度变化范围的性质。

07.0046 狭氧性 stenooxybiotic
生物能够耐受较狭氧气浓度变化范围的性质。

07.0047 生物圈 biosphere
地球上存在生物有机体的圈层。包括大气圈的下层、岩石圈的上层、整个水圈和土壤圈全部。

07.0048 生物区系 biota
又称"生物相"。一定区域内的所有生物种类。

07.0049 生物沉积 biodeposition
由生物遗体或生物分泌物堆积而成的沉积物。

07.0050 生态梯度 ecocline
生物的某些特征或属性沿单个或多个生态因子在空间上的连续变化。

07.0051 栖息地 habitat
又称"生境"。生物出现在环境中的空间范围与环境条件总和。

07.0052 微生境 microhabitat, microenvironment
栖息地中的一个特定部分。是一个个体在特定时间里所处的空间与环境条件的总和。

07.0053 生态区 ecotope
一个区域内的特定生境类型。反映特定的气候、植被和土壤等生态条件，以具有一批独特的顶极物种为特征，是生态上相对一致的最小单元，如热带雨林、沙漠等生态区。同一生态区在不同地区物种成分有所不同。

07.0054 生态阈值 ecological threshold
生态系统本身能抗御外界干扰、恢复平衡状态的临界限度。

07.0055 生态气候 ecoclimate
生物生长或栖息地所特有的气候条件的总和。与当地植被、地形等有紧密的联系。

07.0056 小气候 microclimate
地表以上 1.5～2.0 m 空气层内因局部地形、土壤和植被等影响所产生的特殊气候。

07.0057 有效温度 effective temperature
对生物生长发育起积极作用的温度，即活动温度减去生物学下限温度和超过上限温度部分的差值。

07.0058 有效积温 total effective temperature
某时段内有效温度的逐日累积值。

07.0059 温度系数 temperature coefficient
与温度相关的物理属性的相对变化。

07.0060 温周期 thermoperiod
控制生物生长发育的环境温度昼夜或季节的周期性变化。

07.0061 温湿图 thermohygrogram, hydrotherm graph, temperature humidity graph
以温度和湿度（或降水量）的某种函数为坐标系的一种气候图。

07.0062 光周期 photoperiod
昼夜周期中光照期和暗期长短的交替变化。

07.0063 光周期现象 photoperiodism
生物对昼夜周期变化发生各种生理、生态反应的现象。

07.0064 长日照动物 long-day animal
生活在温带和高纬度地区、春夏之际即白昼逐渐延长的季节才开始进行繁殖的一些动物。如雪貂、野兔、刺猬等。

07.0065 短日照动物 short-day animal
只有在白昼逐步缩短的秋冬之际才开始进行繁殖的一些动物。如绵羊、山羊、鹿类等。

07.0066 淡水 fresh water
矿化度小于 1g/L 的水，或含盐量小于 0.5g/L 的水。

07.0067 半咸水 brackish water
矿化度一般为 1～5g/L 的水，或含盐量在 0.5～18g/L 之间的水。

07.0068　咸水　salt water
矿化度一般为 5～35g/L 的水，或含盐量大于 18g/L 的水。

07.0069　盐跃层　halocline
盐度在一定深度突然变高或变低的水层。

07.0070　常量营养物　macronutrient
动物所需要的量相对较多的营养物质。如糖类（碳水化合物）、脂质、蛋白质和水等。

07.0071　微量营养物　micronutrient
动物所需要的量相对较少的营养物质。如维生素和矿物质等。

07.0072　耐性　tolerance, hardiness
生物对不利环境条件的忍耐力。

07.0073　耐冬性　winter hardiness
生物能适应寒冷环境（冬季低温）的特性。

07.0074　耐寒性　cold hardiness
生物耐受或抵御低于其正常生活适温下限温度的能力。

07.0075　抗寒性　cold resistance, winter resistance
生物抵御低温冻害的能力。

07.0076　生物抗性　biotic resistance
生物抵抗不利于其生存的外界环境条件（包括物理、化学和生物条件）变化的能力。

07.0077　抗旱性　drought resistance
生物通过形态、生理的变化，以不同方式适应干旱环境，在干旱条件下存活而很少或不受伤害的特性。

07.0078　适应性　adaptability
生物体对所处生态环境的适应能力。是反映生物体与环境适合程度的指标。

07.0079　生活型　life form
不同种生物在相同环境中通过趋同适应，并经过自然选择和人工选择形成的在外形、习性和生理特性上相似的类群。

07.0080　生态型　ecotype
同种生物在不同环境中通过趋异适应，并经过自然选择和人工选择形成的在外形、习性和生理特性上具有明显差别的类群。

07.0081　可塑性　plasticity
生物的结构、形态和功能受环境因子的影响而产生差异的一种自然属性。

07.0082　进化稳定对策　evolutionary stable strategy
又称"稳定进化对策"。在给定环境下，如果一个策略被群体大部分个体所采用，并且由于其他策略无法产生比使用该策略更高的收益，该策略将不再被改变并将被自然选择所确立。

07.0083　变温性　poikilothermy
动物体温随环境温度变化而变化的特性。

07.0084　恒温性　homoiothermy
在温度变化的环境中，具有能维持恒定体温的特性。

07.0085　异温性　heterothermy
恒温动物的体温或局部温度偏离正常体温范围变化的特性。

07.0086　局部异温性　regional heterothermy
恒温动物能维持稳定的核温，但身体局部体温偏离正常核温的特性。

07.0087　逆流热交换　counter-current heat exchange
恒温动物在寒冷环境下，通过向四肢等身体末端的血液循环损失热量的现象。

07.0088　变温动物　poikilotherm, poikilo-thermal animal
又称"外温动物（ectotherm）"。不能依靠自身代谢产热维持恒定的体温，体温随环境温度的变化而变化的动物。见于脊椎动物除鸟类和哺乳类以外的动物。

07.0089　恒温动物　homeotherm, homoio-thermal animal
又称"内温动物（endotherm）"。具有完善的体温调节机制，在温度变化的环境中，体温维持在较窄范围内变化的动物。如鸟类和哺乳类动物。

07.0090　异温动物　heterotherm
恒温动物中一些具有冬眠习性的动物。在休眠期体温可以降得很低，随环境的变化而变化，如刺猬、黄鼠、旱獭等。

07.0091　日温动物　heliotherm
夜间钻入洞穴，太阳升起后出洞吸收日光能，待体温上升后开始活动的动物。

07.0092　广温性动物　eurythermal animal
可忍受较大的温度变幅的动物。

07.0093　狭温性动物　stenothermal animal
不能忍受较大温度范围而只能在狭窄的温度范围内生存的动物。

07.0094　艾伦规律　Allen's rule
恒温动物身体的突出部分，如四肢、尾巴、外耳等在气候寒冷的地方趋向于变短的现象。

07.0095　贝格曼律　Bergman's rule
恒温动物的地理易变种在其分布范围内的较冷地区身体趋于大型化，而在较暖地区则趋于变小的现象。

07.0096　格洛格尔律　Gloger's rule
在同种或亲缘动物物种个体之间，生活在温暖而潮湿地区的个体较生活在干燥而寒冷地区的个体具有较深体色的现象。

07.0097　乔丹律　Jordan's rule
生活在低温水域的鱼类个体较生活在温暖水域的同种个体倾向于有更多脊椎骨的现象。

07.0098　产热　thermogenesis
有机体在能量代谢过程中，将化学能转化成热能释放的过程。

07.0099　颤抖性产热　shivering thermogenesis
又称"战栗产热"。动物暴露于低温环境时，没有自律性活动和外功的参与，通过骨骼肌收缩而导致的产热方式。

07.0100　非颤抖性产热　non-shivering thermogenesis
又称"非战栗产热"。由于代谢能量转换导致的产热。产热过程没有骨骼肌的颤抖，其主要产热部位是褐色脂肪组织。

07.0101　专性产热　obligatory thermogenesis
维持动物整体的完整性和稳定性所必需的那部分热量。产生于所有器官，包括基础代谢率和食物的热效应。

07.0102　兼性产热　facultative thermogenesis
又称"选择性产热"。动物对环境胁迫、季节信号等生态因子做出的代谢反应。只发生在部分组织中，包括活动引起的产热、寒冷引起的颤抖性产热、冷诱导的非颤抖性产热以及食物诱导产热等。

07.0103　温度顺应者　temperature conformer, thermoconformer
不能通过自主或行为的途径有效进行体温调节的动物。如变温动物。

07.0104　温度调节者　temperature regulator, thermoregulator
能够通过自主或行为的途径来进行某种程度的体温调节的动物。如恒温动物。

07.0105　广盐性动物　euryhaline animal
能在含盐量变化幅度较大的环境中生活的动物。

07.0106　狭盐性动物　stenohaline animal
只能耐受有限范围盐度变化的动物。

07.0107　渗透压顺应者　osmoconformer
曾称"变渗透压动物（poikilosmotic animal）"。不能通过自身调节保持体内渗透压相对稳定，而是随着外界环境渗透压的改变也随着平行变化的动物。

07.0108　渗透压调节者　osmoregulator
曾称"恒渗透压动物（homeosmotic animal）"。通过自身调节保持体内的渗透压相对稳定，不随外界环境的渗透压变化而改变的动物。

07.0109　热量收支　heat budget
有机体的全部热量的获得和散失。包括代谢、蒸发、辐射、传递和对流。

07.0110　休眠　dormancy
有机体在不利环境条件下所处的一种不活动状态。如冬眠、蛰伏、滞育等。

07.0111　冬眠　hibernation
一些恒温动物在冬季长时间不活动、不摄食而进入睡眠状态并伴随着体温和代谢速率降低的一种越冬方式。

07.0112　低体温　hypothermia
恒温动物的体核温度降到正常体温以下的状态。

07.0113　适应性低体温　adaptative hypothermia
恒温动物一种受调节的低体温现象。体温被调节到很低接近于环境温度的水平，心率、代谢率和其他生理功能均相应降低，但在冬眠期内的任何时候，都可能自发地或通过人工诱导恢复到原来的正常状态。

07.0114　夏眠　aestivation
动物在炎热和干旱季节表现为代谢缓慢、体温下降和进入昏睡状态的一种适应方式。

07.0115　蛰伏　torpor
动物暂时失去运动能力、对外界刺激敏感性降低的状态。通常伴随着代谢率、体温和呼吸率的明显降低。

07.0116　滞育　diapause
在某些动物（如昆虫、螨、甲壳动物）的生活史中遇到不利环境时，暂停生长发育、减少生理活动的现象。

07.0117　耐受冻结　freezing tolerance
栖息于温带和寒带的动物为了在超低温环境中存活，能耐受机体中水结冰的现象。

07.0118　超冷　supercooling
又称"过冷"。栖息于温带和寒带的动物在

适应超低温环境存活过程中，能耐受体温度下降到冰点以下而体液不结冰并保持细胞不受损害的现象。

07.0119　复苏　anabiosis
动物体内冻结程度不深，可以通过升温使其恢复过来的现象。

07.0120　发育起点温度　developmental threshold temperature
又称"生物学零点（biological zero）""发育零点（developmental zero）"。动物生长和发育的下限温度。低于该温度，就停止生长发育，高于该温度，才开始生长发育。

07.0121　假死态　thanatosis
因某种接触刺激而突然停止活动、佯装死亡的现象。

07.0122　外源　exogenous
一切非本体的来源。即自外部而能对本体发生作用的来源。

07.0123　内源　endogenous
一切本体的来源。即自本体内部对本体发生作用的来源。

07.0124　周期性　periodicity, periodism
生物现象发生的频率按照一定的时间间隔，有规律地起伏波动的过程。

07.0125　非周期性　aperiodicity
生物现象发生的频率并非按照一定的时间间隔有规律地起伏波动的过程。

07.0126　生物节律　biological rhythm, bio-rhythm
又称"生物钟（biological clock）"。生物体生理、行为及形态结构等随时间做周期变化的现象。是生物体内一种无形的"时钟"，如昼夜节律。

07.0127　日周期　daily periodicity
又称"日节律（daily rhythm）""昼夜周期（day-night rhythm）"。生物现象发生频率由于地球自转引起的白昼与黑夜交替的现象。

07.0128　月周期　lunar periodicity
又称"潮汐周期（tidal periodicity）"。生物现象发生的频率按照月的时间间隔有规律地起伏波动的现象。

07.0129　年周期　annual cycle
生物现象发生的频率按照自然年的时间间隔有规律地起伏波动的现象。

07.0130　昼夜节律　circadian rhythm
又称"自运节律（free-running rhythm）""自持振荡（self-sustained oscillation）"。生物的生命活动在脱离外部昼夜时间线索表现出的接近 24 h 的内源周期性变化。如摄食、躯体活动、睡眠和觉醒等行为的节律。

07.0131　生物季节　biotic season
依据生物种类组成和数量变动同水文特性相结合划分的季节。

07.0132　昼行　diurnal
动物在白天的活动。

07.0133　夜行　nocturnal
动物在夜晚的活动。

07.0134　昼行性动物　diurnal animal
白天活动夜间休息的动物。如大多数鸟类、哺乳类中的黄鼠、旱獭、松鼠和许多灵长类动物。

07.0135 夜行性动物 nocturnal animal
夜间活动白天休息的动物。如刺猬、蝙蝠、猫头鹰等。

07.0136 晨昏性动物 crepuscular animal
晨昏时活动的动物。如夜鹰。

07.0137 异速生长 allometry
生物体某一部分与整体生长速率有差异的现象。

07.0138 趋性 taxis
生物接近或离开一个刺激源的定向运动。依据刺激源的性质可区分为趋光性、趋触性和趋流性等。

07.0139 趋光性 phototaxis, phototaxy
生物在光的刺激下产生的移动反应。朝向光源的移动反应称"正趋光性（positive phototaxis）"，背离光源的移动反应称"负趋光性（negative phototaxis）"。

07.0140 趋光运动 photokinesis
在阳光下非定向活动加强的现象。

07.0141 趋触性 thigmotaxis
因接触刺激导致动物对被接触物表面的定向反应。

07.0142 趋流性 rheotaxis
生物对水流保持一定姿态的反应。朝向反应称"正趋流性（positive rheotaxis）"，背行反应称"负趋流性（negative rheotaxis）"。

07.0143 趋电性 galvanotaxis
动物在电流刺激下产生定向运动的行为习性。

07.0144 趋化性 chemotaxis, chemotaxy
生物对化学物质所起的反应。朝向化合物浓度高的方向移动称"正趋化性（positive chemotaxis）"，背离化合物浓度高的方向移动称"负趋化性（negative chemotaxis）"。

07.0145 趋水性 hydrotaxis
生物向最适湿度或水分条件的运动。

07.0146 趋地性 geotaxis
生物对地球引力的定向反应和运动。

07.0147 趋风性 anemotaxis
生物因带气味物质的气流引起的逆气流而前进的运动。

07.0148 趋温性 thermotaxis
生物对温度所起的趋向移动或趋避行为反应。

07.0149 厌光性 photophobe
生物对可见光不耐受的特性。

07.0150 厌阳性 heliophobe
生物害怕阳光，对阳光的趋避反应。

07.0151 厌水性 hydrophobe
生物怕水，对水的趋避反应。

07.0152 厌氧生物 anaerobe
不需要氧气生长的生物。

07.0153 好氧生物 aerobe
能够（或偏好）生活在有氧气中的生物。

07.0154 嗜热生物 thermophile
能在相对高的温度（上限 60℃）中生存的生物。

07.0155 嗜盐生物 halophile
又称"适盐生物"。在高浓度盐环境里生长的生物。

07.0156　嗜蚁动物　myrmecophile
又称"适蚁动物"。居住在蚁巢中的其他种
动物。有些种为蚁类所照料，另一些种则捕
食蚁类或其幼虫。

07.0157　自养生物　autotroph
在同化作用过程中，能够直接把从外界环境
摄取的无机物转变成为自身的组成物质，并
贮存能量的生物。

07.0158　异养生物　heterotroph
在同化作用过程中，只能从外界摄取现成有机
物制成为自身的组成物质的生物。

07.0159　化能自养生物　chemoautotroph
自养生物中，不需要光能而能利用某些化学
反应放出的能量，将烷、硫化氢和无机物质
合成自身的有机物质的浮游生物。

07.0160　光能自养生物　photoautotroph
自养生物中能够借助于色素，利用日光能把
二氧化碳、水和其他无机物质合成自身的有
机物的生物。

07.0161　食性　food habit
动物在自然情况下的取食习性。包括食物的
种类、性质、来源和获取食物的方式等。

07.0162　广食性　euryphagy
又称"多食性（polyphagy）"。动物选食多
种食物的习性。

07.0163　狭食性　stenophagy
动物只选食有限种类食物的习性。

07.0164　杂食性　omnivory
广食性的一种。动物以动物性和植物性食物
为食物的习性。

07.0165　单食性　monophagy
狭食性的一种。动物仅以一种植物或动物为
食物的习性。

07.0166　寡食性　oligophagy
狭食性的一种。动物以少数或嗜好其中少数
几种植物或动物为食物的习性。

07.0167　食肉性　sarcophagy
一种动物以其他动物为食物的习性。

07.0168　食植性　phytophagy
一种动物以植物为食物的习性。

07.0169　食腐性　saprophagy
动物以腐败的动植物为食物的习性。

07.0170　杂食动物　omnivore
其食物组成比较广泛，多摄食两种或两种以
上食物的动物。

07.0171　食植动物　phytophage
主要摄食活的植物（包括摄食植物的叶、
种子和果实，吸取植物叶汁及真菌）的
动物。

07.0172　食草动物　herbivore
直接以植物茎叶为食物的动物。

07.0173　食叶动物　defoliater, folivore
主要食植物叶的动物。是食草动物中的一个
类群。

07.0174　食果动物　frugivore
喜食植物果实的动物。

07.0175　食木动物　hylophage, xylophage
主要以乔灌木枝茎为食的动物。

07.0176　食谷动物　granivore
主要采食植物种子的动物。

07.0177　食肉动物　carnivore, sacrophage
主要以动物为食物的动物。

07.0178　食血动物　sauginnivore, hema-tophage
以吮吸动物或人类血液为生的动物。

07.0179　食虫动物　insectivore, entomophage
主要以昆虫、其他节肢动物和蚯蚓为食的动物。

07.0180　食尸动物　necrophage
以死亡生物尸体为食物的动物。

07.0181　食腐动物　saprophage
以取食已死亡或腐烂的动物性或植物性物质的动物。

07.0182　食粪动物　coprophage
以其他生物粪便为食物的动物。

07.0183　食土动物　limnophage
以有机质丰富的土壤为食物的动物。

07.0184　食碎屑动物　detritivore, detritus feeding animal, detritus feeder
以有机碎屑为食的动物。

07.0185　食微生物动物　microbivore
以微生物为食物源的动物。

07.0186　滤食动物　filter feeder, suspension feeder
以过滤方式摄食悬浮物、碎屑等食物的动物。

07.0187　陆生动物　terrestrial animal
在陆地上繁衍生活的动物。

07.0188　旱生动物　xerocole
生活在干旱荒漠里的沙漠动物。

07.0189　地下动物　subterranean animal
生活在地下环境中的动物。

07.0190　穴居动物　cave animal, cryptozoon, burrowing animal
生活在洞穴中的动物。有陆生的，也有水生的，多数都能够适应黑暗环境，不喜运动，而且视觉退化，但其他感觉发达，如嗅觉。

07.0191　林栖动物　arboreal animal
在森林中生活的动物。

07.0192　树栖动物　dendrocole, hylacole
以攀附和依靠树木为主要方式生活的动物。

07.0193　池塘动物　tiphicole
生活在内陆湖沼和潮间带潮池中的动物。

07.0194　迁徙动物　migrant
具有迁徙、迁飞或洄游行为的动物。

07.0195　水生动物　hydrocele, aquatic animal
在各种类型水域中繁衍生活的动物。

07.0196　湿生动物　hygrocole
生活在陆上高度潮湿的环境里，皮肤湿润，保护结构不完善，体内水分易于蒸发，白天生活在洞穴中、木石下、堆积的落叶中，只在夜间湿度较高和下雨时外出活动的动物。

07.0197　固着动物　sedentary animal
固着于他物而生活的动物。几乎均限于水生动物，其幼体多营浮游生活，固着而成为成体。

07.0198 浮游动物 zooplankton
体型细小，且缺乏或仅有微弱的游动能力，主要以漂浮的方式生活在各类水体中的动物。

07.0199 底栖动物 benthos
生活在水域底上或底内、固着或爬行的动物。

07.0200 迁移 migration
动物周期性的更换住处的现象。且通常是定向性和群体性特征。

07.0201 垂直迁移 vertical migration
又称"垂直移动"。为了捕食或繁殖活动，鱼类等水生动物从水面到水底或从水底到水面的周期性短距离往返活动。

07.0202 昼夜垂直迁移 diurnal vertical migration
又称"昼夜垂直移动"。动物依日周期在垂直方向上的短距离迁移。

07.0203 迁徙 migration
哺乳类或鸟类大规模、持续地远距离迁移的现象。

07.0204 昼夜迁徙 diurnal migration
动物在迁徙途中，白天和夜晚都进行迁徙活动的现象。

07.0205 迁飞 migration
特指飞行鸟类或昆虫大量、持续地远距离迁移的现象。

07.0206 迁飞路线 fly route
飞行鸟类或昆虫在迁飞过程中的具体线路。

07.0207 产卵场 spawning ground
一些水生动物集中产卵的水域。具有动物产卵所需要的理化和生物条件。

07.0208 越冬场 overwintering ground
一些水生动物冬季集群栖息的水域。

07.0209 索饵场 feeding ground
一些水生动物集群觅食育肥的水域。

07.0210 洄游 migration
一些水生动物大规模、周期性的定期、定向地从一个水域到另一个水域集群迁移的现象。通常根据生命活动过程中适应繁殖、索饵或越冬的需要，可分为产卵洄游、索饵洄游和越冬洄游。

07.0211 产卵洄游 spawning migration
又称"生殖洄游（breed migration）"。一些水生动物性成熟临近产卵前离开越冬场或索饵场沿一定路线和方向到产卵场的集群迁移。按洄游的方向可分为溯河洄游和降海洄游。

07.0212 溯河洄游 anadromous migration
一些水生动物在海洋中生长、性成熟时到淡水水域产卵繁殖的洄游。

07.0213 降河洄游 catadromous migration
又称"降海繁殖"。在淡水中生长的鱼类性成熟时到海洋产卵繁殖的集群迁移。

07.0214 索饵洄游 feeding migration
又称"取食洄游"。一些水生动物从越冬场和产卵场到饵料生物丰富的索饵场的集群迁移。

07.0215 越冬洄游 overwintering migration
又称"季节洄游（seasonal migration）"。鱼类离开索饵场到温度、地形适宜的越冬场的集群迁移。

07.0216 溯河产卵鱼 anadromous fish
在海洋中生长，成熟后上溯至江河中上游繁

殖的鱼类。

07.0217　降河产卵鱼　catadromous fish
在淡水中生长、性成熟时到海洋产卵繁殖的集群迁移的鱼类。

07.0218　群游　swarm
水生无脊椎动物成体或幼体漂浮聚集在水面的现象。

07.0219　飞航　ballooning
蜘蛛等小型无脊椎动物通过蛛丝等借助风力在空中移动飞行的现象。

07.0220　候鸟　migrant, migrant bird
随季节不同周期性进行迁徙的鸟类。

07.0221　冬候鸟　winter migrant
冬季在南部较暖地区过冬，次年春季飞往北方繁殖，幼鸟长大后，正值深秋，又飞回原地区越冬的鸟。如天鹅。

07.0222　夏候鸟　summer migrant
春季或夏季在某个地区繁殖，秋季飞到较暖的地区去过冬，第二年春季再飞回原地区繁殖的鸟。如家燕。

07.0223　留鸟　resident bird
长期栖居在生殖地域,不做周期性迁徙的鸟类。

07.0224　漂鸟　wandering bird
除留鸟和候鸟外，还有一些为适应季节性取食或者繁殖需要，在不同区域间、短距离迁移的鸟类。常因气候和食物的关系进行不同生境的移动。

07.0225　旅鸟　passing bird
迁徙中途经某地区，而又不在该地区繁殖或越冬的鸟。

07.0226　导航　navigation
动物利用环境参照物、太阳、星辰、磁场等引导长短距离的定向运动。

07.0227　定向　orientation
动物对外界刺激做出的在空间和时间上控制其方向和姿态的反应。

07.0228　回声定位　echolocation
某些动物能通过发射声波，利用折回的声音来定向的方法。

07.0229　生物发光　bioluminescence
某些生物体内通过化学反应产生光的现象。如萤火虫的萤光素经萤光素酶的激发而发射可见光。

07.0230　发光生物　luminous organism
自身具有发光器官、细胞（包括发光的共生细菌），或具有能分泌发光物体腺体的海洋生物的总称。

07.0231　信息素　pheromone
生物产生和释放的一些能引起同种其他个体产生特定行为或生理反应的信息化学物质。如昆虫释放的信息素。

07.0232　种间信息素　allomone
生物释放的一些能引起他种生物产生对释放者有利反应的信息化学物质。

07.0233　释放信息素　releaser pheromone
生物产生和释放的一种信息化学物质。这类信息化学物质可以引起接受者立即表现出特有的行为和生理反应等。

07.0234　引发信息素　primer pheromone
与释放信息素相对应的一组信息素。这类信息化学物质作用在接受者时，接受者需要较长的时间才显现特定行为和生理反应。

07.0235 踪迹信息素 trail pheromone, trail substance
某些昆虫在采食等活动中沿途留下标记其行踪的信息化学物质。对其同伴有引导作用。

07.0236 警戒信息素 alarm pheromone
昆虫等释放的，向同种其他个体报告敌情的信息化学物质。

07.0237 [信息素]作用区 active space
一种信息素或其他激发行为因素集中的区域。当浓度达到一定程度时引起行为反应发生。

07.0238 敏感性 sensitivity
有机体对某些低剂量的化学物质或其他物理因子能迅速地引起反应的特性。

07.0239 颜色适应 color adaptation
在一种颜色背景或黑暗中长时间停留后，其感受性就发生变化的一种适应现象。如注视一块红色半分钟，再注视灰色背景，色觉就发生变化。

07.0240 性状趋同 character convergence
没有亲缘关系的物种之间产生相似的形态或行为的现象。

07.0241 替换活动 displacement activity
当动物面临冲突情境时，常会选择做一些和任何待选目标都无关的动作。如一条雄性刺鱼向雌鱼求婚时突然游回巢中，并表现出照料幼仔扇风动作。

07.0242 模仿 imitation
又称"观摩学习（empathic learning, observation learning）"。动物自觉或不自觉地重复其他个

体行为的过程。是社会学习的重要形式之一。

07.0243 修饰 grooming, preening
又称"梳理"。动物个体为自己或同种其他个体的皮肤、毛发、羽毛等进行清理或整理的行为。具有清洁、驱虫或社交等功能。

07.0244 自修饰 self grooming
动物个体对自己的皮肤、毛发、羽毛等进行清理或整理的行为。

07.0245 他修饰 allogrooming
动物个体为群内其他个体的皮肤、毛发、羽毛等进行清理或整理的行为。

07.0246 觅食对策 foraging strategy
又称"觅食策略"。动物为获得最大的觅食效率采取的各种方法和措施。

07.0247 摄食 ingestion
动物将食物和其他物质摄入体内的过程。

07.0248 群体猎食 group predation, social predation
捕食者集群合作猎捕比它们体型大的猎物的过程。

07.0249 杀婴现象 infanticide
成年动物杀死同种未成年个体的行为。

07.0250 生物防御 biological defense
生物通过反捕食对策、免疫系统等来保护自己并提高生存力的适应方式。

07.0251 群体防御 group defense
又称"集体防御"。身体较大或具有专门防御武器的动物常常靠几个或更多个体联合一致地行动共同抵挡捕食动物进攻的现象。

07.0252　稀释效应　dilution effect
个体生活所在的群体越大，群体中每一个个体被猎杀的机会越小的现象。

07.0253　报警鸣叫　alarm call
当捕食动物接近一个鸟类和哺乳动物的群体时，群体中首先发现捕食者的个体所发出的叫声。对其功能存在各种解释，一般认为报警鸣叫是一种利他行为。

07.0254　隐蔽　crypsis
动物的一种避免被捕食的方法。通过伪装使得其身体与背景环境相似或模拟枯叶、竹枝和鸟粪等，难以被捕食者识别。

07.0255　保护色　protective coloration
动物适应栖息环境而具有的与环境相适应色彩的现象。属于隐蔽的防御方法。

07.0256　警戒色　warning coloration, aposematic color
很多有毒和不可食的动物（尤其是昆虫）具有的鲜艳夺目的体色。鲜艳夺目的色型对捕食者可以起到警告和广告的作用，可减少被捕食的风险。

07.0257　警戒态　aposematism
向捕食者发出自己是不可食的警告信号，从而避免被捕食的一种反捕食适应对策。

07.0258　拟态　mimicry
动物在外形、姿态、颜色、斑纹或行为等方面模仿他种有毒和不可食生物以躲避天敌的现象。主要包括贝氏拟态和米勒拟态两种类型。

07.0259　贝茨拟态　Batesian mimicry
又称"贝氏拟态"。拟态的一种类型。一个无毒可食的物种在形态、色型和行为上模拟一个有毒不可食的物种，从而获得安全上的好处。

07.0260　米勒拟态　Müllerian mimicry
曾称"缪勒拟态"。拟态的一种类型。不可食程度较弱或弱毒的物种在形态、色型和行为上模拟一个强烈不可食、强毒性物种，从而共同分担捕食风险的现象。

07.0261　种内拟态　automimicry
同种群体中某些个体因食物原因不合天敌口味而使后者不加害其他个体的现象。

07.0262　栖息地选择　habitat selection
又称"生境选择"。动物对生活地点类型的偏爱。可使动物只生活在某一特定环境中，这有利于动物积累生活经验和表型的定向改变。

07.0263　出生扩散　natal dispersal
年幼的动物从其出生地迁移到其第一次生殖地的过程。

07.0264　迁出　emigration
生物个体从原栖息场所或原种群中分离出去的单方向移动。

07.0265　迁入　immigration
生物个体进入新种群的单方向移动。

07.0266　越冬场所　hibernaculum
用叶或其他物质所构成的被盖物，或自然环境中可隐蔽利于动物度过冬季的场所。

07.0267　婚配制度　mating system
又称"交配体制""配偶制"。种群内婚配的各种类型。婚配包括如何获得配偶、配偶的数目、配对联系的特征、配偶的持续时间，以及每一性别对后代的抚育等。

07.0268　单配[偶]制　monogamy
繁殖个体在其一生或某繁殖季节仅与一个配偶交配的现象，即一雄配一雌的交配体制或一雌一雄制。

07.0269　多配[偶]制　polygamy
有两个或两个以上配偶，但后者均不与其他异性交配的现象，即一雄配多雌的交配体制或一雌多雄制。在哺乳动物中常见。

07.0270　一雄多雌制　polygyny
多配制中的一种交配模式。一个雄体同时或先后快速地与多个雌体交配。

07.0271　一雌多雄制　polyandry
多配制中的一种交配模式。一个雌体同时或先后快速地与多个雄体交配。

07.0272　混交制　promiscuity
无论雌雄都可以与一个或更多个异性交配，而不形成相对稳定的婚配关系。

07.0273　后宫群　harem
又称"眷群""闺房群"。一雄多雌制哺乳动物中，一只雄兽在生殖期所占有并保卫的一群雌兽。

07.0274　同征择偶　assortative mating
又称"选型交配"。个体选择与自己基因型或表型相似的个体进行交配的方式。进化中如果个体间长期同征交配，则最终可能导致两类型之间的生殖隔离，并发展成两个不同的种。

07.0275　异征择偶　disassortative mating
又称"非选型交配"。个体选择与自己不同的基因型或表型的个体进行交配的方式。可以避免发生近交并有利于增加后代的遗传多样性。

07.0276　求偶　courtship
寻求配偶的行为。可能相当简单，只需通过嗅觉、视觉、听觉的刺激即可完成，也可能相当复杂，需通过若干形式的通信交流方能完成。凡有两性区别的动物都需要有求偶行为，其最终目的是导致子代的产生。

07.0277　炫耀　display
繁殖期动物个体以表情、动作、鸣叫和气味向同种其他个体尤其是配偶发出信息，意在引起其他个体的行为改变，特别是引起配偶的注意并激发性活动，从而实现配对、筑巢、孵卵、育雏等一系列繁殖过程。具有通信功能，包括行为炫耀、声音炫耀和气味炫耀等。如鸟类的特殊鸣叫或姿态。

07.0278　发情　rut
性成熟的动物在特定季节表现的生殖周期现象。雌性在生理上表现为排卵，准备受精和怀孕，行为上表现吸引和接纳异性；雄性常表现求偶、炫耀，攻击同性等行为。

07.0279　婚舞　nuptial dance
某些鱼类、鸟类等在繁殖高潮前进行的舞蹈式求偶行为。

07.0280　求偶场　lek
动物每年生殖季节进行集体求偶的固定场所。常指一个物种的两个或多个雄性聚集于某个地方，通过不同类型的炫耀表演或演示，以达到求偶交配这一目的的场所。在鸟类和哺乳动物中最常见。

07.0281　性吸引力　sexual attraction
基于性欲或唤起性趣质量的吸引力。是个体吸引异性个体的性趣的能力，并且是性选择或配偶选择的因素。吸引力可以是个体的体型或其他品质和特点（如声音、气味等）。可能受个人遗传、心理或环境因子的影响。

07.0282 亲代抚育 parental care
亲代对子代的保护、照顾和喂养。包括一切有利于子代生存的活动。是为了增加后代的生存和繁殖能力，并减少双亲对未来后代的投资。

07.0283 异亲抚育 alloparent care
对一个非直接遗传后代幼仔的父母照顾和喂养。异亲抚育的对象有可能是同胞或半胞子妹或孙辈，甚或是没有任何亲缘关系的异种子代。包含了不同程度和范围内的动物群和社群结构的育幼系统,其涉及的双亲-幼仔关系涵盖种内和种间个体间的合作繁殖、联合育雏、互惠和寄生等关系。

07.0284 交哺 trophallaxis
社会性昆虫种内或种间的液体食物的相互交换，并借以传达有关信息的现象。

07.0285 本能行为 instinctive behavior
生物在进化过程中形成的可遗传的复杂反射或反射链。

07.0286 亲敌现象 dear enemy phenomenon, dear enemy effect, dear enemy recognition
两只相邻占有领域的动物在边界确定后表现出攻击行为减少的行为学现象。

07.0287 引离[天敌]行为 distraction display, diversionary display, paratrepsis
用来引开捕食者的行为对策。通常是亲体把捕食者引离巢穴或幼体的行为。

07.0288 对抗行为 agonistic behavior
同种个体为争夺资源而发生的冲突和战斗。包括攻击、退却和威吓等。

07.0289 缓冲对抗行为 agonistic buffering behavior
一些动物个体在种群内发生冲突时会对幼体产生缓冲保护的一种行为。

07.0290 进攻性 aggressiveness
对其他个体发起的明显具有毁坏或对社群关系不好的行为倾向。

07.0291 产卵 oviposition
卵生动物将卵从母体中排出的过程。

07.0292 孵化 hatching
卵生动物的受精卵在一定的环境条件下（包括温度和湿度），经过一系列的胚胎发育，破卵膜孵出幼体的过程。

07.0293 孵化期 hatching period
卵生动物的受精卵在一定的环境条件下（包括温度和湿度），经过一系列的胚胎发育，破卵膜孵出幼体所持续的时间。

07.0294 孵化率 hatching rate
卵生动物孵化出的幼体数占受精卵总数的百分比。

07.0295 羽化 eclosion, emergence
多指完全变态的昆虫脱去蛹壳或者不完全变态的幼虫最后一次脱皮而变为成虫的过程。

07.0296 [世]代 generation
动物从胚胎或卵离开母体到性成熟成体并开始繁殖为止的发育周期。

07.0297 幼体 juvenile
许多无脊椎动物和鱼类、两栖类、爬行类脊椎动物胚后（早期）外部形态和习性不同于成体的发育阶段。鸟类和哺乳类常指胚后处于需要双亲抚育的发育阶段。

07.0298　亚成体　subadult
动物幼体到成体之间的过渡时期、与成体相似但性腺尚未成熟的发育阶段。

07.0299　成体　adult
动物的体型达到稳定，性腺成熟能够繁殖的阶段。

07.0300　早成性　precocialism
鸟类、兽类等孵化或胚胎产出后，身体体毛完备，即能随亲体活动的特性。

07.0301　晚成性　altricialism
动物孵化或胚胎出壳时身体裸露，须留在窝巢中由亲体哺育的特性。

07.0302　早成雏　precocies
常指鸟类中孵化出壳时已体被羽毛，待水分干后即能随亲鸟活动觅食的鸟雏。

07.0303　晚成雏　altrices
常指鸟类中孵化出壳时身体裸露无羽，须留在窝中由亲鸟哺育的鸟雏。

07.0304　幼态延续　neoteny
发育过程中已达到性成熟的个体仍保留有幼体性状的现象。

07.0305　气味　odor
动物发出的一种或多种挥发性化合物引起的味道。通常浓度很低，常是许多动物化学通信的一种信息。

07.0306　信号　signal
动物用于交流信息的形态特征、行为方式、化学物质及声音等。

07.0307　[信号]释放者　releaser
动物交往过程中一个个体能通过视觉信息（如颜色、形状等）、听觉信息（发声）和化学信息（信息素），或某种行为型和身体的体态（如求偶威胁活动），引起其他个体特定反应的身体特征或行为。

07.0308　通信　communication
通过使用相互理解的信息和信息规则从一个个体或群体传递到另一个个体或群体的行为。涉及的步骤常包括通信动机的形成、信息编码（如嗅觉、视觉、味觉等）、信息组成、信息传输、受体动物的信息解码和决策等。

07.0309　群体通信　mass communication
信息的大规模传授和广泛的交流。

07.0310　独居　solitary
动物除交配和抚育幼崽之外的绝大多数生活史时期，不与同种其他个体共同生活的现象。

07.0311　群居　group, colony, social
（1）广义指同种生物的个体在特定的环境空间和特定时间内三个以上的个体居住生活在一起的现象。与独居相对应。（2）狭义常指许多相同世代的个体使用共同的巢，但无共同育幼的行为。

07.0312　社会行为　social behavior
动物群体里个体间的相互作用所表现的各种行为方式。即群体内部形成一定的组织，成员之间有明确分工，有的还形成等级。

07.0313　社会组织　social organization
同种动物个体共同生活在一起通过相互作用形成的群体结构。

07.0314　社会网络　social network
动物个体或群体之间因为交往而形成的相

对稳定的关系体系。社会网络中个体或群体通常作为关系体系的节点，其彼此间的社会交往可以通过量化为不同粗细的连线反应社会关系的强弱，以此将个体或群体连接起来。

07.0315 社会等级 social hierarchy
动物群体中各个动物的地位具有一定顺序的等级现象。

07.0316 联属关系 bonding
反映动物彼此间亲密程度的一种现象。

07.0317 伴侣联属 pair bonding
一些动物中在异性个体配偶选择，或者某些情况下同性配对社会交往过程中形成的一种具有排他性的，强亲和力的联属关系。

07.0318 优势序位 dominance hierarchy, dominance order, dominance system
依据个体在社群中的优势程度由高到低所排列的顺序。

07.0319 社群化 socialization
个体在特定的社群生活环境中，通过各种学习行为调整自己的适应性并积极作用于社群生活的过程。是动物个体和社群相互作用的结果。

07.0320 社群性 sociality
动物种群中的个体倾向于在社会群体中形成合作社会的程度。

07.0321 真社群性 eusocial
动物社群性高度组织化的现象。通常其社群组织以共同育幼、生殖阶级化、世代重叠为

构架。

07.0322 准社群性 quasisocial
动物社会性相对组织化的现象。通常其社群组织中仅显示多个相同世代的个体合作建巢，且共同育幼但不具有生殖阶级和劳务工作明显分化。

07.0323 社群稳态 social homeostasis
社会性昆虫群落的一种现象，即群落中群体的集体活动维持着群体环境。

07.0324 母系社群 materilineal society
社群组织建立在母系血缘关系上，社群主要成员及社群等级以母系成员序列为主，雌性成员在社群中处于核心地位。

07.0325 父系社群 patrilineal society
社群组织建立在父系血缘关系上，社群主要成员及社群等级以父系成员序列为主，雄性成员在社群中处于核心地位。

07.0326 行为多型 polyethism
社会性昆虫中不同等级个体各司其职，分工完成群体社会各项工作的行为。是许多社会性动物普遍存在的现象，通过生殖、劳动、防卫等年龄品级或个体的分化，使不同个体专注于特定工作，不仅可提高工作效率，还强化了不同个体之间的依存度，形成以家族为核心的社群组织或超级生物体，并维持社群内的和谐及整体效率。是真社会性动物的标志性特征，也是其社会性发展进化的主要途径。

07.0327 个体间距 individual distance
通常指动物个体在空间分布位置之间的距离。

07.03 种群生态学

07.0328 种群 population
占有一定地域（空间）的一群同种个体的自

然组合。

07.0329 局域种群 local population, endemic population

又称"亚种群（subpopulation）"。某一特定生境或局部条件的某一种动物的所有个体。

07.0330 集合种群 metapopulation

又称"异质种群"。由空间上互相隔离，但功能上又有联系的若干局域种群通过扩散和定居而组成的种群。

07.0331 种群分布型 distribution pattern of population

组成种群的个体在其生活空间中的位置状态或布局。一般有三种类型：均匀分布、随机分布和集群分布。

07.0332 种群密度 population density

单位面积或空间中同种生物个体的数量或重量。

07.0333 饱和密度 saturation density

特定环境中所能容纳的最大个体数。超越这一密度种群数量将不会增长。

07.0334 最低密度 minimum density

种群需要用以繁殖、弥补死亡个体的最小的个体数。低于这个密度，种群就难以保存。

07.0335 最适密度 optimum density

种群增长处于最佳状态的密度。

07.0336 生态调查法 ecological survey method

为掌握区域生态环境乃至生物圈内动植物现状（或包括其他微生物种群）与分布进行的统计学研究方法。

07.0337 取样 sampling

又称"抽样"。从预研究的总体（全部样品）中抽取一部分样品进行研究并对整体进行估计的过程。

07.0338 样方 quadrat, sample plot

动物区系研究中用于调查和采集样本的有限面积的样地。

07.0339 样点 sampling site

在研究区域取样时选择的位置或地点。

07.0340 样线法 line transect

在某个群落内或者穿过几个群落取一直线（或曲线），沿线记录所遇到的动物的调查方法。

07.0341 样带法 belt transect

在某个群落内或者穿过几个群落取一条带状区域，测量记录样带中动物的调查方法。

07.0342 环志 banding, ringing

在动物身体上佩带刻有特定标记的金属或塑料环，用以观察研究其活动规律的一种方法。

07.0343 标记重捕法 marking-recapture method, tagging-recapture method

又称"标志重捕法"。在调查某地段中，捕获一部分个体进行标记，然后放回，经一定期限后进行重捕的方法。根据重捕中的标记个体数的比例，估计该地段中个体的总数。

07.0344 去除取样法 removal sampling

在一个封闭的种群中，随着连续地捕捉，种群数量逐渐减少，通过减少种群的数量，来估计种群大小的方法。假定种群的数量是稳定的，每一动物的受捕率不变，对动物进行随机取样捕获，并去除，连续捕获若干次，种群因被捕获而减少，则逐日捕获的个体数与捕获积累数呈线性关系，回归线与 X 轴相交点即为种群的大小。

07.0345 野生动物无线电遥测 wildlife radio telemetry
利用无线电波等遥测技术跟踪研究动物运动和行为的方法。

07.0346 种群统计 demography
对种群密度以及出生、死亡、迁入、迁出、性比、年龄结构等参数进行的分析研究。

07.0347 种群分析 population analysis
通过数据或模型模拟确定种群多度和分布及其与生态因子动态关系的统计学研究。

07.0348 有效种群分析 virtual population analysis, VPA
又称"实际种群分析"。估算种群死亡和资源数量关系的方法。多用于渔业生产。

07.0349 种群生存力分析 population viability analysis, PVA
通过数学模型模拟确定物种在未来某一人为限定时间段内灭绝风险的方法。多用于识别以物种为中心的重要生态学过程,预测灭绝概率,找出致危因素,为制定有效的保护管理措施提供科学的建议和支持。

07.0350 年龄结构 age structure
又称"年龄分布(age distribution)"。种群内各种年龄个体的比例。

07.0351 性比 sex ratio
种群中雄性和雌性个体数量的比例。一般用相对于100个雌性个体的雄性个体数来表示。

07.0352 性比偏斜 biased sex ratio
种群中性别比例明显偏向于某种性别的现象。

07.0353 年龄锥体 age pyramid
又称"年龄金字塔"。一种分析种群年龄结构,定性预测未来种群发展有用的方法。用从下到上的一系列不同宽度的横柱做成的图。从下到上的横柱分别表示由幼年到老年的各个年龄组,横柱的宽度表示各年龄组的个体数或所占的百分比。

07.0354 生命表 life table
系统描述同一时间阶段中出生的生物在种群中死亡(或存活)过程的一览表。通常可以分为动态生命表、静态生命表和图解生命表。

07.0355 动态生命表 dynamic life table
又称"特定年龄生命表(age-specific life table)""水平生命表(horizontal life table)""同生群生命表(cohort life table)"。根据观察一群同一时间出生的生物的死亡或存活动态过程而获得的数据来编制的生命表。

07.0356 静态生命表 static life table
又称"特定时间生命表(time-specific life table)""垂直生命表(vertical life table)"。根据某一特定时间,对种群做一个年龄结构的调查,并根据其结果而编制的反应生物在种群中死亡或存活状态的生命表。

07.0357 图解生命表 diagrammatic life table
描述生活史比较复杂的物种(如变态发育的昆虫)种群生死过程的一种生命表。可以反映复杂生活史各阶段的生死过程。

07.0358 关键因子分析 key factor analysis
根据某害虫连续多年的自然种群生命表资料,用图解法分析各致死因子中最能解释总致死力变化因子的方法。

07.0359　死亡率曲线　mortality curve
描述同期出生的生物种群个体死亡过程与其年龄关系的曲线。

07.0360　存活曲线　survivorship curve
描述同期出生的生物种群个体存活过程与其年龄关系的曲线。

07.0361　生殖力　fecundity
雌性动物产生后代多寡的能力。通常用单雌平均产卵量或产仔数表示。

07.0362　窝　clutch, brood
鸟类或哺乳动物一次产的卵或产的仔。

07.0363　窝卵数　clutch size
鸟类或哺乳动物一次生殖中的产卵数或产仔数。其大小是对各自生态条件适应的结果。

07.0364　胎仔数　litter size
胎生动物一次产仔的个体数。

07.0365　出生率　natality, birth rate
泛指任何生物产生新个体的能力。通常用单位时间内新生个体的变化量。

07.0366　最大出生率　maximum natality
动物种群处于理想条件下（即无任何生态因子的限制作用，生殖只受生理因子所限制）的出生率。

07.0367　生态出生率　ecological natality
又称"实际出生率（realized natality）"。动物种群在特定环境条件下实际的出生率。

07.0368　特定年龄[组]出生率　age-specific natality
某一年龄组平均每个雌体在单位时间内的产雌率。

07.0369　存活率　survival rate
单位时间内个体存活数占初始个体数的比例。

07.0370　繁殖成效　reproductive success
描述基因传递给下一代的方式或结果。通常可以用个体产生可繁殖后代的个体数量来表示。

07.0371　繁殖潜力　biotic potential, reproductive potential
某种动物个体在最优环境条件下进行繁殖的相对能力或性能。是理论上的或最大的出生率。

07.0372　死亡率　mortality, death rate
动物种群中单位时间内，死亡的个体数占初始种群总个体数的比例。

07.0373　生命期望　life expectancy
一个群体中进入某一龄期的个体，平均还能活多长时间的估计值。

07.0374　种群增长　population growth
在一定条件下建立的种群随时间进程而逐渐增大的过程。

07.0375　指数增长　exponential growth
在食物和空间等条件充裕、气候适宜、没有敌害等理想条件下，种群的增长率不变，数量会连续增长，即呈几何级数增长。大致呈现 J 形曲线。

07.0376　逻辑斯谛增长　logistic growth
又称"阻滞增长"。一种简单的增长率随种群大小而变化的连续增长。当种群在一个有限的环境中增长时，随着种群密度的上升，个体间由于有限的空间、食物和其他生活条件而引起的种内斗争必将加剧，以该种群生物为食的捕食者的数量也会增加，这就会使这个种群的出生率降低，死亡率增高，从而使种群数量的增长率下降。当种群数量达到环境条件所允许的最大值时，种群增将停止增长。大致呈现 S 形曲线。

07.0377　种群增长曲线　population growth curve
描述种群增长速率的曲线。

07.0378　环境容纳量　carrying capacity
又称"负载力"。一个环境条件所允许的最大种群数量。用 K 表示。

07.0379　环境适度　fitness of environment
环境资源对有机体生存的适合程度。

07.0380　环境抗性　environmental resistance
阻碍生物生长潜力充分发挥的所有环境因子作用的总和。

07.0381　拥挤效应　crowding effect, congestion effect
根据逻辑斯谛种群增长模型，种群数量每增加一个个体，其抑制性定量就是 $1/K$（K 为环境容纳量），该抑制性的影响效果。

07.0382　增长率　rate of increase
单位时间内种群增长数与种群总数量之比。

07.0383　周限增长率　finite rate of increase
生物种群在一定条件下经过单位时间后的增长倍数。常用"λ"表示。与瞬时增长率的关系是 $\lambda=e^{r}$。

07.0384　瞬时增长率　instantaneous rate of increase
种群在任意小的时间段内的增长率。是连续的和瞬时的，常用"r"表示，瞬时增长率（r）和周限增长率（λ）的关系为：$r=\ln\lambda$。

07.0385　内禀增长率　intrinsic rate of increase
又称"内禀增长力（innate capacity for increase）"。在特定条件下，具有稳定年龄组配的种群不受其他因子限制时的最大瞬时增长率。

07.0386　种群限制　population limitation
使种群数量减少或不至于出现过度上升的过程。

07.0387　种群周转　population turnover
种群个体全部更新的过程。

07.0388　饱和种群　asymptotic population
种群数量或密度达到环境容纳量时的种群。

07.0389　有效种群大小　effective population size
种群中能将其基因连续传递到下一代的个体平均数。即在一个理想群体中，在随机遗传漂变影响下，能够产生相同的等位基因分布或者等量的同系繁殖的个体数量（Ne）。它是很多群体遗传学模型中的基本参量，通常小于绝对的种群大小（N）。

07.0390　最小可生存种群　minimum viable population
以一定概率存活一定时间所需的最小种群大小，或者在一定的时间内保持一定遗传变异所需的种群大小。前者关注种群统计学的效应，后者注重种群遗传学的影响。

07.0391　种群暴发　population outbreak
某一地区某种生物种群数量在短时期内迅速增长的现象。

07.0392　种群崩溃　population crash
种群暴发后，往往出现个体的大批死亡，导致种群数量剧烈下降的现象。

07.0393 种群衰退 population depression
因环境条件恶化导致种群数量持续减少的现象。

07.0394 种群平衡 population equilibrium
种群较长期地维持在几乎同一水平的现象。常是种群死亡率和出生率以及迁入率和迁出在一定时期维持相同水平导致的结果。

07.0395 同生群 cohort
同一时间段中出生的动物。用于种群统计学。

07.0396 种群动态 population dynamics
种群大小或数量、遗传结构或年龄结构在时间和空间上的变化。

07.0397 种群波动 population fluctuation
种群数量随机或有规律变动的现象。

07.0398 季节性波动 seasonal oscillation
生活在中、高纬度地区的许多动物，其数量在夏季和冬季之间呈现大幅度变化的现象。

07.0399 年波动 annual oscillation
种群数量以年为周期变动的现象。

07.0400 种群调节 population regulation
当种群偏离平衡密度时，使种群回到原来平衡密度的过程。

07.0401 社会选择 social selection
一种基于生殖交易和社会行为进化与发展两个层面的自然选择模式。该理论中生殖交易指一个生物体向另一个生物体提供援助以换取获得生殖机会的情况。行为方面涉及合作博弈论和社会群体的形成，以最大化后代的繁殖成功。

07.0402 亲缘选择 kin selection
一种在基因水平上的自然选择。是选择广义

适合度最大的个体，个体的行为有利于其亲属的存活和繁殖能力的提高，并且亲属个体具有某些同样的基因，个体将忽略其的行为是否对自身的存活和生殖有利。

07.0403 生态对策 ecological strategy
又称"生活史对策（life history strategy）"。物种在生存斗争中基于不同环境限制下获得的生存对策。可以反映生物生活史过程中形态、生理及行为模式及其进化趋向，是生物种对生态环境总的适应对策，必然表现在各个方面。

07.0404 K 选择 K-selection
在相对稳定环境中生活的生物，通过自然选择，向着降低繁殖力和母体哺育后代的方向发展的选择。K 指环境容纳量。

07.0405 r 选择 r-selection
在严酷的不稳定环境中生活的生物，通过自然选择，向着增大繁殖力、母体不哺育后代的方向发展的选择。r 指生物内在的自然增殖速率。

07.0406 K 对策 K-strategy
生态对策的一种。即采用发育慢、高竞争力、生殖开始迟，体型大、数量稳定和寿命长的适应策略。采用 K 对策的生物通常具有生活史较长，个体较大，产卵力和增殖率低等特点，一般更为适应比较稳定或较有规律的环境。

07.0407 r 对策 r-strategy
生态对策的一种。即采用出生率高，寿命短，个体小，一般缺乏保护后代的机制，竞争力弱，但一般具有很强的扩散能力。采用 r 对策的生物通常具有生活史短，个体小，产卵力和增殖率高等特点，一般更为适应动荡而不稳定的环境。

07.0408　*r*灭绝　*r*-extinction
生物种群未接近饱和种群的水平时便灭绝的现象。

07.0409　动物社群　animal society
同种动物个体共同生活在一起，通过社会等级、领域行为和社会分工而相互作用形成的群体组织。

07.0410　社群结构　social structure
群体形成过程中的个体数量、性别比例、年龄结构、亲缘结构以及繁殖结构的综合结果。

07.0411　社群压力　social stress
在群体生活中由群体环境产生的限制和应激效应。

07.0412　分群　colony fission
又称"分封（swarming, sociotomy）"。当群体密集后，就会有部分个体离开旧巢另做第二个新巢，形成的对等子群。

07.0413　优势者　dominant
群居性动物中，个体差异（包括行为和生理学水平方面产生差异）对食物或配偶等关键资源的均有优先利用权力者。

07.0414　从属者　subordinate
群居性动物中，对食物或配偶等关键资源利用被优势者排斥于外围，处于从属地位者。

07.0415　领域行为　territorial behavior
动物个体、家庭或其他社群单位所占据的、并保卫不让同种其他成员侵入空间的行为和现象。

07.0416　领域性　territoriality
动物个体、家庭或其他社群单位显示领域行为的现象。

07.0417　领域　territory
动物占有和保卫的巢区中，不让同种其他个体侵入的核心部分。是动物竞争资源的方式之一。

07.0418　巢区　home range
又称"家域"。能够保证动物个体或其家族的生活需要，并且动物经常地在该空间中进行日常活动的区域。

07.0419　物种入侵　species invasion
某些物种借助于自然或人为力量，到一个新地区并对当地物种产生某种影响的现象。

07.0420　集聚　aggregation
又称"聚生"。受环境资源吸引而形成的个体聚群现象。但同种个体暂时性地聚合在一起，其行动并无组织，也无协作的特点。

07.0421　竞争　competition
同种或不同种生物因争夺食物、空间等资源而发生的负面影响。分为种内竞争和种间竞争两种。

07.0422　种内竞争　intraspecific competition
同种个体间利用同一资源而发生的相互妨碍作用。

07.0423　种间竞争　interspecific competition
两种或更多种生物共同利用同一资源而产生的相互妨碍作用。

07.0424　竞争排斥　competition exclusion
生态位上相同的两个物种不可能在同一地区内长期共存，如果生活在同一地区内，由于激烈竞争，它们之间必然出现栖息地、食性、活动时间或其他特征上的生态位分化。

07.0425　竞争排斥原理　principle of competitive exclusion

又称"高斯原理（Gauss principle）"。1934年俄罗斯学者高斯（G. F. Gauss）通过实验观察提出的一个生态位一个物种的观点。即受资源限制的两个或多个具有相同资源利用格局的物种不能共存在一个稳定的环境中。如果生活在同一地区内，由于激烈竞争，它们之间必须要出现生境、食性、活动时间或其他特性上的分化。

07.0426　似然竞争　apparent competition

两个物种在共享共同捕食者的情况下，两物种可能都不受资源短缺的限制而是通过共同捕食者而产生的相互妨碍作用。

07.0427　合作　cooperation

又称"协作"。动物因某些共同、相互或潜在的利益而协同工作或共同行动的过程。

07.0428　共存　coexistence

具有相似生活要求或生态位的近缘种生活在同一地域内的现象。

07.0429　共生　symbiosis

不同生物生活在一起，相互之间直接或间接的不断发生某种联系的现象。可以因彼此间利益关系细分为共栖、互利共生和寄生等。

07.0430　偏利共生　commensalism

两个物种生活在一起，对一方有益，对另一方无利也无害的共生现象。

07.0431　互利共生　mutualism, mutualistic symbiosis

又称"互惠共生"。不同生物共同生活，双方互相依靠，彼此受益的种间相互关系。

07.0432　偏害共生　amensalism

两个物种生活在一起时，一个物种的存在可以对另一物种起到抑制作用，而自身却不受影响的共生现象。

07.0433　守护共生　phylacobiosis

两种生物共同生活，其中一种对另一中有某种保护作用的共生现象。

07.0434　利他行为　altruism

动物以降低自身的适合度为代价，来提高其他个体适合度的行为。

07.0435　他感作用　allelopathy

又称"[异种]化感作用""异种抑制作用"。生物（植物、微生物或昆虫等）分泌、释放的化学物质对其他生物生长发育产生的影响。

07.0436　他感化学物质　allelochemics

又称"异种化感物"。生物（植物、微生物或昆虫等）释放的，对其他生物生长发育产生影响，或能引起他种生物特定行为或生理反应的一类信息化学物质。

07.0437　捕食　predation

一种生物直接捕捉、吞食另一种生物而获取营养的现象。

07.0438　捕食者　predator

捕食其他生物的动物。

07.0439　猎物　prey

又称"被食者"。被捕食的生物。

07.0440　捕食模型　predator-prey model, prey-predator model

一类描述捕食者和猎物种群相互依赖和相

互作用的模型总称。其中最经典的捕食模型是"洛特卡–沃尔泰拉模型（Lotka-Volterra model）"。

07.0441　寄生　parasitism
一种生物寄居于另一种生物体内或体表，从而摄取营养以维持生命的现象。

07.0442　假寄生　pseudoparasitism
又称"偶然寄生（occasional parasitism）"。原营独立生活的生物偶然进入他种生物体内寄生的现象。

07.0443　拟寄生　parasitoidism
幼年期寄生于宿主体内，后期并将宿主杀死，成体营自由生活的现象。是介于寄生和

捕食之间的一种中间性种间相互关系。

07.0444　兼性寄生　facultative parasitism
寄生物既能在宿主体内或体表，也能不依靠宿主完成发育和（或）繁殖的现象。

07.0445　专性寄生　obligatory parasitism
寄生物在自然条件下必须在活的宿主上寄生才能正常生长发育并完成其生活史的现象。

07.0446　巢寄生　brood parasitism, inquilinism
动物生活在其他种类动物的巢中并得到巢主的保护和喂养，直到完成整个发育的现象。如杜鹃生活在其他种类的鸟巢中靠养父母把它养大，一些隐翅虫生活在蚂蚁巢中靠工蚁喂养。

07.04　群落生态学

07.0447　生物群落　biotic community, bio-community, biocoenosis
简称"群落（community）"。在相同时间聚集在一定地域或生境中所有生物种群的集合体。包括该地域中的动物、植物和微生物。

07.0448　动物群落　animal community, zoo-biocenose, zoocoenosis
特定生态系统中，在一定时间内某地域或生境中形成的各种动物种群组成的集合体。

07.0449　群落组成　community composition
一个群落的物种构成成分。

07.0450　群落成分　community component
组成一个群落的各类生物。

07.0451　优势种　dominant species
对群落其他种有很大影响而本身受其他种的影响最小的物种。通常在群落中具有最大

密度、体积和生物量的物种。

07.0452　常见种　common species
在群落中分布很广、出现频率高，但数量不如优势种大的种类。

07.0453　恒有种　constant species
能在80%以上的群落内出现的物种。

07.0454　指示种　indicator species
物种的生态幅狭窄而局限于某一群落或生境中，但能够反映某群落或生境特征和质量的变化，在数量、形态、生理或行为上有明显特征的物种。是对群落或生境有一定指示作用的物种。

07.0455　偶见种　incidental species
在群落中出现频率很低的种类。可能是由于环境的改变偶然侵入的种群，或群落中衰退的残遗种群。

07.0456　关键种　keystone species
对群落结构和功能有重要影响的物种。这些物种从群落中消失会使得群落结构发生严重改变，可能导致物种的灭绝和多度的剧烈变化。

07.0457　伴生种　companion species
在群落中经常出现，但不起主要作用的物种。

07.0458　机会种　opportunistic species
占据临时性栖息地，仅存活、生长有限世代的物种。一般是生活史较短、个体较小、散布能力强的物种。

07.0459　丰[富]度　richness
在某一区域或群落内，全部或某一类群生物的物种数量。

07.0460　多度　abundance
表示一个种群在群落中个体数目的多少或丰富程度的指标。

07.0461　均匀度　evenness, equitability
一个群落或生境中全部物种个体数目的分配状况。反映的是各个物种个体数目分配的均匀程度。

07.0462　优势度　dominance
某个种在群落中地位和作用的大小。但其具体定义和计算方法意见不一。法国学者布朗凯（J. Branquet）主张以盖度、所占空间大小或重量来表示优势度，并指出在不同群落中应采用不同指标。另一些学者认为盖度和密度为优势度的度量指标，也认为优势度即盖度和多度的综合或重量、盖度和多度的乘积等可作为优势度指标。

07.0463　种-面积曲线　species-area curve
用来描述一定地域内物种数目随着取样面积增大而增加的曲线图。生态岛屿理论中用来表示岛屿或生境片断中一定分类群的种数和面积关系的曲线。

07.0464　相似性　similarity
群落间或样方间的相似程度。

07.0465　相似性指数　similarity index, index of similarity
测量群落间或样方间相似程度的指标。

07.0466　分层现象　stratification
生态系统无论是生物还是非生物的空间结构具有明显层次的现象。

07.0467　同资源种团　guild
又称"功能团（functional group）"。以相似方式利用共同资源的物种集团。

07.0468　生态位　niche, ecological niche
每个物种在群落中的空间和时间上所占据的位置及其与相关种群之间的功能关系与作用。英国学者哈钦森（G. E. Hutchinson）1958年将生态位分为基础生态位和实际生态位。

07.0469　基础生态位　fundamental niche
在生物群落中，在没有竞争的前提下，一个物种所栖息的理论上最大的生态位。英国学者哈钦森（G. E. Hutchinson）1958年首先使用这术语，认为基础生态位实际上只是一种理论上的生态位，并用其来假定一个物种种群单独存在，无其他任何竞争环境资源的别的物种的干扰为前提，这种情况下生态位边界的设定只决定于物理和食物因子。

07.0470　实际生态位　realized niche
在生物群落中，当有竞争者存在时，物种占据基础生态位的一部分，即实际占有的这部分生态位。

07.0471　多维生态位　multidimensional niche
n 维资源空间中一个物种能够存活和增殖的范围。由英国学者哈钦森（G. E. Hutchinson）1957 年提出。

07.0472　生态位重叠　niche overlap
不同种生物对同一生态位的共享或对同一资源的共同利用。重叠程度可以反映两个或两个以上生态位相似的物种生活于同一空间时分享或竞争共同资源的激烈程度。

07.0473　生态位宽度　niche width
又称"生态位广度"。生物所利用的各种各样不同资源的总和。是生物利用资源多样性的一个指标。一个物种生态位越宽，该物种的特化程度就越小，也就是说它更倾向于是一个泛化物种；反之，则倾向于是一个特化物种。

07.0474　生态位分化　niche differentiation
在生态适应和进化过程中，两个生态上很接近的物种向着占有不同的空间（栖息地分化）、吃不同食物（食性上的特化）、不同的活动时间（时间分化）或其他生态习性上分化、以降低竞争的紧张度，从而使两种之间可能形成平衡而共存的过程。

07.0475　生态位分离　niche separation
同域分布的相似物种为了减少对资源的竞争而形成的在选择生态位上的某些差别的现象。表现为同一群落中的各种生物所起的作用明显不同，每一个物种的生态位都同其他物种的生态位明显分开。

07.0476　生态等价　ecological equivalence
又称"生态等值"。不同物种在不同地区相似的生态条件下具有相似的生态要求、相同的竞争力和相同生态功能的现象。

07.0477　群落交错区　ecotone
两个不同群落交界的区域。是不同群落之间的过渡区。

07.0478　边缘效应　edge effect
在群落交错区或生态过渡带中生物种类和种群密度增加的现象。

07.0479　中域效应　mid-domain effect
由于地理边界对物种分布构成限制，使不同物种分布区在区域中间重叠程度较大，而在边界附近重叠较少，从而形成物种丰富度从边界向中心逐渐增加的格局。

07.0480　关联系数　association coefficient
描述种间连接程度的指标之一。是通过一定方法计算出来并用来表示物种间的关联程度的数值。

07.0481　排序　ordination
近代群落生态学研究的一种方法。通过排序可以把很多实体（如森林的林分）作为点，并以属性为坐标轴，在一维或多维空间中，按其相似关系将它们排列起来。

07.0482　演替　succession
某一地段上群落由一种类型演变为另一类型的有顺序的更替过程。

07.0483　原生演替　primary succession
在原生裸地上开始的演替过程。

07.0484　次生演替　secondary succession
在原生植被已被破坏的次生裸地上发生的生物演替过程。

07.0485　生态演替　ecological succession
一定地区内，群落的物种组成、结构及功能随着时间进程而发生的连续的、单向的、有序的自然演变过程。

07.0486　进展演替　progressive succession
在未经干扰的自然条件下，生物群落从结构比较简单、不稳定或稳定性较小的阶段发展到结构更复杂、更稳定的过程。后一阶段比前一阶段利用环境更充分，改造环境的作用更强烈，导致物种个体数量增多、群落结构复杂化、群落生产力不断增强。

07.0487　退化演替　retrogressive succession
由于自然的或者人为的原因而使群落发生与原来演替方向相反的演替过程。群落结构趋于简化、群落生产力降低、物种种类减少、并出现了一些能够适应不良环境的种类。

07.0488　季相　aspection, seasonal aspect
种群或群落在一年中因不同物候进程而在不同季节里表现出来的不同结构和外貌特征。

07.0489　演替系列　sere, succession sequence
一个完整的演替过程中群落取代的序列。在特定地点顺序发生的一系列群落。

07.0490　原生演替系列　prisere
在原生裸地上开始的群落演替系列。

07.0491　次生演替系列　subsere
在次生裸地上开始的群落演替的全过程。

07.0492　先锋[物]种　pioneer, pioneer species
在群落演替过程中首先出现的、能够耐受极端局部环境条件且具有较高传播力的物种。

07.0493　顶极群落　climax community
在一定气候、土壤、生物、人为或火烧等条件下，演替最终形成的稳定群落。

07.0494　指示群落　indicator community
能表征某一生境所有因子的综合影响的群落。常被用来监测和评价群落环境质量的现状和变化。

07.0495　单顶极学说　monoclimax theory
美国生态学家克莱门茨（F. E. Clements）提出的一种群落演替学说。认为在一个气候区域内只有一种顶极群落，其他所有一切群落型都向这唯一的一种顶极群落发展。

07.0496　多顶极学说　polyclimax theory
英国生态学家坦斯利（A. G. Tansley）提出的一种群落演替学说。认为某一气候区域的物理环境远不是同一的，因此在该气候区域内的不同生境中就会有各种不同类型的顶极群落。

07.0497　顶极格局学说　climax-pattern theory
美国学者惠特克（R. H. Whittaker）提出的一种群落演替学说。认为在任何一个区域内，环境因子除气候外，还有土壤、生物、火、风等因素都是连续不断变化的，随着环境梯度的变化，顶极群落类型也连续地逐渐地变化，构成一个顶极群落连续变化的格局。

07.0498　原生群落　primary community
未受人类影响和改变之前就已存在的自然群落。

07.0499　次生群落　secondary community
原有群落遭到破坏后经过次生演替形成的群落。

07.0500　同质性　homogeneity
群落环境或生态系统的均匀性。

07.0501　异质性　heterogeneity
群落环境或生态系统的非均匀性。

07.0502　垂直分布　vertical distribution
群落垂直方向上的生物分布状态。

07.0503　水平分布　horizontal distribution
生物从一地向另一地的平面分布现象。

07.05　生态系统生态学

07.0504　生态系统　ecosystem
在一定空间范围内，所有生物（即生物群落）与其环境之间由于不断地进行物质循环和能量流动过程而形成的统一整体。是由生物群落和与之相互作用的自然环境以及其中的能量流过程构成的自然系统。

07.0505　生态系统性状　ecosystem trait
在群落尺度或生态系统尺度上能够体现生物（植物、动物和微生物等）对资源环境的响应和适应、群落繁衍和生产力优化的生态系统属性、能力和作用状态。是能被量化的生态学指数。即生态系统性状是由一系列植物群落性状、动物群落性状、微生物群落性状、土壤物理化学性状等共同组成，彼此之间相互作用和联系，共同维持生态系统的稳定和发展。

07.0506　生物地理群落　biogeocoenosis
由相互作用的生物群落（植物群落和动物群体）与地理环境（土壤和大气）所构成的相互作用，相互依存的统一体。最初由苏联植物生态学家苏卡乔夫（V. N. Sukachev）1944年提出，定义为一个地段内，动物、植物、微生物与其地理环境组成的功能单元。1965年在哥本哈根召开的国际学术会议上认定该词和生态系统是同义词。

07.0507　人工生态系统　artificial ecosystem
人类建立、干预或改造后形成的生态系统。

07.0508　生态系统发育　ecosystem development
生态系统从幼年期到成熟期的发育过程。

07.0509　生态能量学　ecological energetics
研究生态系统不同营养级之间能量转换的科学。

07.0510　生产者　producer
生态系统中能利用简单的无机物质合成为有机物质的生物。是自养生物。

07.0511　消费者　consumer
在生态系统中不能将简单无机物合成有机物质，而是直接或间接依靠生产者所制造的有机物质生存的生物。即一切异养生物，通常按照其食物来源可分为以植物为食的初级消费者和以动物为食的次级消费者。

07.0512　初级消费者　primary consumer
又称"一级消费者"。以自养生物为食物的动物。

07.0513　次级消费者　secondary consumer
又称"二级消费者"。主要以初级消费者为食的动物。

07.0514　顶级食肉动物　top carnivore
又称"三级消费者（tertiary consumer）"。以食肉动物为食的动物。通常是位于食物链最高营养级的物种。

07.0515　小型消费者　microconsumer
生态系统中营腐生生活的微生物。主要是细菌和真菌。

07.0516　大型消费者　macroconsumer
直接或间接以生产者为食物的动物。

07.0517　分解者　decomposer
以动植物残体、排泄物中的有机物质为生命活动能源，并把复杂的有机物逐步分解为简单无机物的生物。主要是细菌、真菌等微生物和一些无脊椎动物。

07.0518　腐食营养　saprotrophy
生态系统中以腐败的动植物遗体、遗物为资源而获得营养的方式。

07.0519　渗透营养　osmotrophy
生物体通过体表渗透吸收周围呈溶解状态的物质而获得营养的方式。

07.0520　无机化能营养　chemolithotrophy
在无机营养生物中，不进行光化学反应，而由化学暗反应获得能量的营养方式。

07.0521　营养结构　trophic structure
生态系统中生产者、各级消费者和分解者之间的取食和被取食的关系网络。

07.0522　食物链　food chain
又称"营养链（trophic chain）"。生态系统中生产者和各级消费者之间通过食与被食的关系而排列成的链状顺序。是生物之间食物关系的体现。

07.0523　捕食食物链　predatory food chain
又称"牧食食物链（grazing food chain）"。以活的绿色植物为基础，从食草动物开始的食物链。如小麦→蚜虫→瓢虫→食虫鸟。

07.0524　腐食食物链　detrital food chain
又称"碎屑食物链"。以死的动植物残体为基础，从真菌、细菌和某些土壤动物开始的食物链。

07.0525　营养级　trophic level
生物在生态系统食物链中所处的层次。通常是在生态系统的食物能量流通过程中，按食物链环节所处位置而划分的等级。

07.0526　食物网　food web
生态系统中根据能量利用关系，不同的食物链彼此相互联结而形成复杂的网络结构。可以形象地反映生态系统内各生物有机体间的营养位置和相互关系。

07.0527　下行控制　top-down control
又称"下行效应（top-down effect）"。生态系统中较低营养级生物的种群结构（如多度、生物量、物种多样性等）依赖于较高营养级物种（捕食者）的捕食能力大小制约的现象。1968 年由美国生态学家海尔斯顿（N. G. Hairston）等提出。

07.0528　上行控制　bottom-up control, down-up control
又称"上行效应（bottom-up effect）"。生态系统中处于较低营养级生物的密度、生物量等（食物资源）决定较高营养级生物的种群结构和规模的现象。

07.0529　生态锥体　ecological pyramid
用来描述群落或生态系统生产者的数量、能量或生物量等级变化，常形成一个金字塔状的锥体。是三者锥体的合称。

07.0530　数量锥体　pyramid of number
在一个群落或生态系统中，生产者的数量总是大于食草动物，食草动物的数量又大于食肉动物，而顶级食肉动物的数量，往往是最小的，由低到高制成图就成为一个金字塔形，故名。有时数量锥体呈倒置状。

07.0531　生物量锥体　pyramid of biomass
在一个群落或生态系统中，生产者的生物量，一般大于食草动物的生物量，食草动物的生物量一般又大于食肉性动物的生物量，由低到高制成图就成为一个金字塔形，故名。有时呈倒置状。

07.0532　能量锥体　pyramid of energy
在一个生态系统中能量通过营养级逐级减少，如果把通过各营养级的能流量，由低到高制成图就成为一个金字塔形，故名。

07.0533　辅加能量　energy subsidy
常指对一个生态系统补加除太阳能以外的其他能量（如水肥、农药等）。

07.0534　能量枯竭　energy drain
生态系统由于耗散和其他一些胁迫所引发能量极度耗尽的现象。

07.0535　生物生产力　biological productivity
单位面积、单位时间内生物群落所产生的有机物质总量。

07.0536　初级生产力　primary productivity
生态系统中植物群落在单位时间、单位面积上所产生有机物质的总量。

07.0537　次级生产力　secondary productivity
在单位时间内，各级消费者所形成动物产品的量。

07.0538　总初级生产力　gross primary productivity
单位时间、单位面积内绿色植物通过光合作用途径所固定的有机碳量。

07.0539　净初级生产力　net primary productivity
总初级生产力减去绿色植物在光合作用或化能合成作用的同时因呼吸作用所消耗的量，剩余的部分。

07.0540　能[量]流　energy flow
在一个生态系统中，从太阳能被生产者（绿色植物）转变为化学能开始，经过食草动物、食肉动物和微生物参与的食物链而转化，从某一营养级向下一个营养级过渡时部分能量以热能形式而失掉的单向流动。

07.0541　熵　entropy
系统中无序或无效能状态的度量。在信息系统中作为事物不确定性的表征。

07.0542　生物量　biomass
在一定时间内生态系统中某些特定组分在单位面积上所产生物质的总量。

07.0543　现存量　standing crop, standing stock
生态系统特定时刻全部活有机体的个体数量、重量（狭义的生物量）或含能量。现存的个体数量以 N 表示，现存的生物量以 B 表示。

07.0544　生产量　production
一定时间内某个种群或生态系统新生产出的有机体的数量、重量或能量。通常以 P 表示。

07.0545　净生产量　net production
个体、种群或群落所形成的有机物质总量扣除其呼吸消耗后所剩余的有机物质的总量。

07.0546　同化量　assimilation
某一营养级从外环境中得到的全部化学能。对生产者（一般为绿色植物）来说是指在光合作用中所固定的日光能，即总初级生产量；对于消费者（一般为动物）来说，表示消化管吸收的能量及呼吸消耗的能量；对分解者（一般为腐生生物）来说是指从细胞外吸收的能量。

07.0547　初级生产量　primary production
生态系统中自养生物通过光合作用将无机物质转化为有机物质的总量或贮存的总能量。

07.0548　总初级生产量　gross primary production, GPP
一定时间内自养生物把无机物质合成为有机物质的总数量或固定同化的总能量。包括同期间其呼吸引起的有机物质的消耗量。

07.0549　净初级生产量　net primary production, NPP
自养生物制造的总有机物减去其维持生命所消耗有机物后剩余的部分。

07.0550　次级生产量　secondary production
动物采食植物或捕食其他动物之后，经体内消化和吸收，把有机物质再次合成的总量。

07.0551　净次级生产量　net secondary production
消费者的个体或种群所形成的有机物质总量扣除其呼吸作用所消耗的量剩余的部分。

07.0552　最大持续产量　maximum sustained yield
在最大限度的开发、利用可再生资源的同时，在不减少种群大小时，可以从种群中获得个体的最大收获量。

07.0553　生态效率　ecological efficiency
又称"林德曼效率（Lindeman's efficiency）"。在生态系统中，$n+1$ 营养级所获得的能量占 n 营养级获得能量之比。即各营养级的生物在能量流动过程中的能量摄入或利用的比率，它相当于同化效率、生长效率和消费效率的乘积。

07.0554　同化效率　assimilation efficiency
植物吸收的光能占被光合作用所固定的光能的比值，或被动物同化的能量占其摄食能量的比率。是衡量生态系统中有机体或营养级利用能量的效率。

07.0555　生长效率　growth efficiency
又称"生产效率（production efficiency）"。形成新生物量的生产能量占同化能量的百分比。

07.0556　消费效率　consumption efficiency
又称"利用效率（exploitation efficiency）"。一个营养级所消费的能量占前一个营养级的净生产能量的百分比。

07.0557　最适产量　optimal yield
保证生态系统最佳再生能力的可允许收获量。即在自然承受力可允许范围内的最高产量与最大持续产量同义。从经济学考虑，也为最高经济产量。最适产量原则既照顾了当前的需求，也考虑了未来再发展的要求，是一种比较科学的原则。

07.0558　流通率　flow rate
生态系统中物质或能量在单位时间、单位面积（或单位体积）内的转移量。

07.0559　周转　turnover
进入生态系统中的物质的通过量与总存量之比。

07.0560 周转率 turnover rate

在特定时间内，生态系统中新增加的生物量（或数量）占总生物量（或数量）的比率。

07.0561 周转期 turnover time

周转率的倒数。

07.0562 生物地球化学循环 biogeochemical cycle

简称"生物地化循环"，又称"物质循环（material cycle）"。生物所需要的物质在生物圈中的生物与非生物成分之间的转移、转化等往返运转过程。分水循环、气态物循环和沉积物循环三大类型。

07.0563 水循环 water cycle

大气降水通过蒸发、蒸腾又进入大气的往返过程。全球水循环是由太阳能驱动的，水是地球上一切物质循环和生命活动的介质，没有水循环，生态系统就无法启动，生命就会死亡。

07.0564 气态物循环 gaseous cycle

又称"气体型循环"。氮、二氧化碳和氧等气体元素的循环。流动性较大，在生物地球化学循环中与大气和海洋密切相关，不会发生元素过分聚集或短缺的现象。

07.0565 氮循环 nitrogen cycle

氮在大气、土壤和生物体中迁移和转化的往返过程。大气是最大的氮气（N_2）库，但一般生物不能直接利用大气中的氮，必须通过高能、生物和工业三个主要途径固氮。

07.0566 光化学烟雾 photochemical smog

大气中的氮氧化物和碳氢化合物等污染物在阳光的作用下经光化学反应后产生的以臭氧为主的有害混合烟雾。

07.0567 碳循环 carbon cycle

绿色植物（生产者）在光合作用时从大气中取得碳，合成糖类，然后经过消费者和分解者，通过呼吸作用和残体腐烂分解，碳又返回大气的过程。

07.0568 温室效应 greenhouse effect

大气层中的某些气体通过对长波辐射的吸收而阻止地表热能耗散，从而导致地表温度增高、地球气候变暖的现象。与温室效应有关的气体主要是二氧化碳，也包括水蒸气、氯氟烃和甲烷等。

07.0569 沉积物循环 sedimentary cycle

又称"沉积型循环"。主要是磷、钾、钠、镁等元素的循环。这些物质主要以固体状态参与循环，其主要储存库是岩石、土壤和沉积物。

07.0570 硫循环 sulfur cycle

硫及其化合物在大气、土壤和生物体中迁移和转化的往返过程。

07.0571 磷循环 phosphorus cycle

磷及其化合物在大气、土壤和生物体中迁移和转化的往返过程。在生物地球化学循环中，磷几乎没有气态成分，主要以固态成分依赖于缓慢的地质过程和人类活动而流动的过程。

07.0572 营养物循环 nutrient cycle

生态系统中养分物质的输入和输出周而复始的过程。

07.0573 循环率 cycling rate

生态系统中营养物质循环量与总量的比率。

07.0574 再循环指数 recycle index

生态系统中营养物质再循环量与通过总量的比率。

07.0575 生态系统服务 ecosystem service
生态系统作为一个整体，通过其生态过程为人类提供的维持生命和社会经济发展所需的产品与服务。

07.0576 生态系统管理 ecosystem manage-ment
基于生态系统知识，通过政策、协议和实践活动而对生态系统实施的合理经营，使其达到社会所期望状态的一种管理过程。

07.0577 恒定性 constancy
在特定时间内，生态系统的物种数量、结构、群落配置或环境的物理特征等参数没有发生变化的特性。

07.0578 惯性 inertia
生态系统对外部的干扰，如风、火、食草动物及病虫害的数量剧增等干扰时，仍能保持干扰前的状态。

07.0579 稳定性 stability
又称"稳态（homeostasis）"。群落或生态系统抵抗干扰保持原状，或受到干扰后恢复到原来状态的能力。

07.0580 生态系统健康 ecosystem health
生态系统稳定且可持续发展，具有活力，能维持其组织且保持自我运作能力的状态。是生态系统管理的目标。

07.0581 生态平衡 ecological balance, eco-logical equilibrium
生态系统处于成熟期的相对稳定状态。此时，系统中能量和物质的输入和输出接近于相等，即系统中的生产过程与消费和分解过程处于平衡状态。

07.0582 持久性 persistence
生态系统在一定边界范围内，保持恒定或维持某一特定状态的持续时间。

07.0583 干扰 perturbation, disturbance
在不同空间和时间尺度上偶然发生的，不可预知的自然事件。直接影响着生态系统的演变过程并具有破坏性。

07.0584 恢复力 resilience
又称"弹性（elasticity）"。生态系统维持结构与格局的能力，即系统受干扰后恢复原来功能的能力。

07.0585 恢复力稳定性 resilience stability
群落或生态系统在受到外界干扰后回到原来状态的能力。

07.0586 抵抗力 resistance
生态系统受到外部干扰后维持系统结构功能原状的能力。

07.0587 抵抗力稳定性 resistance stability
群落或生态系统免受外界干扰而保持原状的能力。

07.0588 生态影响 ecological impact
外力（一般指人为作用）作用于生态系统，导致其发生结构和功能变化的过程。

07.0589 污染 pollution
外来物质或能量的作用，导致生物体或环境产生不良效应的现象。

07.0590 热污染 thermal pollution
因能源消费引起环境增温效应，达到损害环境质量的程度，以致危害人体健康和生物生存的现象。如，大量的热能排放水体，使水温升高，水中溶解氧减少，造成水生生物生存条件恶化。

07.0591 富营养化 eutrophication
通常指水体中氮、磷等营养物质的富集以及有机物质的作用，造成藻类大量繁殖和死亡，水中溶解氧不断消耗，水质不断恶化的现象。

07.0592 生物富集 biological enrichment
处于同一营养级的生物种群或生物体，从环境中吸收某些元素或难分解的化合物，使其在生物体内的浓度超过环境中浓度的现象。

07.0593 生物放大 biological magnification
在生态系统的同一食物链上，由于高营养级生物以低营养级生物为食物，某种元素或难分解化合物（如重金属元素、农药等）在机体中的浓度随着营养级的提高而逐步增大的现象。

07.0594 生物降解 biodegradation
有机污染物在生物或其酶的作用下分解的过程。

07.0595 生态危机 ecological crisis
由于人类活动引起的环境质量下降、生态系统的结构与功能受到损害，甚至生命保障系统受到破坏从而危及人类的福利和生存发展的现象。是生态失调的恶性发展结果，生态危机一旦形成，在较长时期内难以恢复。

07.0596 生态入侵 ecological invasion
外来物种通过人的活动或其他途径引入新的生态环境区域后，依靠其自身的强大生存竞争力（自然拓展快、危害大），造成当地生物多样性的丧失或削弱的现象。生态入侵的途径主要有 4 种：①自然传播，②贸易渠道传播，③旅客携带物传播，④人为引种传播。外来物种入侵过程通常会经历 4 个时期：引入和逃逸期、种群建立期、停滞期、扩散期。

07.06 保护生态学

07.0597 生物多样性 biodiversity
一定地区的各种生物以及由这些生物所构成的生命综合体的丰富程度。包括遗传多样性、物种多样性和生态系统多样性。

07.0598 遗传多样性 genetic diversity
（1）广义指地球上所有生物所携带的遗传信息的总和。（2）狭义指种内不同群体之间或一个群体内不同个体的遗传变异总和。是由于选择、遗传漂变、基因流或非随机交配等生物进化相关因子的作用而导致物种内不同隔离种群，或半隔离种群之间等位基因频率变化的积累所造成的种群间遗传结构多样性。

07.0599 物种多样性 species diversity
一定时间一定空间中全部生物或某一生物类群的物种数目与各个物种的个体分布状况。一般是指物种丰富度和物种均匀度。

07.0600 区域物种多样性 regional species diversity
一定区域内物种的多样化及其变化。主要从分类学、系统学和生物地理学角度对一个区域内物种状况进行研究。

07.0601 群落物种多样性 community species diversity
又称"生态多样性（ecological diversity）"。生态学方面的物种分布的均匀程度。常从群落组织水平上进行研究。

07.0602 生态系统多样性 ecosystem diversity
生物圈内生物系统组成和功能的多样化以及各种生态系统过程的多样性。包括生境的多样性、生物群落和生态过程的多样性等。

07.0603　生物多样性保护　biodiversity protection
以挽救生物多样性、研究生物多样性和持续、合理利用生物多样性为宗旨的理论研究与实践。

07.0604　野生生物保护　wildlife conservation
保护野生动物物种及其栖息地的实践。野生动物在平衡环境和稳定自然的自然过程中起着重要的作用。野生动物保护的目标是确保大自然将在未来世代享用，并认识到野生动物和荒野对于人类和其他物种的重要性。野生动物的保护工作主要侧重有两方面：一种是种群和栖息地保护（如成立野生动物保护区等）；一种是野生动物福利问题。

07.0605　野生生物管理　wildlife management
对野生生物的生境、种群结构以及合理利用实施的人工管理措施。

07.0606　生物圈保护　biosphere conservation
以生物圈为对象实施的研究和保护行动。

07.0607　[实验]驯化　acclimation
在实验条件下面对某些气候因素的改变，有机体所产生的生理或行为变化。这些变化可以降低由于胁迫引起的紧张状态或增强其对紧张状态的耐受性。

07.0608　[气候]驯化　acclimatization
在自然气候条件下，有机体在其一生中为了降低由于外界压力变化所导致的紧张状态而产生的生理或行为变化。

07.0609　家养化　domestication
人类将野生动物或植物培育成家养动物或栽培植物的过程。

07.0610　自然化　naturalization
将一切自然物种的规律在原始自然环境条件下，逐渐使动物内化，从而回归自然和适应自然环境的过程。

07.0611　野化　feralization
人类将实验室繁殖或培育的动物或植物，在模拟其自然栖息生境条件下，逐步使其适应野外生活环境，并最终摆脱人类饲养条件，在野外独立生存繁殖的过程。

07.0612　灭绝　extinction
当一个物种或种群发生全球性的死亡和消失的现象。

07.0613　灭绝概率　extinction probability, EP
单位时间内物种灭绝的可能性。

07.0614　集群灭绝　mass extinction
又称"大灭绝"。大量物种和若干较高级的分类单元在相对短暂的时间内几乎同时消失的事件。

07.0615　灭绝率　extinction rate
一定时间内灭绝物种占所有生存过的物种的比例。

07.0616　灭绝旋涡　extinction vortex
基因多样性的减少是小数量恢复最本质的障碍，基因数量的停滞发展与多样性的减少无法适应条件的变化，数量越小统计的随机性、环境的随机性还有基因多样性的减少就越脆弱，当生物种群数量或基因多样性下降到一定程度的时，灭绝的风险会剧增，像漩涡一样把小种群卷进灭绝的深渊，不能自拔的趋势。

07.0617　受胁[物]种　threatened species
由于物种自身原因或受到人类活动或自然灾害影响而有灭绝危险的所有生物种类。

07.0618　受胁未定种　intermediate species
现生种处于受威胁，种群数量有明显下降的趋势，但状况尚无正确估计，或有关情况尚不太清楚者，但无充分的资料说明它究竟应属于世界自然保护联盟濒危物种红色名录（简称 IUCN 红色名录）标准中哪一个保护现状类群的物种。

07.0619　极危种　critical species
世界自然保护联盟濒危物种红色名录（简称 IUCN 红色名录）标准中一个保护现状分类，指其野生种群面临即将绝灭的概率非常高的物种。

07.0620　濒危种　endangered species
世界自然保护联盟濒危物种红色名录（简称 IUCN 红色名录）标准中一个保护现状分类，指由于生态环境变化、人类活动影响，野生种群在不久的将来面临绝灭的概率很高的物种。

07.0621　易危种　vulnerable species
世界自然保护联盟濒危物种红色名录（简称 IUCN 红色名录）标准中一个保护现状分类，指其未达到极危或者濒危标准，但是在未来一段时间后，其野生种群面临绝灭的概率较高的物种。

07.0622　灭绝种　extinct species
世界自然保护联盟濒危物种红色名录（简称 IUCN 红色名录）标准中，如果没有理由怀疑一分类单元的最后一个个体已经死亡，即认为该分类单元已经灭绝。于适当时间（日、季、年），对已知和可能的栖息地进行彻底调查，如果没有发现任何一个个体，即认为该分类单元属于灭绝。

07.0623　野外灭绝种　species extinct in the wild
世界自然保护联盟濒危物种红色名录（简称 IUCN 红色名录）标准中，如果已知一分类单元只生活在栽培、圈养条件下或者只作为自然化种群（或种群）生活在远离其过去的栖息地时，即认为该分类单元属于野外灭绝。

07.0624　引入　introduction
人工将一个物种或品种引入到新栖息地的过程。

07.0625　再引入　reintroduction
一个物种在原产地灭绝后，从其他地区或其他国家将这个物种的个体引入并重新建立繁殖种群的过程。

07.0626　物种保护　species conservation
保护某一物种种群及其栖息地的活动。

07.0627　自然控制　nature control
自然种群在各种生物和非生物因子控制下的动态平衡过程。

07.0628　自然保护　nature conservation
对自然生态系统、特有种、濒危种、地质遗迹、自然遗产地以及风景名胜的保护活动。

07.0629　就地保护　*in situ* conservation
将濒危种在其自然生境中实施保护的一种生物多样性保护策略。

07.0630　易地保护　*ex situ* conservation
又称"迁地保护"。将濒危种迁出其原来生活的自然栖息地进行的保护策略。

07.0631　自然保护区　nature reserve, nature sanctuary
对有代表性的自然生态系统、珍稀濒危野生生物种群的天然生境地集中分布区、有特殊意义的自然遗迹等保护对象所在的陆地、陆地水体或者海域，依法划出一定面积予以特殊保护和管理的区域。其内一般区划为核心区、缓冲区和实验区三部分。

07.0632　核心区　core zone
自然保护区的核心。通常被缓冲区所包围，主要由各种原生性生态系统所组成，或是珍稀濒危动植物的集中分布地或繁殖区。

07.0633　缓冲区　buffer zone
自然保护区内围绕核心区的区域。以防受到外界对自然保护区核心区的影响或破坏。由一些可能恢复为原生性的植被所组成。

07.0634　实验区　experimental zone
位于缓冲区的外围区域。可包括次生植被以及荒山荒地等。管理、服务等建筑设施可设置在该区域内，人工生态系统的建立和生物资源开发也可在此进行。

07.0635　有害动物　pest
种群数量增加或暴发而危害农林作物，并能造成显著损失的生物。包括植物病原微生物、寄生性植物、植物线虫、植食性昆虫、杂草、鼠类以及鸟兽等。

07.0636　有害生物综合治理　integrated pest management
从农业生态系统总体出发，根据有害生物和环境之间的相互关系，充分发挥自然控制因素的作用，因地制宜，协调应用的必要措施。将有害生物控制在经济受害允许水平之下，以获得最佳的经济、生态、社会效益。

07.0637　有害生物生态治理　ecologically-based pest management
以生态系统整体为中心，将生态与环境安全纳入有害生物控害管理的核心地位，通过研究有害动物与系统内各组分的功能关系，协调上行和下行控制作用，采取高效、简便，并能结合人类经济生产方式共同调控有害生物种群，以达到环境安全、持续增益之目的的控制方法。

英 汉 索 引

A

abactinal surface 反口面 05.0013
A band *A 带 03.0230
abapertural 离螺口 05.1617
abdomen 腹[部] 05.0003，腹区 05.1399
abdominal aorta 腹主动脉 06.1065
abdominal appendage 腹附体 05.2077
abdominal external oblique muscle 腹外斜肌 06.0801
abdominal internal oblique muscle 腹内斜肌 06.0802
abdominal muscle 腹肌 06.0798
abdominal process 腹突 05.2040
abdominal rib 腹皮肋 06.0586
abdominal scute 腹盾 06.0209
abdominal somite 腹节 05.2031
abdominal uncinus 腹齿片刚毛 05.1358
abdominal vein 腹部静脉 06.1096
abducent nerve 展神经，*外展神经 06.1217
abductor 展肌 06.0726
abembryonic pole 对胚极 04.0130
abiotic factor 非生物因子 07.0022
abomasum 皱胃 06.0850
aboral 反口[的] 05.0435
aboral canal 反口极管，*背口管 05.0867
aboral cup 萼杯 05.2929
aboral hemal ring canal 反口环血管 05.2795
aboral neural system 反口神经系[统] 05.2811
aboral pole 反口极 05.0859
aboral sense organ *背感觉器 05.0870
aboral surface 反口面 05.0013
aboral tentacle 反口触手，*背口触手 05.0701
aboral trochal band 反口纤毛环 05.0440
abranchial segment 无鳃体节 05.1382
absorptive cell 吸收细胞 03.0739
abundance 多度 07.0460
abundance center 多度中心 02.0347
abyssal zone 深海带 02.0402
acanthella 棘头体 05.1250

Acanthocephala 棘头动物门 01.0035
acanthocephalan 棘头动物 01.0087
acanthocephaliasis 棘头虫病 05.1252
acanthor 棘头蚴 05.1248
acanthosoma 樱虾类糠虾幼体 05.2112
acanthostrongyle 棘棒状骨针 05.0554
acanthostyle 棘针骨针 05.0551，刺柱突 05.2730
accessory aperture 辅助口孔 05.0233
accessory claw 副爪 05.2174
accessory flagellum 副鞭 05.1991
accessory nerve 副神经 06.1222
accessory nidamental gland 副缠卵腺 05.1830
accessory patch 附片 05.0935
accessory piece 附片 05.0935
accessory plate 副壳 05.1659
accessory pouch 副针囊 05.1117
accessory sclerite 附片 05.0935
accessory stylet 副针 05.1116
accessory sucker 附吸盘 05.1003
accidental host 偶然宿主，*偶见宿主 05.0112
accidental parasite 偶然寄生虫 05.0088
acclimation [实验]驯化 07.0607
acclimatization [气候]驯化 07.0608
A cell A 细胞，*甲细胞 03.0763
acerate 二尖骨针 05.0549
acervulus cerebralis 脑砂 03.0852
acetabular index 腹吸盘指数 05.0999
acetabulum 腹吸盘 05.0995，髋臼 06.0620
achaetous segment 无刚毛体节 05.1383
acicula 足刺 05.1324
acicular chaeta 足刺刚毛 05.1326
acicular uncinus 足刺齿片刚毛 05.1361
acidophilic cell 嗜酸性细胞 03.0818
acidophilic erythroblast *嗜酸性成红细胞 03.0190
acinar gland 泡状腺 03.0052
aciniform gland 葡萄状腺 05.2265
acinus *腺泡 03.0044

acleithral ooecium　无盖卵室　05.2672

acoelomate　无体腔动物　01.0068

aconitum　枪丝，*毒丝　05.0800

acquired character　获得性状　02.0065

acraniate　*无头类　01.0119

acrodont　端生齿　06.0918

acromioclavicular joint　肩锁关节　06.0693

acromion　肩峰　06.0616

acron　顶节　05.1842

acrorhagi　结节　05.0806

acrosomal granule　顶体[颗]粒　04.0048

acrosomal process　顶体突起　04.0197

acrosomal vesicle　顶体泡，*顶体囊　04.0047

acrosome　顶体　04.0049

acrosome reaction　顶体反应　04.0196

actin　肌动蛋白　03.0241

actinal intermediate area　口面间辐区　05.2773

actinal surfac　口面　05.0012

actine　辐　05.0560

actin filament　*肌动蛋白丝　01.0144

actinopterygians　辐鳍鱼类　06.0072

actinotrocha　辐轮幼虫　05.2762

actinotroch larva　辐轮幼虫　05.2762

actinula　辐状幼虫，*辐状幼体　05.0715

active space　[信息素]作用区　07.0237

adambulacral plate　侧步带板　05.2907

adambulacral spine　侧步带棘　05.2874

adanal papilla　肛侧乳突　05.1205

adaptability　适应性　07.0078

adaptation　适应　02.0294

adaptative hypothermia　适应性低体温　07.0113

adaptive evolution　适应[性]进化　02.0236

adaptive radiation　适应辐射　02.0237

additional papilla　副突　06.0165

adductor　闭壳肌　05.1695，收肌　06.0727

adductor arcus palatini　腭弓收肌　06.0741

adductor mandibulae　下颌收肌　06.0738

adductor muscle　闭壳肌　05.1695

adductor operculi　鳃盖收肌　06.0746

adductor scar　闭壳肌痕　05.1698

adenohypophysis　腺垂体　03.0814

adeoniform colony　角胞苔虫型群体　05.2531

adhering apparatus　闭锁器　05.1778

adhering groove　闭锁槽，*钮穴　05.1776

adhering ridge　闭锁突，*钮突　05.1777

adhesive cell　黏细胞　05.0851

adhesive disc　固着盘　05.0923

adhesive spherule　黏球　05.0852

adipocyte　脂肪细胞　03.0082

adipose fin　脂鳍　06.0135

adipose tissue　脂肪组织　03.0095

adnate　贴生　05.2720

adoral ciliary spiral　口缘纤毛旋，*围口纤毛带　05.0442

adoral plate　侧口板　05.2961

adoral zone of membranelle　口围带，*小膜口缘区　05.0445

adradial canal　从辐管，*纵辐管　05.0864

adradius　从辐，*纵辐　05.0752

adrenal cortex　肾上腺皮质　03.0840

adrenal gland　肾上腺　06.1247

adrenal medulla　肾上腺髓质　03.0844

adrostral carina　额角侧脊　05.1921

adrostral groove　额角侧沟　05.1922

adult　成体　07.0299

adult stem cell　成体干细胞　04.0538

advantageous selection　*有利选择　02.0278

adventitia　外膜　03.0713

adventitious avicularium　附属鸟头体　05.2572

adventitious bud　附属芽　05.2705

adventitious polymorph　附属多形　05.2568

aegithognathism　雀腭型　06.0402

AER　顶端外胚层嵴　04.0517，前眼列　05.2196

aerobe　好氧生物　07.0153

aesthetasc　感觉毛，*触毛　05.1963

aesthete　微眼　05.1803

aestivation　夏眠　07.0114

afferent arteriole　入球微动脉　03.0782

afferent branchial artery　入鳃动脉　06.1038

afferent neuron　*传入神经元　03.0288

Afrotropical realm　热带界，*非洲界　02.0389

afterfeather　副羽　06.0256

aftershaft　副羽　06.0256

agamete　拟配子　05.0364

age distribution　*年龄分布　07.0350

age pyramid　年龄锥体，*年龄金字塔　07.0353

age-specific life table　*特定年龄生命表　07.0355

age-specific natality　特定年龄[组]出生率　07.0368

age structure　年龄结构　07.0350

agglomerate eye　*聚眼　05.2327

agglomeration 团聚 05.0336

agglutinated test 胶结壳 05.0221

aggregate gland 聚合腺，*集合腺 05.2266

aggregate lymphatic nodule 集合淋巴小结，*淋巴集结 03.0628

aggregation 集聚，*聚生 07.0420

aggressiveness 进攻性 07.0290

aglyphous tooth 无沟牙 06.0930

agnathan 无颌动物 06.0081

agonistic behavior 对抗行为 07.0288

agonistic buffering behavior 缓冲对抗行为 07.0289

agranular endoplasmic reticulum *无颗粒型内质网 01.0135

agranulocyte 无粒白细胞 03.0171

ahermatypic coral 非造礁珊瑚 05.0850

aileron 副颚 05.1450

air-blood barrier 气-血屏障 03.0702

air sac 气囊 06.1005

aktinotostyle 放射柱突 05.2731

ala 翼 05.1156

alarm call 报警鸣叫 07.0253

alarm pheromone 警戒信息素 07.0236

albinism 白化型 02.0059

ALE 前侧眼 05.2199

aliform notopodium 翼状背肢 05.1305

alignment 比对 02.0190

alima larva 阿利马幼体，*假水蚤幼体 05.2098

alisphenoid bone 翼蝶骨 06.0478

allantoic bladder 尿囊膀胱 06.1124

allantois 尿囊 04.0376

allelochemics 他感化学物质，*异种化感物 07.0436

allelopathy 他感作用，*[异种]化感作用，*异种抑制作用 07.0435

Allen's rule 艾伦规律 07.0094

allied species 近似种 02.0053

allochronic isolation *异时隔离 02.0310

allogrooming 他修饰 07.0245

allolectotype 配选模 02.0134

allometry 异速生长 07.0137

allomone 种间信息素 07.0232

alloparent care 异亲抚育 07.0283

allopatric hybridization 异域杂交 02.0381

allopatric speciation 异域物种形成，*异域成种 02.0322

allopatric species 异域种，*异地种 02.0372

allopatry 异域分布 02.0354

allotype 配模[标本] 02.0132

alpha taxonomy α分类学，*甲级分类学 02.0016

alternate plumage 替换羽 06.0286

alternation of generations 世代交替 01.0244

alternation of host 宿主更替，*宿主交替 05.0104

altrices 晚成雏 07.0303

altricialism 晚成性 07.0301

altruism 利他行为 07.0434

alula 小翼羽 06.0276

alveolar duct 肺泡管 03.0688

alveolar epithelium 肺泡上皮 03.0697

alveolar hydatid *泡球蚴 05.1086

alveolar pore 肺泡孔 03.0692

alveolar sac 肺泡囊 03.0689

alveolate pedicellaria 泡状叉棘 05.2889

alveolus 间腔 05.2593

amacrine cell 无长突细胞 03.0465

amastigote 无鞭毛体 05.0190

ambiens 栖肌 06.0836

ambitus 赤道部 05.2841

ambulacral area *步带区 05.2788

ambulacral furrow 步带沟 05.2897

ambulacral plate 步带板 05.2898

ambulacral pore 步带孔 05.2906

ambulacrum 步带 05.2788

ambulatory leg 步足 05.1849

AME 前中眼 05.2198

amensalism 偏害共生 07.0432

amine precursor uptake and decarboxylation cell 摄取胺前体脱羧细胞，*APUD细胞，*胺前体摄取及脱羧细胞 03.0732

aminergic neuron 胺能神经元 03.0298

amino acidergic neuron 氨基酸能神经元 03.0297

Ammon's horn *阿蒙角 06.1210

amnion 羊膜 04.0377

amnioserosa 羊浆膜 04.0273

amniote 羊膜动物 06.0084

amniotic cavity 羊膜腔 04.0378

amniotic fluid 羊膜液，*羊水 04.0379

amniotic fold 羊膜褶 04.0380

amniotic membrane 羊膜 04.0377

amoeba 变形虫 05.0128

amoebocyte 变形细胞 05.0531

amoeboid movement 变形运动 05.0219

amoebula 变形体 05.0218

amphiaster 双星骨针 05.0601

Amphibia 两栖纲 06.0065

amphibian 两栖动物 06.0073

amphibians *两栖类 06.0065

amphiblastula 两囊幼虫 05.0652

amphicoelous centrum 双凹型椎体 06.0537

amphid 头感器 05.1160

amphidelphic type 前后宫型 05.1213

amphidetic ligament 全韧带 05.1676

amphidisc 双盘骨针 05.0544

amphiplatyan centrum 双平型椎体 06.0543

amphistome cercaria 对盘尾蚴 05.0969

amphistyly 双联型 06.0409

amphitoky 产雌雄孤雌生殖，*产两性单性生殖
01.0238

ampulla 端球，*末球，*坛形器 05.2761，坛囊
05.2787，壶腹 06.1266

ampulla of Lorenzini 洛伦齐尼瓮,*罗伦氏瓮 06.1252

ampulla of Vater *法特壶腹 06.0853

ampullary crest 壶腹嵴 03.0503

ampulliform gland 壶状腺 05.2268

anabiosis 复苏 07.0119

anadromous fish 溯河产卵鱼 07.0216

anadromous migration 溯河洄游 07.0212

anaerobe 厌氧生物 07.0152

anagenesis 前进进化，*累变发生 02.0229

anal canal 肛门管 05.0868

anal cirrus 肛须 05.1471

anal commissure 肛联合 05.1126

anal cone 肛锥 05.1284

anal fasciole 肛带线 05.2893

anal fin 臀鳍 06.0127

anal gland 肛腺 05.1833，06.0356

analogous organ 同功器官 02.0264

analogy 同功 02.0266

anal plaque 肛板 05.1470

anal plate 肛板 05.2410

anal pore 肛门孔，*排泄孔 05.0869

anal sac 肛门囊 05.1498

anal scale 肛鳞 05.2409

anal scute 肛盾 06.0211

anal segment 肛节 05.2043，05.2407，05.2507

anal shield 肛盾 05.1527

anal spine 肛刺 05.2044

anal stink gland 臭肛腺 05.2272

anal suture 肛缝 05.0438

anal tubercle 肛丘 05.2257

anal valve 肛瓣，*肛扉 05.2408

anamniote 无羊膜动物 06.0083

anamorphosis 增节变态 05.2416

anapsid skull 无窝型头骨，*无孔型头骨 06.0398

anarchic field 无定形区 05.0453

anascans 无囊类 05.2514

anastomosing colony 网结群体 05.2544

anastomosing vessel 网状管 05.0779

anatomical crown 齿冠 06.0949

anatriaene 后三叉骨针 05.0576

ancestral homology 祖先同源性 02.0259

ancestrula 初虫 05.2563

anchor 锚钩 05.0927，锚形体 05.2992

anchor-arm 锚臂 05.2994

anchorate chela 锚爪状骨针 05.0610

anchor plate 锚板 05.2993

anchor stock 锚柄 05.2995

androgamete *雄配子 05.0356

androgen 雄[性]激素 04.0067

androgenesis 雄核发育 04.0583

androgenic gland 促雄性腺 05.2130

anemotaxis 趋风性 07.0147

angioblast 成血管细胞 04.0482

angiogenesis 血管生成 04.0480

angular bone 隅骨 06.0498

anhydrobiosis 失水蛰伏 05.1267

animal 动物 01.0001

animal anatomy 动物解剖学 01.0007

animal cap 动物极帽 04.0350

animal cloning 动物克隆 04.0616

animal community 动物群落 07.0448

animal comparative anatomy 动物比较解剖学
01.0008

animal comparative embryology 动物比较胚胎学
01.0011

animal developmental biology 动物发育生物学
01.0012

animal ecology 动物生态学 01.0015

animal embryology 动物胚胎学 01.0010

animal hemisphere 动物半球 04.0082

animal histology 动物组织学 01.0009

Animalia 动物界 01.0022

animal kingdom 动物界 01.0022

animal morphology 动物形态学 01.0004

animal nematology 动物线虫学 05.1144

animal physiology 动物生理学 01.0014

animal pole 动物极 04.0131

animal society 动物社群 07.0409

animal sociology 动物社会学 01.0018

animal systematics 动物系统学，*系统动物学 01.0006

animal taxonomy 动物分类学 01.0005

animal-vegetal axis *动物–植物极轴 04.0133

anisochela 异爪状骨针 05.0607

anisodactyl foot 不等趾足 06.0302

anisogamete 异形配子 05.0357

anisogamont 异形配子母体 05.0359

anisotropic band *A 带 03.0230

anisotropy 各向异性 03.0228

ankle 踝 06.0333

ankle joint 踝关节 06.0707

anlage 原基 04.0411，05.0404

annelid 环节动物 01.0093

Annelida 环节动物门 01.0041

annual cycle 年周期 07.0129

annual oscillation 年波动 07.0399

annual ring 轮脉 05.1625

annular antenna 环毛状触角 05.2433

annulation 角质环 05.1170

annulospiral ending 环旋末梢 03.0353

annulus 环囊，*环状部 05.2715

anomocoelous centrum 变凹型椎体 06.0541

Antarctic realm 南极界 02.0394

antenna 触手 05.1412，*大触角 05.1957，触角 05.2325，05.2427

antennal appendage 触角附肢 05.1996

antennal article 触角节 05.2326

antennal carina 触角脊 05.1935

antennal fossa 触角窝 05.2443

antennal gland 触角腺 05.2126

antennal globulus 触角球体 05.2343

antennal notch 触角缺刻，*触角凹 05.1971

antennal peduncle 第二触角柄 05.1967

antennal region 触角区 05.1897

antennal scale 第二触角鳞片 05.1966

antennal seta formula 第二触角刚毛式 05.1968

antennal socket 触角窝 05.2443

antennal spine 触角刺 05.1910

antennocellar suture 额沟线 05.2320

antennular auricle 耳状突 05.1426

antennular peduncle 第一触角柄 05.1961

antennular plate 触角板 05.1969

antennular somite 触角节 05.1972

antennular sternum 触角腹甲 05.1970

antennular stylocerite 第一触角柄刺 05.1962

antennule *小触角 05.1956

anter 前叶 05.2630

anterial cirrus formula 触须表达式 05.1423

anterior acrosomal membrane *顶体前膜 04.0050

anterior adductor muscle 前闭壳肌 05.1696

anterior articular process 前关节突 06.0555

anterior auricle 前耳 05.1655

anterior canal 前水管沟 05.1636

anterior cardinal vein 前主静脉 06.1084

anterior chamber ［眼］前房 03.0485

anterior commissure 前连合 06.1184

anterior eye row 前眼列 05.2196

anterior fontanelle 前囟 06.0422

anterior intestinal portal 前肠门 04.0491

anterior lateral eye 前侧眼 05.2199

anterior lateral tooth 前侧齿 05.1688

anterior lobe 前叶 05.2755

anterior lymph heart 前淋巴心 06.1113

anterior margin 前缘 05.1682

anterior median eye 前中眼 05.2198

anterior mesenteric artery 前肠系膜动脉 06.1075

anterior neuropore 前神经孔 04.0425

anterior opening 头足孔 05.1759

anterior-posterior axis 前后轴 04.0512

anterior retractor 前收足肌 05.1705

anterior spinneret 前纺器 05.2233

anterodorsal arm 前背臂 05.3009

anterograde axonal transport 顺向轴突运输 03.0283

anterolateral horn 前侧角 05.2076

antetheca *前壁 05.0237

anthocodia 珊瑚冠 05.0810

anthostele 珊瑚冠柱 05.0811

Anthozoa 珊瑚虫纲 05.0663

anthropic factor 人为因子 07.0026

antibody 抗体 03.0610

antifertilizin 抗受精素 04.0200

antigen 抗原 03.0609

antigen presenting cell　抗原呈递细胞，*抗原提呈细胞　03.0612

antizoea larva　异型潘状幼体，*前潘状幼体　05.2095

antler　鹿角　06.0345

antral follicle　有腔卵泡　04.0117

anus　肛门　01.0194

aorta　主动脉　06.1043

aortic arch　主动脉弓　06.1044

aortic body　主动脉体　03.0425

aortic trunk　动脉干　06.1041

aortic valve　主动脉瓣　06.1025

APC　抗原呈递细胞，*抗原提呈细胞　03.0612

aperiodicity　非周期性　07.0125

apertural bar　口栅　05.2635

aperture　口孔　05.0229，05.2737，壳口　05.1606

aperture of endolymphatic duct　内淋巴管孔　06.0413

aperture of perilymphatic duct　外淋巴管孔　06.0414

apex　壳顶　05.1604

apical canal　顶管　05.0755

apical ciliary pit　顶纤毛窝　05.1138

apical complex　顶复体，*顶复器　05.0306

apical ectodermal ridge　顶端外胚层嵴　04.0517

apical field　盘顶区　05.1259

apical gland　*顶腺　05.0921

apical lobe　*顶叶　05.2755

apical organ　*顶器　05.1101

apical process　顶突　05.0756

apical sense organ　*端感器　05.0870

apical system　顶系　05.2823

apical tooth　顶齿　05.1365

apical tuft　顶纤毛束　05.0073

apicilium　顶毛　05.1136

Apicomplexa　顶复门　05.0134

Aplacophora　无板纲　05.1559

apochete　后幽门管　05.0649

apocrine　顶质分泌，*顶浆分泌　03.0061

apodous segment　无疣足体节　05.1384

apogamy　无配生殖　01.0236

apokinetal　远生型　05.0450

apomorphy　衍征，*新征　02.0068

apophysis　膝状突起，*螅托　05.0692，壳内柱　05.1668，内突骨　05.2860

apoptosis　细胞凋亡　04.0597

apoptotic body　凋亡小体　04.0599

apopyle　后幽门孔　05.0647

aporhysis　内卷沟　05.0632

aposematic color　警戒色　07.0256

aposematism　警戒态　07.0257

apparent competition　似然竞争　07.0426

appendage　附肢　05.1843

appendicular muscle　附肢肌　06.0713

appendicular skeleton　附肢骨[骼]　06.0388

appendix interna　内附肢　05.2033

appendix masculine　雄性附肢　05.2034

apposition　定位　04.0264

appositional growth　外加生长　03.0156

apposition eye　联立眼，*并列像眼，*连立相眼　05.1870

apterium　裸区　06.0282

APUD cell　摄取胺前体脱羧细胞，*APUD 细胞，*胺前体摄取及脱羧细胞　03.0732

aquapharyngeal bulb　水咽球　05.2999

aquatic animal　水生动物　07.0195

aqueous humor　房水　03.0487

aquiferous system　水沟系　05.0636

arachnid　蛛形动物　05.2152

Arachnida　蛛形纲　05.2150

arachnoid　蛛网膜　03.0399

arachnology　蛛形[动物]学　05.2153

arboreal animal　林栖动物　07.0191

archacocyte　原细胞　05.0532

arched collecting tubule　弓形集合小管　03.0806

archenteric cavity　原肠腔　04.0344

archenteron　原肠腔　04.0344

archetype　原祖型　02.0057

archipallium　原皮质　06.1188

arciferal pectoral girdle　弧胸型肩带　06.0602

arcuate　三辐爪状骨针　05.0611

areal　分布区　02.0348

areal bulla　面小泡　05.0284

area opaca　暗区　04.0281

area pellucida　明区　04.0280

area rugosa　皱褶区　05.1166

area vasculosa　血管区　04.0364

arenaceous test　*砂质壳　05.0221

areola　边缘窝，*侧窝　05.2653

areolar pore　边缘孔　05.2652

areolar tissue　*蜂窝组织　03.0072

areole　疣轮　05.2867

argentaffin cell　亲银细胞　03.0735

argyrophilic cell　*嗜银细胞　03.0735

argyrophilic fiber　*嗜银纤维　03.0090

aristate antenna　具芒状触角　05.2431

aristate chaeta　芒状刚毛　05.1334

Aristotle's lantern　亚氏提灯，*亚里士多德提灯　05.2845

arm　腕　05.1764，05.2770，臂　06.0323

arm comb　腕栉　05.2972

armed proboscis　武装型吻　05.1111

arm spine　腕棘　05.2969

arrector pili　竖毛肌　06.0311

arterial capillary　动脉毛细血管　03.0672

arterial trunk　动脉干　06.1041

arteriole　微动脉　03.0433

arteriovenous anastomosis　动静脉吻合　03.0435

artery　动脉　06.1033

arthrobranchia　关节鳃　05.2123

arthropod　节肢动物　01.0099

Arthropoda　节肢动物门　01.0046

articulamentum　连接层　05.1593

articular bone　关节骨　06.0495

articular capsule　关节囊　06.0664

articular cartilage　关节软骨　06.0663

articular cavity　关节腔　06.0665

articular disc　关节盘　06.0668

articular labrum　关节唇　06.0669

articular process　关节突　06.0554

articular surface　关节面　06.0662

Articulata　有铰纲，*有关节纲　05.2745

articulation　关节　06.0661

artificial classification　人为分类　02.0013

artificial ecosystem　人工生态系统　07.0507

artificial selection　人工选择　02.0271

arytenoid cartilage　杓状软骨　06.0529

arytenoid muscle　杓肌　06.0775

ascending axonic cell　上行轴突细胞　03.0381

ascending loop　上回环　05.1531

Ascetospora　囊孢子门，*奇异孢子门　05.0136

aschelminth　袋形动物　01.0075

asconoid　单沟型　05.0637

ascophorans　有囊类　05.2515

ascopore　调整囊孔　05.2650

asexual medusoid　无性水母体　05.0733

asexual reproduction　无性生殖　01.0234

aspection　季相　07.0488

aspidogastrean　盾腹虫　05.0916

assimilation　同化　01.0181，同化量　07.0546

assimilation efficiency　同化效率　07.0554

association coefficient　关联系数　07.0480

association neuron　*联络神经元　03.0290

assortative mating　同征择偶，*选型交配　07.0274

astacin　虾红素　05.2148

astaxanthin　虾青素，*虾黄质，*龙虾壳色素　05.2147

aster　星状骨针　05.0594

Asteroidea　海星纲　05.2763

astogenetic change　群育变化　05.2522

astogenetic difference　群育差异　05.2529

astogeny　群[体发]育　05.2521

astragalus　距骨　06.0648

astrocyte　星形胶质细胞　03.0315

astropyle　星孔　05.0303

astrorhiza　星根　05.0635

asymptotic population　饱和种群　07.0388

atavism　返祖现象　02.0072

Atelocerata　*缺角类　05.2314

athericerous antenna　具芒状触角　05.2431

atlantoaxial joint　寰枢关节　06.0684

atlantooccipital joint　寰枕关节　06.0683

atlas　寰椎　06.0564

atoke　非生殖体　05.1482

atoll　环礁　05.0846

atractophore　纺锤器　05.0506

atretic corpus luteum　闭锁黄体　04.0168

atretic follicle　闭锁卵泡　04.0118

atrial cavity　围鳃腔　06.0020

atrialia　*内腔骨针　05.0546

atrial siphon　出水管　06.0009

atrial surface　*内腔层　05.0523

atrial tentacle　出水触手　06.0038

atriopore　围鳃腔孔，*腹孔　06.0043

atrioventricular bundle　房室束　06.1030

atrioventricular node　房室结　06.1031

atrium　内腔　05.0642，交媾腔　05.2222，口前腔　05.2618，围鳃腔　06.0020，心房　06.1015

attaching clamp　*固着铗　05.0938

attaching disc　固着盘　05.0923

attachment　黏附　04.0265

attachment disc　附着盘　05.2242

auditory organ　听觉器官　06.1258

auditory ossicle　听小骨　06.0464

auditory pit　听窝　04.0444

auditory placode　听[基]板　04.0443

auditory string　听弦　03.0530

auditory vesicle　听泡　04.0445

Auerbach's plexus　*奥尔巴赫神经丛，*奥氏神经丛　03.0711

aulodont type　管齿型　05.2852

auricle　耳突　05.0891，05.1261，耳状骨　05.2861，耳郭，*耳廓　06.1284

auricular feather　耳羽　06.0279

auricular groove　耳沟　05.0873

auricularia　耳状幼体　05.3007

auricular lappet　耳状瓣　05.0872

auricule　耳状突　05.1426

Australian realm　澳大利亚界　02.0387

autapomorphy　独征，*自有新征　02.0071

autodermalia　*上向皮层骨针　05.0545

autogamy　自体受精，*自配生殖　04.0182

autogastralia　*上向胃层骨针　05.0546

autogeny　生源说　04.0019

autoheteroxenous form　自异宿主型　05.0115

autoinfection　自体感染　05.0101

automimicry　种内拟态　07.0261

autonomic ganglion　自主神经节　03.0394

autonomic nervous system　自主神经系统　06.1154

autophagic vacuole　自噬泡　05.0337

autophagy　自噬作用　05.0338

autostyly　自联型　06.0410

autosynthesis　自体合成　04.0146

autotomy　自切，*自残　01.0266

autotroph　自养生物　07.0157

autotrophic nutrition　自养营养　05.0340

autotype　图模[标本]　02.0139

autozooecium　自个虫[虫]室　05.2587

autozooid　自个虫　05.2555

autozooidal polymorph　自个虫多形　05.2569

available name　可用[学]名　02.0099

Aves　鸟纲　06.0067

avicularium　鸟头体　05.2571

avicular uncinus　鸟头状齿片钩毛　05.1363

axial corallite　轴珊瑚单体　05.0816

axial filament　轴丝　04.0061

axial gland　轴腺　05.2802

axial muscle　中轴肌　06.0714

axial organ　轴器　05.2801

axial rib　纵肋　05.1623

axial sinus　轴窦　05.2800

axial skeleton　中轴骨[骼]　06.0387

axillary　分歧轴　05.2949，腋羽　06.0277

axillary artery　腋动脉　06.1077

axillary gland　腋腺　06.0360

axillary lymph node　腋淋巴结　03.0645

axis　枢椎　06.0565

axoaxonal synapse　轴-轴突触　03.0304

axocoel　前体腔囊，*轴体腔　05.2775

axodendritic synapse　轴-树突触　03.0302

axolemma　轴膜　03.0278

axon　轴突　03.0276

axonal transport　轴突运输　03.0282

axoneme　轴丝　05.0166

axon hillock　轴丘　03.0277

axoplasm　轴质，*轴浆　03.0279

axopodium　有轴伪足，*轴足　05.0216

axosomatic synapse　轴-体突触　03.0301

axospinous synapse　轴-棘突触　03.0303

axostyle　轴杆　05.0181

AZM　口围带，*小膜口缘区　05.0445

azurophilic granule　嗜天青颗粒　03.0165

azygos vein　奇静脉　06.1100

B

bacillary band　杆状带　05.1154

baculum　阴茎骨　06.0660

Baer's law　贝尔定律，*贝尔法则　04.0015

balanced polymorphism　平衡多态现象，*平衡多态性　02.0286

balancing selection　平衡选择　02.0277

Balbiani body　*巴尔比亚尼体　04.0086

baleen　鲸须　06.0891

baleen plate　鲸须板　06.0892

ballooning　飞航　07.0219

banding　环志　07.0342

bar　躯轴　05.2581

barb 羽支 06.0257

barbell 口须 06.0118

barbicel 羽纤支 06.0259

barbule 羽小支 06.0258

barnacle cement 藤壶胶 05.2074

barrier reef 堡礁 05.0848

basal 基面 05.2550

basal avicularium 基鸟头体 05.2576

basal body 基体 05.0161

basal bud 基芽 05.2700

basal cell 基底细胞 03.0548，基细胞 03.0683

basal decidua 底蜕膜，*基蜕膜 04.0277

basal disc 基盘 05.0711

basal hematodocha 基血囊 05.2296

basalia 基须 05.0617

basal lamina 基板 03.0031，基板 04.0337

basal membrane 基膜 05.1134

basal plate 基板 03.0031，05.2942，底板，*基板 05.0820

basal porechamber 基孔室 05.2667

basal pterygiophore 基鳍骨 06.0597

basal surface 基底面 03.0020

basal wall 基壁 05.2601

basal window 基窗 05.2660

basement membrane 基膜 03.0030

basial spine 基节刺 05.1915

basibranchial bone 基鳃骨 06.0517

basic disc 基盘 05.1288

basiconic sensillum 基锥[感]器 05.2334

basic plumage 基本羽 06.0285

basihyal bone 基舌骨 06.0503

basioccipital 基枕骨 06.0436

basioccipital bone 基枕骨 06.0436

basipodite 底节 05.2011

basis 底节 05.2011，基底 05.2071

basisphenoid bone 基蝶骨 06.0480

basitarsus 基跗节 05.2471

basket cell [小脑]篮状细胞 03.0365，[大脑]篮状细胞 03.0380

basonym 有效名 02.0092

basophil 嗜碱性粒细胞 03.0169

basophilic cell 嗜碱性细胞 03.0821

basophilic erythroblast *嗜碱性成红细胞 03.0188

basophilic granulocyte 嗜碱性粒细胞 03.0169

basopinacocyte 基扁平细胞 05.0528

bastard wing 小翼羽 06.0276

Batesian mimicry 贝茨拟态，*贝氏拟态 07.0259

bathyal zone 半深海带 02.0401

Bayesian analysis 贝叶斯分析 02.0201

B cell B[淋巴]细胞 03.0596，B 细胞，*乙细胞 03.0764

beak-like sensillum 喙形感器，*喙状感器 05.2341

behavior 行为 01.0264

behavioral adaptation 行为适应 02.0301

behavioral ecology 行为生态学 07.0009

behavioral isolation 行为隔离 02.0314

bell *伞 05.0739

belt transect 样带法 07.0341

benthos 底栖动物 07.0199

Bergman's rule 贝格曼律 07.0095

Bering land bridge 白令陆桥 02.0339

beta taxonomy β 分类学，*乙级分类学 02.0017

biarticulate antenna 双节触手 05.1413

biarticulate cirrus 双节触须 05.1419

biarticulate palp 双节触角 05.1409

biased sex ratio 性比偏斜 07.0352

biceps brachii muscle 肱二头肌 06.0810

bicornute uterus 双角子宫 06.1136

bidactylous foot 二趾足 06.0308

Bidder's organ 比德器 06.1118

bidentate 双齿 05.1508

bidentate chaeta 双齿刚毛 05.1339

bifora 二孔型 05.1732

bifurcate chaeta 分叉刚毛，*竖琴状刚毛 05.1338

bifurcation 二叉分支 02.0168

bifurcation of trachea 气管杈 06.0992

bilamellar septum 双层式隔壁 05.0244

bilaminate colony 双层群体 05.2541

bilateral cleavage 两侧对称卵裂 04.0228

bilateral symmetry 两侧对称，*左右对称 05.0011

bile canaliculus 胆小管 03.0756

bile duct 胆管 06.0911

bilimbate chaeta 双侧具缘刚毛，*双翅毛状刚毛 05.1345

bill 喙 06.0219

Billroth's cord 脾索 03.0666

bilocular test 双房室壳 05.0257

biloculine 双玦虫式 05.0265

binary fission 二分裂 05.0478

binominal nomenclature 双名法，*二名法 02.0082

bioclimatic zone 生物气候带 02.0405

biocoenosis 生物群落 07.0447

biocommunity 生物群落 07.0447

biodegradation 生物降解 07.0594

biodeposition 生物沉积 07.0049

biodiversity 生物多样性 07.0597

biodiversity protection 生物多样性保护 07.0603

biogenesis 生源说 04.0019

biogenetic law 生物发生律 04.0016

biogeochemical cycle 生物地球化学循环，*生物地化循环 07.0562

biogeocoenosis 生物地理群落 07.0506

biohelminth 生物源性蠕虫 05.0119

biohelminthiasis 生物源性蠕虫病 05.0124

biological character 生物学性状 02.0062

biological clock *生物钟 07.0126

biological defense 生物防御 07.0250

biological enrichment 生物富集 07.0592

biological factor 生物因子 07.0021

biological isolation 生物学隔离 02.0311

biological magnification 生物放大 07.0593

biological productivity 生物生产力 07.0535

biological rhythm 生物节律 07.0126

biological zero *生物学零点 07.0120

bioluminescence 生物发光 07.0229

biomass 生物量 07.0542

biorhythm 生物节律 07.0126

biosphere 生物圈 07.0047

biosphere conservation 生物圈保护 07.0606

biosphere ecology *生物圈生态学 07.0006

biota 生物区系，*生物相 07.0048

biotic community 生物群落 07.0447

biotic factor 生物因子 07.0021

biotic potential 繁殖潜力 07.0371

biotic resistance 生物抗性 07.0076

biotic season 生物季节 07.0131

biozone 生物带 02.0404

bipartite uterus 双腔子宫 06.1135

bipinnaria 羽腕幼体 05.3002

bipinnate chaeta 羽状刚毛 05.1335

bipolar cell 双极细胞 03.0461

bipolar distribution 两极分布 02.0358

bipolarity 两极分布 02.0358

bipolar neuron 双极神经元 03.0286

biradial symmetry 两辐射对称，*左右辐射对称 05.0010

biramous parapodium 双叶型疣足 05.1307

biramous type appendage 双枝型附肢，*二枝型附肢 05.2004

Birbeck's granule 伯贝克颗粒 03.0566

birds *鸟类 06.0067

birth pore 产孔 05.0991

birth rate 出生率 07.0365

bisexual reproduction *两性生殖 01.0233

bisymmetry 两侧对称，*左右对称 05.0011

biting mouthparts 咀嚼式口器 05.2455

biting-sucking mouthparts 嚼吸式口器 05.2458

Bivalvia 双壳纲 05.1563

bivium 二道体区 05.2982

blade 端片 05.1369

blastema 芽基，*胚芽 04.0034，芽基，*胚基 05.0903

blastocoel 囊胚腔 04.0250

blastocoele 囊胚腔 04.0250

blastocyst 胚泡 04.0256

blastocyst cavity 胚泡腔 04.0257

blastoderm 囊胚层 04.0251

blastodisc 胚盘 04.0142

blastoformation 母细胞化 03.0608

blastomere 卵裂球 04.0241

blastoporal lip 胚[孔]唇 04.0358

blastopore 胚孔 04.0357

blastostyle 子茎 05.0705

blastula 囊胚 04.0249

blepharmone 赭虫素 05.0503

blepharoplast *生毛体 05.0162

blind spot *盲点 03.0482

blood 血液 03.0157

blood-brain barrier 血-脑屏障 03.0406

blood capillary 毛细血管 03.0427

blood cell 血细胞 03.0159

blood island 血岛 04.0481

blood plasma 血浆 03.0158

blood-seminiferous tubule barrier 血-生精小管屏障 03.0863

blood-testis barrier *血-睾屏障 03.0863

blood-thymus barrier 血-胸腺屏障 03.0642

blood vessel 血管 01.0203

blow hole 呼吸孔 06.0983

B lymphocyte B[淋巴]细胞 03.0596

body disc　体盘　05.2769

body stalk　体蒂　04.0322

body wall　体壁　05.0028，05.2596

body whorl　体螺层　05.1599

bonding　联属关系　07.0316

bone　骨　06.0384

bone canaliculus　骨小管　03.0119

bone collar　骨领　03.0150

bone lacuna　骨陷窝　03.0118

bone lamella　骨板　03.0133

bone marrow　骨髓　03.0143

bone marrow-dependent lymphocyte　*骨髓依赖淋巴细胞　03.0596

bone matrix　骨基质　03.0116

bone trabecula　骨小梁　03.0131

bony fishes　硬骨鱼类　06.0070

bony plate　骨板　06.0190

book lung　书肺　05.2219

bootstrap　自展法，*自助法，*自举法，*靴带法　02.0200

bootstrapping　自展法，*自助法，*自举法，*靴带法　02.0200

border cell　边缘细胞　03.0543

boring　凿孔　05.2716

boring polychaete　穿孔多毛类　05.1298

boss　圆疤　05.0271，角皮凸　05.1155，疣突　05.2866

bothriotrich　感觉触毛，*蛊毛，*点毛　05.2344

bothriotrichium　感觉触毛，*蛊毛，*点毛　05.2344

bothrium　吸槽　05.1091

bottlebrush　瓶刷形分枝　05.0835

bottle cell　瓶状细胞　04.0356

bottleneck effect　瓶颈效应　02.0292

bottom-up control　上行控制　07.0528

bottom-up effect　*上行效应　07.0528

bourrelet　韧带肩　05.1679，口凸　05.2920

Bowman's capsule　*鲍曼囊　04.0460

Bowman's gland　*鲍曼腺　03.0681

brachial　辐部　05.2771，腕板　05.2946

brachial artery　肱动脉，*臂动脉　06.1078

brachial ganglion　腕神经节　05.1806

brachialis muscle　肱肌　06.0809

brachial plexus　臂丛　06.1232

brachial valve　*腕壳　05.2747

brachidium　腕骨　05.2750

brachiocephalic trunk　头肱干，*头臂干　06.1059

brachiocephalic vein　头肱静脉　06.1094

brachiolaria　短腕幼体　05.3003

brachipod　腕足动物　01.0111

Brachiopoda　腕足动物门　01.0052

brachium　腕　05.2770

brachyconic sensillum　短锥[感]器　05.2335

brachyodont tooth　低冠齿　06.0953

brackish water　半咸水　07.0067

bract　叶状个体，*叶状个员　05.0721

bradytelic evolution　缓速进化　02.0247

bradytely　缓速进化　02.0247

brain　脑　06.1158

brain case　脑匣　06.0391

brain sand　脑砂　03.0852

brain stem　脑干　06.1195

brain ventricle　脑室　06.1168

branchia　鳃　06.0101

branchial arch　鳃弓　04.0499

branchial artery　鳃动脉　06.1035

branchial basket　鳃笼，*鳃篮　06.0013

branchial cavity　鳃腔　06.0102

branchial crown　*鳃冠　05.1428

branchial filament　鳃丝　05.1429，06.0108

branchial filament flange　鳃丝镶边，*鳃丝突缘　05.1431

branchial fold　鳃皱　06.0022

branchial formula　鳃式　05.2124

branchial groove　鳃沟　04.0498

branchial heart　鳃心　05.1739

branchial region　鳃区　05.1902

branchial siphon　入水管　06.0008

branchial tentacle　触手环带　06.0012

branchial vessel　鳃血管　06.0023

branchio-cardiac carina　心鳃脊　05.1938

branchio-cardiac groove　心鳃沟　05.1930

branchiomeric muscle　鳃节肌　06.0720

Branchiopoda　鳃足纲　05.1855

branchiostegal membrane　鳃盖膜　06.0105

branchiostegal ray　鳃盖条　06.0106

branchiostegal spine　鳃甲刺　05.1911

branchiostegite　鳃甲　05.2125

breast　乳房　06.0382

breeding　生殖，*繁殖　01.0218

breed migration　*生殖洄游　07.0211

Bremer's support *布雷默支持度 02.0207

bridge 甲桥 06.0212

bridle 系带 05.1551

bristle 鬃 06.0312

bronchial tree 支气管树 06.1000

bronchiole 细支气管 06.0999

bronchiole cell *细支气管细胞 03.0693

bronchus 支气管 06.0995

brood 窝 07.0362

brood capsule 生发囊 05.1062

brood chamber 育卵室 05.2669

brood parasitism 巢寄生 07.0446

brood pouch 育囊 05.0488，05.2083

brood sac 育囊 05.2083

brow antler 眉叉 06.0347

brown adipose tissue 褐色脂肪组织，*棕色脂肪组织
  03.0097

brown body 褐色体 05.2709

brown funnel 褐漏斗 06.0055

brow tine 眉叉 06.0347

Brunner's gland *布伦纳腺 06.0874

brush border 刷状缘 03.0024

brush cell 刷细胞 03.0685

brush chromosome 灯刷染色体 04.0085

brush-tipped chaeta 刷状刚毛 05.1333

Bryozoa 苔藓动物门 01.0051

bryozoan 苔藓动物，*苔［藓］虫 01.0110

BS *布雷默支持度 02.0207

buccal canal 口腔管 05.1283

buccal capsule 口囊 05.1177

buccal cavity 口腔 01.0186，口腔 05.1977

buccal cirrum 口触须 06.0046

buccal cirrus 口棘毛 05.0419

buccal field 口区 05.0434，口区 05.1255

buccal frame 口框 05.1978

buccal funnel 口漏斗 06.0095

buccal ganglion 口神经节 05.1141，口球神经节
  05.1811

buccal gland 颊腺 06.0880

buccal mass 口球，*口块 05.1725

buccal membrance 口膜 05.1779

buccal nerve cord 口球神经索 05.1812

buccal podium 口管足 05.2806

buccal sac 口囊 05.2917

buccal sucker 口吸盘 05.0922

buccal tentacle 口触须 06.0096

buccokinetal 口生型 05.0451

buccopharyngeal cavity 口咽腔 06.0838

bud 芽体 05.2695

budding 出芽生殖 05.0071

buffer zone 缓冲区 07.0633

bulbourethral gland 尿道球腺 03.0867

bulbus arteriosus 动脉球 06.1022

bundle cell 束细胞 03.0416

bunodont tooth 丘型齿 06.0954

burrowing animal 穴居动物 07.0190

burrowing polychaete 穴居多毛类 05.1297

burrowing-swallowing form 穴居–吞食型 05.1542

bursa 生殖囊 05.2977

bursa-dependent lymphocyte *腔上囊依赖淋巴细胞
  03.0596

bursal ray 伞辐肋 05.1221

bursal slit 生殖裂口 05.2978

bursa of Fabricius *法氏囊 03.0643

bushy 丛状分枝 05.0836

button 扣状体 05.2989

button-shaped sensillum 扣形感器，*扣状感器
  05.2340

button terminus *终扣 03.0311

byssal gape 足丝峡 05.1755

byssal opening 足丝孔 05.1754

byssus 足丝 05.1753

byssus gland 足丝腺 05.1757

C

caecum 盲囊 01.0195

calamistrum 栉器 05.2240

calamus 羽根 06.0252

calcaneus 跟骨 06.0647

calcar 距 06.0218

Calcarea 钙质海绵纲 05.0517

calcareous ring 石灰环 05.2980

calcareous spicule 钙质骨针 05.0540

calcareous test 钙质壳 05.0222

calciblastula 钙质幼虫 05.0654

calcification 钙化 03.0148

calcium oscillation 钙振荡 04.0202

calcium pump 钙泵 03.0244

callosity 板鳞 06.0180，胼胝 06.0317

callus 胼胝，*滑层 05.1616

calsequestrin [肌]集钙蛋白，*收钙素 03.0245

calthrop 棘状骨针 05.0558

calycocome 萼丝骨针 05.0587

calymma 泡层，*浮泡 05.0302

calyptopis 磷虾类原溞状幼体，*盖眼幼体，*节胸幼虫 05.2108

calyx 萼部 05.0807，萼 05.1285，05.2928

camarodont type 拱齿型 05.2850

campanulate hydrotheca 钟形螅鞘 05.0703

canal 导管 03.0045

canaliculus 微小管 03.0066

canal system 水沟系 05.0636

cancellus 格子腔 05.2594

canine 犬齿 06.0944

capacitation 获能 04.0190

cap cell 帽细胞 05.0884

capillary 毛细血管 03.0427

capillary chaeta 毛状刚毛 05.1327

capitate antenna 锤状触角 05.2436

capitate bone 头状骨 06.0636

capitulum 头状部 05.2051，*假头 05.2177，头状体 05.2721

capsular decidua 包蜕膜 04.0276

capsule 被膜 03.0630

capsule cell *被囊细胞 03.0325

capture silk 捕[捉]丝 05.2246

capture thread 捕[捉]丝 05.2246

carapace 头胸甲 05.1881，背甲 05.2182，06.0189

carbon cycle 碳循环 07.0567

carcinology 甲壳动物学 05.1851

cardella 齿突 05.2637

cardia 贲门 06.0840

cardiac chamber 心腔 04.0474

cardiac gland 贲门腺 06.0871

cardiac mark 心[脏]斑 05.2211

cardiac muscle 心肌 03.0213

cardiac muscle cell 心肌细胞 03.0255

cardiac muscle fiber *心肌纤维 03.0255

cardiac region 心区 05.1900，贲门部 06.0842

cardiac skeleton 心骨骼 03.0412

cardiac valve 心瓣膜 03.0411

cardiac vein 心静脉 06.1089

cardinal tooth 主齿 05.1686

cardioblast 成心[肌]细胞，*生心细胞 04.0486

cardiogenesis 心脏发生 04.0472

cardo 轴节 05.2448

carina 棱脊 05.0270，脊 05.1918，峰板 05.2064

carinal plate 龙骨板 05.2913

carinal side 峰端 05.2054

carino-lateral compartment 峰侧板 05.2068

carnassial 裂齿 06.0948

carnivore 食肉动物 07.0177

carotenoid 类胡萝卜素 05.2146

carotid arch 颈动脉弓 06.1045

carotid artery 颈动脉 06.1057

carotid body 颈动脉体 03.0424

carotid duct 颈动脉导管 06.1052

carotid sinus 颈动脉窦 06.1062

carpal bone 腕骨 06.0632

carpometacarpal joint 腕掌关节 06.0699

carpopodite 腕节 05.2015

carpus 腕节 05.2015

carrying capacity 环境容纳量，*负载力 07.0378

cartilage 软骨 03.0104

cartilage joint 软骨关节 06.0676

cartilage lacuna 软骨陷窝 03.0106

cartilage matrix 软骨基质 03.0107

cartilage tissue 软骨组织 03.0100

cartilaginous bone 软骨成骨 06.0385

cartilaginous fishes 软骨鱼类 06.0069

caruncle 肉瘤，*肉突 05.1392

CASQ [肌]集钙蛋白，*收钙素 03.0245

catadromous fish 降河产卵鱼 07.0217

catadromous migration 降河洄游，*降海繁殖 07.0213

catastrophism 灾变论 02.0222

catch muscle 握肌 05.1710

category [分类]阶元 02.0021

catenicelliform colony 链胞苔虫型群体 05.2535

catenoid colony 链状群体 05.0485

cauda 尾部 05.2722

caudal ala 尾翼 05.1159

caudal appendage 尾附器 05.1506，尾部附肢

05.2073

caudal artery　尾动脉　06.1040

caudal cirrus　尾棘毛　05.0420，尾须　05.1100

caudal filament　中尾丝　05.2506

caudal fin　尾鳍　06.0040，尾鳍　06.0128

caudal furca　尾叉　05.2046

caudal gland　尾腺　05.1165

caudal mesenteric vein　尾肠系膜静脉　06.1099

caudal papilla　尾乳突　05.1206

caudal peduncle　尾柄　06.0133

caudal process　尾突　05.2045

caudal seta　尾刚毛　05.1494

caudal shield　尾盾　05.1523

caudal spine　尾刺　05.1162

caudal vein　尾静脉　06.1098

caudal vertebra　尾椎　06.0571

cauline　茎生　05.0712

cave animal　穴居动物　07.0190

caveola　小凹　03.0261

C cell　C细胞，*丙细胞　03.0766

cecum　盲囊　01.0195，盲肠　06.0856

celiac artery　腹腔动脉　06.1071

cell　细胞　01.0125

α cell　*α细胞　03.0763

β cell　*β细胞　03.0764

δ cell　*δ细胞　03.0765

cell adhesion　细胞黏附　04.0591

cellariform colony　胞苔虫型群体　05.2536

cell behavior　细胞行为　04.0588

cell coat　细胞被　05.1237

cell cycle　细胞周期　01.0156

cell death　细胞死亡　04.0595

cell differentiation　细胞分化　04.0526

cell lineage　细胞谱系　04.0535

cell membrane　细胞膜　01.0128

cell membrane infolding　细胞膜内褶　03.0033

cell movement　细胞运动　04.0590

cell proliferation　细胞增殖　04.0589

cell sorting　细胞类聚　04.0592

cellular blastoderm　细胞胚盘　04.0291

cellule　小室　05.0253

cement duct　黏液管　05.1246

cement gland　黏液腺，*胶黏腺　05.1244

cement line　黏合线　03.0141

cement reservoir　黏液储囊　05.1245

cementum　齿骨质　06.2962

centipede　*蜈蚣　05.2307

central anchor　中央大钩　05.0929

central artery　中央动脉　03.0668

central canal　中央管　03.0139

central capsule　中央囊，*中心囊　05.0300

central cavity　*中央腔　05.0642

central chord　中轴索　05.0831

central disc　*中央盘　05.2769

central fovea　中央凹　03.0481

central lacteal　中央乳糜管　03.0742

central large hook　中央大钩　05.0929

central lymphoid organ　中枢淋巴器官　03.0622

central lymphoid tissue　中枢淋巴组织　03.0614

central nervous system　中枢神经系统　06.1152

central rectrice　中央尾羽　06.0273

central sclerite　中[基]片　05.0944

central stylet　主针　05.1115

central tooth　中央齿　05.1719

central vein　中央静脉　03.0752

centriole　中心粒　01.0141

centroacinar cell　泡心细胞　03.0747

centrodorsal plate　中背板　05.2813

centrolecithal egg　中央黄卵　04.0153

centrosome　中心体　01.0140

centrum　椎体　06.0536

cephalic cage　头笼　05.1404

cephalic capsule　头壳，*头鞘　05.2317

cephalic cone　头锥　05.1011

cephalic filament　头丝　05.1761

cephalic gland　头腺　05.0921，05.1102，05.1164

cephalic groove　头沟　05.1097

cephalic keel　头脊　05.1402

cephalic lobe　头叶　05.1546

cephalic papilla　头乳突　05.1197

cephalic plaque　头板　05.1401

cephalic plate　头板　05.1401，05.2318

cephalic pleurite　头侧板　05.2319

cephalic rim　头缘　05.1403

cephalic shield　头楯　05.1762，05.2116

cephalic slit　头裂　05.1098

cephalic veil　头缘　05.1403

cephalic vesicle　头泡　05.1163

Cephalocarida　头虾纲　05.1854

Cephalochordata　头索动物亚门　01.0059

cephalochordate 头索动物 01.0119

cephalon 头[部] 05.0001

Cephalopoda 头足纲 05.1565

cephalopodium 头足 05.1763

cephalosome 头部 05.1566

cephalothorax 头胸部 05.1880

cerata 露鳃 05.1740

ceratobranchial bone 角鳃骨 06.0515

ceratohyal bone 角舌骨 06.0502

ceratophore 触手基节 05.1416

ceratostyle 触手端节 05.1417

ceratotrichia 角质鳍条 06.0142

cercaria 尾蚴 05.0967

cercariaeum 无尾尾蚴 05.0968

cercarian huellen reaction 尾蚴膜反应 05.0093

cercocystis 缺尾拟囊尾蚴，*小似囊尾蚴 05.1076

cercus *尾须 05.2394，尾须 05.2505

cere 蜡膜 06.0221

cerebellar cortex 小脑皮质 03.0362

cerebellar hemisphere 小脑半球 06.1202

cerebellar medulla 小脑髓质 03.0372

cerebellum 小脑 06.1201

cerebral aqueduct 中脑[导]水管 06.1173

cerebral canal 脑管 05.1104

cerebral cortex 大脑皮质 03.0376，06.1187

cerebral eye 脑眼 06.0058

cerebral ganglion *脑神经节 05.0057

cerebral hemisphere 大脑半球 06.1167

cerebral organ 脑感器，*头感器 05.1103

cerebral peduncle 大脑脚 06.1177

cerebral sensory organ 脑感器，*头感器 05.1103

cerebral vein 大脑静脉 06.1091

cerebral vesicle 脑泡 06.1157

cerebropedal commissure 脑足神经连合 05.1819

cerebropleural commissure 脑侧神经连合 05.1820

cerebropleural visceral connective 脑侧脏神经连索 05.1821

cerebrospinal fluid 脑脊液 03.0405

cerebrum 大脑 06.1166

ceruminous gland 耵聍腺 06.0378

cervical ala 颈翼 05.1157

cervical carina 颈脊 05.1936

cervical groove 颈沟 05.1195，05.1927，05.2183

cervical gutter 颈沟 05.1195

cervical nerve 颈神经 06.1230

cervical papilla 颈乳突 05.1201

cervical plexus 颈丛 06.1231

cervical scute 颈盾 06.0197

cervical vertebra 颈椎 06.0563

cervix 颈区 05.2460

cestode 绦虫 05.1048

cestodiasis 绦虫病 05.1050

cestodology 绦虫学 05.1049

Cestoidea 绦虫纲 05.0879

CFU-S 脾集落生成单位 03.0184

CGE 皮质颗粒膜 04.0206

chaeta 刚毛 05.1317

chaetal inversion 刚毛反转 05.1323

chaetal lobe 刚叶 05.1374

chaetiger 刚节 05.1381

chaetoblast 毛囊细胞 05.1491

chaetognath 毛颚动物，*箭虫 01.0114

Chaetognatha 毛颚动物门 01.0055

chain-type nervous system 链状神经系[统]，*索式神经系[统] 05.0055

chalaza 卵黄系带 04.0158

chamber 房室，*壳室 05.0228

chambered organ 分房器 05.2812

character 性状，*特征 02.0061

character convergence 性状趋同 07.0240

character displacement 性状替换，*性状替代 02.0269

character divergence 性状趋异 02.0243

checklist 分类名录 02.0155

cheek 颊 05.2424，06.0227，颊部 06.0886

cheek pouch 颊囊 06.0887

cheek stripe 颊纹 06.0228

cheek tooth 颊齿 06.0945

Cheilostomes 唇口类 05.2513

chela 爪状骨针 05.0606，螯 05.2023

chelicera 螯肢 05.2156

cheliceral furrow 螯基沟 05.2161

Chelicerata 螯肢[动物]亚门 01.0048

chelicerate 螯肢动物 01.0101

cheliped 螯足 05.2018

chemical differentiation 化学分化 04.0529

chemical digestion 化学消化 01.0177

chemical ecology 化学生态学 07.0011

chemical embryology 化学胚胎学 04.0004

chemical synapse 化学突触 03.0300

chemoautotroph 化能自养生物 07.0159

chemolithotrophy 无机化能营养 07.0520

chemotaxis 趋化作用 04.0189，趋化性 07.0144

chemotaxy 趋化性 07.0144

chest gland 胸皮腺 06.0359

chevron V 形颚，*人字颚 05.1451

chevron bone 人字骨 06.0575

chewing mouthparts 咀嚼式口器 05.2455

chiastoneury 扭神经 05.1648

chief cell ［胃腺］主细胞 03.0727，［甲状旁腺］主细
胞 03.0849

chilarium 唇状瓣 05.2176

Chilopoda 唇足纲 05.2307

chimera 嵌合体 04.0028

chin barbell 颏须 06.0119，06.0242

chin bristle 颏须 06.0242

chloride cell 泌氯细胞 03.0703

choana 内鼻孔 06.0487

choanocyte 领细胞 05.0529

choanocyte chamber 领细胞室 05.0643

choanoderm 领细胞层 05.0530

choanosomal skeleton 领细胞层骨骼 05.0630

choanosome 领细胞层 05.0530

cholinergic neuron 胆碱能神经元 03.0294

chondrichthyans 软骨鱼类 06.0069

chondroblast 成软骨细胞 03.0102

chondrocranium 软骨颅 06.0394

chondrocyte 软骨细胞 03.0101

chondrophore 内韧托 05.1675

chordamesoderm 脊索中胚层 04.0348

Chordata 脊索动物门 01.0057

chordate 脊索动物 01.0117

chorioallantoic membrane 尿囊绒膜 04.0389

chorioallantoic placenta 绒［毛］膜尿囊型胎盘
04.0395

chorioallantois 尿囊绒膜 04.0389

chorion 卵壳 04.0155，绒毛膜 04.0386

chorion frondosum 丛密绒毛膜，*叶状绒毛膜
04.0387

chorionic cavity 绒毛膜腔 04.0321

chorionic placenta 绒［毛］膜型胎盘 04.0392

chorion leave 平滑绒毛膜 04.0388

choriovitelline placenta 绒［毛］膜卵黄囊型胎盘
04.0393

choroid 脉络膜 03.0453

choroid gland 脉络膜腺 06.0376

choroid plexus 脉络丛 03.0404

CHR 尾蚴膜反应 05.0093

chromaffin cell 嗜铬细胞 03.0845

chromaffin tissue 嗜铬组织 03.0839

chromatin 染色质 01.0151

chromatophore *载色素细胞 03.0085

chromophilic cell 嗜色细胞 03.0817

chromophilic substance *嗜染质 03.0267

chromophobe cell 嫌色细胞 03.0816

chromosome 染色体 01.0152

chronobiology 时间生物学 07.0015

chylomicron 乳糜微粒 03.0744

CI 一致性指数 02.0210

cidaroid type 头帕型 05.2853

ciliary body 睫状体 03.0449

ciliary flagellum 纤鞭毛 05.0168

ciliary gland 睫腺 06.0379

ciliary meridian *纤毛子午线 05.0405

ciliary pit 纤毛窝 05.1137

ciliary process 睫状突 03.0450

ciliary rootlet 纤毛小根，*纤毛根丝 05.0391

ciliary row *纤毛列 05.0405

ciliary tuft 纤毛丛 05.1269

ciliary zonule 睫状小带 03.0451

ciliate 纤毛虫 05.0139

ciliated cell 纤毛细胞 03.0682

ciliated funnel 纤毛漏斗 05.1499，05.2807

ciliated groove 纤毛沟 06.0030

ciliated plate 纤毛板 05.0988

ciliature 纤毛器 05.0400

Ciliophora 纤毛门 05.0138

cilium 纤毛 03.0021，05.0388

cilium corpuscle 纤毛小体 05.1535

cinclide 壁孔 05.0801

cinctoblastula 环形幼虫 05.0659

cingulum 腰带 05.0172，腰环 05.1258

circadian rhythm 昼夜节律 07.0130

circomyarian type 环肌型 05.1153

circular canal 环管 05.0753

circular fold 环行皱襞 03.0738

circular muscle 环肌 05.0037

circulation 循环 01.0199

circulatory system 循环系统 01.0200

circulus venosus 脉环 05.1650

circumanal gland 肛周腺 06.0876

circumapical band 围顶带 05.1256

circumferential lamella 环骨板 03.0134

circumoesophageal cycle 围咽神经环 05.1502

circumoesophageal ring 围咽神经环 05.1502

circumoval precipitate reaction 环卵沉淀反应 05.0092

circumpharyngeal nerve 围咽神经 05.0056

circumvallate papilla 轮廓乳头 03.0720

cirrophore 触须基节 05.1421

cirrostyle 触须端节 05.1422

cirrus 阴茎 01.0227，棘毛 05.0411，触须 05.1418，棘毛 05.1260，蔓足 05.2075，卷枝 05.2935

cirrus pouch 阴茎囊 05.1022

cirrus sac 阴茎囊 05.1022

clade 支[系]，*进化枝 02.0167

cladistic analysis *支序分析 02.0161

cladistics 支序系统学，*分支系统学 02.0002

cladistic systematics 支序系统学，*分支系统学 02.0002

cladistic taxonomy *支序分类学 02.0002

cladogenesis *分支发生 02.0232

cladogenic adaptation 趋异适应 02.0298

cladogram 支序图，*分支图 02.0166

clamp 吸铗 05.0938

clamp skeleton 铗片 05.0943

Clara's cell 克拉拉细胞 03.0693

clasper 抱握器 05.2504，鳍脚 06.0136

clasping leg 抱握足 05.2481

clasping organ 抱持器 05.1964

class 纲 02.0028

classical taxonomy 经典分类学，*传统分类学 02.0001

classification 分类 02.0010

Claudius cell 克劳迪乌斯细胞，*克罗特细胞 03.0538

claustrum 闩骨 06.0559

clavablastula 棒状幼虫 05.0656

clavicle 锁骨 06.0608

clavigerate antenna 棒状触角 05.2435

claw 爪 06.0340

claw tuft 毛簇 05.2209

clear cell *亮细胞 03.0848

clear zone *亮区 03.0122

cleavage 卵裂 04.0224

cleavage furrow 卵裂沟 04.0246

cleavage plane 卵裂面 04.0245

cleidoic egg 有壳卵 04.0154

cleithral ooecium 有盖卵室 05.2673

cleithrum 匙骨 06.0609

climatic factor 气候因子 07.0024

climax community 顶极群落 07.0493

climax-pattern theory 顶极格局学说 07.0497

climbing fiber 攀缘纤维，*攀登纤维 03.0374

cline 梯度变异，*渐变群，*变异群 02.0367

clitellum 环带，*生殖带 05.1473，触手环带 06.0012

clitoris 阴蒂 06.1144

cloaca *泄殖腔 05.0642，泄殖腔 05.1222, 06.0097

cloacal bladder 泄殖腔膀胱 06.1123

cloacal bursa 腔上囊 03.0643

cloacal cavity 排泄腔 06.0037

cloacal gland 泄殖腔腺 06.0357

cloacal opening 泄殖孔 06.0098

cloacal pore 泄殖孔 06.0098

cloned animal 克隆动物 04.0617

closed ectodermal statocyst *关闭型外胚层平衡囊 05.0765

closed ectoendodermal statocyst *关闭型外内胚层平衡囊 05.0766

closed marginal vesicle 关闭型平衡囊 05.0765

closed statocyst 关闭型平衡囊 05.0765

closed vascular system 闭管循环系统 01.0202

closing apparatus 闭合器 05.1278

club-shaped sensillum 棒形感器，*棒状感器 05.2339

cluster analysis 聚类分析 02.0163

clutch 窝 07.0362

clutch size 窝卵数 07.0363

clypeolabrum 唇基上唇 05.2347

clypeus 额 05.2208，唇基 05.2426

CMC joint 腕掌关节 06.0699

Cnidaria 刺胞动物门 01.0025

cnidarian 刺胞动物 01.0078

cnidoblast 刺细胞 05.0674

cnidocyst 刺丝囊 05.0675

cnidocyte 刺细胞 05.0674

cnidome 刺丝囊集 05.0685

cnidosac *刺囊 05.0725

CNS 中枢神经系统 06.1152

coadaptation　协同适应　02.0303

coastal zone　海岸带，*沿海带　02.0396

COC　卵丘–卵母细胞复合体　04.0112

coccolith　球石粒　05.0197

coccygeal nerve　尾神经　06.1235

coccyx　尾骨　06.0577

cochlea　耳蜗　06.1268

cochlear duct　耳蜗管　03.0521

cochleariform process　匙突　06.1280

cochlear labyrinth　耳蜗迷路　06.1264

cocoon silk　卵袋丝　05.2248

cocoon thread　卵袋丝　05.2248

Coelenterata　*腔肠动物门　01.0025

coelenterate　*腔肠动物　01.0078

coelenteron　腔肠　05.0686

coeloblastula　有腔囊胚　04.0252

coeloconic sensillum　腔锥[感]器，*凹锥器　05.2336

coelom　体腔　05.0029

coelomate　体腔动物　01.0070

coelomic dissepiment　月牙形体腔隔膜　05.1520

coelomic papilla　体腔乳突　05.1522

coelomopore　体腔孔　05.2657

coelomyarian type　腔肌型　05.1152

coenosarc　共肉，*共体　05.0695

coenosteum　共骨[骼]　05.0819

coenurus　多头蚴，*共尾蚴　05.1077

coevolution　协同进化　02.0235

coexistence　共存　07.0428

cohort　同生群　07.0395

cohort life table　*同生群生命表　07.0355

coil test　绕旋式壳，*扭旋式壳　05.0264

cold hardiness　耐寒性　07.0074

cold resistance　抗寒性　07.0075

cold temperate species　冷温带种　02.0411

cold water species　冷水种　02.0407

cold zone species　寒带种　02.0408

collagen　胶原[蛋白]　03.0087

collagen fiber　胶原纤维　03.0086

collar　领　05.1442，05.3019，触手领，*触手襟　05.2622

collar cell　领细胞　05.0529

collar chaeta　领刚毛　05.1346

collar chaetiger　领刚节　05.1386

collared bottle-shaped sensillum　颈瓶感器　05.2338

collared tube-shaped sensillum　颈管形感器，*带领管状感器　05.2337

collaret　领部，*围墙　05.0804

collar nerve　领神经　05.3020

collar receptor　颈感器　05.1277

collateral branch　侧支　03.0280

collecting canal　收集管　05.0200

collecting lymphatic vessel　*收集淋巴管　03.0437

collecting tubule　集合小管　03.0805

collencyte　胶原细胞　05.0536

colline　*突起　05.0833

colloblast　黏细胞　05.0851

collocyte　黏细胞　05.0851

colloid　胶质　03.0847

colloquial name　俗名　02.0089

collum　颈板　05.2368

collum segment　颈节　05.2367

colon　结肠　06.0858

colonial theory　群体说　04.0021

colony　群体　05.2520，群居　07.0311

colony fission　分群　07.0412

colony form　群体类型　05.2530

colony forming unit-spleen　脾集落生成单位　03.0184

color adaptation　颜色适应　07.0239

colulus　舌状体　05.2239

columella　轴柱　05.0825，螺轴，*壳轴　05.1607，耳柱骨　06.1278

columella auris　耳柱骨　06.1278

columellar lip　轴唇　05.1613

columellar muscle　螺轴肌，*壳轴肌　05.1631

comb　栉毛　05.0853，栉状体　05.2934，[肉]冠　06.0214

comb gill　栉鳃，*本鳃　05.1735

comb jelly　栉板动物，*栉水母动物　01.0079

comb-papilla　栉棘　05.2973

comb plate　栉板　05.0854

comb row　栉毛带　05.0855

commensalism　偏利共生　07.0430

committed stem cell　*定向干细胞　03.0180

common bile duct　胆总管　06.0912

common bud　共芽　05.2703

common cardinal vein　总主静脉　06.1086

common carotid artery　颈总动脉　06.1058

common iliac artery　髂总动脉　06.1066

common iliac vein　髂总静脉　06.1105

common name　俗名　02.0089

common species　常见种　07.0452
common vitelline duct　卵黄总管　05.1029
communication　通信　07.0308
communication junction　*通信连接　03.0029
communication pore　连孔　05.2662
community　*群落　07.0447
community component　群落成分　07.0450
community composition　群落组成　07.0449
community ecology　群落生态学　07.0003
community species diversity　群落物种多样性　07.0601
compact bone　密质骨，*骨密质　03.0132
compaction　致密化　04.0247
companion chaeta　伴随刚毛　05.1331
companion species　伴生种　07.0457
comparative embryology　比较胚胎学　04.0002
compartment　壳板　05.2055
compass　弧骨　05.2848
compatibility　相容性　02.0193
compensation sac　调整囊　05.2632
compensatrix　调整囊　05.2632
competence　反应能力，*感应性　04.0565
competition　竞争　07.0421
competition exclusion　竞争排斥　07.0424
complemental male　备雄　05.2079
complete cleavage　完全卵裂　04.0225
complete mesentery　*完全隔膜　05.0793
complete metamorphosis　完全变态　01.0268
composite joint　复关节　06.0681
compound acinar gland　复泡状腺　03.0055
compound chaeta　复型刚毛　05.1319
compound coral　复体珊瑚　05.0814
compound eye　复眼　05.1865
compound gland　复腺　03.0047
compound joint　复关节　06.0681
compound plate　复[合]板　05.2902
compound tubular gland　复管状腺　03.0051
compound tubuloacinar gland　复管泡状腺　03.0058
compressed　侧扁　05.0020
conch　贝壳　05.1575
conchiolin　贝壳素，*壳蛋白，*壳基质　05.1574
conchology　*贝类学　05.1558
concomitant immunity　伴随免疫　05.0098
conducting system of heart　心脏传导系统　03.0413
conductor　引导器　05.2286

condyle　齿突　05.2637
cone cell　视锥细胞　03.0458
congestion effect　拥挤效应　07.0381
conjugant　接合体　05.0499
conjugation　接合生殖　05.0491
conjunctiva　结膜　03.0500
connate　合生　05.2719
connecting ring　连接环　05.1798
connecting stalk　*连接蒂　04.0322
connective plate　*连接片，*连接棒　05.0933
connective tissue　结缔组织　03.0070
connective tissue proper　固有结缔组织　03.0071
connective tissue sheath　结缔组织鞘　03.0585
conoid　类锥体　05.0308
consensus sequence　共有序列，*一致序列　02.0192
consensus tree　一致树　02.0179
conservation ecology　保护生态学　07.0013
consistency index　一致性指数　02.0210
constancy　恒定性　07.0577
constant species　恒有种　07.0453
consumer　消费者　07.0511
consumption efficiency　消费效率　07.0556
contact guidance　接触引导　04.0593
contact induction　接触性诱导　04.0562
contact inhibition　接触抑制　04.0594
content of eyeball　眼球内容物　03.0484
continental bridge　陆桥　02.0338
continental bridge hypothesis　陆桥假说　02.0331
continental displacement　大陆位移　02.0337
continental drift theory　大陆漂移说　02.0330
continental margin　大陆边缘　02.0333
continental rise　大陆隆　02.0336
continental shelf　大陆架　02.0334
continental slope　大陆坡　02.0335
continuous capillary　连续毛细血管　03.0429
continuous distribution　连续分布　02.0355
contorted seminiferous tubule　*曲精小管，*曲细精管　03.0858
contour feather　正羽，*廓羽，*翻羽　06.0249
contractile unit　收缩单位　03.0262
contractile vacuole　伸缩泡　05.0199
contractile vessel　*收缩血管　05.1528
conus arteriosus　动脉圆锥　06.1021
convergence　趋同　02.0241
convergent adaptation　趋同适应　02.0297

convergent evolution　趋同进化　02.0231

convergent extension　会聚性延伸　04.0300

converse infection　逆行感染　05.0102

cooperation　合作，*协作　07.0427

copepodid larva　桡足幼体　05.2105

copepodite　桡足幼体　05.2105

COPR　环卵沉淀反应　05.0092

coprodeum　粪道　06.0861

coprophage　食粪动物　07.0182

copulatory bursa　交合伞，*交合囊　05.1220

copulatory duct　交配管　05.2293

copulatory opening　交配孔，*交媾孔，*插入孔　05.2227

copulatory organ　交接器，*交配器　01.0226

copulatory pore　交配孔，*交媾孔，*插入孔　05.2227

copulatory pouch　交配囊　05.0067

copulatory spicule　交合刺　05.1216

copulatory tube　交接管　05.0950

coracidium　钩球蚴，*钩毛蚴　05.1070

coracoid　喙骨，*乌喙骨　06.0604

coracoid process　喙突　06.0612

coral　珊瑚　05.0785

coral axis　珊瑚轴　05.0830

coral calyx　珊瑚萼　05.0805

corallite　珊瑚单体　05.0815

corallum　珊瑚骼，*珊瑚体　05.0812

corbiculate leg　携粉足　05.2482

corbula　生殖笼　05.0709

cordon　饰带　05.1182

cordylus　感觉棒，*感觉棍　05.0758

core zone　核心区　07.0632

corium　真皮　03.0569

cormidium　合体群，*合体节　05.0728

cornea　角膜　03.0441

corneal cell　角膜细胞　05.1872

corniculate cartilage　小角软骨　06.0532

corona　头冠　05.1254，壳　05.2855

corona radiate　放射冠　04.0113，叶冠　05.1178

coronary artery　冠状动脉　06.1054

coronary groove　冠沟　05.0778

corpora quadrigemina　四叠体　06.1176

corpus albicans　白体　04.0172

corpus callosum　胼胝体　06.1185

corpus cavernosum　海绵体　03.0869

corpus cavernosum penis　阴茎海绵体　06.1127

corpus cavernosum urethra　尿道海绵体　06.1128

corpus luteum　黄体　04.0165

corpus luteum of menstruation　月经黄体　04.0171

corpus luteum of pregnancy　妊娠黄体　04.0170

corpus luteum spurium　*假黄体　04.0171

corpus luteum verum　*真黄体　04.0170

corpus striatum　纹状体　06.1186

correlated character　相关性状　02.0064

correlation coefficient　相关系数　02.0206

corridor　廊道　02.0362

cortex　[淋巴结]皮质　03.0646，皮层　05.0145

cortical cord　*皮质索　04.0471

cortical granule　皮质颗粒，*皮层颗粒　04.0087

cortical granule envolope　皮质颗粒膜　04.0206

cortical labyrinth　皮质迷路　03.0769

cortical nephron　*皮质肾单位　03.0778

cortical reaction　皮质反应　04.0203

cortical sinus　皮[质淋巴]窦　03.0649

corticotroph　促肾上腺皮质激素细胞　03.0823

cosmoid scale　整列鳞　06.0156

cosmopolitan distribution　世界分布　02.0359

cosmopolitan species　世界种，*广布种　02.0374

costa　隔壁肋，*珊瑚肋　05.0827，肋刺　05.2643

costal groove　肋沟　06.0162

costal scute　肋盾　06.0198

costal shield　肋盔　05.2644

costate shield　肋盔　05.2644

costochondral joint　肋软骨关节　06.0691

costotransverse joint　肋横突关节　06.0689

costovertebral joint　肋椎关节　06.0688

cotyledonary placenta　子叶胎盘，*叶状胎盘　04.0397

cotylocercous cercaria　盘尾尾蚴　05.0979

counter-current heat exchange　逆流热交换　07.0087

courtship　求偶　07.0276

covering epithelium　被覆上皮　03.0002

coxa　基节　05.2010，05.2167，05.2396，05.2466

coxal gland　基节腺　05.2263

coxal plate　底节板　05.2028

coxal pore　基节孔　05.2392

coxal pore-field　基节孔区　05.2393

coxopleural process　基侧板突　05.2380

coxopleuron　基侧板　05.2379

coxopodite　基节　05.2010

coxosternal median diastema　基胸板中央凹　05.2364

coxosternal tooth　基胸板齿　05.2356

coxosternite 基胸板 05.2363
coxosternum 基胸板 05.2363
cranial cartilage 头软骨 05.1783
cranial nerve 脑神经 06.1211
craniate *有头类 01.0121
cranium 头骨, *颅[骨] 06.0390
creationism 特创论, *神创论 02.0221
creeping disc 匍匐盘 05.1801
crepis 横棒 05.0621
crepuscular animal 晨昏性动物 07.0136
crest 冠羽 06.0280
crest scale 鬐鳞 06.0179
cribellate gland 筛器腺 05.2271
cribellum 筛器 05.2238
cribrimorph 筛壁类 05.2516
cricoid cartilage 环状软骨 06.0528
cricothyroid muscle 环甲肌 06.0771
Crinoidea 海百合纲 05.2767
crista ampullaris 壶腹嵴 03.0503
crista statica 平衡嵴 05.1827
crithidial stage 短膜虫期 05.0188
critical species 极危种 07.0619
crop 嗉囊 01.0190
cross breed 杂种 02.0046
cross bridge 横桥 03.0239
crossed pedicellaria 交叉叉棘 05.2886
cross fertilization 异体受精 04.0183
crossvein 横脉 05.2486
crowding effect 拥挤效应 07.0381
crown 冠[部] 05.2926, 头顶 06.0320
crown group 冠群 02.0170
cruciform suture 十字形沟 05.2382
crus cerebri 大脑脚 06.1177
crust 甲壳 05.1859
crusta 甲壳 05.1859
Crustacea 甲壳[动物]亚门 01.0047
crustacean 甲壳动物 01.0100
crustaceology 甲壳动物学 05.1851
crypsis 隐蔽 07.0254
crypt 隐窝 05.1263
cryptic species 隐[存]种 02.0051
cryptobiosis *隐生 05.1267
cryptocyst 隐壁 05.2606
cryptocystidean 隐壁类 05.2519
cryptocystis 隐拟囊尾蚴, *犬似囊尾蚴 05.1075

cryptodont 隐齿型 05.1693
crypt of Lieberkühn *利伯屈恩隐窝, *李氏隐窝 06.0873
cryptomedusoid 隐形水母体 05.0735
cryptozoon 穴居动物 07.0190
crystalline sac 晶杆囊 05.1727
crystalline style 晶杆 05.1728
CSC *定向干细胞 03.0180
CST 一致树 02.0179
ctene 栉板 05.0854
ctenidial axis 鳃轴 05.1736
ctenidium 栉鳃, *本鳃 05.1735
ctenognatha 梳状颚器 05.1459
ctenoid scale 栉鳞 06.0155
Ctenophora 栉板动物门, *栉水母动物门 01.0026
ctenophore 栉板动物, *栉水母动物 01.0079
Ctenostomes 栉口类 05.2512
cuboid bone 骰骨 06.0653
culmen 嘴峰 06.0220
cultivar 品种 02.0045
cumulus cell 卵丘细胞 04.0111
cumulus-oocyte complex 卵丘–卵母细胞复合体 04.0112
cumulus oophorus 卵丘 04.0109
cuneiform bone 楔骨 06.0640
cuneiform cartilage 楔状软骨 06.0531
cup 皿形体 05.2987
cupula 壶腹帽, *终帽 03.0504
curythermal 广温性 07.0039
cusp 齿尖 06.0966
cutaneous artery 皮动脉 06.1050
cutaneous papilla 皮肤乳突 05.1521
cutaneous part *皮区 03.0736
cuticle 角质膜, *角皮膜 05.1537, 角质层, *表皮 05.1836
cutting plate 切板 05.1180, 切割板 05.1458
cutting tooth *切齿 05.1179
cuttle bone 海螵蛸 05.1782
Cuvierian organ 居维叶器, *居氏器 05.2998
cycling rate 循环率 07.0573
Cycliophora 圆环动物门, *环口动物门 01.0040
cycliophoran 圆环动物, *环口动物 01.0092
cycloid scale 圆鳞 06.0154
cyclomorphosis 周期变形 05.0297
Cyclostomata 圆口纲 06.0063

cyclostomes *圆口类 06.0063

cydippid stage 球水[母]期 05.0876

cylindrical antenna 圆柱形触手 05.1415

cymbium 跗舟 05.2276

cyphonautes 双壳幼虫 05.2685

cypris larva 腺介幼体，*金星幼体 05.2106

cyrtopia 磷虾类后期幼虫，*节鞭幼体 05.2110

cyst 包囊 05.0329

cystacanth 感染性棘头体 05.1251

cystic duct 胆囊管 06.0914

cysticercoid 拟囊尾蚴 05.1074

cysticercus 囊尾蚴 05.1072

cysticercus bovis 牛囊尾蚴 05.1085

cysticercus cellulose 猪囊尾蚴，*猪囊虫 05.1084

cysticercus ovis 羊囊尾蚴 05.1081

cysticercus pisiformis 豆状囊尾蚴 05.1082

cysticercus tenuicollis 细颈囊尾蚴 05.1083

cystid 虫包体，*虫包囊 05.2584

cystiphragm 囊隔膜 05.2741

cystocercous cercaria 囊尾尾蚴，*具囊尾蚴 05.0970

cyst sand *囊砂 05.1067

cytogamy 质配 05.0494

cytokinesis 胞质分裂 01.0161

cytopharyngeal rod 胞咽杆 05.0429

cytopharynx 胞咽 05.0428

cytoplasm [细]胞质 01.0130

cytoplasmic derivant 细胞质衍生物 05.0157

cytoplasmic determinant 胞质决定子 04.0582

cytoproct 胞肛 05.0437

cytopyge 胞肛 05.0437

cytoskeleton 细胞骨架 01.0142

cytostome 胞口 05.0426

cytotoxic T cell 细胞毒性 T 细胞，*Tc 细胞 03.0604

cytotrophoblast 细胞滋养层 04.0262

D

dactylopodite 指节 05.2017

dactylozooid 指状个体，*指状个员 05.0718

dactylus 指节 05.2017

Dahlgren's cell 巨大细胞 03.0853

daily periodicity 日周期 07.0127

daily rhythm *日节律 07.0127

dark band 暗带 03.0230

dart 交尾矢刺，*恋矢 05.1832

dart sac 射囊，*矢囊 05.1831

Darwinian selection *达尔文选择 02.0278

Darwinism 达尔文学说，*达尔文主义 02.0214

daughter cyst 棘球子囊 05.1065

daughter redia 子雷蚴，*子裂蚴 05.0966

daughter sporocyst 子胞蚴 05.0963

day-night rhythm *昼夜周期 07.0127

D cell D 细胞，*丁细胞 03.0765

dear enemy effect 亲敌现象 07.0286

dear enemy phenomenon 亲敌现象 07.0286

dear enemy recognition 亲敌现象 07.0286

death rate 死亡率 07.0372

decacanth 十钩蚴 05.1079

decapacitation 去[获]能 04.0191

decay index 衰退指数 02.0207

decidua 蜕膜 04.0275

decidua reaction 蜕膜反应 04.0274

deciduate placenta 蜕膜胎盘 04.0405

deciduous dentition 乳齿列 06.0938

deciduous tooth 乳齿 06.0937

decollation 去螺顶 05.1630

decomposer 分解者 07.0517

dedifferentiation 去分化，*脱分化，*反分化 04.0530

deep cell 深层细胞 04.0288

deep involuting marginal zone 深层内卷边缘带 04.0355

deep oral neural system *深层神经系[统] 05.2810

deer velvet 鹿茸 06.0346

definitive hook 端钩，*终末钩 05.0949

definitive host 终宿主 05.0109

definitive yolk sac *永久性卵黄囊 04.0323

defoliater 食叶动物 07.0173

degeneration 退化 02.0257

Deiters' cell 外指细胞 03.0537

delamination 分层 04.0299

delayed implantation 延迟植入 04.0272

deltoid 三角肌 06.0805

deltoid muscle 三角肌 06.0805

demarcation membrane 分隔膜 03.0202

demiplate 半板 05.2901

demography　种群统计　07.0346

Demospongiae　寻常海绵纲　05.0519

dendrite　树突　03.0273

dendritic cell　树突状细胞　03.0656

dendritic colony　树状群体　05.0486

dendritic spine　树突棘　03.0274

dendritic tentacle　枝状触手　05.2817

dendrobranchiate　枝状鳃　05.2119

dendrocole　树栖动物　07.0192

dendrodendritic synapse　树–树突触　03.0305

dendroid colony　树状群体　05.0486

DENS　弥散神经内分泌系统　03.0733

dense area　密区　03.0259

dense body　密体　03.0260

dense connective tissue　致密结缔组织　03.0091

dense irregular connective tissue　不规则致密结缔组织　03.0092

dense lymphoid tissue　*致密淋巴组织　03.0617

dense patch　*密斑　03.0259

dense regular connective tissue　规则致密结缔组织　03.0093

density-dependent factor　密度制约因子　07.0027

density-independent factor　非密度制约因子　07.0028

dental formula　齿式　05.1367，05.1722，06.0946

dental pulp　齿髓　06.0958

dentary bone　齿骨　06.0497

denticle　小齿　05.0023，齿体　05.0509

denticulate chaeta　细齿刚毛　05.1340

dentin　齿质　06.0961

dentition　齿式　05.1367

denuded oocyte　裸卵　04.0120

dependent differentiation　依赖性分化，*非自主分化　04.0524

dependent ooecium　附属卵室　05.2675

deposit　骨片　05.2984

depressed　平扁　05.0019

depression　下凹　05.0286

depressor　降肌　06.0723

depressor muscle　压盖肌　05.2139

derived homology　衍生同源性　02.0261

dermal epithelium　皮层　05.0522

dermal gland　皮腺　06.0349

dermalia　皮层骨针　05.0545

dermal papilla　真皮乳头　03.0572

dermamyotome　生皮生肌节　04.0447

dermatome　生皮节　04.0448

dermis　真皮　03.0569

dermomuscular sac　皮肌囊，*皮肤肌肉囊　05.0041

dermotrichia　*皮质鳍条　06.0143

descending loop　下回环　05.1530

description　描述，*描记　02.0073

descriptive embryology　描述胚胎学　04.0001

desma　网状骨片　05.0619

desmodactyl foot　索趾足　06.0305

desmodactylous foot　索趾足　06.0305

desmodont　韧带齿型，*贫齿型　05.1694

desmognathism　索腭型　06.0403

desmome　网状骨片　05.0619

desmoneme　卷缠刺丝囊　05.0680

desmosome　桥粒，*黏着斑　03.0028

Desor's larva　德索尔幼虫　05.1131

determinate cleavage　*决定型卵裂　04.0238

determination　决定　04.0581

detorsion　反扭转　05.1649

detrital food chain　腐食食物链，*碎屑食物链　07.0524

detritivore　食碎屑动物　07.0184

detritus feeder　食碎屑动物　07.0184

detritus feeding animal　食碎屑动物　07.0184

deuteropore　次生微孔　05.0234

deuterostome　后口动物　01.0074

deuterotoky　产雌雄孤雌生殖，*产两性单性生殖　01.0238

development　发育　04.0007

developmental biology　发育生物学　04.0006

developmental field　*发生场　04.0576

developmental potential gradient　发育潜能梯度　04.0577

developmental threshold temperature　发育起点温度　07.0120

developmental zero　*发育零点　07.0120

dextral　右旋　05.1609

DI　分歧指数　02.0209

diacrine　透出分泌　03.0065

diactin　二辐骨针　05.0562

diactine　二辐骨针　05.0562

diad　二联体　03.0257

diagnosis　鉴别　02.0077

diagnostic character　鉴别性状，*鉴别特征　02.0078

diagrammatic life table　图解生命表　07.0357

dialyneury　神经吻合　05.1651

diapause　滞育　07.0116

diaphragm　隔　05.0757，横隔膜　05.2608，膈[肌]　06.0896

diaphyseal ossification center　*骨干骨化中心　03.0152

diaphysis　骨干　03.0127

diapophysis　椎弓横突　06.0552

diapsid skull　双窝型头骨，*双孔型头骨　06.0399

diarhysis　全卷沟　05.0634

diarthrosis　[可]动关节　06.0677

diastema　齿隙　06.0947

diaxon　双轴骨针　05.0555

Diclidophora type　八铗型　05.0941

dicryonine　网结骨骼　05.0626

dictyonal skeleton　网结骨骼　05.0626

dicyclic calyx　双环萼　05.2932

didactyl foot　二趾足　06.0308

diencephalon　间脑　06.1161

diestrus　发情间期，*动情间期　04.0178

dietella　基孔室　05.2667

differential diagnosis　示差鉴别　02.0079

differential gene expression　差异基因表达　04.0548

differentiation　分化　04.0520

differentiation inhibition　分化抑制　04.0533

diffuse bipolar cell　弥散双极细胞　03.0462

diffuse ganglion cell　弥散节细胞　03.0467

diffuse lymphoid tissue　弥散淋巴组织　03.0616

diffuse nervous system　散漫神经系[统]，*扩散神经系[统]，*网状神经系[统]　05.0053

diffuse neuroendocrine cell　*弥散神经内分泌细胞　03.0684

diffuse neuroendocrine system　弥散神经内分泌系统　03.0733

diffuse placenta　弥散胎盘，*分散型胎盘　04.0396

diffusible inducing factor　可扩散诱导因子　04.0567

digenean　复殖吸虫　05.0917

digenetic reproduction　*两性生殖　01.0233

digestion　消化　01.0175

digestive gland　消化腺　06.0867

digestive system　消化系统　01.0183

digestive tract　消化管，*消化道　01.0184

digital disc　趾吸盘　06.0173

digitate tentacle　指状触手　05.2818

digitiform gland　直肠腺　05.1525

digitigrade　趾行　06.0337

Dignatha　双颚类　05.2313

dilator muscle of pupil　瞳孔开大肌　03.0447

dilator operculi　鳃盖开肌　06.0744

dilution effect　稀释效应　07.0252

dimorphism　二态[现象]　01.0260，双态现象，*双形现象　05.0225

dimyarian　双柱型　05.1700

dioecism　雌雄异体　01.0250

diphycercal tail　圆型尾　06.0129

diplasiocoelous centrum　参差型椎体　06.0542

diploblastica　二胚层动物　01.0066

Diplopoda　倍足纲　05.2308

diplosegment　倍节　05.2370

directed evolution　*定向进化　02.0219

directional selection　定向选择　02.0275

directive septum　直接隔膜，*直接隔片，*指向隔膜　05.0797

disassortative mating　异征择偶，*非选型交配　07.0275

discoblastula　盘状囊胚　04.0255

discoctaster　盘八星骨针　05.0605

discohexact　盘六辐骨针　05.0585

discohexactin　盘六辐骨针　05.0585

discohexaster　盘六星骨针　05.0591

discoidal cleavage　盘状卵裂　04.0233

discoidal placenta　盘形胎盘，*盘状胎盘　04.0399

discontinuous capillary　*不连续毛细血管　03.0431

discontinuous distribution　间断分布，*不连续分布，*隔离分布　02.0356

discotriaene　盘形三叉骨针　05.0578

disjunction　间断分布，*不连续分布，*隔离分布　02.0356

dispersal　扩散　02.0361

dispersion pattern　扩散型　02.0351

dispherula　双球幼虫　05.0658

displacement activity　替换活动　07.0241

displacement penetration　置换式穿入，*取代式穿入　04.0270

display　炫耀　07.0277

disruptive selection　分裂选择，*歧化选择　02.0273

Disse's space　*迪塞间隙　03.0760

dissepiment　鳞板　05.0824，隔梁　05.2740

dissimilation　异化　01.0182

dissogony　重复生殖　05.0874

distal 末端 05.2552

distal bud 端芽 05.2696

distal centriole 远端中心粒 04.0060

distal convoluted tubule 远曲小管 03.0803

distal hematodocha 顶血囊 05.2298

distal radioulnar joint 桡尺远侧关节 06.0697

distal straight tubule 远直小管 03.0802

distal tubule 远端小管 03.0801

distichal plate 双列板 05.2952

distolateral bud 端侧芽 05.2699

distome cercaria 双口尾蚴 05.0973

distomodeal budding 双口道芽 05.0839

distraction display 引离[天敌]行为 07.0287

distribution center 分布中心 02.0346

distribution pattern 分布型 02.0349

distribution pattern of population 种群分布型 07.0331

distribution range 分布区 02.0348

disturbance 干扰 07.0583

diurnal 昼行 07.0132

diurnal animal 昼行性动物 07.0134

diurnal eye 昼眼 05.2202

diurnal migration 昼夜迁徙 07.0204

diurnal vertical migration 昼夜垂直迁移,*昼夜垂直移动 07.0202

divergence 趋异 02.0242,分散 04.0301

divergence index 分歧指数 02.0209

divergent adaptation 趋异适应 02.0298

divergent evolution 趋异进化 02.0232

diversifying selection 分裂选择,*歧化选择 02.0273

diversionary display 引离[天敌]行为 07.0287

division stage 分裂期 01.0158

dizygotic twins 异卵双胎,*双卵双胎 04.0219

DO 裸卵 04.0120

doliolaria 樽形幼体 05.3014

domestication 家养化 07.0609

dominance 优势度 07.0462

dominance hierarchy 优势序位 07.0318

dominance order 优势序位 07.0318

dominance system 优势序位 07.0318

dominant 优势者 07.0413

dominant follicle 优势卵泡 04.0114

dominant species 优势种 07.0451

dormancy 休眠 07.0110

dormozoite 休眠子 05.0319

dorsal aorta 背主动脉 06.1036

dorsal arm plate 背腕板 05.2963

dorsal bar 背联结片 05.0933

dorsal blastopore lip 背唇 04.0359

dorsal blood vessel 背血管 05.1490,05.1528

dorsal bristle unit 背触毛单元 05.0422

dorsal cerebral commissure 脑背联合 05.1124

dorsal cirrus 背须 05.1311

dorsal cricoarytenoid muscle 环杓背肌 06.0772

dorsal cup 萼杯 05.2929

dorsal denticle 背小齿 05.1955

dorsal fin 背鳍 06.0039,06.0126

dorsal fissure 背裂 06.0057

dorsal ganglion 背神经节 06.0031

dorsal groove 中窝 05.2184

dorsal gutter 背沟 05.1181

dorsal lamina 背板 06.0025

dorsal languet 背舌 06.0029

dorsal margin 背缘 05.1680

dorsal membrane 背咽膜 05.0430

dorsal mesentery 背肠系膜 05.1487

dorsal mesocardium 背心系膜 04.0477

dorsal nerve *背神经 05.1127

dorsal nerve cord 背神经索 05.3021,背神经管 06.0002

dorsal organ 背器 05.1888

dorsal pancreas 背胰 04.0506

dorsal retractor muscle of introvert 背收吻肌 05.1514

dorsal rib 背肋 06.0584

dorsal root 背根 06.1227

dorsal root ganglion 背根节 06.1229

dorsal sac 背囊 05.2803

dorsal shield 背楯 05.1790

dorsal spine 背刺 05.1954,背棘 05.2938

dorsal surface 反口面 05.0013

dorsal tubercle 背节 06.0028

dorsal valve 背壳 05.2747

dorsal-ventral axis 背腹轴 04.0513

dorsolateral fold 背侧褶 06.0167

dorsolateral plate 背侧板 05.2914

dorsovalvula 背产卵瓣 05.2500

dorsoventral muscle 背腹肌 05.0040

double circulation 双循环 06.1009

double headed rib 双头肋骨 06.0590

double-walled colony 双壁型群体 05.2548

down feather　绒羽　06.0265

down-up control　上行控制　07.0528

dragline　拖丝　05.2241

drepanocome　镰毛骨针　05.0588

drought resistance　抗旱性　07.0077

dry specimen　干制标本　02.0115

duct　导管　03.0045

duct of Cuvier　*居维叶管　06.1086

ductulus　微小管　03.0066，小管　05.0832

ductus arteriosus　动脉导管　06.1053

duodenal ampulla　十二指肠球部　06.0853

duodenal gland　十二指肠腺　06.0874

duodenum　十二指肠　06.0852

duplex uterus　双子宫　06.1134

duplicate bud　重复芽　05.2706

dura mater　硬膜　03.0398

dust cell　尘细胞　03.0695

dwarf male　矮雄　05.2078

dynamic life table　动态生命表　07.0355

dysodont　弱齿型　05.1691

E

ear　耳　06.1259

EC cell　肠嗜铬细胞　03.0734

ecdysis　蜕皮　01.0271

ecdysone　蜕皮激素　05.2142

ecdysozoan　蜕皮动物　01.0108

echinating　棘状骨骼　05.0623

echinococcus　棘球蚴，*包虫　05.1063

echinoderm　棘皮动物　01.0113

Echinodermata　棘皮动物门　01.0054

Echinoidea　海胆纲　05.2765

echinopluteus　海胆幼体　05.3006

echinostome cercaria　棘口尾蚴　05.0980

echinus rudiment　海胆原基　05.3000

Echiura　螠虫动物门　01.0042

echiuran　螠虫［动物］　01.0094

echolocation　回声定位　07.0228

eclectic taxonomy　*折中分类学　02.0005

eclipse plumage　蚀羽　06.0288

eclosion　羽化　07.0295

ecoclimate　生态气候　07.0055

ecocline　生态梯度　07.0050

ecological adaptation　生态适应　02.0299

ecological amplitude　生态幅　07.0033

ecological balance　生态平衡　07.0581

ecological crisis　生态危机　07.0595

ecological diversity　*生态多样性　07.0601

ecological efficiency　生态效率　07.0553

ecological energetics　生态能量学　07.0509

ecological engineering　生态工程　07.0017

ecological equilibrium　生态平衡　07.0581

ecological equivalence　生态等价，*生态等值

　07.0476

ecological factor　生态因子　07.0020

ecological impact　生态影响　07.0588

ecological invasion　生态入侵　07.0596

ecological isolation　生态隔离　02.0315

ecologically-based pest management　有害生物生态治理　07.0637

ecological natality　生态出生率　07.0367

ecological niche　生态位　07.0468

ecological optimum　生态最适度　07.0036

ecological pyramid　生态锥体　07.0529

ecological strategy　生态对策　07.0403

ecological succession　生态演替　07.0485

ecological survey method　生态调查法　07.0336

ecological threshold　生态阈值　07.0054

ecological valence　*生态价　07.0033

ecological zoogeography　生态动物地理学　02.0326

ecosystem　生态系统　07.0504

ecosystem development　生态系统发育　07.0508

ecosystem diversity　生态系统多样性　07.0602

ecosystem ecology　生态系统生态学　07.0004

ecosystem health　生态系统健康　07.0580

ecosystem management　生态系统管理　07.0576

ecosystem service　生态系统服务　07.0575

ecosystem trait　生态系统性状　07.0505

ecotone　群落交错区　07.0477

ecotope　生态区　07.0053

ecotype　生态型　07.0080

ectethmoid bone　外筛骨　06.0472

ectocuneiform　外楔骨　06.0652

ectoderm　外胚层　04.0305

ectodermal statocyst　外胚层平衡囊　05.0762

ectoendodermal statocyst　外内胚层平衡囊　05.0763

ectolecithal egg　外卵黄卵　05.0901

ectoneural system　*外神经系[统]　05.2809

ectooecium　卵室外壁　05.2681

ectoplacental cone　外胎盘锥　04.0317

ectoplasm　外质　05.0151

ectoproct　*外肛动物　01.0110

Ectoprocta　*外肛动物门　01.0051

ectosomal skeleton　外皮层骨骼　05.0628

ectotherm　*外温动物　07.0088

edaphic factor　土壤因子　07.0025

edge effect　边缘效应　07.0478

effective population size　有效种群大小　07.0389

effective temperature　有效温度　07.0057

effector B cell　效应 B 细胞　03.0606

effector T cell　效应 T 细胞　03.0600

efferent arteriole　出球微动脉　03.0783

efferent branchial artery　出鳃动脉　06.1039

efferent duct　输出小管　03.0864

efferent neuron　*传出神经元　03.0289

egestion　排遗　01.0196

egg　卵子　04.0119

egg activation　卵子激活　04.0199

egg axis　卵轴　04.0133

egg-binding protein　卵子结合蛋白　04.0195

egg capsule　卵囊　05.0070

egg cylinder　卵柱　04.0313

egg envelope　卵膜　04.0122

egg membrane　卵膜　04.0122

egg operculate　卵盖　05.0957

egg packet　[储]卵袋　05.1093

egg plasma membrane reaction　卵质膜反应　04.0205

egg reservoir　贮卵囊，*储卵器　05.1037

egg sac　卵囊　05.0070

egg tooth　卵齿　06.0927

ejaculatory duct　射精管　01.0231，05.2294

ejaculatory vesicle　*射精囊　05.1025

elaphocaris　樱虾类原溞状幼体　05.2111

elastic cartilage　弹性软骨　03.0109

elastic fiber　弹性纤维　03.0088

elasticity　*弹性　07.0584

elastic tissue　弹性组织　03.0094

elastin　弹性蛋白　03.0089

elbow　肘　06.0324

elbow joint　肘关节　06.0695

electrical synapse　电突触　03.0313

elephant tusk　象牙　06.0935

eleutherodactyl foot　离趾足　06.0310

eleutherodactylous foot　离趾足　06.0310

elytron　鳞片　05.1314，鞘翅　05.2492

elytrophore　鳞片基，*鳞片柄　05.1315

emboitement theory　套装论，*套装学说　04.0014

embolus　插入器　05.2283

embryo　胚胎　04.0216

embryo culture　胚胎培养　04.0602

embryo engineering　胚胎工程　04.0600

embryogenesis　胚胎发生　04.0009

embryoid body　类胚体，*拟胚体　04.0546

embryonic apparatus　胎壳　05.0240

embryonic chamber　胚壳　05.0241

embryonic diapause　胚胎滞育　04.0587

embryonic field　*胚胎场　04.0576

embryonic induction　胚胎诱导　04.0554

embryonic knob　*胚结　04.0258

embryonic layer　胚层　04.0304

embryonic pole　胚极　04.0129

embryonic shield　胚盾　04.0346

embryonic stem cell　胚胎干细胞　04.0537

embryo sac　育囊　05.0488

embryo splitting　胚胎分割　04.0608

embryo transfer　胚胎移植　04.0607

embryo transplantation　胚胎移植　04.0607

emendation　学名订正　02.0086

emergence　羽化　07.0295

emigration　迁出　07.0264

empathic learning　*观摩学习　07.0242

empodium　爪间突　05.2405

encapsulated nerve ending　[有]被囊神经末梢　03.0343

encasement theory　套装论，*套装学说　04.0014

enclosed marginal sensory club　内包感觉棒　05.0766

encystment　包囊形成　05.0330

endangered species　濒危种　07.0620

end bulb　端球，*末球，*坛形器　05.2761

endemic population　局域种群　07.0329

endemic species　特有种　02.0368

endemism　特有现象　02.0365

end foot　脚板　03.0319

endite　内叶　05.1846，颚叶　05.2175

endoadaptation　内[源]适应　02.0295

endoblast　内胚层　04.0333

endocardial tube　心内膜管　04.0473

endocardium　心内膜　03.0410

endochondral growth　*软骨内生长　03.0155

endochondral ossification　软骨内成骨　03.0154

endocrine　内分泌　01.0207

endocrine cell　内分泌细胞　03.0731

endocrine gland　内分泌腺　03.0039

endocrine organ　内分泌器官　05.0061

endocrine system　内分泌系统　01.0210

endocuticle　内角质层，*内表皮　05.1841

endocyclic echinoid　*内环海胆　05.2837

endoderm　内胚层　04.0333

endodyocyte　孢内体　05.0387

endodyogeny　孢内生殖　05.0385

endogamy　同系交配，*亲近繁殖　01.0235

endogemmy　内出芽[生殖]　05.0489

endogenous　内源　07.0123

endogenous budding　内出芽[生殖]　05.0489

endolymph　内淋巴　03.0512

endolymphatic duct　内淋巴管　03.0513

endolymphatic fossa　内淋巴窝　06.0412

endolymphatic sac　内淋巴囊　03.0514，06.0415

endometrium　子宫内膜　03.0874

endomuscular cell　*内皮肌细胞　05.0668

endomysium　肌内膜　03.0251

endoneurium　神经内膜　03.0335

endonuclear symbiosis　核内共生现象　05.0344

endooecium　卵室内壁　05.2680

endopinacocyte　内扁平细胞　05.0527

endoplasm　内质　05.0152

endoplasmic reticulum　内质网　01.0133

endopod　内肢　05.2005

endopodite　内肢　05.2005

endoral membrane　口内膜　05.0446

endoskeleton　内骨骼　01.0172

endosome　核内体　05.0476

endosteum　骨内膜　03.0125

endostyle　内柱　06.0026

endosymbiont　内共生体　05.0343

endosymbiosis　内共生　05.0342

endotheca　内鞘，*内墙　05.0822

endothelial cell　内皮细胞　03.0418

endotheliochorial placenta　内皮绒[毛]膜胎盘

　　04.0402

endothelium　内皮　03.0006

endotherm　*内温动物　07.0089

endotoichal ooecium　内壁卵室　05.2676

endozone　内带区　05.2727

endozooidal ooecium　内陷卵室　05.2677

end piece　末段，*尾段　04.0058

end sac　端囊　05.2128

energid　活质体　04.0290

energy drain　能量枯竭　07.0534

energy flow　能[量]流　07.0540

energy subsidy　辅加能量　07.0533

enterochromaffin cell　肠嗜铬细胞　03.0734

enterocoel　肠体腔　05.0033

enterocoelomate　肠体腔动物　01.0072

Enteropneusta　肠鳃纲　05.3015

entirely webbed　全蹼　06.0091

entire web　全蹼　06.0091

entoconid　下内尖　06.0976

entocuneiform　内楔骨　06.0650

Entognatha　内颚纲，*内口纲　05.2420

entolecithal egg　内卵黄卵　05.0900

entomopathogenic nematode　昆虫病原线虫　05.1147

entomophage　食虫动物　07.0179

entoneural system　*内神经系[统]　05.2811

entooecium　卵室内壁　05.2680

entoplastron　内板　06.0205

entoproct　内肛动物　01.0091

Entoprocta　内肛动物门　01.0039

entosaccal cavity　内囊腔　05.2735

entozooecial oecium　内陷卵室　05.2677

entropy　熵　07.0541

enucleation　去核　04.0603

enucleolation　去核仁　04.0604

enveloping layer　被膜层　04.0287

environment　环境　07.0018

environmental factor　环境因子　07.0019

environmental resistance　环境抗性　07.0380

eosinophil　嗜酸性粒细胞，*嗜伊红粒细胞　03.0168

eosinophilic granulocyte　嗜酸性粒细胞，*嗜伊红粒细
胞　03.0168

EP　灭绝概率　07.0613

epaulette　肩纤毛带　05.2808

epaxial muscle　轴上肌　06.0718

ependymal cell　室管膜细胞　03.0323

ephippium 卵鞍 05.2089

ephyra 碟状幼体 05.0784

epiapokinetal *表面远生型 05.0450

epiblast 上胚层 04.0311

epiboly 外包 04.0295

epibranchial artery 鳃上动脉 06.1037

epibranchial bone 上鳃骨 06.0514

epibranchial tooth 鳃上齿 05.1952

epicardium 心外膜 03.0408

epicone 上壳，*上锥 05.0170

epicuticle 上角质层，*上表皮 05.1838

epidermal replacement cell 表皮取代细胞 05.0896

epidermal rhabdite 表皮性杆状体 05.0894

epidermal type 表皮型 05.1142

epidermis 表皮 03.0545，表皮层 05.0664

epididymal duct 附睾管 03.0865

epididymis 附睾 06.1132

epigastric furrow 生殖沟，*胃上沟 05.2220

epigastric spine 胃上刺 05.1906

epigenesis theory *渐成论 04.0013

epiglottic cartilage 会厌软骨 06.0530

epiglottic spout 会厌管 06.0986

epiglottis 会厌 06.0985

epigynum 外雌器 05.2221

epihyal bone 上舌骨 06.0504

epimastigote 短膜虫期 05.0188，上鞭毛体 05.0191

epimera 肢上板 05.2029

epimere *上段中胚层 04.0325

epimyocardium 心外肌膜 04.0475

epimysium 肌外膜 03.0253

epineurium 神经外膜 03.0339

epiotic bone 上耳骨 06.0458

epipelagic zone 上层带 02.0400

epipharyngeal groove *咽上沟 06.0025

epipharynx 上咽舌 05.2217

epiphragm 膜厣 05.1635

epiphyseal ossification center *骨骺骨化中心 03.0153

epiphyseal plate 骺板 03.0129

epiphysis 骨骺 03.0128，桡骨 05.2847

epiplastron 上板 06.0201

epiplexus cell 丛上细胞 03.0391

epipod 上肢 05.2002

epipodite 上肢 05.2002

epipodium 上足 05.1644

epiproct 肛上板 05.2412

epirhysis 外卷沟 05.0633

epistegal space 膜上腔 05.2616

epistege 膜上腔 05.2616

epistome 口前板 05.1975，*口上突 05.2758

epithalamus 丘脑上部 06.1179

epitheca 外鞘，*外壁，*表壁 05.0821

epithelial cell 上皮细胞 03.0018

epithelial reticular cell 上皮网状细胞 03.0638

epithelial root sheath 上皮根鞘 03.0581

epithelial tissue 上皮组织 03.0001

epitheliochorial placenta 上皮绒[毛]膜胎盘 04.0400

epitheliomuscular cell 皮肌细胞，*上皮肌肉细胞 05.0667

epithelium *上皮 03.0001

epithelium mucosa 黏膜上皮 03.0705

epitoke 生殖体 05.1481

epitoky 生殖态 05.1480

epizygal 上不动关节 05.2956

epural bone 尾上骨 06.0579

equal cleavage 均等卵裂 04.0230

equator 赤道 04.0084

equatorial cleavage *横裂 04.0236

equilateralis 等侧 05.1665

equitability 均匀度 07.0461

equivalve 等壳 05.1667

ER 内质网 01.0133

erect colony 直立型群体 05.2538

erectile tissue 勃起组织 03.0870

erector 竖肌 06.0722

erichthus larva 拟水蚤幼体 05.2099

errant polychaete 游走多毛类 05.1295

error 学名差错 02.0087

eruptcrine 开口分泌 03.0064

erythroblast 成红[血]细胞 03.0187

erythrocyte 红细胞 03.0160

erythrocyte membrane skeleton 红细胞膜骨架 03.0161

erythrocytic phase 红细胞内期 05.0324

erythrocytopoiesis 红细胞发生 03.0185

erythropoiesis 红细胞发生 03.0185

escutcheon 楯面 05.1658

esophageal bulb 食道球 05.1184

esophageal ganglion 食道神经节 05.1813

esophageal gland 食道腺 05.1183，食管腺 06.0868

esophageal nerve *食道神经 05.1128

esophago-intestinal valve 食道肠瓣 05.1189

esophagus 食管，*食道 01.0189

estrus 发情期，*动情期 04.0174

estrus cycle 发情周期，*动情周期 04.0175

ET 胚胎移植 04.0607

Ethiopian realm *埃塞俄比亚界 02.0389

ethmoid 筛骨 06.0471

ethmoid bone 筛骨 06.0471

ethmolytic apical system 分筛顶系 05.2824

ethmophract apical system 合筛顶系 05.2825

ethological isolation 行为隔离 02.0314

ethology 动物行为学 01.0016

euanamorphosis 真增节变态 05.2418

eudoxid phase 单营养体期 05.0732

euglenoid movement 眼虫运动 05.0211

euhermaphrodite 真雌雄同体 01.0251

euheterosis 真杂种优势 01.0257

eukaryotic cell 真核细胞 01.0127

eumedusoid 真水母体 05.0734

eumetazoan 真后生动物 01.0065

euroxybiotic 广氧性 07.0045

euryhaline 广盐性 07.0041

euryhaline animal 广盐性动物 07.0105

euryhydric 广水性 07.0043

euryphagy 广食性 07.0162

eurysalinity 广盐性 07.0041

eurythermal animal 广温性动物 07.0092

eurythermic 广温性 07.0039

eurytopic 广适性 07.0037

eusocial 真社群性 07.0321

Eustachian tube *欧氏管 06.1277

euthyneural 直神经 05.1817

euthyneurous 直神经 05.1817

eutrophication 富营养化 07.0591

evagination 外凸 04.0302

evenness 均匀度 07.0461

eversible pharynx 翻吻 05.1443

eversible proboscis 翻吻 05.1443

evolute 露旋，*外卷 05.0261

evolution 进化 02.0211

evolutionary distance 进化距离 02.0188

evolutionary ecology 进化生态学 07.0008

evolutionary rate 进化速率 02.0246

evolutionary stable strategy 进化稳定对策，*稳定进化

对策 07.0082

evolutionary taxonomy 进化分类学 02.0003

evolutionism 进化论 02.0212

exconjugant 接合后体 05.0501

excretion 排泄 01.0204

excretory bladder 排泄囊 05.1044

excretory duct 排泄管 05.0886，05.0886

excretory pore 排泄孔 05.0887

excretory system 排泄系统 01.0205

excretory tubule 排泄小管 05.0888

excretory vesicle 排泄囊 05.1044

excurrent aperture 出水孔 06.0007

excurrent canal 出水管 05.0645

excysted metacercaria 后尾蚴 05.0985

excystment 脱包囊 05.0331

exhalant branchial canal 出鳃水沟 05.2081

exhalant siphon 出水管 05.1573

exite 外叶 05.1847

exoadaptation 外[源]适应 02.0296

exoccipital 外枕骨 06.0435

exoccipital bone 外枕骨 06.0435

exocoelomic membrane 胚外体腔膜 04.0318

exocrine 外分泌 01.0208

exocrine gland 外分泌腺 03.0040

exocuticle 外角质层，*外表皮 05.1839

exocyclic echinoid *外环海胆 05.2838

exoerythrocytic schizogony 红细胞外裂体生殖
05.0321

exoerythrocytic stage 红细胞外期 05.0323

exogemmy 外出芽[生殖] 05.0490

exogenous 外源 07.0122

exogenous budding 外出芽[生殖] 05.0490

exopinacocyte 外扁平细胞 05.0526

exopod 外肢 05.2006

exopodite 外肢 05.2006

exosaccal cavity 外囊腔 05.2736

exoskeleton 外骨骼 01.0171，05.0818

exotic species 外来种 02.0371

exozone 外带区 05.2728

experimental embryology 实验胚胎学 04.0003

experimental zone 实验区 07.0634

exploitation efficiency *利用效率 07.0556

exponential growth 指数增长 07.0375

exsert 外眼板 05.2832

ex situ conservation 易地保护，*迁地保护 07.0630

extensor carpi ulnaris muscle　尺侧腕伸肌　06.0812
extensor digitorum muscle　指伸肌　06.0814
exterior wall　外壁　05.2598
external auditory meatus　外耳道　06.1283
external budding　外出芽[生殖]　05.0490
external carotid artery　颈外动脉　06.1060
external circumferential lamella　外环骨板　03.0135
external ear　外耳　06.1282
external elastic membrane　外弹性膜　03.0423
external furrow　外沟　05.0282
external gill　外鳃　04.0501
external iliac artery　髂外动脉　06.1067
external iliac vein　髂外静脉　06.1107
external jugular vein　颈外静脉　06.1092
external leaf crown　*外叶冠　05.1178
external ligament　外韧带　05.1673
external naris　外鼻孔　06.0488
external root sheath　外根鞘　03.0583
external yolk syncytial layer　外卵黄合胞体层　04.0286
externo-labial papilla　外唇乳突　05.1200
extinction　灭绝　07.0612
extinction probability　灭绝概率　07.0613
extinction rate　灭绝率　07.0615
extinction vortex　灭绝旋涡　07.0616
extinct species　灭绝种　07.0622

extra-axial skeleton　外轴骨骼　05.0631
extracapsular zone　囊外区　05.0301
extracellular digestion　[细]胞外消化　01.0179
extraembryonic ectoderm　胚外外胚层　04.0316
extraembryonic membrane　*胚外膜　04.0372
extraembryonic mesoderm　胚外中胚层　04.0320
extraglomerular mesangial cell　球外系膜细胞　03.0792
extralimital areal　超限分布区　02.0350
extratentacular budding　外触手芽　05.0843
extrazooidal part　个虫外部分　05.2592
extrusome　射出体，*排出小体　05.0458
exumbrella　外伞，*上伞　05.0740
eye　眼　01.0216
eye area　眼域　05.2204
eyeball　眼球　06.1248
eye formula　眼列　05.2192
eyelash　睫毛　06.0315
eyelid　眼睑　03.0497
eye peduncle　眼柄　05.1877
eye plate　眼板　05.1878
eye ring　眼圈　06.0234
eye row　眼列　05.2192
eye spot　眼点　05.0062
eye stalk　担眼器　05.1653，眼柄　05.1877
eyestalk　担眼器　05.1653

F

facial disc　面盘　06.0243
facial muscle　面肌　06.0747
facial nerve　面神经　06.1218
facial pit　颊窝　06.1250
facial tubercle　颜瘤　05.1393
facultative parasite　兼性寄生虫　05.0086
facultative parasitism　兼性寄生　07.0444
facultative thermogenesis　兼性产热，*选择性产热　07.0102
FAE　连滤泡上皮　03.0625
faecal groove　排粪沟　05.1468
falcate chaeta　镰刀状刚毛　05.1350
falciform ligament　镰状韧带　06.0901
falciform process　镰状突　03.0452
falciger　镰刀状刚毛　05.1350

Fallopian tube　输卵管　01.0230
false cirrus pouch　假阴茎囊　05.1023
fam. nov.　新科　02.0143
family　科　02.0034
fang　螯牙　05.2158，毒牙　06.0929
fang furrow　*牙沟　05.2161
fang groove　*牙沟　05.2161
fascicle　羽簇　05.0828，口簇　05.2738
fascicled stem　成束茎　05.0694
fasciculus　神经束　03.0336
fasciole　带线　05.2890
fast twitch fiber　*快缩肌纤维　03.0249
fat cell　脂肪细胞　03.0082
fauces　咽门　06.0839
fauna　动物志　02.0157，动物区系　02.0383

faunal component 动物区系组成 02.0384

faunal region 动物地理区 02.0385

faunistics 动物区系学 01.0019

FDC 滤泡树突状细胞 03.0619

feather 羽 06.0247

feathered bristle 羽状须 06.0261

fecundity 生殖力 07.0361

feeding ground 索饵场 07.0209

feeding migration 索饵洄游, *取食洄游 07.0214

feeding zooid 摄食个虫 05.2554

felt 毡毛 05.1343

female gamete 雌配子 04.0038

female pronucleus 雌原核, *卵原核 04.0188

female reproductive system 雌性生殖系统 01.0222

femoral artery 股动脉 06.1082

femoral pore 股孔 06.0185

femoral scute 股盾 06.0210

femur 股节, *腿节 05.2169, 05.2400, 05.2468, 股骨 06.0627

fenestra 窗孔 05.2658

fenestra cochleae 蜗窗 06.1281

fenestrated capillary 有孔毛细血管 03.0430

fenestra vestibule 前庭窗 06.1279

fenestrula 网孔 05.2717

feralization 野化 07.0611

fertilization 受精 04.0179

fertilization cone 受精锥, *受精丘 04.0212

fertilization duct 受精管 05.2292

fertilization membrane 受精膜 04.0213

fertilization tube 受精管 05.2292

fertilized egg 受精卵 04.0207

fertilized ovum 受精卵 04.0207

fetal circulation 胎儿循环 04.0407

fetal membrane 胎膜 04.0372

fetus 胎[儿] 04.0217

fibroblast 成纤维细胞 03.0076

fibrocyst 纤维泡, *纤维刺丝泡 05.0463

fibrocyte 纤维细胞 03.0078

fibrosa 纤维膜 03.0714

fibrous astrocyte 纤维性星形胶质细胞 03.0317

fibrous cartilage 纤维软骨 03.0110

fibrous joint 纤维连结, *纤维关节 06.0678

fibrous tunic [眼球]纤维膜 03.0440

fibula 腓骨 06.0645

filamentary appendage 鞭状附肢, *丝状体 05.2072

filariform esophagus *丝状型食道 05.1187

filariform larva 丝状蚴 05.1226

filibranchia 丝鳃 05.1738

filiform antenna 丝状触角 05.2437

filiform papilla 丝状乳头 03.0718

filoplume 纤羽 06.0267

filopodium 丝[状伪]足 05.0213

filter feeder 滤食动物 07.0186

filter route 滤道 02.0363

filtration barrier *滤过屏障 03.0788

filtration membrane 滤过膜 03.0788

fin 鳍 05.1781, 06.0121

final host 终宿主 05.0109

fin formula 鳍式 06.0138

finger 指 06.0329

finite rate of increase 周限增长率 07.0383

finlet 小鳍 06.0139

fin membrane 鳍膜 06.0140

fin ray 鳍条 06.0141

fin spine 鳍棘 06.0144

firmisternal pectoral girdle 固胸型肩带 06.0601

first antenna 第一触角 05.1956

first intermediate host 第一中间宿主 05.0107

first maxilla 第一小颚 05.1980, 05.2353

first polar body 第一极体 04.0078

fission 裂殖[生殖] 05.0737

fitness 适合度 02.0285

fitness of environment 环境适度 07.0379

fixed brachial 固有腕板 05.2947

fixed finger 不动指 05.2020

fixed parenchyma cell 固定实质细胞 05.0898

fixed-walled colony 单壁型群体 05.2547

fixing muscle 固肠肌 05.1517

flabellum 扇叶 05.2001

flagellar base-kinetoplast complex 鞭毛动基体复合体 05.0164

flagellar movement 鞭毛运动 05.0210

flagellar rootlet 鞭毛根丝, *鞭毛小根 05.0165

flagellar sac 鞭毛囊 05.0178

flagellate 鞭毛虫 05.0132

flagellate chamber *鞭毛室 05.0643

flagelliform gland 鞭状腺 05.2269

flagellum 鞭毛 05.0158, 触角鞭 05.1988, 触鞭毛 05.2275, 鞭节 05.2430

flame bulb *焰茎球 05.0883

flame cell　焰细胞　05.0883

flank　胁　06.0236

flatworm　扁形动物　01.0080

fleshy horn　肉角　06.0217

flexor　屈肌　06.0729

flexor carpi ulnaris muscle　尺侧腕曲肌　06.0813

flexor digitorum longus muscle　趾长屈肌　06.0835

flexor digitorum profundus muscle　指深屈肌　06.0816

flexor digitorum superficialis muscle　指浅屈肌
　06.0815

flight feather　飞羽　06.0268

flimmer　鞭毛丝，*鞭[毛]茸　05.0167

flipper　鳍肢　06.0137

floatoblast　浮休芽　05.2711

floricome　花丝骨针　05.0589

floscelle　花形口缘　05.2921

flosculi　毛丛感觉器　05.1282

flower-spray ending　花枝末梢　03.0354

flow rate　流通率　07.0558

fluke　吸虫　05.0911

fly route　迁飞路线　07.0206

fold　褶襞　05.1615

foliate papilla　叶状乳头　03.0721

folivore　食叶动物　07.0173

follicle　[甲状腺]滤泡　03.0846

follicle activation　*卵泡激活　04.0093

follicle-associated epithelium　连滤泡上皮　03.0625

follicle-stimulating hormone　促卵泡激素，*卵泡刺激
　素，*促滤泡素　04.0069

follicular cavity　卵泡腔　04.0107

follicular cell　*卵泡细胞，*滤泡细胞　04.0090

follicular cyclic recruitment　卵泡周期募集　04.0094

follicular dendritic cell　滤泡树突状细胞　03.0619

follicular fluid　卵泡液　04.0108

follicular initial recruitment　卵泡初始募集，*卵泡启动
　募集，*卵泡始动募集　04.0093

follicular recruitment　卵泡募集　04.0092

follicular theca　卵泡膜，*滤泡膜　04.0102

fontanelle　囟[门]　06.0421

food chain　食物链　07.0522

food habit　食性　07.0161

food vacuole　食物泡　05.0201

food web　食物网　07.0526

foot　足　05.1567，05.2465

foot plate　脚板　03.0319

foot process　足突　03.0785

foraging strategy　觅食对策，*觅食策略　07.0246

foramen　腔隙孔　05.2659

foramen magnum　枕[骨]大孔　06.0419

foramen of Panizza　帕尼扎孔，*潘氏孔　06.1055

foraminifer　有孔虫　05.0131

forcipule　毒爪，*毒颚　05.2395

forearm　前臂　06.0325

fore body　前体　05.1001

forebrain　前脑　06.1159

foregut　前肠　04.0488

foregut nerve　前肠神经　05.1128

fore leg　前足　05.2474

fore wing　前翅　05.2488

forewing　前翅　05.2488

forma　型　02.0056

fossa　窝　05.0808

fossette　旋沟　05.0281

fossil species　化石种　02.0377

fossorial leg　开掘足　05.2479

Foster's rule　*福斯特法则　02.0293

founder effect　建立者效应，*奠基者效应　02.0291

fourth ventricle　第四脑室　06.1171

fovea　中窝　05.2184

frame thread　框丝　05.2243

free ectoendodermal statocyst　*游离外内胚层平衡囊
　05.0767

free end　游离端　05.0015

free marginal sensory club　游离感觉棒　05.0767

free nerve ending　游离神经末梢　03.0342

free-running rhythm　*自运节律　07.0130

free surface　游离面　03.0019

free-walled colony　双壁型群体　05.2548

freezing tolerance　耐受冻结　07.0117

frenulum of tongue　舌系带　06.0889

fresh water　淡水　07.0066

fringing reef　岸礁，*缘礁　05.0847

frons　额　05.2425

front　额[部]　05.1885，额　05.2425

frontal　前面　05.2549

frontal appendage　额附肢　05.1997

frontal appendage　额突起　05.1886

frontal area　前区　05.2611

frontal bone　额骨　06.0441

frontal budding　前出芽　05.2688

frontal cirrus 额棘毛 05.0413

frontal lip 前唇 05.1389

frontal lobe 额叶 06.1205

frontal membrane 前膜 05.2610

frontal organ 额器 05.1101, 05.1889

frontal palp 前唇 05.1389

frontal peak 前侧角 05.1394

frontal plate 额板 05.1887, 06.0244

frontal process 额突起 05.1886

frontal region 额区 05.1895

frontal shield 前盔 05.2609

frontal wall 前壁 05.2600

fronto-terminal cirrus *额前棘毛 05.0414

frontoventral cirrus 额腹棘毛 05.0415

frugivore 食果动物 07.0174

fruiting body 子实体 05.0325, 孢子果 05.0380

FSH 促卵泡激素,*卵泡刺激素,*促滤泡素 04.0069

full web 满蹼 06.0090

fully webbed 满蹼 06.0090

functional group *功能团 07.0467

fundamental niche 基础生态位 07.0469

fundic gland 胃底腺 06.0870

fundus 容精球 05.2291

fungiform papilla 菌状乳头 03.0719

funiculus 胃绪 05.2708

funnel 漏斗 05.1771

funnel base 漏斗基 05.1772

funnel excavation 漏斗陷 05.1774

funnel organ 漏斗器 05.1775

funnel siphon 漏斗管 05.1773

funnel-web 漏斗网 05.2256

furcate chaeta 分叉刚毛,*竖琴状刚毛 05.1338

furcillia 磷虾类涣状幼体,*带叉幼虫 05.2109

furcula 叉骨 06.0610

furocercous cercaria 叉尾尾蚴 05.0971

furrow 沟 05.0024

furrow spine 沟棘 05.2875

fusiform cell 梭形细胞 03.0383

fusion penetration 融合式穿入 04.0271

FVT anlage 额–腹–横棘毛原基 05.0421

G

galea 外颚叶 05.2450

gall bladder 胆囊 06.0913

GALT 肠道淋巴组织 03.0627

galvanotaxis 趋电性 07.0143

gamete 配子 04.0036

gamete intrafallopian transfer 配子输卵管内移植 04.0610

gametic meiosis 配子减数分裂 05.0349

gametogamy 配子配合 05.0362

gametogenesis 配子发生 04.0035

gametogony 配子生殖 05.0361

gamma taxonomy γ分类学,*丙级分类学 02.0018

gamone 交配素 05.0502

gamont 配母细胞,*配子母体 05.0351

gamontogamy 配母细胞配合,*配子母体配合 05.0352

ganglion 神经节 03.0392

ganglion cell 节细胞 03.0466

ganglion cell layer 节细胞层 03.0477

ganoid scale 硬鳞 06.0152

ganoine 硬鳞质 06.0153

gape 嘴裂 06.0222

gap junction 缝隙连接 03.0029

gaseous cycle 气态物循环,*气体型循环 07.0564

gas gland *气腺 06.0375

gasterostome cercaria 腹口尾蚴 05.0974

gastral epithelium 胃层 05.0523

gastral filament 胃丝 05.0745

gastralia 胃层骨针 05.0546, 腹皮肋 06.0586

gastralium 腹骨 06.0594

gastric artery 胃动脉 06.1072

gastric cavity 胃腔 05.0860

gastric column 胃柱,*胃茎 05.0704

gastric gland 胃腺 06.0869

gastric groove 胃沟 05.1928

gastric mill 胃磨 05.2136

gastric mucosa 胃黏膜 03.0724

gastric ostium 胃小孔 05.0746

gastric peduncle 胃柄 05.0747

gastric pit 胃小凹,*胃小窝 03.0725

gastric pouch 胃囊 05.0744

gastric region 胃区 05.1898

gastric shield　胃盾　05.1730

gastrocnemius muscle　腓肠肌　06.0829

gastrocotyle type　胃叶型，*胃杯型　05.0940

gastrocotylid type　胃叶型，*胃杯型　05.0940

gastrodermis　胃［皮］层　05.0665

gastro-frontal carina　额胃脊　05.1933

gastro-frontal groove　额胃沟　05.1924

gastrolith　胃石　05.2137

gastro-orbital carina　眼胃脊　05.1934

Gastropoda　腹足纲　05.1562

gastropodium　腹足　05.1639

gastrotrich　腹毛动物　01.0085

Gastrotricha　腹毛动物门　01.0033

gastrovascular cavity　消化循环腔　05.0687

gastrovascular system　胃循环系统，*胃管系统　05.0857

gastrozooid　营养个体，*营养个员　05.0719

gastrula　原肠胚　04.0293

gastrulation　原肠胚形成　04.0294

Gauss principle　*高斯原理　07.0425

gemellus inferior　*下孖肌　06.0823

gemellus muscle　孖肌　06.0823

gemellus superior　*上孖肌　06.0823

gemmulation　芽球生殖　05.0651

gemmule　芽球　05.0650

gen. nov.　新属　02.0144

gena　颊　05.2424

gender　性别　04.0026

gene bank　基因库　02.0267

gene flow　基因流　02.0287

gene frequency　基因频率　02.0288

general description　一般描述，*一般描记　02.0074

generalization　泛化　02.0256

general zoology　普通动物学　01.0003

generation　［世］代　07.0296

generative nucleus　*生殖核　05.0470

genetial bulb　生殖腔　05.0952

genetic diversity　遗传多样性　07.0598

genetic drift　遗传漂变　02.0290

genetic isolation　遗传隔离　02.0312

gene tree　基因树　02.0178

geniculate antenna　膝状触角　05.2438

geniculate antennule　生殖触角　05.1958

geniculate chaeta　膝状刚毛，*有折刚毛　05.1330

genital alveolus　生殖腔窝　05.2278

genital atrium　生殖腔　05.0952

genital bulb　生殖球　05.2279

genital cone　生殖锥　05.1038

genital cord　*生殖索　04.0410

genital coxa　生殖基节　05.2038

genital gland　生殖腺，*性腺　01.0223

genital hook　生殖刺　05.0953，生殖刚毛　05.1342

genitalia　外生殖器　01.0228

genital junction　生殖联合　05.1039

genital lobe　生殖叶　05.1043

genital operculum　*生殖厣　05.2221

genital organ　生殖器［官］　01.0219

genital papilla　生殖乳突　05.1202

genital plate　生殖板　05.2037，05.2828

genital pleura　生殖翼　05.3025

genital pore　生殖孔　05.1645，05.2829

genital pouch　生殖袋　05.1483

genital ridge　生殖嵴　04.0466

genital sac　*生殖囊　05.1022

genital segment　生殖节　05.2415

genital sheath　生殖鞘　05.1242

genital sinus　生殖窦　05.1042，05.2797

genital spine　生殖刺　05.0953

genital sucker　生殖吸盘　05.1021

genital system　生殖系统　01.0220

genito-intestinal canal　生殖肠管，*生殖消化管　05.0954

genito-intestinal duct　生殖肠管，*生殖消化管　05.0954

genotypic frequency　基因型频率　02.0289

genus　属　02.0036

genus group　属组　02.0042

geographical distribution　地理分布　02.0352

geographical ecology　地理生态学　07.0010

geographical isolation　地理隔离　02.0307

geographical race　*地理宗　02.0055

geographical relic species　地理孑遗种，*地理残遗种　02.0379

geographical replacement　地理替代　02.0366

geographical subspecies　地理亚种　02.0044

geographical substitute　地理替代　02.0366

geohelminth　土源性蠕虫　05.0120

geohelminthiasis　土源性蠕虫病　05.0123

geotaxis　趋地性　07.0146

germ band　胚带　04.0334

germ cell　生殖细胞，*性细胞　04.0033
germinal cell　生发细胞　05.1061
germinal center　生发中心，*反应中心　03.0618
germinal crescent　生殖新月　04.0370
germinal kinety　芽基动基列，*生发毛基索　05.0408
germinal layer　生发层　05.1060
germinal multiplication　胚细胞繁殖，*幼体增殖　05.0958
germinal vesicle　生发泡　04.0080
germinal vesicle breakdown　生发泡破裂　04.0081
germ layer　胚层　04.0304
germ layer theory　*胚层学说　04.0015
germ line　种系，*生殖系　01.0258
germocyte　生殖细胞，*性细胞　04.0033
germovitellarium　卵黄生殖腺，*胚卵黄腺　05.1266
germplasm　生殖质，*种质　04.0126
germ ring　胚环　04.0345
germ stem cell　生殖干细胞　04.0543
giant bud　巨芽　05.2702
giant cell　巨大细胞　03.0853
GIFT　配子输卵管内移植　04.0610
gill　鳃　06.0101
gill arch　鳃弓　04.0499
gill bar　鳃棒　06.0004
gill bud　鳃芽　04.0500
gill cut　鳃裂　05.2918
gill filament　鳃丝　05.1744，06.0108
gill lamella　鳃小瓣　05.1743，鳃瓣　06.0109
gill lamina　鳃瓣　05.1742
gill opening　*鳃孔　06.0003
gill pouch　鳃囊　06.0094
gill raker　鳃耙　06.0110
gill slit　鳃裂　05.3022，06.0003
girdle　环脊　05.1552，环带　05.1591
girdle bone　带骨　06.0599
girdle of hooked granule　钩刺环　05.2858
gizzard　砂囊，*前胃　01.0191，*砂囊　06.0845
gladius　羽状壳　05.1794
gland　*腺[体]　01.0209
gland cell　腺细胞　05.0669
glandular cell　腺细胞　03.0035
glandular epithelium　腺上皮　03.0036
glandular region　腺体区　05.1549
glandular rhabdite　腺性杆状体　05.0895
glandular stomach　腺胃　06.0844

glans penis　阴茎头　06.1130
glassy membrane　玻璃膜　03.0584
glaucothoe　闪光幼体　05.2115
gleno-humeral joint　肩［肱］关节　06.0694
glenoid fossa　肩臼　06.0606
glial filament　胶质丝　03.0318
glial limiting membrane　胶质界膜　03.0320
global ecology　全球生态学　07.0006
globiferous pedicellaria　球形叉棘　05.2883
globulus　小节间部　05.2724
glochidium　钩介幼体，*钩介幼虫　05.1834
Gloger's rule　格洛格尔律　07.0096
glomerular capsule　肾小囊　04.0460
glomerulus　血管球　04.0461，05.3026
glossopharyngeal nerve　舌咽神经　06.1220
glottis　声门，*喉门　06.0987
gluteus maximus muscle　臀大肌　06.0821
gluteus medius muscle　臀中肌　06.0820
gluteus minimus muscle　臀小肌　06.0822
glutinant　黏性刺丝囊，*胶刺胞　05.0681
glycocyte　甜细胞　05.0538
gnathal segment　颚节　05.2349
gnathobase　颚基　05.1992
gnathochilarium　颚唇　05.2365
gnathocoxa　颚叶　05.2175
gnathopod　腮足　05.2027
gnathosoma　颚体　05.2177
gnathostomatan　有颌动物　06.0082
gnathostomulid　颚口动物，*颚咽动物，*颚胃动物　01.0082
Gnathostomulida　颚口动物门，*颚咽动物门，*颚胃动物门　01.0029
GnRH　促性腺激素释放激素　04.0071
goblet cell　杯状细胞，*杯形细胞　03.0042
Golgi apparatus　*高尔基器　01.0136
Golgi body　高尔基体　01.0136
Golgi cell　[小脑]高尔基细胞　03.0370
Golgi complex　*高尔基复合体　01.0136
Golgi tendon organ　*高尔基腱器　03.0356
Golgi type I neuron　高尔基 I 型神经元　03.0292
Golgi type II neuron　高尔基 II 型神经元　03.0293
gomphosis　嵌合　06.0675
gonad　生殖腺，*性腺　01.0223
gonadotroph　促性腺激素细胞　03.0824
gonadotropin　促性腺激素　04.0068

gonadotropin-releasing hormone 促性腺激素释放激素 04.0071

gonangium 生殖体 05.0699

gonochorism 雌雄异体 01.0250

gonopod 生殖肢 05.1850

gonopoda 生殖肢 05.1850

gonopore 生殖孔 05.1645

gonosomite 生殖节 05.2415

gonotheca 生殖鞘 05.0706

gonotyl 生殖盘 05.1020

gonozooecium 生殖个虫[虫]室 05.2588

gonozooid 生殖个体，*生殖个员 05.0720，生殖个虫 05.2558

gonys 嘴底嵴 06.0223

GPP 总初级生产量 07.0548

Graafian follicle *赫拉夫卵泡 04.0115

gradualistic model 渐变模式 02.0238

granivore 食谷动物 07.0176

granular cell [小脑]颗粒细胞 03.0369，[大脑]颗粒细胞 03.0377

granular endoplasmic reticulum *颗粒型内质网 01.0134

granular layer 颗粒层 03.0368

granular lutein cell 颗粒黄体细胞 04.0166

granule 痣粒 06.0182

granulocyte 粒细胞，*有粒白细胞 03.0166

granulocytopoiesis 粒细胞发生 03.0192

granulosa cell 颗粒细胞 04.0090

grape ending 葡萄样末梢 03.0355

grasping organ 执握器 05.1959

gravid segment 孕卵节片，*孕节，*妊娠节片 05.1059

gray cell *灰细胞 05.0538

gray commissure 灰质连合 03.0389

gray crescent 灰色新月 04.0223

gray matter 灰质 06.1198

grazing food chain *牧食食物链 07.0523

greater omentum 大网膜 06.0904

green gland 绿腺 05.2127

greenhouse effect 温室效应 07.0568

gregaloid colony 暂聚群体 05.0484

grooming 修饰，*梳理 07.0243

groove 沟 05.0024

gross primary production 总初级生产量 07.0548

gross primary productivity 总初级生产力 07.0538

ground substance 基质 03.0074

group 群居 07.0311

group defense 群体防御，*集体防御 07.0251

group predation 群体猎食 07.0248

growing follicle 生长卵泡 04.0097

growth 生长 01.0245

growth efficiency 生长效率 07.0555

growth line 生长线 05.1603

guard 巾 05.1370

gubernaculum 引带 05.1219

guide pocket *导袋 05.2226

guild 同资源种团 07.0467

gular fold 喉褶 06.0187

gular plica 喉褶 06.0187

gular pouch 喉囊 06.0246

gular sac 喉囊 06.0246

gular scute 喉盾 06.0206

gullet 食管，*食道 01.0189

gum 齿龈 06.0957

gustatory organ 味器 05.1825

gut-associated lymphatic tissue 肠道淋巴组织 03.0627

gut loop 肠环 06.0036

GVBD 生发泡破裂 04.0081

gymnocephalus cercaria 裸头尾蚴 05.0981

gymnocyst 裸壁 05.2605

gymnocystidean 裸壁类 05.2517

Gymnolaemata 裸唇纲 05.2511

gymnospore 裸孢子 05.0318

gynander *两性体 04.0029

gynandromorph *两性体 04.0029

gynecophoric canal 抱雌沟 05.1047

gynogenesis 雌核发育 04.0584

gyrus 脑回 06.1204

H

habit 习性 01.0265

habitat 栖息地，*生境 07.0051

habitat selection 栖息地选择，*生境选择 07.0262

hackled band 支持带 05.2249

haematodocha 血囊 05.2295

haematozoon 血液寄生虫 05.0083

haemocoel 血腔 05.0042

haernerythrin 蚯蚓血红蛋白 05.1545

hair 毛 03.0574

hair bulb 毛球 03.0586

hair cell 毛细胞 03.0505，[位觉斑]毛细胞 03.0507，[螺旋器]毛细胞 03.0540

hair cortex 毛皮质 03.0577

hair cuticle 毛小皮 03.0578

hair follicle 毛囊 03.0580

hair matrix cell 毛母质细胞 03.0588

hair medulla 毛髓质 03.0576

hair papilla 毛乳头 03.0587

hair root 毛根 03.0579

hair root sheath *毛根鞘 03.0581

hair shaft 毛干 03.0575

hair shaft cuticle *毛干小皮 03.0578

half web 半蹼 06.0092

half webbed 半蹼 06.0092

hallux 拇趾 06.0336

halocline 盐跃层 07.0069

halophile 嗜盐生物，*适盐生物 07.0155

halter 平衡棒 05.2495

hamulus 锚钩 05.0927

hand 掌部 05.2019，手 06.0327

hapantotype 系列模式，*系模 02.0127

haploid 单元期 05.0298

haplokinety 单动基列 05.0406

haplosegment 单节 05.2369

haptocyst 吸附泡，*系丝泡 05.0461

haptonema 定鞭丝 05.0179

haptor 固吸器 05.0924

hardiness 耐性 07.0072

hard palate 硬腭 06.0400

Hardy-Weinberg law 哈迪–温伯格定律 02.0284

harem 后宫群，*眷群，*闺房群 07.0273

harpago 抱握器 05.2504

harpoon chaeta 鱼叉刚毛 05.1332

Hassall's corpuscle *哈索尔小体 03.0641

hatching 孵化 07.0292

hatching period 孵化期 07.0293

hatching rate 孵化率 07.0294

Hatschek's pit 哈氏窝 06.0045

hat-shaped sensillum 帽感器 05.2342

Haversian canal *哈弗斯管，*哈氏管 03.0139

Haversian lamella *哈弗斯骨板，*哈氏骨板 03.0138

Haversian system *哈弗斯系统 03.0140

H band H带 03.0232

head 头[部] 05.0001，头部 05.1387

head capsule 头壳，*头鞘 05.2317，头壳 05.2423

head collar 头领 05.0992

head crown *头冠 05.0992

head fold 头褶 04.0429

head fold of amnion 羊膜头褶 04.0381

head kidney 头肾 06.1117

head of rib 肋骨头 06.0588

head organ 头器 05.0920

head plate 头板 05.1588

head pore 头孔 05.1891

head process 头突 04.0371

head spine 头棘 05.0993

heart 心脏 06.1014

heart failure cell 心力衰竭细胞 03.0696

heat budget 热量收支 07.0109

heautotype *仿模标本 02.0139

heckle cell 棘细胞 03.0550

hectocotylized arm 茎化腕，*生殖腕，*交接腕 05.1769

helicoid 螺卷状壳 05.1621

helicotrema 蜗孔 03.0524

heliophobe 厌阳性 07.0150

heliotherm 日温动物 07.0091

heliozoan 太阳虫 05.0129

helmet 头盔 05.1890

helminth 蠕形动物，*蠕虫 01.0097

helminthiasis 蠕虫病 05.0122

helminthology 蠕虫学 05.0121

helminthosis 蠕虫病 05.0122

helper T cell 辅助性T细胞，*Th细胞 03.0602

hemal arch 脉弓 06.0572

hemal canal 脉管 06.0573

hemal ring canal 环血管 05.2793

hemal spine 脉棘 06.0574

hemal system 血系统 05.2792

hematodocha 血囊 05.2295

hematophage 食血动物 07.0178

hematopoiesis 血细胞发生，*造血 03.0176

hematozoic parasite 血液寄生虫 05.0083

hemianamorphosis 半增节变态 05.2417

hemiazygos vein 半奇静脉 06.1101

hemibranch 半鳃 06.0111

Hemichordata　半索动物门，*隐索动物门　01.0056

hemichordate　半索动物，*隐索动物　01.0115

hemidesmosome　半桥粒　03.0034

hemielytron　半鞘翅　05.2493

hemipenis　半阴茎　06.1129

hemochorial placenta　血液绒毛膜胎盘，*血绒膜胎盘　04.0403

hemocoel　血腔　05.0042

hemocyanin　血蓝蛋白，*血青素　05.0044

hemocyte　血细胞　03.0159

hemocytopoiesis　血细胞发生，*造血　03.0176

hemoendothelial placenta　血[液]内皮胎盘　04.0404

hemoglobin　血红蛋白，*血红素　05.0043

hemopoiesis　血细胞发生，*造血　03.0176

hemopoietic cell　造血细胞　03.0178

hemopoietic inductive microenvironment　造血诱导微环境　03.0181

hemopoietic progenitor cell　造血祖细胞　03.0180

hemopoietic stem cell　造血干细胞　03.0179

hemopoietic tissue　造血组织　03.0177

Henle's loop　*亨勒袢　03.0804

Hensen's cell　亨森细胞，*汉森细胞　03.0539

Hensen's node　*亨森结　04.0366

hepatic artery　肝动脉　06.1073

hepatic carina　肝脊　05.1937

hepatic cecum　肝盲囊　05.3027，06.0860

hepatic cord　肝索　03.0755

hepatic diverticulum　肝憩室　04.0504

hepatic duct　肝管　06.0910

hepatic groove　肝沟　05.1929

hepatic lobule　肝小叶　03.0751

hepatic macrophage　肝巨噬细胞　03.0759

hepatic plate　肝板　03.0753

hepatic portal vein　肝门静脉　06.1109

hepatic region　肝区　05.1899

hepatic spine　肝刺　05.1913

hepatic vein　肝静脉　06.1097

hepatocyte　肝细胞　03.0750

hepatogastric ligament　肝胃韧带　06.0902

hepatopancreas　肝胰脏　06.0908

hepatopancreatic ampulla　*肝胰壶腹　06.0853

herbivore　食草动物　07.0172

Hering's canal　肝闰管，*黑林管　03.0757

hermaphrodite　雌雄同体　01.0249

hermaphroditic duct　两性管　05.1040，05.1647

hermaphroditic gland　两性腺　05.1646

hermaphroditic pouch　两性囊　05.1041

hermaphroditic vesicle　两性囊　05.1041

hermatypic coral　造礁珊瑚　05.0849

herpetology　两栖爬行动物学　06.0060

Herring's body　赫林体　03.0835

heterocercal tail　歪型尾　06.0130

heterocoelous centrum　异凹型椎体　06.0540

heterodactyl foot　异趾足　06.0306

heterodactylous foot　异趾足　06.0306

heterodont　异型齿　06.0917

heterogeneity　异质性　07.0501

heterogomph falcigerous chaeta　异齿镰刀状刚毛　05.1352

heterogomph spinigerous chaeta　异齿刺状刚毛　05.1349

heterogonic life cycle　异型生活史　05.0117

heteromedusoid　异形水母体　05.0736

heteromerous macronucleus　异相大核，*异部大核　05.0472

heteromyarian　异柱型　05.1701

heteronereis　异沙蚕体　05.1479

heteronomous metamerism　异律分节　05.0018

heterophilic granulocyte　嗜异性粒细胞　03.0170

heterostyle　异柱突　05.2732

heterosynthesis　异体合成　04.0147

heterothallism　异宗配合　05.0366

heterotherm　异温动物　07.0090

heterothermy　异温性　07.0085

heterotroph　异养生物　07.0158

heterotrophic nutrition　异养营养　05.0341

heteroxenous form　异宿主型　05.0114

heterozooid　异个虫　05.2557

heterozygote　杂合子，*异型合子　04.0208

Heuser's membrane　*霍伊泽膜　04.0318

hexacanth　六钩蚴　05.1078

hexactin　六辐骨针　05.0583

hexactine　六辐骨针　05.0583

Hexactinellida　六放海绵纲　05.0518

hexapod　六足动物　01.0103

Hexapoda　六足[动物]亚门　01.0050

hexaster　六星骨针　05.0586

hibernaculum　越冬场所　07.0266

hibernation　冬眠　07.0111

hiding-collecting form　隐居收集型　05.1543

hierarchy　阶元系统　02.0022

hilum 门 03.0748
hilum of lung 肺门 06.0994
hilus 门 03.0748
hilus cell 门细胞 03.0871
HIM 造血诱导微环境 03.0181
hind body 后体 05.1002
hind brain 后脑 06.1164
hindgut 后肠 04.0490
hind leg 后足 05.2476
hindleg 后足 05.2476
hind wing 后翅 05.2489
hindwing 后翅 05.2489
hinge 铰合部 05.1670
hinge ligament 铰合韧带 05.1672
hinge line 铰合线 05.1671
hinge socket 铰合槽 05.2749
hinge tooth 铰合齿 05.1684，05.2748
hip bone 髋骨 06.0619
hip joint 髋关节 06.0704
hippocampus 海马 06.1210
hirudin 蛭素 05.1492
Hirudinea 蛭纲 05.1293
His' bundle *希氏束 06.1030
histiocyte *组织细胞 03.0079
histogenesis 组织发生 04.0528
histological differentiation 组织分化 04.0527
historical zoogeography 历史动物地理学 02.0327
histozoic parasite 组织内寄生虫 05.0090
Holarctic realm 全北界 02.0393
holdfast 固着器 05.1557
holoblastic cleavage 完全卵裂 04.0225
holobranch 全鳃 06.0112
holocrine 全质分泌，*全浆分泌 03.0062
holometabolous metamorphosis 完全变态 01.0268
holomyarian type 同肌型 05.1148
holorhinal 全鼻型 06.0406
holostyly 全联型 06.0411
Holothuroidea 海参纲 05.2766
holotype 正模[标本]，*主模式 02.0126
homeobox 同源[异形]框 04.0549
homeosmotic animal *恒渗透压动物 07.0108
homeostasis *稳态 07.0579
homeotherm 恒温动物 07.0089
homeotic gene 同源异形基因 04.0550

homeotype 等模[标本]，*同模 02.0138
home range 巢区，*家域 07.0418
homocercal tail 正型尾 06.0131
homodont 同型齿 06.0916
homogeneity 同质性 07.0500
homogomph falcigerous chaeta 等齿镰刀状刚毛 05.1351
homogomph spinigerous chaeta 等齿刺状刚毛 05.1348
homogonic life cycle 同型生活史 05.0116
homoiothermal animal 恒温动物 07.0089
homoiothermy 恒温性 07.0084
homologous character 同源性状 02.0262
homologous organ 同源器官 02.0263
homology 同源性 02.0258
homomerous macronucleus 同相大核，*同部大核 05.0471
homonomous metamerism 同律分节 05.0017
homonym [异物]同名 02.0102
homonymy 同名关系 02.0108
homoplasy 同塑性，*非同源相似性 02.0205
homopolar doublet 同极双体 05.0510
Homoscleromorpha 同骨海绵纲 05.0520
homothallism 同宗配合 05.0365
homotype 等模[标本]，*同模 02.0138
homozygote 纯合子，*同型合子 04.0209
hood 巾 05.1370，垂兜 05.2226
hooded chaeta 具巾刚毛 05.1354
hooded hook chaeta 巾钩刚毛 05.1355
hoof 蹄 06.0342
hoofed animal 有蹄动物 06.0087
hook 钩状刚毛，*钩齿刚毛 05.1325
hooked arm spine 钩腕棘 05.2971
hooked tooth 钩齿 05.1179
hooklet 小钩 05.0928，羽小钩 06.0260
hoplitomella 铠甲囊胚幼虫 05.0657
horizontal cell [大脑]水平细胞 03.0379，水平细胞 03.0464
horizontal cleavage *横裂 04.0236
horizontal distribution 水平分布 07.0503
horizontal groove 横沟 05.0169
horizontal life table *水平生命表 07.0355
horizontal muscle plate 水平肌板 05.1118
horizontal skeletogenous septum 水平[骨质]隔

06.0717

hormone　激素，*荷尔蒙　01.0211

horn　洞角　06.0344

horny beak　角质喙　06.0163

horny cell　角质细胞　03.0557

horny spine　角质刺　06.0149

horotelic evolution　中速进化　02.0249

horotely　中速进化　02.0249

horsehair worm　线形动物　01.0086

host　宿主　05.0103

host specificity　宿主特异性　05.0105

HPC　造血祖细胞　03.0180

HSC　造血干细胞　03.0179

human parasitology　*人体寄生虫学　05.0079

humeral gland　肱腺　06.0361

humeral scute　肱盾　06.0207

humerus　肱骨　06.0629

hyaline cartilage　透明软骨　03.0108

hyalocyte　玻璃体细胞，*透明细胞　03.0495

hyaloid canal　玻璃体管，*透明管　03.0496

hyalosome　透明体　05.0203

hybrid　杂种　02.0046

hydal zone　深渊带　02.0403

hydatid　棘球蚴，*包虫　05.1063

hydatid cyst　棘球蚴囊，*包虫囊　05.1064

hydatid fluid　棘球蚴液，*囊液　05.1068

hydatid sand　棘球蚴砂　05.1067

hydranth　水螅体，*营养体　05.0698

hydrocaulus　螅茎　05.0691

hydrocele　水生动物　07.0195

hydrocladium　螅枝　05.0693

hydrocoel　中体腔囊，*水体腔　05.2776

hydrophobe　厌水性　07.0151

hydrophyllium　叶状个体，*叶状个员　05.0721

hydrorhiza　螅根　05.0690

hydroskeleton　水骨骼　05.1715

hydrostatic skeleton　水骨骼　05.1715

hydrotaxis　趋水性　07.0145

hydrotheca　[水]螅鞘　05.0702

hydrotherm graph　温湿图　07.0061

Hydrozoa　水螅虫纲　05.0661

hydrula　螅状幼体　05.0781

hygrocole　湿生动物　07.0196

hylacole　树栖动物　07.0192

hylophage　食木动物　07.0175

hyoid apparatus　舌骨器　06.0508

hyoid arch　舌弓　06.0499

hyoid bone　舌骨　06.0500

hyomandibular bone　舌颌骨　06.0501

hyoplastron　舌板　06.0202

hyostyly　舌联型　06.0408

hypaxial muscle　轴下肌　06.0719

hyperactivated motility　超激活运动　04.0192

hyperstomial ooecium　口上卵室　05.2678

hypnozoite　休眠子　05.0319

hypnozygote　休眠合子　05.0193

hypoapokinetal　*深层远生型　05.0450

hypoblast　下胚层　04.0310

hypobranchial bone　下鳃骨　06.0516

hypobranchial muscle　鳃下肌，*下鳃肌　06.0737

hypocone　下壳，*下锥　05.0171，次尖　06.0973

hypoconid　下次尖　06.0974

hypoconulid　下次小尖　06.0975

hypodermalia　*下向皮层骨针　05.0545

hypodermis　皮下组织　03.0573，下皮　05.1837

hypogastralia　*下向胃层骨针　05.0546

hypogastric vein　*总腹下静脉　06.1106

hypoglossal nerve　舌下神经　06.1223

hypohyal bone　下舌骨　06.0505

hypomere　*下段中胚层　04.0327

hyponeural system　下神经系[统]　05.2810

hyponome　漏斗　05.1771

hypophyseal cleft　垂体裂　03.0826

hypophyseal fossa　垂体窝　06.1255

hypophysis　垂体　03.0813

hypoplastron　下板　06.0203

hypoplax　腹板　05.1663

hypostegal coelom　膜下腔　05.2615

hypostome　垂唇　05.0700

hypostracum　*壳底层　05.1578

hypothalamus　丘脑下部　06.1182

hypothermia　低体温　07.0112

hypothyseal portal system　垂体门脉系统　03.0837

Hypotrichs　腹毛类，*下毛类　05.0142

hypozygal　下不动关节　05.2957

hypsodont tooth　高冠齿　06.0952

hypural bone　尾下骨　06.0580

I band   *I 带   03.0229
ICC   间质卡哈尔细胞   03.0712
ichthyology   鱼类学   06.0059
ICSI   单精注射，*卵质内单精子注射   04.0614
identification   鉴定   02.0060
ideotype   异模[标本]，*外模   02.0137
idiosoma   躯体   05.2178
IFE   滤泡间上皮   03.0626
ileocolon ring   回结环   06.0051
ileum   回肠   06.0855
iliac artery   髂动脉   06.1081
iliac bone   髂骨   06.0621
iliacus muscle   髂肌   06.0818
iliocostalis   髂肋肌   06.0779
ilium   髂骨   06.0621
imaginal disc   成虫盘   04.0412
imcomplete digestive system   不完全消化系统   05.0880
imitation   模仿   07.0242
immature proglottid   未成熟节片   05.1057
immature segment   未成熟节片   05.1057
immigration   迁入   07.0265
immovable finger   不动指   05.2020
immune system   免疫系统   01.0217
immune tissue   *免疫组织   03.0613
immunocyte   免疫细胞   03.0593
immunoparasitology   免疫寄生虫学   05.0081
implacentalia   无胎盘动物   06.0080
implantation   植入   04.0263
implantation fossa   植入窝   04.0053
implantation window   植入窗   04.0267
impunctate shell   无疹壳   05.2752
Inarticulata   无铰纲，*无关节纲   05.2744
incidental host   偶然宿主，*偶见宿主   05.0112
incidental species   偶见种   07.0455
incised palmate foot   凹蹼足   06.0299
incisor   门齿   06.0941
incisor process   切齿突   05.1983
inclusion   包涵物   01.0155
incomplete cleavage   不完全卵裂   04.0232
incomplete mesentery   不完全隔膜   05.0794

incomplete metamorphosis   不完全变态   01.0269
incrusting colony   被覆型群体   05.2539
incubatory chamber   育儿室   06.0033
incurrent aperture   入水孔   06.0006
incurrent canal   入水管   05.0644
incurrent pore   *流入孔   05.0640
incus   砧骨   06.0466
independent differentiation   非依赖性分化   04.0525
independent ooecium   独立卵室   05.2674
indeterminate cleavage   *非决定型卵裂   04.0237
index of similarity   相似性指数   07.0465
indicator community   指示群落   07.0494
indicator species   指示种   07.0454
indifferent gonad   未分化生殖腺，*未分化性腺   04.0468
indigenous species   土著种，*固有种，*本地种   02.0369
individual distance   个体间距   07.0327
individual ecology   个体生态学   07.0001
individual variation   个体变异   02.0254
induced ovulation   诱导排卵   04.0162
induced pluripotent stem cell   诱导多能干细胞   04.0542
induction   诱导   04.0551
induction theory   诱导学说   04.0552
inductor   诱导者，*诱导物   04.0553
inductura   瓣壳质   05.1614
inequilateralis   不等侧   05.1666
inertia   惯性   07.0578
infanticide   杀婴现象   07.0249
inferior antenna   下触角   05.1965
inferior colliculus   下丘   06.1175
inferior concha   下鼻甲   06.0494
inferior nasal concha   下鼻甲   06.0494
inferior notoligule   下背舌叶   05.1379
inferior oblique muscle   下斜肌   06.0732
inferior rectus muscle   下直肌   06.0734
inferior umbilicus   下脐   06.0253
inferomarginal plate   下缘板   05.2909
infrabasal plate   下基板   05.2943
infraciliature   纤毛图式，*表膜下纤毛系，*纤毛下纤

维系统，*纤毛下器　05.0399

infradental papilla　齿下口棘　05.2967

infrahyoid muscle　舌骨下肌　06.0777

infraintestinal ganglion　食道下神经节　05.1815

inframarginal chamberlet　内边缘小房室　05.0252

infraorbital spine　眼下刺　05.1908

infraspecific category　种下阶元　02.0041

infraspinatus muscle　冈下肌　06.0808

infraspinous fossa　冈下窝　06.0615

infundibular canal　反口极管，*背口管　05.0867

infundibular stalk　漏斗柄　03.0833

infundibular stem　*漏斗干　03.0833

infundibulum　漏斗　03.0831

ingalant branchial canal　入鳃水沟　05.2082

ingestion　摄食　07.0247

ingression　内移　04.0298

ingroup　内群　02.0175

inguinal gland　鼠蹊腺　06.0372

inguinal pore　鼠蹊孔　06.0184

inhalant siphon　入水管　05.1572

ink gland　墨腺　05.1786

ink sac　墨囊　05.1785

innate capacity for increase　*内禀增长力　07.0385

inner acrosomal membrane　顶体内膜　04.0051

inner arm comb　内腕栉　05.2974

inner cell mass　内细胞团，*内细胞群　04.0258

inner circumferential lamella　内环骨板　03.0136

inner cone　内圆锥体　05.1799

inner hair cell　内毛细胞　03.0541

inner lamella　*内鳃小瓣　05.1743

inner ligament　内韧带　05.1674

inner limiting membrane　内界膜　03.0479

inner lip　内唇　05.1612

inner nuclear layer　内核层　03.0475

inner orbital lobe　内眼眶叶　05.1998

inner phalangeal cell　内指细胞　03.0536

inner pillar cell　内柱细胞　03.0532

inner plexiform layer　内网层，*内丛层　03.0476

inner root　内突　05.0931

inner seminal vesicle　内贮精囊　05.1025

inner surface of shell　贝壳内面　05.1582

inner tunnel　内隧道　03.0534

inner vesicle　内囊　05.2684

inner web　内蹼　06.0263

innerweb　内蹼　06.0263

innominate artery　*无名动脉　06.1059

innominate bone　无名骨　06.0618

innominate vein　*无名静脉　06.1094

inquilinism　巢寄生　07.0446

insect　昆虫　05.2422

Insecta　昆虫纲　05.2421

insectivore　食虫动物　07.0179

insemination　授精　04.0601

insert　内眼板　05.2833

insertional lamina　嵌入片　05.1594

inside metacarpal tubercle　*内掌突　06.0175

inside metatarsal tubercle　*内跖突　06.0176

in situ conservation　就地保护　07.0629

instantaneous rate of increase　瞬时增长率　07.0384

instar　龄期　05.0299

instinct　本能　01.0263

instinctive behavior　本能行为　07.0285

instructive induction　指令性诱导　04.0560

insular cortex　岛叶皮质　06.1209

integrated pest management　有害生物综合治理　07.0636

integrative taxonomy　整合分类学　02.0006

integument　体被　01.0168

integumental coelomic sac　体腔被膜囊　05.1519

integumental system　皮肤系统　01.0166

interalveolar septum　肺泡隔　03.0691

interambulacral area　*间步带区　05.2789

interambulacrum　间步带　05.2789

interbrachial　间腕板　05.2948

interbrachial membrane　腕间膜　05.1766

interbranchial membrane　鳃间膜　05.1430

interbranchial septum　鳃间隔　06.0114

intercalarium　间插骨　06.0561

intercalary cartilage　间介软骨　06.0658

intercalary segment　间插体节　05.2348

intercalated disc　闰盘　03.0256

intercalated duct　闰管　03.0745

intercalation　嵌入　04.0303

intercellular substance　细胞间质　03.0075

interchondral joint　软骨间关节　06.0692

intercostal artery　肋间动脉　06.1070

intercostal muscle　肋间肌　06.0794

intercostal pore　肋间孔　05.2645

interdigital gland　趾间腺　06.0367

interdigitating cell　交错突细胞　03.0657

interfilamental junction　丝间隔，*丝间联系　05.1746

interfollicular epithelium　滤泡间上皮　03.0626

interhyal bone　间舌骨　06.0506

interior wall　内壁　05.2597

interlabium　间唇　05.1176

interlamellar junction　瓣间隔，*瓣间联系　05.1747

interlobular septum　小叶间隔　03.0635

intermandibular muscle　下颌间肌　06.0739

intermarginal plate　间缘板　05.2911

intermedian denticle　间小齿　05.1948

intermedian tooth　间齿　05.1947

intermediary meiosis　中间减数分裂　05.0350

intermediate carina　间脊　05.1941

intermediate fiber　中间型纤维　03.0250

intermediate filament　中间丝，*中间纤维　01.0145

intermediate host　中间宿主　05.0106

intermediate junction　中间连接　03.0027

intermediate mesoderm　间介中胚层　04.0326

intermediate plate　中间板　05.1590

intermediate species　受胁未定种　07.0618

intermediate zone　*中间层　04.0432

intermetacarpal joint　掌骨间关节　06.0700

intermittent parasite　暂时性寄生虫　05.0085

intermolt　蜕皮间期　05.2144

internal budding　内出芽[生殖]　05.0489

internal carotid artery　颈内动脉　06.1061

internal circumferential lamella　内环骨板　03.0136

internal ear　内耳，*迷路　06.1260

internal elastic membrane　内弹性膜　03.0420

internal fasciole　内带线　05.2891

internal gill　内鳃　04.0502

internal iliac artery　髂内动脉　06.1068

internal iliac vein　髂内静脉　06.1106

internal jugular vein　颈内静脉　06.1093

internal leaf crown　*内叶冠　05.1178

internal longitudinal vessel　内纵血管　06.0018

internal naris　内鼻孔　06.0487

internal root sheath　内根鞘　03.0582

internal thoracic artery　内胸动脉　06.1069

internal yolk syncytial layer　内卵黄合胞体层
　04.0285

interneuron　中间神经元　03.0290

internode　结间体　03.0334，节间部　05.2723

interolabial papilla　内唇乳突　05.1199

interopercle　间鳃盖骨　06.0525

interorbital septum　眶间隔　06.0485

interparietal bone　顶间骨　06.0437

interphalangeal joint　趾[骨]间关节　06.0702

interphase　[分裂]间期　01.0157

interporiferous area　无孔带，*孔间带　05.2844

interproglottidal gland　节间腺　05.1095

interradial canal　间辐管　05.0863

interradial plate　间辐板，*间辐片　05.2981

interradius　间辐　05.0751，间辐部　05.2772

interrenal tissue　肾间组织　03.0838

intersegmental furrow　节间沟　05.1472

interspecific competition　种间竞争　07.0423

interspinal muscle　棘间肌　06.0791

interstitial Cajal's cell　间质卡哈尔细胞　03.0712

interstitial cell　间细胞　05.0673

interstitial fluid　组织液　03.0175

interstitial growth　间质生长　03.0155

interstitial lamella　间骨板　03.0142

interstitial tissue of testis　睾丸间质　03.0861

intertarsal joint　跗间关节　06.0711

intertentacular organ　触手间器官　05.2623

intertidal zone　潮间带　02.0397

intertransversarii　横突间肌　06.0792

intertransverse muscle　横突间肌　06.0792

intervalvula　内产卵瓣　05.2501

interventricular foramen　室间孔　06.1172

interventricular septum　室间隔　06.1029

intervertebral disc　椎间盘　06.0550

intervertebral foramen　椎间孔　06.0549

interzooidal avicularium　室间鸟头体　05.2573

interzooidal budding　个虫间出芽　05.2689

intestinal bifurcation　肠叉　05.1013

intestinal branch　肠支　05.1014

intestinal cecum　肠盲囊　05.1015，05.1192

intestinal gland　肠腺　06.0035，06.0873

intestinal loop　肠环　06.0036

intestinal spiral　肠螺旋　05.1532

intestinal vessel　肠血管　06.0024

intestinal villus　肠绒毛　03.0740

intestine　肠　01.0193

intracellular digestion　[细]胞内消化　01.0178

intracellular secretory canaliculus　细胞内分泌小管
　03.0729

intracostal pore　肋孔　05.2646

intracytoplasmic sperm injection　单精注射，*卵质内单

精子注射　04.0614

intrafusal muscle fiber　梭内肌纤维　03.0350

intraglomerular mesangial cell　球内系膜细胞　03.0795

intraglomerular mesangium　球内系膜　03.0794

intramembranous ossification　膜内成骨　03.0147

intraspecific competition　种内竞争　07.0422

intrasyncytial lamina　合胞体内板　05.1236

intratentacular budding　内触手芽　05.0842

intravaginal culture　阴道内培养　04.0609

intrazooidal budding　个虫内出芽　05.2690

intrinsic rate of increase　内禀增长率　07.0385

introduced species　引入种　02.0370

introduction　引入　07.0624

introvert　翻吻　05.1503，翻颈部　05.2979

introvertere　翻颈部　05.2979

intrusive penetration　侵入性穿入　04.0269

invagination　内陷　04.0296

invasion　侵入　04.0266

inversion　逆转现象　05.0653

invertebrate　无脊椎动物　01.0116

invertebrate zoology　无脊椎动物学　01.0020

inverted yolk sac placenta　卵黄囊外翻型胎盘　04.0394

in vitro fertilization　体外受精　04.0181

in vivo fertilization　体内受精　04.0180

involuntary muscle　不随意肌　03.0215

involute　包旋，*内卷　05.0260

involuting marginal zone　内卷边缘带　04.0354

involution　内卷　04.0297

iodinophilous vacuole　嗜碘泡　05.0320

iPSC　诱导多能干细胞　04.0542

iridocyte　虹彩细胞　05.1802

iris　虹膜　03.0445

irregular echinoid　歪形海胆，*非正形海胆　05.2838

irregular web　不规则网，*乱网　05.2255

ischial callosity　臀胝　06.0318

ischial spine　座节刺　05.1916

ischiopodite　座节　05.2013

ischium　座节　05.2013，坐骨　06.0622

island effect　岛屿效应　02.0293

island model　岛屿模型　02.0340

island zoogeography　岛屿动物地理学　02.0328

islet of Langerhans　*朗格汉斯岛　03.0762

isochela　等爪状骨针　05.0608

isodictyal skeleton　等网状骨骼　05.0627

isodont　等齿型　05.1692

isogamete　等配子，*同形配子　05.0358

isogamont　等配子母体　05.0360

isogamy　同配生殖　05.0363

isogenous group　同源细胞群　03.0103

isolating mechanism　隔离机制　02.0306

isolation　隔离　02.0305

isolecithal egg　均黄卵　04.0151

isomyarian　等柱型　05.1702

isotropic band　*I 带　03.0229

isotropy　各向同性　03.0227

isthmus　鳃峡　06.0103

IVC　阴道内培养　04.0609

ivory　象牙质　06.0936

Iwata's larva　岩田幼虫　05.1132

J

jackknife　刀切法，*折刀法　02.0199

jacknifing　刀切法，*折刀法　02.0199

Jacobson's organ　犁鼻器　06.0088

jagged antenna　锯齿状触角　05.2441

jaw　大颚　05.1446，[角质]颚　05.1716，颚　05.2960，颌骨　06.0443

jaw apparatus　颚器　05.1452

jaw formula　上颚齿式　05.1456

jaw plate　口板　05.2915

jejunum　空肠　06.0854

jelly coat　胶膜　04.0157

joint　关节　06.0661

joint capsule　关节囊　06.0664

joint cavity　关节腔　06.0665

jointed chaeta　复型刚毛　05.1319

Jordan's rule　乔丹律　07.0097

jugal area　峰部　05.1585

jugal bone　轭骨　06.0446

jugular fold　颈褶　06.0161

jugum　口锁　05.1140

junior homonym　次同名　02.0112

junior synonym　次异名　02.0105

juvenal plumage　稚羽　06.0289

juvenile　童虫　05.0118，幼体　07.0297

juxtaglomerular apparatus　*肾小球旁器　03.0789

juxtaglomerular cell　球旁细胞　03.0790

juxtaglomerular complex　球旁复合体　03.0789

juxtamedullary nephron　髓旁肾单位，*近髓肾单位　03.0779

K

Kappa particle　卡巴粒　05.0505

karyokinesis　核分裂　01.0160

karyomastigont system　核鞭毛系统　05.0160

karyorrhexis　脱核　03.0191

karyoskeleton　*核骨架　01.0150

K cell　杀伤[淋巴]细胞，*K 细胞　03.0598

Keber's organ　*克贝尔器，*凯伯尔氏器　05.1752

keel　龙骨突　06.0595

keeled scale　棱鳞　06.0178

kenozooid　空个虫　05.2560

kentrogon larva　新轮幼体　05.2107

keratin　角蛋白　03.0558

keratin filament　角蛋白丝　03.0553

keratinization　角化　03.0559

keratinized stratified squamous epithelium　角化复层扁平上皮　03.0015

keratinocyte　角质形成细胞　03.0546

keratohyalin granule　透明角质颗粒　03.0552

keratose　角质骨骼　05.0622

key　检索表　02.0156

key factor analysis　关键因子分析　07.0358

keystone species　关键种　07.0456

kidney　肾　06.1115

killer cell　杀伤[淋巴]细胞，*K 细胞　03.0598

killer lymphocyte　杀伤[淋巴]细胞，*K 细胞　03.0598

kinetid　动基系，*毛基单元　05.0409

kinetodesma　动纤丝　05.0390

kinetoplast　动基体　05.0163

kinetosome　毛基体，*毛基粒　05.0162

kinety　动基列，*毛基索　05.0405

kingdom　界　02.0023

kinocilium　动纤毛　03.0506

kinorhynch　动吻动物　01.0088

Kinorhyncha　动吻动物门　01.0036

kin selection　亲缘选择　07.0402

kinship　亲缘关系　02.0268

knee　膝　06.0332

knee joint　膝关节　06.0705

Kölliker's organ　克利克器，*柯氏器　05.1018

Kölliker's pit　克利克窝　06.0056

Kolmer's cell　丛上细胞　03.0391

Krause's end bulb　克劳泽终球，*克氏终球　03.0347

K-selection　K 选择　07.0404

K-strategy　K 对策　07.0406

Kupffer's cell　*库普弗细胞，*枯否细胞　03.0759

L

labellum　唇瓣　05.2683

labial fold　唇褶　06.0160

labial gland　唇腺　06.0878

labial palp　唇瓣，*唇片　05.1750

labial papilla　唇乳突　05.1198，06.0164

labial pit　唇窝　06.1251

labial tooth　唇齿　06.0928

labia majora　大阴唇　06.1145

labia minora　小阴唇　06.1146

labidognatha　钳状颚器　05.1460

labium　唇　05.1174，下唇　05.1974，05.2218，

05.2454

labrum　上唇　05.1973，05.2445，唇板　05.2839

Labyrinthomorpha　盘蜷虫门　05.0133

lacinia　内颚叶　05.2451

lacinia mobilis　大颚活动片　05.1984

laciniate antenna　锯齿状触角　05.2441

lacrimal gland　泪腺　03.0502

lacteal　乳糜管　03.0743

lacuna　[营养]管道　05.1238，间隙孔　05.2647

lacunar system　[营养]管道系统，*腔隙系统　05.1239

ladder-type nervous system　梯状神经系[统]

05.0054

lagena 瓶状囊，*听壶 06.1273

Lamarckism 拉马克学说，*拉马克主义 02.0213

lamella 鳃小瓣 05.1743

lamellar corpuscle 环层小体 03.0345

lamellate antenna 鳃片状触角 05.2439

Lamellibranchia *瓣鳃纲 05.1563

lamellibranchia 瓣鳃 05.1741

lamellodisc 片盘 05.0937

lamina 鳃瓣 05.1742

lamina muscularis 肌层 03.0710

lamina of vertebral arch 椎弓板 06.0546

lamina propria 固有层 03.0706

land bridge 陆桥 02.0338

landscape ecology 景观生态学 07.0005

Langerhans' cell 朗格汉斯细胞 03.0565

lappet 肉裾，*垂片 06.0216

large intestine 大肠 06.0857

large pyramidal layer 大锥体细胞层 03.0386

larva 幼体，*幼虫 01.0253，幼螨 05.2300

larva migrans 幼虫移行症 05.0094

laryngeal cartilage 喉软骨 06.0526

laryngeal cavity 喉腔 06.0989

laryngeal gland 喉腺 06.0366

laryngotracheal diverticulum 喉气管憩室 04.0508

laryngotracheal groove 喉气管沟 04.0507

larynx 喉 06.0230，06.0984

last loculus 终室 05.0239，05.1792

latebra 卵黄心 04.0143

lateral abdominal vein 侧腹静脉 06.1087

lateral ala 侧翼 05.1158

lateral amniotic fold 羊膜侧褶 04.0382

lateral area 翼部 05.1587

lateral arm plate 侧腕板 05.2965

lateral blood vessel 侧血管 05.1120

lateral boss 侧结节 05.2159

lateral canal 侧[水]管 05.2782

lateral carina 侧脊 05.1942

lateral ciliary pit 侧纤毛窝 05.1139

lateral compartment 侧板 05.2069

lateral condyle 侧结节 05.2159

lateral crescentic sulcus 侧新月沟 05.2385

lateral cricoarytenoid muscle 环杓侧肌 06.0773

lateral denticle 侧小齿 05.1950，侧齿 05.2638

lateral fasciole 侧带线 05.2896

lateral flap 颈侧褶，*颈侧囊 06.0188

lateral lappet 侧瓣 05.1462

lateral line 侧线 06.0145

lateral line canal 侧线管 06.0147

lateral line scale 侧线鳞 06.0148

lateral line system 侧线系统 06.0146

lateral lip 侧唇 04.0360

lateral longitudinal suture 侧纵沟 05.2384

lateral longitudinal vessel *侧纵血管 05.1120

lateral mesoderm 侧中胚层 04.0327

lateral plate 侧板 05.2069

lateral pterygoid muscle 翼外肌 06.0753

lateral rectrice 外侧尾羽 06.0274

lateral rectus muscle 外直肌，*侧直肌 06.0736

lateral sclerite [外]侧片 05.0945

lateral sinus 侧窦 05.2639

lateral spine 侧棘 05.2877

lateral subterminal apophysis 侧亚顶突 05.2289

lateral tooth 侧齿 05.1720，05.1949

lateral vagina 侧阴道 06.1143

lateral ventricle 侧脑室 06.1169

lateral wall 侧壁 05.2603

laterigrade 横行性 05.2305

latissimus dorsi muscle 背阔肌 06.0759

latitudinal cleavage 纬裂 04.0236

latus carinale 峰侧板 05.2068

latus inframedium 中侧板 05.2066

latus rostrale 吻侧板 05.2067

latus superius 上侧板 05.2065

Laurer's canal 劳氏管 05.1032

law of genetic equilibrium *遗传平衡定律 02.0284

law of priority 优先律 02.0084

layer of rod and cone 视杆视锥层 03.0471

LBA 长枝吸引 02.0204

leaf crown 叶冠 05.1178

leaflike thoracic leg 叶足 05.2008

lecithotrophic larva 卵黄营养幼虫 05.2687

lectotype 选模[标本] 02.0129

leech *蛭类，*蚂蟥 05.1293

left atrium 左心房 06.1017

left ventricle 左心室 06.1020

leg 足 05.2465

leg-bearing segment 具足体节 05.2321

leg formula 足式 05.2166

leg spur 步足刺 05.2406

leishmanial stage　利什曼期　05.0187

lek　求偶场　07.0280

lemniscus　吻腺，*垂棒　05.1231

lens　晶状体　03.0488

lens capsule　晶状体囊　03.0489

lens epithelium　晶状体上皮　03.0490

lens fiber　晶状体纤维　03.0491

lens placode　晶状体[基]板　04.0438

lens vesicle　晶状体泡　04.0439

lepidotic wing　鳞翅　05.2494

lepidotrichia　鳞质鳍条　06.0143

leptoblast　无眠休芽　05.2714

lesser omentum　小网膜　06.0903

leuconoid　复沟型　05.0639

leukocyte　白细胞　03.0163

levator　提肌　06.0728

levator arcus branchialis V　第五鳃弓提肌　06.0742

levator arcus palatini　腭弓提肌　06.0740

levator operculi　鳃盖提肌　06.0745

levator scapulae muscle　肩胛提肌　06.0758

Leydig's cell　*莱迪希细胞　03.0862

LH　黄体生成素　04.0070

licking mouthparts　舐吸式口器　05.2459

Liebig's law of the minimum　利比希最小因子定律，*利比希最低量法则　07.0031

life cycle　生活周期　01.0242

life expectancy　生命期望　07.0373

life form　生活型　07.0079

life history　生活史　01.0241

life history strategy　*生活史对策　07.0403

life table　生命表　07.0354

ligament　*韧带　05.1672，韧带　06.0667

ligament sac　韧带囊　05.1241

light band　明带　03.0229

ligula　舌突　05.2582

ligule　舌叶　05.1377

limb　肢　06.0321

limbate chaeta　具缘刚毛，*翅毛状刚毛　05.1344

limbate suture　镶边缝合线　05.0255

limb bud　肢芽　04.0516

limb disc　肢盘　04.0515

limb field　肢区　04.0514

limbus　角膜缘　03.0443

limbus cornea　角膜缘　03.0443

limiting factor　限制因子　07.0023

limiting plate　界板　03.0754

limnophage　食土动物　07.0183

Lindeman's efficiency　*林德曼效率　07.0553

linea anomurica　鳃甲缝　05.1932

lineage　谱系　02.0159

linea homolica　鳃甲缝　05.1932

linea masculina　雄性线　06.0170

linea thalassinica　鳃甲缝　05.1932

line transect　样线法　07.0340

lingual frenulum　舌系带　06.0889

lingual gland　舌腺　06.0881

lingual mucous membrane　舌黏膜　03.0722

lingual papilla　舌乳头　03.0717

lining epithelium　被覆上皮　03.0002

Linnaean taxonomy　*林奈分类学　02.0001

lip　口唇　05.0235，唇　05.1174，06.0245

lipofuscin　脂褐素　03.0271

lithodesma　壳带　05.1678

litter size　胎仔数　07.0364

littoral zone　*沿岸带　02.0397

liver　肝　06.0909

liver cell　肝细胞　03.0750

liver plate　肝板　03.0753

liver sinusoid　肝血窦　03.0758

lobate foot　瓣蹼足　06.0300

lobate larva　叶状幼虫　05.2754

lobe　叶　03.0067，裂片　05.0802，舌叶　05.1377

lobed foot　瓣蹼足　06.0300

lobed gland　叶状腺　05.2270

lobe-finned fishes　肉鳍鱼类　06.0071

lobopodium　叶[状伪]足　05.0215

lobule　小叶　03.0068

lobulus testis　睾丸小叶　03.0857

local distribution　局限分布　02.0357

local population　局域种群　07.0329

loculus　房室，*壳室　05.0228

logistic growth　逻辑斯谛增长，*阻滞增长　07.0376

long bone　长骨　03.0126

long-branch attraction　长枝吸引　02.0204

long-day animal　长日照动物　07.0064

longevity　寿命　01.0243

long-handled uncinus　长柄齿片刚毛　05.1359

longissimus　最长肌　06.0780

longissimus capitis　头最长肌　06.0781

longissimus cervicis　颈最长肌　06.0782

longitudinal division　纵向二分裂　05.0480
longitudinal fission　纵向二分裂　05.0480
longitudinal flagellum　纵鞭毛　05.0176
longitudinal muscle　纵肌　05.0038
longitudinal nerve cord　纵神经索　05.0899
longitudinal ridge　纵嵴　05.1167
longitudinal tubule　*纵小管，*L小管　03.0223
longitudinal vein　纵脉　05.2485
loose connective tissue　疏松结缔组织　03.0072
loose lymphoid tissue　*疏松淋巴组织　03.0616
lophocercaria　脊性尾蚴　05.0972
lophodont tooth　脊型齿　06.0955
lophophorate　触手冠动物，*总担动物　01.0109
lophophore　触手冠　05.1287，05.2620
lore　眼先　06.0231
lorica　兜甲，*背甲，*被甲　05.1253
Loricifera　铠甲动物门，*兜甲动物门　01.0037
loriciferan　铠甲动物，*兜甲动物　01.0089
lorum　背片，*背桥　05.2180
Lotka-Volterra model　*洛特卡–沃尔泰拉模型　07.0440
Loven's law　洛文[定]律，*拉氏定律　05.2822
lower flagellum　下鞭，*内鞭　05.1990
lower lip　下唇　05.1391
L tubule　*纵小管，*L小管　03.0223
lug　耳突　05.0891
lumbar nerve　腰神经　06.1233
lumbar vertebra　腰椎　06.0568
lumbosacral joint　腰荐关节　06.0686
lumbosacral plexus　腰荐丛　06.1236
luminous organism　发光生物　07.0230
lunar periodicity　月周期　07.0128
lunate bone　月骨　06.0641

lung　肺　06.0993
lung bud　肺芽　04.0509
lunoecium　半月室　05.2726
lunule　小月面　05.1657，透孔　05.2857
lunulitiform colony　镰苔虫型群体　05.2537
luteal stage　黄体期　04.0173
luteinizing hormone　黄体生成素　04.0070
luteolysis　黄体解体，*黄体溶解　04.0169
lycophora　十钩蚴　05.1079
lymph　淋巴　03.0174
lymphatic capillary　毛细淋巴管　03.0438
lymphatic duct　淋巴导管　03.0439
lymphatic nodule　淋巴小结　03.0617
lymphatic organ　淋巴器官　03.0621
lymphatic sinus　淋巴窦　03.0648
lymphatic system　淋巴系统　06.1013
lymphatic tissue　淋巴组织　03.0613
lymphatic vessel　淋巴管　03.0437
lymph heart　淋巴心　06.1112
lymph node　淋巴结　03.0644
lymphoblast　原淋巴细胞，*淋巴母细胞　03.0205
lymphocyte　淋巴细胞　03.0173
lymphocytopoiesis　淋巴细胞发生　03.0203
lymphoepithelial follicle　淋巴上皮滤泡　03.0624
lymphoid follicle　*淋巴滤泡　03.0617
lymphoid organ　淋巴器官　03.0621
lymphoid stem cell　淋巴干细胞　03.0594
lymphoid tissue　淋巴组织　03.0613
lymphokine　淋巴因子　03.0611
lyrate chaeta　分叉刚毛，*竖琴状刚毛　05.1338
lyriform organ　琴形器　05.2259
lyrula　中央齿　05.2636
lysosome　溶酶体　01.0137

M

machozooid　*兵螅体　05.0718
macroamphidisc　*大双盘骨针　05.0544
macroconsumer　大型消费者　07.0516
macroevolution　宏进化，*大进化，*越种进化　02.0227
macrogamete　大配子　05.0355
macrogametocyte　大配子母细胞　05.0353
macrogamont　*大配子母体　05.0353

macromere　大卵裂球　04.0242
macromutation　大突变　02.0318
macronucleus　大核　05.0469
macronutrient　常量营养物　07.0070
macrophage　巨噬细胞　03.0079
macrotaxonomy　大分类学，*宏观分类学　02.0014
macrouncinate　*大勾棘骨针　05.0566
macruran larva　长尾类幼体　05.2090

macula densa　致密斑　03.0791

macula lutea　黄斑　03.0480

macula of saccule　球囊斑　06.1272

macula of utricle　椭圆囊斑　06.1270

macula sacculi　球囊斑　06.1272

macula statica　平衡斑　05.1826

macula utriculi　椭圆囊斑　06.1270

madreporic pore　筛孔　05.2791

madreporite　筛板　05.2790

main bud　主芽　05.2704

main partition　主小隔壁　05.0251

main tooth　主齿　05.1686

majority consensus tree　多数一致树　02.0181

malacology　软体动物学　05.1558

Malacostraca　软甲纲　05.1858

malar bone　颧骨　06.0447

male gamete　雄配子　04.0037

male hormone　雄[性]激素　04.0067

male process　雄性突起　05.2035

male pronucleus　雄原核，*精原核　04.0187

male reproductive system　雄性生殖系统　01.0221

malleus　锤骨　06.0467

mammal　哺乳动物　06.0075

Mammalia　哺乳纲　06.0068

mammalogy　哺乳动物学　06.0062

mammals　*哺乳类　06.0068

mammary gland　乳腺　06.0381

mammotroph　催乳激素细胞，*促乳激素细胞　03.0820

mandible　下颚　05.1457，大颚，*上颚　05.1979，大颚　05.2350，上颚　05.2446，颚骨　05.2579，下颌骨　06.0496

mandibular　大颚，*上颚　05.1979

mandibular arch　颌弓　06.0429

mandibular condyle　大颚骨　05.2361

mandibular segment　大颚节　05.2351

mandibular tooth　大颚齿　05.2362

Mandibulata　颚肢类，*有颚类　05.2316

mane　鬣毛　06.0314

Manter's organ　曼特器　05.1045

mantle　外套膜　05.1569，06.0014，胴部　05.1780，上背　06.0281

mantle cavity　外套腔　05.1570

mantle groove　外套沟　05.1597

mantle layer　套层　04.0432

mantle lobe　外套叶　05.2756

mantle zone　套层　04.0432

manubrium　垂管　05.0743

manuscript name　未刊[学]名　02.0098

margin　齿堤　05.2162

marginal carina　缘脊，*边脊　05.1943

marginal cirrus　缘棘毛　05.0412

marginal cord　边缘索　05.0280

marginal fasciole　缘带线　05.2892

marginal hook　*边缘钩　05.0930

marginal hooklet　边缘小钩　05.0930

marginalia　缘须　05.0616

marginal lappet　缘瓣　05.0768

marginal layer　边缘层　04.0434

marginal ridge　边缘嵴　05.0946

marginal sclerite　[外]侧片　05.0945

marginal scute　缘盾　06.0199

marginal sinus　边缘窦　03.0663

marginal slit　缘裂　05.2856

marginal spine　边缘刺　05.2641

marginal tentacle　缘触手　05.0775

marginal tooth　缘齿　05.1721

marginal valve　边缘瓣膜　05.0947

marginal wart　缘疣　05.0777

marginal zone　边缘区　03.0662，边缘带　04.0352

margination　缘　05.2358

marking-recapture method　标记重捕法，*标志重捕法　07.0343

marsupial bone　袋骨　06.0625

marsupials　有袋类　06.0077

marsupium　育囊　05.2083，育幼袋　06.1149

Martinotti's cell　*马丁诺提细胞　03.0381

mascular articulation　动关节　05.2954

mass communication　群体通信　07.0309

masseter muscle　咬肌　06.0750

mass extinction　集群灭绝，*大灭绝　07.0614

massive nucleus　致密核　05.0155

mastax　咀嚼囊　05.1264

mast cell　肥大细胞　03.0081

master gene　主[导]基因　04.0547

masticatory lobe　咀嚼叶　05.1982

masticatory stomach　磨碎胃　05.2135

mastigobranchia　肢鳃　05.2121

mastigoneme　鞭毛丝，*鞭[毛]茸　05.0167

mastigont system　鞭毛系统　05.0159

mastigopus　樱虾类仔虾　05.2113

material cycle　*物质循环　07.0562

materilineal society　母系社群　07.0324

maternal mRNA　母源 mRNA　04.0575

maternal zooid　母个虫　05.2556

mating-induced ovulation　交配刺激诱导排卵　04.0163

mating pair　接合对　05.0498

mating reaction　接合反应　05.0497

mating system　婚配制度，*交配体制，*配偶制　07.0267

mating type　交配型，*接合型　05.0496

matrix　基质　03.0074

matrix vesicle　基质小泡　03.0120

maturation　成熟　01.0246

mature follicle　成熟卵泡　04.0115

mature prog lottid　成熟节片，*成节　05.1058

mature segment　成熟节片，*成节　05.1058

maxilla　上颚　05.1453，第二小颚　05.1981，颚叶　05.2175，下颚　05.2447

maxillary bone　上颌骨　06.0445

maxillary carrier　上颚基　05.1455

maxillary complex　复合小颚　05.2355

maxillary formula　上颚齿式　05.1456

maxillary gland　小颚腺　05.2129，颌腺　06.0377

maxillary hook　小颚钩　05.1987

maxillary palp　下颚须　05.2453

maxillary palpus　下颚须　05.2453

maxillary plate　颚片　05.1454

maxillary ring　颚环　05.1445

maxillary segment　小颚节　05.2352

maxillary tooth　上颌齿　06.0922

maxilliped　颚足　05.1994

Maxillopoda　颚足纲　05.1857

maxillula　第一小颚　05.1980

maximum likelihood method　最大似然法　02.0198

maximum natality　最大出生率　07.0366

maximum parsimony　最大简约法　02.0197

maximum sustained yield　最大持续产量　07.0552

mazocraeid type　钩铗型　05.0942

MBT　囊胚中期转换，*中期囊胚转化　04.0292

M cell　微皱褶细胞，*M 细胞　03.0629

MCP joint　掌指关节　06.0701

meaboly　眼虫运动　05.0211

Meckel's cartilage　麦氏软骨　06.0431

medial pterygoid muscle　翼内肌　06.0752

medial rectus muscle　内直肌　06.0735

median apophysis　中突　05.2282

median carina　中央脊　05.1939

median cercus　中尾丝　05.2506

median dorsal nerve　中背神经　05.1127

median eminence　正中隆起　03.0832

median eye　中央眼　05.1863

median fin　奇鳍　06.0125

median groove　中央沟　05.1920

median leg　中足　05.2475

median longitudinal sulcus　中纵沟　05.2381

median ocular area　中眼域　05.2205

median ocular quadrangle　中眼域　05.2205

median piece　中[基]片　05.0944

median plate　中央板　05.1882

median sclerite　中[基]片　05.0944

median section　中切面　05.0285

median septum　中隔　05.2223

median sulcus　中沟　05.2322

median tooth　中齿　05.1953

mediastinum　纵隔　06.1004

mediastinum testis　睾丸纵隔　03.0855

medical parasitology　医学寄生虫学　05.0079

medium coronary stripe　冠纹　06.0226

medulla　[淋巴结]髓质　03.0653

medulla oblongata　延髓　06.1196

medullary cord　髓索　03.0654

medullary loop　髓袢　03.0804

medullary ray　髓放线　03.0768

medullary shell　髓壳　05.0305

medullary sinus　髓[质淋巴]窦　03.0655

medusa　水母型　05.0689

medusa bud　水母芽　05.0707

megakaryoblast　原巨核细胞，*成巨核细胞　03.0198

megakaryocyte　巨核细胞　03.0200

megalecithal egg　多黄卵　04.0149

megalopa larva　大眼幼体　05.2102

megalospheric test　显球型壳　05.0226

meganephridium　大管肾，*大肾管　05.0050

megasclere　大骨针　05.0542

Mehlis' gland　梅氏腺　05.1036

Meibomian gland　*迈博姆腺　03.0499

meiofaunal polychaete　小型多毛类　05.1299

meiosis　减数分裂　01.0162

Meissner's corpuscle　*迈斯纳小体　03.0344
Meissner's plexus　*迈斯纳神经丛　03.0709
melanin　黑[色]素　03.0564
melanin granule　黑素颗粒　03.0563
melanism　黑化型　02.0058
melanocyte　黑素细胞　03.0561
melanophore　载黑素细胞　03.0568
melanosome　黑素体　03.0562，黑色体　05.0204
melanotroph　促黑素激素细胞，*黑素细胞刺激素细胞　03.0825
membranelle　小膜　05.0444
membraniporiform colony　膜孔苔虫型群体　05.2532
membranous bone　膜成骨　06.0386
membranous cochlea　*膜蜗管　03.0521
membranous disc　膜盘　03.0459
membranous labyrinth　膜迷路　06.1262
membranous sac　膜囊　05.2734
membranous spiral lamina　膜螺旋板　03.0518
membranous wing　膜翅　05.2490
memory B cell　记忆 B 细胞　03.0607
memory T cell　记忆 T 细胞　03.0601
meninx　脑脊膜　03.0397
mental groove　颏沟　06.0186
mental stripe　颏纹　06.0229
mereopodite　长节　05.2014
meridional canal　子午管　05.0865
meridional cleavage　经裂　04.0235
Merkel's cell　梅克尔细胞　03.0567
Merkel's tactile disc　梅克尔触盘　03.0346
meroblastic cleavage　不完全卵裂　04.0232
merocrine　局质分泌，*局浆分泌　03.0063
meromyarian type　少肌型　05.1149
Merostomata　肢口纲　05.2149
merozoite　裂殖子　05.0372
merus　长节　05.2014
mesal subterminal apophysis　中亚顶突　05.2290
mesamphidisc　*中双盘骨针　05.0544
mesangium　*血管系膜　03.0794
mesectoderm　中外胚层　04.0414
mesencephalon　中脑　06.1162
mesenchymal cell　间充质细胞　04.0340
mesenchymal stem cell　间充质干细胞　04.0544
mesenchyme　间充质　04.0339
mesenchyme blastula　间充质囊胚　04.0343
mesendoderm　中内胚层　04.0347

mesenterial filament　隔膜丝　05.0799
mesentery　隔膜，*隔片　05.0792，肠系膜　06.0905
mesethmoid bone　中筛骨　06.0474
mesoblast　中胚层　04.0324
mesobronchus　*中支气管　06.0996
mesocercaria　中尾蚴　05.0983
mesocoel　中体腔　05.0035
mesocolon　结肠系膜　06.0906
mesocoracoid　中喙骨　06.0607
mesocuneiform　中楔骨　06.0651
mesocuticle　中角质层，*中表皮　05.1840
mesoderm　中胚层　04.0324
mesoderm induction　中胚层诱导　04.0556
mesoglea　中胶层　05.0666
mesohyl　中质层　05.0524
mesolecithal egg　中黄卵　04.0150
mesomere　中卵裂球　04.0244，*中段中胚层　04.0326
mesomitosis　核内有丝分裂　05.0477
mesonephric duct　中肾管　04.0459
mesonephric tubule　中肾小管　04.0458
mesonephros　中肾　04.0457
mesopeltidium　中盾板　05.2190
mesoplax　中板　05.1661
mesopterygoid bone　中翼骨　06.0455
mesorectum　直肠系膜　06.0907
mesosoma　中体　05.0007
mesosome　中体　05.0007，中体部　05.2759
mesothelium　间皮　03.0005
mesothorax　中胸　05.2462
mesouncinate　*中勾棘骨针　05.0566
mesozoan　中生动物　01.0063
metabolism　代谢　01.0180
metacarpal bone　掌骨　06.0633
metacarpal tubercle　掌突　06.0175
metacarpophalangeal joint　掌指关节　06.0701
metacercaria　囊蚴　05.0984
metacestode　续绦期，*中绦期　05.1069
metacoel　后体腔　05.0036
metacone　后尖　06.0971
metaconid　下后尖　06.0972
metaconule　后小尖　06.0977
metagenesis　世代交替　01.0244
metamere　体节　05.1301
metamerism　分节[现象]　05.0016

metamorphosis　变态　01.0267
metamyelocyte　晚幼粒细胞，*后髓细胞　03.0196
metanauplius larva　后无节幼体　05.2092
metanephridium　后管肾，*后肾管　05.0047
metanephrogenic blastema　生后肾原基　04.0464
metanephrogenic tissue　*生后肾组织　04.0464
metanephros　后肾　04.0465
metapeltidium　后盾板　05.2191
metaplax　后板　05.1662
metapleural fold　腹褶　06.0042
metapopulation　集合种群，*异质种群　07.0330
metapterygoid bone　后翼骨　06.0456
metasoma　后体　05.0008
metasome　后体　05.0008，后体部，*躯干部　05.2760
metasternite　后腹板　05.2377
metastomium　*胴部　05.0004，口后部　05.1395
metatarsal gland　跖腺　06.0368
metatarsal tubercle　跖突　06.0176
metatarsus　后跗节　05.2172，跖骨　06.0649
metatergite　后背板　05.2373
metathalamus　丘脑后部　06.1181
metathorax　后胸　05.2463
metatroch　后纤毛环，*口后纤毛轮　05.0075
metatrochophore　后担轮幼虫　05.1476
metatype　后模[标本]　02.0136
metazoan　后生动物　01.0062
metazoea larva　后溞状幼体　05.2096
metazonit　后背板　05.2373
metecdysis　蜕皮后期　05.2145
metencephalon　后脑　06.1164
metestrus　发情后期，*动情后期　04.0177
metraterm　子宫末段　05.1034
metrocyte　母细胞　05.0316
microamphidisc　*小双盘骨针　05.0544
microbivore　食微生物动物　07.0185
microbody　*微体　01.0138
microcercous　尾球　05.0990
microcercous cercaria　微尾尾蚴　05.0975
microcirculation　微循环　03.0432
microclimate　小气候　07.0056
microconsumer　小型消费者　07.0515
microcotyle type　微杯型　05.0939
microcotylid pattern　微杯型　05.0939
microcotylid type　微杯型　05.0939
microenvironment　微生境　07.0052

microevolution　微进化，*小进化，*种内进化　02.0228
microfibril　微纤丝　05.0312
microfilament　微丝　01.0144，微纤丝　05.0312
microfilaria　微丝蚴　05.1224
microfold cell　微皱褶细胞，*M 细胞　03.0629
microgamete　小配子　05.0356
microgametocyte　小配子母细胞　05.0354
microgamont　*小配子母体　05.0354
microglia　小胶质细胞　03.0322
Micrognathozoa　微颚动物门　01.0030
microhabitat　微生境　07.0052
micromere　小卵裂球　04.0243
micromutation　微突变　02.0319
microneme　微丝　05.0310
micronephridium　小管肾，*小肾管　05.0051
micronucleus　小核　05.0470
micronutrient　微量营养物　07.0071
micropinocytosis　微胞饮现象　05.0339
micropyle　受精孔，*卵孔　04.0159
microsclere　小骨针　05.0543
microspheric test　微球型壳　05.0227
Microspora　微孢子虫门　05.0135
microtaxonomy　小分类学，*微观分类学　02.0015
microtrichocyst　*微刺丝泡　05.0461
microtrichoid senillum　微毛形感器，*微毛感[受]器　05.2333
microtubule　微管　01.0143
microuncinate　*小勾棘骨针　05.0566
microvillus　微绒毛　03.0022
mid-blastula transition　囊胚中期转换，*中期囊胚转化　04.0292
midbrain　中脑　06.1162
middle concha　中鼻甲　06.0493
middle ear　中耳　06.1274
middle hematodocha　中血囊　05.2297
middle hook　中央大钩　05.0929
middle nasal concha　中鼻甲　06.0493
middle piece　中段　04.0056
middle spinneret　中纺器　05.2234
mid-domain effect　中域效应　07.0479
mid-dorsal blood vessel　中背血管　05.1121
mid-dorsal nerve　中背神经　05.1127
midget bipolar cell　侏儒双极细胞　03.0463
midget ganglion cell　侏儒节细胞　03.0468

midgut 中肠 04.0489

midleg 中足 05.2475

mid-ventral cirrus 中腹棘毛 05.0416

migrant 迁徙动物 07.0194，候鸟 07.0220

migrant bird 候鸟 07.0220

migration 迁移 07.0200，迁徙 07.0203，迁飞 07.0205，洄游 07.0210

migratory cirrus 迁移棘毛 05.0414

migratory pronucleus 迁移原核，*动核 05.0493

miliary spine 小棘 05.2872

miliary tubercle 小疣 05.2865

milled ring 磨齿环 05.2878

millipede *马陆 05.2308

mimetic muscle 表情肌 06.0748

mimicry 拟态 07.0258

minimum density 最低密度 07.0334

minimum evolution method 最小进化法 02.0195

minimum viable population 最小可生存种群 07.0390

miracidium 毛蚴 05.0959

mitochondrial cloud 线粒体云 04.0086

mitochondrial sheath 线粒体鞘 04.0062

mitochondrion 线粒体 01.0132

mitosis 有丝分裂 01.0159

mitotic phase *M 期 01.0158

mitral valve 二尖瓣 06.1027

mixed coelom *混合体腔 05.0042

mixed gland 混合腺 03.0060

M line M 线 03.0233

M membrane *M 膜 03.0233

model animal 模式动物 04.0022

modern Darwinism *现代达尔文主义 02.0215

modern synthetic theory of evolution 现代综合进化论 02.0215

modiolus 蜗轴 03.0515

molar 白齿 06.0942

molar process 白齿突 05.1985

molecular clock 分子钟 02.0251

molecular embryology 分子胚胎学 04.0005

molecular evolution 分子进化 02.0226

molecular layer [小脑]分子层 03.0363，[大脑]分子层 03.0384

molecular phylogeography 分子系统地理学 02.0325

molecular systematics 分子系统学 02.0009

Mollusca 软体动物门 01.0045

molluscoid *拟软体动物 01.0109

mollusk 软体动物 01.0098

molt 蜕皮 01.0271，换羽 06.0284

monactin 单辐骨针 05.0561

monactine 单辐骨针 05.0561

monaxon 单轴骨针 05.0547

monila 珠突 05.2742

monilicaecum 珠肠蚴 05.0987

moniliform antenna 念珠状触手 05.1414，念珠状触角 05.2432

monoaminergic fiber 单胺能纤维 03.0375

monobasal 单基板[顶系] 05.2834

monoblast 原单核细胞，*成单核细胞 03.0208

monoclimax theory 单顶极学说 07.0495

monocyclic calyx 单环萼 05.2931

monocyte 单核细胞 03.0172

monocytopoiesis 单核细胞发生 03.0207

monodelphic type 单宫型 05.1211

monoecism 雌雄同体 01.0249

monogamy 单配[偶]制 07.0268

monogenean 单殖吸虫 05.0912

monogenetic trematode 单殖吸虫 05.0912

monogenoidean 单殖吸虫 05.0912

monolamellar septum 单层式隔壁 05.0243

monomorphic colony 单型群体 05.2545

monomorphism 单态[现象] 01.0259

monomyarian 单柱型 05.1699

mononuclear phygocyte system 单核吞噬细胞系统 03.0210

monophagy 单食性 07.0165

monophyly 单系 02.0172

monopisthocotylea 单后盘类 05.0913

Monoplacophora 单板纲 05.1560

monopodium 单轴分枝 05.0713

monospermy 单精受精，*单精入卵 04.0184

monostome cercaria 单口尾蚴 05.0976

mono-stomodeal budding 单口道芽 05.0838

monotremes 单孔类 06.0076

monotype 独模[标本] 02.0140

monotypic genus 单型属 02.0049

monotypic species 单型种 02.0047

monoxenous form 单宿主型 05.0113

monozonian 单节 05.2369

monozygotic twins 同卵双胎，*单卵双胎 04.0218

monticule 小丘 05.0833

morphogen　形态发生素　04.0573

morphogenesis　形态发生　04.0572

morphogenetic determinant　*形态发生决定子　04.0573

morphogenetic field　形态发生场　04.0576

morphogen gradient　形态发生素梯度　04.0574

morphological adaptation　形态适应　02.0300

morphospecies　形态种　02.0375

morphotype　态模[标本]　02.0141

mortality　死亡率　07.0372

mortality curve　死亡率曲线　07.0359

morula　桑葚胚　04.0248

mosaic　嵌合体　04.0028

mosaic cleavage　镶嵌型卵裂　04.0238

mosaic development　镶嵌型发育，*嵌合型发育　04.0586

mosaic egg　镶嵌型卵　04.0240

mosaic type　镶嵌型　05.0875

moss animal　苔藓动物，*苔[藓]虫　01.0110

mossy fiber　苔藓纤维　03.0373

mother of pearl　*珠母质　05.1579

mother redia　母雷蚴，*母裂蚴　05.0965

mother sporocyst　母胞蚴　05.0962

motor end plate　运动终板　03.0360

motor nerve ending　运动神经末梢　03.0357

motor neuron　运动神经元　03.0289

motor unit　运动单位　03.0291

mouth　口　01.0185

mouth appendage　口肢　05.1976

mouth cone　口锥　05.1281

mouth papilla　口棘　05.2966

mouthparts　口器　05.1848

mouth plate　口板　05.2915

mouth shield　口盾　05.2959

movable finger　活动指　05.2021

movable joint　[可]动关节　06.0677

M phase　*M 期　01.0158

MPS　单核吞噬细胞系统　03.0210

mucocyst　黏丝泡，*黏液泡　05.0465

mucosa　黏膜　03.0704

mucous bursa　黏液囊　06.0671

mucous gland　黏液腺　06.0350

mucous membrane　黏膜　03.0704

mucous neck cell　颈黏液细胞　03.0730

mucous trichocyst　*黏液刺丝泡　05.0465

mucro　锐突　05.1371，疣突　05.2629

mucrone　疣突　05.2629

mucus body　黏液体　05.0150

Müllerian duct　米勒管，*缪[勒]氏管　04.0463

Müllerian mimicry　米勒拟态，*缪勒拟态　07.0260

Müller's cell　*米勒细胞　03.0469

Müller's larva　米勒幼虫，*牟勒氏幼虫　05.0910

Müller's vesicle　米勒泡　05.0466

multiarticulated chaeta　多节刚毛　05.1341

multicellular animal　*多细胞动物　01.0062

multicellular gland　多细胞腺　03.0043

multidimensional niche　多维生态位　07.0471

multifidus muscle　多裂肌　06.0789

multiform layer　多形细胞层　03.0387

multilaminate colony　多层群体　05.2542

multilocular adipose cell　多泡脂肪细胞　03.0084

multilocular hydatid　多房棘球蚴　05.1086

multilocular test　多房室壳　05.0258

multiple fission　复分裂　05.0367

multiple sequence alignment　多序列比对　02.0191

multiplex placenta　*复合型胎盘　04.0397

multipolar neuron　多极神经元　03.0287

multiporous septulum　*多孔板　05.2665

multipotency　多能性　04.0523

multiserial budding　多列出芽　05.2692

multizooidal bud　巨芽　05.2702

multizooidal part　多个虫部分　05.2591

mural granulosa cell　壁层颗粒细胞　04.0110

mural porechamber　墙孔室，*壁孔室　05.2668

mural rim　墙缘　05.2612

mural trophectoderm　壁滋养外胚层　04.0308

murus reflectus　壁皱　05.0287

musclar impression　肌痕，*肌斑　05.2212

muscle　肌肉　01.0174

muscle banner　肌旗　05.0798

muscle bundle　肌肉束　05.1497

muscle cell　肌细胞　03.0218

muscle cross　肌交叉　05.1119

muscle fiber　*肌纤维　03.0218

muscle layer　肌层　03.0710

muscle of head　头肌　06.0730

muscle of larynx　喉肌　06.0770

muscle of mastication　咀嚼肌　06.0749

muscle of pharynx　咽肌　06.0767

muscle satellite cell　肌卫星细胞　03.0235

muscle spindle　肌梭　03.0349

muscle tendon　肌腱　03.0254

muscle tissue　肌[肉]组织　03.0211

muscularis mucosae　黏膜肌层　03.0707

muscular stomach　肌胃　06.0845

muscular system　肌肉系统　01.0173

musk gland　麝香腺　06.0369

mutation　突变　02.0317

mutationism　突变论　02.0224

mutualism　互利共生，*互惠共生　07.0431

mutualistic symbiosis　互利共生，*互惠共生　07.0431

myelencephalon　延脑，*末脑　06.1165

myelinated nerve fiber　有髓神经纤维　03.0327

myelin incisure　髓鞘切迹　03.0331

myelin sheath　髓鞘　03.0329

myeloblast　原粒细胞，*成髓细胞　03.0193

myelocyte　中幼粒细胞，*髓细胞　03.0195

myenteric nervous plexus　肌间神经丛　03.0711

myoblast　成肌细胞　04.0485

myocardium　心肌膜　03.0409

myocomma　肌隔　06.0716

myocyte　肌细胞　03.0218

myoepithelial cell　肌上皮细胞　03.0038

myofiber　*肌纤维　03.0218

myofibril　肌原纤维　03.0226

myofilament　肌丝　03.0236

myogenous cell　*肌原细胞　04.0485

myoglobin　肌红蛋白　03.0246

myomere　肌节　06.0052

myometrium　子宫肌层，*子宫肌膜　03.0873

myoneme　肌丝　05.0425

myosin　肌球蛋白　03.0238

myotome　生肌节　04.0449

myotube　肌管　04.0484

Myriopoda　多足[动物]亚门　01.0049

myriopodan　多足动物　01.0102

myrmecophile　嗜蚁动物，*适蚁动物　07.0156

mysis larva　糠虾幼体　05.2100

myxamoebe　黏变形虫，*胶丝变形体　05.0208

myxoflagellate　黏鞭毛虫，*胶丝鞭毛体　05.0209

Myxozoa　黏体动物门　05.0137

MZ twins　同卵双胎，*单卵双胎　04.0218

N

nacre　珍珠质　05.1579

nail　嘴甲　06.0224，甲　06.0341

nail bed　甲床　03.0591

nail body　甲体　03.0589

nail matrix　甲母质　03.0592

nail root　甲根　03.0590

naïve B cell　初始B细胞，*处女型B细胞　03.0605

naïve T cell　初始T细胞，*处女型T细胞　03.0599

naked name　裸名，*虚名　02.0100

name-bearing type　载名模式　02.0120

nanozooid　微个虫　05.2559

nape　项　06.0235

nasal bone　鼻骨　06.0490

nasal bristle　鼻须　06.0241

nasal capsule　鼻囊　06.0416

nasal cavity　鼻腔　06.0979

nasal concha　*鼻甲　06.0491

nasal gland　鼻腺　06.0354

nasal mucosa　鼻黏膜　03.0676

nasal pit　*鼻窝　04.0442

nasal plug　鼻栓　06.0982

nasal region　鼻区　06.0424

nasal septum　鼻中隔　06.0980

natal dispersal　出生扩散　07.0263

natality　出生率　07.0365

natatorial leg　游泳足　05.2480

native species　土著种，*固有种，*本地种　02.0369

natural classification　自然分类　02.0011

natural classification system　自然分类系统　02.0012

natural focus　自然疫源地　05.0100

naturalization　自然化　07.0610

natural selection　自然选择　02.0272

nature conservation　自然保护　07.0628

nature control　自然控制　07.0627

nature killer cell　自然杀伤细胞，*NK细胞　03.0597

nature reserve　自然保护区　07.0631

nature sanctuary　自然保护区　07.0631

naupliar eye　*无节幼体眼　05.1863

nauplius larva　无节幼体，*无节幼虫　05.2091

navicular　足舟骨　06.0654

navigation 导航 07.0226
Nearctic realm 新北界 02.0392
neck 颈区 05.2460
neck muscle 颈肌 06.0754
neck of tooth 齿颈 06.0950
neck organ 头孔 05.1891
neck region 颈段 04.0055
neck retractor muscle 颈牵引肌 05.1234
neck segment 颈节 05.1054
necrophage 食尸动物 07.0180
nectochaeta 疣足幼虫 05.1477
nectophore 泳钟[体] 05.0722
nectosac 泳囊 05.0729
nectosome 泳体 05.0726
negative chemotaxis *负趋化性 07.0144
negative phototaxis *负趋光性 07.0139
negative rheotaxis *负趋流性 07.0142
negative selection 负选择 02.0279
neighbor-joining method 邻接法 02.0194
nematocyst 刺丝囊 05.0675
Nematoda 线虫动物门 01.0031
nematode 线虫[动物] 01.0083
nematodiasis 线虫病 05.1146
nematology 线虫学 05.1143
nematomorph 线形动物 01.0086
Nematomorpha 线形动物门 01.0034
nematophore 刺丝体 05.0723
nematopore 丝孔 05.2661
nematotheca 刺丝鞘 05.0724
Nemertea 纽形动物门 01.0028
nemertean 纽形动物，*纽虫 01.0081
nemertine 纽形动物，*纽虫 01.0081
Nemertinea 纽形动物门 01.0028
neoblast cell 成新细胞，*成年未分化细胞 05.0897
neo-Darwinism *新达尔文学说 02.0215
neopallium 新皮质 06.1190
neoteny 幼态延续 07.0304
Neotropical realm 新热带界 02.0388
neotype 新模[标本] 02.0130
nephric duct *肾管 04.0459
nephridiopore 肾孔 05.0048
nephridium 管肾，*肾管 05.0045，肾管 06.0053
nephrogenesis 肾发生 04.0450
nephrogenic cord 生肾索 04.0452
nephrogenic tissue 生肾组织 04.0453

nephromere 生肾节 04.0451
nephron 肾单位 03.0776
nephrostome 肾口 05.0049
nephrotome 生肾节 04.0451
neritic zone 浅海带 02.0398
nerve 神经 01.0212
nerve cell 神经细胞 05.0671
nerve cord 神经索 01.0214
nerve ending 神经末梢 03.0340
nerve fiber 神经纤维 03.0326
nerve fiber layer 神经纤维层 03.0478
nerve net *神经网 05.0053
nerve tissue 神经组织 03.0263
nervous ganglion 神经节 03.0392
nervous system 神经系统 01.0213
nervous tissue 神经组织 03.0263
net 巢 05.2251
net primary production 净初级生产量 07.0549
net primary productivity 净初级生产力 07.0539
net production 净生产量 07.0545
net secondary production 净次级生产量 07.0551
nettle ring 刺丝环 05.0678
net-web 不规则网，*乱网 05.2255
neural arch *髓弓 06.0544
neural crest 神经嵴 04.0427
neural ectoderm 神经外胚层 04.0413
neural fold 神经褶 04.0420
neural groove 神经沟 04.0421
neural keel 神经龙骨 04.0349
neural plate 神经板 04.0419
neural spine *髓棘 06.0547
neural stem cell 神经干细胞 03.0361
neural tube 神经管 04.0422
neurenteric canal 神经原肠管 04.0430
neurilemma 神经膜 03.0332
neurilemmal cell *神经膜细胞 03.0324
neurite 神经突 03.0272
neuroblast 成神经细胞 04.0424
neurochaeta 腹刚毛 05.1322
neurocirrus 腹须 05.1312
neurocranium 脑颅 06.0392
neuroepithelial cell 神经上皮细胞 04.0423
neuroepithelium 神经上皮 03.0037
neurofibril 神经原纤维 03.0268
neurofilament 神经丝 03.0269

neurogliocyte　神经胶质细胞　03.0314

neurohypophysis　神经垂体　03.0829

neurokeratin　神经角蛋白　03.0330

neuromast　神经丘　03.0544

neuromere　神经原节　04.0431

neuromuscular system　神经肌肉体系　05.0672

neuron　神经元　03.0264

neuropodium　腹肢　05.1306

neurosecretory cell　神经分泌细胞　03.0836

neurosensory olfactory cell　*嗅神经感觉细胞　03.0678

neuroseta　腹刚毛　05.1493

neuroseta sac　腹刚毛囊　05.1495

neurotendinal spindle　神经腱梭　03.0356

neurotubule　神经微管　03.0270

neurula　神经胚　04.0415

neurulation　神经胚形成　04.0416

neutral drift　*中性漂变　02.0290

neutral mutation-random drift hypothesis　*中性突变随机漂变假说　02.0216

neutral selection　中性选择　02.0280

neutral theory　中性学说　02.0216

neutral theory of molecular evolution　*分子进化中性学说　02.0216

neutrophil　[嗜]中性粒细胞　03.0167

neutrophilic granulocyte　[嗜]中性粒细胞　03.0167

new family　新科　02.0143

new genus　新属　02.0144

new name　新订学名　02.0091

new species　新种　02.0145

new subspecies　新亚种　02.0146

nexus　*融合膜　03.0029

niche　生态位　07.0468

niche differentiation　生态位分化　07.0474

niche overlap　生态位重叠　07.0472

niche separation　生态位分离　07.0475

niche width　生态位宽度，*生态位广度　07.0473

nictitating fold　瞬褶　06.0117

nictitating membrane　瞬膜　03.0501

nidamental gland　缠卵腺　05.1829

nidation　*着床　04.0263

nidus　自然疫源地　05.0100

nipple　乳头　06.0383

Nissl's body　尼氏体　03.0267

nitrogen cycle　氮循环　07.0565

NK cell　自然杀伤细胞，*NK 细胞　03.0597

nocturnal　夜行　07.0133

nocturnal animal　夜行性动物　07.0135

nocturnal eye　夜眼　05.2203

nodal cell　*结细胞　03.0414

node of nerve fiber　*神经纤维结　03.0333

node of Ranvier　郎飞结　03.0333

nodule　瘤　05.1627

nom. dub.　疑难名　02.0093

nom. nov.　新订学名　02.0091

nomenclature　命名　02.0081

nomen conservandum　保留名　02.0094

nomen dubium　疑难名　02.0093

nomen inquirendum　待考名　02.0095

nomen nudum　*无效名　02.0100

nomen oblitum　遗忘名　02.0096

nomen triviale　本名　02.0088

nominate genus　指名属　02.0147

nominate species　指名种　02.0148

nominate subspecies　指名亚种，*模式亚种　02.0149

nonantral follicle　无腔卵泡　04.0116

noncontact induction　非接触性诱导　04.0563

non-deciduate placenta　非蜕膜胎盘　04.0406

non-identical twins　异卵双胎，*双卵双胎　04.0219

noninvoluting marginal zone　非内卷边缘带　04.0353

nonkeratinized stratified squamous epithelium　未角化复层扁平上皮　03.0014

nonkeratinocyte　非角质形成细胞　03.0560

non-shivering thermogenesis　非颤抖性产热，*非战栗产热　07.0100

nonsterilizing immunity　非消除性免疫　05.0096

noradrenergic neuron　去甲肾上腺素能神经元　03.0295

normoblast　晚幼红细胞，*正成红[血]细胞　03.0190

nose　鼻　06.0486

nostril　外鼻孔　06.0488

notochaeta　背刚毛　05.1321

notochord　脊索　06.0001

notocirrus　背须　05.1311

notopodium　背肢　05.1304

notum　背板　05.2371

NPP　净初级生产量　07.0549

nuchal gland　颈腺　06.0355

nuchal organ　项器　05.1406，05.1510

nuchal papilla　项乳突　05.1407

nuchal plate　颈板　06.0191

nuchal tentacle　项触手　05.1512

nuclear bag fiber　核袋纤维　03.0351

nuclear chain fiber　核链纤维　03.0352

nuclear dualism　核二型性，*核双态性　05.0475

nuclear envelope　*核被膜　01.0147

nuclear matrix　核基质　01.0150

nuclear membrane　核膜　01.0147

nuclear pore　核孔　01.0149

nuclear skeleton　*核骨架　01.0150

nuclear transfer　核移植　04.0606

nuclear transplantation　核移植　04.0606

nucleocytoplasmic interaction　核质相互作用　04.0605

nucleolus　核仁　01.0154

nucleosome　核小体　01.0153

nucleus　细胞核　01.0146

nucleus of Pander　潘氏核　04.0144

null cell　*裸细胞　03.0598

numerical taxonomy　数值分类学　02.0004

nuptial dance　婚舞　05.1475，07.0279

nuptial pad　婚垫　06.0158

nuptial plumage　婚羽　06.0287

nuptial spine　婚刺　06.0159

nurse cell　胸腺抚育细胞　03.0639

nutrient cycle　营养物循环　07.0572

nutritive membrane　营养膜　05.1538

nutritive muscular cell　营养肌[肉]细胞　05.0668

nymph　若螨　05.2301

O

objective synonym　客观异名　02.0106

obligatory parasite　专性寄生虫　05.0087

obligatory parasitism　专性寄生　07.0445

obligatory thermogenesis　专性产热　07.0101

oblique arytenoid muscle　*杓斜肌　06.0775

obliquely striated muscle　斜纹肌　03.0217

oblique muscle　斜肌　05.0039

obliquus capitis inferior muscle　头下斜肌　06.0762

obliquus capitis superior muscle　头上斜肌　06.0761

obliquus oculi inferior　下斜肌　06.0732

obliquus oculi superior　上斜肌　06.0731

observation learning　*观摩学习　07.0242

obturaculum　管盖　05.1548

obturator foramen　闭孔　06.0624

occasional parasite　偶然寄生虫　05.0088

occasional parasitism　*偶然寄生　07.0442

occipital bone　枕骨　06.0433

occipital collar　口前叶领　05.1405

occipital condyle　枕髁　06.0420

occipital crest　枕冠　06.0239

occipital fold　口前叶领　05.1405

occipital lobe　枕叶　06.1207

occipital papilla　项乳突　05.1407

occipital region　枕区　06.0428

occiput　枕　06.0238

occlusal surface　咬合面　06.0963

Oceanic realm　*大洋界　02.0387

ocellar area　眼区　05.2324

ocellus　单眼　05.0063，感光小器　05.0202

octactin　八辐骨针　05.0603

octactine　八辐骨针　05.0603

octaster　八星骨针　05.0604

ocular area　眼域　05.2204

ocular peduncle　眼柄　05.1425，05.1877

ocular plate　眼板　05.2830

ocular pore　眼孔　05.2831

ocular quadrangle　眼域　05.2204

ocular tubercle　眼丘　05.2206

oculomotor nerve　动眼神经　06.1214

odontoid process　齿突　06.0566

odontophore　舌突起　05.1724

odor　气味　07.0305

oesophagus　食管，*食道　01.0189

oestrus　发情期，*动情期　04.0174

olfactory bulb　嗅球　06.1194

olfactory cell　嗅细胞　03.0678

olfactory cilium　嗅毛　03.0680

olfactory cone　嗅觉锥　05.2366

olfactory epithelium　嗅上皮　03.0677

olfactory gland　嗅腺　03.0681

olfactory knob　嗅泡　03.0679

olfactory lobe　嗅叶　06.1192

olfactory nerve　嗅神经　06.1212

olfactory pit　嗅窝　04.0442

olfactory placode 嗅[基]板 04.0441

olfactory region 嗅区 06.0425

Oligochaeta 寡毛纲 05.1292

oligochaete *寡毛类 05.1292

oligodendrocyte 少突胶质细胞 03.0321

oligolecithal egg 少黄卵 04.0148

Oligomeria *寡体节动物门 01.0043

oligonchoinea *寡钩类 05.0914

oligophagy 寡食性 07.0166

oligoporous plate 少孔板 05.2903

omasum 瓣胃 06.0849

ommatidium 个眼 05.1434, 小眼 05.1866

ommatophore 眼柄 05.1425, 担眼器 05.1653

omnivore 杂食动物 07.0170

omnivory 杂食性 07.0164

omphalopleure 胚脐壁 04.0330

oncomiracidium 钩毛蚴, *纤毛蚴 05.0960

oncosphere 六钩蚴 05.1078

ontogenesis 个体发育, *个体发生 04.0008

ontogenetic variation 个体发育变异 05.2595

ontogeny 个体发育, *个体发生 04.0008

onychaete 爪形骨针 05.0613

onychophoran 有爪动物 01.0105

oocyst 卵囊 05.0315

oocyte 卵母细胞 04.0074

ooecial vesicle 内囊 05.2684

ooeciopore 胞口 05.2739

ooeciostome 胞口 05.2739

ooecium 卵室 05.2671

oogamete *雌配子 05.0355

oogenesis 卵子发生 04.0072

oogonium 卵原细胞 04.0073

ookinete 动合子 05.0314

ooplasm 卵质 04.0125

ooplasmic determinant *卵质决定子 04.0573

oostegite 抱卵片 05.2087

oostegopod 抱卵肢 05.2088

ootype 卵模, *卵腔 05.1035

open ectodermal statocyst *开放型外胚层平衡囊 05.0764

open marginal vesicle 开放型平衡囊 05.0764

open statocyst 开放型平衡囊 05.0764

open vascular system 开管循环系统 01.0201

operational taxonomic unit 运算分类单元 02.0164

opercle 鳃盖骨 06.0522

opercular aperture 鳃盖孔 06.0107

opercular bone 鳃盖骨骼 06.0521

opercular crown 壳盖冠 05.1438

opercular peduncle 壳盖柄 05.1439

opercular valve 盖板 05.2057

operculum 刺细胞盖 05.0676, 口盖 05.0710, 05.2634, 卵盖 05.0957, 壳盖 05.1436, 厣 05.1634, 壳盖 05.2056, 鳃盖 06.0104

opesia 膜下孔 05.2655

opesiular indentation 隐壁缺刻 05.2613

opesiule 隐壁孔 05.2656

ophiocephalous pedicellaria 蛇首叉棘 05.2884

ophiopluteus 蛇尾幼体 05.3005

Ophiuroidea 蛇尾纲 05.2764

ophthalmic scale 眼鳞 05.1879

ophthalmic somite 眼节 05.1876

opishtosoma 后体[部] 05.2155

opisthaptor 后吸器 05.0926

opisthe 后仔虫 05.0482

opisthocoelous centrum 后凹型椎体 06.0539

opisthodelphic type 后宫型 05.1215

opisthoglyphous tooth 后沟牙 06.0932

Opisthogoneata 后殖孔类, *后性类 05.2312

opisthonephros 后位肾 06.1116

opisthosomatic gland *后体腺 05.2272

opisthosome 后体部 05.1556

opisthotic bone 后耳骨 06.0459

opportunistic species 机会种 07.0458

opposing spine 峙棘 05.2939

optic capsule 眼囊 06.0417

optic chiasma 视交叉 06.1237

optic cup 视杯 04.0436

optic disc *视盘 03.0482

optic ganglion 视神经节 05.1822

optic gland 视腺 05.1805

optic nerve 视神经 06.1213

optic recess 视隐窝 06.1253

optic stalk 视柄 04.0437

optic tectum *视顶盖 06.1174

optic vesicle 视泡 04.0435

optimal yield 最适产量 07.0557

optimum 最适度 07.0034

optimum density 最适密度 07.0335

oral area 口区 05.0434

oral cavity 口腔 01.0186

oral ciliature　口纤毛器　05.0396

oral disc　口盘　05.0787，05.1509

oral diverticula　口支囊　05.1009

oral face　口面　05.0237

oral field　口区　05.0434

oral gland　口腔腺　06.0877

oral groove　口沟　05.0436

oral hood　口笠　06.0044

oral lobe　口腕　05.0771

oral mucosa　口腔黏膜　03.0716

oral neural system　口神经系[统]　05.2809

oral papilla　口棘　05.2966

oral plate　口板　04.0495，05.2915

oral pole　口极　05.0858

oral rib　口肋　05.0439

oral ring　口环　05.1447

oral shield　口盾　05.2959

oral siphon　入水管　06.0008

oral sucker　口吸盘　05.0922

oral surface　口面　05.0012

oral tentacle　口触手　06.0011

oral vestibule　口前庭　05.0427

orbit　眼窝　05.1804

orbital region　眼区　05.1896，眼区，*眶区　06.0426

orbito-antennal groove　眼眶触角沟　05.1926

orbitosphenoid bone　眶蝶骨　06.0481

orb-web　圆网　05.2253

order　目　02.0031

ordering　排序　02.0189

ordination　排序　07.0481

organ　器官　01.0164

organelle　细胞器　01.0131

organization center　组织中心　04.0569

organizer　组织者　04.0568

organizer center　*组织者中心　04.0569

organ of Bojanus　博氏器，*博亚努斯器，*鲍雅氏器官　05.1751

organ of Corti　*科蒂器　03.0529

organ of Tömösváry　特氏器，*托氏器　05.2329

organogenesis　器官发生　04.0409

organum nuchale　项器　05.1406

Oriental realm　东洋界　02.0390

orientation　定向　07.0227

orifice　室口　05.2624

original description　原始描述，*原始描记　02.0075

origin center　起源中心　02.0341

ornithology　鸟类学　06.0061

orthodox taxonomy　*正统分类学　02.0001

orthogamy　自体受精，*自配生殖　04.0182

orthogenesis　直生论　02.0219

orthoselection　定向选择　02.0275

osculum　出水口，*出水孔　05.0641

osmiophilic multilamellar body　嗜锇性板层小体　03.0700

osmoconformer　渗透压顺应者　07.0107

osmoregulator　渗透压调节者　07.0108

osmotrophy　渗透营养　07.0519

osphradium　嗅检器　05.1652

osseous cochlea　骨蜗管　03.0520

osseous hydatid　骨棘球蚴，*骨包虫　05.1087

osseous labyrinth　骨迷路　06.1261

osseous spiral lamina　骨螺旋板　03.0516

osseous tissue　骨组织　03.0111

ossicle　骨片　05.2984

ossification　骨化，*成骨　03.0149

ossification center　骨化中心　03.0151

osteichthyans　硬骨鱼类　06.0070

osteoblast　成骨细胞　03.0114

osteoclast　破骨细胞　03.0115

osteocyte　骨细胞　03.0112

osteoepiphysis　骨骺　03.0128

osteogenesis　骨发生　03.0146

osteogenic cell　*骨原细胞　03.0113

osteoid　类骨质　03.0117

osteon　骨单位　03.0140

osteon lamella　骨单位骨板　03.0138

osteoprogenitor cell　骨祖细胞　03.0113

ostium　入水孔　05.0640，鳃小孔　05.1745

Ostracoda　介形纲　05.1856

ostracum　*壳层　05.1577

otic capsule　耳囊　06.0418

otic region　耳区　06.0427

otic vesicle　听泡　04.0445

otoconium　耳石，*耳砂，*位砂　03.0509

otoconium membrane　耳石膜，*耳砂膜，*位砂膜　03.0508

otolith　耳石，*耳砂，*位砂　03.0509

otolithic membrane　耳石膜，*耳砂膜，*位砂膜　03.0508

OTU　运算分类单元　02.0164

outer acrosomal membrane　顶体外膜　04.0050

outer circumferential lamella　外环骨板　03.0135

outer cone　外圆锥体　05.1800

outer hair cell　外毛细胞　03.0542

outer lamella　*外鳃小瓣　05.1743

outer limiting membrane　外界膜　03.0472

outer lip　外唇　05.1611

outer nuclear layer　外核层　03.0473

outer phalangeal cell　外指细胞　03.0537

outer pillar cell　外柱细胞　03.0533

outer plexiform layer　外网层，*外丛层　03.0474

outer root　外突　05.0932

outer seminal vesicle　外贮精囊　05.1024

outer surface of shell　贝壳表面　05.1581

outer web　外蹼　06.0264

outerweb　外蹼　06.0264

outgroup　外群　02.0176

outside metacarpal tubercle　*外掌突　06.0175

outside metatarsal tubercle　*外跖突　06.0176

oval window　*卵圆窗　06.1279

ovarian ball　卵巢球　05.1247

ovarian follicle　卵泡，*滤泡　04.0091

ovary　卵巢　01.0225

overwintering ground　越冬场　07.0208

overwintering migration　越冬洄游　07.0215

ovicell　卵胞　05.2670

oviduct　输卵管　01.0230

ovijector　排卵器，*导卵管　05.1210

oviparity　卵生　04.0024

oviparous animal　卵生动物　01.0123

oviposition　产卵　07.0291

ovipositor　产卵器　05.2497

ovoplasm　卵质　04.0125

ovotestis　两性腺　05.1646

ovoviviparity　卵胎生　04.0025

ovoviviparous animal　卵胎生动物　01.0124

ovulation　排卵　04.0160

ovum　卵子　04.0119

oxea　二尖骨针　05.0549

oxyaster　针星骨针　05.0602

oxyntic cell　*泌酸细胞，*盐酸细胞　03.0728

oxyphil cell　[甲状旁腺]嗜酸性细胞　03.0850

oxyuroid esophagus　尖尾型食道　05.1186

ozopore　臭腺孔，*防御腺孔　05.2390

P

pacemaker cell　起搏细胞，*P 细胞　03.0414

Pacinian corpuscle　*帕奇尼小体　03.0345

paddle chaeta　桨状刚毛　05.1353

paedogenesis　幼体生殖，*幼生生殖　01.0239

paedoparthenogenesis　幼体孤雌生殖，*幼体单性生殖　01.0240

pair bonding　伴侣联属　07.0317

paired fin　偶鳍　06.0122

palatal tooth　腭齿　06.0923

palate　上颚　05.2580

palatine bone　腭骨　06.0452

palatine gland　腭腺　06.0879

palatine tooth　腭骨齿　06.0925

palatopharyngeus muscle　腭咽肌　06.0768

palatoquadrate cartilage　腭方软骨　06.0430

palatum durum　硬腭　06.0400

palea　秤刚毛　05.1329

Palearctic realm　古北界　02.0391

paleoecology　古生态学　07.0016

paleopallium　古皮质，*旧皮质　06.1189

Paleotropic realm　*旧热带界　02.0389

pallet　铠　05.1717

pallial eye　外套眼　05.1714

pallial groove　外套沟　05.1597

pallial impression　*外套痕　05.1712

pallial line　外套线　05.1712

pallial retractor muscle　外套收缩肌　05.1709

pallial sinus　外套窦，*外套湾　05.1713

pallium　外套膜　05.1569

palm　掌部　05.2019，掌　06.0328

palmar　掌板　05.2953

palmate chela　掌形爪状骨针　05.0609

palmate foot　蹼足　06.0296

palmate membrane　鳃间膜　05.1430

palp　触角　05.1408，触肢，*须肢　05.2165

palpal organ　触肢器　05.2273

palpifer　负颚须节　05.2452

palpophore　触角基节　05.1410

palpostyle　触角端节　05.1411

palpus　触肢，*须肢　05.2165

PALS　动脉周围淋巴鞘，*围动脉淋巴鞘　03.0659

pamprodactyl foot　前趾足　06.0304

pamprodactylous foot　前趾足　06.0304

panbiogeography　泛生物地理学　02.0329

pancreas　胰　06.0915

pancreatic islet　胰岛　03.0762

Paneth's cell　帕内特细胞，*潘氏细胞　03.0741

Pangaea　泛大陆　02.0332

Pangea　泛大陆　02.0332

pangenesis　泛生论　02.0220

panniculus carnosus muscle　脂膜肌，*肉膜肌
　06.0796

papilla　乳突　05.1196，疣足　05.2805

papilla of optic nerve　视神经乳头　03.0482

papillary duct　乳头管　03.0808

papillary layer　乳头层　03.0570

papillary muscle　乳头肌　06.0803

papula　皮鳃　05.2922

papular area　皮鳃区　05.2923

papularium　皮鳃区　05.2923

parabasal apparatus　副基器　05.0185

parabasal body　副基体　05.0183

parabasal filament　副基丝　05.0184

parabronchus　*副支气管　06.0998

paracone　前尖　06.0967

paraconid　下前尖　06.0968

paracortex zone　副皮质区　03.0647

paracrine　旁分泌　03.0810

paracymbium　副跗舟　05.2277

paradodium　侧足　05.1640

Paradoxopoda　奇足类　05.2315

paraflagellar body　副鞭[毛]体　05.0205

parafollicular cell　滤泡旁细胞　03.0848

paragastric canal　口道管，*拟消化管　05.0861

paragnatha　颚齿　05.1448

parakinetal　侧生型　05.0452

paralectotype　副选模　02.0133

parallel evolution　平行进化　02.0233

parallel fiber　平行纤维　03.0371

parallelism　平行进化　02.0233

Paramecium　草履虫　05.0140

paramedian sulcus　正中旁沟　05.2383

paramitosis　拟有丝分裂　05.0347

paramylon　副淀粉　05.0196

paranal sinus　肛周窦　06.0875

paranasal sinus　鼻旁窦　06.0981

parapatric speciation　邻域物种形成，*邻域成种
　02.0323

paraphyly　并系　02.0173

parapodium　疣足　05.1303

parapophysis　椎体横突　06.0553

parasagittal spicule　类羽状骨针　05.0570

parasegment　副体节　04.0335

parasite　寄生虫　05.0077

parasitic castration　寄生去势　05.2080

parasitic disease　寄生虫病　05.0082

parasitic infection　寄生虫感染　05.0089

parasitic zoonosis　人兽共患寄生虫病　05.0099

parasitism　寄生　07.0441

parasitoidism　拟寄生　07.0443

parasitology　寄生虫学　05.0078

parasomal sac　侧体囊　05.0423

parasphenoid bone　副蝶骨　06.0477

parasympathetic ganglion　副交感神经节　03.0396

parasympathetic nervous system　副交感神经系统
　06.1156

paratenic host　转续宿主　05.0111

parathyroid gland　甲状旁腺　06.1243

paratrepsis　引离[天敌]行为　07.0287

paratype　副模[标本]　02.0131

paraxial mesoderm　轴旁中胚层　04.0325

paraxial rod　副轴杆　05.0182

parazoan　侧生动物　01.0064

parenchyma tissue　实质组织　05.0882

parenchymella　双囊胚幼虫　05.0655

parental care　亲代抚育　07.0282

paries　壁板　05.2061

parietal bone　顶骨　06.0432

parietal cell　壁细胞　03.0728

parietal decidua　壁蜕膜　04.0278

parietal endoderm　体壁内胚层，*腔壁内胚层
　04.0315

parietal layer　*[肾小囊]壁层　04.0460

parietal lobe　顶叶　06.1206

parietal mesoderm　体壁中胚层　04.0328

parietal peritoneum　壁体腔膜　05.1485，腹膜壁层
　06.0898

parietal pleura　*壁胸膜　06.0894

parietal yolk sac　壁卵黄囊　04.0375

paroral membrane　口侧膜　05.0447

parotid gland　腮腺，*耳下腺　06.0884

pars distalis　远侧部　03.0815

parsimony　简约法　02.0196

pars intermedia　中间部　03.0827

pars nervosa　神经部　03.0830

pars nonglandularis　无腺区　03.0736

pars tuberalis　结节部　03.0828

parthenogenesis　孤雌生殖，*单性生殖　01.0237

paruterine organ　副子宫器，*子宫周器官　05.1092

passing bird　旅鸟　07.0225

patella　膝节　05.2170，髌骨，*膝盖骨　06.0643

patelliform antenna　膝状触角　05.2438

pathological regeneration　*病理性再生　05.0902

patrilineal society　父系社群　07.0325

pattern formation　模式形成，*图式形成　04.0571

paturon　螯基　05.2157

Pauropoda　少足纲，*蜱蚣纲　05.2309

paurostyle　小柱突　05.2733

paxilla　小柱体　05.2924

P cell　起搏细胞，*P 细胞　03.0414

pearl　珍珠　05.1580

pearl layer　珍珠层　05.1578

pecten　栉状膜　06.1249

pectinate chaeta　梳状刚毛　05.1328

pectinate pedicellaria　栉状叉棘　05.2887

pectinate uncinus　梳状齿片刚毛　05.1362

pectines　栉状器［官］　05.2228

pectiniform antenna　栉齿状触角，*梳状触角　05.2434

pectoral fin　胸鳍　06.0123

pectoral girdle　肩带　06.0600

pectoral muscle　胸肌　06.0793

pectoral scute　胸盾　06.0208

pedal aperture　足孔　05.1756

pedal disc　足盘　05.0786

pedal elevator muscle　举足肌　05.1707

pedal ganglion　足神经节　05.1807

pedal gland　足腺　05.1758

pedal protractor muscle　伸足肌　05.1703

pedal retractor muscle　收足肌，*缩足肌　05.1704

pedicel　腹柄　05.2179，梗节　05.2429

pedicellaria　叉棘　05.2879

pedicle　肉茎，*柄　05.2753

pedicle lobe　柄叶　05.2757

pedicle of vertebral arch　椎弓根　06.0545

pedicle valve　*茎壳　05.2746

pedipalp　触肢，*须肢　05.2165

peduncle　柄部　05.2052，柄　05.2578

peduncular distal wing　壳盖柄端翼　05.1440

peduncular lobe　柄叶　05.2757

peduncular proximal wing　壳盖柄基翼　05.1441

pedunculated acetabulum　有柄腹吸盘　05.0997

pedunculated avicularium　有柄鸟头体　05.2575

pedunculated papilla　有柄乳突　05.1207

pelage　毛被　06.0316

pelagic crustacean　浮游甲壳动物　05.1852

pelagic polychaete　浮游多毛类　05.1294

pelagic zone　远海带，*远洋带　02.0399

Pelecypoda　*斧足纲　05.1563

pellicle　表膜　05.0146

pellicular alveolus　表膜泡　05.0457

pellicular crest　表膜嵴　05.0149

pellicular groove　表膜沟　05.0148

pellicular strium　表膜条纹　05.0147

pelma　大肋刺孔　05.2649

pelmatidium　小肋刺孔　05.2648

PELS　围椭球淋巴鞘　03.0673

pelta-axostyle complex　盾纤维–轴杆复合体　05.0180

peltate tentacle　楯状触手　05.2816

peltidium　盾板　05.2188

pelvic fin　腹鳍　06.0124

pelvic girdle　腰带　06.0617

pelvic rudiment　腰痕骨　06.0628

pelvis　骨盆　06.0626

penetrant　穿刺刺丝囊　05.0679

penetration gland　穿刺腺，*钻腺　05.0989

penicillar arteriole　笔毛微动脉　03.0669

penicillate chaeta　刷状刚毛　05.1333

penile spine　阴茎刺，*交接刺　05.1280

penis　阴茎　01.0227，阳具，*阳茎　05.2503

pentactin　五辐骨针　05.0582

pentactine　五辐骨针　05.0582

pentactula　五触手幼体　05.3001

pentamerous radial symmetry　五辐射对称　05.2768

pentastomid　五口动物　01.0107

penultimate whorl　次体螺层　05.1600

peptidergic neuron　肽能神经元　03.0296

PER　后眼列　05.2197

pereiopod 步足 05.1849

perforated plate 穿孔板 05.2986

perforating canal 穿通管 03.0137

perforating fiber 穿通纤维 03.0124

periancestrular budding 围初虫出芽 05.2693

periarterial lymphatic sheath 动脉周围淋巴鞘，*围动脉淋巴鞘 03.0659

periblast 胚周区 04.0363

pericardial cavity 围心腔 04.0478

pericardial gland 围心腔腺 05.1752

pericardium 心包[膜]，*围心膜 03.0407

perichondrium 软骨膜 03.0105

pericyte 周细胞 03.0428

periellipsoidal lymphatic sheath 围椭球淋巴鞘 03.0673

periembryonic chamber 胚周壳 05.0277

perignathic girdle 围颚环 05.2859

perihemal system 围血系统 05.2796

perikaryon 核周质，*核周体 03.0266

perilymph 外淋巴 03.0511

perilymphatic space 外淋巴隙 03.0510

perimetrium 子宫外膜 03.0872

perimysium 肌束膜 03.0252

perineal gland 会阴腺 06.0371

perineal pattern 会阴花纹 05.1169

perineum 会阴 06.1147

perineural epithelium 神经束膜上皮 03.0338

perineurium 神经束膜 03.0337

perinuclear space 核周隙 01.0148

periodicity 周期性 07.0124

periodism 周期性 07.0124

period of competence 权能期 04.0566

periodontium 牙周膜 03.0723

perioral spine 围口刺 05.1008

periosteum 骨[外]膜 03.0123

periostracum 壳皮层，*角质层 05.1576

periotic bone 围耳骨 06.0462

peripetalous fasciole 周花带线 05.2895

peripharyngeal band *围咽带 06.0027

peripharyngeal groove 围咽沟 06.0027

peripheral lobe 口前叶 05.1007

peripheral lymphoid organ 周围淋巴器官 03.0623

peripheral lymphoid tissue 周围淋巴组织 03.0615

peripheral nervous system 周围神经系统 06.1153

peripheral plate 缘板 06.0195

peripheral tentacle 围口触手 05.1511

peripolar cell 极周细胞 03.0793

periproct 尾节 05.2508，围肛部 05.2836

periproct plate 围肛板 05.2826

perisarc 围鞘 05.0696

perisinusoidal space 窦周[间]隙 03.0760

peristome 口围 05.2625，围口部 05.2821

peristomial budding 口围出芽 05.2694

peristomial cirrus 围口节触须 05.1420

peristomial disc 口围盘 05.0441

peristomial ooecium 口围卵室 05.2679

peristomial plate 围口板 05.2962

peristomium 围口节 05.1396

peritoneal cavity 腹膜腔 06.0900

peritoneum 腹膜 06.0897

peritrabecular sinus 小梁周窦 03.0651

perivascular space [脑]血管周隙 03.0403

perivisceral cavity 围脏腔 05.2774

perivisceral coelom 围脏腔 05.2774

perivitelline space 卵周隙 04.0121

permanent dentition 恒齿列 06.0940

permanent parasite 永久性寄生虫 05.0084

permanent tooth 恒齿 06.0939

permissive induction 允诺性诱导 04.0561

peroneus muscle 腓骨肌 06.0831

peronial canal 根间管 05.0754

peroxisome 过氧化物酶体 01.0138

perradial canal 主辐管，*正辐管 05.0862

perradius 主辐，*正辐 05.0750

persistence 持久性 07.0582

perturbation 干扰 07.0583

pessulus 鸣骨 06.1003

pest 有害动物 07.0635

petaloid ambulacrum 瓣状步带 05.2842

petasma 雄性交接器 05.2036

petiolus 腹柄 05.2179

petraliform colony 隆胞苔虫型群体 05.2533

petrotympanic bone 岩鼓骨 06.0470

pexicyst 固着泡 05.0462

Peyer's patch *派尔斑 03.0628

PGC 原始生殖细胞 04.0032

phagocytic vacuole 吞噬泡 05.0333

phagocytosis 吞噬作用 05.0332

phalangeal cell 指细胞 03.0535

phalanx 趾骨 06.0638

phallus 阳具，*阳茎 05.2503

pharyngeal arch *咽弓 04.0499

pharyngeal bone 咽骨 06.0519

pharyngeal bulb 咽球 05.1270

pharyngeal canal *咽管 05.0861

pharyngeal cavity 咽腔 05.0909

pharyngeal crown 角质咽冠 05.1279

pharyngeal gill slit 咽鳃裂 06.0021

pharyngeal gland *咽腺 05.1183

pharyngeal jaw 咽颌骨 06.0518

pharyngeal pouch 咽囊 04.0497，05.0907

pharyngeal sheath 咽鞘 05.0908

pharyngeal tooth 咽齿 06.0520

pharyngobranchial bone 咽鳃骨 06.0513

pharyngotympanic tube 咽鼓管 06.1277

pharynx 咽 01.0188

phasmid 尾感器 05.1161

phenetic distance 表征距离 02.0187

phenetics *表征分类学，*表型分类学 02.0004

phenetic taxonomy *表征分类学，*表型分类学 02.0004

phenological isolation 物候隔离 02.0310

phenotypic plasticity 表型可塑性 02.0252

pheromone 信息素 07.0231

phialocyst *碗状泡 05.0461

phoronid 帚形动物，*帚虫 01.0112

Phoronida 帚形动物门 01.0053

phosphatic deposit 有色骨片，*磷酸盐体 05.2985

phosphorus cycle 磷循环 07.0571

photoaccumulation 光聚反应 05.0345

photoautotroph 光能自养生物 07.0160

photochemical smog 光化学烟雾 07.0566

photokinesis 趋光运动 07.0140

photoperiod 光周期 07.0062

photoperiodism 光周期现象 07.0063

photophobe 厌光性 07.0149

photophore 发光腺 06.0352

photoreceptor cell *感光细胞 03.0456

phototaxis 趋光性 07.0139

phototaxy 趋光性 07.0139

phragmocone 闭锥，*气壳 05.1789

phrenic nerve 膈神经 06.1225

phylacobiosis 守护共生 07.0433

Phylactolaemata 被唇纲 05.2509

phyletic analysis 世系分析 02.0162

phyletic divergence 表型趋异 02.0244

phyletic gradualism 种系渐变论 02.0217

phyllobranchiate 叶状鳃 05.2117

phyllode 叶鳃 05.2919

phyllopod 叶足 05.2008

phyllopod appendage 叶肢型附肢 05.2007

phyllopodium 叶足 05.2008

phyllosoma larva 叶状幼体 05.2104

phyllotriaene 片叉骨针 05.0579

phylogenesis 系统发生，*系统发育，*种系发生 02.0160

phylogenetic analysis 系统发生分析，*系统发育分析 02.0161

phylogenetics 系统发生学，*种系发生学 02.0008

phylogenetic systematics *系统发生系统学 02.0002

phylogenetic tree 系统发生树，*系统发育树 02.0165

phylogeny 系统发生，*系统发育，*种系发生 02.0160

phylum 门 02.0025

physical barrier 物理障碍 02.0316

physical digestion 机械消化，*物理消化 01.0176

physiological adaptation 生理适应 02.0302

physiological ecology 生理生态学 07.0007

physiological isolation 生理隔离 02.0313

physiological optimum 生理最适度 07.0035

physiological regeneration *生理性再生 05.0902

physiological reorganization 生理改组 05.0474

phytophage 食植动物 07.0171

phytophagy 食植性 07.0168

pia mater 软膜 03.0400

piercingsucking mouthparts 刺吸式口器 05.2457

pigment cell 色素细胞 03.0085

pigment epithelial cell 色素上皮细胞 03.0455

pigment epithelial layer 色素上皮层 03.0470

pigment granule 色素颗粒 04.0088

pilidium larva 帽状幼虫 05.1130

pillar cell 柱细胞 03.0531

pinacocyte 扁平细胞 05.0525

pineal body 松果体 06.1245

pineal eye 松果眼 06.1254

pineal gland 松果体 06.1245

pinealocyte 松果体细胞 03.0851

pin feather 纤羽 06.0267

pinna 耳郭，*耳廓 06.1284

pinnate antenna 羽状触角 05.2440

pinnate chaeta　羽状刚毛　05.1335

pinnate tentacle　羽状触手　05.2819

pinnule　羽状体　05.0834，羽枝　05.1433，05.2933

pinocytosis　胞饮作用　05.0334

pinocytotic vesicle　胞饮泡　05.0335

pinule　羽辐骨针　05.0593

pioneer　先锋[物]种　07.0492

pioneer species　先锋[物]种　07.0492

piptoblast　落休芽　05.2713

piriformis muscle　梨状肌　06.0783

Pisces　鱼类　06.0064

pisiform bone　豌豆骨　06.0639

piston pit　杵窝　05.1268

pituicyte　垂体细胞　03.0834

pituitary body　垂体　03.0813

pivotal bar　躯轴　05.2581

pivot joint　枢轴关节　06.0696

placenta　胎盘　04.0391

placentalia　胎盘动物　06.0079

placentals　有胎盘类　06.0078

placid　颈板　05.1276

placoid scale　盾鳞　06.0151

placozoan　扁盘动物　01.0076

plagiotriaene　侧三叉骨针　05.0577

plagula　腹片，*腹桥　05.2181

planarian　三角涡虫　05.0889

planispiral test　平旋式壳　05.0259

planktonic crustacean　浮游甲壳动物　05.1852

planktonic polychaete　浮游多毛类　05.1294

planktotrophic larva　浮游营养幼虫　05.2686

planorboid spiral　平旋　05.1610

planospiral　平旋　05.1610

planozygote　游动合子　05.0195

plantaris muscle　跖肌　06.0830

plantigrade　跖行　06.0338

plant nematology　植物线虫学　05.1145

planula　浮浪幼虫，*浮浪幼体　05.0708

planuliform larva　拟浮浪幼虫　05.1133

plasma cell　浆细胞　03.0080

plasmagel　凝胶[质]　05.0153

plasmalemma　*质膜　01.0128，质膜　05.0144

plasma membrane　*质膜　01.0128，质膜　05.0144

plasma membrane infolding　*质膜内褶　03.0033

plasmasol　溶胶[质]　05.0154

plasmodium　原质团　05.0217

plasmogamy　质配　05.0494

plasmotomy　原质团分割　05.0346

plasticity　可塑性　07.0081

plastid　质体　05.0207

plastron　盾板　05.2840，腹甲　06.0200

plate　壳板　05.2055

platelet　血小板　03.0201

platybasic skull　平底颅　06.0395

platyhelminth　扁形动物　01.0080

Platyhelminthes　扁形动物门　01.0027

platymyarian type　扁肌型　05.1151

platysma muscle　颈阔肌　06.0797

PLE　后侧眼　05.2201

pleated collar　触手领，*触手襟　05.2622

pleopod　腹肢　05.2032

plerocercoid　裂头蚴，*实尾蚴　05.1073

plesiaster　近星骨针　05.0598

plesiomorphy　祖征　02.0067

pleura　胸膜　06.0894

pleural area　肋部　05.1586

pleural cavity　胸膜腔　06.0895

pleural ganglion　侧神经节　05.1808

pleuralia　侧须　05.0615

pleural plate　肋板　06.0193

pleurite　侧甲　05.1862

pleurobranchia　侧鳃　05.2122

pleurodont　侧生齿　06.0919

pleuron　侧甲　05.1862，侧板　05.2378

pleuropedal connective　侧足神经连索　05.1818

pleurotergite　侧背板　05.2374

pleurovisceral connective　侧脏神经连索　05.1816

pleurum　侧甲　05.1862

plexiform layer　*丛状层　03.0384

plica　皱襞　03.0737，褶襞　05.1615

plicae circulares　环行皱襞　03.0738

plicate pharynx　褶皱咽，*折叠咽　05.0905

plumage　羽衣，*羽饰　06.0248

plumicome　羽丝骨针　05.0590

plumose skeleton　羽状骨骼　05.0624

plumule　绒羽　06.0265

pluripotency　多能性　04.0523

pluripotent stem cell　多能干细胞　04.0540

pluteus　长腕幼体　05.3004

PME　后中眼　05.2200

pneumatic duct　鳔管　06.0116

pneumatophore 浮囊[体] 05.0717
pneumostome 呼吸孔 05.1641
PNS 周围神经系统 06.1153
podite 附着器 05.0424
podium 管足 05.2785
podium pore 管足孔 05.2786
podobranchia 足鳃 05.2120
podoconus 足锥 05.0304
podocyst 足囊 05.0774，05.1642
podocyte 足细胞 03.0784
podostyle 足干 05.0290
Pogonophora 须腕动物门 01.0044
pogonophoran 须腕动物 01.0096
poikilosmotic animal *变渗透压动物 07.0107
poikilotherm 变温动物 07.0088
poikilothermal animal 变温动物 07.0088
poikilothermy 变温性 07.0083
pointed wing 尖翼 06.0291
poison claw 毒爪，*毒颚 05.2395
poison gland 毒腺 06.0351
poisonous maxillipede 毒爪，*毒颚 05.2395
polar body 极体 04.0077
polar capsule 极囊 05.0313
polar cushion cell *极垫细胞 03.0792
polar filament 极丝 05.0311，05.0956
polarity 极性 04.0128
polar lobe 极叶 04.0215
polar plasm 极质 04.0127
polar ring 极环 05.0307
polar trophectoderm 极滋养外胚层 04.0307
polar trophoblast 极端滋养层 04.0260
pole cell 极细胞 04.0214
Polian canal *波利管 05.1528
Polian vesicle 波利囊，*波氏囊，*波里氏囊 05.2783
pollution 污染 07.0589
polyandry 一雌多雄制 07.0271
polyaxon 多轴骨针 05.0559
Polychaeta 多毛纲 05.1291
polychaete *多毛类 05.1291
polychromatophilic erythroblast *嗜多染性成红细胞 03.0189
polyclimax theory 多顶极学说 07.0496
polydelphic type 多宫型 05.1212
polyenergid 多核细胞 05.0328
polyethism 行为多型 07.0326

polygamy 多配[偶]制 07.0269
polygastric phase 多营养体期 05.0731
polygyny 一雄多雌制 07.0270
polykinety 复动基列 05.0407
polylecithal egg 多黄卵 04.0149
polymorph 多形 05.2567
polymorphic colony 多形群体，*多态群体 05.2546
polymorphic layer 多形细胞层 03.0387
polymorphism 多态[现象] 01.0262
polymyarian type 多肌型 05.1150
polyonchoinea *多钩类 05.0913
polyopisthocotylea 多后盘类 05.0914
polyp 水螅型 05.0688
polyphagy *多食性 07.0162
polyphyly 复系 02.0174
polypide 虫体 05.2617
polypidian bud 虫体芽 05.2707
Polyplacophora 多板纲 05.1561
polyporous plate 多孔板 05.2905
polyspermy 多精受精，*多精入卵 04.0185
polystomatoinea 多盘类 05.0915
polystomodeal budding 多口道芽，*多尊芽生 05.0841
polytomy 多歧分支 02.0169
polytopic origin 多境起源 02.0343
polytype nematocyst 多型刺丝囊 05.0684
polytypic genus 多型属 02.0050
polytypic species 多型种 02.0048
polyzoan *群虫 01.0110
pons 脑桥 06.1200
pool of primordial follicle 原始卵泡库 04.0096
population 种群 07.0328
population analysis 种群分析 07.0347
population crash 种群崩溃 07.0392
population density 种群密度 07.0332
population depression 种群衰退 07.0393
population dynamics 种群动态 07.0396
population ecology 种群生态学 07.0002
population equilibrium 种群平衡 07.0394
population fluctuation 种群波动 07.0397
population growth 种群增长 07.0374
population growth curve 种群增长曲线 07.0377
population limitation 种群限制 07.0386
population outbreak 种群暴发 07.0391
population regulation 种群调节 07.0400

population turnover　种群周转　07.0387

population viability analysis　种群生存力分析　07.0349

porcellana larva　瓷蟹幼体　05.2114

porcellaneous test　瓷质壳，*钙质无孔壳　05.0223

pore area　有孔带　05.2843

pore chamber　孔室　05.2666

pore pair　*孔对　05.2786

pore plate　孔板　05.2664

pore plug　孔塞　05.0288

Porifera　多孔动物门　01.0024

poriferan　多孔动物　01.0077

poriferous area　有孔带　05.2843

porocyte　孔细胞　05.0537

porodont　副齿　05.2357

portal area　门管区　03.0761

portal canal　门管　03.0749

portal vein　门静脉　06.1108

porticus　口盖　05.0236

positional information　位置信息　04.0570

positive chemotaxis　*正趋化性　07.0144

positive phototaxis　*正趋光性　07.0139

positive rheotaxis　*正趋流性　07.0142

positive selection　正选择　02.0278

postabdomen　后腹部　05.2030，05.2214

postabdominal claw　尾爪　05.2047

postacetabular flap　腹吸盘瓣　05.0996

postacetabular ridge　腹吸盘后脊　05.1005

postanal papilla　肛后乳突　05.1204

postannular region　躯干后部　05.1554

postantennal organ　角后器　05.2330

postbranchial body　鳃后体　04.0503

postcaval vein　后腔静脉　06.1104

postchaetal lobe　后刚叶　05.1376

postciliary fiber　*纤毛后纤维　05.0401

postciliary microtubule　纤毛后微管　05.0401

post-embryonic development　胚后发育　04.0011

poster　后叶　05.2631

posterior acrosomal membrane　*顶体后膜　04.0051

posterior adductor muscle　后闭壳肌　05.1697

posterior articular process　后关节突　06.0556

posterior auricle　后耳　05.1656

posterior canal　后水管沟　05.1637

posterior cardinal vein　后主静脉　06.1085

posterior chamber　［眼］后房　03.0486

posterior commissure　后连合　06.1183

posterior eye row　后眼列　05.2197

posterior intestinal portal　后肠门　04.0492

posterior lateral eye　后侧眼　05.2201

posterior lateral tooth　后侧齿　05.1687

posterior lymph heart　后淋巴心　06.1114

posterior margin　后缘　05.1683

posterior median eye　后中眼　05.2200

posterior mesenteric artery　后肠系膜动脉　06.1076

posterior neuropore　后神经孔　04.0426

posterior opening　肛门孔　05.1760

posterior probability　后验概率　02.0202

posterior retractor　后收足肌　05.1706

posterior spinneret　后纺器　05.2235

posterior sucker　后吸盘　05.1006

posterior triangular projection　后角突起　05.2359

posterodorsal arm　后背臂　05.3010

posterolateral arm　后侧臂　05.3011

postformation theory　后成论，*后成说　04.0013

post-frontal ridge　额后脊　05.1923

postganglionic fiber　节后纤维　06.1240

post larva　后期幼体，*末期幼体　05.2101

postmolt　蜕皮后期　05.2145

postnatal development　*出生后发育　04.0011

post-oesophageal loop　食道后回环　05.1534

postoral appendage　口后附肢　05.1995

postoral arm　口后臂　05.3012

postoral ring　口后环　05.1010

postoral suture　*口后缝　05.0456

postorbital bone　眶后骨　06.0484

postorbital groove　眼后沟　05.1925

postorbital spine　眼后刺　05.1909

post-rostral carina　额角后脊　05.1919

postseptal passage　后隔壁通道　05.0248

postsynaptic element　突触后成分　03.0307

postsynaptic membrane　突触后膜　03.0309

posttrochal region　轮后区　05.1540

postvitellogenic stage　卵黄形成后期　04.0140

postzygapophysis　后关节突　06.0556

potential differentiation　分化潜能　04.0534

powder down feather　粉绒羽　06.0266

praelateral denticle　前侧小齿　05.1951

preacanthella　前棘头体　05.1249

preacetabular pit　腹吸盘前窝　05.1004

preadaptation　前适应，*预适应　02.0304

preanal fin　肛前鳍　06.0041

preanal papilla　肛前乳突　05.1203

preanal pore　肛前孔　06.0183

preanal ring　前肛环　05.2411

preanal sucker　肛前吸盘　05.1209

preancestrula　前初虫　05.2565

preannular region　躯干前部　05.1555

preantral follicle　*腔前卵泡　04.0116

precapillary sphincter　毛细血管前括约肌　03.0434

precaval vein　前腔静脉　06.1103

prececal sac　肠前囊　05.1016

prechaetal lobe　前刚叶　05.1375

precocialism　早成性　07.0300

precocies　早成雏　07.0302

preconjugant　接合前体　05.0500

predation　捕食　07.0437

predator　捕食者　07.0438

predator-prey model　捕食模型　07.0440

predatory food chain　捕食食物链　07.0523

pre-embryonic development　胚前发育　04.0010

preening　修饰，*梳理　07.0243

preepipodite　前上肢　05.2009

pre-erythrocytic stage　红细胞前期　05.0322

pre-ethmoid bone　前筛骨　06.0473

prefemur　前股节，*前腿节　05.2399

preformation theory　先成论，*先成说，*预成论　04.0012

preganglionic fiber　节前纤维　06.1239

pregenital segment　前生殖节　05.2413

pregenital sternite　前生殖节腹板　05.2414

pregranulosa cell　前颗粒细胞　04.0089

prehensile organ　执握器　05.1959

preischium　前座节　05.2012

prelateral lobe　侧前叶　05.2042

premaxillary bone　前颌骨　06.0444

premaxillary gland　前颌腺　06.0353

premaxillary tooth　前颌齿　06.0921

premolar　前臼齿　06.0943

premolt　蜕皮前期　05.2143

premunition　带虫免疫　05.0097

prenatal development　*出生前发育　04.0009

preopercle　前鳃盖骨　06.0523

preoral arm　口前臂　05.3013

preoral hood　*口前笠　05.2758

preoral lobe　口前叶　05.1007，*口前叶　05.2758

preoral loop　口前环　05.3008

preoral sting　口前刺　05.1917

preoral suture　*口前缝　05.0456

preorbital bone　眶前骨　06.0483

preovulatory follicle　*排卵前卵泡　04.0115

prepharynx　前咽　05.1012

prepterygoid bone　前翼骨　06.0454

prepuce　包皮　06.1131

presphenoid bone　前蝶骨　06.0479

presternite　前腹板　05.2376

presynaptic element　突触前成分　03.0306

presynaptic membrane　突触前膜　03.0308

pretarsus　前跗节　05.2472

pretergite　前背板　05.2372

pretrochal region　轮前区　05.1539

previtellogenic stage　卵黄形成前期　04.0138

prey　猎物，*被食者　07.0439

prey-predator model　捕食模型　07.0440

prezygapophysis　前关节突　06.0555

priapulid　曳鳃动物　01.0090

Priapulida　曳鳃动物门　01.0038

primary aperture　原生口孔　05.0230

primary bronchus　初级支气管　06.0996

primary bud　初始芽　05.2701

primary capillary plexus　初级毛细血管丛　04.0483

primary coelom　*原体腔，*初生体腔　05.0030

primary community　原生群落　07.0498

primary consumer　原消费者，*一级消费者　07.0512

primary ectoderm　*原外胚层　04.0311

primary egg envelope　初级卵膜　04.0123

primary embryonic induction　初级胚胎诱导　04.0557

primary endoderm　*原内胚层　04.0310

primary eye　前中眼　05.2198

primary feather　初级飞羽　06.0269

primary follicle　初级卵泡　04.0098

primary homonym　原同名　02.0109

primary hypoblast　初级下胚层　04.0282

primary lymphoid organ　中枢淋巴器官　03.0622

primary mesenchyme cell　初级间充质细胞　04.0341

primary neurulation　初级神经胚形成　04.0417

primary oocyte　初级卵母细胞　04.0075

primary orifice　初生室口　05.2626

primary ossification center　初级骨化中心　03.0152

primary plate　初级板　05.2899

primary production　初级生产量　07.0547

primary productivity 初级生产力 07.0536

primary septum 初级隔膜，*初级隔片 05.0793

primary sex cord 初级性索，*原始性索 04.0467

primary spermatocyte 初级精母细胞 04.0042

primary spine 大棘 05.2870

primary succession 原生演替 07.0483

primary tooth 顶齿 05.1365

primary tubercle 大疣 05.2863

primary yolk sac 初级卵黄囊 04.0319

primary zone of astogenetic change 群育变化初生带 05.2524

primary zone of astogenetic repetition 群育重复初生带 05.2526

primary zooid 初虫 05.2563

primaxil 原分歧腕板 05.2950

primer pheromone 引发信息素 07.0234

primibrach 原腕板 05.2951

primitive digestive tube 原始消化管 04.0487

primitive ectoderm *原始外胚层 04.0311

primitive endoderm *原始内胚层，*初级内胚层 04.0310

primitive fold 原褶 04.0369

primitive groove 原沟 04.0368

primitive knot 原结 04.0366

primitive pit 原窝 04.0367

primitive streak 原条 04.0365

primodium 原基 04.0411

primordial follicle 原始卵泡，*始基卵泡 04.0095

primordial follicle granulosa cell *原始卵泡颗粒细胞 04.0089

primordial follicular pool 原始卵泡库 04.0096

primordial germ cell 原始生殖细胞 04.0032

primordium 原基 05.0404

principal piece 主段 04.0057

principle of competitive exclusion 竞争排斥原理 07.0425

prionognatha 锯状颚器 05.1461

prior probability 先验概率 02.0203

prisere 原生演替系列 07.0490

prismatic layer 棱柱层 05.1577

proabdomen 前腹部 05.2213

proamnion 前羊膜，*原羊膜 04.0428

proamniotic cavity 原始羊膜腔 04.0312

proancestrula 原初虫 05.2564

proboscis 吻突 05.1089，吻 05.1106，05.3017，吻 ［突］05.1227

proboscis apparatus 吻器 05.1105

proboscis pore 吻孔 05.1108，05.3018

proboscis receptacle 吻鞘 05.1228

proboscis retractor muscle 吻牵引肌 05.1232

proboscis sac *吻囊 05.1228

proboscis worm *吻蠕虫 01.0081

proboscoid introvert 吻突型翻吻 05.1504

procercoid 原尾蚴 05.1071

process incisivus accessorius 副门齿突 05.1986

procoelous centrum 前凹型椎体 06.0538

proctodeal gland 肛道腺 06.0866

proctodeum 肛道 06.0863

procurved eye row 前凹眼列，*前曲眼列 05.2194

prodelphic type 前宫型 05.1214

producer 生产者 07.0510

production 生产量 07.0544

production efficiency *生产效率 07.0555

proecdysis 蜕皮前期 05.2143

proerythroblast 原红细胞，*前成红细胞 03.0186

proestrus 发情前期，*动情前期 04.0176

progenitor cell 祖细胞 04.0545

proglottid 节片 05.1056

Progoneata 前殖孔类，*前产类 05.2311

prograde 前行性 05.2304

programmed cell death 程序性细胞死亡 04.0596

progression rule 递进法则，*渐进律 02.0324

progressive succession 进展演替 07.0486

progress zone 前进区 04.0518

prohaptor 前吸器 05.0925

prokaryotic cell 原核细胞 01.0126

proloculus 初房 05.0238

prolymphoblast 前原淋巴细胞，*前淋巴母细胞 03.0204

prolymphocyte 幼淋巴细胞 03.0206

promargin 前齿堤 05.2163

promastigote 前鞭毛体 05.0189

promegakaryocyte 幼巨核细胞，*前巨核细胞 03.0199

promiscuity 混交制 07.0272

promonocyte 幼单核细胞，*前单核细胞 03.0209

promyelocyte 早幼粒细胞，*前髓细胞 03.0194

pronephric duct 前肾管 04.0456

pronephric tubule 前肾小管 04.0454

pronephros 前肾 04.0455

pronucleus 原核 04.0186

pronucleus fusion 原核融合 04.0210

prootic bone 前耳骨 06.0457

propedes 前足 05.2474

propeltidium 前盾板 05.2189

propodeum 并胸腹节 05.2496

propodite 掌节 05.2016

propodus 掌节 05.2016

prorubricyte 早幼红细胞 03.0188

prosencephalon 前脑 06.1159

prosiphon 前吸管 05.1638

prosodus 前幽门管 05.0648

prosoma 前体 05.0006，前体[部] 05.2154

prosome 前体 05.0006，前体部 05.2758

prosopyle 前幽门孔 05.0646

prospective area 预定[胚]区 04.0578

prospective fate 预定命运 04.0580

prospective potency 预定潜能 04.0579

prospective region 预定[胚]区 04.0578

prostalia 表须 05.0614

prostate 前列腺 03.0868

prostatic cell 前列腺细胞 05.1026

prostomial peak 前侧角 05.1394

prostomium 口前叶，*口前部 05.1388

protandry 雄性先熟 01.0247

protective coloration 保护色 07.0255

protective membrane 保护膜 05.1768

proter 前仔虫 05.0481

proteroglyphous tooth 前沟牙 06.0931

prothorax 前胸 05.2461

protocephalon 原头部 05.1892

protocercal tail 原型尾 06.0132

protochordate 原索动物 01.0120

protocoel 前体腔 05.0034

protocoelom *原体腔，*初生体腔 05.0030

protocoelomate *原体腔动物 01.0069

protoconch 胚壳，*胚螺层 05.1605

protocone 原尖 06.0969

protoconid 下原尖 06.0970

protoconule 原小尖 06.0978

protoecium 原初虫[虫]室 05.2590

protogynous hermaphrodite 雌性先熟雌雄同体

01.0252

protogyny 雌性先熟 01.0248

protomite 原仔体 05.0515

protomont 原分裂前体 05.0516

protonephridium 原管肾，*原肾管 05.0046

protoplasmic astrocyte 原浆性星形胶质细胞 03.0316

protoplax 原板 05.1660

protopod 原肢 05.1844

protopodite 原肢 05.1844

protoscolex 原头节 05.1053

protostome 原口动物 01.0073

protostyle 原始晶杆 05.1729

prototroch 前纤毛环，*口前纤毛轮 05.0074

Protozoa 原生动物门 01.0023

protozoan 原生动物 01.0061

protozoea larva 原溞状幼体 05.2094

protozoology 原生动物学 05.0125

protractor 引肌 06.0724

protriaene 前三叉骨针 05.0580

protrichocyst *原刺泡 05.0465

proventricle 前胃 05.1444

proventriculus *前胃 06.0844

proximal 始端 05.2551

proximal bud 始端芽 05.2697

proximal centriole 近端中心粒 04.0059

proximal convoluted tubule 近曲小管 03.0798

proximal-distal axis 近远轴 04.0511

proximal straight tubule 近直小管 03.0799

proximal tubule 近端小管 03.0797

proximate cause 近因，*直接原因 07.0029

proximolateral bud 近侧芽 05.2698

pseudepipodite 假上肢 05.2026

pseudexopodite 假外肢，*伪外肢 05.2025

pseudobranch 假鳃 06.0113

pseudocardinal tooth 拟主齿 05.1689

pseudocarina 假脊 05.0278

pseudochitinous test 假几丁质壳，*伪几丁质壳 05.0224

pseudocoel 假体腔 05.0030

pseudocoelom 假体腔 05.0030

pseudocoelomate 假体腔动物 01.0069

pseudocompound chaeta 伪复型刚毛 05.1320

pseudocompound eye 拟复眼 05.2327

pseudoepipodite 假上肢 05.2026

pseudoexopodite 假外肢，*伪外肢 05.2025
pseudofacetted eye 拟复眼 05.2327
pseudolabium 假唇 05.1175
pseudomanubrium *假垂管 05.0747
pseudoparasite 假寄生虫 05.0091
pseudoparasitism 假寄生 07.0442
pseudoperculum 伪壳盖 05.1437
pseudopodium 伪足 05.0212
pseudopore 假孔 05.2651
pseudorostrum 假额角，*假额剑 05.1894
pseudosagittal spicule 拟羽状骨针 05.0571
pseudoscolex 假头节 05.1052
pseudosinus 假窦 05.2640
pseudosternum 假胸甲 05.2187
pseudostratified ciliated columnar epithelium 假复层纤毛柱状上皮 03.0010
pseudostratified columnar epithelium 假复层柱状上皮 03.0011
pseudotrachea 假气管 05.2138
pseudoumbilicus 假脐 05.0279，05.1619
pseudounipolar neuron 假单极神经元 03.0285
pseudozoea larva 假溞状幼体，*伪溞状幼体 05.2097
psoas major muscle 腰大肌 06.0817
psoas minor muscle 腰小肌 06.0819
Pterobranchia 羽鳃纲 05.3016
pterothorax 翅胸，*具翅胸节 05.2464
pterotic bone 翼耳骨 06.0460
pterygiophore 支鳍骨 06.0596
pterygoid bone 翼骨 06.0453
pterygoid tooth 翼骨齿 06.0926
pterygostomian region 颊区 05.1901
pterygostomian spine 颊刺 05.1912
pteryla 羽区 06.0283
pubic bone 耻骨 06.0623
pubis 耻骨 06.0623
pudendal cleft 外阴裂 06.1148
puerulus larva 龙虾幼体 05.2103
pulley 滑车 06.0673
pulmocutaneous arch 肺皮动脉弓 06.1048
pulmonary alveolus 肺泡 03.0690

pulmonary arch 肺动脉弓 06.1047
pulmonary artery 肺动脉 06.1049
pulmonary circulation 肺循环 06.1011
pulmonary lobule 肺小叶 03.0686
pulmonary macrophage 肺巨噬细胞 03.0694
pulmonary trunk 肺动脉干 06.1042
pulmonary valve 肺动脉瓣 06.1026
pulmonary vein 肺静脉 06.1090
pulp arteriole 髓微动脉 03.0670
pulp cavity 齿髓腔 06.0959
punctate shell 疹壳 05.2751
punctuated equilibrium 间断平衡说，*点断平衡说 02.0218
punctuational model 断续模式 02.0239
pupil 瞳孔 03.0446
purifying selection *净化选择 02.0279
Purkinje's cell 浦肯野细胞 03.0367
Purkinje's cell layer 浦肯野细胞层 03.0366
Purkinje's fiber *浦肯野纤维 03.0416
pusule 液泡，*中泡 05.0173
PVA 种群生存力分析 07.0349
Pycnogonida 海［蜘］蛛纲 05.2151
pygal plate 臀板 06.0194
pygidial cirrus 肛须 05.1471
pygidium 尾部 05.1400
pygostyle 尾综骨 06.0582
pyloric cecum 幽门盲囊，*幽门垂 06.0865
pyloric gland 幽门腺 06.0872
pyloric region 幽门部 06.0843
pylorus 幽门 06.0841
pyramid 锥骨 05.2846
pyramidal cell 锥体细胞 03.0382
pyramid of biomass 生物量锥体 07.0531
pyramid of energy 能量锥体 07.0532
pyramid of number 数量锥体 07.0530
pyriform apparatus 梨形器 05.1094
pyriform gland 梨状腺 05.2264
pyriform lobe 梨状叶 06.1193
pyroptosis 细胞焦亡 04.0598
PZ 前进区 04.0518

Q

quadrat 样方 07.0338

quadrate 方骨 06.0450

quadrate bone 方骨 06.0450

quadratojugal bone 方轭骨 06.0451

quadriceps femoris muscle 股四头肌 06.0824

quadrifora 四孔型 05.1734

quadrulus 四分膜 05.0432

quantum evolution 量子式进化 02.0250

quasisocial 准社群性 07.0322

quinqueloculine 五玦虫式 05.0267

R

race 宗 02.0055

racemose gland 葡萄腺 05.1526

rachiglossate radula 峭舌齿舌 05.1643

rachis 羽干 06.0255

racquet-organ 球拍器 05.2260

radial artery 桡动脉 06.1079

radial canal 辐管 05.0749，辐[水]管 05.2781

radial cleavage 辐射型卵裂 04.0226

radial corallite 辐射珊瑚单体 05.0817

radial furrow 放射沟 05.2185

radial groove 放射沟 05.2185

radial hemal canal 辐血管 05.2794

radial neuroglia cell 放射状胶质细胞 03.0469

radial plate 辐板 05.2941

radial pterygiophore 辐鳍骨 06.0598

radial rib 放射肋 05.1626

radial shield 辐盾 05.2958

radial silk 辐射丝 05.2244

radial sinus 辐窦 05.2799

radial symmetry 辐射对称 05.0009

radiating thread 辐射丝 05.2244

radicular chamber 根室 05.2725

radiculus 根卷枝 05.2936

radiolar crown *放射丝冠 05.1428

radiolarian 放射虫 05.0130

radiole *放射丝 05.1429

radius 辐部 05.2060，05.2771，桡骨 06.0630

radix 根片 05.2284，根 05.2927

radula 齿舌 05.1718

radula sac 齿舌囊 05.1723

ram's horn organ 羊角器官 05.2261

random drift *随机漂变 02.0290

random genetic drift *随机遗传漂变 02.0290

rank 等级 02.0020

Ranvier node 郎飞结 03.0333

raptorial leg 捕捉足 05.2478

raptorial limb 攫肢，*掠肢 05.2000

rare species 稀有种 02.0376

rastellum 螯耙 05.2160

rate of evolution 进化速率 02.0246

rate of increase 增长率 07.0382

Rathke's pouch 拉特克囊 04.0496

ray-finned fishes 辐鳍鱼类 06.0072

RBC 红细胞 03.0160

realized natality *实际出生率 07.0367

realized niche 实际生态位 07.0470

realm [动物地理]界 02.0386

recapitulation law *重演律 04.0016

recapitulation theory *重演论 04.0016

recent species 现生种 02.0378

receptacle retractor muscle 吻鞘牵引肌 05.1233

reciprocal induction 相互诱导 04.0555

recognition of egg and sperm 精卵识别 04.0193

rectal diverticulum 直肠盲囊 05.1524

rectal gland 直肠腺 05.1525

rectal sac 直肠囊 05.2230

rectum 直肠 06.0859

rectus 直肌 06.0721

rectus abdominis muscle 腹直肌 06.0799

rectus femoris muscle 股直肌 06.0825

recurved eye row 后凹眼列，*后曲眼列 05.2195

recycle index 再循环指数 07.0574

red blood cell 红细胞 03.0160

red bone marrow 红骨髓 03.0144

redescription 再描述，*再描记 02.0076

red gland 红腺 06.0375

redia 雷蚴，*裂蚴 05.0964

redifferentiation 再分化 04.0531

red muscle fiber 红肌纤维 03.0248

red pulp 红髓 03.0664

reef coral 珊瑚礁 05.0845

reflected portion of marginal carina 缘脊回折部分 05.1944

reflex arc 反射弧 06.1241

regeneration 再生 05.0902

regional heterothermy 局部异温性 07.0086

regional species diversity 区域物种多样性 07.0600

regressive character 退化性状 02.0066

regular echinoid 正形海胆 05.2837

regular spicule 等角骨针 05.0572

regulative cleavage 调整型卵裂 04.0237

regulative development 调整型发育 04.0585

regulative egg 调整型卵 04.0239

regulatory T cell 调节性 T 细胞，*Tr 细胞 03.0603

reintroduction 再引入 07.0625

Reissner's membrane *赖斯纳膜 03.0525

rejected name 废止名 02.0097

relationship 亲缘关系 02.0268

releaser ［信号］释放者 07.0307

releaser pheromone 释放信息素 07.0233

remex 飞羽 06.0268

Remipedia 桨足纲 05.1853

removal sampling 去除取样法 07.0344

renal appendage 肾附属物，*静脉附属腺 05.1788

renal column 肾柱 03.0773

renal corpuscle 肾小体 03.0777

renal cortex 肾皮质 03.0767

renal glomerulus *肾小球 04.0461

renal interstitium 肾间质 03.0809

renal lobe 肾叶 03.0774

renal lobule 肾小叶 03.0775

renal medulla 肾髓质 03.0770

renal papilla 肾乳头 03.0772

renal portal vein 肾门静脉 06.1110

renal pyramid 肾锥体 03.0771

renal sac 肾囊 05.1787，06.0034

renal tubule 肾小管 03.0796

renal vesicle 肾囊 06.0034

renete system 网状系统 05.1240

reorganization band 改组带 05.0473

replacement name 替代学名 02.0090

replication band *复制带 05.0473

reproduction 生殖，*繁殖 01.0218

reproductive isolation 生殖隔离 02.0309

reproductive organ 生殖器［官］ 01.0219

reproductive potential 繁殖潜力 07.0371

reproductive success 繁殖成效 07.0370

reproductive system 生殖系统 01.0220

reptile 爬行动物 06.0074

reptiles *爬行类 06.0066

Reptilia 爬行纲 06.0066

repugnatorial gland 臭腺，*防御腺，*驱拒腺 05.2389

reservoir 储蓄泡 05.0198

reservoir host 储存宿主，*保虫宿主 05.0110

resident bird 留鸟 07.0223

residual body 残体 04.0052

residue center 残遗中心 02.0344

resilience 恢复力 07.0584

resilience stability 恢复力稳定性 07.0585

resilifer 韧带槽 05.1677

resistance 抵抗力 07.0586

resistance stability 抵抗力稳定性 07.0587

respiration 呼吸 01.0197

respiratory bronchiole 呼吸性细支气管 03.0687

respiratory system 呼吸系统 01.0198

respiratory tree 呼吸树 05.2997

respiratory tube 呼吸管 06.0100

responder 反应者，*反应物 04.0564

resting egg 休眠卵 05.2085

rete mirabile 奇网 06.1111

retention index 保留指数 02.0208

rete ovarium 卵巢网 04.0470

reteporiform colony 网孔苔虫型群体 05.2534

rete testis 睾丸网 03.0860

reticular cell 网状细胞 03.0099

reticular fiber 网状纤维 03.0090

reticular formation 网状结构，*网状系统 03.0390

reticular lamina 网板 03.0032

reticular layer 网织层，*网状层 03.0571

reticular tissue 网状组织 03.0098

reticulate colony 网状群体 05.2543

reticulate skeleton 网状骨骼 05.0625

reticulocyte 网织红细胞 03.0162

reticulum 网胃 06.0848

retina 视网膜 03.0454

retina cell 视网膜细胞 05.1873

retinal cell 视网膜细胞 05.1873

retinal pigment 视网膜色素 05.1874

retinal pigment cell 视网膜色素细胞 05.1875

retinula 视小网膜 05.1867

retinular pigment 视网膜色素 05.1874

retractor 缩肌 06.0725

retractor muscle of introvert 收吻肌，*吻缩肌 05.1513

retractor os pharyngeus 咽骨缩肌 06.0743

retral process 反突 05.0294

retrograde axonal transport 逆向轴突运输 03.0284

retrogression 退化 02.0257

retrogressive evolution 退行进化 02.0230

retrogressive metamorphosis 逆行变态 01.0270

retrogressive succession 退化演替 07.0487

retromargin 后齿堤 05.2164

revision 订正 02.0080

r-extinction *r* 灭绝 07.0408

rhabdite 杆状体 05.0893

rhabdite gland cell 杆状体腺细胞 05.0892

rhabditoid esophagus 杆状型食道 05.1185

rhabdocyst 杆丝泡 05.0464

rhabtidiform larva 杆状蚴 05.1225

rheotaxis 趋流性 07.0142

rhinencephalon 嗅脑 06.1191

rhinohorn 犀角 06.0343

rhinophora 嗅角 05.1824

rhipidura 尾扇 05.2049

rhizoid 根个虫 05.2561

rhizopodium 根［状伪］足 05.0214

rhodopsin 视紫红质 03.0460

rhombencephalon 菱脑 06.1163

rhopalar lappet 感觉缘瓣 05.0770

rhopalocercous cercaria 棒尾尾蚴 05.0977

rhoptry 棒状体 05.0309

rhynchocoel 吻腔 05.1109

Rhynchocoela *吻腔动物门 01.0028

rhynchocoelan *吻腔动物 01.0081

rhynchocoelic villus 吻腔绒毛 05.1123

rhynchocoel sheath 吻鞘 05.1110

rhynchocoel wall *吻腔壁 05.1110

rhynchodaeum 吻道 05.1107

RI 保留指数 02.0208

rib 肋骨 06.0583

ribosome 核糖体，*核［糖核］蛋白体 01.0139

richness 丰［富］度 07.0459

rictal bristle 嘴须 06.0225

right atrium 右心房 06.1016

right ventricle 右心室 06.1019

rimmed sensillum 扣形感器，*扣状感器 05.2340

ring canal 环管 05.0753，环［水］管 05.2779

ringent chaeta 开口刚毛 05.1337

ringing 环志 07.0342

ring sinus 环窦 05.2798

rod cell 视杆细胞 03.0457

root 根 05.2927

rooted tree 有根树 02.0183

rooting 置根 02.0184

rootlet 小根，*根丝 05.0809

rootlet system 纤毛小根系统 05.0392

root-like system 根状系 05.2070

rosette 玫板 05.2944，花纹样体 05.2990

rosette plate 玫瑰板 05.2665

rostal sinus 吻血窦 05.2133

rostellar hook 吻［突］钩 05.1090，吻钩 05.1229，05.1505

rostral side 吻端 05.2053

rostrate pedicellaria 喙状叉棘 05.2881

rostro-lateral compartment 吻侧板 05.2067

rostrum 喙 05.1135，顶鞘 05.1791，额角，*额剑 05.1893，吻板 05.2063，额突 05.2216

rotational cleavage 旋转型卵裂 04.0229

rotatores muscle 回旋肌 06.0790

rotifer 轮虫［动物］，*轮形动物 01.0084

Rotifera 轮虫动物门，*轮形动物门 01.0032

rotifer septum 轮虫式隔壁 05.0245

rotule 轮骨 05.2849

rough endoplasmic reticulum 糙面内质网，*粗面内质网 01.0134

rounded wing 圆翼 06.0292

round-head sperm 圆头精子 04.0066

round window *圆窗 06.1281

roundworm *圆虫 01.0083

r-selection *r* 选择 07.0405

r-strategy *r* 对策 07.0407

rubricyte 中幼红细胞 03.0189

rudiment 原基 04.0411

rudimentary web 蹼迹，*微蹼 06.0093

ruff 领环 06.0295

Ruffini's corpuscle 鲁菲尼小体，*卢氏小体 03.0348

ruffled border 皱褶缘 03.0121

rugose surface 皱面 05.0272

rule of desmodexy 右侧纤丝律 05.0410

rumen 瘤胃 06.0847

ruminant 反刍动物 06.0086

ruminant stomach 反刍胃，*复胃 06.0846

rump 腰 06.0237

rut 发情 07.0278

S

saccule 球囊 06.1271

sacral nerve 荐神经 06.1234

sacral vertebra 荐椎 06.0569

sacrococcygeal joint 荐尾关节 06.0687

sacroiliac joint 荐髂关节 06.0703

Sacromastigophora 肉足鞭毛虫门 05.0126

sacrophage 食肉动物 07.0177

sacrospinalis 荐棘肌 06.0778

sacrum 荐骨 06.0570

sagittal spicule 羽状骨针 05.0569

salivary gland 唾液腺 06.0882

saltational evolution *跳跃式进化 02.0250

saltationism 骤变说 02.0225

saltatonal leg 跳跃足 05.2477

salt gland 盐腺 06.0373

salt water 咸水 07.0068

sample plot 样方 07.0338

sampling 取样，*抽样 07.0337

sampling site 样点 07.0339

saprophage 食腐动物 07.0181

saprophagy 食腐性 07.0169

saprotrophy 腐食营养 07.0518

Sarcodina 肉足虫类 05.0127

sarcolemma 肌膜 03.0219

sarcomere 肌节 03.0234

sarcophagy 食肉性 07.0167

sarcoplasm 肌质，*肌浆 03.0220

sarcoplasmic reticulum 肌质网，*肌浆网 03.0221

sarcopterygians 肉鳍鱼类 06.0071

sarcostyle 囊胞体 05.0725

sarcotubule 肌小管 03.0223

satellite cell 卫星细胞 03.0325

saturation density 饱和密度 07.0333

sauginnivore 食血动物 07.0178

saurognathism 蜥腭型 06.0405

scaffolding thread *支架丝 05.2249

scala media *中间阶 03.0521

scala tympani 鼓室阶 03.0523

scala vestibule 前庭阶 03.0522

scale 鳞片 05.1314，鳞[片] 06.0150

scalene muscle 斜角肌 06.0756

scalid 耙棘，*鳞状刺 05.1274

scape 垂体 05.2225，柄节 05.2428

scaphe 耳舟 05.1469

scaphium 舟骨 06.0560

scaphocerite 第二触角鳞片 05.1966

scaphognathite 颚舟片 05.1993

Scaphopoda 掘足纲 05.1564

scapula 肩胛骨 06.0603

scapular feather 肩羽 06.0278

scapullet 肩板 05.0772

scapulocoracoid 肩胛喙骨 06.0605

scapulocoracoid bone 肩胛喙骨 06.0605

scapus 体柱 05.0788，垂体 05.2225

scent gland 气味腺 06.0365

scepter 杖状骨针 05.0567

schistosomulum 童虫 05.0118

schizocoel 裂体腔 05.0032

schizocoelomate 裂体腔动物 01.0071

schizogeny 裂殖[生殖] 05.0737

schizognathism 裂腭型 06.0404

schizogonic cycle 裂体生殖周期 05.0369

schizogonic stage 裂体生殖期 05.0370

schizogony 裂体生殖 05.0368

schizont 裂殖体 05.0371

schizorhinal 裂鼻型 06.0407

Schmidt-Lantermann incisure *施-兰切迹 03.0331

Schwann cell 施万细胞 03.0324

scientific name 学名 02.0085

sclera 巩膜 03.0442，骨针 05.0027

sclerite 骨片 05.0618，硬缘 05.2583

sclerocyte 造骨细胞，*骨针细胞，*成骨细胞 05.0535

sclerotic cartilage 巩膜软骨 05.1784

sclerotic ring 巩膜环 06.0423

sclerotome 生骨节 04.0446

scolex 头节 05.1051

scopula 帚胚 05.0468，毛丛 05.2210

scrobicular ring 凹环 05.2868

scrotum 阴囊 06.0380

scutum 盾板 05.2058，盖刺 05.2642

scyphistoma 钵口幼体 05.0782

Scyphozoa　钵水母纲　05.0662

sealing zone　封闭区　03.0122

seasonal aspect　季相　07.0488

seasonal isolation　*季节隔离　02.0310

seasonal migration　*季节洄游　07.0215

seasonal oscillation　季节性波动　07.0398

sea walnut　栉板动物，*栉水母动物　01.0079

sebaceous gland　皮脂腺　06.0364

second antenna　第二触角　05.1957

secondary aperture　次生口孔　05.0231

secondary branchia　次生鳃　05.1737

secondary bronchus　次级支气管　06.0997

secondary coelom　*次生体腔　05.0031

secondary community　次生群落　07.0499

secondary consumer　次级消费者，*二级消费者
　　07.0513

secondary egg envelope　次级卵膜　04.0124

secondary embryonic induction　次级胚胎诱导
　　04.0558

secondary feather　次级飞羽　06.0270

secondary follicle　次级卵泡　04.0101

secondary homonym　后同名　02.0110

secondary hypoblast　次级下胚层　04.0283

secondary lymphoid organ　周围淋巴器官　03.0623

secondary mesenchyme cell　次级间充质细胞
　　04.0342

secondary neurulation　次级神经胚形成　04.0418

secondary oocyte　次级卵母细胞　04.0076

secondary orifice　次生室口　05.2627

secondary ossification center　次级骨化中心　03.0153

secondary palate　次生腭　06.0489

secondary plate　次级板　05.2900

secondary production　次级生产量　07.0550

secondary productivity　次级生产力　07.0537

secondary septum　次级隔膜，*次级隔片　05.0795

secondary sex cord　次级性索　04.0471

secondary spermatocyte　次级精母细胞　04.0043

secondary spine　中棘　05.2871

secondary succession　次生演替　07.0484

secondary tooth　亚齿　05.1366

secondary tubercle　中疣　05.2864

secondary yolk sac　次级卵黄囊　04.0323

second intermediate host　第二中间宿主　05.0108

second maxilla　第二小颚　05.1981，05.2354

second polar body　第二极体　04.0079

secreting gland　分泌腺　01.0209

secretion　分泌　01.0206

secretory cell　*分泌细胞　03.0035

secretory duct　*分泌管　03.0746

secretory portion　分泌部　03.0044

sedentariae　定居型　05.2302

sedentary animal　固着动物　07.0197

sedentary polychaete　隐居多毛类　05.1296

sedimentary cycle　沉积物循环，*沉积型循环
　　07.0569

segment　体节　04.0336，05.1301，节片　05.1056

segmental organ　体节器　05.1302

segmental plate　*体节板　04.0325

selection　选择　02.0270

selection coefficient　选择系数　02.0281

selection differential　选择差　02.0283

selectionism　选择主义　02.0223

selection pressure　选择压[力]　02.0282

selenaster　月星骨针　05.0600

selenizone　缝带　05.1620

selenodont tooth　月型齿　06.0956

self-differentiation　*自主分化　04.0525

self-fertilization　自体受精，*自配生殖　04.0182

self grooming　自修饰　07.0244

self-sustained oscillation　*自持振荡　07.0130

semen　精液　04.0064

semen-induced ovulation　精液刺激诱导排卵
　　04.0164

semicircular canal　半规管　06.1265

semilunar valve　半月瓣　06.1024

seminal fluid　精液　04.0064

seminal receptacle　纳精囊　05.0065，受精囊
　　05.1031

seminal vesicle　贮精囊　01.0232，*精囊　03.0866

seminiferous tubule　生精小管　03.0858

semipalmate foot　半蹼足　06.0298

semispinalis capitis muscle　头半棘肌　06.0786

semispinalis cervicis muscle　颈半棘肌　06.0787

semispinalis muscle　半棘肌　06.0785

semispinalis thoracis muscle　胸半棘肌　06.0788

semi-zygodactyl foot　半对趾足　06.0307

semi-zygodactylous foot　半对趾足　06.0307

Semper's organ　森珀器，*桑柏氏器官　05.1823

senior homonym　首同名　02.0111

senior synonym　首异名　02.0104

sense organ 感觉器官 01.0215
sense plate 感觉板 04.0440
sensillum 感器 05.2331
sensitivity 敏感性 07.0238
sensory bud 感觉芽突 05.1427
sensory cell 感觉细胞 05.0670
sensory epithelium 感觉上皮 03.0069
sensory nerve ending 感觉神经末梢 03.0341
sensory neuron 感觉神经元 03.0288
sensory organ 感觉器官 01.0215
sensory pit 感觉窝 05.1235
septal filament 隔膜丝 05.0799
septal flap 隔壁盖 05.0249
septal foramen 隔壁孔 05.0250
septal furrow *隔壁沟 05.0282
septal neck 隔壁颈 05.1797
septal pocket 中隔窝 05.2224
septular pore 壁孔 05.2663
septula testis 睾丸小隔 03.0856
septum 隔壁 05.0242，05.2607，隔壁，*隔片
  05.0823，隔膜，*隔片 05.0792，隔膜 05.1484
sere 演替系列 07.0489
serial homology 系列同源性 02.0260
seroamnion cavity 浆羊膜腔 04.0385
serosa 浆膜 03.0715，04.0384
serous demilune *浆半月 03.0060
serous gland 浆液腺 03.0059
serrate antenna 锯齿状触角 05.2441
serration 锯齿列 05.1372
serratus anterior muscle 前锯肌 06.0795
Sertoli's cell 支持细胞，*塞托利细胞 04.0045
sesamoid bone 籽骨 06.0642
sessile acetabulum 无柄腹吸盘，*座状腹吸盘
  05.0998
sessile end 固着端 05.0014
sessile endolithic form 固着石内型 05.1541
sessile eye 座眼 05.1868
sessile papilla 无柄乳突，*座状乳突 05.1208
sessoblast 固休芽 05.2712
seta 刚毛 05.2345
setal antenna 刚毛状触角 05.2442
setarious antenna 具芒状触角 05.2431
setiferous antenna 刚毛状触角 05.2442
setiferous lobe 刚毛叶 05.2039
setiform antenna 刚毛状触角 05.2442

setiger juvenile 刚节幼体 05.1478
sex 性别 04.0026
sex control 性别控制 04.0615
sex cord 性索 04.0410
sex determination 性[别]决定 04.0027
sex ratio 性比 07.0351
sexual attraction 性吸引力 07.0281
sexual differentiation 性[别]分化 01.0254
sexual dimorphism 两性异形 01.0255
sexual mosaic 雌雄嵌合体 04.0029
sexual polymorphism 性多态 01.0256
sexual reproduction 有性生殖 01.0233
sexual selection 性[选]择 02.0276
shaft 骨干 03.0127，柄部 05.1368，锚干 05.2996，
  羽轴 06.0250
shank 小腿，*胫 06.0331
Sharpey's fiber *沙比纤维 03.0124
sheath 壳鞘 05.2062
sheathed capillary 鞘毛细血管 03.0671
sheet-web 皿网 05.2252
Shelford's law of tolerance 谢尔福德耐受性定律
  07.0032
shell 卵壳 04.0155，贝壳 05.1575，壳瓣 05.1883
shell beak 壳喙，*壳嘴 05.1669
shellfishes *贝类 01.0098
shell gland 壳腺 05.1711
shell length 壳长 05.1632
shell plate 壳板 05.1584
shell spine 壳刺 05.1884
shell width 壳宽 05.1633
shivering thermogenesis 颤抖性产热，*战栗产热
  07.0099
short-day animal 短日照动物 07.0065
short-handled uncinus 短柄齿片刚毛 05.1360
shoulder 肩 05.1629，06.0322
shoulder girdle 肩带 06.0600
shoulder girdle muscle 肩带肌 06.0804
shoulder joint 肩[肱]关节 06.0694
sibling species 亲缘种，*同胞种 02.0052
side plate 边板 05.2945
sieve-plate 筛板 05.0247
sigilla 肌痕，*肌斑 05.2212
sigmoiline 曲房虫式 05.0268
signal 信号 07.0306
SI joint 荐髂关节 06.0703

siliceous spicule　硅质骨针　05.0541

silk gland　丝腺　05.2231

silver impregnation technique　银浸技术　05.0402

silverline system　银线系　05.0403

similarity　相似性　07.0464

similarity index　相似性指数　07.0465

simple acinar gland　单泡状腺　03.0053

simple branched acinar gland　单分支泡状腺　03.0054

simple branched tubular gland　单分支管状腺　03.0050

simple chaeta　简单型刚毛　05.1318

simple ciliated columnar epithelium　单层纤毛柱状上皮　03.0009

simple columnar epithelium　单层柱状上皮　03.0008

simple cuboidal epithelium　单层立方上皮　03.0007

simple epithelium　单层上皮　03.0003

simple gland　单腺　03.0046

simple joint　单关节　06.0680

simple squamous epithelium　单层扁平上皮，*单层鳞状上皮　03.0004

simple tubular gland　单管状腺　03.0049

simple tubuloacinar gland　单管泡状腺　03.0057

simplex uterus　单子宫　06.1137

single circulation　单循环　06.1008

single-walled colony　单壁型群体　05.2547

sinistral　左旋　05.1608

sinoatrial node　窦房结　06.1032

sinus　窦　05.2633

sinus gland　血窦腺　05.2132

sinusoid　*血窦　03.0431

sinusoidal capillary　窦状毛细血管　03.0431

siphon　水管　05.1571

siphonal lining　水管衬套　06.0010

siphonal retractor muscle　水管收缩肌　05.1708

siphoning mouthparts　虹吸式口器　05.2456

siphonoglyph　口道沟　05.0791

Siphonophora　管水母类　05.0716

siphonoplax　水管板　05.1664

siphonozooid　管状体　05.0837

siphosomal stem　管体茎　05.0727

siphuncle　室管，*体管　05.1796

Sipuncula　星虫动物门　01.0043

sipunculan　星虫[动物]　01.0095

sipunculus loop　食道后回环　05.1534

sister group　姐妹群　02.0177

skeletal muscle　骨骼肌　03.0212

skeletal system　骨骼系统　01.0169

skeleton　骨骼　01.0170

skin　皮肤　01.0167

skin fold　皮褶，*肤褶　06.0166

skinned specimen　剥制标本　02.0117

skin receptor　皮肤感受器　06.1257

skull　头骨，*颅[骨]　06.0390

slide specimen　玻片标本　02.0116

sliding filament theory　肌丝滑动学说　03.0247

slime tube　黏液管　05.1501

slit　齿裂　05.1596

slit membrane　裂孔膜　03.0787

slit pore　裂孔　03.0786

slit sensillum　裂隙感受器，*缝感受器　05.2258

slow twitch fiber　*慢缩肌纤维　03.0248

small granular cell　小颗粒细胞　03.0684

small intestine　小肠　06.0851

small pyramidal layer　小锥体细胞层　03.0385

smile　笑裂　05.1099

smooth endoplasmic reticulum　光面内质网，*滑面内质网　01.0135

smooth muscle　平滑肌　03.0214

smooth muscle cell　平滑肌细胞　03.0258

smooth muscle fiber　*平滑肌纤维　03.0258

snail　*蜗牛，*螺　05.1562

SNS　交感神经系统　06.1155

social　群居　07.0311

social behavior　社会行为　07.0312

social hierarchy　社会等级　07.0315

social homeostasis　社群稳态　07.0323

sociality　社群性　07.0320

socialization　社群化　07.0319

social network　社会网络　07.0314

social organization　社会组织　07.0313

social predation　群体猎食　07.0248

social selection　社会选择　07.0401

social stress　社群压力　07.0411

social structure　社群结构　07.0410

sociobiology　社会生物学　07.0014

sociotomy　*分封　07.0412

soft palate　软腭　06.0401

solenia　管系　05.0246，*管系　05.0832

solenocyte　管细胞　05.1271，06.0054

solenoglyphous tooth　管牙　06.0933

sole of foot　脚掌，*足掌　06.0334

soleus muscle　比目鱼肌　06.0832

solitary　独居　07.0310

solitary coral　单体珊瑚　05.0813

solitary lymphatic nodule　孤立淋巴小结　03.0620

solution preserved specimen　浸制标本　02.0114

soma　胞体　03.0265

somatic ciliature　体纤毛器　05.0397

somatic mesoderm　体壁中胚层　04.0328

somatic motor nerve ending　躯体运动神经末梢
　　03.0358

somatic muscle　体壁肌　05.1496

somatocoel　后体腔囊，*躯体腔　05.2777

somatocyst　体囊　05.0730

somatopleure　胚体壁　04.0332

somatotroph　[促]生长激素细胞　03.0819

somite　体节　04.0336

somite muscle　体节肌　06.0712

sorocarp　孢堆果　05.0381

sorus　孢子堆　05.0382

sp. indet.　未定种　02.0150

sp. nov.　新种　02.0145

SPA　精子穿透试验　04.0613

spadix　茎化锥，*肉穗　05.1770

sparganum　裂头蚴，*实尾蚴　05.1073

spasmoneme　肌丝　05.0425

spatial isolation　空间隔离　02.0308

spatulate chaeta　铲状刚毛，*匙状刚毛　05.1336

spawning ground　产卵场　07.0207

spawning migration　产卵洄游　07.0211

spear　*口锥　05.1171

specialization　特化　02.0255

speciation　物种形成　02.0320

species　种　02.0038

species-area curve　种–面积曲线　07.0463

species conservation　物种保护　07.0626

species diversity　物种多样性　07.0599

species extinct in the wild　野外灭绝种　07.0623

species group　种组　02.0043

species hybridization　种间杂交　02.0382

species indeterminate　未定种　02.0150

species inquirenda　待考种　02.0151

species invasion　物种入侵　07.0419

specific granule　特殊颗粒　03.0164

specimen　标本　02.0113

specimen collection　标本收藏　02.0152

speculum　翼镜，*翅斑　06.0294

speed of evolution　进化速度　02.0245

sperm　精子　04.0054

spermaceti　鲸蜡油　06.1007

spermaceti organ　鲸蜡器　06.1006

spermaductus　输精管　01.0229

sperm agglutinin　精子凝集素　04.0201

spermatheca　纳精囊　05.0065

spermatic cord　精索　06.1126

spermatid　精子细胞　04.0044

spermatocyte　精母细胞　04.0041

spermatogenesis　精子发生　04.0031

spermatogenic cell　生精细胞　04.0039

spermatogonium　精原细胞　04.0040

spermatophore　精包，*精荚　05.0069

spermatozoon　精子　04.0054

sperm-egg recognition　精卵识别　04.0193

spermiogenesis　精子形成　04.0046

sperm maturation　精子成熟　04.0063

sperm motility　精子活力　04.0065

sperm-oocyte fusion　精卵融合　04.0198

sperm penetration assay　精子穿透试验　04.0613

sperm receptor　精子受体　04.0194

sperm web　精网　05.2250

sphaeridium　球棘　05.2873

sphaerohexactin　球六辐骨针　05.0584

sphaerohexaster　球六星骨针　05.0592

sphenoid bone　蝶骨　06.0476

sphenotic bone　蝶耳骨　06.0461

spherical colony　球形群体　05.0483

spherical pharynx　球形咽　05.0906

sphincter muscle of pupil　瞳孔括约肌　03.0448

spicular pouch　交合刺囊　05.1217

spicular sac　交合刺囊　05.1217

spicular sheath　交合刺鞘　05.1218

spicule　骨针　05.0027，骨片　05.2984

spiderling　幼蛛　05.2299

spigot　纺管　05.2236

spinal cord　脊髓　06.1197

spinal ganglion　脊神经节　03.0393

spinal nerve　脊神经　06.1226

spindle muscle　纺锤肌　05.1516

spine　刺　05.0021，棘　05.2869

spine　棘刺　05.1230，05.1380，05.1628

spine apparatus　棘器　03.0275

spine of scapula　肩胛冈　06.0613

spiniger　刺状刚毛　05.1347

spinigerous chaeta　刺状刚毛　05.1347

spinispira　*旋星骨针　05.0597

spinneret　纺器　05.2232，05.2394

spinning gland　纺锤腺　05.1316，丝腺　05.2231

spinous pocket　刺袋　05.1373

spinous process　椎棘　06.0547

spinule　小刺　05.0022

spiracle　气孔　05.2386，喷水孔　06.0120

spiral band　螺带　05.1583

spiral cleavage　螺旋型卵裂　04.0227

spiral collecting organ　螺旋体　05.1500

spiral cord　螺肋　05.1622

spiral ganglion　螺旋神经节　03.0519

spiral ligament　螺旋韧带　03.0517

spiral limbus　螺旋缘　03.0527

spirally striated muscle　*螺旋纹肌　03.0217

spiral organ　螺旋器　03.0529

spiral silk　螺旋丝　05.2245

spiral thread　螺旋丝　05.2245

spiral valve　螺旋瓣　06.0864

spiramen　旋孔　05.2654

spiraster　针棘骨针　05.0597

spire　螺旋部　05.1601

splanchnic mesoderm　脏壁中胚层　04.0329

splanchnocranium　咽颅，*脏颅　06.0393

splanchnopleure　胚脏壁　04.0331

spleen　脾　03.0660

spleen colony　脾集落　03.0183

splenic artery　脾动脉　06.1074

splenic cord　脾索　03.0666

splenic corpuscle　脾小体　03.0661

splenic nodule　*脾小结　03.0661

splenic sinusoid　脾[血]窦　03.0665

splenius capitis muscle　头夹肌　06.0760

sponge　海绵　05.0521

Spongia　*海绵动物门　01.0024

spongicoel　*海绵腔　05.0642

spongin fiber　海绵硬蛋白丝　05.0539

sponging mouthparts　舐吸式口器　05.2459

spongocyte　海绵质细胞　05.0534

spongy bone　松质骨，*骨松质　03.0130

spontaneous generation　自然发生说，*无生源说

04.0018

spontaneous ovulation　自发排卵　04.0161

spool　细纺管　05.2237

sporangium　孢子果　05.0380

spore　孢子　05.0326

sporoblast　孢[子]母细胞　05.0386

sporocarp　孢子果　05.0380

sporocyst　孢[子]囊　05.0379，胞蚴　05.0961

sporogenesis　孢子发生　05.0383

sporogonic cell　孢子生殖细胞　05.0375

sporogony　孢子生殖　05.0373

sporokinete　动性孢子　05.0374

sporont　母孢子　05.0376

sporoplasm　孢质[团]　05.0377

sporozoite　子孢子　05.0378

sporozoon　孢子虫　05.0143

sporulation　孢子形成　05.0384

spur　距　05.1262，06.0218，棘　05.2346

spurious parasite　假寄生虫　05.0091

squamodisc　鳞盘　05.0936

squamosal bone　鳞骨　06.0440

square scale　方鳞　06.0177

square wing　方翼　06.0293

ssp. nov.　新亚种　02.0146

stability　稳定性　07.0579

stabilizing selection　稳定选择　02.0274

stalk　柄　05.1286，05.2925

stalked eye　柄眼　05.1869

standing crop　现存量　07.0543

standing stock　现存量　07.0543

stapedius　镫骨肌　06.0765

stapedius muscle　镫骨肌　06.0765

stapes　镫骨　06.0465

stasigenesis　停滞进化　02.0234

stasis　停滞进化　02.0234

static life table　静态生命表　07.0356

statioanry pronucleus　静止原核，*静核　05.0492

statoblast　休[眠]芽　05.2710

statoconic membrane　耳石膜，*耳砂膜，*位砂膜
03.0508

statocyst　平衡囊，*平衡泡　05.0760，感觉器
05.0870

statolith　平衡石，*平衡砂，*耳石　05.0761

statospore　休眠孢子　05.0194

stauractin　十字骨针　05.0581

stauractine　十字骨针　05.0581

stellate cell　[小脑]星形细胞　03.0364，[大脑]星形
　　细胞　03.0378

stem cell　干细胞　04.0536

stem group　干群　02.0171

stemmate　侧眼　05.1864

stenohaline　狭盐性　07.0042

stenohaline animal　狭盐性动物　07.0106

stenohydric　狭水性　07.0044

Stenolaemata　狭唇纲　05.2510

stenooxybiotic　狭氧性　07.0046

stenophagy　狭食性　07.0163

stenotele　穿刺刺丝囊　05.0679

stenothermal　狭温性　07.0040

stenothermal animal　狭温性动物　07.0093

stenotropy　狭适性　07.0038

stercomata　粪粒　05.0296

stereoblastula　实[心]囊胚　04.0253

stereogastrula　实原肠胚　05.0844

stereoline glutinant　钝胶刺丝囊　05.0683

stereoplam　硬质　05.0291

sterilizing immunity　消除性免疫　05.0095

sternal groove　腹甲沟　05.1931

sternal rib　胸肋　06.0587

sternal sulcus　腹甲沟　05.1931

sternite　腹甲　05.1860

sternocleidomastoid muscle　胸锁乳突肌　06.0755

sternocostal joint　胸肋关节　06.0690

sternum　胸甲，*胸板　05.2186，腹板　05.2375，胸
　　骨　06.0593

sterocoral pocket　*粪囊，*粪袋　05.2230

sterraster　实星骨针　05.0595

Stewart's organ　斯氏器　05.2854

stichocyte　列细胞　05.1193

stichosome　列细胞体　05.1194

stigma　眼点　05.0062

stigmata　气孔　06.0017

stigmatopleurite　具孔侧板　05.2387

sting　螫针　05.2502

sting cell　刺细胞　05.0674

stipe　茎片　05.2285

stipes　茎节　05.2449

stirodont type　脊齿型　05.2851

stolon　匍匐[水]螅根，*生殖茎　05.0697，匍匐茎
　　05.1290，匍茎　05.2562

stolonization　匍匐繁殖　05.0738

stomach　胃　01.0192

stomach-intestine　胃肠，*中肠　05.1272

stomatogenesis　口器发生　05.0448

stomatogenic field　生口区　05.0454

stomatogenous meridian　生口子午线　05.0455

stomochord　口索　05.3023

Stomochorda　*口索动物门　01.0056

stomochordate　*口索动物　01.0115

stomodeum　口凹　04.0494，口道　05.0790

stone canal　石管　05.2780

straight　平直，*端直　05.2193

straight collecting tubule　直集合小管　03.0807

straight pedicellaria　直形叉棘　05.2885

straight tubule　直精小管　03.0859

stratification　分层现象　07.0466

stratified columnar epithelium　复层柱状上皮
　　03.0016

stratified epithelium　复层上皮　03.0012

stratified squamous epithelium　复层扁平上皮，*复层
　　鳞状上皮　03.0013

stratum basale　基底层　03.0547

stratum corneum　角质层，*角化层　03.0556

stratum germinativum　基底层　03.0547

stratum granulosum　颗粒层　03.0551

stratum lucidum　透明层　03.0555

stratum spinosum　棘[细胞]层　03.0549

streptaster　链星骨针　05.0596

streptoline glutinant　尖胶黏性刺丝囊　05.0682

streptoneury　扭神经　05.1648

streptospiral test　绕旋式壳，*扭旋式壳　05.0264

streptospondylous articulation　掠椎关节　05.2975

striate　纹线　05.0273

striated area　横纹面　05.1793

striated border　纹状缘　03.0023

striated duct　纹状管　03.0746

striated muscle　横纹肌　03.0216

stria vascularis　血管纹　03.0526

strict consensus tree　严格一致树　02.0180

stridulating organ　[摩擦]发声器，*响器　05.2134

strobila　横裂体　05.0783

strobili　链体　05.1055

strobilocercus　链尾蚴　05.1080

stromal cell　基质细胞　03.0182

strongylaster　棒星骨针　05.0599

strongyle 棒状骨针 05.0565

strongyloid esophagus 圆线型食道 05.1187

strongyloxea 棒尖骨针 05.0550

stubby horn 瘤角 06.0348

style 针状骨针 05.0548，晶杆 05.1728，柱突 05.2729

stylet 吻针 05.1113，口针 05.1171，柱突 05.2729

stylet basis 针座 05.1114

stylet knob 口针基球，*口锥球 05.1172

stylet shaft 口针基杆，*口锥杆 05.1173

stylode 指突 05.1432

stylohyal bone 茎舌骨 06.0509

stylopharyngeus muscle 茎突咽肌 06.0769

stylus 刺突 05.2388

subadult 亚成体 07.0298

subambulacral spine 亚步带棘 05.2876

subanal fasciole 肛下带线 05.2894

subarachnoid space 蛛网膜下隙，*蛛网膜下腔 03.0402

subarticular tubercle 关节下瘤 06.0174

subbiramous parapodium 亚双叶型疣足 05.1309

subblastoporal endoderm 胚孔下内胚层 04.0351

subbranchial region 鳃下区 05.1903

subcapsular sinus 被膜下窦 03.0650

subchela 亚螯 05.2022

subclass 亚纲 02.0029

subclavian artery 锁骨下动脉 06.1063

subclavian vein 锁骨下静脉 06.1095

subcold zone species 亚寒带种 02.0409

subcutaneous tissue 皮下组织 03.0573

subdigital lamella 趾下瓣 06.0213

subdural space 硬膜下隙，*硬膜下腔 03.0401

subfamily 亚科 02.0035

subgenital pit *生殖下孔 05.0748

subgenital porticus 生殖下腔 05.0748

subgenus 亚属 02.0037

subgerminal cavity 胚盘下腔 04.0279

subgular vocal sac 咽下声囊 06.0172

subhepatic region 肝下区 05.1904

subintestinal vein 肠下静脉 06.1088

subjective synonym 主观异名 02.0107

subkingdom 亚界 02.0024

sublingual gland 舌下腺 06.0883

submaxillary gland 颌下腺 06.0885

submedian carina 亚中央脊 05.1940

submedian denticle 亚中小齿 05.1946

submedian tooth 亚中齿 05.1945

submucosa 黏膜下层 03.0708

submucosal nervous plexus 黏膜下神经丛 03.0709

subneural gland 神经下腺 06.0032

suboesophageal ganglion 食道下神经节 05.1815

subopercle 下鳃盖骨 06.0524

suborbital gland 眶下腺 06.0370

suborbital region 眼下区 05.1905

suborder 亚目 02.0032

subordinate 从属者 07.0414

subpellicular microtubule 表膜下微管 05.0393

subperichondral growth *软骨膜下生长 03.0156

subpharyngeal ganglion 咽下神经节 05.0058

subphylum 亚门 02.0026

subpopulation *亚种群 07.0329

subradular organ 齿舌下器 05.1726

subscapularis muscle 肩胛下肌 06.0806

subsequent zone of astogenetic change 群育变化后生带 05.2528

subsequent zone of astogenetic repetition 群育重复后生带 05.2527

subsere 次生演替系列 07.0491

subsp. 亚种 02.0039

subsp. nov. 新亚种 02.0146

subspecies 亚种 02.0039

substitute name 替代学名 02.0090

substomodaeal canal 子午管 05.0865

substratum 基底 05.2071

subtegulum 亚盾片 05.2280

subterminal compound eye 亚端复眼 05.1435

subterranean animal 地下动物 07.0189

subtropical species 亚热带种 02.0414

subtylostyle 亚头骨针 05.0553

subumbrella 内伞，*下伞 05.0741

succession 演替 07.0482

succession sequence 演替系列 07.0489

sucker 吸盘 05.0025

sucker ratio 口腹吸盘比 05.1000

sucking disc 吸盘 05.0025

sucking stomach 吸胃 05.2229

suctorial mouth 吸口 05.0773

sulcus 沟 05.0024，纵沟 05.0174，*咽沟 05.0791，脑沟 06.1203

sulfur cycle 硫循环 07.0570

summer egg 夏卵 05.2086

summer migrant 夏候鸟 07.0222

summer plumage *夏羽 06.0285

superambulacral plate 上步带板 05.2908

superciliary stripe 眉纹 06.0232

superclass 总纲 02.0027

supercooling 超冷，*过冷 07.0118

superfacial cortex 浅层皮质 03.0652

superfamily 总科 02.0033

superficial blastula 表面囊胚 04.0254

superficial cleavage 表面卵裂 04.0234

superficial implantation 表面植入 04.0268

superficial nephron 浅表肾单位 03.0778

superior antenna 上触角 05.1960

superior colliculus 上丘 06.1174

superior concha 上鼻甲 06.0492

superior nasal concha 上鼻甲 06.0492

superior notoligule 上背舌叶 05.1378

superior oblique muscle 上斜肌 06.0731

superior rectus muscle 上直肌 06.0733

superior umbilicus 上脐 06.0254

superomarginal plate 上缘板 05.2910

superorder 总目 02.0030

superposition eye 重叠眼，*重复相眼 05.1871

super-species 超种 02.0054

supplementary aperture 补充口孔 05.0232

supplementary bar *辅助片 05.0934

supplementary bristle 副须 06.0240

supplementary plate *辅助片 05.0934

supporting apparatus 支持器 05.0951

suppressor T cell *抑制性 T 细胞 03.0603

suprabranchial chamber 鳃上腔 05.1749

suprahepatic spine 肝上刺 05.1914

suprahyoid muscle 舌骨上肌 06.0776

supraintestinal ganglion 食道上神经节 05.1814

supralabial gland 上唇腺 06.0358

supraneural pore *神经上孔 05.2657

supraoccipital 上枕骨 06.0434

supraoccipital bone 上枕骨 06.0434

supraoesophageal ganglion 食道上神经节 05.1814

supraorbital ridge 眶上脊 06.0482

supraorbital spine 眼上刺 05.1907

suprapharyngeal ganglion 咽上神经节 05.0057

supraspecific category 种上阶元 02.0040

supraspinatus muscle 冈上肌 06.0807

supraspinous fossa 冈上窝 06.0614

suranal plate 肛上板 05.2827

surface furrow *表面沟 05.0282

surface mucous cell 表面黏液细胞 03.0726

surface ridge 壳面脊 05.0293

surfactant 表面活性物质 03.0701

survival rate 存活率 07.0369

survivorship curve 存活曲线 07.0360

suspension feeder 滤食动物 07.0186

suspensorium 悬器 06.0442

sutural lamina 缝合片 05.1595

suture 缝合线 05.0254，05.0456，05.1602，骨缝 06.0674

suture line 缝合线 05.0456

swarm 群游 07.0218

swarmer 游泳体 05.0507

swarming 群浮 05.1474，*分封 07.0412

sweat gland 汗腺 06.0363

sweepstake route 机会通过 02.0364

swim bladder 鳔 06.0115

swimmeret 游泳足 05.2024

swimming leg 游泳足 05.2024

syconoid 双沟型 05.0638

Sylvian aqueduct 中脑[导]水管 06.1173

symbiosis 共生 07.0429

symmetrogenic fission 镜像对称分裂 05.0487

sympathetic ganglion 交感神经节 03.0395

sympathetic nervous system 交感神经系统 06.1155

sympathetic trunk 交感干 06.1238

sympatric hybridization 同域杂交 02.0380

sympatric speciation 同域物种形成，*同域成种 02.0321

sympatric species 同域种，*同地种 02.0373

sympatry 同域分布 02.0353

Symphyla 综合纲 05.2310

symplectic bone 续骨 06.0512

symplesiomorphy 共同祖征 02.0069

sympodium 合轴分枝 05.0714

synapomorphy 共同衍征 02.0070

synapse 突触 03.0299

synaptic bouton *突触扣结 03.0311

synaptic cleft 突触间隙 03.0310

synaptic knob *突触扣结 03.0311

synaptic vesicle 突触小泡 03.0312

synaptosome 突触小体 03.0311

synchondrosis　软骨关节　06.0676

syncilium　合纤毛　05.0394

syncytial blastoderm　合胞体胚盘　04.0289

syncytial theory　合胞体说　04.0020

syncytiotrophoblast　合体滋养层，*合[体细]胞滋养层　04.0261

syncytium　合胞体　05.0064

syndactyl foot　并趾足　06.0301

syndesmochorial placenta　结缔组织绒毛膜胎盘，*结缔绒膜胎盘　04.0401

syngen　同基因型，*繁殖群　05.0495

synhymenium　合膜　05.0395

synkaryon　合子核，*受精核　05.0504

synonym　[同物]异名　02.0101

synonymy　[同物]异名关系　02.0103

synopsis　[分类]纲要　02.0154

synovial bursa　滑膜囊　06.0670

synovial joint　滑膜关节　06.0679

synovial membrane　滑膜　06.0666

synsacrum　综荐骨，*愈合荐骨　06.0581

synthetic taxonomy　综合分类学　02.0005

syntype　全模[标本]，*共模，*群模　02.0128

syringeal muscle　鸣[管]肌　06.0837

syrinx　鸣管　06.1001

system　系统　01.0165

systematic collection　系统收藏　02.0153

systematics　系统学　02.0007

system ecology　系统生态学　07.0012

systemic arch　体动脉弓　06.1046

systemic circulation　体循环　06.1010

syzygy　融合体　05.0317，不动关节　05.2955

T

T1　第一跗节　05.2403

T2　第二跗节　05.2404

table　桌形体　05.2988

tabula　窗板　05.2682

tachytelic evolution　快速进化　02.0248

tachytely　快速进化　02.0248

tactile corpuscle　触觉小体　03.0344

tactile receptor　触觉感受器　06.1256

tagging-recapture method　标记重捕法，*标志重捕法　07.0343

tail　尾[部]　05.0005

tail fan　尾扇　05.2049

tail feather　尾羽　06.0272

tail fluke　尾叶　06.0134

tail fold of amnion　羊膜尾褶　04.0383

tail plate　尾板　05.1589，05.2050

Takakura's duct　高仓管　05.1129

talocalcaneal joint　距跟关节　06.0709

talonid　下跟座　06.0965

talus　距骨　06.0648

tangential skeleton　切向骨骼　05.0629

tapetum　反光色素层，*反光组织　05.2207

tapetum lucidum　反光膜，*银膜，*照膜　03.0483

tapeworm　绦虫　05.1048

tardigrade　缓步动物　01.0106

target cell　靶细胞　03.0812

target organ　靶器官　03.0811

tarsal fold　跗褶　06.0168

tarsal gland　睑板腺　03.0499

tarsal organ　跗节器　05.2274

tarsal plate　睑板　03.0498

tarsometatarsal joint　跗跖关节　06.0710

tarsometatarsus　跗跖　06.0655，跗跖骨　06.0657

tarsus　睑板　03.0498，跗节　05.2173，05.2402，05.2470，跗骨　06.0646

tarsus 1　第一跗节　05.2403

tarsus 2　第二跗节　05.2404

taste bud　味蕾　06.0890

tatiform　答答型　05.2566

taxis　趋性　07.0138

taxodont　列齿型，*多齿型　05.1690

taxon　分类单元　02.0019

taxonomic character　分类性状　02.0063

Tc cell　细胞毒性T细胞，*Tc细胞　03.0604

T cell　T[淋巴]细胞　03.0595

teat　乳头　06.0383

tectorial membrane　盖膜　03.0528

tectum　*顶盖　06.1176

tectum mesencephali　*中脑顶盖　06.1176

tectum of midbrain　*中脑顶盖　06.1176

tegmen　覆翅　05.2491，上盖，*萼盖　05.2930

tegmentum　盖层　05.1592，被盖　06.1178

tegmentum mesencephali　*中脑被盖　06.1178

tegulum　盾片　05.2281

tegument　皮层　05.0881

tegumental spine　皮棘　05.0994

telamon　副引带　05.1223

telencephalon　端脑　06.1160

teloanamorphosis　后增节变态　05.2419

telodendrion　终树突　03.0281

telokinetal　端生型　05.0449

telolecithal egg　端黄卵　04.0152

telopod　端肢　05.1845

telopodite　端肢节　05.2397

telotroch　端纤毛环，*端纤毛轮　05.0076，游泳体　05.0507

telson　尾节　05.2041，05.2215，05.2508

temnocephalan　切头虫　05.0890

temperate water species　温水种　02.0410

temperature coefficient　温度系数　07.0059

temperature conformer　温度顺应者　07.0103

temperature humidity graph　温湿图　07.0061

temperature regulator　温度调节者　07.0104

temporal bone　颞骨　06.0438

temporal fold　颞褶　06.0169

temporal fossa　颞窝，*颞孔　06.0397

temporal isolation　*时间隔离　02.0310

temporal lobe　颞叶　06.1208

temporal muscle　颞肌　06.0751

temporal organ　颞器　05.2328

temporal process of zygomatic bone　颧骨颞突　06.0448

temporary parasite　暂时性寄生虫　05.0085

temporomandibular joint　颞颌关节　06.0682

tendinous sheath　腱鞘　06.0672

tendon　*腱　03.0254

tenocyte　腱细胞　03.0077

tensor tympani muscle　鼓膜张肌　06.0763

tentacle　触手　05.0026，05.0467，05.2619，05.2814

tentacle ampulla　触手坛囊　05.2804

tentacle crown　触手冠　05.2620

tentacle scale　触手鳞　05.2820

tentacle sheath　触手鞘　05.0856，05.2621

tentacle side branch　触手侧枝　05.0871

tentacular arm　触腕，*攫腕　05.1765

tentacular bulb　触手基球　05.0776

tentacular canal　触手管　05.0866

tentacular cirrus　触手须　05.1424

tentacular club　触腕穗　05.1767

tentacular crown　触手冠　05.1428

tentacular formula　触须表达式　05.1423

tentacular lamella　触手瓣膜　05.1547

tentacular lappet　触手缘瓣　05.0769

tentaculocyst　触手囊　05.0759

tentilla　触手侧枝　05.0871

tentorium　幕骨　05.2360

teratogenesis　畸形发生，*畸胎发生　04.0220

teratoma　畸胎瘤　04.0221

tergite　背甲　05.1861

tergum　背板　05.2059，05.2371

terminal anchor　端钩，*终末钩　05.0949

terminal apophysis　顶突　05.2288

terminal cisterna　终池　03.0224

terminal claw　端爪　05.2937

terminal lappet　端瓣　05.0948

terminal membrane　端膜　05.2614

terminal nerve　终神经　06.1224

terminal plate　端板　05.2916

terminal secretory unit　*腺末房　03.0044

terminal tentacle　端触手　05.2815

terminal web　终末网　03.0025

terrestrial animal　陆生动物　07.0187

territorial behavior　领域行为　07.0415

territoriality　领域性　07.0416

territory　领域　07.0417

tertiary bronchus　三级支气管　06.0998

tertiary consumer　*三级消费者　07.0514

tertiary embryonic induction　三级胚胎诱导　04.0559

tertiary feather　三级飞羽　06.0271

tertiary follicle　三级卵泡　04.0106

tertiary septum　三级隔膜，*三级隔片　05.0796

test　壳　05.0220

testicular cord　睾丸索　04.0469

testicular interstitial cell　睾丸间质细胞　03.0862

testicular lobule　睾丸小叶　03.0857

testis　精巢　01.0224，睾丸　06.1125

TET　胚胎输卵管内移植　04.0612

tetrabasal　四基板[顶系]　05.2835

tetraclone　四枝骨片　05.0620

tetractin　四辐骨针　05.0574

tetractine 四辐骨针 05.0574

Tetrahymena 四膜虫 05.0141

tetrahymenium 四膜式口器 05.0433

tetraploid mosaic 四倍体嵌合体 04.0030

tetrapods 四足动物 06.0085

tetrathyridium 四盘蚴 05.1088

tetraxon 四轴骨针 05.0557

thalamus 丘脑，*视丘 06.1180

thanatosis 假死态 07.0121

Th cell 辅助性T细胞，*Th细胞 03.0602

theca 鞘，*真壁 05.0826

theca externa 外膜[层] 04.0104

theca folliculi 卵泡膜，*滤泡膜 04.0102

theca interna 内膜[层] 04.0103

thecal cell [卵泡]膜细胞 04.0105

theca lutein cell 膜黄体细胞 04.0167

thecodont 槽生齿 06.0920

thelycum 体外纳精器，*雌性交接器 05.0066

thenar 垫 06.0319

theory of origin center 起源中心说 02.0342

theory of phylembryogenesis 胚胎系统发育说 04.0017

theory of special creation 特创论，*神创论 02.0221

theriology *兽类学 06.0062

thermal pollution 热污染 07.0590

thermoconformer 温度顺应者 07.0103

thermogenesis 产热 07.0098

thermohygrogram 温湿图 07.0061

thermoperiod 温周期 07.0060

thermophile 嗜热生物 07.0154

thermoregulator 温度调节者 07.0104

thermotaxis 趋温性 07.0148

thesocyte 储蓄细胞 05.0533

thick myofilament 粗肌丝 03.0237

thigh 大腿，*股 06.0330

thigmotactic ciliature 趋触性纤毛器 05.0398

thigmotaxis 趋触性 07.0141

thin myofilament 细肌丝 03.0240

thin segment 细段 03.0800

third eyelid *第三眼睑 03.0501

third ventricle 第三脑室 06.1170

thoracic aorta 胸主动脉 06.1064

thoracic appendage 胸肢 05.1999

thoracic cavity 胸腔 06.0893

thoracic furrow 中窝 05.2184

thoracic leg 胸足 05.2473

thoracic membrane 胸膜 05.1463

thoracic membrane apron 胸膜围裙 05.1464

thoracic sinus 胸窦 05.2131

thoracic uncinus 胸齿片刚毛 05.1357

thoracic vertebra 胸椎 06.0567

thorax 胸[部] 05.0002，胸区 05.1398

thorny arm spine 刺腕棘 05.2970

thorny headed worm *棘头虫 01.0087

thread 刺丝 05.0677

threatened species 受胁[物]种 07.0617

thrombocyte *凝血细胞 03.0201

thrombopoiesis 血小板发生 03.0197

thylakoid 类囊体 05.0206

thymic corpuscle 胸腺小体 03.0641

thymic cortex 胸腺皮质 03.0636

thymic epithelial cell *胸腺上皮细胞 03.0638

thymic lobule 胸腺小叶 03.0634

thymic medulla 胸腺髓质 03.0640

thymocyte 胸腺细胞 03.0637

thymus 胸腺 03.0633

thymus-dependent lymphocyte *胸腺依赖淋巴细胞 03.0595

thymus-dependent region *胸腺依赖区 03.0647

thyroarytenoid muscle 甲杓肌 06.0774

thyrohyal bone 甲舌骨 06.0510

thyroid cartilage 甲状软骨 06.0527

thyroid gland 甲状腺 06.1242

thyrotroph 促甲状腺激素细胞 03.0822

tibia 胫节 05.2171，05.2401，05.2469，胫骨 06.0644

tibial gland 胫腺 06.0362

tibialis anterior muscle 胫骨前肌 06.0833

tibialis posterior muscle 胫骨后肌 06.0834

tibiofibular joint 胫腓关节 06.0706

tibiotarsus 胫跗骨 06.0656

tidal periodicity *潮汐周期 07.0128

Tiedemann's body 蒂德曼体，*贴氏体，*铁特曼氏体 05.2784

tight junction 紧密连接 03.0026

time-specific life table *特定时间生命表 07.0356

tiphicole 池塘动物 07.0193

tissue 组织 01.0163

tissue stem cell *组织干细胞 04.0538

T lymphocyte T[淋巴]细胞 03.0595

toe 趾 06.0335

tolerance 耐性 07.0072

tomite 仔体 05.0514

tomitogenesis 仔体发生 05.0512

tomont 分裂前体 05.0513

Tömösváry organ 特氏器，*托氏器 05.2329

tongue 舌 06.0888

tongue muscle 舌肌 06.0766

tongue worm 五口动物 01.0107

tonofibril 张力原纤维 03.0554

tonofilament *张力丝 03.0553

tonsil 扁桃体 03.0674

tonsil crypt 扁桃体隐窝 03.0675

tooth [牙]齿 01.0187

tooth enamel 齿釉质 06.0960

tooth papilla 齿棘 05.2968

tooth plate 内齿板 05.0292

tooth root 齿根 06.0951

tooth socket 齿窝 05.1685

top carnivore 顶级食肉动物 07.0514

top-down control 下行控制 07.0527

top-down effect *下行效应 07.0527

topological structure 拓扑结构 02.0186

topotype 地模[标本] 02.0135

top sensory area 顶感觉区 05.1536

tornaria 柱头幼虫 05.3024

tornote 楔形骨针 05.0564

torpor 蛰伏 07.0115

torticaecum 扭肠蚴 05.0986

torulose antenna *球杆状触角 05.2435

torus 脊状疣足 05.1310

total effective temperature 有效积温 07.0058

totipalmate foot 全蹼足 06.0297

totipotency 全能性 04.0522

totipotent stem cell 全能干细胞 04.0539

toxicyst 毒丝泡 05.0460

trabecular 小梁 03.0631，羽榍 05.0829，横枝 05.2718

trabecular artery 小梁动脉 03.0667

trachea 气管 06.0990

tracheal cartilage 气管软骨 06.0533

tracheal ring 气管环 06.0991

Tracheata 有气管类 05.2314

tract 神经束 03.0336

trailing flagellum 拖曳鞭毛 05.0177

trail pheromone 踪迹信息素 07.0235

trail substance 踪迹信息素 07.0235

transdifferentiation 转分化，*横向分化 04.0532

transgenic animal 转基因动物 04.0618

transitional cell 移行细胞 03.0415

transitional epithelium 变移上皮，*移行上皮 03.0017

transition segment 过渡节 05.2940

transocular stripe 贯眼纹 06.0233

transport host *转运宿主，*输送宿主 05.0111

transverse abdominal muscle 腹横肌 06.0800

transverse arytenoid muscle *杓横肌 06.0775

transverse canal *横辐管 05.0862

transverse cirrus 横棘毛 05.0417

transverse division 横向二分裂 05.0479

transverse fiber *横向纤维 05.0389

transverse fission 横向二分裂 05.0479

transverse flagellum 横鞭毛 05.0175

transverse microtubule 横微管 05.0389

transverse process 横突 06.0551

transverse septum 横隔壁 05.1795

transverse striation 横纹 05.1168

transverse suture 横缝线 05.2323

transverse tarsal joint 跗横关节，*横向跗关节 06.0708

transverse tubule 横小管，*T 小管 03.0222

transverse vessel 横血管 06.0019

transverse wall 横壁 05.2604

transversospinales 横突棘肌 06.0784

trapezium bone 斜方骨 06.0634

trapezius muscle 斜方肌 06.0757

trapezoid bone 棱形骨 06.0635

Tr cell 调节性 T 细胞，*Tr 细胞 03.0603

tree length 树长 02.0185

Trematoda 吸虫纲 05.0878

trematode 吸虫 05.0911

trematodiasis 吸虫病 05.0919

trematology 吸虫学 05.0918

trend of evolution 进化趋势 02.0240

trepan 端齿区 05.1449

triactin 三辐骨针 05.0568

triactine 三辐骨针 05.0568

triad 三联体 03.0225

triaene 三叉骨针 05.0575

triangular web 三角网 05.2254

triaxon 三轴骨针 05.0556

tribocytic 黏器 05.1017

triceps brachii muscle 肱三头肌 06.0811

trichimella 毛发幼虫 05.0660

trichobothrium 听毛 05.2262，感觉触毛，*蛊毛，*点毛 05.2344

trichobranchiate 丝状鳃 05.2118

trichocercous cercaria 毛尾尾蚴 05.0978

trichocyst 刺丝泡 05.0459

trichoid sensillum 毛形感器，*毛感[受]器 05.2332

trichoscalid 毛耙棘 05.1275

trichuroid esophagus 鞭虫型食道，*列细胞体型食道 05.1188

tricuspid valve 三尖瓣 06.1028

tridactyl foot 三趾足 06.0309

tridactylous foot 三趾足 06.0309

tridentate pedicellaria 三叉叉棘 05.2880

trifora 三孔型 05.1733

trigeminal nerve 三叉神经 06.1216

trigeminate 三对孔板 05.2904

trigonid 下三角座 06.0964

triloculine 三玦虫式 05.0266

trimorphism 三态[现象] 01.0261

trinominal nomenclature 三名法 02.0083

triod 三杆骨针 05.0573

triosseal canal 三骨管 06.0611

triphyllous pedicellaria 三叶叉棘 05.2882

triple-stomodeal budding 三口道芽 05.0840

triploblastica 三胚层动物 01.0067

tripus 三脚骨 06.0562

trivium 三道体区 05.2983

trochal disc *轮盘 05.1254

trochanter 转节 05.2168，05.2398，05.2467

trochlea 滑车 06.0673

trochlear nerve 滑车神经 06.1215

trochophora 担轮幼虫，*担轮幼体 05.0072

trochospiral test 螺旋式壳 05.0263

trochus 轮环 05.1257

trophallaxis 交哺 07.0284

trophectoderm 滋养外胚层 04.0306

trophi 咀嚼器 05.1265

trophic chain *营养链 07.0522

trophic level 营养级 07.0525

trophic nucleus *营养核 05.0469

trophic structure 营养结构 07.0521

trophoblast 滋养层 04.0259

trophoblast giant cell 滋养层巨细胞 04.0309

trophont 滋养体 05.0511

tropibasic skull 脊底颅 06.0396

tropical species 热带种 02.0415

tropomyosin 原肌球蛋白 03.0242

troponin 肌钙蛋白 03.0243

true coelom 真体腔 05.0031

true decidua *真蜕膜 04.0278

truncus arteriosus 动脉干 06.1041

trunk 躯干[部] 05.0004，躯干部 05.1397，05.1553

trunk muscle 躯干肌 06.0715

trunk vertebra 躯椎 06.0576

trypaniform stage 锥虫期 05.0186

trypomastigote 锥鞭毛体 05.0192

T tubule 横小管，*T 小管 03.0222

tubal bladder 输尿管膀胱 06.1122

tubal embryo transfer 胚胎输卵管内移植 04.0612

tube foot 管足 05.2785

tubelike neck 管状颈 05.0283

tubercle 疣 05.2862，疣粒 06.0157

tubercle of rib 肋结节 06.0589

tubicolous polychaete 管栖多毛类 05.1300

tubular gland 管状腺 03.0048

tubular pharynx 管状咽 05.0904

tubule cell 管细胞 05.0885

tubuliform gland 管状腺 05.2267

tubuloacinar gland 管泡状腺 03.0056

tubulospine 管刺 05.0269

tubulus rectus 直精小管 03.0859

tunic 被囊 06.0015

tunica adventitia [血管]外膜 03.0422

tunica albuginea 白膜 03.0632

tunica externa [血管]外膜 03.0422

tunica intima [血管]内膜 03.0417

tunica media [血管]中膜 03.0421

Tunicata 被囊动物亚门 01.0058

tunicate 被囊动物 01.0118

tunicine 被囊素 06.0016

Turbellaria 涡虫纲 05.0877

turbinate 鼻甲骨 06.0491

turbinate bone 鼻甲骨 06.0491

turnover 周转 07.0559

turnover rate 周转率 07.0560

turnover time 周转期 07.0561

tusk 獠牙 06.0934

tutaculum 护器 05.2287

tylostyle 大头骨针 05.0552

tylote 双头骨针 05.0563

tympanic bone 鼓骨 06.0463

tympanic bulla 鼓泡 06.0468

tympanic cavity 鼓室 06.1275

tympanic ligament 鼓韧带 06.0764

tympanic membrane 鼓膜 06.1276

tympanic scale 鼓室阶 03.0523

tympaniform membrane 鸣膜 06.1002

tympanohyal 鼓舌骨 06.0511

tympanoperiotic bone 鼓围耳骨 06.0469

type 模式 02.0118

type Ⅰ alveolar cell Ⅰ型肺泡细胞 03.0698

type Ⅱ alveolar cell Ⅱ型肺泡细胞 03.0699

type genus 模式属 02.0121

type locality 模式产地 02.0142

type selection 模式选定 02.0123

type series 模式系列 02.0125

type species 模式种 02.0122

type specimen 模式标本 02.0124

typhlosole 盲管，*盲道 05.1529，肠沟 05.1731

typology 模式概念 02.0119

U

ulna 尺骨 06.0631

ulnar artery 尺动脉 06.1080

ultimate cause 远因，*终极原因 07.0030

ultimobranchial body 后鳃体 06.1244

umbilical canal *脐管 05.0755

umbilical cord 脐带 04.0390

umbilical flap 脐盖，*脐部遮缘 05.0275

umbilical plug 脐塞 05.0276

umbilicus 脐 04.0408，05.0274，05.1618

umbo 凸结 05.0289，壳顶 05.1654，楯突 05.2628

umbone 楯突 05.2628

umbonuloid 楯胞类 05.2518

umbrella 伞部 05.0739

unarmed proboscis 非武装型吻 05.1112

unciform bone 钩骨 06.0637

uncinate 勾棘骨针 05.0566

uncinate process 钩突 06.0592

unciniger 齿片刚节 05.1385

uncinigerous chaetiger 齿片刚节 05.1385

uncini tori 齿片枕 05.1364

uncinus 齿片刚毛 05.1356

undifferentiated cell 未分化细胞 04.0521

undifferentiated mesenchymal cell 未分化间充质细胞 03.0073

undulating membrane 波动膜 05.0443

unequal cleavage 不均等卵裂 04.0231

unguiferous anchorate chela 多齿爪状骨针 05.0612

unguligrade 蹄行 06.0339

unicellular gland 单细胞腺 03.0041

unidentate 单齿 05.1507

unilaminate colony 单层群体 05.2540

unilateralism selection *单向性选择 02.0275

unilocular adipose cell 单泡脂肪细胞 03.0083

unilocular hydatid 单房棘球蚴 05.1066

unilocular test 单房室壳 05.0256

unipolar neuron *单极神经元 03.0285

unipotent stem cell 单能干细胞 04.0541

uniramian 单肢动物 01.0104

uniramous parapodium 单叶型疣足 05.1308

uniramous type appendage 单枝型附肢 05.2003

uniserial budding 单列出芽 05.2691

uniserial test 单列式壳 05.0262

unit membrane 单位膜 01.0129

unmyelinated nerve fiber 无髓神经纤维 03.0328

unrooted tree 无根树 02.0182

unsegmented mesoderm *不分节中胚层 04.0325

upper flagellum 上鞭，*外鞭 05.1989

upper lip 上唇 05.1390

ureter 输尿管 06.1121

ureteric bud 输尿管芽 04.0462

urethra 尿道 06.1120

urinary bladder 膀胱 06.1119

urinary pole 尿极 03.0781

urochord 尾索 06.0005

Urochordata *尾索动物亚门 01.0058

urochordate *尾索动物 01.0118

urodeum 尿殖道 06.0862

urogenital aperture 尿[生]殖孔 06.1150

urogenital opening　尿[生]殖孔　06.1150

urogenital organ　尿殖器官　05.0052

urogenital papilla　泄殖突　06.0099，尿殖乳突　06.1151

urohyal bone　尾舌骨　06.0507

urohypophysis　尾垂体　06.1246

uropoda　尾肢　05.2048

uropodite　尾肢　05.2048

uroproct　尿肠管　05.1046

uropygial gland　尾脂腺　06.0374

urostyle　尾杆骨　06.0578

uterine bell　子宫钟　05.1243

uterine body　子宫体　06.1138

uterine cervix　子宫颈　06.1140

uterine gland　子宫腺　03.0875

uterine horn　子宫角　06.1139

uterine pore　子宫孔　05.1096

uterine sac　子宫囊　05.1033

uterine tube　输卵管　01.0230

uterus　子宫　06.1133

utricle　椭圆囊　06.1269

V

vagabundae　游猎型　05.2303

vagina　阴道　06.1141

vaginal tube　阴道管　05.0955

vagus nerve　迷走神经　06.1221

valid name　有效名　02.0092

valvate pedicellaria　瓣状叉棘　05.2888

valve　壳板　05.1584，05.2055

valve of vein　静脉瓣　03.0426

valvula　产卵瓣　05.2498

vane　羽片　06.0251

variation　变异　02.0253

variation center　变异中心　02.0345

varix　纵肿肋，*唇嵴　05.1624

vascular layer　血管层　03.0854

vascular plug　血管栓　05.1122

vascular pole　血管极　03.0780

vascular system　血管系统　06.1012

vascular tunic　血管膜，*色素膜　03.0444

vasculogenesis　血管发生　04.0479

vas deferens　输精管　01.0229

vastus intermedius muscle　股中间肌　06.0827

vastus lateralis muscle　股外侧肌　06.0828

vastus medialis muscle　股内侧肌　06.0826

vegetal hemisphere　植物半球　04.0083

vegetal plate　植物极板　04.0338

vegetal pole　植物极　04.0132

vegetative ganglion　*植物性神经节　03.0394

vegetative nervous system　*植物性神经系统　06.1154

vegetative nucleus　*营养核　05.0469

vegetative pole　植物极　04.0132

vein　翅脉　05.2484，静脉　06.1083

velarium　假缘膜　05.0780

velar tentacle　缘膜触手　06.0050

veliger　面盘幼体，*面盘幼虫　05.1835

velum　缘膜　05.0742，06.0049

venation　脉序，*脉相　05.2487

venous sinus　静脉窦　06.1023

ventral aorta　腹主动脉　06.1034

ventral arm plate　腹腕板　05.2964

ventral bar　腹联结片　05.0934

ventral blood vessel　腹血管　05.1489

ventral cerebral commissure　脑腹联合　05.1125

ventral chaeta　腹刚毛　05.1493

ventral cirrus　腹棘毛　05.0418，腹须　05.1312

ventral fin　腹鳍　06.0124

ventral ganglion　腹神经节　05.0060

ventral gland　腹腺　05.1019

ventral glandular shield　腹腺盾　05.1465

ventral groove　腹沟　05.1467

ventral lip　腹唇　04.0361

ventral margin　腹缘　05.1681

ventral membrane　腹咽膜　05.0431

ventral mesentery　腹肠系膜　05.1488

ventral mesocardium　腹心系膜　04.0476

ventral nerve cord　腹神经索，*腹神经链　05.0059

ventral pad　腹垫　05.1313

ventral pancreas　腹胰　04.0505

ventral pore　腹孔　05.2391

ventral process　腹突　05.2040

ventral retractor muscle of introvert　腹收吻肌　05.1515

ventral rib　腹肋　06.0585

ventral root　腹根　06.1228

ventral shield　腹腺盾　05.1465

ventral sucker　腹吸盘　05.0995

ventral surface　口面　05.0012

ventral valve　腹壳　05.2746

ventricle　心室　06.1018

ventricular appendix　胃盲囊　05.1191

ventricular layer　室管膜层　04.0433

ventricular zone　室管膜层　04.0433

ventriculus　腺胃　05.1190

ventro-caudal shield　腹板　05.1466

ventrolateral plate　腹侧板　05.2912

ventrovalvula　腹产卵瓣　05.2499

venule　微静脉　03.0436

vermes　蠕形动物，*蠕虫　01.0097

vernacular name　俗名　02.0089

verruca　疣　05.0803

vertebra　椎骨　06.0535

vertebral arch　椎弓　06.0544

vertebral artery　椎动脉　06.1051

vertebral body　椎体　06.0536

vertebral canal　椎管　06.0548

vertebral column　脊柱　06.0534

vertebral lamina　椎弓板　06.0546

vertebral pedicle　椎弓根　06.0545

vertebral plate　椎板　06.0192

vertebral rib　椎肋　06.0591

vertebral scute　椎盾　06.0196

Vertebrata　脊椎动物亚门　01.0060

vertebrate　脊椎动物　01.0121

vertebrate limb development　脊椎动物肢发育　04.0510

vertebrate zoology　脊椎动物学　01.0021

vertex　头顶，*颅顶　05.2444

vertical cleavage　*纵裂　04.0235

vertical column　垂直柱　03.0388

vertical distribution　垂直分布　07.0502

vertical life table　*垂直生命表　07.0356

vertical migration　垂直迁移，*垂直移动　07.0201

vertical wall　垂壁　05.2602

vesicle　囊泡　05.0789，泡状体　05.2743

vesicular gland　精囊腺　03.0866

vesicular nucleus　泡状核　05.0156

vesicula seminalis　贮精囊　01.0232

vestibular labyrinth　前庭迷路　06.1263

vestibular membrane　前庭膜　03.0525

vestibular scale　前庭阶　03.0522

vestibule　前庭　06.0047，06.1267

vestibule of vagina　阴道前庭　06.1142

vestibulocochlear nerve　前庭蜗神经，*位听神经　06.1219

vestibulum　前庭　05.1289

vestigial organ　痕迹器官　02.0265

vestimentum　罩翼部　05.1550

veterinary parasitology　兽医寄生虫学　05.0080

vibraculum　振鞭体　05.2577

vibration　振动　05.2306

vibrissa　触须　06.0313

vicariance　离散，*替代分布　02.0360

vicarious avicularium　代位鸟头体　05.2574

vicarious polymorph　代位多形　05.2570

villi tubule　细管　05.1533

virgin B cell　初始 B 细胞，*处女型 B 细胞　03.0605

virgin T cell　初始 T 细胞，*处女型 T 细胞　03.0599

virtual population analysis　有效种群分析，*实际种群分析　07.0348

visceral endoderm　脏壁内胚层，*内脏内胚层　04.0314

visceral ganglion　脏神经节　05.1810

visceral layer　*[肾小囊]脏层　04.0460

visceral mass　内脏团　05.1568

visceral mesoderm　脏壁中胚层　04.0329

visceral motor nerve ending　内脏运动神经末梢　03.0359

visceral nerve　脏神经　05.1809

visceral peritoneum　脏体腔膜　05.1486，脏腹膜，*腹膜脏层　06.0899

visceral pleura　*脏胸膜　06.0894

visceral skeleton　内脏骨骼　06.0389

visceral yolk sac　脏卵黄囊　04.0374

viscerocranium　咽颅，*脏颅　06.0393

viscid thread　黏丝　05.2247

visual cell　视细胞　03.0456

vitellarium　卵黄腺　05.1027

vitelline artery　卵黄动脉　06.1056

vitelline duct　卵黄管　04.0136

vitelline envelope　卵黄膜　04.0156

vitelline follicle　卵黄滤泡　05.1028

vitelline gland　卵黄腺　05.1027

vitelline membrane　卵黄膜　04.0156

vitelline reservoir　卵黄囊　05.1030

vitelline vein　卵黄静脉　06.1102

vitellogenesis 卵黄发生 04.0137

vitellogenic stage 卵黄形成期 04.0139

vitellus 卵黄 04.0135

vitrein 玻璃体蛋白 03.0494

vitreous body 玻璃体 03.0492

vitreous canal 玻璃体管，*透明管 03.0496

vitreous humor 玻璃状液，*玻璃体 05.1828

vitreous space 玻璃体腔 03.0493

viviparity 胎生 04.0023

viviparous animal 胎生动物 01.0122

vocal cord 声带 06.0988

vocal fold 声带 06.0988

vocal sac 声囊 06.0171

Volkmann's canal *福尔克曼管，*福尔曼氏管 03.0137

voluntary muscle *随意肌 03.0212

volvent 卷缠刺丝囊 05.0680

vomer 犁骨 06.0475

vomerine tooth 犁骨齿 06.0924

vomeronasal organ 犁鼻器 06.0088

VPA 有效种群分析，*实际种群分析 07.0348

vulnerable species 易危种 07.0621

vulva 阴门 05.0068

vulval vestibule 阴道前庭 06.1142

W

waiting sustonophage form 食浮游物型，*食悬浮物型 05.1544

walking leg 步足 05.1849

Wallace's line 华莱士线 02.0395

wandering bird 漂鸟 07.0224

warm temperate species 暖温带种 02.0412

warm water species 暖水种 02.0413

warning coloration 警戒色 07.0256

wart 疣 05.0803，瘰粒 06.0181

water bear *熊虫 01.0106

water cycle 水循环 07.0563

water lung *水肺 05.2997

water tube ［鳃］水管 05.1748

water vascular system 水管系统 05.2778

wattle 垂肉，*肉垂 06.0215

WBC 白细胞 03.0163

web *伞膜 05.1766，蹼 06.0089，翈 06.0262

Weberian apparatus 韦伯器 06.0557

Weberian ossicle 韦伯小骨 06.0558

Weibel-Palade body 怀布尔–帕拉德小体，*W-P 小体 03.0419

whalebone 鲸须 06.0891

wheel 轮形体 05.2991

wheel organ 轮器 06.0048

white adipose tissue 白色脂肪组织 03.0096

white blood cell 白细胞 03.0163

white fiber *白纤维 03.0086

white matter 白质 06.1199

white muscle fiber 白肌纤维 03.0249

white pulp 白髓 03.0658

whorl 螺层 05.1598

wildlife conservation 野生生物保护 07.0604

wildlife management 野生生物管理 07.0605

wildlife radio telemetry 野生动物无线电遥测 07.0345

wing 翅 05.2483，翼 06.0290

wing covert 覆羽 06.0275

wing muscle 翼状肌 05.1518

winter egg 冬卵 05.2084

winter hardiness 耐冬性 07.0073

winter migrant 冬候鸟 07.0221

winter plumage *冬羽 06.0286

winter resistance 抗寒性 07.0075

Wolffian duct *沃尔夫管，*吴氏管 04.0459

W-P body 怀布尔–帕拉德小体，*W-P 小体 03.0419

wrist 腕节 05.2015，腕 06.0326

wrist joint 腕关节 06.0698

X

xanthosome 黄色体 05.0295

xerocole 旱生动物 07.0188

xiphidiocercaria 矛口尾蚴 05.0982

xiphiplastron 剑板 06.0204

X-organ X 器 05.2140

xylophage 食木动物 07.0175

Y

yellow adipose tissue　*黄色脂肪组织　03.0096
yellow bone marrow　黄骨髓　03.0145
yellow crescent　黄色新月　04.0222
yellow fiber　*黄纤维　03.0088
yolk　卵黄　04.0135
yolk cell　卵黄细胞　04.0134
yolk duct　卵黄管　04.0136
yolk gland　卵黄腺　05.1027
yolk nucleus　*卵黄核　04.0086

yolk platelet　卵黄小板　04.0141
yolk plug　卵黄栓　04.0362
yolk sac　卵黄囊　04.0373
yolk stalk　卵黄囊柄　04.0493
yolk syncytial layer　卵黄合胞体层　04.0284
Y-organ　Y 器　05.2141
Y-shaped phalange　Y 形趾骨　06.0659
YSL　卵黄合胞体层　04.0284

Z

ZIFT　合子输卵管内移植　04.0611
Z line　Z 线　03.0231
Z membrane　*Z 膜　03.0231
zoaea larva　溞状幼体　05.2093
zoarium　硬体　05.2585
zoea larva　溞状幼体　05.2093
zona fasciculata　束状带　03.0842
zona glomerulosa　球状带　03.0841
zona pellucida　透明带　04.0100
zona pellucida protein　透明带蛋白质　04.0099
zona pellucida receptor　*透明带受体　04.0195
zona radiate　放射带　04.0145
zona rection　透明带反应　04.0204
zona reticularis　网状带　03.0843
zonary placenta　环带胎盘，*带状胎盘　04.0398
zonation　成带现象　02.0406
zone of astogenetic change　群育变化带　05.2523
zone of astogenetic repetition　群育重复带　05.2525
zone of polarizing activity　极性活性区　04.0519
zonite　节带，*体环　05.1273
zonula adherens　*黏着小带，*黏合带　03.0027
zonula ciliaris　睫状小带　03.0451
zonula occludens　*闭锁小带　03.0026
zoo　动物园　02.0158
zoobiocenose　动物群落　07.0448
zoocoenosis　动物群落　07.0448

zooecial wall　虫室壁　05.2599
zooeciule　小个虫室　05.2589
zooecium　虫室　05.2586
zoogenetics　动物遗传学　01.0013
zoogeographic region　动物地理区　02.0385
zoogeography　动物地理学　01.0017
zooid　个虫，*个员　05.0508，个虫　05.2553
zoology　动物学　01.0002
zooplankton　浮游动物　07.0198
zoospore　动孢子　05.0327
ZP　透明带　04.0100
ZPA　极性活性区　04.0519
zygapophysial joint　关节突关节　06.0685
zygapophysis　关节突　06.0554
zygodactyl foot　对趾足　06.0303
zygomatic arch　颧弓　06.0449
zygomatic bone　颧骨　06.0447
zygomatic process of temporal bone　颞骨颧突　06.0439
zygospondylous articulation　节椎关节　05.2976
zygote　*合子　04.0207
zygote intrafallopian transfer　合子输卵管内移植　04.0611
zygote nucleus　合子核　04.0211
zygotic meiosis　合子减数分裂　05.0348
zymogenic cell　*胃酶原细胞　03.0727

汉 英 索 引

A

阿利马幼体　alima larva　05.2098

*阿蒙角　Ammon's horn　06.1210

*埃塞俄比亚界　Ethiopian realm　02.0389

矮雄　dwarf male　05.2078

艾伦规律　Allen's rule　07.0094

氨基酸能神经元　amino acidergic neuron　03.0297

岸礁　fringing reef　05.0847

胺能神经元　aminergic neuron　03.0298

*胺前体摄取及脱羧细胞　amine precursor uptake and decarboxylation cell，APUD cell　03.0732

暗带　dark band　03.0230

暗区　area opaca　04.0281

凹环　scrobicular ring　05.2868

凹蹼足　incised palmate foot　06.0299

*凹锥器　coeloconic sensillum　05.2336

螯　chela　05.2023

螯耙　rastellum　05.2160

螯基　paturon　05.2157

螯基沟　cheliceral furrow　05.2161

螯牙　fang　05.2158

螯肢　chelicera　05.2156

螯肢动物　chelicerate　01.0101

螯肢[动物]亚门　Chelicerata　01.0048

螯足　cheliped　05.2018

*奥尔巴赫神经丛　Auerbach's plexus　03.0711

*奥氏神经丛　Auerbach's plexus　03.0711

澳大利亚界　Australian realm　02.0387

B

八辐骨针　octactin, octactine　05.0603

八铗型　Diclidophora type　05.0941

八星骨针　octaster　05.0604

*巴尔比亚尼体　Balbiani body　04.0086

靶器官　target organ　03.0811

靶细胞　target cell　03.0812

耙棘　scalid　05.1274

白化型　albinism　02.0059

白肌纤维　white muscle fiber　03.0249

白令陆桥　Bering land bridge　02.0339

白膜　tunica albuginea　03.0632

白色脂肪组织　white adipose tissue　03.0096

白髓　white pulp　03.0658

白体　corpus albicans　04.0172

白细胞　leukocyte, white blood cell, WBC　03.0163

*白纤维　white fiber　03.0086

白质　white matter　06.1199

板鳞　callosity　06.0180

半板　demiplate　05.2901

半对趾足　semi-zygodactyl foot, semi-zygodactylous foot　06.0307

半规管　semicircular canal　06.1265

半奇静脉　hemiazygos vein　06.1101

半棘肌　semispinalis muscle　06.0785

半蹼　half webbed, half web　06.0092

半蹼足　semipalmate foot　06.0298

半桥粒　hemidesmosome　03.0034

半鞘翅　hemielytron　05.2493

半鳃　hemibranch　06.0111

半深海带　bathyal zone　02.0401

半索动物　hemichordate　01.0115

半索动物门　Hemichordata　01.0056

半咸水　brackish water　07.0067

半阴茎　hemipenis　06.1129

半月瓣　semilunar valve　06.1024

半月室　lunoecium　05.2726

半增节变态　hemianamorphosis　05.2417

伴侣联属　pair bonding　07.0317

伴生种　companion species　07.0457

伴随刚毛　companion chaeta　05.1331

伴随免疫　concomitant immunity　05.0098
瓣间隔　interlamellar junction　05.1747
*瓣间联系　interlamellar junction　05.1747
瓣壳质　inductura　05.1614
瓣蹼足　lobate foot, lobed foot　06.0300
瓣鳃　lamellibranchia　05.1741
*瓣鳃纲　Lamellibranchia　05.1563
瓣胃　omasum　06.0849
瓣状步带　petaloid ambulacrum　05.2842
瓣状叉棘　valvate pedicellaria　05.2888
棒尖骨针　strongyloxea　05.0550
棒尾尾蚴　rhopalocercous cercaria　05.0977
棒星骨针　strongylaster　05.0599
棒形感器　club-shaped sensillum　05.2339
棒状触角　clavigerate antenna　05.2435
*棒状感器　club-shaped sensillum　05.2339
棒状骨针　strongyle　05.0565
棒状体　rhoptry　05.0309
棒状幼虫　clavablastula　05.0656
*包虫　hydatid, echinococcus　05.1063
*包虫囊　hydatid cyst　05.1064
包涵物　inclusion　01.0155
包囊　cyst　05.0329
包囊形成　encystment　05.0330
包皮　prepuce　06.1131
包蜕膜　capsular decidua　04.0276
包旋　involute　05.0260
孢堆果　sorocarp　05.0381
孢内生殖　endodyogeny　05.0385
孢内体　endodyocyte　05.0387
孢质[团]　sporoplasm　05.0377
孢子　spore　05.0326
孢子虫　sporozoon　05.0143
孢子堆　sorus　05.0382
孢子发生　sporogenesis　05.0383
孢子果　sporangium, sporocarp, fruiting body　05.0380
孢[子]母细胞　sporoblast　05.0386
孢[子]囊　sporocyst　05.0379
孢子生殖　sporogony　05.0373
孢子生殖细胞　sporogonic cell　05.0375
孢子形成　sporulation　05.0384
胞肛　cytoproct, cytopyge　05.0437
胞口　cytostome　05.0426，ooeciostome, ooeciopore　05.2739
胞苔虫型群体　cellariform colony　05.2536

胞体　soma　03.0265
胞咽　cytopharynx　05.0428
胞咽杆　cytopharyngeal rod　05.0429
胞饮泡　pinocytotic vesicle　05.0335
胞饮作用　pinocytosis　05.0334
胞蚴　sporocyst　05.0961
胞质分裂　cytokinesis　01.0161
胞质决定子　cytoplasmic determinant　04.0582
饱和密度　saturation density　07.0333
饱和种群　asymptotic population　07.0388
*保虫宿主　reservoir host　05.0110
保护膜　protective membrane　05.1768
保护色　protective coloration　07.0255
保护生态学　conservation ecology　07.0013
保留名　nomen conservandum　02.0094
保留指数　retention index, RI　02.0208
堡礁　barrier reef　05.0848
报警鸣叫　alarm call　07.0253
抱持器　clasping organ　05.1964
抱雌沟　gynecophoric canal　05.1047
抱卵片　oostegite　05.2087
抱卵肢　oostegopod　05.2088
抱握器　clasper, harpago　05.2504
抱握足　clasping leg　05.2481
*鲍曼囊　Bowman's capsule　04.0460
*鲍曼腺　Bowman's gland　03.0681
*鲍雅氏器官　organ of Bojanus　05.1751
*杯形细胞　goblet cell　03.0042
杯状细胞　goblet cell　03.0042
贝茨拟态　Batesian mimicry　07.0259
贝尔定律　Baer's law　04.0015
*贝尔法则　Baer's law　04.0015
贝格曼律　Bergman's rule　07.0095
贝壳　conch, shell　05.1575
贝壳表面　outer surface of shell　05.1581
贝壳内面　inner surface of shell　05.1582
贝壳素　conchiolin　05.1574
*贝类　shellfishes　01.0098
*贝类学　conchology　05.1558
*贝氏拟态　Batesian mimicry　07.0259
贝叶斯分析　Bayesian analysis　02.0201
备雄　complemental male　05.2079
背板　tergum　05.2059，tergum, notum　05.2371，dorsal lamina　06.0025
背侧板　dorsolateral plate　05.2914

背侧褶　dorsolateral fold　06.0167
背产卵瓣　dorsovalvula　05.2500
背肠系膜　dorsal mesentery　05.1487
背触毛单元　dorsal bristle unit　05.0422
背唇　dorsal blastopore lip　04.0359
背刺　dorsal spine　05.1954
背楯　dorsal shield　05.1790
背腹肌　dorsoventral muscle　05.0040
背腹轴　dorsal-ventral axis　04.0513
*背感觉器　aboral sense organ　05.0870
背刚毛　notochaeta　05.1321
背根　dorsal root　06.1227
背根节　dorsal root ganglion　06.1229
背沟　dorsal gutter　05.1181
背棘　dorsal spine　05.2938
背甲　tergite　05.1861，carapace　05.2182，06.0189
*背甲　lorica　05.1253
背节　dorsal tubercle　06.0028
背壳　dorsal valve　05.2747
*背口触手　aboral tentacle　05.0701
*背口管　infundibular canal, aboral canal　05.0867
背阔肌　latissimus dorsi muscle　06.0759
背肋　dorsal rib　06.0584
背联结片　dorsal bar　05.0933
背裂　dorsal fissure　06.0057
背囊　dorsal sac　05.2803
背片　lorum　05.2180
背鳍　dorsal fin　06.0039，06.0126
背器　dorsal organ　05.1888
*背桥　lorum　05.2180
背舌　dorsal languet　06.0029
*背神经　dorsal nerve　05.1127
背神经管　dorsal nerve cord　06.0002
背神经节　dorsal ganglion　06.0031
背神经索　dorsal nerve cord　05.3021
背收吻肌　dorsal retractor muscle of introvert　05.1514
背腕板　dorsal arm plate　05.2963
背小齿　dorsal denticle　05.1955
背心系膜　dorsal mesocardium　04.0477
背须　notocirrus, dorsal cirrus　05.1311
背血管　dorsal blood vessel　05.1490，05.1528
背咽膜　dorsal membrane　05.0430
背胰　dorsal pancreas　04.0506
背缘　dorsal margin　05.1680
背肢　notopodium　05.1304

背主动脉　dorsal aorta　06.1036
倍节　diplosegment　05.2370
倍足纲　Diplopoda　05.2308
被唇纲　Phylactolaemata　05.2509
被覆上皮　covering epithelium, lining epithelium　03.0002
被覆型群体　incrusting colony　05.2539
被盖　tegmentum　06.1178
*被甲　lorica　05.1253
被膜　capsule　03.0630
被膜层　enveloping layer　04.0287
被膜下窦　subcapsular sinus　03.0650
被囊　tunic　06.0015
被囊动物　tunicate　01.0118
被囊动物亚门　Tunicata　01.0058
被囊素　tunicine　06.0016
*被囊细胞　capsule cell　03.0325
*被食者　prey　07.0439
贲门　cardia　06.0840
贲门部　cardiac region　06.0842
贲门腺　cardiac gland　06.0871
*本地种　native species, indigenous species　02.0369
本名　nomen triviale　02.0088
本能　instinct　01.0263
本能行为　instinctive behavior　07.0285
*本鳃　ctenidium, comb gill　05.1735
绷带　selenizone　05.1620
鼻　nose　06.0486
鼻骨　nasal bone　06.0490
*鼻甲　nasal concha　06.0491
鼻甲骨　turbinate bone, turbinate　06.0491
鼻囊　nasal capsule　06.0416
鼻黏膜　nasal mucosa　03.0676
鼻旁窦　paranasal sinus　06.0981
鼻腔　nasal cavity　06.0979
鼻区　nasal region　06.0424
鼻栓　nasal plug　06.0982
*鼻窝　nasal pit　04.0442
鼻腺　nasal gland　06.0354
鼻须　nasal bristle　06.0241
鼻中隔　nasal septum　06.0980
比德器　Bidder's organ　06.1118
比对　alignment　02.0190
比较胚胎学　comparative embryology　04.0002
比目鱼肌　soleus muscle　06.0832

笔毛微动脉　penicillar arteriole　03.0669
闭管循环系统　closed vascular system　01.0202
闭合器　closing apparatus　05.1278
闭壳肌　adductor muscle, adductor　05.1695
闭壳肌痕　adductor scar　05.1698
闭孔　obturator foramen　06.0624
闭锁槽　adhering groove　05.1776
闭锁黄体　atretic corpus luteum　04.0168
闭锁卵泡　atretic follicle　04.0118
闭锁器　adhering apparatus　05.1778
闭锁突　adhering ridge　05.1777
*闭锁小带　zonula occludens　03.0026
闭锥　phragmocone　05.1789
壁板　paries　05.2061
壁层颗粒细胞　mural granulosa cell　04.0110
壁孔　cinclide　05.0801，septular pore　05.2663
*壁孔室　mural porechamber　05.2668
壁卵黄囊　parietal yolk sac　04.0375
壁体腔膜　parietal peritoneum　05.1485
壁蜕膜　parietal decidua　04.0278
壁细胞　parietal cell　03.0728
*壁胸膜　parietal pleura　06.0894
壁皱　murus reflectus　05.0287
壁滋养外胚层　mural trophectoderm　04.0308
臂　arm　06.0323
臂丛　brachial plexus　06.1232
*臂动脉　brachial artery　06.1078
边板　side plate　05.2945
*边脊　marginal carina　05.1943
边缘瓣膜　marginal valve　05.0947
边缘层　marginal layer　04.0434
边缘刺　marginal spine　05.2641
边缘带　marginal zone　04.0352
边缘窦　marginal sinus　03.0663
*边缘钩　marginal hook　05.0930
边缘嵴　marginal ridge　05.0946
边缘孔　areolar pore　05.2652
边缘区　marginal zone　03.0662
边缘索　marginal cord　05.0280
边缘窝　areola　05.2653
边缘细胞　border cell　03.0543
边缘小钩　marginal hooklet　05.0930
边缘效应　edge effect　07.0478
鞭虫型食道　trichuroid esophagus　05.1188
鞭节　flagellum　05.2430

鞭毛　flagellum　05.0158
鞭毛虫　flagellate　05.0132
鞭毛动基体复合体　flagellar base-kinetoplast complex　05.0164
鞭毛根丝　flagellar rootlet　05.0165
鞭毛囊　flagellar sac　05.0178
*鞭[毛]茸　mastigoneme, flimmer　05.0167
*鞭毛室　flagellate chamber　05.0643
鞭毛丝　mastigoneme, flimmer　05.0167
鞭毛系统　mastigont system　05.0159
*鞭毛小根　flagellar rootlet　05.0165
鞭毛运动　flagellar movement　05.0210
鞭状附肢　filamentary appendage　05.2072
鞭状腺　flagelliform gland　05.2269
扁肌型　platymyarian type　05.1151
扁盘动物　placozoan　01.0076
扁平细胞　pinacocyte　05.0525
扁桃体　tonsil　03.0674
扁桃体隐窝　tonsil crypt　03.0675
扁形动物　platyhelminth, flatworm　01.0080
扁形动物门　Platyhelminthes　01.0027
变凹型椎体　anomocoelous centrum　06.0541
*变渗透压动物　poikilosmotic ani-mal　07.0107
变态　metamorphosis　01.0267
变温动物　poikilotherm, poikilothermal animal　07.0088
变温性　poikilothermy　07.0083
变形虫　amoeba　05.0128
变形体　amoebula　05.0218
变形细胞　amoebocyte　05.0531
变形运动　amoeboid movement　05.0219
变移上皮　transitional epithelium　03.0017
变异　variation　02.0253
*变异群　cline　02.0367
变异中心　variation center　02.0345
标本　specimen　02.0113
标本收藏　specimen collection　02.0152
标记重捕法　marking-recapture method, tagging-recapture method　07.0343
*标志重捕法　marking-recapture method, tagging-recapture method　07.0343
*表壁　epitheca　05.0821
*表面沟　surface furrow　05.0282
表面活性物质　surfactant　03.0701
表面卵裂　superficial cleavage　04.0234

表面囊胚　superficial blastula　04.0254
表面黏液细胞　surface mucous cell　03.0726
*表面远生型　epiapokinetal　05.0450
表面植入　superficial implantation　04.0268
表膜　pellicle　05.0146
表膜沟　pellicular groove　05.0148
表膜嵴　pellicular crest　05.0149
表膜泡　pellicular alveolus　05.0457
表膜条纹　pellicular strium　05.0147
表膜下微管　subpellicular microtubule　05.0393
*表膜下纤毛系　infraciliature　05.0399
表皮　epidermis　03.0545
*表皮　cuticle　05.1836
表皮层　epidermis　05.0664
表皮取代细胞　epidermal replacement cell　05.0896
表皮型　epidermal type　05.1142
表皮性杆状体　epidermal rhabdite　05.0894
表情肌　mimetic muscle　06.0748
*表型分类学　phenetics，phenetic taxonomy　02.0004
表型可塑性　phenotypic plasticity　02.0252
表型趋异　phyletic divergence　02.0244
表须　prostalia　05.0614
*表征分类学　phenetics，phenetic taxonomy　02.0004
表征距离　phenetic distance　02.0187
鳔　swim bladder　06.0115
鳔管　pneumatic duct　06.0116
濒危种　endangered species　07.0620
髌骨　patella　06.0643
*兵螅体　machozooid　05.0718
*丙级分类学　gamma taxonomy　02.0018
*丙细胞　C cell　03.0766
柄　stalk　05.1286，05.2925，peduncle　05.2578
*柄　pedicle　05.2753
柄部　shaft　05.1368，peduncle　05.2052
柄节　scape　05.2428
柄眼　stalked eye　05.1869
柄叶　pedicle lobe, peduncular lobe　05.2757
*并列像眼　apposition eye　05.1870
并系　paraphyly　02.0173
并胸腹节　propodeum　05.2496
并趾足　syndactyl foot　06.0301
*病理性再生　pathological regeneration　05.0902
波动膜　undulating membrane　05.0443
*波里氏囊　Polian vesicle　05.2783
*波利管　Polian canal　05.1528

波利囊　Polian vesicle　05.2783
*波氏囊　Polian vesicle　05.2783
玻璃膜　glassy membrane　03.0584
玻璃体　vitreous body　03.0492
*玻璃体　vitreous humor　05.1828
玻璃体蛋白　vitrein　03.0494
玻璃体管　vitreous canal, hyaloid canal　03.0496
玻璃体腔　vitreous space　03.0493
玻璃体细胞　hyalocyte　03.0495
玻璃状液　vitreous humor　05.1828
玻片标本　slide specimen　02.0116
钵口幼体　scyphistoma　05.0782
钵水母纲　Scyphozoa　05.0662
剥制标本　skinned specimen　02.0117
伯贝克颗粒　Birbeck's granule　03.0566
勃起组织　erectile tissue　03.0870
博氏器　organ of Bojanus　05.1751
*博亚努斯器　organ of Bojanus　05.1751
补充口孔　supplementary aperture　05.0232
捕食　predation　07.0437
捕食模型　predator-prey model, prey-predator model　07.0440
捕食食物链　predatory food chain　07.0523
捕食者　predator　07.0438
捕[捉]丝　capture thread, capture silk　05.2246
捕捉足　raptorial leg　05.2478
哺乳动物　mammal　06.0075
哺乳动物学　mammalogy　06.0062
哺乳纲　Mammalia　06.0068
*哺乳类　mammals　06.0068
不等侧　inequilateralis　05.1666
不等趾足　anisodactyl foot　06.0302
不动关节　syzygy　05.2955
不动指　fixed finger, immovable finger　05.2020
*不分节中胚层　unsegmented mesoderm　04.0325
不规则网　irregular web, net-web　05.2255
不规则致密结缔组织　dense irregular connective tissue　03.0092
不均等卵裂　unequal cleavage　04.0231
*不连续分布　discontinuous distribution，disjunction　02.0356
*不连续毛细血管　discontinuous capillary　03.0431
不随意肌　involuntary muscle　03.0215
不完全变态　incomplete metamorphosis　01.0269
不完全隔膜　incomplete mesentery　05.0794

不完全卵裂 meroblastic cleavage, incomplete cleavage 04.0232

不完全消化系统 imcomplete digestive system 05.0880

*布雷默支持度 Bremer's support, BS 02.0207

*布伦纳腺 Brunner's gland 06.0874

步带 ambulacrum 05.2788

步带板 ambulacral plate 05.2898

步带沟 ambulacral furrow 05.2897

步带孔 ambulacral pore 05.2906

*步带区 ambulacral area 05.2788

步足 pereiopod, walking leg, ambulatory leg 05.1849

步足刺 leg spur 05.2406

C

残体 residual body 04.0052

残遗中心 residue center 02.0344

糙面内质网 rough endoplasmic reticulum 01.0134

槽生齿 thecodont 06.0920

草履虫 *Paramecium* 05.0140

侧板 lateral plate, lateral compartment 05.2069, pleuron 05.2378

侧瓣 lateral lappet 05.1462

侧背板 pleurotergite 05.2374

侧壁 lateral wall 05.2603

侧扁 compressed 05.0020

侧步带板 adambulacral plate 05.2907

侧步带棘 adambulacral spine 05.2874

侧齿 lateral tooth 05.1720，05.1949，侧齿 lateral denticle 05.2638

侧唇 lateral lip 04.0360

侧带线 lateral fasciole 05.2896

侧窦 lateral sinus 05.2639

侧腹静脉 lateral abdominal vein 06.1087

侧棘 lateral spine 05.2877

侧脊 lateral carina 05.1942

侧甲 pleurum, pleuron, pleurite 05.1862

侧结节 lateral condyle, lateral boss 05.2159

侧口板 adoral plate 05.2961

侧脑室 lateral ventricle 06.1169

侧前叶 prelateral lobe 05.2042

侧鳃 pleurobranchia 05.2122

侧三叉骨针 plagiotriaene 05.0577

侧神经节 pleural ganglion 05.1808

侧生齿 pleurodont 06.0919

侧生动物 parazoan 01.0064

侧生型 parakinetal 05.0452

侧[水]管 lateral canal 05.2782

侧体囊 parasomal sac 05.0423

侧腕板 lateral arm plate 05.2965

侧纤毛窝 lateral ciliary pit 05.1139

*侧窝 areola 05.2653

侧线 lateral line 06.0145

侧线管 lateral line canal 06.0147

侧线鳞 lateral line scale 06.0148

侧线系统 lateral line system 06.0146

侧小齿 lateral denticle 05.1950

侧新月沟 lateral crescentic sulcus 05.2385

侧须 pleuralia 05.0615

侧血管 lateral blood vessel 05.1120

侧亚顶突 lateral subterminal apophysis 05.2289

侧眼 stemmate 05.1864

侧翼 lateral ala 05.1158

侧阴道 lateral vagina 06.1143

侧脏神经连索 pleurovisceral connective 05.1816

侧支 collateral branch 03.0280

*侧直肌 lateral rectus muscle 06.0736

侧中胚层 lateral mesoderm 04.0327

侧纵沟 lateral longitudinal suture 05.2384

*侧纵血管 lateral longitudinal vessel 05.1120

侧足 paradodium 05.1640

侧足神经连索 pleuropedal connective 05.1818

参差型椎体 diplasiocoelous centrum 06.0542

叉骨 furcula 06.0610

叉棘 pedicellaria 05.2879

叉尾尾蚴 furocercous cercaria 05.0971

*插入孔 copulatory opening, copulatory pore 05.2227

插入器 embolus 05.2283

差异基因表达 differential gene expression 04.0548

缠卵腺 nidamental gland 05.1829

产雌雄孤雌生殖 deuterotoky, amphitoky 01.0238

产孔 birth pore 05.0991

*产两性单性生殖 deuterotoky, amphitoky 01.0238

产卵 oviposition 07.0291

产卵瓣 valvula 05.2498

产卵场　spawning ground　07.0207
产卵洄游　spawning migration　07.0211
产卵器　ovipositor　05.2497
产热　thermogenesis　07.0098
铲状刚毛　spatulate chaeta　05.1336
颤抖性产热　shivering thermogenesis　07.0099
长柄齿片刚毛　long-handled uncinus　05.1359
长骨　long bone　03.0126
长节　mereopodite, merus　05.2014
长日照动物　long-day animal　07.0064
长腕幼体　pluteus　05.3004
长尾类幼体　macruran larva　05.2090
长枝吸引　long-branch attraction, LBA　02.0204
肠　intestine　01.0193
肠叉　intestinal bifurcation　05.1013
肠道淋巴组织　gut-associated lymphatic tissue, GALT　03.0627
肠沟　typhlosole　05.1731
肠环　gut loop, intestinal loop　06.0036
肠螺旋　intestinal spiral　05.1532
肠盲囊　intestinal cecum　05.1015，05.1192
肠前囊　prececal sac　05.1016
肠绒毛　intestinal villus　03.0740
肠鳃纲　Enteropneusta　05.3015
肠嗜铬细胞　enterochromaffin cell, EC cell　03.0734
肠体腔　enterocoel　05.0033
肠体腔动物　enterocoelomate　01.0072
肠系膜　mesentery　06.0905
肠下静脉　subintestinal vein　06.1088
肠腺　intestinal gland　06.0035，06.0873
肠血管　intestinal vessel　06.0024
肠支　intestinal branch　05.1014
常见种　common species　07.0452
常量营养物　macronutrient　07.0070
超激活运动　hyperactivated motility　04.0192
超冷　supercooling　07.0118
超限分布区　extralimital areal　02.0350
超种　super-species　02.0054
巢　net　05.2251
巢寄生　brood parasitism, inquilinism　07.0446
巢区　home range　07.0418
潮间带　intertidal zone　02.0397
*潮汐周期　tidal periodicity　07.0128
尘细胞　dust cell　03.0695
沉积物循环　sedimentary cycle　07.0569

*沉积型循环　sedimentary cycle　07.0569
晨昏性动物　crepuscular animal　07.0136
成虫盘　imaginal disc　04.0412
成带现象　zonation　02.0406
*成单核细胞　monoblast　03.0208
*成骨　ossification　03.0149
成骨细胞　osteoblast　03.0114
*成骨细胞　sclerocyte　05.0535
成红[血]细胞　erythroblast　03.0187
成肌细胞　myoblast　04.0485
*成节　mature segment, mature prog lottid　05.1058
*成巨核细胞　megakaryoblast　03.0198
*成年未分化细胞　neoblast cell　05.0897
成软骨细胞　chondroblast　03.0102
成神经细胞　neuroblast　04.0424
成熟　maturation　01.0246
成熟节片　mature segment, mature prog lottid　05.1058
成熟卵泡　mature follicle　04.0115
成束茎　fascicled stem　05.0694
*成髓细胞　myeloblast　03.0193
成体　adult　07.0299
成体干细胞　adult stem cell　04.0538
成纤维细胞　fibroblast　03.0076
成心[肌]细胞　cardioblast　04.0486
成新细胞　neoblast cell　05.0897
成血管细胞　angioblast　04.0482
程序性细胞死亡　programmed cell death　04.0596
池塘动物　tiphicole　07.0193
持久性　persistence　07.0582
尺侧腕曲肌　flexor carpi ulnaris muscle　06.0813
尺侧腕伸肌　extensor carpi ulnaris muscle　06.0812
尺动脉　ulnar artery　06.1080
尺骨　ulna　06.0631
齿堤　margin　05.2162
齿根　tooth root　06.0951
齿骨　dentary bone　06.0497
齿骨质　cementum　06.0962
齿冠　anatomical crown　06.0949
齿棘　tooth papilla　05.2968
齿尖　cusp　06.0966
齿颈　neck of tooth　06.0950
齿裂　slit　05.1596
齿片刚节　unciniger, uncinigerous chaetiger　05.1385
齿片刚毛　uncinus　05.1356
齿片枕　uncini tori　05.1364

齿舌　radula　05.1718

齿舌囊　radula sac　05.1723

齿舌下器　subradular organ　05.1726

齿式　dental formula, dentition　05.1367，dental
　　formula　05.1722，06.0946

齿髓　dental pulp　06.0958

齿髓腔　pulp cavity　06.0959

齿体　denticle　05.0509

齿突　condyle, cardella　05.2637，odontoid process
　　06.0566

齿窝　tooth socket　05.1685

齿隙　diastema　06.0947

齿下口棘　infradental papilla　05.2967

齿龈　gum　06.0957

齿釉质　tooth enamel　06.0960

齿质　dentin　06.0961

耻骨　pubis, pubic bone　06.0623

赤道　equator　04.0084

赤道部　ambitus　05.2841

翅　wing　05.2483

*翅斑　speculum　06.0294

翅脉　vein　05.2484

*翅毛状刚毛　limbate chaeta　05.1344

翅胸　pterothorax　05.2464

*虫包囊　cystid　05.2584

虫包体　cystid　05.2584

虫室　zooecium　05.2586

虫室壁　zooecial wall　05.2599

虫体　polypide　05.2617

虫体芽　polypidian bud　05.2707

重叠眼　superposition eye　05.1871

重复生殖　dissogony　05.0874

*重复相眼　superposition eye　05.1871

重复芽　duplicate bud　05.2706

*重演论　recapitulation theory　04.0016

*重演律　recapitulation law　04.0016

*抽样　sampling　07.0337

臭肛腺　anal stink gland　05.2272

臭腺　repugnatorial gland　05.2389

臭腺孔　ozopore　05.2390

出球微动脉　efferent arteriole　03.0783

出鳃动脉　efferent branchial artery　06.1039

出鳃水沟　exhalant branchial canal　05.2081

*出生后发育　postnatal development　04.0011

出生扩散　natal dispersal　07.0263

出生率　natality, birth rate　07.0365

*出生前发育　prenatal development　04.0009

出水触手　atrial tentacle　06.0038

出水管　excurrent canal　05.0645，exhalant siphon
　　05.1573，atrial siphon　06.0009

出水孔　excurrent aperture　06.0007

*出水孔　osculum　05.0641

出水口　osculum　05.0641

出芽生殖　budding　05.0071

初虫　ancestrula, primary zooid　05.2563

初房　proloculus　05.0238

初级板　primary plate　05.2899

初级飞羽　primary feather　06.0269

初级隔膜　primary septum　05.0793

*初级隔片　primary septum　05.0793

初级骨化中心　primary ossification center　03.0152

初级间充质细胞　primary mesenchyme cell　04.0341

初级精母细胞　primary spermatocyte　04.0042

初级卵黄囊　primary yolk sac　04.0319

初级卵膜　primary egg envelope　04.0123

初级卵母细胞　primary oocyte　04.0075

初级卵泡　primary follicle　04.0098

初级毛细血管丛　primary capillary plexus　04.0483

初级胚胎诱导　primary embryonic induction　04.0557

初级神经胚形成　primary neurulation　04.0417

初级生产力　primary productivity　07.0536

初级生产量　primary production　07.0547

初级下胚层　primary hypoblast　04.0282

初级消费者　primary consumer　07.0512

初级性索　primary sex cord　04.0467

初级支气管　primary bronchus　06.0996

初生室口　primary orifice　05.2626

*初生体腔　primary coelom，protocoelom　05.0030

初始 B 细胞　naïve B cell, virgin B cell　03.0605

初始 T 细胞　naïve T cell, virgin T cell　03.0599

初始芽　primary bud　05.2701

杵窝　piston pit　05.1268

储存宿主　reservoir host　05.0110

[储]卵袋　egg packet　05.1093

*储卵器　egg reservoir　05.1037

储蓄泡　reservoir　05.0198

储蓄细胞　thesocyte　05.0533

*处女型 B 细胞　naïve B cell, virgin B cell　03.0605

*处女型 T 细胞　naïve T cell, virgin T cell　03.0599

触鞭毛　flagellum　05.2275

触角　palp　05.1408，antenna　05.2325，05.2427
*触角凹　antennal notch　05.1971
触角板　antennular plate　05.1969
触角鞭　flagellum　05.1988
触角刺　antennal spine　05.1910
触角端节　palpostyle　05.1411
触角附肢　antennal appendage　05.1996
触角腹甲　antennular sternum　05.1970
触角基节　palpophore　05.1410
触角脊　antennal carina　05.1935
触角节　antennular somite　05.1972，antennal article　05.2326
触角球体　antennal globulus　05.2343
触角区　antennal region　05.1897
触角缺刻　antennal notch　05.1971
触角窝　antennal socket, antennal fossa　05.2443
触角腺　antennal gland　05.2126
触觉感受器　tactile receptor　06.1256
触觉小体　tactile corpuscle　03.0344
*触毛　aesthetasc　05.1963
触手　tentacle　05.0026，05.0467，05.2619，05.2814，antenna　05.1412
触手瓣膜　tentacular lamella　05.1547
触手侧枝　tentacle side branch, tentilla　05.0871
触手端节　ceratostyle　05.1417
触手冠　lophophore　05.1287，tentacular crown　05.1428，lophophore, tentacle crown　05.2620
触手冠动物　lophophorate　01.0109
触手管　tentacular canal　05.0866
触手环带　branchial tentacle, clitellum　06.0012
触手基节　ceratophore　05.1416
触手基球　tentacular bulb　05.0776
触手间器官　intertentacular organ　05.2623
*触手襟　collar, pleated collar　05.2622
触手鳞　tentacle scale　05.2820
触手领　collar, pleated collar　05.2622
触手囊　tentaculocyst　05.0759
触手鞘　tentacle sheath　05.0856，05.2621
触手坛囊　tentacle ampulla　05.2804
触手须　tentacular cirrus　05.1424
触手缘瓣　tentacular lappet　05.0769
触腕　tentacular arm　05.1765
触腕穗　tentacular club　05.1767
触须　cirrus　05.1418，vibrissa　06.0313
触须表达式　tentacular formula, anterial cirrus formula

05.1423
触须端节　cirrostyle　05.1422
触须基节　cirrophore　05.1421
触肢　palp, palpus, pedipalp　05.2165
触肢器　palpal organ　05.2273
穿刺刺丝囊　penetrant, stenotele　05.0679
穿刺腺　penetration gland　05.0989
穿孔板　perforated plate　05.2986
穿孔多毛类　boring polychaete　05.1298
穿通管　perforating canal　03.0137
穿通纤维　perforating fiber　03.0124
*传出神经元　efferent neuron　03.0289
*传入神经元　afferent neuron　03.0288
*传统分类学　classical taxonomy　02.0001
窗板　tabula　05.2682
窗孔　fenestra　05.2658
*垂棒　lemniscus　05.1231
垂壁　vertical wall　05.2602
垂唇　hypostome　05.0700
垂兜　hood　05.2226
垂管　manubrium　05.0743
*垂片　lappet　06.0216
垂肉　wattle　06.0215
垂体　hypophysis, pituitary body　03.0813，scape, scapus　05.2225
垂体裂　hypophyseal cleft　03.0826
垂体门脉系统　hypothyseal portal system　03.0837
垂体窝　hypophyseal fossa　06.1255
垂体细胞　pituicyte　03.0834
垂直分布　vertical distribution　07.0502
垂直迁移　vertical migration　07.0201
*垂直生命表　vertical life table　07.0356
*垂直移动　vertical migration　07.0201
垂直柱　vertical column　03.0388
锤骨　malleus　06.0467
锤状触角　capitate antenna　05.2436
纯合子　homozygote　04.0209
唇　labium, lip　05.1174，lip　06.0245
唇板　labrum　05.2839
唇瓣　labial palp　05.1750，labellum　05.2683
唇齿　labial tooth　06.0928
唇基　clypeus　05.2426
唇基上唇　clypeolabrum　05.2347
*唇嵴　varix　05.1624
唇口类　Cheilostomes　05.2513

*唇片　labial palp　05.1750

唇乳突　labial papilla　05.1198，06.0164

唇窝　labial pit　06.1251

唇腺　labial gland　06.0878

唇褶　labial fold　06.0160

唇状瓣　chilarium　05.2176

唇足纲　Chilopoda　05.2307

瓷蟹幼体　porcellana larva　05.2114

瓷质壳　porcellaneous test　05.0223

雌核发育　gynogenesis　04.0584

雌配子　female gamete　04.0038

*雌配子　oogamete　05.0355

*雌性交接器　thelycum　05.0066

雌性生殖系统　female reproductive system　01.0222

雌性先熟　protogyny　01.0248

雌性先熟雌雄同体　protogynous hermaphrodite　01.0252

雌雄嵌合体　sexual mosaic　04.0029

雌雄同体　monoecism, hermaphrodite　01.0249

雌雄异体　dioecism, gonochorism　01.0250

雌原核　female pronucleus　04.0188

次级板　secondary plate　05.2900

次级飞羽　secondary feather　06.0270

次级隔膜　secondary septum　05.0795

*次级隔片　secondary septum　05.0795

次级骨化中心　secondary ossification center　03.0153

次级间充质细胞　secondary mesenchyme cell　04.0342

次级精母细胞　secondary spermatocyte　04.0043

次级卵黄囊　secondary yolk sac　04.0323

次级卵膜　secondary egg envelope　04.0124

次级卵母细胞　secondary oocyte　04.0076

次级卵泡　secondary follicle　04.0101

次级胚胎诱导　secondary embryonic induction　04.0558

次级神经胚形成　secondary neurulation　04.0418

次级生产力　secondary productivity　07.0537

次级生产量　secondary production　07.0550

次级下胚层　secondary hypoblast　04.0283

次级消费者　secondary consumer　07.0513

次级性索　secondary sex cord　04.0471

次级支气管　secondary bronchus　06.0997

次尖　hypocone　06.0973

次生腭　secondary palate　06.0489

次生口孔　secondary aperture　05.0231

次生群落　secondary community　07.0499

次生鳃　secondary branchia　05.1737

次生室口　secondary orifice　05.2627

*次生体腔　secondary coelom　05.0031

次生微孔　deuteropore　05.0234

次生演替　secondary succession　07.0484

次生演替系列　subsere　07.0491

次体螺层　penultimate whorl　05.1600

次同名　junior homonym　02.0112

次异名　junior synonym　02.0105

刺　spine　05.0021

刺胞动物　cnidarian　01.0078

刺胞动物门　Cnidaria　01.0025

刺袋　spinous pocket　05.1373

*刺囊　cnidosac　05.0725

刺丝　thread　05.0677

刺丝环　nettle ring　05.0678

刺丝囊　nematocyst, cnidocyst　05.0675

刺丝囊集　cnidome　05.0685

刺丝泡　trichocyst　05.0459

刺丝鞘　nematotheca　05.0724

刺丝体　nematophore　05.0723

刺突　stylus　05.2388

刺腕棘　thorny arm spine　05.2970

刺吸式口器　piercing-sucking mouthparts　05.2457

刺细胞　sting cell, cnidoblast, cnidocyte　05.0674

刺细胞盖　operculum　05.0676

刺柱突　acanthostyle　05.2730

刺状刚毛　spiniger, spinigerous chaeta　05.1347

丛辐　adradius　05.0752

丛辐管　adradial canal　05.0864

从属者　subordinate　07.0414

丛密绒毛膜　chorion frondosum　04.0387

丛上细胞　epiplexus cell, Kolmer's cell　03.0391

*丛状层　plexiform layer　03.0384

丛状分枝　bushy　05.0836

粗肌丝　thick myofilament　03.0237

*粗面内质网　rough endoplasmic reticulum　01.0134

促黑素激素细胞　melanotroph　03.0825

促甲状腺激素细胞　thyrotroph　03.0822

促卵泡激素　follicle-stimulating hormone, FSH　04.0069

*促滤泡素　follicle-stimulating hormone, FSH　04.0069

*促乳激素细胞　mammotroph　03.0820

促肾上腺皮质激素细胞　corticotroph　03.0823

[促]生长激素细胞　somatotroph　03.0819

促性腺激素　gonadotropin　04.0068

促性腺激素释放激素　gonadotropin-releasing hormone,
　GnRH　04.0071

促性腺激素细胞　gonadotroph　03.0824
促雄性腺　androgenic gland　05.2130
催乳激素细胞　mammotroph　03.0820

存活率　survival rate　07.0369
存活曲线　survivorship curve　07.0360

D

*达尔文选择　Darwinian selection　02.0278
达尔文学说　Darwinism　02.0214
*达尔文主义　Darwinism　02.0214
答答型　tatiform　05.2566
大肠　large intestine　06.0857
*大触角　antenna　05.1957
大颚　jaw　05.1446，mandibular, mandible　05.1979，
　mandible　05.2350
大颚齿　mandibular tooth　05.2362
大颚骨　mandibular condyle　05.2361
大颚活动片　lacinia mobilis　05.1984
大颚节　mandibular segment　05.2351
大分类学　macrotaxonomy　02.0014
*大勾棘骨针　macrouncinate　05.0566
大骨针　megasclere　05.0542
大管肾　meganephridium　05.0050
大核　macronucleus　05.0469
大棘　primary spine　05.2870
*大进化　macroevolution　02.0227
大肋刺孔　pelma　05.2649
大陆边缘　continental margin　02.0333
大陆架　continental shelf　02.0334
大陆隆　continental rise　02.0336
大陆漂移说　continental drift theory　02.0330
大陆坡　continental slope　02.0335
大陆位移　continental displacement　02.0337
大卵裂球　macromere　04.0242
*大灭绝　mass extinction　07.0614
大脑　cerebrum　06.1166
大脑半球　cerebral hemisphere　06.1167
[大脑]分子层　molecular layer　03.0384
大脑脚　cerebral peduncle, crus cerebri　06.1177
大脑静脉　cerebral vein　06.1091
[大脑]颗粒细胞　granular cell　03.0377
[大脑]篮状细胞　basket cell　03.0380
大脑皮质　cerebral cortex　03.0376，06.1187
[大脑]水平细胞　horizontal cell　03.0379
[大脑]星形细胞　stellate cell　03.0378

大配子　macrogamete　05.0355
*大配子母体　macrogamont　05.0353
大配子母细胞　macrogametocyte　05.0353
*大肾管　meganephridium　05.0050
*大双盘骨针　macroamphidisc　05.0544
大头骨针　tylostyle　05.0552
大突变　macromutation　02.0318
大腿　thigh　06.0330
大网膜　greater omentum　06.0904
大型消费者　macroconsumer　07.0516
大眼幼体　megalopa larva　05.2102
*大洋界　Oceanic realm　02.0387
大阴唇　labia majora　06.1145
大疣　primary tubercle　05.2863
大锥体细胞层　large pyramidal layer　03.0386
代位多形　vicarious polymorph　05.2570
代位鸟头体　vicarious avicularium　05.2574
代谢　metabolism　01.0180
*A 带　anisotropic band，A band　03.0230
H 带　H band　03.0232
*I 带　isotropic band，I band　03.0229
*带叉幼虫　furcillia　05.2109
带虫免疫　premunition　05.0097
带骨　girdle bone　06.0599
*带领管状感器　collared tube-shaped sensillum
　05.2337
带线　fasciole　05.2890
*带状胎盘　zonary placenta　04.0398
待考名　nomen inquirendum　02.0095
待考种　species inquirenda　02.0151
袋骨　marsupial bone　06.0625
袋形动物　aschelminth　01.0075
担轮幼虫　trochophora　05.0072
*担轮幼体　trochophora　05.0072
担眼器　ommatophore, eyestalk, eye stalk　05.1653
单胺能纤维　monoaminergic fiber　03.0375
单板纲　Monoplacophora　05.1560
单壁型群体　single-walled colony, fixed-walled colony

05.2547

单层扁平上皮　simple squamous epithelium　03.0004

单层立方上皮　simple cuboidal epithelium　03.0007

*单层鳞状上皮　simple squamous epithelium　03.0004

单层群体　unilaminate colony　05.2540

单层上皮　simple epithelium　03.0003

单层式隔壁　monolamellar septum　05.0243

单层纤毛柱状上皮　simple ciliated columnar epithelium　03.0009

单层柱状上皮　simple columnar epithelium　03.0008

单齿　unidentate　05.1507

单顶极学说　monoclimax theory　07.0495

单动基列　haplokinety　05.0406

单房棘球蚴　unilocular hydatid　05.1066

单房室壳　unilocular test　05.0256

单分支管状腺　simple branched tubular gland　03.0050

单分支泡状腺　simple branched acinar gland　03.0054

单辐骨针　monactin, monactine　05.0561

单宫型　monodelphic type　05.1211

单沟型　asconoid　05.0637

单关节　simple joint　06.0680

单管泡状腺　simple tubuloacinar gland　03.0057

单管状腺　simple tubular gland　03.0049

单核吞噬细胞系统　mononuclear phygocyte system, MPS　03.0210

单核细胞　monocyte　03.0172

单核细胞发生　monocytopoiesis　03.0207

单后盘类　monopisthocotylea　05.0913

单环萼　monocyclic calyx　05.2931

单基板[顶系]　monobasal　05.2834

*单极神经元　unipolar neuron　03.0285

单节　haplosegment, monozonian　05.2369

*单精入卵　monospermy　04.0184

单精受精　monospermy　04.0184

单精注射　intracytoplasmic sperm injection, ICSI　04.0614

单孔类　monotremes　06.0076

单口道芽　monostomodeal budding　05.0838

单口尾蚴　monostome cercaria　05.0976

单列出芽　uniserial budding　05.2691

单列式壳　uniserial test　05.0262

*单卵双胎　monozygotic twins, MZ twins　04.0218

单能干细胞　unipotent stem cell　04.0541

单泡脂肪细胞　unilocular adipose cell　03.0083

单泡状腺　simple acinar gland　03.0053

单配[偶]制　monogamy　07.0268

单食性　monophagy　07.0165

单宿主型　monoxenous form　05.0113

单态[现象]　monomorphism　01.0259

单体珊瑚　solitary coral　05.0813

单位膜　unit membrane　01.0129

单系　monophyly　02.0172

单细胞腺　unicellular gland　03.0041

单腺　simple gland　03.0046

*单向性选择　unilateralism selection　02.0275

单型群体　monomorphic colony　05.2545

单型属　monotypic genus　02.0049

单型种　monotypic species　02.0047

*单性生殖　parthenogenesis　01.0237

单循环　single circulation　06.1008

单眼　ocellus　05.0063

单叶型疣足　uniramous parapodium　05.1308

单营养体期　eudoxid phase　05.0732

单元期　haploid　05.0298

单枝型附肢　uniramous type appendage　05.2003

单肢动物　uniramian　01.0104

单殖吸虫　monogenean, monogenoidean, monogenetic trematode　05.0912

单轴分枝　monopodium　05.0713

单轴骨针　monaxon　05.0547

单柱型　monomyarian　05.1699

单子宫　simplex uterus　06.1137

胆管　bile duct　06.0911

胆碱能神经元　cholinergic neuron　03.0294

胆囊　gall bladder　06.0913

胆囊管　cystic duct　06.0914

胆小管　bile canaliculus　03.0756

胆总管　common bile duct　06.0912

淡水　fresh water　07.0066

氮循环　nitrogen cycle　07.0565

刀切法　jackknife, jacknifing　02.0199

*导袋　guide pocket　05.2226

导管　duct, canal　03.0045

导航　navigation　07.0226

*导卵管　ovijector　05.1210

岛叶皮质　insular cortex　06.1209

岛屿动物地理学　island zoogeography　02.0328

岛屿模型　island model　02.0340

岛屿效应　island effect　02.0293

德索尔幼虫　Desor's larva　05.1131

*地理残遗种　geographical relic species　02.0379
地理分布　geographical distribution　02.0352
地理隔离　geographical isolation　02.0307
地理子遗种　geographical relic species　02.0379
地理生态学　geographical ecology　07.0010
地理替代　geographical replacement, geographical substitute　02.0366
地理亚种　geographical subspecies　02.0044
*地理宗　geographical race　02.0055
地模［标本］　topotype　02.0135
地下动物　subterranean animal　07.0189
灯刷染色体　brush chromosome　04.0085
等侧　equilateralis　05.1665
等齿刺状刚毛　homogomph spinigerous chaeta　05.1348
等齿镰刀状刚毛　homogomph falcigerous chaeta　05.1351
等齿型　isodont　05.1692
等级　rank　02.0020
等角骨针　regular spicule　05.0572
等壳　equivalve　05.1667
等模［标本］　homotype, homeotype　02.0138
等配子　isogamete　05.0358
等配子母体　isogamont　05.0360
等网状骨骼　isodictyal skeleton　05.0627
等爪状骨针　isochela　05.0608
等柱型　isomyarian　05.1702
镫骨　stapes　06.0465
镫骨肌　stapedius, stapedius muscle　06.0765
低冠齿　brachyodont tooth　06.0953
低体温　hypothermia　07.0112
*迪塞间隙　Disse's space　03.0760
抵抗力　resistance　07.0586
抵抗力稳定性　resistance stability　07.0587
底板　basal plate　05.0820
底节　basipodite, basis　05.2011
底节板　coxal plate　05.2028
底栖动物　benthos　07.0199
底蜕膜　basal decidua　04.0277
递进法则　progression rule　02.0324
第二触角　second antenna　05.1957
第二触角柄　antennal peduncle　05.1967
第二触角刚毛式　antennal seta formula　05.1968
第二触角鳞片　scaphocerite, antennal scale　05.1966
第二跗节　tarsus 2, T2　05.2404

第二极体　second polar body　04.0079
第二小颚　maxilla, second maxilla　05.1981，second maxilla　05.2354
第二中间宿主　second intermediate host　05.0108
第三脑室　third ventricle　06.1170
*第三眼睑　third eyelid　03.0501
第四脑室　fourth ventricle　06.1171
第五鳃弓提肌　levator arcus branchialis V　06.0742
第一触角　first antenna　05.1956
第一触角柄　antennular peduncle　05.1961
第一触角柄刺　antennular stylocerite　05.1962
第一跗节　tarsus 1, T1　05.2403
第一极体　first polar body　04.0078
第一小颚　maxillula, first maxilla　05.1980，first maxilla　05.2353
第一中间宿主　first intermediate host　05.0107
蒂德曼体　Tiedemann's body　05.2784
*点断平衡说　punctuated equilibrium　02.0218
*点毛　trichobothrium, bothriotrich, bothriotrichium　05.2344
电突触　electrical synapse　03.0313
垫　thenar　06.0319
*奠基者效应　founder effect　02.0291
凋亡小体　apoptotic body　04.0599
碟状幼体　ephyra　05.0784
蝶耳骨　sphenotic bone　06.0461
蝶骨　sphenoid bone　06.0476
*丁细胞　D cell　03.0765
耵聍腺　ceruminous gland　06.0378
顶齿　primary tooth, apical tooth　05.1365
顶端外胚层嵴　apical ectodermal ridge, AER　04.0517
*顶复合器　apical complex　05.0306
顶复门　Apicomplexa　05.0134
顶复体　apical complex　05.0306
*顶盖　tectum　06.1176
顶感觉区　top sensory area　05.1536
顶骨　parietal bone　06.0432
顶管　apical canal　05.0755
顶级食肉动物　top carnivore　07.0514
顶极格局学说　climax-pattern the-ory　07.0497
顶极群落　climax community　07.0493
顶间骨　interparietal bone　06.0437
*顶浆分泌　apocrine　03.0061
顶节　acron　05.1842

顶毛 apicilium 05.1136

*顶器 apical organ 05.1101

顶鞘 rostrum 05.1791

顶体 acrosome 04.0049

顶体反应 acrosome reaction 04.0196

*顶体后膜 posterior acrosomal membrane 04.0051

顶体［颗］粒 acrosomal granule 04.0048

*顶体囊 acrosomal vesicle 04.0047

顶体内膜 inner acrosomal membrane 04.0051

顶体泡 acrosomal vesicle 04.0047

*顶体前膜 anterior acrosomal membrane 04.0050

顶体突起 acrosomal process 04.0197

顶体外膜 outer acrosomal membrane 04.0050

顶突 apical process 05.0756，terminal apophysis 05.2288

顶系 apical system 05.2823

顶纤毛束 apical tuft 05.0073

顶纤毛窝 apical ciliary pit 05.1138

*顶腺 apical gland 05.0921

顶血囊 distal hematodocha 05.2298

顶叶 parietal lobe 06.1206

*顶叶 apical lobe 05.2755

顶质分泌 apocrine 03.0061

订正 revision 02.0080

定鞭丝 haptonema 05.0179

定居型 sedentariae 05.2302

定位 apposition 04.0264

定向 orientation 07.0227

*定向干细胞 committed stem cell，CSC 03.0180

*定向进化 directed evolution 02.0219

定向选择 directional selection, orthoselection 02.0275

东洋界 Oriental realm 02.0390

冬候鸟 winter migrant 07.0221

冬卵 winter egg 05.2084

冬眠 hibernation 07.0111

*冬羽 winter plumage 06.0286

动孢子 zoospore 05.0327

动关节 mascular articulation 05.2954

动合子 ookinete 05.0314

*动核 migratory pronucleus 05.0493

动基列 kinety 05.0405

动基体 kinetoplast 05.0163

动基系 kinetid 05.0409

动静脉吻合 arteriovenous anastomosis 03.0435

动脉 artery 06.1033

动脉导管 ductus arteriosus 06.1053

动脉干 arterial trunk, aortic trunk, truncus arteriosus 06.1041

动脉毛细血管 arterial capillary 03.0672

动脉球 bulbus arteriosus 06.1022

动脉圆锥 conus arteriosus 06.1021

动脉周围淋巴鞘 periarterial lymphatic sheath, PALS 03.0659

*动情后期 metestrus 04.0177

*动情间期 diestrus 04.0178

*动情期 estrus, oestrus 04.0174

*动情前期 proestrus 04.0176

*动情周期 estrus cycle 04.0175

动态生命表 dynamic life table 07.0355

动吻动物 kinorhynch 01.0088

动吻动物门 Kinorhyncha 01.0036

动物 animal 01.0001

动物半球 animal hemisphere 04.0082

动物比较解剖学 animal comparative anatomy 01.0008

动物比较胚胎学 animal comparative embryology 01.0011

［动物地理］界 realm 02.0386

动物地理区 faunal region, zoogeographic region 02.0385

动物地理学 zoogeography 01.0017

动物发育生物学 animal developmental biology 01.0012

动物分类学 animal taxonomy 01.0005

动物极 animal pole 04.0131

动物极帽 animal cap 04.0350

动物解剖学 animal anatomy 01.0007

动物界 animal kingdom, Animalia 01.0022

动物克隆 animal cloning 04.0616

动物胚胎学 animal embryology 01.0010

动物区系 fauna 02.0383

动物区系学 faunistics 01.0019

动物区系组成 faunal component 02.0384

动物群落 animal community, zoobiocenose, zoocoenosis 07.0448

动物社会学 animal sociology 01.0018

动物社群 animal society 07.0409

动物生理学 animal physiology 01.0014

动物生态学 animal ecology 01.0015

动物系统学 animal systematics 01.0006

动物线虫学 animal nematology 05.1144
动物行为学 ethology 01.0016
动物形态学 animal morphology 01.0004
动物学 zoology 01.0002
动物遗传学 zoogenetics 01.0013
动物园 zoo 02.0158
*动物–植物极轴 animal-vegetal axis 04.0133
动物志 fauna 02.0157
动物组织学 animal histology 01.0009
动纤毛 kinocilium 03.0506
动纤丝 kinetodesma 05.0390
动性孢子 sporokinete 05.0374
动眼神经 oculomotor nerve 06.1214
洞角 horn 06.0344
胴部 mantle 05.1780
*胴部 metastomium 05.0004
兜甲 lorica 05.1253
*兜甲动物 loriciferan 01.0089
*兜甲动物门 Loricifera 01.0037
豆状囊尾蚴 cysticercus pisiformis 05.1082
窦 sinus 05.2633
窦房结 sinoatrial node 06.1032
窦周[间]隙 perisinusoidal space 03.0760
窦状毛细血管 sinusoidal capillary 03.0431
*毒颚 forcipule, poison claw, poisonous maxillipede 05.2395
*毒丝 aconitum 05.0800
毒丝泡 toxicyst 05.0460
毒腺 poison gland 06.0351
毒牙 fang 06.0929
毒爪 forcipule, poison claw, poisonous maxillipede 05.2395
独居 solitary 07.0310
独立卵室 independent ooecium 05.2674
独模[标本] monotype 02.0140
独征 autapomorphy 02.0071
端板 terminal plate 05.2916
端瓣 terminal lappet 05.0948
端侧芽 distolateral bud 05.2699
端齿区 trepan 05.1449
端触手 terminal tentacle 05.2815
*端感器 apical sense organ 05.0870
端钩 terminal anchor, definitive hook 05.0949
端黄卵 telolecithal egg 04.0152
端膜 terminal membrane 05.2614

端囊 end sac 05.2128
端脑 telencephalon 06.1160
端片 blade 05.1369
端球 end bulb, ampulla 05.2761
端生齿 acrodont 06.0918
端生型 telokinetal 05.0449
端纤毛环 telotroch 05.0076
*端纤毛轮 telotroch 05.0076
端芽 distal bud 05.2696
端爪 terminal claw 05.2937
端肢 telopod 05.1845
端肢节 telopodite 05.2397
*端直 straight 05.2193
短柄齿片刚毛 short-handled uncinus 05.1360
短膜虫期 crithidial stage, epimastigote 05.0188
短日照动物 short-day animal 07.0065
短腕幼体 brachiolaria 05.3003
短锥[感]器 brachyconic sensillum 05.2335
断续模式 punctuational model 02.0239
K 对策 K-strategy 07.0406
r 对策 r-strategy 07.0407
对抗行为 agonistic behavior 07.0288
对盘尾蚴 amphistome cercaria 05.0969
对胚极 abembryonic pole 04.0130
对趾足 zygodactyl foot 06.0303
钝胶刺丝囊 stereoline glutinant 05.0683
盾板 scutum 05.2058，peltidium 05.2188，plastron 05.2840
盾腹虫 aspidogastrean 05.0916
盾鳞 placoid scale 06.0151
盾片 tegulum 05.2281
盾纤维–轴杆复合体 pelta-axostyle complex 05.0180
楯胞类 umbonuloid 05.2518
楯面 escutcheon 05.1658
楯突 umbo, umbone 05.2628
楯状触手 peltate tentacle 05.2816
多板纲 Polyplacophora 05.1561
多层群体 multilaminate colony 05.2542
*多齿型 taxodont 05.1690
多齿爪状骨针 unguiferous anchorate chela 05.0612
多顶极学说 polyclimax theory 07.0496
多度 abundance 07.0460
多度中心 abundance center 02.0347
*多尊芽生 polystomodeal budding 05.0841
多房棘球蚴 multilocular hydatid 05.1086

多房室壳　multilocular test　05.0258
多个虫部分　multizooidal part　05.2591
多宫型　polydelphic type　05.1212
*多钩类　polyonchoinea　05.0913
多核细胞　polyenergid　05.0328
多后盘类　polyopisthocotylea　05.0914
多黄卵　polylecithal egg, megalecithal egg　04.0149
多肌型　polymyarian type　05.1150
多极神经元　multipolar neuron　03.0287
多节刚毛　multiarticulated chaeta　05.1341
*多精入卵　polyspermy　04.0185
多精受精　polyspermy　04.0185
多境起源　polytopic origin　02.0343
多孔板　polyporous plate　05.2905
*多孔板　multiporou septulum　05.2665
多孔动物　poriferan　01.0077
多孔动物门　Porifera　01.0024
多口道芽　polystomodeal budding　05.0841
多列出芽　multiserial budding　05.2692
多裂肌　multifidus muscle　06.0789
多毛纲　Polychaeta　05.1291
*多毛类　polychaete　05.1291
多能干细胞　pluripotent stem cell　04.0540
多能性　pluripotency, multipotency　04.0523

多盘类　polystomatoinea　05.0915
多泡脂肪细胞　multilocular adipose cell　03.0084
多配[偶]制　polygamy　07.0269
多歧分支　polytomy　02.0169
*多食性　polyphagy　07.0162
多数一致树　majority consensus tree　02.0181
*多态群体　polymorphic colony　05.2546
多态[现象]　polymorphism　01.0262
多头蚴　coenurus　05.1077
多维生态位　multidimensional niche　07.0471
*多细胞动物　multicellular animal　01.0062
多细胞腺　multicellular gland　03.0043
多形　polymorph　05.2567
多形群体　polymorphic colony　05.2546
多形细胞层　multiform layer, polymorphic layer　03.0387
多型刺丝囊　polytype nematocyst　05.0684
多型属　polytypic genus　02.0050
多型种　polytypic species　02.0048
多序列比对　multiple sequence alignment　02.0191
多营养体期　polygastric phase　05.0731
多轴骨针　polyaxon　05.0559
多足动物　myriopodan　01.0102
多足[动物]亚门　Myriopoda　01.0049

E

额　clypeus　05.2208，frons, front　05.2425
额板　frontal plate　05.1887，06.0244
额[部]　front　05.1885
额附肢　frontal appendage　05.1997
额–腹–横棘毛原基　FVT anlage　05.0421
额腹棘毛　frontoventral cirrus　05.0415
额沟线　antennocellar suture　05.2320
额骨　frontal bone　06.0441
额后脊　post-frontal ridge　05.1923
额棘毛　frontal cirrus　05.0413
*额剑　rostrum　05.1893
额角　rostrum　05.1893
额角侧沟　adrostral groove　05.1922
额角侧脊　adrostral carina　05.1921
额角后脊　post-rostral carina　05.1919
额器　frontal organ　05.1101，05.1889
*额前棘毛　fronto-terminal cirrus　05.0414

额区　frontal region　05.1895
额突　rostrum　05.2216
额突起　frontal process, frontal appendage　05.1886
额胃沟　gastro-frontal groove　05.1924
额胃脊　gastro-frontal carina　05.1933
额叶　frontal lobe　06.1205
轭骨　jugal bone　06.0446
萼　calyx　05.1285，05.2928
萼杯　dorsal cup, aboral cup　05.2929
萼部　calyx　05.0807
*萼盖　tegmen　05.2930
萼丝骨针　calycocome　05.0587
腭齿　palatal tooth　06.0923
腭方软骨　palatoquadrate cartilage　06.0430
腭弓收肌　adductor arcus palatini　06.0741
腭弓提肌　levator arcus palatini　06.0740
腭骨　palatine bone　06.0452

腭骨齿　palatine tooth　06.0925
腭腺　palatine gland　06.0879
腭咽肌　palatopharyngeus muscle　06.0768
颚　jaw　05.2960
颚齿　paragnatha　05.1448
颚唇　gnathochilarium　05.2365
颚骨　mandible　05.2579
颚环　maxillary ring　05.1445
颚基　gnathobase　05.1992
颚节　gnathal segment　05.2349
颚口动物　gnathostomulid　01.0082
颚口动物门　Gnathostomulida　01.0029
颚片　maxillary plate　05.1454
颚器　jaw apparatus　05.1452
颚体　gnathosoma　05.2177
*颚胃动物　gnathostomulid　01.0082
*颚胃动物门　Gnathostomulida　01.0029
*颚咽动物　gnathostomulid　01.0082
*颚咽动物门　Gnathostomulida　01.0029
颚叶　endite, maxilla, gnathocoxa　05.2175
颚肢类　Mandibulata　05.2316
颚舟片　scaphognathite　05.1993
颚足　maxilliped　05.1994
颚足纲　Maxillopoda　05.1857
耳　ear　06.1259
耳沟　auricular groove　05.0873
耳郭　auricle, pinna　06.1284
*耳廓　auricle, pinna　06.1284
耳囊　otic capsule　06.0418
耳区　otic region　06.0427
*耳砂　otolith, otoconium　03.0509
*耳砂膜　otolithic membrane, otoconium membrane,
　　statoconic membrane　03.0508
耳石　otolith, otoconium　03.0509
*耳石　statolith　05.0761
耳石膜　otolithic membrane, otoconium membrane,
　　statoconic membrane　03.0508
耳突　auricle, lug　05.0891，auricle　05.1261
耳蜗　cochlea　06.1268
耳蜗管　cochlear duct　03.0521
耳蜗迷路　cochlear labyrinth　06.1264
*耳下腺　parotid gland　06.0884
耳羽　auricular feather　06.0279
耳舟　scaphe　05.1469
耳柱骨　columella, columella auris　06.1278
耳状瓣　auricular lappet　05.0872
耳状骨　auricle　05.2861
耳状突　auricule, antennular auricle　05.1426
耳状幼体　auricularia　05.3007
二叉分支　bifurcation　02.0168
二道体区　bivium　05.2982
二分裂　binary fission　05.0478
二辐骨针　diactin, diactine　05.0562
*二级消费者　secondary consumer　07.0513
二尖瓣　mitral valve　06.1027
二尖骨针　oxea, acerate　05.0549
二孔型　bifora　05.1732
二联体　diad　03.0257
*二名法　binominal nomenclature　02.0082
二胚层动物　diploblastica　01.0066
二态［现象］　dimorphism　01.0260
*二枝型附肢　biramous type appendage　05.2004
二趾足　didactyl foot, bidactylous foot　06.0308

F

发光生物　luminous organism　07.0230
发光腺　photophore　06.0352
发情　rut　07.0278
发情后期　metestrus　04.0177
发情间期　diestrus　04.0178
发情期　estrus, oestrus　04.0174
发情前期　proestrus　04.0176
发情周期　estrus cycle　04.0175
*发生场　developmental field　04.0576
发育　development　04.0007
*发育零点　developmental zero　07.0120
发育起点温度　developmental threshold temperature
　　07.0120
发育潜能梯度　developmental potential gradient　04.0577
发育生物学　developmental biology　04.0006
*法氏囊　bursa of Fabricius　03.0643
*法特壶腹　ampulla of Vater　06.0853
翻颈部　introvertere, introvert　05.2979

翻吻　eversible proboscis, eversible pharynx　05.1443,
　introvert　05.1503
*繁殖　reproduction, breeding　01.0218
繁殖成效　reproductive success　07.0370
繁殖潜力　biotic potential, reproductive potential
　07.0371
*繁殖群　syngen　05.0495
反刍动物　ruminant　06.0086
反刍胃　ruminant stomach　06.0846
*反分化　dedifferentiation　04.0530
反光膜　tapetum lucidum　03.0483
反光色素层　tapetum　05.2207
*反光组织　tapetum　05.2207
反口触手　aboral tentacle　05.0701
反口[的]　aboral　05.0435
反口环血管　aboral hemal ring canal　05.2795
反口极　aboral pole　05.0859
反口极管　infundibular canal, aboral canal　05.0867
反口面　abactinal surface, aboral surface, dorsal surface
　05.0013
反口神经系[统]　aboral neural system　05.2811
反口纤毛环　aboral trochal band　05.0440
反扭转　detorsion　05.1649
反射弧　reflex arc　06.1241
反突　retral process　05.0294
反应能力　competence　04.0565
*反应物　responder　04.0564
反应者　responder　04.0564
*反应中心　germinal center　03.0618
返祖现象　atavism　02.0072
泛大陆　Pangaea, Pangea　02.0332
泛化　generalization　02.0256
泛生论　pangenesis　02.0220
泛生物地理学　panbiogeography　02.0329
方轭骨　quadratojugal bone　06.0451
方骨　quadrate, quadrate bone　06.0450
方鳞　square scale　06.0177
方翼　square wing　06.0293
*防御腺　repugnatorial gland　05.2389
*防御腺孔　ozopore　05.2390
房室　loculus, chamber　05.0228
房室结　atrioventricular node　06.1031
房室束　atrioventricular bundle　06.1030
房水　aqueous humor　03.0487
*仿模标本　heautotype　02.0139

纺锤肌　spindle muscle　05.1516
纺锤器　atractophore　05.0506
纺锤腺　spinning gland　05.1316
纺管　spigot　05.2236
纺器　spinneret　05.2232，05.2394
放射虫　radiolarian　05.0130
放射带　zona radiate　04.0145
放射沟　radial furrow, radial groove　05.2185
放射冠　corona radiate　04.0113
放射肋　radial rib　05.1626
*放射丝　radiole　05.1429
*放射丝冠　radiolar crown　05.1428
放射柱突　aktinotostyle　05.2731
放射状胶质细胞　radial neuroglia cell　03.0469
飞航　ballooning　07.0219
飞羽　flight feather, remex　06.0268
非颤抖性产热　non-shivering thermogenesis　07.0100
非角质形成细胞　nonkeratinocyte　03.0560
非接触性诱导　noncontact induction　04.0563
*非决定型卵裂　indeterminate cleavage　04.0237
非密度制约因子　density-independent factor　07.0028
非内卷边缘带　noninvoluting marginal zone　04.0353
非生物因子　abiotic factor　07.0022
非生殖体　atoke　05.1482
*非同源相似性　homoplasy　02.0205
非蜕膜胎盘　non-deciduate placenta　04.0406
非武装型吻　unarmed proboscis　05.1112
非消除性免疫　nonsterilizing immunity　05.0096
*非选型交配　disassortative mating　07.0275
非依赖性分化　independent differentiation　04.0525
非造礁珊瑚　ahermatypic coral　05.0850
*非战栗产热　non-shivering thermogenesis　07.0100
*非正形海胆　irregular echinoid　05.2838
非周期性　aperiodicity　07.0125
*非洲界　Afrotropical realm　02.0389
*非自主分化　dependent differentiation　04.0524
肥大细胞　mast cell　03.0081
腓肠肌　gastrocnemius muscle　06.0829
腓骨　fibula　06.0645
腓骨肌　peroneus muscle　06.0831
肺　lung　06.0993
肺动脉　pulmonary artery　06.1049
肺动脉瓣　pulmonary valve　06.1026
肺动脉干　pulmonary trunk　06.1042
肺动脉弓　pulmonary arch　06.1047

肺静脉　pulmonary vein　06.1090

肺巨噬细胞　pulmonary macrophage　03.0694

肺门　hilum of lung　06.0994

肺泡　pulmonary alveolus　03.0690

肺泡隔　interalveolar septum　03.0691

肺泡管　alveolar duct　03.0688

肺泡孔　alveolar pore　03.0692

肺泡囊　alveolar sac　03.0689

肺泡上皮　alveolar epithelium　03.0697

肺皮动脉弓　pulmocutaneous arch　06.1048

肺小叶　pulmonary lobule　03.0686

肺循环　pulmonary circulation　06.1011

肺芽　lung bud　04.0509

废止名　rejected name　02.0097

分布区　areal, distribution range　02.0348

分布型　distribution pattern　02.0349

分布中心　distribution center　02.0346

分层　delamination　04.0299

分层现象　stratification　07.0466

分叉刚毛　furcate chaeta, bifurcate chaeta, lyrate chaeta　05.1338

分房器　chambered organ　05.2812

*分封　swarming, sociotomy　07.0412

分隔膜　demarcation membrane　03.0202

分化　differentiation　04.0520

分化潜能　potential differentiation　04.0534

分化抑制　differentiation inhibition　04.0533

分节[现象]　metamerism　05.0016

分解者　decomposer　07.0517

分类　classification　02.0010

分类单元　taxon　02.0019

[分类]纲要　synopsis　02.0154

[分类]阶元　category　02.0021

分类名录　checklist　02.0155

分类性状　taxonomic character　02.0063

α 分类学　alpha taxonomy　02.0016

β 分类学　beta taxonomy　02.0017

γ 分类学　gamma taxonomy　02.0018

[分裂]间期　interphase　01.0157

分裂期　division stage　01.0158

分裂前体　tomont　05.0513

分裂选择　disruptive selection, diversifying selection　02.0273

分泌　secretion　01.0206

分泌部　secretory portion　03.0044

*分泌管　secretory duct　03.0746

*分泌细胞　secretory cell　03.0035

分泌腺　secreting gland　01.0209

分歧指数　divergence index, DI　02.0209

分歧轴　axillary　05.2949

分群　colony fission　07.0412

分散　divergence　04.0301

*分散型胎盘　diffuse placenta　04.0396

分筛顶系　ethmolytic apical system　05.2824

*分支发生　cladogenesis　02.0232

*分支图　cladogram　02.0166

*分支系统学　cladistics, cladistic systematics　02.0002

分子进化　molecular evolution　02.0226

*分子进化中性学说　neutral theory of molecular evolution　02.0216

分子胚胎学　molecular embryology　04.0005

分子系统地理学　molecular phylogeography　02.0325

分子系统学　molecular systematics　02.0009

分子钟　molecular clock　02.0251

粉绒羽　powder down feather　06.0266

*粪袋　sterocoral pocket　05.2230

粪道　coprodeum　06.0861

粪粒　stercomata　05.0296

*粪囊　sterocoral pocket　05.2230

丰[富]度　richness　07.0459

封闭区　sealing zone　03.0122

峰板　carina　05.2064

峰部　jugal area　05.1585

峰侧板　carino-lateral compartment, latus carinale　05.2068

峰端　carinal side　05.2054

*蜂窝组织　areolar tissue　03.0072

*缝感受器　slit sensillum　05.2258

缝合片　sutural lamina　05.1595

缝合线　suture　05.0254，05.1602，suture, suture line　05.0456

缝隙连接　gap junction　03.0029

*肤褶　skin fold　06.0166

跗骨　tarsus　06.0646

跗横关节　transverse tarsal joint　06.0708

跗间关节　intertarsal joint　06.0711

跗节　tarsus　05.2173，05.2402，05.2470

跗节器　tarsal organ　05.2274

跗褶　tarsal fold　06.0168

跗跖　tarsometatarsus　06.0655

跗跖骨　tarsometatarsus　06.0657
跗跖关节　tarsometatarsal joint　06.0710
跗舟　cymbium　05.2276
稃刚毛　palea　05.1329
孵化　hatching　07.0292
孵化率　hatching rate　07.0294
孵化期　hatching period　07.0293
浮浪幼虫　planula　05.0708
*浮浪幼体　planula　05.0708
浮囊[体]　pneumatophore　05.0717
*浮泡　calymma　05.0302
浮休芽　floatoblast　05.2711
浮游动物　zooplankton　07.0198
浮游多毛类　pelagic polychaete, planktonic polychaete　05.1294
浮游甲壳动物　pelagic crustacean, planktonic crustacean　05.1852
浮游营养幼虫　planktotrophic larva　05.2686
辐　actine　05.0560
辐板　radial plate　05.2941
辐部　radius　05.2060，radius, brachial　05.2771
辐窦　radial sinus　05.2799
辐盾　radial shield　05.2958
辐管　radial canal　05.0749
辐轮幼虫　actinotrocha, actinotroch larva　05.2762
辐鳍骨　radial pterygiophore　06.0598
辐鳍鱼类　actinopterygians, ray-finned fishes　06.0072
辐射对称　radial symmetry　05.0009
辐射珊瑚单体　radial corallite　05.0817
辐射丝　radiating thread, radial silk　05.2244
辐射型卵裂　radial cleavage　04.0226
辐[水]管　radial canal　05.2781
辐血管　radial hemal canal　05.2794
辐状幼虫　actinula　05.0715
*辐状幼体　actinula　05.0715
*福尔克曼管　Volkmann's canal　03.0137
*福尔曼氏管　Volkmann's canal　03.0137
*福斯特法则　Foster's rule　02.0293
*斧足纲　Pelecypoda　05.1563
辅加能量　energy subsidy　07.0533
辅助口孔　accessory aperture　05.0233
*辅助片　supplementary plate，supplementary bar　05.0934
辅助性 T 细胞　helper T cell, Th cell　03.0602
腐食食物链　detrital food chain　07.0524

腐食营养　saprotrophy　07.0518
父系社群　patrilineal society　07.0325
负颚须节　palpifer　05.2452
*负趋光性　negative phototaxis　07.0139
*负趋化性　negative chemotaxis　07.0144
*负趋流性　negative rheotaxis　07.0142
负选择　negative selection　02.0279
*负载力　carrying capacity　07.0378
附睾　epididymis　06.1132
附睾管　epididymal duct　03.0865
附片　accessory sclerite, accessory piece, accessory patch　05.0935
附属多形　adventitious polymorph　05.2568
附属卵室　dependent ooecium　05.2675
附属鸟头体　adventitious avicularium　05.2572
附属芽　adventitious bud　05.2705
附吸盘　accessory sucker　05.1003
附着盘　attachment disc　05.2242
附着器　podite　05.0424
附肢　appendage　05.1843
附肢骨[骼]　appendicular skeleton　06.0388
附肢肌　appendicular muscle　06.0713
复层扁平上皮　stratified squamous epithelium　03.0013
*复层鳞状上皮　stratified squamous epithelium　03.0013
复层上皮　stratified epithelium　03.0012
复层柱状上皮　stratified columnar epithelium　03.0016
复动基列　polykinety　05.0407
复分裂　multiple fission　05.0367
复沟型　leuconoid　05.0639
复关节　composite joint, compound joint　06.0681
复管泡状腺　compound tubuloacinar gland　03.0058
复管状腺　compound tubular gland　03.0051
复[合]板　compound plate　05.2902
复合小颚　maxillary complex　05.2355
*复合型胎盘　multiplex placenta　04.0397
复泡状腺　compound acinar gland　03.0055
复苏　anabiosis　07.0119
复体珊瑚　compound coral　05.0814
*复胃　ruminant stomach　06.0846
复系　polyphyly　02.0174
复腺　compound gland　03.0047
复型刚毛　compound chaeta, jointed chaeta　05.1319
复眼　compound eye　05.1865
复殖吸虫　digenean　05.0917
*复制带　replication band　05.0473

副鞭　accessory flagellum　05.1991

副鞭[毛]体　paraflagellar body　05.0205

副缠卵腺　accessory nidamental gland　05.1830

副齿　porodont　05.2357

副淀粉　paramylon　05.0196

副蝶骨　parasphenoid bone　06.0477

副颚　aileron　05.1450

副跗舟　paracymbium　05.2277

副基器　parabasal apparatus　05.0185

副基丝　parabasal filament　05.0184

副基体　parabasal body　05.0183

副交感神经节　parasympathetic ganglion　03.0396

副交感神经系统　parasympathetic nervous system
　06.1156

副壳　accessory plate　05.1659

副门齿突　process incisivus accessorius　05.1986

副模[标本]　paratype　02.0131

副皮质区　paracortex zone　03.0647

副神经　accessory nerve　06.1222

副体节　parasegment　04.0335

副突　additional papilla　06.0165

副须　supplementary bristle　06.0240

副选模　paralectotype　02.0133

副引带　telamon　05.1223

副羽　afterfeather, aftershaft　06.0256

副爪　accessory claw　05.2174

副针　accessory stylet　05.1116

副针囊　accessory pouch　05.1117

*副支气管　parabronchus　06.0998

副轴杆　paraxial rod　05.0182

副子宫器　paruterine organ　05.1092

富营养化　eutrophication　07.0591

腹板　ventro-caudal shield　05.1466，hypoplax
　05.1663，sternum　05.2375

腹柄　pedicel，petiolus　05.2179

腹[部]　abdomen　05.0003

腹部静脉　abdominal vein　06.1096

腹侧板　ventrolateral plate　05.2912

腹产卵瓣　ventrovalvula　05.2499

腹肠系膜　ventral mesentery　05.1488

腹齿片刚毛　abdominal uncinus　05.1358

腹唇　ventral lip　04.0361

腹垫　ventral pad　05.1313

腹盾　abdominal scute　06.0209

腹附体　abdominal appendage　05.2077

腹刚毛　neurochaeta　05.1322，neuroseta, ventral
　chaeta　05.1493

腹刚毛囊　neuroseta sac　05.1495

腹根　ventral root　06.1228

腹沟　ventral groove　05.1467

腹骨　gastralium　06.0594

腹横肌　transverse abdominal muscle　06.0800

腹肌　abdominal muscle　06.0798

腹棘毛　ventral cirrus　05.0418

腹甲　sternite　05.1860，plastron　06.0200

腹甲沟　sternal groove, sternal sulcus　05.1931

腹节　abdominal somite　05.2031

腹壳　ventral valve　05.2746

腹孔　ventral pore　05.2391

*腹孔　atriopore　06.0043

腹口尾蚴　gasterostome cercaria　05.0974

腹肋　ventral rib　06.0585

腹联结片　ventral bar　05.0934

腹毛动物　gastrotrich　01.0085

腹毛动物门　Gastrotricha　01.0033

腹毛类　Hypotrichs　05.0142

腹膜　peritoneum　06.0897

腹膜壁层　parietal peritoneum　06.0898

腹膜腔　peritoneal cavity　06.0900

*腹膜脏层　visceral peritoneum　06.0899

腹内斜肌　abdominal internal oblique muscle　06.0802

腹皮肋　abdominal rib, gastralia　06.0586

腹片　plagula　05.2181

腹鳍　ventral fin, pelvic fin　06.0124

腹腔动脉　celiac artery　06.1071

*腹桥　plagula　05.2181

腹区　abdomen　05.1399

腹神经节　ventral ganglion　05.0060

*腹神经链　ventral nerve cord　05.0059

腹神经索　ventral nerve cord　05.0059

腹收吻肌　ventral retractor muscle of introvert　05.1515

腹突　abdominal process，ventral process　05.2040

腹外斜肌　abdominal external oblique muscle　06.0801

腹腕板　ventral arm plate　05.2964

腹吸盘　acetabulum, ventral sucker　05.0995

腹吸盘瓣　postacetabular flap　05.0996

腹吸盘后脊　postacetabular ridge　05.1005

腹吸盘前窝　preacetabular pit　05.1004

腹吸盘指数　acetabular index　05.0999

腹腺　ventral gland　05.1019

腹腺盾　ventral glandular shield, ventral shield　05.1465
腹心系膜　ventral mesocardium　04.0476
腹须　ventral cirrus, neurocirrus　05.1312
腹血管　ventral blood vessel　05.1489
腹咽膜　ventral membrane　05.0431
腹胰　ventral pancreas　04.0505
腹缘　ventral margin　05.1681
腹褶　metapleural fold　06.0042

腹肢　neuropodium　05.1306，pleopod　05.2032
腹直肌　rectus abdominis muscle　06.0799
腹主动脉　ventral aorta　06.1034，abdominal aorta　06.1065
腹足　gastropodium　05.1639
腹足纲　Gastropoda　05.1562
覆翅　tegmen　05.2491
覆羽　wing covert　06.0275

G

改组带　reorganization band　05.0473
钙泵　calcium pump　03.0244
钙化　calcification　03.0148
钙振荡　calcium oscillation　04.0202
钙质骨针　calcareous spicule　05.0540
钙质海绵纲　Calcarea　05.0517
钙质壳　calcareous test　05.0222
*钙质无孔壳　porcellaneous test　05.0223
钙质幼虫　calciblastula　05.0654
盖板　opercular valve　05.2057
盖层　tegmentum　05.1592
盖刺　scutum　05.2642
盖膜　tectorial membrane　03.0528
*盖眼幼体　calyptopis　05.2108
干扰　perturbation, disturbance　07.0583
干制标本　dry specimen　02.0115
杆丝泡　rhabdocyst　05.0464
杆状带　bacillary band　05.1154
杆状体　rhabdite　05.0893
杆状体腺细胞　rhabdite gland cell　05.0892
杆状型食道　rhabditoid esophagus　05.1185
杆状蚴　rhabtidiform larva　05.1225
肝　liver　06.0909
肝板　hepatic plate, liver plate　03.0753
肝刺　hepatic spine　05.1913
肝动脉　hepatic artery　06.1073
肝沟　hepatic groove　05.1929
肝管　hepatic duct　06.0910
肝脊　hepatic carina　05.1937
肝静脉　hepatic vein　06.1097
肝巨噬细胞　hepatic macrophage　03.0759
肝盲囊　hepatic cecum　05.3027，06.0860
肝门静脉　hepatic portal vein　06.1109

肝憩室　hepatic diverticulum　04.0504
肝区　hepatic region　05.1899
肝闰管　Hering's canal　03.0757
肝上刺　suprahepatic spine　05.1914
肝索　hepatic cord　03.0755
肝胃韧带　hepatogastric ligament　06.0902
肝细胞　hepatocyte, liver cell　03.0750
肝下区　subhepatic region　05.1904
肝小叶　hepatic lobule　03.0751
肝血窦　liver sinusoid　03.0758
*肝胰壶腹　hepatopancreatic ampulla　06.0853
肝胰脏　hepatopancreas　06.0908
*感光细胞　photoreceptor cell　03.0456
感光小器　ocellus　05.0202
感觉板　sense plate　04.0440
感觉棒　cordylus　05.0758
感觉触毛　trichobothrium, bothriotrich, bothriotrichium　05.2344
*感觉棍　cordylus　05.0758
感觉毛　aesthetasc　05.1963
感觉器　statocyst　05.0870
感觉器官　sense organ, sensory organ　01.0215
感觉上皮　sensory epithelium　03.0069
感觉神经末梢　sensory nerve ending　03.0341
感觉神经元　sensory neuron　03.0288
感觉窝　sensory pit　05.1235
感觉细胞　sensory cell　05.0670
感觉芽突　sensory bud　05.1427
感觉缘瓣　rhopalar lappet　05.0770
感器　sensillum　05.2331
感染性棘头体　cystacanth　05.1251
*感应性　competence　04.0565
干群　stem group　02.0171

干细胞　stem cell　04.0536
冈上肌　supraspinatus muscle　06.0807
冈上窝　supraspinous fossa　06.0614
冈下肌　infraspinatus muscle　06.0808
冈下窝　infraspinous fossa　06.0615
刚节　chaetiger　05.1381
刚节幼体　setiger juvenile　05.1478
刚毛　chaeta　05.1317, seta　05.2345
刚毛反转　chaetal inversion　05.1323
刚毛叶　setiferous lobe　05.2039
刚毛状触角　setal antenna, setiform antenna, setiferous antenna　05.2442
刚叶　chaetal lobe　05.1374
肛板　anal plaque　05.1470，anal plate　05.2410
肛瓣　anal valve　05.2408
肛侧乳突　adanal papilla　05.1205
肛刺　anal spine　05.2044
肛带线　anal fasciole　05.2893
肛道　proctodeum　06.0863
肛道腺　proctodeal gland　06.0866
肛盾　anal shield　05.1527，anal scute　06.0211
*肛扉　anal valve　05.2408
肛缝　anal suture　05.0438
肛后乳突　postanal papilla　05.1204
肛节　anal segment　05.2043，05.2407，05.2507
肛联合　anal commissure　05.1126
肛鳞　anal scale　05.2409
肛门　anus　01.0194
肛门管　anal canal　05.0868
肛门孔　anal pore　05.0869，posterior opening　05.1760
肛门囊　anal sac　05.1498
肛前孔　preanal pore　06.0183
肛前鳍　preanal fin　06.0041
肛前乳突　preanal papilla　05.1203
肛前吸盘　preanal sucker　05.1209
肛丘　anal tubercle　05.2257
肛上板　epiproct　05.2412，suranal plate　05.2827
肛下带线　subanal fasciole　05.2894
肛腺　anal gland　05.1833，06.0356
肛须　anal cirrus, pygidial cirrus　05.1471
肛周窦　paranal sinus　06.0875
肛周腺　circumanal gland　06.0876
肛锥　anal cone　05.1284
纲　class　02.0028

高仓管　Takakura's duct　05.1129
*高尔基复合体　Golgi complex　01.0136
*高尔基腱器　Golgi tendon organ　03.0356
*高尔基器　Golgi apparatus　01.0136
高尔基体　Golgi body　01.0136
高尔基Ⅰ型神经元　Golgi type Ⅰ neuron　03.0292
高尔基Ⅱ型神经元　Golgi type Ⅱ neuron　03.0293
高冠齿　hypsodont tooth　06.0952
*高斯原理　Gauss principle　07.0425
睾丸　testis　06.1125
睾丸间质　interstitial tissue of testis　03.0861
睾丸间质细胞　testicular interstitial cell　03.0862
睾丸索　testicular cord　04.0469
睾丸网　rete testis　03.0860
睾丸小隔　septula testis　03.0856
睾丸小叶　testicular lobule, lobulus testis　03.0857
睾丸纵隔　mediastinum testis　03.0855
格洛格尔律　Gloger's rule　07.0096
格子腔　cancellus　05.2594
隔　diaphragm　05.0757
隔壁　septum　05.0242，05.0823，05.2607
隔壁盖　septal flap　05.0249
*隔壁沟　septal furrow　05.0282
隔壁颈　septal neck　05.1797
隔壁孔　septal foramen　05.0250
隔壁肋　costa　05.0827
隔离　isolation　02.0305
*隔离分布　disjunction, discontinuous distribution　02.0356
隔离机制　isolating mechanism　02.0306
隔梁　dissepiment　05.2740
隔膜　mesentery, septum　05.0792，septum　05.1484
隔膜丝　mesenterial filament, septal filament　05.0799
*隔片　mesentery, septum　05.0792，septum　05.0823
膈[肌]　diaphragm　06.0896
膈神经　phrenic nerve　06.1225
个虫　zooid　05.0508，05.2553
个虫间出芽　interzooidal budding　05.2689
个虫内出芽　intrazooidal budding　05.2690
个虫外部分　extrazooidal part　05.2592
个体变异　individual variation　02.0254
*个体发生　ontogeny, ontogenesis　04.0008
个体发育　ontogeny, ontogenesis　04.0008
个体发育变异　ontogenetic variation　05.2595
个体间距　individual distance　07.0327

个体生态学　individual ecology　07.0001
个眼　ommatidium　05.1434
*个员　zooid　05.0508
各向同性　isotropy　03.0227
各向异性　anisotropy　03.0228
根　radix, root　05.2927
根个虫　rhizoid　05.2561
根间管　peronial canal　05.0754
根卷枝　radiculus　05.2936
根片　radix　05.2284
根室　radicular chamber　05.2725
*根丝　rootlet　05.0809
根[状伪]足　rhizopodium　05.0214
根状系　root-like system　05.2070
跟骨　calcaneus　06.0647
梗节　pedicel　05.2429
弓形集合小管　arched collecting tubule　03.0806
*功能团　functional group　07.0467
肱动脉　brachial artery　06.1078
肱盾　humeral scute　06.0207
肱二头肌　biceps brachii muscle　06.0810
肱骨　humerus　06.0629
肱肌　brachialis muscle　06.0809
肱三头肌　triceps brachii muscle　06.0811
肱腺　humeral gland　06.0361
巩膜　sclera　03.0442
巩膜环　sclerotic ring　06.0423
巩膜软骨　sclerotic cartilage　05.1784
拱齿型　camarodont type　05.2850
共存　coexistence　07.0428
共骨[骼]　coenosteum　05.0819
*共模　syntype　02.0128
共肉　coenosarc　05.0695
共生　symbiosis　07.0429
*共体　coenosarc　05.0695
共同衍征　synapomorphy　02.0070
共同祖征　symplesiomorphy　02.0069
*共尾蚴　coenurus　05.1077
共芽　common bud　05.2703
共有序列　consensus sequence　02.0192
勾棘骨针　uncinate　05.0566
沟　groove, furrow, sulcus　05.0024
沟棘　furrow spine　05.2875
钩齿　hooked tooth　05.1179
*钩齿刚毛　hook　05.1325

钩刺环　girdle of hooked granule　05.2858
钩骨　unciform bone　06.0637
钩铗型　mazocraeid type　05.0942
*钩介幼虫　glochidium　05.1834
钩介幼体　glochidium　05.1834
钩毛蚴　oncomiracidium　05.0960
*钩毛蚴　coracidium　05.1070
钩球蚴　coracidium　05.1070
钩突　uncinate process　06.0592
钩腕棘　hooked arm spine　05.2971
钩状刚毛　hook　05.1325
孤雌生殖　parthenogenesis　01.0237
孤立淋巴小结　solitary lymphatic nodule　03.0620
古北界　Palearctic realm　02.0391
古皮质　paleopallium　06.1189
古生态学　paleoecology　07.0016
*股　thigh　06.0330
股动脉　femoral artery　06.1082
股盾　femoral scute　06.0210
股骨　femur　06.0627
股节　femur　05.2169，05.2400，05.2468
股孔　femoral pore　06.0185
股内侧肌　vastus medialis muscle　06.0826
股四头肌　quadriceps femoris muscle　06.0824
股外侧肌　vastus lateralis muscle　06.0828
股直肌　rectus femoris muscle　06.0825
股中间肌　vastus intermedius muscle　06.0827
骨　bone　06.0384
骨板　bone lamella　03.0133，bony plate　06.0190
*骨包虫　osseous hydatid　05.1087
骨单位　osteon　03.0140
骨单位骨板　osteon lamella　03.0138
骨发生　osteogenesis　03.0146
骨缝　suture　06.0674
骨干　diaphysis, shaft　03.0127
*骨干骨化中心　diaphyseal ossification center　03.0152
骨骼　skeleton　01.0170
骨骼肌　skeletal muscle　03.0212
骨骼系统　skeletal system　01.0169
骨骺　epiphysis, osteoepiphysis　03.0128
*骨骺骨化中心　epiphyseal ossification center　03.0153
骨化　ossification　03.0149
骨化中心　ossification center　03.0151
骨基质　bone matrix　03.0116
骨棘球蚴　osseous hydatid　05.1087

骨领　bone collar　03.0150

骨螺旋板　osseous spiral lamina　03.0516

骨迷路　osseous labyrinth　06.1261

*骨密质　compact bone　03.0132

骨内膜　endosteum　03.0125

骨盆　pelvis　06.0626

骨片　sclerite　05.0618，spicule, deposit, ossicle　05.2984

*骨松质　spongy bone　03.0130

骨髓　bone marrow　03.0143

*骨髓依赖淋巴细胞　bone marrow-dependent lymphocyte　03.0596

骨[外]膜　periosteum　03.0123

骨蜗管　osseous cochlea　03.0520

骨细胞　osteocyte　03.0112

骨陷窝　bone lacuna　03.0118

骨小管　bone canaliculus　03.0119

骨小梁　bone trabecula　03.0131

*骨原细胞　osteogenic cell　03.0113

骨针　sclera, spicule　05.0027

*骨针细胞　sclerocyte　05.0535

骨组织　osseous tissue　03.0111

骨祖细胞　osteoprogenitor cell　03.0113

*蛊毛　trichobothrium, bothriotrich, bothriotrichium　05.2344

鼓骨　tympanic bone　06.0463

鼓膜　tympanic membrane　06.1276

鼓膜张肌　tensor tympani muscle　06.0763

鼓泡　tympanic bulla　06.0468

鼓韧带　tympanic ligament　06.0764

鼓舌骨　tympanohyal　06.0511

鼓室　tympanic cavity　06.1275

鼓室阶　tympanic scale, scala tympani　03.0523

鼓围耳骨　tympanoperiotic bone　06.0469

固肠肌　fixing muscle　05.1517

固定实质细胞　fixed parenchyma cell　05.0898

固吸器　haptor　05.0924

固胸型肩带　firmisternal pectoral girdle　06.0601

固休芽　sessoblast　05.2712

固有层　lamina propria　03.0706

固有结缔组织　connective tissue proper　03.0071

固有腕板　fixed brachial　05.2947

*固有种　native species, indigenous species　02.0369

固着动物　sedentary animal　07.0197

固着端　sessile end　05.0014

*固着铗　attaching clamp　05.0938

固着盘　attaching disc, adhesive disc　05.0923

固着泡　pexicyst　05.0462

固着器　holdfast　05.1557

固着石内型　sessile endolithic form　05.1541

*寡钩类　oligonchoinea　05.0914

寡毛纲　Oligochaeta　05.1292

*寡毛类　oligochaete　05.1292

寡食性　oligophagy　07.0166

*寡体节动物门　Oligomeria　01.0043

关闭型平衡囊　closed marginal vesicle, closed statocyst　05.0765

*关闭型外内胚层平衡囊　closed ectoendodermal statocyst　05.0766

*关闭型外胚层平衡囊　closed ectodermal statocyst　05.0765

关键因子分析　key factor analysis　07.0358

关键种　keystone species　07.0456

关节　joint, articulation　06.0661

关节唇　articular labrum　06.0669

关节骨　articular bone　06.0495

关节面　articular surface　06.0662

关节囊　joint capsule, articular capsule　06.0664

关节盘　articular disc　06.0668

关节腔　joint cavity, articular cavity　06.0665

关节软骨　articular cartilage　06.0663

关节鳃　arthrobranchia　05.2123

关节突　zygapophysis, articular process　06.0554

关节突关节　zygapophysial joint　06.0685

关节下瘤　subarticular tubercle　06.0174

关联系数　association coefficient　07.0480

*观摩学习　empathic learning, observation learning　07.0242

冠[部]　crown　05.2926

冠沟　coronary groove　05.0778

冠群　crown group　02.0170

冠纹　medium coronary stripe　06.0226

冠羽　crest　06.0280

冠状动脉　coronary artery　06.1054

管齿型　aulodont type　05.2852

管刺　tubulospine　05.0269

管盖　obturaculum　05.1548

管泡状腺　tubuloacinar gland　03.0056

管栖多毛类　tubicolous polychaete　05.1300

管肾　nephridium　05.0045

管水母类　Siphonophora　05.0716

管体茎 siphosomal stem 05.0727

管系 solenia 05.0246

*管系 solenia 05.0832

管细胞 tubule cell 05.0885, solenocyte 05.1271, 06.0054

管牙 solenoglyphous tooth 06.0933

管状颈 tubelike neck 05.0283

管状体 siphonozooid 05.0837

管状腺 tubular gland 03.0048, tubuliform gland 05.2267

管状咽 tubular pharynx 05.0904

管足 podium, tube foot 05.2785

管足孔 podium pore 05.2786

贯眼纹 transocular stripe 06.0233

惯性 inertia 07.0578

光化学烟雾 photochemical smog 07.0566

光聚反应 photoaccumulation 05.0345

光面内质网 smooth endoplasmic reticulum 01.0135

光能自养生物 photoautotroph 07.0160

光周期 photoperiod 07.0062

光周期现象 photoperiodism 07.0063

*广布种 cosmopolitan species 02.0374

广食性 euryphagy 07.0162

广适性 eurytopic 07.0037

广水性 euryhydric 07.0043

广温性 eurythermic, curythermal 07.0039

广温性动物 eurythermal animal 07.0092

广盐性 euryhaline, eurysalinity 07.0041

广盐性动物 euryhaline animal 07.0105

广氧性 euroxybiotic 07.0045

规则致密结缔组织 dense regular connective tissue 03.0093

*闺房群 harem 07.0273

硅质骨针 siliceous spicule 05.0541

过渡节 transition segment 05.2940

*过冷 supercooling 07.0118

过氧化物酶体 peroxisome 01.0138

H

哈迪–温伯格定律 Hardy-Weinberg law 02.0284

*哈弗斯骨板 Haversian lamella 03.0138

*哈弗斯管 Haversian canal 03.0139

*哈弗斯系统 Haversian system 03.0140

*哈氏骨板 Haversian lamella 03.0138

*哈氏管 Haversian canal 03.0139

哈氏窝 Hatschek's pit 06.0045

*哈索尔小体 Hassall's corpuscle 03.0641

海岸带 coastal zone 02.0396

海百合纲 Crinoidea 05.2767

海胆纲 Echinoidea 05.2765

海胆幼体 echinopluteus 05.3006

海胆原基 echinus rudiment 05.3000

海马 hippocampus 06.1210

海绵 sponge 05.0521

*海绵动物门 Spongia 01.0024

*海绵腔 spongicoel 05.0642

海绵体 corpus cavernosum 03.0869

海绵硬蛋白丝 spongin fiber 05.0539

海绵质细胞 spongocyte 05.0534

海螵蛸 cuttle bone 05.1782

海参纲 Holothuroidea 05.2766

海星纲 Asteroidea 05.2763

海[蜘]蛛纲 Pycnogonida 05.2151

寒带种 cold zone species 02.0408

*汉森细胞 Hensen's cell 03.0539

汗腺 sweat gland 06.0363

旱生动物 xerocole 07.0188

好氧生物 aerobe 07.0153

合胞体 syncytium 05.0064

合胞体内板 intrasyncytial lamina 05.1236

合胞体胚盘 syncytial blastoderm 04.0289

合胞体说 syncytial theory 04.0020

合膜 synhymenium 05.0395

合筛顶系 ethmophract apical system 05.2825

合生 connate 05.2719

*合体节 cormidium 05.0728

合体群 cormidium 05.0728

*合[体细]胞滋养层 syncytiotrophoblast 04.0261

合体滋养层 syncytiotrophoblast 04.0261

合纤毛 syncilium 05.0394

合轴分枝 sympodium 05.0714

*合子 zygote 04.0207

合子核 zygote nucleus 04.0211, synkaryon 05.0504

合子减数分裂　zygotic meiosis　05.0348，zygote nucleus　04.0211

合子输卵管内移植　zygote intrafallopian transfer, ZIFT　04.0611

合作　cooperation　07.0427

*荷尔蒙　hormone　01.0211

*核被膜　nuclear envelope　01.0147

核鞭毛系统　karyomastigont system　05.0160

核袋纤维　nuclear bag fiber　03.0351

核二型性　nuclear dualism　05.0475

核分裂　karyokinesis　01.0160

*核骨架　nuclear skeleton, karyoskeleton　01.0150

核基质　nuclear matrix　01.0150

核孔　nuclear pore　01.0149

核链纤维　nuclear chain fiber　03.0352

核膜　nuclear membrane　01.0147

核内共生现象　endonuclear symbiosis　05.0344

核内体　endosome　05.0476

核内有丝分裂　mesomitosis　05.0477

核仁　nucleolus　01.0154

*核双态性　nuclear dualism　05.0475

*核[糖核]蛋白体　ribosome　01.0139

核糖体　ribosome　01.0139

核小体　nucleosome　01.0153

核心区　core zone　07.0632

核移植　nuclear transplantation, nuclear transfer　04.0606

核质相互作用　nucleocytoplasmic interaction　04.0605

*核周体　perikaryon　03.0266

核周隙　perinuclear space　01.0148

核周质　perikaryon　03.0266

颌弓　mandibular arch　06.0429

颌骨　jaw　06.0443

颌下腺　submaxillary gland　06.0885

颌腺　maxillary gland　06.0377

*翮羽　contour feather　06.0249

*赫拉夫卵泡　Graafian follicle　04.0115

赫林体　Herring's body　03.0835

褐漏斗　brown funnel　06.0055

褐色体　brown body　05.2709

褐色脂肪组织　brown adipose tissue　03.0097

黑化型　melanism　02.0058

*黑林管　Hering's canal　03.0757

黑[色]素　melanin　03.0564

黑色体　melanosome　05.0204

黑素颗粒　melanin granule　03.0563

黑素体　melanosome　03.0562

黑素细胞　melanocyte　03.0561

*黑素细胞刺激素细胞　melanotroph　03.0825

痕迹器官　vestigial organ　02.0265

*亨勒袢　Henle's loop　03.0804

*亨森结　Hensen's node　04.0366

亨森细胞　Hensen's cell　03.0539

恒齿　permanent tooth　06.0939

恒齿列　permanent dentition　06.0940

恒定性　constancy　07.0577

*恒渗透压动物　homeosmotic animal　07.0108

恒温动物　homeotherm, homoiothermal animal　07.0089

恒温性　homoiothermy　07.0084

恒有种　constant species　07.0453

横棒　crepis　05.0621

横壁　transverse wall　05.2604

横鞭毛　transverse flagellum　05.0175

横缝线　transverse suture　05.2323

*横辐管　transverse canal　05.0862

横隔壁　transverse septum　05.1795

横隔膜　diaphragm　05.2608

横沟　horizontal groove　05.0169

横棘毛　transverse cirrus　05.0417

*横裂　equatorial cleavage, horizontal cleavage　04.0236

横裂体　strobila　05.0783

横脉　crossvein　05.2486

横桥　cross bridge　03.0239

横突　transverse process　06.0551

横突棘肌　transversospinales　06.0784

横突间肌　intertransversarii, intertransverse muscle　06.0792

横微管　transverse microtubule　05.0389

横纹　transverse striation　05.1168

横纹肌　striated muscle　03.0216

横纹面　striated area　05.1793

横向二分裂　transverse division, transverse fission　05.0479

*横向分化　transdifferentiation　04.0532

*横向跗关节　transverse tarsal joint　06.0708

*横向纤维　transverse fiber　05.0389

横小管　transverse tubule, T tubule　03.0222

横行性　laterigrade　05.2305

横血管　transverse vessel　06.0019

横枝　trabecular　05.2718

红骨髓　red bone marrow　03.0144

红肌纤维　red muscle fiber　03.0248

红髓　red pulp　03.0664

红细胞　erythrocyte, red blood cell, RBC　03.0160

红细胞发生　erythrocytopoiesis, erythropoiesis　03.0185

红细胞膜骨架　erythrocyte membrane skeleton　03.0161

红细胞内期　erythrocytic phase　05.0324

红细胞前期　pre-erythrocytic stage　05.0322

红细胞外裂体生殖　exoerythrocytic schizogony　05.0321

红细胞外期　exoerythrocytic stage　05.0323

红腺　red gland　06.0375

*宏观分类学　macrotaxonomy　02.0014

宏进化　macroevolution　02.0227

虹彩细胞　iridocyte　05.1802

虹膜　iris　03.0445

虹吸式口器　siphoning mouthparts　05.2456

喉　larynx　06.0230，06.0984

喉盾　gular scute　06.0206

喉肌　muscle of larynx　06.0770

*喉门　glottis　06.0987

喉囊　gular pouch, gular sac　06.0246

喉气管沟　laryngotracheal groove　04.0507

喉气管憩室　laryngotracheal diverticulum　04.0508

喉腔　laryngeal cavity　06.0989

喉软骨　laryngeal cartilage　06.0526

喉腺　laryngeal gland　06.0366

喉褶　gular fold, gular plica　06.0187

骺板　epiphyseal plate　03.0129

后凹型椎体　opisthocoelous centrum　06.0539

后凹眼列　recurved eye row　05.2195

后板　metaplax　05.1662

后背板　metazonit, metatergite　05.2373

后背臂　posterodorsal arm　05.3010

后闭壳肌　posterior adductor muscle　05.1697

后侧臂　posterolateral arm　05.3011

后侧齿　posterior lateral tooth　05.1687

后侧眼　posterior lateral eye, PLE　05.2201

后肠　hindgut　04.0490

后肠门　posterior intestinal portal　04.0492

后肠系膜动脉　posterior mesenteric artery　06.1076

后成论　postformation theory　04.0013

*后成说　postformation theory　04.0013

后齿堤　retromargin　05.2164

后翅　hind wing, hindwing　05.2489

后担轮幼虫　metatrochophore　05.1476

后盾板　metapeltidium　05.2191

后耳　posterior auricle　05.1656

后耳骨　opisthotic bone　06.0459

后纺器　posterior spinneret　05.2235

后跗节　metatarsus　05.2172

后腹板　metasternite　05.2377

后腹部　postabdomen　05.2030，05.2214

后刚叶　postchaetal lobe　05.1376

后隔壁通道　postseptal passage　05.0248

后宫群　harem　07.0273

后宫型　opisthodelphic type　05.1215

后沟牙　opisthoglyphous tooth　06.0932

后关节突　postzygapophysis, posterior articular process　06.0556

后管肾　metanephridium　05.0047

后尖　metacone　06.0971

后角突起　posterior triangular projection　05.2359

后口动物　deuterostome　01.0074

后连合　posterior commissure　06.1183

后淋巴心　posterior lymph heart　06.1114

后模［标本］　metatype　02.0136

后脑　metencephalon, hind brain　06.1164

后期幼体　post larva　05.2101

后腔静脉　postcaval vein　06.1104

*后曲眼列　recurved eye row　05.2195

后鳃体　ultimobranchial body　06.1244

后三叉骨针　anatriaene　05.0576

后溞状幼体　metazoea larva　05.2096

后神经孔　posterior neuropore　04.0426

后肾　metanephros　04.0465

*后肾管　metanephridium　05.0047

后生动物　metazoan　01.0062

后收足肌　posterior retractor　05.1706

后水管沟　posterior canal　05.1637

*后髓细胞　metamyelocyte　03.0196

后体　metasome, metasoma　05.0008，hind body　05.1002

后体［部］　opishtosoma　05.2155

后体部　opisthosome　05.1556，metasome　05.2760

后体腔　metacoel　05.0036

后体腔囊　somatocoel　05.2777

*后体腺　opisthosomatic gland　05.2272

后同名　secondary homonym　02.0110

后尾蚴　excysted metacercaria　05.0985

后位肾　opisthonephros　06.1116

后无节幼体　metanauplius larva　05.2092

后吸盘　posterior sucker　05.1006

后吸器　opisthaptor　05.0926

后纤毛环　metatroch　05.0075

后小尖　metaconule　06.0977

*后性类　Opisthogoneata　05.2312

后胸　metathorax　05.2463

后眼列　posterior eye row, PER　05.2197

后验概率　posterior probability　02.0202

后叶　poster　05.2631

后翼骨　metapterygoid bone　06.0456

后幽门管　apochete　05.0649

后幽门孔　apopyle　05.0647

后缘　posterior margin　05.1683

后仔虫　opisthe　05.0482

后增节变态　teloanamorphosis　05.2419

后殖孔类　Opisthogoneata　05.2312

后中眼　posterior median eye, PME　05.2200

后主静脉　posterior cardinal vein　06.1085

后足　hind leg, hindleg　05.2476

候鸟　migrant, migrant bird　07.0220

呼吸　respiration　01.0197

呼吸管　respiratory tube　06.0100

呼吸孔　pneumostome　05.1641，blow hole　06.0983

呼吸树　respiratory tree　05.2997

呼吸系统　respiratory system　01.0198

呼吸性细支气管　respiratory bronchiole　03.0687

弧骨　compass　05.2848

弧胸型肩带　arciferal pectoral girdle　06.0602

壶腹　ampulla　06.1266

壶腹嵴　ampullary crest, crista ampullaris　03.0503

壶腹帽　cupula　03.0504

壶状腺　ampulliform gland　05.2268

*互惠共生　mutualism, mutualistic symbiosis　07.0431

互利共生　mutualism, mutualistic symbiosis　07.0431

护器　tutaculum　05.2287

花丝骨针　floricome　05.0589

花纹样体　rosette　05.2990

花形口缘　floscelle　05.2921

花枝末梢　flower-spray ending　03.0354

华莱士线　Wallace's line　02.0395

*滑层　callus　05.1616

滑车　trochlea, pulley　06.0673

滑车神经　trochlear nerve　06.1215

*滑面内质网　smooth endoplasmic reticulum　01.0135

滑膜　synovial membrane　06.0666

滑膜关节　synovial joint　06.0679

滑膜囊　synovial bursa　06.0670

化能自养生物　chemoautotroph　07.0159

化石种　fossil species　02.0377

化学分化　chemical differentiation　04.0529

化学胚胎学　chemical embryology　04.0004

化学生态学　chemical ecology　07.0011

化学突触　chemical synapse　03.0300

化学消化　chemical digestion　01.0177

怀布尔–帕拉德小体　Weibel-Palade body, W-P body　03.0419

踝　ankle　06.0333

踝关节　ankle joint　06.0707

环杓背肌　dorsal cricoarytenoid muscle　06.0772

环杓侧肌　lateral cricoarytenoid muscle　06.0773

环层小体　lamellar corpuscle　03.0345

环带　clitellum　05.1473，girdle　05.1591

环带胎盘　zonary placenta　04.0398

环窦　ring sinus　05.2798

环骨板　circumferential lamella　03.0134

环管　circular canal, ring canal　05.0753

环肌　circular muscle　05.0037

环肌型　circomyarian type　05.1153

环脊　girdle　05.1552

环甲肌　cricothyroid muscle　06.0771

环礁　atoll　05.0846

环节动物　annelid　01.0093

环节动物门　Annelida　01.0041

环境　environment　07.0018

环境抗性　environmental resistance　07.0380

环境容纳量　carrying capacity　07.0378

环境适度　fitness of environment　07.0379

环境因子　environmental factor　07.0019

*环口动物　cycliophoran　01.0092

*环口动物门　Cycliophora　01.0040

环卵沉淀反应　circumoval precipitate reaction, COPR　05.0092

环毛状触角　annular antenna　05.2433

环囊　annulus　05.2715

环[水]管　ring canal　05.2779

环行皱襞　circular fold, plicae circulares　03.0738

环形幼虫　cinctoblastula　05.0659

环旋末梢　annulospiral ending　03.0353

环血管　hemal ring canal　05.2793

环志　banding, ringing　07.0342

*环状部　annulus　05.2715

环状软骨　cricoid cartilage　06.0528

寰枢关节　atlantoaxial joint　06.0684

寰枕关节　atlantooccipital joint　06.0683

寰椎　atlas　06.0564

缓步动物　tardigrade　01.0106

缓冲对抗行为　agonistic buffering behavior　07.0289

缓冲区　buffer zone　07.0633

缓速进化　bradytelic evolution, bradytely　02.0247

换羽　molt　06.0284

黄斑　macula lutea　03.0480

黄骨髓　yellow bone marrow　03.0145

黄色体　xanthosome　05.0295

黄色新月　yellow crescent　04.0222

*黄色脂肪组织　yellow adipose tissue　03.0096

黄体　corpus luteum　04.0165

黄体解体　luteolysis　04.0169

黄体期　luteal stage　04.0173

*黄体溶解　luteolysis　04.0169

黄体生成素　luteinizing hormone, LH　04.0070

*黄纤维　yellow fiber　03.0088

灰色新月　gray crescent　04.0223

*灰细胞　gray cell　05.0538

灰质　gray matter　06.1198

灰质连合　gray commissure　03.0389

恢复力　resilience　07.0584

恢复力稳定性　resilience stability　07.0585

回肠　ileum　06.0855

回结环　ileocolon ring　06.0051

回声定位　echolocation　07.0228

回旋肌　rotatores muscle　06.0790

洄游　migration　07.0210

会聚性延伸　convergent extension　04.0300

会厌　epiglottis　06.0985

会厌管　epiglottic spout　06.0986

会厌软骨　epiglottic cartilage　06.0530

会阴　perineum　06.1147

会阴花纹　perineal pattern　05.1169

会阴腺　perineal gland　06.0371

喙　rostrum　05.1135，bill　06.0219

喙骨　coracoid　06.0604

喙突　coracoid process　06.0612

喙形感器　beak-like sensillum　05.2341

喙状叉棘　rostrate pedicellaria　05.2881

*喙状感器　beak-like sensillum　05.2341

婚刺　nuptial spine　06.0159

婚垫　nuptial pad　06.0158

婚配制度　mating system　07.0267

婚舞　nuptial dance　05.1475，07.0279

婚羽　nuptial plumage　06.0287

*混合体腔　mixed coelom　05.0042

混合腺　mixed gland　03.0060

混交制　promiscuity　07.0272

活动指　movable finger　05.2021

活质体　energid　04.0290

获得性状　acquired character　02.0065

获能　capacitation　04.0190

*霍伊泽膜　Heuser's membrane　04.0318

J

机会通过　sweepstake route　02.0364

机会种　opportunistic species　07.0458

机械消化　physical digestion　01.0176

*肌斑　musclar impression, sigilla　05.2212

肌层　muscle layer, lamina muscularis　03.0710

肌动蛋白　actin　03.0241

*肌动蛋白丝　actin filament　01.0144

肌钙蛋白　troponin　03.0243

肌隔　myocomma　06.0716

肌管　myotube　04.0484

肌痕　musclar impression, sigilla　05.2212

肌红蛋白　myoglobin　03.0246

[肌]集钙蛋白　calsequestrin, CASQ　03.0245

肌间神经丛　myenteric nervous plexus　03.0711

肌腱　muscle tendon　03.0254

*肌浆　sarcoplasm　03.0220

*肌浆网　sarcoplasmic reticulum　03.0221

肌交叉　muscle cross　05.1119

肌节　sarcomere　03.0234，myomere　06.0052

肌膜　sarcolemma　03.0219

肌内膜　endomysium　03.0251

肌旗　muscle banner　05.0798

肌球蛋白　myosin　03.0238
肌肉　muscle　01.0174
肌肉束　muscle bundle　05.1497
肌肉系统　muscular system　01.0173
肌[肉]组织　muscle tissue　03.0211
肌上皮细胞　myoepithelial cell　03.0038
肌束膜　perimysium　03.0252
肌丝　myofilament　03.0236，spasmoneme, myoneme
　05.0425
肌丝滑动学说　sliding filament theory　03.0247
肌梭　muscle spindle　03.0349
肌外膜　epimysium　03.0253
肌卫星细胞　muscle satellite cell　03.0235
肌胃　muscular stomach　06.0845
肌细胞　muscle cell, myocyte　03.0218
*肌纤维　muscle fiber, myofiber　03.0218
肌小管　sarcotubule　03.0223
*肌原细胞　myogenous cell　04.0485
肌原纤维　myofibril　03.0226
肌质　sarcoplasm　03.0220
肌质网　sarcoplasmic reticulum　03.0221
奇静脉　azygos vein　06.1100
奇鳍　median fin　06.0125
奇足类　Paradoxopoda　05.2315
基板　basal lamina, basal plate　03.0031，basal lamina
　04.0337，basal plate　05.2942
*基板　basal plate　05.0820
基本羽　basic plumage　06.0285
基壁　basal wall　05.2601
基扁平细胞　basopinacocyte　05.0528
基侧板　coxopleuron　05.2379
基侧板突　coxopleural process　05.2380
基础生态位　fundamental niche　07.0469
基窗　basal window　05.2660
基底　basis, substratum　05.2071
基底层　stratum basale, stratum germinativum　03.0547
基底面　basal surface　03.0020
基底细胞　basal cell　03.0548
基蝶骨　basisphenoid bone　06.0480
基跗节　basitarsus　05.2471
基节　coxopodite, coxa　05.2010，coxa　05.2167，
　05.2396，05.2466
基节刺　basial spine　05.1915
基节孔　coxal pore　05.2392
基节孔区　coxal pore-field　05.2393

基节腺　coxal gland　05.2263
基孔室　dietella, basal porechamber　05.2667
基面　basal　05.2550
基膜　basement membrane　03.0030，basal membrane
　05.1134
基鸟头体　basal avicularium　05.2576
基盘　basal disc　05.0711，basic disc　05.1288
基鳍骨　basal pterygiophore　06.0597
基鳃骨　basibranchial bone　06.0517
基舌骨　basihyal bone　06.0503
基体　basal body　05.0161
*基蜕膜　basal decidua　04.0277
基细胞　basal cell　03.0683
基胸板　coxosternite, coxosternum　05.2363
基胸板齿　coxosternal tooth　05.2356
基胸板中央凹　coxosternal median diastema　05.2364
基须　basalia　05.0617
基血囊　basal hematodocha　05.2296
基芽　basal bud　05.2700
基因库　gene bank　02.0267
基因流　gene flow　02.0287
基因频率　gene frequency　02.0288
基因树　gene tree　02.0178
基因型频率　genotypic frequency　02.0289
基枕骨　basioccipital, basioccipital bone　06.0436
基质　ground substance, matrix　03.0074
基质细胞　stromal cell　03.0182
基质小泡　matrix vesicle　03.0120
基锥[感]器　basiconic sensillum　05.2334
*畸胎发生　teratogenesis　04.0220
畸胎瘤　teratoma　04.0221
畸形发生　teratogenesis　04.0220
激素　hormone　01.0211
*极垫细胞　polar cushion cell　03.0792
极端滋养层　polar trophoblast　04.0260
极环　polar ring　05.0307
极囊　polar capsule　05.0313
极丝　polar filament　05.0311，05.0956
极体　polar body　04.0077
极危种　critical species　07.0619
极细胞　pole cell　04.0214
极性　polarity　04.0128
极性活性区　zone of polarizing activity, ZPA　04.0519
极叶　polar lobe　04.0215
极质　polar plasm　04.0127

极周细胞　peripolar cell　03.0793

极滋养外胚层　polar trophectoderm　04.0307

棘　spur　05.2346，spine　05.2869

棘棒状骨针　acanthostrongyle　05.0554

棘刺　spine　05.1230，05.1380，05.1628

棘间肌　interspinal muscle　06.0791

棘口尾蚴　echinostome cercaria　05.0980

棘毛　cirrus　05.0411，05.1260

棘皮动物　echinoderm　01.0113

棘皮动物门　Echinodermata　01.0054

棘器　spine apparatus　03.0275

棘球蚴　hydatid, echinococcus　05.1063

棘球蚴囊　hydatid cyst　05.1064

棘球蚴砂　hydatid sand　05.1067

棘球蚴液　hydatid fluid　05.1068

棘球子囊　daughter cyst　05.1065

*棘头虫　thorny headed worm　01.0087

棘头虫病　acanthocephaliasis　05.1252

棘头动物　acanthocephalan　01.0087

棘头动物门　Acanthocephala　01.0035

棘头体　acanthella　05.1250

棘头蚴　acanthor　05.1248

棘细胞　heckle cell　03.0550

棘［细胞］层　stratum spinosum　03.0549

棘针骨针　acanthostyle　05.0551

棘状骨骼　echinating　05.0623

棘状骨针　calthrop　05.0558

集合淋巴小结　aggregate lymphatic nodule　03.0628

*集合腺　aggregate gland　05.2266

集合小管　collecting tubule　03.0805

集合种群　metapopulation　07.0330

集聚　aggregation　07.0420

集群灭绝　mass extinction　07.0614

*集体防御　group defense　07.0251

脊　carina　05.1918

脊齿型　stirodont type　05.2851

脊底颅　tropibasic skull　06.0396

脊神经　spinal nerve　06.1226

脊神经节　spinal ganglion　03.0393

脊髓　spinal cord　06.1197

脊索　notochord　06.0001

脊索动物　chordate　01.0117

脊索动物门　Chordata　01.0057

脊索中胚层　chordamesoderm　04.0348

脊型齿　lophodont tooth　06.0955

脊性尾蚴　lophocercaria　05.0972

脊柱　vertebral column　06.0534

脊状疣足　torus　05.1310

脊椎动物　vertebrate　01.0121

脊椎动物学　vertebrate zoology　01.0021

脊椎动物亚门　Vertebrata　01.0060

脊椎动物肢发育　vertebrate limb development　04.0510

记忆 B 细胞　memory B cell　03.0607

记忆 T 细胞　memory T cell　03.0601

*季节隔离　seasonal isolation　02.0310

*季节洄游　seasonal migration　07.0215

季节性波动　seasonal oscillation　07.0398

季相　aspection, seasonal aspect　07.0488

寄生　parasitism　07.0441

寄生虫　parasite　05.0077

寄生虫病　parasitic disease　05.0082

寄生虫感染　parasitic infection　05.0089

寄生虫学　parasitology　05.0078

寄生去势　parasitic castration　05.2080

家养化　domestication　07.0609

*家域　home range　07.0418

铗片　clamp skeleton　05.0943

颊　gena, cheek　05.2424，cheek　06.0227

颊部　cheek　06.0886

颊齿　cheek tooth　06.0945

颊刺　pterygostomian spine　05.1912

颊囊　cheek pouch　06.0887

颊区　pterygostomian region　05.1901

颊纹　cheek stripe　06.0228

颊窝　facial pit　06.1250

颊腺　buccal gland　06.0880

甲　nail　06.0341

甲床　nail bed　03.0591

甲根　nail root　03.0590

*甲级分类学　alpha taxonomy　02.0016

甲母质　nail matrix　03.0592

甲桥　bridge　06.0212

甲壳　crusta, crust　05.1859

甲壳动物　crustacean　01.0100

甲壳动物学　carcinology, crustaceology　05.1851

甲壳［动物］亚门　Crustacea　01.0047

甲杓肌　thyroarytenoid muscle　06.0774

甲舌骨　thyrohyal bone　06.0510

甲体　nail body　03.0589

*甲细胞　A cell　03.0763

甲状旁腺　parathyroid gland　06.1243
[甲状旁腺]嗜酸性细胞　oxyphil cell　03.0850
[甲状旁腺]主细胞　chief cell　03.0849
甲状软骨　thyroid cartilage　06.0527
甲状腺　thyroid gland　06.1242
[甲状腺]滤泡　follicle　03.0846
*假垂管　pseudomanubrium　05.0747
假唇　pseudolabium　05.1175
假单极神经元　pseudounipolar neuron　03.0285
假窦　pseudosinus　05.2640
*假额剑　pseudorostrum　05.1894
假额角　pseudorostrum　05.1894
假复层纤毛柱状上皮　pseudostratified ciliated colum-
　nar epithelium　03.0010
假复层柱状上皮　pseudostratified columnar epithelium
　03.0011
*假黄体　corpus luteum spurium　04.0171
假几丁质壳　pseudochitinous test　05.0224
假脊　pseudocarina　05.0278
假寄生　pseudoparasitism　07.0442
假寄生虫　pseudoparasite, spurious parasite　05.0091
假孔　pseudopore　05.2651
假脐　pseudoumbilicus　05.0279，05.1619
假气管　pseudotrachea　05.2138
假鳃　pseudobranch　06.0113
假溞状幼体　pseudozoea larva　05.2097
假上肢　pseudepipodite, pseudoepipodite　05.2026
*假水蚤幼体　alima larva　05.2098
假死态　thanatosis　07.0121
假体腔　pseudocoelom, pseudocoel　05.0030
假体腔动物　pseudocoelomate　01.0069
*假头　capitulum　05.2177
假头节　pseudoscolex　05.1052
假外肢　pseudexopodite, pseudoexopodite　05.2025
假胸甲　pseudosternum　05.2187
假阴茎囊　false cirrus pouch　05.1023
假缘膜　velarium　05.0780
尖胶黏性刺丝囊　streptoline glutinant　05.0682
尖尾型食道　oxyuroid esophagus　05.1186
尖翼　pointed wing　06.0291
间步带　interambulacrum　05.2789
*间步带区　interambulacral area　05.2789
间插骨　intercalarium　06.0561
间插体节　intercalary segment　05.2348
间齿　intermedian tooth　05.1947

间充质　mesenchyme　04.0339
间充质干细胞　mesenchymal stem cell　04.0544
间充质囊胚　mesenchyme blastula　04.0343
间充质细胞　mesenchymal cell　04.0340
间唇　interlabium　05.1176
间辐　interradius　05.0751
间辐板　interradial plate　05.2981
间辐部　interradius　05.2772
间辐管　interradial canal　05.0863
*间辐片　interradial plate　05.2981
间骨板　interstitial lamella　03.0142
间脊　intermediate carina　05.1941
间介软骨　intercalary cartilage　06.0658
间介中胚层　intermediate mesoderm　04.0326
间脑　diencephalon　06.1161
间皮　mesothelium　03.0005
间腔　alveolus　05.2593
间鳃盖骨　interopercle　06.0525
间舌骨　interhyal bone　06.0506
间腕板　interbrachial　05.2948
间细胞　interstitial cell　05.0673
间小齿　intermedian denticle　05.1948
间缘板　intermarginal plate　05.2911
间质卡哈尔细胞　interstitial Cajal's cell, ICC　03.0712
间质生长　interstitial growth　03.0155
肩　shoulder　05.1629，06.0322
肩板　scapullet　05.0772
肩带　pectoral girdle, shoulder girdle　06.0600
肩带肌　shoulder girdle muscle　06.0804
肩峰　acromion　06.0616
肩[肱]关节　shoulder joint, glenohumeral joint
　06.0694
肩胛冈　spine of scapula　06.0613
肩胛骨　scapula　06.0603
肩胛喙骨　scapulocoracoid, scapulocoracoid bone
　06.0605
肩胛提肌　levator scapulae muscle　06.0758
肩胛下肌　subscapularis muscle　06.0806
肩臼　glenoid fossa　06.0606
肩锁关节　acromioclavicular joint　06.0693
肩纤毛带　epaulette　05.2808
肩羽　scapular feather　06.0278
兼性产热　facultative thermogenesis　07.0102
兼性寄生　facultative parasitism　07.0444
兼性寄生虫　facultative parasite　05.0086

检索表　key　02.0156

减数分裂　meiosis　01.0162

睑板　tarsal plate, tarsus　03.0498

睑板腺　tarsal gland　03.0499

简单型刚毛　simple chaeta　05.1318

简约法　parsimony　02.0196

建立者效应　founder effect　02.0291

间断分布　disjunction, discontinuous distribution 02.0356

间断平衡说　punctuated equilibrium　02.0218

间隙孔　lacuna　05.2647

荐骨　sacrum　06.0570

荐棘肌　sacrospinalis　06.0778

荐髂关节　sacroiliac joint, SI joint　06.0703

荐神经　sacral nerve　06.1234

荐尾关节　sacrococcygeal joint　06.0687

荐椎　sacral vertebra　06.0569

剑板　xiphiplastron　06.0204

渐变模式　gradualistic model　02.0238

*渐变群　cline　02.0367

*渐成论　epigenesis theory　04.0013

*渐进律　progression rule　02.0324

*腱　tendon　03.0254

腱鞘　tendinous sheath　06.0672

腱细胞　tenocyte　03.0077

鉴别　diagnosis　02.0077

*鉴别特征　diagnostic character　02.0078

鉴别性状　diagnostic character　02.0078

鉴定　identification　02.0060

*箭虫　chaetognath　01.0114

*浆半月　serous demilune　03.0060

浆膜　serosa　03.0715，04.0384

浆细胞　plasma cell　03.0080

浆羊膜腔　seroamnion cavity　04.0385

浆液腺　serous gland　03.0059

桨状刚毛　paddle chaeta　05.1353

桨足纲　Remipedia　05.1853

*降海繁殖　catadromous migration　07.0213

降河产卵鱼　catadromous fish　07.0217

降河洄游　catadromous migration　07.0213

降肌　depressor　06.0723

交哺　trophallaxis　07.0284

交叉叉棘　crossed pedicellaria　05.2886

交错突细胞　interdigitating cell　03.0657

交感干　sympathetic trunk　06.1238

交感神经节　sympathetic ganglion　03.0395

交感神经系统　sympathetic nervous system, SNS 06.1155

*交媾孔　copulatory opening, copulatory pore　05.2227

交媾腔　atrium　05.2222

交合刺　copulatory spicule　05.1216

交合刺囊　spicular sac, spicular pouch　05.1217

交合刺鞘　spicular sheath　05.1218

*交合囊　copulatory bursa　05.1220

交合伞　copulatory bursa　05.1220

*交接刺　penile spine　05.1280

交接管　copulatory tube　05.0950

交接器　copulatory organ　01.0226

*交接腕　hectocotylized arm　05.1769

交配刺激诱导排卵　mating-induced ovulation　04.0163

交配管　copulatory duct　05.2293

交配孔　copulatory opening, copulatory pore　05.2227

交配囊　copulatory pouch　05.0067

*交配器　copulatory organ　01.0226

交配素　gamone　05.0502

*交配体制　mating system　07.0267

交配型　mating type　05.0496

交尾矢刺　dart　05.1832

*胶刺胞　glutinant　05.0681

胶结壳　agglutinated test　05.0221

胶膜　jelly coat　04.0157

*胶黏腺　cement gland　05.1244

*胶丝鞭毛体　myxoflagellate　05.0209

*胶丝变形体　myxamoebe　05.0208

胶原[蛋白]　collagen　03.0087

胶原细胞　collencyte　05.0536

胶原纤维　collagen fiber　03.0086

胶质　colloid　03.0847

胶质界膜　glial limiting membrane　03.0320

胶质丝　glial filament　03.0318

嚼吸式口器　biting-sucking mouthparts　05.2458

角胞苔虫型群体　adeoniform colony　05.2531

角蛋白　keratin　03.0558

角蛋白丝　keratin filament　03.0553

角后器　postantennal organ　05.2330

角化　keratinization　03.0559

*角化层　stratum corneum　03.0556

角化复层扁平上皮　keratinized stratified squamous epithelium　03.0015

角膜　cornea　03.0441

角膜细胞　corneal cell　05.1872

角膜缘　limbus cornea, limbus　03.0443

*角皮膜　cuticle　05.1537

角皮凸　boss　05.1155

角鳃骨　ceratobranchial bone　06.0515

角舌骨　ceratohyal bone　06.0502

角质层　stratum corneum　03.0556，cuticle　05.1836

*角质层　periostracum　05.1576

角质刺　horny spine　06.0149

[角质]颚　jaw　05.1716

角质骨骼　keratose　05.0622

角质环　annulation　05.1170

角质喙　horny beak　06.0163

角质膜　cuticle　05.1537

角质鳍条　ceratotrichia　06.0142

角质细胞　horny cell　03.0557

角质形成细胞　keratinocyte　03.0546

角质咽冠　pharyngeal crown　05.1279

铰合部　hinge　05.1670

铰合槽　hinge socket　05.2749

铰合齿　hinge tooth　05.1684，05.2748

铰合韧带　hinge ligament　05.1672

铰合线　hinge line　05.1671

脚板　foot plate, end foot　03.0319

脚掌　sole of foot　06.0334

阶元系统　hierarchy　02.0022

接触性诱导　contact induction　04.0562

接触抑制　contact inhibition　04.0594

接触引导　contact guidance　04.0593

接合对　mating pair　05.0498

接合反应　mating reaction　05.0497

接合后体　exconjugant　05.0501

接合前体　preconjugant　05.0500

接合生殖　conjugation　05.0491

接合体　conjugant　05.0499

*接合型　mating type　05.0496

*节鞭幼体　cyrtopia　05.2110

节带　zonite　05.1273

节后纤维　postganglionic fiber　06.1240

节间部　internode　05.2723

节间沟　intersegmental furrow　05.1472

节间腺　interproglottidal gland　05.1095

节片　segment, proglottid　05.1056

节前纤维　preganglionic fiber　06.1239

节细胞　ganglion cell　03.0466

节细胞层　ganglion cell layer　03.0477

*节胸幼虫　calyptopis　05.2108

节肢动物　arthropod　01.0099

节肢动物门　Arthropoda　01.0046

节椎关节　zygospondylous articulation　05.2976

结肠　colon　06.0858

结肠系膜　mesocolon　06.0906

*结缔绒膜胎盘　syndesmochorial placenta　04.0401

结缔组织　connective tissue　03.0070

结缔组织鞘　connective tissue sheath　03.0585

结缔组织绒毛膜胎盘　syndesmochorial placenta
　04.0401

结间体　internode　03.0334

结节　acrorhagi　05.0806

结节部　pars tuberalis　03.0828

结膜　conjunctiva　03.0500

*结细胞　nodal cell　03.0414

睫毛　eyelash　06.0315

睫腺　ciliary gland　06.0379

睫状体　ciliary body　03.0449

睫状突　ciliary process　03.0450

睫状小带　ciliary zonule, zonula ciliaris　03.0451

姐妹群　sister group　02.0177

介形纲　Ostracoda　05.1856

界　kingdom　02.0023

界板　limiting plate　03.0754

巾　guard, hood　05.1370

巾钩刚毛　hooded hook chaeta　05.1355

*金星幼体　cypris larva　05.2106

紧密连接　tight junction　03.0026

进攻性　aggressiveness　07.0290

进化　evolution　02.0211

进化分类学　evolutionary taxonomy　02.0003

进化距离　evolutionary distance　02.0188

进化论　evolutionism　02.0212

进化趋势　trend of evolution　02.0240

进化生态学　evolutionary ecology　07.0008

进化速度　speed of evolution　02.0245

进化速率　rate of evolution, evolutionary rate　02.0246

进化稳定对策　evolutionary stable strategy　07.0082

*进化枝　clade　02.0167

进展演替　progressive succession　07.0486

近侧芽　proximolateral bud　05.2698

近端小管　proximal tubule　03.0797
近端中心粒　proximal centriole　04.0059
近曲小管　proximal convoluted tubule　03.0798
近似种　allied species　02.0053
*近髓肾单位　juxtamedullary nephron　03.0779
近星骨针　plesiaster　05.0598
近因　proximate cause　07.0029
近远轴　proximal-distal axis　04.0511
近直小管　proximal straight tubule　03.0799
浸制标本　solution preserved specimen　02.0114
茎化腕　hectocotylized arm　05.1769
茎化锥　spadix　05.1770
茎节　stipes　05.2449
*茎壳　pedicle valve　05.2746
茎片　stipe　05.2285
茎舌骨　stylohyal bone　06.0509
茎生　cauline　05.0712
茎突咽肌　stylopharyngeus muscle　06.0769
经典分类学　classical taxonomy　02.0001
经裂　meridional cleavage　04.0235
晶杆　crystalline style, style　05.1728
晶杆囊　crystalline sac　05.1727
晶状体　lens　03.0488
晶状体[基]板　lens placode　04.0438
晶状体囊　lens capsule　03.0489
晶状体泡　lens vesicle　04.0439
晶状体上皮　lens epithelium　03.0490
晶状体纤维　lens fiber　03.0491
精包　spermatophore　05.0069
精巢　testis　01.0224
*精荚　spermatophore　05.0069
精卵融合　sperm-oocyte fusion　04.0198
精卵识别　sperm-egg recognition, recognition of egg and sperm　04.0193
精母细胞　spermatocyte　04.0041
*精囊　seminal vesicle　03.0866
精囊腺　vesicular gland　03.0866
精索　spermatic cord　06.1126
精网　sperm web　05.2250
精液　semen, seminal fluid　04.0064
精液刺激诱导排卵　semen-induced ovulation　04.0164
*精原核　male pronucleus　04.0187
精原细胞　spermatogonium　04.0040
精子　sperm, spermatozoon　04.0054
精子成熟　sperm maturation　04.0063

精子穿透试验　sperm penetration assay, SPA　04.0613
精子发生　spermatogenesis　04.0031
精子活力　sperm motility　04.0065
精子凝集素　sperm agglutinin　04.0201
精子受体　sperm receptor　04.0194
精子细胞　spermatid　04.0044
精子形成　spermiogenesis　04.0046
鲸蜡器　spermaceti organ　06.1006
鲸蜡油　spermaceti　06.1007
鲸须　baleen, whalebone　06.0891
鲸须板　baleen plate　06.0892
颈板　placid　05.1276, collum　05.2368，nuchal plate　06.0191
颈半棘肌　semispinalis cervicis muscle　06.0787
*颈侧囊　lateral flap　06.0188
颈侧褶　lateral flap　06.0188
颈丛　cervical plexus　06.1231
颈动脉　carotid artery　06.1057
颈动脉导管　carotid duct　06.1052
颈动脉窦　carotid sinus　06.1062
颈动脉弓　carotid arch　06.1045
颈动脉体　carotid body　03.0424
颈段　neck region　04.0055
颈盾　cervical scute　06.0197
颈感器　collar receptor　05.1277
颈沟　cervical gutter, cervical groove　05.1195, cervical groove　05.1927，05.2183
颈管形感器　collared tube-shaped sensillum　05.2337
颈肌　neck muscle　06.0754
颈脊　cervical carina　05.1936
颈节　neck segment　05.1054，collum segment　05.2367
颈阔肌　platysma muscle　06.0797
颈内动脉　internal carotid artery　06.1061
颈内静脉　internal jugular vein　06.1093
颈黏液细胞　mucous neck cell　03.0730
颈瓶感器　collared bottle-shaped sensillum　05.2338
颈牵引肌　neck retractor muscle　05.1234
颈区　cervix, neck　05.2460
颈乳突　cervical papilla　05.1201
颈神经　cervical nerve　06.1230
颈外动脉　external carotid artery　06.1060
颈外静脉　external jugular vein　06.1092
颈腺　nuchal gland　06.0355
颈翼　cervical ala　05.1157

颈褶　jugular fold　06.0161

颈椎　cervical vertebra　06.0563

颈总动脉　common carotid artery　06.1058

颈最长肌　longissimus cervicis　06.0782

景观生态学　landscape ecology　07.0005

警戒色　warning coloration, aposematic color　07.0256

警戒态　aposematism　07.0257

警戒信息素　alarm pheromone　07.0236

净初级生产力　net primary productivity　07.0539

净初级生产量　net primary production, NPP　07.0549

净次级生产量　net secondary production　07.0551

*净化选择　purifying selection　02.0279

净生产量　net production　07.0545

*胫　shank　06.0331

胫腓关节　tibiofibular joint　06.0706

胫跗骨　tibiotarsus　06.0656

胫骨　tibia　06.0644

胫骨后肌　tibialis posterior muscle　06.0834

胫骨前肌　tibialis anterior muscle　06.0833

胫节　tibia　05.2171，05.2401，05.2469

胫腺　tibial gland　06.0362

竞争　competition　07.0421

竞争排斥　competition exclusion　07.0424

竞争排斥原理　principle of competitive exclusion　07.0425

*静核　stationary pronucleus　05.0492

静脉　vein　06.1083

静脉瓣　valve of vein　03.0426

静脉窦　venous sinus　06.1023

*静脉附属腺　renal appendage　05.1788

静态生命表　static life table　07.0356

静止原核　stationary pronucleus　05.0492

镜像对称分裂　symmetrogenic fission　05.0487

*旧皮质　paleopallium　06.1189

*旧热带界　Paleotropic realm　02.0389

臼齿　molar　06.0942

臼齿突　molar process　05.1985

就地保护　in situ conservation　07.0629

*居氏器　Cuvierian organ　05.2998

*居维叶管　duct of Cuvier　06.1086

居维叶器　Cuvierian organ　05.2998

局部异温性　regional heterothermy　07.0086

*局浆分泌　merocrine　03.0063

局限分布　local distribution　02.0357

局域种群　local population, endemic population　07.0329

局质分泌　merocrine　03.0063

咀嚼肌　muscle of mastication　06.0749

咀嚼囊　mastax　05.1264

咀嚼器　trophi　05.1265

咀嚼式口器　biting mouthparts, chewing mouthparts　05.2455

咀嚼叶　masticatory lobe　05.1982

举足肌　pedal elevator muscle　05.1707

巨大细胞　giant cell, Dahlgren's cell　03.0853

巨核细胞　megakaryocyte　03.0200

巨噬细胞　macrophage　03.0079

巨芽　giant bud, multizooidal bud　05.2702

*具翅胸节　pterothorax　05.2464

具巾刚毛　hooded chaeta　05.1354

具孔侧板　stigmatopleurite　05.2387

具芒状触角　aristate antenna, athericerous antenna, setarious antenna　05.2431

*具囊尾蚴　cystocercous cercaria　05.0970

具缘刚毛　limbate chaeta　05.1344

具足体节　leg-bearing segment　05.2321

距　spur　05.1262，spur, calcar　06.0218

距跟关节　talocalcaneal joint　06.0709

距骨　talus, astragalus　06.0648

锯齿列　serration　05.1372

锯齿状触角　jagged antenna, laciniate antenna, serrate antenna　05.2441

锯状颚器　prionognatha　05.1461

聚合腺　aggregate gland　05.2266

聚类分析　cluster analysis　02.0163

*聚生　aggregation　07.0420

*聚眼　agglomerate eye　05.2327

卷缠刺丝囊　volvent, desmoneme　05.0680

卷枝　cirrus　05.2935

*眷群　harem　07.0273

决定　determination　04.0581

*决定型卵裂　determinate cleavage　04.0238

掘足纲　Scaphopoda　05.1564

*攫腕　tentacular arm　05.1765

攫肢　raptorial limb　05.2000

均等卵裂　equal cleavage　04.0230

均黄卵　isolecithal egg　04.0151

均匀度　evenness, equitability　07.0461

菌状乳头　fungiform papilla　03.0719

K

卡巴粒　Kappa particle　05.0505

开放型平衡囊　open marginal vesicle, open statocyst　05.0764

*开放型外胚层平衡囊　open ectodermal statocyst　05.0764

开管循环系统　open vascular system　01.0201

开掘足　fossorial leg　05.2479

开口分泌　eruptcrine　03.0064

开口刚毛　ringent chaeta　05.1337

*凯伯尔氏器　Keber's organ　05.1752

铠　pallet　05.1717

铠甲动物　loriciferan　01.0089

铠甲动物门　Loricifera　01.0037

铠甲囊胚幼虫　hoplitomella　05.0657

糠虾幼体　mysis larva　05.2100

抗寒性　cold resistance, winter resistance　07.0075

抗旱性　drought resistance　07.0077

抗受精素　antifertilizin　04.0200

抗体　antibody　03.0610

抗原　antigen　03.0609

抗原呈递细胞　antigen presenting cell, APC　03.0612

*抗原提呈细胞　antigen presenting cell, APC　03.0612

*柯氏器　Kölliker's organ　05.1018

科　family　02.0034

*科蒂器　organ of Corti　03.0529

颏沟　mental groove　06.0186

颏纹　mental stripe　06.0229

颏须　chin barbell　06.0119, chin bristle, chin barbell　06.0242

颗粒层　granular layer　03.0368，stratum granulosum　03.0551

颗粒黄体细胞　granular lutein cell　04.0166

颗粒细胞　granulosa cell　04.0090

*颗粒型内质网　granular endoplasmic reticulum　01.0134

壳　test　05.0220，corona　05.2855

壳板　valve, shell plate　05.1584，compartment, valve, plate　05.2055

壳瓣　shell　05.1883

*壳层　ostracum　05.1577

壳长　shell length　05.1632

壳刺　shell spine　05.1884

壳带　lithodesma　05.1678

*壳蛋白　conchiolin　05.1574

*壳底层　hypostracum　05.1578

壳顶　apex　05.1604，umbo　05.1654

壳盖　operculum　05.1436，05.2056

壳盖柄　opercular peduncle　05.1439

壳盖柄端翼　peduncular distal wing　05.1440

壳盖柄基翼　peduncular proximal wing　05.1441

壳盖冠　opercular crown　05.1438

壳喙　shell beak　05.1669

*壳基质　conchiolin　05.1574

壳口　aperture　05.1606

壳宽　shell width　05.1633

壳面脊　surface ridge　05.0293

壳内柱　apophysis　05.1668

壳皮层　periostracum　05.1576

壳鞘　sheath　05.2062

*壳室　loculus, chamber　05.0228

壳腺　shell gland　05.1711

*壳轴　columella　05.1607

*壳轴肌　columellar muscle　05.1631

*壳嘴　shell beak　05.1669

[可]动关节　movable joint, diarthrosis　06.0677

可扩散诱导因子　diffusible inducing factor　04.0567

可塑性　plasticity　07.0081

可用[学]名　available name　02.0099

*克贝尔器　Keber's organ　05.1752

克拉拉细胞　Clara's cell　03.0693

克劳迪乌斯细胞　Claudius cell　03.0538

克劳泽终球　Krause's end bulb　03.0347

克利克器　Kölliker's organ　05.1018

克利克窝　Kölliker's pit　06.0056

克隆动物　cloned animal　04.0617

*克罗特细胞　Claudius cell　03.0538

*克氏终球　Krause's end bulb　03.0347

客观异名　objective synonym　02.0106

空肠　jejunum　06.0854

空个虫　kenozooid　05.2560

空间隔离　spatial isolation　02.0308

孔板　pore plate　05.2664

*孔对　pore pair　05.2786

*孔间带　interporiferous area　05.2844

孔塞　pore plug　05.0288

孔室　pore chamber　05.2666

孔细胞　porocyte　05.0537

口　mouth　01.0185

口凹　stomodeum　04.0494

口板　oral plate　04.0495，mouth plate, oral plate, jaw plate　05.2915

口侧膜　paroral membrane　05.0447

口触手　oral tentacle　06.0011

口触须　buccal cirrum　06.0046，buccal tentacle　06.0096

口唇　lip　05.0235

口簇　fascicle　05.2738

口道　stomodaeum　05.0790

口道沟　siphonoglyph　05.0791

口道管　paragastric canal　05.0861

口盾　mouth shield, oral shield　05.2959

口腹吸盘比　sucker ratio　05.1000

口盖　porticus　05.0236，operculum　05.0710，05.2634

口沟　oral groove　05.0436

口管足　buccal podium　05.2806

口后臂　postoral arm　05.3012

口后部　metastomium　05.1395

*口后缝　postoral suture　05.0456

口后附肢　postoral appendage　05.1995

口后环　postoral ring　05.1010

*口后纤毛轮　metatroch　05.0075

口环　oral ring　05.1447

口极　oral pole　05.0858

口棘　mouth papilla, oral papilla　05.2966

口棘毛　buccal cirrus　05.0419

口孔　aperture　05.0229，05.2737

*口块　buccal mass　05.1725

口框　buccal frame　05.1978

口肋　oral rib　05.0439

口笠　oral hood　06.0044

口漏斗　buccal funnel　06.0095

口面　actinal surface, oral surface, ventral surface　05.0012，oral face　05.0237

口面间辐区　actinal intermediate area　05.2773

口膜　buccal membrance　05.1779

口囊　buccal capsule　05.1177，buccal sac　05.2917

口内膜　endoral membrane　05.0446

口盘　oral disc　05.0787，05.1509

口器　mouthparts　05.1848

口器发生　stomatogenesis　05.0448

口前板　epistome　05.1975

口前臂　preoral arm　05.3013

*口前部　prostomium　05.1388

口前刺　preoral sting　05.1917

*口前缝　preoral suture　05.0456

口前环　preoral loop　05.3008

*口前笠　preoral hood　05.2758

口前腔　atrium　05.2618

口前庭　oral vestibule　05.0427

*口前纤毛轮　prototroch　05.0074

口前叶　peripheral lobe, preoral lobe　05.1007，prostomium　05.1388

*口前叶　preoral lobe　05.2758

口前叶领　occipital collar, occipital fold　05.1405

口腔　buccal cavity, oral cavity　01.0186，buccal cavity　05.1977

口腔管　buccal canal　05.1283

口腔黏膜　oral mucosa　03.0716

口腔腺　oral gland　06.0877

口球　buccal mass　05.1725

口球神经节　buccal ganglion　05.1811

口球神经索　buccal nerve cord　05.1812

口区　oral field, buccal field, oral area　05.0434，buccal field　05.1255

口上卵室　hyperstomial ooecium　05.2678

*口上突　epistome　05.2758

口神经节　buccal ganglion　05.1141

口神经系[统]　oral neural system　05.2809

口生型　buccokinetal　05.0451

口索　stomochord　05.3023

*口索动物　stomochordate　01.0115

*口索动物门　Stomochorda　01.0056

口锁　jugum　05.1140

口凸　bourrelet　05.2920

口腕　orallobe　05.0771

口围　peristome　05.2625

口围出芽　peristomial budding　05.2694

口围带　adoral zone of membranelle, AZM　05.0445

口围卵室　peristomial ooecium　05.2679

口围盘　peristomial disc　05.0441

口吸盘　oral sucker, buccal sucker　05.0922

口纤毛器　oral ciliature　05.0396
口须　barbell　06.0118
口咽腔　buccopharyngeal cavity　06.0838
口缘纤毛旋　adoral ciliary spiral　05.0442
口栅　apertural bar　05.2635
口针　stylet　05.1171
口针基杆　stylet shaft　05.1173
口针基球　stylet knob　05.1172
口支囊　oral diverticula　05.1009
口肢　mouth appendage　05.1976
口锥　mouth cone　05.1281
*口锥　spear　05.1171
*口锥杆　stylet shaft　05.1173
*口锥球　stylet knob　05.1172
扣形感器　button-shaped sensillum, rimmed sensillum 05.2340
*扣状感器　button-shaped sensillum, rimmed sensillum 05.2340
扣状体　button　05.2989
*枯否细胞　Kupffer's cell　03.0759
*库普弗细胞　Kupffer's cell　03.0759

快速进化　tachytelic evolution, tachytely　02.0248
*快缩肌纤维　fast twitch fiber　03.0249
髋骨　hip bone　06.0619
髋关节　hip joint　06.0704
髋臼　acetabulum　06.0620
框丝　frame thread　05.2243
眶蝶骨　orbitosphenoid bone　06.0481
眶后骨　postorbital bone　06.0484
眶间隔　interorbital septum　06.0485
眶前骨　preorbital bone　06.0483
*眶区　orbital region　06.0426
眶上脊　supraorbital ridge　06.0482
眶下腺　suborbital gland　06.0370
昆虫　insect　05.2422
昆虫病原线虫　entomopathogenic nematode　05.1147
昆虫纲　Insecta　05.2421
扩散　dispersal　02.0361
*扩散神经系[统]　diffuse nervous system　05.0053
扩散型　dispersion pattern　02.0351
*廓羽　contour feather　06.0249

L

拉马克学说　Lamarckism　02.0213
*拉马克主义　Lamarckism　02.0213
*拉氏定律　Loven's law　05.2822
拉特克囊　Rathke's pouch　04.0496
蜡膜　cere　06.0221
*莱迪希细胞　Leydig's cell　03.0862
*赖斯纳膜　Reissner's membrane　03.0525
郎飞结　Ranvier node, node of Ranvier　03.0333
廊道　corridor　02.0362
*朗格汉斯岛　islet of Langerhans　03.0762
朗格汉斯细胞　Langerhans' cell　03.0565
劳氏管　Laurer's canal　05.1032
雷蚴　redia　05.0964
肋板　pleural plate　06.0193
肋部　pleural area　05.1586
肋刺　costa　05.2643
肋盾　costal scute　06.0198
肋沟　costal groove　06.0162
肋骨　rib　06.0583
肋骨头　head of rib　06.0588

肋横突关节　costotransverse joint　06.0689
肋间动脉　intercostal artery　06.1070
肋间肌　intercostal muscle　06.0794
肋间孔　intercostal pore　05.2645
肋结节　tubercle of rib　06.0589
肋孔　intracostal pore　05.2646
肋盔　costate shield, costal shield　05.2644
肋软骨关节　costochondral joint　06.0691
肋椎关节　costovertebral joint　06.0688
泪腺　lacrimal gland　03.0502
类骨质　osteoid　03.0117
类胡萝卜素　carotenoid　05.2146
类囊体　thylakoid　05.0206
类胚体　embryoid body　04.0546
类羽状骨针　parasagittal spicule　05.0570
类锥体　conoid　05.0308
*累变发生　anagenesis　02.0229
棱脊　carina　05.0270
棱鳞　keeled scale　06.0178
棱形骨　trapezoid bone　06.0635

棱柱层　prismatic layer　05.1577
冷水种　cold water species　02.0407
冷温带种　cold temperate species　02.0411
离螺口　abapertural　05.1617
离散　vicariance　02.0360
离趾足　eleutherodactyl foot, eleutherodactylous foot　06.0310
梨形器　pyriform apparatus　05.1094
梨状肌　piriformis muscle　06.0783
梨状腺　pyriform gland　05.2264
梨状叶　pyriform lobe　06.1193
犁鼻器　vomeronasal organ, Jacobson's organ　06.0088
犁骨　vomer　06.0475
犁骨齿　vomerine tooth　06.0924
*李氏隐窝　crypt of Lieberkühn　06.0873
历史动物地理学　historical zoogeography　02.0327
*利比希最低量法则　Liebig's law of the minimum　07.0031
利比希最小因子定律　Liebig's law of the minimum　07.0031
*利伯屈恩隐窝　crypt of Lieberkühn　06.0873
利什曼期　leishmanial stage　05.0187
利他行为　altruism　07.0434
*利用效率　exploitation efficiency　07.0556
粒细胞　granulocyte　03.0166
粒细胞发生　granulocytopoiesis　03.0192
*连接棒　connective plate　05.0933
连接层　articulamentum　05.1593
*连接蒂　connecting stalk　04.0322
连接环　connecting ring　05.1798
*连接片　connective plate　05.0933
连孔　communication pore　05.2662
*连立相眼　apposition eye　05.1870
连滤泡上皮　follicle-associated epithelium, FAE　03.0625
连续分布　continuous distribution　02.0355
连续毛细血管　continuous capillary　03.0429
联立眼　apposition eye　05.1870
*联络神经元　association neuron　03.0290
联属关系　bonding　07.0316
镰刀状刚毛　falcate chaeta, falciger　05.1350
镰毛骨针　drepanocome　05.0588
镰苔虫型群体　lunulitiform colony　05.2537
镰状韧带　falciform ligament　06.0901
镰状突　falciform process　03.0452

*恋矢　dart　05.1832
链胞苔虫型群体　catenicelliform colony　05.2535
链体　strobili　05.1055
链尾蚴　strobilocercus　05.1080
链星骨针　streptaster　05.0596
链状群体　catenoid colony　05.0485
链状神经系[统]　chain-type nervous system　05.0055
两侧对称　bisymmetry, bilateral symmetry　05.0011
两侧对称卵裂　bilateral cleavage　04.0228
两辐射对称　biradial symmetry　05.0010
两极分布　bipolarity, bipolar distribution　02.0358
两囊幼虫　amphiblastula　05.0652
两栖动物　amphibian　06.0073
两栖纲　Amphibia　06.0065
*两栖类　amphibians　06.0065
两栖爬行动物学　herpetology　06.0060
两性管　hermaphroditic duct　05.1040，05.1647
两性囊　hermaphroditic pouch, hermaphroditic vesicle　05.1041
*两性生殖　bisexual reproduction, digenetic reproduction　01.0233
*两性体　gynander, gynandromorph　04.0029
两性腺　ovotestis, hermaphroditic gland　05.1646
两性异形　sexual dimorphism　01.0255
*亮区　clear zone　03.0122
*亮细胞　clear cell　03.0848
量子式进化　quantum evolution　02.0250
獠牙　tusk　06.0934
列齿型　taxodont　05.1690
列细胞　stichocyte　05.1193
列细胞体　stichosome　05.1194
*列细胞体型食道　trichuroid esophagus　05.1188
掠椎关节　streptospondylous articulation　05.2975
猎物　prey　07.0439
裂鼻型　schizorhinal　06.0407
裂齿　carnassial　06.0948
裂腭型　schizognathism　06.0404
裂孔　slit pore　03.0786
裂孔膜　slit membrane　03.0787
裂片　lobe　05.0802
裂体腔　schizocoel　05.0032
裂体腔动物　schizocoelomate　01.0071
裂体生殖　schizogony　05.0368
裂体生殖期　schizogonic stage　05.0370
裂体生殖周期　schizogonic cycle　05.0369

裂头蚴　plerocercoid, sparganum　05.1073
裂隙感受器　slit sensillum　05.2258
*裂蚴　redia　05.0964
裂殖[生殖]　schizogeny, fission　05.0737
裂殖体　schizont　05.0371
裂殖子　merozoite　05.0372
鬣鳞　crest scale　06.0179
鬣毛　mane　06.0314
邻接法　neighbor-joining method　02.0194
*邻域成种　parapatric speciation　02.0323
邻域物种形成　parapatric speciation　02.0323
*林德曼效率　Lindeman's efficiency　07.0553
*林奈分类学　Linnaean taxonomy　02.0001
林栖动物　arboreal animal　07.0191
淋巴　lymph　03.0174
淋巴导管　lymphatic duct　03.0439
淋巴窦　lymphatic sinus　03.0648
淋巴干细胞　lymphoid stem cell　03.0594
淋巴管　lymphatic vessel　03.0437
*淋巴集结　aggregate lymphatic nodule　03.0628
淋巴结　lymph node　03.0644
[淋巴结]皮质　cortex　03.0646
[淋巴结]髓质　medulla　03.0653
*淋巴滤泡　lymphoid follicle　03.0617
*淋巴母细胞　lymphoblast　03.0205
淋巴器官　lymphoid organ, lymphatic organ　03.0621
淋巴上皮滤泡　lymphoepithelial follicle　03.0624
淋巴系统　lymphatic system　06.1013
淋巴细胞　lymphocyte　03.0173
B[淋巴]细胞　B lymphocyte, B cell　03.0596
T[淋巴]细胞　T lymphocyte, T cell　03.0595
淋巴细胞发生　lymphocytopoiesis　03.0203
淋巴小结　lymphatic nodule　03.0617
淋巴心　lymph heart　06.1112
淋巴因子　lymphokine　03.0611
淋巴组织　lymphoid tissue, lymphatic tissue　03.0613
*磷酸盐体　phosphatic deposit　05.2985
磷虾类后期幼体　cyrtopia　05.2110
磷虾类溞状幼体　furcillia　05.2109
磷虾类原溞状幼体　calyptopis　05.2108
磷循环　phosphorus cycle　07.0571
鳞板　dissepiment　05.0824
鳞翅　lepidotic wing　05.2494
鳞骨　squamosal bone　06.0440
鳞盘　squamodisc　05.0936

鳞片　elytron, scale　05.1314
鳞[片]　scale　06.0150
*鳞片柄　elytrophore　05.1315
鳞片基　elytrophore　05.1315
鳞质鳍条　lepidotrichia　06.0143
*鳞状刺　scalid　05.1274
菱脑　rhombencephalon　06.1163
龄期　instar　05.0299
领　collar　05.1442，05.3019
领部　collaret　05.0804
领刚节　collar chaetiger　05.1386
领刚毛　collar chaeta　05.1346
领环　ruff　06.0295
领神经　collar nerve　05.3020
领细胞　choanocyte, collar cell　05.0529
领细胞层　choanosome, choanoderm　05.0530
领细胞层骨骼　choanosomal skeleton　05.0630
领细胞室　choanocyte chamber　05.0643
领域　territory　07.0417
领域行为　territorial behavior　07.0415
领域性　territoriality　07.0416
留鸟　resident bird　07.0223
*流入孔　incurrent pore　05.0640
流通率　flow rate　07.0558
硫循环　sulfur cycle　07.0570
瘤　nodule　05.1627
瘤角　stubby horn　06.0348
瘤胃　rumen　06.0847
六放海绵纲　Hexactinellida　05.0518
六辐骨针　hexactin, hexactine　05.0583
六钩蚴　oncosphere, hexacanth　05.1078
六星骨针　hexaster　05.0586
六足动物　hexapod　01.0103
六足[动物]亚门　Hexapoda　01.0050
龙骨板　carinal plate　05.2913
龙骨突　keel　06.0595
*龙虾壳色素　astaxanthin　05.2147
龙虾幼体　puerulus larva　05.2103
隆胞苔虫型群体　petraliform colony　05.2533
漏斗　infundibulum　03.0831，funnel, hyponome
　05.1771
漏斗柄　infundibular stalk　03.0833
*漏斗干　infundibular stem　03.0833
漏斗管　funnel siphon　05.1773
漏斗基　funnel base　05.1772

漏斗器　funnel organ　05.1775
漏斗网　funnel-web　05.2256
漏斗陷　funnel excavation　05.1774
*卢氏小体　Ruffini's corpuscle　03.0348
*颅顶　vertex　05.2444
*颅[骨]　skull, cranium　06.0390
鲁菲尼小体　Ruffini's corpuscle　03.0348
陆桥　continental bridge, land bridge　02.0338
陆桥假说　continental bridge hypothesis　02.0331
陆生动物　terrestrial animal　07.0187
鹿角　antler　06.0345
鹿茸　deer velvet　06.0346
露鳃　cerata　05.1740
露旋　evolute　05.0261
旅鸟　passing bird　07.0225
绿腺　green gland　05.2127
滤道　filter route　02.0363
滤过膜　filtration membrane　03.0788
*滤过屏障　filtration barrier　03.0788
*滤泡　ovarian follicle　04.0091
滤泡间上皮　interfollicular epithelium, IFE　03.0626
*滤泡膜　follicular theca, theca folliculi　04.0102
滤泡旁细胞　parafollicular cell　03.0848
滤泡树突状细胞　follicular dendritic cell, FDC　03.0619
*滤泡细胞　follicular cell　04.0090
滤食动物　filter feeder, suspension feeder　07.0186
卵鞍　ephippium　05.2089
卵胞　ovicell　05.2670
卵巢　ovary　01.0225
卵巢球　ovarian ball　05.1247
卵巢网　rete ovarium　04.0470
卵齿　egg tooth　06.0927
卵袋丝　cocoon thread, cocoon silk　05.2248
卵盖　operculum, egg operculate　05.0957
卵黄　vitellus, yolk　04.0135
卵黄动脉　vitelline artery　06.1056
卵黄发生　vitellogenesis　04.0137
卵黄管　vitelline duct, yolk duct　04.0136
卵黄合胞体层　yolk syncytial layer, YSL　04.0284
*卵黄核　yolk nucleus　04.0086
卵黄静脉　vitelline vein　06.1102
卵黄滤泡　vitelline follicle　05.1028
卵黄膜　vitelline membrane, vitelline envelope　04.0156
卵黄囊　yolk sac　04.0373，vitelline reservoir 05.1030
卵黄囊柄　yolk stalk　04.0493
卵黄囊外翻型胎盘　inverted yolk sac placenta　04.0394
卵黄生殖腺　germovitellarium　05.1266
卵黄栓　yolk plug　04.0362
卵黄系带　chalaza　04.0158
卵黄细胞　yolk cell　04.0134
卵黄腺　vitelline gland, yolk gland, vitellarium　05.1027
卵黄小板　yolk platelet　04.0141
卵黄心　latebra　04.0143
卵黄形成后期　postvitellogenic stage　04.0140
卵黄形成期　vitellogenic stage　04.0139
卵黄形成前期　previtellogenic stage　04.0138
卵黄营养幼虫　lecithotrophic larva　05.2687
卵黄总管　common vitelline duct　05.1029
卵壳　chorion, shell　04.0155
*卵孔　micropyle　04.0159
卵裂　cleavage　04.0224
卵裂沟　cleavage furrow　04.0246
卵裂面　cleavage plane　04.0245
卵裂球　blastomere　04.0241
卵模　ootype　05.1035
卵膜　egg envelope, egg membrane　04.0122
卵母细胞　oocyte　04.0074
卵囊　egg sac, egg capsule　05.0070，oocyst　05.0315
卵泡　ovarian follicle　04.0091
卵泡初始募集　follicular initial recruitment　04.0093
*卵泡刺激素　follicle-stimulating hormone, FSH　04.0069
*卵泡激活　follicle activation　04.0093
卵泡膜　follicular theca, theca folliculi　04.0102
[卵泡]膜细胞　thecal cell　04.0105
卵泡募集　follicular recruitment　04.0092
*卵泡启动募集　follicular initial recruitment　04.0093
卵泡腔　follicular cavity　04.0107
*卵泡始动募集　follicular initial recruitment　04.0093
*卵泡细胞　follicular cell　04.0090
卵泡液　follicular fluid　04.0108
卵泡周期募集　follicular cyclic recruitment　04.0094
*卵腔　ootype　05.1035
卵丘　cumulus oophorus　04.0109
卵丘–卵母细胞复合体　cumulus-oocyte complex, COC　04.0112
卵丘细胞　cumulus cell　04.0111
卵生　oviparity　04.0024

卵生动物　oviparous animal　01.0123
卵室　ooecium　05.2671
卵室内壁　entooecium, endooecium　05.2680
卵室外壁　ectooecium　05.2681
卵胎生　ovoviviparity　04.0025
卵胎生动物　ovoviviparous animal　01.0124
*卵原核　female pronucleus　04.0188
卵原细胞　oogonium　04.0073
*卵圆窗　oval window　06.1279
卵质　ovoplasm, ooplasm　04.0125
*卵质决定子　ooplasmic determinant　04.0573
卵质膜反应　egg plasma membrane reaction　04.0205
*卵质内单精子注射　intracytoplasmic sperm injection, ICSI　04.0614
卵周隙　perivitelline space　04.0121
卵轴　egg axis　04.0133
卵柱　egg cylinder　04.0313
卵子　egg, ovum　04.0119
卵子发生　oogenesis　04.0072
卵子激活　egg activation　04.0199
卵子结合蛋白　egg-binding protein　04.0195
*乱网　irregular web, net-web　05.2255
*掠肢　raptorial limb　05.2000
轮虫[动物]　rotifer　01.0084
轮虫动物门　Rotifera　01.0032
轮虫式隔壁　rotifer septum　05.0245
轮骨　rotule　05.2849
轮后区　posttrochal region　05.1540
轮环　trochus　05.1257
轮廓乳头　circumvallate papilla　03.0720
轮脉　annual ring　05.1625
*轮盘　trochal disc　05.1254
轮器　wheel organ　06.0048
轮前区　pretrochal region　05.1539
*轮形动物　rotifer　01.0084
*轮形动物门　Rotifera　01.0032
轮形体　wheel　05.2991

*罗伦氏瓮　ampulla of Lorenzini　06.1252
逻辑斯谛增长　logistic growth　07.0376
*螺　snail　05.1562
螺层　whorl　05.1598
螺带　spiral band　05.1583
螺卷状壳　helicoid　05.1621
螺肋　spiral cord　05.1622
螺旋瓣　spiral valve　06.0864
螺旋部　spire　05.1601
螺旋器　spiral organ　03.0529
[螺旋器]毛细胞　hair cell　03.0540
螺旋韧带　spiral ligament　03.0517
螺旋神经节　spiral ganglion　03.0519
螺旋式壳　trochospiral test　05.0263
螺旋丝　spiral thread, spiral silk　05.2245
螺旋体　spiral collecting organ　05.1500
*螺旋纹肌　spirally striated muscle　03.0217
螺旋型卵裂　spiral cleavage　04.0227
螺旋缘　spiral limbus　03.0527
螺轴　columella　05.1607
螺轴肌　columellar muscle　05.1631
裸孢子　gymnospore　05.0318
裸壁　gymnocyst　05.2605
裸壁类　gymnocystidean　05.2517
裸唇纲　Gymnolaemata　05.2511
裸卵　denuded oocyte, DO　04.0120
裸名　naked name　02.0100
裸区　apterium　06.0282
裸头尾蚴　gymnocephalus cercaria　05.0981
*裸细胞　null cell　03.0598
瘰粒　wart　06.0181
洛伦齐尼瓮　ampulla of Lorenzini　06.1252
*洛特卡–沃尔泰拉模型　Lotka-Volterra model　07.0440
洛文[定]律　Loven's law　05.2822
落休芽　piptoblast　05.2713

M

*马丁诺提细胞　Martinotti's cell　03.0381
*马陆　millipede　05.2308
*蚂蟥　leech　05.1293
*迈博姆腺　Meibomian gland　03.0499

*迈斯纳神经丛　Meissner's plexus　03.0709
*迈斯纳小体　Meissner's corpuscle　03.0344
麦氏软骨　Meckel's cartilage　06.0431
脉弓　hemal arch　06.0572

脉管　hemal canal　06.0573

脉环　circulus venosus　05.1650

脉棘　hemal spine　06.0574

脉络丛　choroid plexus　03.0404

脉络膜　choroid　03.0453

脉络膜腺　choroid gland　06.0376

*脉相　venation　05.2487

脉序　venation　05.2487

满蹼　fully webbed, full web　06.0090

曼特器　Manter's organ　05.1045

蔓足　cirrus　05.2075

*慢缩肌纤维　slow twitch fiber　03.0248

芒状刚毛　aristate chaeta　05.1334

盲肠　cecum　06.0856

*盲道　typhlosole　05.1529

*盲点　blind spot　03.0482

盲管　typhlosole　05.1529

盲囊　cecum, caecum　01.0195

毛　hair　03.0574

毛耙棘　trichoscalid　05.1275

毛被　pelage　06.0316

毛丛　scopula　05.2210

毛丛感觉器　flosculi　05.1282

毛簇　claw tuft　05.2209

毛颚动物　chaetognath　01.0114

毛颚动物门　Chaetognatha　01.0055

毛发幼虫　trichimella　05.0660

*毛感［受］器　trichoid sensillum　05.2332

毛干　hair shaft　03.0575

*毛干小皮　hair shaft cuticle　03.0578

毛根　hair root　03.0579

*毛根鞘　hair root sheath　03.0581

*毛基单元　kinetid　05.0409

*毛基粒　kinetosome　05.0162

*毛基索　kinety　05.0405

毛基体　kinetosome　05.0162

毛母质细胞　hair matrix cell　03.0588

毛囊　hair follicle　03.0580

毛囊细胞　chaetoblast　05.1491

毛皮质　hair cortex　03.0577

毛球　hair bulb　03.0586

毛乳头　hair papilla　03.0587

毛髓质　hair medulla　03.0576

毛尾尾蚴　trichocercous cercaria　05.0978

毛细胞　hair cell　03.0505

毛细淋巴管　lymphatic capillary　03.0438

毛细血管　blood capillary, capillary　03.0427

毛细血管前括约肌　precapillary sphincter　03.0434

毛小皮　hair cuticle　03.0578

毛形感器　trichoid sensillum　05.2332

毛蚴　miracidium　05.0959

毛状刚毛　capillary chaeta　05.1327

矛口尾蚴　xiphidiocercaria　05.0982

锚板　anchor plate　05.2993

锚臂　anchor-arm　05.2994

锚柄　anchor stock　05.2995

锚干　shaft　05.2996

锚钩　anchor, hamulus　05.0927

锚形体　anchor　05.2992

锚爪状骨针　anchorate chela　05.0610

帽感器　hat-shaped sensillum　05.2342

帽细胞　cap cell　05.0884

帽状幼虫　pilidium larva　05.1130

玫板　rosette　05.2944

玫瑰板　rosette plate　05.2665

眉叉　brow antler, brow tine　06.0347

眉纹　superciliary stripe　06.0232

梅克尔触盘　Merkel's tactile disc　03.0346

梅克尔细胞　Merkel's cell　03.0567

梅氏腺　Mehlis' gland　05.1036

门　phylum　02.0025，hilum, hilus　03.0748

门齿　incisor　06.0941

门管　portal canal　03.0749

门管区　portal area　03.0761

门静脉　portal vein　06.1108

门细胞　hilus cell　03.0871

弥散节细胞　diffuse ganglion cell　03.0467

弥散淋巴组织　diffuse lymphoid tissue　03.0616

弥散神经内分泌系统　diffuse neuroendocrine system, DENS　03.0733

*弥散神经内分泌细胞　diffuse neuroendocrine cell　03.0684

弥散双极细胞　diffuse bipolar cell　03.0462

弥散胎盘　diffuse placenta　04.0396

*迷路　internal ear　06.1260

迷走神经　vagus nerve　06.1221

米勒管　Müllerian duct　04.0463

米勒拟态　Müllerian mimicry　07.0260

米勒泡　Müller's vesicle　05.0466

*米勒细胞　Müller's cell　03.0469

米勒幼虫　Müller's larva　05.0910
*觅食策略　foraging strategy　07.0246
觅食对策　foraging strategy　07.0246
泌氯细胞　chloride cell　03.0703
*泌酸细胞　oxyntic cell　03.0728
*密斑　dense patch　03.0259
密度制约因子　density-dependent factor　07.0027
密区　dense area　03.0259
密体　dense body　03.0260
密质骨　compact bone　03.0132
免疫寄生虫学　immunoparasitology　05.0081
免疫系统　immune system　01.0217
免疫细胞　immunocyte　03.0593
*免疫组织　immune tissue　03.0613
面肌　facial muscle　06.0747
面盘　facial disc　06.0243
*面盘幼虫　veliger　05.1835
面盘幼体　veliger　05.1835
面神经　facial nerve　06.1218
面小泡　areal bulla　05.0284
*描记　description　02.0073
描述　description　02.0073
描述胚胎学　descriptive embryology　04.0001
r 灭绝　r-extinction　07.0408
灭绝　extinction　07.0612
灭绝概率　extinction probability, EP　07.0613
灭绝率　extinction rate　07.0615
灭绝旋涡　extinction vortex　07.0616
灭绝种　extinct species　07.0622
皿网　sheet-web　05.2252
皿形体　cup　05.2987
敏感性　sensitivity　07.0238
明带　light band　03.0229
明区　area pellucida　04.0280
鸣骨　pessulus　06.1003
鸣管　syrinx　06.1001
鸣[管]肌　syringeal muscle　06.0837
鸣膜　tympaniform membrane　06.1002
命名　nomenclature　02.0081
模仿　imitation　07.0242
模式　type　02.0118
模式标本　type specimen　02.0124
模式产地　type locality　02.0142
模式动物　model animal　04.0022

模式概念　typology　02.0119
模式属　type genus　02.0121
模式系列　type series　02.0125
模式形成　pattern formation　04.0571
模式选定　type selection　02.0123
*模式亚种　nominate subspecies　02.0149
模式种　type species　02.0122
*M 膜　M membrane　03.0233
*Z 膜　Z membrane　03.0231
膜成骨　membranous bone　06.0386
膜翅　membranous wing　05.2490
膜黄体细胞　theca lutein cell　04.0167
膜孔苔虫型群体　membraniporiform colony　05.2532
膜螺旋板　membranous spiral lamina　03.0518
膜迷路　membranous labyrinth　06.1262
膜囊　membranous sac　05.2734
膜内成骨　intramembranous ossification　03.0147
膜盘　membranous disc　03.0459
膜上腔　epistege, epistegal space　05.2616
*膜蜗管　membranous cochlea　03.0521
膜下孔　opesia　05.2655
膜下腔　hypostegal coelom　05.2615
膜厣　epiphragm　05.1635
[摩擦]发声器　stridulating organ　05.2134
磨齿环　milled ring　05.2878
磨碎胃　masticatory stomach　05.2135
末端　distal　05.2552
末段　end piece　04.0058
*末脑　myelencephalon　06.1165
*末期幼体　post larva　05.2101
*末球　end bulb, ampulla　05.2761
墨囊　ink sac　05.1785
墨腺　ink gland　05.1786
*牟勒氏幼虫　Müller's larva　05.0910
*缪勒拟态　Müllerian mimicry　07.0260
*缪[勒]氏管　Müllerian duct　04.0463
母孢子　sporont　05.0376
母胞蚴　mother sporocyst　05.0962
母个虫　maternal zooid　05.2556
母雷蚴　mother redia　05.0965
*母裂蚴　mother redia　05.0965
母系社群　materilineal society　07.0324
母细胞　metrocyte　05.0316
母细胞化　blastoformation　03.0608

母源 mRNA maternal mRNA 04.0575

拇趾 hallux 06.0336

目 order 02.0031

*牧食食物链 grazing food chain 07.0523

幕骨 tentorium 05.2360

N

纳精囊 spermatheca, seminal receptacle 05.0065

耐冬性 winter hardiness 07.0073

耐寒性 cold hardiness 07.0074

耐受冻结 freezing tolerance 07.0117

耐性 tolerance, hardiness 07.0072

南极界 Antarctic realm 02.0394

囊孢子门 Ascetospora 05.0136

囊胞体 sarcostyle 05.0725

囊隔膜 cystiphragm 05.2741

囊泡 vesicle 05.0789

囊胚 blastula 04.0249

囊胚层 blastoderm 04.0251

囊胚腔 blastocoel, blastocoele 04.0250

囊胚中期转换 mid-blastula transition, MBT 04.0292

*囊砂 cyst sand 05.1067

囊外区 extracapsular zone 05.0301

囊尾尾蚴 cystocercous cercaria 05.0970

囊尾蚴 cysticercus 05.1072

*囊液 hydatid fluid 05.1068

囊蚴 metacercaria 05.0984

脑 brain 06.1158

脑背联合 dorsal cerebral commissure 05.1124

脑侧神经连合 cerebropleural commissure 05.1820

脑侧脏神经连索 cerebropleural visceral connective 05.1821

脑腹联合 ventral cerebral commissure 05.1125

脑感器 cerebral organ, cerebral sensory organ 05.1103

脑干 brain stem 06.1195

脑沟 sulcus 06.1203

脑管 cerebral canal 05.1104

脑回 gyrus 06.1204

脑脊膜 meninx 03.0397

脑脊液 cerebrospinal fluid 03.0405

脑颅 neurocranium 06.0392

脑泡 cerebral vesicle 06.1157

脑桥 pons 06.1200

脑砂 brain sand, acervulus cerebralis 03.0852

脑神经 cranial nerve 06.1211

*脑神经节 cerebral ganglion 05.0057

脑室 brain ventricle 06.1168

脑匣 brain case 06.0391

[脑]血管周隙 perivascular space 03.0403

脑眼 cerebral eye 06.0058

脑足神经连合 cerebropedal commissure 05.1819

内板 entoplastron 06.0205

内包感觉棒 enclosed marginal sensory club 05.0766

内鼻孔 choana, internal naris 06.0487

内壁 interior wall 05.2597

内壁卵室 endotoichal ooecium 05.2676

内边缘小房室 inframarginal chamberlet 05.0252

*内鞭 lower flagellum 05.1990

内扁平细胞 endopinacocyte 05.0527

*内表皮 endocuticle 05.1841

*内禀增长力 innate capacity for increase 07.0385

内禀增长率 intrinsic rate of increase 07.0385

内产卵瓣 intervalvula 05.2501

内齿板 tooth plate 05.0292

内出芽[生殖] endogemmy, endogenous budding, internal budding 05.0489

内触手芽 intratentacular budding 05.0842

内唇 inner lip 05.1612

内唇乳突 intero-labial papilla 05.1199

*内丛层 inner plexiform layer 03.0476

内带区 endozone 05.2727

内带线 internal fasciole 05.2891

内颚纲 Entognatha 05.2420

内颚叶 lacinia 05.2451

内耳 internal ear 06.1260

内分泌 endocrine 01.0207

内分泌器官 endocrine organ 05.0061

内分泌系统 endocrine system 01.0210

内分泌细胞 endocrine cell 03.0731

内分泌腺 endocrine gland 03.0039

内附肢 appendix interna 05.2033

内肛动物 entoproct 01.0091

内肛动物门 Entoprocta 01.0039

内根鞘　internal root sheath　03.0582
内共生　endosymbiosis　05.0342
内共生体　endosymbiont　05.0343
内骨骼　endoskeleton　01.0172
内核层　inner nuclear layer　03.0475
内环骨板　inner circumferential lamella, internal
　circumferential lamella　03.0136
*内环海胆　endocyclic echinoid　05.2837
内角质层　endocuticle　05.1841
内界膜　inner limiting membrane　03.0479
内卷　involution　04.0297
*内卷　involute　05.0260
内卷边缘带　involuting marginal zone　04.0354
内卷沟　aporhysis　05.0632
*内口纲　Entognatha　05.2420
内淋巴　endolymph　03.0512
内淋巴管　endolymphatic duct　03.0513
内淋巴管孔　aperture of endolymphatic duct　06.0413
内淋巴囊　endolymphatic sac　03.0514，06.0415
内淋巴窝　endolymphatic fossa　06.0412
内卵黄合胞体层　internal yolk syncytial layer　04.0285
内卵黄卵　entolecithal egg　05.0900
内毛细胞　inner hair cell　03.0541
内膜[层]　theca interna　04.0103
内囊　inner vesicle, ooecial vesicle　05.2684
内囊腔　entosaccal cavity　05.2735
内胚层　endoderm, endoblast　04.0333
内皮　endothelium　03.0006
*内皮肌细胞　endomuscular cell　05.0668
内皮绒[毛]膜胎盘　endotheliochorial placenta
　04.0402
内皮细胞　endothelial cell　03.0418
内腔　atrium　05.0642
*内腔层　atrial surface　05.0523
*内腔骨针　atrialia　05.0546
*内墙　endotheca　05.0822
内鞘　endotheca　05.0822
内群　ingroup　02.0175
内韧带　inner ligament　05.1674
内韧托　chondrophore　05.1675
内鳃　internal gill　04.0502
*内鳃小瓣　inner lamella　05.1743
内伞　subumbrella　05.0741
*内神经系[统]　entoneural system　05.2811
内隧道　inner tunnel　03.0534

内弹性膜　internal elastic membrane　03.0420
内突　inner root　05.0931
内突骨　apophysis　05.2860
内腕栉　inner arm comb　05.2974
内网层　inner plexiform layer　03.0476
*内温动物　endotherm　07.0089
*内细胞群　inner cell mass　04.0258
内细胞团　inner cell mass　04.0258
内䓪　inner web, innerweb　06.0263
内陷　invagination　04.0296
内陷卵室　endozooidal ooecium, entozooecial oecium
　05.2677
内楔骨　entocuneiform　06.0650
内胸动脉　internal thoracic artery　06.1069
内眼板　insert　05.2833
内眼眶叶　inner orbital lobe　05.1998
内叶　endite　05.1846
*内叶冠　internal leaf crown　05.1178
内移　ingression　04.0298
内圆锥体　inner cone　05.1799
内源　endogenous　07.0123
内[源]适应　endoadaptation　02.0295
内脏骨骼　visceral skeleton　06.0389
*内脏内胚层　visceral endoderm　04.0314
内脏团　visceral mass　05.1568
内脏运动神经末梢　visceral motor nerve ending
　03.0359
*内掌突　inside metacarpal tubercle　06.0175
内肢　endopod, endopodite　05.2005
内直肌　medial rectus muscle　06.0735
*内跖突　inside metatarsal tubercle　06.0176
内指细胞　inner phalangeal cell　03.0536
内质　endoplasm　05.0152
内质网　endoplasmic reticulum, ER　01.0133
内贮精囊　inner seminal vesicle　05.1025
内柱　endostyle　06.0026
内柱细胞　inner pillar cell　03.0532
内纵血管　internal longitudinal vessel　06.0018
能量枯竭　energy drain　07.0534
能[量]流　energy flow　07.0540
能量锥体　pyramid of energy　07.0532
尼氏体　Nissl's body　03.0267
拟浮浪幼虫　planuliform larva　05.1133
拟复眼　pseudocompound eye, pseudofacetted eye
　05.2327

拟寄生　parasitoidism　07.0443
拟囊尾蚴　cysticercoid　05.1074
*拟胚体　embryoid body　04.0546
拟配子　agamete　05.0364
*拟软体动物　molluscoid　01.0109
拟水蚤幼体　erichthus larva　05.2099
拟态　mimicry　07.0258
*拟消化管　paragastric canal　05.0861
拟有丝分裂　paramitosis　05.0347
拟羽状骨针　pseudosagittal spicule　05.0571
拟主齿　pseudocardinal tooth　05.1689
逆流热交换　counter-current heat exchange　07.0087
逆向轴突运输　retrograde axonal transport　03.0284
逆行变态　retrogressive metamorphosis　01.0270
逆行感染　converse infection　05.0102
逆转现象　inversion　05.0653
年波动　annual oscillation　07.0399
*年龄分布　age distribution　07.0350
年龄结构　age structure　07.0350
*年龄金字塔　age pyramid　07.0353
年龄锥体　age pyramid　07.0353
年周期　annual cycle　07.0129
黏鞭毛虫　myxoflagellate　05.0209
黏变形虫　myxamoebe　05.0208
黏附　attachment　04.0265
*黏合带　zonula adherens　03.0027
黏合线　cement line　03.0141
黏膜　mucosa, mucous membrane　03.0704
黏膜肌层　muscularis mucosae　03.0707
黏膜上皮　epithelium mucosa　03.0705
黏膜下层　submucosa　03.0708
黏膜下神经丛　submucosal nervous plexus　03.0709
黏器　tribocytic　05.1017
黏球　adhesive spherule　05.0852
黏丝　viscid thread　05.2247
黏丝泡　mucocyst　05.0465
黏体动物门　Myxozoa　05.0137
黏细胞　colloblast, adhesive cell, collocyte　05.0851
黏性刺丝囊　glutinant　05.0681
黏液储囊　cement reservoir　05.1245
*黏液刺丝泡　mucous trichocyst　05.0465
黏液管　cement duct　05.1246，slime tube　05.1501
黏液囊　mucous bursa　06.0671
*黏液泡　mucocyst　05.0465
黏液体　mucus body　05.0150

黏液腺　cement gland　05.1244，mucous gland　06.0350
*黏着斑　desmosome　03.0028
*黏着小带　zonula adherens　03.0027
念珠状触角　moniliform antenna　05.2432
念珠状触手　moniliform antenna　05.1414
鸟纲　Aves　06.0067
*鸟类　birds　06.0067
鸟类学　ornithology　06.0061
鸟头体　avicularium　05.2571
鸟头状齿片钩毛　avicular uncinus　05.1363
尿肠管　uroproct　05.1046
尿道　urethra　06.1120
尿道海绵体　corpus cavernosum urethra　06.1128
尿道球腺　bulbourethral gland　03.0867
尿极　urinary pole　03.0781
尿囊　allantois　04.0376
尿囊膀胱　allantoic bladder　06.1124
尿囊绒膜　chorioallantoic membrane, chorioallantois　04.0389
尿[生]殖孔　urogenital opening, urogenital aperture　06.1150
尿殖道　urodeum　06.0862
尿殖器官　urogenital organ　05.0052
尿殖乳突　urogenital papilla　06.1151
颞骨　temporal bone　06.0438
颞骨颧突　zygomatic process of temporal bone　06.0439
颞颌关节　temporomandibular joint　06.0682
颞肌　temporal muscle　06.0751
*颞孔　temporal fossa　06.0397
颞器　temporal organ　05.2328
颞窝　temporal fossa　06.0397
颞叶　temporal lobe　06.1208
颞褶　temporal fold　06.0169
凝胶[质]　plasmagel　05.0153
*凝血细胞　thrombocyte　03.0201
牛囊尾蚴　cysticercus bovis　05.1085
扭肠蛔　torticaecum　05.0986
扭神经　chiastoneury, streptoneury　05.1648
*扭旋式壳　streptospiral test, coil test　05.0264
*纽虫　nemertine, nemertean　01.0081
纽形动物　nemertine, nemertean　01.0081
纽形动物门　Nemertinea, Nemertea　01.0028
*钮突　adhering ridge　05.1777

*钮穴　adhering groove　05.1776
暖水种　warm water species　02.0413

暖温带种　warm temperate species　02.0412

O

*欧氏管　Eustachian tube　06.1277
*偶见宿主　accidental host, incidental host　05.0112
偶见种　incidental species　07.0455
偶鳍　paired fin　06.0122

*偶然寄生　occasional parasitism　07.0442
偶然寄生虫　accidental parasite, occasional parasite　05.0088
偶然宿主　accidental host, incidental host　05.0112

P

爬行动物　reptile　06.0074
爬行纲　Reptilia　06.0066
*爬行类　reptiles　06.0066
帕内特细胞　Paneth's cell　03.0741
帕尼扎孔　foramen of Panizza　06.1055
*帕奇尼小体　Pacinian corpuscle　03.0345
*排出小体　extrusome　05.0458
排粪沟　faecal groove　05.1468
排卵　ovulation　04.0160
排卵器　ovijector　05.1210
*排卵前卵泡　preovulatory follicle　04.0115
排泄　excretion　01.0204
排泄管　excretory canal, excretory duct　05.0886
排泄孔　excretory pore　05.0887
*排泄孔　anal pore　05.0869
排泄囊　excretory vesicle, excretory bladder　05.1044
排泄腔　cloacal cavity　06.0037
排泄系统　excretory system　01.0205
排泄小管　excretory tubule　05.0888
排序　ordering　02.0189，ordination　07.0481
排遗　egestion　01.0196
*派尔斑　Peyer's patch　03.0628
潘氏核　nucleus of Pander　04.0144
*潘氏孔　foramen of Panizza　06.1055
*潘氏细胞　Paneth's cell　03.0741
*攀登纤维　climbing fiber　03.0374
攀缘纤维　climbing fiber　03.0374
盘八星骨针　discoctaster　05.0605
盘顶区　apical field　05.1259
盘六辐骨针　discohexact, discohexactin　05.0585
盘六星骨针　discohexaster　05.0591
盘蜷虫门　Labyrinthomorpha　05.0133

盘尾尾蚴　cotylocercous cercaria　05.0979
盘形三叉骨针　discotriaene　05.0578
盘形胎盘　discoidal placenta　04.0399
盘状卵裂　discoidal cleavage　04.0233
盘状囊胚　discoblastula　04.0255
*盘状胎盘　discoidal placenta　04.0399
旁分泌　paracrine　03.0810
膀胱　urinary bladder　06.1119
泡层　calymma　05.0302
*泡球蚴　alveolar hydatid　05.1086
泡心细胞　centroacinar cell　03.0747
泡状叉棘　alveolate pedicellaria　05.2889
泡状核　vesicular nucleus　05.0156
泡状体　vesicle　05.2743
泡状腺　acinar gland　03.0052
胚层　germ layer, embryonic layer　04.0304
*胚层学说　germ layer theory　04.0015
胚带　germ band　04.0334
胚盾　embryonic shield　04.0346
胚后发育　post-embryonic development　04.0011
胚环　germ ring　04.0345
*胚基　blastema　05.0903
胚极　embryonic pole　04.0129
*胚结　embryonic knob　04.0258
胚壳　embryonic chamber　05.0241，protoconch　05.1605
胚孔　blastopore　04.0357
胚[孔]唇　blastoporal lip　04.0358
胚孔下内胚层　subblastoporal endoderm　04.0351
*胚卵黄腺　germovitellarium　05.1266
*胚螺层　protoconch　05.1605
胚盘　blastodisc　04.0142

胚盘下腔　subgerminal cavity　04.0279

胚泡　blastocyst　04.0256

胚泡腔　blastocyst cavity　04.0257

胚脐壁　omphalopleure　04.0330

胚前发育　pre-embryonic development　04.0010

胚胎　embryo　04.0216

*胚胎场　embryonic field　04.0576

胚胎发生　embryogenesis　04.0009

胚胎分割　embryo splitting　04.0608

胚胎干细胞　embryonic stem cell　04.0537

胚胎工程　embryo engineering　04.0600

胚胎培养　embryo culture　04.0602

胚胎输卵管内移植　tubal embryo transfer, TET
　04.0612

胚胎系统发育说　theory of phylembryogenesis
　04.0017

胚胎移植　embryo transplantation, embryo transfer, ET
　04.0607

胚胎诱导　embryonic induction　04.0554

胚胎滞育　embryonic diapause　04.0587

胚体壁　somatopleure　04.0332

*胚外膜　extraembryonic membrane　04.0372

胚外体腔膜　exocoelomic membrane　04.0318

胚外外胚层　extraembryonic ectoderm　04.0316

胚外中胚层　extraembryonic mesoderm　04.0320

胚细胞繁殖　germinal multiplication　05.0958

*胚芽　blastema　04.0034

胚脏壁　splanchnopleure　04.0331

胚周壳　periembryonic chamber　05.0277

胚周区　periblast　04.0363

配模[标本]　allotype　02.0132

配母细胞　gamont　05.0351

配母细胞配合　gamontogamy　05.0352

*配偶制　mating system　07.0267

配选模　allolectotype　02.0134

配子　gamete　04.0036

配子发生　gametogenesis　04.0035

配子减数分裂　gametic meiosis　05.0349

*配子母体　gamont　05.0351

*配子母体配合　gamontogamy　05.0352

配子配合　gametogamy　05.0362

配子生殖　gametogony　05.0361

配子输卵管内移植　gamete intrafallopian transfer,
　GIFT　04.0610

喷水孔　spiracle　06.0120

皮层　cortex　05.0145，dermal epithelium　05.0522，
　tegument　05.0881

皮层骨针　dermalia　05.0545

*皮层颗粒　cortical granule　04.0087

皮动脉　cutaneous artery　06.1050

皮肤　skin　01.0167

皮肤感受器　skin receptor　06.1257

*皮肤肌肉囊　dermomuscular sac　05.0041

皮肤乳突　cutaneous papilla　05.1521

皮肤系统　integumental system　01.0166

皮肌囊　dermomuscular sac　05.0041

皮肌细胞　epitheliomuscular cell　05.0667

皮棘　tegumental spine　05.0994

*皮区　cutaneous part　03.0736

皮鳃　papula　05.2922

皮鳃区　papularium, papular area　05.2923

皮下组织　hypodermis, subcutaneous tissue　03.0573

皮腺　dermal gland　06.0349

皮褶　skin fold　06.0166

皮脂腺　sebaceous gland　06.0364

皮质反应　cortical reaction　04.0203

皮质颗粒　cortical granule　04.0087

皮质颗粒膜　cortical granule envolope, CGE　04.0206

皮[质淋巴]窦　cortical sinus　03.0649

皮质迷路　cortical labyrinth　03.0769

*皮质鳍条　dermotrichia　06.0143

*皮质肾单位　cortical nephron　03.0778

*皮质索　cortical cord　04.0471

脾　spleen　03.0660

脾动脉　splenic artery　06.1074

脾集落　spleen colony　03.0183

脾集落生成单位　colony forming unit-spleen, CFU-S
　03.0184

脾索　splenic cord, Billroth's cord　03.0666

*脾小结　splenic nodule　03.0661

脾小体　splenic corpuscle　03.0661

脾[血]窦　splenic sinusoid　03.0665

偏害共生　amensalism　07.0432

偏利共生　commensalism　07.0430

胼胝　callus　05.1616，callosity　06.0317

胼胝体　corpus callosum　06.1185

片叉骨针　phyllotriaene　05.0579

片盘　lamellodisc　05.0937

漂鸟　wandering bird　07.0224

*贫齿型　desmodont　05.1694

品种　cultivar　02.0045
平扁　depressed　05.0019
平底颅　platybasic skull　06.0395
平衡斑　macula statica　05.1826
平衡棒　halter　05.2495
平衡多态现象　balanced polymorphism　02.0286
*平衡多态性　balanced polymorphism　02.0286
平衡嵴　crista statica　05.1827
平衡囊　statocyst　05.0760
*平衡泡　statocyst　05.0760
*平衡砂　statolith　05.0761
平衡石　statolith　05.0761
平衡选择　balancing selection　02.0277
平滑肌　smooth muscle　03.0214
平滑肌细胞　smooth muscle cell　03.0258
*平滑肌纤维　smooth muscle fiber　03.0258
平滑绒毛膜　chorion leave　04.0388
平行进化　parallel evolution, parallelism　02.0233
平行纤维　parallel fiber　03.0371
平旋　planorboid spiral, planospiral　05.1610
平旋式壳　planispiral test　05.0259
平直　straight　05.2193

瓶颈效应　bottleneck effect　02.0292
瓶刷形分枝　bottlebrush　05.0835
瓶状囊　lagena　06.1273
瓶状细胞　bottle cell　04.0356
破骨细胞　osteoclast　03.0115
匍匐繁殖　stolonization　05.0738
匍匐茎　stolon　05.1290
匍匐盘　creeping disc　05.1801
匍匐[水]螅根　stolon　05.0697
匍茎　stolon　05.2562
葡萄腺　racemose gland　05.1526
葡萄样末梢　grape ending　03.0355
葡萄状腺　aciniform gland　05.2265
浦肯野细胞　Purkinje's cell　03.0367
浦肯野细胞层　Purkinje's cell layer　03.0366
*浦肯野纤维　Purkinje's fiber　03.0416
普通动物学　general zoology　01.0003
谱系　lineage　02.0159
蹼　web　06.0089
蹼迹　rudimentary web　06.0093
蹼足　palmate foot　06.0296

Q

栖肌　ambiens　06.0836
栖息地　habitat　07.0051
栖息地选择　habitat selection　07.0262
*M 期　mitotic phase，M phase　01.0158
奇网　rete mirabile　06.1111
*奇异孢子门　Ascetospora　05.0136
*歧化选择　disruptive selection, diversifying selection　02.0273
脐　umbilicus　04.0408，05.0274，05.1618
*脐部遮缘　umbilical flap　05.0275
脐带　umbilical cord　04.0390
脐盖　umbilical flap　05.0275
*脐管　umbilical canal　05.0755
脐塞　umbilical plug　05.0276
鳍　fin　05.1781，06.0121
鳍棘　fin spine　06.0144
鳍脚　clasper　06.0136
鳍膜　fin membrane　06.0140
鳍式　fin formula　06.0138

鳍条　fin ray　06.0141
鳍肢　flipper　06.0137
起搏细胞　pacemaker cell, P cell　03.0414
起源中心　origin center　02.0341
起源中心说　theory of origin center　02.0342
气管　trachea　06.0990
气管杈　bifurcation of trachea　06.0992
气管环　tracheal ring　06.0991
气管软骨　tracheal cartilage　06.0533
[气候]驯化　acclimatization　07.0608
气候因子　climatic factor　07.0024
*气壳　phragmocone　05.1789
气孔　spiracle　05.2386, stigmata　06.0017
气囊　air sac　06.1005
气态物循环　gaseous cycle　07.0564
*气体型循环　gaseous cycle　07.0564
气味　odor　07.0305
气味腺　scent gland　06.0365
*气腺　gas gland　06.0375

气–血屏障　air-blood barrier　03.0702
X 器　X-organ　05.2140
Y 器　Y-organ　05.2141
器官　organ　01.0164
器官发生　organogenesis　04.0409
髂动脉　iliac artery　06.1081
髂骨　ilium, iliac bone　06.0621
髂肌　iliacus muscle　06.0818
髂肋肌　iliocostalis　06.0779
髂内动脉　internal iliac artery　06.1068
髂内静脉　internal iliac vein　06.1106
髂外动脉　external iliac artery　06.1067
髂外静脉　external iliac vein　06.1107
髂总动脉　common iliac artery　06.1066
髂总静脉　common iliac vein　06.1105
迁出　emigration　07.0264
*迁地保护　*ex situ* conservation　07.0630
迁飞　migration　07.0205
迁飞路线　fly route　07.0206
迁入　immigration　07.0265
迁徙　migration　07.0203
迁徙动物　migrant　07.0194
迁移　migration　07.0200
迁移棘毛　migratory cirrus　05.0414
迁移原核　migratory pronucleus　05.0493
前凹型椎体　procoelous centrum　06.0538
前凹眼列　procurved eye row　05.2194
前背板　pretergite　05.2372
前背臂　anterodorsal arm　05.3009
前闭壳肌　anterior adductor muscle　05.1696
前壁　frontal wall　05.2600
*前壁　antetheca　05.0237
前臂　forearm　06.0325
前鞭毛体　promastigote　05.0189
前侧齿　anterior lateral tooth　05.1688
前侧角　frontal peak, prostomial peak　05.1394
前侧角　antero-lateral horn　05.2076
前侧小齿　praelateral denticle　05.1951
前侧眼　anterior lateral eye, ALE　05.2199
*前产类　Progoneata　05.2311
前肠　foregut　04.0488
前肠门　anterior intestinal portal　04.0491
前肠神经　foregut nerve　05.1128
前肠系膜动脉　anterior mesenteric artery　06.1075
*前成红细胞　proerythroblast　03.0186

前齿堤　promargin　05.2163
前翅　fore wing, forewing　05.2488
前出芽　frontal budding　05.2688
前初虫　preancestrula　05.2565
前唇　frontal lip, frontal palp　05.1389
*前单核细胞　promonocyte　03.0209
前蝶骨　presphenoid bone　06.0479
前盾板　propeltidium　05.2189
前耳　anterior auricle　05.1655
前耳骨　prootic bone　06.0457
前纺器　anterior spinneret　05.2233
前跗节　pretarsus　05.2472
前腹板　presternite　05.2376
前腹部　proabdomen　05.2213
前刚叶　prechaetal lobe　05.1375
前肛环　preanal ring　05.2411
前宫型　prodelphic type　05.1214
前沟牙　proteroglyphous tooth　06.0931
前股节　prefemur　05.2399
前关节突　prezygapophysis, anterior articular process　06.0555
前颌齿　premaxillary tooth　06.0921
前颌骨　premaxillary bone　06.0444
前颌腺　premaxillary gland　06.0353
前后宫型　amphidelphic type　05.1213
前后轴　anterior-posterior axis　04.0512
前棘头体　preacanthella　05.1249
前尖　paracone　06.0967
前进进化　anagenesis　02.0229
前进区　progress zone, PZ　04.0518
前臼齿　premolar　06.0943
*前巨核细胞　promegakaryocyte　03.0199
前锯肌　serratus anterior muscle　06.0795
前颗粒细胞　pregranulosa cell　04.0089
前盏　frontal shield　05.2609
前连合　anterior commissure　06.1184
前列腺　prostate　03.0868
前列腺细胞　prostatic cell　05.1026
*前淋巴母细胞　prolymphoblast　03.0204
前淋巴心　anterior lymph heart　06.1113
前面　frontal　05.2549
前膜　frontal membrane　05.2610
前脑　prosencephalon, forebrain　06.1159
前腔静脉　precaval vein　06.1103
前区　frontal area　05.2611

*前曲眼列　procurved eye row　05.2194
前鳃盖骨　preopercle　06.0523
前三叉骨针　protriaene　05.0580
*前溞状幼体　antizoea larva　05.2095
前筛骨　pre-ethmoid bone　06.0473
前上肢　preepipodite　05.2009
前神经孔　anterior neuropore　04.0425
前肾　pronephros　04.0455
前肾管　pronephric duct　04.0456
前肾小管　pronephric tubule　04.0454
前生殖节　pregenital segment　05.2413
前生殖节腹板　pregenital sternite　05.2414
前适应　preadaptation　02.0304
前收足肌　anterior retractor　05.1705
前水管沟　anterior canal　05.1636
*前髓细胞　promyelocyte　03.0194
前体　prosome, prosoma　05.0006，fore body 05.1001
前体部　prosome　05.2758
前体［部］　prosoma　05.2154
前体腔　protocoel　05.0034
前体腔囊　axocoel　05.2775
前庭　vestibulum　05.1289，vestibule　06.0047, 06.1267
前庭窗　fenestra vestibule　06.1279
前庭阶　vestibular scale, scala vestibule　03.0522
前庭迷路　vestibular labyrinth　06.1263
前庭膜　vestibular membrane　03.0525
前庭蜗神经　vestibulocochlear nerve　06.1219
*前腿节　prefemur　05.2399
前胃　proventricle　05.1444
*前胃　gizzard　01.0191，proventriculus　06.0844
前吸管　prosiphon　05.1638
前吸器　prohaptor　05.0925
前纤毛环　prototroch　05.0074
前囟　anterior fontanelle　06.0422
前行性　prograde　05.2304
前胸　prothorax　05.2461
前眼列　anterior eye row, AER　05.2196
前咽　prepharynx　05.1012
前羊膜　proamnion　04.0428
前叶　anter　05.2630，anterior lobe　05.2755
前翼骨　prepterygoid bone　06.0454
前幽门管　prosodus　05.0648
前幽门孔　prosopyle　05.0646

前原淋巴细胞　prolymphoblast　03.0204
前缘　anterior margin　05.1682
前仔虫　proter　05.0481
前殖孔类　Progoneata　05.2311
前趾足　pamprodactyl foot, pamprodactylous foot　06.0304
前中眼　anterior median eye, AME, primary eye　05.2198
前主静脉　anterior cardinal vein　06.1084
前足　fore leg, propedes　05.2474
前座节　preischium　05.2012
钳状颚器　labidognatha　05.1460
浅表肾单位　superficial nephron　03.0778
浅层皮质　superfacial cortex　03.0652
浅海带　neritic zone　02.0398
嵌合　gomphosis　06.0675
嵌合体　mosaic, chimera　04.0028
*嵌合型发育　mosaic development　04.0586
嵌入　intercalation　04.0303
嵌入片　insertional lamina　05.1594
枪丝　aconitum　05.0800
*腔壁内胚层　parietal endoderm　04.0315
腔肠　coelenteron　05.0686
*腔肠动物　coelenterate　01.0078
*腔肠动物门　Coelenterata　01.0025
腔肌型　coelomyarian type　05.1152
*腔前卵泡　preantral follicle　04.0116
腔上囊　cloacal bursa　03.0643
*腔上囊依赖淋巴细胞　bursa-dependent lymphocyte　03.0596
腔隙孔　foramen　05.2659
*腔隙系统　lacunar system　05.1239
腔锥［感］器　coeloconic sensillum　05.2336
墙孔室　mural porechamber　05.2668
墙缘　mural rim　05.2612
乔丹律　Jordan's rule　07.0097
桥粒　desmosome　03.0028
峭舌齿舌　rachiglossate radula　05.1643
鞘　theca　05.0826
鞘翅　elytron　05.2492
鞘毛细血管　sheathed capillary　03.0671
切板　cutting plate　05.1180
*切齿　cutting tooth　05.1179
切齿突　incisor process　05.1983
切割板　cutting plate　05.1458

切头虫　temnocephalan　05.0890
切向骨骼　tangential skeleton　05.0629
侵入　invasion　04.0266
侵入性穿入　intrusive penetration　04.0269
亲代抚育　parental care　07.0282
亲敌现象　dear enemy phenomenon, dear enemy effect,
　dear enemy recognition　07.0286
*亲近繁殖　endogamy　01.0235
亲银细胞　argentaffin cell　03.0735
亲缘关系　kinship, relationship　02.0268
亲缘选择　kin selection　07.0402
亲缘种　sibling species　02.0052
琴形器　lyriform organ　05.2259
丘脑　thalamus　06.1180
丘脑后部　metathalamus　06.1181
丘脑上部　epithalamus　06.1179
丘脑下部　hypothalamus　06.1182
丘型齿　bunodont tooth　06.0954
蚯蚓血红蛋白　haernerythrin　05.1545
求偶　courtship　07.0276
求偶场　lek　07.0280
*球杆状触角　torulose antenna　05.2435
球棘　sphaeridium　05.2873
球六辐骨针　sphaerohexactin　05.0584
球六星骨针　sphaerohexaster　05.0592
球囊　saccule　06.1271
球囊斑　macula of saccule, macula sacculi　06.1272
球内系膜　intraglomerular mesangium　03.0794
球内系膜细胞　intraglomerular mesangial cell　03.0795
球拍器　racquet-organ　05.2260
球旁复合体　juxtaglomerular complex　03.0789
球旁细胞　juxtaglomerular cell　03.0790
球石粒　coccolith　05.0197
球水［母］期　cydippid stage　05.0876
球外系膜细胞　extraglomerular mesangial cell　03.0792
球形叉棘　globiferous pedicellaria　05.2883
球形群体　spherical colony　05.0483
球形咽　spherical pharynx　05.0906
球状带　zona glomerulosa　03.0841
区域物种多样性　regional species diversity　07.0600
曲房虫式　sigmoiline　05.0268
*曲精小管　contorted seminiferous tubule　03.0858
*曲细精管　contorted seminiferous tubule　03.0858
*驱拒腺　repugnatorial gland　05.2389
屈肌　flexor　06.0729

躯干部　trunk　05.1397，05.1553
躯干［部］　trunk　05.0004
*躯干部　metasome　05.2760
躯干后部　postannular region　05.1554
躯干肌　trunk muscle　06.0715
躯干前部　preannular region　05.1555
躯体　idiosoma　05.2178
*躯体腔　somatocoel　05.2777
躯体运动神经末梢　somatic motor nerve ending
　03.0358
躯轴　bar, pivotal bar　05.2581
躯椎　trunk vertebra　06.0576
趋触性　thigmotaxis　07.0141
趋触性纤毛器　thigmotactic ciliature　05.0398
趋地性　geotaxis　07.0146
趋电性　galvanotaxis　07.0143
趋风性　anemotaxis　07.0147
趋光性　phototaxis, phototaxy　07.0139
趋光运动　photokinesis　07.0140
趋化性　chemotaxis, chemotaxy　07.0144
趋化作用　chemotaxis　04.0189
趋流性　rheotaxis　07.0142
趋水性　hydrotaxis　07.0145
趋同　convergence　02.0241
趋同进化　convergent evolution　02.0231
趋同适应　convergent adaptation　02.0297
趋温性　thermotaxis　07.0148
趋性　taxis　07.0138
趋异　divergence　02.0242
趋异进化　divergent evolution　02.0232
趋异适应　divergent adaptation, cladogenic adaptation
　02.0298
*取代式穿入　displacement penetration　04.0270
*取食洄游　feeding migration　07.0214
取样　sampling　07.0337
去除取样法　removal sampling　07.0344
去分化　dedifferentiation　04.0530
去核　enucleation　04.0603
去核仁　enucleolation　04.0604
去［获］能　decapacitation　04.0191
去甲肾上腺素能神经元　noradrenergic neuron
　03.0295
去螺顶　decollation　05.1630
权能期　period of competence　04.0566
全北界　Holarctic realm　02.0393

全鼻型 holorhinal 06.0406
*全浆分泌 holocrine 03.0062
全卷沟 diarhysis 05.0634
全联型 holostyly 06.0411
全模[标本] syntype 02.0128
全能干细胞 totipotent stem cell 04.0539
全能性 totipotency 04.0522
全蹼 entirely webbed, entire web 06.0091
全蹼足 totipalmate foot 06.0297
全球生态学 global ecology 07.0006
全韧带 amphidetic ligament 05.1676
全鳃 holobranch 06.0112
全质分泌 holocrine 03.0062
颧弓 zygomatic arch 06.0449
颧骨 zygomatic bone, malar bone 06.0447
颧骨颞突 temporal process of zygomatic bone 06.0448
犬齿 canine 06.0944
*犬似囊尾蚴 cryptocystis 05.1075
*缺角类 Atelocerata 05.2314
缺尾拟囊尾蚴 cercocystis 05.1076
雀腭型 aegithognathism 06.0402
*群虫 polyzoan 01.0110
群浮 swarming 05.1474
群居 group, colony, social 07.0311
*群落 community 07.0447
群落成分 community component 07.0450

群落交错区 ecotone 07.0477
群落生态学 community ecology 07.0003
群落物种多样性 community species diversity 07.0601
群落组成 community composition 07.0449
*群模 syntype 02.0128
群体 colony 05.2520
群[体发]育 astogeny 05.2521
群体防御 group defense 07.0251
群体类型 colony form 05.2530
群体猎食 group predation, social predation 07.0248
群体说 colonial theory 04.0021
群体通信 mass communication 07.0309
群游 swarm 07.0218
群育变化 astogenetic change 05.2522
群育变化初生带 primary zone of astogenetic change 05.2524
群育变化带 zone of astogenetic change 05.2523
群育变化后生带 subsequent zone of astogenetic change 05.2528
群育差异 astogenetic difference 05.2529
群育重复初生带 primary zone of astogenetic repetition 05.2526
群育重复带 zone of astogenetic repetition 05.2525
群育重复后生带 subsequent zone of astogenetic repetition 05.2527

R

染色体 chromosome 01.0152
染色质 chromatin 01.0151
桡尺远侧关节 distal radioulnar joint 06.0697
桡动脉 radial artery 06.1079
桡骨 epiphysis 05.2847，radius 06.0630
桡足幼体 copepodid larva, copepodite 05.2105
绕旋式壳 streptospiral test, coil test 05.0264
热带界 Afrotropical realm 02.0389
热带种 tropical species 02.0415
热量收支 heat budget 07.0109
热污染 thermal pollution 07.0590
人工生态系统 artificial ecosystem 07.0507
人工选择 artificial selection 02.0271
人兽共患寄生虫病 parasitic zoonosis 05.0099
*人体寄生虫学 human parasitology 05.0079

人为分类 artificial classification 02.0013
人为因子 anthropic factor 07.0026
*人字颚 chevron 05.1451
人字骨 chevron bone 06.0575
韧带 ligament 06.0667
*韧带 ligament 05.1672
韧带槽 resilifer 05.1677
韧带齿型 desmodont 05.1694
韧带肩 bourrelet 05.1679
韧带囊 ligament sac 05.1241
妊娠黄体 corpus luteum of pregnancy 04.0170
*妊娠节片 gravid segment 05.1059
*日节律 daily rhythm 07.0127
日温动物 heliotherm 07.0091
日周期 daily periodicity 07.0127

绒毛膜　chorion　04.0386

绒[毛]膜卵黄囊型胎盘　choriovitelline placenta　04.0393

绒[毛]膜尿囊型胎盘　chorioallantoic placenta　04.0395

绒毛膜腔　chorionic cavity　04.0321

绒[毛]膜型胎盘　chorionic placenta　04.0392

绒羽　down feather, plumule　06.0265

容精球　fundus　05.2291

溶胶[质]　plasmasol　05.0154

溶酶体　lysosome　01.0137

*融合膜　nexus　03.0029

融合式穿入　fusion penetration　04.0271

融合体　syzygy　05.0317

*肉垂　wattle　06.0215

[肉]冠　comb　06.0214

肉角　fleshy horn　06.0217

肉茎　pedicle　05.2753

肉裾　lappet　06.0216

肉瘤　caruncle　05.1392

*肉膜肌　panniculus carnosus muscle　06.0796

肉鳍鱼类　sarcopterygians, lobe-finned fishes　06.0071

*肉穗　spadix　05.1770

*肉突　caruncle　05.1392

肉足鞭毛虫门　Sacromastigophora　05.0126

肉足虫类　Sarcodina　05.0127

*蠕虫　vermes, helminth　01.0097

蠕虫病　helminthiasis, helminthosis　05.0122

蠕虫学　helminthology　05.0121

蠕形动物　vermes, helminth　01.0097

乳齿　deciduous tooth　06.0937

乳齿列　deciduous dentition　06.0938

乳房　breast　06.0382

乳糜管　lacteal　03.0743

乳糜微粒　chylomicron　03.0744

乳头　nipple, teat　06.0383

乳头层　papillary layer　03.0570

乳头管　papillary duct　03.0808

乳头肌　papillary muscle　06.0803

乳突　papilla　05.1196

乳腺　mammary gland　06.0381

入球微动脉　afferent arteriole　03.0782

入鳃动脉　afferent branchial artery　06.1038

入鳃水沟　ingalant branchial canal　05.2082

入水管　incurrent canal　05.0644，inhalant siphon 05.1572，branchial siphon, oral siphon　06.0008

入水孔　ostium　05.0640，incurrent aperture　06.0006

软腭　soft palate　06.0401

软骨　cartilage　03.0104

软骨成骨　cartilaginous bone　06.0385

软骨关节　cartilage joint, synchondrosis　06.0676

软骨基质　cartilage matrix　03.0107

软骨间关节　interchondral joint　06.0692

软骨颅　chondrocranium　06.0394

软骨膜　perichondrium　03.0105

*软骨膜下生长　subperichondral growth　03.0156

软骨内成骨　endochondral ossification　03.0154

*软骨内生长　endochondral growth　03.0155

软骨细胞　chondrocyte　03.0101

软骨陷窝　cartilage lacuna　03.0106

软骨鱼类　chondrichthyans, cartilaginous fishes　06.0069

软骨组织　cartilage tissue　03.0100

软甲纲　Malacostraca　05.1858

软膜　pia mater　03.0400

软体动物　mollusk　01.0098

软体动物门　Mollusca　01.0045

软体动物学　malacology　05.1558

锐突　mucro　05.1371

闰管　intercalated duct　03.0745

闰盘　intercalated disc　03.0256

若螨　nymph　05.2301

弱齿型　dysodont　05.1691

S

腮腺　parotid gland　06.0884

腮足　gnathopod　05.2027

*塞托利细胞　Sertoli's cell　04.0045

鳃　gill, branchia　06.0101

鳃耙　gill raker　06.0110

鳃瓣　lamina, gill lamina　05.1742，gill lamella　06.0109

鳃棒　gill bar　06.0004

鳃动脉　branchial artery　06.1035

鳃盖　operculum　06.0104

鳃盖骨　opercle　06.0522

鳃盖骨骼　opercular bone　06.0521

鳃盖开肌　dilator operculi　06.0744

鳃盖孔　opercular aperture　06.0107

鳃盖膜　branchiostegal membrane　06.0105

鳃盖收肌　adductor operculi　06.0746

鳃盖提肌　levator operculi　06.0745

鳃盖条　branchiostegal ray　06.0106

鳃弓　branchial arch, gill arch　04.0499

鳃沟　branchial groove　04.0498

*鳃冠　branchial crown　05.1428

鳃后体　postbranchial body　04.0503

鳃甲　branchiostegite　05.2125

鳃甲刺　branchiostegal spine　05.1911

鳃甲缝　linea homolica, linea thalassinica, linea anomurica　05.1932

鳃间隔　interbranchial septum　06.0114

鳃间膜　interbranchial membrane, palmate membrane　05.1430

鳃节肌　branchiomeric muscle　06.0720

*鳃孔　gill opening　06.0003

*鳃篮　branchial basket　06.0013

鳃裂　gill cut　05.2918，gill slit　05.3022，06.0003

鳃笼　branchial basket　06.0013

鳃囊　gill pouch　06.0094

鳃片状触角　lamellate antenna　05.2439

鳃腔　branchial cavity　06.0102

鳃区　branchial region　05.1902

鳃上齿　epibranchial tooth　05.1952

鳃上动脉　epibranchial artery　06.1037

鳃上腔　suprabranchial chamber　05.1749

鳃式　branchial formula　05.2124

[鳃]水管　water tube　05.1748

鳃丝　branchial filament　05.1429，gill filament　05.1744，gill filament, branchial filament　06.0108

*鳃丝突缘　branchial filament flange　05.1431

鳃丝镶边　branchial filament flange　05.1431

鳃峡　isthmus　06.0103

鳃下肌　hypobranchial muscle　06.0737

鳃下区　subbranchial region　05.1903

鳃小瓣　lamella, gill lamella　05.1743

鳃小孔　ostium　05.1745

鳃心　branchial heart　05.1739

鳃血管　branchial vessel　06.0023

鳃芽　gill bud　04.0500

鳃轴　ctenidial axis　05.1736

鳃皱　branchial fold　06.0022

鳃足纲　Branchiopoda　05.1855

三叉叉棘　tridentate pedicellaria　05.2880

三叉骨针　triaene　05.0575

三叉神经　trigeminal nerve　06.1216

三道体区　trivium　05.2983

三对孔板　trigeminate　05.2904

三辐骨针　triactin, triactine　05.0568

三辐爪状骨针　arcuate　05.0611

三杆骨针　triod　05.0573

三骨管　triosseal canal　06.0611

三级飞羽　tertiary feather　06.0271

三级隔膜　tertiary septum　05.0796

*三级隔片　tertiary septum　05.0796

三级卵泡　tertiary follicle　04.0106

三级胚胎诱导　tertiary embryonic induction　04.0559

*三级消费者　tertiary consumer　07.0514

三级支气管　tertiary bronchus　06.0998

三尖瓣　tricuspid valve　06.1028

三角肌　deltoid, deltoid muscle　06.0805

三角网　triangular web　05.2254

三角涡虫　planarian　05.0889

三脚骨　tripus　06.0562

三块虫式　triloculine　05.0266

三孔型　trifora　05.1733

三口道芽　triple-stomodeal budding　05.0840

三联体　triad　03.0225

三名法　trinominal nomenclature　02.0083

三胚层动物　triploblastica　01.0067

三态[现象]　trimorphism　01.0261

三叶叉棘　triphyllous pedicellaria　05.2882

三趾足　tridactyl foot, tridactylous foot　06.0309

三轴骨针　triaxon　05.0556

*伞　bell　05.0739

伞部　umbrella　05.0739

伞辐肋　bursal ray　05.1221

*伞膜　web　05.1766

散漫神经系[统]　diffuse nervous system　05.0053

*桑柏氏器官　Semper's organ　05.1823

桑葚胚　morula　04.0248

溞状幼体　zoea larva, zoaea larva　05.2093

色素颗粒　pigment granule　04.0088

*色素膜 vascular tunic 03.0444
色素上皮层 pigment epithelial layer 03.0470
色素上皮细胞 pigment epithelial cell 03.0455
色素细胞 pigment cell 03.0085
森珀器 Semper's organ 05.1823
杀伤[淋巴]细胞 killer cell, killer lymphocyte, K cell 03.0598
杀婴现象 infanticide 07.0249
*沙比纤维 Sharpey's fiber 03.0124
砂囊 gizzard 01.0191
*砂囊 gizzard 06.0845
*砂质壳 arenaceous test 05.0221
筛板 sieve-plate 05.0247，madreporite 05.2790
筛壁类 cribrimorph 05.2516
筛骨 ethmoid bone, ethmoid 06.0471
筛孔 madreporic pore 05.2791
筛器 cribellum 05.2238
筛器腺 cribellate gland 05.2271
珊瑚 coral 05.0785
珊瑚虫纲 Anthozoa 05.0663
珊瑚单体 corallite 05.0815
珊瑚萼 coral calyx 05.0805
珊瑚骼 corallum 05.0812
珊瑚冠 anthocodia 05.0810
珊瑚冠柱 anthostele 05.0811
珊瑚礁 reef coral 05.0845
*珊瑚肋 costa 05.0827
*珊瑚体 corallum 05.0812
珊瑚轴 coral axis 05.0830
闪光幼体 glaucothoe 05.2115
扇叶 flabellum 05.2001
熵 entropy 07.0541
上板 epiplastron 06.0201
上背 mantle 06.0281
上背舌叶 superior notoligule 05.1378
上鼻甲 superior nasal concha, superior concha 06.0492
上鞭 upper flagellum 05.1989
上鞭毛体 epimastigote 05.0191
*上表皮 epicuticle 05.1838
上不动关节 epizygal 05.2956
上步带板 superambulacral plate 05.2908
上侧板 latus superius 05.2065
上层带 epipelagic zone 02.0400
上触角 superior antenna 05.1960

上唇 upper lip 05.1390，labrum 05.1973，05.2445
上唇腺 supralabial gland 06.0358
*上段中胚层 epimere 04.0325
上颚 maxilla 05.1453，mandible 05.2446，palate 05.2580
*上颚 mandibular, mandible 05.1979
上颚齿式 maxillary formula, jaw formula 05.1456
上颚基 maxillary carrier 05.1455
上耳骨 epiotic bone 06.0458
上盖 tegmen 05.2930
上颌齿 maxillary tooth 06.0922
上颌骨 maxillary bone 06.0445
上回环 ascending loop 05.1531
上角质层 epicuticle 05.1838
上壳 epicone 05.0170
*上孖肌 gemellus superior 06.0823
上胚层 epiblast 04.0311
*上皮 epithelium 03.0001
上皮根鞘 epithelial root sheath 03.0581
*上皮肌肉细胞 epitheliomuscular cell 05.0667
上皮绒[毛]膜胎盘 epitheliochorial placenta 04.0400
上皮网状细胞 epithelial reticular cell 03.0638
上皮细胞 epithelial cell 03.0018
上皮组织 epithelial tissue 03.0001
上脐 superior umbilicus 06.0254
上丘 superior colliculus 06.1174
上鳃骨 epibranchial bone 06.0514
*上伞 exumbrella 05.0740
上舌骨 epihyal bone 06.0504
*上向皮层骨针 autodermalia 05.0545
*上向胃层骨针 autogastralia 05.0546
上斜肌 superior oblique muscle, obliquus oculi superior 06.0731
上行控制 bottom-up control, down-up control 07.0528
*上行效应 bottom-up effect 07.0528
上行轴突细胞 ascending axonic cell 03.0381
上咽舌 epipharynx 05.2217
上缘板 superomarginal plate 05.2910
上枕骨 supraoccipital, supraoccipital bone 06.0434
上肢 epipod, epipodite 05.2002
上直肌 superior rectus muscle 06.0733
*上锥 epicone 05.0170
上足 epipodium 05.1644
*杓横肌 transverse arytenoid muscle 06.0775

枸肌 arytenoid muscle 06.0775

*枸斜肌 oblique arytenoid muscle 06.0775

枸状软骨 arytenoid cartilage 06.0529

少黄卵 oligolecithal egg 04.0148

少肌型 meromyarian type 05.1149

少孔板 oligoporous plate 05.2903

少突胶质细胞 oligodendrocyte 03.0321

少足纲 Pauropoda 05.2309

舌 tongue 06.0888

舌板 hyoplastron 06.0202

舌弓 hyoid arch 06.0499

舌骨 hyoid bone 06.0500

舌骨器 hyoid apparatus 06.0508

舌骨上肌 suprahyoid muscle 06.0776

舌骨下肌 infrahyoid muscle 06.0777

舌颌骨 hyomandibular bone 06.0501

舌肌 tongue muscle 06.0766

舌联型 hyostyly 06.0408

舌黏膜 lingual mucous membrane 03.0722

舌乳头 lingual papilla 03.0717

舌突 ligula 05.2582

舌突起 odontophore 05.1724

舌系带 frenulum of tongue, lingual frenulum 06.0889

舌下神经 hypoglossal nerve 06.1223

舌下腺 sublingual gland 06.0883

舌腺 lingual gland 06.0881

舌咽神经 glossopharyngeal nerve 06.1220

舌叶 ligule, lobe 05.1377

舌状体 colulus 05.2239

蛇首叉棘 ophiocephalous pedicellaria 05.2884

蛇尾纲 Ophiuroidea 05.2764

蛇尾幼体 ophiopluteus 05.3005

社会等级 social hierarchy 07.0315

社会生物学 sociobiology 07.0014

社会网络 social network 07.0314

社会行为 social behavior 07.0312

社会选择 social selection 07.0401

社会组织 social organization 07.0313

社群化 socialization 07.0319

社群结构 social structure 07.0410

社群稳态 social homeostasis 07.0323

社群性 sociality 07.0320

社群压力 social stress 07.0411

射出体 extrusome 05.0458

射精管 ejaculatory duct 01.0231，05.2294

*射精囊 ejaculatory vesicle 05.1025

射囊 dart sac 05.1831

摄取胺前体脱羧细胞 amine precursor uptake and decarboxylation cell, APUD cell 03.0732

摄食 ingestion 07.0247

摄食个虫 feeding zooid 05.2554

麝香腺 musk gland 06.0369

伸缩泡 contractile vacuole 05.0199

伸足肌 pedal protractor muscle 05.1703

深层内卷边缘带 deep involuting marginal zone 04.0355

*深层神经系[统] deep oral neural system 05.2810

深层细胞 deep cell 04.0288

*深层远生型 hypoapokinetal 05.0450

深海带 abyssal zone 02.0402

深渊带 hydal zone 02.0403

*神创论 creationism, theory of special creation 02.0221

神经 nerve 01.0212

神经板 neural plate 04.0419

神经部 pars nervosa 03.0830

神经垂体 neurohypophysis 03.0829

神经分泌细胞 neurosecretory cell 03.0836

神经干细胞 neural stem cell 03.0361

神经沟 neural groove 04.0421

神经管 neural tube 04.0422

神经肌肉体系 neuromuscular system 05.0672

神经嵴 neural crest 04.0427

神经腱梭 neurotendinal spindle 03.0356

神经胶质细胞 neurogliocyte 03.0314

神经角蛋白 neurokeratin 03.0330

神经节 nervous ganglion, ganglion 03.0392

神经龙骨 neural keel 04.0349

神经膜 neurilemma 03.0332

*神经膜细胞 neurilemmal cell 03.0324

神经末梢 nerve ending 03.0340

神经内膜 endoneurium 03.0335

神经胚 neurula 04.0415

神经胚形成 neurulation 04.0416

神经丘 neuromast 03.0544

*神经上孔 supraneural pore 05.2657

神经上皮 neuroepithelium 03.0037

神经上皮细胞 neuroepithelial cell 04.0423

神经束 tract, fasciculus 03.0336

神经束膜 perineurium 03.0337

神经束膜上皮　perineural epithelium　03.0338

神经丝　neurofilament　03.0269

神经索　nerve cord　01.0214

神经突　neurite　03.0272

神经外膜　epineurium　03.0339

神经外胚层　neural ectoderm　04.0413

*神经网　nerve net　05.0053

神经微管　neurotubule　03.0270

神经吻合　dialyneury　05.1651

神经系统　nervous system　01.0213

神经细胞　nerve cell　05.0671

神经下腺　subneural gland　06.0032

神经纤维　nerve fiber　03.0326

神经纤维层　nerve fiber layer　03.0478

*神经纤维结　node of nerve fiber　03.0333

神经元　neuron　03.0264

神经原肠管　neurenteric canal　04.0430

神经原节　neuromere　04.0431

神经原纤维　neurofibril　03.0268

神经褶　neural fold　04.0420

神经组织　nervous tissue, nerve tissue　03.0263

肾　kidney　06.1115

肾单位　nephron　03.0776

肾发生　nephrogenesis　04.0450

肾附属物　renal appendage　05.1788

肾管　nephridium　06.0053

*肾管　nephric duct　04.0459，nephridium　05.0045

肾间质　renal interstitium　03.0809

肾间组织　interrenal tissue　03.0838

肾孔　nephridiopore　05.0048

肾口　nephrostome　05.0049

肾门静脉　renal portal vein　06.1110

肾囊　renal sac　05.1787，renal sac, renal vesicle
　06.0034

肾皮质　renal cortex　03.0767

肾乳头　renal papilla　03.0772

肾上腺　adrenal gland　06.1247

肾上腺皮质　adrenal cortex　03.0840

肾上腺髓质　adrenal medulla　03.0844

肾髓质　renal medulla　03.0770

肾小管　renal tubule　03.0796

肾小囊　glomerular capsule　04.0460

*[肾小囊]壁层　parietal layer　04.0460

*[肾小囊]脏层　visceral layer　04.0460

*肾小球　renal glomerulus　04.0461

*肾小球旁器　juxtaglomerular apparatus　03.0789

肾小体　renal corpuscle　03.0777

肾小叶　renal lobule　03.0775

肾叶　renal lobe　03.0774

肾柱　renal column　03.0773

肾锥体　renal pyramid　03.0771

渗透压调节者　osmoregulator　07.0108

渗透压顺应者　osmoconformer　07.0107

渗透营养　osmotrophy　07.0519

生产量　production　07.0544

*生产效率　production efficiency　07.0555

生产者　producer　07.0510

生发层　germinal layer　05.1060

*生发毛基索　germinal kinety　05.0408

生发囊　brood capsule　05.1062

生发泡　germinal vesicle　04.0080

生发泡破裂　germinal vesicle breakdown, GVBD
　04.0081

生发细胞　germinal cell　05.1061

生发中心　germinal center　03.0618

生骨节　sclerotome　04.0446

生后肾原基　metanephrogenic blastema　04.0464

*生后肾组织　metanephrogenic tissue　04.0464

生活史　life history　01.0241

*生活史对策　life history strategy　07.0403

生活型　life form　07.0079

生活周期　life cycle　01.0242

生肌节　myotome　04.0449

生精细胞　spermatogenic cell　04.0039

生精小管　seminiferous tubule　03.0858

*生境　habitat　07.0051

*生境选择　habitat selection　07.0262

生口区　stomatogenic field　05.0454

生口子午线　stomatogenous meridian　05.0455

生理改组　physiological reorganization　05.0474

生理隔离　physiological isolation　02.0313

生理生态学　physiological ecology　07.0007

生理适应　physiological adaptation　02.0302

*生理性再生　physiological regeneration　05.0902

生理最适度　physiological optimum　07.0035

*生毛体　blepharoplast　05.0162

生命表　life table　07.0354

生命期望　life expectancy　07.0373

生皮节　dermatome　04.0448

生皮生肌节　dermamyotome　04.0447

生肾节　nephrotome, nephromere　04.0451

生肾索　nephrogenic cord　04.0452

生肾组织　nephrogenic tissue　04.0453

生态出生率　ecological natality　07.0367

生态等价　ecological equivalence　07.0476

*生态等值　ecological equivalence　07.0476

生态调查法　ecological survey method　07.0336

生态动物地理学　ecological zoogeography　02.0326

生态对策　ecological strategy　07.0403

*生态多样性　ecological diversity　07.0601

生态幅　ecological amplitude　07.0033

生态隔离　ecological isolation　02.0315

生态工程　ecological engineering　07.0017

*生态价　ecological valence　07.0033

生态能量学　ecological energetics　07.0509

生态平衡　ecological balance, ecological equilibrium
　07.0581

生态气候　ecoclimate　07.0055

生态区　ecotope　07.0053

生态入侵　ecological invasion　07.0596

生态适应　ecological adaptation　02.0299

生态梯度　ecocline　07.0050

生态危机　ecological crisis　07.0595

生态位　niche, ecological niche　07.0468

生态位重叠　niche overlap　07.0472

生态位分化　niche differentiation　07.0474

生态位分离　niche separation　07.0475

*生态位广度　niche width　07.0473

生态位宽度　niche width　07.0473

生态系统　ecosystem　07.0504

生态系统多样性　ecosystem diversity　07.0602

生态系统发育　ecosystem development　07.0508

生态系统服务　ecosystem service　07.0575

生态系统管理　ecosystem management　07.0576

生态系统健康　ecosystem health　07.0580

生态系统生态学　ecosystem ecology　07.0004

生态系统性状　ecosystem trait　07.0505

生态效率　ecological efficiency　07.0553

生态型　ecotype　07.0080

生态演替　ecological succession　07.0485

生态因子　ecological factor　07.0020

生态影响　ecological impact　07.0588

生态阈值　ecological threshold　07.0054

生态锥体　ecological pyramid　07.0529

生态最适度　ecological optimum　07.0036

生物沉积　biodeposition　07.0049

生物带　biozone　02.0404

*生物地化循环　biogeochemical cycle　07.0562

生物地理群落　biogeocoenosis　07.0506

生物地球化学循环　biogeochemical cycle　07.0562

生物多样性　biodiversity　07.0597

生物多样性保护　biodiversity protection　07.0603

生物发光　bioluminescence　07.0229

生物发生律　biogenetic law　04.0016

生物防御　biological defense　07.0250

生物放大　biological magnification　07.0593

生物富集　biological enrichment　07.0592

生物季节　biotic season　07.0131

生物降解　biodegradation　07.0594

生物节律　biological rhythm, biorhythm　07.0126

生物抗性　biotic resistance　07.0076

生物量　biomass　07.0542

生物量锥体　pyramid of biomass　07.0531

生物气候带　bioclimatic zone　02.0405

生物区系　biota　07.0048

生物圈　biosphere　07.0047

生物圈保护　biosphere conservation　07.0606

*生物圈生态学　biosphere ecology　07.0006

生物群落　biotic community, biocommunity, biocoeno-
　sis　07.0447

生物生产力　biological productivity　07.0535

*生物相　biota　07.0048

生物学隔离　biological isolation　02.0311

*生物学零点　biological zero　07.0120

生物学性状　biological character　02.0062

生物因子　biological factor, biotic factor　07.0021

生物源性蠕虫　biohelminth　05.0119

生物源性蠕虫病　biohelminthiasis　05.0124

*生物钟　biological clock　07.0126

*生心细胞　cardioblast　04.0486

生源说　biogenesis, autogeny　04.0019

生长　growth　01.0245

生长卵泡　growing follicle　04.0097

生长线　growth line　05.1603

生长效率　growth efficiency　07.0555

生殖　reproduction, breeding　01.0218

生殖板　genital plate　05.2037，05.2828

生殖肠管　genito-intestinal canal, genito-intestinal duct
　05.0954

生殖触角　geniculate antennule　05.1958

生殖刺　genital spine, genital hook　05.0953

*生殖带　clitellum　05.1473

生殖袋　genital pouch　05.1483

生殖窦　genital sinus　05.1042，05.2797

生殖干细胞　germ stem cell　04.0543

生殖刚毛　genital hook　05.1342

生殖隔离　reproductive isolation　02.0309

生殖个虫　gonozooid　05.2558

生殖个虫[虫]室　gonozooecium　05.2588

生殖个体　gonozooid　05.0720

*生殖个员　gonozooid　05.0720

生殖沟　epigastric furrow　05.2220

*生殖核　generative nucleus　05.0470

*生殖洄游　breed migration　07.0211

生殖基节　genital coxa　05.2038

生殖嵴　genital ridge　04.0466

生殖节　genital segment, gonosomite　05.2415

*生殖茎　stolon　05.0697

生殖孔　gonopore, genital pore　05.1645，genital pore
　05.2829

生殖力　fecundity　07.0361

生殖联合　genital junction　05.1039

生殖裂口　bursal slit　05.2978

生殖笼　corbula　05.0709

生殖囊　bursa　05.2977

*生殖囊　genital sac　05.1022

生殖盘　gonotyl　05.1020

生殖器[官]　genital organ, reproductive organ
　01.0219

生殖腔　genital atrium, genetial bulb　05.0952

生殖腔窝　genital alveolus　05.2278

生殖鞘　gonotheca　05.0706，genital sheath　05.1242

生殖球　genital bulb　05.2279

生殖乳突　genital papilla　05.1202

*生殖索　genital cord　04.0410

生殖态　epitoky　05.1480

生殖体　gonangium　05.0699，epitoke　05.1481

*生殖腕　hectocotylized arm　05.1769

生殖吸盘　genital sucker　05.1021

*生殖系　germ line　01.0258

生殖系统　genital system, reproductive system
　01.0220

生殖细胞　germocyte, germ cell　04.0033

*生殖下孔　subgenital pit　05.0748

生殖下腔　subgenital porticus　05.0748

生殖腺　gonad, genital gland　01.0223

*生殖消化管　genito-intestinal canal, genito-intestinal
　duct　05.0954

生殖新月　germinal crescent　04.0370

*生殖厣　genital operculum　05.2221

生殖叶　genital lobe　05.1043

生殖翼　genital pleura　05.3025

生殖肢　gonopod, gonopoda　05.1850

生殖质　germplasm　04.0126

生殖锥　genital cone　05.1038

声带　vocal cord, vocal fold　06.0988

声门　glottis　06.0987

声囊　vocal sac　06.0171

失水蛰伏　anhydrobiosis　05.1267

*施–兰切迹　Schmidt-Lantermann incisure　03.0331

施万细胞　Schwann cell　03.0324

湿生动物　hygrocole　07.0196

十二指肠　duodenum　06.0852

十二指肠球部　duodenal ampulla　06.0853

十二指肠腺　duodenal gland　06.0874

十钩蚴　lycophora, decacanth　05.1079

十字骨针　stauractin, stauractine　05.0581

十字形沟　cruciform suture　05.2382

石管　stone canal　05.2780

石灰环　calcareous ring　05.2980

*时间隔离　temporal isolation　02.0310

时间生物学　chronobiology　07.0015

*实际出生率　realized natality　07.0367

实际生态位　realized niche　07.0470

*实际种群分析　virtual population analysis, VPA
　07.0348

*实尾蚴　plerocercoid, sparganum　05.1073

实[心]囊胚　stereoblastula　04.0253

实星骨针　sterraster　05.0595

实验胚胎学　experimental embryology　04.0003

实验区　experimental zone　07.0634

[实验]驯化　acclimation　07.0607

实原肠胚　stereogastrula　05.0844

实质组织　parenchyma tissue　05.0882

食草动物　herbivore　07.0172

食虫动物　insectivore, entomophage　07.0179

*食道　esophagus, oesophagus, gullet　01.0189

食道肠瓣　esophago-intestinal valve　05.1189

食道后回环　post-oesophageal loop, sipunculus loop
　05.1534

食道球　esophageal bulb　05.1184
食道上神经节　supraoesophageal ganglion, supraintestinal ganglion　05.1814
*食道神经　esophageal nerve　05.1128
食道神经节　esophageal ganglion　05.1813
食道下神经节　suboesophageal ganglion, infraintestinal ganglion　05.1815
食道腺　esophageal gland　05.1183
食粪动物　coprophage　07.0182
食浮游物型　waiting sustonophage form　05.1544
食腐动物　saprophage　07.0181
食腐性　saprophagy　07.0169
食谷动物　granivore　07.0176
食管　esophagus, oesophagus, gullet　01.0189
食管腺　esophageal gland　06.0868
食果动物　frugivore　07.0174
食木动物　hylophage, xylophage　07.0175
食肉动物　carnivore, sacrophage　07.0177
食肉性　sarcophagy　07.0167
食尸动物　necrophage　07.0180
食碎屑动物　detritivore, detritus feeding animal, detritus feeder　07.0184
食土动物　limnophage　07.0183
食微生物动物　microbivore　07.0185
食物链　food chain　07.0522
食物泡　food vacuole　05.0201
食物网　food web　07.0526
食性　food habit　07.0161
*食悬浮物型　waiting sustonophage form　05.1544
食血动物　sauginnivore, hematophage　07.0178
食叶动物　defoliater, folivore　07.0173
食植动物　phytophage　07.0171
食植性　phytophagy　07.0168
蚀羽　eclipse plumage　06.0288
*矢囊　dart sac　05.1831
始端　proximal　05.2551
始端芽　proximal bud　05.2697
*始基卵泡　primordial follicle　04.0095
示差鉴别　differential diagnosis　02.0079
[世]代　generation　07.0296
世代交替　alternation of generations, metagenesis　01.0244
世界分布　cosmopolitan distribution　02.0359
世界种　cosmopolitan species　02.0374
世系分析　phyletic analysis　02.0162

似然竞争　apparent competition　07.0426
饰带　cordon　05.1182
视杯　optic cup　04.0436
视柄　optic stalk　04.0437
*视顶盖　optic tectum　06.1174
视杆视锥层　layer of rod and cone　03.0471
视杆细胞　rod cell　03.0457
视交叉　optic chiasma　06.1237
*视盘　optic disc　03.0482
视泡　optic vesicle　04.0435
*视丘　thalamus　06.1180
视神经　optic nerve　06.1213
视神经节　optic ganglion　05.1822
视神经乳头　papilla of optic nerve　03.0482
视网膜　retina　03.0454
视网膜色素　retinal pigment, retinular pigment　05.1874
视网膜色素细胞　retinal pigment cell　05.1875
视网膜细胞　retina cell, retinal cell　05.1873
视细胞　visual cell　03.0456
视腺　optic gland　05.1805
视小网膜　retinula　05.1867
视隐窝　optic recess　06.1253
视锥细胞　cone cell　03.0458
视紫红质　rhodopsin　03.0460
适合度　fitness　02.0285
*适盐生物　halophile　07.0155
*适蚁动物　myrmecophile　07.0156
适应　adaptation　02.0294
适应辐射　adaptive radiation　02.0237
适应性　adaptability　07.0078
适应性低体温　adaptative hypothermia　07.0113
适应[性]进化　adaptive evolution　02.0236
室管　siphuncle　05.1796
室管膜层　ventricular zone, ventricular layer　04.0433
室管膜细胞　ependymal cell　03.0323
室间隔　interventricular septum　06.1029
室间孔　interventricular foramen　06.1172
室间鸟头体　interzooidal avicularium　05.2573
室口　orifice　05.2624
舐吸式口器　licking mouthparts, sponging mouthparts　05.2459
释放信息素　releaser pheromone　07.0233
嗜碘泡　iodinophilous vacuole　05.0320
*嗜多染性成红细胞　polychromatophilic erythroblast

03.0189

嗜锇性板层小体　osmiophilic multilamellar body
　　03.0700

嗜铬细胞　chromaffin cell　03.0845

嗜铬组织　chromaffin tissue　03.0839

*嗜碱性成红细胞　basophilic erythroblast　03.0188

嗜碱性粒细胞　basophilic granulocyte, basophil
　　03.0169

嗜碱性细胞　basophilic cell　03.0821

*嗜染质　chromophilic substance　03.0267

嗜热生物　thermophile　07.0154

嗜色细胞　chromophilic cell　03.0817

*嗜酸性成红细胞　acidophilic erythroblast　03.0190

嗜酸性粒细胞　eosinophilic granulocyte, eosinophil
　　03.0168

嗜酸性细胞　acidophilic cell　03.0818

嗜天青颗粒　azurophilic granule　03.0165

嗜盐生物　halophile　07.0155

*嗜伊红粒细胞　eosinophilic granulocyte, eosinophil
　　03.0168

嗜蚁动物　myrmecophile　07.0156

嗜异性粒细胞　heterophilic granulocyte　03.0170

*嗜银细胞　argyrophilic cell　03.0735

*嗜银纤维　argyrophilic fiber　03.0090

[嗜]中性粒细胞　neutrophilic granulocyte, neutrophil
　　03.0167

螫针　sting　05.2502

匙骨　cleithrum　06.0609

匙突　cochleariform process　06.1280

*匙状刚毛　spatulate chaeta　05.1336

*收钙素　calsequestrin, CASQ　03.0245

收肌　adductor　06.0727

收集管　collecting canal　05.0200

*收集淋巴管　collecting lymphatic vessel　03.0437

收缩单位　contractile unit　03.0262

*收缩血管　contractile vessel　05.1528

收吻肌　retractor muscle of introvert　05.1513

收足肌　pedal retractor muscle　05.1704

手　hand　06.0327

守护共生　phylacobiosis　07.0433

首同名　senior homonym　02.0111

首异名　senior synonym　02.0104

寿命　longevity　01.0243

受精　fertilization　04.0179

受精管　fertilization duct, fertilization tube　05.2292

*受精核　synkaryon　05.0504

受精孔　micropyle　04.0159

受精卵　fertilized egg, fertilized ovum　04.0207

受精膜　fertilization membrane　04.0213

受精囊　seminal receptacle　05.1031

*受精丘　fertilization cone　04.0212

受精锥　fertilization cone　04.0212

受胁未定种　intermediate species　07.0618

受胁[物]种　threatened species　07.0617

授精　insemination　04.0601

*兽类学　theriology　06.0062

兽医寄生虫学　veterinary parasitology　05.0080

书肺　book lung　05.2219

枢轴关节　pivot joint　06.0696

枢椎　axis　06.0565

*梳理　grooming, preening　07.0243

梳状齿片刚毛　pectinate uncinus　05.1362

*梳状触角　pectiniform antenna　05.2434

梳状颚器　ctenognatha　05.1459

梳状刚毛　pectinate chaeta　05.1328

疏松结缔组织　loose connective tissue　03.0072

*疏松淋巴组织　loose lymphoid tissue　03.0616

输出小管　efferent duct　03.0864

输精管　vas deferens, spermaductus　01.0229

输卵管　oviduct, uterine tube, Fallopian tube　01.0230

输尿管　ureter　06.1121

输尿管膀胱　tubal bladder　06.1122

输尿管芽　ureteric bud　04.0462

*输送宿主　transport host　05.0111

属　genus　02.0036

属组　genus group　02.0042

鼠蹊孔　inguinal pore　06.0184

鼠蹊腺　inguinal gland　06.0372

束细胞　bundle cell　03.0416

束状带　zona fasciculata　03.0842

树长　tree length　02.0185

树栖动物　dendrocole, hylacole　07.0192

树-树突触　dendrodendritic synapse　03.0305

树突　dendrite　03.0273

树突棘　dendritic spine　03.0274

树突状细胞　dendritic cell　03.0656

树状群体　dendritic colony, dendroid colony　05.0486

竖肌　erector　06.0722

竖毛肌　arrector pili　06.0311

*竖琴状刚毛　furcate chaeta, bifurcate chaeta, lyrate

chaeta 05.1338

数量锥体 pyramid of number 07.0530

数值分类学 numerical taxonomy 02.0004

刷细胞 brush cell 03.0685

刷状刚毛 penicillate chaeta, brush-tipped chaeta 05.1333

刷状缘 brush border 03.0024

衰退指数 decay index 02.0207

闩骨 claustrum 06.0559

双凹型椎体 amphicoelous centrum 06.0537

双壁型群体 double-walled colony, free-walled colony 05.2548

双侧具缘刚毛 bilimbate chaeta 05.1345

双层群体 bilaminate colony 05.2541

双层式隔壁 bilamellar septum 05.0244

双齿 bidentate 05.1508

双齿刚毛 bidentate chaeta 05.1339

*双翅毛状刚毛 bilimbate chaeta 05.1345

双颚类 Dignatha 05.2313

双房室壳 bilocular test 05.0257

双沟型 syconoid 05.0638

双环萼 dicyclic calyx 05.2932

双极神经元 bipolar neuron 03.0286

双极细胞 bipolar cell 03.0461

双角子宫 bicornute uterus 06.1136

双节触角 biarticulate palp 05.1409

双节触手 biarticulate antenna 05.1413

双节触须 biarticulate cirrus 05.1419

双玦虫式 biloculine 05.0265

双壳纲 Bivalvia 05.1563

双壳幼虫 cyphonautes 05.2685

*双孔型头骨 diapsid skull 06.0399

双口道芽 di-stomodeal budding 05.0839

双口尾蚴 distome cercaria 05.0973

双联型 amphistyly 06.0409

双列板 distichal plate 05.2952

*双卵双胎 dizygotic twins, non-identical twins 04.0219

双名法 binominal nomenclature 02.0082

双囊胚幼虫 parenchymella 05.0655

双盘骨针 amphidisc 05.0544

双平型椎体 amphiplatyan centrum 06.0543

双腔子宫 bipartite uterus 06.1135

双球幼虫 dispherula 05.0658

双态现象 dimorphism 05.0225

双头骨针 tylote 05.0563

双头肋骨 double headed rib 06.0590

双窝型头骨 diapsid skull 06.0399

双星骨针 amphiaster 05.0601

*双形现象 dimorphism 05.0225

双循环 double circulation 06.1009

双叶型疣足 biramous parapodium 05.1307

双枝型附肢 biramous type appendage 05.2004

双轴骨针 diaxon 05.0555

双柱型 dimyarian 05.1700

双子宫 duplex uterus 06.1134

*水肺 water lung 05.2997

水沟系 aquiferous system, canal system 05.0636

水骨骼 hydrostatic skeleton, hydroskeleton 05.1715

水管 siphon 05.1571

水管板 siphonoplax 05.1664

水管衬套 siphonal lining 06.0010

水管收缩肌 siphonal retractor muscle 05.1708

水管系统 water vascular system 05.2778

水母型 medusa 05.0689

水母芽 medusa bud 05.0707

水平分布 horizontal distribution 07.0503

水平[骨质]隔 horizontal skeletogenous septum 06.0717

水平肌板 horizontal muscle plate 05.1118

*水平生命表 horizontal life table 07.0355

水平细胞 horizontal cell 03.0464

水生动物 hydrocele, aquatic animal 07.0195

*水体腔 hydrocoel 05.2776

水螅虫纲 Hydrozoa 05.0661

[水]螅鞘 hydrotheca 05.0702

水螅体 hydranth 05.0698

水螅型 polyp 05.0688

水循环 water cycle 07.0563

水咽球 aquapharyngeal bulb 05.2999

顺向轴突运输 anterograde axonal transport 03.0283

瞬膜 nictitating membrane 03.0501

瞬时增长率 instantaneous rate of increase 07.0384

瞬褶 nictitating fold 06.0117

丝间隔 interfilamental junction 05.1746

*丝间联系 interfilamental junction 05.1746

丝孔 nematopore 05.2661

丝鳃 filibranchia 05.1738

丝腺 silk gland, spinning gland 05.2231

丝状触角 filiform antenna 05.2437

丝状乳头　filiform papilla　03.0718
丝状鳃　trichobranchiate　05.2118
*丝状体　filamentary appendage　05.2072
丝[状伪]足　filopodium　05.0213
*丝状型食道　filariform esophagus　05.1187
丝状蚴　filariform larva　05.1226
斯氏器　Stewart's organ　05.2854
死亡率　mortality, death rate　07.0372
死亡率曲线　mortality curve　07.0359
四倍体嵌合体　tetraploid mosaic　04.0030
四叠体　corpora quadrigemina　06.1176
四分膜　quadrulus　05.0432
四辐骨针　tetractin, tetractine　05.0574
四基板[顶系]　tetrabasal　05.2835
四孔型　quadrifora　05.1734
四膜虫　*Tetrahymena*　05.0141
四膜式口器　tetrahymenium　05.0433
四盘蚴　tetrathyridium　05.1088
四枝骨片　tetraclone　05.0620
四轴骨针　tetraxon　05.0557
四足动物　tetrapods　06.0085
松果体　pineal body, pineal gland　06.1245
松果体细胞　pinealocyte　03.0851
松果眼　pineal eye　06.1254
松质骨　spongy bone　03.0130
俗名　colloquial name, common name, vernacular name　02.0089
宿主　host　05.0103
宿主更替　alternation of host　05.0104
*宿主交替　alternation of host　05.0104
宿主特异性　host specificity　05.0105
嗉囊　crop　01.0190

溯河产卵鱼　anadromous fish　07.0216
溯河洄游　anadromous migration　07.0212
*随机漂变　random drift　02.0290
*随机遗传漂变　random genetic drift　02.0290
*随意肌　voluntary muscle　03.0212
髓放线　medullary ray　03.0768
*髓弓　neural arch　06.0544
*髓棘　neural spine　06.0547
髓壳　medullary shell　05.0305
髓袢　medullary loop　03.0804
髓旁肾单位　juxtamedullary nephron　03.0779
髓鞘　myelin sheath　03.0329
髓鞘切迹　myelin incisure　03.0331
髓索　medullary cord　03.0654
髓微动脉　pulp arteriole　03.0670
*髓细胞　myelocyte　03.0195
髓[质淋巴]窦　medullary sinus　03.0655
*碎屑食物链　detrital food chain　07.0524
梭内肌纤维　intrafusal muscle fiber　03.0350
梭形细胞　fusiform cell　03.0383
缩肌　retractor　06.0725
*缩足肌　pedal retractor muscle　05.1704
索腭型　desmognathism　06.0403
索饵场　feeding ground　07.0209
索饵洄游　feeding migration　07.0214
*索式神经系[统]　chain-type nervous system　05.0055
索趾足　desmodactyl foot, desmodactylous foot　06.0305
锁骨　clavicle　06.0608
锁骨下动脉　subclavian artery　06.1063
锁骨下静脉　subclavian vein　06.1095

T

他感化学物质　allelochemics　07.0436
他感作用　allelopathy　07.0435
他修饰　allogrooming　07.0245
胎[儿]　fetus　04.0217
胎儿循环　fetal circulation　04.0407
胎壳　embryonic apparatus　05.0240
胎膜　fetal membrane　04.0372
胎盘　placenta　04.0391
胎盘动物　placentalia　06.0079
胎生　viviparity　04.0023

胎生动物　viviparous animal　01.0122
胎仔数　litter size　07.0364
*苔[藓]虫　bryozoan, moss animal　01.0110
苔藓动物　bryozoan, moss animal　01.0110
苔藓动物门　Bryozoa　01.0051
苔藓纤维　mossy fiber　03.0373
太阳虫　heliozoan　05.0129
态模[标本]　morphotype　02.0141
肽能神经元　peptidergic neuron　03.0296
坛囊　ampulla　05.2787

*坛形器　end bulb, ampulla　05.2761

*弹性　elasticity　07.0584

弹性蛋白　elastin　03.0089

弹性软骨　elastic cartilage　03.0109

弹性纤维　elastic fiber　03.0088

弹性组织　elastic tissue　03.0094

碳循环　carbon cycle　07.0567

绦虫　cestode, tapeworm　05.1048

绦虫病　cestodiasis　05.1050

绦虫纲　Cestoidea　05.0879

绦虫学　cestodology　05.1049

套层　mantle zone, mantle layer　04.0432

套装论　encasement theory, emboitement theory
　04.0014

*套装学说　encasement theory, emboitement theory
　04.0014

特创论　creationism, theory of special creation
　02.0221

*特定年龄生命表　age-specific life table　07.0355

特定年龄[组]出生率　age-specific natality　07.0368

*特定时间生命表　time-specific life table　07.0356

特化　specialization　02.0255

特氏器　Tömösváry organ, organ of Tömösváry
　05.2329

特殊颗粒　specific granule　03.0164

特有现象　endemism　02.0365

特有种　endemic species　02.0368

*特征　character　02.0061

藤壶胶　barnacle cement　05.2074

梯度变异　cline　02.0367

梯状神经系[统]　ladder-type nervous system
　05.0054

提肌　levator　06.0728

蹄　hoof　06.0342

蹄行　unguligrade　06.0339

体被　integument　01.0168

体壁　body wall　05.0028，05.2596

体壁肌　somatic muscle　05.1496

体壁内胚层　parietal endoderm　04.0315

体壁中胚层　parietal mesoderm, somatic mesoderm
　04.0328

体蒂　body stalk　04.0322

体动脉弓　systemic arch　06.1046

*体管　siphuncle　05.1796

*体环　zonite　05.1273

体节　somite, segment　04.0336，metamere, segment
　05.1301

*体节板　segmental plate　04.0325

体节肌　somite muscle　06.0712

体节器　segmental organ　05.1302

体螺层　body whorl　05.1599

体囊　somatocyst　05.0730

体内受精　*in vivo* fertilization　04.0180

体盘　body disc　05.2769

体腔　coelom　05.0029

体腔被膜囊　integumental coelomic sac　05.1519

体腔动物　coelomate　01.0070

体腔孔　coelomopore　05.2657

体腔乳突　coelomic papilla　05.1522

体外纳精器　thelycum　05.0066

体外受精　*in vitro* fertilization　04.0181

体纤毛器　somatic ciliature　05.0397

体循环　systemic circulation　06.1010

体柱　scapus　05.0788

*替代分布　vicariance　02.0360

替代学名　substitute name, replacement name
　02.0090

替换活动　displacement activity　07.0241

替换羽　alternate plumage　06.0286

甜细胞　glycocyte　05.0538

调节性 T 细胞　regulatory T cell, Tr cell　03.0603

调整囊　compensatrix, compensation sac　05.2632

调整囊孔　ascopore　05.2650

调整型发育　regulative development　04.0585

调整型卵　regulative egg　04.0239

调整型卵裂　regulative cleavage　04.0237

*跳跃式进化　saltational evolution　02.0250

跳跃足　saltatonal leg　05.2477

贴生　adnate　05.2720

*贴氏体　Tiedemann's body　05.2784

*铁特曼氏体　Tiedemann's body　05.2784

*听壶　lagena　06.1273

听[基]板　auditory placode　04.0443

听觉器官　auditory organ　06.1258

听毛　trichobothrium　05.2262

听泡　auditory vesicle, otic vesicle　04.0445

听窝　auditory pit　04.0444

听弦　auditory string　03.0530

听小骨　auditory ossicle　06.0464

停滞进化　stasigenesis, stasis　02.0234

通信　communication　07.0308

*通信连接　communication junction　03.0029

*同胞种　sibling species　02.0052

*同部大核　homomerous macronucleus　05.0471

*同地种　sympatric species　02.0373

同功　analogy　02.0266

同功器官　analogous organ　02.0264

同骨海绵纲　Homoscleromorpha　05.0520

同化　assimilation　01.0181

同化量　assimilation　07.0546

同化效率　assimilation efficiency　07.0554

同肌型　holomyarian type　05.1148

同基因型　syngen　05.0495

同极双体　homopolar doublet　05.0510

同卵双胎　monozygotic twins, MZ twins　04.0218

同律分节　homonomous metamerism　05.0017

同名关系　homonymy　02.0108

*同模　homotype, homeotype　02.0138

同配生殖　isogamy　05.0363

同生群　cohort　07.0395

*同生群生命表　cohort life table　07.0355

同塑性　homoplasy　02.0205

[同物]异名　synonym　02.0101

[同物]异名关系　synonymy　02.0103

同系交配　endogamy　01.0235

同相大核　homomerous macronucleus　05.0471

*同形配子　isogamete　05.0358

同型齿　homodont　06.0916

*同型合子　homozygote　04.0209

同型生活史　homogonic life cycle　05.0116

*同域成种　sympatric speciation　02.0321

同域分布　sympatry　02.0353

同域物种形成　sympatric speciation　02.0321

同域杂交　sympatric hybridization　02.0380

同域种　sympatric species　02.0373

同源器官　homologous organ　02.0263

同源细胞群　isogenous group　03.0103

同源性　homology　02.0258

同源性状　homologous character　02.0262

同源异形基因　homeotic gene　04.0550

同源[异形]框　homeobox　04.0549

同征择偶　assortative mating　07.0274

同质性　homogeneity　07.0500

同资源种团　guild　07.0467

同宗配合　homothallism　05.0365

童虫　juvenile, schistosomulum　05.0118

瞳孔　pupil　03.0446

瞳孔开大肌　dilator muscle of pupil　03.0447

瞳孔括约肌　sphincter muscle of pupil　03.0448

头板　cephalic plate, cephalic plaque　05.1401，head plate　05.1588，cephalic plate　05.2318

头半棘肌　semispinalis capitis muscle　06.0786

*头臂干　brachiocephalic trunk　06.1059

头部　head　05.1387, cephalosome　05.1566

头[部]　head, cephalon　05.0001

头侧板　cephalic pleurite　05.2319

头顶　vertex　05.2444，crown　06.0320

头楯　cephalic shield　05.1762，05.2116

头感器　amphid　05.1160

*头感器　cerebral organ, cerebral sensory organ　05.1103

头肱干　brachiocephalic trunk　06.1059

头肱静脉　brachiocephalic vein　06.1094

头沟　cephalic groove　05.1097

头骨　skull, cranium　06.0390

头冠　corona　05.1254

*头冠　head crown　05.0992

头肌　muscle of head　06.0730

头棘　head spine　05.0993

头脊　cephalic keel　05.1402

头夹肌　splenius capitis muscle　06.0760

头节　scolex　05.1051

头壳　cephalic capsule, head capsule　05.2317，head capsule　05.2423

头孔　head pore, neck organ　05.1891

头盔　helmet　05.1890

头裂　cephalic slit　05.1098

头领　head collar　05.0992

头笼　cephalic cage　05.1404

头帕型　cidaroid type　05.2853

头泡　cephalic vesicle　05.1163

头器　head organ　05.0920

*头鞘　cephalic capsule, head capsule　05.2317

头乳突　cephalic papilla　05.1197

头软骨　cranial cartilage　05.1783

头上斜肌　obliquus capitis superior muscle　06.0761

头肾　head kidney　06.1117
头丝　cephalic filament　05.1761
头索动物　cephalochordate　01.0119
头索动物亚门　Cephalochordata　01.0059
头突　head process　04.0371
头虾纲　Cephalocarida　05.1854
头下斜肌　obliquus capitis inferior muscle　06.0762
头腺　cephalic gland　05.0921，05.1102，05.1164
头胸部　cephalothorax　05.1880
头胸甲　carapace　05.1881
头叶　cephalic lobe　05.1546
头缘　cephalic rim, cephalic veil　05.1403
头褶　head fold　04.0429
头状部　capitulum　05.2051
头状骨　capitate bone　06.0636
头状体　capitulum　05.2721
头锥　cephalic cone　05.1011
头足　cephalopodium　05.1763
头足纲　Cephalopoda　05.1565
头足孔　anterior opening　05.1759
头最长肌　longissimus capitis　06.0781
骰骨　cuboid bone　06.0653
透出分泌　diacrine　03.0065
透孔　lunule　05.2857
透明层　stratum lucidum　03.0555
透明带　zona pellucida, ZP　04.0100
透明带蛋白质　zona pellucida protein　04.0099
透明带反应　zona rection　04.0204
*透明带受体　zona pellucida receptor　04.0195
*透明管　vitreous canal, hyaloid canal　03.0496
透明角质颗粒　keratohyalin granule　03.0552
透明软骨　hyaline cartilage　03.0108
透明体　hyalosome　05.0203
*透明细胞　hyalocyte　03.0495
凸结　umbo　05.0289
突变　mutation　02.0317
突变论　mutationism　02.0224
突触　synapse　03.0299
突触后成分　postsynaptic element　03.0307
突触后膜　postsynaptic membrane　03.0309
突触间隙　synaptic cleft　03.0310
*突触扣结　synaptic bouton, synaptic knob　03.0311
突触前成分　presynaptic element　03.0306
突触前膜　presynaptic membrane　03.0308

突触小泡　synaptic vesicle　03.0312
突触小体　synaptosome　03.0311
*突起　colline　05.0833
图解生命表　diagrammatic life table　07.0357
图模［标本］　autotype　02.0139
*图式形成　pattern formation　04.0571
土壤因子　edaphic factor　07.0025
土源性蠕虫　geohelminth　05.0120
土源性蠕虫病　geohelminthiasis　05.0123
土著种　native species, indigenous species　02.0369
团聚　agglomeration　05.0336
*腿节　femur　05.2169，05.2400，05.2468
退化　retrogression, degeneration　02.0257
退化性状　regressive character　02.0066
退化演替　retrogressive succession　07.0487
退行进化　retrogressive evolution　02.0230
蜕膜　decidua　04.0275
蜕膜反应　decidua reaction　04.0274
蜕膜胎盘　deciduate placenta　04.0405
蜕皮　ecdysis, molt　01.0271
蜕皮动物　ecdysozoan　01.0108
蜕皮后期　postmolt, metecdysis　05.2145
蜕皮激素　ecdysone　05.2142
蜕皮间期　intermolt　05.2144
蜕皮前期　premolt, proecdysis　05.2143
吞噬泡　phagocytic vacuole　05.0333
吞噬作用　phagocytosis　05.0332
臀板　pygal plate　06.0194
臀大肌　gluteus maximus muscle　06.0821
臀鳍　anal fin　06.0127
臀小肌　gluteus minimus muscle　06.0822
臀胝　ischial callosity　06.0318
臀中肌　gluteus medius muscle　06.0820
*托氏器　Tömösváry organ, organ of Tömösváry　05.2329
拖丝　dragline　05.2241
拖曳鞭毛　trailing flagellum　05.0177
脱包囊　excystment　05.0331
*脱分化　dedifferentiation　04.0530
脱核　karyorrhexis　03.0191
椭圆囊　utricle　06.1269
椭圆囊斑　macula of utricle, macula utriculi　06.1270
拓扑结构　topological structure　02.0186
唾液腺　salivary gland　06.0882

W

歪形海胆　irregular echinoid　05.2838

歪型尾　heterocercal tail　06.0130

外包　epiboly　04.0295

外鼻孔　nostril, external naris　06.0488

外壁　exterior wall　05.2598

*外壁　epitheca　05.0821

*外鞭　upper flagellum　05.1989

外扁平细胞　exopinacocyte　05.0526

*外表皮　exocuticle　05.1839

[外]侧片　lateral sclerite, marginal sclerite　05.0945

外侧尾羽　lateral rectrice　06.0274

外出芽[生殖]　exogemmy, exogenous budding, external budding　05.0490

外触手芽　extratentacular budding　05.0843

外唇　outer lip　05.1611

外唇乳突　externo-labial papilla　05.1200

外雌器　epigynum　05.2221

*外丛层　outer plexiform layer　03.0474

外带区　exozone　05.2728

外颚叶　galea　05.2450

外耳　external ear　06.1282

外耳道　external auditory meatus　06.1283

外分泌　exocrine　01.0208

外分泌腺　exocrine gland　03.0040

*外肛动物　ectoproct　01.0110

*外肛动物门　Ectoprocta　01.0051

外根鞘　external root sheath　03.0583

外沟　external furrow　05.0282

外骨骼　exoskeleton　01.0171，05.0818

外核层　outer nuclear layer　03.0473

外环骨板　outer circumferential lamella, external circumferential lamella　03.0135

*外环海胆　exocyclic echinoid　05.2838

外加生长　appositional growth　03.0156

外角质层　exocuticle　05.1839

外界膜　outer limiting membrane　03.0472

*外卷　evolute　05.0261

外卷沟　epirhysis　05.0633

外来种　exotic species　02.0371

外淋巴　perilymph　03.0511

外淋巴管孔　aperture of perilymphatic duct　06.0414

外淋巴隙　perilymphatic space　03.0510

外卵黄合胞体层　external yolk syncytial layer　04.0286

外卵黄卵　ectolecithal egg　05.0901

外毛细胞　outer hair cell　03.0542

*外模　ideotype　02.0137

外膜　adventitia　03.0713

外膜[层]　theca externa　04.0104

外囊腔　exosaccal cavity　05.2736

外内胚层平衡囊　ectoendodermal statocyst　05.0763

外胚层　ectoderm　04.0305

外胚层平衡囊　ectodermal statocyst　05.0762

外皮层骨骼　ectosomal skeleton　05.0628

外鞘　epitheca　05.0821

外群　outgroup　02.0176

外韧带　external ligament　05.1673

外鳃　external gill　04.0501

*外鳃小瓣　outer lamella　05.1743

外伞　exumbrella　05.0740

外筛骨　ectethmoid bone　06.0472

*外神经系[统]　ectoneural system　05.2809

外生殖器　genitalia　01.0228

外胎盘锥　ectoplacental cone　04.0317

外弹性膜　external elastic membrane　03.0423

外套窦　pallial sinus　05.1713

外套沟　mantle groove, pallial groove　05.1597

*外套痕　pallial impression　05.1712

外套膜　mantle, pallium　05.1569，mantle　06.0014

外套腔　mantle cavity　05.1570

外套收缩肌　pallial retractor muscle　05.1709

*外套湾　pallial sinus　05.1713

外套线　pallial line　05.1712

外套眼　pallial eye　05.1714

外套叶　mantle lobe　05.2756

外凸　evagination　04.0302

外突　outer root　05.0932

外网层　outer plexiform layer　03.0474

*外温动物　ectotherm　07.0088

外蹼　outer web, outerweb　06.0264

外楔骨　ectocuneiform　06.0652

外眼板　exsert　05.2832

外叶 exite 05.1847
*外叶冠 external leaf crown 05.1178
外阴裂 pudendal cleft 06.1148
外圆锥体 outer cone 05.1800
外源 exogenous 07.0122
外[源]适应 exoadaptation 02.0296
*外展神经 abducent nerve 06.1217
*外掌突 outside metacarpal tubercle 06.0175
外枕骨 exoccipital, exoccipital bone 06.0435
外肢 exopod, exopodite 05.2006
外直肌 lateral rectus muscle 06.0736
*外跖突 outside metatarsal tubercle 06.0176
外指细胞 outer phalangeal cell, Deiters' cell 03.0537
外质 ectoplasm 05.0151
外轴骨骼 extra-axial skeleton 05.0631
外贮精囊 outer seminal vesicle 05.1024
外柱细胞 outer pillar cell 03.0533
豌豆骨 pisiform bone 06.0639
完全变态 complete metamorphosis, holometabolous metamorphosis 01.0268
*完全隔膜 complete mesentery 05.0793
完全卵裂 holoblastic cleavage, complete cleavage 04.0225
晚成雏 altrices 07.0303
晚成性 altricialism 07.0301
晚幼红细胞 normoblast 03.0190
晚幼粒细胞 metamyelocyte 03.0196
*碗状泡 phialocyst 05.0461
腕 arm 05.1764, arm, brachium 05.2770, wrist 06.0326
腕板 brachial 05.2946
腕骨 brachidium 05.2750, carpal bone 06.0632
腕关节 wrist joint 06.0698
腕棘 arm spine 05.2969
腕间膜 interbrachial membrane 05.1766
腕节 carpopodite, carpus, wrist 05.2015
*腕壳 brachial valve 05.2747
腕神经节 brachial ganglion 05.1806
腕掌关节 carpometacarpal joint, CMC joint 06.0699
腕栉 arm comb 05.2972
腕足动物 brachiopod 01.0111
腕足动物门 Brachiopoda 01.0052
网板 reticular lamina 03.0032
网结骨骼 dictyonal skeleton, dicryonine 05.0626
网结群体 anastomosing colony 05.2544

网孔 fenestrula 05.2717
网孔苔虫型群体 reteporiform colony 05.2534
网胃 reticulum 06.0848
网织层 reticular layer 03.0571
网织红细胞 reticulocyte 03.0162
*网状层 reticular layer 03.0571
网状带 zona reticularis 03.0843
网状骨骼 reticulate skeleton 05.0625
网状骨片 desma, desmome 05.0619
网状管 anastomosing vessel 05.0779
网状结构 reticular formation 03.0390
网状群体 reticulate colony 05.2543
*网状神经系[统] diffuse nervous system 05.0053
*网状系统 reticular formation 03.0390
网状系统 renete system 05.1240
网状细胞 reticular cell 03.0099
网状纤维 reticular fiber 03.0090
网状组织 reticular tissue 03.0098
微孢子虫门 Microspora 05.0135
微胞饮现象 micropinocytosis 05.0339
微杯型 microcotylid type, microcotyle type, microcotylid pattern 05.0939
*微刺丝泡 microtrichocyst 05.0461
微动脉 arteriole 03.0433
微颚动物门 Micrognathozoa 01.0030
微个虫 nanozooid 05.2559
*微观分类学 microtaxonomy 02.0015
微管 microtubule 01.0143
微进化 microevolution 02.0228
微静脉 venule 03.0436
微量营养物 micronutrient 07.0071
*微毛感[受]器 microtrichoid senillum 05.2333
微毛形感器 microtrichoid senillum 05.2333
*微蹼 rudimentary web 06.0093
微球型壳 microspheric test 05.0227
微绒毛 microvillus 03.0022
微生境 microhabitat, microenvironment 07.0052
微丝 microfilament 01.0144, microneme 05.0310
微丝蚴 microfilaria 05.1224
*微体 microbody 01.0138
微突变 micromutation 02.0319
微尾尾蚴 microcercous cercaria 05.0975
微纤丝 microfibril, microfilament 05.0312
微小管 ductulus, canaliculus 03.0066
微循环 microcirculation 03.0432

微眼　aesthete　05.1803
微皱褶细胞　microfold cell, M cell　03.0629
韦伯器　Weberian apparatus　06.0557
韦伯小骨　Weberian ossicle　06.0558
围初虫出芽　periancestrular budding　05.2693
围顶带　circumapical band　05.1256
*围动脉淋巴鞘　periarterial lymphatic sheath, PALS
　03.0659
围颚环　perignathic girdle　05.2859
围耳骨　periotic bone　06.0462
围肛板　periproct plate　05.2826
围肛部　periproct　05.2836
围口板　peristomial plate　05.2962
围口部　peristome　05.2821
围口触手　peripheral tentacle　05.1511
围口刺　perioral spine　05.1008
围口节　peristomium　05.1396
围口节触须　peristomial cirrus　05.1420
*围口纤毛带　adoral ciliary spiral　05.0442
*围墙　collaret　05.0804
围鞘　perisarc　05.0696
围鳃腔　atrium, atrial cavity　06.0020
围鳃腔孔　atriopore　06.0043
围椭球淋巴鞘　periellipsoidal lymphatic sheath, PELS
　03.0673
*围心膜　pericardium　03.0407
围心腔　pericardial cavity　04.0478
围心腔腺　pericardial gland　05.1752
围血系统　perihemal system　05.2796
*围咽带　peripharyngeal band　06.0027
围咽沟　peripharyngeal groove　06.0027
围咽神经　circumpharyngeal nerve　05.0056
围咽神经环　circumoesophageal ring, circumoesopha-
　geal cycle　05.1502
围脏腔　perivisceral coelom, perivisceral cavity
　05.2774
伪复型刚毛　pseudocompound chaeta　05.1320
*伪几丁质壳　pseudochitinous test　05.0224
*伪壳盖　pseudoperculum　05.1437
*伪溞状幼体　pseudozoea larva　05.2097
*伪外肢　pseudexopodite, pseudoexopodite　05.2025
伪足　pseudopodium　05.0212
尾板　tail plate　05.1589，05.2050
尾柄　caudal peduncle　06.0133
尾部　pygidium　05.1400，cauda　05.2722

尾[部]　tail　05.0005
尾部附肢　caudal appendage　05.2073
尾叉　caudal furca　05.2046
尾肠系膜静脉　caudal mesenteric vein　06.1099
尾垂体　urohypophysis　06.1246
尾刺　caudal spine　05.1162
尾动脉　caudal artery　06.1040
*尾段　end piece　04.0058
尾盾　caudal shield　05.1523
尾附器　caudal appendage　05.1506
尾杆骨　urostyle　06.0578
尾感器　phasmid　05.1161
尾刚毛　caudal seta　05.1494
尾骨　coccyx　06.0577
尾棘毛　caudal cirrus　05.0420
尾节　telson　05.2041，05.2215，telson, periproct
　05.2508
尾静脉　caudal vein　06.1098
尾鳍　caudal fin　06.0040，06.0128
尾球　microcercous　05.0990
尾乳突　caudal papilla　05.1206
尾扇　tail fan，rhipidura　05.2049
尾上骨　epural bone　06.0579
尾舌骨　urohyal bone　06.0507
尾神经　coccygeal nerve　06.1235
尾索　urochord　06.0005
*尾索动物　urochordate　01.0118
*尾索动物亚门　Urochordata　01.0058
尾突　caudal process　05.2045
尾下骨　hypural bone　06.0580
尾腺　caudal gland　05.1165
尾须　caudal cirrus　05.1100，cercus　05.2505
*尾须　cercus　05.2394
尾叶　tail fluke　06.0134
尾翼　caudal ala　05.1159
尾蚴　cercaria　05.0967
尾蚴膜反应　cercarian huellen reaction, CHR　05.0093
尾羽　tail feather　06.0272
尾爪　postabdominal claw　05.2047
尾肢　uropoda, uropodite　05.2048
尾脂腺　uropygial gland　06.0374
尾椎　caudal vertebra　06.0571
尾综骨　pygostyle　06.0582
纬裂　latitudinal cleavage　04.0236
卫星细胞　satellite cell　03.0325

未成熟节片　immature segment, immature proglottid　05.1057

未定种　species indeterminate, sp. indet.　02.0150

未分化间充质细胞　undifferentiated mesenchymal cell　03.0073

未分化生殖腺　indifferent gonad　04.0468

未分化细胞　undifferentiated cell　04.0521

*未分化性腺　indifferent gonad　04.0468

未角化复层扁平上皮　nonkeratinized stratified squamous epithelium　03.0014

未刊[学]名　manuscript name　02.0098

[位觉斑]毛细胞　hair cell　03.0507

*位砂　otolith, otoconium　03.0509

*位砂膜　otolithic membrane, otoconium membrane, statoconic membrane　03.0508

*位听神经　vestibulocochlear nerve　06.1219

位置信息　positional information　04.0570

味蕾　taste bud　06.0890

味器　gustatory organ　05.1825

胃　stomach　01.0192

*胃杯型　gastrocotylid type, gastrocotyle type　05.0940

胃柄　gastric peduncle　05.0747

胃层　gastral epithelium　05.0523

胃层骨针　gastralia　05.0546

胃肠　stomach-intestine　05.1272

胃底腺　fundic gland　06.0870

胃动脉　gastric artery　06.1072

胃盾　gastric shield　05.1730

胃沟　gastric groove　05.1928

*胃管系统　gastrovascular system　05.0857

*胃茎　gastric column　05.0704

胃盲囊　ventricular appendix　05.1191

*胃酶原细胞　zymogenic cell　03.0727

胃磨　gastric mill　05.2136

胃囊　gastric pouch　05.0744

胃黏膜　gastric mucosa　03.0724

胃[皮]层　gastrodermis　05.0665

胃腔　gastric cavity　05.0860

胃区　gastric region　05.1898

胃上刺　epigastric spine　05.1906

*胃上沟　epigastric furrow　05.2220

胃石　gastrolith　05.2137

胃丝　gastral filament　05.0745

胃腺　gastric gland　06.0869

[胃腺]主细胞　chief cell　03.0727

胃小凹　gastric pit　03.0725

胃小孔　gastric ostium　05.0746

*胃小窝　gastric pit　03.0725

胃绪　funiculus　05.2708

胃循环系统　gastrovascular system　05.0857

胃叶型　gastrocotylid type, gastrocotyle type　05.0940

胃柱　gastric column　05.0704

温度调节者　temperature regulator, thermoregulator　07.0104

温度顺应者　temperature conformer, thermoconformer　07.0103

温度系数　temperature coefficient　07.0059

温湿图　thermohygrogram, hydrotherm graph, temperature humidity graph　07.0061

温室效应　greenhouse effect　07.0568

温水种　temperate water species　02.0410

温周期　thermoperiod　07.0060

纹线　striate　05.0273

纹状管　striated duct　03.0746

纹状体　corpus striatum　06.1186

纹状缘　striated border　03.0023

吻　proboscis　05.1106，05.3017

吻板　rostrum　05.2063

吻侧板　rostro-lateral compartment, latus rostrale　05.2067

吻道　rhynchodaeum　05.1107

吻端　rostral side　05.2053

吻钩　rostellar hook　05.1229，05.1505

吻孔　proboscis pore　05.1108，05.3018

*吻囊　proboscis sac　05.1228

吻器　proboscis apparatus　05.1105

吻牵引肌　proboscis retractor muscle　05.1232

吻腔　rhynchocoel　05.1109

*吻腔壁　rhynchocoel wall　05.1110

*吻腔动物　rhynchocoelan　01.0081

*吻腔动物门　Rhynchocoela　01.0028

吻腔绒毛　rhynchocoelic villus　05.1123

吻鞘　rhynchocoel sheath　05.1110，proboscis receptacle　05.1228

吻鞘牵引肌　receptacle retractor muscle　05.1233

*吻蠕虫　proboscis worm　01.0081

*吻缩肌　retractor muscle of introvert　05.1513

吻突　proboscis　05.1089

吻[突]　proboscis　05.1227

X

吸虫病 trematodiasis 05.0919
吸虫纲 Trematoda 05.0878
吸虫学 trematology 05.0918
吸附泡 haptocyst 05.0461
吸铗 clamp 05.0938
吸口 suctorial mouth 05.0773
吸盘 sucker, sucking disc 05.0025
吸收细胞 absorptive cell 03.0739
吸胃 sucking stomach 05.2229
*希氏束 His' bundle 06.1030
稀释效应 dilution effect 07.0252
稀有种 rare species 02.0376
犀角 rhinohorn 06.0343
蜥腭型 saurognathism 06.0405
膝 knee 06.0332
*膝盖骨 patella 06.0643
膝关节 knee joint 06.0705
膝节 patella 05.2170
膝状触角 geniculate antenna, patelliform antenna
  05.2438
膝状刚毛 geniculate chaeta 05.1330
膝状突起 apophysis 05.0692
螅根 hydrorhiza 05.0690
螅茎 hydrocaulus 05.0691
*螅托 apophysis 05.0692
螅枝 hydrocladium 05.0693
螅状幼体 hydrula 05.0781
习性 habit 01.0265
系带 bridle 05.1551
系列模式 hapantotype 02.0127
系列同源性 serial homology 02.0260
*系模 hapantotype 02.0127
*系丝泡 haptocyst 05.0461
系统 system 01.0165
*系统动物学 animal systematics 01.0006
系统发生 phylogenesis, phylogeny 02.0160
系统发生分析 phylogenetic analysis 02.0161
系统发生树 phylogenetic tree 02.0165
*系统发生系统学 phylogenetic systematics 02.0002
系统发生学 phylogenetics 02.0008
*系统发育 phylogenesis, phylogeny 02.0160
*系统发育分析 phylogenetic analysis 02.0161
*系统发育树 phylogenetic tree 02.0165
系统生态学 system ecology 07.0012
系统收藏 systematic collection 02.0153

系统学 systematics 02.0007
细胞 cell 01.0125
A 细胞 A cell 03.0763
*APUD 细胞 amine precursor uptake and decarboxylation cell, APUD cell 03.0732
B 细胞 B cell 03.0764
C 细胞 C cell 03.0766
D 细胞 D cell 03.0765
*K 细胞 killer cell, killer lymphocyte, K cell 03.0598
*M 细胞 microfold cell, M cell 03.0629
*NK 细胞 nature killer cell, NK cell 03.0597
*P 细胞 pacemaker cell, P cell 03.0414
*Tc 细胞 cytotoxic T cell, Tc cell 03.0604
*Th 细胞 helper T cell, Th cell 03.0602
*Tr 细胞 regulatory T cell, Tr cell 03.0603
*α 细胞 α cell 03.0763
*β 细胞 β cell 03.0764
*δ 细胞 δ cell 03.0765
细胞被 cell coat 05.1237
细胞凋亡 apoptosis 04.0597
细胞毒性 T 细胞 cytotoxic T cell, Tc cell 03.0604
细胞分化 cell differentiation 04.0526
细胞骨架 cytoskeleton 01.0142
细胞核 nucleus 01.0146
细胞间质 intercellular substance 03.0075
细胞焦亡 pyroptosis 04.0598
细胞类聚 cell sorting 04.0592
细胞膜 cell membrane 01.0128
细胞膜内褶 cell membrane infolding 03.0033
细胞内分泌小管 intracellular secretory canaliculus 03.0729
[细]胞内消化 intracellular digestion 01.0178
细胞黏附 cell adhesion 04.0591
细胞胚盘 cellular blastoderm 04.0291
细胞谱系 cell lineage 04.0535
细胞器 organelle 01.0131
细胞死亡 cell death 04.0595
[细]胞外消化 extracellular digestion 01.0179
细胞行为 cell behavior 04.0588
细胞运动 cell movement 04.0590
细胞增殖 cell proliferation 04.0589
[细]胞质 cytoplasm 01.0130
细胞质衍生物 cytoplasmic derivant 05.0157
细胞周期 cell cycle 01.0156
细胞滋养层 cytotrophoblast 04.0262

细齿刚毛 denticulate chaeta 05.1340

细段 thin segment 03.0800

细纺管 spool 05.2237

细管 villi tubule 05.1533

细肌丝 thin myofilament 03.0240

细颈囊尾蚴 cysticercus tenuicollis 05.1083

细支气管 bronchiole 06.0999

*细支气管细胞 bronchiole cell 03.0693

虾红素 astacin 05.2148

*虾黄质 astaxanthin 05.2147

虾青素 astaxanthin 05.2147

狭唇纲 Stenolaemata 05.2510

狭食性 stenophagy 07.0163

狭适性 stenotropy 07.0038

狭水性 stenohydric 07.0044

狭温性 stenothermal 07.0040

狭温性动物 stenothermal animal 07.0093

狭盐性 stenohaline 07.0042

狭盐性动物 stenohaline animal 07.0106

狭氧性 stenooxybiotic 07.0046

啁 web 06.0262

下凹 depression 05.0286

下板 hypoplastron 06.0203

下背舌叶 inferior notoligule 05.1379

下鼻甲 inferior nasal concha, inferior concha 06.0494

下鞭 lower flagellum 05.1990

下不动关节 hypozygal 05.2957

下触角 inferior antenna 05.1965

下唇 lower lip 05.1391，labium 05.1974，05.2218，05.2454

下次尖 hypoconid 06.0974

下次小尖 hypoconulid 06.0975

*下段中胚层 hypomere 04.0327

下颚 mandible 05.1457，maxilla 05.2447

下颚须 maxillary palp, maxillary palpus 05.2453

下跟座 talonid 06.0965

下颌骨 mandible 06.0496

下颌间肌 intermandibular muscle 06.0739

下颌收肌 adductor mandibulae 06.0738

下后尖 metaconid 06.0972

下回环 descending loop 05.1530

下基板 infrabasal plate 05.2943

下壳 hypocone 05.0171

*下孖肌 gemellus inferior 06.0823

*下毛类 Hypotrichs 05.0142

下内尖 entoconid 06.0976

下胚层 hypoblast 04.0310

下皮 hypodermis 05.1837

下脐 inferior umbilicus 06.0253

下前尖 paraconid 06.0968

下丘 inferior colliculus 06.1175

下鳃盖骨 subopercle 06.0524

下鳃骨 hypobranchial bone 06.0516

*下鳃肌 hypobranchial muscle 06.0737

下三角座 trigonid 06.0964

*下伞 subumbrella 05.0741

下舌骨 hypohyal bone 06.0505

下神经系[统] hyponeural system 05.2810

*下向皮层骨针 hypodermalia 05.0545

*下向胃层骨针 hypogastralia 05.0546

下斜肌 inferior oblique muscle, obliquus oculi inferior 06.0732

下行控制 top-down control 07.0527

*下行效应 top-down effect 07.0527

下原尖 protoconid 06.0970

下缘板 inferomarginal plate 05.2909

下直肌 inferior rectus muscle 06.0734

*下锥 hypocone 05.0171

夏候鸟 summer migrant 07.0222

夏卵 summer egg 05.2086

夏眠 aestivation 07.0114

*夏羽 summer plumage 06.0285

先成论 preformation theory 04.0012

*先成说 preformation theory 04.0012

先锋[物]种 pioneer, pioneer species 07.0492

先验概率 prior probability 02.0203

纤鞭毛 ciliary flagellum 05.0168

纤毛 cilium 03.0021，05.0388

纤毛板 ciliated plate 05.0988

纤毛虫 ciliate 05.0139

纤毛丛 ciliary tuft 05.1269

*纤毛根丝 ciliary rootlet 05.0391

纤毛沟 ciliated groove 06.0030

纤毛后微管 postciliary microtubule 05.0401

*纤毛后纤维 postciliary fiber 05.0401

*纤毛列 ciliary row 05.0405

纤毛漏斗 ciliated funnel 05.1499，05.2807

纤毛门 Ciliophora 05.0138

纤毛器 ciliature 05.0400

纤毛图式　infraciliature　05.0399
纤毛窝　ciliary pit　05.1137
纤毛细胞　ciliated cell　03.0682
*纤毛下器　infraciliature　05.0399
*纤毛下纤维系统　infraciliature　05.0399
纤毛小根　ciliary rootlet　05.0391
纤毛小根系统　rootlet system　05.0392
纤毛小体　cilium corpuscle　05.1535
*纤毛蚴　oncomiracidium　05.0960
*纤毛子午线　ciliary meridian　05.0405
纤丝泡　fibrocyst　05.0463
*纤维刺丝泡　fibrocyst　05.0463
*纤维关节　fibrous joint　06.0678
纤维连结　fibrous joint　06.0678
纤维膜　fibrosa　03.0714
纤维软骨　fibrous cartilage　03.0110
纤维细胞　fibrocyte　03.0078
纤维性星形胶质细胞　fibrous astrocyte　03.0317
纤羽　filoplume, pin feather　06.0267
咸水　salt water　07.0068
嫌色细胞　chromophobe cell　03.0816
显球型壳　megalospheric test　05.0226
现存量　standing crop, standing stock　07.0543
*现代达尔文主义　modern Darwinism　02.0215
现代综合进化论　modern synthetic theory of evolution
　　02.0215
现生种　recent species　02.0378
限制因子　limiting factor　07.0023
M 线　M line　03.0233
Z 线　Z line　03.0231
线虫病　nematodiasis　05.1146
线虫[动物]　nematode　01.0083
线虫动物门　Nematoda　01.0031
线虫学　nematology　05.1143
线粒体　mitochondrion　01.0132
线粒体鞘　mitochondrial sheath　04.0062
线粒体云　mitochondrial cloud　04.0086
线形动物　nematomorph, horsehair worm　01.0086
线形动物门　Nematomorpha　01.0034
腺垂体　adenohypophysis　03.0814
腺介幼体　cypris larva　05.2106
*腺末房　terminal secretory unit　03.0044
*腺泡　acinus　03.0044
腺上皮　glandular epithelium　03.0036
*腺[体]　gland　01.0209

腺体区　glandular region　05.1549
腺胃　ventriculus　05.1190，glandular stomach
　　06.0844
腺细胞　glandular cell　03.0035，gland cell　05.0669
腺性杆状体　glandular rhabdite　05.0895
相关系数　correlation coefficient　02.0206
相关性状　correlated character　02.0064
相互诱导　reciprocal induction　04.0555
相容性　compatibility　02.0193
相似性　similarity　07.0464
相似性指数　similarity index, index of similarity
　　07.0465
镶边缝合线　limbate suture　05.0255
镶嵌型　mosaic type　05.0875
镶嵌型发育　mosaic development　04.0586
镶嵌型卵　mosaic egg　04.0240
镶嵌型卵裂　mosaic cleavage　04.0238
*响器　stridulating organ　05.2134
项　nape　06.0235
项触手　nuchal tentacle　05.1512
项器　nuchal organ, organum nuchale　05.1406, nuchal
　　organ　05.1510
项乳突　nuchal papilla, occipital papilla　05.1407
象牙　elephant tusk　06.0935
象牙质　ivory　06.0936
消除性免疫　sterilizing immunity　05.0095
消费效率　consumption efficiency　07.0556
消费者　consumer　07.0511
消化　digestion　01.0175
*消化道　digestive tract　01.0184
消化管　digestive tract　01.0184
消化系统　digestive system　01.0183
消化腺　digestive gland　06.0867
消化循环腔　gastrovascular cavity　05.0687
小凹　caveola　03.0261
小肠　small intestine　06.0851
小齿　denticle　05.0023
*小触角　antennule　05.1956
小刺　spinule　05.0022
小颚钩　maxillary hook　05.1987
小颚节　maxillary segment　05.2352
小颚腺　maxillary gland　05.2129
小分类学　microtaxonomy　02.0015
小个虫室　zooeciule　05.2589
小根　rootlet　05.0809

*小勾棘骨针 microuncinate 05.0566

小钩 hooklet 05.0928

小骨针 microsclere 05.0543

小管 ductulus 05.0832

*L 小管 longitudinal tubule, L tubule 03.0223

*T 小管 transverse tubule, T tubule 03.0222

小管肾 micronephridium 05.0051

小核 micronucleus 05.0470

小棘 miliary spine 05.2872

小胶质细胞 microglia 03.0322

小角软骨 corniculate cartilage 06.0532

小节间部 globulus 05.2724

*小进化 microevolution 02.0228

小颗粒细胞 small granular cell 03.0684

小肋刺孔 pelmatidium 05.2648

小梁 trabecular 03.0631

小梁动脉 trabecular artery 03.0667

小梁周窦 peritrabecular sinus 03.0651

小卵裂球 micromere 04.0243

小膜 membranelle 05.0444

*小膜口缘区 adoral zone of membranelle, AZM
05.0445

小脑 cerebellum 06.1201

小脑半球 cerebellar hemisphere 06.1202

[小脑]分子层 molecular layer 03.0363

[小脑]高尔基细胞 Golgi cell 03.0370

[小脑]颗粒细胞 granular cell 03.0369

[小脑]篮状细胞 basket cell 03.0365

小脑皮质 cerebellar cortex 03.0362

小脑髓质 cerebellar medulla 03.0372

[小脑]星形细胞 stellate cell 03.0364

小配子 microgamete 05.0356

*小配子母体 microgamont 05.0354

小配子母细胞 microgametocyte 05.0354

小鳍 finlet 06.0139

小气候 microclimate 07.0056

小丘 monticule 05.0833

*小肾管 micronephridium 05.0051

*小似囊尾蚴 cercocystis 05.1076

小室 cellule 05.0253

*小双盘骨针 microamphidisc 05.0544

*W-P 小体 Weibel-Palade body, W-P body 03.0419

小腿 shank 06.0331

小网膜 lesser omentum 06.0903

小型多毛类 meiofaunal polychaete 05.1299

小型消费者 microconsumer 07.0515

小眼 ommatidium 05.1866

小叶 lobule 03.0068

小叶间隔 interlobular septum 03.0635

小翼羽 alula, bastard wing 06.0276

小阴唇 labia minora 06.1146

小疣 miliary tubercle 05.2865

小月面 lunule 05.1657

小柱体 paxilla 05.2924

小柱突 paurostyle 05.2733

小锥体细胞层 small pyramidal layer 03.0385

笑裂 smile 05.1099

效应 B 细胞 effector B cell 03.0606

效应 T 细胞 effector T cell 03.0600

楔骨 cuneiform bone 06.0640

楔形骨针 tornote 05.0564

楔状软骨 cuneiform cartilage 06.0531

协同进化 coevolution 02.0235

协同适应 coadaptation 02.0303

*协作 cooperation 07.0427

胁 flank 06.0236

斜方骨 trapezium bone 06.0634

斜方肌 trapezius muscle 06.0757

斜肌 oblique muscle 05.0039

斜角肌 scalene muscle 06.0756

斜纹肌 obliquely striated muscle 03.0217

携粉足 corbiculate leg 05.2482

泄殖孔 cloacal pore, cloacal opening 06.0098

泄殖腔 cloaca 05.1222，06.0097

*泄殖腔 cloaca 05.0642

泄殖腔膀胱 cloacal bladder 06.1123

泄殖腔腺 cloacal gland 06.0357

泄殖突 urogenital papilla 06.0099

谢尔福德耐受性定律 Shelford's law of tolerance
07.0032

心瓣膜 cardiac valve 03.0411

心包[膜] pericardium 03.0407

心房 atrium 06.1015

心骨骼 cardiac skeleton 03.0412

心肌 cardiac muscle 03.0213

心肌膜 myocardium 03.0409

心肌细胞 cardiac muscle cell 03.0255

*心肌纤维 cardiac muscle fiber 03.0255

心静脉 cardiac vein 06.1089

心力衰竭细胞 heart failure cell 03.0696

心内膜　endocardium　03.0410
心内膜管　endocardial tube　04.0473
心腔　cardiac chamber　04.0474
心区　cardiac region　05.1900
心鳃沟　branchio-cardiac groove　05.1930
心鳃脊　branchio-cardiac carina　05.1938
心室　ventricle　06.1018
心外肌膜　epimyocardium　04.0475
心外膜　epicardium　03.0408
心脏　heart　06.1014
心[脏]斑　cardiac mark　05.2211
心脏传导系统　conducting system of heart　03.0413
心脏发生　cardiogenesis　04.0472
新北界　Nearctic realm　02.0392
*新达尔文学说　neo-Darwinism　02.0215
新订学名　new name, nom. nov.　02.0091
新科　new family, fam. nov.　02.0143
新轮幼体　kentrogon larva　05.2107
新模[标本]　neotype　02.0130
新皮质　neopallium　06.1190
新热带界　Neotropical realm　02.0388
新属　new genus, gen. nov.　02.0144
新亚种　new subspecies, subsp. nov., ssp. nov.　02.0146
*新征　apomorphy　02.0068
新种　new species, sp. nov.　02.0145
囟[门]　fontanelle　06.0421
信号　signal　07.0306
[信号]释放者　releaser　07.0307
信息素　pheromone　07.0231
[信息素]作用区　active space　07.0237
星虫[动物]　sipunculan　01.0095
星虫动物门　Sipuncula　01.0043
星根　astrorhiza　05.0635
星孔　astropyle　05.0303
星形胶质细胞　astrocyte　03.0315
星状骨针　aster　05.0594
行为　behavior　01.0264
行为多型　polyethism　07.0326
行为隔离　behavioral isolation, ethological isolation　02.0314
行为生态学　behavioral ecology　07.0009
行为适应　behavioral adaptation　02.0301
V 形颚　chevron　05.1451
形态发生　morphogenesis　04.0572

形态发生场　morphogenetic field　04.0576
*形态发生决定子　morphogenetic determinant　04.0573
形态发生素　morphogen　04.0573
形态发生素梯度　morphogen gradient　04.0574
形态适应　morphological adaptation　02.0300
形态种　morphospecies　02.0375
Y 形趾骨　Y-shaped phalange　06.0659
型　forma　02.0056
I 型肺泡细胞　type I alveolar cell　03.0698
II 型肺泡细胞　type II alveolar cell　03.0699
性比　sex ratio　07.0351
性比偏斜　biased sex ratio　07.0352
性别　sex, gender　04.0026
性[别]分化　sexual differentiation　01.0254
性[别]决定　sex determination　04.0027
性别控制　sex control　04.0615
性多态　sexual polymorphism　01.0256
性索　sex cord　04.0410
性吸引力　sexual attraction　07.0281
*性细胞　germocyte, germ cell　04.0033
*性腺　gonad, genital gland　01.0223
性[选]择　sexual selection　02.0276
性状　character　02.0061
性状趋同　character convergence　07.0240
性状趋异　character divergence　02.0243
*性状替代　character displacement　02.0269
性状替换　character displacement　02.0269
*胸板　sternum　05.2186
胸半棘肌　semispinalis thoracis muscle　06.0788
胸[部]　thorax　05.0002
胸齿片刚毛　thoracic uncinus　05.1357
胸窦　thoracic sinus　05.2131
胸盾　pectoral scute　06.0208
胸骨　sternum　06.0593
胸肌　pectoral muscle　06.0793
胸甲　sternum　05.2186
胸肋　sternal rib　06.0587
胸肋关节　sternocostal joint　06.0690
胸膜　thoracic membrane　05.1463，pleura　06.0894
胸膜腔　pleural cavity　06.0895
胸膜围裙　thoracic membrane apron　05.1464
胸皮腺　chest gland　06.0359
胸鳍　pectoral fin　06.0123
胸腔　thoracic cavity　06.0893

胸区　thorax　05.1398
胸锁乳突肌　sternocleidomastoid muscle　06.0755
胸腺　thymus　03.0633
胸腺抚育细胞　nurse cell　03.0639
胸腺皮质　thymic cortex　03.0636
*胸腺上皮细胞　thymic epithelial cell　03.0638
胸腺髓质　thymic medulla　03.0640
胸腺细胞　thymocyte　03.0637
胸腺小体　thymic corpuscle　03.0641
胸腺小叶　thymic lobule　03.0634
*胸腺依赖淋巴细胞　thymus-dependent lymphocyte　03.0595
*胸腺依赖区　thymus-dependent region　03.0647
胸肢　thoracic appendage　05.1999
胸主动脉　thoracic aorta　06.1064
胸椎　thoracic vertebra　06.0567
胸足　thoracic leg　05.2473
雄核发育　androgenesis　04.0583
雄配子　male gamete　04.0037
*雄配子　androgamete　05.0356
雄性附肢　appendix masculine　05.2034
雄[性]激素　androgen, male hormone　04.0067
雄性交接器　petasma　05.2036
雄性生殖系统　male reproductive system　01.0221
雄性突起　male process　05.2035
雄性先熟　protandry　01.0247
雄性线　linea masculina　06.0170
雄原核　male pronucleus　04.0187
*熊虫　water bear　01.0106
休眠　dormancy　07.0110
休眠孢子　statospore　05.0194
休眠合子　hypnozygote　05.0193
休眠卵　resting egg　05.2085
休[眠]芽　statoblast　05.2710
休眠子　dormozoite, hypnozoite　05.0319
修饰　grooming, preening　07.0243
嗅[基]板　olfactory placode　04.0441
嗅检器　osphradium　05.1652
嗅角　rhinophora　05.1824
嗅觉锥　olfactory cone　05.2366
嗅毛　olfactory cilium　03.0680
嗅脑　rhinencephalon　06.1191
嗅泡　olfactory knob　03.0679
嗅球　olfactory bulb　06.1194
嗅区　olfactory region　06.0425

嗅上皮　olfactory epithelium　03.0677
嗅神经　olfactory nerve　06.1212
*嗅神经感觉细胞　neurosensory olfactory cell　03.0678
嗅窝　olfactory pit　04.0442
嗅细胞　olfactory cell　03.0678
嗅腺　olfactory gland　03.0681
嗅叶　olfactory lobe　06.1192
须腕动物　pogonophoran　01.0096
须腕动物门　Pogonophora　01.0044
*须肢　palp, palpus, pedipalp　05.2165
*虚名　naked name　02.0100
续骨　symplectic bone　06.0512
续绦期　metacestode　05.1069
悬器　suspensorium　06.0442
旋沟　fossette　05.0281
旋孔　spiramen　05.2654
*旋星骨针　spinispira　05.0597
旋转型卵裂　rotational cleavage　04.0229
选模[标本]　lectotype　02.0129
选择　selection　02.0270
*选型交配　assortative mating　07.0274
K选择　K-selection　07.0404
r选择　r-selection　07.0405
选择差　selection differential　02.0283
选择系数　selection coefficient　02.0281
*选择性产热　facultative thermogenesis　07.0102
选择压[力]　selection pressure　02.0282
选择主义　selectionism　02.0223
炫耀　display　07.0277
*靴带法　bootstrap, bootstrapping　02.0200
穴居动物　cave animal, cryptozoon, burrowing animal　07.0190
穴居多毛类　burrowing polychaete　05.1297
穴居–吞食型　burrowing-swallowing form　05.1542
学名　scientific name　02.0085
学名差错　error　02.0087
学名订正　emendation　02.0086
血岛　blood island　04.0481
*血窦　sinusoid　03.0431
血窦腺　sinus gland　05.2132
*血–睾屏障　blood-testis barrier　03.0863
血管　blood vessel　01.0203
血管层　vascular layer　03.0854
血管发生　vasculogenesis　04.0479

血管极　vascular pole　03.0780

血管膜　vascular tunic　03.0444

[血管]内膜　tunica intima　03.0417

血管球　glomerulus　04.0461，05.3026

血管区　area vasculosa　04.0364

血管生成　angiogenesis　04.0480

血管栓　vascular plug　05.1122

[血管]外膜　tunica externa, tunica adventitia　03.0422

血管纹　stria vascularis　03.0526

*血管系膜　mesangium　03.0794

血管系统　vascular system　06.1012

[血管]中膜　tunica media　03.0421

血红蛋白　hemoglobin　05.0043

*血红素　hemoglobin　05.0043

血浆　blood plasma　03.0158

血蓝蛋白　hemocyanin　05.0044

血囊　hematodocha, haematodocha　05.2295

血-脑屏障　blood-brain barrier　03.0406

血腔　hemocoel, haemocoel　05.0042

*血青素　hemocyanin　05.0044

*血绒膜胎盘　hemochorial placenta　04.0403

血-生精小管屏障　blood-seminiferous tubule barrier　03.0863

血系统　hemal system　05.2792

血细胞　blood cell, hemocyte　03.0159

血细胞发生　hemopoiesis, hematopoiesis, hemocyto-poiesis　03.0176

血小板　platelet　03.0201

血小板发生　thrombopoiesis　03.0197

血-胸腺屏障　blood-thymus barrier　03.0642

血液　blood　03.0157

血液寄生虫　hematozoic parasite, haematozoon　05.0083

血[液]内皮胎盘　hemoendothelial placenta　04.0404

血液绒毛膜胎盘　hemochorial placenta　04.0403

寻常海绵纲　Demospongiae　05.0519

循环　circulation　01.0199

循环率　cycling rate　07.0573

循环系统　circulatory system　01.0200

Y

压盖肌　depressor muscle　05.2139

[牙]齿　tooth　01.0187

*牙沟　fang furrow, fang groove　05.2161

牙周膜　periodontium　03.0723

芽基　blastema　04.0034, 05.0903

芽基动基列　germinal kinety　05.0408

芽球　gemmule　05.0650

芽球生殖　gemmulation　05.0651

芽体　bud　05.2695

亚螯　subchela　05.2022

亚步带棘　subambulacral spine　05.2876

亚成体　subadult　07.0298

亚齿　secondary tooth　05.1366

亚端复眼　subterminal compound eye　05.1435

亚盾片　subtegulum　05.2280

亚纲　subclass　02.0029

亚寒带种　subcold zone species　02.0409

亚界　subkingdom　02.0024

亚科　subfamily　02.0035

*亚里士多德提灯　Aristotle's lantern　05.2845

亚门　subphylum　02.0026

亚目　suborder　02.0032

亚热带种　subtropical species　02.0414

亚氏提灯　Aristotle's lantern　05.2845

亚属　subgenus　02.0037

亚双叶型疣足　subbiramous parapodium　05.1309

亚头骨针　subtylostyle　05.0553

亚中齿　submedian tooth　05.1945

亚中小齿　submedian denticle　05.1946

亚中央脊　submedian carina　05.1940

亚种　subspecies, subsp.　02.0039

*亚种群　subpopulation　07.0329

咽　pharynx　01.0188

咽齿　pharyngeal tooth　06.0520

*咽弓　pharyngeal arch　04.0499

*咽沟　sulcus　05.0791

咽骨　pharyngeal bone　06.0519

咽骨缩肌　retractor os pharyngeus　06.0743

咽鼓管　pharyngotympanic tube　06.1277

*咽管　pharyngeal canal　05.0861

咽颌骨　pharyngeal jaw　06.0518

咽肌　muscle of pharynx　06.0767

咽颅　viscerocranium, splanchnocranium　06.0393

咽门　fauces　06.0839

咽囊　pharyngeal pouch　04.0497，05.0907

咽腔　pharyngeal cavity　05.0909

咽鞘　pharyngeal sheath　05.0908

咽球　pharyngeal bulb　05.1270

咽鳃骨　pharyngobranchial bone　06.0513

咽鳃裂　pharyngeal gill slit　06.0021

*咽上沟　epipharyngeal groove　06.0025

咽上神经节　suprapharyngeal ganglion　05.0057

咽下神经节　subpharyngeal ganglion　05.0058

咽下声囊　subgular vocal sac　06.0172

*咽腺　pharyngeal gland　05.1183

延迟植入　delayed implantation　04.0272

延脑　myelencephalon　06.1165

延髓　medulla oblongata　06.1196

严格一致树　strict consensus tree　02.0180

岩鼓骨　petrotympanic bone　06.0470

岩田幼虫　Iwata's larva　05.1132

*沿岸带　littoral zone　02.0397

*沿海带　coastal zone　02.0396

*盐酸细胞　oxyntic cell　03.0728

盐腺　salt gland　06.0373

盐跃层　halocline　07.0069

颜瘤　facial tubercle　05.1393

颜色适应　color adaptation　07.0239

衍生同源性　derived homology　02.0261

衍征　apomorphy　02.0068

厣　operculum　05.1634

眼　eye　01.0216

眼板　eye plate　05.1878，ocular plate　05.2830

眼柄　ocular peduncle, ommatophore　05.1425，eye stalk, eye peduncle, ocular peduncle　05.1877

眼虫运动　euglenoid movement, meaboly　05.0211

眼点　eye spot, stigma　05.0062

眼后刺　postorbital spine　05.1909

[眼]后房　posterior chamber　03.0486

眼后沟　postorbital groove　05.1925

眼睑　eyelid　03.0497

眼节　ophthalmic somite　05.1876

眼孔　ocular pore　05.2831

眼眶触角沟　orbito-antennal groove　05.1926

眼列　eye row, eye formula　05.2192

眼鳞　ophthalmic scale　05.1879

眼囊　optic capsule　06.0417

[眼]前房　anterior chamber　03.0485

眼丘　ocular tubercle　05.2206

眼球　eyeball　06.1248

眼球内容物　content of eyeball　03.0484

[眼球]纤维膜　fibrous tunic　03.0440

眼区　ocellar area　05.2324，orbital region　05.1896，06.0426

眼圈　eye ring　06.0234

眼上刺　supraorbital spine　05.1907

眼胃脊　gastro-orbital carina　05.1934

眼窝　orbit　05.1804

眼下刺　infraorbital spine　05.1908

眼下区　suborbital region　05.1905

眼先　lore　06.0231

眼域　ocular quadrangle, ocular area, eye area　05.2204

演替　succession　07.0482

演替系列　sere, succession sequence　07.0489

厌光性　photophobe　07.0149

厌水性　hydrophobe　07.0151

厌阳性　heliophobe　07.0150

厌氧生物　anaerobe　07.0152

*焰茎球　flame bulb　05.0883

焰细胞　flame cell　05.0883

羊浆膜　amnioserosa　04.0273

羊角器官　ram's horn organ　05.2261

羊膜　amnion, amniotic membrane　04.0377

羊膜侧褶　lateral amniotic fold　04.0382

羊膜动物　amniote　06.0084

羊膜腔　amniotic cavity　04.0378

羊膜头褶　head fold of amnion　04.0381

羊膜尾褶　tail fold of amnion　04.0383

羊膜液　amniotic fluid　04.0379

羊膜褶　amniotic fold　04.0380

羊囊尾蚴　cysticercus ovis　05.1081

*羊水　amniotic fluid　04.0379

*阳茎　phallus, penis　05.2503

阳具　phallus, penis　05.2503

样带法　belt transect　07.0341

样点　sampling site　07.0339

样方　quadrat, sample plot　07.0338

样线法　line transect　07.0340

腰　rump　06.0237

腰大肌　psoas major muscle　06.0817

腰带　cingulum　05.0172，pelvic girdle　06.0617

腰痕骨　pelvic rudiment　06.0628

腰环 cingulum 05.1258
腰荐丛 lumbosacral plexus 06.1236
腰荐关节 lumbosacral joint 06.0686
腰神经 lumbar nerve 06.1233
腰小肌 psoas minor muscle 06.0819
腰椎 lumbar vertebra 06.0568
咬合面 occlusal surface 06.0963
咬肌 masseter muscle 06.0750
野化 feralization 07.0611
野生动物无线电遥测 wildlife radio telemetry
  07.0345
野生生物保护 wildlife conservation 07.0604
野生生物管理 wildlife management 07.0605
野外灭绝种 species extinct in the wild 07.0623
叶 lobe 03.0067
叶冠 leaf crown, corona radiate 05.1178
叶鳃 phyllode 05.2919
叶肢型附肢 phyllopod appendage 05.2007
叶状个体 bract, hydrophyllium 05.0721
*叶状个员 bract, hydrophyllium 05.0721
*叶状绒毛膜 chorion frondosum 04.0387
叶状乳头 foliate papilla 03.0721
叶状鳃 phyllobranchiate 05.2117
*叶状胎盘 cotyledonary placenta 04.0397
叶[状伪]足 lobopodium 05.0215
叶状腺 lobed gland 05.2270
叶状幼虫 lobate larva 05.2754
叶状幼体 phyllosoma larva 05.2104
叶足 leaflike thoracic leg, phyllopodium, phyllopod
  05.2008
曳鳃动物 priapulid 01.0090
曳鳃动物门 Priapulida 01.0038
夜行 nocturnal 07.0133
夜行性动物 nocturnal animal 07.0135
夜眼 nocturnal eye 05.2203
液泡 pusule 05.0173
腋动脉 axillary artery 06.1077
腋淋巴结 axillary lymph node 03.0645
腋腺 axillary gland 06.0360
腋羽 axillary 06.0277
*一般描记 general description 02.0074
一般描述 general description 02.0074
一雌多雄制 polyandry 07.0271
*一级消费者 primary consumer 07.0512
一雄多雌制 polygyny 07.0270

一致树 consensus tree, CST 02.0179
一致性指数 consistency index, CI 02.0210
*一致序列 consensus sequence 02.0192
医学寄生虫学 medical parasitology 05.0079
依赖性分化 dependent differentiation 04.0524
胰 pancreas 06.0915
胰岛 pancreatic islet 03.0762
*移行上皮 transitional epithelium 03.0017
移行细胞 transitional cell 03.0415
遗传多样性 genetic diversity 07.0598
遗传隔离 genetic isolation 02.0312
遗传漂变 genetic drift 02.0290
*遗传平衡定律 law of genetic equilibrium 02.0284
遗忘名 nomen oblitum 02.0096
疑难名 nomen dubium, nom. dub. 02.0093
*乙级分类学 beta taxonomy 02.0017
*乙细胞 B cell 03.0764
异凹型椎体 heterocoelous centrum 06.0540
*异部大核 heteromerous macronucleus 05.0472
异齿刺状刚毛 heterogomph spinigerous chaeta
  05.1349
异齿镰刀状刚毛 heterogomph falcigerous chaeta
  05.1352
*异地种 allopatric species 02.0372
异个虫 heterozooid 05.2557
异化 dissimilation 01.0182
异卵双胎 dizygotic twins, non-identical twins
  04.0219
异律分节 heteronomous metamerism 05.0018
异模[标本] ideotype 02.0137
异亲抚育 alloparent care 07.0283
异沙蚕体 heteronereis 05.1479
*异时隔离 allochronic isolation 02.0310
异速生长 allometry 07.0137
异宿主型 heteroxenous form 05.0114
异体合成 heterosynthesis 04.0147
异体受精 cross fertilization 04.0183
异温动物 heterotherm 07.0090
异温性 heterothermy 07.0085
[异物]同名 homonym 02.0102
异相大核 heteromerous macronucleus 05.0472
异形配子 anisogamete 05.0357
异形配子母体 anisogamont 05.0359
异形水母体 heteromedusoid 05.0736
异型齿 heterodont 06.0917

*异型合子 heterozygote 04.0208
异型溞状幼体 antizoea larva 05.2095
异型生活史 heterogonic life cycle 05.0117
异养生物 heterotroph 07.0158
异养营养 heterotrophic nutrition 05.0341
*异域成种 allopatric speciation 02.0322
异域分布 allopatry 02.0354
异域物种形成 allopatric speciation 02.0322
异域杂交 allopatric hybridization 02.0381
异域种 allopatric species 02.0372
异爪状骨针 anisochela 05.0607
异征择偶 disassortative mating 07.0275
异趾足 heterodactyl foot, heterodactylous foot 06.0306
异质性 heterogeneity 07.0501
*异质种群 metapopulation 07.0330
*异种化感物 allelochemics 07.0436
*[异种]化感作用 allelopathy 07.0435
*异种抑制作用 allelopathy 07.0435
异柱突 heterostyle 05.2732
异柱型 heteromyarian 05.1701
异宗配合 heterothallism 05.0366
*抑制性T细胞 suppressor T cell 03.0603
易地保护 ex situ conservation 07.0630
易危种 vulnerable species 07.0621
螠虫[动物] echiuran 01.0094
螠虫动物门 Echiura 01.0042
翼 ala 05.1156，wing 06.0290
翼部 lateral area 05.1587
翼蝶骨 alisphenoid bone 06.0478
翼耳骨 pterotic bone 06.0460
翼骨 pterygoid bone 06.0453
翼骨齿 pterygoid tooth 06.0926
翼镜 speculum 06.0294
翼内肌 medial pterygoid muscle 06.0752
翼外肌 lateral pterygoid muscle 06.0753
翼状背肢 aliform notopodium 05.1305
翼状肌 wing muscle 05.1518
阴道 vagina 06.1141
阴道管 vaginal tube 05.0955
阴道内培养 intravaginal culture, IVC 04.0609
阴道前庭 vestibule of vagina, vulval vestibule 06.1142
阴蒂 clitoris 06.1144
阴茎 penis, cirrus 01.0227

阴茎刺 penile spine 05.1280
阴茎骨 baculum 06.0660
阴茎海绵体 corpus cavernosum penis 06.1127
阴茎囊 cirrus pouch, cirrus sac 05.1022
阴茎头 glans penis 06.1130
阴门 vulva 05.0068
阴囊 scrotum 06.0380
银浸技术 silver impregnation technique 05.0402
*银膜 tapetum lucidum 03.0483
银线系 silverline system 05.0403
引带 gubernaculum 05.1219
引导器 conductor 05.2286
引发信息素 primer pheromone 07.0234
引肌 protractor 06.0724
引离[天敌]行为 distraction display, diversionary display, paratrepsis 07.0287
引入 introduction 07.0624
引入种 introduced species 02.0370
隐蔽 crypsis 07.0254
隐壁 cryptocyst 05.2606
隐壁孔 opesiule 05.2656
隐壁类 cryptocystidean 05.2519
隐壁缺刻 opesiular indentation 05.2613
隐齿型 cryptodont 05.1693
隐[存]种 cryptic species 02.0051
隐居多毛类 sedentary polychaete 05.1296
隐居收集型 hiding-collecting form 05.1543
隐拟囊尾蚴 cryptocystis 05.1075
*隐生 cryptobiosis 05.1267
*隐索动物 hemichordate 01.0115
*隐索动物门 Hemichordata 01.0056
隐窝 crypt 05.1263
隐形水母体 cryptomedusoid 05.0735
樱虾类糠虾幼体 acanthosoma 05.2112
樱虾类原溞状幼体 elaphocaris 05.2111
樱虾类仔虾 mastigopus 05.2113
营养个体 gastrozooid 05.0719
*营养个员 gastrozooid 05.0719
[营养]管道 lacuna 05.1238
[营养]管道系统 lacunar system 05.1239
*营养核 trophic nucleus, vegetative nucleus 05.0469
营养肌[肉]细胞 nutritive muscular cell 05.0668
营养级 trophic level 07.0525
营养结构 trophic structure 07.0521
*营养链 trophic chain 07.0522

营养膜　nutritive membrane　05.1538

*营养体　hydranth　05.0698

营养物循环　nutrient cycle　07.0572

硬腭　hard palate, palatum durum　06.0400

硬骨鱼类　osteichthyans, bony fishes　06.0070

硬鳞　ganoid scale　06.0152

硬鳞质　ganoine　06.0153

硬膜　dura mater　03.0398

*硬膜下腔　subdural space　03.0401

硬膜下隙　subdural space　03.0401

硬体　zoarium　05.2585

硬缘　sclerite　05.2583

硬质　stereoplam　05.0291

拥挤效应　crowding effect, congestion effect　07.0381

永久性寄生虫　permanent parasite　05.0084

*永久性卵黄囊　definitive yolk sac　04.0323

泳囊　nectosac　05.0729

泳体　nectosome　05.0726

泳钟[体]　nectophore　05.0722

优势度　dominance　07.0462

优势卵泡　dominant follicle　04.0114

优势序位　dominance hierarchy, dominance order, dominance system　07.0318

优势者　dominant　07.0413

优势种　dominant species　07.0451

优先律　law of priority　02.0084

幽门　pylorus　06.0841

幽门部　pyloric region　06.0843

*幽门垂　pyloric cecum　06.0865

幽门盲囊　pyloric cecum　06.0865

幽门腺　pyloric gland　06.0872

疣　verruca, wart　05.0803，tubercle　05.2862

疣粒　tubercle　06.0157

疣轮　areole　05.2867

疣突　mucro, mucrone　05.2629，boss　05.2866

疣足　parapodium　05.1303，papilla　05.2805

疣足幼虫　nectochaeta　05.1477

游动合子　planozygote　05.0195

游离端　free end　05.0015

游离感觉棒　free marginal sensory club　05.0767

游离面　free surface　03.0019

游离神经末梢　free nerve ending　03.0342

*游离外内胚层平衡囊　free ectoendodermal statocyst　05.0767

游猎型　vagabundae　05.2303

游泳体　telotroch, swarmer　05.0507

游泳足　natatorial leg　05.2480

游泳足　swimming leg, swimmeret　05.2024

游走多毛类　errant polychaete　05.1295

[有]被囊神经末梢　encapsulated nerve ending　03.0343

有柄腹吸盘　pedunculated acetabulum　05.0997

有柄鸟头体　pedunculated avicularium　05.2575

有柄乳突　pedunculated papilla　05.1207

有袋类　marsupials　06.0077

*有颚类　Mandibulata　05.2316

有盖卵室　cleithral ooecium　05.2673

有根树　rooted tree　02.0183

*有关节纲　Articulata　05.2745

有害动物　pest　07.0635

有害生物生态治理　ecologically-based pest management　07.0637

有害生物综合治理　integrated pest management　07.0636

有颌动物　gnathostomatan　06.0082

有铰纲　Articulata　05.2745

有壳卵　cleidoic egg　04.0154

有孔虫　foraminifer　05.0131

有孔带　poriferous area, pore area　05.2843

有孔毛细血管　fenestrated capillary　03.0430

*有利选择　advantageous selection　02.0278

*有粒白细胞　granulocyte　03.0166

有囊类　ascophorans　05.2515

有气管类　Tracheata　05.2314

有腔卵泡　antral follicle　04.0117

有腔囊胚　coeloblastula　04.0252

有色骨片　phosphatic deposit　05.2985

有丝分裂　mitosis　01.0159

有髓神经纤维　myelinated nerve fiber　03.0327

有胎盘类　placentals　06.0078

有蹄动物　hoofed animal　06.0087

*有头类　craniate　01.0121

有效积温　total effective temperature　07.0058

有效名　valid name, basonym　02.0092

有效温度　effective temperature　07.0057

有效种群大小　effective population size　07.0389

有效种群分析　virtual population analysis, VPA　07.0348

有性生殖　sexual reproduction　01.0233

有爪动物　onychophoran　01.0105

*有折刚毛　geniculate chaeta　05.1330
有轴伪足　axopodium　05.0216
右侧纤丝律　rule of desmodexy　05.0410
右心房　right atrium　06.1016
右心室　right ventricle　06.1019
右旋　dextral　05.1609
*幼虫　larva　01.0253
幼虫移行症　larva migrans　05.0094
幼单核细胞　promonocyte　03.0209
幼巨核细胞　promegakaryocyte　03.0199
幼淋巴细胞　prolymphocyte　03.0206
幼螨　larva　05.2300
*幼生生殖　paedogenesis　01.0239
幼态延续　neoteny　07.0304
幼体　larva　01.0253，juvenile　07.0297
*幼体单性生殖　paedoparthenogenesis　01.0240
幼体孤雌生殖　paedoparthenogenesis　01.0240
幼体生殖　paedogenesis　01.0239
*幼体增殖　germinal multiplication　05.0958
幼蛛　spiderling　05.2299
诱导　induction　04.0551
诱导多能干细胞　induced pluripotent stem cell, iPSC　04.0542
诱导排卵　induced ovulation　04.0162
*诱导物　inductor　04.0553
诱导学说　induction theory　04.0552
诱导者　inductor　04.0553
鱼叉刚毛　harpoon chaeta　05.1332
鱼类　Pisces　06.0064
鱼类学　ichthyology　06.0059
隅骨　angular bone　06.0498
羽　feather　06.0247
羽簇　fascicle　05.0828
羽辐骨针　pinule　05.0593
羽干　rachis　06.0255
羽根　calamus　06.0252
羽化　eclosion, emergence　07.0295
羽片　vane　06.0251
羽区　pteryla　06.0283
羽鳃纲　Pterobranchia　05.3016
*羽饰　plumage　06.0248
羽丝骨针　plumicome　05.0590
羽腕幼体　bipinnaria　05.3002
羽纤支　barbicel　06.0259
羽小钩　hooklet　06.0260

羽小支　barbule　06.0258
羽楣　trabecular　05.0829
羽衣　plumage　06.0248
羽支　barb　06.0257
羽枝　pinnule　05.1433，05.2933
羽轴　shaft　06.0250
羽状触角　pinnate antenna　05.2440
羽状触手　pinnate tentacle　05.2819
羽状刚毛　pinnate chaeta, bipinnate chaeta　05.1335
羽状骨骼　plumose skeleton　05.0624
羽状骨针　sagittal spicule　05.0569
羽状壳　gladius　05.1794
羽状体　pinnule　05.0834
羽状须　feathered bristle　06.0261
育儿室　incubatory chamber　06.0033
育卵室　brood chamber　05.2669
育囊　brood pouch, embryo sac　05.0488, brood pouch, brood sac, marsupium　05.2083
育幼袋　marsupium　06.1149
*预成论　preformation theory　04.0012
预定命运　prospective fate　04.0580
预定[胚]区　prospective area, prospective region　04.0578
预定潜能　prospective potency　04.0579
*预适应　preadaptation　02.0304
*愈合荐骨　synsacrum　06.0581
原板　protoplax　05.1660
原肠胚　gastrula　04.0293
原肠胚形成　gastrulation　04.0294
原肠腔　archenteron, archenteric cavity　04.0344
原初虫　proancestrula　05.2564
原初虫[虫]室　protoecium　05.2590
*原刺泡　protrichocyst　05.0465
原单核细胞　monoblast　03.0208
原分裂前体　protomont　05.0516
原分歧腕板　primaxil　05.2950
原沟　primitive groove　04.0368
原管肾　protonephridium　05.0046
原核　pronucleus　04.0186
原核融合　pronucleus fusion　04.0210
原核细胞　prokaryotic cell　01.0126
原红细胞　proerythroblast　03.0186
原肌球蛋白　tropomyosin　03.0242
原基　primodium, rudiment, anlage　04.0411，anlage, primordium　05.0404

原尖　protocone　06.0969

原浆性星形胶质细胞　protoplasmic astrocyte
　03.0316

原结　primitive knot　04.0366

原巨核细胞　megakaryoblast　03.0198

原口动物　protostome　01.0073

原粒细胞　myeloblast　03.0193

原淋巴细胞　lymphoblast　03.0205

*原内胚层　primary endoderm　04.0310

原皮质　archipallium　06.1188

原溞状幼体　protozoea larva　05.2094

*原肾管　protonephridium　05.0046

原生动物　protozoan　01.0061

原生动物门　Protozoa　01.0023

原生动物学　protozoology　05.0125

原生口孔　primary aperture　05.0230

原生群落　primary community　07.0498

原生演替　primary succession　07.0483

原生演替系列　prisere　07.0490

原始晶杆　protostyle　05.1729

原始卵泡　primordial follicle　04.0095

*原始卵泡颗粒细胞　primordial follicle granulosa cell
　04.0089

原始卵泡库　primordial follicular pool, pool of primor-
　dial follicle　04.0096

*原始描记　original description　02.0075

原始描述　original description　02.0075

*原始内胚层　primitive endoderm　04.0310

原始生殖细胞　primordial germ cell, PGC　04.0032

*原始外胚层　primitive ectoderm　04.0311

原始消化管　primitive digestive tube　04.0487

*原始性索　primary sex cord　04.0467

原始羊膜腔　proamniotic cavity　04.0312

原索动物　protochordate　01.0120

*原体腔　primary coelom, protocoelom　05.0030

*原体腔动物　protocoelomate　01.0069

原条　primitive streak　04.0365

原同名　primary homonym　02.0109

原头部　protocephalon　05.1892

原头节　protoscolex　05.1053

*原外胚层　primary ectoderm　04.0311

原腕板　primibrach　05.2951

原尾蚴　procercoid　05.1071

原窝　primitive pit　04.0367

原细胞　archaeocyte　05.0532

原小尖　protoconule　06.0978

原型尾　protocercal tail　06.0132

*原羊膜　proamnion　04.0428

原褶　primitive fold　04.0369

原肢　protopod, protopodite　05.1844

原质团　plasmodium　05.0217

原质团分割　plasmotomy　05.0346

原仔体　protomite　05.0515

原祖型　archetype　02.0057

圆疤　boss　05.0271

*圆虫　roundworm　01.0083

*圆窗　round window　06.1281

圆环动物　cyclophoran　01.0092

圆环动物门　Cyclophora　01.0040

圆口纲　Cyclostomata　06.0063

*圆口类　cyclostomes　06.0063

圆鳞　cycloid scale　06.0154

圆头精子　round-head sperm　04.0066

圆网　orb-web　05.2253

圆线型食道　strongyloid esophagus　05.1187

圆型尾　diphycercal tail　06.0129

圆翼　rounded wing　06.0292

圆柱形触手　cylindrical antenna　05.1415

缘　margination　05.2358

缘板　peripheral plate　06.0195

缘瓣　marginal lappet　05.0768

缘齿　marginal tooth　05.1721

缘触手　marginal tentacle　05.0775

缘带线　marginal fasciole　05.2892

缘盾　marginal scute　06.0199

缘棘毛　marginal cirrus　05.0412

缘脊　marginal carina　05.1943

缘脊回折部分　reflected portion of marginal carina
　05.1944

*缘礁　fringing reef　05.0847

缘裂　marginal slit　05.2856

缘膜　velum　05.0742，06.0049

缘膜触手　velar tentacle　06.0050

缘须　marginalia　05.0616

缘疣　marginal wart　05.0777

远侧部　pars distalis　03.0815

远端小管　distal tubule　03.0801

远端中心粒　distal centriole　04.0060

远海带　pelagic zone　02.0399

远曲小管　distal convoluted tubule　03.0803

远生型 apokinetal 05.0450
*远洋带 pelagic zone 02.0399
远因 ultimate cause 07.0030
远直小管 distal straight tubule 03.0802
月骨 lunate bone 06.0641
月经黄体 corpus luteum of menstruation 04.0171
月星骨针 selenaster 05.0600
月型齿 selenodont tooth 06.0956
月牙形体腔隔膜 coelomic dissepiment 05.1520
月周期 lunar periodicity 07.0128
越冬场 overwintering ground 07.0208
越冬场所 hibernaculum 07.0266

越冬洄游 overwintering migration 07.0215
*越种进化 macroevolution 02.0227
允诺性诱导 permissive induction 04.0561
*孕节 gravid segment 05.1059
孕卵节片 gravid segment 05.1059
运动单位 motor unit 03.0291
运动神经末梢 motor nerve ending 03.0357
运动神经元 motor neuron 03.0289
运动终板 motor end plate 03.0360
运算分类单元 operational taxonomic unit, OTU 02.0164

Z

杂合子 heterozygote 04.0208
杂食动物 omnivore 07.0170
杂食性 omnivory 07.0164
杂种 hybrid, cross breed 02.0046
灾变论 catastrophism 02.0222
再分化 redifferentiation 04.0531
*再描记 redescription 02.0076
再描述 redescription 02.0076
再生 regeneration 05.0902
再循环指数 recycle index 07.0574
再引入 reintroduction 07.0625
载黑素细胞 melanophore 03.0568
载名模式 name-bearing type 02.0120
*载色素细胞 chromatophore 03.0085
暂聚群体 gregaloid colony 05.0484
暂时性寄生虫 temporary parasite, intermittent parasite 05.0085
脏壁内胚层 visceral endoderm 04.0314
脏壁中胚层 splanchnic mesoderm, visceral mesoderm 04.0329
脏腹膜 visceral peritoneum 06.0899
*脏颅 viscerocranium, splanchnocranium 06.0393
脏卵黄囊 visceral yolk sac 04.0374
脏神经 visceral nerve 05.1809
脏神经节 visceral ganglion 05.1810
脏体腔膜 visceral peritoneum 05.1486
*脏胸膜 visceral pleura 06.0894
凿孔 boring 05.2716
早成雏 precocies 07.0302

早成性 precocialism 07.0300
早幼红细胞 prorubricyte 03.0188
早幼粒细胞 promyelocyte 03.0194
造骨细胞 sclerocyte 05.0535
造礁珊瑚 hermatypic coral 05.0849
*造血 hemopoiesis, hematopoiesis, hemocytopoiesis 03.0176
造血干细胞 hemopoietic stem cell, HSC 03.0179
造血细胞 hemopoietic cell 03.0178
造血诱导微环境 hemopoietic inductive microenvironment, HIM 03.0181
造血组织 hemopoietic tissue 03.0177
造血祖细胞 hemopoietic progenitor cell, HPC 03.0180
增节变态 anamorphosis 05.2416
增长率 rate of increase 07.0382
毡毛 felt 05.1343
展肌 abductor 06.0726
展神经 abducent nerve 06.1217
*战栗产热 shivering thermogenesis 07.0099
*张力丝 tonofilament 03.0553
张力原纤维 tonofibril 03.0554
掌 palm 06.0328
掌板 palmar 05.2953
掌部 palm, hand 05.2019
掌骨 metacarpal bone 06.0633
掌骨间关节 intermetacarpal joint 06.0700
掌节 propodite, propodus 05.2016
掌突 metacarpal tubercle 06.0175

掌形爪状骨针　palmate chela　05.0609
掌指关节　metacarpophalangeal joint, MCP joint　06.0701
杖状骨针　scepter　05.0567
爪　claw　06.0340
爪间突　empodium　05.2405
爪形骨针　onychaete　05.0613
爪状骨针　chela　05.0606
*照膜　tapetum lucidum　03.0483
罩翼部　vestimentum　05.1550
*折刀法　jackknife, jacknifing　02.0199
*折叠咽　plicate pharynx　05.0905
*折中分类学　eclectic taxonomy　02.0005
蛰伏　torpor　07.0115
赭虫素　blepharmone　05.0503
褶襞　plica，fold　05.1615
褶皱咽　plicate pharynx　05.0905
针棘骨针　spiraster　05.0597
针星骨针　oxyaster　05.0602
针状骨针　style　05.0548
针座　stylet basis　05.1114
珍珠　pearl　05.1580
珍珠层　pearl layer　05.1578
珍珠质　nacre　05.1579
*真壁　theca　05.0826
真雌雄同体　euhermaphrodite　01.0251
真核细胞　eukaryotic cell　01.0127
真后生动物　eumetazoan　01.0065
*真黄体　corpus luteum verum　04.0170
真皮　dermis, corium　03.0569
真皮乳头　dermal papilla　03.0572
真社群性　eusocial　07.0321
真水母体　eumedusoid　05.0734
真体腔　true coelom　05.0031
*真蜕膜　true decidua　04.0278
真杂种优势　euheterosis　01.0257
真增节变态　euanamorphosis　05.2418
砧骨　incus　06.0466
枕　occiput　06.0238
枕骨　occipital bone　06.0433
枕[骨]大孔　foramen magnum　06.0419
枕冠　occipital crest　06.0239
枕髁　occipital condyle　06.0420
枕区　occipital region　06.0428
枕叶　occipital lobe　06.1207

疹壳　punctate shell　05.2751
振鞭体　vibraculum　05.2577
振动　vibration　05.2306
整合分类学　integrative taxonomy　02.0006
整列鳞　cosmoid scale　06.0156
*正成红[血]细胞　normoblast　03.0190
*正辐　perradius　05.0750
*正辐管　perradial canal　05.0862
正模[标本]　holotype　02.0126
*正趋光性　positive phototaxis　07.0139
*正趋化性　positive chemotaxis　07.0144
*正趋流性　positive rheotaxis　07.0142
*正统分类学　orthodox taxonomy　02.0001
正形海胆　regular echinoid　05.2837
正型尾　homocercal tail　06.0131
正选择　positive selection　02.0278
正羽　contour feather　06.0249
正中隆起　median eminence　03.0832
正中旁沟　paramedian sulcus　05.2383
支持带　hackled band　05.2249
支持器　supporting apparatus　05.0951
支持细胞　Sertoli's cell　04.0045
*支架丝　scaffolding thread　05.2249
支鳍骨　pterygiophore　06.0596
支气管　bronchus　06.0995
支气管树　bronchial tree　06.1000
支[系]　clade　02.0167
*支序分类学　cladistic taxonomy　02.0002
*支序分析　cladistic analysis　02.0161
支序图　cladogram　02.0166
支序系统学　cladistics, cladistic systematics　02.0002
枝状触手　dendritic tentacle　05.2817
枝状鳃　dendrobranchiate　05.2119
肢　limb　06.0321
肢口纲　Merostomata　05.2149
肢盘　limb disc　04.0515
肢区　limb field　04.0514
肢鳃　mastigobranchia　05.2121
肢上板　epimera　05.2029
肢芽　limb bud　04.0516
脂肪细胞　adipocyte, fat cell　03.0082
脂肪组织　adipose tissue　03.0095
脂褐素　lipofuscin　03.0271
脂膜肌　panniculus carnosus muscle　06.0796
脂鳍　adipose fin　06.0135

执握器　prehensile organ, grasping organ　05.1959
直肠　rectum　06.0859
直肠盲囊　rectal diverticulum　05.1524
直肠囊　rectal sac　05.2230
直肠系膜　mesorectum　06.0907
直肠腺　rectal gland, digitiform gland　05.1525
直肌　rectus　06.0721
直集合小管　straight collecting tubule　03.0807
直接隔膜　directive septum　05.0797
*直接隔片　directive septum　05.0797
*直接原因　proximate cause　07.0029
直精小管　straight tubule, tubulus rectus　03.0859
直立型群体　erect colony　05.2538
直神经　euthyneurous, euthyneural　05.1817
直生论　orthogenesis　02.0219
直形叉棘　straight pedicellaria　05.2885
植入　implantation　04.0263
植入窗　implantation window　04.0267
植入窝　implantation fossa　04.0053
植物半球　vegetal hemisphere　04.0083
植物极　vegetal pole, vegetative pole　04.0132
植物极板　vegetal plate　04.0338
植物线虫学　plant nematology　05.1145
*植物性神经节　vegetative ganglion　03.0394
*植物性神经系统　vegetative nervous system
　　06.1154
跖骨　metatarsus　06.0649
跖肌　plantaris muscle　06.0830
跖突　metatarsal tubercle　06.0176
跖腺　metatarsal gland　06.0368
跖行　plantigrade　06.0338
指　finger　06.0329
指节　dactylopodite, dactylus　05.2017
指令性诱导　instructive induction　04.0560
指名属　nominate genus　02.0147
指名亚种　nominate subspecies　02.0149
指名种　nominate species　02.0148
指浅屈肌　flexor digitorum superficialis muscle
　　06.0815
指伸肌　extensor digitorum muscle　06.0814
指深屈肌　flexor digitorum profundus muscle
　　06.0816
指示群落　indicator community　07.0494
指示种　indicator species　07.0454

指数增长　exponential growth　07.0375
指突　stylode　05.1432
指细胞　phalangeal cell　03.0535
*指向隔膜　directive septum　05.0797
指状触手　digitate tentacle　05.2818
指状个体　dactylozooid　05.0718
*指状个员　dactylozooid　05.0718
趾　toe　06.0335
趾长屈肌　flexor digitorum longus muscle　06.0835
趾骨　phalanx　06.0638
趾[骨]间关节　interphalangeal joint　06.0702
趾间腺　interdigital gland　06.0367
趾吸盘　digital disc　06.0173
趾下瓣　subdigital lamella　06.0213
趾行　digitigrade　06.0337
质膜　plasmalemma, plasma membrane　05.0144
*质膜　plasmalemma, plasma membrane　01.0128
*质膜内褶　plasma membrane infolding　03.0033
质配　cytogamy, plasmogamy　05.0494
质体　plastid　05.0207
栉板　comb plate, ctene　05.0854
栉板动物　comb jelly, sea walnut, ctenophore　01.0079
栉板动物门　Ctenophora　01.0026
栉齿状触角　pectiniform antenna　05.2434
栉棘　comb-papilla　05.2973
栉口类　Ctenostomes　05.2512
栉鳞　ctenoid scale　06.0155
栉毛　comb　05.0853
栉毛带　comb row　05.0855
栉器　calamistrum　05.2240
栉鳃　ctenidium, comb gill　05.1735
*栉水母动物　comb jelly, sea walnut, ctenophore
　　01.0079
*栉水母动物门　Ctenophora　01.0026
栉状叉棘　pectinate pedicellaria　05.2887
栉状膜　pecten　06.1249
栉状器[官]　pectines　05.2228
栉状体　comb　05.2934
峙棘　opposing spine　05.2939
致密斑　macula densa　03.0791
致密核　massive nucleus　05.0155
致密化　compaction　04.0247
致密结缔组织　dense connective tissue　03.0091
*致密淋巴组织　dense lymphoid tissue　03.0617

蛭纲　Hirudinea　05.1293

*蛭类　leech　05.1293

蛭素　hirudin　05.1492

痣粒　granule　06.0182

滞育　diapause　07.0116

置根　rooting　02.0184

置换式穿入　displacement penetration　04.0270

稚羽　juvenal plumage　06.0289

中板　mesoplax　05.1661

中背板　centrodorsal plate　05.2813

中背神经　mid-dorsal nerve, median dorsal nerve　05.1127

中背血管　mid-dorsal blood vessel　05.1121

中鼻甲　middle nasal concha, middle concha　06.0493

*中表皮　mesocuticle　05.1840

中侧板　latus inframedium　05.2066

中肠　midgut　04.0489

*中肠　stomach-intestine　05.1272

中齿　median tooth　05.1953

中段　middle piece　04.0056

*中段中胚层　mesomere　04.0326

中盾板　mesopeltidium　05.2190

中耳　middle ear　06.1274

中纺器　middle spinneret　05.2234

中腹棘毛　mid-ventral cirrus　05.0416

中隔　median septum　05.2223

中隔窝　septal pocket　05.2224

*中勾棘骨针　mesouncinate　05.0566

中沟　median sulcus　05.2322

中黄卵　mesolecithal egg　04.0150

中喙骨　mesocoracoid　06.0607

中［基］片　median sclerite, central sclerite, median piece　05.0944

中棘　secondary spine　05.2871

中间板　intermediate plate　05.1590

中间部　pars intermedia　03.0827

*中间层　intermediate zone　04.0432

中间减数分裂　intermediary meiosis　05.0350

*中间阶　scala media　03.0521

中间连接　intermediate junction　03.0027

中间神经元　interneuron　03.0290

中间丝　intermediate filament　01.0145

中间宿主　intermediate host　05.0106

*中间纤维　intermediate filament　01.0145

中间型纤维　intermediate fiber　03.0250

中胶层　mesoglea　05.0666

中角质层　mesocuticle　05.1840

中卵裂球　mesomere　04.0244

中脑　mesencephalon, midbrain　06.1162

*中脑被盖　tegmentum mesencephali　06.1178

中脑［导］水管　cerebral aqueduct, Sylvian aqueduct　06.1173

*中脑顶盖　tectum of midbrain, tectum mesencephali　06.1176

中内胚层　mesendoderm　04.0347

*中泡　pusule　05.0173

中胚层　mesoderm, mesoblast　04.0324

中胚层诱导　mesoderm induction　04.0556

*中期囊胚转化　mid-blastula transition, MBT　04.0292

中切面　median section　05.0285

中筛骨　mesethmoid bone　06.0474

中肾　mesonephros　04.0457

中肾管　mesonephric duct　04.0459

中肾小管　mesonephric tubule　04.0458

中生动物　mesozoan　01.0063

中枢淋巴器官　central lymphoid organ, primary lymphoid organ　03.0622

中枢淋巴组织　central lymphoid tissue　03.0614

中枢神经系统　central nervous system, CNS　06.1152

*中双盘骨针　mesamphidisc　05.0544

中速进化　horotelic evolution, horotely　02.0249

*中绦期　metacestode　05.1069

中体　mesosome, mesosoma　05.0007

中体部　mesosome　05.2759

中体腔　mesocoel　05.0035

中体腔囊　hydrocoel　05.2776

中突　median apophysis　05.2282

中外胚层　mesectoderm　04.0414

中尾丝　caudal filament, median cercus　05.2506

中尾蚴　mesocercaria　05.0983

中窝　fovea, dorsal groove, thoracic furrow　05.2184

中楔骨　mesocuneiform　06.0651

中心粒　centriole　01.0141

*中心囊　central capsule　05.0300

中心体　centrosome　01.0140

*中性漂变　neutral drift　02.0290

*中性突变随机漂变假说　neutral mutation-random

drift hypothesis 02.0216

中性选择 neutral selection 02.0280

中性学说 neutral theory 02.0216

中胸 mesothorax 05.2462

中血囊 middle hematodocha 05.2297

中亚顶突 mesal subterminal apophysis 05.2290

中眼域 median ocular quadrangle, median ocular area 05.2205

中央凹 central fovea 03.0481

中央板 median plate 05.1882

中央齿 central tooth 05.1719，lyrula 05.2636

中央大钩 central anchor, central large hook, middle hook 05.0929

中央动脉 central artery 03.0668

中央沟 median groove 05.1920

中央管 central canal 03.0139

中央黄卵 centrolecithal egg 04.0153

中央脊 median carina 05.1939

中央静脉 central vein 03.0752

中央囊 central capsule 05.0300

*中央盘 central disc 05.2769

*中央腔 central cavity 05.0642

中央乳糜管 central lacteal 03.0742

中央尾羽 central rectrice 06.0273

中央眼 median eye 05.1863

中翼骨 mesopterygoid bone 06.0455

中疣 secondary tubercle 05.2864

中幼红细胞 rubricyte 03.0189

中幼粒细胞 myelocyte 03.0195

中域效应 mid-domain effect 07.0479

*中支气管 mesobronchus 06.0996

中质层 mesohyl 05.0524

中轴骨[骼] axial skeleton 06.0387

中轴肌 axial muscle 06.0714

中轴索 central chord 05.0831

中纵沟 median longitudinal sulcus 05.2381

中足 median leg, midleg 05.2475

终池 terminal cisterna 03.0224

*终极原因 ultimate cause 07.0030

*终扣 button terminus 03.0311

*终帽 cupula 03.0504

*终末钩 terminal anchor, definitive hook 05.0949

终末网 terminal web 03.0025

终神经 terminal nerve 06.1224

终室 last loculus 05.0239，05.1792

终树突 telodendrion 03.0281

终宿主 final host, definitive host 05.0109

钟形螅鞘 campanulate hydrotheca 05.0703

种 species 02.0038

种间竞争 interspecific competition 07.0423

种间信息素 allomone 07.0232

种间杂交 species hybridization 02.0382

种–面积曲线 species-area curve 07.0463

*种内进化 microevolution 02.0228

种内竞争 intraspecific competition 07.0422

种内拟态 automimicry 07.0261

种群 population 07.0328

种群暴发 population outbreak 07.0391

种群崩溃 population crash 07.0392

种群波动 population fluctuation 07.0397

种群动态 population dynamics 07.0396

种群分布型 distribution pattern of population 07.0331

种群分析 population analysis 07.0347

种群密度 population density 07.0332

种群平衡 population equilibrium 07.0394

种群生存力分析 population viability analysis, PVA 07.0349

种群生态学 population ecology 07.0002

种群衰退 population depression 07.0393

种群调节 population regulation 07.0400

种群统计 demography 07.0346

种群限制 population limitation 07.0386

种群增长 population growth 07.0374

种群增长曲线 population growth curve 07.0377

种群周转 population turnover 07.0387

种上阶元 supraspecific category 02.0040

种系 germ line 01.0258

*种系发生 phylogenesis, phylogeny 02.0160

*种系发生学 phylogenetics 02.0008

种系渐变论 phyletic gradualism 02.0217

种下阶元 infraspecific category 02.0041

*种质 germplasm 04.0126

种组 species group 02.0043

舟骨 scaphium 06.0560

周花带线 peripetalous fasciole 05.2895

周期变形 cyclomorphosis 05.0297

周期性 periodicity, periodism 07.0124

周围淋巴器官　peripheral lymphoid organ, secondary lymphoid organ　03.0623

周围淋巴组织　peripheral lymphoid tissue　03.0615

周围神经系统　peripheral nervous system, PNS　06.1153

周细胞　pericyte　03.0428

周限增长率　finite rate of increase　07.0383

周转　turnover　07.0559

周转率　turnover rate　07.0560

周转期　turnover time　07.0561

轴唇　columellar lip　05.1613

轴窦　axial sinus　05.2800

轴杆　axostyle　05.0181

轴–棘突触　axospinous synapse　03.0303

*轴浆　axoplasm　03.0279

轴节　cardo　05.2448

轴膜　axolemma　03.0278

轴旁中胚层　paraxial mesoderm　04.0325

轴器　axial organ　05.2801

轴丘　axon hillock　03.0277

轴珊瑚单体　axial corallite　05.0816

轴上肌　epaxial muscle　06.0718

轴–树突触　axodendritic synapse　03.0302

轴丝　axial filament　04.0061，axoneme　05.0166

*轴体腔　axocoel　05.2775

轴–体突触　axosomatic synapse　03.0301

轴突　axon　03.0276

轴突运输　axonal transport　03.0282

轴下肌　hypaxial muscle　06.0719

轴腺　axial gland　05.2802

轴质　axoplasm　03.0279

轴–轴突触　axoaxonal synapse　03.0304

轴柱　columella　05.0825

*轴足　axopodium　05.0216

肘　elbow　06.0324

肘关节　elbow joint　06.0695

*帚虫　phoronid　01.0112

帚胚　scopula　05.0468

帚形动物　phoronid　01.0112

帚形动物门　Phoronida　01.0053

昼行　diurnal　07.0132

昼行性动物　diurnal animal　07.0134

昼眼　diurnal eye　05.2202

昼夜垂直迁移　diurnal vertical migration　07.0202

*昼夜垂直移动　diurnal vertical migration　07.0202

昼夜节律　circadian rhythm　07.0130

昼夜迁徙　diurnal migration　07.0204

*昼夜周期　day-night rhythm　07.0127

皱襞　plica　03.0737

皱面　rugose surface　05.0272

皱胃　abomasum　06.0850

皱褶区　area rugosa　05.1166

皱褶缘　ruffled border　03.0121

骤变说　saltationism　02.0225

侏儒节细胞　midget ganglion cell　03.0468

侏儒双极细胞　midget bipolar cell　03.0463

珠肠蚓　monilicaecum　05.0987

*珠母质　mother of pearl　05.1579

珠突　monila　05.2742

*猪囊虫　cysticercus cellulose　05.1084

猪囊尾蚴　cysticercus cellulose　05.1084

蛛网膜　arachnoid　03.0399

*蛛网膜下腔　subarachnoid space　03.0402

蛛网膜下隙　subarachnoid space　03.0402

蛛形动物　arachnid　05.2152

蛛形[动物]学　arachnology　05.2153

蛛形纲　Arachnida　05.2150

*蜀蚨纲　Pauropoda　05.2309

主齿　cardinal tooth, main tooth　05.1686

主[导]基因　master gene　04.0547

主动脉　aorta　06.1043

主动脉瓣　aortic valve　06.1025

主动脉弓　aortic arch　06.1044

主动脉体　aortic body　03.0425

主段　principal piece　04.0057

主辐　perradius　05.0750

主辐管　perradial canal　05.0862

主观异名　subjective synonym　02.0107

*主模式　holotype　02.0126

主小隔壁　main partition　05.0251

主芽　main bud　05.2704

主针　central stylet　05.1115

贮精囊　seminal vesicle, vesicula seminalis　01.0232

贮卵囊　egg reservoir　05.1037

柱头幼虫　tornaria　05.3024

柱突　stylet, style　05.2729

柱细胞　pillar cell　03.0531

专性产热　obligatory thermogenesis　07.0101

专性寄生　obligatory parasitism　07.0445
专性寄生虫　obligatory parasite　05.0087
转分化　transdifferentiation　04.0532
转基因动物　transgenic animal　04.0618
转节　trochanter　05.2168，05.2398，05.2467
转续宿主　paratenic host　05.0111
*转运宿主　transport host　05.0111
椎板　vertebral plate　06.0192
椎动脉　vertebral artery　06.1051
椎盾　vertebral scute　06.0196
椎弓　vertebral arch　06.0544
椎弓板　vertebral lamina, lamina of vertebral arch
　06.0546
椎弓根　vertebral pedicle, pedicle of vertebral arch
　06.0545
椎弓横突　diapophysis　06.0552
椎骨　vertebra　06.0535
椎管　vertebral canal　06.0548
椎棘　spinous process　06.0547
椎间孔　intervertebral foramen　06.0549
椎间盘　intervertebral disc　06.0550
椎肋　vertebral rib　06.0591
椎体　centrum, vertebral body　06.0536
椎体横突　parapophysis　06.0553
锥鞭毛体　trypomastigote　05.0192
锥虫期　trypaniform stage　05.0186
锥骨　pyramid　05.2846
锥体细胞　pyramidal cell　03.0382
准社群性　quasisocial　07.0322
桌形体　table　05.2988
*着床　nidation　04.0263
孖肌　gemellus muscle　06.0823
滋养层　trophoblast　04.0259
滋养层巨细胞　trophoblast giant cell　04.0309
滋养体　trophont　05.0511
滋养外胚层　trophectoderm　04.0306
子孢子　sporozoite　05.0378
子胞蚴　daughter sporocyst　05.0963
子宫　uterus　06.1133
子宫肌层　myometrium　03.0873
*子宫肌膜　myometrium　03.0873
子宫角　uterine horn　06.1139
子宫颈　uterine cervix　06.1140
子宫孔　uterine pore　05.1096

子宫末段　metraterm　05.1034
子宫囊　uterine sac　05.1033
子宫内膜　endometrium　03.0874
子宫体　uterine body　06.1138
子宫外膜　perimetrium　03.0872
子宫腺　uterine gland　03.0875
子宫钟　uterine bell　05.1243
*子宫周器官　paruterine organ　05.1092
子茎　blastostyle　05.0705
子雷蚴　daughter redia　05.0966
*子裂蚴　daughter redia　05.0966
子实体　fruiting body　05.0325
子午管　substomodaeal canal, meridional canal
　05.0865
子叶胎盘　cotyledonary placenta　04.0397
仔体　tomite　05.0514
仔体发生　tomitogenesis　05.0512
籽骨　sesamoid bone　06.0642
*自残　autotomy　01.0266
*自持振荡　self-sustained oscillation　07.0130
自发排卵　spontaneous ovulation　04.0161
自个虫　autozooid　05.2555
自个虫[虫]室　autozooecium　05.2587
自个虫多形　autozooidal polymorph　05.2569
*自举法　bootstrap, bootstrapping　02.0200
自联型　autostyly　06.0410
*自配生殖　self-fertilization, autogamy, orthogamy
　04.0182
自切　autotomy　01.0266
自然保护　nature conservation　07.0628
自然保护区　nature reserve, nature sanctuary　07.0631
自然发生说　spontaneous generation　04.0018
自然分类　natural classification　02.0011
自然分类系统　natural classification system　02.0012
自然化　naturalization　07.0610
自然控制　nature control　07.0627
自然杀伤细胞　nature killer cell, NK cell　03.0597
自然选择　natural selection　02.0272
自然疫源地　natural focus, nidus　05.0100
自噬泡　autophagic vacuole　05.0337
自噬作用　autophagy　05.0338
自体感染　autoinfection　05.0101
自体合成　autosynthesis　04.0146
自体受精　self-fertilization, autogamy, orthogamy

04.0182

自修饰　self grooming　07.0244

自养生物　autotroph　07.0157

自养营养　autotrophic nutrition　05.0340

自异宿主型　autoheteroxenous form　05.0115

*自有新征　autapomorphy　02.0071

*自运节律　free-running rhythm　07.0130

自展法　bootstrap, bootstrapping　02.0200

*自主分化　self-differentiation　04.0525

自主神经节　autonomic ganglion　03.0394

自主神经系统　autonomic nervous system　06.1154

*自助法　bootstrap, bootstrapping　02.0200

宗　race　02.0055

综合分类学　synthetic taxonomy　02.0005

综合纲　Symphyla　05.2310

综荐骨　synsacrum　06.0581

*棕色脂肪组织　brown adipose tissue　03.0097

踪迹信息素　trail pheromone, trail substance　07.0235

鬃　bristle　06.0312

总初级生产力　gross primary productivity　07.0538

总初级生产量　gross primary production, GPP
　07.0548

*总担动物　lophophorate　01.0109

*总腹下静脉　hypogastric vein　06.1106

总纲　superclass　02.0027

总科　superfamily　02.0033

总目　superorder　02.0030

总主静脉　common cardinal vein　06.1086

纵鞭毛　longitudinal flagellum　05.0176

*纵辐　adradius　05.0752

*纵辐管　adradial canal　05.0864

纵隔　mediastinum　06.1004

纵沟　sulcus　05.0174

纵肌　longitudinal muscle　05.0038

纵嵴　longitudinal ridge　05.1167

纵肋　axial rib　05.1623

*纵裂　vertical cleavage　04.0235

纵脉　longitudinal vein　05.2485

纵神经索　longitudinal nerve cord　05.0899

纵向二分裂　longitudinal division, longitudinal fission
　05.0480

*纵小管　longitudinal tubule, L tubule　03.0223

纵肿肋　varix　05.1624

足　foot　05.1567，leg, foot　05.2465

足刺　acicula　05.1324

足刺齿片刚毛　acicular uncinus　05.1361

足刺刚毛　acicular chaeta　05.1326

足干　podostyle　05.0290

足孔　pedal aperture　05.1756

足囊　podocyst　05.0774，05.1642

足盘　pedal disc　05.0786

足鳃　podobranchia　05.2120

足神经节　pedal ganglion　05.1807

足式　leg formula　05.2166

足丝　byssus　05.1753

足丝孔　byssal opening　05.1754

足丝峡　byssal gape　05.1755

足丝腺　byssus gland　05.1757

足突　foot process　03.0785

足细胞　podocyte　03.0784

足腺　pedal gland　05.1758

*足掌　sole of foot　06.0334

足舟骨　navicular　06.0654

足锥　podoconus　05.0304

*阻滞增长　logistic growth　07.0376

组织　tissue　01.0163

组织发生　histogenesis　04.0528

组织分化　histological differentiation　04.0527

*组织干细胞　tissue stem cell　04.0538

组织内寄生虫　histozoic parasite　05.0090

*组织细胞　histiocyte　03.0079

组织液　interstitial fluid　03.0175

组织者　organizer　04.0568

*组织者中心　organizer center　04.0569

组织中心　organization center　04.0569

祖细胞　progenitor cell　04.0545

祖先同源性　ancestral homology　02.0259

祖征　plesiomorphy　02.0067

*钻腺　penetration gland　05.0989

嘴底嵴　gonys　06.0223

嘴峰　culmen　06.0220

嘴甲　nail　06.0224

嘴裂　gape　06.0222

嘴须　rictal bristle　06.0225

最长肌　longissimus　06.0780

最大持续产量　maximum sustained yield　07.0552

最大出生率　maximum natality　07.0366

最大简约法　maximum parsimony　02.0197

最大似然法　maximum likelihood method　02.0198

最低密度　minimum density　07.0334

最适产量　optimal yield　07.0557

最适度　optimum　07.0034

最适密度　optimum density　07.0335

最小进化法　minimum evolution method　02.0195

最小可生存种群　minimum viable population
　07.0390

樽形幼体　doliolaria　05.3014

左心房　left atrium　06.1017

左心室　left ventricle　06.1020

左旋　sinistral　05.1608

*左右对称　bisymmetry, bilateral symmetry　05.0011

*左右辐射对称　biradial symmetry　05.0010

坐骨　ischium　06.0622

座节　ischiopodite, ischium　05.2013

座节刺　ischial spine　05.1916

座眼　sessile eye　05.1868

*座状腹吸盘　sessile acetabulum　05.0998

*座状乳突　sessile papilla　05.1208

www.sciencep.com

(Q-4794.31)

ISBN 978-7-03-070600-3

9 787030 706003 >

定价: 398.00元